TRAITÉ

D'HISTOLOGIE

DE L'HOMME ET DES ANIMAUX

Paris. — Imprimerie de E. Martinet, rue Mignon, 2.

TRAITÉ
D'HISTOLOGIE
DE
L'HOMME ET DES ANIMAUX

PAR

LE Dr FRANZ LEYDIG

Professeur de zoologie à l'université de Tubingue.

TRADUIT DE L'ALLEMAND

PAR R. LAHILLONNE

Ancien élève de l'École polytechnique, capitaine d'artillerie, docteur en médecine, etc.

Avec 210 figures intercalées dans le texte.

N. B. Le traducteur a rendu compte dans des notes additionnelles des travaux les plus importants et les plus récents sur cette matière.

PARIS

GERMER BAILLIÈRE, LIBRAIRE-ÉDITEUR

RUE DE L'ÉCOLE-DE-MÉDECINE, 17

New-York — Hipp. Baillière, 240, Regent street.

Londres — Baillière Brothers, 440, Broadway.

MADRID, C. BAILLY-BAILLIÈRE, PLAZA DEL PRINCIPE ALFONSO, 16.

1866

A

M. LE BARON H. LARREY

Chirurgien ordinaire de S. M. l'Empereur,
Inspecteur du service de santé militaire, Membre de l'Académie impériale de médecine,
Commandeur de l'ordre de la Légion d'honneur, etc., etc.

Permettez-moi de placer sous votre haut patronage cette traduction de l'un des ouvrages de Leydig. Tout le monde sait combien vous êtes dévoué aux intérêts scientifiques, avec quelle bienveillance vous accueillez ceux qui aiment le travail. Si j'ai été assez heureux pour me rendre digne de votre satisfaction, je n'envie pas d'autre récompense.

J'ai l'honneur d'être, etc.

R. LAHILLONNE.

AVANT-PROPOS

Lorsque je commençai la traduction de cet ouvrage, je venais de terminer ma scolarité médicale. Comme ancien élève de l'École polytechnique, je ne pouvais me défendre, dans l'étude des sciences d'observation, de la médecine en particulier, d'un certain rigorisme, d'un penchant très-prononcé vers l'exactitude mathématique ; je cherchais toujours dans la parole de mes maîtres la démonstration, et le plus souvent il me fallait accepter des probabilités que l'art de dire était impuissant à transformer en certitudes.

Les circonstances de ma carrière militaire ayant fait de moi un élève de la Faculté de Strasbourg, je dois reconnaître aujourd'hui, surtout depuis que j'ai suivi d'autres écoles, que le hasard me servit admirablement en me procurant un enseignement médical dégagé des hypothèses, et cherchant ses preuves de conviction dans l'anatomie et la physiologie.

La Faculté de Strasbourg, par sa situation même, peut être considérée, abstraction faite de son individualité propre, comme l'écho des doctrines d'outre-Rhin : c'est en Allemagne, il faut le reconnaître hautement, que le culte de l'anatomie, inaugurée en France par l'immortel Bichat, est le plus en honneur; c'est en Allemagne, autrefois le pays des rêveries, que les plus belles conquêtes de la physiologie ont été réalisées. C'est encore en Allemagne que l'enseignement de la médecine porte un caractère plus scientifique que partout ailleurs, que les connaissances anatomo-physiologiques sont le plus indispensables à l'*observation clinique*. Ces assertions, je ne crains pas de le dire, sont aujourd'hui l'expression de la vérité, et la contradiction serait facile à réfuter. Faut-il une preuve de ce que j'avance? Prenons le travail du docteur Jaccoud sur les paraplégies et l'ataxie du mouvement musculaire, auquel la Faculté de Paris vient de rendre un éclatant témoignage. A quelle source a-t-il été puisé? avec quels matériaux a-t-il été composé? On peut dire avec toute exactitude que ce livre nous vient de l'Allemagne, par les soins d'un médecin très-érudit, et dont on pourrait dire en quelque sorte qu'il s'est montré « *plus ami de la vérité que de ses maîtres* ». Il n'est pas nécessaire d'être prophète, pour annoncer qu'avant peu notre littérature médicale sera inondée par les écrits étrangers. Avant de faire nous-mêmes un pas en avant, il nous faudra parcourir une quantité innombrable de travaux, de mémoires, de publications témoignant de l'activité et de l'émulation qui règnent chez nos voisins.

Mais il est surtout une branche de l'anatomie dans laquelle nous n'avons brillé que d'un bien faible éclat, je veux parler de l'histologie. C'est à peine si la médecine française compte quelques histologues dignes d'être mis en regard de cette brillante cohorte d'investigateurs qui, depuis Schwann, ont si considérablement augmenté le domaine de la microscopie. Et cependant ne reconnaît-on pas aujourd'hui que le progrès médical (voy. les belles leçons de Cl. Bernard, dans la *Revue des cours scientifiques*) ne saurait être réalisé que par la connaissance des éléments histologiques, dans les diverses conditions physiologiques, pathologiques et thérapeutiques auxquelles ils peuvent être soumis? Si cela est vrai pour l'histologie de l'homme, peut-on le récuser en doute pour l'histologie comparée, et surtout pour celle des mammifères? La médecine comparée, inaugurée en France par un savant éminent que la routine a peut-être arrêté au seuil de l'enseignement, n'a-t-elle pas, elle aussi, à établir sa base sur la connaissance comparée des éléments des tissus?

Qu'on veuille embrasser dans son étude la médecine générale, ou bien qu'on se propose seulement d'observer les phénomènes morbides produits en un point de l'échelle animale, dans l'un et l'autre cas la connaissance des éléments histologiques devient indispensable. En effet, l'anatomie pathologique, qui examine les altérations organiques pour expliquer les désordres fonctionnels, se trouve à chaque pas obligée de pénétrer dans le champ de la microscopie.

Les considérations qui précèdent me paraissent suffisantes pour démontrer l'utilité de l'ouvrage de Leydig. Comme ce travail s'arrête en 1857, j'ai cru devoir y ajouter quelques notes concernant les principaux travaux qui ont paru depuis cette époque. Ces notes ne sont pas une continuation de l'œuvre du maître, loin de nous cette prétention : *elles doivent être envisagées comme une indication de ce qu'il faut faire pour élever ses connaissances à la hauteur des faits acquis*. Avec cette restriction, j'ose demander qu'il leur soit fait un accueil favorable.

Toutefois, et c'est un honneur pour moi de pouvoir le dire ici, cette traduction n'aurait vu le jour, si je n'avais rencontré les encouragements bienveillants d'un homme dévoué aux intérêts de la science, qui porte avec la plus grande distinction le nom du plus illustre des chirurgiens militaires et de l'« HOMME LE PLUS HONNÊTE » de son temps. Aussi rien ne saurait égaler ma reconnaissance pour cette haute protection, que le désir de faire mieux.

Je dois aussi mes remercîments à l'illustre professeur de l'université de Tubingue, au docteur Fr. Leydig, qui a bien voulu m'honorer de sa confiance dans la traduction de son ouvrage. L'*Histologie de l'homme et des animaux* ne fait que précéder une autre publication de ce savant éminent, intitulée *Vom Bau des thierischen Körpers*, et aujourd'hui en cours de publication.

Dr R. LAHILLONNE.

INTRODUCTION

DE L'AUTEUR.

Le champ de l'*histologie* ou de l'*étude des tissus* se limite aux derniers éléments de la forme organique accessibles à nos sens; par conséquent, il incombe à cette science de décrire les formations simples dont se compose le corps de l'animal, au point de vue du développement, de la forme, des rapports organologiques, et, autant que faire se peut, des manifestations vitales. L'histologie ne représente donc que l'anatomie et la zootomie des détails; on la désigne fréquemment sous le nom d'*anatomie microscopique*. Il est impossible de fixer les limites de son domaine d'une manière naturelle et précise; car elle a un grand nombre de points communs avec l'anatomie descriptive et l'embryologie. Théoriquement, on peut établir une ligne de démarcation bien tranchée entre l'histologie et l'anatomie : la première a simplement pour but de considérer les parties élémentaires; l'autre a pour objet d'examiner les rapports de formes qui existent entre les organes. Seulement, comme il existe des organes, surtout dans le bas de l'échelle des êtres, qui ne sont justiciables que du microscope, à cause de leur petitesse, bien qu'ils soient composés d'éléments de toutes sortes, l'histologie peut aborder aussi la description de ces organes complexes; j'userai assez souvent de cette restriction dans le cours de cet ouvrage.

Historique. — Il importe de consacrer quelques lignes à la *marche suivie par le développement* de notre doctrine. Les médecins et les naturalistes d'autrefois, qui se livrèrent à une étude approfondie du corps de l'animal, employèrent des représentations histologiques. Comment un observateur attentif aurait-il pu ne pas reconnaître que, malgré la diversité des organes, certaines parties simples et constitutives de la forme se reproduisaient toujours dans les différentes parties du corps? Aussi ont-ils distingué des parties semblables et dissemblables, et plusieurs d'entre eux ont-ils cherché à établir un groupement systématique des tissus. Celui qui s'intéresse aux anciens histologues, tels que Fallope, Vésale et tant d'autres, trouvera les renseignements nécessaires à son étude dans l'ouvrage de Heusinger, intitulé : *System der Histologie*, 1822.

La découverte du microscope, en augmentant, pour ainsi dire, l'acuité de la vue, vint en aide aux investigateurs. C'est à partir de cette époque (que l'on peut fixer vers le milieu du XVIIe siècle) que date l'étude des tissus ; c'est du moins à Marcellus Malpighi que l'on attribue le titre honorifique de fondateur de l'anatomie microscopique ; quant à l'influence que des hommes tels que Swammerdam et Leeuwenhoeck, ses contemporains ou ses successeurs, exercèrent sur le développement de la science des tissus, c'est à l'histoire à la faire connaître. Un grand nombre de naturalistes, passionnés pour l'étude, tels que Gleichen, Ledermüller et tant d'autres, ont produit des travaux nouveaux et intéressants, bien qu'ils ne se soient pas proposé la solution des problèmes primordiaux, et qu'ils se soient plutôt complu à remarquer avec quel art les produits de la nature sont confectionnés même dans les plus petits détails.

Après ces premiers essais, Bichat, le premier (né en 1771 et mort en 1802), affirma le principe de la science des tissus et le fit reconnaître par tous. Bichat s'était nettement posé le but de l'histologie ; son plan fut d'apprendre à connaître individuellement et dans toutes leurs propriétés les tissus qui entrent dans la composition des organes. Bien que le système de cet anatomiste n'ait pu se maintenir, et qu'un grand nombre des tissus supposés simples par lui soient d'une nature complexe, il n'en revient pas moins une grande gloire à Bichat pour avoir le premier introduit la méthode dans la science et traité le sujet avec justesse. Son idée fondamentale, qui consistait à résoudre l'organisme en tissus plus simples, jouissant de propriétés déterminées dont le jeu préside aux phénomènes d'activité du corps de l'animal, se présente encore aujourd'hui aux naturalistes comme le but qu'ils doivent accomplir ; tout savant doit cependant se résigner à ne voir jamais ce point final atteint.

Presque aussitôt après Bichat, les auteurs apportèrent à la classification des tissus diverses modifications qu'il importe de connaître. Il me semble cependant qu'il ne s'est fait par ce moyen aucun progrès réel dans la connaissance du sujet, et qu'on s'est contenté de changer les expressions de la science histologique. Mais bientôt, il y a quelque trente ans, le microscope se perfectionna et devint plus maniable ; le goût de ces études se généralisa, et l'on vit apparaître un grand nombre d'observations spéciales et plus complètes sur la structure intime des organes.

Mais, peu à peu les travaux d'observateurs exacts, tels que Purkinje et Valentin, mirent en lumière avec plus ou moins de certitude ce fait, à savoir, que les formations les plus complexes de l'organisme de l'animal se composent de vésicules semblables, ou du moins qu'elles en dérivent. Toutefois cette idée, qui surgit çà et là, n'arriva pas immédiatement à maturité, comme il en advient pour tout ce qui est connu, et elle ne s'établit définitivement que par les travaux de Schwann, qui, en 1839, fit paraître un ouvrage intitulé : *Recherches microscopiques sur la conformité de structure et d'accroissement des animaux et des plantes*, et dans lequel il signalait que les vésicules nucléaires, les « cellules », étaient le fondement de toute formation se rapportant, soit à l'animal, soit à la plante. Il faut dire, du reste, que la philosophie naturelle, qui fut en butte à des controverses de toutes sortes pour la manière dont elle considérait les choses, avait déjà longtemps auparavant formulé cette idée. Dans son *Programme sur l'univers* (1808), Oken s'exprimait en ces termes : « Le premier passage de l'organique à l'inorganique consiste dans l'apparition d'une vésicule que j'ai appelée infusoire dans ma théorie de la génération. Animaux et plantes ne sont autre chose qu'une vésicule plusieurs fois ramifiée et répétée, ce que je démontrerai anatomiquement en temps et lieu. » Cette assertion qu'Owen avait présentée avec tant de justesse, Schwann devait la convertir en fait.

C'est avec raison que le livre de Schwann a été considéré comme la renaissance de l'histologie ; il produisit un grand enthousiasme pour les recherches de cette nature, et suscita une foule d'investigateurs ardents qui s'efforcèrent d'éclaircir le développement et les propriétés des tissus dans l'homme et dans les animaux, et s'imposèrent de surpasser la masse toujours croissante des faits observés ; mais ce n'est que très-rarement qu'ils arrivèrent à ramener les détails à des lois capables d'exprimer à la fois un grand nombre d'observations isolées. Il serait donc assez difficile de démontrer que nous sommes allés de beaucoup au delà de la loi de Schwann, dans le cas où il s'agirait de règles générales, et malgré les connaissances que nous avons acquises dans les détails ; notre dernière notion histologique se borne toujours à savoir que le corps des animaux, comme celui des plantes, se compose de cellules douées de propriétés déterminées, et que toutes les formations ultérieures ne sont que des différenciations de ces vésicules ou cellules. Il faut reconnaître cependant que, dans ce schéma fondamental, plusieurs observateurs ont étendu et éclairci d'une manière notable le champ de nos connaissances et de nos idées sur la science de la cellule, sur les rapports des tissus entre eux, ainsi que sur la part que certaines couches celluleuses prennent au développement ultérieur des tissus de l'embryon. D'après mon appréciation personnelle, je citerai Reichert, Remak et Virchow, comme les hommes qui se sont acquis le plus de mérite dans la généralisation de nos vues purement histologiques, ainsi que dans le développement des idées qui conduisent à la science des tissus. C'est Reichert qui a donné pour les tissus la classification qui compte aujourd'hui le plus d'adhérents, et d'après laquelle le tissu conjonctif, le cartilage et les os sont compris sous la désignation de substance conjonctive, en quelque sorte par opposition avec les tissus musculaires, nerveux et celluleux. — Virchow, avec l'exactitude et la netteté qui le caractérisent, a fait entrer la question de la substance conjonctive dans une nouvelle phase, qui promet d'être très-utile pour nos vues d'ensemble dans le domaine de l'histologie. — Les recherches de Remak sur le développement des vertèbres ont conduit à des résultats très-sérieux et relatifs à la part que prennent les trois feuillets du blastoderme dans la formation de l'embryon, des tissus et des organes. Les recherches de cet anatomiste sur le développement des glandes indiquent un point de retour vers la conception de ces organes, et l'idée qu'on doit s'en faire y a gagné en généralité.

Un grand nombre d'observateurs ont contribué à l'étude histologique de quelques organes et systèmes appartenant à l'homme et aux animaux ; on peut les considérer en partie comme les défenseurs vigilants de la morphologie animale. En première ligne, il faut placer :

Joh. Muller. Voyez son important ouvrage *sur les glandes* (1830) et ses autres travaux si connus. C'est lui qui le premier appliqua les découvertes de Schwann à la structure et aux formes des tumeurs morbides ; il est donc le fondateur de l'histologie pathologique.

R. Wagner. Il donna en 1834, dans son *Anatomie comparée*, un petit traité des tissus ; il a complété nos connaissances sur les corpuscules sanguins, l'œuf et les zoospermes ; son *Anatomie du système nerveux*, ses *Planches physiologiques*, ont beaucoup contribué à répandre les notions histologiques et physiologiques.

Valentin. *Trajet et terminaison des nerfs* (1836), article *Tissu* dans H. W. B., *Notions d'histologie comparée sur les vertébrés et les invertébrés.*

Bruns. Il existe de lui un *Traité de l'anatomie générale de l'homme*, excellent et fort bien écrit (1841).

Henle. *Anatomie générale du corps humain*, 1841, avec gravures très-fidèles ; cet ouvrage se distingue par un exposé vif et facile.

TODD et BOWMAN. *Anatomie physiologique et physiologie de l'homme*, 1845 ; différents articles publiés dans l'*Encyclopédie d'anatomie et de physiologie*, avec des figures très-instructives.

KÖLLIKER. *Histoire des tissus de l'homme*, 1850-56, avec « un exposé aussi complet que possible de la structure intime des organes et du système de l'homme »; planches nombreuses et la plupart très-belles.

GERLACH. *Traité des tissus*, 1848. Deuxième édition en 1853. Cet ouvrage se recommande par un style agréable et facile.

ECKER. A donné les *Plancbes physiologigues* de Wagner dans une nouvelle édition ; la plupart des tables sont pleines de goût dans la disposition et l'explication des figures ; le texte est concis, tout en renfermant ce qu'il y a d'essentiel.

BERGMANN et LEUCKART. *Physiologie comparée*, 1852, un livre qui est rempli de remarques très-instructives.

De nouveaux faits relatifs à l'étude comparée des tissus ont été mis en lumière par les travaux de de Siebold (*Anatomie comparée des invertébrés*, 1848) ; de H. Meckel, dont la mort n'a été que trop prématurée ; de Leuckart, Schultze, Gegenbaur, Meissner (ce dernier n'est pas seulement un observateur exact, mais encore un dessinateur très-habile), de Huxley, de de Hessling, etc.

La littérature ancienne se trouve compulsée dans le *Traité d'anatomie* de E. H. Weber, dans Bendz, et dans diverses publications scientifiques, telles que les *Jahresb. des Archiv's für Anat. und Phys.*, — *Archiv für Naturgeschichte*, — *Zeitschr. für wiss. Zoologie*, — *Canstatt'sche Jahresberichte.*

TRAITÉ
D'HISTOLOGIE
DE L'HOMME ET DES ANIMAUX

PREMIÈRE PARTIE
HISTOLOGIE GÉNÉRALE

CHAPITRE PREMIER
DE LA CELLULE ET DE SES TRANSFORMATIONS EN TISSUS.

1. — Si nous divisons d'après un procédé méthodique l'organisme animal jusqu'à la limite de la perception de nos sens, nous sommes arrêtés devant de petites parties, devant les plus petites de cet organisme, que nous appellerons *parties constitutives de la forme organique*. S'il est question des *éléments de formation* de la matière organisée, il est presque inutile de faire remarquer que cette expression, prise dans un sens rigoureux, ne saurait être l'expression propre : personne en effet ne s'imagine avoir observé directement des molécules organiques réelles, quoique les premiers micrographes, Leewenhoeck, par exemple, paraissent avoir cherché à découvrir les *atomes* de ce qui est visible; on ne peut parler des *éléments de formation de la matière*, qu'en ayant égard aux moyens d'investigation que l'optique nous offre aujourd'hui. D'une manière absolue, il faut dire que ce que nous appelons *éléments de formation* est précédé d'une série de créations, sur lesquelles nos microscopes ne peuvent nous révéler quoi que ce soit.

2. — Avant de pouvoir faire un pas en avant, il importe donc de s'entendre sur ces *éléments de formation*, en se plaçant à un autre point de vue.

Les expressions *parties constitutives de la forme*, *éléments de for-*

mation, peuvent être employées dans un double sens. La substance solide organique, ou la matière qui a revêtu une forme, provient par condensation de la matière liquide ou de la matière informe; or, comme cette condensation s'opère par une formation de globules ou de granules, et qu'elle se manifeste aussi sous la forme cristalline, quelques auteurs considèrent comme les premiers *éléments de formation* ces noyaux, globules ou cristaux, qui par leur petitesse et leur suspension dans un liquide, présentent un mouvement de fourmillement, qu'on appelle le mouvement moléculaire *brownien*. Pour échapper, dans cet exposé, à de graves inconvénients, je préfère n'employer la désignation d'*éléments de formation* qu'au point de vue d'un organisme composé, et par conséquent ne prendre pour ces éléments que les *dernières unités organiques*, en d'autres termes, ce qu'on appelle *cellules*, dont l'assemblage et la métamorphose engendrent un corps animal.

3. — *Idée de la cellule.* — Qu'est-ce qu'une cellule? Il est tout aussi difficile de la caractériser brièvement que d'établir les caractères de l'animal et de la plante. Nous devons nous contenter de dire : les cellules sont les plus petits corps organiques qui possèdent un centre d'activité, rapportant toutes les parties à lui-même et à ses besoins. D'autres disent que les cellules sont des vésicules qui peuvent s'accroître et se multiplier; mais, à cette définition, on peut objecter que toutes les cellules ne sont pas de nature vésiculeuse, et qu'on ne peut pas toujours distinguer une membrane séparable du contenu.

Pour la conception morphologique d'une cellule, il faut une substance plus ou moins molle, se rapprochant primitivement par la forme, d'une sphère, et renfermant un contenu appelé noyau (*nucleus*).

La substance d'une cellule se durcit fréquemment en une couche limite ou *membrane* plus ou moins indépendante; et alors, d'après les désignations de l'école, la cellule peut être divisée en *membrane*, *contenu* (1) et *noyau*.

4. — *Cellulo-genèse.* — La question de la genèse cellulaire est d'une haute importance. En effet si, dans la vie commune, ayant la connaissance de l'origine d'un phénomène, on est en possession d'un terme de comparaison pour apprécier ce phénomène, on conçoit comment, dans les sciences naturelles, on a dû s'efforcer de vérifier expérimentalement le mode d'origine de l'élément organique visible. La question de la *cellulo-genèse* a parcouru les mêmes séries de réponses que le problème de l'origine des animaux en général. Autre-

(1) Mohl a donné au contenu le nom de *protoplasma*, et cette désignation tend à prévaloir dans les écrits histologiques récents.

fois, tout le monde le sait, on trouvait très-naturel d'admettre que différentes formes animales sortissent, spontanément, *sans parents*, par ce qu'on appelait *generatio æquivoca*, du limon et d'autres matières en putréfaction. (La science employait pour désigner ces matières l'expression de *matières animales primitives.*) Des recherches plus exactes et de meilleurs moyens d'investigation firent reconnaître plus tard qu'une génération *sans parents* avait aussi peu de fondement, chez les animaux d'un ordre inférieur, qu'une opinion analogue relative aux êtres supérieurs. Il en est de même pour l'origine de la cellule. D'où et comment la première cellule a-t-elle pris son origine? Il est aussi difficile de l'établir par l'étude de la nature, que de savoir d'où vient le premier homme. Mais de même que nous voyons dans la création actuelle les hommes ne naître que par reproduction, de même aussi chaque cellule naît toujours d'une autre cellule ; l'observation ne connaît qu'une *multiplication des cellules par elles-mêmes*, et cette thèse que toute *cellule provient d'une cellule*, peut être considérée comme revêtue de la même autorité que cette autre : *omne vivum e vivo.*

On s'était plu, à l'exemple de Raspail, de Schvann, à comparer les cellules à des cristaux, et ce parallèle, qui pendant un temps eut quelque succès, favorisait particulièrement l'acceptation d'une *cellulogenèse* toute spontanée. On s'imagina que les cellules, comme les cristaux, se déposaient dans des liquides. La substance dans laquelle les cellules devaient en quelque sorte former des cristaux était appelée *cytoblastème*. On distingua ensuite une origine des cellules extra-cellulaire : elle devait s'effectuer librement dans le cytoblastème ; puis une origine intra-cellulaire (formation endogène) dérivant des cellules déjà formées. On s'aperçut seulement, peu à peu, que l'idée d'une cellulogenèse spontanée (sans compter que cette genèse n'avait jamais été observée directement) entraînait de grandes difficultés théoriques, et qu'avant longtemps cette opinion d'une formation de la cellule en dehors de la cellule pourrait être rangée parmi les opinions surannées (1). Pour revenir encore une fois à la comparaison qu'on a faite des cellules avec les cristaux, ne voit-on pas aujourd'hui des différences bien plus grandes que les analogies entre ces deux formations? Cette découverte de Reichert (1849), à savoir, que les substances albuminoïdes peuvent aussi prendre la forme cristalline, a été d'une importance toute particulière dans cette question.

(1) Voyez l'excellente dissertation sur la théorie cellulaire dans l'ouvrage de Remak *Untersuchungen über die Entwicklung der Wirbelthiere*, p. 164. — Wirchow, *Beitr. z. speciell. Path. u. Therapie.*

5. — *Cellule de l'œuf.* — Puisque nous contestons une formation cellulaire libre, il nous faut prendre pour point de départ la cellule germe ou l'œuf qui, pendant un certain temps, est constitué par une portion du terrain maternel. L'œuf se montre à nous comme une vésicule arrondie, avec un contenu protéique et riche en graisse, renfermant une deuxième vésicule avec un noyau intérieur emboîté. On y distingue, d'après cela, la paroi ou membrane cellulaire, le contenu ou jaune; la vésicule incluse représente le noyau de la cellule (*nucleus*), et le noyau que ce dernier contient est le nucléole (*nucleolus*).

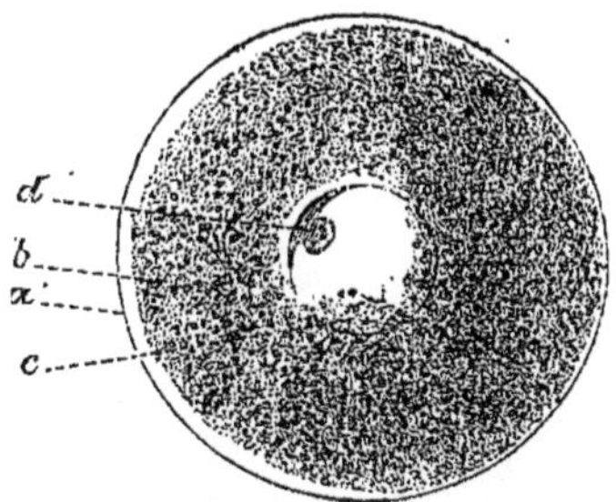

Fig. 1. — Œuf-cellule.

a. Membrane. — *b.* Contenu. — *c.* Noyau. — *d.* Nucléole. (Fort grossissement.)

6. — *Multiplication des cellules par division.* — La cellule a le pouvoir de s'accroître, c'est-à-dire de produire une couvée de nouvelles cellules. Ceci arrive par le processus de segmentation, qui doit être considéré comme l'expression extérieure de la production cellulaire de l'œuf. Dès le principe, c'est le noyau de la cellule (la vésicule germe) qui se divise; puis, autour des deux noyaux ainsi formés, le jaune se groupe en deux amas arrondis (globules de segmentation). Le noyau de ces globules se divise de nouveau, et son enveloppe participant à cette division, il naît de nouveaux globules de segmentation; par cette division continue de la vésicule germe, et par cet enveloppement simultané de chaque rejeton de la vésicule germe par les granules du jaune, la cellule origine se trouve avoir fourni une génération nombreuse de cellules nouvelles, pour lesquelles on a créé le nom de globules de segmentation, parce que ce n'est que peu à peu que leur bord clair se durcit en une enveloppe membraneuse, et que le globule de segmentation se trouve alors changé en cellule de segmentation. Ce fait, que les limites extérieures du globule de segmentation se durcissent en une membrane, est le résultat de ce même principe, par lequel, en général, les limites des substances organiques, qui se trouvent en quelque sorte plus éloignées du foyer central de vitalité, subis-

sent l'influence du monde extérieur à un degré plus élevé, se durcissent et périssent pour ainsi dire.

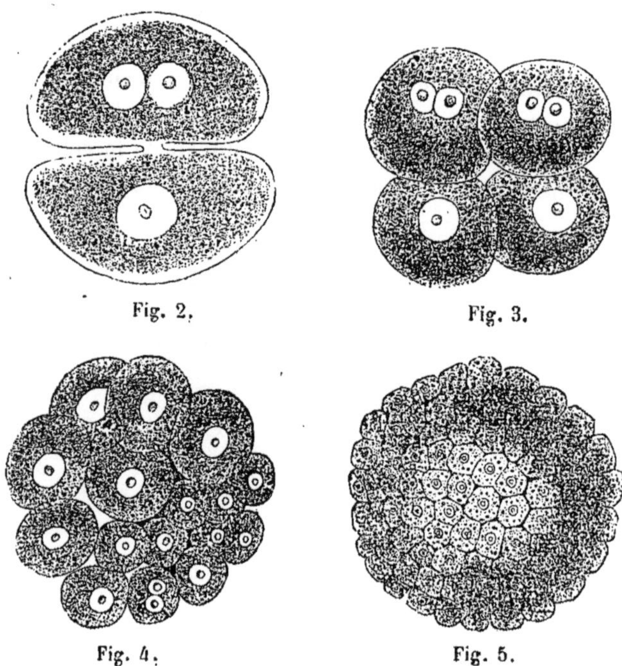

Fig. 2. Fig. 3.

Fig. 4. Fig. 5.

Plusieurs stades du processus de segmentation qui rendent sensible la multiplication des cellules par division.

Il n'est pas dans le plan de cet ouvrage de distinguer en détail toutes les modifications que ce processus de segmentation subit dans la série animale : mentionnons seulement qu'il est ce qu'on appelle *total*, lorsque tout le contenu de la cellule de l'œuf est changé en cellules embryonnaires, exemple : mammifères, batraciens, la plupart des invertébrés; qu'il est *partiel*, si une partie du jaune seulement se transforme en cellules embryonnaires : c'est le cas des oiseaux, des reptiles, de la plupart des poissons (il faut en excepter le *Petromyzon*, où, d'après Ecker et Schultze, le processus est total), de beaucoup d'invertébrés, des céphalopodes, des crustacés, des arachnides, des insectes. Au point de vue de la segmentation partielle, on se voit obligé de diviser, avec Reichert, le contenu de l'œuf en deux parties : l'une devenant directement l'embryon, c'est le jaune de formation; l'autre, le jaune de nutrition. Remak appelle *holoblastématiques* les êtres à segmentation totale, et *méroblastématiques* ceux à segmentation partielle.

Dans tout le règne animal, il semblait être de règle, il y a peu de temps, que le noyau de la cellule œuf, c'est-à-dire de la vésicule germe, disparût avant la segmentation. J. Müller a, le premier, sur l'*Entochoncha mirabilis* (1), reconnu la participation de la vésicule germe à la formation des noyaux des globules de segmentation. Les observations analogues, faites par Gegenbaur sur le processus de segmentation de l'*Oceania armata* (2), ainsi que celles que j'ai faites moi-même sur les œufs du *Notommata Sieboldii* (3), confirment celles de Müller. Les découvertes de Remak sur les œufs de la grenouille ne sont pas précisément opposées à ces données, bien que l'interprétation de cet auteur soit différente ; là-dessus, il suffit de consulter l'ouvrage cité.

7. — *Multiplication des cellules par bourgeonnement.* — D'après ce qui précède, on voit clairement que l'œuf est pour les cellules de segmentation comme une cellule mère pour des cellules filles, et que ces dernières, continuant à se multiplier par division, se disposant dans un

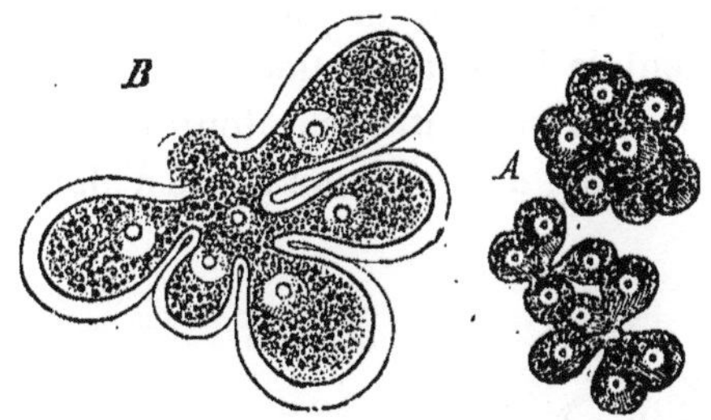

Fig. 6. — Multiplication des cellules par bourgeonnement.

A. Grappe d'œufs du *Gordius* (selon Meissner). — *B*. Ovulation de la *Venus decussata*. (Fort grossissement.)

ordre déterminé, et se métamorphosant ensuite par une transformation intérieure de leur contenu et de leur forme, construisent les organes et l'ensemble de l'organisme. Dernièrement (d'après Meissner) on a reconnu une modification de la multiplication des cellules par division; c'est la formation par bourgeons, ou bien la *gemmification* des cellules : elle dérive aussi du noyau.

Dans la cellule qui est sur le point de produire des rejetons par la division de son noyau, on voit naître une grande quantité de jeunes noyaux qui, se plaçant contre la membrane de la cellule, se pressent contre elle et la poussent devant eux. Ainsi naissent des saillies en forme de boutons, qui se développent comme des portions arrondies de

(1) *Ueber die Erzeugung von Schnecken in Holothurien.*

(2) *Zur Lehre von Generationswechsel u. d. Fortlanzung d. Medus. u. Polyp.*

(3) *Ueber d. Bau. u. d. systemat. Stellung. d. Räderthiere.*

la cellule mère, et se séparent ensuite d'elle comme cellules filles par étranglement. Le lien qui les unit à la cellule mère s'effile de plus en plus, jusqu'à ce qu'enfin le bourgeon se sépare du sol maternel.

On avait encore établi une *formation cellulaire endogène ;* elle avait pour base la division du contenu cellulaire sans que la membrane de la cellule participât à cette division. Il semblerait, d'après cela, que les nouvelles cellules, ou plus exactement les portions du contenu de la cellule, auraient dû être entourées d'une membrane commune. Remak regarde cette formation endogène comme une erreur. D'après lui, de semblables cellules, enveloppées d'une membrane commune, sont des phénomènes cadavériques ; il serait arrivé, suivant lui, que la membrane, après s'être étranglée d'abord d'une manière correspondante au fractionnement du contenu, se serait de nouveau relevée en laissant le contenu divisé en portions par étranglement.

8. — *Canaux poreux dans la paroi de la cellule.* — Les cellules qui proviennent de la segmentation, ont les propriétés mêmes de l'œuf-cellule ; elles représentent à leur tour des vésicules composées d'une membrane délicate, d'un contenu formé d'albumine et de graisse,

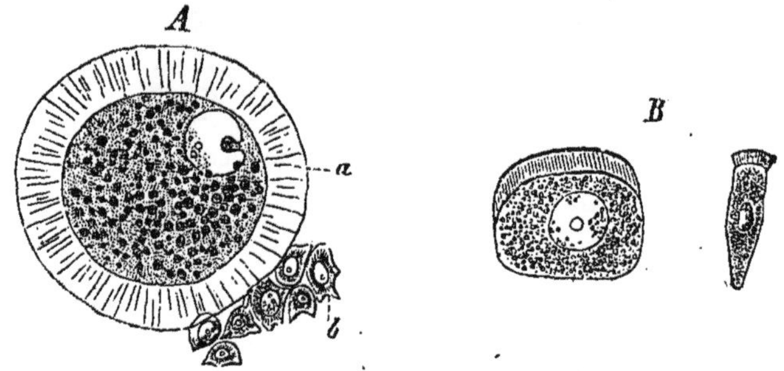

Fig. 7. — Cellules avec paroi épaissie totalement ou en partie, et avec canalicules poreux.

A. Œuf ovarique de la Taupe. — *a.* La membrane du jaune avec les canalicules poreux. *b.* Les cellules du *Discus proligerus.*

B. Cellules épithéliales de l'intestin du même animal avec paroi épaissie d'un côté et canalicules poreux. (Fort grossissement.)

et d'un noyau le plus souvent vésiculeux, avec un ou plusieurs nucléoles ; c'est à ce moment que commence une différenciation des cellules isolées, ainsi que des parties qui les composent. Mais auparavant, disons encore quelques mots de la structure fine de la cellule, ainsi que de ses manifestations vitales. On désigne communément comme homogène la membrane de la cellule ; cependant, à cause des courants endosmotiques qui ont lieu, il faut, à priori, accepter, pour cette membrane, de fins canalicules poreux. Leur présence, comme fait général, est pour moi d'autant plus vraisemblable que, sur de gros œufs-cellules, on les a tout récemment reconnus ; et cependant, sur ce point au moins, la grosseur n'établit une différence essentielle ni dans les corps organiques, ni dans les corps inorganiques.

Le plus petit cristal de roche, par exemple, celui qu'on ne peut plus apercevoir à l'œil nu, ne diffère nullement, dans son essence, de celui qui serait gros de plusieurs pieds : il en est de même d'une cellule visible à l'œil nu et de celle à peine visible comprise entre la 1/100e ou la 2/100e partie d'une ligne.

Déjà même, avec nos meilleurs microscopes actuels, ne peut-on pas reconnaître, sur un grand nombre de cellules, des pores dans la membrane ? Les cellules épidermiqnes, par exemple, de l'*Emys europæa* et d'autres reptiles, m'ont présenté un pointillé tellement serré, fin et caractéristique, que j'étais tenté de croire avoir sous les yeux des canalicules poreux évidents. En anticipant sur un examen qui viendra plus tard, mentionnons tout de suite que si les cellules ont leurs parois épaissies, soit d'un côté, soit tout autour, par la sécrétion d'une certaine substance, les canalicules doreux deviennent plus reconnaissables dans ces parties épaissies. Ainsi l'a découvert, par exemple, Funke dans l'épithélium cylindrique des vertébrés (lapin), sur le rebord terminal clair qui est tourné vers la lumière de l'intestin. Je vois quelque chose de pareil dans l'intestin de plusieurs chenilles (voy. plus bas) ; les canalicules poreux deviennent encore plus frappants, comme je viens de le dire, sur les œufs-cellules à paroi épaissie ; il en est ainsi chez beaucoup de poissons, dans la *zone pellucide* des œufs des mammifères, des œufs des holothuries, de beaucoup d'œufs d'insectes, etc.

Ces canalicules poreux pourraient, avec le temps, devenir reconnaissables sur la paroi du noyau. Je vois ainsi sur les noyaux de ces énormes cellules à noyau jaunâtre, lesquelles, chez la *Phryganea grandis* et autres, sont situées entre les lobes ordinaires du corps graisseux, un linéolé et un pointillé particuliers qui pourraient conduire à admettre la présence de canaux poreux.

Le nucléole n'est pas une partie constante des cellules. Dans plusieurs cas, comme, par exemple, dans les noyaux des fibres lenticulaires de la grenouille, dans l'œuf du rat, les globules ganglionnaires de la sangsue, l'œuf de la *Sinapta*, je me suis convaincu que cette formation n'est qu'une partie épaissie de la paroi, qu'une saillie intérieure de cette paroi ; elle semble se dessiner après que le reste du contenu du noyau s'est écoulé ; fréquemment aussi elle ne devient remarquable que dans les périodes avancées de la cellule.

9. — *Manifestations vitales de la cellule.* — Pour parler des manifestations vitales des cellules encore indifférentes, on est obligé d'employer les expressions dont se servaient les auteurs d'autrefois (Brown, Reil et autres), lorsqu'ils voulaient désigner les plus élevés ou les derniers des phénomènes de la vie organique. Par suite nous devons, nous aussi, invoquer l'*excitabilité* comme étant, en quelque sorte, la première propriété vitale de la cellule animale. Elle est, pour se servir du langage de ces auteurs, « la cause fondamentale de toutes les actions vitales ». C'est d'elle que dérivent : 1° la sensibilité et l'irritabilité, l'impressionnabilité et le mouvement, ou les *manifestations vitales de l'animalité;* 2° les manifestations des changements de matière, d'accroissement, d'augment, qu'on appelle d'ordinaire *activités végétatives.* Puisque les cellules présentent un certain enchaînement dans leur structure, il serait important de savoir localiser les manifestations d'activité dans l'intérieur de l'organisme de la cellule. Personne cependant n'est en état de produire quelque chose de certain là-dessus; il semblerait peut-être ressortir de l'observation, que le contenu de la cellule est d'une dignité plus grande que la membrane, et que seul il peut servir de base au processus irritatif et sensible. Quant au noyau, assez de faits indiquent qu'il est en rapport avec la reproduction de la cellule, qu'elle ait lieu par division ou par bourgeonnement (1).

On a reconnu sur le jaune de l'œuf de divers animaux des mouvements remarquables se passant dans la substance claire qui réunit les granules du jaune et les globules; ces mouvements rappellent les contractions des amöbes. Dujardin les a décrits sur les œufs d'un

(1) On s'est pendant longtemps, et surtout dans ces dernières années, attaché à reconnaître quel serait le classement par rang d'importance des *éléments classiques* de la cellule. Malgré quelques contradictions, il tend à s'établir aujourd'hui d'une manière définitive que le noyau est l'organe de la reproduction et la portion la plus active de la cellule, malgré l'opinion contraire que Hensen a développée (*Unters. z. Phys. der Blutkörperchen, sowie ub. die Zellennatur derselben*, in *Zeits. f. wiss. Zool.*, Bd. XI, Hft. 3, S. 253, Taf. XXII).

Le rôle du contenu est moins bien apprécié. Nous citerons *pour son originalité seulement*, et surtout pour la simplicité du point de départ relativement à l'énormité des conséquences, un travail de Beale (*Lectures on the structure and growth of the tissues of the human body*, in *Arch. of medecine*, apr., p. 207, taf. XV; oct., p. 71 ; taf. IV et V ; jan. 1862, p. 81, pl. VI-IX). D'après cet histologue anglais, il existe dans tous les tissus deux parties : l'une, matière germe (*germinal matter*), partie intégrante active ; elle se colore dans une solution de carmin et conserve cette coloration dans la glycérine ; l'autre partie, matière formée, passive, se décolore dans la glycérine. La première, composée de granules ovoïdes retenus par la membrane de matière formée, élève à sa propre dignité toutes les substances venues du dehors à travers la membrane ; ces substances, après avoir pris part ainsi à la vie pendant un certain temps, se fixent peu après pour former les parties qui ne vivent pas. Les noyaux seraient des amas de matière germe ; au sein de celle-ci pourraient se déposer des amas de

Limax, Ecker sur l'œuf de la grenouille, Remak les a vus sur les globules du jaune des œufs de la poule, moi-même je les ai reconnus sur l'œuf du *Pristiurus*, où ils me produisaient tout à fait l'impression d'un phénomène vital. Ecker est aussi de cet avis; Remak, au contraire, attribue ces mouvements à l'eau d'imbibition. Qu'on réussisse à établir que ces contractions ne sont pas des phénomènes physiques dûs à des mouvements moléculaires, mais bien une manifestation vitale, et l'on aura un exemple sensible de l'irritabilité du contenu de la cellule primordiale.

10. — *Animaux monocellulaires.* — Il est digne de remarque que les petites parties homologues ou cellules, qui forment le corps des animaux, conservent dans certaines fractions du règne animal des différences de grosseur constantes. On sait que parmi les vertébrés, chez les oiseaux et les mammifères en général, les cellules et leurs dérivés sont plus petits que chez les poissons et les reptiles nus, et parmi ces derniers la salamandre de terre et le *Proteus* sont au premier rang pour la grosseur des parties celluleuses, comparativement à tous les autres vertébrés : il faut dire cependant que ce fait ne peut pas être établi partout aussi rigoureusement, puisque les globules ganglionnaires du *Proteus*, par exemple, ne paraissent être guère plusgros que ceux de la grenouille. Parmi les invertébrés, chez les arthropodes, on pourrait, en plusieurs endroits (intestin des insectes, vaisseaux urinaires, etc.), montrer des cellules plus grosses que celles qui existent chez les mollusques, les vers, etc., quoique ici certains organes déterminés (par exemple, les gros ganglions cérébraux et les longues cellules cylindriques de l'intestin des gastéropodes) présentent aussi des formations élémentaires

matière formée, en rapport avec la sénescence. On entrevoit facilement les conséquences d'une hypothèse pareille. Elle est discutée tout au long dans le *Bericht über die Fortschritte der Anat. und Phys. im Jahre* 1861, S. 8 et 9.

Quant à la membrane, les derniers travaux histologiques tendent à lui donner une importance secondaire : la signification que lui attribue Leydig nous paraît la meilleure. Schultze lui retire, de son côté, toute signification (Schultze, *Ueber Muskelkörperchen und das, was man eine Zelle zu nennen hat*, in *Arch. f. Anat.*, S. 1, 1861). Reichert (*Der Faltenkranz an den beiden ersten Furchungskugeln des Froschdotters*, in *Arch. f. Anat.*, 1861, Hft. 1, S. 133) est convaincu que la couronne de plis qu'on voit apparaître au commencement de la segmentation, appartient à *une couche limite* solide, à une membrane qui entoure déjà ces deux globes avant qu'ils se séparent. On voit donc que l'apparition de la membrane serait pour lui un fait quasi primordial; mais il n'y a là rien de constant; ce n'est pas une loi générale, et nous nous rangeons à l'opinion de Leydig. On est loin, comme on le voit, de la cellule de Schleiden-Schwann. Il faut dire que d'ailleurs, en divers endroits, Bergmann, Kölliker, Bruecke, Henle, ont démontré que cette cellule (vésiculeuse) n'est pas un fait général. Par conséquent, comme le remarque Henle dans son compte rendu, Schultze (*loc. cit.*) n'a fait que renouveler, en d'autres termes, une question à peu près vidée.

d'un grand développement. En tout cas, que l'on ait toujours présents à l'esprit ces rapports de grandeur des parties élémentaires, parce que, chez les protozoaires ou les infusoires, les parties homologues aux cellules paraissent rester presque toujours si extraordinairement petites, qu'on a considéré par habitude, et à tort, ce me semble, la substance de leur corps comme une masse homogène de même nature. Je vais à dessein m'arrêter quelque temps sur ce point. Dès qu'on eut connaissance de la découverte de Schwann, Meyen (1) tint le langage suivant : les infusoires, qui, par leur petitesse sans égale, sont considérés comme les formes les plus inférieures, représentent des êtres monocellulaires par rapport aux autres animaux, lesquels ne sont que des agrégats de cellules se disposant d'elles-mêmes et d'un commun accord pour constituer un tout. De Siebold, Kölliker et d'autres, se sont exprimés conformément à cette opinion. On peut ajouter que chez quelques-unes des plus petites formes, les monades par exemple, et même chez de plus grosses, par exemple, celles des *Polytoma*, *Difflugia*, *Enchelys* (2), une pareille affirmation n'est pas sans quelque fondement ; mais, pour ce qui concerne les formes complexes, si l'on voulait à toute force voir en elles des animaux monocellulaires, il faudrait, d'après la comparaison exacte d'Oscar Schmidt, donner plus d'extension à la conception de la cellule, et je serais tenté d'ajouter qu'il faudrait agir ici comme l'école naturo-philosophique a fait avec la vertèbre. De telles opinions ne prennent racine que dans des observations insuffisantes.

Quoique Ehrenberg se soit trompé plusieurs fois dans ses détails, sa pensée fondamentale, qui attribue aux infusoires un organisme différentiel, se trouve de plus en plus confirmée par les recherches nouvelles. Chez de plus grosses espèces, à l'aide de grossissements convenables, il peut être aussi question de différenciation histologique. Si j'examine, par exemple, des animaux d'un plus grand volume des genres *Vorticella*, *Epistylis*, etc., avec un grossissement de 780 fois (3); la substance du corps, qui se trouve sous un cuticule bien distinct et fréquemment marqué de stries transversales, stries qui ne peuvent provenir de plis, puisqu'on les voit l'animal étant parfaitement étendu, cette substance, dis-je, n'est nullement une masse gélatineuse uniforme ; elle se comporte, au contraire, au microscome, comme la substance placée au-dessous de la peau des rotateurs ou de certaines larves d'insectes. Ainsi, on distingue fort bien des granules ovoïdes,

(1) *Müller's Archiv*, 1854.

(2) Voyez les descriptions exactes que A. Schneider a publiées là-dessus dans les *Archives* de Müller, 1854.

(3) Kellner, *Syst.*, 3, O. II.

qui s'accusent plus nettement dans l'acide acétique et qui, conformément à l'habitude des *nuclei*, sont placés avec une certaine régularité dans une substance transparente et molle. Chez les rotateurs, les larves d'insectes, etc., cet aspect est fréquemment le même; seulement les *nuclei* sont plus gros, et c'est pour cela que l'observation est plus nette, comme si, dans l'origine, chaque noyau avait possédé comme *territoire cellulaire* une certaine sphère de substance maintenant uniforme. En outre, les travaux que Max Schultze a faits sur la structure des rhizopodes ne sont nullement propres à faire accepter, même pour ces animaux, une substance homogène constitutive : on trouve aussi, dans leur masse fondamentale finement granuleuse, des noyaux renfermant des vésicules. Citons encore ces corps batonoïdes, sur lesquels O. Schmidt a appelé l'attention (lui qui a toujours été opposé à la monocellularité), corps que l'on trouve dans la peau de quelques infusoires (*Paramœcium Bursaria, P. aurelia, P. caudatum, Bursaria leucas*, qu'on trouve, même chez des groupes plus élevés, comme formant le contenu des cellules de la peau. Lachmann et Claparède ont trouvé des corpuscules pareils, mais beaucoup plus épais, ressemblant à s'y méprendre aux organes urticants des campanulariés, dans un animal qu'on peut très-probablement ranger parmi les acinétinés ; ils ont vu toujours de deux à neuf de ces corpuscules renfermés dans une vésicule (cellule?) ronde et particulière. Allmann prétend aussi avoir vu des bâtonnets fusiformes sortir des filaments urticants des infusoires susnommés. Que dans l'*Opalina ranarum*, avec l'emploi des réactifs, on rende visibles de nombreux noyaux, c'est un fait à noter, puisque le classement de cet être parmi les infusoires est devenu douteux (la zone-bordure de l'*Opalina*, du rectum du *Bombinator igneus* me paraît être d'une belle structure celluleuse). Mais rappelons autre chose encore : ce qu'on appelle le noyau des infusoires n'est pas, comme déjà plusieurs chercheurs l'ont vu, comme je l'ai reconnu moi-même sur le noyau spiroïde des vorticellinées, un corps complétement homogène; au contraire, si on le fait sortir d'un animal vivant, on remarque bien en lui une enveloppe distincte et un noyau granuleux. En outre, et cela me paraît être une raison concluante, la substance contractile qui est dans le pédicule des vorticellinées ne diffère nullement des muscles des derniers invertébrés. Qu'on choisisse, pour l'observation, de grosses espèces, de forts grossissements, et l'on trouvera que ce muscle manifeste les mêmes divisions que les muscles des rotateurs, des turbellariés, etc.; en d'autres termes, que le muscle montre, là où il possède quelque épaisseur, une enveloppe délicate, ce qu'on appelle le sarcolemme, et, en dedans, la substance contractile, qui, à l'état d'extension, se présente avec le même dessin transversal que si elle était formée de petits coins chassés transversalement les uns à côté des autres (ces coins sont les particules charnues primitives); du côté de l'animal, à l'endroit où le muscle diminue d'épaisseur, il devient plus homogène suivant que son diamètre transversal diminue. Aussi, par la réfringence, par la manière dont il s'émiette, le muscle des vorticellinées se montre-t-il à nous comme les muscles de même structure des autres invertébrés.

Ces résultats de l'investigation seraient déjà suffisants pour nous permettre de conclure que, chez les infusoires aussi, ce sont les plus petites unités organiques équivalentes aux cellules qui contribuent à la formation de l'animal; mais, par l'extrême petitesse de ces unités, il devient impossible à nos instruments d'optique de les suivre plus loin dans leurs propriétés.

Le plus grand nombre des observateurs qui s'occupent depuis quelque temps de l'étude des infusoires, par exemple, Stein (1), Cohn (2), Perty et Claparède (3), Lachmann (4), ne sont guère partisans de la *monocellularité*, ou bien la combattent; cependant, dernièrement, Auerbach s'est déclaré en faveur de la monocellularité des amöbes (5).

Par Lachmann on apprend aussi que déjà John Müller, dans ses travaux sur l'anatomie comparée, s'était depuis longtemps prononcé contre cette analogie prétendue d'un infusoire et d'une cellule. Les *grégarines*, qui me paraissent n'être que des formes animales non développées, pourraient surtout être invoquées dans la question en litige; cependant Stein s'élève contre cette assimilation pour plusieurs raiss.

Après cette diversion, qui anticipe sur beaucoup de questions, et qui n'a pu que modifier le plan de notre exposé, revenons à la cellule et à ses métamorphoses.

(1) *Recherches sur les infusoires et l'histoire de leur développement.*

(2) *Zeitsch. f. w. Zool.*

(3) *Ueber Actinophrys Eichhornii*, in *Müller's Archiv*, 1854.

(4) *De infusorium, imprimis verticellinorum structura*, 1855, traduit avec des additions importantes dans les *Archives* de Müller, 1856.

(5) *Zeitsch. f. w. Zool.*, 1855.

Voici comment s'exprime Gegenbaur (*Grundzüge der vergleichenden Anat.*, Leipzig, 1859) sur cette question de la monocellularité, à la page 43 : « Quoique cette théorie (de la monocellularité) ait des avantages incontestables dans l'appréciation des organes des animaux inférieurs, sa généralisation et surtout son extension à tous les rhizopodes et aux êtres rangés parmi les infusoires rencontrent beaucoup d'obstacles : aussi son emploi exige-t-il une grande réserve. »

11. — *Métamorphoses de la cellule.* — Chaque cellule accuse une vie propre, on pourrait dire individuelle; il en résulte que les cellules qui, primitivement (après la segmentation), présentaient un caractère commun, parcourent certains changements dans leur forme et dans leur contenu. Elles éprouvent des *métamorphoses*, qui peuvent elles-

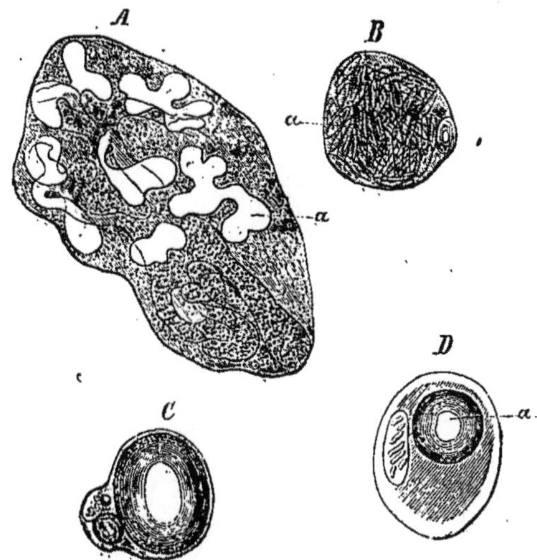

Fig. 8. — De la métamorphose des cellules.

A. Cellule tirée des glandes céricifères de la chenille du *Saturnia Carpini* et pourvue d'un noyau *a* à plusieurs ramifications.

B. Cellule tirée du *tapetum* d'un requin (*Spinax*) avec un contenu cristallin, *a*.

C. Cellule graisseuse d'un poisson blanc.

D. Cellule graisseuse d'un poisson à aiguillon (*Piscicola*). — *a.* Les goutelettes graisseuses.

mêmes finir avec la disparition de la forme propre de la cellule. Pour citer quelques-uns de ces changements, nous dirons que la cellule globuleuse peut s'aplatir, prendre une forme conique, arrondie, croître dans les directions les plus différentes : le noyau peut aussi passer de la forme ronde à la forme ovale, cylindrique, se ramifier dans quelques cas rares (chez les insectes, dans les cellules de sécrétion des glandes salivaires ou des vaisseaux à filer, dans les vaisseaux de Malpighi de certains lépidoptères ; c'est là jusqu'à présent le seul exemple du passage du noyau à une forme compliquée, pendant que la membrane de la cellule conserve sa forme simple). Le noyau peut, en outre, se multiplier sans que la cellule se divise, et, de cette manière, il donne naissance à une cellule à plusieurs noyaux (cellules musculaires, certaines cellules de la moelle des os). Quelquefois, dans le nucléole, surviennent de petites cavités (taches germinatives d'un grand nombre d'invertébrés). Il est plus rare que le nucléole s'allonge; cependant j'ai décrit sa forme allongée dans les cellules épidermiques du *Cobitis barbatula;* Remak l'a décrite aussi pour les grosses cellules marginales du feuillet corné du petit poulet arrivé à développement (1); enfin, cette forme appartient aux nucléoles situés dans les noyaux des fibres lenticulaires de la grenouille.

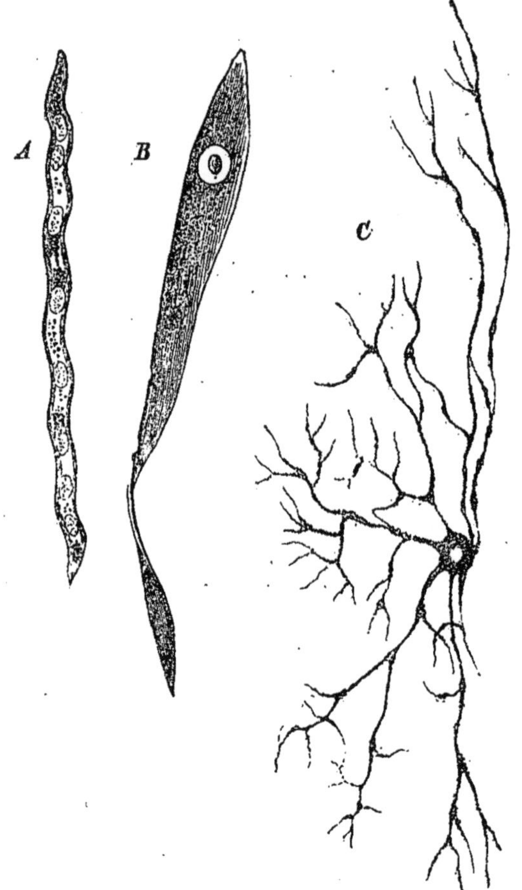

Fig. 9. — De la métamorphose des cellules.

A. Cellule musculaire de la musculature du tronc d'un embryon de requin (*Spinax acanthias*).
B. Cellule du cristallin de cet animal.
C. Cellule pigmentaire fortement ramifiée de l'ovaire de la *Piscicola.* (Fort grossissement.)

Le contenu de la cellule se transforme de diverses manières, en substance nerveuse, en matière contractile, en matières colorantes : hématine, sépia, pigment granulé, chlorophyle (chez l'*Hydra,* parmi les

(1) *Loc. cit.*, planche I, fig. 14.

turbellariés, chez les *Vortex viridis*, *Convoluta Schultzii*, *Bonellia;* parmi les infusoires, chez les *Euglena*, *Loxodes*, *Stentor*), en graisse, en concrétions de diverse nature. La matière phosphorescente du ver luisant, comme je le vois sur le *Lampyris*, est aussi un contenu cellulaire.

Que si l'on considère les parties solides du contenu des cellules, on voit que ce contenu peut être simplement granuleux, ou bien formé de petits cristaux (par exemple, les petites paillettes à reflet métallique des vertébrés inférieurs). Fréquemment le contenu renferme de plus grosses vésicules : les vésicules d'albumine dans le jaune de l'oiseau, des sélaciens, les vésicules graisseuses, les globules de chlorophylle.

Un phénomène digne de remarque dans la métamorphose du contenu de la cellule, est la formation de certains produits de sécrétion dans des vésicules particulières situées dans l'intérieur de la cellule, dans les *vésicules de sécrétion.* Ainsi, la formation des acides de l'urine chez les mollusques, de la biline chez les mollusques et les crustacés, comme H. Meckel l'a reconnu le premier, constitue à mes yeux le même phénomène que celui qui se passe dans les cellules muqueuses de l'épiderme des poissons, des glandes salivaires du *Limax*, etc.

Une autre métamorphose très-importante est celle par laquelle les cellules rejettent au dehors des substances de qualité chimique variable, cellulose, gélatine, chondrine, chitine. Cette sécrétion peut, dans un certain cas, être en quantité si faible, qu'il n'en résulte qu'un très-léger épaississement de la membrane de la cellule, auparavant très-mince; cette membrane devient aussi plus résistante aux réactifs. Dans d'autres cas, la substance sécrétée est si faible, qu'elle est à peine reconnaissable à l'observation ordinaire; elle ne sert qu'à coller les cellules les unes aux autres. D'autre part, il arrive qu'une matière peut être sécrétée entre les cellules en si grande quantité, que les parties celluleuses se trouvent notablement éloignées les unes des autres. Cette matière est désignée communément sous le nom de *substance intercellulaire*, et c'est elle qui, par la puissance de sa masse, devient d'une grande importance pour la constitution de l'organisme.

Enfin, dans ces métamorphoses, qui compromettent l'individualité de la cellule et même la détruisent entièrement, on voit les cellules s'accroître en filaments fibreux et restiformes, ou bien se fondre pour former des cavités creuses; c'est ce qui a lieu dans la formation du sang et de la lymphe, de la trachée, des diverses cavités situées dans les cartilages et les os; peut-être aussi s'aplatissent-elles sur leurs bords pour former des téguments minces (épithélium du cœur?).

12. — *Tissu.* — Le but de la métamorphose des cellules est la pro-

duction des tissus, de ces masses volumineuses résultant de la réunion des cellules et des formations celluleuses, en vue de fonctions déterminées. Avant de grouper les tissus, je crois pouvoir faire remarquer que toute systématisation est affectée d'arbitraire. Chacun, d'après sa manière de penser et suivant ses tendances, choisira tel ou tel point de vue et fera son groupement en conséquence. L'un s'attachera aux différences, l'autre aux analogies ; celui-ci ne laissera subsister que des groupes, celui-là fera beaucoup de divisions.

Quant à la classification des tissus en particulier, il est difficile, il me semble, de la baser logiquement sur la forme des parties : ainsi, par exemple, on ne serait pas en état, même en les supposant isolés, de différencier les corpuscules cornéens anastomotiques des derniers réseaux si ténus des fibres nerveuses de la cornée des vertébrés; la connexion de ces réseaux avec les nerfs peut seule écarter le doute. Il serait tout aussi difficile de distinguer par leur forme certaines cellules épithéliales allongées des fibres musculaires lisses. Aussi prendrai-je pour guides les rapports physiologiques des parties élémentaires, et disposerai-je les tissus comme il suit.

13. — L'organisme de l'homme et de l'animal se compose en grande partie d'un tissu qui, soutenant tout le corps et ses organes, forme la charpente du corps en général, ainsi que celle des organes isolés. Chez les vertébrés, cette substance établit le squelette; chez les invertébrés, les masses qui le remplacent; elle forme la base de toutes les membranes, la charpente des glandes, et, par ses rapports de continuité, donne à tout le corps solidarité et solidité. Le *tissu de la substance conjonctive* constitue donc un *premier groupe*. Au *point de vue physiologique*, on peut en quelque sorte lui attribuer un caractère indifférent, puisqu'il ne sert que de soutien à d'autres tissus plus spéciaux; ces derniers même, si je puis m'exprimer ainsi, sont souvent placés dans une espèce de substance conjonctive à consistance plus molle.

Un deuxième groupe de tissus paraît participer principalement à la manière dont se passent l'absorption et la sécrétion. Nous pouvons nous représenter les cellules de ces tissus comme de petits laboratoires chimiques qui reçoivent des matières, les transforment et les restituent. A ce groupe appartiennent les formations épithéliales et les cellules glandulaires : *tissu des cellules restées autonomes.*

Le troisième groupe des tissus fournit le substratum de la sensation ainsi que celui des actes de l'âme : *tissu nerveux.*

Enfin, quatrièmement, le mouvement est dû au *tissu musculaire.*— La substance conjonctive est le tissu de soutien, l'échafaudage fonda mental du corps; c'est dans ses interstices de dimensions variables, ainsi que sur les surfaces planes, que les cellules restées autonomes passent leur vie; c'est là aussi que les parties élémentaires qui manifestent des énergies animales plus élevées, substance musculaire et substance nerveuse, peuvent exercer leur activité.

14. — Nous savons par l'histoire du développement que les cellules mères de la segmentation se disposent chez les vertébrés, d'après un plan général, en couches tégumentaires, en ce qu'on appelle les *feuillets du blastoderme*, le supérieur, le moyen et l'inférieur; chacun d'eux contribue, pour une part déterminée, à la formation des tissus. Ainsi, il a été prouvé que le feuillet moyen fournit le tissu de la substance conjonctive, qui contient les vaisseaux, les tissus musculaires et nerveux, tandis que les feuillets inférieur et supérieur donnent naissance à des formations purement celluleuses (ou épithéliales) dépourvues de vaisseaux et de nerfs. Si l'on cherche à donner à cette interprétation une certaine généralité théorique qui lui convienne, l'autorité de Remak s'y oppose; d'après lui, en effet, nous savons que le canal médullaire provient de la condensation centrale du feuillet supérieur, sans qu'on puisse découvrir une démarcation épithéliale sur les lames médullaires primordiales ou sur le canal médullaire qui apparaît plus tard.

Notre but sera donc d'examiner de près les quatre groupes de tissus que nous venons d'établir d'après leurs propriétés générales.

CHAPITRE II

DU TISSU DE LA SUBSTANCE CONJONCTIVE.

15. — Celui qui envisage un certain nombre de formes animales, même superficiellement, reconnaîtra immédiatement que la substance conjonctive doit beaucoup varier dans ses propriétés physiques et chimiques; on voit bien en effet que, dans le corps d'un acalèphe gélatineux, le tissu qui donne la forme et l'appui doit beaucoup différer du tissu qui forme la cuirasse rigide de la tortue ou de l'écrevisse. Cette opinion ne nous vient pas seulement en examinant des séries animales entières, mais elle se présente encore à nous tout aussi nettement, en considérant l'organisation d'un seul animal supérieur, d'un vertébré

par exemple. Pour plus de clarté, prenons deux extrêmes : l'os et le corps vitré sont rangés tous deux parmi les tissus de la substance conjonctive ; pour tous les deux la fonction est la même, abstraction faite des rapports de voisinage, c'est une fonction de soutien ; l'un sert comme de travon à un membre du corps, l'autre maintient la forme du globe de l'œil, en tendant les téguments de cet organe. Et cependant, quelle différence énorme entre la solidité et la dureté de l'os et la limpidité et la fluidité du cristallin !

Cette remarque doit suffire pour faire naître cette conviction que les tissus de la substance conjonctive représentent par leurs propriétés physiques tous les états de cohésion, et qu'ils ont à parcourir tous les degrés depuis la semi-fluidité jusqu'à la solidité et à la dureté.

16. — *Caractères généraux de la substance conjonctive.* — Les *caractères morphologiques* ou les signes propres des tissus dont il s'agit peuvent s'exprimer ainsi : dans le plus grand nombre de ses formes, la substance conjonctive est formée de cellules et d'une masse homogène intercellulaire ; les rapports de quantité dans lesquels l'une de ces parties constituantes se trouve avec l'autre, varient de cette sorte : les deux éléments se partagent la masse en portions égales, ou bien il y a prépondérance de l'un d'eux ; tantôt les cellules dominent et la masse intermédiaire est comme comprimée, et même réduite à un minimum ; tantôt, inversement, la substance intermédiaire empiète sur les cellules, même jusqu'à les exclure.

Bien des changements se manifestent soit dans la forme et le contenu des cellules, soit dans l'essence de la substance intercellulaire. Les cellules peuvent être rondes, et de cette forme, par de nombreuses transitions, passer à des formations étoilées, se reliant entre elles d'une manière restiforme ; parfois elles croissent en longs canaux ramifiés (canalicules dentaires, par exemple). Le contenu paraît être tantôt de nature indifférente, ou bien il est formé par de la graisse, du pigment, du calcaire, de l'air, et même en partie, à ce qu'il me semble, par de la matière contractile. La substance intercellulaire varie depuis la consistance semi-fluide jusqu'à celle de la gélatine, du mucus, de la colle, de la cellulose ; elle peut chitiniser, devenir calcaire.

Par suite, d'après les propriétés que présentent les cellules et la masse intermédiaire, la substance conjonctive peut se diviser en les espèces suivantes :

§ 1. — Du tissu gélatineux.

17. — *Tissu gélatineux.* — Le tissu gélatineux est très-répandu

dans l'embryon des vertébrés (tissu sous-cutané, gélatine de Warthon); mais il apparaît aussi dans le corps achevé. Je ne veux pas seulement parler du corps vitré de tous les vertébrés, mais aussi, par exemple, de la substance molle qui, chez les oiseaux, remplit le *sinus rhomboidalis* de la moelle épinière; ce tissu gélatineux, nous le rencontrons en grande quantité sous le tégument externe de beaucoup de poissons, dans leurs organes électriques et pseudo-électriques, ainsi qu'autour du canal muqueux.

Quelques auteurs (Virchow) appellent cette forme de la substance conjonctive *tissu muqueux*.

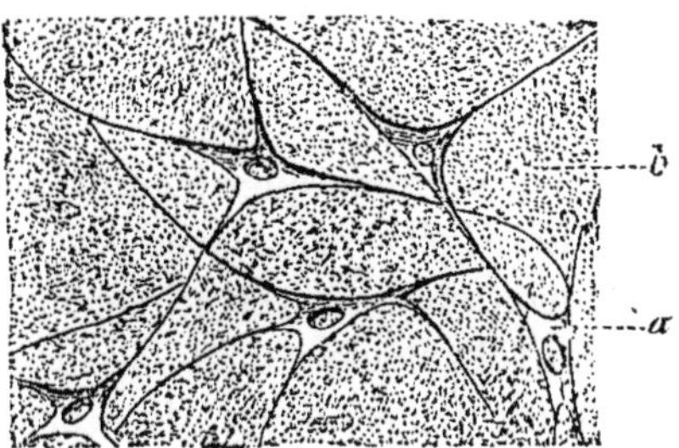

Fig. 10. — Tissu conjonctif gélatineux.

a. La charpente celluleuse. — *b*. La masse intermédiaire gélatiniforme. (Fort grossissement.)

Les cellules forment ici d'habitude, par des poussées rayonnantes et des anastomoses, un feutrage, dont les mailles renferment une matière gélatineuse qui ne donne point de colle à la cuisson; cette matière contient de l'albumine et un corps semblable au mucus. Le noyau des cellules se montre fréquemment encore dans les nodosités du feutrage. Dans d'autres cas, comme, par exemple, dans le corps vitré complétement formé, on ne trouve même plus d'éléments celluleux; la substance intercellulaire subsiste seule.

Chez beaucoup d'invertébrés, le tissu gélatineux joue un grand rôle. On l'a trouvé chez les acalèphes et les mollusques (beaucoup de gastéropodes, hétéropodes, céphalopodes, tunicatés); chez les crustacés aussi on le rencontre en certains endroits du corps. Les plexus formés par les cellules sont, dans l'origine, plus serrés; comme Gegenbaur l'a vu sur de jeunes acalèphes costés, les ramifications celluleuses se présentent comme de petits tubes distincts. Plus tard, avec le développement de l'animal et l'augmentation de la substance hyaline intercellulaire, ces plexus celluleux se transforment en fibres solides. La masse intercellulaire, d'après Schultze, ne donne pas de colle et elle ne renferme pas de mucus. C'est, jusqu'à présent, un fait isolé que cette masse contienne de la cellulose chez les tunicatés (1).

18. — A mon avis, il faut accorder un grand intérêt et une grande importance aux communications de Virchow (2) et de Schultze (3) sur les fibres situées dans la substance gélatineuse des méduses, au point de vue de la formation des fibres élastiques. Ces fibres ne sont nulle part en communication avec les ramifications des cellules : au contraire, elles forment un système fibroïde autonome; elles sont de longueur variable, homogènes, transparentes; elles courent allongées dans toutes les directions, se divisent fréquemment, se coupent entre elles sous tous les angles possibles; souvent plusieurs fibres se fondent en lames plus épaisses. Elles donnent à la masse gélatineuse de la solidité et de l'élasticité.

Je ne puis m'empêcher de remarquer ici que, peut-être, les rapports de situation de la matière gélatineuse avec les cellules ne concordent pas, chez tous les invertébrés, avec le schéma donné plus haut. D'après mes annotations d'autrefois sur le tissu conjonctif gélatineux du *Thetys*, de la peau des céphalopodes, des corps graisseux de quelques insectes (par exemple, des larves de l'*Æshna*, où la gélatine m'a paru être renfermée dans certaines vésicules des cellules), j'ai tout lieu de présumer que la gélatine constitue le contenu des cellules et non la substance intercellulaire; le tissu se présente comme s'il était composé de vésicules de différente grosseur, remplies d'une masse molle hyaline. Toutefois il faut attendre de nouvelles recherches pour savoir ce qu'il y a de vrai dans ces présomptions.

§ 2. — Du tissu conjonctif ordinaire.

19. — *Tissu conjonctif des vertébrés.* — Le tissu conjonctif ordinaire est appelé tissu conjonctif fibrillaire, bien que cette expression lui convienne peu; auparavant on le désignait de préférence sous le nom de tissu cellulaire; nous le rencontrons dans le corps des vertébrés, tantôt sous une forme solide, par exemple dans les tendons, les ligaments, comme soutien des différents téguments, tantôt sous un aspect plus mou, plus feutré, et alors il fonctionne comme tissu cellulaire interstitiel.

20. — La *substance fondamentale* ou *intercellulaire* se présente

(1) Schacht, *Müller's Archiv*, 1851.
(2) *Arch. f. path. Anat.*, 1855, p. 558.
(3) *Müller's Archiv*, 1856.

dans le tissu conjonctif ordinaire comme une matière rigide ou flexible, qui renferme de la colle et accuse très-généralement une stratification de lamelles délicates ; de là cet aspect strié qu'on rapportait autrefois à une réunion de fibrilles : c'est de là aussi que provient la désignation de *substance conjonctive fibrillaire*.

Les éléments celluleux, cellules de la substance conjonctive (corpuscules du tissu conjonctif de Virchow), conservent la forme sphérique ou émettent des prolongements qui se relient les uns aux autres. Par la manière dont ces corpuscules conjonctifs ramifiés traversent la substance fondamentale homogène et stratifiée, ils la démembrent en cordons cylindriques, ligamenteux, formant ainsi ce qu'on appelle les *faisceaux* du tissu conjonctif.

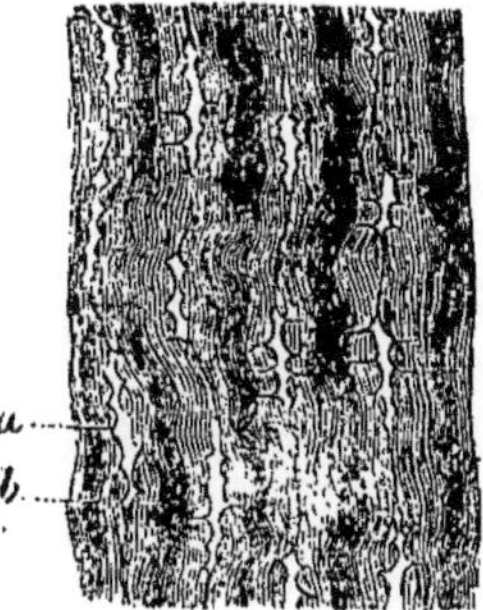

Fig. 11. — Tissu conjonctif rigide.

a. Corpuscules du tissu conjonctif. — b. Substance fondamentale striée. (Fort grossissement.)

21. — *Tissu graisseux. Cellules pigmentaires.* — Le contenu des corpuscules du tissu conjonctif peut varier beaucoup ; la cellule restée ronde se remplit de graisse, et l'on emploie alors pour la substance conjonctive correspondante l'expression de *tissu graisseux*. Ailleurs les cellules du tissu conjonctif renferment un pigment granuleux et portent dans les écrits histologiques, les noms de *cellules pigmentaires, ramifiées* ou *étoilées*. Lorsqu'il était question des cellules de la substance conjonctive en général, j'ai signalé plus haut la substance contractile comme pouvant aussi former le contenu des cellules. C'est alors précisément que j'avais présentes à l'esprit les figures pigmentaires ramifiées qu'on trouve dans le derme des amphibies ; car il me semble que le contenu hyalin des cellules réunissant entre eux les granules de pigment doit effectuer les phénomènes de contraction. — Relativement à la manière dont ces cellules sont remplies de graisse, je suis étonné de voir que chez beaucoup de poissons (l'esturgeon, par exemple), chez les oiseaux (le pigeon, au-dessous de la langue), les cellules grais-

seuses ressemblent au fruit du mûrier; on voit, en effet, placées dans la cellule, de petites boulettes de graisse bien distinctes, et fortement serrées les unes contre les autres. Leur disposition est tellement caractéristique que même une forte pression ne saurait leur enlever cette forme et les amener à se fondre ensemble. — La couleur de la graisse varie : elle est ou blanche, ou jaune, ou rouge, ou bleue, surtout chez les invertébrés. — Chez l'homme et les vertébrés, les cellules graisseuses présentent, après la mort, par le refroidissement, des cristaux de graisse (margarine); ces cristaux se groupent en étoiles, ou bien remplissent en grande partie les cellules.

L'observation faite sur le corps graisseux du *Coccus* et mentionnée plus bas, nous indique qu'il en arrive de même chez les invertébrés.

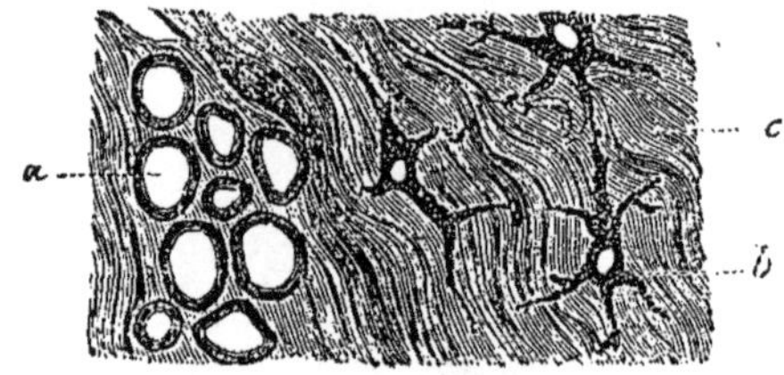

g. 12. — Tissu conjonctif dont les corpuscules sont devenus des cellules graisseuses et des cellules pigmentaires.

a. Corpuscules du tissu conjonctif renfermant de la graisse. — b. Corpuscules remplis de pigment. — c. Masse intercellulaire.

22. — On doit mettre en évidence, d'une manière toute particulière, ce fait que *les cellules ramifiées de la substance conjonctive peuvent sans intermédiaire se transformer en capillaires sanguins ou lymphatiques;* dans un cas concret (la suite nous en donnera des exemples), chaque observateur, suivant le point de vue auquel il se placera, pourra considérer les rameaux ramifiés de la substance conjonctive, soit comme des vaisseaux capillaires, soit comme des corpuscules du tissu conjonctif.

23. — *Tissu élastique.* — Un caractère général important du tissu conjonctif ordinaire et qui pourrait, par sa valeur, servir à vider quelques questions controversées, est le suivant : la masse intercellulaire prend une dureté et un état de condensation tout particulier, soit simplement dans les couches limites, soit dans les cordons qui traversent toute la masse. Cette transformation de la substance conjonctive porte le nom de *tissu élastique;* car, ainsi transformée, elle se distingue par une grande élasticité. Lorsqu'elle ne se condense que sur les couches limites, elle donne naissance aux membranes *propres* (membranes hyalines des anciens, *basement membrane* des histologues

anglais). C'est ce phénomène qui donne au chorion du tégument externe, des séreuses et des muqueuses, une bordure limite de couleur claire, une *écorce;* la couche ainsi formée devient la *membrane propre* dans les refoulements glandulaires. Au contraire, la substance fondamentale se condense-t-elle en filaments plexueux, les fibres et les lames élastiques prennent naissance; c'est là une opinion que je soutiens avec Reichert et Henle. Quant aux *fibres* appelées *spiroïdes* (bien qu'elles soient des produits artificiels), on peut dire aussi qu'elles dérivent des bordures limites des faisceaux conjonctifs. — La substance fondamentale du tissu conjonctif, ainsi transformée, devient très-résistante, fortement réfringente, et par la cuisson ne se transforme plus en colle, comme le reste de la matière intercellulaire. C'est au degré de dureté que possède la substance fondamentale qu'il faut rapporter probable-

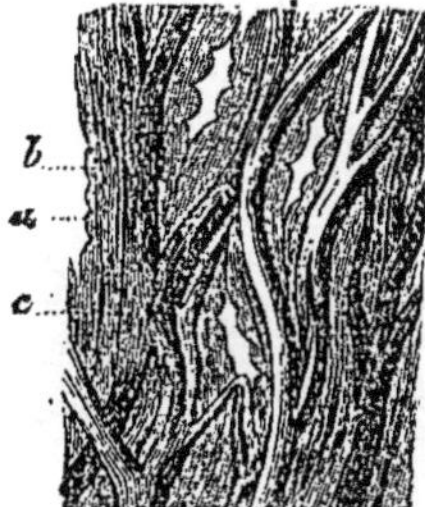

Fig. 13. — Tissu conjonctif dont la substance fondamentale s'est en partie condensée en fibres élastiques.

a. Les corpuscules du tissu conjonctif. — *b.* La substance fondamentale. *c.* Les fibres élastiques. (Fort grossissement.)

ment l'état plus ou moins opaque des contours du tissu élastique. Les *tunicæ propriæ* des glandes, par exemple, ne sont pas aussi fortement ombrées que les fibres élastiques des mammifères, et je dois ajouter ici que chez les vertébrés inférieurs (poissons et reptiles) le tissu élastique me paraît toujours être plus pâle que chez les vertébrés supérieurs. Quant aux fibres de la substance intercellulaire, mentionnées plus haut à propos du tissu muqueux, fibres qui se trouvent dans le disque gélatineux des méduses, et qui ne sont nullement en connexion avec les cellules, je les considère de par leur genèse, leur forme et leur fonction, comme étant analogues au tissu élastique des vertébrés. Je considère aussi comme étant voisins de ce tissu les fibres de la zone de Zinn, le ligament ciliaire chez les poissons, et les fibres qui dans les corpuscules de Paccini des oiseaux enlacent les renflements nerveux.

24. — *Tissu conjonctif des invertébrés.* — Le tissu conjonctif des invertébrés se comporte, quoique plus rarement, dans ses caractères

morphologiques, comme celui des vertébrés. Sur certaines régions du corps des hirudinées, chez les céphalopodes, chez les échinodermes (ligaments de l'appareil masticateur, mésentère de l'intestin de l'*Echinus*), la substance intercellulaire présente le même striage cannelé ou ondulé. Ce striage est le plus souvent un peu plus accentué ; l'alcali caustique fait apparaître les corpuscules de la substance conjonctive. Plus fréquemment, chez les invertébrés, ce sont des cellules rondes, développées, qui forment la partie importante constitutive de la substance conjonctive, et la substance homogène intercellulaire s'efface (par exemple, dans le derme des ptéropodes, de beaucoup de gastéropodes, d'arthropodes). Les cellules de la substance conjonctive peuvent se remplir de graisse ou de substance analogue à la graisse, ce qui a lieu, par exemple, et même en grande proportion, dans ce qu'on appelle les corps graisseux des insectes et le foie des hirudinées ; ailleurs il se forme du calcaire dans ces cellules (*Paludina vivipara*), et même très-fréquemment du pigment ; la matière luisante du *Lampyris* réside dans les cellules du corps graisseux.

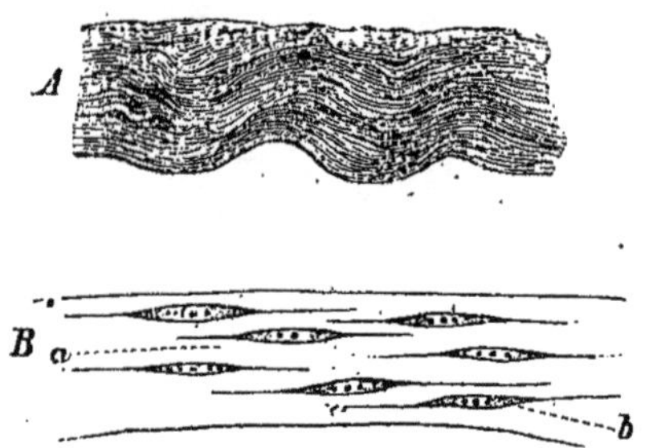

Fig. 14. — Tissu conjonctif de l'*Echinus esculentus*.

A. A l'état frais. — *B*. Le même après avoir été traité par l'acide acétique. — *a*. La substance fondamentale homogène. — *b*. Les corpuscules du tissu conjonctif. (Fort grossissement.)

25. — *Tissu conjonctif chitinisé.* — Le tissu conjonctif peut aussi durcir en présentant un phénomène spécial qu'on désigne brièvement par l'expression chitinisation (de χίτὼν, *carapace*), parce qu'on l'a remarqué pour la première fois sur les revêtements cutanés des coléoptères et des crustacés. La ressemblance histologique entre le tissu chitinisé des arthropodes et le tissu conjonctif des vertébrés saute aux yeux, si l'on regarde l'une à côté de l'autre, comparativement, une coupe de la peau d'une grenouille (coupe verticale et traitée par une solution alcaline) et une coupe perpendiculaire des élytres d'un gros coléoptère traitées aussi par l'alcali.

Dans les deux cas on a des masses homogènes très-régulièrement stratifiées, qui sont traversées par des cavités. Les interstices de la peau chitinisée qui a macéré dans une solution alcaline présentent une concordance frappante avec les corpuscules du tissu conjonctif des vertébrés. Par leurs ramifications fines, la substance conjonctive se trouve divisée en masses cylindriques; c'est ainsi d'ailleurs que les faisceaux du tissu conjonctif prennent naissance dans la substance conjonctive des vertébrés. Dans d'autres cas, les interstices du tégument chitinisé ont tout à fait l'aspect des canalicules dentaires, lesquels ne représentent que des corpuscules ayant poussé dans une direction constante. Autrefois on ne connaissait que la chitine des arthropodes, mais aujourd'hui on en a trouvé au moins des traces dans toutes les classes des invertébrés jusqu'aux infusoires. Cette question de la chitine attend encore de la part des chimistes beaucoup d'éclaircissements, car la manière dont les substances chitinoïdes se comportent avec la potasse caustique et les acides minéraux concentrés est variable : en effet, elles manifestent en général une grande résistance aux alcalis, et il y a cependant ce que je pourrais appeler des périodes de formation moins avancée, où elles sont attaquées même par une solution alcaline froide. En présence de cette incertitude qui règne encore sur la nature de la chitine, on peut se rappeler que C. Schmidt démontre qu'elle provient surtout du tissu des plantes altérées (1), et que Fremy a placé la chitine sur la même ligne que la cellulose. En outre, non-seulement le tissu conjonctif, mais aussi les muscles dont je pourrais citer des exemples, et souvent encore d'autres sécrétions celluleuses peuvent chitiniser. Mes recherches histologiques me conduisent à admettre que le tissu conjonctif chitinisé des invertébrés, qu'on trouve surtout chez les arthropodes, doit être placé sur la même ligne que le tissu élastique des vertébrés : il me semble au moins que leur parenté est évidente. Je recommanderai à ce sujet de comparer, par exemple, les petits tendons du réseau musculaire cutané des oiseaux, tendons qui sont formés de tissu élastique, avec les tendons chitinisés des arthropodes; on ne pourra pas alors révoquer en doute la parfaite concordance des deux tissus dans leurs propriétés chimiques et physiologiques. On trouve un autre exemple de substance conjonctive chitinisée chez les vertébrés, dans les filaments cornés qui se tiennent roides sur les nageoires des sélaciens et d'autres poissons.

Depuis longtemps, et dans tous les écrits histologiques, on voit se perpétuer une querelle sans intérêt : le strié de la substance fondamentale du tissu conjonctif ordinaire est-il dû à des fibrilles de forma-

(1) Voy. *Phys. wirb. Thiere*, 1845.

tion préalable, ou seulement à de fines plissures ou encore à des strates? Cette dernière manière de voir, qui appartient à Reichert, tend actuellement de plus en plus, et avec raison, à se faire accepter. On a objecté que, dans toutes les coupes obliques des tendons desséchés, les petits points apparents ne peuvent fournir qu'une preuve très-douteuse de l'existence de fibrilles de formation préalable; cette objection n'a aucune portée. A ce sujet, Reichert a déjà rappelé que si les lamelles sont si fines, et que si les plis sont tellement petits que, dans l'étendue du champ de l'instrument et par les plus forts grossissements, ils ne peuvent indiquer qu'un strié obscur, il n'est pas permis néanmoins d'exiger que les petits plis des lamelles fassent saillie sur les coupes obliques comme des courbes; ils ne peuvent se manifester que par un pointillé sombre.

La représentation que nous avons donnée plus haut des corpuscules de la substance conjonctive, paraît peut-être avoir quelque chose de trop dogmatique, et, bien que je croie être en mesure de la justifier, je ne dois pas dissimuler que d'autres observateurs pensent différemment. Henle considère les corpuscules du tissu conjonctif comme étant « une réunion mélangée » dans laquelle se trouvent aussi bien des interstices ramifiées que des cellules renfermées dans ces interstices. Bruch partage cette manière de voir. Mais tout en reconnaissant volontiers que les *fissures* ramifiées et dépourvues de cellules sont peut-être aussi nombreuses que celles qui en renferment, il me semble qu'il n'y a point d'objection à faire au schéma ci-dessus mentionné. Je crois, en effet, que la substance intercellulaire se condense autour des cellules de la substance conjonctive en vertu du phénomène par lequel elle forme autour des cellules cartilagineuses les capsules cartilagineuses. Que par la suite la cellule primitive vienne à disparaître, la capsule du tissu conjonctif sera tout simplement dessinée par les contours épaissis de la substance intercellulaire; mais, pour cette raison, il est difficile de considérer cette dernière substance comme réellement différente de celle qui indique encore la cellule primitive!

Les *cellules graisseuses* ne peuvent pas être considérées comme étant une formation particulière; elles doivent être rapportées à des corpuscules du tissu conjonctif devenus graisseux. On s'en convainc, si l'on considère les endroits où les cellules cartilagineuses se changent en cellules du tissu conjonctif pour se remplir peu à peu de graisse. A cette manière de voir répondent très-heureusement les communications et dessins que Kölliker a donnés dans sa grande anatomie microscopique (p. 19 et 20) sur les changements subis par les cellules graisseuses dans l'anasarque de la peau; cependant cet auteur ne partage pas notre opinion. Mais il est évident que les cellules peu remplies ou dépourvues de graisse, fusiformes ou étoilées (*loc. cit.*, fig. 9), sont bien des corpuscules du tissu conjonctif, qui, après la fonte de la graisse, ont repris leur forme originelle.

Quant à cette interprétation des cellules pigmentaires, d'après laquelle elles ne seraient que des corpuscules étoilés du tissu conjonctif renfermant du pigment, il est facile de la justifier, si l'on considère, par exemple, le bord cornéen coloré du derme des poissons et des reptiles.

En ce qui concerne les fibres spiroïdes qui, suivant la description ordinaire, devraient enlacer les faisceaux conjonctifs sous la forme de fines fibres élastiques, il faut les considérer comme des produits artificiels. Elles n'ont point d'existence propre; ce sont, au contraire, des parties de la couche corticale élastique condensée des faisceaux du tissu conjonctif. Si l'on fait gonfler ces derniers dans l'acide acétique, la couche corticale membranoïde se déchire par places, se resserre et représente alors des fibres cannelées tout autour des faisceaux du tissu conjonctif. Une observation qui répond parfaitement à cette explication a été faite, il y a plusieurs années, par Luschka sur le tissu conjonctif de l'*Omentum majus;* Reichert aussi avait déjà considéré l'existence des fibres spiroïdes comme illusoire. Que si (avec Henle) on prend

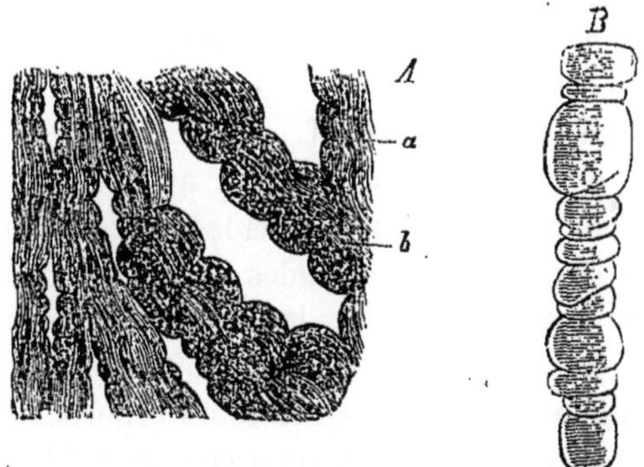

Fig. 15. — Cette figure rend sensible la formation des fibres spiroïdes.

A. Tissu conjonctif frais. — *a*. Les corpuscules du tissu conjonctif. — *b*. La substance fondamentale qu'ils fractionnent en faisceaux.

B. Un faisceau traité par l'acide acétique ; la membrane limite du faisceau est déchirée, et, en se contractant, elle a formé des rayures isolées.

les corpuscules du tissu conjonctif pour des interstices, pour des fissures entre les faisceaux du tissu conjonctif, dans lesquelles, d'ailleurs, de son aveu, on peut trouver des cellules emprisonnées, il faut admettre que les membranes qui se déchirent en formant des fibres spiroïdes sont absolument équivalentes aux couches limites élastiques et épaissies des faisceaux du tissu conjonctif. Si, au contraire, on considère les corpuscules du tissu conjonctif comme des cellules étoilées avec des canaux anastomosés partageant la masse intercellulaire en cordons cylindriques et fasciculoïdes, on doit attribuer à la membrane élastique, qui peut se désagréger en formant des faisceaux spiroïdes, la signification d'une membrane celluleuse devenue rigide. Si l'on accepte, comme je l'ai émis plus haut, que, dans le cartilage, la substance intermédiaire est condensée autour des parties celluleuses, de manière à former des capsules cartilagineuses, on peut admettre aussi ce même fait comme propre au tissu conjonctif, et les deux points de vue que nous venons d'indiquer se fusionnent parfaitement.

Il arrive qn'en différents points du corps de l'homme et de l'animal les corpuscules du tissu conjonctif ont tellement grossi qu'ils l'emportent sur la substance intermédiaire ; c'est là surtout le cas de l'arachnoïde du cerveau et de la moelle épinière, et celui du tissu conjonctif de l'articulation du genou; par conséquent, ce sont ces régions que l'on recommande aux observateurs pour démontrer avec certitude les fibres spiroïdes. On pourra faire aussi plus loin quelques applications spéciales de ces remarques, par exemple, au point de vue des cavités lymphatiques capillaires; je rappellerai encore une fois que je considère comme étant identiques : 1° les grosses cavités (celles de l'arachnoïde, par exemple), au point de vue de leur genèse et de leur signification; 2° les corpuscules du tissu conjonctif, ou les petites cavités en forme de fissures du tissu conjonctif.

Pour appuyer encore l'opinion que j'ai avancée sur les fibres spiroïdes, on peut dire que l'on voit parfois les faisceaux musculaires primitifs enveloppés par des fibres spiroïdes également apparentes. Ce fait se présente à moi avec netteté dans la musculature striée du pharynx du *Torpedo marmorata :* les faisceaux primitifs sont étroits et le sarcolemme, s'étranglant en formant des tours rapprochés, présente les fibres spiroïdes qu'on trouve sur le tissu conjonctif. Il en est de même pour les nerfs de Remak et le nerf olfactif des vertébrés.

Parfois, après l'emploi de l'acide acétique, on observe aussi un strié particulier, transversal des ligaments du tissu conjonctif, lesquels rappellent alors les muscles striés. Cette apparence provient, comme je m'en suis convaincu sur la peau du *Polypterus*, de corpuscules du tissu conjonctif, dans lesquels les ramifications à direction transversale se suivent très-serrées les unes contre les autres. Au lieu de donner une explication plus détaillée, je me borne à renvoyer le lecteur à la figure suivante.

On avait jusqu'à présent placé le tissu chitinisé des arthropodes dans le tissu corné ou dans les formations épithéliales. On s'en tenait, en

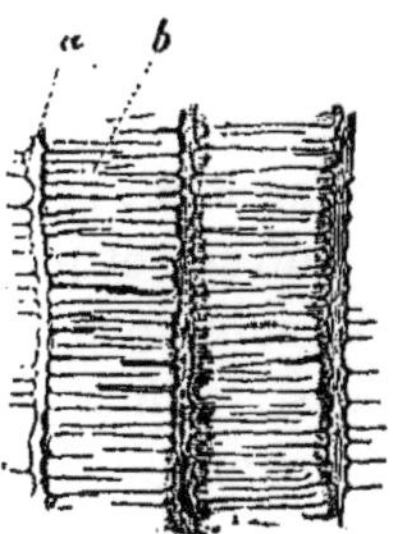

Fig. 16. — Du derme du *Polypterus bichir*.

a. ɪpuscules du tissu conjonctif. — *b*. Substance fondamentale qui présente un strié transversal dû aux nombreuses ramifications de ces corpuscules. (Fort grossissement.)

effet, pour la connaissance de sa structure, à cette notion peu importante, à savoir, que ce tissu formait souvent la limite extérieure du corps de l'animal.

J'ai dû, d'après mes recherches, le ranger parmi les tissus conjonctifs (1). Dans le mémoire du docteur Morawitz (2), cette parenté historique de ces substances se trouve aussi indiquée (3).

Sur la chitine, au point de vue chimique, voyez Schlossberger (4).

§ 3. — Du tissu cartilagineux.

26. — *Tissu cartilagineux.* — Ce tissu n'est pas seulement très-flexible et très-élastique, mais il est encore plus solide et plus rigide que le tissu précédent. Blanc comme du lait, bleuâtre ou jaunâtre à l'œil nu, il se compose microscopiquement soit presque entièrement de cellules (cellules cartilagineuses des auteurs), soit, ce qui est le cas le plus fréquent, de cellules et de substance fondamentale ; l'un de ces deux éléments peut prédominer.

27. — On sait que le tissu élastique peut être considéré comme étant une variété du tissu conjonctif ; on peut aussi diviser le tissu cartilagineux en cartilage hyalin ou cartilage proprement dit, et en tissu cartilagineux jaune ou fibro-cartilage. De plus, ainsi que pour le tissu conjonctif, la différence entre ces deux cartilages réside non dans les

(1) Voy. *Müller's Archiv*, 1855, *z. feineren Bau der Arthropoden.*

(2) *Quædam ad. anat. Blatiæ germ. pertinentia*, 1853.

(3) *Reichert's Jahresbericht*, 1854.

(4) *Zur näheren Kenntniss der Muschelschalen, des Byssus und der Chitinfrage in den Ann. d. Chem. u. Pharm.*, XCVIII, Bd. I, Hft.

cellules, mais dans l'essence de la matière intercellulaire. — Celle-ci, dans le cartilage proprement dit, est homogène, uniforme et donne de la chondrine par la cuisson; dans le fibro-cartilage elle est condensée en faisceaux plexueux de même que la substance intercellulaire, dans le tissu conjonctif, est transformée en plexus élastique. Les faisceaux, dans le cartilage, cheminent rarement parallèlement les uns aux autres; le plus souvent ils forment feutrage et prennent un aspect raboteux, et pour ainsi dire granuleux. La substance du fibro-cartilage présente une grande résistance aux solutions alcalines, et ne donne pas de chondrine; en un mot elle se comporte comme du tissu élastique.

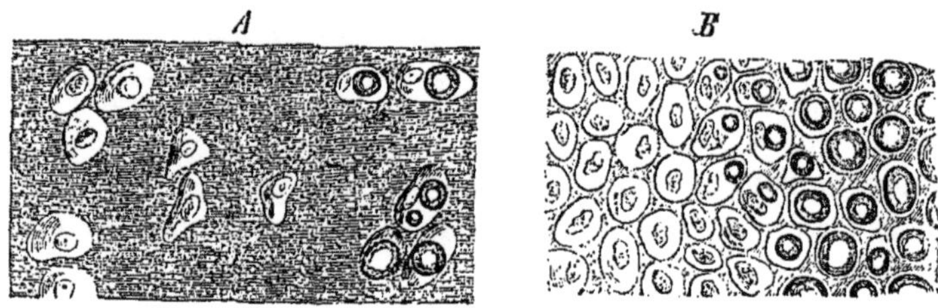

Fig. 17. — Cartilage hyalin.

A. Cartilage dans lequel la substance fondamentale domine. — *B*. Cartilage avec prédominance des éléments cellulaires.

Une partie des cellules dans les deux portions de la figure ont des gouttelettes graisseuses pour contenu. (Fort grossissement.)

Les cellules cartilagineuses varient beaucoup dans leur forme; elles peuvent être rondes, longues, fusiformes et parfois allongées; on les trouve aussi ramifiées et (chez les poissons) elles forment un plexus canaliculé par leurs ramifications.

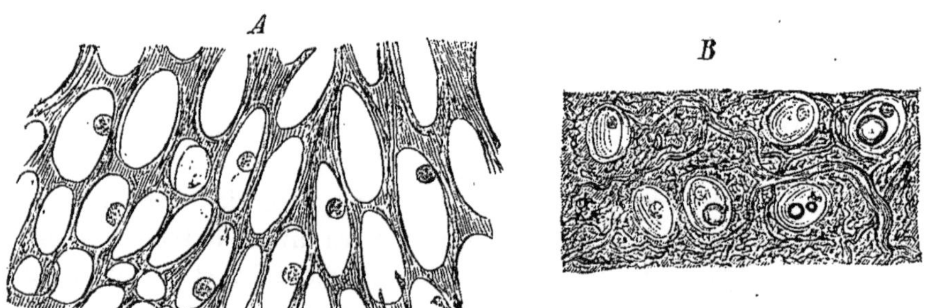

Fig. 18.

A. Cartilage celluleux de la corde dorsale du *Polypterus*.
B. Fibro-cartilage ou cartilage réticulé. La substance intercellulaire s'est condensée en un réseau fibroïde élastique. (Fort grossissement.)

Dans l'intérieur du cartilage, la forme des cellules peut être diverse; ainsi, lorsqu'elles arrivent au bord libre du cartilage, c'est-à-dire à la périphérie, elles s'aplatissent et leur diamètre longitudinal devient parallèle au bord. Le contenu est aussi sujet à des variations ; c'est une substance transparente, ou granuleuse, ou grumelée ; il n'est pas rare aussi qu'il soit partiellement ou intégralement graisseux ; le cartilage peut même paraître exactement semblable au tissu graisseux qui provient du tissu conjonctif. Si l'on examine, par exemple, les cartilages laryngiens des rongeurs, il semble qu'on n'a pas sous les yeux du cartilage, mais bien du tissu graisseux proprement dit ; toutefois, un examen plus exact montre que c'est bien du cartilage dont les cellules, séparées par un minimum de substance intermédiaire, sont remplies de graisse. Il est plus rare que des noyaux de pigment soient renfermés dans des cellules de cartilage ; j'en connais cependant un exemple, dans la sclérotique du *Menopoma alleghanensis*, qui est formée d'un cartilage hyalin : on y voit clairement que la plupart des cellules renferment dans leur intérieur une quantité variable de granules de pigment. Il arrive aussi que tout autour des parties celluleuses, dans le cartilage hyalin, la substance fondamentale se condense ; ainsi condensée, elle se distingue comme une capsule cartilagineuse de la cellule cartilagineuse qu'elle emprisonne.

28. — Chez les invertébrés, le tissu cartilagineux proprement dit paraît être beaucoup plus rare ; à ma connaissance, il n'a été observé jusqu'à ce jour que sur les céphalopodes et sur le squelette de l'appareil respiratoire des vers à branchies, quoique pour les besoins ordinaires du langage, on appelle cartilage tout ce qui en rappelle la consistance. D'ailleurs, je ne pourrais guère combattre l'opinion de celui qui considérerait le manteau des tunikatés comme formé par le tissu cartilagineux, au lieu de le placer, comme je l'ai fait plus haut, dans le tissu gélatineux. Chez les vertébrés aussi, il est des formations qu'à première vue on prendrait pour du cartilage, et que l'examen microscopique fait classer dans le tissu conjonctif rigide. C'est, par exemple, le cas des disques cartilagineux appartenant au membre inférieur des oiseaux et des sauriens, celui du châssis cartilagineux qui se trouve dans le limaçon de l'oiseau ; c'est encore en partie ce qui a lieu pour la paroi du système canaliculé latéral des sélaciens, etc. Il n'y a là que du cartilage, dont les cellules rameuses ressemblent complétement aux corpuscules du tissu conjonctif ; de plus, la substance fondamentale qui les sépare y est moins abondante que dans le cartilage proprement dit.

§ 4. — Du tissu osseux.

29. — *Tissu osseux.* — Cette variété de la substance conjonctive est caractérisée par ce fait que la matière intercelluleuse se mélange avec des combinaisons inorganiques, surtout avec des phosphates et des carbonates calcaires ; et c'est par là qu'elle atteint le maximum de dureté. La substance intercellulaire, dans des cas rares, chez quelques poissons (*Belone*, *Lepidosiren*), est de couleur verte, et présente la structure stratifiée du tissu conjonctif ordinaire ; les lamelles sont encore plus claires et plus marquées que chez celui-ci, par suite d'un processus d'ossification qui donne des contours plus durs et plus tranchés. Les éléments cellules conservent leur vide central et portent le nom de corpuscules osseux ; leur grosseur est diverse ; quant au noyau, tantôt il subsiste, tantôt il a disparu.

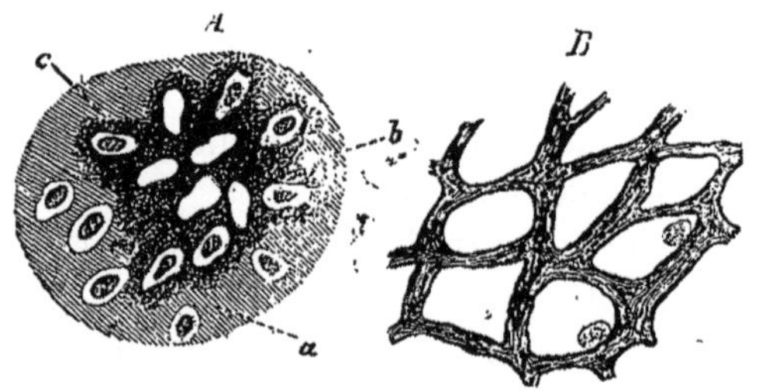

Fig. 19.

A. Ossification du cartilage hyalin de la Torpille. — *a*. Cartilage hyalin avec ses cellules. — *b*. Sels calcaires déposés par lesquels les cellules cartilagineuses se transforment en corpuscules osseux.
B. Cartilage celluleux ossifié de la base d'un aiguillon cutané de la *Raja clavata*. (Fort grossissement.)

C'est à tort que les corpuscules osseux ont été considérés pendant longtemps comme renfermant de la matière calcaire ; cependant déjà,

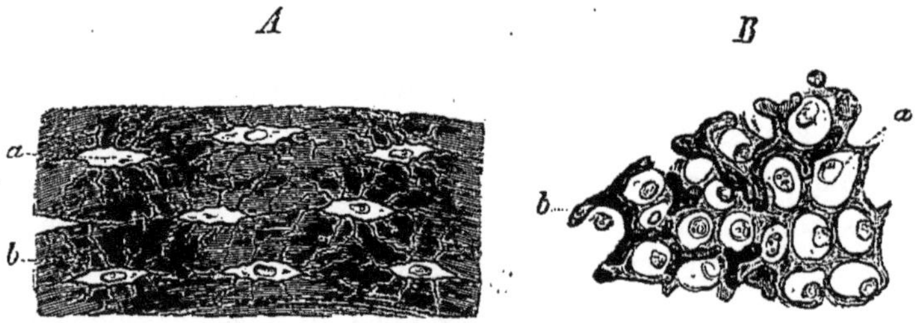

Fig. 20.

A. Tissu conjonctif ossifié. — *a*. Corpuscules osseux étoilés. — *b*. Substance fondamentale.
B. Incrustation de cellules cartilagineuses (du conduit aérien de la couleuvre à collier). — *a*. Les cellules. — *b*. Les dépôts calcaires.

en 1835, Treviranus avait avancé l'opinion qui prévaut généralement aujourd'hui, à savoir que ces corpuscules sont remplis par un liquide. Cependant il me semble aussi que, parfois, dans les os à cavités aériennes des oiseaux, et par *territoires*, les corpuscules osseux renferment de l'air pendant la vie; je crois avoir observé quelque chose de semblable, au moins dans le sternum du héron.

Les corpuscules osseux ont le plus souvent une forme étoilée, comme les cellules du tissu conjonctif ordinaire; rarement ils manquent de ramifications (c'est le cas des sélaciens). Dans les os dentaires, qui doivent être rapportés au tissu osseux proprement dit, les cellules paraissent s'être développées en formant de longs canalicules ramifiés (canalicules dentaires).

30. — Parlons de l'incrustation et de l'ossification. Dans l'incrustation, les parties calcaires qui se déposent restent intactes et présentent des globules ou des grumeaux; dans l'ossification, elles ne conservent pas leur forme : elles se fusionnent morphologiquement avec la substance fondamentale. Il faut dire cependant que chez les vertébrés l'incrustation n'est d'ordinaire qu'un degré de la marche de l'ossification proprement dite; rarement elle reste permanente. Pendant que le dépôt des sels calcaires s'effectue dans la substance fondamentale, les parties celluleuses se transforment en corpuscules osseux : il arrive alors, 1° que la forme de la cellule se conserve, ce qui est le cas de l'ossification du tissu conjonctif ordinaire, dans laquelle le corpuscule ramifié du tissu conjonctif devient le corpuscule osseux ramifié; c'est encore le cas, chez les sélaciens, où la cellule ronde du cartilage hyalin se conserve pendant l'incrustation et devient un corpuscule osseux rond ou ovale, mais *non étoilé;* 2° que dans l'os-

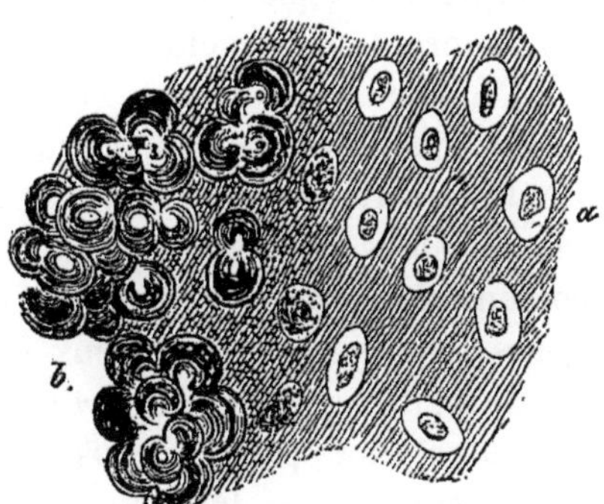

Fig. 21. — Ossification d'un cartilage branchial du *Polypterus bichir*.

a. Cartilage hyalin avec les cellules. — *b*. Sels calcaires déposés dans l'intérieur et au bord des cellules cartilagineuses. (Fort grossissement.)

sification du cartilage hyalin; et ce phénomène est très-répandu, les cellules cartilagineuses qui étaient rondes et non étoilées s'accroissent en s'étoilant pendant l'incrustation, et deviennent précisément les corpuscules osseux ramifiés.

Que le mode d'ossification puisse être tout autre que celui que le schéma représente, c'est ce qu'enseignent mes observations relatives à la transformation du cartilage hyalin en tissu osseux spongieux chez le *Polypterus* (1). Ici l'infiltration calcaire est d'abord moléculaire, puis elle se forme par couches dans les cellules cartilagineuses, et tous les groupes des cellules se transforment en masses calcaires semblables au fruit du mûrier : ces masses, lorsqu'elles sont débarrassées de la substance terreuse, montrent des cavités qui, fusionnées ensemble, produisent un grand système alvéolaire, au milieu duquel s'établissent les réseaux relativement très-minces du tissu cartilagineux subsistant.

31. — Toutes les espèces de substances conjonctives peuvent s'ossifier chez les vertébrés; parmi les mammifères les portions du squelette formées de cartilage et de tissu conjonctif s'ossifient pour la plupart du dedans au dehors, tandis que chez les oiseaux, les amphibies et les poissons, l'ossification chemine presque toujours de l'extérieur vers l'intérieur. Ce n'est pas simplement le squelette intérieur qui peut devenir calcaire; ce sont aussi les portions du tégument externe et des membranes muqueuses, et la substance conjonctive interstitielle.

32. — Que chez les animaux invertébrés on voie des parties de consistance osseuse, dont la structure est conforme, même dans les plus fins détails, avec celle du tissu osseux des vertébrés, c'est ce qu'on ne saurait affirmer. (Consultez plus bas la *Notice sur la peau du Sphæroma.*) Quoique Henle ne doive plus être disposé à défendre son opinion, c'est-à-dire la conformité de structure de l'enveloppe de l'oursin avec celle des os des animaux supérieurs, ce sont cependant précisément les portions du squelette des échinodermes, et mieux encore la carapace calcaire des arthropodes qui se laissent le mieux comparer au tissu osseux des vertébrés. En effet, ces deux formations représentent du tissu conjonctif imprégné de calcaire, ce tissu étant formé de lamelles homogènes; aux corpuscules osseux correspondent les fins canalicules qui parcourent la carapace des arthropodes. Les coquilles des mollusques présentent une parenté plus éloignée avec le tissu osseux, en ce qu'elles sont formées le plus souvent exclusivement de lamelles homogènes, imprégnées de calcaire; elles appartiennent plutôt à la catégorie des sécrétions calcaires ou des sécrétions cellulaires; on

(1) *Zeitschr. f. w. Z.*, 1854, S. 51.

connaît aussi un exemple de ce fait chez les vertébrés : c'est l'émail dentaire qui, d'après sa structure, se rattache immédiatement aux coquillages.

33. — La substance conjonctive a pour propriété de porter les vaisseaux sanguins et lymphatiques; les plus fins vaisseaux capillaires qui existent sont considérés eux-mêmes comme des corpuscules du tissu conjonctif développés, ainsi que nous l'avons déjà dit. Nulle part il n'existe de vaisseaux capillaires qui ne soient dans le domaine de la substance conjonctive ; mais il n'est pas dit que toutes les variétés de ce tissu soient toujours parcourues uniformément par des vaisseaux. Bien mieux encore, le cartilage des vertébrés supérieurs porte assez rarement des vaisseaux : par exemple, le châssis cartilagineux du limaçon des oiseaux et des reptiles, l'épaisse paroi cartilagineuse du *larynx bronchialis* du canard, les cartilages laryngiens du bœuf ; le contraire se remarque chez les poissons (sélaciens, esturgeons, etc.). Lorsque (chez beaucoup d'invertébrés) les canaux sanguins sont peu individualisés et qu'il existe une circulation sanguine s'effectuant dans ce qu'on appelle les lacunes, elle a lieu dans des cavités qui sont limitées par la substance conjonctive.

Ce qui prouve cette parenté intime, d'après laquelle les tissus de la substance conjonctive se rapprochent les uns des autres, c'est qu'ils se succèdent graduellement, et se substituent les uns aux autres dans la fonction. Pour n'en citer qu'un exemple, prenons la sclérotique de l'œil : chez les mammifères elle est formée de substance conjonctive, chez l'oiseau, de substance cartilagineuse, dure ; elle s'ossifie même par places.

Les deux travaux les plus importants sur le tissu conjonctif sont ceux de Reichert (1) et de Virchow (2). Qu'il me soit aussi permis d'ajouter que déjà, dans mon travail sur la *Paludina vivipara* (3), j'avais décrit le tissu conjonctif comme il suit : « La substance conjonctive, dans sa masse principale, est formée de grosses cellules claires, avec un noyau relativement petit, collé à la paroi. Entre ces cellules il peut se former, en proportions variables, une substance homogène, qui probablement est un simple produit de sécrétion de ces cellules » (p. 190, *loc. cit.*).

J'ai aussi, dans ce travail, employé le premier l'expression de « cel-

(1) *Vergleich. Beobachtungen über d. Bindegewebe u. d. verwandten Gebilde*, Dorpat, 1845.

(2) *Die Identität v. Knochen-, Knorpel-, u. Bindegewebsk.*, *sowie über Schleimgewebe*, in *Würzb. Verh.* 1851, II, S. 150 et 314.

(3) *Zeitschr. für wiss. Zool.*, 1849, Bd. II.

lules du tissu conjonctif »; avant Virchow et dans mes études sur la peau des poissons d'eau douce (1), j'ai songé aux interstices du tissu conjonctif : « par les étranglements des fibres spiroïdes, il se produit des interstices entre les faisceaux du tissu conjonctif, et ces interstices sont d'un aspect clair et de contours nets ; ils présentent une forme différente, suivant qu'on les voit sur des coupes en long ou en travers. » Plus tard je les ai interprétés suivant les vues de Virchow.

CHAPITRE III

TISSUS DES CELLULES QUI SONT RESTÉES AUTONOMES.

34. — *Caractères généraux.* — Dans les tissus précédents, la substance intercellulaire était ou pouvait être la partie principale constitutive du tissu ; dans ceux dont nous faisons maintenant l'histoire, les cellules ont la supériorité. Le plus souvent la matière intercellulaire est réduite à un minimum de masse suffisant pour coller les cellules les unes aux autres.

Ces tissus comprennent :

1° Le *sang* et la *lymphe*, chez lesquels la substance intercellulaire reste liquide et représente le *liquor sanguinis ;* les globules sanguins et lymphatiques sont les cellules qui sont restées isolées.

2° Les *épithéliums* ou cellules disposées les unes sur les autres en

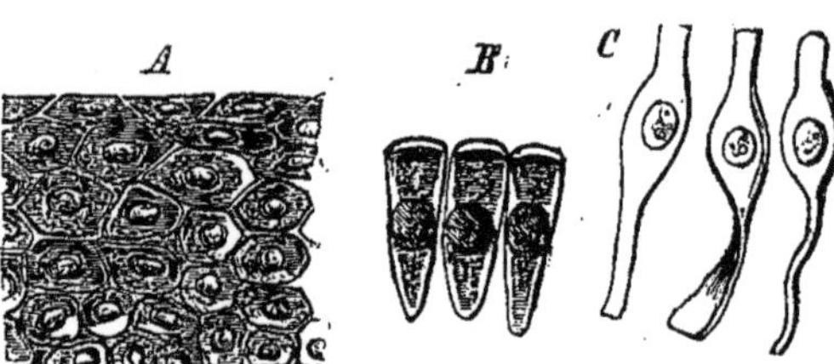

Fig. 22.

A. Épithélium pavimenteux stratifié. — *B.* Épithéliium cylindrique.
C. Épithélium cylindrique dont les cellules sont comprimées les unes contre les autres, de sorte qu'en certains endroits elles deviennent filiformes (couches épidermiques inférieures du Triton).

couches tégumentaires, et recouvrant les surfaces libres. Ces cellules réunies demeurent-elles des vésicules molles, renfermant un noyau, le tégument qu'elles forment s'appelle alors épithélium; ont-elles, au contraire, en partie perdu leur nature vésiculeuse, ont-elles pris de la

(1) *Zeitschr. für wiss. Zool.*, 1850.

consistance ou se sont-elles, suivant l'expression habituelle, *cornifiées*, la couche celluleuse prend alors le nom d'épiderme.

Après que les cellules se sont réunies en une ou plusieurs couches pour former l'épithélium, elles changent leur forme ronde pour prendre la forme polygonale ou conique, ou bien elles se développent avec des cils vibratiles en membranes ondulantes; on dit qu'il s'agit, suivant le cas, d'un épithélium simple, d'un épithélium stratifié, d'un épithélium pavimenteux, cylindrique (1) ou vibratile.

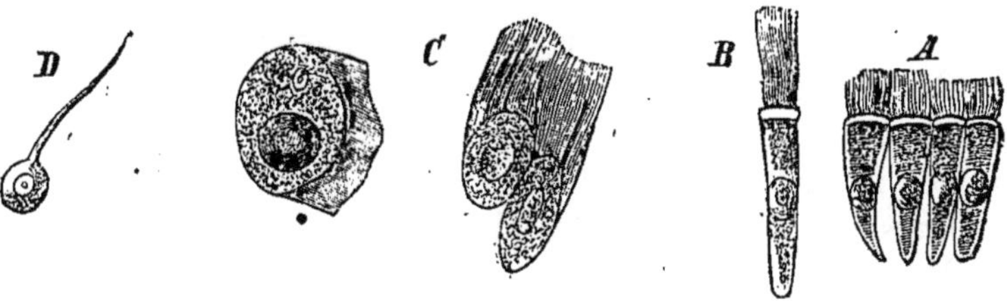

Fig. 23.

A. Cellules cylindriques avec des cils vibratiles assez longs. — *B.* Avec des cils plus longs. *C.* Cellules vibratiles rondes (des Rotateurs et de la Sangsue). *D.* Cellule vibratile avec un seul cil de forte dimension (de l'oreille du *Petromyzon*). (Fort grossissement.)

Cependant il faut remarquer que l'épithélium stratifié présente, dans ses différentes couches, des formes de cellules très-différentes : ainsi, on observe, dans les couches les plus inférieures de l'épiderme des poissons, de l'épithélium de la conjonctive oculaire des mammifères, et en d'autres endroits, des cellules cylindriques d'une longueur remarquable; dans l'épithélium vibratile du nez de tous les vertébrés, les cellules les plus inférieures paraissent avoir une forme ramifiée, etc. Les formes dentelées, que Kölliker représente comme caractéristiques de l'épithélium du col vésical, se montrent, surtout chez les vertébrés, dans les couches inférieures des épithéliums stratifiés, comme on le voit bien quand on les a traitées par le bichromate de potasse. Sur les cellules vibratiles, les cils sont de longueurs différentes : parmi les vertébrés, d'après mon expérience, les plus fins de tous se voient sur

(1) Wiehen (*Neue Beobachtungen über das basale Ende der Zellen des Cylinderepithels*, in *Zeitschr. f. rat. Med.*, Bd. XIV, S. 213) a observé que le strié de la bordure des cellules *cylindriques*, que déjà Virchow avait indiqué sur l'épithélium de la vésicule biliaire, se trouve aussi chez l'homme et les différents animaux sur l'épithélium des conduits urinaires et biliaires, ainsi que sur les canaux excréteurs du pancréas et de la parotide. Je considère ce fait comme une propriété générale des cellules épithéliales cylindriques, et c'est pour cela que j'ai cru devoir placer ici cette note.

les branchies extérieures des larves des batraciens et du *Proteus;* les plus épais (on dirait des piquants), dans l'organe de l'ouïe du *Petromyzon*, où, comme Eckert l'a reconnu, ils forment un fascicule de petits poils. A l'extrémité de la tête des rotateurs, il y a aussi, ce me semble, des cils réunis de la même manière. En outre, les régions ciliées représentent des membranes ondulantes, et même, sur le bord libre des franges ondulantes cutanées, on peut encore trouver surajoutés des cils vibratiles ; Busch (1) en donne un exemple dans l'infusoire *Trichodina*.

Il y a, enfin, des épithéliums dont les cellules rappellent les cellules vibratiles, parce qu'elles poussent en pointe, sans manifester cependant des phénomènes de motilité. A ce genre de cellules appartiennent, par exemple, les cellules épithéliales situées dans le canal muqueux du *Notidanus*, dans le limaçon des oiseaux, des mammifères (voyez plus bas) (2).

35. — Le contenu des cellules épithéliales varie depuis une substance morphologiquement indifférente et granulée jusqu'à la graisse (par exemple, dans les parties ladres vivement colorées de la peau de l'oiseau) et même jusqu'au pigment. Il embrasse aussi des formations de nature toute spéciale; par exemple, les organes urticants des polypes et des acalèphes. Il est intéressant de remarquer que, dans certaines couches épithéliales, quelques cellules isolées ont un contenu particulier et se distinguent par là, non moins que par leur forme plus grosse, des cellules voisines. De ces cellules font partie celles que j'ai appelées *cellules muqueuses ;* elles sont enclavées entre les cellules ordinaires, dans l'épiderme de plusieurs poissons et amphibies. En outre, on remarque sur la muqueuse de l'organe de la respiration de tous les vertébrés, ainsi que sur la peau extérieure des invertébrés, lorsque cette peau, comme chez les limaçons, les mollusques, ressemble à la muqueuse, on remarque, dis-je, entre les cellules cylindriques, et de distance en distance, des cellules à contenu granuleux sombre et à renflements claviformes. Elles correspondent vraisemblablement, d'après leur fonction,

(1) *Archives* de Müller, 1855.

(2) D'après Kühne (*Untersuch. üb. Bewegungen und Veränd. der contract. Substanzen*, in *Arch. f. Anat.*, Hf. 6, S. 834), la vibratilité des cils de la langue de la Grenouille est favorisée par une température de 35 degrés. Par contre, les excitants du système musculaire, ammoniaque, acides étendus, etc., n'impriment aucun surcroît d'activité aux mouvements ciliaires ; l'irritabilité ciliaire serait donc une propriété des cils différente de l'irritabilité musculaire.

Löschner et Lambl ont observé des mouvements vibratiles en quelques endroits de l'épendyme du ventricule latéral chez un enfant de deux ans, même dix-huit heures après la mort.

aux cellules muqueuses des épithéliums pavimenteux, et elles éclatent de temps en temps pour vider leur contenu (1).

36. — 3° Les *cellules glandulaires :* elles revêtent les différentes cavités glandulaires et les remplissent même; elles sont en relation de continuité avec les épithéliums des téguments qui s'y rapportent. Elles peuvent aussi prendre les formes cylindrique ou ronde, mais rarement elles portent des cils. Je ne connais, au moins jusqu'à présent, des cellules glandulaires vibratiles que dans les glandes linguales du *Triton igneus*, dans les glandes utérines du porc, dans les canalicules rénaux des poissons et des reptiles et dans le foie du *Cyclas*.

37. — *Formations cuticulaires.* — Les épithéliums libres, comme ceux des cavités glandulaires (cellules de sécrétion), peuvent aussi sécréter des couches homogènes, tégumentaires, auxquelles on a donné le nom de *cuticula*. Ainsi, on voit fréquemment chez les vertébrés et les invertébrés, sur le bord libre des cellules vibratiles et cylindriques, une couche transparente condensée qui, par la juxtaposition régulière des cellules, imite un tégument homogène, et on réussit à montrer, sur des endroits isolés et par l'emploi des réactifs, que l'autonomie du tégument n'est qu'apparente : si l'on cherche à séparer les cellules les unes des autres, chacune attire à elle, en la déchirant, la portion de la couche cuticulaire qui lui correspond. Les extrémités claires, épaissies des cellules peuvent réellement se souder les unes aux autres, de telle sorte qu'après l'emploi des réactifs, il reste, à l'état isolé, une formation tégumentaire, sur laquelle persistent les cils, s'il s'agit d'un épithélium vibratile. En outre, il n'est pas rare que chez les invertébrés la *cuticule* du tégument externe ou du canal intestinal (où on l'appelle d'habitude *tunica intima*), des glandes, des

(1) Kölliker désigne par le nom de *cellules muqueuses* une autre espèce de cellules particulières situées dans la peau du *Petromyzon ;* ce sont des corps claviformes qui occupent toute l'épaisseur de l'épiderme ; leur extrémité la plus grosse est dirigée en bas. La portion claviforme présente le plus souvent deux portions, l'une inférieure, qui renferme deux petits noyaux celluleux placés dans une substance pâle finement granulée ou à stries longitudinales délicates ; l'autre supérieure, qui semblerait contenir un produit de sécrétion visqueux venant de plus bas. Le pédicule est le plus souvent pâle, et l'extrémité supérieure ne présente pas un orifice bien déterminé. (*Bericht über Fortschr. der Anat. und Phys. im Jahre* 1860, S. 23.)

Il n'est pas possible d'admettre ces cellules parmi les cellules muqueuses dont parle Leydig, puisque la description de Kölliker a été corrigée par Schultze (*Die Kolbenformigen Gebilde in der Haut von Petromyzon und ihr Verhalten im polarisirten Licht*, in *Arch. f. Anat.*, 1861, Hft. 2, S. 228). Cet anatomiste place le pédicule en bas et la portion claviforme en haut, du côté de la surface extérieure. Il n'y a pas de contenu distinct, d'après lui ; la substance cellulaire est une masse homogène, très-réfringente : ce qui enveloppe les deux noyaux à l'extrémité supérieure, ce sont des restes d'un *protoplasma* granuleux qui occupe presque toute l'étendue de la cellule. Le pédicule serait de nature musculaire.

trachées, acquière une dureté remarquable en se chitinisant. De plus, je considère comme un fait très-répandu que de telles formations cuti-

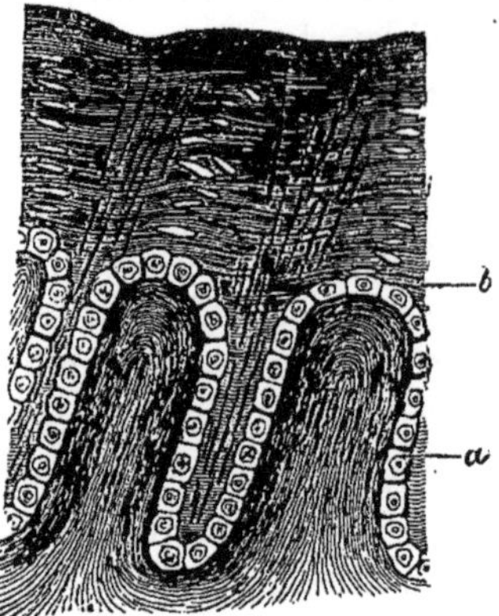

Fig. 24. — Coupe à travers la muqueuse de l'estomac musculaire du pigeon.

a. Cellules épithéliales. — *b*. Produit de sécrétion durcissant en formant une couche épaisse qu'on appelle la couche cornée de l'estomac. (Fort grossissement.)

culaires soient percées de canalicules, par lesquels les cellules situées au-dessous communiquent avec le monde extérieur, le canal intestinal et les canaux glandulaires. On connaît les canaux poreux situés dans la peau des arthropodes, dans la cuticule de l'intestin des vertébrés, dans plusieurs glandes des insectes ; les trous qui correspondent aux grosses cellules de sécrétion et qui sont situés dans la cuticule sont plus considérables (glandes explosibles du *Brachinus*, glandes salivaires inférieures de l'abeille). Parmi les formations cuticulaires des vertébrés, je range aussi ce qu'on appelle les *couches cornées* de l'estomac musculaire des oiseaux : ces couches ne sont qu'une sécrétion concrétée sur place des cellules à sécrétion situées dans la profondeur.

A mon avis, cette opinion ne saurait être combattue par l'existence de quelques cellules emprisonnées dans ces mêmes couches; c'est là un fait accidentel et d'une importance secondaire, puisque les masses principales de la couche cornée sont précisément les couches d'une sécrétion cellulaire homogène qui s'est concrétée. Dans les épaisses formations cuticulaires des invertébrés, par exemple, dans les mandibules de l'*Helix*, traitées par l'alcali, on peut voir des cellules isolées, surtout vers la racine.

38. — 4° Le *tissu corné :* les cellules y atteignent leur plus haut degré de dureté et d'aplatissement. A ce tissu appartiennent les ongles, les griffes, les sabots, la corne, les plumes et les autres nom-

breuses formations cornées des vertébrés, telles que les gaînes cornées, mandibulaires, etc.

5° Le *cristallin* des vertébrés : d'après l'histoire du développement, il n'est qu'un morceau d'épiderme transformé, dans lequel chaque cellule s'est convertie en une fibre tubulée.

CHAPITRE IV

DU TISSU MUSCULAIRE.

39. — Le caractère physiologique de ce tissu est une contractilité prononcée, ou le pouvoir de se contracter sous l'influence d'une excitation.

Sarcode. —La substance contractile est un contenu cellulaire transformé, quoique, sans doute, et dans des cas rares par exemple, sur le corps des polypes d'eau douce (*Hydra*), la cellule conserve pendant la vie son carractère originel. Depuis quelques années, on distingue dans les muscles la substance contractile *qui a pris forme*, et le sarcode ou substance contractile *qui n'a pas pris forme*; ce dernier n'aurait ni structure ni rien de commun avec la cellule. Pour les polypes d'eau douce, les rotateurs et les larves délicates d'arthropodes, on a décrit un sarcode remplaçant les muscles; mais cette opinion, comme je crois l'avoir démontré, est insoutenable, et elle doit être bornée désormais aux rapports organologiques des infusoires. L'insuffisance de nos moyens d'optique me paraît seule coupable, si nous ne sommes pas en état de démontrer que le sarcode dérive d'unités qui sont équivalentes aux cellules.

40. — *Fibre musculaire.* — La cellule musculaire embryonnaire croît d'habitude simplement dans la longueur, et le noyau qui se conserve prend aussi la forme allongée; dans d'autres cas, déjà plus rares, la cellule musculaire se ramifie, et les ramifications de plusieurs cellules s'établissent en connexion anastomotique. Ainsi que nous le verrons mieux plus tard, les cellules musculaires perdent généralement leur autonomie; elles se fondent, et forment des faisceaux limités, de sorte que leur nature celluleuse disparaît. Dans la cellule musculaire qui s'est développée en forme de tube, la substance contractile se montre sous un aspect homogène, ou bien elle accuse une division en

petits fragments de forme et de groupement déterminés ; on peut appeler ces fragments *particules charnues primitives* (*sarcous elements*, Bowman). Depuis longtemps on s'est mis d'accord sur ce point, à savoir, que, selon la structure variable de la substance contractile, il faut établir deux séries de fibres musculaires ; les unes, d'un aspect homogène, *fibres lisses* ou *simples ;* les autres, présentant un contenu différencié en petites particules, *muscles striés en travers*.

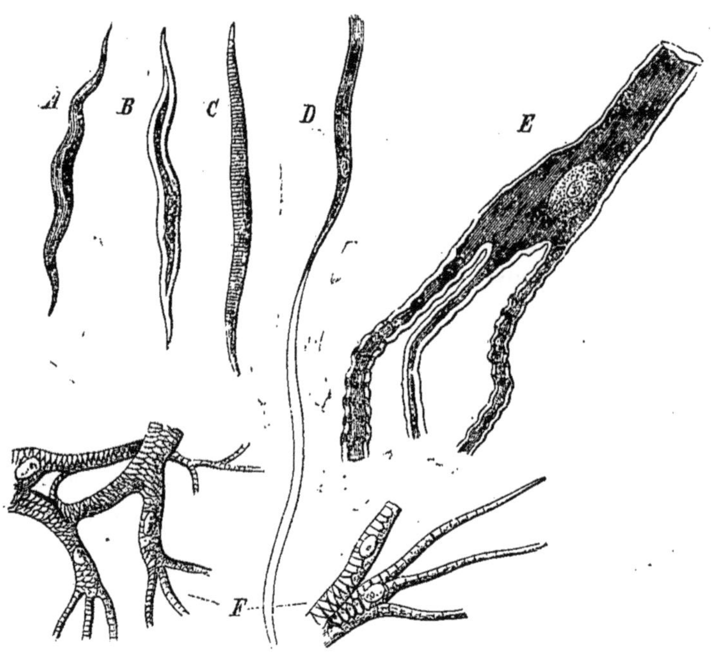

Fig. 25. — Cellules musculaires simples et ramifiées.

A. Ce qu'on appelle une *fibre lisse* avec contenu uniforme.
B. Cellule lisse qui présente dans sa composition une substance médullaire et une substance corticale.
C. Une autre fibre dont le contenu est devenu une masse striée transversalement.
D. Fibre plate qui s'est développée en long.
E. Cellule musculaire ramifiée d'un mollusque (*Carinaria*).
F. *Muscles striés ramifiés* d'un Arthropode (*Branchipus*). (Fort grossissement.)

Toutefois, de nouvelles expériences ont mis en évidence que la nature n'aime aucune démarcation rigoureuse dans cet ordre de faits : les deux sortes de fibres musculaires se relient graduellement l'une à l'autre depuis la forme simple jusqu'à la forme striée, et ces appellations, *fibres lisses* et *fibres striées*, ne sont justifiées que par les points limites.

En outre de ces raisons tirées du contenu des fibres musculaires, raisons qui détruisent toute démarcation entre les muscles lisses et les muscles striés ; notons encore, comme Remak l'avance, que les fibres lisses, auxquelles, jusqu'à ce jour, on n'attribuait qu'un seul noyau, peuvent en contenir deux ou trois.

La cellule musculaire peut se développer en une fibre très-longue ou, ce qui est la même chose, en un *cylindre musculaire*. Ainsi, je crois avoir vu, par exemple, dans le pied du limaçon, que les cylindres longitudinaux mesurent sans se diviser toute sa longueur. Chez les gordiacées, chaque *faisceau primitif* va sans interruption et sans anastomose d'une extrémité du corps à l'autre (Meissner).

41. — La vie propre de la cellule musculaire se manifeste au dehors d'une manière différente, suivant que son contenu est homogène ou suivant qu'il présente les *particules primitives* de la substance charnue. Le muscle lisse ou simple se contracte lentement, peu à peu, et sa contraction dépasse en durée l'excitation; le muscle strié, au contraire, répond à l'excitation par une contraction rapide qui cesse dès que l'excitation est passée. Quant à la substance homogène contractile de la cellule musculaire ou du tube creux (fibres musculaires lisses), il n'est pas possible d'avancer sur elle une opinion plus explicite au point de vue morphologique. On a dépensé beaucoup de peine pour arriver à une représentation plus exacte des particules charnues primitives qui, par une certaine disposition régulière, rappellent un crayonnage en travers.

On a tout lieu de croire que les particules charnues sont reliées les unes aux autres, tantôt dans le sens de la longueur, tantôt dans le sens transversal, et que, par suite, en désagrégeant un morceau de muscle, on les voit comme des figures linéaires (fibrilles) ou comme des figures discoïdes (*discs*) agglutinées entre elles. De nouvelles recherches m'ont obligé à me ranger du côté des observateurs (Bowman, Remak, Brücke et d'autres) qui soutiennent que ce qu'on appelle fibrilles sont des *produits artificiels*, et qu'il ne faut pas les considérer comme étant les éléments propres de la substance musculaire; toutefois, il ne faut pas oublier qu'en plusieurs endroits il est facile de démontrer l'existence de fibrilles, comme, par exemple, sur les muscles thoraciques des insectes, sur les muscles du *Mermis* (Meissner) (1). — Qu'il me soit permis de joindre à cette explication les réflexions qui suivent et qui sont plus hasardées.

42. — *Ressemblance entre le muscle et les organes électriques*. — On sait combien les *sarcous elements* des arthropodes dépassent en

(1) Leydig insiste sur ce point dans le dernier ouvrage qu'il vient de publier (*Vom Bau d. th. Körpers*, Bd. I, Hft. I, S. 78). L'expression *produits artificiels* est impropre. Ce qui est vrai, c'est que les fibrilles ne sont pas les *éléments* du tissu musculaire.

dimension ceux des vertébrés; d'ailleurs, sur d'autres invertébrés (*Sagitta*) où ils se présentent, ces éléments sont plus gros que chez les animaux supérieurs. Or, si l'on traite des muscles frais pris sur l'animal vivant (j'emploie ici la *Forficula*) avec de l'eau légèrement acidulée, et si l'on se sert de très-forts grossissements (1), avec une grande attention, on remarque une image qui rappelle les organes électriques des poissons. Chez ces derniers, une substance gélatiniforme réside dans l'intérieur d'un feutrage régulièrement découpé et formant un ensemble de colonnes prismatiques; dans le muscle, les *particules primitives de la substance charnue* prennent aussi la forme de prismes quadrangulaires allongés.

Un certain nombre de ces particules contiguës se réunissent toujours pour constituer de plus grosses divisions dont le contour devient hexagonal. D'après cela, je pourrai présumer que la substance musculaire renferme en petit ce même schéma propre aux organes électriques des poissons (la torpille, par exemple) : je voudrais faire naître cette idée que les *muscles et les organes électriques sont des formations voisines*. En effet, si nous comparons entre elles ces deux formations au point de vue morphologique, la substance d'une particule charnue primitive trouve son équivalent dans cette portion de gélatine que renferme chaque élément de colonne prismatique, et à un prisme complet correspond un agrégat de *sarcous elements* limité par une figure hexagonale.

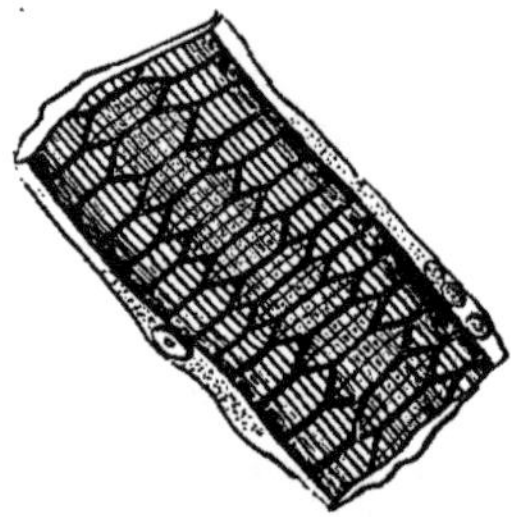

Fig. 26. — Morceau d'un faisceau primitif musculaire de la *Forficula*, pour montrer dans la disposition du contenu la ressemblance avec les organes électriques des poissons. (Fort grossissement.)

43. — D'ailleurs, cette idée d'un rapport de parenté entre la substance musculaire et les organes électriques s'est déjà présentée autrefois. Ainsi des anatomistes anciens appellent les organes électriques, *musculi falcati;* G. Carus, dans sa *Zootomie*, fait ressortir expressément combien il lui paraît important qu'on ne méconnaisse pas la res-

(1) 780 fois. Kellner, *Syst.* 2, oc. II.

semblance frappante qui existe entre les organes électriques des poissons et la chair musculaire ordinaire. Dans la musculature vertébrale du *Petromyzon*, de nombreux *septa* contigus se glissent entre les cloisons aponévrotiques, on peut donc considérer la substance musculaire comme étant renfermée dans de petites alvéoles; la ressemblance de cette disposition avec la structure de l'organe électrique de la torpille devient alors beaucoup plus frappante. Bergmann et Leuckart, dans leur physiologie comparée, ont réuni les organes électriques avec les instruments de mouvement; ils s'appuient sur ce que ces appareils remarquables peuvent, comme les muscles, être directement mis en activité par les parties centrales du système nerveux, et sur ce que, dans le muscle, au moment où il passe du repos à l'activité et inversement, il se produit dans le processus électrique des transformations qui agissent sur les parties avoisinantes du muscle. Ajoutons à cela, comme je l'ai fait ressortir, qu'il y a analogie de structure, et peut-être nous sera-t-il permis d'espérer que ces indications pourront être utilisées pour nos connaissances physiologiques à venir. — Une autre considération se joint encore à ce qui précède : si les muscles et les organes électriques présentent des propriétés voisines et si l'on se rappelle que les cils vibratiles se rapprochent de la substance musculaire par la manière dont ils redeviennent propres à l'excitation dans une solution alcaline (Virchow); si encore on se reporte aux communications de Schnetzler (1), d'après lesquelles les mouvements des cils pourraient dépendre de courants électriques, puisque ses recherches lui ont montré que des poils fixés au conducteur d'une machine électrique se courbent en s'inclinant et se redressent alternativement, dans un air humide ou si on les mouille, d'une manière analogue aux cils qui sont en mouvement; ne semble-t-il pas que toutes nos expériences faites isolément sur le muscle et sur les cils nous conduisent à ce point commun, à savoir que leurs phénomènes les rapprochent des organes des poissons, et sont étroitement liés avec les phénomènes électriques.

44. — *Faisceau musculaire.* — Il règne encore une grande incertitude sur la manière dont les cellules primordiales musculaires forment plus tard les gros cordons musculaires; je me bornerai à faire connaître en peu de mots dans ce qui suit le résultat de mes propres observations sur ce sujet.

Un certain nombre de cellules musculaires arrivées à développement (*fibres-cellules* des auteurs) se réunissent en un tout, maintenues par

(1) *Bibliothèque de Genève*, avril 1849.

de la substance conjonctive; cette réunion est telle, qu'un moyen artificiel, tel que l'action des réactifs (acides azotique et chlorhydrique à 20 pour 100), peut seul isoler les cellules musculaires. Ce mode de séparation s'applique aux muscles lisses ou simples, ainsi qu'à toutes les formes intermédiaires aux muscles lisses et aux muscles striés. Il est encore un autre mode de formation : un certain nombre de cellules musculaires se fusionnent chacune par leurs bords en formant une bande longitudinale, de telle sorte, que dans le nouvel ensemble ou bien les cellules musculaires isolées disparaissent en entier, ou bien elles accusent encore leur autonomie par des vestiges plus ou moins nets. On appelle *faisceau primitif* cette bande musculaire qui prend ainsi naissance; quant à ces cellules musculaires dépouillées de leur autonomie et qui forment le faisceau primitif, on peut leur donner le nom de *cylindres primitifs*. Autrefois je croyais avoir observé avec d'autres histologues que le faisceau primitif s'accroît en longueur par la superposition de nouvelles rangées de cellules; mais, actuellement, je suis arrivé à admettre comme plus problable que c'est par le développement des cellules musculaires primitives, composant le faisceau primitif, que ce faisceau augmente en longueur. L'enveloppement d'un groupe plus ou moins considérable de cylindres primitifs (cellules primordiales transformées), de manière à former une nouvelle unité histologique ou ce qu'on appelle le *faisceau primitif*, a lieu ensuite à l'aide de la substance conjonctive homogène (sarcolemme).

45. — C'est une des propriétés du faisceau primitif d'être, comme je l'ai trouvé, traversé par un système de petits interstices; ce système, même dans ces faisceaux, où la trace des cylindres primitifs est effacée, permet, par son parcours, de deviner encore les séparations primitives.

Il existe aussi des *faisceaux musculaires primitifs ramifiés;* ils s'anastomosent entre eux ou bien leurs ramifications, devenant trés-ténues, se perdent directement dans le tissu conjonctif.

Au point de vue chimique, la substance contractile paraît renfermer de l'azote et être voisine de la fibrine; on la désigne sous le nom de fibrine musculaire ou de syntonine.

Lorsque l'attention se dirigea sur le strié transversal des fibres musculaires, les observateurs fournirent des explications de plusieurs sortes, en donnèrent parfois de fort étranges; ces explications doivent être aujourd'hui mises de côté. En dernier lieu, beaucoup d'histologues se sont arrêtés à cette opinion, à savoir que « des fibrilles variqueuses » produisent l'aspect du strié transversal. Je tiens pour naturelle, comme je l'ai indiqué plus haut, cette opinion, d'après laquelle il faudrait voir les éléments du tissu dans les particules charnues primitives, sans attribuer une grande importance à leur agencement en long ou en travers; et peut-être ce que j'ai avancé sur la ressemblance de la substance musculaire striée avec les organes électriques, pourrait-il servir à compléter notre exposition du tissu musculaire. Dans l'organe électrique serait représenté en grandeur colossale ce que le muscle nous

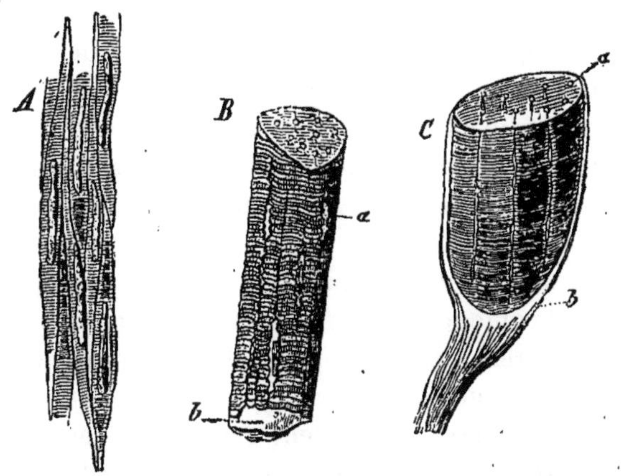

Fig. 27. — Fibres musculaires réunies en nouvelles unités ou faisceaux.

A. Du *bulbus arteriosus* de la Salamandre : les cellules musculaires striées, bien qu'elles soient étroitement serrées les unes contre les autres, ont conservé une certaine autonomie.

B et C. Ce qu'on appelle des faisceaux musculaires primitifs avec fusion des cylindres primitifs. — a. Le système d'interstices situé dans l'intérieur de la substance contractile. — b. Le sarcolemme. (Fort grossissement.)

offre en miniature. Nous verrons, dans la partie spéciale de cet ouvrage, plusieurs exemples qui montrent combien il existe de chaînons intermédiaires entre la substance homogène contractile et la substance striée.

Le système de fins interstices ramifiés, avec noyaux rudimentaires aux nodosités, a été méconnu jusqu'à ce jour, puisque sur des coupes transversales des muscles on a pris (Bowman, Kölliker) les sections de ces interstices pour des fibrilles musculaires, et puisque la substance propre contractile a été considérée comme étant une matière intermédiaire mastiquant les fibrilles (1). « Les stries longitudinales » des faisceaux primitifs, qu'on trouve de distance en distance, correspondent précisément aux interstices situés entre les cylindres musculaires qui composent les faisceaux; on les voit dessinées dans ce sens sur les représentations des faisceaux striés en travers faites d'après nature et

(1) Voyez mes travaux dans les *Archives* de Müller, 1856.

non schématiques (1). Enfin, ces stries longitudinales, dont il est question, ont été considérées par d'autres comme étant produites par le reflet des fissures situées entre les portions longitudinales (fibrilles) des faisceaux musculaires (2).

Leeuwenhoeck paraît avoir le premier découvert dans le cœur la ramification des faisceaux musculaires primitifs.

Après lui, et parmi les auteurs à moi connus, Ramdohr (1811) donna pour ces muscles le dessin le plus exact. Plus tard, on ne fit guère attention à quelques travaux que publièrent sur ce point R. Wagner, Leuckart, Stein. Mais, récemment, on y a attaché une certaine valeur, après avoir acquis la conviction que, dans le cœur des vertébrés et de beaucoup d'invertébrés, et surtout dans les viscères d'un grand nombre d'arthropodes, les faisceaux musculaires primitifs ramifiés jouent un certain rôle.

L'expression de *sarcolemme* peut être employée, soit pour désigner la gaine du tissu conjonctif qui, réunit, en ce qu'on appelle le faisceau primitif, les cylindres primitifs, soit pour la membrane des cellules musculaires qui ont pris une forme simple ou ramifiée, et qui, malgré leur contenu strié en travers, manifestent encore une certaine autonomie.

Les fibres musculaires lisses qu'on isole par l'acide nitrique deviennent un peu plus étroites; elles sont ployées ou tordues (3).

(1) Voyez, à ce sujet, les dessins que d'Erlach a donnés, dans les *Archives* de Müller, 1847, sur les parties élémentaires organiques vues à la lumière polarisée.

(2) Brücke (*Untersuchungen über den Bau der Muskelfasern mit Hülfe des Polarizirten Lichtes*, Wien, 2 taf., 1851) réfute l'opinion que le strié transversal des faisceaux musculaires et des fibrilles soit le résultat de fins plissements. Si l'on oriente un faisceau de telle sorte que son axe soit parallèle au plan de polarisation de l'un des prismes, ou bien qu'il lui soit perpendiculaire, on doit voir les plis horizontaux des fibrilles du faisceau comme des alternances de bleu et de jaune, correspondant aux stries transversales ; c'est effectivement ce qui arrive *là* où il existe des plis ; mais ces plis ne correspondent pas aux stries transversales isolées, ils embrassent plutôt un nombre variable de ces plis striés. D'après Brücke, la substance contractile ne fait que transmettre le strié qui appartient en propre à la gaîne adhérente à la substance intermédiaire et séparable des *sarcous elements*. (Voyez pour plus de développement des idées de Brücke, le *Bericht* de 1858.)

(3) L'opinion que la substance musculaire est fluide compte un certain nombre d'adhérents. Nous empruntons à l'excellent *Traité de physiologie* du docteur Hermann (Berlin, 1863) un résumé fort bien fait de cette question : « On conclut à la fluidité de la substance musculaire par les mouvements ondulatoires qu'elle présente, et surtout par le phénomène de Porret (Kühne) ; ce phénomène se produit en elle comme dans tous les corps liquides, et il consiste en un transport au pôle négatif du contenu musculaire, quand on y fait passer un courant électrique. En outre, un observateur (Kühne) a vu dans une fibre musculaire de grenouille, fraîchement préparée, un nématode inclus s'y mouvoir en tous sens sans éprouver d'obstacles mécaniques. Par l'action de différents réactifs, le contenu musculaire devient solide et se désagrége suivant diverses directions : 1° suivant la direction des stries

CHAPITRE V

DU TISSU NERVEUX.

46. — C'est au *tissu nerveux* que sont dus la sensation, le mouvement, les activités de l'âme. La substance nerveuse est un contenu cellulaire transformé; les cellules conservent en partie leur caractère et prennent le nom de globules ganglionnaires, ou bien elles se développent en fibres pour former les fibrilles nerveuses.

47. — *Globules nerveux.* — Les globules ganglionnaires sont divisés d'après leur forme en apolaires ou sphéroïdes, en monopolaires, n'émettant qu'un seul prolongement fibroïde latéral, en bipolaires ou à deux prolongements, enfin en multipolaires ou cellules ganglionnaires à plusieurs ramifications susceptibles de se subdiviser elles-mêmes. Comme par la méthode ordinaire de préparation, les prolongements du globule ganglionnaire se déchirent facilement, plusieurs observateurs (R. Wagner) rejettent l'existence de cellules ganglionnaires réellement apolaires, et les considèrent comme des préparations mutilées. Dans beaucoup de cas ce rejet des globules ganglionnaires apolaires a une certaine exactitude, mais pour qu'il soit permis de l'accepter sans exception (ce

transversales, en formant des disques ronds et minces (*discs*, Bowman) ; 2° en fibres longitudinales qui présentent de légers gonflements variqueux (fibrilles musculaires, Kölliker), gonflements qui rappellent les stries aux endroits où ils existent; 3° dans les deux directions à la fois, en formant de petits corpuscules bâtonnoïdes, qui peuvent résulter soit de la décomposition des fibrilles dans la direction du strié transversal, soit de la décomposition des *discs* dans la direction des fibrilles (*sarcous elements*, Bowman). Tous ces produits de désagrégation ont été considérés tour à tour comme étant des éléments musculaires *préformés*. L'examen du contenu musculaire à la lumière polarisée permet d'admettre (Brücke) (*note précédente*) que ce contenu n'est pas une substance homogène, mais qu'il renferme dans une substance fondamentale monoréfringente des éléments biréfringents (disdiaclastes) à disposition régulière ; ces derniers sont cependant si petits, qu'ils ne peuvent être vus isolément ; les *sarcous elements* doivent être considérés comme étant des groupes de disdiaclastes, dont la forme peut varier par suite de la disposition variable des disdiaclastes qui sont, eux, constants.

» Le tube musculaire présente en outre les parties constitutives de formes suivantes : 1° des noyaux ou corps allongés résidant le plus souvent dans le voisinage du sarcolemme, et lui appartenant probablement ; ils ont été considérés par quelques auteurs comme des parties constitutives de cellules particulières ; 2° des interstices, des vacuoles ou interruptions irrégulières de la substance, considérées comme des parties constitutives d'un réseau de cellules de tissu conjonctif anastomosées. »

Nous verrons plus tard, quand il sera question du névrilème, quelle peut être la signification des noyaux allongés que renferme le sarcolemme.

que je croirais presque), de nouvelles recherches sont nécessaires (1).

Les globules ganglionnaires multipolaires, facilement reconnaissables chez les vertébrés, paraissent être plus rares chez les invertébrés; ils ont été cependant observés avec certitude par Meissner sur le *Mermis*

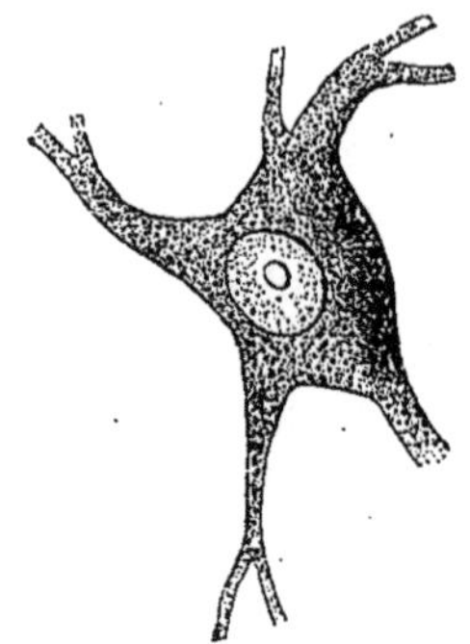

Fig. 28. — Cellule ganglionnaire multipolaire. (Fort grossissement.)

et sur les centres nerveux du *Gordius;* dernièrement Weld les a reconnus sur le système nerveux des nématodes.

48. — *De leur nature plus intime.* — Si nous considérons de plus près la nature des globules ganglionnaires, nous voyons que ces globules ont tous et chez tous les animaux un aspect vésiculeux, le plus souvent incolore et délicat; ils sont aussi très-fragiles. Ils se limitent à l'extérieur par une membrane délicate; l'enveloppe membraneuse peut manquer : par exemple dans les centres nerveux. La masse fondamentale ou le contenu cellulaire est une substance homogène renfermant de nombreux granules fréquemment colorés en jaune ou en brun. Chez les invertébrés les amas de globules ganglionnaires peuvent, même à l'œil nu, présenter une couleur jaune ou rouge prononcée (cerveau des *Limnœus*, *Planorbis*, *Paludina*) ; mais cette pigmentation a quelque chose de diffus : elle provient d'un liquide rouge qui baigne tout le ganglion, et qui suinte goutte à goutte, après que le névrilème a été déchiré. Dans le tissu nerveux des vertébrés, la coloration diffuse de la *tache jaune de la rétine* me paraît être un fait unique. — Le noyau du globule ganglionnaire, qui se distingue toujours nettement du contenu granuleux, est rond et nucléolaire. La grosseur du globule nerveux est variable ; les globules les plus gros se distinguent à l'œil nu comme des points blancs.

(1) Dans les ganglions de la lotte, Frey trouve, à côté des cellules ganglionnaires bipolaires des cellules apolaires et unipolaires ; ces dernières ne seraient en connexion qu'avec les fibres nerveuses. Cet auteur pense que, chez les mammifères aussi l'existence de ces trois sortes de fibres ne saurait être niée. (*Bericht.* 1859, S. 67.)

49. — D'après des travaux plus récents, il semble que la description du contenu des globules ganglionnaires est susceptible d'une différenciation plus complète. Ainsi Remak décrit pour la substance granulée du corpuscule ganglionnaire de la *Raja batis* (après vingt-quatre heures de macération dans l'acide chromique) une texture fibroïde à deux couches. La couche interne enveloppe le noyau de ses fibrilles, l'externe se dirige suivant deux directions polaires dans le *canal de l'utricule de l'axe*. Dernièrement Stilling, dans un travail qu'il a présenté à l'Académie de Paris, paraît avoir approfondi, d'une manière plus intime, l'étude de la structure des globules ganglionnaires. D'après lui, l'enveloppe de tous les globules ganglionnaires serait en communication au moyen de tubes *élémentaires nerveux*, au dehors, avec les globules ganglionnaires voisins, au dedans, avec le parenchyme qui se

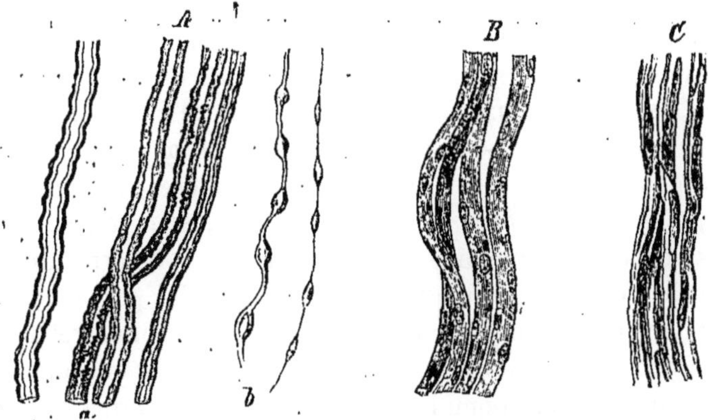

Fig. 29. — Fibres nerveuses.

A. Fibres à bords foncés. — *a*. Fibres larges. — *b*. Fibres fines devenues variqueuses.
B. Fibres à bords pâles (fibres de Remak).
C. Degrés intermédiaires entre ces deux genres de fibres. (Fort grossissement.)

composerait d'un réseau serré formé par ces petits tubes. Le noyau de globules ganglionnaires de même structure présenterait plusieurs contours doubles interrompus par de petits tubes, qui se rendraient d'un côté dans le parenchyme, d'un autre côté dans le nucléole. Le nucléole se composerait de trois couches concentriques de couleurs différentes; la couche centrale serait rouge, la moyenne bleuâtre, l'extérieure jaune orangé; de chaque couche partiraient des prolongements allant jusqu'au bord du noyau (1).

50. — Les fibres nerveuses des vertébrés se subdivisent au point de

(1) *Comptes rendus*, 1855, nos 20 et 21.

vue de leur structure en fibres à bords foncés et en fibres pâles.

Fibres nerveuses à bords foncés. — Les fibres à bords foncés, appelées aussi fibres médullaires, sont d'épaisseur variable. On en distingue de fines et de fortes, et elles se composent : 1° d'une enveloppe homogène, pourvue çà et là de noyaux rudimentaires ; cette enveloppe ou gaîne ne paraît cependant pas être constante ; elle peut manquer, surtout dans les fibres fines ; 2° de la substance nerveuse. Comme cette dernière, par l'effet des réactifs (acide chromique, sublimé, etc.), ainsi que par l'effet d'une décomposition commençante, se partage artificiellement en une fibre centrale et en une couche périphérique d'un granulé friable, on a considéré la fibre nerveuse à bords foncés comme composée d'une gaîne médullaire et du *cylindre de l'axe.* La gaîne médullaire est une substance riche en graisse : elle donne à la fibre nerveuse des bords foncés quand la lumière la traverse, et un éclat argenté si la lumière est incidente. Aussitôt que le nerf est refroidi, cette substance se coagule en formant cette couche granulée friable dont nous avons parlé ; elle s'accumule aussi en certains endroits dans les petits tubes nerveux, les rend noueux, et les transforme en ce qu'on appelle *fibres nerveuses variqueuses.* — Le cylindre de l'axe a un aspect pâle et présente généralement des bords à dents irrégulières ; il est homogène, granulé, et même finement strié, torse ou plat, et paraît se conduire avec les réactifs comme un corps albuminoïde. D'après Remak, le cylindre de l'axe serait un utricule, ce que je n'ai pas encore eu le bonheur de voir. Stilling, conformément à sa description relative à la structure des cellules ganglionnaires, a soutenu tout récemment que jusqu'à lui on avait méconnu la structure des nerfs, et que ce qui avait été désigné comme la gaîne et la moelle de la fibre nerveuse, se compose d'un lacis de petits tuyaux extraordinairement délicats qui cheminent dans toutes les directions, longitudinalement, transversalement et en écharpe, se divisant et s'anastomosant, de manière à former un véritable lacis : la moelle nerveuse oléagineuse serait renfermée dans ces fins petits tubes. Le cylindre de l'axe serait composé au moins de trois couches concentriques emboîtées les unes dans les autres, et de chacune de ces couches sortiraient un certain nombre de petits tubes qui se dirigeraient vers l'extérieur pour pénétrer dans le réseau de la partie périphérique. Avec ces données de Stilling, qui s'appuient sur de très-forts grossissements, les figures de la substance nerveuse coagulée et durcie pourraient probablement être dessinées avec plus de netteté ; mais je ne puis, pour le moment, leur attribuer une signification exacte, d'autant plus que je suis attaché à l'opinion contraire, laquelle soutient que le nerf vivant est un mélange uniforme ; la division en cylindre de l'axe et enveloppe médullaire est un phénomène qui ne se produit qu'après la mort (1).

51. — *Fibres nerveuses pâles.* — Les fibres nerveuses pâles (dépourvues de moelle) (fibres de Remak) ne présentent pas cette abondance de graisse propre aux fibres précédentes, et, par suite, même avec des quantités de lumière différentes, elles ne sont ni foncées ni blanches, mais bien de couleurs pâle et grise. On les trouve en si grande quantité, notamment dans le sympathique, qu'on pourrait les appeler fibres nerveuses sympathiques.

Elles se composent d'une enveloppe homogène nucléaire et d'une masse intérieure finement granuleuse comparable au contenu des fibres à bords foncés, après qu'on a enlevé la graisse.

52. — *Degrés intermédiaires.* — On sait que la fibre musculaire striée et la fibre lisse sont reliées entre elles par une infinité de formes intermédiaires; il en est ainsi de la fibre nerveuse à bords foncés et de la commissure pâle.

J'ai remarqué à ce sujet (2) que, par exemple, dans le cordon limite de la salamandre terrestre arrivée à développement, il existe des fibrilles nerveuses, voisines des fibres pâles, par ce fait qu'elles renferment dans leur gaîne de nombreux et longs noyaux ; mais elles se rapprochent des fibres à bords foncés, parce que leur contour est plus tranché que celui des fibrilles pâles, sans atteindre cependant la netteté de celui des fibres à bords foncés cérébro-spinales : c'est que l'enveloppe médullaire, où la graisse se trouve, est moins développée que dans les fibres à bords foncés proprement dites. — Le passage des deux sortes de fibres de l'une à l'autre, s'explique par ce fait connu, à savoir,

(1) Sur ces entrefaites, des communications détaillées ont été faites sur ce point de discussion (*Ueber den Bau der Nervenprimitivfasern und der Nervenzelle*, von Dr Stilling, Francfort, 1856). Dans l'état actuel de la microscopie, il serait difficile de porter un jugement certain sur les descriptions de cet auteur. Stilling a travaillé avec des grossissements linéaires (700-900) que personne n'avait encore osé employer par la crainte des illusions d'optique. Si de nouveaux instruments doivent être améliorés de manière que de pareils grossissements puissent être employés avec succès, on doit s'attendre à ce que des formations, que nous désignons encore aujourd'hui comme homogènes et dépourvues de structure, manifestent des rapports déterminés de structure. Quant à cet autre point, qui pourrait être l'objet d'une objection, à savoir, que les figures de Stilling, si exactement dessinées, donnent l'impression de produits artificiels, il est difficile de le soutenir ; en effet, ce reproche s'appliquerait au même degré à toutes les nouvelles recherches (sur la rétine, par exemple) qui ont été faites avec le secours de l'acide chromique. Du reste, Stilling lui-même attend une confirmation de ses dessins, et désire que sa méthode d'investigation soit répétée avec soin.

(*Note de l'auteur.*)

(2) *Recherches sur les poissons et les reptiles*

que, chez l'embryon, les nerfs restent assez longtemps pâles, sans enveloppe graisseuse; celle-ci n'apparaît qu'accessoirement. Il est éga-

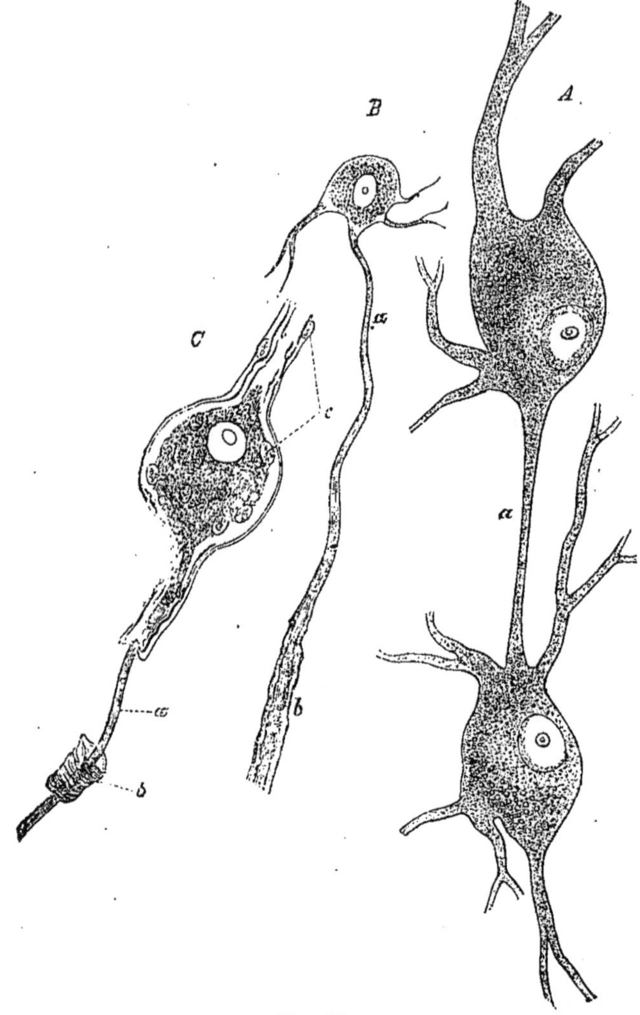

Fig. 30.

A. Deux cellules ganglionnaires multipolaires *ex substantiâ ferruginea* située au-dessous du *locus ceruleus* de l'homme. En *a*, une commissure qui unit ces deux cellules.

B. Globule ganglionnaire du cervelet du *Requin à marteau*. — *a*. L'une de ses ramifications pâles : elle s'épaissit et s'enveloppe d'une gaîne graisseuse, *b*.

C. Fibrille nerveuse du ganglion trijumeau du *Scymnus lichia* après avoir été traitée par l'acide chromique. — *a*. Le cylindre de l'axe qui se perd directement dans la substance granuleuse du globule ganglionnaire. — En *b*, elle n'est plus entourée que par la gaîne nerveuse homogène, maintenant plissée, tandis que la moelle a disparu. — *c*. Les noyaux de la gaîne nerveuse. (Fort grossissement.)

lement notoire qu'en plusieurs endroits, les fibrilles à bords foncés pâlissent à leurs terminaisons périphériques en perdant la graisse; il en est ainsi des éléments du nerf olfactif, des terminaisons périphériques des nerfs de la cornée; enfin il y a des vertébrés qui n'ont que des nerfs pâles, par exemple les cyclostomes. Parfois, l'enveloppe médullaire est tellement délicate, par exemple, dans les ramifications des fibres nerveuses de l'organe électrique de la torpille, qu'on ne peut la reconnaître qu'à l'aide de forts grossissements; on voit ainsi que la fibre, qui paraît dépourvue de moelle, possède cependant les traces d'une enveloppe médullaire (1).

53. — *Union des cellules ganglionnaires avec les fibres nerveuses.* — Les fibres nerveuses et les cellules ganglionnaires ne sont pas simplement situées les unes près des autres ; elles sont réunies entre elles et même les prolongements des cellules pénètrent immédiatement dans les tubes nerveux pour former leur contenu.

Un ganglion unipolaire sert d'origine à une seule fibre nerveuse, mais celle-ci, se dédoublant bientôt, il s'ensuit que plusieur sfibres peuvent prendre racine dans une cellule unipolaire; dans les cellules bipolaires, la cellule nerveuse se prolonge le plus souvent dans deux directions opposées vers les fibres nerveuses; de même dans les ganglions étoilés, les prolongements deviennent des fibres nerveuses, ou servent à relier les globules les uns aux autres. Le contenu mou granuleux des globules ganglionnaires a des propriétés conformes à celles des fibres médullaires et, par suite, à celles du contenu des fibrilles à bords foncés, après le départ de la graisse; ce contenu se continue de la cellule dans les fibres ; si l'on se base sur ce que l'acide chromique fait distinguer dans les fibres à bords foncés l'enveloppe médullaire et le cylindre de l'axe (2), on devra dire que la substance granuleuse du globule ganglionnaire se prolonge comme cylindre de l'axe dans la fibre nerveuse (d'après Axmann, le cylindre de l'axe existe immédiatement dans le noyau du corps ganglionnaire); si, comme dans les cellules ganglionnaires bipolaires, la fibre nerveuse se trouve, sur son chemin du centre à la périphérie, interrompue par un globule, qui s'est, en quelque sorte, intercalé, la substance qui enveloppe le noyau de la cellule ganglionnaire peut être aussi considérée comme étant un renflement du cylindre de l'axe. En outre, dans les cellules bipolaires, l'enveloppe homogène de la fibre se continue avec celle du globule

(1) D'après Schultze, des filaments nerveux de 0,001 de diamètre paraissent être encore médullaires. Il les a observés sur les lamelles électriques du *Malapterus* à leur surface postérieure (*Archives de Müller*, 1858, p. 193).

(2) F. Pflüger a recommandé le collodion pour rendre manifeste sur-le-champ, dans toutes les fibres, le cylindre de l'axe sur des nerfs frais et desséchés, et Frey a confirmé l'excellent effet de ce réactif (*Bericht*, 1859).

ganglionnaire; j'ai reconnu autrefois (1) que l'enveloppe médullaire de la fibre nerveuse s'étend aussi sur le globule ganglionnaire et lui donne le contour tranché qui vient après l'enveloppe. Cette enveloppe médullaire des globules ganglionnaires dans le nerf acoustique des poissons osseux (*Acerina cernua*, par exemple) et des reptiles (*Lacerta agilis*, par exemple) me paraît être de dimensions très-grandes; aussi, dans ce cas, le globule a-t-il ses bords tout aussi sombres que la fibre qui lui correspond; au premier coup d'œil ce globule paraît être un simple renflement utriculaire de la fibre nerveuse. Quant aux cellules ganglionnaires qui sont en connexion par deux pôles avec des fibres à bords foncés, elles ont été représentées par Bidder d'une manière tout à fait conforme à la nature; elles seraient placées dans des élargissements des tubes nerveux comme des masses dépourvues d'enveloppe. Les noyaux de l'enveloppe de la fibre nerveuse sont visiblement placés du côté interne; ce fait est caractéristique. Lorsque cette enveloppe s'élargit pour recevoir les corpuscules ganglionnaires, ces noyaux se multiplient au point que, s'ils étaient entourés d'une membrane cellulaire (mais elle manque toujours), on croirait avoir sous les yeux un épithélium.

Fig. 31. — Distribution terminale de trois fibrilles nerveuses du noyau gélatineux de ce qu'on appelle l'organe électrique de la queue de la *Raja*.

54. — *Parcours et terminaison des fibres.* — Autrefois, on croyait pouvoir établir cette loi, à savoir que les fibres primitives nerveuses ne se divisent pas pendant leur trajet jusqu'à la périphérie. Des recher-

(1) *Rochen und Haie*, S. 14, *z. Anat., und Hist. d. Chim. monstr.* (*Müll. Arch.*, 1851).

ches ultérieures ont montré le contraire; on sait maintenant que la division est le propre des fibrilles nerveuses; il semble même que toutes les fibrilles nerveuses de tel muscle ou de tel organe proviennent, par ramification, d'une seule fibre souche.

Reichert a reconnu que, dans un muscle peaucier de la grenouille, huit à dix fibrilles du nerf souche donnent environ quatre cents fibrilles terminales, et qu'en outre ces fibrilles souches, au nombre de huit à dix à leur entrée dans le muscle, se réduisent au nombre de cinq ou six dans le trajet compris entre le muscle et la moelle épinière. Un autre exemple de multiplication encore plus grande des fibres nerveuses par division se trouve dans les travaux de Bilharz sur les organes électriques du *Malapterurus electricus*, travaux qui ont été confirmés de plusieurs côtés; il y est acquis que tous les dédoublements des fibres nerveuses dérivent par ramification d'un seul faisceau primitif formant souche.

Quel est le mode de terminaison des fibres nerveuses? Cette question, qui a reçu beaucoup de réponses, n'est pas encore considérée comme résolue. Autrefois on disait : toutes les fibres nerveuses se terminent en serpentant; mais, après quelques discussions, on s'est hâté de rejeter ce mode de terminaison comme une erreur, et l'on a admis : 1° une terminaison libre des nerfs, d'après laquelle les fibres se terminent en pointes fines dans les muscles, ou bien en renflements claviformes, par exemple, dans les corpuscules de Pacini; 2° une terminaison par des cellules ganglionnaires, par exemple pour le nerf du vestibule de l'organe de l'ouïe, pour l'organe de l'odorat; 3° une terminaison par une formation spéciale batonnoïde, comme dans l'œil, et le limaçon de l'organe de l'ouïe.

Plus bas, j'aurai l'occasion de justifier, à mesure que les systèmes organiques se présenteront, plusieurs points de ce schéma. Avançons ici seulement, à titre de coup d'œil provisoire, que, d'après des recherches récentes, les nerfs peuvent avoir leur terminaison, non-seulement dans le tissu conjonctif qui les porte, mais encore au delà de ce tissu. A part le renflement claviforme d'une terminaison nerveuse dans un corpuscule de Pacini, et la terminaison, encore obscure dans ses détails, qui a lieu dans un corpuscule du tact, il me semble que la terminaison des fibrilles nerveuses se fait d'après le type des corpuscules du tissu conjonctif ramifiés, c'est-à-dire qu'elle est *réticulaire.*

Ce mode de terminaison a été observé partout où le lieu se montre propice à l'observation (Axmann, dans la peau de la grenouille; Hiss, dans la cornée); mais presque partout aussi il est fort difficile de poursuivre les fibrilles devenues très-fines; on croit les voir se terminer en stries inperceptibles. Cette opinion que les fibres nerveuses se terminent en formant des plexus (1), me paraît être encore confirmée par le mode de développement des fibrilles nerveuses.

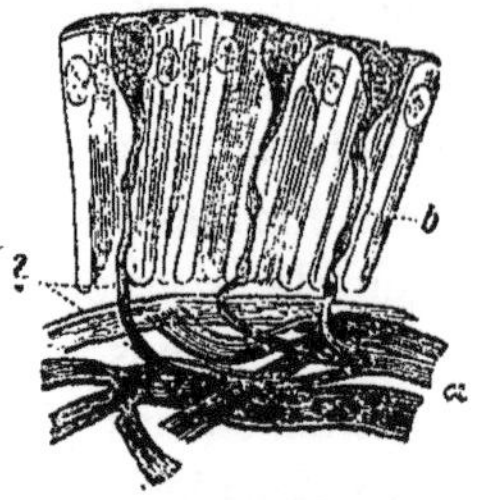

Fig. 32. — La terminaison nerveuse apparente dans les boutons nerveux de ce qu'on appelle les canaux muqueux de la *perche à boule*.

a. Les arcs des fibres à bords foncés. — *b*. Les cellules épithéliales, et entre elles les formations en question. (Fort grossissement.)

D'accord avec Reichert et Bidder, je vois que les fibres en question se forment dans une couche fondamentale de tissu conjonctif : la substance nerveuse s'accumule dans les corpuscules du tissu conjonctif qui s'allongent (dans les « fines cavités tubuloïdes »).

Sur la queue des larves de batraciens, endroit notoirement très-propice aux recherches, on reconnaît nettement comment la substance nerveuse se dépose dans les cellules ramifiées (corpuscules du tissu conjonctif) et cela s'effectue des troncs vers la périphérie ; cette disposition tend finalement à ressembler aux terminaisons plexueuses des nerfs de la cornée. J'ajouterai que, par exemple, les nerfs mésentériques à bords foncés d'un chat de quelques jours se présentent à moi nettement, *in situ naturali*, avec un aspect à bords dentelés et me rappellent, par conséquent, leur origine.

La terminaison des fibrilles nerveuses se fait-elle au delà des strates du tissu conjonctif, notamment dans les épithéliums, ainsi qu'on croit l'avoir reconnu tout récemment dans l'organe de l'odorat ? Je ne me hasarderai pas provisoirement à émettre une opinion tranchée sur cette

(1) Jacubowitsch a vu dans les papilles de la peau des boucles nerveuses qu'il considère comme faisant partie du *réseau capillaire nerveux périphérique*, dans lequel les fibres primitives se résolvent après s'être amincies et divisées un grand nombre de fois.

Beale aussi a trouvé cette terminaison plexueuse des nerfs dans les muscles ; d'après cet auteur, dans tous les rameaux de tous les nerfs de l'homme et des animaux se trouveraient de nombreux petits corpuscules ovales, par lesquels les fibres sont mises en communication avec les autres tissus ; l'activité nerveuse dépendrait, pour toute fibre, du nombre de ces corpuscules ; la richesse du plexus nerveux varierait dans la fibre musculaire. Henle, dans son compte rendu, trouve l'auteur anglais obscur dans le récit de ses observations, et ne se prononce pas.

question; cependant, je crois pouvoir avancer que si les nerfs pénètrent effectivement dans l'épithélium, ils ne se continuent certainement pas dans les cellules épithéliales, mais bien dans des bandelettes fortement réfringentes qu'on observe sur l'épithélium nasal entre les cellules; je suis encore raffermi, dans cette manière de voir, par les boutons nerveux que j'ai découverts dans ce qu'on appelle les canaux muqueux des poissons osseux (voyez la figure 31) : entre les cellules cylindriques très-longues qui cachent les boutons nerveux, on remarque des traînées fibroïdes particulières se dirigeant vers le haut, et d'un aspect semblable à celui de la substance nerveuse qui a pâli ; ces traînées se terminent, avec un renflement celluleux, dans des excavations de l'épithélium en forme de fossettes.

55. — Les éléments du tissu nerveux que nous venons de décrire, c'est-à-dire les globules ganglionnaires et les fibres nerveuses se trouvent réunis en masses plus considérables pour former le cerveau, la moelle, les renflements ganglionnaires et les cordons nerveux. Le tissu conjonctif, qui prend ici le nom de névrilème sert à réunir les formations nerveuses. La substance blanche des centres nerveux est un amas de fibrilles nerveuses; dans la substance grise comme dans les renflements nerveux, les globules ganglionnaires dominent; les nerfs périphériques se divisent comme les fibres primitives en cordons blancs argentés ou nerfs cérébro-spinaux, et en nerfs sympathiques d'un gris rougeâtre et faiblement transparents.

Les premiers se composent de fibres à bords foncés, les derniers en grande partie ou en totalité de fibrilles pâles ou de Remak.

56. — Si de nombreuses fibres nerveuses se terminent concentrées en un point circonscrit, ce point est doté d'un riche plexus de vaisseaux capillaires; ce fait est général (1). Pour exemple, citons les plexus à mailles étroites situés sur les septa des ampoules et dans le limaçon de l'organe de l'ouïe, sur les boutons nerveux des canaux muqueux des poissons, et aussi peut-être les plexus choroïdiens des centres nerveux.

57. — *Tissu nerveux des invertébrés.* — A l'exception des remarques propres aux globules ganglionnaires, tout ce qui a été dit jusqu'à présent sur le tissu nerveux se rapporte exclusivement aux vertébrés; nous avons donc à nous occuper encore particulièrement des invertébrés.

Ici encore la substance nerveuse se manifeste morphologiquement comme un contenu cellulaire et comme une matière striée correspondant aux fibrilles des vertébrés. Les globules ganglionnaires varient

(1) Cette loi a été constatée aussi par Beale (*loc. cit.*).

dans leur grosseur, soit suivant chaque groupe d'animaux, soit même fréquemment dans un seul et même groupe. Les mollusques, les insectes, les araignées, ont en général des cellules ganglionnaires petites et délicates; cependant il y a des exceptions; le ganglion frontal de la guêpe frêlon, d'où proviennent les nerfs de l'arrière-bouche, est formé de globules ganglionnaires très-gros.

On observe aussi des globules ganglionnaires considérables chez l'écrevisse; chez la sangsue, de même que chez les limaçons, quelques-uns de ces globules acquièrent des dimensions telles qu'on peut les voir à l'œil nu commodément. — Leur forme est ronde ou allongée, rarement étoilée; ils ont un ou plusieurs noyaux avec nucléoles.

Fig. 33. — Troncule nerveux d'un insecte.

a. La substance nerveuse fibrillaire. — *b.* La gaîne homogène. (Fort grossissement.)

Le contenu est d'habitude moléculaire. Plus rarement (*Piscicola, Sanguisuga, Hæmopis*) (1), dans certains globules, la forme accuse une structure particulière peu cohérente.

58. — Quant à ce qui concerne la substance nerveuse fibrillaire, il est manifeste avant tout que pas un seul invertébré ne possède des fibres primitives à bords foncés, c'est-à-dire pourvues d'une gaîne médullaire. C'est plutôt aux fibres nerveuses pâles ou sympathiques des vertébrés que correspondent, au point de vue morphologique, les éléments nerveux fibroïdes des invertébrés; cette assimilation se justifie encore par le degré moindre d'autonomie que présente fréquemment la masse fibrillaire des invertébrés : ainsi, c'est dans une enveloppe de tissu conjonctif renfermant de nombreux noyaux que se trouve une substance pâle et finement granulée. C'est sous cet aspect

(1) *Zeitschr., für wiss Zool.*, 1849, S. 130.

que se présente le nerf olfactif (de la grenouille, du *Proteus* par exemple) chez tous les invertébrés, ce nerf est aussi composé exclusivement d'éléments gris. Parfois, la substance fibrillaire des troncs nerveux accuse une différenciation plus nette par l'existence de fibrilles qui sont de contours pâles, mais déterminés ; c'est ce que j'ai trouvé sur plusieurs sortes d'araignées, contrairement à ce qui a lieu chez les insectes. Chez les arthropodes, à côté et avec le contenu ordinaire fibrillaire des troncs nerveux, on voit des formations tubulo-fibroïdes qui en diffèrent beaucoup ; ces formations, déjà connues d'Ehrenberg et de Hannover sur l'écrevisse, ont été exactement décrites par Remak. Reichert a mis en doute et considéré comme une erreur ces « fibres nerveuses colossales » possédant encore un faisceau fibroïde central, qui peut se fragmenter en petits bâtonnets.

Mais je dois dire que j'observe cette formation chez les coléoptères, par exemple sur les nerfs émanant du cerveau du *Lampyris splendidula* (l'animal ouvert dans l'eau sucrée). Ces nerfs ne sont pas aussi larges que chez l'*Astacus*, et je n'ai pu trouver encore la masse centrale, car ils me paraissent uniformément transparents. Les nerfs auraient-ils des capillaires sanguins et les tubes seraient-ils ramifiés? On pourrait le tenir pour tel ; mais provisoirement je serais disposé à voir en eux les équivalents des fibres nerveuses à bords foncés, d'autant plus que, chez l'écrevisse, je remarque tous les degrés successifs, depuis les fibrilles granulées jusqu'aux tubes transparents et larges.

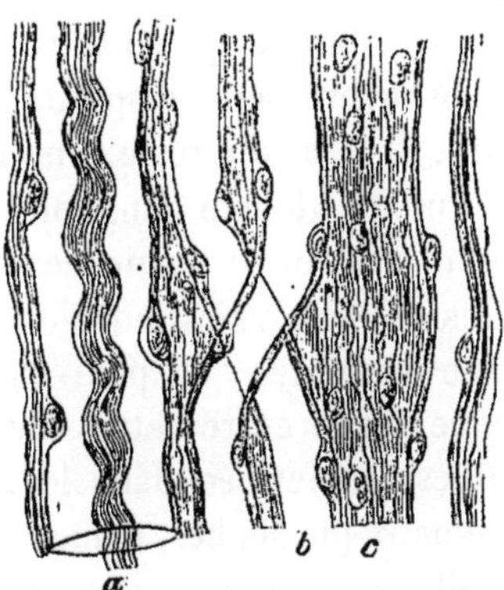

Fig. 34. — Fibres nerveuses d'un cordon abdominal de l'écrevisse.

a. Tubes très-larges avec leur faisceau fibroïde central. — *b*. Tubes de moyenne épaisseur. — *c*. Tubes plus fins, le dernier d'une structure plus granulée.

59. Le rapport dans lequel, chez les invertébrés, les fibrilles se trouvent avec les globules, est analogue à celui que nous avons trouvé chez les vertébrés. Ainsi, les granules de cette masse qui enveloppe les

noyaux ganglionnaires transparents (contenu du globule ganglionnaire) sont disposés linéairement d'un seul ou de plusieurs côtés, et s'éloignent de la cellule ganglionnaire, réunis en un seul cordon finement granuleux. Lorsque cette cellule est pourvue d'une membrane apparente, la membrane accompagne le faisceau émergeant en lui servant de gaîne nerveuse ; elle isole, par cela même, les faisceaux fibrillaires disposés dans l'intérieur du tronc nerveux. Si la membrane n'existe pas, le tronc nerveux ne présente qu'un strié longitudinal, fin et régulier, situé dans l'intérieur de son névrilème. Il existe donc le même rapport entre la substance nerveuse finement striée et le contenu du globule ganglionnaire, chez les invertébrés, que celui qui existe entre la substance du cylindre de l'axe et le contenu du globule ganglionnaire chez les vertébrés : ces deux substances sont des prolongements immédiats de cette masse de granules qui enveloppent les noyaux des globules ganglionnaires.

60. Avec les cellules ganglionnaires, on voit encore, dans les centres nerveux de beaucoup d'invertébrés, une masse ponctuée souvent même assez considérable; il en est ainsi chez les arthropodes (chez les araignées, il me semble que cette masse ponctuée occupe le milieu des ganglions, et que les cellules nerveuses sont situées tout à l'entour). Chez beaucoup de vers, de mollusques (*Unio*, *Anodonta*, *Paludina*, par exemple), la substance ponctuée, pâle, incolore, dans laquelle sont enchâssées les cellules nerveuses, renferme des corpuscules brillants colorés en jaune : chez le *Cyclas cornea*, ces corpuscules sont d'un brun sale, chez l'*Aplysia*, d'un rouge noirâtre. Cette substance ponctuée peut être très-faible, avoir même disparu ; les cellules se touchent alors sans intermédiaire. Il y a, du reste, une liaison entre ces différences et la condition que le globule ganglionnaire soit ou non limité par une enveloppe plus nettement tranchée; en effet, souvent on aperçoit simplement des noyaux clairs, nucléolaires et entourés par les parties de la substance ponctuée; et peut-être n'est-il pas possible d'affirmer une différence réelle entre cette substance primitive extracellulaire et celle qui est renfermée dans le globule ganglionnaire, puisque, chez divers animaux (acalèphes, némertinés), d'après Leuckart, il n'y aurait pas de cellules ganglionnaires, et ce serait précisément cette masse ponctuée uniforme qui remplirait le système des tubes nerveux ramifiés. Dans les centres nerveux, dans les capsules surrénales et les ganglions lymphatiques des vertébrés, il existe aussi une substance ponctuée pareille ; on pourrait peut-être voir en elle une matière ayant pour but de donner une couche moelleuse aux globules ganglionnaires qui sont si fragiles.

Un exemple de ganglions où les cellules sont fortement serrées les unes contre les autres, sans masse primitive intermédiaire, se trouve, suivant Meissner, dans le genre *Mermis*.

Chez les invertébrés, il est encore plus difficile que chez les vertébrés de rechercher le mode de terminaison périphérique des fibres nerveuses, à cause de la délicatesse et de la pâleur des formations qu'on doit examiner. Cependant on a pu reconnaître qu'il n'est pas rare de trouver des cellules nerveuses sur l'épanouissement terminal des nerfs; de même aussi parfois la terminaison nerveuse peut contenir un appareil avec corpuscules spéciaux.

Les globules nerveux ont été observés pour la première fois par Ehrenberg (1833). Valentin a le mérite de les avoir reconnus (1836) comme étant une partie constitutive du système nerveux. La connexion intime des globules avec les fibres a été étudiée plus tard par Helmholtz, Hannover, Will, Kölliker, R. Wagner, Bidder et autres.

61. *Régénération du tissu.* — Si l'on compare entre eux les tissus dont il a été question au point de vue de leur activité régénératrice après une perte de substance, on constate que les cellules restées autonomes, telles que le sang, la lymphe, les épithéliums, le tissu corné, le cristallin, se reproduisent très-facilement; il en est de même pour les tissus de la substance conjonctive, surtout pour le tissu conjonctif ordinaire et la substance osseuse. Dans les blessures des cartilages, au contraire, la réunion se fait par du tissu conjonctif : le tissu cartilagineux apparaît aussi, mais accidentellement. Le tissu musculaire paraît plus rarement être capable d'une nouvelle formation, tandis que les substances nerveuses se régénèrent facilement. Les deux tissus que nous avons nommés en dernier lieu ont été observés apparaissant accidentellement.

Sur la régénération du tissu nerveux, ce sont surtout Bruch, Küttner, Lent, Schiff et Waller, qui ont fait dernièrement des recherches. Les fractures des cartilages costaux, comme aussi Klopsch l'avait démontré, guérissent exclusivement par le tissu conjonctif, par la prolification du tissu conjonctif qui se trouve au siége de la fracture. Ce tissu peut plus tard s'ossifier en formant un anneau qui enveloppe les fragments.

Sur la pointe d'une queue de lézard, longue d'un pouce et demi, de formation récente, pigmentée en noir extérieurement et sur la coupe, la musculature était formée d'utricules relativement courts; ces utricules présentaient une substance corticale et centrale, et dans cette dernière on voyait des noyaux ellipsoïdes en piles serrées les unes contre les autres. Au milieu, à travers la pointe de la queue, passait un cordon blanchâtre, comparable à une corde dorsale ; il n'était pas composé par les grosses cellules de la substance cordale des poissons et des batraciens, mais bien par de petites cellules fusiformes étroitement serrées les unes contre les autres.

62. — C'est par la réunion d'un ensemble ou d'un petit nombre de tissus en une nouvelle unité morphologique, et dans le but d'une fonction physiologique complexe, qu'un organe se forme ; c'est ensuite par l'association des organes en groupes plus considérables et à fonctions déterminées, que les systèmes organiques prennent naissance.

On peut compter les suivants :

1° Système du tégument externe ;
2° Système osseux ;
3° Système musculaire ;
4° Système nerveux et des organes des sens ;
5° Système des organes digestifs ;
6° Système des organes respiratoires ;
7° Système de la circulation ;
8° Système des organes génito-urinaires.

Notre tâche se réduit maintenant à examiner un à un ces groupes de systèmes chez l'homme et dans les séries du règne animal ; mais les matériaux que nous passerons en revue présenteront de grandes lacunes, que l'activité de beaucoup d'investigateurs s'efforce d'ailleurs de combler.

DEUXIÈME PARTIE

HISTOLOGIE SPÉCIALE

CHAPITRE PREMIER

DU TÉGUMENT EXTERNE DE L'HOMME

63. — Le tégument externe forme l'enveloppe générale du corps et se compose de deux couches très-différentes ; l'une, l'*épiderme*, appartient au tissu corné, dépourvu de vaisseaux et de nerfs ; l'autre, le *derme*, correspond au tissu conjonctif, qui contient des vaisseaux et des nerfs. Ajoutons à cela, comme développements cornés particuliers, les poils et les ongles, et comme refoulements sacciformes, auxquels participent à la fois le derme et l'épiderme, les bulbes pileux avec les follicules sébacés, et enfin les glandes sudoripares.

64.—*Derme*.—Le derme (*corium*) est une membrane solide, rigide, dont l'épaisseur varie dans les différentes régions du corps. Il paraît être le plus mince dans l'oreille externe, aux paupières ; il est, en général, plus fort à la surface postérieure du corps qu'à la surface antérieure, et il acquiert sa plus grande dimension au talon.

Par ses propriétés chimiques, le chorion ressemble au tissu conjonctif ; il se putréfie assez tard, se ratatine dans l'eau de cuisson pour se dissoudre ensuite en donnant de la colle. Si on le ramollit et si on le traite ensuite par des matières végétales renfermant de l'acide tannique, il ne se putréfie plus : il est tanné.

Si nous considérons la structure fine du chorion, nous le trouvons composé d'un tissu conjonctif, riche en fibres élastiques, et dont les divisions fasciculaires se croisent dans toutes les directions, s'appliquant serrées les unes contre les autres, ou bien s'entrelaçant en laissant des vides plus ou moins gros, de sorte que, dans le derme, on peut distinguer une couche supérieure dense, ou *partie papillaire*, et une couche inférieure restiforme, percée à jour ; mais il ne faut pas oublier que cette distinction de deux couches est tout à fait artificielle et n'a d'autre utilité que celle de faciliter la description.

Papilles de la peau. — La surface supérieure de la partie papillaire du chorion ne paraît pas être plane; elle présente partout de petites élévations qui, dans certaines parties du corps (peau de la tête, par exemple), ne sont plus que de petites saillies; le plus souvent, ces élévations se présentent sous la forme de petits tubercules ou mamelons à une ou plusieurs pointes. Ces mamelons papillaires sont ou

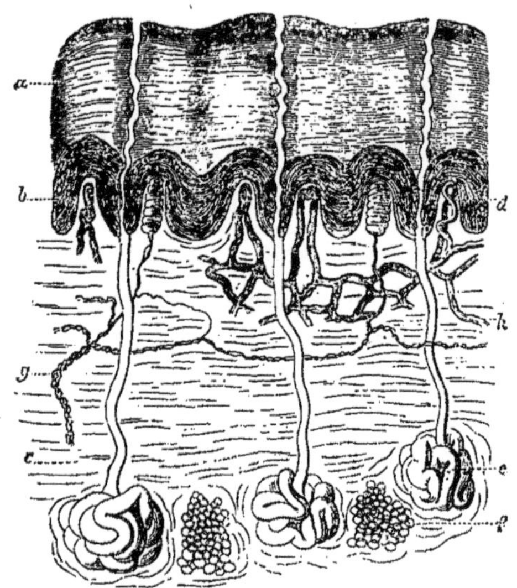

Fig. 35. — Coupe à travers la peau sur la pulpe d'un doigt.

a. Couche cornée de l'épiderme. — *b.* Couche muqueuse. — *c.* Derme. — *d.* Papilles. — *e.* Glandes sudorales. — *f.* Pannicules graisseux. — *g.* Nerfs se terminant par deux papilles pour former deux corpuscules du tact. — *h.* Vaisseaux sanguins. (Fort grossissement.)

disséminés sans ordre apparent (par exemple, aux extrémités), ou bien serrés les uns contre les autres (par exemple sur le membre viril, sur le mamelon du sein); ailleurs, ils présentent, comme à la surface de la main ou du pied, un groupement très-régulier: là, en effet, ils forment sur les petites saillies du derme, des traînées mamelonnées d'une forme spondyloïde ou spiroïde.

Sur cette dernière région, les papilles atteignent leur plus grand développement; on peut les diviser là, et peut-être aussi encore en quelques autres parties du corps (lèvres, pointe de la langue), d'après la manière dont elles se comportent avec les vaisseaux et les nerfs, en papilles *vasculaires* et en papilles *nerveuses*. Les premières n'ont qu'une vrille vasculaire avec plusieurs pédoncules appliqués les uns sur les autres, et souvent enlacés comme des spirales, le tout sans plexus vasculaire intermédiaire. Les secondes, papilles nerveuses, ou tubercules du tact, renferment, dans leur intérieur, un noyau le plus souvent ovoïde, ou de la forme d'une pomme de sapin (c'est le corpuscule du tact découvert, il y a plusieurs années, par Meissner et R. Wagner), et un troncule nerveux, qui est en connexion étroite avec le corpuscule du tact. (Plus loin, nous entrerons dans plus de détails.)

65. — *Basement membrane.* — Déjà, à l'œil nu, on voit, vers la surface libre, le derme devenir compacte, en quelque sorte homogène; ce fait se constate aussi au microscope. La substance conjonctive se termine par une couche limite homogène, qui se présente comme une bordure plus claire; quelques auteurs distinguent cette bordure comme une membrane propre (*basement membrane*). En se ployant sur les papilles, cette couche limite donne au rebord papillaire un aspect finement dentelé.

La partie restiforme se perd dans la profondeur du tissu cellulaire sous-cutané, lequel sert à relier d'une manière plus ou moins rigide les parties situées au-dessous de la peau. Dans les mailles du tissu conjonctif sous-cutané, on trouve une quantité plus ou moins considérable de cellules graisseuses, d'où le nom de *panniculus adiposus*.

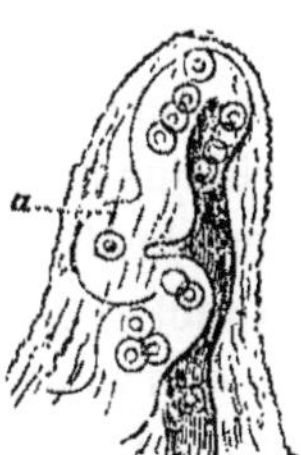

Fig. 36. — Papille vasculaire. (Fort grossissement).
a. La vrille vasculaire sanguine.

66. — *Muscles.* — Le derme possède des muscles lisses. Ainsi, dans le tissu conjonctif sous-cutané des testicules, ces muscles forment la tunique du dartos; ils existent sur le membre viril et sur la partie antérieure du périnée : le plus souvent, ils forment des traînées fasciculées plexueuses visibles à l'œil nu; dans le mamelon, on voit des muscles longitudinaux et circulaires qui se croisent en formant un lacis; enfin toutes les parties pubescentes de la peau sont pourvues de petits faisceaux de muscles lisses (redresseurs des poils) qui proviennent des parties les plus supérieures du derme, se dirigeant obliquement vers le bulbe pileux pour s'appliquer sur lui entre les follicules sébacés 1).

(1) D'après Sappey, les muscles des follicules pileux sont plus développés chez les nouveau-nés et chez l'enfant que chez l'adulte. Par leur disposition, ils serviraient à faciliter la sortie des produits de sécrétion des glandes pileuses. (*Gaz. méd.*, 1863, n° 48.)

Vaisseaux. — Les nombreux vaisseaux qui vont à la peau se résolvent en ramuscules capillaires formant des mailles larges ou étroites : finalement, ces vaisseaux déterminent, dans les corps capillaires, un réseau extrêmement serré, d'où se détachent, vers la partie supérieure, ces vrilles dont nous avons parlé, lesquelles occupent les papilles vasculaires.

Les origines des vaisseaux lymphatiques qui forment un réseau serré dans les parties extérieures du tégument ne sont que les conduits les plus ténus du tissu conjonctif, ce qu'on appelle les corpuscules du tissu conjonctif (voy. plus bas *Système des vaisseaux lymphatiques*) reliés entre eux.

Nerfs. — La peau est riche en nerfs. Ils rampent couchés d'abord dans le tissu cellulaire sous-cutané, se divisent dans cette région pour envoyer leurs ramifications terminales obliquement en haut dans les papilles. Dans ces parties du tégument qui se distinguent par un tact très-développé, les papilles pourvues de nerfs abritent un corpuscule du tact. Il règne, sur la structure de ces corpuscules, des opinions différentes. Meissner, R. Wagner, Gerlach, auxquels je m'associe, les considèrent comme de nature réellement nerveuse, bien que l'exposé microscopique varie suivant chaque auteur.

D'après Wagner et Meissner, les fibrilles nerveuses des papilles pénètrent dans le corpuscule du tact, s'étalent dans son intérieur en formant une plume ou une touffe et s'y terminent; Gerlach pense que les contours des corpuscules constituent un glomérule nerveux ; mon opinion est que le centre du corpuscule du tact est de substance nerveuse, et que l'enveloppe est du tissu conjonctif (le névrilème) (1). — Je dois cependant reconnaître que parfois l'interprétation de Gerlach est tout à fait exacte, surtout pour ces corpuscules du tact qui, dans des préparations très-fraîches, ont été soumis, pendant quelques heures, à l'action d'une solution sodique.

On dirait alors que les lignes transversales si nettes du corpuscule limitent des cavités sinueuses, dans lesquelles serait renfermée la substance nerveuse que la solution a dissoute. D'autres considèrent le corpuscule du tact comme un organe de nature conjonctive, un axe rigide papillaire, à la superficie duquel grimpent les tubes nerveux pour se terminer aussi à l'extérieur du corpuscule. Lorsque les papilles sont dépourvues de corpuscules, et si elles reçoivent cependant des nerfs, les fibrilles de ces nerfs vont jusqu'au sommet des papilles et paraissent se terminer librement en pointes très-fines.

(1) *Müller's Archiv*, 1856.

67. — *Épiderme.* — La surface libre du derme est recouverte par une membrane mince, par l'*épiderme*, qui ne souffre ni ne saigne, parce qu'il appartient au tissu corné, lequel est dépourvu de nerfs et de vais-

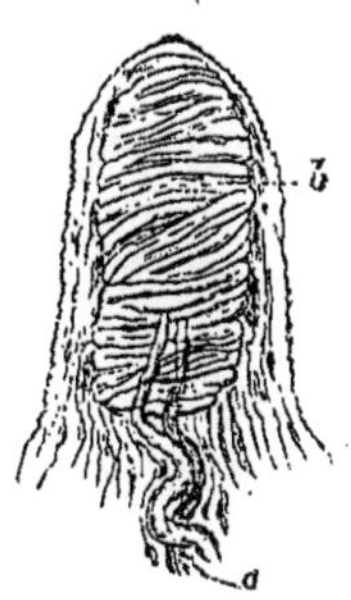

Fig. 37. — Papille nerveuse. (Fort grossissement.)

a. Nerf. — b. Corpuscule du tact.

seaux. L'épiderme descend dans toutes les dépressions du derme, monte sur toutes ses éminences; il répète ainsi par ses contours la surface extérieure du chorion, reproduit, par conséquent, sur les faces plantaires et palmaires ces lignes délicates qui sont produites par les saillies sous-jacentes du derme.

Dans la race blanche, la couleur de l'épiderme est, en général, transparente ou faiblement jaunâtre; dans les races de couleur, la coloration varie du brun au noir.

L'épiderme n'a pas la même épaisseur dans les différentes parties du corps; il est mince à la figure, plus épais au dos et le plus fort à la plante du pied et au creux de la main.

Au point de vue chimique, l'épiderme présente les propriétés de la matière cornée. Il est insoluble dans l'eau, se ramollit dans les alcalis caustiques et les acides concentrés pour s'y dissoudre complétement.

68. — Microscopiquement l'épiderme se compose de cellules qui ont conservé leur autonomie; ces cellules sont placées en file, soit au-dessus, soit à côté les unes des autres; elles forment ainsi des lamelles, d'où résultent deux couches principales qu'on peut distinguer à l'œil nu, l'une inférieure, appelée *couche muqueuse* (*rete Malpighii*), l'autre supérieure ou *couche cornée*.

Couche muqueuse. — La couche muqueuse est contiguë au derme; elle est plus molle, plus humide; ses cellules sont des vésicules avec noyaux; ces vésicules prennent une forme allongée dans la couche la plus inférieure, et s'arrondissent en se dirigeant vers l'extérieur; finalement, dans le voisinage de la couche cornée, elles s'aplatissent horizontalement, en prenant des contours polygonaux. Lorsque la peau paraît colorée en brun, comme aux parties génitales, autour de l'anus, à la racine du mamelon (ou, pathologiquement, dans les nævi, les éphélides), les cellules de la couche muqueuse sont plus ou moins

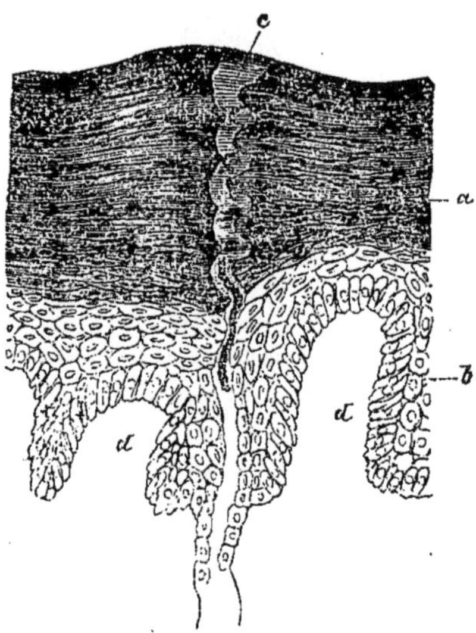

Fig. 38. — Section de l'épiderme. (Fort grossissement.)

a. Couche cornée. — *b*. Couche muqueuse. — *c*. Conduit spiroïde d'une glande sudoripare. — *d*. Espace correspondant aux papilles du chorion.

remplies de pigment. La couleur foncée de la peau du nègre (1) dépend aussi du contenu pigmentaire des cellules de la couche muqueuse.

Couche cornée. — La couche cornée est plus sèche et plus dure; ses cellules sont tout à fait aplaties; elles représentent de petites écailles minces, irrégulières, ridées ou plissées; cependant, après l'emploi de l'acide acétique ou des alcalis caustiques, elles se gonflent en formant

(1) Dans son *Traité d'anatomie générale* Henle soutient que la couleur foncée du derme provient de cellules pigmentaires réelles, et cela, pour les parties colorées de la race blanche. Il considère aussi comme des cellules les éléments colorés de la peau du nègre, mais ces cellules sont très-petites, quoique cependant nucléaires.

Langhans, dit que, chez les adultes, le pigment granulé situé à la limite de la cornée et de la sclérotique, n'est pas renfermé dans des cellules; il se trouverait disséminé dans le tissu. Cet observateur a trouvé des cellules pigmentaires, même dans le tissu cornéen du veau. (*Bericht* 1861, p. 31.)

D'après Deschamps (*Mémoires sur les cicatrices de couleur des races humanies; Union médicale*, 1861, n°, 25) la peau du nègre est incolore après le départ des pustules varioliques; cependant le pigment se régénère pendant la desquamation; de sorte que, pendant un certain laps de temps, on voit des cicatrices blanches, à côté de places plus ou moins foncées. Pouchet a observé aussi la régénération du pigment dans la cicatrice qui suit un abcès.

de jolies vésicules, sur lesquelles on peut encore reconnaître les traces d'un noyau. — Chez le nègre, la couche cornée présente une légère teinte jaunâtre ou brune.

69. — *Poils.* — Les poils sont des formations cornées, filiformes qui poussent sur toute la surface du tégument, le plus souvent dans une direction oblique à cette surface; quelques parties du corps en sont dépourvues (par exemple, le creux de la main, la plante du pied). (Pathologiquement on les voit sur les muqueuses; chez quelques mammifères, le lièvre, par exemple, on trouve des poils normaux au côté interne de la joue. Chez l'homme, mais anormalement, on a encore observé des cheveux en différents endroits, dans les kystes, par exemple.) Leur épaisseur, leur largeur sont assujetties à des variations individuelles et locales.

Il est rare que les poils soient des cylindres exacts; d'ordinaire ils sont plus ou moins aplatis, suivant qu'ils sont lisses ou crépus.

Les poils sont rigides, mais extensibles, très-hygrométriques; ils résistent très-longtemps à la putréfaction. — Par l'analyse chimique, ils donnent généralement de la matière cornée et une graisse colorée.

Chaque poil présente : 1° une racine : elle est petite, molle, diaphane et située dans l'intérieur de la peau ; 2° une tige : elle est dure, de couleur foncée, et fait saillie au dehors.

La tige du poil se compose généralement de trois couches différentes : l'épidermicule, la substance corticale et la substance médullaire : leurs principales propriétés sont les suivantes :

Épidermicule. — Il est formé de cellules épidermiques plates et sans noyaux, placées l'une sur l'autre comme des briques ; elles forment le revêtement mince de la couche corticale; ce revêtement va en s'épaississant de haut en bas. Les cellules adhèrent fortement à la substance corticale : elles s'en détachent cependant par l'emploi de l'acide sulfurique (1).

Substance corticale. — La substance corticale, qui représente la masse principale du poil, offre un aspect strié longitudinalement, fasciculoïde. A l'aide des acides et des alcalis on reconnaît que les parties élémentaires de la substance corticale sont des cellules longues, aplaties, fortement durcies et, par suite très-rigides; ces cellules, par leur

(1) Pour mettre en évidence l'épidermicule, Moleschott (*Zur Untersuchung der verhörnten Theile des menschl. Körpers*, S. 114) donne la préférence aux alcalis sur l'acide sulfurique recommandé par H. Meyer, parce qu'ils agissent plus lentement. Solution à 6 p. 100.

disposition lamelleuse, produisent un aspect fibroïde. Elles renferment fréquemment de petits noyaux pigmentés et de l'air ; c'est ainsi que la substance corticale paraît marbrée et présente l'aspect d'un pointillé sombre (1).

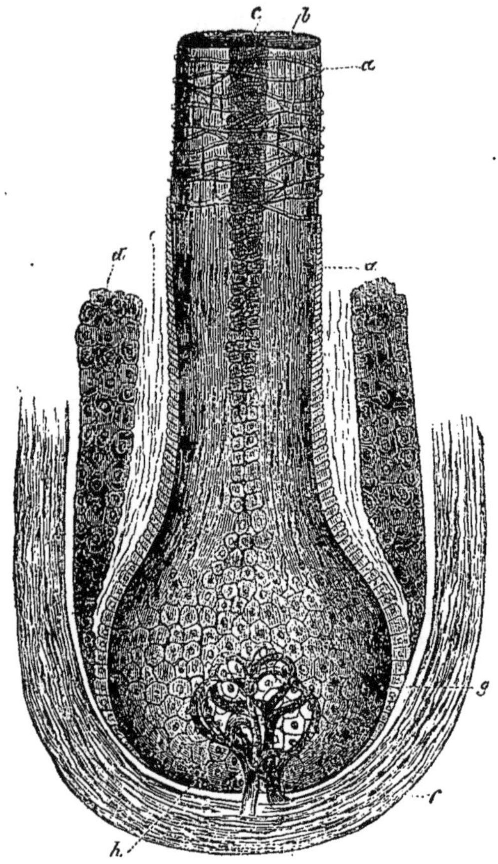

Fig. 39. — Racine d'un poil avec son follicule. (Fort grossissement.)

a. Épidermicule. — *b*. Substance corticale. — *c*. Substance médullaire. — *d*. Gaîne radicale externe. — *e*. Gaîne radicale interne. — *f*. Follicule pileux. — *g*. Couche limite homogène de ce follicule. — *h*. Les papilles avec leurs accessoires qu'on voit au travers. (Dans la coupe on a omis le contour de la papille.)

Substance médullaire. — La substance médullaire, qui manque d'habitude dans les cheveux crépus et dans les cheveux colorés de la tête, se compose de cellules rondes ou polygonales ; ces cellules, disposées en plusieurs rangées, donnent naissance à un cordon qui règne

(1) Pour séparer les noyaux allongés et étroits de la substance corticale, Moleschott recommande une macération d'une durée de deux à trois heures dans une solution alcaline à 30 p. 100.

suivant l'axe du cheveu. Ces cellules sont remplies d'air à un état de division extrême, sous la forme de petits globules brillants; on avait pris pendant longtemps ces globules pour de la graisse ou du pigment.

Il n'est pas certain (plusieurs auteurs, Steinlin, Reichert, Reissner, l'avancent) qu'il subsiste encore, en dedans des cellules de la substance médullaire un reste desséché de la papille capillaire, formant un cordon plus délicat et comme l'âme d'une plume; on ignore encore si la substance médullaire ne se compose que des cellules indiquées (1).

A son extrémité inférieure, la racine du poil se termine par un renflement globuleux appelé bouton capillaire ou bulbe; ce bulbe embrasse, avec sa base infundibuliforme, une papille du derme et s'applique aussi sur elle.

70. — *Racine du poil.* — La texture de la racine du poil concorde absolument avec celle de la tige; seulement, comme son aspect a quelque chose de plus mou, ses éléments constitutifs présentent les caractères d'un état moins avancé. Les lamellules cornées anucléaires de l'épidermicule deviennent ici des cellules molles avec noyau; les lamellules rigides de la substance corticale prennent visiblement la forme de cellules allongées avec un noyau diaphane : les cellules de la portion médullaire sont dépourvues d'air; elles sont remplies d'un contenu liquide; presque toutes ces cellules se rapprochent plus ou moins de la forme ronde. Le bouton pileux se compose seul de cellules nucléaires rondes, qui ne se distinguent en rien des éléments de la couche muqueuse de l'épiderme.

Bulbe pileux. — La racine du poil est plantée dans le bulbe pileux qui l'enveloppe. Ce bulbe paraît être un refoulement en dedans du tégument externe, semblable à un petit sac qui s'élargit en bas pour se terminer supérieurement par une ouverture étroite, d'où sort le poil. Puisque les bulbes pileux sont des refoulements du tégument externe, ils doivent aussi présenter une couche de nature conjonctive et une couche de nature cornée. La première, prolongement du chorion, est externe et renferme des vaisseaux et quelques nerfs; vers l'intérieur, la substance conjonctive se charpente plus vigoureusement et, à l'exemple du chorion, elle se termine en une couche limite homogène, que quelques auteurs ont considérée comme une membrane particulière transparente.

(1) Moleschott prétend avoir représenté sur des cheveux blonds et sur des poils de barbe les cellules médullaires après une macération de un à deux jours dans une solution sodique à 3 p. 100. (*Bericht*, 1859, p. 113.)

Du fond du bulbe pileux s'élève la substance conjonctive pour former la papille du poil, éminence tuberculeuse que Henle et Reissner ont plus exactement désignée sous le nom d'éminence bulbiforme ; elle présente toutes les propriétés d'une papille ordinaire du chorion et elle est dotée probablement comme elle de capillaires sanguins.

L'épiderme du chorion s'enfonce dans l'ouverture du bulbe pour former l'enveloppe de la racine, et se colle, en l'embrassant étroitement, à la racine du poil. Ici comme dans l'épiderme, on distingue une enveloppe extérieure de la racine ou prolongement de la couche muqueuse et une enveloppe intérieure de la racine qui est l'équivalent de la couche cornée (1).

Plusieurs observateurs distinguent encore du côté interne de l'enveloppe intérieure de la racine une ou plusieurs couches de cellules et les considèrent comme un revêtement supérieur propre à la gaîne interne de la racine. — Au fond du bulbe, les cellules des gaînes radicales se perdent dans les éléments de la tête du poil.

71. — *De l'ongle.* — Les ongles sont des parties de l'épiderme fortement durcies, et, comme lui, ils se divisent en une couche muqueuse molle et une couche dure, rigide ; ces deux couches sont plus distinctes l'une de l'autre dans l'ongle que dans l'épiderme.

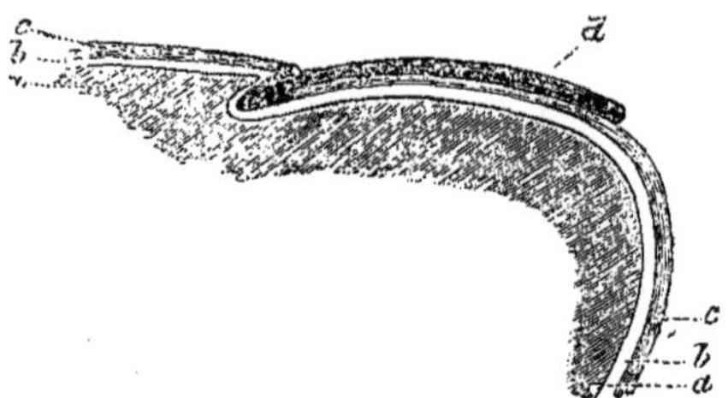

Fig. 40. — Coupe longitudinale à travers l'ongle et son lit.

a. Chorion. — *b*. Couche muqueuse de l'épiderme. — *c*. Couche cornée. — *d*. Ongle.

Les éléments de la couche muqueuse sont des cellules à noyau, dans la profondeur, sous le corps de l'ongle, elles ont une forme allongée et fusiforme ; à la racine de l'ongle, les cellules sont petites, plus plates, colorées en jaune trouble par un contenu granuleux. Dans la couche cornée, les cellules paraissent aplaties, disposées en couches

(1) La couche de l'épiderme du bulbe pileux (gaîne radicale interne) se compose, d'après Henle, de lamellules anucléaires, molles et vitreuses, disposées régulièrement en trois couches. Les couches externe et moyenne renferment des lamellules d'une puissance considérable, parallèles par le long côté à l'axe du bulbe. La couche la plus interne est une membrane qui paraît simple à l'état frais ; la surface externe est lisse, et la surface interne est une empreinte plus exacte de la surface du bulbe pileux. (*Bericht*, 1861, p. 86.)

superposées, et elles adhèrent si fortement entre elles que ce n'est qu'avec l'emploi des alcalis caustiques qu'on peut les isoler; ce mode de préparation permet de voir aussi que les cellules ont encore conservé leur noyau.

Lit de l'ongle. — La partie du derme sur laquelle repose l'ongle s'appelle lit de l'ongle. Le derme forme aux bords postérieur et latéral du lit de l'ongle une rainure, où sont fixés la racine et les bords latéraux de l'ongle.

Le lit de l'ongle s'élève en formant des saillies grêles qui partent, comme d'un pôle, en avant de la partie postérieure : aussi, sur la ligne médiane, cette direction est-elle plus rectiligne et s'infléchit-elle en arc vers l'extérieur. Vers la pointe du doigt, ces saillies cheminent côte à côte, droit et parallèlement entre elles. Au-dessous d'elles, se trouvent les papilles dans lesquelles on a bien observé des vaisseaux sanguins, mais non des nerfs.

La partie intérieure des saillies est occupée par des faisceaux de fibres élastiques, et leur bord, comme sur tout le reste du derme, se termine par une bordure limite homogène.

72. — *Glandes sudoripares.* — Les glandes sudoripares, quelques endroits exceptés (surface concave du pavillon de l'oreille, le gland du

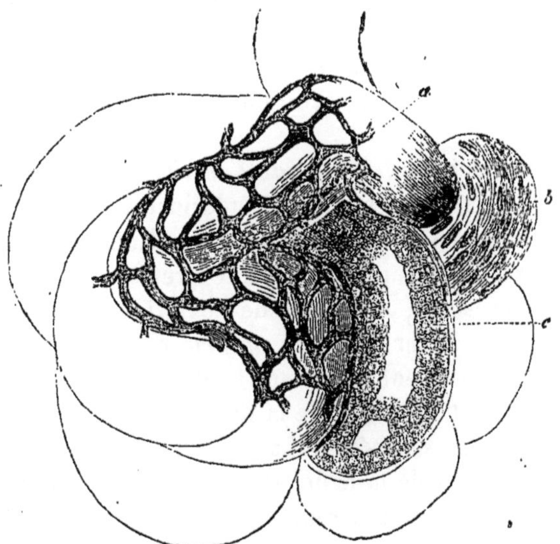

Fig. 41. — Glande sudoripare. (Fort grossissement.)

Sur le contour *a* apparaît le réseau vasculaire, en *b* la couche musculaire; le repli *c* présente le revêtement épithélial.

membre), existent sur toute la peau; nombreuses ici, plus rares ailleurs, elles atteignent leur plus grand développement dans la partie poilue du creux de l'aisselle. D'après Sappey, sur la paroi antérieure latérale du thorax on rencontre des glandes isolées sudorales aussi grosses que celles du creux de l'aisselle.

Dans chaque glande, on distingue le canal glandulaire et le conduit excréteur. Le premier est dans le derme ; il se forme de la manière suivante : le derme se creuse en forme de canal, et l'extrémité borgne de ce canal forme un peloton sinueux, qui est enveloppé par un plexus capillaire délicat. Puisque, comme on l'a souvent indiqué, la substance conjonctive du derme se façonne sur son bord libre en une couche limite homogène, c'est cette couche qui doit aussi limiter la lumière du canal; de là lui vient le nom de *tunica propria* de la glande. A l'extérieur et tout autour des grosses glandes se trouvent des muscles lisses. A l'intérieur de la *tunica propria*, on voit les cellules de sécrétion disposées comme un épithélium ; elles renferment fréquemment de la graisse et des globules de pigment ; elles sont un prolongement immédiat de la couche muqueuse de l'épiderme.

Le canal excréteur, tant qu'il appartient au derme, présente la même composition que lui en tissu conjonctif et cellules, de même que le peloton glandulaire ; mais, dans l'intérieur de l'épiderme, il monte en spirale, ressemblant à une rayure pratiquée dans les cellules épidermiques, et il s'ouvre sur la surface libre de l'épiderme, enveloppé circulairement par les cellules.

Il n'est pas rare de voir dans le canal de la glande, pendant son parcours épidermique, une sécrétion solide en forme de cordon granuleux.

73. — *Glandes cérumineuses de l'oreille.* — Les glandes cérumineuses sont une variété des glandes sudoripares ; elles se trouvent dans la partie cartilagineuse de l'oreille externe. Elles se composent aussi d'un peloton glandulaire et d'un canal excréteur.

Le premier présente, en allant de l'extérieur vers l'intérieur, des muscles lisses, placés sur la *tunica propria* et, à l'intérieur, les cellules de sécrétion, qui donnent de petites gouttelettes graisseuses et de petits granules brunâtres voisins de la fluidité.

74. — *Follicules sébacés.* — La glande sébacée se trouve partout sur la peau (le creux de la main et la plante du pied exceptés), là où existent les poils, toujours réunis à elle ; mais on les trouve encore dans certaines parties dépourvues de poils (le gland, par exemple) (1).

(1) Kölliker a observé les glandes du bord labial coloré qui se distinguent pendant la vie comme de petits points blancs, et cela chez le plus grand nombre des individus ; il les a trouvées surtout à la lèvre supérieure et dans le voisinage de la commissure. Dans la lèvre infé-

Remarquons incidemment que de Bärensprung a observé des follicules sébacés dans les kystes pileux.

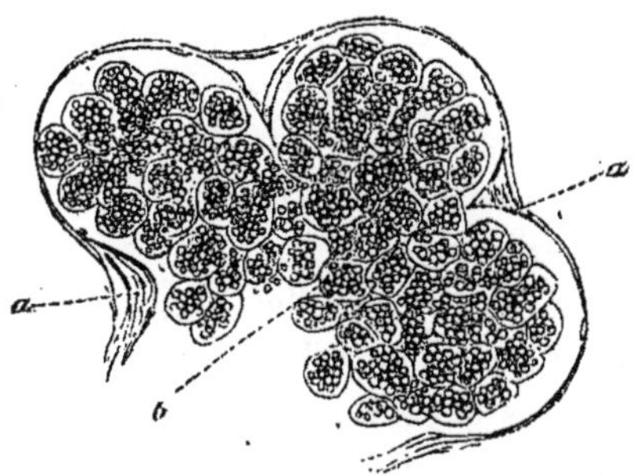

Fig. 42. — Morceau d'un follicule sébacé.

a. Tissu conjonctif avec noyaux formant ce qu'on appelle la *tunica propria*. — *b*. Cellules qui sécrètent la graisse. (Fort grossissement.)

Dans leur forme la plus simple, ce sont de petits sacs à ovale court ou piriformes; mais souvent, par l'augmentation de leur surface, ils se disposent en grappes. Ils atteignent une grosseur remarquable, par exemple, dans les parties génitales, à l'anus, au nez, aux paupières, où ils portent le nom de *glandes de Meïbomius*. Anormalement, on les voit grossis dans l'*acne punctata*, dans les granulations miliaires et aussi plus exceptionnellement dans les tumeurs enkystées.

Les glandes sébacées se comportent comme des refoulements de la peau ou comme des *diverticula* des bulbes pileux. C'est de la substance conjonctive du derme ou de la partie conjonctive du follicule pileux que provient la fine enveloppe extérieure (*tunica propria*), tandis que les cellules de sécrétion ou épithéliales sont en connexion avec la couche muqueuse de l'épiderme, ou bien, si la glande s'ouvre dans un bulbe pileux, avec l'enveloppe extérieure de la racine du poil.

Les cellules sécrètent le sébum de la peau, en se remplissant complétement de petits amas graisseux, jusqu'à ce qu'enfin un seul bouchon graisseux forme souvent le contenu de la cellule.

75. — *Développement de la peau.* — Comme Remak l'a trouvé le premier, l'épiderme provient du feuillet supérieur du blastoderme : du

rieure elles peuvent manquer complétement, et si elles existent, elles n'occupent jamais le milieu des lèvres, mais elles se ramassent sur un certain espace près de la commissure. Elles ne se trouvent que dans la partie des lèvres qui est visible lorsque la bouche est doucement fermée, et elles manquent d'habitude dans une bordure étroite située entre la partie colorée et la partie velue de la lèvre. Leur nombre varie de 18 à 100 et plus. Ces glandes ne diffèrent pas des glandes sébacées. Henle se demande si elles ne seraient pas des follicules pileux. (*Bericht*, 1861, S. 501.)

feuillet corné. Comme production ultérieure du feuillet corné, viennent encore les ongles, qui commencent à poindre au troisième mois, puis les cheveux, qui deviennent apparents à la même époque, et enfin les revêtements celluleux (cellules épithéliales et de sécrétion), des glandes sudoripares, des glandes cérumineuses et sébacées ; ces dernières, comme Remak l'a montré sur l'embryon du porc, se forment aux dépens du piloblaste. Cela arrive chez l'homme environ vers le quatrième ou le cinquième mois.

Le derme est placé dans le feuillet blastodermique moyen ; dans le principe, il se compose aussi de cellules qui se limitent sans intermédiaire les unes les autres et se multiplient par division. Mais, tandis que dans le feuillet corné les cellules persistent, elles se transforment dans le feuillet moyen en tissu conjonctif, cellules graisseuses, vaisseaux sanguins, fibres nerveuses et muscles. Plus tard, le derme prolifère produit les papilles sanguines et nerveuses, ainsi que les papilles pileuses (1).

76. — *Physiologie.* — L'épiderme, insensible par lui-même, sert de revêtement protecteur au derme sous-jacent, le garantit des atteintes ennemies, des liquides malfaisants ; on sait, en effet, que les fluides ne peuvent point traverser l'épiderme, s'ils ne produisent pas une altération chimique. L'épiderme se régénère très-facilement.

La desquâmation, qui, pendant la vie, se continue sur les couches superficielles, se répare par les produits celluleux qui viennent rapidement des couches inférieures. La pousse des formations cornées de l'épiderme, des poils, a lieu par la multiplication cellulaire qui se produit à leur base; l'ongle s'étend en avant par le dépôt continuel, sur les bords de la racine, de nouvelles cellules, et il s'épaissit par l'appositionde nouvelles cellules cornées à sa surface inférieure.

Quant à la mue du poil, d'après des observations anciennes et nouvelles, les nouveaux poils proviennent du bulbe des anciens (2). Le derme, par sa richesse en nerfs, possède à un haut degré la sensibilité ; il devient même un véritable organe du tact et, sans aucun doute,

(1) Moll a vu les premiers rudiments des follicules des cils chez un embryon de quatre mois environ, comme des refoulements en dedans de la couche de cellules qui, chez l'embryon, réunit les deux paupières entre elles. Ils étaient encore remplis de cellules épidermiques spériques, et parmi ces cellules, celles de la superficie du follicule paraissaient plus allongées et plus transparentes. (*Bericht*, 1857, S. 98).

(2) Dans son *Compte rendu sur les progrès de l'anatomie et de la physiologie en* 1857, Henle dit à la page 100 : « Quant à ce qui concerne la mue incessante du poil et des cils, les observations de Falck et de Moll concordent avec les miennes : ce dernier a vu fréquemment

la finesse de tact que possèdent certaines parties, telles que la pointe des doigts, est le fait des corpuscules du tact. On peut, dès maintenant, les considérer comme principalement nerveux et, dans ce cas, comme des organes spéciaux du tact, ou bien diminuer leur importance en disant, comme plusieurs auteurs, que ces corpuscules augmentent la sensibilité du toucher par contre-pression, en fonctionnant comme des couches nerveuses plus dures.

Les éléments musculeux répandus dans le derme le rendent contractile : c'est par eux que le scrotum se ride, que le teton s'érige ; ce qu'on appelle la chair de poule est produit par la contraction des faisceaux musculaires nombreux des bulbes pileux.

Les glandes sudoripares ne sécrètent pas seulement un liquide clair : la sueur ; les cellules de sécrétion élaborent aussi un produit riche en granules, qui renferme beaucoup de protéine et de graisse : c'est surtout le cas des glandes cérumineuses. Ce qu'on appelle le cérumen doit, du reste, être considéré comme un mélange de la sécrétion des glandes cérumineuses et du sébum cutané. La sécrétion des glandes sébacées se compose de parties *ayant forme*, de cellules qui sont remplies de graisse.

Par la dissolution de la membrane celluleuse, la graisse devient libre ; en se répandant sur l'épiderme et sur les poils, elle leur donne un aspect luisant et de la souplesse.

Quoique déjà Leuwenhoeck (1722) ait connu la composition de l'épiderme par les écailles, cette portion de la peau fut longtemps considérée comme une substance purement homogène, un produit de sécrétion concrété. Par Purkinje, qui contribua beaucoup à relever l'histologie, on arriva à des vues plus exactes, lorsque cet auteur décrivit avec exactitude la structure *celluleuse* de l'épiderme (1835). La représentation la plus fidèle des cellules épidermiques, des couches les plus supérieures, appartient à Henle (p. I, fig. 6). — De tout temps on a considéré les poils comme des produits épidermiques, mais leur structure n'a été éclaircie qu'après maintes controverses. La structure

sur des coupes transversales deux poils dans un seul follicule. Sur le vivant, à côté d'un long cil, on voit une fine pointe sortir du follicule ; le poil qui a poussé possède aussi au-dessus du renflement un étranglement qui manque aux poils d'une moindre longueur. Après une première période de développement, pendant laquelle le poil augmente en épaisseur, il en parcourt une deuxième pendant laquelle son épaisseur diminue jusqu'à dessèchement de la racine. Plus le cil vieillit, plus son accroissement en longueur est lent ; il en est qui, en cinquante jours, augmentent encore de un quart de millimètre. Les plus longs cils doivent avoir de cent à cent cinquante jours d'âge.

de l'enveloppe épidermique (*Oberhaütchen*), ainsi que les cellules de la substance médullaire, ont été connues exactement par Meyer (1840), les cellules cornées de la substance corticale par Kolhrausch ; ces dernières ont été décrites par Hessling. Reichert et Reissner ont mis surtout en évidence que les lamellules de la substance corticale forment des lames superposées en couches comme dans l'ongle. La connaissance de cavités aériennes dans le cheveu est ancienne ; déjà Withof la possédait. Mais ce phénomène fut mieux apprécié par Griffith, qui reconnut sur les poils de la zibeline et du blaireau que les petits globules brillants qu'on prenait pour du pigment n'étaient que de l'air. Nous dirons plus bas que les poils et les écailles des insectes et des araignées, ainsi que les canaux poreux de la peau de ces animaux, peuvent renfermer de l'air. Des observateurs plus anciens avaient établi que l'épiderme, dans les bulbes pileux, enveloppe les poils en s'y fixant. Henle a distingué les deux couches d'enveloppe de la racine et montré leur texture celluleuse. La première description exacte de la structure fine de l'ongle arrivé à développement a été donnée par Bruns ; mais antérieurement Schwann avait reconnu que les lamelles de l'ongle sont formées de lamellules épidermiques ; il avait aussi reconnu les cellules de la couche muqueuse chez les nouveau-nés. Du reste, longtemps auparavant, il était admis que l'ongle est une partie épaissie de l'épiderme. Sur le lit de l'ongle, on observe çà et là des corps ronds, qui peuvent avoir une certaine ressemblance avec les corpuscules du tact, mais qui se composent de cellules épidermiques superposées, et sont entourés d'une capsule de tissu conjonctif (Reichert, R. Wagner). On les voit surtout sur le lit de l'ongle du gros orteil. Depuis longtemps Froriep avait fait connaître que la peau se contracte sous l'action de l'électricité. Kölliker (1847) signala les muscles de la peau. Les glandes sudoripares sont connues depuis Breschet et Roussel de Vauzème (1834). — R. Wagner (1839) a le premier représenté les glandes cérumineuses. — L'*Acarus folliculorum*, parasite découvert par G. Simon, vit dans les follicules pileux et sébacés ; il paraît être constant, puisque je l'ai trouvé sur tous les cadavres (je l'obtiens toujours frais pour mes leçons), surtout dans les follicules du nez. J'agis toujours ainsi qu'il suit : je fais une coupe comme si je cherchais les glandes pileuses ; je traite ces dernières avec une solution alcaline, j'en extrais ensuite le contenu avec le scalpel, et je puis ainsi facilement reconnaître l'acarus par un examen attentif de ce contenu.

Les épaississements calleux de l'épiderme, connus sous le nom d'*œils-de-perdrix*, ont au centre une masse qui forme noyau. La blancheur intense de ce dernier provient de l'air qui s'est amassé, à l'état très-divisé, entre les cellules épidermiques. L'eau additionnée d'une solution alcaline l'expulse, et alors la couleur blanche disparaît.

CHAPITRE II

DU TÉGUMENT EXTERNE DES VERTÉBRÉS.

77. — La peau des vertébrés, de même que les autres couches architectoniques de leur organisme, présente avec la peau de l'homme une conformité de structure qui embrasse les traits fondamentaux. L'enveloppe externe des mammifères, des oiseaux, des reptiles et des poissons, se caractérise par un derme composé de tissu conjonctif portant les vaisseaux et les nerfs, et par un épiderme celluleux dépourvu de ces organes.

Derme. — L'épaisseur relative du derme varie d'après les classes et les espèces ; cependant il paraît toujours plus compacte vers la surface libre, tandis que profondément il est plus réticulé. En général, nous voyons qu'il est le plus fin chez les oiseaux, plus épais chez les mammifères, quoique, chez les poissons, on rencontre des animaux avec un derme très-fort ; ainsi, par exemple, l'*Orthagoriscus mola* présente un chorion exceptionnellement épais, au point qu'en certains endroits de la tête, sur les plus gros sujets, ce chorion atteint plus de 4 pouces de diamètre.

La substance conjonctive du derme, chez tous les animaux où le fait a été observé, se termine par une couche homogène limite présentant une bordure claire. Chez les poissons et les reptiles, les faisceaux du tissu conjonctif courent dans deux directions principales : horizontalement et obliquement ; dans la peau des oiseaux et des mammifères, ils se croisent de différentes manières, de sorte qu'au premier coup d'œil il semble que, chez les deux premiers groupes, les faisceaux forment un lacis très-régulier, tandis qu'au contraire ce lacis paraît très-irrégulier chez les deux autres. Cette distinction n'est qu'apparente.

En effet, le trajet des faisceaux est partout régulier ; chez les reptiles et les poissons, il est plus simple, sans doute ; chez les vertébrés supérieurs, il est plus compliqué. Comme la peau du *Proteus* est dépourvue de pigment, si on la regarde par la surface supérieure (après avoir enlevé l'épiderme), on peut s'assurer que les divisions fasciculées de la substance conjonctive circulent autour des glandes de la peau dans un ordre régulier, semblable à celui d'après lequel, sur la co upe d'un os, les lamelles se comportent avec les canaux médullaires.

Les autres faisceaux, qui cheminent entre les anneaux appartenant aux glandes, répètent par leur ensemble les contours de la peau.

Chez la *Myxine*, le derme paraît avoir quelque chose de particulier : il se termine en une membrane homogène, mince, qu'on peut enlever facilement et qui, sur la surface libre, se montre pourvue de petits tubercules saillants et nombreux. — Les fibres élastiques du derme se réunissent pour former des réseaux continus, tantôt dans les couches supérieures du chorion, par exemple, chez plusieurs mammifères, la brebis, le bœuf, etc., tantôt dans les couches inférieures chez les sélaciens, les oiseaux (le coq de bruyère, par exemple), chez les batraciens (grenouille). Ainsi, dans le patagion (*Flughaut*) des mammifères, on trouve une quantité remarquable de tissu élastique. Le derme de la taupe, fraîchement enlevé et soumis à la cuisson, est très-rigide comme on le sait ; et cependant il ne renferme que des corpuscules du tissu conjonctif; les éléments élastiques y font complétement défaut. Les corpuscules du tissu conjonctif, dans la peau des pattes, entrent encore dans une formation qui semble être nucléaire. — Profondément, le derme, chez plusieurs poissons, se termine dans le tissu muqueux ; chez le brochet et la perche de rivière, ce tissu est peu abondant, tandis que chez les carpes, les poissons blancs, la lotte, il est très-considérable. A travers le tissu muqueux, les faisceaux du tissu conjonctif ordinaire circulent sous la forme d'un réseau blanchâtre à l'œil nu. La peau épaisse de l'*Orthagoriscus* renferme aussi dans l'intérieur des faisceaux du tissu conjonctif une substance gélatineuse.

78. — *Papilles du derme.* — Le derme peut, sur sa surface libre, se prolonger en papilles ; chez les mammifères et les poissons, il paraît assez naturel que les parties principales poilues et emplumées soient privées de papilles libres, puisqu'on pourrait dire que toutes sont affectées aux poils et aux plumes. Les parties dégarnies de poils forment par contre des éminences arrondies ondulantes : aussi trouve-t-on des papilles très-développées sur les éminences plantaires du chien, du chat, du blaireau (les plus grosses possèdent encore de petites papilles secondaires), du chameau (Wedl a trouvé ici les papilles longues et pointues), sur le boutoir du porc, sur le museau des ruminants (1), le

(1) Sur le rostre de l'*Echidna*, j'ai reconnu des papilles du derme très-développées et de forme conique garnissant la peau. Chose étrange ! chaque papille avec sa pointe formée de

prépuce du cheval, etc. Je trouve des papilles sur les lèvres et les éminences plantaires de l'*Hypudœus arvalis*. D'énormes papilles longues et filiformes apparaissent partout dans l'épiderme de la peau glabre des cétacés (dans la *Balæna longimana*, elles atteignent la longueur d'un demi-pouce). Il pourrait en être de même chez l'hippopotame, le rhinocéros, comme d'anciennes observations nous l'apprennent (Rapp et Brechet).

Chez les oiseaux, on rencontre, d'après ce qui a été dit plus haut, de magnifiques papilles dans la peau qui recouvre les os du bec : je les ai observées sur les oies et les canards ; même autour des yeux, par exemple, chez le coq de bruyère, les parties dénudées s'élèvent en papilles ondulantes.

A la plante du pied, en outre des grosses papilles, on en voit de petites ; enfin leurs plus grosses et leurs plus petites divisions peuvent se voir sur l'os coracoïde comme des éminences plates, dont les contours se dessinent sous les lames épidermiques qui les recouvrent.

Le chorion des amphibies, quoique dépourvu de poils et de plumes, paraît, en général, manquer de fines papilles ; au moins, jusqu'à présent, je n'en connais que sur la glande du pouce du mâle de la grenouille et du crapaud. Cependant, par exemple, chez la *Pipa dorsigera*, cette glande s'érige en petits mamelons ramassés en forme de tetons, distincts à l'œil nu ; sur d'autres parties du corps, par exemple, sur les extrémités des pieds, ces mamelons dégénèrent en papilles qui ne sont visibles qu'avec un fort grossissement ; les plus grosses éminences et les plis du chorion chez les sauriens (*Lacerta*, *Chamæleon* et autres) sont encore placés dans la catégorie des formations papillaires. Chez beaucoup de poissons la peau paraît dépourvue de papilles, tandis que d'autres espèces nous présentent ces formations d'une manière très-accentuée. Ainsi la plupart de nos poissons d'eau douce possèdent sur toute la tête, à l'exception des parties de la peau cachées comme des plis cutanés retroussés, des papilles d'une forme cylindrique, caliciformes, rarement terminées en pointe. Leur extrémité libre est coupée transversalement et forme une excavation peu profonde ; le bord présente (par exemple, dans les papilles labiales du *Leuciscus dobula*)

tissu conjonctif dépassait d'une certaine quantité l'épiderme pigmenté en brun, ce qui cependant pouvait être produit simplement par l'usure des couches les plus superficielles de l'épiderme. Du reste, l'épiderme se montrait bien conservé et à bords nets. La peau du museau de l'Ornithorhynque se comporte de la même manière, puisqu'elle est bien pourvue de nerfs, et que cet animal, comme les canards, cherche sa nourriture en fouillant avec son bec dans la vase. La peau du bec du canard se termine par des papilles très-développées. (Voy. plus bas.) (*Note de l'auteur.*)

couronne formée par des prolongements se terminant en pointes assez longues. Chez les sélaciens, nous trouvons, par exemple, chez le *Scymnus lichia*, dans le voisinage de la lèvre supérieure ou inférieure des papilles simples ou à plusieurs pointes; elles ne sont pas cependant d'une nature spéciale comme chez les téléostiens, puisqu'elles ne présentent que des boucles vasculaires; chez les poissons d'eau douce, des nerfs accompagnent les vaisseaux, et ces nerfs semblent être en rapport avec des corps spéciaux chyatiformes situés à l'extrémité des papilles. Quelques poissons peuvent, au lieu de papilles, présenter de petites bandelettes cutanées : il en est ainsi chez la *Chimæra monstrosa*, au-dessus et à côté de la gueule, où elles se croisent d'une manière restiforme. La peau des poissons aveugles de la caverne mammouthique (*Mammuthhohle*) s'érige aussi sous forme de peigne ou de frange en petits plis nombreux longitudinaux et transversaux.

79. — *Des nerfs.* — Les nerfs du derme s'étalent d'une manière plexueuse et ne se terminent jamais, comme on le croyait autrefois, en serpentant; au contraire, les fibres nerveuses se divisent, deviennent pâles et se terminent en pointe (?); c'est au moins ce qui paraît avoir lieu, d'après des recherches récentes, chez les amphibies (le *Proteus* par exemple) et chez les mammifères. Axmann indique que, chez la grenouille, il existe un plexus formé par les plus fines fibres nerveuses.

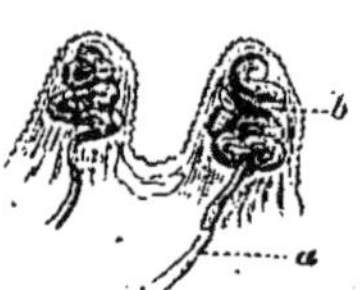

Fig. 43. — Deux papilles de la glande du mâle de la Grenouille.
a. Nerf. — *b*. Corpuscules du tact. (Fort grossissement.)

Chez les mammifères, cela n'a lieu, comme nous le savons par Meissner, que dans les mains du singe et pour former les corpuscules du tact; dans la peau de l'oiseau, beaucoup de fibres nerveuses se terminent en s'épaississant sous forme de cylindres pour donner naissance à ce qu'on appelle les corpuscules de Pacini (voyez Organes du tact) qu'on trouve surtout dans les papilles du bec et tout autour des bulbes des plumes. Dans les papilles de la glande du pouce du mâle de la grenouille, j'ai trouvé une formation analogue aux corpuscules du tact.

Les vaisseaux sanguins du derme se distribuent en tous lieux en formant des plexus à mailles étroites ou larges; partout où il existe des papilles, ils leur envoient des boucles simples ou ramifiées. Hyrtl a décrit, dans la crête des oiseaux, des artères hélicines, que Valentin a reconnu être des boucles dont les tours se recouvrent. Dans la crête du coq, il n'y a certainement pas d'artères hélicines, quoique les vaisseaux s'y comportent d'une manière toute particulière.

La crête, ainsi que le barbillon charnu, se composent d'une duplicature de la peau, dont les feuillets sont plus épais sur la crête que sur le barbillon. Le tissu conjonctif y est rigide et se termine sur les bords libres en papilles ramassées, qui ne sont pas précisément bien saillantes. Entre les deux feuillets cutanés on trouve un tissu conjonctif lâche, avec les troncs vasculaires et les nerfs. Chose remarquable, tandis que les vaisseaux sanguins possèdent bien visiblement, dans l'intérieur du tissu conjonctif lâche des parois vasculaires, ces mêmes vaisseaux dans le tissu cellulaire rigide de la duplicature cutanée paraissent plutôt ressembler à des lacunes. Ce n'est pas tout : dans chaque papille s'élève une boucle capillaire d'un calibre insolite. La couleur si rouge de la crête provient de la réplétion de ces papilles ; il n'y a là aucun pigment spécial.

Sur les raies en vie, présentant un plexus vasculaire de la peau très-serré, on voit, à la base des gros aiguillons qui sortent de la peau, une ramification capillaire remarquable. Si la peau, comme chez les salamandres tachetées et chez d'autres reptiles, présente des taches à couleur claire, cela tient, d'après Hyrtl, à ce que, dans ces endroits, les vaisseaux deviennent tout à coup plus petits et leurs mailles plus grosses.

La peau des oiseaux est, en général, moins vasculaire que celle des reptiles. Par contre, Barkow a découvert que, pendant la couvaison, on voit se développer les plus riches plexus vasculaires aux endroits de la poitrine dépourvus de plumes et de pannicules adipeux.

80. — *Muscles.* — On ne sait pas encore exactement jusqu'à quel point les éléments musculaires sont répandus dans le derme des vertébrés. La peau des poissons et des amphibies ne paraît pas en contenir. On pense actuellement, pour pouvoir s'expliquer ces changements de coloration qui surviennent chez les reptiles (beaucoup de sauriens, le *Chamæleon* surtout, divers serpents, l'*Herpetodryas* et la grenouille ; voyez plus bas Peau des mollusques), que des fibres contractiles contribuent à ce phénomène; cependant je crois, après examen répété, n'avoir reconnu des muscles lisses que dans la paroi des fortes glandes cutanées qui se trouvent, chez la grenouille, sur les flancs et sur les lèvres ; mais je n'en ai pas trouvé dans le reste du chorion. Il en est autrement des oiseaux : on trouve, dans les couches cutanées profondes, un plexus musculaire très-développé, composé de fibres qu'on a générale-

ment considérées comme lisses, mais qui sont pourvues de stries rudimentaires, de sorte qu'elles appartiennent aux muscles intermédiaires entre les muscles lisses et les muscles striés.

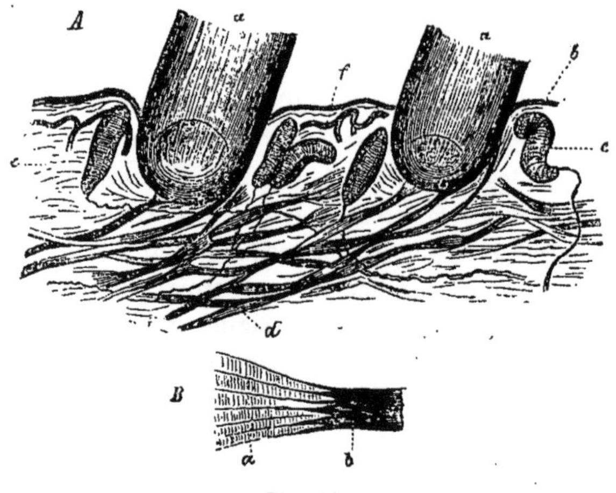

Fig. 44.

A. Peau d'un oiseau. (Grossissement modéré.) — *a*. Plumes coupées. — *b*. Épiderme. — *c*. Derme. — *d*. Réseau musculaire. — *e*. Corpuscules de Pacini. — *f*. Vaisseaux sanguins.

B. Fragment d'un muscle cutané. (Fort grossissement.) — *a*. Substance musculaire. — *b*. Tendon.

Les fibres sont réunies en faisceaux de dimension variable ; entre les muscles, se glissent des tendons de tissu élastique ; les uns et les autres se placent sur le bulbe de la plume et sur le stratum élastique du chorion. De même, dans la houppe charnue du dindon (*Meleagris gallopavo*), qui pend à la racine du bec et sur le gosier, je trouve un treillis épais de muscles lisses ; ce treillis sert à raccourcir, pendant que l'animal mange, la poche annexe digitiforme, de telle sorte qu'elle ne soit pas plus longue que le bec. Les nerfs y sont également forts et nombreux.

Dans le derme des mammifères, les muscles lisses paraissent être moins fréquents ; je ne connais au moins que ceux qui constituent la membrane charnue du sac testiculaire et la couche musculaire des glandes de la peau, lesquelles doivent être considérées comme des glandes sudoripares transformées. C'est en vain que j'ai cherché des muscles lisses sur le dos, le ventre et les cuisses de plusieurs rongeurs, ainsi que sur le chien et sur le bœuf ; il en est de même, d'après Hessling, pour la musaraigne et le chamois. Ce n'est encore que dans le derme de la queue touffue de l'écureuil que je crois avoir pu reconnaître des éléments contractiles. Les poils peuvent, d'ailleurs, se dresser en vertu des forts muscles striés qui se trouvent immédiatement sous la peau et dont le sarcolemme se fusionne avec le tissu conjonctif du derme et s'insère directement sur les bulles des poils qui sont plus épais (par exemple, les poils du tact). Sur les parties velues du museau du porc, du chien, je vois les faisceaux primitifs striés des muscles de la peau se ramifier comme les branches d'un arbre et atteindre, avec leurs divisions terminales, le voisinage de la couche limite du derme. Huxley décrit aussi des faisceaux musculaires ramifiés sur la lèvre du rat.

Les houppes charnues du gosier des chèvres n'ont rien de musculaire; ce sont, comme je puis l'avancer d'après des recherches faites sur un jeune animal, des refoulements sacciformes de la peau; ils sont dignes de remarque en ce que dans leur intérieur se trouve un cordon central plus solide, qui, répétant en petit la forme de la houppe, présente un aspect claviforme. Au microscope, on y reconnaît un plexus cartilagineux dont les cellules sont très-pâles et se détachent facilement au dehors sur le bord de la section, tandis que la substance plexuo-fibreuse présente le caractère du tissu élastique. D'ailleurs, on remarque encore, dans les houppes, quelques troncs nerveux, des vaisseaux sanguins et de petites grappes de graisse (1).

81. — *Glandes de la peau des reptiles.* — Si nous envisageons la présence des glandes cutanées, nous trouvons qu'elles manquent complétement chez les poissons; ce que l'on appelle généralement mucus cutané (*Hautschleim*) et qu'on attribue à tort à certaines glandes comme étant un produit sécrété, n'est autre chose que l'épiderme maintenu à l'état mou par l'eau d'imbibition. Chez les oiseaux aussi, il n'existe pas de glandes sudoripares et sébacées; elles ne sont représentées que par la glande du croupion qui sert à lubrifier les plumes; les cellules de sécrétion de cette glande ont la même composition que celles des glandes sébacées ordinaires (le moineau, par exemple). Elles renfer-

(1) Dans le *Bericht* de 1859, Henle résume ainsi un travail de Leydig (*Ueber die äusseren Bedeckungen der Saügethiere*, in *Arch. f. Anat.*, Hft 6, S. 834) : « Leydig a donné un exposé histologique des revêtements cutanés des mammifères. Chez les mammifères les plus différents, les éléments de la couche cornée sont des lamelles anucléaires. Les cellules de la couche muqueuse renferment fréquemment du pigment, même là où les poils sont blancs. L'énorme puissance de l'épiderme des cétacés appartient principalement à la couche muqueuse. Les cellules pigmentées de la couche muqueuse présentent chez la baleine franche une membrane d'une épaisseur remarquable. Quant à ce qui concerne la réunion de l'épiderme avec le chorion, Leydig est arrivé à ce résultat, à savoir que les cellules les plus profondes de la couche muqueuse, qui sont étirées en filaments, ne reposent pas simplement sur les papilles, mais qu'elles sont soudées avec elles, de sorte qu'en pressant sur la plaque de recouvrement on les voit osciller d'un mouvement penduliforme, sans se détacher, et ce n'est qu'avec une certaine force qu'on peut les séparer de leur terrain d'implantation. »

ment des molécules et des gouttelettes graisseuses. Dans la classe des reptiles à écailles, les glandes de la peau sont limitées à certaines régions (glandes fémorales des sauriens), lesquelles, chez la *Lacerta agilis*, représentent des groupes de glandes très-fines, nettement tranchées : glandes à musc du crocodile et de certaines tortues, etc. Au contraire, chez les batraciens, nous les trouvons répandues sur toute la surface de la peau. Par leur contour, elles ne présentent jamais le type en grappe ; elles ont la forme d'un sac qui est simple ou qui envoie vers l'intérieur de nombreux septa, par lesquels la glande est divisée en compartiments, comme Peters l'a

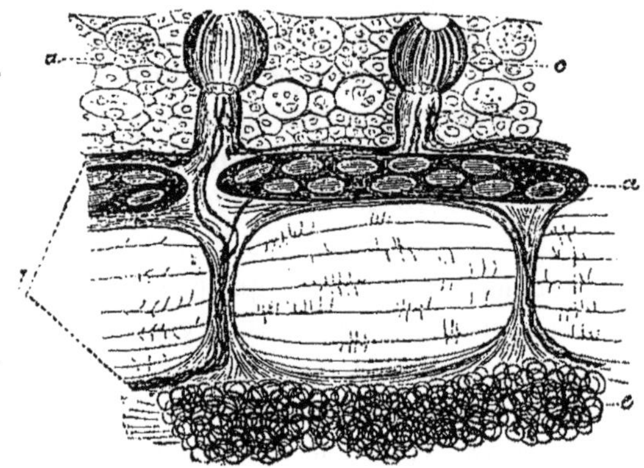

Fig. 45. — Coupe à travers la peau de l'Anguille.

a. Épiderme. — *b*. Derme. — *c*. Organes cupuliformes sur les papilles. — *d*. Écailles. — *e*. Couche de graisse au-dessous du derme. (Grossissement modéré.)

décrit dans les glandes à musc des tortues et du crocodile. Chez les batraciens, les glandes de la peau deviennent plus grosses en certaines parties du corps. Comme leur sécrétion présente des caractères morphologiques différents, il nous faut considérer deux sortes de glandes pour les amphibies nus : les unes, petites, apparaissant surtout à la peau ; les autres, plus grosses, auxquelles appartiennent les tumeurs glandulaires connues depuis longtemps chez le crapaud et chez la salamandre, tumeurs qui sont situées derrière les oreilles, et qu'on appelle les parotides (elles sont les plus grosses sur le *Bufo agua*) ; il en est de même pour les glandes latérales de la salamandre. Eckhard nous apprend qu'aux extrémités postérieures des crapauds, sur le muscle péronier latéral, se trouvent aussi des glandes de même développement que celui des parotides. Pareillement chez les grenouilles (*Rana ocellata*, *Rana temporaria*) apparaît, un peu derrière la région de l'oreille, une bande plus épaisse, qui se prolonge très en arrière et se compose de glandes remarquablement grosses. La glande du pouce des mâles des batraciens sans queue (*Rana*, *Bombinator*, par exemple) doit aussi trouver ici sa place. Tout autour de l'ouverture du cloaque, chez les grenouilles, les glandes cutanées présentent un développement particulier. Enfin, chez la *Cœcilia annulata*, sur l'extrémité postérieure du corps, la peau est complétement épaissie par les glandes qui y sont considérablement développées, et même on peut remarquer clairement qu'avec les grosses glandes situées dans les couches supérieures du derme se trouvent ainsi les saccules glandulaires ordinaires, ce qui plaiderait pour cette distinction (indiquée plus haut) de deux sortes de glandes. On voit aussi, sur ce qu'on appelle la parotide de la salamandre, entre les orifices des gros follicules glandulaires, les petites glandes cutanées ordinaires.

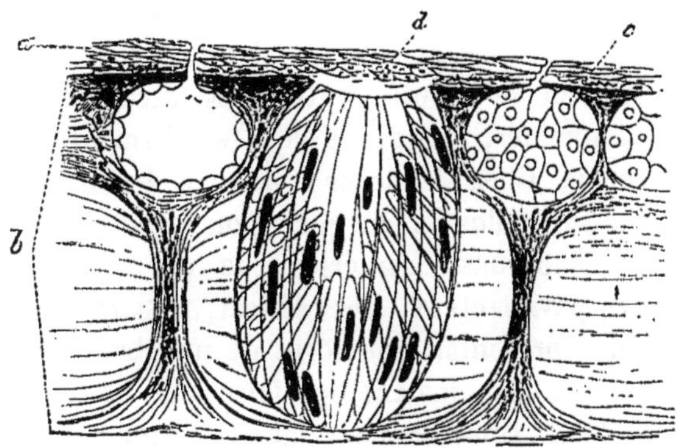

Fig. 46. — Coupe à travers la peau de la Grenouille. (Fort grossissement.)
a. Épiderme.— *b*. Derme.— *c*. Les petites glandes.— *d*. Les grosses glandes avec leur couche musculaire.

82. — Toutes les glandes de la peau que nous venons d'énumérer ont une tunique propre formée de substance conjonctive qui est plus forte dans les gros sacs glandulaires que dans les petits; à l'extérieur des glandes à musc des tortues et du crocodile, cette tunique est enveloppée par une couche de muscles striés (Peters); quant aux glandes cutanées des batraciens, ce n'est, je crois, que sur les glandes latérales de la grenouille brune que j'ai vu une couche de muscles longitudinaux lisses : sur les grosses glandes de la salamandre ainsi que sur celles de la *Cœcilia*, je n'ai pu découvrir trace de muscles. Les cellules de sécrétion qui revêtent la face intérieure de la *tunica propria* ont, dans les petites glandes cutanées, une forme sphérique; cette forme est plus allongée dans les grosses; on pourrait remarquer que, dans la *Cœcilia annulata*, ces cellules sont d'une grosseur telle que peut-être on ne peut leur comparer que les cellules muqueuses de l'épiderme des pois-

sons très-glabres (de la tanche, par exemple). Toutefois, elles se rangent parmi les plus grosses cellules de sécrétion des vertébrés. Le contenu des cellules des petites glandes est granuleux; celui des cellules des gros sacs glandulaires se compose de globules clairs albumineux qui, dans les cellules de la *Cœcilia*, augmentent de dimension, mais seulement à une certaine distance du noyau.

83. — Les espaces favéolés situés sur le dos de la *Pipa dorsigera* et dans lesquels les petits se développent, doivent être considérés comme étant des glandes de la peau colossalement développées. J'ai examiné une femelle dont les œufs étaient encore dans l'ovaire, et une autre avec un embryon, qui était déjà bien avancé, et situé dans l'intérieur des alvéoles du derme. Chez la première, on voyait, dans la peau du dos, les mêmes glandes globuleuses avec un canal étroit à travers l'épiderme, que celles qui existaient sur le reste de la peau du corps. Par rapport aux autres batraciens, les glandes, chez cet animal, sont peu nombreuses; on voit plutôt, entre elles, des espaces libres notables. Entre les glandes, la peau s'élève en formant des papilles de différente grosseur. Chez le second animal, les glandes désignées n'existaient plus sur le dos; à leur place, on voyait les grosses alvéoles renfermant les embryons. L'intérieur de ces alvéoles était revêtu d'un épithélium pavimenteux très-délicat, le stratum de substance conjonctive, qui représentait une sorte de membrane, était pigmenté dans son intérieur, cheminaient des faisceaux de muscles lisses qui manquaient d'ailleurs complétement dans le derme.

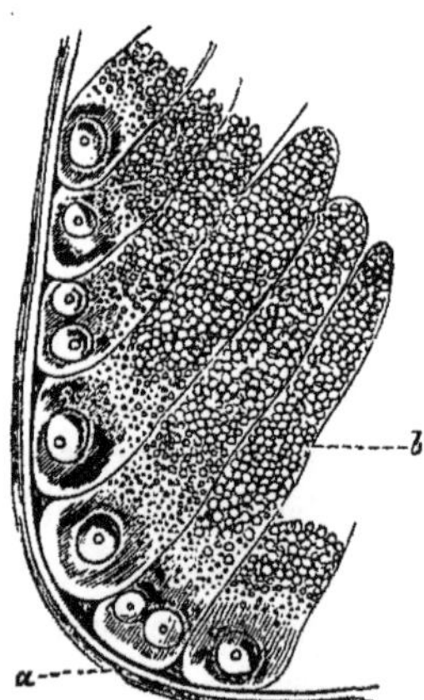

Fig. 47. — Fragment d'une glande cutanée de la *Cœcilia annulata*.
a. Tunica propria. — *b.* Cellule de sécrétion. (Fort grossissement.)

84. — *Glandes cutanées des mammifères.* — Les formes glandu-

laires qu'on trouve dans la peau des mammifères sont les glandes sébacées et sudoripares; leur développement est plus ou moins important ou présente quelque chose de spécial. Les glandes sébacées ne manquent jamais sur les régions de la peau garnies de poils : en certains endroits elles sont plus développées, chez la taupe, par exemple, à la commissure buccale, de sorte qu'on peut facilement les reconnaître à l'œil nu; mais il peut arriver aussi que les glandes sudoripares manquent : c'est au moins ce que je trouve chez la taupe, le rat et la souris; d'autres espèces possèdent ces glandes sur toute la peau; il en est ainsi du cheval, du bœuf, de la brebis, du porc, du chien; cependant le degré de développement varie. La forme la plus simple se voit chez le veau : là, la glande sudorale est un utricule droit, nullement sinueux, et son canal rétréci s'ouvre toujours dans le bulbe pileux, au-dessous des glandes sébacées; puisque à chaque follicule pileux est annexée une telle glande. Les glandes sudoripares, chez le chien, sont plus remarquables : ainsi, à côté et au-dessous de chaque follicule pileux, s'étend un utricule glandulaire tordu sur lui-même; cet utricule s'élève notablement au-dessus de l'extrémité borgne du follicule

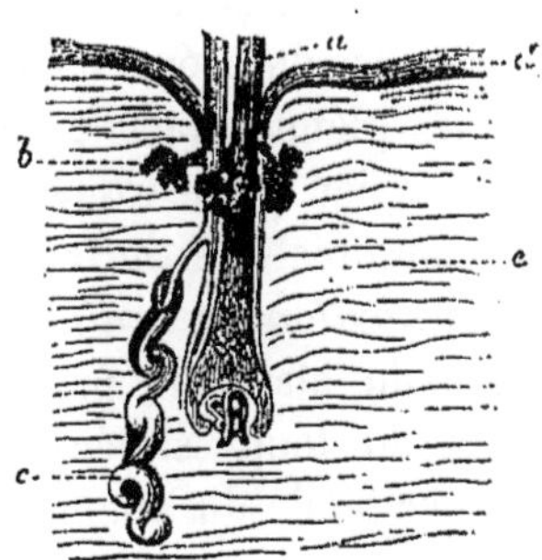

Fig. 48. — Coupe de la peau du Chien.

a. Poil. — *b.* Glande sébacée. — *c.* Glande sudoripare. — *d.* Épiderme. — *e.* Chorion.

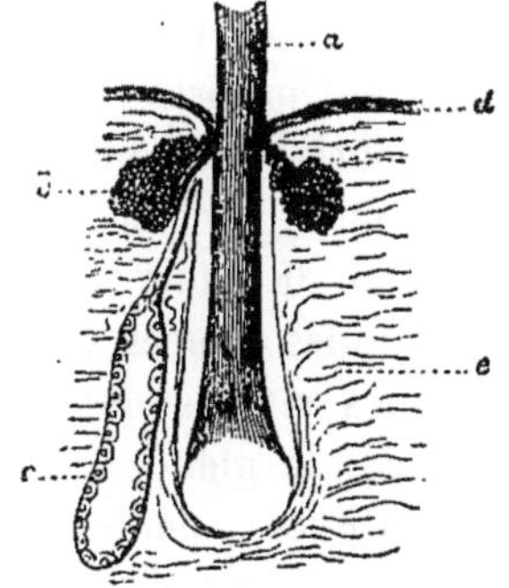

Fig. 49. — Coupe de la peau du Veau.

a. Poil. — *b.* Glande sébacée. — *c.* Glande sudorale. — *d.* Épiderme. — *e.* Chorion.

en formant par ses sinuosités un long peloton étroit. Enfin, chez le porc, la brebis, le cheval, ainsi qu'à la face inférieure des pattes du chien, du chat, du blaireau, du rat, de la souris, etc., les glandes sudorales n'ont rien qui diffère de celles de l'homme; seulement je n'ai pu les trouver en cet endroit chez la taupe. Les cétacés nus ont encore ceci de commun avec les poissons (et je m'appuie sur les recherches faites avec des morceaux de peau de la *Balæna longimana* et de la *B. australis*) que les glandes cutanées leur font défaut. Cependant, pour les cétacés, qui, toujours ou seulement à l'état fœtal, ont des poils de barbe sur la lèvre supérieure, on peut, par analogie, présumer l'existence de glandes sébacées (1).

85. — On sait que chez l'homme les glandes sudoripares peuvent se transformer d'une manière spéciale soit en glandes cérumineuses, soit en glandes de Meibomius : ce même phénomène se présente et en de grandes proportions chez les mammifères. Ces nombreuses glandes de la peau qui élaborent des produits de sécrétion à odeurs pénétrantes et qui sont décrites sous diverses dénominations, représentent tout à fait, à l'examen histologique, des glandes sébacées ou sudoripares développées. Par exemple, les glandes latérales de la musaraigne sont des glandes sudorales moyennes, tandis que les glandes situées sur les protubérances cutanées du chamois et connues sous le nom de bourrelet préputial, ont été indiquées comme de fortes glandes sébacées (de Hessling). L'épaisse couche glandulaire, de couleur brun de café à la coupe, laquelle se trouve tout autour de la portion caudale de la colonne vertébrale du bouc, peut être aussi considérée comme un amas de glandes sudoripares développées. Les vésicules glandulaires, d'un aspect acino-lobulaire, y sont entourées de nombreux vaisseaux sanguins et leurs cellules de sécrétion sont distendues par une substance finement granuleuse. Les poils de la queue ont des follicules sébacés délicats qui leur sont propres (Leydig). Les grosses glandes du prépuce chez le rat, la souris, les glandes de Meibomius, les glandes faciales de la chauve-souris [probablement aussi le sac particulier qui se trouve dans le voisinage du coude chez la chauve-souris marsupiale de Surinam (2) et les glandes situées sur le patagion de l'*Emballonura canina* (3)], les glandes situées dans la poche hibernale du blaireau, probablement aussi la glande caudale du renard et du loup, située sur le dos de la queue, peut-être aussi la glande occipitale du chameau, la glande céphalique de l'éléphant, sous laquelle, suivant l'observation

(1) J'ai cependant eu l'occasion de voir un embryon complet de *Manatus* qui n'avait pas simplement des poils de barbe, mais présentait encore sur tout le corps un duvet très-clairsemé, dont les poils étaient assez éloignés les uns des autres. A une époque plus antérieure de la vie embryonnaire, ce duvet peut d'ailleurs avoir été plus épais ; en effet, par l'examen microscopique on voit une quantité de fossettes qui ne paraissent indiquer que les places où les poils sont déjà tombés. Ces poils ont le caractère de la laine ; ils sont minces, sans substance médullaire. Les poils de barbe renferment en partie, dans leur intérieur, des débris de pigment disséminés. A chaque poil appartiennent quelques glandes sébacées de faible grosseur et simplement en forme de poche. Les glandes sudoripares manquent aux endroits observés. Sur le museau, les faisceaux de muscles striés se perdent entre les bulbes pileux.

(*Note de l'auteur.*)

(2) Voy. Krause, *im Arch. f. Naturg.*, 1846.

(3) Voy. Reinhardt, *Froriep's Tgbl. Nr.* 188, 1850.

d'Otto (1) se trouve un réseau remarquable, sont aussi des follicules sébacés. Sur maintes parties de la peau, les glandes sébacées et sudorales se transforment en constituant de plus grandes masses; c'est ce qui arrive dans ces refoulements piriformes de la peau connus sous le nom de sacs anaux.

Là, les deux sortes de glandes acquièrent des dimensions remarquables, et leur produit de sécrétion s'accumule dans un sac anal. De plus, sur ce qu'on appelle les glandes inguinales du lièvre et du lapin on peut distinguer facilement l'une de l'autre les deux sortes de glandes. J'ai lieu de croire à une structure semblable pour les glandes périnéales (*Viverra*) et pour les glandes de l'ongle et des griffes des ruminants, du rhinocéros, pour le sac glandulaire qui est sur le dos de certaines espèces de *Pécaris*, pour les glandes inguinales de la gazelle, etc. (Comment se comportent d'une manière plus exacte les glandes utriculaires décrites chez le *Rhinoceros indicus* par Owen, derrière la sole?) — Les glandes à venin du mâle de l'ornithorhynque doivent être considérées comme équivalentes aux glandes cutanées.

86. — *Pigment de la peau.* — Les colorations foncées de la peau dépendent, chez l'homme, du contenu pigmentaire des cellules épidermiques ; chez les animaux aussi les couches épidermiques peuvent être colorées pour cette même raison; mais d'autres animaux diffèrent de l'homme en ce que les espaces ramifiés de la substance conjonctive, dans les couches supérieures du derme, sont aussi remplies de pigment; c'est ce qui a lieu chez plusieurs mammifères et oiseaux (2). Bien mieux, chez quelques reptiles et poissons, la masse principale du pigment réside dans le derme ; chez la *Coluber natrix*, la *Lacerta agilis*, par exemple, le pigment noir, brun ou jaune brun ne se trouve presque que là. Les corpuscules du tissu conjonctif ramifiés dessinés par le pigment forment fréquemment, chez les poissons (*Leuciscus dobula*), des dessins stellaires d'une étendue qui dépasse ce que l'on voit chez les animaux supérieurs.

Si l'on envisage les éléments du pigment granuleux, on en distingue de trois sortes : 1° les petits grains de pigment allant du brun au noir. De ceux-là diffèrent, 2° les petits grains de pigment blanc ou blanc jaunâtre qu'on trouve surtout chez les reptiles et les poissons, et enfin, 3° les éléments à éclat métallique propres aux poissons et aux amphi-

(1) Carus et O., planches explicatives pour l'*Anatomie comparée*.

(2) Leydig a trouvé chez le *Cercopithecus sabœus* le pigment de la face palmaire dans la couche muqueuse, et par contre le pigment de la poitrine, qui est velue, dans la partie supérieure du derme, sous la forme de figures ramifiées. Selon H. Müller, des cellules pigmentaires ramifiées se trouvent dans l'épithélium conjonctival du rat. (*Bericht*, 1859, p. 52.)

bies. Ces grains sont des formations cristallines spéciales qui atteignent la grosseur d'une molécule et même les dimensions de fortes lamelles, irisées et linéolées ou de paillettes irisées (elles se composent d'une substance organique, azotée, associée à des sels inorganiques) (de Wittich).

Il pourrait être digne de mention que les animaux qui composent la faune des cavernes ont le plus souvent une peau dépourvue de pigment; je me rappelle le *Proteus anguinus*, qui vit dans les grottes souterraines du Karstgebirge, et le poisson aveugle de la caverne mammouthique de l'Amérique.

87. — *Os de la peau.* — Les ossifications du derme se voient chez beaucoup de vertébrés dans des proportions plus ou moins grandes. Dans le groupe des oiseaux, je n'en connais aucun exemple notoire; parmi les mammifères, un seul, les cingulés (*Dasypus*, *Chlamydophorus*), dont le chorion est presque entièrement transformé en lamelles osseuses : chez le *Dasypus*, la face du chorion tournée vers l'épiderme a le caractère d'une substance dure; elle est lisse, percée de quelques petits trous, les corpuscules osseux sont ronds, avec des canaux courts, peu ramifiés. Vers l'intérieur, le caractère d'une substance spongieuse se dessine mieux, les espèces médullaires prennent plus d'importance que les parois des trabécules (H. Meyer).

Les plaques osseuses renferment des vaisseaux (Alessandrini). Dans le squelette de la peau, on peut aussi ranger les cornes rameuses des bêtes fauves, et peut-être aussi les protubérances qui sont situées sur le front de la girafe s'y rapportent-elles dans une certaine mesure, quoiqu'elles soient encore recouvertes par un derme de nature conjonctive : c'est là, à la rigueur, ce qui motive qu'on ne les compte pas parmi les os de la peau. Autrefois on disait que les cornes se distinguent des os par un mélange de masse cornée; cette assertion me paraît sans fondement. En effet, le revêtement primitif épithélial se pèle plus tard comme de l'écorce, sans que le derme s'ossifie et cesse de persister; les cornes se composent, comme la taille le montre, d'une substance osseuse très-vasculaire (1).

Les ossifications de la peau se montrent plus fréquentes chez les amphibies et surtout dans la classe des poissons. Chez les batraciens,

(1) Les cornes renferment, avant l'ossification, des vaisseaux qui proviennent en grande partie de la peau et forment des faisceaux parallèles; ils dérivent en petite quantité de l'intérieur du prolongement frontal et pénètrent dans le cartilage. Lieberkühn a étudié sur les cornes rameuses le phénomène de l'ossification (*Monatsberichte der Berliner Akad. Febr.*, 1861, S. 264). Ce même observateur assimile en partie le phénomène de la chute du bois au processus de la carie osseuse. (*Bericht*, 1861, p. 59.)

Ceratophrys dorsata, *Bufo maculiventris*, *Notodelphys ovifera*, *Brachycephalus*, etc., le derme du crâne est ossifié en grande partie et soudé avec les os du crâne (ce qui avait été déjà indiqué par G. Carus, *Planches explicatives d'anatomie comparée*). En outre, le *Ceratophrys* possède, dans le derme du dos, une grosse lame osseuse en forme de croix, et dont les corpuscules osseux rappellent les canalicules dentaires par leur forme étroite et allongée. De même le *Brachycephalus ephippium* possède une carapace dorsale d'une ossification étendue. Chez les sauriens aussi il existe des ossifications de la peau; ainsi, je trouve, chez l'*Anguis fragilis* et sur toute la peau, de petits *clypei* osseux délicats, qui se recouvrent en formes d'écailles. Chaque *clypeus* est percé à sa base de quelques canaux qui courent en divergeant sur la surface et deviennent des sillons. De même, sur le crâne, le derme est ossifié et soudé avec les os de la tête. Les scincoïdes, *Pseudopus*, sont pourvues de petits *clypei* cutanés; chez le crocodile et les tortues, ils sont très-considérables, comme on le sait (je vois que ceux des tortues sont traversés par de nombreux canaux médullaires). D'autres sauriens sont dépourvus d'os cutanés : la *Lacerta agilis*, le *Chamæleo africanus*, l'*Uromastix spinipes*, l'*Agama aurita*, l'*Amphisbæna* n'en présentent pas, au moins dans les parties de la peau que j'ai examinées. J'ai aussi étudié la *Coluber natrix* parmi les serpents, mais avec le même résultat négatif.

88. — Chez les poissons, on a la série graduée des ossifications de la peau depuis les fines écailles et le chagriné de la peau jusqu'aux *clypei* et aux carapaces jointives; même pour plusieurs espèces (par exemple, le *Polypterus*, et encore mieux l'*Ostracion* et d'autres) la plus grande partie du chorion se trouve ossifiée. Si nous envisageons la structure fine et la disposition des écailles sur le derme, nous dirons ce qui suit : les écailles de la plupart de nos poissons d'eau douce se présentent comme des ossifications partielles de prolongements cutanés plats, qui, par suite, ont pris le nom de poches à écailles (*Schuppentaschen*); et, pour se convaincre facilement de la justesse de cette appellation, je pourrai recommander surtout la *carpe miroitée*, sur la peau de laquelle on trouve les différents cas réunis. Ce poisson, qu'on sait être une variété du *Cyprinus carpio*, présente ceci de particulier qu'à l'exception de trois rangées de grosses écailles, il est nu. Sur les parties dénudées de la peau se trouvent de petites rugosités de forme diverse et de grosseur variable; elles ne sont autre chose que les poches à écailles atrophiées; car, dans les grosses rugosités, on peut encore découvrir au microscope une petite écaille. Et puisque, dans les prolongements de la peau, l'intérieur seul s'ossifie en écaille, il reste au-dessus et

au-dessous de cette écaille une couche de tissu conjonctif, qui renferme des nerfs et des vaisseaux, reste en connexion avec elle et forme la poche écailleuse; cette poche, chez plusieurs poissons (*Tinca*, *Labrus*), envoie à l'extérieur un prolongement qui s'effile en pointe. Chez beaucoup de téléostiens on voit ainsi un stratum de substance conjonctive passer au-dessus de la surface de l'écaille; mais si ce stratum vient à être compris dans l'ossification, comme, par exemple, chez le *Polypterus*, alors l'épiderme apparaît à l'extérieur, immédiatement après la substance écailleuse; et comme il arrive, dans certaines circonstances, que cet épiderme est détruit en plusieurs endroits, l'écaille apparaît alors librement à la superficie. Il en est de même avec les écailles et les arêtes cutanées des raies et du requin : elles sont, comme on peut le voir clairement, des papilles ossifiées de la peau. Chez les jeunes requins, toutes les écailles ont un revêtement épidermique complet; au contraire, lorsque ces animaux sont plus avancés en âge, le bord libre des écailles est généralement dénudé ; l'épiderme a disparu ou ne s'est conservé qu'en certaines régions naturellement protégées (ainsi je vois, par exemple, sur le *Galeus canis*, que les écailles de la membrane clignotante sont placées manifestement sous l'épiderme).

89. — La substance fondamentale calcaire des écailles est homogène ou forme des bandelettes stratifiées. Chez nos poissons d'eau douce, par l'emploi de l'acide acétique, cette substance peut se fendiller en formant des fibres d'un aspect pâle et roide, fibres qui, dans les gros fragments, s'enroulent facilement sur les bords. Dans les écailles du *Polypterus*, la substance fondamentale à stries granuleuses présente une stratification concentrique autour des cavités de Havers ; à la base on

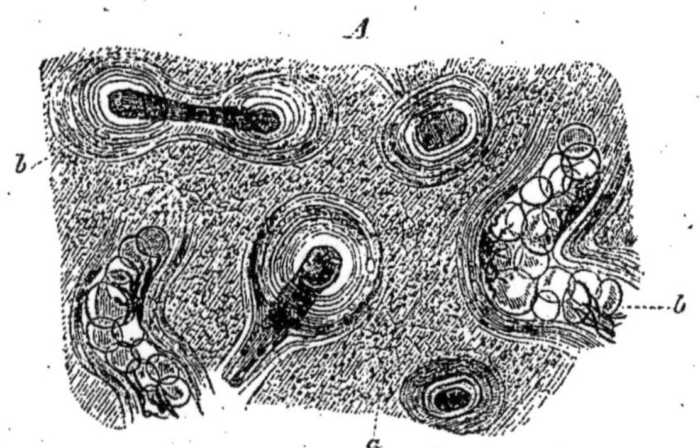

Fig. 50. — Coupe perpendiculaire d'une écaille du *Polypterus* ayant macéré dans un acide.

a. Substance fondamentale avec corpuscules osseux. — *b*. Canaux de Havers.

voit des lamelles horizontales et perpendiculaires, existant aussi dans le derme qui lui est contigu et qui n'est pas ossifié. Beaucoup d'écailles, surtout celles qui sont très-minces, n'ont pas de cavités comparables aux corpuscules osseux; d'autres présentent des corpuscules osseux très-rudimentaires, réduits à de très-petits espaces punctiformes : ces corpuscules sont déjà plus développés, dans les écailles subulées, en forme d'aiguilles du *Cottus gobio;* plus ronds à la base, qui est élargie, déchiquetés quelquefois sur le bord, ils s'allongent, au contraire, du côté de l'aiguillon et prennent souvent la forme linéaire. Les gouttières

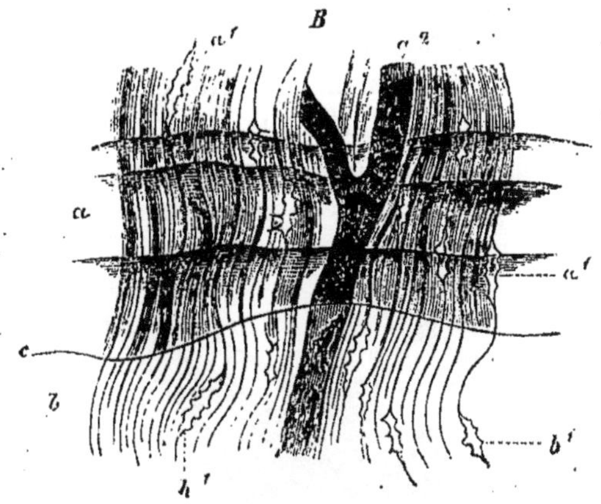

Fig. 51. — Partie inférieure de cette même écaille se continuant avec le derme.
a. Écaille avec le corpuscule osseux a^1 et le canal de Havers a^2. — b. Le derme avec le corpuscule du tissu conjonctif b^1. (Fort grossissement.)

et demi-canaux placés sur les écailles de la ligne latérale ne possèdent aussi quelquefois (poisson blanc, perche) que des corpuscules osseux de forme atrophique; mais, dans d'autres espèces, ils possèdent aussi des corpuscules osseux ramifiés et pourvus d'un noyau (*Cyprinus carpio Tinca chrysitis, Barbus fluviatilis*) ; les ramifications s'entrelacent manifestement pour former un plexus. On connaît encore de jolis corpuscules osseux, mais plus allongés, dans les écailles épaisses des *Polypterus, Lepidosteus, Sudis, Thynnus vulgaris*, etc. Les écailles de l'esturgeon possèdent aussi des corpuscules osseux développés, pourvus de rayons ramifiés. Les écailles du *Polypterus* renferment, en outre des corpuscules osseux traversés par un système de canaux de Havers; ces canaux peuvent contenir des cellules graisseuses, du pigment et des vaisseaux sanguins. Les arêtes et les écailles des sélaciens sont, comme les dents, des papilles ossifiées, et la substance osseuse présente la modification correspondante du tissu dentaire. Elles possèdent une cavité centrale (en quelque sorte un canal de Havers grossi) et de cette cavité émergent de fins canalicules (les analogues des corpuscules osseux) qui se ramifient à l'infini en se rétrécissant. La pulpe qui, dans les plus gros aiguillons, se laisse exprimer, se compose de tissu conjonctif et de gélatine : en elle se distribue un réseau capillaire très-épais ; il m'a été impossible, même avec l'emploi d'une solution sodique, d'y apercevoir une seule fibre nerveuse. Ces granulations cutanées qui tapissent la scie (1) du *Pristis antiquorum* ont une cavité centrale étoilée, d'où émergent les petits tuyaux dentaires. La surface libre des écailles du *Polypterus*, les *clypei* de l'*Ostracion*, etc., les écailles et les arêtes des sélaciens sont lisses, dures et semblables à de l'émail ; mais cette ressemblance avec l'émail des dents n'est qu'extérieure ; en effet, microscopiquement, cette couche superficielle ne se compose en aucune façon d'éléments comparables aux prismes de l'émail ; elle n'est autre chose que la couche supérieure de l'écaille et de l'arête traversée par de fines cavités creuses qui la rendent plus

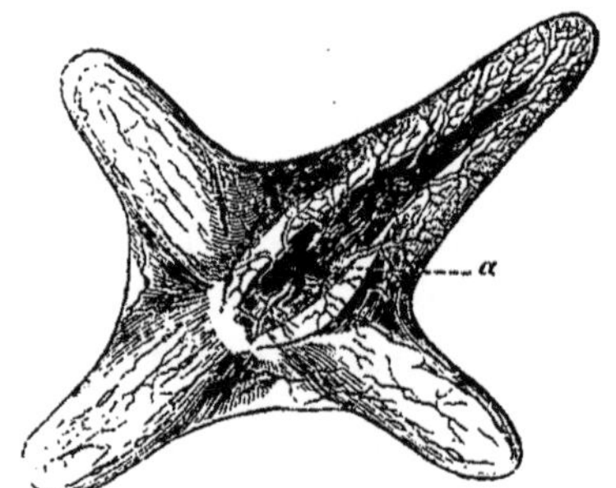

Fig. 52. — Petite arête cutanée d'une Raie.

a. Cavité avec les canalicules qui en rayonnent.

homogène. — Le côté externe des ossifications cutanées des poissons présente souvent des sculptures diverses, des sillons longitudinaux (beaucoup de téléostiens) ; chez le *Polypterus*, on voit des sillons ténus qui s'entrecroisent, de telle sorte que la couche, semblable à de l'émail, forme des lamelles de mosaïque ; ces lamelles sont, en outre, rendues rugueuses par de petits tubercules.

Les écailles du requin s'érigent chez quelques espèces (*Zyganea*, par exemple) en formant de longues bandelettes, et leur surface libre présente encore un dessin à cellules ; il est permis de se demander si ce dessin ne tire pas son origine des cellules épidermiques (par empreinte).

(1) Pour Kölliker, la scie du *Pristis* est une substance complexe formée par la réunion des *os cartilagineux* et des *os conjonctifs* (*Knorpel und Bindegewebsknochen*). (*Bericht*, 1860, S. 17.)

90. — Lorsqu'on cherche à se représenter le mode d'origine des écailles, le problème devient plus facile à résoudre, si l'on sait qu'au côté inférieur des écailles de beaucoup de téléostiens (*Solea*, *Acerina*, *Perca*, *Esox*) se trouvent des globules calcaires particuliers et stratifiés ; ces globules sont les concrétions ou corpuscules écailleux des auteurs. Leurs dimensions varient, depuis la grosseur d'une molécule jusqu'à celle de formations rhomboïdales magnifiques. Ces concrétions sont

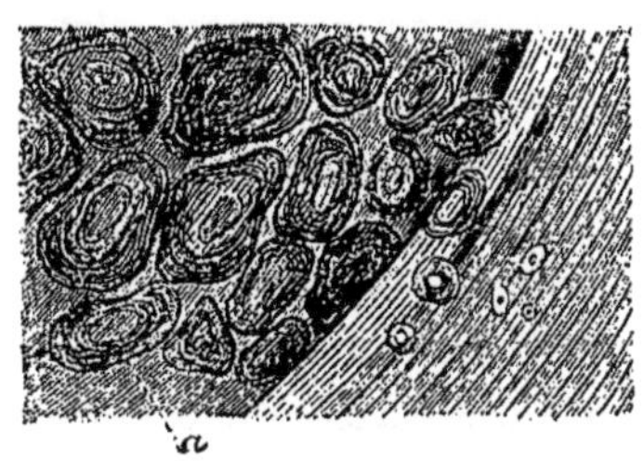

Fig. 53.

Surface inférieure d'une écaille de Téléostien. a. Les corpuscules écailleux.

Globules calcaires fusionnés tirés de l'arête d'une Raie.

(Fort grossissement.)

disposées l'une près de l'autre avec une forme distincte ; ou bien elles produisent, sur le bord postérieur de l'écaille (de la *Perca fluviatilis* et de l'*Acerina cernua*, par exemple), par hypertrophie, des aspérités et des dents; ou bien encore elles se fusionnent par leurs bords en formant une masse commune ou couche écailleuse. — Ces globules calcaires se rattachent complétement aux concrétions, qu'on observe dans l'ossification du cartilage hyalin, ainsi que dans la *chorda dorsalis* du *Polypterus*, ou bien à ces globules osseux dentaires qui fournissent des matériaux de formation pour la substance dentaire. On a observé des formations analogues dans les arêtes cutanées des raies; elles étaient représentées par des corpuscules calcaires arrondis ou soudés en pelotes qui se fusionnaient entre eux en se plaçant au côté interne de la cavité pulpaire et augmentaient ainsi l'épaisseur de la substance de l'arête (1).

91. — Les mailles du tissu conjonctif par lesquelles le derme adhère aux parties sous-jacentes ont un contenu variable. Elles renferment :

(1) Se passe-t-il là un phénomène de précipitation analogue à celui que Raincy a cherché à produire artificiellement avec des solutions gommeuses sur le carbonate de chaux? Cet observateur a étudié le mode de développement des globules calcaires. (Voyez à ce sujet : *Some further experiments and observations. Quarterly Journ. of microsc. science*, 1861, Jan., p. 23.)

1° de la graisse chez les mammifères, beaucoup d'oiseaux et de poissons. La graisse peut former des dépôts; on en a un remarquable exemple dans la bosse graisseuse du chameau : chez cet animal la graisse forme des feuillets de l'épaisseur d'une ligne, séparés par de fines cloisons et enveloppés tous ensemble par une capsule fibreuse (Wedl). Chez les grenouilles et les crapauds, il existe de pareils dépôts de graisse. Il en est qui forment de grosses pelotes dans la région de l'hypochondre et de l'aisselle. C'est par erreur que quelques auteurs (de Rösel, par exemple, sur le *Bufo calamita*) les ont pris pour des glandes; 2° de la gélatine chez plusieurs poissons (brochet, perche de rivière, carpe, poisson blanc, tanche, lote); 3° un liquide clair (lymphe) chez les grenouilles, les crapauds, peut-être aussi chez le *Torpedo*, dont la peau, fixée par un tissu conjonctif lâche, glisse avec facilité; 4° de l'air, dans quelques cas rares. On a parlé d'une espèce de chauve-souris (*Nycteris*), chez laquelle l'air pénètre des abajoues entre la peau et le corps. Chez quelques oiseaux, *Chauna*, *Calao*, et chez la *Sula* (que Bergmann a examinée avec soin), l'air envahit, dans une grande partie du corps, le tissu cellulaire sous-cutané. La peau de la bergeronnette crépite partout au toucher; l'air qui pénètre dans les poumons sort par de petits conduits aériens.

92. — *Épiderme.* — Dans l'épiderme de tous les vertébrés et même dans l'épiderme du poisson qui donne la sensation d'un corps mou et muqueux, on observe, quoique moins distinctement, une couche inférieure, *stratum mucosum*, et une couche supérieure, *stratum corneum*. Les cellules les plus inférieures de la couche muqueuse sont cylindriques et perpendiculaires au derme; j'ai constaté cette disposition chez les salamandres et les poissons.

Chez les mammifères et les oiseaux, l'épiderme est mince sur toutes les parties couvertes de poils ou de plumes; mais il atteint souvent une épaisseur remarquable dans les régions dépourvues de poils : il en est ainsi sur la sole des rongeurs, des carnivores, du chameau, aux fesses de quelques singes; il forme aussi des plaques cornées et des écailles : queue du castor, du rat, *Gymnura*, *Didelphys*, *Myrmecophaga*, *Mygale*, etc.; probablement l'aiguillon corné qui se trouve à la houppe de la queue du lion doit trouver ici sa place. Chez les cétacés nus, ainsi que chez les pachydermes glabres, l'épiderme est très-épais (chez le rhinocéros, d'après Daubenton, l'épiderme forme, quoique d'une manière assez irrégulière, des plaques cornées à six faces). Parmi les parties épaissies de l'épiderme, on distingue, en outre, les gaînes cornées, la corne du rhinocéros, le sabot, les griffes, les châtaignes du cheval, les avillons des oiseaux et les enveloppes du bec, les gaînes et éperons chez les coqs, l'éperon alaire de la *Palamedea* et de la *Parra*, le casque du *Casuar*, les callosités et plaques situées sur les jambes et les parties de la tête et du cou dépourvues de plumes. Les cellules épidermiques forment la longue corne flexible située sur le vertex de la *Palamedea cornuta*, ainsi que celle qui est située derrière l'œil du *Tragopan satyrus*. Chez les ophidiens, sauriens et chéloniens, on rencontre aussi des couches épidermiques, épaissies; celles des tortues sont connues sous le nom de plaques cornées de la carapace : dans la peau des serpents, on peut citer le cornet caudal de l'*Acanthophis*, ainsi que les sonnettes du crotale. (G. Carus, dans les *Erlaüterungts.*, parle d'une masse semblable à du blanc de baleine accumulée autour de la dernière vertèbre de la queue, au-dessous du commencement de la sonnette; je n'ai pas pu vérifier ce fait sur un sujet desséché : la substance osseuse de la vertèbre caudale venait immédiatement après le premier grelot du crotale.) L'épiderme de nos batraciens sans queue (*Rana*, *Bombinator*) présente aussi, sur les papilles de la glande du pouce du mâle, un durcissement considérable. En cet endroit, les cellules sont d'une couleur brune intense. Les ongles des sauriens, des tortues, du *Xenopus*, la protubérance située sur la tête de la vipère à corne (*Cerastes*), les plaques cornées placées au tarse du *Cultripes*, etc., peuvent encore être rangés dans les produits épidermiques. Toutes les formations épidermiques ou cornées dont nous avons parlé se composent de cellules autonomes, qu'il est facile de mettre en évidence par une solution alcaline; le noyau des cellules paraît souvent avoir disparu, dans les plaques cornées de la carapace, par exemple, comme l'indique Donders.

On attribuait autrefois à ces masses cornées non-seulement une structure lamelleuse, mais encore une texture fibreuse semblable à celle des poils : aussi faut-il se rappeler que les filaments cornés du sabot par exemple, se révèlent à un examen plus minutieux comme étant un agrégat de cellules cornées. Les sabots renferment un système de conduits creux, dont l'extrémité supérieure est occupée par les papilles conjonctives de la *couronne charnue* (papilles du derme); mais plus bas ces canaux sont vides.

93. — *Cellules muqueuses.* — Les formations que j'ai fait connaître sous le nom de cellules muqueuses ont droit à un intérêt multiple; elles ont été trouvées constamment chez les vertébrés qui vivent dans l'eau, parmi les cellules ordinaires rondes ou aplaties de l'épiderme. Je sais qu'elles existent chez beaucoup de téléostiens, de ganoïdes; mais je ne puis les découvrir dans l'épiderme des plagiostomes et des chimères : parmi les batraciens, le *Proteus* et les larves de la salamandre ter-

restre nous le présentent. Les plus petites (chez les poissons osseux) sont plus grosses que les cellules ordinaires de l'épiderme; mais les plus fortes (anguilles, tanche, lotte) sont de remarquables vésicules remplies d'un liquide visqueux, granuleux ou même transparent. Leur produit de sécrétion semble se vider en vertu d'une rupture progressive de la cellule; je crois avoir vu (chez le *Leuciscus dobula*) que les cellules situées à la surface externe ont plusieurs trous, qui les transforment en corpuscules à forme de palette.

On trouve une meilleure explication de la nature de ces formations dans ce qui se passe chez le *Polypterus* : les cellules muqueuses passent de la forme ronde à la forme d'une poire ; l'extrémitée pointue est tournée du côté de la surface libre de l'épiderme, et comme parfois les cellules se sont aplaties en cette même extrémité de manière à prendre la forme d'une bouteille, elles tendent à ressembler ainsi à certaines glandes monocellulaires des invertébrés (*Piscicola*, *Clepsine*, etc.).

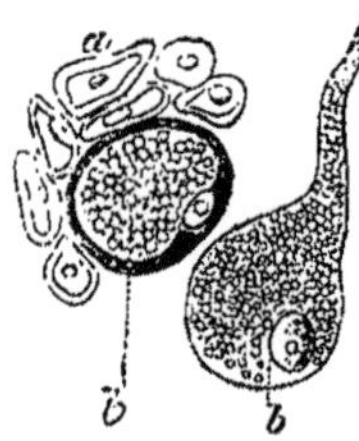

Fig. 54.

a. Cellules épidermiques. — *a*. Cellules muqueuses. (Fort grossissement.)

Chez le *Proteus*, la sécrétion granuleuse des cellules muqueuses est élaborée dans une vésicule sécrétante spéciale (1).

94. — *Cellules de pigment*. — Les cellules épidermiques ordinaires sont assez généralement incolores; plus rarement, comme chez le *Cobitis fossilis*, elles présentent une coloration jaune diffuse. Dans les couches inférieures (couche muqueuse), elles peuvent être remplies, à des degrés différents, d'un pigment granuleux. Ainsi il est très-facile par la cuisson (je l'ai fait sur le *Torpedo*) de séparer les couches pigmentaires; et c'est pour cela que plusieurs observateurs ont décrit une couche spéciale de l'épiderme. Il arrive encore que toutes les strates celluleuses de l'épiderme (chez la *Balæna* ou chez le *Vespertilio pipistrellus*, au museau, à l'oreille, etc.) renferment du pigment, et l'on observe toute la série des nuances comprises entre le gris clair

(1) On a reconnu depuis, chez le *Proteus*, avec les cellules muqueuses rondes, les cellules muqueuses en forme de poche, qu'on trouve chez le *Polypterus*.

et le noir. Les différentes colorations des parties velues des oiseaux résident pareillement dans les cellules épidermiques; nous voyons, par exemple, un pigment granuleux foncé dans les cellules du bec du corbeau; il est jaune ou rouge, formé de molécules graisseuses dans le bec, les pieds et autour des yeux des canards, des oies, des pigeons, des coqs de bruyère. Ici cependant le pigment montre une certaine tendance à s'élaborer dans le *stratum mucosum* de l'épiderme; souvent, par exemple, sur la membrane ciroïde, sur les paupières des faucons des tours (*Falco tinnunculus*), sur le bec de l'oie, les couches supérieures sont décolorées, et ce n'est que dans les couches profondes que l'on observe un pigment jaune granuleux et graisseux. La vive coloration rouge de la crête et de la fraise du coq de basse-cour ne provient pas d'ailleurs, comme nous l'avons déjà dit, d'un pigment particulier, puisque l'épiderme et le chorion sont incolores, mais bien du contenu des vaisseaux capillaires qui prennent dans les papilles de la peau un diamètre insolite.

Un fait bizarre et qui fait exception à notre division de la couche muqueuse en cellules rondes et en cellules allongées nous est fourni par ces figures pigmentaires ramifiées qui se trouvent dans le *stratum mucosum* des oiseaux et des reptiles (*Rana*, *Menopoma*, *Lacerta agilis*, par exemple). (Il en est de même chez les invertébrés, par exemple, dans l'épiderme de la *Piscicola*.) Mais ce que ces figures peuvent avoir de particulier est sans importance, puisque dans les couches épithéliales inférieures on peut observer des cellules ramifiées (surtout après avoir employé l'acide chromique). Chez l'orvet (*Anguis fragilis*), j'ai observé aussi, entre les petites cellules de la couche muqueuse et de la couche cornée, d'autres cellules plus grosses, aplaties et remplies de corpuscules graisseux.

95. — *Poils et plumes.* — Les poils et les plumes des deux classes supérieures des vertébrés sont des développements particuliers de l'épiderme. Les poils des mammifères ont la même structure que ceux de l'homme, ils n'en diffèrent que par la force (duvet, crinière, etc.) ou par la forme; ainsi les poils de la souris, de la chauve-souris, de la martre sont noueux et plumeux; le duvet du phoque, de la chauve-souris, de la taupe dorée est plat et tordu, suivant Eble. On ne peut saisir, entre les poils, les piquants, et les aiguilles de différences égales à celles que les exigences du langage établissent : ainsi, chez le hérisson, l'*Echidna*, les trois formations existent, et c'est par là qu'on peut se convaincre de la gradation qu'elles présentent (Reichert, Reissner).

L'*épidermicule* (*Oberhaütchen*) présente des variations qui dépendent des espaces plus ou moins considérables qui séparent les bords supérieurs libres des lamelles isolées. Chez le hérisson, ces lamelles épidermiques forment, au milieu de la tige du poil, des dépressions à bords proéminents.

La *substance corticale*, très-mince chez les rongeurs, rudimentaire dans la tige du poil blanc du bouc, présente, dans les poils colorés, des granules de pigment situées dans les cellules; elle renferme çà et là des espaces aériens bien accentués (dans les poches tactiles des *Trichecus rosmarus*, *Phoca vitulina*, etc.). — Les cellules de la *substance médullaire*, qui souvent forment des dessins très-délicats (bouc, hérisson, renard, putois, souris domestique, etc.), renferment aussi de l'air; d'ailleurs, par exemple, chez les *Mus decumanus*, *Talpa europæa*, ces cellules sont remplies d'un pigment granuleux. Dans les poils tactiles des chats, Gegenbaur a vu les cellules médullaires toujours remplies d'un liquide rougeâtre (il s'agit peut-être d'un prolongement de la pulpe pileuse?). Les poils de plusieurs animaux, par exemple du porc, n'ont pas de substance médullaire; ils se composent simplement de substance corticale. — Le poil de la taupe dorée (*Chrysochloris*) est remarquable par son éclat métallique, puisque les couleurs métalliques ne se présentent jamais ailleurs dans cette classe d'animaux (1).

Les *follicules pileux* et les *gaînes radicales* montrent une grande analogie avec ceux de l'homme; seulement, il est plus facile, dans les papilles pileuses des mammifères, d'apercevoir un vaisseau vasculaire, et la papille se prolonge souvent jusqu'à la pointe des poils, piquants et aiguilles; plus tard elle s'atrophie et forme la moelle, par exemple, chez les *Hystrix cristata*, *Erinaceus europæus*, *Echidna*, etc. Le stratum conjonctif interne du follicule pileux (dans les poils tactiles) est garni jusqu'à la membrane limite homogène d'un réseau nerveux et vasculaire très-prononcé (Gegenbaur). — Sur la peau de la taupe, après l'avoir traitée par la cuisson, j'ai vu le cul-de-sac inférieur du

(1) D'après Leydig, le pigment, d'où provient cet éclat métallique, est formé de granules qui résident dans la substance médullaire celluleuse; ces granules sont tellement petits qu'il est impossible de dire s'ils ont une forme cristalline. Chez le *Bradypus cuculliger*, les lamellules de l'épidermicule renferment des grains de pigment. Pour beaucoup de mammifères, les gaînes radicales présentent au tiers supérieur de la racine un bourrelet, sur lequel les cellules sont fréquemment remplies d'une matière foncée granuleuse. Chez beaucoup de mammifères, chaque follicule renferme un faisceau de poils parmi lesquels il y en a toujours un qui dépasse les autres en grosseur et en coloration. Les refoulements sacciformes du cul-de-sac du follicule sont toujours en nombre égal à celui des poils secondaires, et celui du gros poil est plus profond que les autres. (*Bericht*, 1859, S. 104.)

follicule présenter un assez fort étranglement au-dessous de la portion supérieure.

Les plumes des oiseaux offrent la même structure que les poils. On y distingue une substance corticale, composée de cellules cornées plates, épaisses et une substance médullaire qui renferme des cellules polyédriques. Le tuyau n'est formé que de substance corticale. Les poils de la barbe appartiennent à la substance corticale; les rayons primaires se composent de substance corticale sur leur bord externe épaissi, là où finissent les rayons accessoires ; tout le reste est de la substance médullaire. La tige ne renferme à la pointe que de la substance corticale ; partout ailleurs et tout autour de la moelle, on voit la substance médullaire entourée par la substance corticale.

La cavité du tuyau renferme les papilles desséchées, la moelle proprement dite de la plume (Reichert, Schrenk). — On peut ajouter ici que les plumes se distinguent de toutes les autres formations cornées par leur richesse en acide silicique (1).

96. — *Physiologie.* — Les différents épaississements et développements des formations épidermiques, ainsi que les ossifications du derme servent à différentes fonctions : tantôt ce sont des enveloppes protectrices, des armes, tantôt ce sont des engins pour creuser, gratter, voler, etc. Ce point de physiologie mériterait peut-être plus de détails; mais je renvoie le lecteur, pour de plus amples développements, à la physiologie comparée de Bergmann et Leuckart.

Le développement des muscles cutanés chez les oiseaux et surtout l'existence d'une musculature striée chez les mammifères donnent une grande contraction au tégument. Le chien, le chat et beaucoup d'autres animaux hérissent leurs poils sur le dos et sur la queue (2) ; les oiseaux manifestent leurs impressions par les mouvements de leur plumage.

Les changements de coloration des reptiles (caméléon, grenouille, etc.) résultent de la contractilité de la peau. Mais, histologiquement, comme les éléments musculeux manquent, on ne peut expliquer ce phénomène qu'en admettant la contractilité de la substance fondamentale diaphane renfermée dans les globules pigmentaires. (Pour plus de détails, voyez *Peau des mollusques*).

(1) Les feuillets spéciaux de couleur écarlate, qui sont situés à l'extrémité des 5-9 rémiges postérieures de la queue soyeuse de l'*Ampelis garrulus* auraient besoin d'être examinés de plus près. D'après d'anciens écrits, ils ne seraient pas des prolongements des plumes, mais bien seulement des dérivés d'une matière friable telle que la laque, etc. (*Note de l'auteur.*)

(2) Les soies de la queue de l'éléphant ressemblent, d'après Naunyn, aux arêtes des poissons ; elles sont formées de cylindres cornés, agglutinés par une masse cornée intermédiaire (*Bericht*, 1861 ; S. 86).

Sur le rôle spécial que les diverses glandes cutanées jouent dans l'économie animale, nous devons nous borner à des présomptions plus ou moins fondées. Les odeurs pénétrantes qui émanent des glandes sébacées et sudorales paraissent être en rapport avec la fonction de reproduction ; elles semblent favoriser le rapprochement des sexes. — Le manque de glandes sudorales chez les oiseaux pourrait, d'après Bergmann et Leuckart, être en rapport avec la sécrétion rénale concrète de ces animaux. — Comme on l'a dit plus haut, ces glandes font encore défaut chez un grand nombre de mammifères, soit entièrement, soit partiellement. — Cette sécrétion des glandes cutanées du *Pelobates* dont l'odeur rappelle celle de l'ail, celle encore de plusieurs batraciens, laquelle excite vivement notre muqueuse nasale, sont autant de poisons énergiques qui peuvent occasionner la mort de plusieurs vertébrés (Gratiolet et Cloez ont observé, après Rusconi, que le suc laiteux des salamandres fait périr les petits oiseaux dans des convulsions épileptiformes. Gemminger cite de son côté l'empoisonnement d'un épervier par un crapaud (1).

Rathke a le premier remarqué la différence qui existe entre le derme des poissons et des amphibies et le chorion des mammifères et des oiseaux, quant à la disposition et à la stratification des faisceaux du tissu conjonctif (2). Des notions histologiques plus récentes sur la peau des poissons (épiderme, chorion, poches écailleuses, papilles, nerfs, écailles) se trouvent dans mes recherches sur le tégument de quelques poissons d'eau douce (3), ainsi que sur la peau et les écailles du *Polypterus* (canaux de Havers, émail des écailles), dans mes remarques histologiques sur le *Polypterus bichir* (4). Quant à la peau des sélaciens (surtout pour ce qui concerne les globules osseux dentaires des aiguilles cutanées), voyez mon travail sur les poissons et les reptiles (1852).

Plusieurs auteurs veulent avoir reconnu des muscles lisses dans la peau des batraciens. Harless, par exemple, dit que, dans la peau de la grenouille, des muscles lisses, disposés dans un ordre régulier, s'insinuent entre les cellules pigmentaires. Je n'ai pu vérifier ce fait, et je présume que Harless a pris pour des muscles lisses les couches horizontales stratifiées du tissu conjonctif, traversées çà et là par des faisceaux à direction verticale. C'est ce qui a lieu dans le derme de la salamandre tachetée, que j'ai examiné de nouveau tout récemment ; il est bien certain qu'il ne renferme pas de muscles.

(1) *Illustr. med. Zeitung*, I, 1852.

(2) *Müller's Archiv*, 1847.

(3) *Zeitschr. f. wiss. Zool.*, 1851.

(4) *Ibid.*, 1854.

Hensche (1) a le premier reconnu la différence histologique qui existe entre les deux sortes de glandes cutanées de la *Rana temporaria :* il a trouvé des muscles sur les grosses glandes et non sur les petites. Il a décrit aussi plus exactement la glande podicale du mâle, qu'il considère comme étant de forme moyenne. — Rathke (2) décrit dans la couche supérieure du chorion de la *Cœcilia annulata* une quantité de corps arrondis ou biconvexes, portant une petite tache ronde foncée au milieu. Ces corps sont précisément, comme la dissection me l'a appris, les petites glandes. La *Cœcilia* présente d'une manière très-manifeste les deux sortes de glandes cutanées.

Après de nouvelles recherches sur les oiseaux (poules, pigeons, hiboux), je n'ai rien trouvé qui ressemblât aux glandes sudorales; par contre, Meissner dit qu'à la face plantaire des ongles de la poule et du dindon on rencontre ces glandes ; de nouvelles recherches sur le dindon n'ont pu me faire constater ce fait. Pour étudier plus facilement les glandes sudorales des mammifères, il faut se servir de peau cuite. C'est ainsi que j'ai pu établir l'inexactitude des observations que Gurtl a présentées dans son remarquable mémoire (3) sur les orifices des glandes sudorales du bœuf, sur la forme et les orifices des glandes sudorales du chien situées dans la peau velue.

On trouvera des détails histologiques complets sur les glandes anales des mammifères dans mon travail inséré dans le *Zeitschrift* (4). Quant aux os cutanés des batraciens, voyez mon travail sur les poissons et les reptiles (1853).

Les écailles des poissons ont été considérées autrefois comme des productions épidermiques (Heusinger, Agassiz); on se convainquit plus tard qu'elles sont des os de la peau (5). Wöhler (6) a montré que la substance des écailles de poissons se comporte comme la chondrine, et qu'elle renferme 50 pour 100 de matière osseuse. Quant à la ressemblance que les écailles des requins et les aiguilles cutanées des raies présentent avec les dents, elle a été mise en évidence par les travaux de H. Meyer, Leydig, etc.

Relativement à cette question encore pendante, à savoir, jusqu'à quelle distance les papilles du poil pénètrent dans son intérieur, nous devons mentionner que, même pour les formations en aiguilles, John

(1) *Zeitschr. f. wiss. Zool.*, 1854.
(2) *Müller's Archiv*, 1852.
(3) *Müller's Archiv*, 1835.
(4) *Zeitschr. f. wiss. Zool.*, 1850, S. 109.
(5) Voyez là-dessus Peters, dans les *Archives de Müller*, 1841.
(6) *Traité de chimie organique*, 1844.

Müller a été longtemps le seul, d'après ses observations sur l'*Hystrix cristata*, à considérer comme vraisemblable que la matrice se prolonge dans l'intérieur de l'aiguille : Reichert, Bröcker et Reissner ont confirmé la justesse de cette manière de voir.

CHAPITRE III

DU TÉGUMENT EXTERNE DES INVERTÉBRÉS.

97. — Le revêtement cutané des invertébrés, dont le nombre est si grand et dont les formes sont si diverses, présente des variations de structure telles qu'il m'est impossible de suivre ici le même ordre que celui que j'ai suivi pour les vertébrés; les différences sont si grandes que toute vue d'ensemble sur les groupes d'animaux devient impossible : aussi parlerai-je successivement, contrairement à la marche adoptée jusqu'ici, de chaque classe en particulier.

§ 1. Mollusques.

98. — *Derme.* — Beaucoup de mollusques, entre tous les invertébrés, fournissent des points de comparaison avec les vertébrés par l'analogie du tégument : on peut le diviser, en effet, en un derme conjonctif et un épiderme celluleux. La substance conjonctive du chorion, examinée de près, présente ces changements divers dont nous la savons capable. Chez les gastéropodes, les ptéropodes, le tissu conjonctif est formé de cellules rondes avec un minimum de substance intermédiaire; chez les hétéropodes (*Carinaria, Pterotrachea*), il apparaît sous la forme gélatineuse, et les cellules ramifiées forment un treillis dont les mailles sont occupées par la gélatine transparente. Dans cette espèce de tissu conjonctif, il peut même arriver que les cellules disparaissent, comme chez plusieurs tunicatés dont le derme, tout en se rattachant morphologiquement, il est vrai, au tissu conjonctif gélatineux, occupe une place spéciale isolée dans le système histologique en vertu de ce fait que sa substance intermédiaire renferme de la cellulose (Schacht). Enfin, dans la peau des céphalopodes, le tissu conjonctif présente à peu près le même caractère que chez les vertébrés; cependant la trame paraît être un peu plus rigide. Après l'action des réactifs apparaissent des bandes fusiformes et ramifiées, qui rappellent les corpuscules du tissu conjonctif et les fibres élastiques déli-

cates; elles sont plus pâles cependant que les formations correspondantes du tissu conjonctif des mammifères. La substance gélatineuse se montre aussi, et même elle prédomine chez quelques espèces. Dans le manteau des najades (*Anodonta cygnea*, par exemple), aux régions dépourvues de muscles, le tissu gélatineux à grosses mailles abonde; vers le bord dont la musculature est plus forte, les mailles sont plus petites.

99. — *Muscles.* — Dans le derme, les muscles peuvent former des treillis serrés (bivalves, gastéropodes, céphalopodes); ils peuvent même constituer la partie la plus considérable de l'organe, et ainsi s'explique pourquoi, par exemple, les limaçons et les testacés se contractent avec tant d'énergie et changent de mille manières la forme de leur corps. Au contraire, chez les hétéropodes et les tunicatés, la musculature ne forme pas une trame dans l'épaisseur du derme; elle produit, au-dessous de lui, un stratum particulier, d'où il résulte que la mobilité de la peau, ainsi que les changements de forme, sont plus restreints. Eu égard à la structure des muscles, nous dirons que leurs éléments sont des cylindres aplatis et qu'ils atteignent souvent une longueur peu commune (sur des cadavres de *Paludina vivipara* et à la sole, j'ai pu isoler des éléments musculaires dont la longueur me paraissait être égale à celle de la sole même).

Fig. 55. — Peau du *Cyclas cornea*.

Sur la coupe perpendiculaire on voit en *a*, des cils longs et courts. — *b*. Canaux aqueux traversant l'épithélium, *c*, les muscles, *d*, les espaces sanguins. (Fort grossissement.)

Ils correspondent au développement d'une seule cellule; ils sont homogènes, ou bien leur partie moyenne est plus sombre que les bords; ils se sont divisés en une portion axile et granuleuse et en une bordure transparente. On rencontre aussi beaucoup de cylindres ramifiés. Chez les salpes, leur disposition est cannelée; ils sont striés transversalement, et leur extrémité est pointue.

Nerfs. — Les nerfs cutanés des mollusques ne peuvent être suivis que chez les animaux transparents et non pourvus de pigment, comme, par exemple, les hétéropodes. On a reconnu que les nerfs présentent alors le caractère général des nerfs des invertébrés; ils sont clairs et pâles, se divisent aussitôt après leur entrée dans la masse gélatineuse transparente et vitreuse de la peau, et forment, çà et là, des renflements fusiformes qui renferment chacun un globule ganglionnaire; ce dernier peut aussi occuper les angles formés par les divisions du nerf.

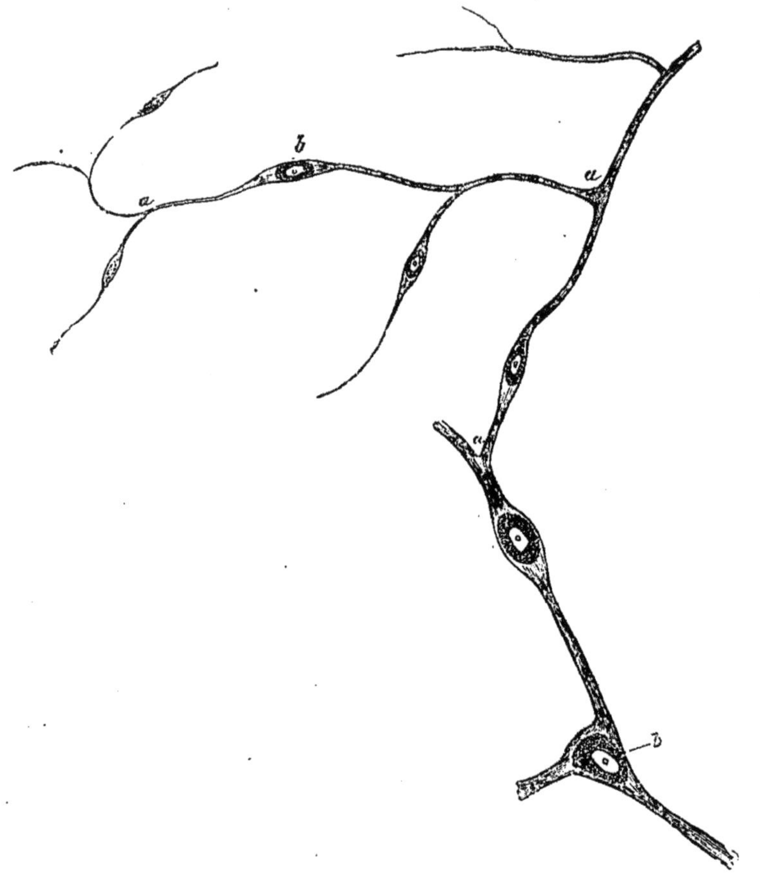

Fig. 56. — Fragment terminal d'un nerf cutané de la *Carinaria*. (Fort grossissement.)

a. Ramification du nerf. — *b*. Les globules ganglionnaires des renflements.

A l'état naturel, le globule ganglionnaire apparaît comme une vésicule claire, enchâssée dans la masse finement granuleuse du renflement nerveux, et il est rare que, dans quelques-uns des globules, on puisse distinguer un nucléole. La composition du globule devient plus nette après addition d'acide acétique, les contours se dessinent mieux et le nucléole se montre partout.

Vaisseaux sanguins. — Des vaisseaux sanguins de même structure que les capillaires des vertébrés n'ont été observés que dans la peau des céphalopodes.

100. — *Dépôts calcaires.* — Plusieurs mollusques présentent des dépôts calcaires dans le derme (*Paludina*), sous la forme de concrétions arrondies. Celles-ci sont granulées chez l'*Helix*, le *Limax;* elles sont rameuses chez les *Polycera*, *Doris*, ovales ou linéaires chez la *Clio*.

Dans le manteau de la *Salpa maxima*, d'après quelques auteurs, on doit trouver des formations cristallines; mais, comme l'observation n'a porté que sur des sujets conservés dans l'alcool, et que, sur des préparations fraîches, on n'a rien trouvé de semblable, les cristaux pourraient bien s'être formés après coup.

Le calcaire, chez la *Paludina*, est renfermé dans les cellules de la substance conjonctive; les recherches de Gegenbaur sur le développement du *Limax agrestis* semblent indiquer que le dépôt est le plus souvent un contenu cellulaire. Cet observateur a vu les granules calcaires se déposer, chez l'embryon, dans les cellules qui sont disséminées dans toute la peau et qui présentent l'aspect « de cellules conjonctives. » Plus tard, « on les voit apparaître dans le cutis, » probablement parce que les cellules ont alors perdu leur autonomie.

Pigments. — Il peut exister plusieurs sortes de pigments, et ces pigments se présentent aussi comme des *contenus* de cellules. Ils sont de nature diverse : la matière colorante la plus répandue est cette matière granuleuse qui produit les nuances entre le noir et le brun. Il est un autre pigment granulé dont les globules à contours tranchés paraissent jaunes ou blancs à la lumière incidente et foncés par transparence (les granules de ce pigment (*Paludina vivipara*) résistent à l'acide acétique et même aux acides chlorhydrique et sulfurique). Dans ces parties de la peau, qui ont un éclat métallique, les éléments colorés sont d'une tout autre nature : ce sont le plus souvent des corpuscules aplatis de grosseur variable, rappelant les paillettes pigmentaires à éclat métallique des poissons et des reptiles. Il y a encore des pigments qui se distinguent comme des masses colorées devenues homogènes en durcissant; elles forment la transition aux pigments diffus.

101. — *Chromatophores.* — Un intérêt tout particulier s'attache à ces cellules du derme remplies de pigment présentant et pendant la vie des contractions intermittentes; on les appelle *chromatophores*. Depuis longtemps elles ont rendu célèbre la peau des céphalopodes : c'est d'elles, en effet, que proviennent les jeux de couleur bien connus que présentent ces animaux. Par Gegenbaur nous savons que quelques

ptéropodes ont aussi des chromatophores (1). Pour expliquer le changement de couleur devenu proverbial du caméléon, on avait souvent présumé l'existence de cellules colorantes contractiles. Dans ces derniers temps, Axmann a appelé l'attention sur un changement de coloration semblable mais moins énergique, changement qu'on observe sur la grenouille (*Hyla*, *Rana*), et l'on s'est contenté de la même explication. Je ne puis accepter cette manière de voir, puisque les rapports histologiques ne sont pas les mêmes chez les mollusques et les reptiles. Les chromatophores des mollusques représentent des vésicules, dont le contenu hyalin renferme des granules de pigment. Tout autour des vésicules pigmentaires s'attache une couronne de stries musculaires. On a, jusqu'à ce jour, commenté ainsi qu'il suit les mouvements des chromatophores. Le passage de la forme ronde à la forme dentelée ou étoilée est produit par les muscles qui rayonnent de la cellule colorante, et la forme ronde réapparaît par l'élasticité de la membrane cellulaire et la cessation de la contraction musculaire. D'après cela, les membranes et les fibres contractiles seraient antagonistes. Pour les chromatophores des reptiles, cette explication nous laisse en défaut; car nous savons que les muscles manquent dans la peau de la grenouille, tandis qu'ils revêtent les cellules colorantes des céphalopodes et des ptéropodes. Ces figures à pigment foncé qu'on observe sur la grenouille ont morphologiquement la signification de corpuscules du tissu conjonctif. Et s'il a été impossible de reconnaître des éléments musculaires qui puissent modifier la forme de ces corpuscules pigmentés, à quelle portion de ces corpuscules faut-il attribuer ce phénomène? Difficilement à la membrane du corpuscule. En effet, abstraction faite de ce que, dans les cellules contractiles, ce n'est pas la membrane, mais bien le contenu qui constitue la substance contractile, nous ne pouvons reconnaître à la membrane qu'une autonomie conditionnelle, car elle n'est que la couche limite du système d'interstices qui traverse la substance conjonctive (connu en histologie sous le nom de système des corpuscules du tissu conjonctif).

Par conséquent, relativement aux propriétés histologiques des chromatophores des amphibies, nous sommes obligés d'admettre que les changements de forme, la disparition des ramifications sur les cellules pigmentaires étoilées et le retour à la forme sphérique sont *le résultat d'une contraction du contenu hyalin* des corpuscules du tissu conjonctif. Semblable à cette substance qui, sur le corps des

(1) Peut-être aussi quelques limaçons ; pour la *Cypræa tigris*, au moins d'après Brodericp, il existe des changements de coloration. (*Note de l'auteur.*)

rhizopodes, produit un jeu remarquable de phénomènes de motilité, ce contenu peut s'étirer en filaments et retourner ensuite à une forme arrondie. Les granules de pigment, renfermés dans cette substance contractile, suivent naturellement les mouvements ; ce sont eux qui rendent le phénomène sensible. Il semble même que, dans les chromatophores des mollusques, le contenu cellulaire est une substance contractile ; au moins, il a été dit expressément que le retour à la forme ronde ou ovoïde devait avoir pour cause la masse hyaline du contenu, cause à laquelle il faut sans doute ajouter l'élasticité de la membrane cellulaire (1).

102. — *Épiderme.* — On peut accepter qu'il existe pour tous les mollusques un épiderme composé de cellules isolables. Ce n'est que sur les tunicatés que les opinions diffèrent ; le côté interne du manteau des ascidies doit avoir un épithélium pavimenteux, la *Phallusia* paraît en avoir un semblable à la surface externe (Schacht), tandis que pour les appendicularìés il n'existe jamais d'épithélium ni sur la surface interne ni sur la surface externe (Gegenbaur). (Ne serait-il pas préférable de mettre en parallèle le manteau des tunicatés et les enveloppes testacées ?)

Les cellules de l'épiderme sont plates, cylindriques, ou d'une forme intermédiaire ; il n'est pas rare que leur contenu soit granuleux et pigmenté ; elles peuvent présenter le pigment diffus (cellules du syphon du *Cyclas cornea*) ; elles sont parfois vibratiles : ainsi on voit des cils sur les cellules épidermiques de toute la surface cutanée externe des bivalves et des gastéropodes aquatiques ; cependant ici quelques endroits paraissent faire exception. Je crois au moins avoir vu que chez la *Paludina vivipara* il n'y a pas de cils sur ces prolongements striés qui se trouvent à la base des tentacules et qui portent les yeux, tandis que tout le reste de la surface est vibratile.

Les gastéropodes terrestres (*Helix*, *Limax*, *Bulimus*, *Carocolla*) ont la vibratilité bornée à la surface de la sole ; chez le *Limax*, elle s'étend aussi aux parois latérales (de Siebold). Les ptéropodes et les hétéropodes possèdent encore une vibratilité partielle : l'*Hyalea* sur les appendices flottants, la *Cymbulia* sur le bord des nageoires, la *Firola* à la surface postérieure du nucléus (Gegenbaur, Leuckart), l'*Atlanta Lesseurii* sur le suçoir (Huxley), tandis qu'en ce même endroit l'*Atlanta Peronii* et l'*Atlanta Keraudrenii* n'ont pas de cils. La

(1) D'après Rouget, les éléments du pigment disséminé dans le manteau des ascidies composées ressemblent par la forme et la couleur aux corpuscules sanguins colorés de ces animaux (*Journal de physique*, octobre 1859).

peau des parties génitales externes de ces animaux est vibratile : un des observateurs que nous avons cités a découvert des organes vibratiles particuliers situés à la surface ventrale de la *Pterotrachea*. Lorsque l'animal a atteint son développement, la peau du céphalopode n'est pas vibratile. — Sur l'épiderme (tentacules, bord du pied) du *Lymnæus stagnalis*, il me semble reconnaître qu'au milieu des cils qui se meuvent, il se trouve, de distance en distance, des soies immobiles; celles-ci sont claires, plus épaisses que les cils, mais aussi longues. Si ces poils longs et isolés, qui existent, d'après Lachmann, parmi les cils chez le *Stentor polymorphus* et chez plusieurs turbellariés, sont également roides, ils doivent appartenir à la même catégorie.

103. — *Canalicules de la peau.* — J'ai reconnu, chez le *Cyclas cornea*, que la couche épithéliale du pied est traversée par des canalicules qui servent à mettre en communication avec le dehors les cavités sanguines situées dans l'épaisseur des muscles du pied; cette découverte pourra peut-être un jour prendre les proportions d'un phénomène général.

104. — *Glandes cutanées.* — Les glandes cutanées de forme simple, c'est-à-dire ressemblant à de petits sacs ronds ou piriformes, se composant d'une membrane propre de nature conjonctive et de cellules de sécrétion, sont assez répandues. Chez l'*Helix (pomatia)*, elles s'étendent sur toute la peau et se distinguent à l'œil nu comme de petits points blancs jaunâtres, car leurs cellules renferment des granules de pigment. Sur la bordure du manteau elles sont en plus grande quantité, de plus grande dimension et présentent des élargissements sacciformes. Le *Limax (rufus)* a des glandes sur toute la peau; sur la bordure du manteau elles sont seulement plus grosses et plus nombreuses; la *Paludina vivipara* n'en présente qu'au côté inférieur du pied. A côté de ces grosses glandes cutanées, il paraît (chez le *Limax*, par exemple) exister encore une deuxième sorte de glandes formées de petits sacs étroits qui fournissent un produit coloré. Lorsqu'on prend des *Ancylus lacustris* de faible dimension, et que, sans les endommager, on les place sur le dos, on aperçoit, tout autour de la bordure du manteau, des glandes qui ressemblent à des cornues. — C'est aussi parmi les glandes cutanées qu'il faut ranger celle qui se trouve sur la ligne médiane du pied de plusieurs gastéropodes terrestres; elle ressemble à un acinus glandulaire, dont le conduit excréteur est représenté par un canal droit qui s'ouvre au-dessous de l'orifice buccal. Ce canal est vibratile, d'après Siebold. Parmi les céphalopodes, comme on le sait depuis longtemps, l'*Argonauta* possède des glandes cutanées sur les bras vélifères (pour former la coquille); parmi

les ptéropodes et les hétéropodes, on en voit à la *Clio*, au *Pneumodermon*, à la *Carinaria* (sur le suçoir). Enfin, il faut encore ranger parmi les glandes cutanées les glandes à byssus du *Lithodomus* et des embryons du *Cyclas*. Les poches en forme de bouteilles, situées à la pointe de l'appendice dorsal feuilleté de l'*Eolidia* et du *Tergipes*, paraissent être aussi des glandes cutanées, dont les cellules de sécrétion produisent des organes urticants. La poche à sépia des céphalopodes, quoique située dans la cavité abdominale et s'ouvrant par un long conduit à côté de l'anus, peut aussi peut-être trouver ici sa place. Les cellules de sécrétion de sa paroi caverneuse sont remplies du même pigment que celui qui remplit la poche.

105. — *Test et coquilles.* — La peau d'un grand nombre de mollusques sécrète du *test* et des *coquilles ;* ces productions portent des noms différents suivant leurs propriétés physiques : elles sont cornées (*Hylea, Cleodora, Atlanta, Orbicula*, plaques dorsales du *Loligo*), cartilagineuses [*Cymbulia, Echinospira* (Krohn)], gélatineuses (*Tiedemannia*), le plus souvent osseuses (testacés, limaçons, *os Sepiæ*). Quant à leur structure (excepté l'*Arion*, où le test dégénère en un simple amas de masses cristallines non organisées), ces formations, à part quelques légères différences, ont ceci de commun, qu'elles se composent d'une *substance fondamentale homogène et organique*, déposée par couche et chitinisée, à laquelle peuvent s'allier des sels calcaires en quantité variable. Les coquilles du limaçon (gastéropodes) présentent un assemblage de lamelles imbriquées et imprégnées de substance calcaire, laquelle produit certaines cristallisations qui sont comme soudées avec l'organe (il est facile de le vérifier sur le test transparent des *Bullea, Lymneus*, etc.). Il est probable que la coquille de l'*Argonauta Argo* et des nautilacés est de la même texture. Le test de beaucoup de mollusques présente aussi cette même texture feuilletée simple (*Anomia*, pectinés, cardiacés). Chez d'autres, il s'y joint une autre couche calcaire (*Anodonta, Unio, Pinna, Malleus, Perna*, etc.), ou bien cette couche alterne avec la première (*Ostrea, Chama*, etc.) qui se présente un peu plus compliquée et rappelle l'émail dentaire des mammifères. Elle se compose de prismes d'émail volumineux, rangés en palissade et reproduisant, par les stries du contenu calcaire, les fibres de l'émail dentaire. Lorsqu'on enlève les sels, il reste un système de petits sacs placés de champ, serrés les uns contre les autres et dont la paroi homogène présente un strié transversal qui indique la stratification. Dans l'*os Sepiæ*, des couches en feuillets alternent avec ces colonnettes calcaires verticales.

Il est rare que les coquilles des mollusques soient traversées par des *canaux;* ces derniers, d'après Carpenter, existent chez la *Terebratula* (est-ce dans toutes les espèces? ils me paraissent manquer chez la *Terebratula psittacea*); non ramifiées pour la *Lingula*, le *Cyclas*, ils forment des réseaux chez l'*Anomia ephippium* et la *Lima rudis*. L'*Anodonta cygnea* nous montre ces canaux poreux d'une manière très-nette. Sur le *Cyclas* et l'*Anodonta*, je me suis assuré que ces canaux du test ne renferment aucune matière calcaire, et qu'ils représentent des cavités probablement remplies de liquide. — L'os de sèche est poreux et doit renfermer de l'air dans ses cavités; mais ce fait, à mon avis, mérite confirmation.

En effet, l'opinion de Swammerdam est à peine plausible. De ce que l'os tiré de l'animal surnage dans l'eau par sa légèreté, on en conclut qu'il doit renfermer de l'air. C'est possible, mais pourquoi, au sortir de l'animal, l'os n'absorberait-il pas de l'air atmosphérique?

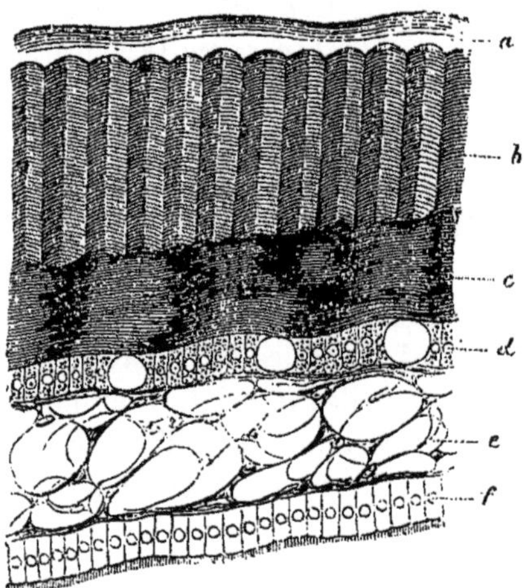

Fig. 57. — Coupe perpendiculaire à travers le test et le manteau de l'*Anodonta*.

a. Cuticule. — *b*. Couche des colonnettes. — *c*. Couche feuilletée du test. — *d*. Épithélium externe du manteau (entre les cellules ordinaires on voit, çà et là, des vésicules transparentes plus grosses). — *e*. Couche conjonctive du manteau. — *f*. Épithélium interne. (Fort grossissement).

106. — Abordons une question importante au point de vue histologique : Quel rapport existe-t-il entre la peau et la coquille? cette dernière *est-elle une portion du tégument devenue calcaire* et renferme-t-elle, par conséquent, des éléments celluleux imprégnés de sels, ou bien doit-elle être considérée comme *un produit de sécrétion?* — Les descriptions ordinaires mettent déjà en évidence l'opposition qui existe entre le test d'un arthropode ou d'un échinoderme et celui d'un mollusque. On dit : pour le mollusque le test est un annexe de l'ani-

mal, tandis que pour les autres, c'est la peau même qui s'est durcie. Cette assertion est en harmonie avec l'examen microscopique d'un test achevé et de son développement embryonnaire. Chez les *Paludina, Cyclas*, le test m'a paru, dès son apparition, semblable à un capuchon calcaire homogène de la portion dorsale du manteau. Dans l'embryon de la *Clausilia*, on aperçoit les premiers dépôts de test sous la forme de petites lamelles disséminées par groupes présentant des contours tranchés et formées de carbonate de chaux réuni à de la substance organique (Gegenbaur). Sur de jeunes sujets de la *Solen siliqua*, j'ai reconnu, au bord encore mou du test, que le calcaire se dépose en globules qui s'agglomèrent en grossissant pour s'ajouter aux masses déjà formées. Par conséquent, bien qu'on ne puisse plus reconnaître un ensemble de cellules devenues calcaires, bien que les colonnes calcaires des huîtres et des céphalopodes, non plus que les fibres de l'émail des dents, ne puissent avoir la valeur de « cellules épidermiques devenues calcaires », il faut cependant que les cellules de la peau du manteau qui leur sont contiguës soient considérées non-seulement dans l'embryon, mais encore plus tard comme étant les petits appareils qui sécrètent le test. La substance testacée homogène qu'elles produisent peut rester molle, mais le fait est rare (la *Tiedemannia* en est cependant un exemple). Plus fréquemment elle durcit en se chitinisant ; il arrive aussi qu'elle s'imprègne de calcaire et de pigment à côté des cellules. Ces mêmes cellules épithéliales qui donnent le test peuvent s'accumuler en certains endroits, et simuler des glandes cutanées ; on en a des exemples dans les bords du manteau de plusieurs gastéropodes et dans les bras vélifères de l'*Argonauta Argo*.

107. — *Cuticule homogène.* — Beaucoup de mollusques testacés et de limaçons possèdent une *cuticule qui recouvre les cellules épidermiques*. Dans les différents états où on la rencontre, son autonomie est plus ou moins grande. Souvent, bien qu'elle forme sur le bord libre des cellules une bordure épaisse et claire, cette cuticule, après l'emploi des réactifs, paraît résulter de l'ensemble des extrémités homogènes et épaissies des cellules mêmes. Ailleurs (et, par exemple, sur la bordure du manteau des huîtres), elle constitue réellement une membrane vitreuse chargée de cils vibratiles. Ce n'est pas tout : sur les huîtres, un prolongement chitinisé et considérable de la cuticule s'étend sur la face libre du test, de sorte qu'à vrai dire ce test réside entre la cuticule et les cellules épidermiques. Ceci s'appliquerait encore à beaucoup d'escargots. En effet, j'ai pu, sur les poils calcaires de l'*Helix hirsuta* et de l'*Helix obvoluta* (ici les poils présentent encore des ramifications secondaires), isoler une lamelle délicate, homogène, c'est-

à-dire une cuticule, après les avoir traités par l'acide acétique. On pourrait soutenir encore que le test de ces mollusques, considéré communément comme extérieur, se trouve réellement situé dans la peau. Ce qui me ferait pencher vers cette interprétation avec assez de raison, c'est l'observation de Gegenbaur, d'après laquelle la formation du test de la *Clausilia* aurait lieu dans la partie extérieure de la lame dorsale considérée comme étant le manteau ; et ce ne serait que par le ramollissement d'un revêtement cellulaire que ce test viendrait à l'extérieur. On peut voir dans tous ces rapports de structure et de développement une transition aux tests sous-dermiques (*Cymbulia*, *Bullæa*, *Limax*, *Sepia*, etc.).

Parmi les formations cuticulaires, il faut aussi compter, chez beaucoup de limaçons à coquille, l'*opercule* situé sur le dos de la queue ; il se compose simplement de couches chitinisées (*Paludina*, par exemple), ou bien ces couches sont imprégnées de sels calcaires (*Turbo*, par exemple). — Peut-être (il faudrait s'en assurer) doit-on encore placer les *griffes* de l'*Onychoteuthis*, les « anneaux cornés » des ventouses du *Loligo* dans le groupe des produits cuticulaires épaissis et chitinisés.

§ 2. Arthropodes.

108. — *Carapace.* — La peau des *insectes*, des *araignées* et des *crustacés* ne peut pas être divisée en un derme conjonctif et un épiderme celluleux. Pour tous ces animaux, il existe une *couche externe chitinisée* qui forme la carapace (épiderme des auteurs), et au-dessous d'elle se trouve une *membrane molle, non chitinisée* (ou chorion des auteurs). Celle-ci est en connexion avec le tissu mou et interstitiel de l'animal, tandis que l'enveloppe dure se continue avec les parties internes conjonctives et chitinisées, telles que les tendons, par exemple. La membrane chitinisée des animaux mous (rotateurs, quelques formes inférieures des crustacés, larves de diptères, etc.) a l'aspect et la structure d'un cuticule homogène; lorsque la carapace a durci, la membrane chitinisée paraît composée de lamelles régulièrement stratifiées. Un autre caractère général du squelette cutané chitinisé consiste dans la présence constante de *canaux poreux* partout où ce squelette atteint une certaine épaisseur ; ces canaux sont d'habitude de deux sortes, fins et gros. Ils traversent perpendiculairement les lamelles chitinisées, conservent le même diamètre ou s'élargissent en ampoule à leur surface extérieure (par exemple, chez les *Porcellio*,

Oniscus, *Locusta*, *Forficula*, etc.), plus rarement aux deux extrémités (*Ixodes testudinis*); les canaux poreux de petite dimension se ramifient quelquefois (*Iulus*, *Phalangium*, etc.). Ces pores jouent dans les couches de la substance homogène fondamentale le même rôle que les corpuscules du tissu conjonctif dans le tissu conjonctif des vertébrés; les divisions cylindriques établies par les premiers correspondent aux faisceaux du tissu conjonctif. Le contenu des canaux poreux n'est pas partout le même. Dans les plus gros, on voit surgir des prolongements papillaires délicats de la couche molle située au-dessous de la membrane chitinisée. Souvent ils paraissent remplis par un liquide transparent; il est rare qu'ils renferment de l'air; chez l'*Ixodes testudinis*, la coloration blanc jaunâtre de la peau, chez l'*Hydrometra paludum*, l'éclat argenté du côté inférieur, sont dus à la présence de l'air dans les canaux poreux (1).

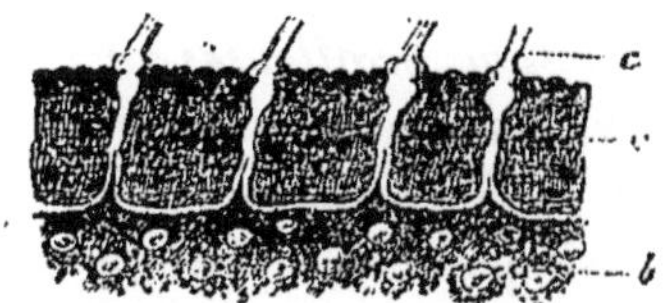

Fig. 58. — Coupe de la peau de la *Locusta viridissima*. (Fort grossissement.)
a. Peau chitinisée avec canaux poreux. — *b*. Couches molles non chitinisées. — *c*. Poils.

109. — La *surface* libre de la carapace est ornée de *dessins*, de *sculptures variées*. Très-fréquemment (chez beaucoup de crustacés et d'insectes, sur le céphalothorax et les extrémités des araignées) on voit des figures polygonales qui rappellent les cellules. Elles peuvent même se bomber en tous sens ou d'un seul côté, de manière à se transformer en tubercules ou en écailles. On peut aussi se demander si réellement, comme beaucoup d'auteurs le prétendent, ces dessins celluleux sont l'expression d'un revêtement celluleux épidermique délicat. Les lignes qui limitent ces figures éprouvent des modifications qui ne

(1) Le docteur Klunzinger vient de publier un travail remarquable sur les limnadides, qui appartiennent, comme on sait, aux branchiopodes phyllopodes (classification de Gegenbaur): « Le tégument, suivant cet auteur, se compose, comme d'ordinaire, d'une cuticule chitinisée, au-dessous de laquelle se trouve le chorion ou matrice. Cette matrice se compose d'une masse fondamentale incolore, molle, sans structure, où l'on trouve comme éléments morphologiques des granules, des noyaux et des cellules plus ou moins accentuées. Il est à noter, pour ces dernières, qu'elles forment une chaîne dont les éléments ressemblent aux corpuscules du tissu conjonctif (*bindegewebskörperartigen*). Le pigment, dont la quantité varie suivant les régions, se trouve dans la cuticule. La cuticule est dépourvue de structure et présente la disposition stratifiée (*Zeitschr. f. wiss. Zool.*, Bd. IV, 1864, p. 141).

se rapportent plus à un schéma celluleux. Ainsi, sur le *Dytiscus striatus*, elles forment des réseaux dont les mailles sont de grosseur et de formes différentes, et on y voit des ramifications qui ont une terminaison indépendante. Sur le hanneton, la surface supérieure des élytres présente des figures étoilées délicates au lieu de dessins celluleux ; sur la surface inférieure, on voit des tubercules particuliers, etc.

Sur l'abdomen des arachnides, on remarque, au lieu de cellules, des lignes ondulées très-régulières, qui enlacent la base des prolongements pileux ; c'est aussi ce qui se reproduit sur le cuticule des larves de la *Formica leo* (*Myrmileon formicarius*), avec des formes plus grossies. Quelque ressemblance que ces dessins puissent avoir avec un épithélium pavimenteux, comme jamais je n'ai vu de cellules véritables, je considère toute la carapace comme étant formée par de la substance conjonctive chitinisée, et les canalicules poreux sont pour moi les équivalents des corpuscules du tissu conjonctif.

Les *différentes productions écailleuses ou piloïdes qui émanent de la carapace* (leurs formes sont très-remarquables chez le *Polyxenus*), sont aussi de nature homogène et elles ne sont nullement formées de cellules. Fréquemment simples, elles peuvent aussi présenter des cavités. Elles sont toujours situées au-dessus des orifices des gros canaux poreux, de telle sorte que les deux cavités communiquent. Il n'est pas rare de voir un éclat brillant blanchâtre dû à la présence de l'air, aux écailles des papillons (*Liparis*, *Pontia*, etc.) ; ainsi qu'aux poils et aux écailles des araignées (*Salticus*, *Clubiona claustraria*, quelques espèces d'*Epeira*, de *Theridium*). Chez le hanneton, où les petits poils des élytres et des palettes ventrales ont une disposition écailleuse et renferment de l'air, celui-ci prend une forme vésiculoïde comme dans les trachées des araignées. La couleur crayeuse des taches situées au côté de l'abdomen provient du contenu aérien des écailles qui y sont entassées. Ces taches blanchâtres du *Melolontha fullo*, que je n'ai pas observées moi-même (il est très-rare ici) sont certainement remplies d'air. Si les poils ont un diamètre considérable, comme, par exemple, les poils de la chenille du *Saturnia*, on peut distinguer en eux et dans tout leur revêtement externe les deux couches cutanées, la cuticule homogène et au-dessous une couche celluleuse pigmentée, prolongement de la couche cutanée molle, dont nous allons parler tout à l'heure.

Les *ailes* et les *élytres* des insectes sont par leur structure des dédoublements de la peau, comme il est facile de s'en assurer sur des chrysalides. Tout à l'extérieur se trouve la membrane chitinisée, puis vient la couche molle (celle-ci, chez les chrysalides, est composée de cellules transparentes). A l'intérieur circulent les trachées; entre les duplicatures de grosses cavités persistent, et elles fonctionnent comme des espaces sanguins, ce dont on peut se convaincre sur les élytres molles de différents coléoptères en vie, par exemple, du *Melolontha* et surtout du *Lampyris*. Chez le hanneton, les trachées des élytres sont accompagnées de traînées de corpuscules graisseux.

Dans les molles élytres de la *Cantharis melanura*, j'aperçois des troncules pâles, cheminant avec les trachées; ils me paraissent être des nerfs.

Chez beaucoup de crustacés, et même, autant que mes expériences l'établissent, chez les décapodes, chez les *Porcellio*, *Oniscus*, *Armadillo*, *Sphæroma*, *Iulus* (mais non chez les *Gammarus*, *Polyxenus*, *Scolopendra*, *Argulus*, Phyllopodes, Lernées, *Caligus*, Entomostracées), chez les Ostracodes (d'après les travaux de Zenkers), la carapace chitinisée s'imprègne de *phosphate et de carbonate calciques*, et acquiert ainsi plus de dureté.

Il est remarquable (et je m'en suis convaincu) que les dépôts calcaires se font exclusivement dans la substance fondamentale homogène, tandis que les canaux restent libres. — Les coquilles des cirripèdes ont la même structure et la même composition chimique que celles des bivalves (C. Schmidt). Un fragment de test du *Lepas anatifa*, que j'avais traité par l'acide acétique, se composait d'une cuticule devenue calcaire, et de la substance propre du test sous-jacente. Celle-ci, débarrassée des sels calcaires formait une couche homogène finement granuleuse ; des lignes régulières cheminaient dans le sens de la longueur, interrompues çà et là par des lignes transversales, et cette disposition me rappelait des saccules calcaires placés horizontalement (1).

109. — *Couche cutanée molle.* — La *couche molle non chitinisée* située au-dessous de la carapace est constituée par de la substance conjonctive. Examinée plus exactement dans sa texture, elle présente les variations que peut subir le tissu conjonctif, surtout chez les invertébrés. Tantôt elle est composée presque exclusivement de cellules (c'est fréquent chez les crustacés inférieurs, par exemple, dans les organes de préhension du *Branchipus*, chez les *Salticus*, *Locusta*, etc.); tantôt, et sur d'autres parties du corps, les lignes celluleuses s'effacent et on n'a plus que des noyaux transparents situés dans l'intérieur d'une masse intermédiaire finement granuleuse.

(1) Klunzinger (*loc. cit.*) a décrit aussi les daphnides, et, à propos de la surface extérieure du test de ces animaux (p. 169), il dit : « On voyait des figures à contours tranchés, semblables à des fleurs ou à des cristaux, qui se composaient de substances calcaires, puisqu'elles disparaissaient quand on les traitait par les acides.

S'il existe en même temps du pigment, l'aspect d'un assemblage de cellules réapparaît, parce que les granules du pigment, en se groupant autour des noyaux, délimitent des figures de cellules. Chez les crustacés supérieurs (l'*Astacus*, par exemple), la couche en question possède, ou bien la structure du tissu conjonctif ordinaire, mais un peu rigide, dans lequel, après addition d'une solution alcaline, les corpuscules du tissu conjonctif apparaissent sous forme d'interstices longs et étroits, ou bien elle prend la nature de la substance conjonctive gélatineuse. On voit ensuite une trame de grosseur variable, dont la charpente possède aux points d'intersection de gros noyaux, et dont les mailles renferment une gélatine claire. — Chez quelques crustacés (*Porcellio*, *Gammarus*) la couche molle renferme, en outre, des formations spéciales dont je ne saisis pas bien la nature: ce sont des corps ronds ou piriformes, fortement réfringents, granuleux à l'intérieur, striés à l'extérieur. (Sont-ce des concrétions calcaires?)

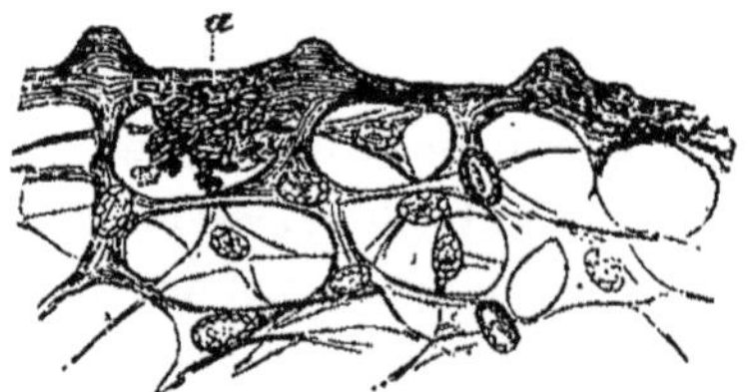

Fig. 59. — La membrane molle située au-dessous de la carapace de l'écrevisse. *a*. Pigment bleu composé de cristaux. (Fort grossissement.)

110. — *Pigment de la peau.* — Les différents *pigments* de la peau peuvent être de nature diffuse ou granuleuse, et se trouver, soit dans la portion chitinisée, soit dans la couche molle, et même dans toutes les deux. Dans la chenille verte du *Sphinx ocellata*, par exemple, la couleur verte réside sous la portion chitinisée, qui elle-même est incolore. Il en est autrement pour la chenille du *Papilio Machaon*, où les taches rouges et noires appartiennent à la cuticule même; la coloration jaune seulement provient de la couche molle.

Dans la chenille de la *Saturnia carpini*, tous les granules de couleur verte, jaune et noire, sont situés au-dessous de la cuticule. Bien que toutes les nuances du brun, du noir et du vert se rencontrent sur la carapace des araignées, des insectes et des crustacés, la masse principale du pigment peut se trouver dans la couche molle. Parmi les pigmentations rouges, bleues et dorées de l'écrevisse, pigmentations que l'on rencontre fréquemment en masses ramifiées, la bleue mérite quelque attention, au point de vue de ses parties élémentaires, parce qu'elle se compose de petits cristaux bleus punctiformes. Ils disparaissent promptement dans une solution alcaline, tandis que les granules du pigment rouge ne sont pas entamés. (Dans le compte rendu zootomique annuel de Carus, je trouve que Focillon avait appelé avant moi l'attention sur les cristaux prismatiques de ce pigment bleu.)

Les arthropodes manquent d'éléments contractiles ou *muscles* destinés au mouvement de la peau, quoique tous les muscles du tronc aient leur intersection à la face interne du squelette cutané. Pour les particularités que présentent les nerfs de la peau, voy. *Organes du tact.*

111. — *Glandes cutanées.* — Les *glandes cutanées* qui appartiennent à la plupart des arthropodes présentent non-seulement des formes monocellulaires (chez les *Argulus*, *Caligus*, *Doridicola*, peut-être aussi chez quelques coléoptères), lorsqu'une seule cellule et un canal excréteur qui en sort constituent toute la glande, mais encore des formes plurocellulaires auxquelles appartiennent les glandes odoriférantes. Chez le *Pentatoma*, par exemple, la glande présente une *tunica propria* délicate, homogène, puis des cellules à sécrétion remplies d'un pigment brunâtre, et enfin au dedans une *intima* homogène, fortement ridée. Ajoutons ici ces glandes dont est pourvue la peau des chenilles velues; elles se composent d'une *tunica propria* homogène et de quelques cellules de sécrétion qui se distinguent par leurs noyaux ramifiés; le produit sécrété se déverse toujours dans les poils creux qui les surmontent.

Fig. 60. — Deux glandes cutanées de l'*Argulus foliaceus.* (Fort grossissement.)

Dans les gros poils de la chenille de la *Saturnia carpini*, par exemple, de fins canalicules poreux pénètrent jusque dans la cavité centrale du poil; et comme en saisissant cet animal, des gouttelettes du produit de la glande s'accumulent extérieurement sur le poil, il faut admettre que ce produit a cheminé à travers les canalicules. Les *foramina repugnatoria* situés aux côtés des anneaux des myriapodes, suivant l'observaion exacte de Savi et de Burmeister, conduisent dans des glandes cutanées piriformes, qui se présentent à moi sur une espèce de *Iulus* de la manière suivante. Le saccule glandulaire possède une *tunica propria* délicate, et à son intérieur des cellules à sécrétion transparentes (elles sont brunâtres sur les *Iulus terrestris* et *sabulosus*). Une *intima* homogène les recouvre, et cette membrane, plus forte que la

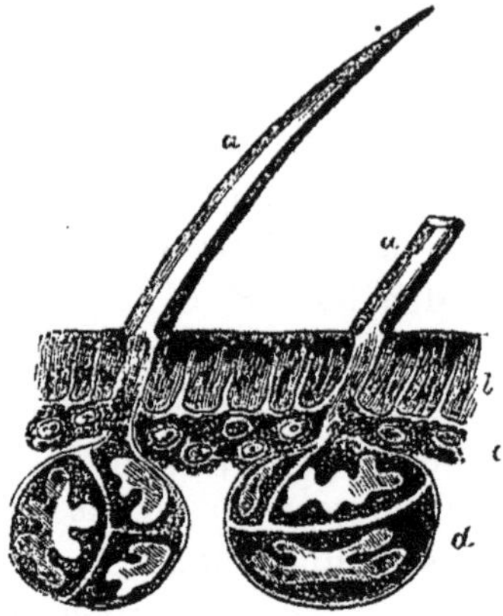

Fig. 61. — Glandes cutanées de la chenille du *Bombyx rubi*. (Fort grossissement.)

a. Poils. — *b*. Membrane chitinisée avec canaux poreux. — *c*. Couche molle. — *d*. Saccules glandulaires.

propria se plisse fréquemment et donne au conduit excréteur l'aspect d'une bourse. Le produit sécrété est un liquide d'un jaune clair renfermant des gouttelettes isolées quasi-graisseuses. Il s'accumule à l'intérieur en formant une masse visqueuse, d'un jaune intense et à

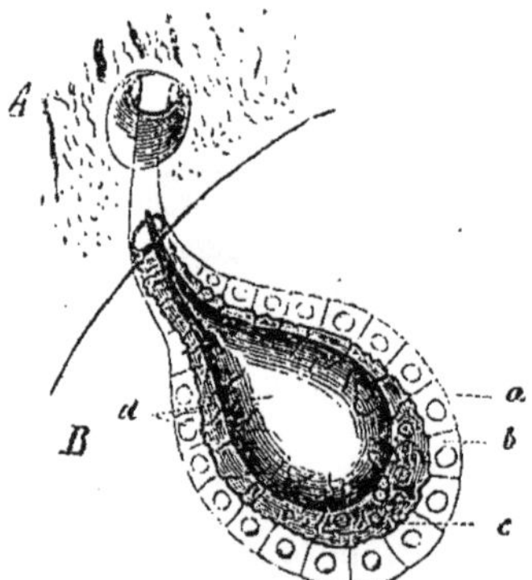

Fig. 62. — Glande cutanée du *Iulus*.

A. Tégument externe devenu calcaire avec les canaux poreux et l'orifice glandulaire. *B*. Le saccule glandulaire. *a*. *Tunica propria* (elle ne ressort pas assez sur la coupe). — *b*. Cellules de sécrétion. — *c*. *Intima*. — *d*. Produit sécrété. (Fort grossissement.)

contours tranchés, laquelle résiste à l'acide acétique, et passe au vert foncé après addition d'une solution alcaline.

On remarque aussi sur l'*écrevisse* une couche remarquable de glandes cutanées très-développées et multicellulaires. Dans le test du céphalothorax, surtout là où il forme voûte au-dessus de la cavité branchiale, la couche molle présente du côté interne une épaisseur particulière, qui provient de groupes glandulaires. Lorsque les glandes s'agglomèrent, elles forment des masses lobées blanchâtres qui, à l'œil nu, se détachent de la couche cutanée claire et gélatineuse. Si l'on examine leur structure intime (et pour cela il faut éviter de se servir d'une plaque de recouvrement à cause de leur mollesse), elles présentent le contour des acini; les cellules à sécrétion, de forme cylindrique, sont remplies d'une substance granuleuse et l'âme de la glande paraît être revêtue d'une *intima* très-délicate. Les glandes s'ouvrent vers l'intérieur du côté de la cavité branchiale. Sur une écrevisse qui a été soumise à la cuisson, elles deviennent d'un blanc éclatant et forment ce qu'on appelle communément le *beurre d'écrevisse*.

Parmi les glandes cutanées, il faut encore ranger ces organes tentaculoïdes, que différentes chenilles telles que celles du *Papilio asterias*, du *P. Machaon*, etc., peuvent produire au dehors en laissant écouler une matière d'une odeur pénétrante. Lorsque ces organes sont *dégaînés*, on y distingue tout à l'extérieur une membrane externe homogène, prolongement de la cuticule du revêtement général, recouvrant de grosses cellules avec un contenu jaune et granuleux; au-dessus d'elles la membrane homogène s'effile en formant une aiguille mousse (si cette aiguille était percée, et mes travaux sur le *Pap. Machaon* ne me le prouvent point, on pourrait comparer ces cellules à des glandes monocellulaires). Chez le *Papilio asterias*, que Karsten a fort bien dessiné, les cellules sont d'une nature un peu différente dans la région où le tentacule se bifurque. Karsten attribue à cette partie seule la signification de « corps glandulaires », tandis qu'il considère l'autre comme formée par des cellules renfermant une matière colorante. Les deux sortes de cellules me paraissent être des cellules à sécrétion, dont le produit se répand avec une odeur spécifique. Lorsque ces organes sont *rentrés*, la membrane homogène qui est extérieure sur l'organe *dégaîné* correspond à une *intima* solide qui recouvre les cellules à sécrétion, et ces dernières sont des portions grossies et transformées de la couche celluleuse qui se trouve au-dessous de la membrane chitinisée (de la membrane pargamentacée de Karsten). Selon cet auteur, des muscles président aux mouvements de sortie et de retrait de ces organes; mais il est difficile de se représenter comment ces muscles peuvent faire sortir l'utricule. Il me paraît vraisemblable que la sortie a lieu en vertu de la poussée du liquide sanguin venant de la cavité du corps. Les muscles insérés à la pointe ne servent qu'au retrait. L'insertion des muscles à la peau se fait, comme ailleurs, à l'aide de la substance conjonctive chinitisée qui se continue dans la cuticule (1).

112. — On peut rattacher aux glandes cutanées ces formes glandulaires qui sont réunies sous la désignation d'*organes spéciaux de sécrétion*, tels que les glandes venimeuses, aranéides, anales, etc. Elles appartiennent aux glandes cutanées, comme la mamelle appartient à la peau des mammifères. Les *glandes venimeuses* des araignées présentent une *tunica propria* homogène, plus épaisse au canal excréteur que dans le follicule ; à leur pourtour sont disposés en spirale des muscles striés (*Epeira*, *Clubiona*, *Mygale*, *Argyroneta*), mais ces muscles ne s'étendent pas sur le conduit excréteur. Un petit tronc nerveux bien visible se perd dans la couche musculaire qui est revêtue à l'extérieur par une enveloppe délicate de tissu conjonctif. L'appareil venimeux du scorpion possède aussi une couche musculaire. A l'intérieur se trouvent les glandes à sécrétion ; elles sont cylindriques, assez longues ; leur contenu se compose de globules albuminoïdes d'un faible éclat. Au-dessus des cellules se trouve, d'après Meckel, une *intima* délicate. Sur les *glandes à filer* des araignées on distingue toujours une *tunica propria*, puis les cellules et tout à fait en dedans l'*intima*, qui atteint une épaisseur considérable dans les conduits excréteurs. Les *glandes venimeuses* des insectes ont une structure intéressante que H. Meckel nous a fait connaître. Chez la *Vespa Crabro*, une *tunica propria* d'une grande finesse forme la charpente glandulaire, elle porte une couche épaisse de cellules, d'où partent vers la *tunica intima* de tout le follicule de petits tuyaux (conduits excréteurs de cellules). Chez l'abeille c'est la même structure ; ici, cependant, c'est d'une seule cellule que semblent sortir plusieurs de ces petits tuyaux. La glande de la fourmi rouge présente le schéma habituel ; des canaux propres aux cellules isolées manquent. Meckel et Karsten ont aussi examiné les *glandes anales* de plusieurs coléoptères. Chez le *Dytiscus marginalis*, on retrouve la composition, plusieurs fois décrite : à l'extérieur, une *tunica propria* homogène, à l'intérieur, une *tunica intima*, et entre elles les cellules à sécrétion. Sur les glandes explosibles du *Brachinus*, suivant la description de Karsten, l'*intima* est criblée, de telle sorte que pour chaque cellule à sécrétion il existe un orifice particulier. Aux tuniques homogènes et aux cellules, se joignent des

(1) Ceci appelle notre attention sur l'espèce de coléoptère *Malachius*. Cet animal, comme on le sait, lorsqu'il est excité, peut produire au dehors et ramener à lui des vésicules dentées situées aux côtés du cou et du premier anneau de l'arrière-corps. On peut présumer que la structure de ces organes est semblable à celle des tentacules des chenilles dont nous venons de parler. (*Note de l'auteur.*)

muscles striés dans la portion du conduit commun élargie en forme de réservoir (1).

§ 3. — Vers.

113. — *Vers.* — La *peau des vers* n'est pas d'une seule sorte ; il n'y a là rien d'étonnant puisque dans cette division se trouvent les êtres les plus différents, sans qu'ils puissent être réunis par un caractère réellement unique.

Chez les *turbellariés*, l'écorce de la substance conjonctive du corps de l'animal laquelle est tressée avec des muscles représente l'analogue du derme. Les muscles cutanés sont homogènes ; ou bien ils se divisent en une substance corticale homogène qui reste claire et en une substance axile finement granuleuse ; enfin, on y distingue encore des cylindres qui présentent une sorte de strié transversal, parce qu'ils sont formés de petits coins chassés les uns entre les autres. Sur le derme se trouve un *épithélium* toujours vibratile (dans un groupe qui dépend des turbellariés, les *ichthydinés*, la vibratilité n'existe cependant qu'à la surface ventrale). Au milieu des cellules de cet épiderme sont enchâssées des formations spécifiques, connues sous le nom de *bâtonnets*, et d'*organes urticants*. On les considérait autrefois comme constituant un caractère des turbellariés du genre *Planaria;* mais aujourd'hui on sait qu'on les trouve à la face interne de la trompe des némertinés (M. Müller) (Leuckart les a observés aussi sur le tégument d'un *Nemertes*). Les bâtonnets traités par une solution alcaline, prennent des contours tranchés et une coloration jaune ; ils ont la forme d'organes rectilignes ou semi-circulaires ; ou bien encore de corps ovales sans annexe pileuse. Celle-ci peut exister, susceptible de mouvements de sortie et de retrait, et alors ces organes sont dits urticants (sur la trompe de

(1) Leydig a trouvé que le suc qui suinte aux articles de plusieurs espèces de coléoptères n'est pas un produit glandulaire, mais bien du sang, venant immédiatement des espaces sanguins ; les sécrétions propres des insectes se forment dans des cellules et se font jour par endosmose, ou par les canaux poreux de la paroi cellulaire épaissie. Les parties épaissies des parois cellulaires, se réunissant pour former une membrane, représentent l'*intima* des glandes et de leurs conduits excréteurs. Au lieu des innombrables canaux poreux, on trouve, dans l'*intima* de glandes isolées, de gros pertuis en nombre moins considérable. Les glandes monocellulaires des insectes se distinguent le plus souvent par ce fait que, dans le prolongement cellulaire qui représente le conduit excréteur de la glande, il se dépose une couche chitinisée, une *intima* en petit. Entre les glandes monocellulaires et les glandes ordinaires, Leydig mentionne des glandes monocellulaires, pourvues chacune de son conduit excréteur, et enveloppées en nombre variable par une vraie *tunica propria*. (*Bericht*, etc., 1859, p. 101.)

la *Meckelia*, sur le corps du *Microstomum lineare*, chez lequel, à mon avis, il existe, comme chez l'*Hydra*, des organes urticants de deux sortes. Les uns sont gros et *semblables à des cruchons*, les petits sont ovales. Ces deux formes sont assez séparées; les petits se réunissent en amas, et les gros vont par couple; le filament érectile de ces derniers porte des crochets. Une forme intermédiaire aux bâtonnets et aux organes urticants se trouve sur la *Convoluta Schultrii;* dans chacun des bâtonnets de cet animal est enchâssée une aiguille fine et roide qui peut être poussée au dehors par pression (Schultze). Suivant cet auteur, la peau de la *Sidonia elegans* possède, au lieu de bâtonnets, des corpuscules semblables torses, noueux et un peu arqués, composés de carbonate de chaux (ces organes sont-ils réellement situés dans les cellules de l'épiderme, et non dans la couche dermique; correspondent-ils aux corpuscules calcaires des cestodes, des mollusques et des rayonnés?)

114. — *Cestodes, trématodes.* — Les *cestodes* et les *trématodes* possèdent une cuticule homogène bien nette qui forme la couche la plus externe (sur un *Botriocephalus* du *Salmo salvelinus*, cette cuticule m'a paru être traversée par des canaux poreux); au-dessous se trouve une couche cellulaire, parfois pigmentée. Ces deux couches correspondent à un épiderme; la cuticule s'épaissit en formant divers piquants, ainsi que des crochets cornés volumineux (couronne de crochets des cestodes, armure des *Gyrodactylus*, *Diplozoon*, etc.). Si, avec Schultre, on range l'étonnant *Myzostomum* parmi les trématodes, il sera le seul animal de ce groupe qui ait une peau vibratile. Le derme, qui souvent renferme des globules calcaires stratifiés, ne se distingue pas nettement du reste du parenchyme, et forme trame avec les muscles. Parfois, il semble qu'il existe des glandes cutanées; je crois au moins avoir reconnu des glandes cutanées monocellulaires, composées de vésicules sphériques avec canaux excréteurs longs et étroits, dans le suçoir de l'*Aspidogaster conchicola.*

115. — *Vers annelés.* — Les *annelés* présentent aussi une cuticule lisse, par exemple, dans les *Nephelis*, *Hæmopis*, *Sanguisuga*, légèrement quadrillé chez les *Piscicola*, *Lumbricus*, mamelonné chez la *Clepsine*, etc. (1).

Parmi les développements cuticulaires doivent être rangés les divers

(1) D'après Keferstein et Ehlers, l'épithélium du *Sipunculus* est formé de cellules polyédriques disposées sur une seule couche que recouvre une cuticule de 0,016 — 0,05^{mm} d'épaisseur. Cette cuticule est striée longitudinalement, ce qui indique sa formation par strates. (*Bericht*, p. 30, 1861.)

poils et soies qui se montrent, tantôt homogènes, tantôt formés de substance corticale et axile, et présentent des stries longitudinales (*Eunice*, *Aphrodite*). Les appendices cutanés écailleux de l'*Aphrodite* ne sont pas seulement des épaississements de la cuticule, mais bien des dédoublements de la peau. Au-dessous de la cuticule se trouve l'épiderme celluleux, souvent pigmenté; il présente parfois (*Piscicola* par exemple), deux sortes de cellules, des petites et des grosses; ces dernières rappellent les cellules muqueuses de l'épiderme des poissons; dans des cas rares, les cellules renferment des bâtonnets urticants (le *Chætopterus*, selon M. Müller). Il est surprenant que chez la *Piscicola* on rencontre des cellules pigmentaires ramifiées au milieu des cellules polyédriques. Le derme, très-riche en muscles, se distingue par de jolies cellules graisseuses (*Piscicola*, *Clepsine*).

La *vibratilité* de la peau paraît rare chez les annelés; on reconnaît des exemples de vibratilité partielle sur les *Podyophthalmus*, *Nereis*, *Spio*, *Serpula*. Dans la *Bonellia*, qui avec les siponculides forme une famille établissant la transition des échinodermes aux vers, la peau est vibratile sur les bras de la trompe (Schmarda). Quant aux bryozoaires, si, avec Leuckart et d'autres auteurs, on les range parmi les vers, ils ont les palpes vibratiles; le sac cutané semblable à un manteau et dans lequel se trouve suspendu le canal intestinal, se compose d'une cuticule homogène et d'une couche celluleuse sous-jacente. Sur la peau d'une nouvelle *Sagitta* décrite par Busch, on trouve, derrière la tête et sur le dos, une plaque qui est vibratile.

Il existe chez beaucoup d'annelés (*Piscicola*, *Clepsine*, *Nephelis*, etc.), des *glandes cutanées* monocellulaires. (On peut mentionner encore que si, sur la cupule pédiale du *Branchellion* on trouve de petits suçoirs secondaires, on a observé aussi à l'extrémité de la tête du *Branchiobdella Astaci* environ six organes analogues, mais seulement à l'aide de forts grossissements.)

116. — *Vers ronds*. — La peau des *nématodes*, *acanthocéphales* et *gordiacés*, présente ceci de particulier qu'elle est complétement séparée du reste du parenchyme. Le derme est une enveloppe épaisse, semblable aux « membranes hyaloïdes » des animaux supérieurs ; elle se compose de lamelles homogènes d'une substance conjonctive diaphane. Par-dessus vient une « membrane fibreuse » avec des fibres croisées, et tout à l'extérieur, « un épiderme » ; celui-ci, formé de cellules qui se fusionnent, se présente plus tard sans structure (Meissner). S'il m'est permis de me rendre compte des résultats de cet observateur, tels que je les comprends, je dirai que les cellules épidermiques fournissent une cuticule, s'atrophient en même temps que celui-ci prend du

développement; et s'il était encore possible de considérer la « membrane fibreuse « et le « chorion », comme l'analogue du derme, la peau de ces vers ne serait pas bien loin de ressembler au schéma fondamental.

§ 4. — Rayonnés.

117. — *Rayonnés, Échinodermes.* — Sur la peau des *échinodermes* nous distinguons nettement, un chorion rigide, un épiderme celluleux, et, parfois aussi, une cuticule qu'on peut isoler. Le *derme* est conjonctif et présente sur l'*Holothuria tubulosa* des fibres jaunâtres, très-fines, qui, disposées en faisceaux, se mêlent dans toutes les directions. Chez l'oursin de mer, si l'on fait une coupe de la peau desséchée et prise autour de l'orifice buccal, on trouve le même schéma que celui qui nous serait fourni par une membrane fibreuse d'un vertébré, la sclérotique du bœuf, par exemple, préparée de la même manière. On distingue les mêmes tractus fasciculés de tissu conjonctif, s'entrecroisant, de telle sorte qu'on les voit à la fois dans les coupes longitudinale et transversale : sur la coupe transversale, on remarque, en outre, un pointillé fin, comme pour les vertébrés; la coupe est-elle très-mince, alors, après l'emploi de l'acide acétique, les bords se retroussent, comme le font sur la peau, dans les mêmes circonstances, les tendons des verté-

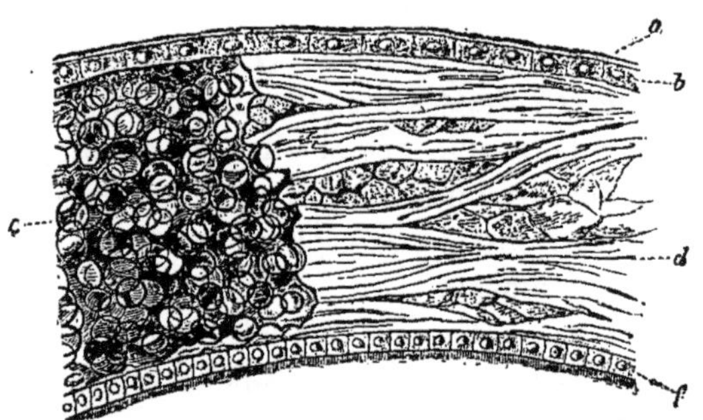

Fig. 63. — Coupe verticale de la peau de l'*Echinus*.

a. Cuticule. — *b*. Cellules de l'épiderme. — *d*. Derme conjonctif, portion devenue calcaire. — *e*. Place ossifiée. — *f*. Épithélium interne. (Fort grossissement.)

brés. Si nous retranchons les sipunculoïdes des échinodermes, nous obtenons pour ceux-ci, comme caractère général, la présence de dépôts calcaires dans la peau. Chez les synaptinés, où le calcaire se dépose sous forme de plaques criblées, délicates et pourvues d'ancres, ces dépôts sont faibles; chez la *Chirodota*, ils ressemblent à de petites roues, qui se trouvent en ordre régulier dans les papilles de la peau (John Müller); chez les *holothuries*, les fragments calcaires ont des formes diverses; souvent ce sont des disques treillissés. On trouve des quantités plus considérables de calcaire dans la peau des astéries, sous la forme de trabécules et de réseaux; enfin, dans les échinides cette trame calcaire devient tellement forte que le derme se transforme en

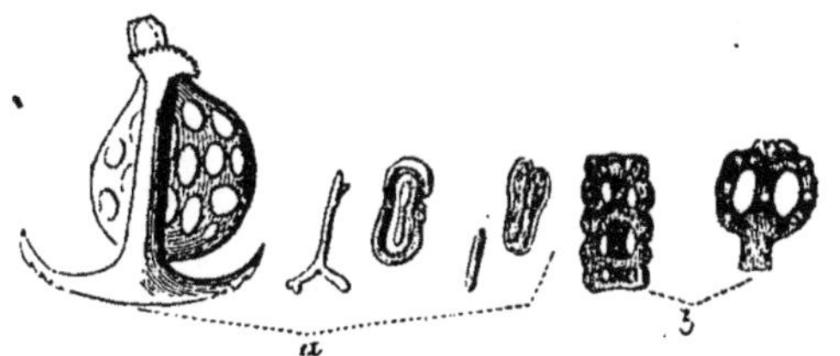

Fig. 64. — Quelques corpuscules calcaires du derme.

a. Corpuscule de la *Synapta digitata.* — b. Corpuscules de l'*Holothuria tubulosa.* (Fort grossissement.)

un test ayant la dureté de l'os. Cette incrustation du tissu conjonctif de l'*Echinus* rappelle celle que l'on observe sur l'homme à la pie-mère et dans les plexus choroïdes. Les réseaux calcaires de l'oursin présentent la cassure du test; quand on les traite par un acide, il ne reste qu'une trame fibroïde misérable; on dirait, par conséquent, que, par le phénomène de l'incrustation, la substance organique a été usée par compression.

Le derme est recouvert par un *épiderme celluleux*, vibratile sur les piquants du genre *Echinus*, sur la ligne bordure des spatangoïdes.

Quant à la *cuticule*, elle est évidente sur le *Synapta digitata;* sur les parties de la peau de l'*Echinus* non devenues calcaires, les cellules épidermiques sont bordées par une couche limite homogène, que je n'ai pu isoler à l'état de membrane.

118. — *Acalèphes.* — Le parenchyme du corps des *acalèphes* se compose d'un tissu conjonctif hyalin gélatineux qui, par la disparition des éléments celluleux, est susceptible de devenir très-homogène; la *portion corticale* de ce tissu peut être considérée comme représentant le derme. Les *cellules épidermiques* sont délicates, plates, polygonales; elles peuvent d'ailleurs renfermer du pigment et elles sont fréquemment vibratiles. Les organes urticants semblables à ceux des turbellariés et des hydres, et qui ne sont qu'un contenu cellulaire, atteignent un développement tel qu'ils constituent des « batteries urticantes ». La vésicule urticante est ronde, ovale ou cylindrique; l'origine du filament érectile paraît souvent pourvu de petits crochets. Gegenbaur a

encore trouvé que chez les diphyides, *Apolemia uvaria* (et aussi chez les actinies, *Corynactis*), le filament de la cellule urticante est entouré d'un autre filament qui s'enroule sur lui. On a décrit des soies avec une forme analogue pour le *Beroe* et le *Cydippe*. On ne sait pas s'il existe aussi une fine cuticule; cependant, le test de la *Velella*, qui possède un système de canaux aériens et qui est formé de chitine suivant Leuckart, pourrait être comparé aux formations cuticulaires épaissies.

119. — *Polypes.* — On peut dire de la peau des *polypes* que, dans l'*Hydra*, elle présente deux couches. Une *membrane inférieure et*

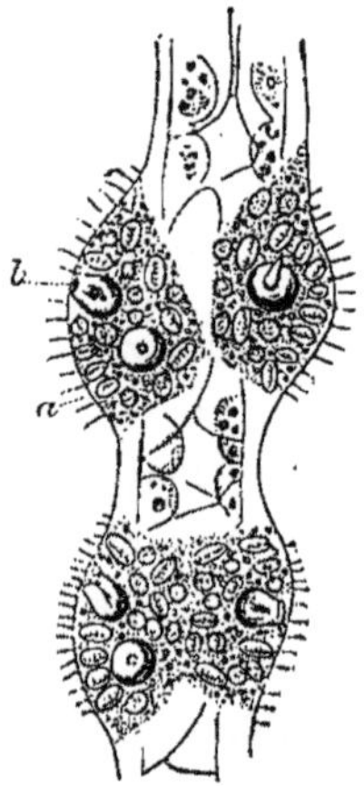

Fig. 65. — Un fragment de bras de l'*Hydra*, pour mettre en regard le groupement des organes urticants.

a. Les petits organes urticants cylindriques. — *b.* Les gros, piriformes. (Fort grossissement.)

homogène, qui sépare de l'extérieur le tissu contractile du corps de l'animal, et acquiert sa plus grande épaisseur au disque du pied; elle correspondrait au derme. La *membrane supérieure* est constituée par un *épiderme celluleux*, et les organes urticants, qui sont de deux sortes, cylindriques et petits, piriformes et gros, sont aussi notoirement des contenus de cellules. Peut-être existe-t-il une cuticule très-délicate. Dans les anthozoaires (*Actinia*, *Veretillum*), la couche qui correspond au derme est plus épaisse que chez les hydres; les cellules épidermiques vibrent. (Pour Hollard, la peau de l'*Actinia* est composée de quatre couches; mais il me semble que son « épithélium », puis « la couche pigmentaire de petites cellules », enfin, « la couche des capsules urticantes », correspondent ensemble à l'épiderme.) — Les *tiges de polypiers* dépendent de l'épaississement de la cuticule homogène produit par des dépôts stratifiés, et les couches, en se chitinisant, forment une tige de polypiers « cornée ». La cuticule peut s'imprégner aussi de parties terreuses, et prendre ainsi une texture calcaire. Milne Edwards et Jul. Haime, qui appellent la cuticule *épiderme*, désignent cette formation squelettique sous le nom de *sclérenchymē épidermique*. Le derme des polypes peut encore devenir calcaire par dépôts d'aiguilles calcaires ou siliceuses. Si les aiguilles restent isolées, on a un squelette incomplet de consistance coriace (*Alcyonium*, *Lobularia*); se réunissent-elles en masses compactes, le squelette acquiert plus de dureté et de densité (les coraux). Les corpuscules calcaires sont fusiformes et mamelonnés, ou bien ils sont ramifiés, ou bien encore longs et fibroïdes (*Antipathes*, ou, d'après Haime, ils se composent presque exclusivement d'acide silicique). Le squelette polypier qui naît par ossi-

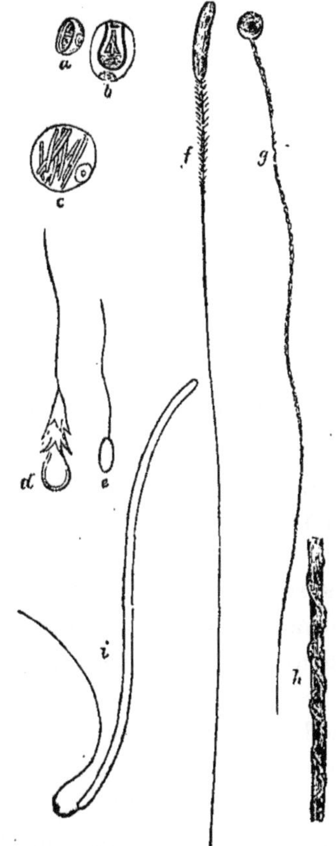

Fig. 66. — Bâtonnets et organes urticants.

a, *b*. Cellules avec organe urticant de l'*Hydra*. — *c*. Cellules avec bâtonnets de la *Planaria*. — *d*, *e*. Organes urticants de l'*Hydra* dégaînés. — *f*. Organe urticant de la *Praya maxima*. — *g*. Organe urticant de la *Rhizophysa*. — *h*. Fragment d'un filament urticant (fort grossissement) entouré d'une fibre spirale. — (*f*, *g*, *h*, d'après Gegenbaur). — *i*. Organe urticant de la *Meckelia* (d'après M. Müller).

fication du derme a été appelé par Milne Edwards et Haime, *sclérenchyme dermique*.

§ 5. — **Protozaires.**

120. — Abstraction faite des plus petits *infusoires*, ainsi que de ces formes animales singulières, telles que les amöbes et les polythalamies, sur le corps desquelles nos moyens d'optique ne peuvent percevoir aucune différenciation, et dont la substance se distribue dans des prolongements toujours changeants, nous pouvons, sur les autres protozoaires, démontrer l'existence d'un tégument. Sur beaucoup d'infusoires, on distingue une *cuticule* homogène qu'on peut détacher à l'aide des réactifs. Sur les espèces de *Vorticella* et d'*Epistylis*, cette membrane est finement linéolée; chez le *Paramœcium Aurelia*, elle est découpée en figures par l'entrecroisement des raies (Cohn). Ces dessins de la cuticule ressemblent fort peu aux plis des annelés et des arthropodes, qu'ils résultent de la structure même de la cuticule. Dans les grosses espèces (les *vorticellinées*, par exemple), la *couche molle* située au-dessous de la cuticule, comme nous l'avons déjà dit plus haut, ne paraît pas homogène; elle se compose, au contraire (avec un grossissement convenable, 780 fois, Kellner), de petits corpuscules nucléoloïdes, régulièrement disséminés dans la masse, et cette disposition rappelle vivement la couche cutanée molle, non chitinisée de ces arthropodes délicats, tels que les rotifères, les larves d'insectes, etc. C'est dans cette couche que doivent résider les corpuscules en forme de bâtonnets décrits par O. Schmidt sur le *Paramœcium*, et par Lachmann sur l'*Ophryoglena*.

Le *test* des rhizopodes me paraît encore devoir être rangé parmi les formations cuticulaires, tout comme celui des mollusques. Chez un petit nombre de ces animaux (*Gromia*, *Lagynis*), ce test est dépourvu de calcaire; chez la plupart, il est épaissi, chitinisé et imprégné de sel (dans le test de l'*Operculina arabica*, Carter a vu « de petites spicules de carbonate de chaux »). La surface supérieure du test peut présenter des dessins variés. Souvent des canaux se ramifient dans l'intérieur des enveloppes testacées (Williamson, Schultze).

121. — *Caractères généraux.* — Si nous établissons un parallèle entre la peau des vertébrés et celle des invertébrés, nous trouvons les caractères suivants.

Le corps d'un vertébré est toujours borné à l'extérieur par les cellules de l'épiderme ; ce n'est que sur les larves de la grenouille (selon Remak), que se montre l'expression optique d'une cuticule ; elle est due à ce que les cellules de l'épiderme s'épaississent et se fusionnent par la partie extérieure de leurs membranes. Il en est tout autrement chez les invertébrés. Ici l'inverse est la règle : ainsi, s'il existe un épiderme celluleux, il y a toujours par-dessus une cuticule homogène, tantôt molle, on pourrait dire inachevée, tantôt plus autonome, au point qu'il peut se détacher de l'ensemble du tégument sous la forme d'une véritable membrane.

De plus, chez les vertébrés, l'épiderme n'est vibratile que pour les embryons des batraciens; on ne voit jamais la peau d'un vertébré adulte pourvue de cils. Au contraire, chez les invertébrés, la vibratilité est un phénomène très-répandu; la peau est vibratile dans sa totalité, ou au moins dans une certaine partie.

Pour quelques groupes d'invertébrés, les cellules de l'épiderme possèdent en partie un contenu de forme très-particulière; ce sont les organes urticants et les corps bâtonoïdes. Peut-être est-il permis de placer sur la même ligne les vésicules sécrétantes des cellules muqueuses, situées dans l'épiderme de beaucoup de poissons, et les organes urticants, puisque ces deux formations résident dans les cellules épidermiques.

La couche conjonctive qui correspond au derme peut ne pas être distincte du reste du corps et lui servir d'écorce; ou bien elle forme une poche plus ou moins autonome qui emprisonne étroitement l'animal. Cette poche renferme ou ne renferme pas de muscles; aussi, lorsque la peau reste molle, le pouvoir qu'a le tégument de faire varier sa forme, se trouve-t-il développé ou restreint.

Le durcissement de la peau a lieu par chitinisation et par dépôt de parties terreuses. Si le derme lui-même devient calcaire, le test reste naturellement en connexion intime avec le corps de l'animal (échinodermes, crustacés, etc.); mais cette connexion devient bien moindre, si, comme il arrive, chez les mollusques par exemple, le test représente, une sécrétion cutanée ayant durci après coup.

122. — *Physiologie.* — Nous avons fait dériver les changements de forme des chromatophores des reptiles de la contractilité de la substance hyaline qui tient agglomérés les granules pigmentaires. Par conséquent, la molécule de pigment est passive dans le mouvement, et c'est l'activité de la substance hyaline qui le produit. Aussi ce phénomène peut-il se relier à celui de ces courants de granules qui se passent dans le parenchyme de plusieurs infusoires (on les a observés sur les *Vorticella, Loxodes bursaria, Stentor Mülleri, Opercularia articulata*) (1).

(1) On attribue à Focke (1836) la première connaissance de ce phénomène; mais déjà, auparavant, Carus (*Zoot.*, 1834, Bd. II, S. 424, *Anmerk.*) avait vu chez un *Leucophrys*

Bergmann et Leuckart ont aussi placé ce phénomène sous la dépendance des contractions parenchymateuses. La contractilité de la matière diaphane dans laquelle sont enchâssés les granules, trouve son explication dans ce « courant » que présente le pédicule de l'organe-tourbillon de l'*Opercularia* (observé par Stein). Les petits granules vont et viennent d'une manière passive, tandis que la substance du pédicule soulève ou laisse retomber l'opercule. (La nature des chromatophores, telle qu'elle se manifeste sur les reptiles, soulève cette question, à savoir : si le contenu hyalin des « corpuscules du tissu conjonctif » ne serait pas contractile en plusieurs autres parties du corps.) Cette propriété n'existerait-elle que là où le pigment intervient? Il est différentes observations de contractilité rudimentaire de parties conjonctives qui ne révèlent aucun élément musculaire. Ce phénomène qui, aujourd'hui, nous paraît tout à fait restreint au tégument des amphibies, ne prendra-t-il pas dans la suite un caractère plus général? Ces présomptions sont tout à fait incidentes.

Le squelette cutané des arthropodes jouit, pendant la vie, comme on le sait, malgré sa rigidité, d'une certaine élasticité; après la mort, il devient complétement roide. De là, Bergmann et Leuckart ont conclu à l'existence d'une sérosité qu'il faudrait placer dans les canalicules, que nous avons reconnu exister dans la carapace des insectes, des araignées et des crustacés. On peut aussi établir que ces canalicules servent à faciliter les échanges entre la peau et les milieux environnants. S'ils renferment de l'air et non de la sérosité, ce fait correspond à certains besoins que nous pouvons en partie entrevoir. Ainsi, il est évident que la manière particulière dont l'*Hydrometra* surnage à la surface de l'eau dépend de l'air que sa peau renferme du côté de l'abdomen. Si, comme chez les lépidoptères et les coléoptères, les poils et les petites écailles sont pleins d'air, le vol si facile de ces animaux s'explique tout naturellement.

La transformation du tégument en squelette, en coquilles, les différentes sécrétions cutanées sont en rapport avec la locomotion et les moyens de défense de l'animal; à ce dernier point de vue, nous ferons remarquer que les poils de ces chenilles qui, mises en contact avec la peau de l'homme, déterminent de vives démangeaisons et même de l'inflammation, portent un venin spécifique, puisque les glandes cutanées vident leur produit dans la cavité du poil. Les mollusques peuvent,

le corps tout entier du petit animal tourbillonner avec un mouvement lent et périphérique (ces mouvements ressemblaient presque aux courants qui se passent dans la *Chara*).

(*Note de l'auteur.*)

par la sécrétion de leurs glandes cutanées, se revêtir d'une enveloppe protectrice (*Pneumodermon*) qui les dérobe à leurs ennemis. La sécrétion des glandes anales des coléoptères est pour eux une arme défensive. C'est encore à ce titre qu'il faut considérer les bâtonnets et les organes urticants de certains vers, polypes et acalèphes; s'ils produisent sur la peau de l'homme la sensation de l'ortie, ils peuvent aussi engourdir et tuer des animaux inférieurs.

Un grand nombre d'espèces d'invertébrés (infusoires, rotifères, vers, larves d'insectes, etc.) se construisent autour de leurs corps une coque, avec laquelle ils n'ont aucun rapport organique. La couche fondamentale de cette coque est une substance gélatineuse qui peut rester molle (*Stentor*, *Chætospira mucicola*, *Notommata centrura*) ou bien durcir à la périphérie (*Stephanoceros*, *Tubicolaria*, *Arcellinés*, *Ophrydinés*, *Tintinnus*, *Chætospira Mülleri*, Lachmann). La consistance de la coque est augmentée par des dépôts calcaires (*Serpula*), et plus fréquemment par l'annexion de corps étrangers, et il devient intéressant de connaître sur quelle matière chaque espèce porte son choix. Ainsi, la *Melicerta* construit sa gaîne avec des spores de plantes monocellulaires ; quelques espèces du genre *Diflugia* prennent des granules de sable ; parmi les larves des phryganées, les unes prennent des grains de sable, les autres des débris de coquillage, des détritus de plantes, etc.

Sur la peau des mollusques en général, voyez mes *Aufs. üb. Paludina vivipara*, in *Zeitschr. f. w. Zool.*, Bd. II ; Gegenbaur, *Beitr. z. Entwickl. der Landpulmonaten Zeitschr. f. wiss. Zool.* 1852, et *Untersuch. üb. Heteropoden u. Pterop.* 1855 ; Leuckart, *Zoolog. Untersuchungen*. On trouvera plus de détails sur les glandes à byssus du *Lithodomus*, dans mes *Mittheilungen z. thier. Geweblehre*, in *Müll. Archiv*, 1854, von *Cyclas*, in *Müll. Arch.*, 1855, et aussi dans mon dernier travail sur le test du *Cyclas* et des Nayades. Les dessins celluleux qu'on trouve à la surface extérieure de la cuticule ne sont que des impressions qui rappellent les extrémités des « prismes d'émail ». Sur le *Terebratula psittaceus*, je constate comment les bouts supérieurs des colonnettes d'émail produisent ce joli dessin qui ressemble en gros aux fibres d'émail des dents des mammifères. On avait avancé que les coquilles des mollusques provenaient des cellules calcaires. Desor certifie que les coquilles embryonnaires de l'*Eolis* et du *Doris* sont composées de véritables cellules qui, sous le microscope, ressemblent à des vésicules vitreuses (mais les globules calcaires ont cette même apparence) ; cette observation ne saurait prétendre à quelque valeur en présence d'autres études plus certaines. Dans le travail sur le *Cyclas*, que j'ai cité, on trouve la description des canalicules cutanés. La peau de plusieurs mollusques s'élève en formant des tubercules et des bandelettes délicates, comme on peut en voir sur de grosses limaces en reptation.

Peau des *Arthropodes :* H. Meckel, dans *Müll. Arch.*, 1846; Karsten (*ibid.*, 1848); Leydig (*ibid.*, 1855) ; W. Zencker, dans les *Archiv. f. Naturgesch*, 1854. Pour ce dernier, la peau chitinisée des testacés se compose de cellules, et Reichert paraît (*Jahrbericht. f.* 1842) accepter de véritables cellules pour le test des coléoptères. — *Glandes cutanées* de l'*Argulus* dans mon travail in *Zeitschr. f. w. Zool.*, 1850. Relativement aux glandes cutanées monocellulaires des coléoptères, Stein (*Vergl. Anat. u. Phys. der Insekten*) fait remarquer que l'on trouve de grosses cellules sphériques sous la peau, dépourvue de structure, transparente et munie du côté extérieur de dents cornées; que, de plus, ces cellules sont en relation avec les spires terminales de fins canalicules qui s'ouvrent isolément sur « l'épiderme ». D'après cet auteur, les glandes sécréteraient un liquide graisseux destiné à lubréfier le tégument. Karsten a trouvé des glandes cutanées sur la *Saturnia* et non pas sur les *Vanessa, Acræa, Argynnis;* je les ai observées sur le *Bombyx rubi*, elles manquent sur les chenilles épineuses des lépidoptères diurnes, sur le *Pap. Machaon* et le *Sphinx ocellata.*

Comme complément, nous ajouterons que ces glandes se trouvent sur la chenille du *Cossus ligniperda*, au-dessous des poils qui ne forment jamais touffe. Elles me paraissent toujours manquer dans la peau des chenilles glabres. Sur des larves de coléoptère (par exemple, les *Curculio*), les glandes cutanées sont placées au-dessous des poils, mais leurs cellules n'ont pas un noyau ramifié. Will a décrit les glandes cutanées des chenilles processionnaires; elles seraient « composées de canaux borgnes, un peu renflés à leur extrémité ». Il a vu aussi que le conduit excréteur glandulaire « se continue dans un canal situé dans l'intérieur du poil ». (*Münchner Gel. Anz.*, 1849.) Parmi les *crustacés*, la *Sphæroma cinerea* présente dans la structure de la peau des particularités que je ne puis encore mettre en harmonie avec d'autres observations. La peau devenue calcaire est très-mince, transparente, se brise comme du verre; tout à l'extérieur, elle possède une cuticule homogène stratifiée, pourvue de canaux verticaux ordinaires. Au-dessous paraît exister une couche épithéloïde, ossifiée; et là, les espaces non envahis par le sel calcaire ressemblent tout à fait aux corpuscules osseux des vertébrés. En même temps, on rencontre de distance en distance, et souvent à de longs intervalles, des cavités ramifiées vers la surface et pourvues de ramifications nombreuses terminées en culs-de-sac.

Peau des *Annélides* : Mon travail sur la *Piscicola, Zeitschr. f.. w. Zool.* Bd. II; *Ueb. Hautflimmerung d. Anneliden;* mes remarques dans les *Archives* de Müller, 1854, p. 313.

Peau des *Nématodes* (*Mermis, Gordius*) : les travaux de Meissner, dans le *Zeitschr. f. w. Z.*, 1854 et 1855, avec de jolis dessins. — Meissner a aussi signalé sur le *Tænia* de l'*Arion* que les ventouses possèdent un revêtement particulier, finement chevelu, comme cotonneux. Je connais des plaques d'adhérence tout à fait semblables sur différentes espèces de *Caligus*. Devant l'armure de la tête, du côté inférieur, à droite et à gauche, se trouve une excavation circulaire munie de petits poils fins extrêmement serrés les uns contre les autres; seulement ils ne s'ébarbent pas aussi facilement que ceux du *Tænia*, où ils sont plantés moins solidement, selon Meissner. — Thaer, dans les *Archives* de Müller, 1850, a donné une coupe et une description très-exacte de la peau du *Polystomum appendiculatum*.

Détails histologiques sur les organes urticants des Siphonophores, surtout dans le travail de Gegenbaur (*Zeitschr. f. w. Z.*, 1854). — Les poils à forme particulière du *Beroe* et du *Cydippe* ont été décrits dans les *Archives* de Müller, 1847, par Wagener. — On trouve des remarques sur la structure des *hydres*, dans les *Archives* de Müller, 1854, une analyse des branches de polypier, dans les *Recherches sur les polypiers, Annales des sciences naturelles*, t. IX-XIV.

Les corpuscules calcaires, tantôt réguliers, tantôt polymorphes de la peau des holothuries, ont été décrits (*quelques formes du moins*) par Frey (*Ueb. d. Bedeckungen wirbelloser Thiere*), par Koren (*Froriep's n. Notiz.*, Bd. XXXV, du *Tyone fusus*). Il y en a beaucoup de dessinées dans les travaux de J. Müller sur les échinodermes.

CHAPITRE IV

DU SYSTÈME MUSCULAIRE DE L'HOMME.

123. — La *musculature souche* qui provient d'une division du feuillet moyen du blastoderme comprend les appareils actifs de mouvement, la chair, ces organes mous et rougeâtres qui sont placés au-dessous de la peau et qui s'étendent sur la charpente osseuse.

Dans chaque muscle, on distingue les *éléments contractiles* propres

— la substance striée en travers, — et, en second lieu, le *tissu conjonctif* qui, sous forme de gaînes et comme organe de protection, sert à attacher et à assujettir les parties musculaires spéciales.

La partie charnue d'un muscle ou sa portion ventrale se compose d'un agrégat de cylindres musculaires primitifs que nous avons décrits plus haut (voy. *Tissu musculaire*). Le sarcolemme n'est autre

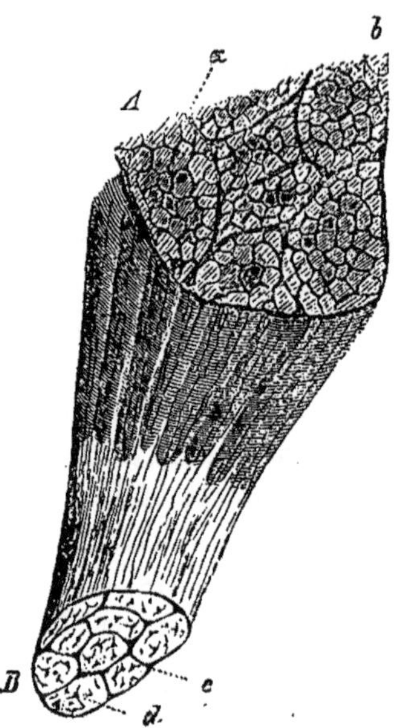

Fig. 67. — Muscle et tendon. (Grossissement faible.)

A. Coupe transversale du muscle. — *a*. *Perimysium*. — *b*. Ce qu'on appelle un faisceau primitif. *B*. Coupe transversale du tendon. — *c*. Tissu conjonctif lâche. — *d*. Substance conjonctive rigide avec son système d'interstices dont on voit les sections transversales.

chose que la première enveloppe conjonctive réunissant ensemble le nombre minimum de cylindres primitifs; mais dans le langage ordinaire, on comprend sous le nom de faisceau primitif à la fois le sarcolemme et son contenu (1). Lorsque ensuite plusieurs de ces faisceaux primitifs sont enveloppés par une gaine conjonctive plus forte, on obtient des faisceaux secondaires; la réunion de ces derniers constitue

(1) Kühne dit (*Archiv. f. Anat.*, S. 418) : « L'observation des muscles frais nous apprend que le contenu du sarcolemme est capable des mouvements les plus variés dans toutes les directions, de telle sorte que les phénomènes de contraction musculaire se révèlent sous le microscope comme une ondulation des particules isolées. Puisque le muscle, pendant sa contraction, augmente en largeur à peu près de la quantité qu'il perd en longueur, et puisque le muscle contracté ne revient jamais à sa longueur primordiale sans l'intervention d'une force extérieure, et que, placé en suspension dans un liquide (le mercure, par exemple), il durcit dans un état statique, qui diffère peu de celui de l'état de contraction, il est logique d'ad-

les faisceaux tertiaires; on arrive enfin au muscle dont toute la surface externe est revêtue d'une gaîne solide de tissu conjonctif.

Perimysium. — On a créé différents noms pour désigner le *tissu conjonctif* des muscles. Cette couche de tissu conjonctif dont nous venons de parler, qui entoure toute la surface extérieure d'un muscle, et qui, le plus souvent, renferme un treillis de fibres élastiques, porte le nom de gaîne musculaire, *vagina muscularis*, ou de *perimysium externe*. Les prolongements ou *septa* qui, partant de cette gaîne, pénètrent dans l'intérieur du muscle pour isoler et délimiter les petits faisceaux, portent le nom de *perimysium interne*. Le nom de *sarcolemme* a été réservé aux dernières divisions utriculaires du tissu conjonctif dans l'intérieur des muscles.

Le tissu conjonctif du muscle peut renfermer un nombre plus ou moins considérable de *vésicules graisseuses;* il est spécialement chargé de porter les vaisseaux et les nerfs destinés au muscle.

Vaisseaux et nerfs. — Les *vaisseaux* qui pénètrent dans un muscle se divisent d'abord comme les rameaux d'un arbre, pour former ensuite un réseau capillaire très-fin, dont les mailles allongées et un peu irrégulières enlacent les vaisseaux primitifs; mais il n'y a point de vaisseau capillaire qui traverse le sarcolemme pour pénétrer entre les particules contractiles; il ne sort jamais des gaînes conjonctives.

Les nerfs des muscles forment entre les faisceaux, par l'entrecroisement de leurs fibres, ce qu'on appelle des *plexus*. Enfin, les fibres primitives de ces *nerfs*, après des divisions multiples, paraîtraient se terminer sur le sarcolemme.

124. — *Tendons et leur réunion avec la substance musculaire.* — On peut se demander, après cela, comment *la substance musculaire se relie aux tendons*. Si l'on considère que les particules charnues contractiles diffèrent complétement dans leurs propriétés microscopiques, chimiques et vitales du tissu conjonctif qui les enveloppe, on est conduit, en vertu de cette raison théorique, à admettre comme invraisemblable que le contenu d'un utricule sarcolemmique se continue immédiatement avec le tendon qui est composé de substance conjonc-

mettre que la substance contractile se compose réellement d'un liquide. La mobilité des particules contractiles s'harmonise parfaitement avec l'hypothèse d'un liquide. » (*Arch. f. Anat.*, Hft. 3, S. 418, 1859.)

Ce liquide ne serait, d'après Kühne, qu'une solution de corpuscules albuminoïdes. Tous ces corpuscules ne seraient pas identiques et ne se comporteraient pas de la même manière avec les agents physiques.

Nous avons déjà parlé dans une note antérieure de la nature de ce contenu, et des différentes opinions auxquelles il a donné lieu.

tive. L'observation apprend aussi, que le sarcolemme et le perimysium sont seuls en continuité avec le tendon, et que les particules charnues contractiles se terminent dans les culs-de-sac des utricules sarcolemmiques (1).

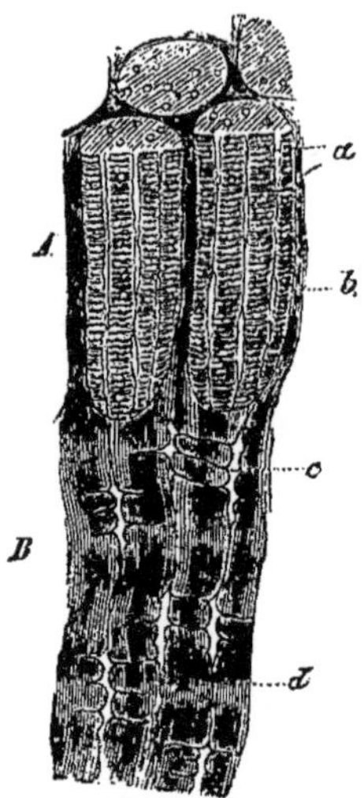

Fig. 68. — Coupe longitudinale à travers le tendon et la substance musculaire, à leur point de réunion. (Fort grossissement.)

A. Faisceau musculaire primitif. — *a*. Lignes limites des cylindres primitifs qui composent la masse striée. — *b*. Le sarcolemme.

B. Tendon. — *c*. Les corpuscules du tissu conjonctif. — *d*. La masse fondamentale linéaire qui se continue dans le sarcolemme.

Les tendons, tantôt sous la forme de cylindres ou de cordons (*Tendines*); tantôt aplatis comme des membranes (*Aponeuroses*), se composent d'une substance conjonctive solide qui se subdivise en fascicules plus petits à l'aide d'un tissu conjonctif qui la pénètre et qui provient de l'enveloppe extérieure plus lâche. Dans les cloisons ainsi formées cheminent les vaisseaux sanguins du tendon, rares il est vrai, et avec un seul nerf satellite encore plus rare. La substance conjonctive compacte des tendons n'est interrompue que par un réseau de fins canalicules ou interstices, par les corpuscules du tissu conjonctif (2); ces

(1) La liaison du faisceau primitif avec les fibres tendineuses est représentée de la même manière par Frey, Margo et Fick. Frey accepte un passage immédiat se faisant par une courbe au moment où les faisceaux musculaires s'approchent des tendons. Margo a vu non-seulement le sarcolemme, mais encore les filaments ténus qui cheminent entre le sarcolemme et la substance contractile passer dans la substance tendineuse; il a vu en outre les filaments internes du faisceau tendineux se réunir à l'extrémité du tissu musculaire. (*Bericht*, 1859, S. 51.)

(2) Des interstices ont été reconnus exister aussi dans l'intérieur du contenu muscu-

derniers, placés à des intervalles réguliers, ont leur grand diamètre parallèle à l'axe longitudinal du tendon, et se relient entre eux par de nombreuses ramifications. Aux points d'insertion des tendons sur les os, on voit apparaître des cellules arrondies disposées par files, à la place des corpuscules étoilés du tissu conjonctif.

Quant aux *organes auxiliaires* des tendons, les fascia, s'ils sont blancs et brillants, c'est qu'ils présentent la même structure que les tendons; s'ils ont un aspect plus jaunâtre, c'est qu'ils renferment un grand nombre de fibres élastiques. Pour les gaînes et les bourses muqueuses, qu'on appelle communément sacs synoviaux, on ne sait pas encore, du moins pour les premières, si à leur face interne elles sont limitées par une membrane propre, et si elles possèdent un épithélium particulier; elles paraissent être parfois de simples cavités ménagées dans le tissu conjonctif, et remplies d'un liquide filant, un peu visqueux.

Physiologie. — Les recherches physiologiques les plus récentes, qui ont eu pour but de pénétrer le mystère de la nature des muscles, s'appliquent de préférence aux courants électriques qui se passent dans ces organes. On a appris par du Bois Raymond, que chaque fascicule musculaire, et même chaque fragment d'un faisceau primitif présente un courant électrique entre différents points de sa section transversale et de sa surface latérale, et que ce courant est interrompu chaque fois que la substance charnue se contracte.

Nous trouvons encore en litige cette ancienne question, à savoir si la contraction musculaire dépend des fibres nerveuses, si le muscle peut se raccourcir sans que l'excitation nerveuse intervienne. Cependant, de nos jours, Eckhard (1) est arrivé à démontrer que « l'irritabilité de Müller » n'est plus soutenable.

On n'a pas encore donné une explication satisfaisante de la rigidité cadavérique. Tout compendium de physiologie renferme les opinions de E. Weber, Brücke, Brown-Séquard, etc., au sujet de ce phénomène.

Les rapports qui existent dans un muscle entre la substance conjonctive et la matière contractile ont été indiqués avec justesse et simplicité par Prochaska, déjà en 1728. Les muscles seraient divisés par des cloisons membraneuses, prolongements de la gaîne cellulaire en *fasciculi* et *lacerti;* ces derniers, à leur tour, seraient subdivisés

laire par Henle, Kölliker et Kühne. Henle les représente de la même manière que les corpuscules du tissu conjonctif des tendons; mais il faut bien remarquer qu'il les considère comme des *vacuoles*, demeurant ainsi fidèle à sa manière d'envisager les corpuscules proprement dits du tissu conjonctif.

(1) *Beïtr. z. Anat. und Phys.*

de la même manière en faisceaux, munis aussi d'une gaîne cellulaire, que nous appelons aujourd'hui sarcolemme.

On rencontre çà et là des *ossifications* dans le tissu conjonctif de plusieurs muscles; ces formations sont connues, dans le tissu conjonctif du deltoïde; on a souvent observé aussi l'*os des cavaliers* situé dans le grand adducteur.

Henle pense que les *bourses muqueuses* n'ont pas d'épithélium; sur les bourses muqueuses du chien, du chat, du veau, Reichert a trouvé un épithélium semblable à celui des troncs vasculaires.

CHAPITRE V

DU SYSTÈME MUSCULAIRE DES ANIMAUX.

Après avoir traité des propriétés du tissu musculaire en général, nous allons examiner maintenant les modifications que présente ce tissu dans chaque groupe d'animaux. Ces formes animales inférieures (beaucoup d'infusoires), dont nous ne pouvons suivre la structure au microscope qu'avec une grande imperfection, ces formes qui nous produisent l'impression de corps vivants, homogènes et gélatineux, ne nous laissent point reconnaître en eux une substance contractile distincte du reste de leur parenchyme. Par contre, sur quelques infusoires plus gros, il peut être question de muscles. Lorsque nous avons discuté la « *monocellularité des infusoires* », nous avons indiqué les stries de substance contractile situées dans le pédicule des vorticellinées; cette substance est aussi bien de nature musculaire que les fibres contractiles des turbellariés, des rotateurs, etc. (1). Partout où ce pédicule a une certaine épaisseur, il présente une gaîne délicate, et la substance contractile se montre à nos yeux comme divisée en « particules charnues » comme des coins chassés les uns dans les autres; il

(1) Le filament tordu situé dans le pédicule des vorticelles est considéré par Kühne comme n'étant pas de nature musculaire; la masse environnante est bien pour lui une espèce de sarcolemme. Cet auteur n'a pu reconnaître le strié indiqué par Leydig. Il constate cependant que le pédicule se conduit avec l'excitation électrique comme un muscle de grenouille, et qu'il devient rigide comme ce dernier à la température de 40 degrés centigrades. (*Bericht*, S. 55, 1859.)

Pourquoi donc la manifestation de ces propriétés physiologiques aurait-elle lieu, si ce pédicule n'était pas un véritable muscle ?

devient, au contraire, homogène là où il s'amincit. Cette sorte de muscle est très-répandue parmi les invertébrés; on la trouve chez les *turbellariés*, les *rotateurs*, les *helminthes*, etc. (1).

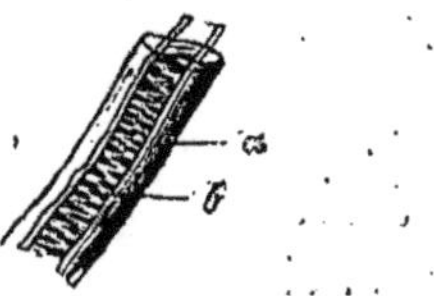

Fig. 69. — Pédicule d'une vorticelle.
a. Cuticule. — *b*. Le muscle avec son enveloppe délicate. (Fort grossissement.)

Une forme plus parfaite de ces fibres musculaires consiste en ce que le cylindre primitif, qui, d'ailleurs peut être plus ou moins aplati (il

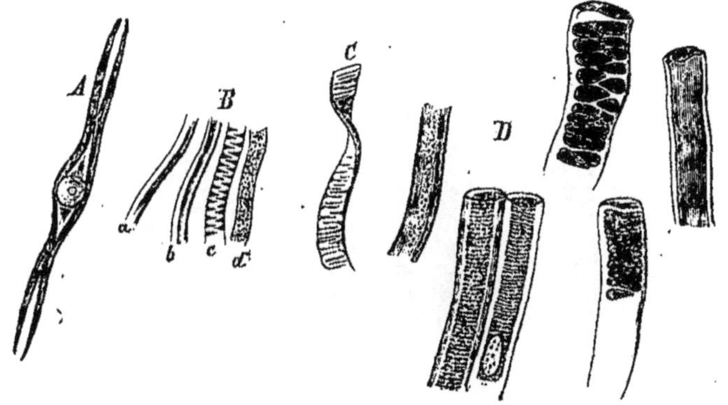

Fig. 70. — Fibres musculaires des vers, des mollusques, des rayonnés.
A. Fibres musculaires de la *Naïs* (entre l'intestin et la peau).
B. Fibres musculaires de la *Planaria*. — *a*. Muscle homogène. — *b*. Muscle avec une substance axile et une substance corticale. — *c*. Muscle avec une sorte de strié particulier. — *d*. Muscle complétement granuleux.
C. Muscle de l'*Eunice*. — *D*. Muscle de la *Sepiola*, de l'*Holothuria* et de l'*Echinus*. (Fort grossissement.)

l'est beaucoup dans les *lumbricinés*, *Eunice*, etc.), devient plus épais, mieux tranché, en quelque sorte plus résistant, tout en conservant, du reste, ses propriétés essentielles, c'est-à-dire qu'il reste composé

(1) Ebert a étudié la musculature du *Tricocéphale*. Il en décrit les éléments comme des bandes minces, contiguës et parallèles. Chaque bande serait composée de fibrilles délicates, qui, sur la section transversale, donneraient à la fibre musculaire un aspect finement granulé.
Les fibres du muscle qui rétracte le pénis de l'*Ascaris suilla* se composent, suivant Claparède, d'une couche corticale transparente et d'une couche médullaire plus foncée. Celle-ci se composerait de granules disposés en séries transversales et renfermerait des noyaux cellulaires. (*Loc. cit.*, p. 55.)
Cette observation concorde avec celle de Leydig.

d'une gaîne et d'un contenu homogène, ou formé de particules susceptibles d'être différenciées (*mollusques*, *échinodermes*, *polypes*).

Les muscles sont capables d'un degré plus élevé de décomposition si le cylindre, abstraction faite de son enveloppe, présente une division de son contenu en substance médullaire et en substance corticale. Ajoutons que celle-ci peut être claire, homogène, tandis que la première reste granuleuse; il peut arriver encore que la substance corticale seule, et même que les deux substances à la fois puissent se décomposer en particules charnues primitives (muscles des *hirudinées*, des *mollusques*). L'aspect du cylindre tend à se rapprocher de plus en plus de la forme « striée en travers » qu'il atteint dans les muscles des *salpes*, des *arthropodes* (1) et des *vertébrés*, où la substance contractile s'est transformée dans sa totalité en particules charnues très-régulièrement placées.

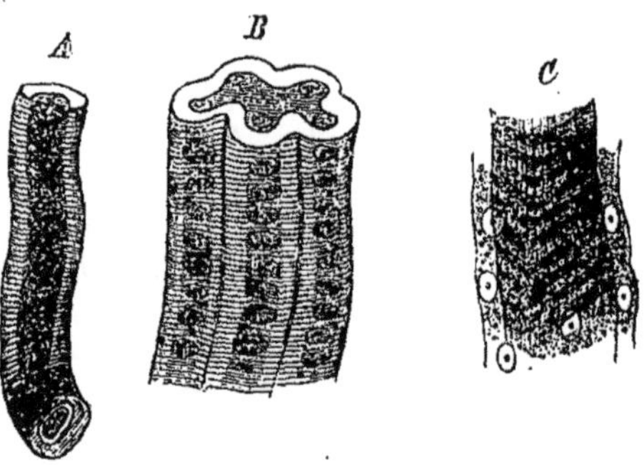

Fig. 71. — Muscles d'arthropodes.

A. Faisceau primitif d'un insecte (de la tête de la fourmi rouge). — *B*. Faisceau primitif d'une araignée. — *C*. Faisceau primitif de l'*Argulus foliaceus*. (Fort grossissement.)

125. — D'ailleurs, il ne faut pas perdre de vue que ce n'est que pour certains groupes d'animaux que les cylindres musculaires prennent une forme déterminée ; le même animal peut présenter les modifications les plus variées. Ainsi, chez les *échinodermes* (*Holothuria*, *Synapta*, *Echinus*, *Asterias*, etc.), on rencontre aussi bien des cylindres mus-

(1) Les muscles striés des insectes renferment, suivant Amici, un canal central rempli de vésicules sphériques ou ovoïdes. Ce canal serait entouré d'une sorte de gaîne formée d'anneaux superficiels placés à une faible distance les uns des autres, et réunis par de nombreux filaments longitudinaux. Ces filaments sont entourés par un tissu celluleux lâche. Celui-ci est recouvert à son tour par une deuxième gaîne de même structure que la première ; une membrane plissée, homogène, transparente, l'enveloppe. (*Bericht*, 1849, S. 54)

Ces assertions d'Amici semblent justifier la diversité des opinions qui règnent sur la nature des muscles des insectes. Elles ont cependant un point de contact avec les observations de Leydig.

culaires homogènes, entourés d'une gaîne délicate, que des cylindres formés de fragments en forme de coins, qui, par leur disposition, les rendent semblables à de vrais muscles striés. Chez les *mollusques*, le cylindre homogène existe; mais on y trouve aussi des cylindres avec substances médullaire et corticale; ceux-ci paraissent granuleux, et les granules sont parfois disposés si régulièrement, qu'on est tenté de croire à un strié transversal. Dans certains organes (pharynx de plusieurs gastéropodes, cœurs branchiaux des céphalopodes, par exemple), il existe aussi des muscles striés en travers. Nous rencontrons chez les *annélides* aussi toutes ces formes graduées. Parmi les *rotateurs*, quelques espèces (*Euclanis triquetra*, *Pterodina patina*, *Scaridium longicaudum*, *Polyarthra*, *Notommata Sieboldii*, etc.), ont des muscles striés, quoique le cylindre simple soit le cas le plus fréquent. Quant aux *helminthes*, il a été dit que leurs muscles ne sont jamais striés; il est très-rare, en effet, qu'ils atteignent le degré le plus élevé de différenciation, car ils sont constitués, le plus souvent, par des cylindres ou bandes homogènes, qui, sur une étendue restreinte, paraissent divisées en une substance corticale claire et une substance médullaire un peu trouble. Toutefois, je connais un exemple de musculature striée dans cette division animale, c'est l'utérus campaniforme de l'*Echinorhynchus*, dont la paroi (chez l'*E. nodulosus*) est pourvue d'une musculature striée épaisse : et c'est par elle que s'expliquent les mouvements péristaltiques de cet organe, que l'on sait être si vifs. Les *crustacés*, les *araignées* et les *insectes* ont ceci de commun que leurs muscles sont partout striés; mais il faut remarquer que les muscles de ces animaux conservent un certain caractère embryonnaire. Les faisceaux primitifs possèdent un canal central de couleur claire, dans lequel des noyaux forment une colonne serrée. Chez les araignées, à côté de ces faisceaux primitifs que nous venons de décrire, il en est d'autres, qui présentent cinq, six et même plus de ces cordons centraux formés de noyaux, et dérivant de la fusion de plusieurs faisceaux, ainsi que nous l'apprend la section transversale. Puisque les cylindres musculaires primitifs représentent des cellules métamorphosées, il peut avoir subsisté, dans les muscles, des noyaux primordiaux de ces cellules, des restes plus ou moins apparents et même des noyaux non altérés (1).

(1) Engelmann a aussi observé ces noyaux sériés; mais il les considère comme les parties d'un « protoplasme » qui ne se serait pas transformé en substance musculaire. Suivant cet observateur, au début, les faisceaux musculaires se composent de noyaux simples, entourés de couches finement granulées et d'une substance striée transversalement, mince, for-

La musculature des *hydres* occupe une place spéciale; ses cellules se durcissent en prenant une forme vésiculeuse; il existe toujours un noyau qui est contigu à la paroi, et la substance contractile forme un contenu cellulaire de transparence aqueuse.

126. — *Réunion des cylindres en grosses masses.* — Les cylindres musculaires sont isolés, ou disposés en série partout où un déploiement de force plus considérable est nécessaire; mais, dans ce dernier cas, ils

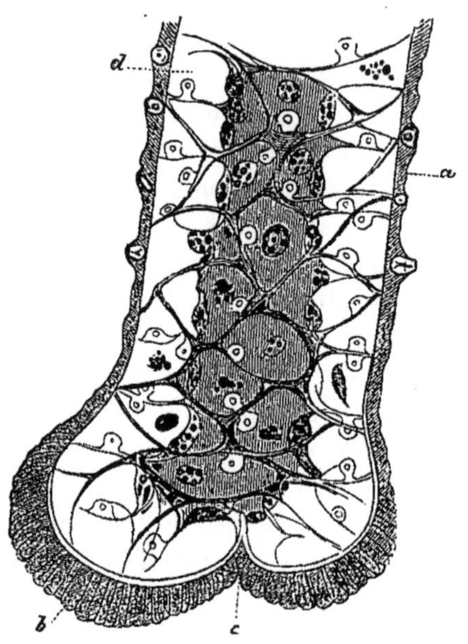

Fig. 72. — Pied d'une *hydre;* le foyer est placé sur le tissu contractile.

a. La peau avec quelques organes urticants. — *b.* Les cellules cutanées du disque pédial. — *c.* L'orifice situé dans le disque. — *d.* Les cellules contractiles. (Fort grossissement.)

ne perdent rien de leur autonomie, et il faut considérer la gaîne du cylindre comme dérivant de la cellule musculaire primordiale. Toute fibre musculaire correspond à une cellule qui s'est allongée (1). Lorsqu'il

mant sur le tout un revêtement éclatant. Mais si les noyaux dérivent des cellules, l'opinion de Leydig et celle d'Engelmann ne se contredisent point.

(1) Margo, dans ses recherches sur le tissu musculaire, tend à se rapprocher de cette opinion, qui est aussi celle de Kölliker. Il reconnaît cependant, suivant le schéma de Schwann autrefois accepté par Kölliker, et auquel Morel fait adhésion, il reconnaît, dis-je, que le faisceau primitif est un cylindre formé de cellules sériées et fusionnées; l'enveloppe de ce cylindre serait formée par les membranes des cellules, et la masse fibreuse par leur contenu. Les premiers rudiments des éléments musculaires sont, d'après Margo, des cellules particulières; leur multiplication ne se ferait pas, dans le sens précis du mot, par « division de leur noyau et par endogenèse; » ce sont souvent des corps brillants punctiformes qui se séparent du contenu cellulaire; d'abord distribués régulièrement le long de la paroi cellulaire, ils se

s'agit d'isoler les bandes musculaires plutôt dans une direction que dans une autre, les cylindres primitifs sont maintenus associés par parties à à l'aide de la substance conjonctive. Les cylindres simples (non striés) conservent leur autonomie, tandis que les cylindres striés des arthropodes et des vertébrés restent fusionnés et forment une nouvelle unité histologique, ce qu'on appelle le *faisceau primitif;* la gaîne conjonctive, qui enveloppe un tel groupe de cylindres musculaires, porte le nom de sarcolemme. Sur certains groupes de muscles et dans tous les vertébrés, on observe des faisceaux primitifs plus grêles que dans le reste du corps; il en est ainsi pour les muscles de l'œil, dont les faisceaux primitifs chez les mammifères, les oiseaux, les reptiles et les poissons, sont plus étroits que dans les muscles du tronc. Si, comme chez les arthropodes et les vertébrés, les cylindres se sont complétement transformés en « particules charnues », le plus souvent tout indice de l'agrégation des cylindres primitifs a disparu ; ce n'est que sur la coupe transversale de faisceaux primitifs desséchés et ramollis de nouveau, que l'on retrouve la trace de la composition réelle révélée par ces interstices caniculés discutés plus haut (voy. *Tissu musculaire*), qui parcourent la substance striée suivant la longueur du faisceau; en d'autres termes, ce n'est que par ce moyen qu'on constate la nature secondaire du faisceau primitif. Nous connaissons cependant aussi des muscles striés, où les cylindres primitifs ont conservé leur autonomie dans l'intérieur du sarcolemme; nous en avons un exemple dans la musculature de la ligne latérale de plusieurs poissons; elle se distingue déjà des autres muscles, sur la section de l'animal, par sa couleur plus foncée; d'autres zootomistes l'avaient prise pour une substance glandulaire. Nous avons, en outre, les muscles situés sur l'évent des plagiostomes, les muscles oculaires de la souris domestique, de la grenouille. Fréquemment encore, on voit les cylindres présenter leur division en substance

disposent ensuite en séries transversales, qui produisent le strié transversal caractéristique. Cette séparation du contenu cellulaire en deux substances optiquement différentes, se produit de la paroi vers l'intérieur, jusqu'à réplétion complète de la cellule. Les cellules striées sont le plus souvent pourvues d'un ou de deux noyaux, qui, dans quelques cas, disparaissent peu à peu. Ces noyaux sont cylindriques et fusiformes, simples ou pourvues de deux ou trois prolongements pointus ; leur grosseur varie chez les différents animaux. De la fusion de ces cellules, que Margo appelle *sarcoplastes*, naît le contenu contractile du faisceau musculaire, mais, auparavant, la membrane cellulaire de chaque sarcoplaste se soude avec son contenu. Le sarcolemme naîtrait par une sorte d'épaississement du blastème (?) qui environne les sarcoplastes. Suivant cet auteur, toutes les nuances entre les muscles lisses et les muscles striés proviendraient du degré de fusionnement des sarcoplastes ; ce degré serait le plus faible dans les muscles lisses. La fibre musculaire ramifiée proviendrait de cellules qui se sont ramifiées avant de se transformer en sarcoplastes. (*Bericht*, 1859, S. 52.)

corticale et en substance axile; chez l'*Hexanchus griseus*, une rangée de granules graisseux remplit l'axe du cylindre.

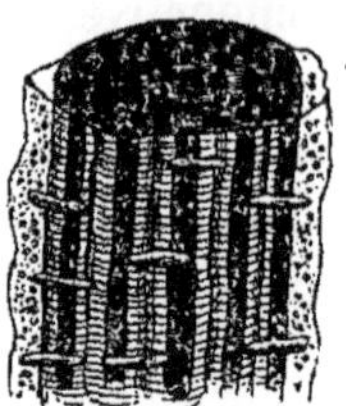

Fig. 73. — Faisceau primitif de la ligne latérale de la perche. (Fort grossissement.)

127. — *Couleur des muscles.* — La *couleur* de la substance musculaire n'est pas partout la même. Chez les invertébrés, la musculature est, en général, claire, incolore; il y a cependant des exceptions : ainsi, par exemple, les muscles pectoraux des insectes qui ont un vol énergique sont d'un jaune brun; la substance musculaire de l'estomac de l'*Aphrodite*, du *Lumbricus* est d'un jaune rougeâtre; les muscles des organes masticateurs de quelques gastéropodes sont rougeâtres (*Paludina vivipara*), ou même écarlate (*Buccinum undatum*). La musculature des vertébrés supérieurs (mammifères, oiseaux), est tout à fait rouge; celle des vertébrés inférieurs (amphibies, poissons) est fréquemment pâle et incolore. Nous trouvons une couleur rouge à la chair des *Trygon pastinaca*, *Tynnus*, *Cobitis fossilis*, etc.). La couche musculaire située au-dessous de la ligne latérale a d'ordinaire une coloration rouge foncée, occasionnée par un trouble moléculaire particulier, et par le dépôts de granules graisseux dans la substance striée; ailleurs, les muscles sont colorés en rouge, par une matière que l'eau enlève facilement. Les muscles peuvent avoir aussi une coloration blanche bien franche; elle provient d'amas de granules graisseux situés dans la substance contractile. Ce contenu graisseux est surtout très-abondant chez l'*Hexanchus griseus*, où la musculature du tronc est d'une vive blancheur. Sur des embryons de *squales*, les muscles présentaient en partie cette coloration, car l'intérieur des faisceaux était abondamment pourvu de graisse.

128. — *Sarcolemme.* — Le *sarcolemme* homogène et diaphane se continue dans les cloisons conjonctives connues sous le nom de *perimysium;* ces cloisons, en connexion avec l'enveloppe membranoïde de tout le muscle, le partagent en fascicules de différentes grosseurs. Chez plusieurs vertébrés, par exemple, les *Bombinator igneus*, *Bufo variabilis*, aux insertions des muscles de l'œil de la *Chimæra monstrosa*, nous trouvons ce tissu conjonctif avec un aspect noirâtre; c'est que le pig-

ment accompagne les vaisseaux sanguins ramifiés dans le *perimysium*. Les gaînes musculaires peuvent aussi renfermer un pigment à éclat métallique ; c'est le cas des muscles abdominaux du *Bombinator*. On r encontre aussi çà et là des muscles à pigment foncé parmi les invertébrés ; je me souviens au moins de la couleur noirâtre des muscles rétracteurs des tentacules chez l'*Helix pomatia* et dans d'autres limaçons. — Dans les crustacés, les araignées et les insectes, la substance conjonctive qui enveloppe certaines parties des éléments contractiles est, dans la règle, plus délicate que chez les vertébrés ; dans les muscles thoraciques de beaucoup d'insectes, elle est même tellement molle et si finement granuleuse, quoique pourvue des noyaux ordinaires, qu'elle permet aux cylindres striés de se séparer très-facilement en fines colonnettes, car elle ne prend pas la consistance d'une membrane. Lorsque des trachées traversent le corps de l'animal, elles enlacent, à la façon des capillaires sanguins des vertébrés, les plus petites divisions des muscles, sans toutefois pénétrer entre les particules charnues primitives ; c'est, du reste, ainsi que se comportent les vaisseaux sanguins. Sur les muscles thoraciques des insectes, où d'ailleurs il est difficile de mettre en évidence leur division en faisceaux primitifs, les portions de substance musculaire correspondantes à ces faisceaux sont dessinées par la blancheur des ramifications trachéennes.

Sur les muscles frais des arthropodes, le sarcolemme est à peine reconnaisable. Mais, après la mort, il se détache et présente à son côté interne de nombreux noyaux et une substance moléculaire. Les globules de cette substance sont, dans les muscles thoraciques, transparents, plus gros et plus nombreux, de telle sorte que les cylindres striés (fibrilles des auteurs) y sont complétement enchâssés. Les muscles situés au-dessous de la ligne latérale des poissons présentent aussi cette particularité, qu'immédiatement au-dessous de la face interne du sarcolemme, on trouve une masse moléculaire abondante, et qu'en outre, les nombreux noyaux qu'elle renferme sont disposés sur des lignes transversales. Ainsi que Reichert nous l'a démontré le premier, il est beaucoup plus facile chez les arthropodes que chez les vertébrés de saisir le passage direct du sarcolemme dans les tendons. Ici les tendons sont, comme le tégument externe, souvent chitinisés ; or, comme celui-ci a été rangé à tort dans le tissu corné, il est facile de s'expliquer comment il a été admis que chez les articulés il n'existe pas de formations correspondant exactement aux tendons des vertébrés. L'occasion de vérifier ce fait sur la plupart des arthropodes n'est cependant pas bien rare : suivant la description de Reichert, les tendons (substance conjonctive chitinisée) se développent du côté des muscles en formant des utricules cylindriques qui représentent le sarcolemme, et prennent la masse striée pour contenu.

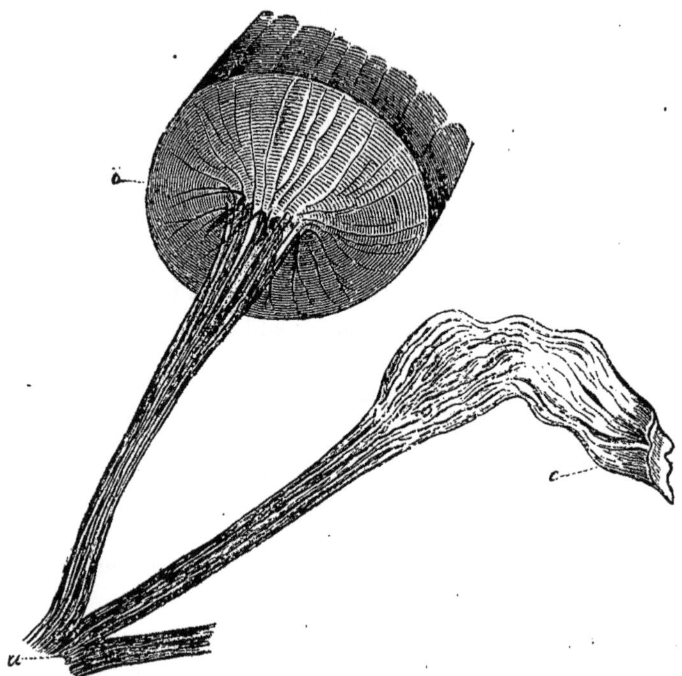

Fig. 74. — Muscles de l'*Ixodes*.

a. Le tendon chitinisé qui se divise et qui, devenu plus ténu, forme le sarcolemme utriculoïde ; en *b*, le sarcolemme est encore rempli par la substance musculaire striée, tandis qu'en *c*, les particules musculaires sont tombées, et le sarcolemme vide se manifeste comme un prolongement immédiat du tendon. (Fort grossissement.)

129. — *Tendons*. — Dans les tendons de quelques muscles de l'homme, quelques portions seulement s'ossifient et forment les os sésamoïdes. Plusieurs mammifères (chameau, lama, hérisson) possèdent des *ossifications* dans les parties tendineuses du diaphragme; chez le hérisson, elles résident plutôt dans les parties charnues de ce muscle. Chez les amphibies aussi, par exemple, dans les tendons du muscle fléchisseur commun des doigts du *Bufo maculiventris*, on trouve un cartilage sésamoïde dont la substance fondamentale hyaline renferme des dépôts calcaires en partie réticulés. Les longs tendons situés aux ailes et aux pieds des oiseaux, ainsi que ceux des muscles du dos, ont ceci de particulier qu'ils s'ossifient facilement et qu'ils se transforment en minces bâtonnets osseux très-remarquables. Enfin chez quelques poissons (téléostiens), plusieurs bandes du perimysium s'ossifient dans les muscles des flancs et du dos ; elles sont connues sous le nom d'arêtes charnues.

Les *fascia des muscles* sont riches en fibres élastiques. Chez le cheval, tout le *fascia superficialis* de l'abdomen est remplacé par une couche de tissu élastique (Gurlt).

Les *tendons* sont très-pauvres en nerfs ; on en a cependant décrit dans la portion tendineuse du diaphragme du cochon d'Inde (Pappenheim). Chez tous les oiseaux, on trouve dans le muscle cervical bicipité, et au milieu de la substance tendineuse, un nerf qui émet quelques ramuscules sur son trajet (Purkinje).

Chitinisation des muscles. — Nous devons faire remarquer que les muscles de quelques invertébrés peuvent se chitiniser, ou, comme on dit d'habitude, prendre la consistance cornée. C'est ce qui a lieu pour les extrémités de ces cylindres musculaires qui, chez les gastéropodes, s'insèrent sur l'opercule chitinisé situé au côté dorsal du pied (*Paludina vivipara*). En outre, ce qu'on appelle le byssus, par lequel plusieurs bivalves s'enlacent fortement à des objets résistants, se compose de fibres musculaires chitinisées. Déjà d'anciens naturalistes (Blainville, par exemple) avaient considéré le byssus comme une masse de fibres musculaires desséchées, capable quelquefois de produire du son. Sur l'*Arca*, la *Pinna*, etc., je crois m'être convaincu que les cylindres musculaires contractiles du pied se continuent avec les éléments chitinisés du byssus.

130. — *Physiologie.* — Il est manifeste que la rapidité et la lenteur des mouvements dépendent du degré de division histologique des cylindres musculaires. Les animaux avec des fibres simples se meuvent lentement, les mollusques, par exemple ; les parties de leur corps, dans lesquelles les cylindres musculaires se rapprochent de l'état strié, se distinguent seules par des contractions plus énergiques. Les arthropodes, qui sont pourvus d'une musculature striée, surpassent les autres invertébrés par la précision et l'énergie de leurs mouvements. Lorsque les fibres musculaires peuvent se décomposer en fractions bien nettes au moyen des gaînes conjonctives, cette disposition est en harmonie avec la multiplicité des mouvements que l'animal doit accomplir. Nous savons aussi que l'individualisation du système musculaire est plus accentuée dans les reptiles supérieurs, les oiseaux et les mammifères que dans les poissons et les amphibies, qui ressemblent à ces derniers, et même que dans les cétacés, lesquels, à plusieurs égards, rappellent les poissons.

Ecker avait émis sur la composition des polypes d'eau douce l'opinion que tout le corps des hydres se composait d'une substance uniforme, en partie diaphane, en partie granuleuse, molle, extensible, élastique et contractile, et que cette substance formait une trame dont les mailles renfermaient un liquide plus ou moins transparent. Contrairement à cette manière de voir, j'ai indiqué que nos hydres sont composées de cellules et de dérivés de cellules, et qu'au point de vue du tissu contractile, les cellules musculaires subsistent à l'état de grosses cellules sphériques, et enfin que le seul caractère de leur contenu contractile est d'être d'apparence vitreuse. D'ailleurs, d'autres observateurs, d'après ce que je lis dans le *Jahresbericht* (1), sont arrivés au même résultat.

Quant à ce qui concerne le *muscle pédiculaire* des vorticellinés, il faut dire que différents observateurs, Ecker, Kölliker et Stein, s'inscrivent contre cette désignation; ils prétendent qu'ils n'ont jamais trouvé dans ce filament axile aucun des caractères de la substance musculaire.

Le muscle en litige possède les propriétés et la structure des muscles de plusieurs invertébrés inférieurs, ainsi que je l'ai indiqué. Lachmann aussi croit pouvoir, « sans hésiter, l'appeler muscle du pédicule », et il remarque « qu'il n'est pas complétement dépourvu de structure ». Les divers degrés intermédiaires qui existent entre le cylindre musculaire homogène et le cylindre strié proprement dit, ont donné naissance aux différentes opinions qui règnent sur la nature des muscles dans les vers, les mollusques et les rayonnés, puisque l'un dit avoir vu le strié transversal là où un autre reconnaît des muscles lisses. Pour les échinodermes, par exemple, R. Wagner, John Müller, de Siebold, n'ont pas vu le strié transversal, tandis que Valentin l'a reconnu en certains endroits. Il décrit, en effet, dans les sangsues, les lombrics et les céphalopodes, des muscles « variqueux », tandis que pour Treviranus, Wagner et d'autres, ces muscles n'existent pas. Les muscles des bryozoés ont été dits striés par Milne Edwards, Allmann, alors que Nordmann et de Siebold ont soutenu le contraire ou bien n'ont parlé que de rides transversales. Et cependant comme je m'en suis assuré sur l'*Alcyonella* et la *Plumatella*, le cylindre musculaire est bien divisé en particules primitives, de telle sorte que son aspect est voisin du strié transversal. Un de nos plus remarquables zoologues, Burmeister, a exprimé dernièrement un doute sur l'existence de vraies fibres musculaires pour les polypes. Il pense en effet que « ce qu'on a décrit comme tel pourrait bien être du tissu conjonctif à linéaments parallèles ». Mais j'ajouterai encore que sur des préparations fraîches de l'espèce *Lobularia*, j'ai reconnu des muscles sur la nature musculaire desquels leurs propriétés ne peuvent laisser subsister de doute. (Quant à la description

(1) *Leukarts Jahresbericht im Arch. f. Naturgesch.*, XX. Jahrg. 2. Bd.

des muscles des vers, des rayonnés, des mollusques, des rotateurs, des arthropodes, je prends la liberté de renvoyer le lecteur aux travaux que j'ai publiés dans le *Zeitschr. f. w. Z.* et dans les *Archives* de Müller).

Les araignées, crustacés et insectes (1) ne possèdent, autant que je puis en juger par mes propres observations, que des muscles striés en travers; j'insiste là-dessus parce que, suivant Frey et Leuckart, dans « les petits insectes », les muscles seraient lisses. Sur la couche musculaire qui entoure les glandes venimeuses des araignées, et qui, d'après de Siebold et H. Meckel, serait en partie lisse, j'ai reconnu (surtout chez les *Epeira*, *Clubiona*, *Mygale*, *Argironeta*) le strié transversal après avoir employé l'alcool. C'est un fait connu depuis longtemps, que les muscles thoraciques des insectes diffèrent des autres muscles du corps.

Dernièrement Aubert s'est occupé de cette question. Les cylindres musculaires peuvent ici encore être de forme plate : « La masse grumeleuse de signification inconnue qui se trouve entre les fibrilles », a son analogue, à mon avis, dans la masse moléculaire qui, chez les poissons, se trouve accumulée au-dessous du sarcolemme dans les muscles de la ligne latérale, ou bien encore dans les rangées de granules graisseux situées au milieu de la substance contractile. Depuis longtemps Miescher et de Siebold nous ont fait connaître des formations parasitaires dans les muscles striés des rats et des souris, formations qui seraient analogues aux pseudonavicelles et aux psorospermies. On a trouvé aussi des parasites voisins de ceux-là dans les muscles des araignées (2).

CHAPITRE VI

DU SQUELETTE DE L'HOMME.

131. — Le *système osseux* comprend le squelette ou les os, qui forment un tout à l'aide des cartilages, ligaments et capsules articulaires unissantes. Par leur solidité et leur dureté, ils forment la charpente

(1) Amici avait avancé que le faisceau musculaire d'un insecte se compose de deux cylindres fichant l'un dans l'autre. Wagener considère ce résultat comme une illusion d'optique. Pour lui, les bandes longitudinales, larges et brillantes seraient des plis longitudinaux qu'on peut faire disparaître par la pression. (*Bericht*, 1863, S. 39.)

(2) *Müller's Archiv*, 1855, S. 397.

Bernard et Rouget ont trouvé dans les muscles de l'embryon une substance glycogénoïde

propre du corps humain, lui donnent ses dimensions principales et sa forme fondamentale.

132. — *Propriétés physiques et chimiques.* — Les *os* sont très-peu élastiques, opaques et de couleur blanchâtre. Ils se distinguent par une grande résistance à la putréfaction. Ces propriétés résultent de leur composition chimique, puisqu'ils sont formés d'une partie organique et d'une partie inorganique. La première, ou le cartilage de l'os est de la substance conjonctive donnant de la colle ; la partie inorganique ou la matière terreuse renferme de l'acide phosphorique et des carbonates de métaux terreux ; les carbonate et phosphate magnésiens s'y trouvent en petite quantité ; il n'y a que des traces de fluorure de calcium. On peut séparer ces deux matières constituantes, organique et inorganique, sans que l'os perde sa forme. On obtient le cartilage de l'os, en faisant macérer cedernier dans de l'acide chlorhydrique ou acétique étendu ; les parties terreuses restent après la calcination de l'os (1).

133. — *Structure.* — Quant à ce qui concerne la *texture* de l'os, disons que sa substance paraît homogène et solide, ou bien criblée de cavités grosses et petites ; aussi distingne-t-on une substance

se comportant avec l'iode comme le glycogène du foie. Suivant Rouget, elle est dissoute dans le liquide qui remplit le canal central des muscles de l'embryon. Suivant Bernard et Kühne, c'est la matière qui remplit le faisceau musculaire qui donne la réaction avec l'iode. Ces mêmes observateurs ont trouvé aussi cette substance dans les muscles lisses de l'embryon ; Rouget ne l'a pas reconnue. (*Journal de physiologie*, 1859, p. 319.)

Bruch a étudié le développement du tissu musculaire strié. Les fibres musculaires d'un fœtus de veau de 2 lignes de longueur représentent des cylindres granulés avec un strié longitudinal obscur, et une rangée centrale de noyaux ronds et ovales, en partie crénelés. En plusieurs endroits, les fibres mêmes semblent être divisées par des sillons transversaux ; mais cet aspect variqueux disparaît par l'acide acétique. Le contenu se divise, dans quelques cas, en une série de fragments quadratiques qui permettent de reconnaître l'enveloppe commune. Chez un fœtus long de 3 lignes, les stries transversales sont manifestes, les noyaux axiles sont régulièrement ronds ou polyédriques, ou bien cylindriques ; leur plus long diamètre est alors placé transversalement. Il devient difficile de saisir la différence entre l'enveloppe et le contenu. Chez un fœtus de 8 lignes, la couche périphérique, linéolée dans le sens longitudinal, tranche sur la partie centrale transparente, qui ne renferme plus que des noyaux ovoïdes disséminés. Chez des embryons plus avancés, la « multiplication des noyaux » paraît diminuer, et, suivant Bruch, le faisceau musculaire lui-même se segmente en fibrilles. (*Bericht*, 1863, S. 356.)

(1) De Recklinghausen a analysé des os d'enfant et des os d'adulte, et il est arrivé à établir qu'il n'existe pas de différence réelle dans la composition de leur contenu. (*Bericht*, 1854, S. 103.)

Cet auteur avait avancé que les os renferment deux phosphates calcaires : l'un bibasique, l'autre tribasique. Mais Folwarczny a reconnu dans un os temporal humain qu'il y entre assez de calcaire terreux pour former avec l'acide phosphorique présent un sel tribasique, et que l'excédant de base doit être considéré comme uni au fluor. (*Bericht*, 1861. S. 57.)

osseuse compacte, et une substance spongieuse, suivant les anciennes expressions de *substantia dura* et de *substantia spongiosa.* Si les cavités sont considérables, on a la *substantia cellularis*, et si elles sont petites, la *substantia reticularis.* Que si nous avons égard à la structure intime, il faut remarquer qu'on voit dans le microscome ce qu'on voit dans le macroscome : le tissu osseux présente, ainsi que nous l'avons expliqué ci-dessus, une substance fondamentale lamelleuse stratifiée et un système d'interstices grands et petits qui portent des désignations spéciales. Les plus gros s'appellent canaux *médullaires*, canaux *vasculaires* ou *de Havers*; les plus petits sont les *corpuscules osseux.* Toutes ces petites cavités microscopiques sont les prolongements directs des grosses cavités médullaires accessibles à l'œil nu.

134. — La *substance osseuse compacte* forme dans tous les os l'*écorce.* Dans quelques cas rares seulement, comme, par exemple, sur la *lamina papyracea ossis ethmoïdei*, sur les osselets de l'oreille, elle renferme simplement les cavités les plus petites, les corpuscules osseux, et l'on n'y voit pas un seul canal vasculaire. A part ces cas, il paraît être de règle que la substance compacte présente seule des canaux vasculaires; ceux-ci suivent une direction longitudinale dans les os longs; dans les os plats, il sont disposés en touffes ou en rayons à partir de certains points. Or, comme les canaux vasculaires se divisent et s'anastomosent de mille manières, ils doivent former un réseau dont les mailles sont de faible dimension.

Dans la *substance spongieuse*, les canaux vasculaires sont transformés en grosses cavités visibles à l'œil nu. C'est dans l'intérieur des trabécules et des lamelles que se trouvent les plus petites cavités ou corpuscules osseux.

Le *contenu* du système d'interstices situé dans la substance osseuse varie suivant les dimensions des cavités. Ceux que l'on voit à l'œil nu, ainsi que les canaux de Havers, renferment des *vaisseaux sanguins.* C'est du périoste que les artères pénètrent dans les os, à travers de grosses ouvertures particulières (*foramina nutritia*) pour ensuite aller dans les grosses cavités ainsi que dans les canaux de Havers se résoudre en plexus, desquels les veines prennent naissance. Les vaisseaux sanguins n'occupent pas toute la place dans l'intérieur des cavités; celles-ci renferment encore de la sérosité, de la graisse (libre ou bien dans des cellules), des éléments celluleux et de la substance conjonctive; tous ces matériaux constituent avec les vaisseaux et les nerfs (ces derniers peuvent être reconnus sur presque tous les os du squelette), cette masse molle jaunâtre ou rougeâtre, connue sous le nom de *moelle des os* (*medulla ossium*). D'après Robin, parmi les éléments celluleux de formation de la moelle, on distingue : des cellules petites (1), rondes,

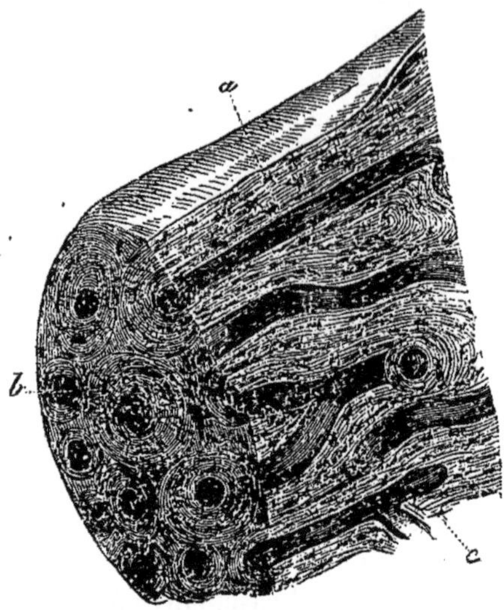

Fig. 27. — De la substance compacte d'un os long. (Grossissement modéré.)

a. Les canaux de Havers coupés longitudinalement. — *b*. Les mêmes coupés transversalement. — *c*. Les corpuscules osseux.

avec un contenu finement granuleux et un noyau à contours foncés ; de grosses cellules de forme plate, polygonale ou irrégulière, finement granuleuses et pourvues de six à dix noyaux. — Les plus petites cavités des os, les corpuscules osseux, sont exclusivement remplis par un liquide nourricier qui vient des vaisseaux sanguins.

135. — *Union des os.* — Partout où l'union des os entre eux se fait par des ligaments, ces ligaments sont blancs et brillants et se composent surtout de tissu conjonctif ; s'ils ont un aspect jaune-paille, ils paraissent alors formés par un tissu de fibres élastiques (ligament cervical, ligaments jaunes) avec un minimum de substance conjonctive intermédiaire. La réunion se fait-elle par le cartilage, on a le cartilage hyalin (cartilage articulaire, cartilages costaux) ou bien le fibro-cartilage (ligaments intervertébraux, synchondroses). Dans les côtes on voit la substance fondamentale prédominer sur les parties celluleuses. A la pointe des côtes inférieures, on ne voit que des cavités car-

(1) Ces cellules, d'après Luschka, représentent la partie la plus importante de la moelle rouge ; mais, suivant cet auteur, on les trouve encore dans les os longs ; elles forment à la surface de la moelle jaune des groupes situés de distance en distance ; elles se présentent même çà et là isolées. Il faut dire encore que les secondes cellules, dont il est ensuite question, se rencontrent aussi dans les mêmes os. (*Bericht*, 1859. S. 77.)

tilagineuses aplaties; là, d'ailleurs, les cellules sont disposées suivant l'axe en rangées longitudinales; à la coupe transversale on a des rayons qui vont du centre à la périphérie (Mekauer).

Les *articulations* présentent plusieurs particularités histologiques. Presque toutes les couches extérieures de l'extrémité de l'os sont dépourvues de canaux médullaires et vasculaires ; on trouve à leur place des corpuscules osseux de faible dimension, ronds ou allongés, sans ramification; ce sont donc des corpuscules osseux non ramifiés, qui ne peuvent exister ailleurs dans le corps de l'homme qu'à l'état pathologique.

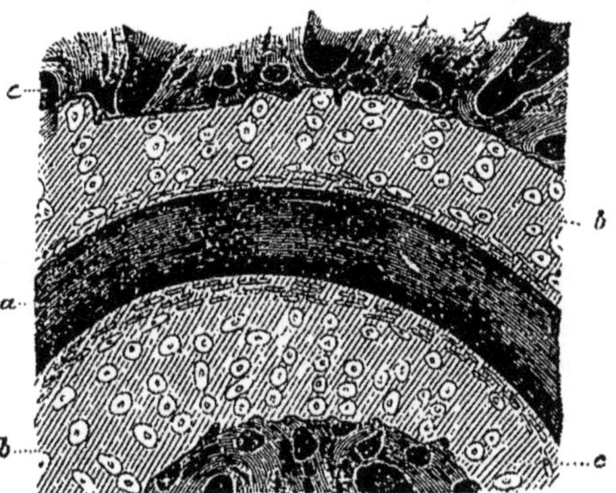

Fig. 76. — Coupe perpendiculaire à travers le cartilage articulaire.

a. Cavité articulaire. — *b.* Cartilage articulaire. — *c.* Substance osseuse; près du cartilage elle renferme des corpuscules osseux non étoilés. (Grossissement modéré.)

Dans les disques cartilagineux, qui revêtent les extrémités articulaires des os, et qui appartiennent au cartilge hyalin, à l'exception du revêtement fibro-cartilagineux de l'articulation temporale (Henle), les cellules cartilagineuses sont allongées dans la profondeur et placées par séries perpendiculaires à l'os; vers l'extérieur elles deviennent plus rondes, sans ordre sensible; enfin, dans le voisinage du bord articulaire, elles sont aplaties et rangées en séries parallèles à la surface.

Les *capsules synoviales* qui unissent entre elles les extrémités articulaires revêtues de cartilage se composent d'un tissu conjonctif qui renferme beaucoup de vaisseaux et de nerfs. Leur surface interne est recouverte d'un épithélium pavimenteux, qui cesse au bord du cartilage articulaire, et qui, par conséquent, ne revêt pas toute la cavité articulaire. (Toutefois, Reichert a montré qu'à l'état fœtal, pour l'homme et pour tous les mammifères domestiques, il existe un épithélium sur toute la surface interne des capsules articulaires. Dans le cartilage articulaire, cet épithélium est placé immédiatement sur la substance cartilagineuse. Chez les adultes, il ne s'est conservé que là où il n'a pu se dérober au frottement.)

Dans les cavités articulaires s'élèvent en quelques endroits des prolongements d'un jaune rougeâtre, décrits à tort autrefois comme des glandes synoviales. Ce sont des plis, des proliférations vers l'intérieur des capsules synoviales, parcourues par de nombreux capillaires sanguins et remplies de gouttes de graisse. Sur le bord libre, le tissu conjonctif se termine en prolongements villeux de forme très-variable, lesquels présentent tous le caractère histologique du cartilage. Ils possèdent en effet une substance fondamentale et des cellules à parois épaisses. Ces saillies, en se séparant du sol maternel et en grossissant, peuvent devenir ce qu'on appelle des corps étrangers (*Gelenkmaüsen*). — La *synovie*, ou liquide synovial, se présente comme un liquide épais, clair ou jaune pâle ; à l'état normal, elle ne renferme point de parties ayant forme.

136. — *Développement des os.* — Les os du squelette humain proviennent par développement, les uns du *cartilage*, les autres du *tissu conjonctif*. La première de ces deux origines appartient à la colonne vertébrale, aux côtes, au sternum, aux os des extrémités, à la portion basilaire du crâne ; la seconde est le propre de la clavicule (Bruch), de l'occipital, des pariétaux, du frontal, des temporaux, des os orbitaires, des maxillaires, des palatins, de l'os unguis, des os du nez, des os malaires, du vomer.

Les cartilages se préparent à s'ossifier lorsque leurs cellules se multiplient ; on voit les cellules nouveau-nées prendre une disposition particulière, qu'elles forment, soit des séries longitudinales, soit des amas irréguliers. Le fait primordial est que le cartilage, jusque-là dépourvu de vaisseaux, se vascularise ; des rangées de cellules, se mêlant et se fusionnant, forment des canaux qui s'étendent dans les différentes directions. Par leurs prolongements creux, elles produisent un système de cavités ramifiées, se terminant en plusieurs endroits par des culs-de-sac.

Le contenu cellulo-gélatineux des canalicules du cartilage se transforme en vaisseaux sanguins, et fournit les parties constituantes de la moelle. C'est alors seulement que l'ossification propre commence ; elle consiste en ce que les sels calcaires propres à l'os se déposent dans le cartilage. L'endroit où le dépôt se fait devient dur, blanc et opaque : c'est un point d'ossification. Les parties terreuses, qui se montrent d'abord comme des grumeaux calcaires de forme sphéro-polyédrique, s'unissent entre elles et avec la substance fondamentale du cartilage ; les cellules cartilagineuses comprises dans la sphère de ce phénomène se métamorphosent en corpuscules osseux de la manière décrite plus haut (voy. *Tissu cartilagineux*). Les petites cavités médullaires naissent par la fusion de groupes entiers de capsules cartilagineuses, et de même que dans la formation des canalicules cartilagineux qui conduisent les vaisseaux, il arrive ici que leur contenu mou et cellulaire se transforme en moelle osseuse. Les cavités médullaires plus grandes proviennent de la résorption du tissu osseux déjà formé. De la couche cartilagineuse primordiale naît simplement la substance spongieuse ; le *tissu osseux compacte* naît de l'accroissement de l'os par le tissu conjonctif qui s'ossifie et se dépose sous le périoste en se stratifiant. Tandis que ces productions périostiques de nature conjonctive s'ossifient dès le début en formant des lamelles découpées à jour comme un treillis, une portion restée molle du tissu conjonctif remplit les mailles et se transforme en vaisseaux sanguins et en moelle ; le système interstitiel avec son contenu correspond aux canaux de Havers. Sur les parties qui s'ossifient, les corpuscules étoilés du tissu conjonctif deviennent les corpuscules osseux ramifiés. — Tel est le phénomène de l'ossification dans ces os, qui tirent leur origine du tissu conjonctif. On ne doit pas du reste oublier que la séparation des deux sortes d'ossification ne peut être bien tranchée, puisque tissu conjonctif et cartilage sont fort parents et ne représentent que les modalités d'un seul et même tissu (1).

L'*accroissement* de l'os en épaisseur se fait, comme nous l'avons déjà dit, par un dépôt de couches de tissu conjonctif à la surface extérieure et l'ossification concomitante de ces couches. L'accroissement en longueur résulte de ce que le cartilage prolifère aux deux extrémités ; l'ossification survient après. En même temps que se fait le dépôt de nouvelles couches osseuses venues de l'extérieur, les couches internes terminées se résorbent, et le résultat de cette résorption est l'origine des grosses cavités médullaires. La résorption du tissu osseux interne paraît continuer même lorsque l'os est déjà complétement formé, et qu'il ne se fait plus à la surface extérieure des couches de nouvelle formation.

La *nutrition* du tissu osseux compacte se fait par le plasma sanguin, qui suinte des vaisseaux de l'os situés dans les cavités médullaires, les canaux de Havers et les cellules innombrables de l'os. Ce plasma, absorbé par les ramifications cellulaires, peut être distribué dans tous les

(1) Cette opinion que le cartilage proprement dit peut se métamorphoser en os a été combattue dernièrement par Henrich Müller. Baür a nié la transformation du cartilage en os. Suivant ce dernier, les corpuscules osseux étoilés ne proviendraient pas des cellules cartilagineuses. Mais Leydig fait remarquer (*Vom Bau des thier. Körp.*, 1864, S. 59) que ce dernier auteur se contredit dans un travail qu'il a publié en 1862, et dans lequel il admet l'ancienne opinion comme vraie.

sens par les plexus qu'elles forment, et pénétrer ainsi dans toute l'épaisseur de l'os. Les nerfs servent à régulariser la circulation sanguine dans l'os ; ces nerfs communiquent même un certain degré de sensibilité à la substance spongieuse et à la moelle, où ils sont plus nombreux (1).

Bruns (1841), le premier, a avancé que les corpuscules osseux ne sont pas, comme on le croyait depuis longtemps, de petits *sacculi chalicophori*, mais bien au contraire les conducteurs des matériaux liquides qui servent à la nutrition de l'os. Le noyau des corpuscules osseux fut remarqué et décrit pour la première fois dans le travail de Vogt (2).

L'*accroissement des os dans le sens de l'épaisseur* a été généralement considéré autrefois d'une manière tout autre. Un exsudat devait se produire entre le périoste et l'os; cet exsudat, appelé aussi par d'autres couche plasmatique entre le périoste et l'os, devait d'abord se transformer en cartilage, et puis seulement après devenir os. Mais lorsque Virchow, en faisant connaître l'identité des corpuscules de l'os, du cartilage et du tissu conjonctif, eut donné la clef pour comprendre ce blastème ossificateur si diversement apprécié, alors, dis-je, on put admettre que le périoste se développe en couches osseuses par prolifération de ses couches les plus internes; on put admettre encore l'ossification consécutive de ces couches, sans qu'elles soient obligées de se transformer en cartilage.

Quant à ce qui concerne les *lamelles osseuses*, on en distingue d'habitude deux systèmes, dont l'un entoure concentriquement les canaux de Havers, et dont l'autre répète complétement le contour de l'os ; ce dernier doit, par conséquent, être toujours parallèle à la surface extérieure et intérieure de l'os. Toutefois la surface intérieure est une vue plutôt théorique, et les couches osseuses que j'ai examinées à ce sujet ne m'ont pas permis d'y reconnaître une disposition régulière des lamelles.

Les *vaisseaux* qui pénètrent dans les os, que ce soit à travers les trous nourriciers, ou qu'ils viennent du périoste, ont, dans le principe, toutes leurs tuniques habituelles ; dans les fins canalicules de Havers, au contraire, ils les perdent presque toutes, excepté la tunique interne ; il me semble même discutable si cette dernière persiste à l'état

(1) Milne Edwards (*Expériences sur la nutrition des os* (*Ann. des sciences nat.*, ZOOL., 1861, p. 554) a fait des expériences sur la nutrition des os. Il a examiné les os de jeunes pigeons dont l'alimentation n'avait renfermé pendant longtemps qu'une quantité insuffisante de matière calcaire. Le poids du squelette avait diminué, mais le rapport du sel terreux avec le cartilage était demeuré normal. Ceci prouverait que la portion organique de l'os diminue avec celle des sels terreux.

(2) *Anat. d. Salmon.*, p. 51, tab. *g*, fig. 9.

de mollesse, ou si plutôt, en devenant calçaire, elle ne donne pas naissance à la dernière lamelle concentrique qui enveloppe la cavité sanguine.

Quant aux *nerfs* des os, plusieurs anatomistes du siècle précédent en ont observé, à l'aide du scalpel, quelques-uns qui pénètrent dans les os. Si l'on se sert du microscope, surtout après avoir rendu plus transparent avec une solution alcaline l'entourage des plus petits et des plus gros vaisseaux qui pénètrent dans les os, et si l'on répète la même expérience sur la moelle, on se convainc facilement que les os plats et courts sont proportionnellement aussi riches en nerfs que les longs. On ignore comment ces nerfs se terminent.

Les *ligaments* de l'homme paraissent être en général dépourvus de nerfs ; dans la *membrane interosseuse crurale*, on voit quelques fibres nerveuses appartenant à la membrane même. Les *articulations pubiennes* et *sacro-iliaques* ont été reconnues dans ces derniers temps par Luschka comme étant de vraies articulations et renfermant toutes les parties qui se trouvent dans toute articulation : cartilage, *plicæ adiposæ*, épithélium et liquide articulaire. Ce même observateur tient pour réelle la cavité qui se trouve dans le noyau gélatineux des *synchondroses vertébrales*, et il la compare même à une cavité articulaire, puisqu'il considère l'anneau fibreux comme une capsule fibreuse, le noyau gélatineux comme une cavité articulaire renfermant un liquide plus ou moins rempli de cellules synoviales ramifiées, et d'ailleurs semblable à de la synovie.

CHAPITRE VII

DU SQUELETTE DES VERTÉBRÉS.

137. — Le squelette des poissons, reptiles, oiseaux et mammifères est toujours constitué par des formations de la substance conjonctive. Quoique, dans les classes supérieures des vertébrés, une grande partie du squelette ait une origine primordiale cartilagineuse, il arrive cependant, à la longue, que la plus grande partie du cartilage disparaît ; quelques parties du squelette seulement restent cartilagineuses. Nous constatons des rapports tout autres chez les vertébrés inférieurs ; pendant la vie, le squelette peut conserver complétement, sur une étendue plus ou moins considérable, le caractère du tissu conjonctif ou du cartilage.

138. — *Chorda dorsalis.* — La corde dorsale des poissons se présente pendant la vie sous la forme d'un cordon persistant, non interrompu chez les uns, partiellement conservé chez les autres ; ce cordon doit fixer notre attention. On y distingue un contenu et une enveloppe. Le *contenu*, le plus souvent d'aspect gélatineux, se compose de grosses cellules claires comme de l'eau, et dont le noyau, même chez l'adulte, est encore visible (par exemple, *Hexanchus*, *Acipenser*), ou bien n'est plus reconnaissable. Les cellules de la substance cordale ne sont ni de même grosseur, ni de même nature. Tout près de l'enveloppe, elles sont petites et pourvues d'un contenu granuleux ; vers l'intérieur, elles sont toujours plus grosses, et dans le voisinage du centre elles représentent des cavités importantes. La substance cordale a un aspect fibreux à l'œil nu ; cet aspect est dû à une certaine quantité, en partie très-observable, de substance homogène striée et distincte des cellules, laquelle forme une charpente complète dont les mailles contiennent les cellules. D'ailleurs il n'est plus possible d'isoler les grosses cellules de la substance intermédiaire ; leurs membranes praissent être en connexion beaucoup plus intime avec la masse intercellulaire.

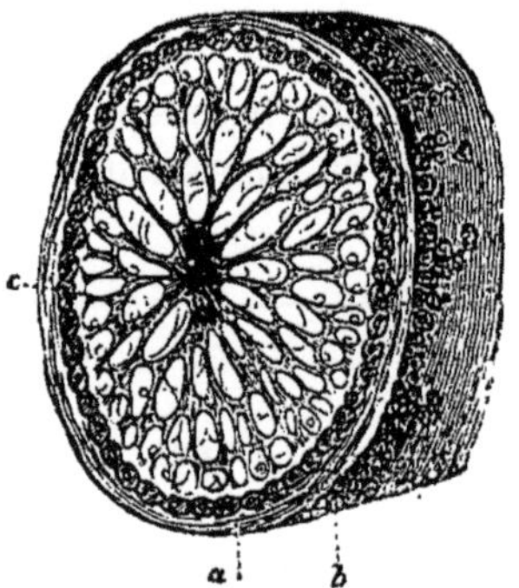

Fig. 77. — Coupe à travers la corde dorsale du *Polypterus*.

a. Enveloppe. — *b*. Incrustations calcaires. — *c*. Substance de la corde avec le réseau conjonctif.

Si l'on envisage toute la charpente, à partir de l'enveloppe jusqu'au cordon central, qu'on reconnaît à l'œil nu, on remarque que dans le voisinage de l'enveloppe elle est moins forte : là les cellules forment des rangées serrées les unes contre les autres ; mais vers le centre, la substance intermédiaire devient de plus en plus considérable ; les cellules s'éloignent de plus en plus les unes des autres, jusqu'à ce qu'enfin, dans le milieu de la corde, la substance intermédiaire devient tellement prépondérante, qu'elle forme un cordon central visible à l'œil nu. L'aspect microscopique de la substance intermédiaire est tout à fait celui du tissu conjonctif; il est tantôt homogène, tantôt strié. En d'autres endroits, et surtout au centre, elle présente des anneaux ondulés, comme le tissu tendineux. Cette description provient de recherches faites sur le *Polypterus bichir*. La *Myxine*, le genre *Gadus* et quelques autres poissons osseux présentent une disposition tout à fait semblable, suivant les recherches que J. Müller a faites à ce sujet. La corde du *Branchiostoma* prend une disposition spéciale, caractérisée par l'absence de cellules; elle se compose de disques placés en travers (J. Müller, M. Schultze).

Quatrefages pense que ces disques sont des cellules aplaties, ce qui est inexact d'après mes propres observations. Les petites lamelles se montrent homogènes et finement striées, et rappellent tout à fait ces formes de substance conjonctive fragmentées par d'étroites fissures. (Ces petites fissures doivent-elles être considérées comme représentant les cellules de la corde des poissons ci-dessus mentionnées?)

139. — L'*enveloppe* de la corde peut aussi présenter les diverses modalités du tissu conjonctif. Dans le *Polypterus*, par exemple, elle se compose d'une substance conjonctive claire, dont les stries sont peu nettes, ou bien elle présente en certains endroits un aspect criblé, absolument comme les tendons. Chez l'*esturgeon*, la masse principale est gélatineuse, obscurément striée, et l'on n'y trouve pas des parties élémentaires de formation plus avancée: elle se limite à l'extérieur par une membrane élastique qui, vue de la surface, paraît linéolée et décomposable en fibres. Chez la *Chimæra*, il existe aussi des couches élastiques. La substance propre de la gaîne cordale se compose ici d'un tissu conjonctif rigide, dont les fibres ont une direction circulaire; on aperçoit entre elles et dans cette direction des interstices étroits et longs, ou cavités creuses (corpuscules du tissu conjonctif). Le tissu conjonctif se limite par un membrane élastique aussi bien du côté interne que du côté externe. Cette membrane ne porte de gros interstices qu'à l'extérieur, et ces interstices lui donnent l'aspect d'un réseau à mailles . on dirait qu'elle est tressée avec des fibres alternativement larges et étroites. Chez les *squales*, on peut rencontrer aussi du tissu muqueux et des couches cartilagineuses. Chez l'*Hexanchus*, par exemple, l'enveloppe cordale se compose d'une masse gélatineuse, obscurément fibreuse, se troublant par l'acide acétique, et de cellules qui ne diffèrent pas des cellules cartilagineuses. A la périphérie de l'enveloppe, les fibres se perdent dans la substance hyaline du cartilage.

Chez le *Scymnus lichia* (embryon presque à maturité), on trouve à l'intérieur de l'enveloppe une couche de cartilage qui entoure manifestement la corde; de même, à l'extérieur, il existe aussi une couche cartilagineuse. L'enveloppe de la corde a les mêmes cellules (seulement elles sont un peu plus allongées et serrées les unes contre les autres) que le cartilage situé à la partie externe et interne. La substance intercellulaire est striée circulairement, mais elle passe sans intermédiaire dans la masse fondamentale homogène de la couche du cartilage.

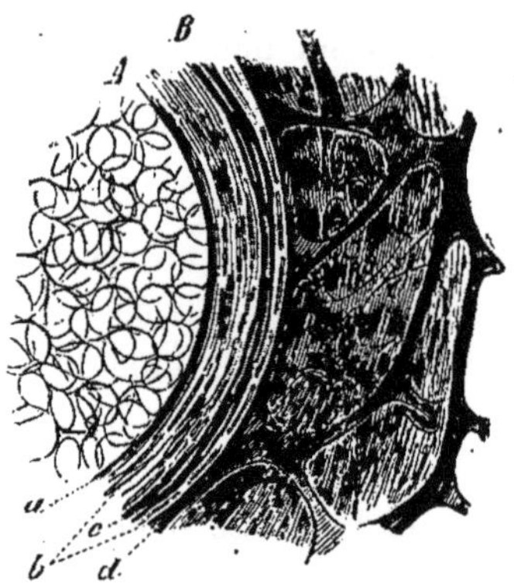

Fig. 78. — Corde dorsale de la *Chimæra monstrosa.*

A. Substance de la corde. — *B.* Enveloppe. — *a.* Membrane élastique interne. *b.* Partie conjonctive de l'enveloppe. — *c.* Partie ossifiée. — *d.* Membrane élastique interne. (Grossissement modéré.)

140. — L'enveloppe de la corde peut s'*ossifier* : ainsi, chez le *Polypterus*, sur la surface externe, on remarque des espaces isolés devenus

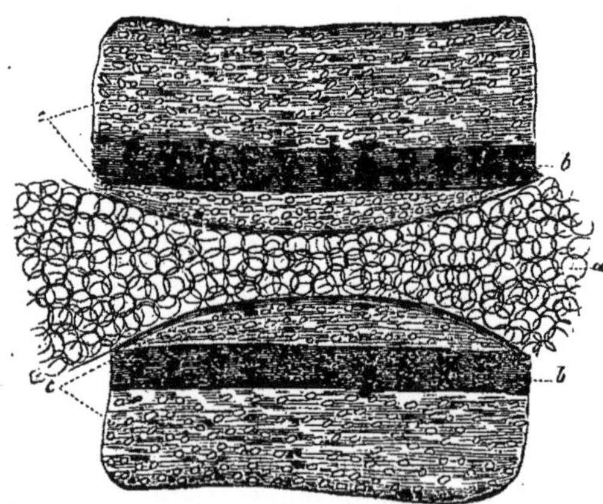

Fig. 79. — Coupe longitudinale à travers la corde dorsale et les corps vertébraux du *Scymnus lichia.*

a. Substance de la corde. — *b.* Partie conjonctive de l'enveloppe. — Couches cartilagineuses interne et externe. (Grossissement modéré.)

calcaires, où les sels calcaires se déposent en granules et plus tard en globules stratifiés. Dans la *Chimæra*, une partie de l'enveloppe conjonctive s'ossifie en anneaux; la substance conjonctive s'imprègne de sels calcaires, et les cavités étroites dont nous avons parlé deviennent des corpuscules osseux. Les rudiments des arcs vertébraux du *Petromyzon* se composent de cartilage celluleux ; les vertèbres cartilagineuses, ainsi que les arcs des sélaciens, sont formées d'un beau cartilage hyalin. Les corps vertébraux de l'esturgeon et de plusieurs requins restent tout à fait cartilagineux (par exemple, l'*Hexanchus*), ou bien le centre s'ossifie, ou bien encore le cartilage et les couches osseuses alternent (*Squatina*, *Selache*). Chez d'autres plagiostomes et chez les téléostiens, les corps cartilagineux s'ossifient presque complétement.

Capsule crânienne. — La *capsule crânienne* peut ainsi présenter de pareilles modifications : composée peut-être de tissu conjonctif ordinaire chez l'*Ammocetes*, elle est cellulo-cartilagineuse chez le *Petromyzon*, hyalino-cartilagineuse dans les raies, les requins, la chimère, avec cette différence que les surfaces libres, aussi bien à l'extérieur qu'à l'intérieur, s'ossifient par des incrustations osseuses qui forment panneau. Ce genre d'ossification est le même pour la plupart des autres parties du squelette. D'ailleurs, lorsque, comme chez l'esturgeon, le *Polypterus* et beaucoup de téléostiens, une partie plus ou moins considérable du crâne persiste à l'état cartilagineux, il est constitué par du cartilage hyalin : la nature du cartilage est la même, qu'il forme toutes les côtes ou une partie des côtes, les anneaux des extrémités, etc. Chez les téléostiens, le squelette est ossifié sur une étendue relativement plus grande.

141. — *Cartilage et os des poissons.* — Poursuivons l'étude des tissus cartilagineux et osseux des poissons. Dans le *cartilage celluleux* du *Petromyzon*, les cellules sont petites à la périphérie ; elles se pressent les unes les autres, et possèdent une paroi très-épaisse. Vers l'intérieur, elles deviennent plus grosses ; leur membrane, leur contenu granuleux et leur noyau sont bien visibles. Comme plus profondément vers l'intérieur elles augmentent en étendue, sans que leur paroi s'épaississe par de nouvelles couches, le milieu du cartilage paraît composé de grosses vésicules, de parois relativement minces. Ces vésicules sont dépourvues de noyau ; sur le cartilage desséché, elles sont remplies d'air et paraissent blanches (la substance cordale se compose des mêmes cellules; leurs parois y sont encore plus minces que sur le reste du corps). En une foule d'endroits, on peut suivre la transition des cellules cartilagineuses aux corpuscules du tissu conjonctif devenus graisseux.

Dans le cartilage des *sélaciens*, la substance fondamentale transparente l'emporte fréquemment sur la quantité des cellules qu'elle environne (cartilages de la tête du *Squatina angelus*, de la langue du *Scymnus lichia*) ; ailleurs, il y a à peu près équilibre, et même les cellules peuvent l'emporter sur la substance fondamentale et prendre ensuite des contours polyédriques (cartilages branchiaux du *Torpedo*, par exemple). Il est rare que la substance fondamentale soit transformée en une masse fibreuse. Les cellules varient de grosseur et de forme ; elles renferment fréquemment des granulations graisseuses, et parfois aussi des gouttelettes graisseuses considérables. Dans la règle, les cellules résident par groupes dans la substance hyaline, et ces petits groupes de cellules cartilagineuses affectent même un certain ordre dans leur disposition : ainsi, on les voit disposées en lignes, si l'on peut examiner de plus grandes sections, et ces lignes forment des plexus, au point que le dessin d'ensemble peut être considéré comme un état précurseur des canaux qui traversent le cartilage. Quant à ces *canaux* qui correspondent chez les vertébrés supérieurs aux canaux osseux de Havers, on en voit effectivement la formation dans le cartilage de quelques raies. Si l'on considère, par exemple, une coupe de la gueule ou de la région auriculaire d'une grosse *Raja clavata*, on saisit à l'œil nu de nombreux canaux qui traversent le cartilage en se ramifiant comme les branches d'un arbre. Ils se présentent brillants et d'un blanc argenté comme des trachées ; car l'air a pénétré dans leur intérieur à la faveur de la coupe que l'on a faite. A une observation plus attentive, les canaux se manifestent comme des interstices canaliformes

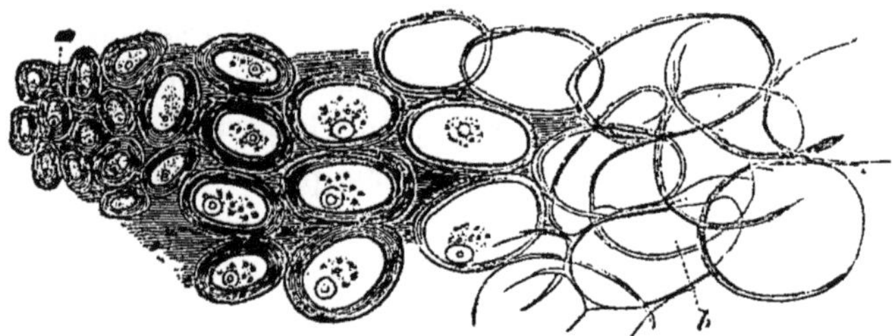

Fig. 80. — Coupe du cartilage du *Petromyzon fluviatilis*.

a. Cellules de la périphérie. — Cellules de l'intérieur du cartilage.

creusés dans la substance cartilagineuse. Ils ne sont pas, comme il paraît au premier abord, revêtus d'un épithélium spécial ; au contraire, les cellules qui çà et là entourent la lumière des canaux ne sont autre chose que les cellules cartilagineuses plongées dans la substance hyaline. Le contenu des canaux de grande dimension est un vaisseau sanguin accompagné d'un tronc nerveux ; dans les plus fins, la paroi du vaisseau sanguin a disparu, et le canal cartilagineux est devenu une cavité sanguine. Les canaux de fort calibre sont pourvus d'un revêtement particulier formé d'incrustations osseuses. Chez les *squales*, on rencontre à la place d'un système canaliculé plus considérable une transformation intéressante des cellules cartilagineuses : elle peut être considérée comme établissant des degrés intermédiaires entre les cellules cartilagineuses et les canaux cartilagineux. Ainsi, les cellules ont perdu leur forme ronde ou allongée ; elles se prolongent suivant deux ou trois, et même cinq directions. Par un accroissement ultérieur elles se touchent les unes les autres, et forment ainsi un lacis de cavités plus apte à répandre le fluide nourricier que le système canaliculé des raies ; il est vrai que les globules sanguins ne peuvent pas circuler dans leur intérieur, mais le plasma sanguin transsudé peut se répandre facilement dans tous les sens.

On trouve de pareilles formations dans le cartilage de l'*esturgeon*. D'habitude, les cellules sont rondes, plates à la périphérie ; dans les parties épaissies du cartilage de la tête, elles paraissent accrues dans le sens de la longueur, tantôt seulement des deux côtés, avec une extrémité qui se prolonge parfois en spirale, tantôt dans diverses directions, de manière à former des cellules étoilées. Ces ramifications cellulaires se terminent en pointe ou s'anastomosent avec celles des autres cel-

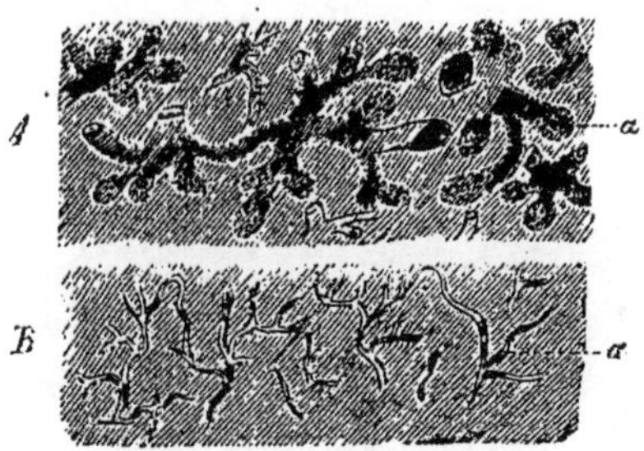

Fig. 81.

A. Coupe à travers le cartilage de la bouche de l'*esturgeon*.

B. Coupe du cartilage de la région auriculaire de la *Raja clavata*. — *a*. Les canaux situés dans la substance cartilagineuse. (Grandeur naturelle.)

lules cartilagineuses. D'ailleurs, les régions cartilagineuses les plus épaisses (bouche, voisinage de l'oreille, anneau antérieur des extrémités) sont traversées par des canaux nombreux et beaucoup plus spacieux que ceux des raies ; ces canaux renferment des vaisseaux sanguins et de gros amas graisseux en forme de mûres.

D'ailleurs, dans les parties du squelette des ganoïdes (*Polypterus*) et des téléostiens, où l'on trouve du cartilage, ce dernier se compose d'une substance fondamentale hyaline et de cellules rondes ou même ovales. Je n'y ai pas encore rencontré jusqu'à présent des cellules allongées en forme de canaux. Par contre, le cartilage de la tête de beaucoup de poissons à arêtes (*Trigla hirundo*) renferme de grosses cavités médullaires.

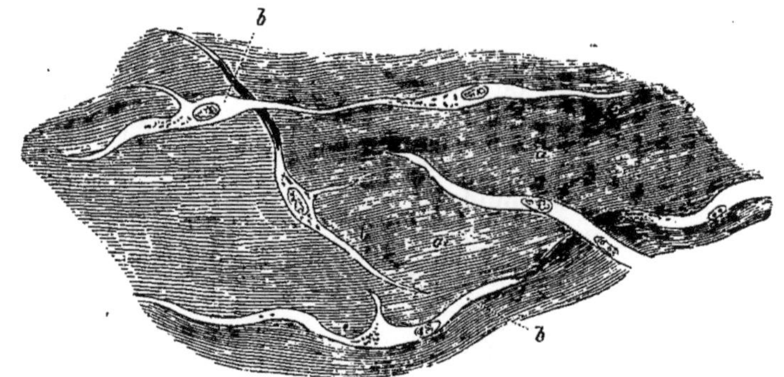

Fig. 82. — Cartilage du pourtour du labyrinthe auriculaire du *Scymnus lichia*.

a. Substance hyaline. — *b*. Les cellules cartilagineuses canaliformes et pourvues de ramifications. (Fort grossissement.)

142. — *Incrustations osseuses des sélaciens.* — C'est J. Müller qui a découvert le *revêtement osseux*, en forme de mosaïque, des sélaciens. Il se compose de disques osseux polyédriques ou écailles ; leur grosseur varie de différentes manières : elle est en rapport avec l'âge, et même, sur un seul et même individu, elle n'est pas la même pour toutes les

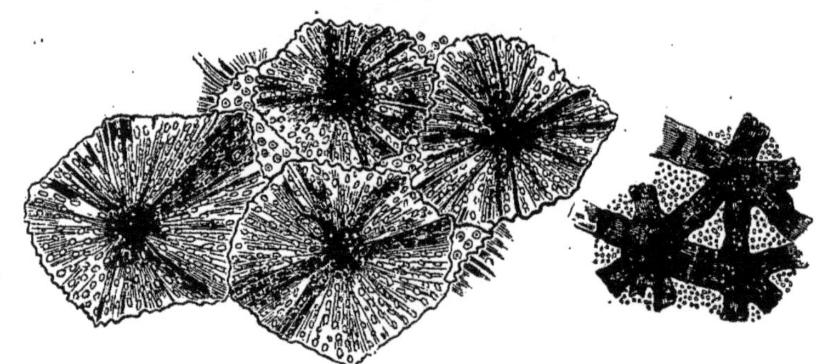

Fig. 83. — Écailles de l'incrustation osseuse des sélaciens.

parties du squelette. Quant à leur forme, elle présente peu de variations ; les écailles se limitent mutuellement dans toute leur périphérie, comme un épithélium pavimenteux, ou bien elles se touchent seulement par leurs ramifications. Dans ce cas, elles se présentent à l'œil sous forme d'étoiles, et à travers les interstices qui restent libres on aperçoit le cartilage. Les écailles osseuses ont des bords rugueux et même hérissés de pointes, un point central foncé (plus épais) ; des stries semblent rayonner de ce point. Les corpuscules osseux sont très-nombreux, disposés suivant des rayons assez réguliers ; ils ont des contours nets et clairs et toujours non étoilés. En outre, il y a ceci de spécial sur ces disques osseux de la *Chimæra*, que, de leur surface inférieure, de petites stries ramifiées de sels calcaires pénètrent comme des radicules dans la substance cartilagineuse sous-jacente. Les écailles osseuses des sélaciens sont formées de cartilage hyalin. — Le *périchondre* se présente, chez plusieurs squales (par exemple, à la tête du *Zygæna*), légèrement pigmenté en noir ; il est d'une couleur argentée dans la cavité oculaire de la *Chimæra monstrosa*, et les parties élémentaires qui produisent l'éclat métallique ne dépassent pas la grosseur d'une molécule. — Chez la *Raja batis*, le périchondre délicat et très-adhérent qui recouvre la capsule nasale se montre pigmenté en noir et en blanc argenté ; les éléments de l'éclat métallique sont de petits cristaux présentant des mouvements moléculaires très-vifs. — Les os du squelette des autres poissons (*Polypterus*, la plupart des téléostiens) se divisent en deux catégories, qui diffèrent par leurs particularités physiques et microscopiques, et par leur genèse. Les uns sont d'un aspect blanchâtre et de nature compacte ; leur substance fondamentale lamelleuse est perforée par les corpuscules osseux et les canaux médullaires reliés à ces corpuscules. La plupart de ces canaux sont si fins, qu'on ne peut les voir qu'au microscope ; il en est peu qui acquièrent les dimensions des cavités médullaires, lesquelles sont reconnaissables à l'œil nu. Ces os sont formés par *ossification de la substance conjonctive ;* après le dépôt des sels calcaires dans la substance fondamentale, les petites cavités ramifiées de cette substance, les corpuscules du tissu conjonctif, deviennent les corpuscules osseux, et les gros canaux deviennent les canaux de Havers. A cette catégorie appartiennent, chez le *Polypterus*, dans le crâne, les intermaxillaires, le maxillaire supérieur, le maxillaire inférieur, le sphénoïde, une partie de l'occipital ; dans la colonne vertébrale, les corps des vertèbres, une partie de leurs différents prolongements, et enfin quelques rayons des nageoires (1).

Les os de la seconde catégorie sont d'un aspect jaune graisseux et de consistance spongieuse ; leur substance fondamentale, stratifiée et

(1) Dans les écailles ossifiées du *Lepidosteus* et du *Polypterus*, on trouve de fins canalicules remplis d'air. Reissner les considère comme les restes du tissu conjonctif ou du fibrocartilage, de l'ossification duquel proviennent les écailles. Suivant cet auteur, leur parcours indique la stratification primordiale de la substance fondamentale molle, et, comme dans l'os achevé, ils croisent leurs lamelles sous les angles les plus divers. Ces lamelles, sui-

réduite, forme une charpente qui limite des cavités médullaires, larges, celluleuses et remplies de graisse. Dans quelques os, il s'est formé une cavité centrale par la fusion de ces cavités médullaires. Ces os proviennent de l'*ossification d'un cartilage hyalin*, où la plus grande partie des cellules cartilagineuses, en se fusionnant, ont servi à former les cavités médullaires. A cette catégorie appartiennent (chez le *Polypterus*), dans le crâne, le rocher, les *alæ orbitales*, en partie l'occipital; en outre, les os de la ceinture antérieure et postérieure des extrémités ; en partie aussi les prolongements épineux supérieurs et inférieurs de la portion caudale de la colonne vertébrale, les ossifications de la langue et de l'appareil branchial.

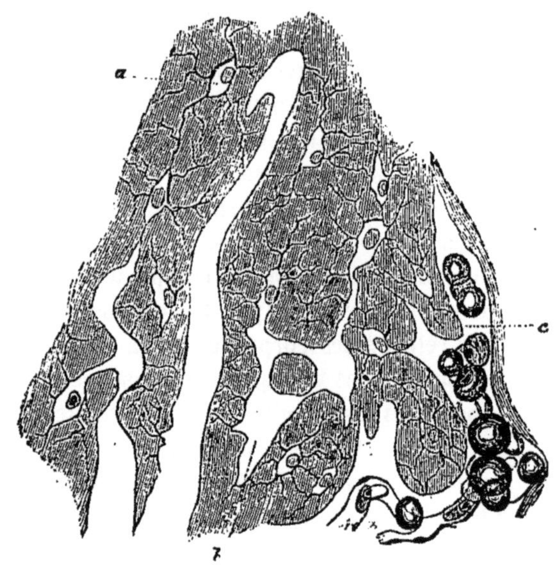

Fig. 84. — Des os de la tête du *Leuciscus*.

a. Corpuscules osseux ordinaires.
— b. Cavités plus considérables provenant de la fusion de ces corpuscules.
— c. Cavités encore plus grosses, où se trouvent de la graisse et des capillaires sanguins.
(Fort grossissement.)

143. — *Tissu osseux des poissons à arêtes.* — Pour compléter les détails de texture des *poissons osseux*, il faut encore ajouter que, dans tous les os qui proviennent du tissu conjonctif, on ne trouve pas

vant Reissner, de même que les lamelles osseuses des vertébrés, ne doivent pas être considérées comme l'expression d'une stratification correspondante du cartilage ou du tissu conjonctif, mais simplement comme indiquant l'action successive des dépôts calcaires et de l'échange nutritif. (Reissner, *Ueber die Schuppen v. Polypterus u. Lepidosteus*, in *Archiv für Anat.*, Heft 2, p. 254. — *Bericht*, 1859, p. 81.)

de canaux médullaires. Ces canaux manquent dans les parties minces (par exemple, dans l'opercule, les rayons de la peau des branchies du *Leuciscus* et du *Gobius fluviatilis*); et s'ils existent, ils ont plutôt le caractère d'espaces irrégulièrement sinueux, reliés entre eux et remplis de graisse. On constate que les espaces considérables proviennent de la fusion des corpuscules osseux (par exemple, dans les os de la tête du *Leuciscus*), où se rencontrent des cavités notables, de formes différentes, lesquelles ont le même aspect de vacuité que les corpuscules osseux. Comme ils ne contiennent ni graisse ni vaisseaux sanguins, ils doivent être considérés, au point de vue physiologique et morphologique,

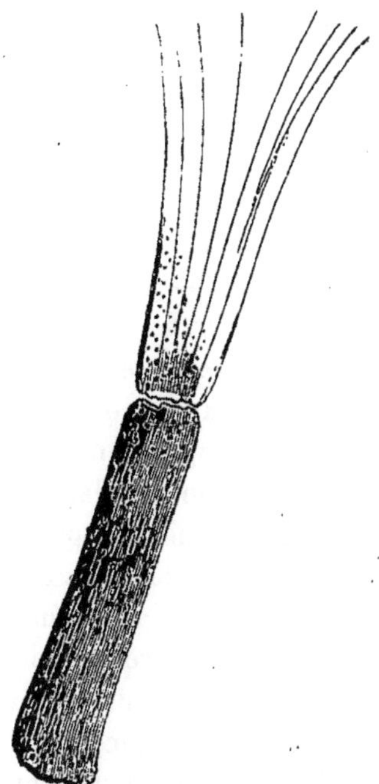

Fig. 85. — Terminaison d'un rayon de nageoire d'un poisson blanc, servant à montrer les corpuscules osseux dégénérés. (Fort grossissement.)

comme des corpuscules osseux grossis. Les plus petites cavités de la substance osseuse qui portent ce nom varient beaucoup dans leur forme et leur développement, suivant les régions du squelette. Tandis que (par exemple, chez le *Leuciscus dobula*) ces corpuscules sont ronds et gros dans les pariétaux et les frontaux, ils prennent une forme allongée dans les côtes et les arêtes. D'habitude ils offrent de nombreux prolongements, très-ramifiés, qui peuvent même être renflés en forme de sinus à l'endroit où ils se ramifient; il n'est pas rare que le noyau des corpuscules osseux persiste. On rencontre, en outre, des régions entières du tissu osseux où les corpuscules sont tous sans ramifications : par exemple, dans les bandelettes qui s'élèvent à la surface intérieure des os pariétaux et frontaux du *Leuciscus*. Les corpuscules osseux peuvent aussi dégénérer en espaces punctiformes, microscopiques; on peut constater facilement cette réduction sur les rayons des nageoires du poisson dont nous avons parlé en dernier lieu. Ici, dans les articles supérieurs d'un rayon de nageoire, il existe de beaux corpuscules osseux ramifiés; et dans les articles qui vont toujours en s'amincissant, on trouve des corpuscules osseux plus petits, plus longs, qui perdent leurs ramifications; enfin, dans le dernier article du rayon de la nageoire, devenu fibroïde, ils dégénèrent en espaces clairs et punctiformes. Il faut placer ici les squelettes de ces poissons chez lesquels il n'existe presque plus trace de corpuscules osseux, comme Owen l'indique pour la *Murœna* (dans laquelle d'ailleurs je trouve dans la paroi ossifiée du canal muqueux de magnifiques corpuscules osseux pourvus de longues ramifications), comme Mettenheimer l'indique pour le *Tetraganurus*, et Kölliker pour les *Helmichthyides*.

144.— *Os de l'Orthagoriscus.* — Une particularité très-intéressante nous est offerte par les os de l'*Orthagoriscus* (probablement aussi par ceux des *Cyclopterus*, *Trachypterus*, etc). Je n'ai malheureusement pu examiner que quelques morceaux d'os de l'*Orthagoriscus*; ils étaient beaucoup plus mous que le cartilage, et même à l'œil nu, on y distinguait une charpente d'un aspect linéolé blanchâtre, que remplissait une masse gélatino-cartilagineuse. Au microscope, on voyait dans des coupes en travers et en long de plus grosses masses cartilagineuses qui se composaient de cellules cartilagineuses claviformes, avec un petit noyau brillant comme de la graisse; de ces centres de cartilage partaient des feuillets minces, d'une ossification radiaire (on les voyait à l'œil nu comme des stries blanchâtres). L'espace situé entre eux était interrompu par des *septa* obliques, formant des compartiments remplis de cellules cartilagineuses délicates et d'une masse gélatineuse transparente. Sur plusieurs coupes et au milieu du noyau cartilagineux, on croyait voir un vaisseau sanguin. Dans les feuillets osseux, on apercevait de petits interstices dépourvus de rayons et comparables aux corpuscules osseux (1).

(1) Kölliker (*Ueber verschiedene Typen in der mikroskopischen Structur des Skelets der Knochenfische*, in *Würzb. Verh.*, Bd. IX, Heft 23, p. 257, Bd., etc.) classe les poissons qu'il a examinés suivant le type de leur tissu osseux. Une grande partie d'entre eux (les téléostiens, à l'exception de la plupart des physostomes ou malacoptériens) possèdent un squelette formé par une substance homogène ostéo-tubulaire, ou bien par de la dentine même. Suivant cet auteur, les os de l'*Orthagoriscus mola* (plectognathes) se composent d'une combinaison de

145. — *Squelette des reptiles.* — Dans la classe des reptiles, il n'existe plus aucun animal dont le squelette, comme chez plusieurs poissons, soit presque exclusivement composé de tissu conjonctif ou de cartilage : le tissu osseux paraît être plutôt la partie prédominante constitutive du squelette; quelques parties seulement se conservent à l'état hyalino-cartilagineux. Il en est ainsi des côtes rudimentaires de la grenouille, des extrémités costales un peu élargies des ophidiens et des sauriens qui ressemblent aux serpents, des parties de la charpente des épaules et du bassin, des extrémités, des pièces du crâne.

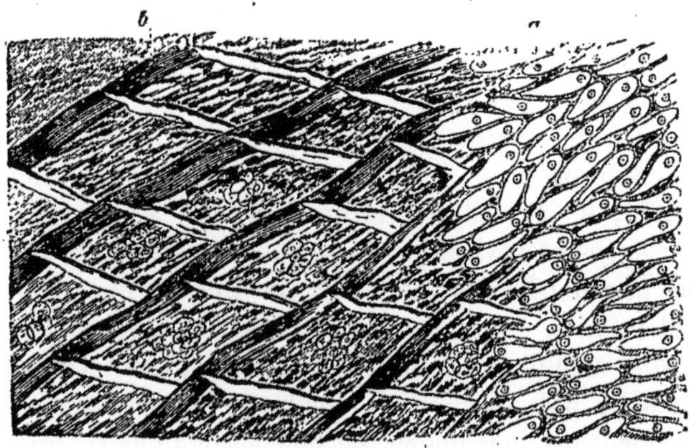

Fig. 86. — Coupe d'un os de la tête (crête de l'occipital) de l'*Orthagoriscus mola*.

a. Noyau cartilagineux. — *b*. Réseau à mailles ossifié et renfermant une substance hyalino-cartilagineuse. (Fort grossissement.)

Considéré histologiquement, le cartilage squelettique des reptiles ne présente rien de particulier; les cellules paraissent, en général, l'emporter sur la substance hyaline (grenouille, crapaud, *Proteus*). Et même souvent, par exemple dans les lames cartilagineuses situées à l'extrémité libre des côtes de l'*Anguis fragilis*, il existe à peine quelques traces de la substance intermédiaire; les cellules cartilagineuses se délimitent elles-mêmes en prenant une forme polyédrique. — Normalement, le contenu des cellules est clair, sans granulations. — Des fragments de cartilage qui, à l'œil nu, paraissent hyalins, surtout à l'anneau antérieur des extrémités, se montrent, vus au microscope,

lames ossifiées sans corpuscules osseux et d'un cartilage mou renfermant des cellules clairsemées. Au-dessus des lames osseuses on voit sortir partout des fibres semblables aux faisceaux du tissu conjonctif, longues et assez fortes, à trajet sinueux; elles pénètrent dans le cartilage pour s'y terminer. (*Bericht*, 1859, p. 81.) Il nous a paru intéressant de rapprocher cette description de Kölliker de celle donnée par Leydig. On voit qu'elles ont toutes deux des points communs.

incrustés de sels calcaires, qui se sont déposés dans la substance fondamentale sous la forme de masses sphériques et ramifiées, de différentes grosseurs.

Sur les os des batraciens (grenouille, salamandre, *Proteus*), les canaux de Havers disparaissent presque complétement. Les vaisseaux sanguins et les cellules graisseuses sont accumulés pour les os longs, dans la grosse cavité médullaire, et pour les os poreux, dans les espaces à mailles élargies. (La portion ossifiée, par exemple, qui, dans le sternum de la salamandre terrestre, provient de l'ossification du cartilage hyalin, se compose exclusivement de deux lames osseuses circonscrivant entre elles une grosse cavité cloisonnée par quelques trabécules délicats). Les carapaces osseuses des tortues renferment un réseau très-riche de canaux de Havers.

Les corpuscules osseux de la salamandre terrestre sont très-gros; mais ils sont surpassés en grosseur par ceux du *Proteus*. Chez ce dernier, en effet, il est facile de reconnaître que les corpuscules osseux et les plus grosses cavités de la substance osseuse ne présentent de différence que dans l'étendue et le contenu, et que, pour le reste, ils sont identiques. Ainsi, sur les os plats du crâne du *Proteus*, lorsqu'ils ne sont ni altérés, ni affilés, on trouve à leur face interne (frontal, pariétaux, par exemple) de nombreux corpuscules osseux s'ouvrant librement par leur milieu, de telle sorte qu'ils représentent réellement un canalicule de Havers, court et de forme conique, et dont l'extrémité borgne se trouve vers le haut tandis que la base ouverte regarde en bas. En outre, les orifices des rayons des corpuscules osseux sont si gros et si accumulés sur la surface libre, que cette surface présente un aspect à claire-voie avec de nombreuses fissures. La plupart des corpuscules osseux ont conservé leur noyau qu'on voit déjà à l'état frais.

146. — *Squelette des mammifères et des oiseaux.* — Chez les mammifères, le squelette est assez généralement ossifié; pour quelques marsupiaux seulement, Pander et d'Aldon ont avancé que l'atlas reste cartilagineux. Chez quelques chauves-souris (*Vespertilio murinus*, par exemple, selon R. Wagner), le tibia se termine par un filament cartilagineux. Les cartilages costaux et les parties correspondantes du sternum sont généralement de même consistance; cependant, dans quelques groupes, dans les *édentés* surtout, les cartilages costaux ont une grande tendance à une ossification précoce. La symphyse pubienne s'ossifie aussi de bonne heure chez les monotrèmes et beaucoup d'ongulés. — Lorsque les os sont très-minces, comme chez les petits mammifères (le frontal du *Vespertilio pipistrellus*, par exemple), les canaux

vasculaires et les cavités médullaires manquent; il n'y a que des corpuscules osseux, de grosseur notable; serrés les uns contre les autres, ces corpuscules permettent de voir sur les surfaces libres de l'os les rifices de leurs ramifications stellaires. — La grosse cavité médullaire qui, pour les os longs, se forme d'habitude par résorption, manque chez les pinnipèdes, les cétacés, et parmi les reptiles, dans les chéloniens.

Chez les oiseaux, la substance cartilagineuse du squelette est encore plus rare que chez les mammifères ; si l'on excepte les cartilages articulaires et quelques cas très-rares où l'extrémité inférieure de la clavicule reste cartilagineuse, ou bien encore quelques brévipennes, qui présentent une *patella* cartilagineuse, un péroné se terminant par un filament cartilagineux, tout le squelette est formé de tissu osseux. Sur le *fémur* du coq de bruyère, ce squelette offre ceci de particulier que les canaux de Havers sont très-nombreux, au point que les canalicules médullaires l'emportent sur la substance fondamentale lamelleuse intermédiaire.

Le squelette de l'oiseau offre encore ceci de particulier, qu'un grand nombre de ses cavités peuvent renfermer de l'air et non de la moelle. C'est de là que provient ce qu'on appelle la pneumatosité des os. Ce phénomène, comme je crois l'avoir vu sur le sternum du héron, peut s'étendre à toutes les parties formées de corpuscules osseux, lesquels, pendant la vie de l'animal, sont remplis d'air. Dans la morphologie de Carus, je trouve que les plus grosses cavités osseuses aériennes possèdent une sorte de muqueuse conjonctive avec un épithélium délicat. D'après des recherches faites sur le pigeon, le canari et la bécasse, je puis ajouter que même les cellules aériennes des os de la tête sont revêtues d'une couche fine de tissu conjonctif avec des traces d'épithélium ; ceci s'accorde avec la structure de ces mêmes cavités aériennes chez l'homme : les cellules mastoïdiennes, par exemple, ont une surface recouverte d'une muqueuse et d'un épithélium.

147. — *Union des os.* — L'*union* des os entre eux se fait chez tous les vertébrés par des ligaments et des articulations. Chez les poissons, les ligaments, de nature conjonctive, sont le plus souvent très-riches en fibres élastiques. La colonne vertébrale offre un ligament propre, composé de fibres élastiques résistantes, et renfermé dans un canal situé au-dessus de la tente de la moelle épinière. Les fibres élastiques n'ont pas de contours bien sombres ; elles se dirigent en se ramifiant dans le sens de la longueur. Chez l'esturgeon, on trouve un deuxième ligament placé à la face inférieure de la *chorda dorsalis*. Les bandelettes blanchâtres qui, chez l'esturgeon, résident entre les fragments cartilagineux isolés des couches vertébrales supérieure et inférieure, se com-

posent de réseaux épais de fibres élastiques qui se perdent dans la substance fondamentale du cartilage.

Les ligaments les plus *élastiques* sont le *ligamentum nuchæ*, les *ligamenta flava* des *mammifères*, les ligaments qui, chez les animaux du genre chat, redressent les griffes, et qui, chez les paresseux, les recourbent en bas. Les ligaments vertébraux de la grenouille renferment plus ou moins de fibres élastiques; il en est de même chez les oiseaux pour le ligament situé entre les deux maxillaires, lequel assujettit au crâne l'extrémité de l'os hyoïde; sur quelques oiseaux chanteurs, ce dernier se compose presque exclusivement de fibres élastiques (Benjamin).

Parmi les vertébrés, chez les solipèdes et les bisulces ruminants, la réunion des corps vertébraux a lieu, comme on le sait, par des surfaces articulaires, et par les ligaments intervertébraux; ceux-ci s'ossifient en partie dans plusieurs espèces (cétacés, lièvre, lapin), et il naît des disques osseux (E.-H. Weber). Beaucoup de mammifères présentent des noyaux osseux dans les cartilages interarticulaires, soit des deux côtés (*Mus decumanus*), soit d'un seul côté (*Mustela*, *Myoxus*, *Dipus*). Chez le lynx, on trouve des os dans la capsule fibreuse du genou, laquelle participe à la formation de l'articulation, comme la rotule, et prend la forme d'un os sésamoïde (Hyrtl). — Chez l'*Echidna*, suivant Owen, il existe dans le ligament intervertébral, une cavité plate, revêtue d'une membrane synoviale et remplie de sérosité.

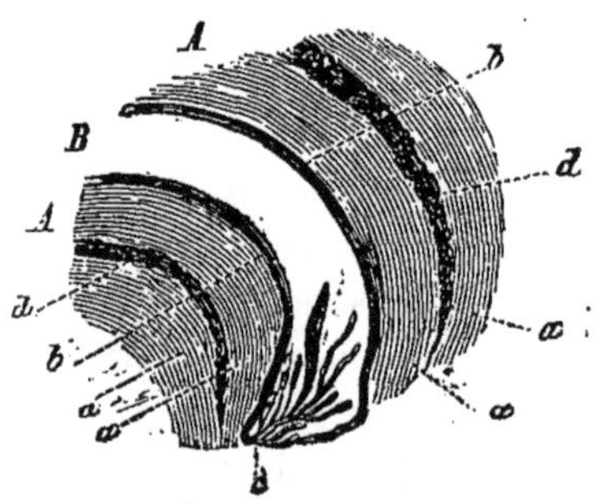

Fig. 87. — Coupe à travers l'articulation de la tête et de la colonne vertébrale d'une grosse *Raja clavata*.

A. Cartilage articulaire.
B. Cavité articulaire. — *a.* Cartilage hyalin. — *b.* La couche conjonctive. — *c.* Les prolongements libres qui en émanent. — *d.* Substance osseuse. (Grandeur naturelle.)

Les *articulations* paraissent, surtout chez les vertébrés, n'être pas toujours construites de la même manière. Il existe bien partout des cartilages articulaires, mais pour plusieurs oiseaux (coq de bruyère), ces cartilages renferment quelques canaux vasculaires; leurs cellules sont très-serrées les unes contre les autres (les canaux médullaires de l'extrémité de l'os pénètrent dans le cartilage articulaire, comme des villosités très-rapprochées entre elles). Chez les poissons cartilagineux (*Raja*, *Torpedo*), la surface libre du cartilage articulaire prend une couleur blanche par la transformation de la substance hyaline en fibres, et cette couche extrême forme des prolongements semblables à des villosités non vasculaires et faisant saillie dans la cavité articulaire. La capsule articulaire n'a pas d'épithélium. Chez le *Trygon Pastinaca*, l'incrustation osseuse située à l'union de la tête et de la colonne vertébrale est revêtue d'un cartilage qui se distingue par son éclat du reste du squelette. Sur le cartilage de la tête, par exemple, toutes les cellules ont un contenu graisseux et grumelé.

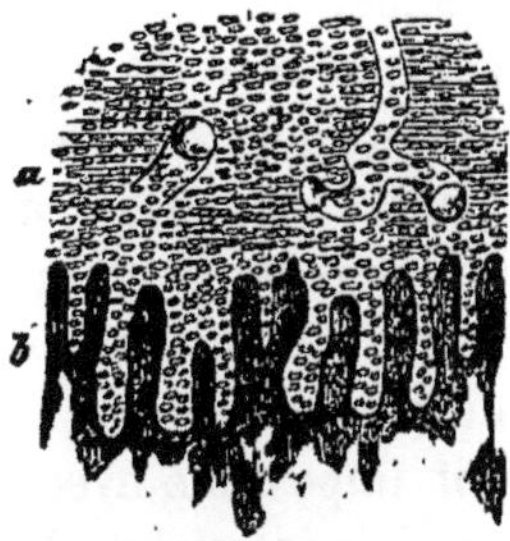

Fig. 88. — Coupe à travers le cartilage articulaire du genou du coq de bruyère (grossissement modéré).

a. Cartilage. — *b*. Substance osseuse.

148. — *Filaments cornés*. — Aux parties spéciales du squelette des poissons appartiennent aussi ces *filaments cornés* ou bandelettes fibroïdes jaunâtres, que la peau des nageoires renferme en si grande quantité; elles rendent les nageoires rigides (c'est le cas surtout des sélaciens). La nageoire graisseuse (*Fettflosse*) du saumon, par exemple, n'est soutenue que par ces filaments cornés; on les considère comme formés par une substance conjonctive, homogène, chitinisée; ils n'éprouvent pas de modification dans les alcalis, pâlissent beaucoup, se gonflent un peu (embryon du *Spinax acanthias*) et se crénèlent sur les bords, comme des faisceaux de tissu conjonctif enlacés par des fibres spiroïdes.

149. — *Physiologie*. — Ce fait, à savoir que tous les os du squelette ne sont pas de formation primordiale cartilagineuse, était connu depuis longtemps. Les anatomistes du XVIIe siècle, qui s'adonnèrent à l'étude de la genèse des os, trouvèrent que les os proviennent de cartilages et de membranes, loi qui ne manqua pas dès lors de contradicteurs (Albin,

Haller, par exemple). Dans ces derniers temps, le débat a de nouveau été mis sur le tapis au point de vue histologique, et quoique dans les détails il règne encore quelques divergences d'opinion, on admet généralement que l'opinion ancienne est la vraie, à savoir que la genèse des os a lieu de deux manières. Le tissu osseux spongieux tire son origine du cartilage, le tissu compacte (substance dure des anciens) du tissu conjonctif. On exprime aussi cette distinction en disant qu'il existe des os primaires et des os secondaires (Kölliker), d'une ossification directe ou indirecte (Bruch), des couches squelettiques hyalino-cartilagineuses et membrano-cartilagineuses (Reichert). Nous ne pouvons pas cependant caractériser nettement cette division, puisque, comme nous l'avons dit souvent plusieurs fois, le tissu conjonctif et le cartilage ne sont pas des tissus réellement différents, mais bien seulement des modalités d'une seule et même substance.

Si nous considérons l'agencement du squelette, nous voyons tout d'abord que les formes squelettiques des vertébrés ont pour but, d'une part, d'établir une charpente susceptible de mouvements divers, et d'autre part, de donner aux organes importants une enveloppe protectrice. Il est clair encore que si le cartilage est un organe de soutien, il permet aussi la liberté du mouvement par son élasticité et par sa solidité, liberté qui deviendrait impossible avec une couche fondamentale ossifiée. On conçoit en outre la nécessité et l'utilité des ligaments élastiques, qui simplifient le travail des muscles dont ils sont les antagonistes. Mais s'il s'agit, dans les cas particuliers, d'interpréter pourquoi dans les différentes sortes de vertébrés une partie du squelette reste ou conjonctive, cartilagineuse, ou se présente ossifiée, le problème paraît impossible à résoudre, puisque nous sommes peu renseignés sur leur manière de vivre, surtout sur celle des vertébrés inférieurs. Nous devons donc nous borner à de simples présomptions en disant que les différentes modalités de la substance conjonctive (tissu conjonctif, tissu élastique, cartilage, os) qui concourent à la formation du squelette, peuvent être en rapport avec la masse de l'animal, le lieu où il se retire et la manière dont il se meut. La structure aérienne (pneumatique) des os de l'oiseau a été rattachée au vol ; les os doivent naturellement une grande partie de leur légèreté à l'air qui les remplit.

— Sur la structure du squelette des poissons, voyez John Müller (1), Willamson (2), Leydig (3), ses recherches sur les poissons et les rep-

(1) *Anatomie des myxinoïdes.*

(2) *Philos. trans.*, 1851.

(3) *Rochen. u. Haie.*

tiles (1), ses remarques histologiques sur le *Polypterus* (2), Kölliker (3).

Les os de ces poissons n'ont « aucune trace de tissu osseux » ils paraissent être exclusivement composés de tissu conjonctif imprégné de sels terreux; ils sont dépourvus de corpuscules osseux. Tout autour de la colonne vertébrale se trouve une puissante enveloppe composée de tissu conjonctif gélatineux, sur laquelle s'applique immédiatement la musculature. Dans les travaux de Bruch sur l'histoire du développement du tissu osseux, on trouve des planches excellentes.

Les *fibres élastiques* des ligaments présentent une épaisseur variable. On distingue des fibres minces avec un trajet le plus souvent très-sinueux, et des fibres fortes qui ont peu de tendance à se créper. Ces dernières présentent chez les gros mammifères un aspect plus lâche, comme gradué.

La callosité située aux pieds de derrière du *Pelobates* a pour couche fondamentale un cartilage hyalin, dont l'intérieur est en grande partie incrusté de sels calcaires. Entre le derme et le bord du cartilage hyalin se trouve une couche assez épaisse, dont le tissu ne paraît pas, au premier abord, tout à fait clair, tandis que vu de plus près, il présente un cartilage fibroïde dont les cellules sont très-molles, et dont la substance intercellulaire est formée de fibres ou de stries perpendiculaires. Au-dessus se trouve le derme légèrement pigmenté, et enfin l'épiderme dont l'épaisseur n'offre rien de remarquable.

CHAPITRE VIII

DU SQUELETTE DES INVERTÉBRÉS.

150. — Nous venons de voir que chez les vertébrés une charpente rigide interne, composée des tissus conjonctif, cartilagineux et osseux, donne à l'animal sa forme spéciale. Chez les *invertébrés*, au contraire, si la forme de l'animal résulte d'organes rigides, c'est à la peau que ces organes appartiennent. En traitant de la peau des invertébrés, nous avons développé plus haut les dispositions correspondantes du tégument.

(1) *Histologie des Störs.*

(2) *Zeitschr. f. wiss. Zoolog.*

(3) *Bau v. Leptocephalus, u. Helmichthys,* in *Zeitschr. f. wiss. Zoolog.*

Les différentes parties du squelette se composent de cartilage, lequel présente les mêmes variations que celles que nous avons décrites à propos des vertébrés. Il est formé de cellules et d'une substance fondamentale; les premières ont une forme variable, le plus souvent ronde et ovale; elles s'allongent aussi comme des fibres; quelquefois même elles sont pourvues de prolongements ramifiés (Bergmann). Dans les espèces très-transparentes, il arrive parfois que les cellules s'élargissent pour former de grosses vésicules, tout à fait semblables à celles qui se trouvent dans la corde dorsale des poissons. La substance fondamentale, ordinairement hyaline, paraît rarement striée; parfois elle forme autour des cellules des capsules stratifiées, tantôt elle forme des masses considérables, tantôt elle s'efface au point que les cellules se touchent (cartilages celluleux). Joh. Müller n'a pu extraire du cartilage de la tête du *Loligo* aucune matière qui ressemblât à de la colle. D'après Carus, on rencontre parfois dans le cartilage des cavités qui paraissent renfermer des vaisseaux.

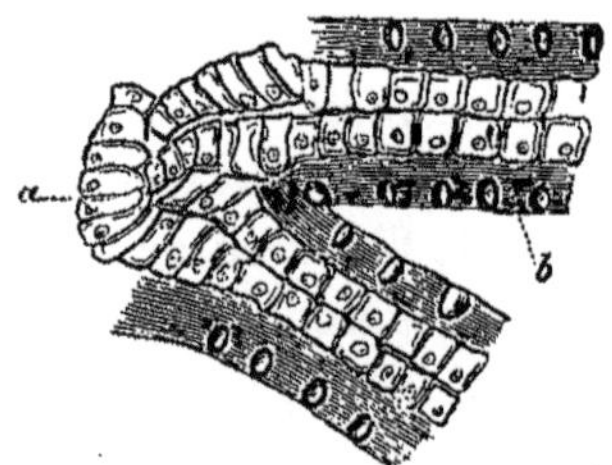

Fig. 89. — Un morceau de cartilage branchial de l'*Amphicora mediterranea*. (Fort grossissement.)

a. Squelette du cartilage. — *b*. La peau (avec des corps particuliers, organes urticants?).

On trouve encore un squelette intérieur cartilagineux dans les troncs branchiaux de quelques *vers à branchies* (j'ai décrit l'*Amphicora* et la *Serpula*). Ce squelette appartient au cartilage celluleux; il se compose de rangées de cellules quadrangulaires avec des parois épaisses, claires, à contours nets, et pourvues d'un petit noyau, visible après emploi d'acide acétique. Quatrefages pense que « cette espèce de cartilage interne chez les serpulacés et les sabelles est de structure presque cartilagineuse à la partie antérieure du corps, laquelle sert de point d'attache aux muscles branchiaux et thoraciques, et se prolonge dans les ramifications branchiales ».

CHAPITRE IX

DU SYSTÈME NERVEUX DE L'HOMME.

Le *système nerveux* est l'organe des manifestations vitales proprement animales; de lui dépendent les activités de l'âme, l'excitabilité au mouvement, la sensation. Il se compose d'une partie centrale : le cerveau et la moelle, et d'une partie périphérique : les nerfs. Les deux vont de l'une à l'autre sans interruption.

151. — *Développement des centres nerveux.* — Nous savons par Remak que du feuillet blastodermique supérieur et de sa partie périphérique proviennent seulement les formations épithéliales qui sont dépourvues de vaisseaux et de nerfs. On pourrait donc, à priori, construire le plan de développement du système nerveux, en disant que les centres nerveux, comme le système nerveux périphérique, sont des formations et des divisions du feuillet moyen du blastoderme, et que les revêtements épithéliaux du canal médullaire dépendent seuls du feuillet supérieur. Mais Remak a soin de faire ressortir que l'observation ne confirme pas « ces hypothèses, si simples et si plausibles » : elle enseigne plutôt que le canal médullaire provient d'un épaississement central du feuillet blastodermique supérieur.

152. — *Structure des centres nerveux.* — Malgré les procédés d'investigation les plus divers, on n'est arrivé jusqu'à ce jour qu'à des résultats partiels sur le mode de structure des *centres nerveux*, du cerveau et de la moelle. On peut les résumer ainsi qu'il suit :

Une *substance conjonctive* très-délicate sert de *lit* aux vaisseaux sanguins; son importance est proportionnelle à la vascularité : il en est ainsi à la périphérie des circonvolutions cérébrales, à la *substance perforée* de la base. Cette substance conjonctive, sous la forme d'une masse finement granuleuse avec des noyaux isolés, représente, à travers le cerveau et la moelle, une sorte de feutrage délicat dont les cavités sont occupées par les fibres nerveuses primitives et par les globules ganglionnaires. En plusieurs endroits (la moelle, par exemple), ce tissu conjonctif peut être un peu plus résistant et présenter des corpuscules (la substance gélatineuse de la moelle épinière est du tissu conjonctif). Suivant les recherches de R. Wagner, les globules ganglionnaires du cerveau et de la moelle sont des cellules *à plusieurs rayons* ou multipolaires. Dans ses travaux anciens et nouveaux, Schröder van der Kolk ne reconnaît que des cellules multipolaires aux organes centraux.

Des agrégats de cellules ganglionnaires multipolaires se trouvent dans l'*Ala cinerea* et dans les noyaux nerveux de la moelle allongée, dans le *Locus cæruleus*, le *Locus niger Sœmeringii*, les corps dentelés, olivaires et cérébelleux, dans les ganglions basilaires, les tubercules quadrijumeaux, les corps genouillés, les couches optiques, la commissure molle, les corps striés, les noyaux lenticulaires, les cornes d'Ammon, le *Bulbus olfactorius*.

Pour le moment, toute notion nous échappe sur la manière dont les cellules ganglionnaires de la substance grise sont géométriquement disposées : nous savons seulement que les prolongements des cellules ganglionnaires sont en partie les points d'émergence des fibres nerveuses, et qu'ils servent aussi à relier entre elles les cellules ganglionnaires. La grosseur des globules ganglionnaires varie suivant les localités; ils sont parfois pigmentés, et toujours pourvus de 4, 6, 15 et même 20 prolongements. On trouve des globules remarquablement gros à la pointe des cornes antérieures de la substance grise spinale, dans l'*Ala cinerea*, le *Locus cæruleus*, la couche corticale grise du cervelet. Ici les ramifications se distinguent par leur finesse et leur longueur.

153. — *Substance blanche*. — La *substance blanche* des centres nerveux se compose d'un agrégat de fibres primitives d'épaisseur variable et graduée. Les fibrilles les plus épaisses se présentent normalement au point d'émergence des nerfs des parties centrales; les plus fines se rencontrent dans les protubérances du cerveau et du cervelet. Toutes les fibres nerveuses se continuent avec les prolongements des globules ganglionnaires.

On n'a pas encore donné une représentation graphique satisfaisante des fibres nerveuses du cerveau et de la moelle épinière; les opinions qu'on a émises sur la manière dont elles se disposent en cordons dans la moelle, comment ensuite elles montent pour s'irradier dans le cerveau, présentent de grandes divergences, et elles sont toutes plus ou moins hypothétiques. Comme mes propres observations sur ce sujet sont encore peu coordonnées et que les matériaux me font défaut, je préfère donner les résultats auxquels R. Wagner est arrivé, et je conserverai ses propres expressions.

Les fibres qui pénètrent à travers les racines postérieures de la moelle se réunissent en trois faisceaux principaux.

1° Une partie des fibres purement sensitives montent au cerveau, sans se combiner avec les cellules ganglionnaires, pour y produire les sensations dont on a conscience.

2° Une deuxième partie de ces fibres se combinent avec des cellules ganglionnaires, qui forment un amas dans la substance grise des cornes postérieures, et aussi avec de petites cellules multipolaires isolées et disséminées; de là partent ensuite de nouvelles fibres qui montent au cerveau, tandis que d'autres, devenant de fines commissures, passent derrière le canal central pour se rendre à quelques cellules ganglionnaires isolées des cordons postérieurs de l'autre côté.

3° Une troisième partie des fibres, laquelle est très-importante, ne transmettent aucune sensation; au contraire, elles se rendent aux grosses cellules ganglionnaires multipolaires de chaque moitié latérale dans les cordons antérieurs correspondants, d'où partent des fibres pour les racines motrices antérieures.

Toutes les fibres qui émergent des lignes radicales antérieures paraissent se réunir à de grosses masses de cellules ganglionnaires multipolaires qui se trouvent dans les cornes antérieures de la substance grise. Il est probable que les cordons antérieurs ainsi que la plus grande partie des cordons latéraux sont exclusivement formés par des fibres qui dérivent des prolongements des cellules ganglionnaires et passent dans les racines motrices, ainsi que par d'autres fibres, qui vont des cellules ganglionnaires au cerveau. Chaque cellule ganglionnaire représente, par conséquent, un petit système de fibres qui vont, soit au cerveau, soit (et c'est le plus grand nombre) à la périphérie, ou bien encore aux fibres transversales de la commissure antérieure; pour réunir entre elles une partie des cellules ganglionnaires des deux moitiés latérales de la moelle épinière.

Ces rapports se retrouvent dans la *moelle allongée*. On y constate, seulement sur un plus petit espace, des dispositions pour ainsi dire plus ingénieuses. En effet, ce qu'on appelle les *noyaux nerveux*, c'est-à-dire les agrégats de cellules ganglionnaires multipolaires, représentent des systèmes de cellules ganglionnaires beaucoup plus séparés, et cependant aussi spécialement reliés entre eux. Les appareils centraux des organes des sens renfermés dans le *cerveau* offrent des dispositions plus compliquées, mais tout à fait analogues dans les rapports fondamentaux. Par les bandelettes optiques, les fibres primitives centripètes pénètrent immédiatement dans les corps genouillés. Ces derniers ne sont autre chose que des amas de cellules multipolaires ganglionnaires, avec lesquelles se combinent, du reste, la majeure partie des fibres optiques. Le corps genouillé externe surtout paraît être très-riche en cellules ganglionnaires; cet organe, tout en recevant des fibres des bandelettes optiques, en émet d'autres qui vont à ces bandelettes par les bras des tubercules quadrijumeaux. Ces derniers représentent le deuxième système d'agrégats de cellules ganglionnaires avec lesquelles se combinent les fibres nerveuses optiques. De ces tubercules partent vers la profondeur des fibres qui se combinent avec la moelle allongée et s'établissent en connexion avec les agrégats de cellules ganglionnaires situées sur le fond de l'aqueduc de Sylvius avec les noyaux du nerf oculo-moteur. Enfin le *thalamus* est le quatrième et le plus gros des agrégats de cellules ganglionnaires multipolaires, desquelles une grosse partie au moins s'unit aux fibres nerveuses optiques, tandis qu'un autre système de fibres émergeant des couches optiques établit des rapports plus éloignés avec les lobes du cerveau. Il résulte de là que les sensations qui commencent à l'extrémité des fibres rétiniennes sont transmises aux appareils cellulo-ganglionnaires situés dans les corps genouillés, dans les tubercules quadrijumeaux et les couches optiques pour y être élaborées avant d'être définitivement communiquées au cerveau dans la phase ultime de l'innervation, pour arriver enfin dans le domaine de la conscience de l'âme comme représentation complète de la vue.

Dans le cerveau et le cervelet se terminent au moins une grande partie des fibres, qui y pénètrent par les pédoncules cérébraux et cérébelleux : cela veut dire que ces fibres se perdent dans des cellules ganglionnaires. Ces régions de terminaison paraissent être pour le cerveau le système de cellules ganglionnaires des corps striés et de la dernière portion du noyau lenticulaire, et pour le cervelet le noyau dentelé. Les fibres qui émergent de l'autre côté de ces agrégats cellulo-ganglionnaires, sont d'une tout autre nature : elles transmettent les actions réciproques qui se passent avec les cellules multipolaires de la protubérance. Lorsque sur un animal vivant on enlève toute la surface supérieure du cervelet, on ne produit ni douleur ni tressaillement musculaire; mais la destruction des couches profondes striées situées sur les *crura cerebelli ad corpora quadrigemina* et les *crura ad medullam oblongatam* déterminent de la douleur et des convulsions. Les *corpora dentata* paraissent être la limite où se produisent ces phénomènes physiologiques. Les hémisphères du cerveau se comportent d'une manière analogue, et paraissent n'être qu'un organe placé sur le cerveau moyen (1).

(1) Le *Bericht. üb. Fort. d. Ana. u. Phys.* de 1859 renferme les conclusions d'un grand travail de Stilling sur cette matière. Nous le reproduisons ici à cause de l'intérêt qu'il présente :

» Chaque moitié latérale de la moelle épinière, dans sa partie principale, se compose : *a.* De deux colonnes de cellules nerveuses, grandes et petites, plus ou moins parallèles suivant leur axe longitudinal ; *b.* de fibres nerveuses qui cheminent dans différentes directions et tirent leur origine de points différents : 1° du cerveau pour se terminer dans la moelle ; 2° des ganglions spinaux, soit pour se terminer dans la moelle, soit pour la traverser en allant fournir un contingent aux racines nerveuses antérieures; 3° de cellules nerveuses,

Des travaux importants ont été tout récemment publiés par Jacubowitsch et Owsjannikow sur les origines des nerfs dans le cerveau; s'ils sont reconnus exacts, ils prêteront un grand appui aux lois do

soit pour contribuer aux racines nerveuses, soit pour rester dans la moelle comme fibres commissurales.

« Les cellules nerveuses, pour chaque région de la moelle épinière, d'où émerge une racine spinale, se partagent en catégories, qui se distinguent par la direction et le parcours des fibres qui en sortent. Ces catégories sont, pour la colonne de cellules nerveuses antérieures, disposées ainsi qu'il suit :

1° Les fibres passent dans les racines nerveuses antérieures en suivant une direction horizontale ou presque horizontale. Les cellules forment donc pareillement les lieux d'origine spinaux pour les racines nerveuses antérieures, d'une manière analogue aux cellules nerveuses des ganglions spinaux, qui doivent être considérées comme les lieux d'origine des racines postérieures;

2° Les ramifications se dirigent en bas obliquement, sur une étendue plus ou moins grande, à travers les cordons antérieurs gris et blancs, pour se perdre dans une racine antérieure du nerf spinal le plus voisin ou d'un nerf spinal plus éloigné ;

3° Les ramifications se dirigent en haut, vers une racine nerveuse proche ou éloignée ;

4° Elles vont, par un trajet irrégulier, à travers la commissure antérieure ou postérieure, et sans se mettre en connexion avec des cellules nerveuses, et par conséquent avec les fibres du même plan horizontal ou des plans horizontaux supérieurs et inférieurs, de la même ou de l'autre moitié latérale de la moelle épinière ;

5° Les fibres pénètrent par des directions différentes dans les cordons blancs antérieurs ou latéraux ; arrivées là, elles prennent une direction parallèle à l'axe longitudinal de la moelle, et montent sans discontinuité jusqu'au cerveau. Elles forment la masse principale des fibres longitudinales du cordon blanc antérieur et de la portion antérieure du cordon blanc latéral, le système de fibres intermédiaire entre les racines antérieures et le cerveau. Mais en même temps, pendant qu'à partir de leurs cellules elles montent obliquement vers le haut, elles représentent les fibres obliques des cordons antérieurs et latéraux ;

6° Des fibres horizontales ou plus ou moins voisines de la direction horizontale se dirigent en arrière, traversent horizontalement ou en écharpe les cornes grises postérieures, et se mettent ici soit directement, soit par le moyen des cellules nerveuses, en connexion avec les fibres des racines postérieures ;

7° Les fibres ont un parcours direct ou sinueux vers le bas dans les cornes grises antérieures et mettent les cellules nerveuses en connexion avec celles des régions voisines ou plus profondes. Elles forment, avec les suivantes, la portion effective des fibres nerveuses propres aux cornes grises antérieures;

8° Les fibres de cette catégorie suivent un trajet direct ou sinueux vers le haut dans les cornes antérieures et s'unissent aux cellules nerveuses de la portion supérieure de la moelle épinière.

b. La colonne de cellules nerveuses postérieures. Les cellules nerveuses de cette colonne se divisent suivant le trajet des fibres qui en sortent ainsi qu'il suit :

« 1° Les fibres cheminent horizontalement, directement vers le bas, pénètrent à travers les cornes grises postérieures dans les cordons blancs postérieurs, et par ceux-ci et les couches postérieures des cordons latéraux elles arrivent comme fibres primitives d'une racine postérieure dans une cellule glanglionnaire spinale correspondante;

« 2° Les fibres traversent suivant différentes directions les cornes grises postérieures

Wagner (1). Je reproduis l'extrait que Funke en a publié dans le *Schmidt'schen Jahrbücher* (2). Ces observateurs ont pu constater qu'il existe dans le cerveau deux classes de cellules nerveuses à différence anatomique et fonctionnelle : les grosses, comme celles de la moelle épinière, sont pour le mouvement ; les petites, pour la sensation. Les nerfs olfactifs, optiques et acoustiques, c'est-à-dire les trois nerfs de sensibilité spéciale, naissent des petites cellules qui sont pourvues de fines ramifications. Ces cellules sont trois ou quatre fois plus petites que les grosses cellules, que l'on trouve dans les cornes antérieures de la substance grise de la moelle; elles sont d'une couleur plus claire, grises, blanches, ovales; leurs ramifications, au nombre de trois ou quatre, sont trois ou quatre fois plus fines que celles des grosses cellules. Tous les autres nerfs du cerveau ont une origine formée par le mélange de grosses et de petites cellules : 1° le *N. oculomotorius*

arrivent ensuite, comme celles de la catégorie précédente, dans les cordons blancs postérieurs et montent, suivant un espace plus ou moins long, vers les racines des nerfs supérieurs ;

» 3° Les fibres se comportent de la même manière avec les racines émergeant inférieurement ;

» 4° Les fibres, après avoir traversé les cordons gris postérieurs suivant des directions diverses, s'infléchissent vers le haut dans les cordons blancs postérieurs et dans la partie postérieure des cordons latéraux, et s'étendent sans discontinuité jusqu'au cerveau. Elles forment la masse principale des fibres longitudinales de la moitié postérieure de la moelle ;

5° Les fibres servant à l'union de cellules nerveuses de la même région, de la région supérieure et inférieure de la colonne postérieure, ainsi que de la même région de la colonne antérieure de la moitié correspondante et opposée de la moelle. Ces fibres forment la partie principale des fibres primitives propres aux cornes grises postérieures, ainsi qu'une partie des fibres commissurales.

» Toutes ces catégories de cellules des colonnes antérieure et postérieure ne doivent pas être considérées comme si chaque cellule nerveuse d'une catégorie était exclusivement destinée à fournir des fibres spéciales. Chaque cellule nerveuse peut, au contraire, donner naissance à plusieurs fibres cheminant suivant différentes directions, et recueillir plusieurs fibres provenant de divers côtés. Les prolongements des plus petites fibres nerveuses de la substance gélatineuse, qui ne peuvent pas être considérées comme des fibres nerveuses primitives complètes, n'entrent pas ici en ligne de compte.

» Les fibres nerveuses primitives de la moelle se distinguent, suivant Stilling, toujours d'après leur développement en *fibres locales*, qui appartiennent toujours à *une* région nerveuse ; en *fibres provinciales*, qui s'étendent de deux à cinq nerfs supérieurs et inférieurs; en *fibres universelles* ou *cérébrales*, qui, de la région à laquelle elles appartiennent, montent directement jusqu'au cerveau. Dans tous les trois cordons, il y a des fibres longitudinales, transversales et obliques. Leur trajet vient d'être décrit dans l'énumération ci-dessus des cellules nerveuses et de leur prolongement. » (*Bericht*, 1859, p. 198.) (*Stilling. neue Unters.*)

(1) *Bull. de l'Acad. de Pétersbourg, classe phys.-mathém.*, t. XIX, n° 323.

(2) *Schmidt'schen Jahrb.*, Bd. LXXXIX, 1856.

naît dans les tubercules quadrijumeaux de petites cellules qui sont massées autour de l'aqueduc de Sylvius. Ces dernières se placent contre les ramuscules épais des grosses cellules, qui vers le bas sont situées à droite et à gauche aux deux côtés de l'aqueduc. Ces deux sortes de prolongements fins et épais constituent les racines de l'oculo-moteur. 2° Le *N. trochlearis* provient aussi de grosses et de petites cellules. 3° Quant au *N. trigeminus*, la petite portion provient des grosses cellules situées aux deux côtés de la fosse rhomboïdale; la grande portion vient des petites cellules situées dans les corps restiformes et olivaires. 4° Les *N. abducens* et *facialis* sont également d'origine mixte. De ces faits, les deux auteurs concluent que les grosses cellules sont des cellules motrices, et que les petites, avec leurs fines ramifications, sont des cellules sensibles. En outre, les gros hémisphères du cerveau se composent seulement de petites cellules avec de fines ramifications qui vont au centre. Il existe une commissure entre tous les groupes de cellules nerveuses : à la surface supérieure du cervelet se trouvent de grosses cellules qui envoient des cylindres axiles à la périphérie, se reliant entre eux et se terminant par des divisions très-fines. Ces grosses cellules envoient aussi au centre des rameaux qui s'unissent aux fines cellules, et de ces dernières seulement partent les filaments nerveux qui forment la substance blanche du cervelet.

154. — *Enveloppe des centres nerveux.* — Les *membranes enveloppes* du cerveau et de la moelle, dure-mère, arachnoïde et pie-mère, se composent de tissu conjonctif, que l'on trouve en grande proportion dans la dure-mère; il est brillant comme un tendon, et renferme de nombreuses fibres élastiques. L'arachnoïde est plus délicate; cependant elle renferme aussi des éléments élastiques; le tissu conjonctif paraît le plus mince dans l'enveloppe vasculaire où il est dépourvu de fibres élastiques. Les surfaces libres de la dure-mère et de l'arachnoïde sont recouvertes par un épithélium pavimenteux. On trouve des fibres nerveuses dans la dure-mère aussi bien que dans la pie-mère; elles appartiennent en propre à ces membranes. La pie-mère porte un réseau vasculaire très-épais qui est destiné au cerveau et à la moelle, et s'enfonce dans ces organes. Les prolongements de la pie-mère dans les cavités du cerveau, les plexus choroïdes, se composent aussi d'une substance fondamentale conjonctive, avec des ramifications vasculaires extrêmement nombreuses, et à l'extérieur se trouve un épithélium dont les cellules ont ceci de spécial, qu'elles se terminent en bas par des prolongements en forme d'aiguillons, et que leur contenu jaune granuleux renferme le plus souvent une ou deux gouttelettes de graisse. Il n'existe pas sur ces cellules de cils vibratiles.

Le revêtement membraneux (*épendyme*) des cavités du cerveau, ainsi que celui du canal de la moelle épinière, proviennent de ce que la substance conjonctive délicate qui traverse les parties centrales du système nerveux s'épaissit fortement sur la paroi des ventricules, principalement autour du canal central de la moelle; elle est recouverte (dans le cerveau) d'un épithélium à cellules rondes. Cet épithélium est vibratile, chez les adultes, à l'extrémité postérieure de la fosse rhomboïdale, et probablement le long de tout le canal de la moelle épinière, où il est composé de cellules cylindriques. Chez les nouveau-nés et jusqu'à la fin de la première année, cet épithélium est vibratile dans toutes les cavités du cerveau (Luschka).

Il faut ajouter que, dans l'épendyme, on rencontre très-fréquemment les corps *amylacés :* ce sont des corps ronds ou en forme de petits pains, jaunâtres, à couches concentriques. Les opinions diffèrent encore sur leurs propriétés chimiques : d'après Virchow, ils sont formés de cellulose; d'après Henle et Meckel, au contraire, ce sont des formations de nature graisseuse (formations de cholestérine). — Un autre phénomène pathologique, très-constant dans l'arachnoïde, la pie-mère, et le conarium, consiste dans le *sablé du cerveau* (*acervulus cerebri*), qui se présente sous la forme d'une production ostracée, globuleuse, mûriforme, et même plus irrégulière, et se compose de calcaire carbonaté et de substance organique. Fréquemment elle ressemble à une incrustation de tissu conjonctif.

155. — *Système nerveux périphérique.* — Le *système nerveux périphérique* est formé par les nerfs cérébraux et spinaux qui émergent du cerveau et de la moelle, ainsi que par les nerfs sympathiques. Dans les *nerfs*, les fibres primitives sont réunies par le tissu conjonctif en cordons gros et fins; et comme, dans les nerfs de la tête et de la moelle, les fibres primitives ont des bords foncés, ces nerfs offrent un aspect blanchâtre, brillant, produit par l'enveloppe médullaire des fibrilles. Le tissu conjonctif, réunissant en faisceaux les fibres primitives qui forment les nerfs par leur assemblage, s'appelle *névrilème :* il porte, ici comme ailleurs, les vaisseaux sanguins chargés de la nutrition des nerfs. Lorsque le tissu conjonctif n'enveloppe qu'un petit nombre de fibres nerveuses, il forme simplement une enveloppe dépourvue de structure nucléaire (c'est un fait connu chez nous depuis longtemps ; néanmoins Robin en a parlé comme de quelque chose de neuf sous le nom de *périnèvre*). Dans les *nerfs sympathiques* il existe aussi des fibres primitives à bords foncés; mais elles sont le plus souvent très-minces. Il y a encore des fibres pâles (de Remak); si ces dernières sont en majorité, le nerf perd son aspect blanc, éclatant; il devient gris blan-

châtre ou gris rougeâtre, et il est alors moins solide qu'un nerf cérébro-spinal de couleur blanche.

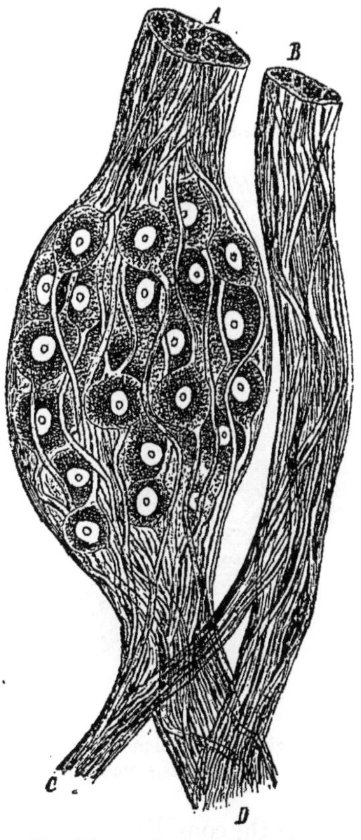

Fig. 90. — Un ganglion spinal.

A. Racine sensible, et sur elle le ganglion avec les globules ganglionnaires bipolaires. B. La racine motrice. — C. Rameau postérieur du nerf de la moelle. — D. Rameau antérieur. (Fort grossissement.)

Ganglions. — Sur le système nerveux périphérique se trouvent des renflements nombreux en forme de nœuds, des *ganglions*. Ils se composent d'une enveloppe extérieure conjonctive, la continuation du névrilème, lequel envoie en dedans une espèce de charpente chargée de transporter les vaisseaux sanguins dans l'intérieur de la masse. La substance propre des ganglions est formée par les cellules ganglionnaires et les fibrilles nerveuses. Les nouvelles recherches de Remak montrent que les ganglions sont de nature diverse, eu égard aux propriétés de leurs cellules nerveuses : ainsi, les uns, auxquels appartiennent les ganglions spinaux, ainsi que les ganglions du trijumeau et du vagus, ne renferment que des *cellules unipolaires et bipo-*

laires : elles paraissent unipolaires, parce que les deux prolongements émergent l'un à côté de l'autre, ou bien parce que le prolongement unique se divise après un court trajet. Les ganglions nerveux du système sympathique, au contraire, contiennent plutôt des *cellules multipolaires*, dont les prolongements se perdent dans les fibres nerveuses.

Pour savoir comment les fibrilles nerveuses se terminent à la périphérie du corps, voyez MUSCLES, PEAU, ORGANES DES SENS, etc.

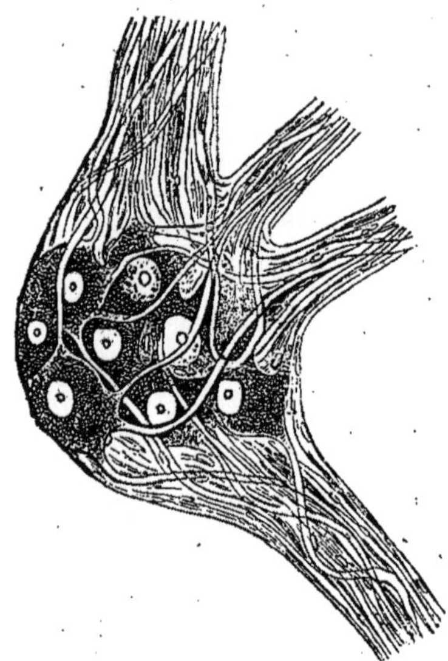

Fig. 91. — Un ganglion sympathique avec cellules multipolaires. (Fort grossissement.)

156. — *Physiologie.* — On considère depuis longtemps la substance grise comme la partie du système nerveux de laquelle émanent les actes supérieurs de la vie nerveuse, tandis que la substance blanche et les fibres nerveuses fonctionnent seulement comme des appareils physiques. L'action que la substance grise exerce sur les fibres nerveuses est un fait de contiguïté, et les phénomènes réflexes proviennent de ce que l'excitation d'une fibre nerveuse se transmet au delà de son enveloppe à celle qui lui est contiguë.

Le principe anatomique que nous avons établi plus haut, et d'après lequel les éléments nerveux, cellules ganglionnaires et fibres nerveuses, forment par des liaisons déterminées un appareil solidaire, nous oblige à proposer la théorie d'une action des cellules ganglionnaires sur les fibres nerveuses par simple contiguïté, et à baser tous les phénomènes de l'innervation sur la réunion des cellules ganglionnaires et des gros agrégats de cellules, sortes de provinces d'innervation de dignité physiologique variable, réunion qui s'effectuerait, soit entre elles, soit avec les cordons nerveux périphériques. (R. Wagner.)

157. — Parmi les *méthodes* employées pour découvrir la structure du cerveau et de la moelle, celle qui a été employée d'abord par Stilling s'est répandue la première ; elle consiste à exécuter des coupes transversales et longitudinales de la moelle. Stilling se servait d'alcool pour durcir ses préparations ; on a substitué à cet agent l'acide chromique qui donne de meilleurs résultats.

Les *cellules ganglionnaires multipolaires* des organes centraux ont été découvertes par Purkinje, Joh. Müller et Remak (1837); pendant longtemps on les a considérées comme une simple formation complémentaire des fibres. La connexion des cellules ganglionnaires multipolaires avec les fibres nerveuses dans la moelle et dans le cerveau a été indiquée pour la première fois par Stilling, R. Wagner et Leuckart. Les travaux de R. Wagner ont obtenu une approbation éclatante, malgré le grand nombre des contradictions provenant dans ces derniers temps des recherches de Schilling, Owsjannikow et Kupfer, et publiées sous la direction de Bidder (nous en parlerons plus bas); les travaux de Wagner doivent être considérés comme des conquêtes réelles de l'anatomie.

Les découvertes de Remak sur les cellules ganglionnaires multipolaires des ganglions sympathiques se trouvent dans le *Monatsbericht* (1). Cet auteur a trouvé des cellules ayant de trois à douze prolongements. Les ramifications les plus nombreuses appartiennent aux cellules du plexus solaire. Remak croit pouvoir conclure de ses observations que les cellules ganglionnaires multipolaires se combinent anatomiquement dans les racines postérieures avec les fibres et les cellules sensibles, aussi bien qu'avec les fibres motrices dans les racines antérieures.

Les prolongements aculéiformes et tournés vers le bas, situés sur les cellules épithéliales des plexus choroïdes ont été décrites pour la première fois par Henle. Ces formations ne sont pas uniques ; en effet, l'épithélium qu'on trouve dans ce qu'on appelle les tubes muqueux du *Notidanus* (lesquels représentent des appareils nerveux particuliers) se termine par des aiguillons semblables de longueur variable, mais faisant librement saillie. Il en est de même de certaines cellules épithéliales situées dans le limaçon de l'organe de l'ouïe chez différents vertébrés. Luschka a vu aussi ces prolongements aculéiformes des plexus choroïdes de l'homme faire librement saillie au-dessus des autres cellules épithéliales. Günther prétend avoir rencontré des cils vibratiles

(1) *Monatsbericht, d. Berl. Akad.*, Januar, 1854.

sur les plexus choroïdes d'un suicidé; je ne puis confirmer ce fait, par mes recherches sur un supplicié (1), quoique j'aie trouvé les cellules en très-bon état, et que le bord net de la couche épithéliale ait été minutieusement observé en différents points. Cependant Luschka croit remarquer des cils vibratiles chez les nouveau-nés.

La controverse relative à la nature des *corps amylacés* pourrait bien se compliquer, puisque Remak a trouvé que le sable du cerveau, traité par l'iode et l'acide sulfurique, jouit de la propriété découverte par Virchow sur les corps amylacés. Ainsi, si l'on traite le sable du cerveau par ces deux agents, on voit, sous le microscope, sortir des amas de granules un courant bleuâtre, à l'intérieur duquel les cristaux de gypse se précipitent avec une coloration bleue. Si l'on se sert d'acide sulfurique étendu, les cristaux bleus se forment dans l'intérieur même des granules, et comme ces derniers conservent encore leur couleur jaune brunâtre, on voit par places des jeux de couleur verte.

CHAPITRE X

DU SYSTÈME NERVEUX DES VERTÉBRÉS.

158. — Les centres nerveux, cerveau et moelle épinière, se composent de substance conjonctive avec vaisseaux sanguins, de cellules ganglionnaires et de fibres nerveuses. A propos du *cerveau* des sélaciens, j'avais indiqué autrefois que la substance grise est divisée par des enveloppes conjonctives et vasculaires en masses arrondies (chez la salamandre terrestre, ces masses sont allongées et rayonnent vers la cavité des hémisphères). C'est surtout par les travaux de Bidder et de ses élèves, Owsjannikow et Kupfer, que l'attention a été appelée sur le *tissu conjonctif* des centres nerveux des poissons et des batraciens. La substance grisâtre transparente qui, chez différents poissons, environne avec un développement variable le canal central de la moelle, se compose exclusivement de tissu conjonctif à corpuscules ramifiés. De cette enveloppe conjonctive du canal central part un prolongement qui, se dirigeant toujours dans le sens antéro-postérieur, va jusqu'à la pie-mère et forme ainsi les sillons antérieur et postérieur. De cette masse de tissu conjonctif partent encore un certain nombre de faisceaux ténus qui,

(1) *Würzb. Verh.* Bd. V.

traversant la substance blanche, arrivent à la pie-mère et la décomposent en fascicules. Les cellules ganglionnaires sont aussi enchâssées dans le tissu conjonctif, qui paraît alors mou et hyalin. On rencontre un stroma semblable de substance conjonctive, ainsi que Kupfer l'a montré, dans les éléments nerveux de la moelle de la grenouille. De la pie-mère part un réseau conjonctif qui pénètre dans la moelle et se condense comme chez les poissons et chez l'homme autour du canal central, où jusqu'à présent on l'a décrit, mais à tort, comme étant de la substance nerveuse grise. Dans le tissu conjonctif, on peut distinguer les corpuscules et les fibres élastiques qui en résultent.

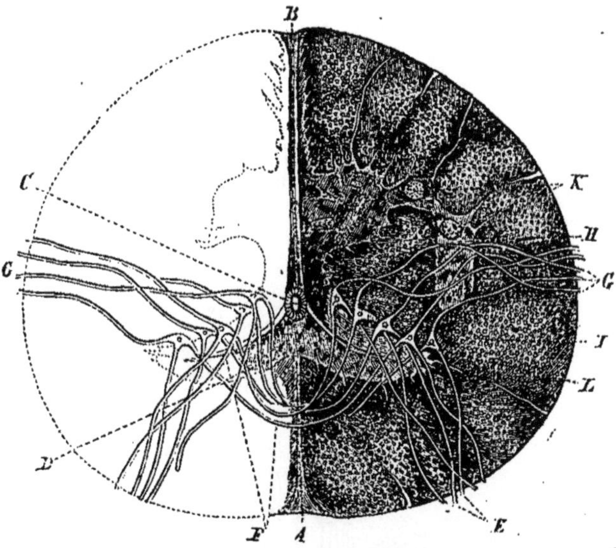

Fig. 92. — Coupe transversale de la moelle épinière du *Salmo salar*, d'après Owsjannikow.

A. Sillon médullaire antérieur. — *B*. Sillon postérieur. — *C*. Canal central revêtu d'un épithélium. — *D*. Tissu conjonctif qui entoure le canal central et envoie des prolongements dans les sillons antérieur et postérieur. — *E*. Racine antérieure. — *F*. Fibres commissurales. — *G*. Fibres de la racine postérieure. — *H*. Tissu conjonctif. — *I*. Fibres nerveuses de la substance blanche, coupées transversalement. — *K*. Vaisseaux sanguins coupés transversalement. — *L*. Cellules ganglionnaires.

159. — *Cellules ganglionnaires et fibres nerveuses du cerveau et de la moelle.* — Relativement aux *éléments nerveux*, Owsjannikow trouve dans la moelle de l'*Ammocoetes* et du *Petromyzon*, entre ces fibres nerveuses très-larges décrites pour la première fois par Müller, de grosses cellules ganglionnaires rondes qui envoient deux prolongements importants vers la tête et vers la queue. Si l'on enlève ces cellules, on voit que ces prolongements se scissionnent en beaucoup de fibrilles. Certaines couches de la moelle sont formées par des cellules

fusiformes, qui émettent jusqu'à cinq ramifications, présentant la disposition suivante : l'une se dirige obliquement à travers les fibres longitudinales vers la racine postérieure d'un nerf de la moelle; une deuxième va dans la racine antérieure; une troisième monte au cerveau; une quatrième se perd, comme commissure et par un trajet transversal, dans l'autre moitié. La cinquième, qui existe quelquefois, paraît se relier avec un prolongement d'une cellule ronde placée entre les fibres nerveuses larges.

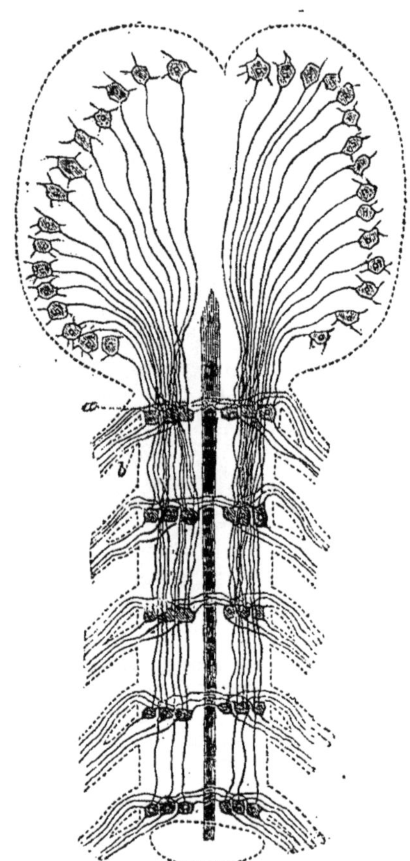

Fig. 93. — Schéma expliquant le trajet des fibres dans la moelle épinière.

a. Racine antérieure. — *b*. Racine postérieure.
On voit comment toujours une fibre sensible et une fibre motrice concourent dans une cellule ganglionnaire de laquelle partent une fibre qui monte au cerveau et une autre fibre commissurale qui va à l'autre moitié de la moelle.

Les *fibres nerveuses* de la moelle sont tantôt fines : ce sont celles qui forment sur les deux côtés de la moelle la couche la plus externe; tantôt larges (*fibres de Müller*) : ce sont ces fibres énormes qui se trouvent aux deux côtés du canal central. Elles n'ont pas dans toute la moelle le même diamètre; elles sont plus larges vers la portion cervicale, mais elles se rétrécissent dans la région caudale au point que finalement elles n'ont plus que la largeur des autres fibres longitudinales. Dans la moelle allongée, elles se perdent dans de grosses cellules rondes.—Les *cellules nerveuses* de la moelle des autres poissons (*Lucioperca sandra*, *Esox lucius*, *Salmo salar*, *S. trutta*, *Acipenser sturio*, *Thymallus*, etc.) sont enchâssées dans le tissu conjonctif entre les fibres nerveuses longitudinales, et prennent une forme le plus souvent triangulaire, un noyau et un nucléole. De chaque cellule on voit partir trois ramifications dans trois directions; l'une va jusque dans la racine antérieure, la seconde jusque dans la racine postérieure, et la troisième va en passant devant le canal central à l'autre moitié de la moelle pour s'unir avec une cellule correspondante de cette autre moitié.

Sur les coupes en long de la moelle, on peut suivre chaque fibre d'une racine antérieure jusqu'à une cellule nerveuse, et l'on voit de cette cellule monter vers le haut une deuxième fibre. Ainsi naît la *substance blanche* dont les fibres quasi parallèles vont jusqu'aux cellules nerveuses du cerveau. Par ce mode d'origine s'explique ainsi pourquoi la substance blanche augmente toujours en épaisseur de la queue vers la tête (1).

(1) L. Mauthner (*Untersuchungen üb. d. Bau d. Rückenmarks. der Fische Wien*, 8) a fait des recherches sur la lotte, la truite, la sandre et le brochet. Il a trouvé de chaque côté, dans les cordons antérieurs de la substance blanche de la moelle, en avant et sur les côtés du canal central, une fibre nerveuse médullaire très-forte; elle règne dans toute l'étendue de la moelle et atteint presque 0,1 millimètre d'épaisseur dans ses parties les plus épaisses. La substance grise s'étend du pourtour du canal central vers les deux côtés en avant et latéralement; elle représente un réseau épais dans lequel se trouvent des cellules ganglionnaires déterminées. De cette substance part un réseau de fibres qui traversent toute la substance blanche pour se rendre à la surface de la moelle. Ces fibres sont, comme la plus grande partie des fibres de la substance grise, des cylindres de l'axe. La commissure d'Owsjannikow des gros globules ganglionnaires, commissure qui réside dans la partie médiane entre le sillon longitudinal antérieur et le canal central, se compose, suivant Mauthner, non de cylindres de l'axe, mais bien de fibres nerveuses blanches, qui vont d'un côté à l'autre en formant un cordon. Dans la partie supérieure de la moelle, cette commissure est formée de deux et même de trois cordons nerveux, allant d'un côté à l'autre et se croisant en un point du faisceau fibreux médian, faisceau qui va depuis le sillon longitudinal antérieur jusqu'à la substance grise centrale. Un peu avant la terminaison supérieure du canal central, la commissure antérieure est formée par plusieurs petits faisceaux fibreux qui, de chaque côté, pénètrent dans le faisceau médian et même le traversent. A côté de cette commissure, Mauthner en trouve une deuxième plus antérieure immédiatement *en avant*; Stilling et Kölliker ont décrit une commissure placée immédiatement derrière le canal central; les deux sont formées de fibres nerveuses qui se croisent entre elles. La racine antérieure, sous la forme d'un cordon nerveux, fait sa sortie au-devant de la commissure antérieure profonde;

160. — La *moelle épinière* de la *grenouille* se comporte, d'après Kupfer, de la même manière que celle des poissons. Les grosses cellules nerveuses sont placées à l'extérieur de la substance grise conjonctive qui environne le canal central, et disposées en trois colonnes; chaque cellule a d'ordinaire trois (assez souvent quatre) prolongements; les deux prolongements latéraux vont dans les deux racines nerveuses, le troisième antérieur et le quatrième postérieur se perdent vers le sillon antérieur; probablement, comme chez les poissons, la troisième sert de commissure aux cellules de l'autre moitié de la moelle. Les fibres nerveuses qui forment la substance blanche occupent les deux parties latérales extérieures de la moelle.

161. — *Glande pinéale et corps pituitaire.* — La *glande pinéale* et le *corps pituitaire* sont deux *annexes* du cerveau, puisqu'elles présentent d'une manière plus ou moins évidente la structure des glandes vascu-

dans son trajet ultérieur, elle laisse de côté les parties latérales de la substance grise, avec leurs globules ganglionnaires. Au contraire, la racine postérieure représente sur la coupe transversale un réseau de fibres qui ne se réunissent qu'à leur sortie de la moelle. Sur ces joints, Mauthner est en désaccord avec Owsjannikow, et le contredit encore relativement à la situation des globules ganglionnaires et de leurs prolongements. Ces globules ne résident pas entre les fibres longitudinales de la substance blanche, mais ils remplissent uniformément la substance grise; dans la partie supérieure de la moelle, de chaque côté et derrière le canal central, on voit un groupe de ces globules renfermés dans la substance gélatineuse. Mauthner les trouve en plus grand nombre que ne l'indiquent les dessins d'Owsjannikow : 15-18 dans chaque moitié de la moelle, et encore plus dans la partie supérieure. Leur grosseur est variable; ils sont pourvus de quatre à sept prolongements émergeant dans le même plan; ils sont polyédriques, fusiformes, piriformes, rarement à trois angles. Les prolongements médians, passant dans des fibres médullaires, s'appliquent sur les racines antérieures; les prolongements à directions antéro-latérale et latérale atteignent la surface antérieure de la moelle dans le réseau fibreux qui se détache de la substance grise; les prolongements latéro-postérieurs passent dans le réseau fibreux, aux dépens duquel se forment les racines nerveuses postérieures. (*Bericht üb. d. Forts. d. Anat. u. Phys.* 1859, p. 196.)

Suivant Stieda, chez le brochet, la substance grise qui environne le canal central se compose principalement de tissu conjonctif; il en est de même de la commissure supérieure et inférieure. Cependant, celle-ci renferme quelquefois des cellules nerveuses et toujours des fibres nerveuses; celles-ci ne peuvent pas être suivies sur l'autre côté de la moelle, mais elles descendent dans la commissure blanche ou accessoire. Cette commissure renferme des fibres médullaires qui proviennent soit des cornes postérieures et du pédoncule inférieur de la substance grise, soit de ce pédoncule et des racines postérieures. Par conséquent, dans la région où la commissure se réunit au pédoncule inférieur, il existe un croisement de fibres, dont le trajet ultérieur ne peut pas être suivi. Les racines inférieures reçoivent leurs fibres de deux parties séparées des cornes inférieures et de la commissure accessoire. Une partie des fibres radicales prend la direction longitudinale; les racines supérieures, qui ne se composent pour ainsi dire que de fines fibres, se dirigent en faisceaux vers l'extrémité supérieure des cornes supérieures; quelques-unes de leurs fibres se dirigent en avant ou en arrière, plusieurs pénètrent directement dans la corne (*Bericht*, 1861, p. 143).

laires sanguines. Chez les poissons (l'esturgeon, par exemple), la glande pinéale se compose de vésicules à membrane résistante, enveloppées par un grand nombre de vaisseaux sanguins, ou bien d'utricules ansiformes. Il en est tout à fait de même chez les reptiles (*Salamander*, *Proteus*, *Orvet*, *Lézard*). Dans le pédicule de la glande pinéale pénètrent très-généralement quelques fibrilles nerveuses à bords foncés. Chez les mammifères (au moins le *Mus musculus*), la glande pinéale présente la structure du corps des reptiles. Celui-ci, d'une texture tout à fait analogue à celle de la glande pinéale, en diffère cependant en ce que le tissu conjonctif, qui forme les cavités vésiculoïdes et porte les vaisseaux, est plus délicat que dans la glande pinéale ; et, tandis que les vésicules et utricules de cette dernière sont revêtus d'un épithélium simple, ils sont, dans le corps pituitaire, remplis de cellules rondes (esturgeon, raies), ou bien d'une masse fine ponctuée et nucléaire (reptiles). Ils perdent ainsi plus ou moins leurs caractères vésiculaires et deviennent des globes solides.

162. — *Enveloppes membraneuses.* — Les *enveloppes membraneuses* des centres nerveux, chez les mammifères, sont en général analogues à celles de l'homme. Il existe une dure-mère, une arachnoïde et une membrane vasculaire. Il est douteux que, chez les oiseaux, il existe encore une arachnoïde spéciale. Quant aux amphibies et aux poissons, il paraît certain qu'elle manque ; à sa place, chez les poissons dont le cerveau ne remplit pas la capsule crânienne, s'étale entre la dure-mère et la pie-mère un réseau conjonctif qui est rempli par de la gélatine (*Galeus canis*, *Scymnus lichia*) ou par des cellules graisseuses (beaucoup de téléostiens). Ce réseau peut aussi être vide (*Raja clavata ;* pendant la vie, il est probablement plein de sérosité). Chez l'esturgeon, on trouve là une masse molle, pulpeuse, dont la texture rappelle les glandes lymphatiques. La dure-mère est toujours formée de tissu conjonctif rigide ; elle renferme aussi parfois beaucoup de pigment noir (requin à marteau). Chez beaucoup de mammifères, le prolongement connu sous le nom de *tente du cerveau* (*tentorium cerebelli*) s'ossifie ; chez les oiseaux aussi, la faux s'ossifie en partie. Ce fait se retrouve encore dans l'ornithorhynque.

La *pie-mère* est toujours extrêmement riche en vaisseaux ; elle possède aussi des fibres nerveuses propres (esturgeon), et chez les vertébrés inférieurs, elle est fréquemment pigmentée. Elle a, en outre, une tendance bien accentuée à s'incruster de dépôts calcaires ; on ne sait pas encore comment le sable du cerveau se produit chez les mammifères (Sömmering ne l'a rencontré que chez le daim, Malacarne chez la chèvre). Par contre, on observe des dépôts calcaires, dans les cellules épithéliales des plexus choroïdes, chez les raies et les squales (1).

L'esturgeon, la lamproie, semblent avoir « des disques durcis » sur les enveloppes du cerveau; et ces nombreux cristaux calcaires qui, chez les reptiles nus, recouvrent la membrane vasculaire, appartiennent encore aux formations dont il s'agit.

Les *plexus choroïdes* sont vibratiles peut-être chez tous les vertébrés. Chez les mammifères, Valentin avait déjà depuis longtemps signalé la vibratilité de cette région, tandis que je ne l'avais pas trouvée dans beaucoup de cas. Toutefois, tout récemment, j'ai porté mes recherches sur de jeunes chats (dont les yeux étaient encore fermés), et je me suis convaincu de l'existence du mouvement ciliaire. Il existe aussi un épithélium vibratile chez d'autres vertébrés : oiseaux (je l'ai vu sur le pigeon), poissons (sélaciens, esturgeon), amphibies (grenouille, salamandre terrestre). L'épendyme des cavités cérébrales, lequel se compose de tissu conjonctif et d'épithélium, présente aussi généralement la vibratilité. Je le vois vibrer dans le quatrième ventricule chez le lapin et l'écureuil : les cellules sont de courts cylindres, leur noyau et leurs cils sont bien apparents. Chez le chien nouveau-né et chez la musaraigne, l'épendyme de toutes les cavités cérébrales est vibratile; les cils sont très-fins, mais bien visibles. Chez les squales (sur un cerveau traité par l'acide chromique), je crois avoir reconnu des cils très-ténus plantés sur des cellules longues, étroites, qui limitaient les cavités du cerveau. L'épendyme situé au pourtour du canal central de la moelle, forme, sur ce qu'on appelle le *sinus rhomboïdalis* des oiseaux, une masse épaisse remplissant la fosse rhomboïdale, et présente la structure du tissu conjonctif gélatineux.

163. — *Système nerveux périphérique.* — La structure du *système nerveux périphérique* concorde, dans ses caractères fondamentaux, avec ce qui se passe chez l'homme. Ce système se compose des cordons nerveux cérébro-spinaux et sympathiques avec leurs renflements nerveux. Le tissu conjonctif qui sépare et englobe les éléments nerveux, ce qu'on appelle le *névrilème*, présente un pigment noir dans les nerfs de la tête de plusieurs plagiostomes. La coloration commence au point d'émergence des nerfs de la capsule cérébrale; et, comme les cel-

(1) Chez les poissons osseux, suivant plusieurs auteurs, les plexus choroïdes manquent; ce n'est pas exact. Ils sont à la vérité peu développés, mais ils existent réellement, surtout au quatrième ventricule, et ils ont la même structure histologique que chez les autres animaux. Ils se composent, en effet, de tissu conjonctif, de nombreux vaisseaux sanguins dont les troncs sont fréquemment pigmentés et d'un épithélium caduc qui, chez le *Salmo Salvelinus*, par exemple, ne possède pas le contenu ordinaire granuleux, mais présente une grande transparence. (*Note de l'auteur.*)

lules pigmentaires s'étendent sur les prolongements du névrilème, dans l'intérieur des nerfs, les fascicules secondaires se montrent aussi pigmentés. C'est le cas, par exemple, du trijumeau du *Galeus canis*, du nerf optique de plusieurs raies, etc. Chez la grenouille, la pigmentation des nerfs sympathiques ne se trouve que dans l'enveloppe qui peut être détachée; ici, il existe encore dans le névrilème de petites grappes graisseuses.

Les dimensions du névrilème varient beaucoup : dans le ganglion du trijumeau du *Scymnus lichia*, par exemple, on trouve plus de tissu conjonctif que dans le même organe chez la *Chimæra monstrosa*. C'est aussi pour cette raison que, dans ce dernier cas, si l'on manie le ganglion avec des aiguilles, les fibres nerveuses se déchirent avec une grande facilité.

Les *fibres nerveuses* se divisent généralement en fibres à bords foncés (pourvues d'une enveloppe graisseuse) et en fibres grises (fibres de Remak). Les premières, de largeur variable (les poissons présentent les plus larges), composent principalement les nerfs cérébro-spinaux; les secondes forment les éléments prédominants du sympathique. Mais il faut rappeler ici qu'entre ces deux sortes de fibres il existe des formes intermédiaires; je les ai décrites dans le cordon limite de la salamandre développée. Parmi les vertébrés, les *cyclostomes* offrent ceci de très-intéressant, que leurs nerfs sont tous dépourvus d'une enveloppe médullaire ou graisseuse; toutes leurs fibres nerveuses se composent exclusivement d'une gaîne délicate et d'une substance nerveuse striée et granuleuse correspondant au cylindre de l'axe. Le *Petromyzon*, l'*Ammocoetes* se rapprochent, par cette particularité, des animaux invertébrés.

164. — Les *cellules nerveuses* ou globules ganglionnaires sont bipolaires dans les ganglions spinaux, le trijumeau et le vagus (chez la *Chimæra monstrosa*, j'ai vu, dans les renflements du *quintus*, un très-gros globule ganglionnaire en connexion avec quatre fibres nerveuses, deux centrales, deux périphériques). Dans les ganglions sympathiques, les cellules multipolaires semblent dominer. Chez les mammifères, Remak a trouvé, ainsi que nous l'avons dit plus haut, des cellules multipolaires avec 3-12 prolongements, naissant en partie par ramification. Le nombre de ces prolongements se règle suivant le nombre des nerfs en connexion avec le ganglion; ce nombre est plus petit dans les ganglions limites que dans le plexus solaire. Chez les poissons et les batraciens, on voit, dans le sympathique, des globules ganglionnaires qui paraissent être unipolaires; ils n'émettent, d'un côté, qu'un seul prolongement qui se distingue par des contours très-pâles, à peine visibles. A une certaine distance plus ou moins considérable de son origine,

ce prolongement se divise en deux rameaux qui deviennent des fibres sympathiques et continuent de cheminer dans la même direction (Küttner). Si ces fibres, à leur tour, se divisaient plus loin, ce qui est très-probable, des cellules unipolaires seraient tout à fait comparables aux cellules multipolaires. Les cellules ganglionnaires apolaires sont toujours des préparations mutilées.

Les ganglions sympathiques du cordon limité se comportent d'une manière très-remarquable chez les sélaciens et les reptiles : en effet, ce qu'on appelle capsules surrénales est constitué par des portions intégrantes des ganglions. Nous y reviendrons plus tard.

165. — Le résultat physiologique le plus important acquis par les nouvelles recherches sur le système nerveux des vertébrés peut être exprimé par la remarque suivante : les fibres nerveuses sensibles et motrices qui pénètrent dans la moelle par les racines antérieures et postérieures concourent toujours dans une cellule ; de celle-ci monte vers le cerveau une fibre centripète unique pour s'y réunir avec le prolongement d'une cellule multipolaire. Un autre résultat non moins important, c'est qu'il existe dans le système sympathique de nombreuses cellules multipolaires dont les prolongements deviennent des nerfs ; et, comme la présence de ces cellules donne à la région qui les renferme le caractère d'un centre, il n'y a plus à contester désormais l'autonomie du sympathique, même au point de vue anatomique.

Les travaux dignes d'intérêt qui ont paru sous la direction de Bidder sont : *Mikrosk. Untersuch. über d. Textur des Rückenm.*, v. Ph. Owsjannikow, *Inaug. dissert.*, 1854; *Ueber d. Struct. d. Ruckenm. bei d. Fröschen, insbesondere über die Beschaffenheit der grauen Subst. dess.*, v. C. Kupfer, *Inaug. dissert.*, 1854; *der Ursprung d. Sympathicus bei Fröschen, aus d. Veränderungen durchschnittener Nerven erforscht* v. C. Küttner, *Inaug. dissert.*, 1854. D'excellents extraits de ces travaux ont été publiés par O. Funke dans les *Schmidt'schen Jahrbüchern der ges. Med.*, 1855, Bd. LXXXVI, Nr 3 ; Metzler, *De medullæ spinalis avium textura*, Dorp. Remak, dans la *Clinique allemande* (1855, p. 295), a publié sur la structure des colonnes grises situées dans la moelle épinière des mammifères les remarques qui suivent : 1° chaque cellule entre en connexion avec *une* fibre radicale nerveuse motrice ; 2° les autres prolongements centraux se distinguent physiquement et chimiquement de cette fibre ; 3° le nombre des autres prolongements peut se diviser en deux : il y en a autant pour la tête que pour la queue, pour le haut que pour le bas.

Pour avoir des détails sur le conarium et le corps pituitaire, consultez

Ecker dans l'ouvrage intitulé : *Wagner's Handw. d. Phys.*, et Leydig, dans ses *Recherches sur les poissons et les reptiles*. La masse lymphoïde qu'on trouve dans la capsule crânienne de l'esturgeon est molle, d'un gris rougeâtre : elle se compose d'un tissu conjonctif très-vasculaire, qui forme des espaces aréolaires remplis de cellules granuleuses, rondes et incolores.

Pour voir vibrer les plexus choroïdes du pigeon et du chat, on doit examiner ces animaux à l'état frais et se servir d'eau sucrée. Comme je n'ai examiné que des animaux jeunes, on peut se demander si, comme sur tout le reste du revêtement cérébral, la vibratilité ne disparaît pas jusqu'aux limites du quatrième ventricule. Sur la masse gélatineuse renfermée dans le *Sinus rhomboïdalis* des oiseaux, voyez *Muller's Archiv*, 1854, p. 334.

CHAPITRE XI

DU SYSTÈME NERVEUX DES INVERTÉBRÉS.

166. — Dans le *système nerveux* des *invertébrés* (centres et nerfs périphériques), il faut distinguer aussi le tissu conjonctif de soutien et les éléments nerveux.

Névrilème. — Le tissu conjonctif ou *névrilème* se présente homogène ou légèrement strié, et pourvu de noyaux isolés, soit en tous lieux, soit au moins partout où il s'applique immédiatement sur les organes nerveux. Vers l'extérieur et pour s'unir avec ce qui l'entoure, le névrilème prend les autres formes du tissu conjonctif : dans l'écrevisse, il devient du tissu conjonctif gélatineux; chez les mollusques, il prend cette forme celluleuse du tissu conjonctif qu'on voit ailleurs entre les organes. De même que chez les vertébrés, la substance conjonctive du tissu nerveux peut aussi être pigmentée (la *Scolopendra forficata*, par exemple, présente partout sur le névrilème des amas de pigment violet disséminés; l'*Hirudo*, l'*Hæmopis* ont une enveloppe névrilématique extérieure pigmentée en brun foncé ou en noir; ses cellules ramifiées pigmentaires correspondent aux corpuscules du tissu conjonctif). Les cellules du tissu conjonctif peuvent encore renfermer des sels calcaires (*Helix*, *Limax*, etc.; dans le névrilème du *Lombric*, les noyaux renferment des nucléoles qui ressemblent à des gouttes de graisse; on y distingue encore des corpuscules à contours tranchés, groupés en amas; les noyaux opaques, d'un blanc de craie, que Will a décrits sur les cellules du névrilème des ascidies, sont précisément devenus calcaires). Lorsque, dans le corps d'un animal, on trouve des *vaisseaux sanguins* individualisés jusque dans leurs plus fines ramifications, on les rencontre aussi dans le névrilème (*Lombric*, par exemple), où le cordon ventral est très-vasculaire, ainsi que les rameaux qui en partent. Le névrilème envoie vers l'intérieur, dans le cerveau et les ganglions, des cloisons; de là naissent des divisions dans lesquelles les éléments ner-

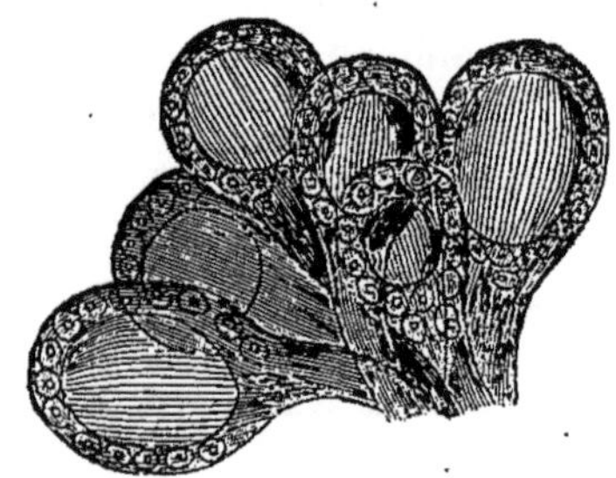

Fig. 94. — Un fragment du cerveau du *Thetys*.

veux sont empaquetés. Chez les arthropodes, la division des ganglions en sections isolées paraît moins accentuée, comme par exemple chez les hirudinées. La séparation est plus nette chez les gastéropodes, où les portions du ganglion s'isolent à un degré tel qu'elles sont seulement unies entre elles comme par des pédicules, et que le centre nerveux prend à la circonférence l'aspect d'une grappe. Chez le *Limneus*, par exemple, le cerveau se compose d'un certain nombre de portions ganglionnaires isolées, et chez le *Thetys* cet organe présente une masse en grappe. Chez les animaux les plus inférieurs (*Turbellariés*, *Lombric*), le névrilème du cerveau et des ganglions paraît se borner à une simple enveloppe, sans formation de septa (1).

167. — *Globules ganglionnaires, fibres nerveuses.* — Les centres ner-

(1) Chez les arthropodes, le cerveau, la moelle abdominale et les nerfs qui en émergent possèdent une double enveloppe, un névrilème interne et un névrilème externe.

Le premier est une membrane de rigidité variable, souvent d'aspect vitreux, renfermant des traces d'éléments celluleux sous la forme de petits sillons longitudinaux. Par les réactifs, on met en évidence des corpuscules du tissu conjonctif pourvus de noyaux. C'est là le névrilème proprement dit.

Au-dessous de ce névrilème, on observe une couche particulière, qui est dans un rapport particulier avec la membrane vitreuse névrilématique précédente. Cette couche est observable partout où le nerf conserve quelque épaisseur. Leydig a constaté sur le *Dyticus marginalis* qu'elle se compose d'une substance renfermant de fines granulations, dans lesquelles sont enchassés des noyaux ronds de couleur claire. On ne peut reconnaître aucune trace de délimitation cellulaire autour de ces noyaux. Ces rapports anatomiques des deux couches névrilématiques forment ensemble le névrilème interne, Leydig les a con-

veux (cerveau et ganglions) sont des agrégats de *cellules nerveuses* et de *substance nerveuse fibrillaire*. Cette dernière, comme on l'a expliqué plus haut (voy. TISSU NERVEUX), peut aussi avoir pris un caractère encore plus prononcé de fibres réelles. Les *cellules ganglionnaires* sont ou sans prolongements (apolaires), ou unipolaires, ou bipolaires, et même, quoique rarement, multipolaires, comme celles qui ont été décrites par Meissner pour le *Mermis*, par Hancock pour le *Doris*, par Wedl pour les *nématodes*. Le trajet et les connexions de tous ces éléments fibreux et celluleux entre eux ne sont pas encore bien connus pour aucun animal. Les globules ganglionnaires unipolaires du cerveau paraissent en partie s'unir en se pénétrant par leurs prolongements réciproques : c'est ainsi que naissent des commissures fibreuses, comme on les voit chez les annélides (*Piscicola*), chez les mollusques; ces commissures relient entre elles par des ponts les portions des centres nerveux remplies de cellules ganglionnaires. Une autre partie des cellules unipolaires envoie sa substance fibrillaire aussi bien dans les nerfs qui se ramifient immédiatement à la périphérie au sortir du cerveau que dans les cordons qui se jettent dans ces ganglions disséminés (chez les mollusques), ou même disposés régulièrement, comme chez

statés sur les *Carabus auratus*, *Locusta viridissima*, *Aeshna grandis*, sur la chenille de la *Vanessa polychloris*. Leydig fait remarquer, pour éviter toute méprise, qu'il est partout facile de distinguer les noyaux ronds dont nous avons parlé, des noyaux *allongés* propres aux fibres nerveuses.

Ce savant anatomiste ajoute encore que « sur une *Timarcha tenebricosa*, qui avait macéré quelques jours dans une solution chromique, la masse des fibres nerveuses s'était détachée par places du névrilème. On voyait les noyaux arrondis attachés avec leur couche granuleuse à la surface externe du névrilème. Entre cette *matrice du névrilème* et la masse des fibres nerveuses, on distinguait un espace libre. »

Nous ne pouvons exposer ici dans tous ses détails l'intéressante dissertation de l'auteur. Mais nous devons insister sur les remarquables conclusions qu'il déduit des rapports anatomiques de cette couche granuleuse du névrilème interne. Elles touchent en effet à la loi générale des *formations cuticulaires*.

Rappelons ici que sur tous les muscles des vertébrés on trouve, *au-dessous du sarcolemme*, entre lui et la substance striée, une masse de fines granulations, dans laquelle sont enchâssés de nombreux noyaux vésiculeux. C'est là un phénomène général pour Leydig.

Or, si nous rapprochons cette observation de ce que nous venons de dire pour le névrilème interne des arthropodes, nous devons constater une analogie frappante. Leydig arrive aux conclusions suivantes : « Nous voyons ici ce qui se passe pour la cuticule du tégument externe et pour sa matrice sur un arthropode transparent. On peut donc soutenir, et il serait difficile de le contester, que l'*enveloppe névrilématique formée par une membrane transparente est le produit de sécrétion de la couche granuleuse*, pourvue de noyaux et placée au-dessous d'elle ; elle provient donc de cette *couche matrice, de même que la cuticule du tégument externe provient de la sienne.* » (Leydig, *v. Bau d. th. Körper*. Tübingue, 1864, p. 72.)

les annélides et les arthropodes. Sur les ganglions du cordon ventral de la *sangsue*, cordon qui a été l'objet d'un examen particulier, il a été établi, par les recherches de Will, Hemholtz, Bruch, que des cellules ganglionnaires unipolaires envoient leurs prolongements nerveux à la périphérie. Bruch a donné une description plus détaillée de la topographie des éléments nerveux, ainsi qu'il suit :

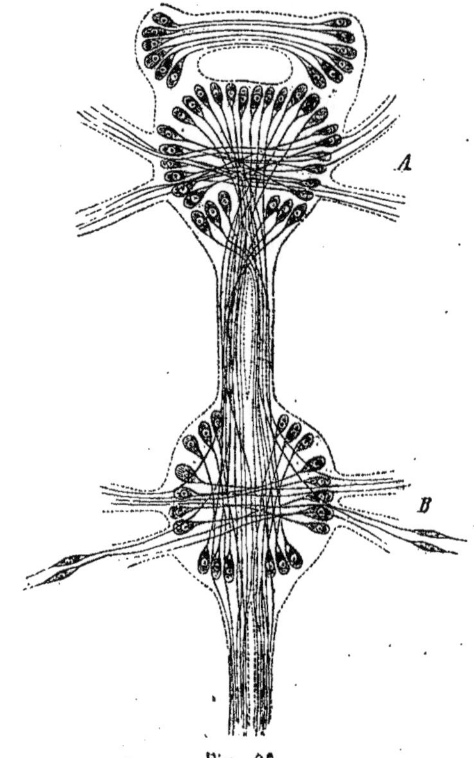

Fig. 95.

Schéma pour expliquer le trajet présumé des fibres dans le cerveau, *a*, et le premier ganglion ventral, *b*, de la *Piscicola*.

Trajet des fibres chez les hirudinées et les crustacés. — Les cordons d'union, qui pénètrent en avant dans le ganglion, sortent à l'extrémité postérieure sans se réunir et sans mêler leurs fibres. Au lieu d'entrée comme au lieu de sortie se trouve un étranglement dans chaque cordon, produit par les septa conjonctifs du ganglion. Les nerfs latéraux présentent aussi cet étranglement aux points d'efférence. Les fibres des cordons d'union qui pénètrent dans le ganglion n'abandonnent pas toutes le ganglion à la partie postérieure; au contraire, un faisceau de ces fibres se dirige, aussitôt après son entrée, des deux côtés, vers les nerfs latéraux antérieurs, un autre faisceau vers les nerfs latéraux postérieurs.

Aux fibres issues des cordons d'union s'ajoutent de nouvelles fibres qui proviennent du ganglion. Les globules ganglionnaires forment, comme dans le cerveau, des groupes déterminés et mêlent leurs prolongements aux nerfs latéraux. Ainsi, ceux de ces prolongements qui sont situés à la surface d'un côté passent dans les nerfs latéraux efférents de l'autre côté, de sorte que, au milieu, se trouve un entrecroisement de fibres venant des deux côtés, tandis qu'une autre partie des prolongements qui émergent dans une direction interne et inférieure se dirigent en bas pour quitter le ganglion avec le cordon d'union de leur côté. Les prolongements des deux groupes postérieurs des globules ganglionnaires paraissent dirigés obliquement en dedans et en haut, et il reste douteux s'ils passent dans les nerfs latéraux ou bien s'ils se rendent par un trajet ascendant dans les cordons d'union.

Sur les nerfs latéraux de l'*Hirudo* se trouvent encore de petits renflements ganglioïdes où l'on reconnaît des globules ganglionnaires qui paraissent être apolaires. D'ailleurs, on rencontre encore, disséminés dans la substance des nerfs latéraux, des cellules ganglionnaires isolées. Parmi ces cellules, Bruch en distingue qui ont deux origines fibreuses, l'une centripète et l'autre centrifuge ou périphérique.

168. — Dans les ganglions de l'*écrevisse*, le trajet des fibres est un peu plus compliqué, suivant Helmholtz. De chaque ganglion sortent le plus souvent, et de chaque côté, deux rameaux et aussi deux cordons de réunion qui se dirigent en avant et en arrière vers les ganglions voisins. La division des fibrilles nerveuses, qui entrent ainsi en connexion avec un ganglion, a lieu de la manière suivante : une partie des fibres des cordons de réunion (à l'exception de fibres isolées qui parfois pénètrent dans le ganglion) passent, presque isolées des autres, au-dessus de tous les ganglions, et peuvent, par conséquent, comme autrefois déjà Newport l'a montré sur l'*Astacus marinus*, être facilement séparées. L'autre partie de ces cordons se divise en deux portions : l'une, inférieure, se perd tout entière dans les ganglions; l'autre, supérieure, au contraire, passe presque intégralement devant le ganglion et ne lui envoie que quelques fibres. Par conséquent, les fibrilles nerveuses se laissent diviser généralement en deux parties : l'une inférieure, pénétrant dans les ganglions; l'autre supérieure, passant devant eux, mais de telle sorte qu'une fraction de cette seconde partie se termine déjà dans les ganglions voisins, et que l'autre fraction, qui est la plus superficielle, est destinée à relier les ganglions éloignés. Des cordons d'union partent latéralement les rameaux destinés aux différentes parties du corps. Helmholtz voit dans cette disposition du cordon ganglionnaire chez les écrevisses la même chose que ce qui se passe dans le reste des inverté-

brés; seulement, la loi qui paraît s'appliquer au reste des invertébrés est modifiée suivant les circonstances particulières. Chaque ganglion est relié avec les deux ganglions voisins par les fibres qui vont de lui à eux; de plus, on voit cheminer au-dessus de la chaîne ganglionnaire les fibres par lesquelles les ganglions éloignés sont mis en connexion, et parmi lesquelles il se trouve toujours des fibres isolées qui descendent aux ganglions qui les concernent.

Le trajet des fibres dans le réseau ventral des *myriapodes* a été décrit (1843) par Newport de la manière suivante. Une partie supérieure et une partie inférieure de ces fibres, cheminant longitudinalement, renferment séparés les uns des autres les nerfs moteurs et les nerfs sensibles; une troisième partie se compose de fibres transversales, qui vont dans les ganglions en passant transversalement d'un côté à l'autre; la quatrième partie des fibres marchent sur les côtés des commissures longitudinales et vont d'un ganglion au suivant. Chaque nerf périphérique qui émerge de la moelle ventrale se compose de ces quatre sortes de fibres.

Dans l'hypothèse que les travaux récents de Wedl sur le système nerveux des *nématodes* reposent sur des observations exactes, on doit les accueillir comme un supplément très-important pour la connaissance histologique du système nerveux des invertébrés. Pour les détails, je renvoie le lecteur à ces travaux mêmes qui ont été insérés dans les comptes rendus des séances de l'Académie de Vienne, 1855, et je me borne à en donner ici le résumé. Le cerveau est un agglomérat de cellules ganglionnaires mono-bi-multipolaires, d'où les nerfs rayonnent suivant une ou plusieurs directions; le ganglion caudal est aussi un groupe de cellules ganglionnaires accompagné de faisceaux nerveux qui émergent latéralement. Ces deux organes centraux du système nerveux sont reliés entre eux par des chaînes de cellules ganglionnaires qui sont situées le long de l'axe longitudinal du ver. Le système de cellules ganglionnaires qui se trouvent sur le côté dorsal de l'animal, aussi bien que celui qui est sur le côté du ventre, se compose de plusieurs rangées longitudinales de cellules ganglionnaires. Chaque cellule ganglionnaire oblongue des deux cordons possède un prolongement longitudinal antérieur et postérieur qui se distingue par sa brièveté et ne sert toujours qu'à relier les cellules antérieures avec les cellules postérieures et réciproquement.

Les nerfs des deux cordons qui se ramifient périphériquement émergent toujours de l'un ou de l'autre côté (droit ou gauche) des cellules ganglionnaires ou bien des deux côtés à la fois, et suivent un trajet perpendiculaire à l'axe du corps; quelquefois on observe un rameau unissant transversal ou oblique, ascendant ou descendant, se dirigeant vers une cellule ganglionnaire située plus haut ou plus profondément. Les nerfs qui émergent des cellules ganglionnaires, à peu près dans le même plan horizontal, s'associent de deux à quatre pour former un faisceau.

169. — *Nerfs périphériques.* — Sur les *nerfs périphériques* des invertébrés, on distingue aussi le névrilème conjonctif et la substance nerveuse; celle-ci est homogène et moléculaire, ou bien d'un aspect fibroïde (voy. plus haut *Tissu nerveux*). Dans les nerfs périphériques, et surtout dans leurs renflements terminaux, on peut rencontrer des globules ganglionnaires; c'est ce qui se présente dans les nerfs cutanés de la *Carinaria* et d'un autre mollusque *céphalophore* transparent. Enfin on a observé des globules ganglionnaires terminaux chez les arthropodes, chez les rotateurs, etc.; nous en parlerons plus loin à propos des organes du tact. Suivant Faivre (*Gazette médicale*, 1855, n° 50), les nerfs viscéraux de la sangsue se terminent le plus souvent dans des cellules ganglionnaires.

Tandis que chez les vertébrés, et d'après l'état de nos connaissances à ce sujet, les nerfs se terminent dans les muscles par des pointes fines, chez les différents invertébrés (*Eolidina*, annélides, ascarides, *Mermis* et autres nématodes, suivant Doyère, Quatrefages, Meissner, Wedl), ces mêmes nerfs se terminent par des prismes triangulaires à leurs points d'insertion sur les cylindres musculaires.

Relativement à l'accumulation des éléments ganglioïdes sur le trajet des nerfs, remarquons encore que, de même que dans les vertébrés, surtout dans le domaine du *sympathique*, on peut rencontrer, chez les invertébrés, des globules ganglionnaires sur de grandes étendues, sans que pour cela le lieu où ces globules se présentent ressemble à un ganglion, puisque le nerf ne paraît pas renflé. On observe très-facilement ce phénomène dans les nerfs viscéraux du *Limax*.

170. — Nos notions sont encore plus obscures sur la physiologie des nerfs des invertébrés que sur celle de l'appareil nerveux des vertébrés. On a souvent établi un parallèle entre l'ensemble du système nerveux des invertébrés et le système sympathique des vertébrés. On ne peut nier qu'il ne se présente de nombreux points de comparaison, aujourd'hui surtout que l'on est obligé d'accorder une certaine autonomie aux ganglions sympathiques, puisque l'on a reconnu en eux des globules ganglionnaires. Mais il est un caractère physiologique propre aux ganglions des invertébrés. En effet, leur action se manifeste comme étant indépendante du cerveau, et ce dernier n'a que le rôle de *primus inter pares*. Les sensations, l'excitation au mouvement, la sensibilité, sont

répandues sur les ganglions isolés. C'est ainsi que l'on conçoit pourquoi plusieurs vers peuvent être sectionnés sans danger pour leur vie. Et même si nous coupons en deux un ver supérieur, une sangsue, par exemple, nous constatons, en séparant les deux moitiés, qu'il existe encore dans la portion antérieure comme dans la portion postérieure des centres nerveux agissants. Que si nous mutilons de la même manière des arthropodes plus élevés dans l'échelle animale, nous voyons que les désordres physiques influent plus énergiquement sur les phénomènes de l'innervation; la destruction est plus profonde que chez les vers, et ce fait est en rapport avec la primauté du premier ganglion du cerveau sur les autres ganglions. Ce rapport de subordination plus accentuée, dans lequel les ganglions se trouvent avec le cerveau, me paraît être entretenu par des fibres qui, chez l'écrevisse, par exemple, cheminent au-dessus de tous les ganglions. Disons cependant que ces considérations n'ont d'autre valeur que celle de nous permettre de nous représenter les manifestations vitales du mécanisme nerveux. Dujardin nous apprend quelque chose de très-intéressant chez les insectes, dont les rapports sociaux font supposer une vie de l'âme relativement très-développée. Ainsi, chez l'abeille, le cerveau présente une partie d'un développement particulier; c'est un disque à stries stellaires, qui surmonte, à la façon d'un capuchon, le ganglion pharyngien supérieur (1).

Schultze a donné des dessins très-bien faits sur les centres nerveux de l'*Opistomum pallidum* relativement à leur structure histologique (2). Meissner on a fait autant à propos du *Mermis* (3).

Il mérite d'être remarqué que, dans les centres nerveux, on a vu fréquemment des *globules ganglionnaires de deux sortes* qui se distinguent les uns des autres au moins par leur grosseur. Chez beaucoup d'hirudinées (*Piscicola*, *Sanguisuga*, *Hæmopis*), la grosse espèce possède un contenu particulier, grumeleux et jaunâtre. Cette espèce me paraît être toujours apolaire. Bruch dit expressément des gros globules ganglionnaires qu'ils ne présentent pas de prolongements.

(1) *Annales des sciences naturelles*, 1850.

Voy. Will, *Vorlaüfige Mitth. üb. d. Stucktur d. Ganglien u. d. Urspfung d. Nerven b. wirbell. Th.*, in *Müller's Archiv*, 1844; A. Helmholtz, *De fabrica Syst. nervos. evertebr.* 1842, résumé dans le *Reichert's Jahresb.*, 1843. Bruch. *Ueb. d. Nervensyst. d. Blutegels*, *Zeitschr. f. w. Z.*, 1849.

(2) Voy. *Beïtr. z. Naturgesch. d. Turbellarien*, Taf. I, fig. 26.

(3) *Zeitf. f. w. Z.*, 1854. Taf. XII, fig. 13.— Leydig, à propos des *Piscicola*, *Corethra*, *Cossus* et des rotifères, dans le *Zeitf. f. w. Z.* Bd. I, Bd. II, Bd. III., Bd. V, Bd. VI (de la femelle du *Notommata Sieboldii* à la planche II).

Sur le cerveau des *Cymbulia*, *Pneumodermon*, *Atlanta*, Gegenbaur distingue aussi des cellules unipolaires et des cellules rondes et ovales sans prolongements. Il me semble cependant que, dans cette question, un nouvel examen ne serait pas superflu. D'après des recherches nouvelles, je crois, en effet, que les gros globules ganglionnaires, décrits comme apolaires dans les ganglions abdominaux de la sangsue médicinale, doivent être rangés parmi les unipolaires, de sorte que l'existence de cellules apolaires devient douteuse, même chez les invertébrés. D'ailleurs Meissner a rejeté l'existence de cellules apolaires dans le *Mermis;* elles sont toutes pourvues de prolongements.

Chez les invertébrés, il est facile de reconnaître que les éléments fibreux du système nerveux *naissent* des globules ganglionnaires. A ce sujet, j'attirerai l'attention sur le *Chætogaster;* on voit, en effet, sur cet animal des cellules ganglionnaires isolées, pédiculées sur les nerfs qui sortent du ganglion, c'est-à-dire qu'elles mêlent leurs prolongements aux nerfs. Mais si l'on veut suivre plus loin le trajet des fibres, on rencontre des difficultés encore plus grandes que chez les vertébrés. C'est que la séparation de la substance nerveuse en éléments fibreux est souvent si faible, qu'on ne peut considérer que les faisceaux de substance fibrillaire qui sortent des cellules ganglionnaires. Le schéma que j'ai donné montre clairement comment je puis me représenter le trajet des fibres d'après des observations isolées et parfois décousues.

Quant au doute qui règne encore sur la nature des corps amylacés du cerveau de l'homme, rappelons ici que W. Zenker trouve dans les ganglions des pycnogonides des corpuscules à stratification concentrique, qu'il compare aux corps amylacés ; ils sont cependant aussi réfringents que le reste de la masse ganglionnaire (1).

Ces *mouvements* si souvent décrits, que l'on observe sur le cordon nerveux des hirudinées, exigent des observations plus exactes. Sur la *Piscicola*, je crois avoir tout récemment reconnu la présence de muscles entre le deuxième et le troisième, le troisième et le quatrième ganglion ; « ces muscles étaient placés entre les gaînes nerveuses interne et externe. » Quand on étudie la *Néphélis* en vie, on voit que le cordon abdominal se trouve dans le vaisseau abdominal, et qu'il se meut en vertu de la contraction de ce dernier, et même à chaque contraction, les ganglions sont un peu comprimés. Quant aux cinq rameaux qui émergent de chaque côté de ce cordon, on voit bien que dans une

(1) *Müller's Archiv*, 1852.

certaine étendue ils résident dans les vaisseaux ; mais on ne sait pas bien comment ils en sortent (1).

CHAPITRE XII

DES CAPSULES SURRÉNALES.

Ces organes, qu'on a considérés comme des glandes vasculaires sanguines, doivent être placés dans le système nerveux, si l'on a égard aux recherches nouvelles.

Les *capsules surrénales* de l'homme, des mammifères (des oiseaux?), présentent à l'œil nu, et sur leur coupe, une substance corticale jaunâtre et une substance médullaire gris rougeâtre. Elles possèdent *une charpente conjonctive* qui forme une enveloppe à la périphérie de l'organe. Elle produit dans l'intérieur de la substance corticale des compartiments à direction parallèle se dirigeant vers la moelle ; de nombreuses cloisons trabéculaires divisent ces compartiments en formant des mailles de petites dimensions. Dans la portion médullaire, le tissu conjonctif rayonne dans tous les sens, en donnant naissance à un réseau très-dense.

Les parties cellulaires résident dans les compartiments et les mailles de la substance corticale et de la substance médullaire. Dans l'écorce, les cellules ont un contenu granuleux et souvent graisseux ; et, comme elles y sont fortement serrées les unes contre les autres, elles remplissent les compartiments canaliformes formés par la substance

(1) Chez les annélides, comme on le sait, le névrilème *externe* est représenté par le vaisseau ventral. Le névrilème interne se compose d'une substance conjonctive rigide, qui présente l'aspect d'une cuticule. C'est dans ce névrilème que se trouve une *musculature* particulière à direction longitudinale. Les cylindres musculaires qui la composent sont des cylindres étroits. En effet, leur épaisseur est plus faible que celle des éléments de la musculature du tronc ; ils ne forment pas une couche continue ; ils sont disséminés et appliqués immédiatement sur les faisceaux nerveux. On ne les trouve pas seulement dans le névrilème du cordon abdominal et de la commissure cérébrale, mais encore dans le névrilème des nerfs latéraux, au moins avant leur division. Il n'est donc pas nécessaire, comme on l'avait cru, d'attribuer à la substance nerveuse des phénomènes de contractilité.

C'est surtout chez le *lombric*, qui appartient à une classe des annélides autre que celle des hirudinées, qu'on peut observer cette musculature (Leydig, *vom Bau der thierischen Körpers*, Tubingen, 1864, p. 150). « Par elle, la moelle ventrale acquiert la faculté de se plier dans toutes les circonstances à tous les changements de forme que subit le corps de

conjonctive; par leur agglomération, elles offrent l'aspect de masses cellulaires cylindriques ou ovales. La couleur de la substance corticale est d'autant plus jaunâtre que le contenu des cellules est plus riche en graisse. Les cellules, qui se trouvent associées dans les mailles de la moelle à une substance molle moléculaire, ont une forme irrégulière, et rappellent par leurs prolongements ramifiés les globules ganglionnaires du cerveau et de la moelle; elles doivent être réunies aux cellules nerveuses.

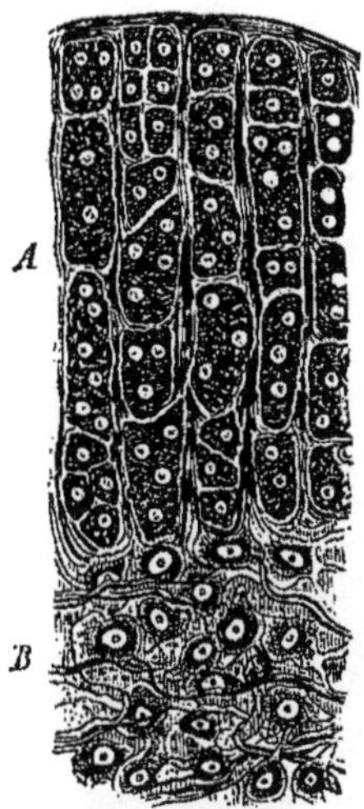

Fig. 96. — Coupe à travers une partie des capsules surrénales du veau.

A. Substance corticale. — B. Substance médullaire. (Fort grossissement.)

Les *vaisseaux sanguins* de l'organe se tiennent, comme toujours, sur les trabécules du stroma; on rencontre, par conséquent, leurs plus

l'animal. » Sur le *Chætogaster diaphanus*, il est facile de vérifier que pendant les contractions de l'animal, la moelle ventrale se contracte elle-même. Leydig a reconnu encore des faisceaux de muscles longitudinaux sur la moelle ventrale du *Siptinculus nudus*..

Quelques auteurs ont émis l'opinion que les gaînes nerveuses possèdent des éléments contractiles chez les arthropodes. Leydig considère cette opinion comme erronée. Les réseaux que l'on a décrits sur les nerfs doivent être considérés comme formés par des nerfs lymphatiques. Ainsi, sur le *Carabus*, immédiatement au-dessous du névrilème des troncs nerveux de la moelle ventrale, on reconnaît des nerfs qui se distinguent par leur transparence des autres nerfs, et qu'il est facile de prendre pour des éléments musculaires (Leydig, *loc. cit.*, p. 219).

Faivre (*Etudes sur l'histologie comparée du système nerveux chez quelques annélides*) a pris pour des *cordons vasculaires* ce qui n'était que des cylindres musculaires.

Les derniers travaux de Walter (*Mikroscopische Studien üb. d. Centralnervensystem wirbell. Thier.* Bonn, 1863) concordent avec ceux de Leydig.

fines ramifications dans les septa secondaires de l'*écorce*, où elles forment des mailles allongées; ces mailles sont plus arrondies dans la portion médullaire. Au milieu de cette dernière, les ramuscules veineux se réunissent en donnant naissance à un tronc veineux considérable, sur lequel tout l'organe est placé, comme il le serait sur un pédicule. Les *nerfs* des capsules surrénales sont extrêmement nombreux;

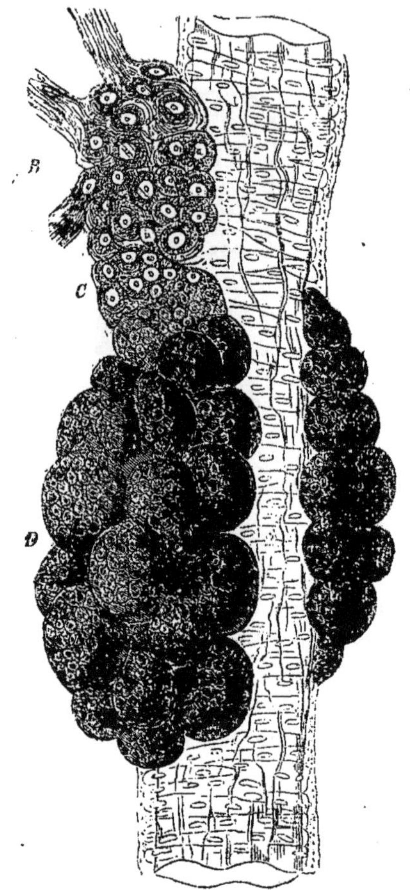

Fig. 97. Capsules surrénales (cœur axillaire) de la torpille.

B. Ganglion du sympathique. — *C*. Masse des capsules surrénales, équivalant à la substance corticale; le tube de couleur claire, sur lequel se trouvent les masses *B*, *C*, *D*, est l'artère axillaire.

un grand nombre de petits troncs nerveux pénètrent l'écorce pour se développer dans la portion médullaire. Or, puisque ces nerfs, ainsi répandus dans la moelle, n'en sortent plus, et qu'en outre les éléments cellulaires de cette dernière paraissent être de même nature que les globules ganglionnaires multipolaires, il est à présumer que les fibres nerveuses émergent de ces globules et que la moelle fonctionne comme un centre nerveux ganglionnaire. Il ne peut être question ici que de la nature nerveuse de la moelle, puisqu'on peut attribuer une tout autre fonction à l'écorce, qui est le plus souvent graisseuse.

171. — Chez les *poissons* et chez les *reptiles*, le rapport intime qui existe entre les capsules et le système nerveux devient très-manifeste, puisque ces organes représentent des portions immédiates des ganglions sympathiques. D'ailleurs, sur les capsules surrénales de tous les vertébrés, chez les mammifères (les oiseaux?), les poissons et les reptiles, on distingue des parties graisseuses et des parties non graisseuses, avec globules ganglionnaires; ceux-ci se distinguent des cellules ganglionnaires ordinaires par un contenu particulier de couleur jaune sale, qui se décolore dans l'acide acétique. Chez l'homme, chez les mammifères (et les oiseaux?), l'organe en question forme une *seule masse ;* par contre, dans les sélaciens, les ganoïdes et les reptiles, des *portions de capsules surrénales* s'annexent aux ganglions isolés du sympathique; on peut même les considérer comme des parties intégrantes de cette chaîne nerveuse. Les portions du sympathique correspondent à la substance médullaire des capsules de l'homme et des mammifères; la partie qui, chez les poissons et chez les reptiles, paraît être l'analogue de la substance médullaire serait en relation intime avec le système vasculaire, car elle adhère aux vaisseaux sanguins.

172. — Est-il possible de reconnaître chez les *invertébrés* des organes équivalents aux capsules surrénales? Je me permettrai d'émettre une opinion à ce sujet. Dans le système nerveux de divers invertébrés, on a observé des cellules qui diffèrent des globules ganglionnaires ordinaires. Ainsi, à propos de la *Paludina vivipara*, j'ai signalé autrefois que les nerfs de la vie végétative présentent « des cellules particulières, lesquelles sont peut-être des globules ganglionnaires d'une nature spéciale : elles sont de couleur jaunâtre, renferment dans leur intérieur différentes vésicules, et ne sont nullement en connexion directe avec les fibres nerveuses primitives. » Dans les ganglions du *Pontobdella verrucosa*, on remarque encore des cellules particulières renfermant des granulations jaunâtres. (Voy. la figure ci-dessous.)

A ce sujet, nous devons rappeler les résultats importants acquis par Meissner dans l'étude histologique du système nerveux du *Mermis*. Cet auteur décrit des groupes de cellules qui se trouvent en grande partie en relation anatomique très-intime avec le système nerveux périphérique. Elles ont pour contenu des granulations de dimensions variables, fortement réfringentes, lesquelles sont « probablement des gouttelettes de graisse ». Ces cellules forment constamment une double série aux côtés des trois troncs nerveux du corps, auxquels elles adhèrent solidement. Meissner va même plus loin dans ses conclusions : « On pourrait, dit-il, songer à prendre ces cellules pour des cellules ganglionnaires. » Mais il lui paraît plus exact de présumer qu'elles « sont en rapport avec les fonctions végétatives et qu'elles doivent être considérées comme les agents de l'échange nutritif. » Quant à moi, relativement à ces cellules de signification inconnue que l'on trouve dans les *Paludina*, *Pontobdella*, *Mermis* (et probablement on les rencontrerait ailleurs), j'estime qu'il faut provisoirement les considérer comme étant des organes analogues aux capsules surrénales.

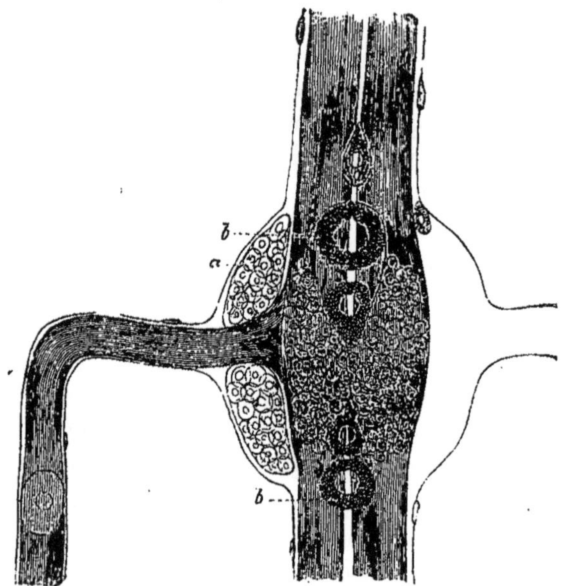

Fig. 98. — Ganglion tiré du *Pontobdella verrucosa*. (Fort grossissement.)

a. Les cellules ganglionnaires ordinaires.
b. Les cellules, que je pourrais considérer comme les analogues des capsules surrénales (malheureusement leur tirage n'a pas réussi).

Dans mon travail (*Archives* de Müller, 1851, *Z. Anat. u. Hist. d. Chimœra monstr.*), on trouvera plus de détails sur les *capsules surrénales* de la chimère. Pour celles des *Torpedo*, *Scyllium*, *Scymnus*, *Mustelus*, etc., voyez mes travaux qui traitent de l'*anatomie et du développement des raies et des squales*, page 15. (Ce qu'on appelle cœurs axillaires des chimères et des torpilles sont des capsules surrénales.) La situation et la structure de ces mêmes organes dans les salamandres, le *Proteus* et le lézard, se trouvent aussi dans mes *Recherches sur les poissons et les reptiles*, page 101.

Bergmann, qui le premier a appelé l'attention sur la nature nerveuse des capsules surrénales, plaçait déjà en 1839 ces organes avec le système nerveux. Le travail d'Ecker, publié en 1846, sur la structure intime des capsules surrénales, fit prévaloir une autre opinion : ces organes devaient appartenir à l'activité sécrétante. Par mes découvertes sur les poissons et les amphibies, il a été montré que les capsules représentent des portions réelles des ganglions sympathiques, avec lesquelles elles se continuent. L'opinion de Bergmann a reçu ainsi une nouvelle confirmation, et, à l'aide de l'anatomie comparée, j'ai pu placer dans son vrai jour l'anatomie des capsules surrénales de l'homme. Déjà, en 1847, ce que j'ignorais quand j'ai accompli mes travaux sur cette matière, Remak avait été conduit par l'embryologie à placer ces organes en rapport avec les ganglions sympathiques (sur un système nerveux intestinal autonome). D'après cet auteur, les capsules surrénales méritent le nom de *glandes nerveuses*.

CHAPITRE XIII

DES ORGANES DU TACT CHEZ L'HOMME.

Corpuscules de Pacini. — J'ai fait connaître plus haut (voy. DERME) les *corpuscules du tact* des papilles de la peau ; je dois parler maintenant des *corpuscules de Pacini*, qui manquent d'une signification physiologique précise. On les rencontre sur les plus fins ramuscules des nerfs qui se distribuent aux doigts et aux orteils à partir du creux de la main et de la surface plantaire. Ces *formations* se composent d'un certain nombre de capsules conjonctives emboîtées les unes dans les autres; les plus internes adhèrent plus fortement entre elles que celles qui sont plus extérieures. Au centre se trouve un cordon cylindrique d'une structure homogène et granuleuse, et dont l'axe est occupé par un canal très-fin. Ce cordon paraît être la *terminaison épaissie d'une fibre nerveuse*, laquelle aurait pénétré dans le corpuscule de Pacini. Après avoir perdu ses doubles contours, c'est-à-dire sa gaîne médullaire, cette fibre se serait épanouie dans le cordon central du corpuscule. Tout autour du renflement nerveux terminal se trouvent de nombreux noyaux; les lamelles capsulaires homogènes présentent aussi des taches nucléaires, et ces taches prennent l'aspect d'interstices lorsqu'on les traite par une solution alcaline. Des vaisseaux sanguins se ramifient dans les capsules.

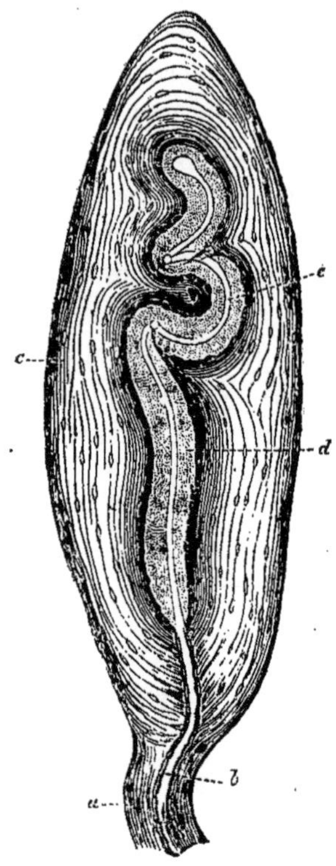

Fig. 99. — Corpuscule de Pacini de l'homme.

a. Pédicule. — *b*. Fibre nerveuse à son entrée. — *c*. Système capsulaire. — *d*. Cordon central (renflement de la fibre). — *e*. Canal intérieur.

Les organes dont il est question ont été décrits, vers le milieu du siècle précédent, dans une dissertation de Wittenberg, laquelle parut sous les auspices d'Abraham Vater : ils reçurent alors le nom de *Papillæ nervosæ*. Plus tard, ils tombèrent dans l'oubli, et Pacini les découvrit pour la seconde fois en 1831. A Paris, en 1833, Andral, Camus et Lacroix les signalèrent, mais sans leur donner une bonne signification, puisque ces auteurs ne les reconnurent pas pour des parties du système nerveux. La description que nous avons donnée des corpuscules de Pacini n'est pas conforme avec l'opinion que l'on a généralement sur leur structure; ce que j'ai appelé cylindre central, d'autres le considèrent comme une cavité centrale dans laquelle chemine la fibre nerveuse (j'admets, au contraire, l'existence d'un canalicule dans le cordon central). J'ai reconnu, d'ailleurs, tout récemment et avec la plus grande certitude, sur les corpuscules de Pacini situés à la pointe des doigts du cadavre d'un enfant, où ils étaient très-bien conservés, j'ai reconnu, dis-je, que le prétendu canal central est bien un cordon solide, et que la fibre nerveuse à laquelle on attribue une si grande finesse se manifeste comme un canal, si l'on emploie une solution alcaline, en vertu de ce fait que, dans les nerfs à bords foncés et lorsque l'alcali commence à agir, une substance grumelo-granuleuse se fluidifie dans toute leur longueur. Je dois ajouter cependant que la paroi du canal s'était tout à fait différenciée de la substance du cordon axile. Elle est donc plus autonome ici que dans les corpuscules de Pacini des oiseaux, chez lesquels la formation de ces organes repose sur le même principe, c'est-à-dire sur l'enveloppement d'un renflement nerveux terminal par du tissu conjonctif. Ce qui plaide le plus favorablement pour ma manière de voir, ce sont les travaux de Strahl (1) sur les corpuscules de Pacini des mammifères. Cet auteur indique que, si l'on ouvre toutes les capsules sous le microscope et si on les sépare du filament central, qui est d'un gris mat, ce dernier prend des contours doubles et présente les changements que subit ordinairement une fibre nerveuse large.

CHAPITRE XIV

DES ORGANES DU TACT CHEZ LES VERTÉBRÉS.

Corpuscules du tact. — Les *corpuscules du tact* de l'homme n'ont leurs équivalents que dans la main du *singe* (Meissner) et dans les papilles linguales de l'*éléphant* (Corti). Relativement au singe, on sait depuis très-longtemps qu'il possède au bout des doigts un sens tactile aussi développé que celui de l'homme. Chez l'éléphant, les papilles vasculaires ne renferment pas de corpuscules du tact, et réciproquement : les corpuscules sont ovales, comme boursouflés ; la fibre nerveuse qui y pénètre à travers le pédicule perd son double contour et suit l'axe du corpuscule comme une fibre à simple contour, ce qui donne à ce dernier une certaine ressemblance avec les corpuscules de Pacini.

Dans les *oiseaux*, rien n'est encore connu sur les corpuscules du tact. Il est vrai que Berlin a décrit parmi les papilles de l'œsophage des

(1) *Muller's Archiv*, 1848.

corpuscules tactiles qui seraient dépourvus de nerfs; il y a probablement là une méprise. L'œsophage de quelques oiseaux (pigeon, héron, etc.) ne possède pas de papilles; on voit seulement (chez le pigeon) de petits tubercules qui reçoivent le sommet d'une boucle vasculaire, sans qu'il y ait trace de corpuscules tactiles; leur absence est tout aussi certaine, même pour ces espèces (oie, par exemple), chez lesquelles la muqueuse œsophagienne présente des papilles longues et étroites.

Parmi les *amphibies* (voy. plus haut DERME), le mâle de la grenouille présente des formations nerveuses dans les papilles où se termine le chorion de la glande du pouce; ces formations se rattachent aux corpuscules du tact, car la fibre nerveuse de la papille y forme en se terminant un peloton délicat qui devient le noyau central de la papille. De plus, les papilles qui renferment ces glomérules nerveux sont dépourvues de boucles vasculaires sanguines.

173. — *Corpuscules de Pacini.* — Les *corpuscules de Pacini* ont été découverts sur beaucoup de *mammifères :* sur les singes, les carnivores, les rongeurs, les pachydermes, les solipèdes, sur les ruminants

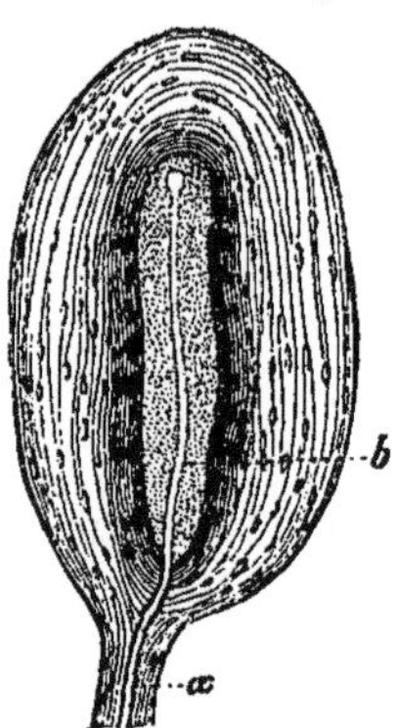

Fig. 100. — Corpuscule de Pacini du *mulot*.

a. Fibre nerveuse. — *b*. Le cylindre central avec la cavité centrale linéaire. — *c*. Le système capsulaire. (La lettre *c* a été oubliée dans la planche.)

aux extrémités, sur les chats dans le mésentère intestinal. Leur structure est la même que celle des corpuscules de l'homme : c'est un ensemble de capsules homogènes, conjonctives, nucléaires, et séparées les unes des autres par de la sérosité. Ce qu'on appelle la cavité centrale est un cordon solide, granuleux, qui représente l'extrémité épaissie du nerf; il est traversé dans toute sa longueur par un canal très-fin.

Les corpuscules de Pacini des *oiseaux* présentent quelques points secondaires différentiels. Leur partie la plus importante est le renflement cylindrique d'une fibrille nerveuse, qui forme le cordon central dans l'intérieur duquel on aperçoit une bandelette de couleur claire et à terminaison arrondie; de là naît l'impression d'une cavité remplie d'un fluide transparent. Le bouton nerveux est enveloppé par des fibrilles particulières appartenant très-probablement au tissu conjonctif; elles donnent un aspect brunâtre aux corpuscules de Pacini des oiseaux. Tout à fait à l'extérieur se trouve une capsule conjonctive qui délimite tout l'organe; elle provient du névrilème de la fibre nerveuse et porte les vaisseaux sanguins.

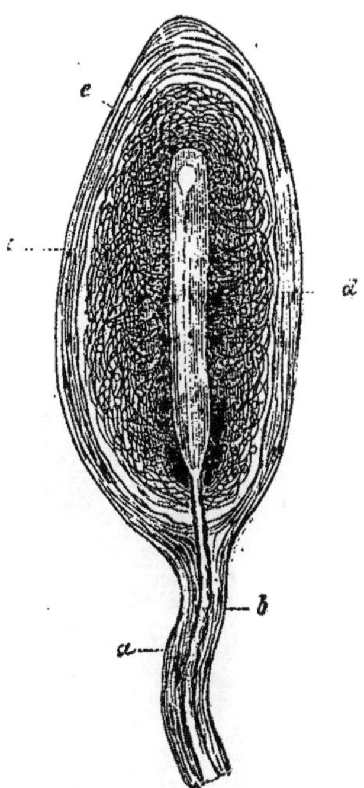

Fig. 101. — Corpuscule de Pacini du pigeon (fort grossissement). Le foyer est disposé sur la coupe longitudinale.

a. Névrilème de la fibre nerveuse. — *b.* La fibre nerveuse d'entrée. — *c.* La capsule du corpuscule. — *d.* Les fibres particulières qui enveloppent le cylindre central. — *e.* Le cylindre central avec son conduit intérieur.

Chez beaucoup d'*oiseaux aquatiques*, le bec fonctionne surtout comme un organe tactile; chez les canards, les oies, les os du bec paraissent être très-vasculaires et très-poreux. Dans la membrane conjonctive et rigide qui revêt ces os, on voit se répandre une grande quantité de nerfs qui proviennent du trijumeau; ces nerfs innervent le bec, et leurs fibres primitives forment par leurs terminaisons de nombreux corpuscules de Pacini. La peau présente, en outre, des papilles qui sont d'une longueur exceptionnelle à la pointe du bec. Chacune de ces papilles renferme non-seulement des vaisseaux sanguins et des nerfs, mais encore des corpuscules de Pacini qui se distinguent de ceux qui sont situés dans la peau même par leur petitesse, et leur transparence.

Sur les corpuscules de Pacini des oiseaux, voyez Herbst dans les *Götting. gel. Anz.* 1848, Nr 163, 164; Will, dans les comptes rendus des *Sitzb. d. k. Ak. in Wien*, 1850, S. 213. La division du cordon nerveux central paraît être très-rare; Will l'a observée trois fois, tandis que je ne l'ai jamais rencontrée (1). Cependant, tout récemment, j'ai trouvé chez la lavandière (*Motacilla alba*), et dans l'espace situé entre le *tibia* et la *fibula*, des corpuscules de Pacini dont les renflements nerveux se bifurquaient vers leur extrémité; cette disposition modifiait naturellement l'ensemble du corpuscule, qui devenait piriforme. — Sur les corpuscules du tact de la grenouille, voyez Leydig dans les *Archives* de Müller, 1856.

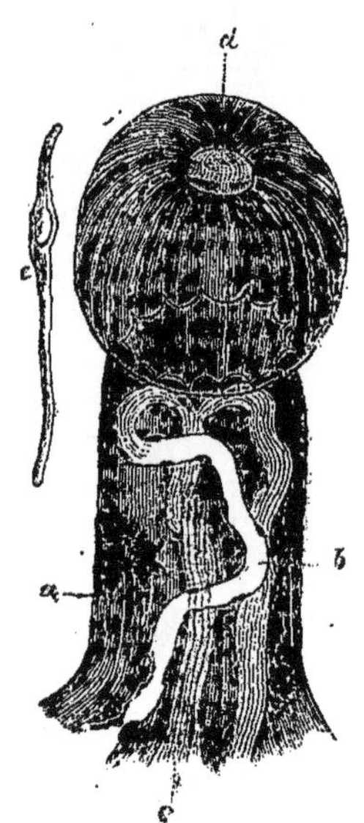

Fig. 102.

a. Papille de la lèvre du *Leuciscus dobula*. — *b.* Vaisseaux capillaires. — *c.* Nerfs. — *d.* L'organe cyathiforme. — *e.* Une fibre isolée de la paroi du cyathe. (Fort grossissement.)

174. — La peau des *poissons* présente toute une série de formations remarquables qui doivent être rangées parmi les organes du tact, jusqu'à plus ample informé physiologique. A ces formations appartiennent en première ligne les corps que j'ai appelés *organes cyathiformes* (*be-*

(1) *Zeitschr. für w. Z.*, 1854.

cher förmige); on les trouve logés dans l'épiderme d'un grand nombre de nos poissons d'eau douce. Le derme s'érige en formant des papilles énormes; celles-ci reçoivent des nerfs qui montent jusqu'à leur extrémité supérieure, laquelle paraît être légèrement excavée; en dedans repose l'organe cyathiforme. Celui-ci se compose de cellules allongées qui ont une certaine ressemblance avec les fibres-cellules musculaires ; d'après quelques observations, elles seraient contractiles. Les cellules qui forment la paroi de l'organe pénètrent au fond du cyathe, entre les dents du bord papillaire. Du reste, il n'existe point de membrane qui maintienne tout l'organe.

175. — *Appareil muqueux sécrétant.* — Un deuxième groupe d'organes particuliers situés dans la peau des poissons a été considéré autrefois comme un appareil « à sécrétion muqueuse. » Cette opinion est erronée, puisque l'histologie a démontré que ces organes se rattachent aux parties spéciales du système nerveux. Le seul doute qu'on puisse avoir sur leur nature est renfermé dans la question suivante : sont-ils, d'après leur structure, des organes des sens ou bien des organes électriques? Ils se présentent sous les formes suivantes :

Sacs muqueux. — 1° Celle de *sacs courts, dont l'orifice est tourné du côté extérieur.*

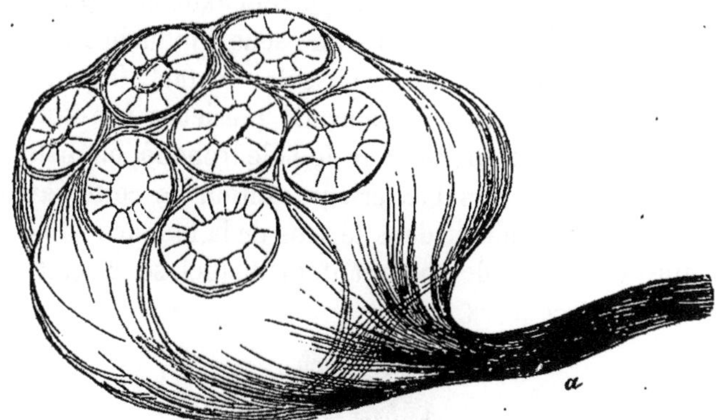

Fig. 103. Groupe de sacs muqueux de l'esturgeon. (Grossissement modéré.)

a. Le nerf.

Cette forme se rencontre dans l'esturgeon et les myxinoïdes. Chez l'esturgeon, ces formations n'existent qu'à la peau de la tête, et elles sont de grosseur variable. La paroi du sac est formée par la couche limite du tissu conjonctif qui se trouve sous la peau et renferme de la gélatine. Les sacs forment des groupes, et à chaque groupe correspond un seul troncule nerveux. La tête du *Petromyzon* présente des formations semblables. Chez les myxinoïdes, les sacs ne se trouvent qu'aux côtés du tronc. Suivant Joh. Müller, chaque sac est entouré d'une membrane musculaire propre. Leur contenu présente un grand intérêt. Joh. Müller y a trouvé des corps ovales qui sont formés par un filament formant des circuits innombrables. La matière qui compose ce filament s'attache très-facilement à tous les corps qui viennent le toucher, et c'est pour cela que les corpuscules se développent en filaments longs et gluants. Si l'on saisit avec les mains une myxine en vie, les mains sont bientôt enlacées par ces filaments visqueux. Les travaux de Müller indiquent pour les sacs muqueux une organisation tellement singulière, que l'on ne peut s'empêcher de désirer de nouvelles recherches faites sur des animaux frais. Quant à moi, je n'ai pu examiner encore que le contenu d'un seul sac appartenant à une myxine conservée depuis plusieurs années dans l'alcool, et par conséquent à un état de dureté très-avancé. Les corps ovales formaient le contenu propre du sac ; on les comptait par centaines. Ils se présentaient à l'œil nu comme des corps blanchâtres, punctiformes ; au microscope, on les voyait plongés dans une masse granuleuse, laquelle, pendant la vie, ressemble à de la gélatine. Cette masse était traversée par des fragments de fibres. Les corps ovales ou légèrement piriformes étaient sombres par transparence et d'un blanc jaunâtre à la lumière incidente ; leur portion axile était plus sombre que la périphérie. Ils devenaient plus clairs sous l'influence d'une solution alcaline et rappelaient alors les corpuscules du tact. On aurait dit qu'ils étaient composés d'un filament enroulé plusieurs fois sur lui-même, mais dans un ordre déterminé. Sur le pôle tronqué, on distinguait une petite cavité s'ouvrant vers l'extérieur ; autour de cette cavité convergeaient les tours du filament dans le sens de la longueur du corpuscule, formant ainsi une sorte de noyau autour duquel se plaçait une écorce formée de tours circulaires.

Fig. 104. — Corpuscule d'un sac muqueux de la *Myxine glutinosa*. (Fort grossissement.) *a*. Filament nerveux (?).

Que signifie le corpuscule? Si, par un coup d'œil rétrospectif sur les rapports histologiques du « système canaliculé muqueux » des autres poissons, j'arrivais à montrer que ce filament, dont le développement constitue le corpuscule, pourrait bien être un filament nerveux, et si cette présomption venait à se confirmer, les « sacs muqueux » des myxinoïdes sortiraient de leur position exceptionnelle, et de nouveaux horizons seraient ouverts à l'investigation. Toutefois, on ne peut s'empêcher de remarquer que les contours du filament qui forme le corpuscule ont une très-grande ressemblance avec le filament du byssus à l'état frais (*Anodonta anatina*) (1). — L'appareil muqueux en question se présente encore :

Système canaliculé latéral. — *b.* Sous la forme de *tubes ramifiés*, situés ou dans la peau ou au-dessous de la peau. Ils constituent ce qu'on appelle le *système canaliculé latéral*, dont les conduits suivent sur la tête des directions déterminées. La *paroi* de ce système, qui partout (par exemple, sur la tête de la *Raja clavata* et de l'*Hexanchus griseus*) se divise en la paroi proprement dite, laquelle est fort mince, et en un tube d'enveloppe plus rigide, appartient à la substance conjonctive et présente les diverses modifications de cette substance. Purement conjonctive chez les raies et les squales, elle devient tellement épaisse et rigide dans d'autres espèces, qu'elle peut être taillée comme du cartilage (canal latéral de l'*Hexanchus griseus* et de la *Sphyrna*). Conservée dans l'alcool, elle se distingue par sa couleur jaunâtre du tissu fibreux environnant, lequel reste blanc. Le cartilage présente la même structure que le fibro-cartilage (substance fondamentale fibro-réticulaire avec cellules arrondies); à l'extérieur, il passe à l'état de tissu conjonctif ordinaire à fibres élastiques. Chez d'autres espèces, une partie des parois s'ossifie en donnant naissance à des semi-canaux et même à des tubes complets (esturgeon, beaucoup de téléostiens); chez les poissons à arêtes, les couches fondamentales ossifiées du système latéral sont souvent placées sur les écailles de la ligne latérale (chez la carpe miroitée, la tanche, le barbot, les semi-canaux présentent de jolis corpuscules

(1) Le *Bericht* de 1860 renferme quelques notions sur ces fameux corps des *myxinoïdes*. D'après Kölliker, ce sont des cellules épithéliales des sacs muqueux, lesquelles auraient subi une transformation particulière. On en trouverait de semblables entre les cellules pavimenteuses ordinaires du tégument externe. Cet anatomiste considère comme correspondant à ces cellules filamenteuses une espèce de cellules qui se présentent dans l'épiderme du *Petromyzon*, et qu'il appelle *cellules granuleuses* à cause de leur aspect granuleux, aspect qui pourrait bien résulter d'un filament enroulé dans l'intérieur de ces cellules. Elles résident dans les couches profondes, d'où elles envoient vers le haut un long prolongement filiforme qui se termine à la surface par une troncature transversale et par une pointe située entre les autres cellules. Ce prolongement accuse rarement une cavité. (Page 13.) On voit donc que la nature des corps des sacs muqueux des *myxinoïdes* nécessite encore de nouvelles recherches.

osseux étoilés). Il n'est pas rare que sur la tête ces couches se fusionnent avec les autres os cutanés.

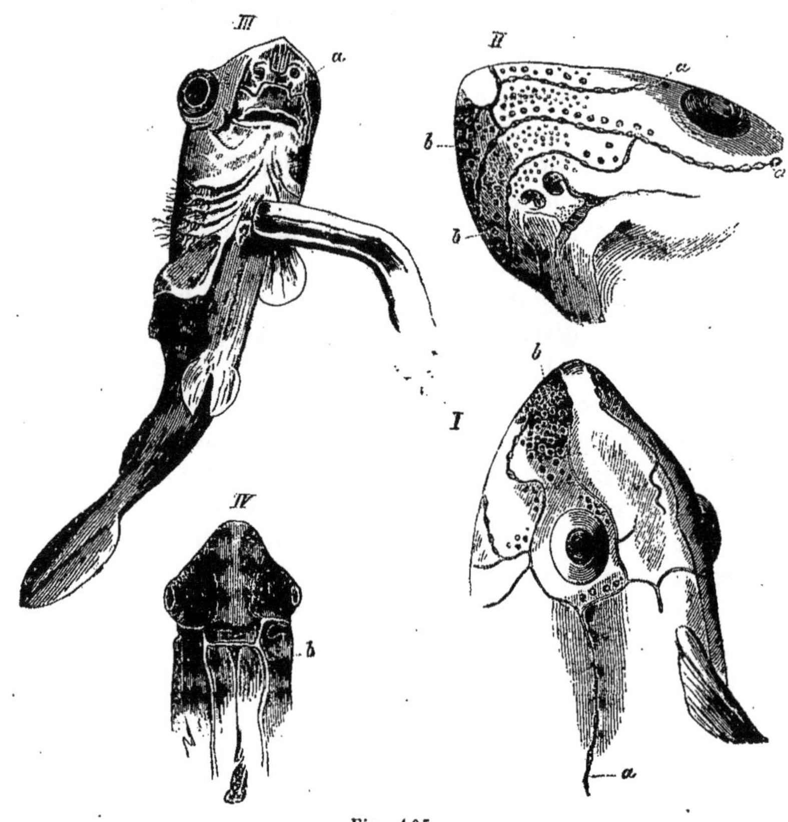

Fig. 105.

I et II. La tête de la *Chimæra monstrosa* vue par en bas et par en haut (rapetissée) pour montrer le trajet du système canaliculé latéral *a* ; les nombreux trous *b*, situés entre les branches du système, sont les orifices des tubes gélatineux.

III et IV. — Un embryon du *Spinax acanthias* (grandeur naturelle) pour montrer le système canaliculé de la tête. — *a*. La figure particulière qui le représente à la face inférieure de la bouche. — *b*. Au côté supérieur de la tête.

Chez la *Chimæra* les « canaux muqueux » présentent une charpente osseuse très-délicate, laquelle forme des demi-anneaux qui se suivent de près, semblables aux anneaux cartilagineux de la trachée. Au fond du canal muqueux, ces anneaux présentent leur plus grande largeur; leurs articles vont ensuite en se rétrécissant, et par leurs divisions progressives ils forment un arbuste dont les rameaux se divisent à leur tour pour se terminer en pointes mousses. Dans les canaux muqueux de la tête, et aux endroits où ils enveloppent les renflements foramineux, ces demi-anneaux atteignent leur plus grande dimension.

Quoique plus petits sur la ligne latérale, on les trouve partout et même dans les plus petites ramifications. La substance osseuse qui les forme est homogène; elle renferme, mais seulement dans certaines régions, des cavités ovales comparables aux corpuscules osseux.

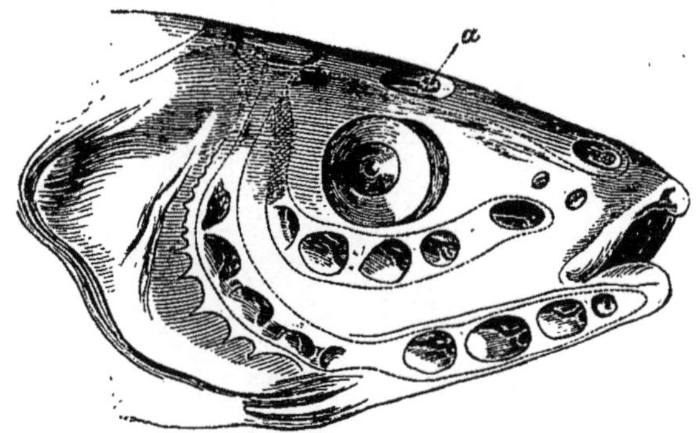

Fig. 106. — Tête d'une perche à boule. (Grossissement double.)

Les lignes ponctuées désignent le trajet du canal muqueux, dans lequel on voit, en *a*, les boutons nerveux, après qu'on en a enlevé la peau.

La *membrane propre* du « canal muqueux », laquelle demeure toujours conjonctive, présente une surface interne lisse ou papillaire; ce dernier cas est le plus rare (les papilles sont à une ou plusieurs pointes dans les canaux de la tête de la *Raja clavata;* chez l'*Hexanchus griseus*, elles sont arrondies et de longueur variable; les plus grosses renfermant des anses vasculaires). La membrane est souvent pigmentée (noire chez la *Sphyrna*, d'argent chez le *Lepidoleprus*, etc.).

L'*épithélium*, qui revêt la face interne, offre quelque chose de particulier. Chez les poissons à arêtes, il est composé de cellules ordinaires ressemblant à des rondelles, au milieu desquelles on aperçoit de grosses cellules muqueuses (semblables à celles qu'on rencontre dans l'épiderme). Chez la *Chimæra*, les cellules épithéliales sont rondes, délicates, et leur contenu est granuleux; chez l'*Hexanchus griseus*, il est de couleur très-claire; les cellules se terminent en certains endroits, et même là où elles revêtent les villosités, par des prolongements transparents, en forme d'aiguillons qui pointent librement (1).

(1) Schultze (*Ubèr d. Nervenendig. in d. sog. Schleimkanälen*, etc., *Archiv, f. Anat.* Hft 6, p. 759, t. XX, 1862) décrit une terminaison (particulière) des fibres nerveuses dans les canaux muqueux des poissons. Celles-ci, après avoir présenté des prolongements coniques, se terminent par des espèces de cils très-fins, qui recouvrent le bouton nerveux. N'y a-t-il pas dans cette disposition quelque chose qui rappelle l'épithélium qui vient d'être décrit?

Ce qui caractérise la structure du système canaliculé latéral, c'est que *de nombreux troncules nerveux pénètrent dans son intérieur pour s'y terminer en un bouton nerveux qu'il n'est pas rare d'apercevoir à l'œil nu*. Les *boutons nerveux* présentent leur plus grand développement dans les canaux muqueux de la tête des *Lepidoleprus*, *Umbrina*,

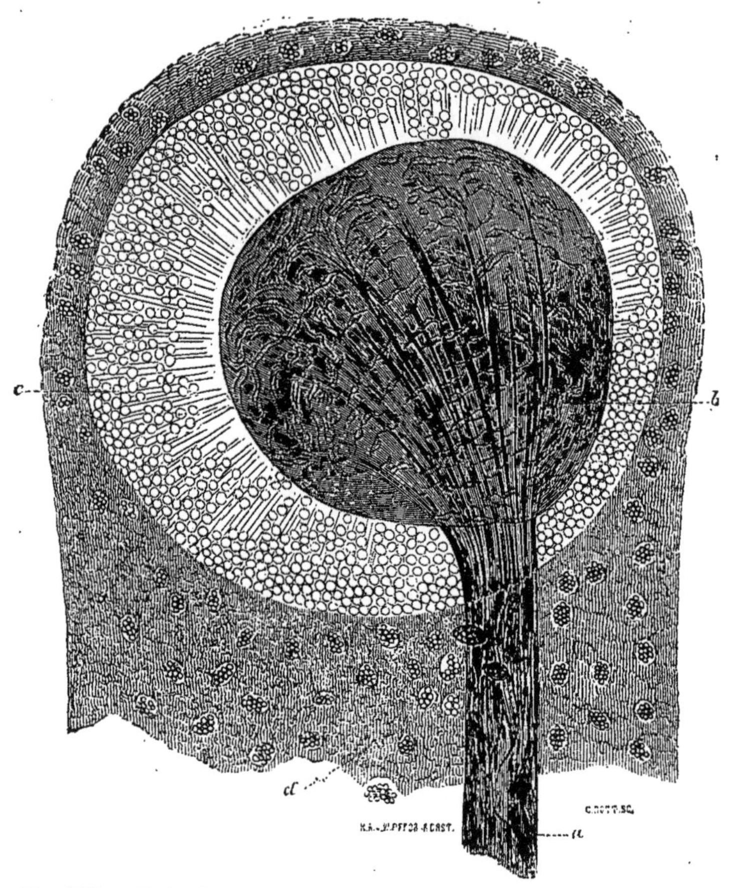

Fig. 107. — Un bouton nerveux de la perche à boule. (Fort grossissement.)
a. Le nerf. — *b*. Son développement en bouton nerveux. — *c*. Son épithélium.
d. Le revêtement épithélial du canal muqueux.

Corvina; ils sont très-considérables aussi chez *Acerina cernua* et la *Lota vulgaris*. Sur la ligne latérale, dans ces canaux qui reposent sur les écailles, leurs dimensions sont généralement moindres. Il est à remarquer que, chez les plagiostomes, il se forme un bouton nerveux linéaire, occupant toute la longueur du canal. En effet, dans les canaux de la tête, tous les troncules nerveux qui y pénètrent se terminent par des renflements contigus qui forment une rangée non interrompue. — Si l'on considère la structure histologique d'un bouton nerveux, on y distingue :

Fig. 108. — Épithéliums du système canaliculé latéral. (Fort grossissement.)
Le supérieur appartient à l'*Umbrina cirrhosa* : on voit les cellules muqueuses situées entre les cellules ordinaires ; l'inférieur, en forme d'aiguillons, appartient à l'*Hexanchus griseus*.

1° un stroma conjonctif, porteur d'un réseau capillaire sanguin très-dense, qui, à l'état de replétion, donne à tout l'organe une coloration jaunâtre ; 2° la masse principale, composée de fibres nerveuses, qui se présentent à leur entrée comme de larges fibres à bords foncés, pour s'étaler ensuite en formant des anses circulaires ; souvent ces fibres se divisent en donnant naissance à deux ou trois rameaux, et cette division s'observe

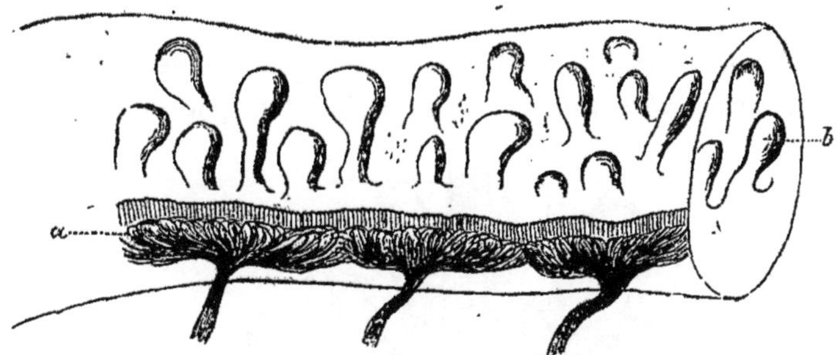

Fig. 109. — Portion d'un canal muqueux de l'*Hexanchus griseus*. (Grossissement modéré.
a. Le bouton nerveux linéaire. — *b*. Papilles situées à la face interne du canal.

encore sur ces derniers. Enfin, les fibres deviennent très-ténues, légèrement variqueuses, et elles rayonnent vers la périphérie de l'organe. Je crois les avoir vues autrefois se terminer en boucles ; mais actuellement, d'après de nouvelles recherches, je crois pouvoir avancer que les fibres vont au delà de ces boucles apparentes pour se terminer en pointes ; parfois elles me paraissent présenter des renflements terminaux ; enfin 3° on remarque une couche de cellules singulières qui revêtent tout le bouton nerveux. Elles sont pâles, très-longues et très-étroites ; par leur groupement et leur physionomie, elles ressemblent aux bâtonnets rétiniens. Les fibres nerveuses paraissent se terminer au milieu d'elles (Voyez plus haut, fig. 105).

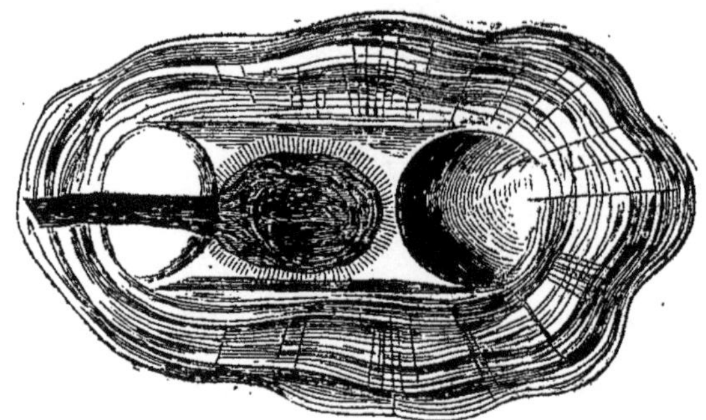

Fig. 110. — Écaille de la ligne latérale avec un bouton nerveux. (Grossissement modéré. (La ligne limite de la couche épithéliale a été omise par le xylographe.)

La *lumière* du système canaliculé latéral est remplie par un liquide clair, qui peut prendre aussi une certaine consistance comparable à celle du liquide labyrinthique ou du corps vitré. Dans le *Lepidoleprus*, chaque bouton nerveux est en outre recouvert, comme par une coiffe, par une couche vitro-gélatineuse qu'il est facile de détacher en entier.

Tuyaux gélatineux. — *c.* L'appareil en question se présente encore sous la forme de *tubes non ramifiés* qui débutent par un élargissement,

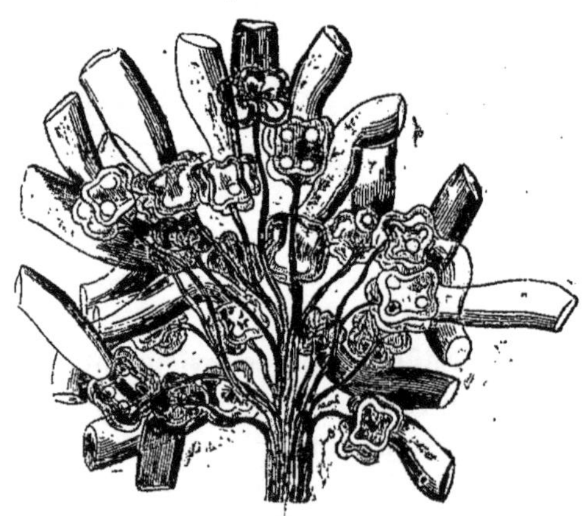

Fig. 111.— Groupe de tubes gélatineux de la *Raja batis*. (Grossissement modéré.) *a*. Le tronc nerveux.

sorte d'ampoule borgne, et s'ouvrent sur le tégument externe. On ne trouve ces tubes que dans les raies, les squales et les chimères. Les *ampoules* présentent diverses particularités de forme : simples, sans refoulements en dedans chez l'ange de mer, elles portent chez tous les autres requins des renflements plus ou moins profonds; pour la plupart des raies et des chimères, pour la torpille, elles sont simples, sans élargissements ansiformes.

Dans les ampoules du *requin à épine*, les ampoules présentent un grand nombre de refoulements vésiculeux; ce fait est très-remarquable chez l'*Hexanchus griseus*. Chez le premier de ces deux poissons, une ampoule engendre deux tubes, chez le second une douzaine, tandis que dans d'autres sélaciens connus, chaque ampoule ne se termine que par un seul tube. Dans toutes les ampoules, on voit se diriger de la périphérie vers l'intérieur un certain nombre de cloisons qui convergent au centre; cette disposition donne à la section d'une ampoule l'aspect d'une orange coupée en travers. Le tube qui sort de l'ampoule est d'habitude un peu étranglé à son origine, puis il reste cylindrique jusqu'à son embouchure sur la peau, ou bien il augmente de calibre près de cette embouchure; c'est là le cas le plus fréquent. La longueur du tube varie suivant les espèces.

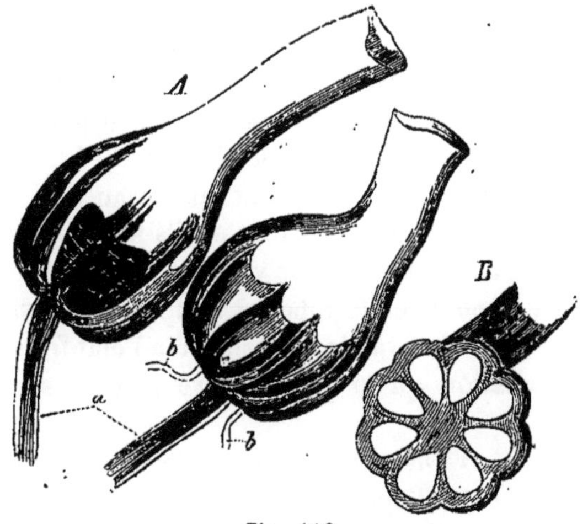

Fig. 112.

A. Deux ampoules avec leurs tubes gélatineux appartenant au *Galeus lævis*. — *a*. Les nerfs. — *b*. Les vaisseaux sanguins pénétrant dans les ampoules.

B. Une ampoule coupée transversalement. (Grossissement modéré.)

Si nous passons aux *détails de structure*, nous dirons que le tissu fondamental des ampoules et des tubes est formé par une substance conjonctive, qui, vers l'extérieur, prend un caractère plus fibroïde, renferme des fibres élastiques, et enfin se résout en un tissu conjonctif lâche où abonde la gélatine. La surface extérieure des ampoules et des canaux est revêtue par un épithélium dont les cellules arrondies présentent des granulations dans leur contenu; elles sont très-condensées sur les ampoules; dans le canal, on n'observe qu'une couche très-mince de cellules de couleur très-claire. Ces cellules ont des bords plus tranchés vers l'orifice du canal, car elles prennent progressivement le caractère des cellules épidermiques du tégument externe; chez le *Leviraja*, par exemple, elles renferment du pigment. L'*Hexanchus* se distingue encore des autres poissons par la forme de cet épithélium : les cellules portent ces mêmes prolongements en forme d'aiguillons, que nous avons reconnus sur l'épithélium du système canaliculé latéral.

Chaque ampoule reçoit un *troncule nerveux*, et un ou plusieurs vaisseaux sanguins. Le nerf se compose de fibrilles à contours foncés, et traverse l'ampoule toujours suivant son axe longitudinal. Les fibrilles se séparent ensuite les unes des autres en rayonnant pour se perdre soit dans les refoulements en dedans, soit dans la lame centrale. Elles se divisent fréquemment en devenant toujours plus fines. J'ai cru pendant longtemps qu'elles se terminaient dans les cellules granuleuses des ampoules, en d'autres termes qu'elles présentaient des globules ganglionnaires terminaux; mais en considérant l'analogie que ces organes présentent avec les ampoules du labyrinthe auriculaire, j'ai trouvé mon opinion peu vraisemblable, puisque, d'après des recherches que j'ai faites tout récemment sur ce point, je n'ai jamais pu constater ce mode de terminaison dans l'organe de l'ouïe. Les *vaisseaux* sanguins qui accompagnent le nerf ne vont jamais au delà de l'ampoule; on peut suivre leurs sinuosités, partout où ils sont pleins de sang. Les canaux présentent aussi une grande vascularité qui reste superficielle. — La cavité de l'ampoule et du tube est remplie par de la *gélatine* homogène, qui présente une grande consistance à l'état frais; ce n'est que par une forte pression qu'on peut la faire suinter sur le tégument externe.

Appareil folliculaire nerveux. — Enfin la dernière forme sous laquelle peut se présenter l'appareil muqueux est la suivante :

d. Celle de l'*appareil folliculaire nerveux* découvert par Savi; elle n'est encore connue que pour la torpille. Cet appareil se compose de vésicules claires comme de l'eau, placées sur des ligaments fibreux; près de leur point d'insertion, on voit se refléter dans l'intérieur une verrue blanchâtre. Ces vésicules présentent une membrane conjonctive homogène, dont le contenu est une gélatine transparente, et sur lesquelles s'étalent des fibres élastiques de renfort.

Au point d'insertion de la vésicule, on voit s'ériger dans son intérieur un bouton tuberculoïde; il se compose d'un stroma conjonctif qui renferme dans ses mailles et interstices une masse finement ponctuée et des cellules particulières de forme irrégulière. Le bouton a pour fonction de recevoir l'épanouissement des fibrilles du tronc nerveux qui pénètre dans l'appareil. Ces fibrilles se terminent dans le bouton; aucune d'elles ne sort de la vésicule. Elles deviennent à la périphérie pâles et très-ténues; elles sont peut-être en connexion avec les cellules à forme irrégulière (globules ganglionnaires) dont nous avons parlé. Un vaisseau sanguin accompagne le nerf dans le bouton pour y former un plexus très-dense.

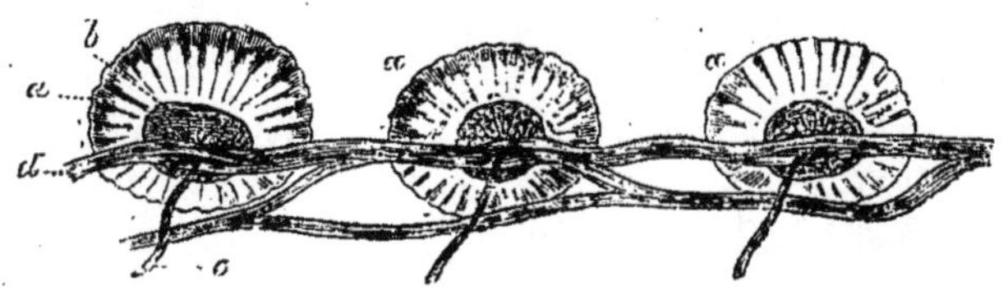

Fig. 113. — L'appareil folliculaire de la torpille vu à un grossissement moyen.
a. Les follicules. — b. Le bouton interne. — c. Le nerf. — d. Les ligaments de soutien.

175. — *Organes électriques et pseudo-électriques.* — Au point de vue histologique, nous devons réunir les organes pseudo-électriques des *Raja*, *Mormyrus* et *Gymnarchus* avec les appareils que nous venons de décrire. La série de ces formations singulières pourrait peut-être être close par les organes proprement électriques des espèces *Torpedo*, *Gymnotus* et *Malapterurus*.

Les *organes pseudo-électriques* situés dans la queue de la *Raja* se composent d'un grand nombre de formations allongées, aplaties et sacciformes; ils sont formés par une capsule cartilaginoïde dépourvue de vaisseaux et de nerfs et par un noyau gélatineux. Ce dernier sert de couche fondamentale à un grand nombre de filets nerveux qui s'y épanouissent, et de soutien à des vaisseaux capillaires (1). (Dans les lames de l'organe du *Mormyrus dorsalis*, Ecker a vu les fibres nerveuses se terminer par des renflements qu'il compare aux globules ganglionnaires). Chaque sac paraît être séparé du suivant par un tissu conjonctif ordinaire, rigide, qui donne naissance à des cavités semblables à des alvéoles.

(1) D'après Schultze, on reconnaît sur les lames nerveuses de l'organe caudal électrique de la *raie* non-seulement le réseau nerveux que Kölliker a décrit, mais encore un autre réseau beaucoup plus fin. Ce dernier est en connexion intime avec le corps spongieux (*Schwammkörper*). Dans ce corps, Schultze distingue avec Leydig une substance intercellulaire et des cellules nucléaires, mais il se joint à Kölliker pour rejeter la présence du cartilage ou de la substance conjonctive dans la composition de ce même corps. Robin est du même avis puis-

Les *organes électriques* des *Torpedo*, *Malapterurus*, *Gymnotus*, se composent de substance conjonctive, de gélatine, de vaisseaux et de nerfs. Leur enveloppe générale est formée par du tissu conjonctif ordinaire renfermant de nombreuses fibres élastiques; elle envoie vers l'in-

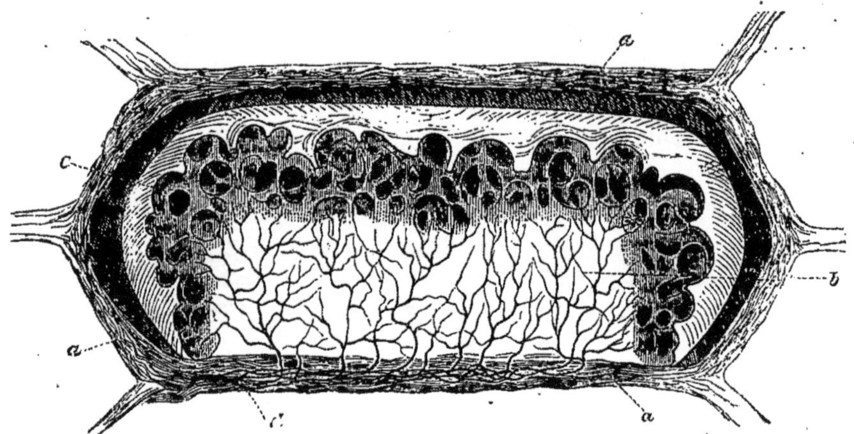

Fig. 114. — Alvéole de l'organe caudal de la *Raja*, coupé suivant la longueur et vu à un grossissement modéré.

a. Tissu conjonctif ordinaire formant la paroi de l'alvéole. — *b*. Noyau gélatineux situé dans son intérieur. *c*. Son enveloppe cartilaginoïde. — *d*. Le nerf qui se distribue dans le noyau gélatineux.

térieur des cloisons qui déterminent des espaces alvéolaires, ce qu'on appelle les *colonnes* de l'organe électrique. Dans toute alvéole de grande dimension on constate des cloisons secondaires ou *septa* conjonctifs, de nature plus homogène; les espaces qu'elles circonscrivent sont remplis par un « parenchyme finement granuleux » ; des noyaux s'accumulent contre les cloisons; il n'y a pas d'épithélium. Les vaisseaux sanguins se distribuent sur les *septa* de l'organe. Les fibres nerveuses présentent une gaîne épaisse, pâlissent et s'amicissent près de leur terminaison; mais je crois que leurs extrémités ne se relient pas à des éléments ganglionnaires. Toutefois, suivant Bilharz, les fibres nerveuses de l'organe électrique du *silure électrique* se terminent par des saccules discoïdes remplis de granules et d'une substance fondamentale semblable au contenu des globules ganglionnaires. Chez le *Torpedo*, les ramifications fasciculoïdes des fibres nerveuses sont très-nom-

qu'il le considère comme formé par un tissu de nature particulière. A la partie inférieure du corps spongieux, la substance fondamentale est finement granuleuse; à la partie antérieure, elle est vitro-transparente et traversée par un système de lignes qui forment des méandres. Ces lignes proviennent, suivant Leydig, d'une texture plus ou moins lamelleuse. Ces deux modes de la substance fondamentale sont chimiquement les mêmes, c'est-à-dire albuminoïdes; ils passent de l'un à l'autre.

breuses (1).—Il est très-remarquable que l'organe électrique du *Malapterurus* tire ses éléments nerveux d'un seul globule ganglionnaire. Ce globule de grandeur colossale et visible à l'œil nu, donne naissance à une seule fibre nerveuse très-grosse, qui innerve tout l'organe électrique par les nombreux rameaux qu'elle émet (Bilharz, Markusen).

177. — *Remarques physiologiques.* — Au point de vue physiologique, nous ne pouvons avancer rien de certain sur les organes dont nous venons de nous occuper (voy. *a*, *b*, *c*, *d*). Les formations cyathiformes se présentent comme étant des organes du tact; c'est là l'opinion la plus plausible suivant l'état de nos connaissances sur les organes du tact. Ces formations s'étendent jusqu'à la périphérie. Répandues sur toute la peau, elles acquièrent leur plus grand développement là où le sens du tact possède son siége chez les autres vertébrés (lèvres, filaments barbus). Elles sont probablement contractiles, ce qui ne saurait venir à l'encontre de notre opinion. Ce qui va suivre est de nature à prouver leur contractilité. Si l'on détache du *goujon* en vie (*Grundel*) un filament barbu, et si on l'examine ensuite à un fort gros-

(1) Dans le *Bericht* de 1863 (p. 60), on trouve de nouveaux documents apportés par Schultze à l'histoire des organes électriques des poissons et surtout du *Torpedo*. D'après cet auteur, la gaîne nucléaire accompagne les fibres nerveuses jusque dans les lames, même après la disparition de la moelle; elle ne se perd que dans les dernières ramifications. Il admet avec Kölliker que les lamelles (surface ventrale) portent les réseaux ultimes anastomotiques. Ces lamelles sont homogènes, jusqu'à la limite des formations nucléaires qu'on aperçoit de distance en distance, et autour desquelles Schultze a reconnu des espaces de couleur claire sur des préparations faites avec du sublimé, de l'acide chromique et de l'acide pyroligneux. Il considère ces espaces comme des cellules entourant le noyau; c'est aussi l'opinion de Kölliker. Remak avait cru que, des plexus nerveux des lamelles, il se détache des fibrilles ascendantes, et Schultze avait partagé cette manière de voir. Mais ce dernier n'admet plus ce fait anatomique. Il avance, contrairement à Kölliker, que les lamelles ne sont pas de nature conjonctive, mais bien formées par une substance albuminoïde. Mais pour démontrer combien cette question a attiré l'attention des micrographes, nous devons mentionner les résultats obtenus par Hartmann, et qui se trouvent dans le *Bericht* de 1862 (p. 48). « Les fibres nerveuses, qui innervent les prismes de l'organe électrique du *Torpedo*, ne forment pas (suivant Hartmann) les ombelles régulières que R. Wagner a représentées; elles se ramifient souvent comme les bois d'un cerf. Cet auteur s'inscrit en faux contre l'existence du réseau anastomique formé dans les lames par les plus fines terminaisons des fibrilles, réseau que Kölliker avait décrit et que Schultze avait confirmé. Hartmann partage plutôt l'opinion des Munk, pour qui cet aspect d'un réseau résulte de la disposition des granules dans la substance fondamentale homogène, granules qui forment des traînées longitudinales ou transversales. » Les noyaux (toujours suivant Hartmann) des lames électriques remplissent presque complétement à l'état frais les cavités où ils résident. « Dans les préparations à l'acide chromique les noyaux sont entourés d'une bordure claire formée par la cavité qui s'est élargie par imbibition. » Hartmann ne dit pas si cette cavité est revêtue d'une membrane cellulaire. On a vu que Leydig nie la présence d'un épithélium.

sissement et sans plaque de recouvrement, les formations en question ne se présentent plus sous la forme de cyathes; on les voit dépourvues d'orifices et surmontant l'épiderme sous la forme de petits tubercules. Mais bientôt ces prolongements papillaires présentent des orifices; ce phénomène ne peut se produire qu'en vertu de la contraction des parois de ce cyathe, et par une sorte de renversement en dedans de ces parois. Sur une lotte en vie, j'ai vu les cyathes situés sur le repli cutané qui partage en deux l'orifice nasal; ils étaient d'abord papillaires, et ce n'est qu'au bout d'un certain temps que les orifices se montraient.

Il est beaucoup plus difficile, si ce n'est même impossible, d'arriver à une connaissance exacte de la fonction de l'appareil muqueux. Que cet appareil ne sécrète pas de mucus, c'est là un résultat physiologique que l'état de nos connaissances histologiques doit faire admettre sans conteste; il saute, en effet, aux yeux que cet appareil est de nature nerveuse. Or, présentement, nous ne connaissons parmi les membres du système nerveux auxquels on puisse le rattacher que les cinq organes des sens et les organes électriques. Si donc nous voulons prendre pour guide ce qui est connu, il nous faut placer les éléments de l'appareil muqueux soit parmi les uns, soit parmi les autres. Et si les organes électriques ne nous paraissaient pas plus voisins de ces éléments, nous devrions ranger ces derniers parmi les organes des sens, dans le sens du tact, sens dont l'appréciation est tellement indéterminée que les formations en question des poissons peuvent être placées parmi les éléments anatomiques qui lui correspondent.

Toutefois, suivant mon opinion personnelle, je pourrais admettre, pour les poissons qui séjournent toujours dans l'eau, l'existence d'un nouvel organe des sens, puisque, d'ailleurs, parmi toutes les notions que nous possédons sur l'organisation des animaux, il n'en est aucune qui nous oblige à croire que les cinq sens embrassent tout l'organe des sens. Cette question de la qualité de l'organe des sens approcherait jusqu'à un certain degré de sa solution, si, chez les cétacés proprement dits, il existait un appareil semblable; il deviendrait alors plus plausible d'établir une certaine relation entre l'existence de cet appareil et la vie aquatique. Ainsi, dans Monro (*Structure des poissons*, traduction de Schneider, p. 152), Camper mentionne des orifices remarquables qui garnissent la gueule d'une espèce de *marsouin* (*Braunfisch*) et les compare aux tubes muqueux du brochet; à la mâchoire inférieure de la baleine, il a trouvé un nombre considérable de ces orifices. Un naturaliste à qui se présenterait l'occasion d'examiner ces formations, pourrait-il ne pas nous faire part de ses découvertes? Les organes en litige ont été considérés comme étant des organes électriques, et cependant on n'a jamais fourni à ce sujet des raisons concluantes. Il serait donc à désirer qu'un physiologue, s'occupant de la partie physique de la physiologie, appliquât son activité à ces organes mystérieux des poissons; car il est présumable que par ce moyen seul on arrivera à jeter quelque lumière dans une question si obscure jusqu'à présent.

Il est vrai qu'en conservant la désignation de « canaux muqueux » on risque de faire subsister l'ancienne explication physiologique; cette désignation doit cependant rester jusqu'à ce qu'on soit mieux renseigné sur la nature de leur fonction.

Bibliographie. — Müller, *Myxinoïdes;* Ecker dans le *Jahrb. z. Müll. Archiv*, 1852. (A cette opinion, que dans les ampoules des tubes gélatineux il n'existe aucune division des fibres nerveuses, je dois opposer l'opinion contraire) Robin, *Annales des sciences naturelles*, 1847. Les vésicules que Quatrefages (*ibid.*, 1845) a reconnues appartenir aux terminaisons nerveuses du *Branchiostoma* font probablement partie des organes que nous étudions. R. Wagner *Ub. d. fein. Bau d. elekt. Org. im. Zitterrochen*, 1847. — *Sulla struttura intima dell'organo ellettrico, del Gimnoto e di altri pesci ellettrici del Dottor Filippo Pacini*, 1852. La description ci-dessus de « l'appareil muqueux » est empruntée à nos propres travaux: *Müller's Archiv*, 1850. avec dessins tirés de l'*Acerina cernua* et de la *Lota vulgaris; ibid.*, 1851, avec dessins tirés des *Lepidoleprus*, *Chimæra monstrosa*; *ibid.*, 1854 (description et dessin de l'organe pseudo-électrique situé dans la queue de la *Raja*. Le tissu qui forme la paroi du follicule est ici d'une nature toute particulière). *Zeitschr. f. w. Zool.*, 1849. *Rochen u. Haie* 1852 (avec dessins tirés des *Hexanchus*, *Galeus canis*, *Scymnus lichia*, *Acanthias vulgaris*, *Trygon pastinaca*, *Torpedo Galvanii*, *Sphyrna malleus*, *Raja clavata*); *Unters. üb. Fische u. Rep.*, 1853, avec dessins tirés de l'*esturgeon*.

CHAPITRE XV

DES ORGANES DU TACT CHEZ LES INVERTÉBRÉS.

178. — Parmi les auxiliaires du tact, on peut considérer certains prolongements cutanés pourvus de nerfs et de forme variable, notamment certaines annexes du corps (antennes, tentacules, etc.); il est

encore certaines parties de la peau qui, par leur structure, sont susceptibles d'une sensibilité plus précise, et peuvent ainsi être transformées en organes du tact.

Cette structure du tégument semble exiger que le nerf soit, à sa terminaison, en connexion avec des *cellules ganglionnaires;* ajoutons à cela la présence nécessaire de certains appareils spéciaux, prolongements de la couche cutanée superficielle, comparables aux poils tac-

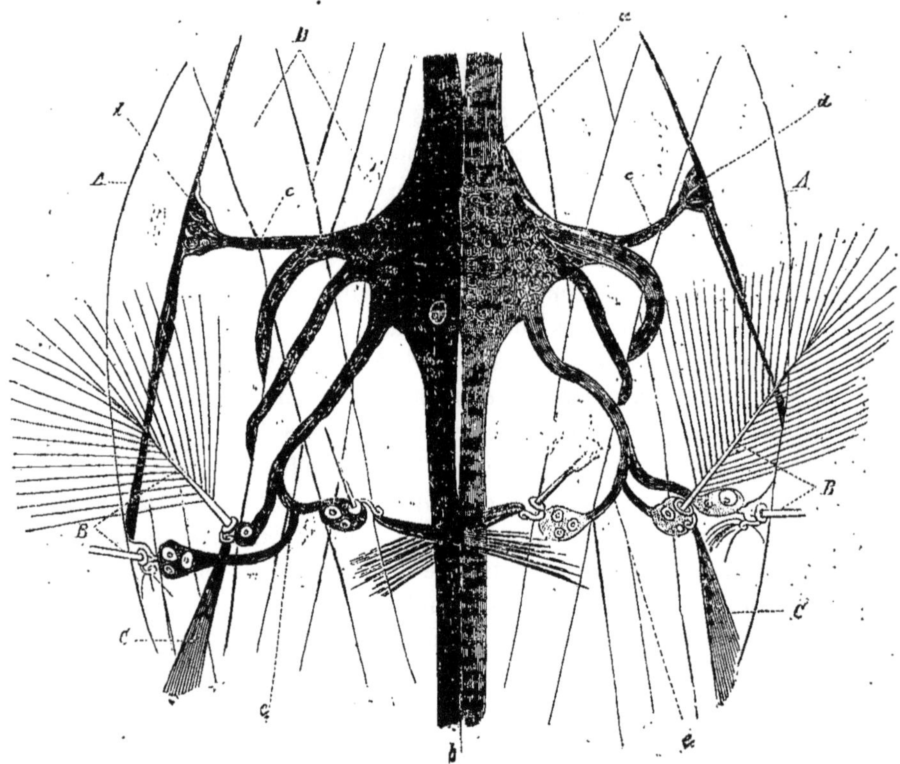

Fig. 115. — Terminaison des nerfs cutanés de la larve du *Corethra plumicornis.*

A. Tégument externe. — *B.* Poils cutanés. — *C.* Disposition pennée de ces poils. — *D.* Muscles. *a.* Un ganglion abdominal. — *b.* Cordon abdominal. — *c, d, e.* Modes de terminaison nerveuse. (Le côté clair de la figure correspond à l'état frais des formations nerveuses, le côté foncé représente ces formations après qu'elles ont été traitées par l'acide acétique.)

tiles. Chez l'*Helix pomatia*, le nerf tentaculaire (tentacules supérieurs et inférieurs) se rend dans un ganglion allongé; de l'extrémité antérieure et légèrement renflée de ce ganglion, il sort un certain nombre de nerfs qui suivent une division dichotomique et s'anastomosent en formant un plexus, dont les dernières ramifications se perdent dans une masse de cellules que je pourrais considérer comme des globules ganglionnaires. Le nerf tentaculaire de la *Firola* renferme aussi, suivant Leuckart, ces mêmes éléments. Blanchard a vu chez le *Janus* les nerfs des tentacules se terminer par un renflement ganglionnaire.

J'ai constaté les terminaisons ganglionnaires des nerfs cutanés sur les crustacés, les insectes et les rotifères. Sur le thorax et sur l'abdomen caudé du *Branchipus*, on aperçoit des poils de couleur claire, aux points de réunion de deux anneaux consécutifs. La base du poil est environnée par une couche de petites cellules arrondies, qui, du reste, n'existent qu'à la base. Les nerfs cutanés prennent leur direction vers ces poils ; mais auparavant, en passant dans un renflement fusiforme, ils ont pris un ou plusieurs noyaux clairs ainsi qu'une masse d'enveloppe granuleuse ; ils vont se perdre définitivement dans la couche de cellules située à la base du poil. Sur la larve du *Corethra plumicornis*, les poils de la peau sont ou simples et courts avec une base en forme de bouton, ou bien ils sont branchus et pennés. Ces poils ne paraissent pas être fortement assujettis dans l'enveloppe chitinisée ; ils sont plutôt rendus mobiles par un appareil élastique qui les enveloppe. Les nerfs de la peau se terminent au-dessous de la base des poils par des renflements arrondis, qui renferment un ou plusieurs noyaux de couleur claire et de forte dimension. On observe la même disposition chez les rotifères. Les nerfs cutanés occupent de préférence certains endroits, qu'on a appelé à tort des tubes respiratoires et des fossettes, et sur lesquels la cuticule se termine par une touffe de poils ; ils se terminent au-dessous d'eux par des renflements ganglionnaires.

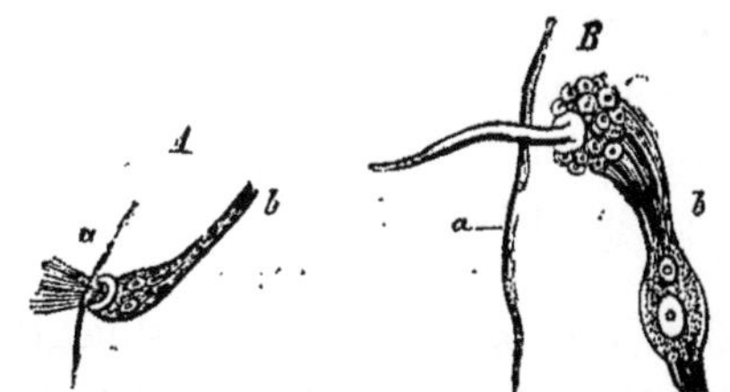

Fig. 116. — Terminaison des nerfs cutanés. (Fort grossissement.)
A. Du *Notommata*. — B. Du *Branchipus*. — a. Peau. — b. Nerf.

179. — Chez quelques animaux, on observe que les terminaisons des nerfs cutanés sont en connexion immédiate avec des *formations spéciales* semblables à celles que nous décrirons pour l'œil et pour l'oreille, de telle sorte qu'il devient douteux si l'on se trouve en présence d'organes tactiles, ou bien d'organes de sensibilité spéciale. C'est ici qu'il

faut, à mon avis, placer les deux saillies antennoïdes qui se trouvent au côté inférieur de la tête du *Polyphemus monoculus* (1) ; ces saillies sont coupées obliquement en avant et légèrement excavées. A l'intérieur, on aperçoit les nerfs qui traversent des globules ganglionnaires.

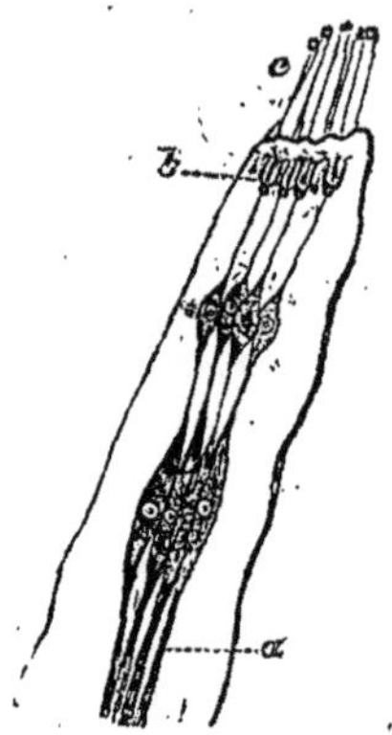

Fig. 117. — Saillie tentaculoïde du *Polyphemus monoculus.*

a. Les fibres nerveuses s'unissant deux fois à des globules ganglionnaires.
b. Refoulement sacciforme de la cuticule. — *c.* Les bâtonnets situés à l'extrémité des nerfs.

Après avoir quitté ces globules, ils rencontrent à l'extrémité des saillies antennoïdes, des formations ovales, à contours tranchés, et qu'un examen attentif fait reconnaître pour des refoulements sacciformes de la cuticule. Ces derniers sont précisément en nombre égal à celui des bandelettes nerveuses qui émergent de la masse du ganglion. Du fond de chacune de ces excavations de la cuticule (elles peuvent être au nombre de huit environ) s'élève une colonnette à contours délicats, et qui se termine à son extrémité libre par un petit bouton nettement marqué. Ces colonnettes ont une parenté qu'on ne saurait méconnaître, avec les bâtonnets terminaux du nerf acoustique des orthoptères (Voyez plus bas).

J'ai décrit autrefois ces mêmes parties histologiques dans le *Branchipus*, mais en leur attribuant une signification un peu différente (2). A l'extrémité des antennes de cet animal, on reconnaît en outre des soies de couleur claire « sept petits tuyaux rigides piliformes », vers lesquels se dirige la terminaison du nerf de l'antenne ; ce dernier se relie auparavant avec des globules ganglionnaires. Quant au tube

(1) Les « antennes tactiles » des autres daphnidées présentent la même organisation ; je reviendrai plus tard sur ce sujet d'une manière plus détaillée. (*Note de l'auteur.*)

(2) Conf. *Zeitschr. f. w. Z.*, 1851, p. 292, Taf. VIII, fig. 8.

arrondi, je l'avais pris pour « un anneau jaunâtre présentant des contours tranchés sur son bord libre ; c'est encore ainsi que j'avais interprété l'excavation d'où sort chaque bâtonnet. La grande fréquence de ces organes est mise en évidence par un travail de Schödler sur l'*Acanthocercus rigidus* (1).

D'après la description qui en est faite, « les touffes des lamelles, extrêmement délicates, situées à l'extrémité libre des tentacules », ne sont autre chose que les formations dont je veux parler, formations comparables aux bâtonnets du nerf acoustique des insectes. Schödler aussi voit en elles « un organe des sens ; il pense aussi bien à « un organe du tact développé » qu'à l'organe qui, dans beaucoup de crustacés, se trouve au fond des tentacules extérieurs, organe que, de nos jours, on a considéré comme étant celui de l'ouïe. De nouvelles recherches d'histologie comparée sont nécessaires pour résoudre cette question.

Je placerai sous ce même point de vue une observation de Meissner Cet anatomiste a vu sur le *Mermis albicans* que les papilles qui émergent de l'intérieur de la tête ne sont autre chose que les terminaisons des nerfs ; les fibres ont des extrémités mousses, comme sectionnées. Dans le *Mermis nigrescens*, il se présente encore une formation particulière sous la forme d'un tétraèdre à arêtes arrondies ; ce corps, nettement limité, donne l'impression d'une petite vésicule. Suivant Meissner, on trouve encore des formations semblables sur la tête de quelques nématodes. Il cite l'*Ascaris mystax*, qui porte sur les papilles une vésicule énorme et par conséquent bien visible, laquelle fait saillie sur la surface de la peau.

Voyez Meissner, sur les *Mermis albicans* et *nigrescens* dans le *Zeitschr. f. w. Z.*, Bd. IV. Bd. VII. Il ressort des indications de cet auteur qu'il ne s'aventure pas à croire à l'existence d'un organe du tact ; provisoirement ce sujet litigieux paraît sans issue, de même que celui de l'appareil muqueux des poissons. Sur la terminaison des nerfs cutanés des *Branchipus*, *Corethra*, rotateurs, voyez le *Zeitschr. f. w. Z.*, Bd. III et IV. Dans le quatrième volume de cette publication, M. Schultze confirme les notions que j'ai établies sur le *Balanus*. Parmi les corps particuliers dont il vient d'être question, et qui sont situés à l'extrémité des nerfs cutanés, je voudrais ranger encore les cellules à contours tranchés et pourvues d'un globule brillant, cellules que H. Müller et Gegenbaur ont découvertes dans la peau du *Phyllirhoe*

(1) *Arch. f. Naturg.*, 1856.

bucephalum. N'est-ce pas toujours, et non pas « quelquefois » seulement, comme le veulent ces auteurs, que ces cellules reçoivent un filament nerveux?

CHAPITRE XVI

DE L'ORGANE DE L'ODORAT DE L'HOMME.

On distingue dans l'organe de l'odorat les *cavités du nez* qui proviennent d'un refoulement en dedans du feuillet supérieur et moyen du blastoderme, et les *nerfs de l'odorat* qui proviennent au contraire du cerveau. Le feuillet supérieur fournit le revêtement épithélial, le feuillet moyen les couches conjonctive, vasculaire et nerveuse.

Les *nerfs olfactifs* diffèrent dans leur structure de tous les autres nerfs de la tête, en ce qu'ils ne possèdent aucune fibre à bords foncés; ils sont au contraire absolument pâles, finement granuleux, et se composent de fibrilles pourvues de nombreux noyaux; à leur extrémité et dans la muqueuse nasale, on ne voit rien de blanc.

La couche inférieure de la *muqueuse nasale* est de nature conjonctive; elle est presque complétement dépourvue d'éléments élastiques, très-vasculaire et garnie de nombreuses glandes muqueuses dont la forme est celle des acini ordinaires. Il est digne de remarque que cette couche de la muqueuse s'épaissit d'une manière remarquable à la limite du cartilage de la cloison et dans les cornets inférieurs, ce qui est occasionné par un développement des réseaux veineux, au milieu desquels on observe des trabécules musculaires; il se forme ainsi une sorte de corps caverneux.

Le *revêtement épithélial* de la muqueuse est, à l'entrée du nez (et jusqu'à la fin de la partie cartilagineuse du nez), un épithélium pavimenteux stratifié; dans la région osseuse du nez de l'homme, il est composé partout de cellules cylindriques vibratiles. Les cellules paraissent être plus délicates dans la région olfactive que dans les régions inférieures; çà et là elles paraissent aussi renfermer deux et même trois noyaux placés l'un derrière l'autre. Les cavités voisines du nez (sinus frontal, sphénoïdal, ethmoïdal, maxillaire), ainsi que le canal et le sac lacrymal sont vibratiles.

Kohlrausch a découvert le *tissu érectile* des cornets de la muqueuse nasale. Ainsi s'explique le gonflement de la muqueuse du canal nasal dans le coryza chronique et l'abondance des épistaxis. Nous avons reconnu sur un supplicié que les cavités nasales vibrent partout (1), que les glandes de la région olfactive sont ordinairement des glandes muqueuses acineuses (ces deux faits sont opposés à ce que l'on admet communément) (2). Ils ont été confirmés par Ecker (3).

CHAPITRE XVII

DE L'ORGANE DE L'ODORAT DES ANIMAUX.

Nerf olfactif. — Il importe de remarquer que les *nerfs de l'odorat* présentent, dans toutes les classes des vertébrés, par conséquent dans les mammifères, les oiseaux, les reptiles et les poissons, le même caractère histologique que celui qu'on observe chez l'homme, c'est-à-dire qu'ils se composent de cordons pâles, dépourvus de moelle et finement granuleux. Au point de vue organologique, il règne la plus grande analogie entre le nerf olfactif des vertébrés et les nerfs de plusieurs invertébrés, par exemple, des insectes. Comme dans ces derniers, le névrilème, qui peut être pigmenté (*Polypterus*, par exemple), forme des tubes présentant de nombreux noyaux, et enveloppe la substance nerveuse pâle et finement granuleuse. Il est très-difficile (comme chez les invertébrés) et même impossible d'isoler les fibrilles; chez l'esturgeon, où il est plus aisé de les obtenir, elles ne présentent pas autant de noyaux que dans les autres animaux; on y voit de petits points graisseux au milieu de la substance nerveuse. La gaîne conjonctive qui réunit les fibrilles s'étrangle facilement en formant des spires. Chez le *Proteus*, les noyaux du nerf olfactif, comme cela se voit aussi sur tout le reste du corps, sont plus allongés que chez d'autres animaux. A propos des selaciens (raies et squales, p. 35), j'ai décrit comment se fait le passage des fibres nerveuses à bords foncés aux nerfs gris de l'odorat. Le nerf, arrivé au nez, repose à son côté inférieur, entouré par une gaîne. Si l'on fait une coupe perpendiculaire au point d'entrée, on voit que le

(1) Welcker a trouvé chez un supplicié un épithélium vibratile dans toutes les parties de la région olfactive ; il y est plus riche en cils que sur les cornets inférieur et moyen. Les variations individuelles sont dues aux différences de structure de la muqueuse nasale (*Bericht*, 1863, p. 157).

(2) Würzb. Verhandl., 1854.

(3) *Bericht d. nat. Ges. in Freiburg*, Nr 9.

nerf se compose d'une partie inférieure blanche et d'une partie supérieure grise : la première enveloppe la seconde en formant autour d'elle une demi-sphère; la portion blanche se compose de fibrilles fines à bords foncés; au delà de ce point, ces fibrilles se transforment en une substance grise; en effet, elles pâlissent, prennent un noyau comme des globules ganglionnaires, et pénètrent ensuite dans des amas sphéroïdes formés d'une substance finement granuleuse, visible à l'œil nu, enveloppés de vaisseaux sanguins; de ces amas sortent des faisceaux pâles, finement granuleux, qui sont les troncs des nerfs de l'odorat.

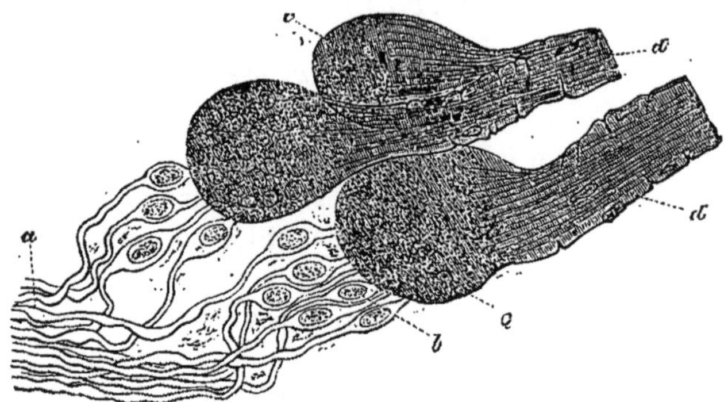

Fig. 118. — Nerf olfactif, à l'endroit où il se trouve au-dessous de l'organe de l'odorat (tiré du *Sphyrna*).

a. Fibrilles à contours tranchés qui forment la portion blanche du nerf; elles se rendent dans les *b*, cellules bipolaires pâles, et ces dernières se perdent dans des *c*, amas formés par une substance finement granuleuse. De ces amas sortent les faisceaux propres du nerf olfactif. (Fort grossissement.)

Dans la muqueuse olfactive de tous les vertébrés, on rencontre aussi des *fibres nerveuses à bords foncés;* elles appartiennent au trijumeau.

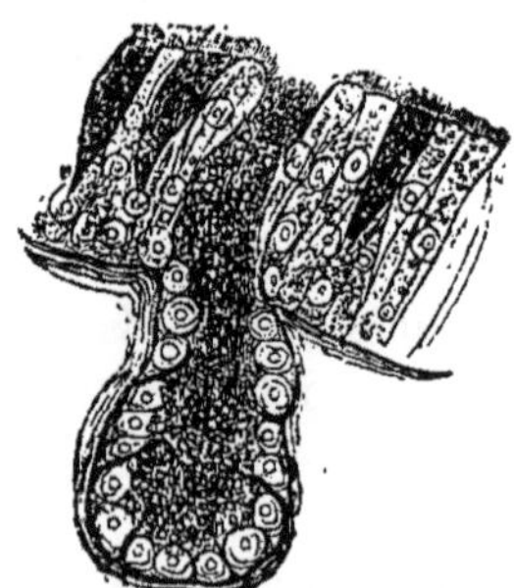

Fig. 119. — Muqueuse nasale de la grenouille.

a. L'épithélium vibratile avec les deux sortes de cellules. — *b*. Glandes de la muqueuse. (Fort grossissement.)

Chez l'esturgeon, ces fibres paraissent converger vers la partie centrale d'où partent les plis radiaires, pour pénétrer ensuite dans ces derniers.

180. — *Muqueuse olfactive.* — Dans la *muqueuse olfactive*, la couche fondamentale est formée par le tissu conjonctif, qui constitue aussi la charpente des glandes. Ces dernières sont d'une forme plus simple chez les mammifères que chez l'homme : ce sont des utricules cylindriques à extrémité borgne et tordue, comme Todd-Bowman l'a découvert le premier. Je puis confirmer ce fait pour la chèvre, dans laquelle elles rappellent d'une manière frappante les glandes intestinales de Lieberkühn. Dans les *oiseaux* (pigeon) les glandes me paraissent être très-nombreuses ; elles se présentent sous la forme de petits sacs pourvus d'un orifice étroit et enveloppés d'un riche plexus de vaisseaux san-

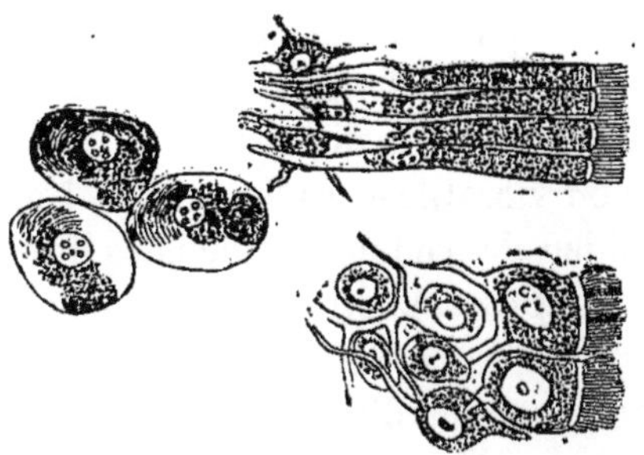

Fig. 120. — Epithélium nasal des poissons et des reptiles. (Fort grossissement.)

Les trois cellules de gauche sont dépourvues de cils ; elles appartiennent à la *Raja batis*. Les groupes de cellules de droite appartiennent, le supérieur à la *Lacerta agilis*, l'inférieur au *Tritonigneus*. En outre des cellules vibratiles, on aperçoit, dans la profondeur, des cellules ramifiées.

guins (1). Dans la *grenouille* et le *lézard*, les glandes de la muqueuse nasale sont tellement serrées les unes contre les autres, qu'elles se distinguent à l'œil nu comme un amas blanchâtre ; les plus petites ne sont que de petits sacs allongés, les plus grosses sont lobées par des cloisons incomplètes qui dérivent de la *tunica propria*. Il est douteux que ces glandes existent aussi chez les *poissons ;* elles y sont peut-être remplacées par ces formations que j'ai désignées sous le nom de « cellules muqueuses », formations que l'on trouve en grand nombre (es-

(1) Hoyer (*Arch. f. Anat., u. Phys.* 1860. *Hft.* 2., p. 50) a reconnu les glandes de Bowman de la région olfactive : ce sont des utricules cyathiformes, légèrement sinueux, s'ouvrant à la limite du substratum de la muqueuse par une extrémité étroite et plongeant dans la profondeur par leur partie sacciforme. Leurs cellules épithéliales sont rondes et polygonales ; elles ont un noyaux bien visible et un contenu formé de granulations jaunâtres. A côté des glandes de Bowman, Hoyer admet l'existence des glandes muqueuses proprement dites, qui ne seraient pas des acini, mais bien des tubes pelotonnés, avec un canal excréteur qui rappelle celui des glandes sudorales ou cérumineuses (*Bericht*, 1860, S. 178).

turgeon) au milieu des cellules épithéliales ordinaires, et qui sont remplies de globules albuminoïdes. Chez les vertébrés inférieurs surtout, la substance conjonctive de la muqueuse nasale paraît être colorée par des pigments divers.

L'*épithélium* n'est pas uniforme partout. En général, chez tous les vertébrés, il porte des cils. Il existe cependant des endroits qui ne sont pas vibratiles : ainsi, dans tous les *mammifères*, et d'après les histologistes anglais (Todd-Bowman), toute la région olfactive des mammifères est dans ce cas. Dans la chèvre, je crois reconnaître la non-vibratilité de la muqueuse qui est pourvue de glandes utriculoïdes. Cependant Reichert a vu, chez le lapin, cette région présenter en certains endroits un épithélium vibratile. Dans les *sélaciens*, au contraire, on voit vibrer tous les plis où s'étalent les terminaisons du nerf de l'odorat, tandis que le sillon longitudinal moyen, les plis transversaux du premier ordre et l'opercule du nerf olfactif (*Sphyrna*) sont revêtus d'un épithélium non vibratile et pavimenteux. Nous avons déjà fait remarquer qu'au milieu des cellules épithéliales il se trouve aussi des cellules muqueuses (*Acipenser*). On observe quelque chose de semblable chez les *batraciens* et les *poissons osseux*. Parmi les cellules de couleur claire, on en remarque d'autres qui sont remplies d'un contenu granuleux.

La charpente de l'organe de l'odorat renferme encore des *parties osseuses* et *cartilagineuses*. Dans la substance cartilagineuse hyaline des oiseaux qui ont des cornets nasaux (*Sturnus vulgaris, Scolopax, Tetrao*) les cellules cartilagineuses sont très-serrées les unes contre les autres ; il en est de même dans la charpente cartilagineuse, à treillis si remarquables du *Proteus* (parmi les poissons, les myxinoïdes et les dipnoïdes présentent aussi dans leurs capsules nasales ce treillis cartilagineux). Dans les ailes osseuses du nez de la *souris domestique*, on voit très-facilement le noyau des corpuscules osseux. Les *narines* ont toujours un épithélium pavimenteux stratifié, qui parfois (*Chelonia*) s'étend assez loin vers l'intérieur ; l'étendue de cet épithélium est plus considérable lorsqu'il existe un nez extérieur. Chez la *taupe*, par exemple, l'épithélium pavimenteux recouvre toute la portion cartilagineuse du nez, puis viennent les cils vibratiles. La trompe de l'*éléphant*, qui n'est qu'un nez très-allongé, est manifestement recouverte d'un épithelium où l'on distingue une couche cornée et une couche muqueuse. La portion conjonctive de la muqueuse, où je n'ai pu trouver des glandes (Cuvier dit aussi que l'épiderme est sec), s'érige en formant des papilles nombreuses très-développées et fréquemment dentelées. Du côté externe, le chorion de la muqueuse se perd dans les tendons des muscles de la trompe. L'appareil à pompe des cétacés, qui tient lieu de nez extérieur, est aussi revêtu d'un épithélium « dur et sec ». La charpente du nez extérieur, formé d'habitude simplement de tissu conjonctif et de cartilage, s'ossifie en partie chez le cochon et la taupe en formant ce qu'on appelle les os du boutoir et l'*os prænasale* chez les paresseux.

181.—Les *organes de Jacobson* des mammifères, « tubes cartilagino-membraneux qui se trouvent sur le plancher de la cavité nasale entre la muqueuse de la cloison et le vomer, » ont, comme on le sait et comme je l'ai vérifié sur des chats et de jeunes chèvres, une paroi composée de cartilage hyalin ; l'intérieur de ces tubes est recouvert par une muqueuse dont la texture serrée est produite par de nombreuses glandes muqueuses ; entre ces dernières, le tissu conjonctif est solide et rigide. En outre, sur la muqueuse s'étalent des nerfs de deux sortes. Ainsi (chez le chat) cinq à six troncules de l'olfactif pénètrent dans les tubes avec plusieurs rameaux du trijumeau d'épaisseur variable. Il est évident que cette muqueuse reçoit des vaisseaux sanguins. L'âme très-étroite du tube est limitée par un épithélium vibratile (1). Pour bien reconnaître la structure des organes de Jacobson, je recommande de faire des coupes perpendiculaires à travers tout l'organe ; si elles réussissent, elles montrent que les troncules des nerfs à bords foncés s'accumulent d'un côté, c'est-à-dire en bas et en dehors, tandis que les fibres pâles des nerfs de l'odorat se tiennent au côté interne. Par conséquent, au point de vue de la texture, les organes de Jacobson ne diffèrent pas du reste des conduits nasaux ; ils doivent donc avoir une fonction analogue.

Tout récemment, Eckhard (2) a publié des travaux intéressants sur les rapports qui existent entre l'épithélium nasal et les terminaisons des nerfs de l'odorat. Dans la région où s'étale le nerf olfactif, les cils vibratiles des cellules épithéliales (grenouille) sont longs et très-fins (à propos du *Polypterus*, j'avais déjà indiqué autrefois que les cils de l'épithélium nasal, qui se compose de cellules cylindriques courtes, sont d'une longueur considérable ; c'est aussi ce que je remarque dans beaucoup de téléostiens, l'*anguille*, par exemple). Les cils de l'épithélium

(1) Balogh (*der Jacobsohn's Organe*) admet aussi cette vibratilité. De plus, cet auteur reconnaît dans l'épithélium de ces organes des éléments nerveux « des bâtonnets olfactifs, qui portent à leur surface terminale deux corpuscules pointus, *cils olfactifs* de 0^{mm},0028 de longueur ; ils sont en connexion avec les fibres du nerf olfactif par des prolongements pourvus de renflements nucléaires et fusiformes. » Ces bâtonnets sont plus abondants aux parties non glandulaires de la muqueuse, mais ils ne manquent pas ailleurs (*Bericht* 1860, p. 130).

(2) *Beitr. z. Anat. u. Phys.*

voisin sont courts et serrés. Dans le sens de la profondeur, les cellules épithéliales se terminent par de longs filaments. Entre ces cellules filamenteuses se trouve un deuxième système de fibres qui sont en connexion avec des noyaux. Eckhard émet l'hypothèse suivante : les cellules épithéliales, ou plutôt les fibres à extrémités mousses situées entre elles, sont les véritables terminaisons des nerfs olfactifs.

Indépendamment d'Eckhard (1), Ecker avait fait des observations semblables à propos de la muqueuse olfactive de l'homme et des mammifères. Cet auteur aussi admet qu'il y a continuité entre les terminaisons des fibres olfactives et les cellules épithéliales ; ni lui, ni Eckhard n'ont pu déterminer d'une manière certaine le passage des prolongements filiformes des cellules épithéliales aux ramifications olfactives. Cependant, Ecker est disposé à admettre que ces cellules épithéliales sont analogues aux bâtonnets rétiniens de l'œil, ainsi qu'aux organes de Corti de l'oreille.

S'il est vrai que jusqu'à présent j'aie réussi à entamer cette difficulté anatomique, je pourrais contester cette connexion des fibres nerveuses et des cellules épithéliales, présumée par Eckhard et par Ecker. Sans compter que personne n'a observé la connexion de ces deux formations, les cellules épithéliales sont beaucoup trop nombreuses relativement aux fibres nerveuses, pour pouvoir être considérées comme étant des terminaisons nerveuses. Les fibrilles nerveuses franchissant le stratum conjonctif pénétreraient plutôt dans la couche épithéliale. De cette manière, comme je l'ai dit plus haut, j'aimerais mieux mettre en rapport avec les terminaisons nerveuses ces bandelettes particulières et fortement réfringentes, qu'on observe entre les cellules épithéliales de la muqueuse nasale. Du reste, quant à la composition de l'épithélium, il est bien certain que dans les couches inférieures il se trouve des formes de cellules ramifiées et anastomosées ; mais cette particularité ne saurait être une propriété spéciale de l'épithélium nasal. Qu'on se rappelle, en effet, ces figures pigmentaires étoilées qui se trouvent dans l'épiderme de divers animaux (2).

182. — *Organe olfactif des invertébrés.* — Parmi les *invertébrés,*

(1) *Berichte üb. d. Verhandl. Ges. f. Beförd. d. Naturiss. zu Freiburg*, Nr 12, 1855.

(2) *Owsjannikow* a recherché le mode de terminaison du nerf olfactif sur la muqueuse nasale (il avait fait macérer sa préparation dans la potasse chromique, et il l'avait ensuite rendue transparente en la faisant bouillir dans de l'acide azotique étendu). Il croit avoir reconnu de cette manière que *quelques* fibres se prolongent dans *des cellules* qu'il appelle *cellules de l'odorat ;* elles se distinguent des cellules épithéliales en ce qu'elles sont plus étroites ; leur noyau se rapproche davantage de leur extrémité inférieure et leurs cils sont droits, courts et aplatis. D'autres fibres, après s'être réunies à des cellules ganglionnaires

l'organe de l'odorat est connu dans les *céphalopodes*. Il est constitué par des fossettes du tégument, dont l'épithélium n'est pas vibratile; au fond de ces fossettes s'élève parfois une papille où le nerf se rend.

On croit être arrivé tout récemment sur les traces de l'organe de l'odorat chez les *gastéropodes*. A la face inférieure de ce qu'on appelle le bouclier dorsal des *Bullides*, Hancock décrit une formation discoïde, qui reçoit un nerf spécial et possède dans quelques cas des plis feuilletés, comme l'organe olfactif des poissons. Leuckart considérait comme l'organe de l'odorat le disque vibratile que Gegenbaur a décrit chez les ptéropodes, et qui est situé sur un nerf particulier à terminaison ganglionnaire. Plusieurs auteurs considèrent les antennes des *insectes* comme constituant l'organe olfactif. D'après Erichson, aux articles terminaux de ces organes, on observe un grand nombre de petites fossettes creusées dans la profondeur du tégument chitinisé, « paraissant destinées à transmettre des sensations olfactives ». Burmeister se prononce dans ce sens. Il me semble aussi que les antennes ont une fonction différente de celle du tact. Je remarque, en effet, sur le genre des *Ichneumons*, que dans la peau de ces articles, à côté des poches ordinaires et des canaux poreux, il se trouve encore des fossettes allongées, dans la profondeur desquelles le tégument chitinisé s'amincit. Comme des formations semblables ne se présentent pas sur le reste du corps, même aux palpes tactiles et aux extrémités des pieds, et comme un gros nerf chemine dans l'intérieur des antennes, il est à présumer qu'il s'agit ici d'un organe du sens spécial. Dans le manque de données physiologiques plus complètes, ne pourrait-on pas se prononcer pour

bipolaires se rendent dans l'intérieur de l'épithélium à de petites cellules infundibuliformes, sur lesquelles on voit aussi des cils minces et droits (*Bericht*, 1860, p. 178).

Ces dernières cellules d'Owsjannikow ne seraient-elles pas les cellules épithéliales ramifiées de Leydig? lesquelles ne sont pas, bien entendu, un fait propre à l'épithélium nasal. Il est vrai que les cellules ramifiées ne portent pas de cils. J'ai eu cependant une préparation sous les yeux où elles étaient si voisines de la surface qu'elles paraissaient ciliées, et j'avais employé les mêmes agents de préparation qu'Owsjannikow. On comprendra que je n'ose me prononcer en présence d'anatomistes aussi distingués.

Plus tard, Clarke a observé, à ce sujet, ce qui se passe sur des chats, des brebis et des grenouilles. Il lui a semblé que les fibres nerveuses passaient, partie dans la couche glandulaire épithéliale, partie dans le *réseau* nucléaire qui est formé par les prolongements inférieurs des cylindres épithéliaux. Mais Hoyer conteste l'existence de ces prolongements, qui ne seraient en réalité que des faisceaux de cellules cylindriques qu'on aperçoit par leur bord tranchant. Il faut ajouter qu'en 1863 Walter s'est inscrit contre cette objection de Hoyer, et qu'il a admis l'existence de cellules épithéliales de l'odorat, que Schultze avait indiquées auparavant. Balogh, ayant examiné la muqueuse nasale de la brebis, admit aussi ces deux sortes de cellules; c'est le fait du plus grand nombre des observateurs. Il y a donc là, en résumé, un point d'anatomie fort délicat, qui est loin d'être encore bien arrêté.

l'organe olfactif? Relativement à ces dépressions infundibuliformes et très-serrées les unes contre les autres, dépressions qu'on observe sur les antennes feuilletées du hanneton, disons qu'elles sont remplies d'air, ce qui leur donne des bords très-foncés. Si mes observations sont exactes, il se trouve sur le plastron thoracique du *Lampyris splendidula* de pareilles dépressions remplies d'air. (Il est très-commode d'apercevoir les fossettes des antennes des insectes qui n'ont pas encore dépouillé leur enveloppe chrysalidienne et qui sont dépourvus de pigment. Sur le *Gastropacha pini*, par exemple, où elles sont évidentes (l'animal étant parfait), on reconnaît à la face antérieure des rayons latéraux les dépressions arrondies à point central, surtout lorsque l'animal est encore incolore, au sortir de la chrysalide.

CHAPITRE XVIII

DE L'ORGANE DE LA VUE DE L'HOMME.

Le *globe oculaire* se compose d'une membrane fibreuse, *sclérotique* et *cornée*, d'une membrane vasculaire, *choroïde* et *iris*, et enfin d'une membrane nerveuse ou *rétine*. Ces trois membranes forment la paroi du bulbe ; l'intérieur est occupé par les milieux réfringents, le *cristallin* et le *corps vitré*.

Le *développement* du globe de l'œil se fait par le cerveau et par le tégument externe. Du cerveau sortent les vésicules oculaires primitives, d'où résultent les vésicules secondaires à double paroi, par ce fait que le cristallin se forme à l'intérieur aux dépens du feuillet blastodermique supérieur. Ce feuillet (revêtement épidermique de la peau) s'épaissit en cet endroit en formant le cristallin (Huschke, Remak). Le cristallin est donc un produit du feuillet blastodermique supérieur.

183. — *Sclérotique.* — La *sclérotique* blanche, rigide et solide se compose de tissu conjonctif très-dense, dont les couches s'entrelacent en tous sens. Les corpuscules du tissu conjonctif forment un réseau anastomotique de canalicules, dans lesquels se répand probablement le fluide nutritif destiné à toute la membrane. La sclérotique est très-pauvre en vaisseaux sanguins qui lui soient propres.

Cornée. — A la partie antérieure de l'œil, la sclérotique se continue avec la *cornée*. Cette dernière, d'une texture très-résistante, mais transparente, est en quelque sorte la fenêtre de l'œil. Elle est formée par des couches d'une substance conjonctive (qui diffère chimiquement du tissu conjonctif en ce qu'elle donne par la cuisson non de la colle, mais bien de la chondrine (Joh. Müller).

Fig. 121. — Coupe perpendiculaire à travers la cornée.

a. Couche de la substance propre de la cornée avec les corpuscules du tissu conjonctif (relativement aux autres couches, elle devrait être indiquée avec une épaisseur plus grande). — *b*. Couche limite homogène de la surface antérieure. — *c*. Couche limite homogène (membrane de Descemet) de la face postérieure de la substance cornéenne conjonctive. — *d*. L'épithélium conjonctival. — *e*. Épithélium de la membrane de Descemet. (Grossissement modéré.)

Les lamelles cornéennes s'entrelacent de mille manières ; elles permettent d'apercevoir un système de corpuscules conjonctifs anastomotiques, qui, à l'état normal, ne conduisent que le plasma sanguin. Mais, dans les changements pathologiques de la cornée, ils peuvent renfermer des cellules endogènes, des gouttelettes graisseuses, etc. A la surface antérieure et postérieure de la cornée la substance conjonctive forme des lamelles homogènes ; la face antérieure est plus mince que la postérieure et elle offre l'aspect d'une bordure limite claire, de même que le derme, les membranes muqueuses et séreuses présentent aussi une *écorce homogène*. La lame postérieure au contraire est beaucoup plus épaisse, et son aspect est vitreux ; on l'appelle *membrane aqueuse ou de Descemet*. Au pourtour-limite de la cornée, cette membrane se résout en un plexus de fibres plutôt élastiques que conjonctives, après avoir auparavant donné naissance à des épaississements mamelonnés (Hassal, Henle) ; telle est l'origine du *ligament pectiné*.

Les deux lamelles homogènes de la cornée sont recouvertes chacune par un épithélium ; celui de la lame antérieure est pavimenteux stratifié. Les cellules les plus inférieures sont allongées et à direction normale. Cet épithélium représente la conjonctive cornéenne. La couche épithéliale de la membrane de Descemet est simple et formée de cellules polygonales.

La cornée des adultes est presque avasculaire. Sur le bord seulement, on observe de petites anses sanguines isolées qui accompagnent les troncs nerveux. A la superficie et tout près de la conjonctive on voit, en outre, une quantité de petits arcs vasculaires qui s'étendent sur la cornée tout au plus de la longueur d'une ligne. La cornée est assez riche en nerfs. Les nerfs ciliaires lui envoient de 20 à 30 rameaux qui la pénètrent par le bord sclérotical; ces derniers perdent très-vite leur enveloppe médullaire pour devenir pâles et tellement transparents que les études faites sur leur mode de terminaison ont rencontré de grandes difficultés. Sur les résultats de ces études voyez plus bas : *Cornée des vertébrés.*

184. — *Choroïde.* — La deuxième membrane de l'œil ou *membrane vasculaire* porte dans sa portion postérieure, qui est la plus considérable, le nom de *choroïde* et dans sa partie antérieure celui d'*iris.*

La choroïde se partage en deux couches histologiques différentes. La couche extérieure ou fondamentale se compose de substance conjonctive et de vaisseaux ; la couche interne est cellulo-pigmentée. — Le *tissu conjonctif* ou *stroma*, qui porte les vaisseaux sanguins, paraît être dans les couches externes très-riche en pigment ; et ce sont des granulations foncées pigmentaires qui remplissent les corpuscules du tissu conjonctif.

Lorsque l'on rompt les adhérences de la choroïde avec la sclérotique, une partie de la substance conjonctive, qui est colorée en brun ou en noir, reste suspendue à la face interne de la sclérotique et représente ainsi la *lamina fusca* des auteurs. Du côté interne, le tissu conjonctif se dispose en une membrane délicate et homogène. Les vaisseaux de forte dimension, artères et veines ciliaires, ainsi que les nerfs ciliaires résident dans le tissu conjonctif pigmenté, tandis que l'épanouissement capillaire des vaisseaux choroïdiens a lieu dans la membrane homogène que nous venons de décrire ; celle-ci doit être considérée comme constituant la couche limite du tissu conjonctif du côté interne (membrane chorio-capillaire, ou membrane *ruyschienne.*)

A la surface interne de la choroïde, l'épithélium se compose de cellules régulières et polyédriques, qui forment une couche simple jusqu'à l'*ora serrata* et sont fortement remplies de granulations pigmentaires (*lamina pigmenti* des auteurs) (1).

(1) Liebreich a reconnu, au moyen de l'ophthalmoscope, les cellules pigmentaires de la choroïde ; elles forment dans la région équatoriale une mosaïque de petits points disposés en séries par intervalles réguliers (*Bericht*, 1858).

La choroïde possède aussi un *muscle*, qui n'est autre chose que l'anneau blanchâtre situé sur la face extérieure du bord antérieur de la choroïde (*ligament ciliaire* des anciens). Il est formé par des fibres lisses qui émergent en rayonnant de la sclérotique pour s'insérer sur la choroïde; elles sont courtes, délicates; leur noyau est rond et non cylindrique.

Iris.—*L'iris, membrane iridienne*, se compose pareillement de tissu conjonctif, de vaisseaux sanguins, de muscles, de nerfs et de couches épithéliales. Le *tissu conjonctif* ou *stroma* de l'iris présente de nombreux corpuscules conjonctifs ramifiés, qui fréquemment renferment des molécules de pigment; ici encore, du côté de la face libre, la substance conjonctive forme une bordure homogène. Les *vaisseaux sanguins* de l'iris se trouvent décrits, quant à leur disposition et à leur distribution dans tout compendium d'anatomie. Les *nerfs*, qui sont très-nombreux, sont les terminaisons des petits nerfs ciliaires, exclusivement destinés au muscle tenseur de la choroïde et aux éléments musculaires de l'iris. Les *muscles* sont lisses; ils se disposent, d'une part, comme des anneaux tout autour de la pupille, et d'autre part ils se dirigent en rayonnant du sphincter pupillaire vers le bord ciliaire de

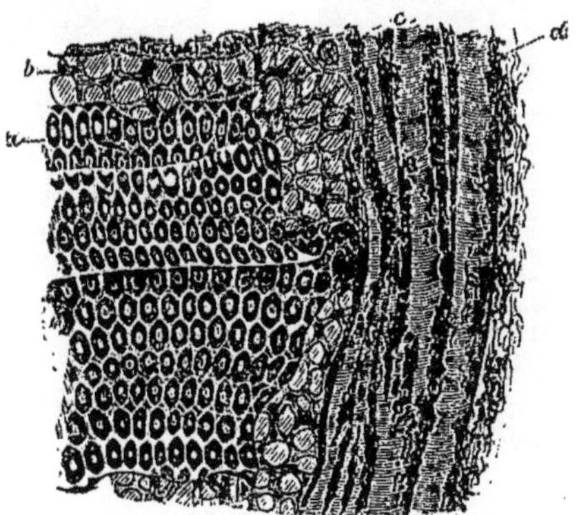

Fig. 122. — Fragment de la choroïde. (Grossissement modéré.)

a. Lames de pigment ressemblant à un épithélium; elles sont en partie détachées et enroulées, *b.* Membrane chorio-capillaire. *c.* Les gros vaisseaux de la choroïde. — *d.* La *lamina fusca*.

l'iris en donnant ainsi naissance au *dilatateur pupillaire*. — Les deux surfaces libres de l'iris sont revêtues par des *épithéliums*; celui de la surface antérieure est délicat et simple, il est en connexion avec la couche cellulaire de Descemet; celui de la face postérieure est le prolongement de la couche cellulo-pigmentée de la choroïde; il se compose toutefois de plusieurs couches de cellules entassées les unes sur les autres, et complétement remplies de pigment noirâtre (*uvée* ou *membrane uvéenne* de l'œil). Le bord clair et libre de ces cellules de pigment, considéré dans son ensemble, produit l'aspect d'une cuticule autonome de couleur claire.

Quant à la *couleur* de l'iris, disons qu'elle paraît bleue, si son stroma ne renferme pas de pigment et si par conséquent on n'aperçoit au travers que le reflet de l'uvée. Les colorations brunes et foncées proviennent de granules jaunâtres ou brunâtres et de petits amas pigmentés, qui sont unis au stroma en quantité variable.

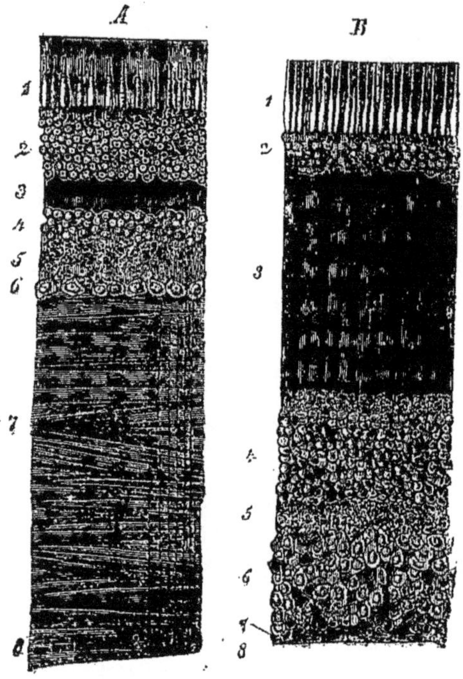

Fig. 123.

A. Coupe perpendiculaire de la rétine de l'homme près du point d'entrée des nerfs optiques : 1° Couche des bâtonnets. 2° Couche externe des granulations. 3° Couche intermédiaire aux couches des granulations. 4° Couche interne des granulations. 5° Couche granuleuse. 6° Couche des cellules nerveuses. 7° Fibres des nerfs optiques. 8° Membrane limite.

B. Coupe faite sur la tache jaune de la rétine de l'homme, mêmes notations (suivant H. Müller).

185. — *Rétine*. — La troisième ou la plus interne des membranes de l'œil est la *rétine*, la *membrane nerveuse*. Elle offre la structure d'un ganglion membranoïde épanoui ; elle se compose par conséquent de substance conjonctive et d'éléments nerveux ; ces derniers sont disposés suivant un certain nombre de couches. La substance conjonctive de la

rétine, lorsqu'elle fonctionne comme soutien des vaisseaux sanguins, est représentée, comme dans les centres nerveux, par une masse molle moléculaire ; mais elle devient plus rigide à la surface interne de la rétine, comme cela arrive à la superficie des cavités cérébrales ; lorsqu'elle devient contiguë au corps vitré, elle se transforme en une membrane homogène claire, que l'on appelle *membrana limitans*. De la face interne de la *membrana limitans* partent en rayonnant des faisceaux de fibres qui traversent la rétine (*système fibreux radié* des auteurs); ces fibres jointes à la membrane limite me paraissent fournir le cadre ou l'appareil de soutien destiné à recevoir les formations spéciales ou nerveuses de la rétine. Les éléments nerveux comptés de dedans en dehors forment : 1° la couche fibreuse des nerfs optiques ; 2° une couche de substance nerveuse grise ; 3° la couche des granulations ; 4° la couche des bâtonnets. Nous allons entrer dans des détails.

Après que les *faisceaux fibreux* du nerf optique ont pénétré dans l'œil, ils s'étalent en formant un réseau dans la direction du méridien du globe oculaire, et constituent la première couche immédiatement au-dessous de la *membrane limite* qui s'étend jusqu'à l'*ora serrata*. Sur la tache jaune, *macula lutea*, où, comme on le sait, la vision est la plus distincte, cette couche fibreuse du nerf optique est incomplète ; une couche continue de fibres nerveuses manque à la surface, et les fibres qui pénètrent se perdent au milieu des parties celluleuses de cette région. Les fibres du nerf optique sont pâles, délicates ; elles tendent à devenir variqueuses. Elles se terminent toutes dans les prolongements de grosses *cellules ganglionnaires* multipolaires, qui sont placées sur la couche fibreuse du nerf optique. D'autres prolongements relient ces globules entre eux, quelques-uns se dirigent vers la couche des granulations. Les globules ganglionnaires multipolaires et leurs ramifications (fibres nerveuses grises de Pacini), réunis à la couche des granulations forment ensemble ce qu'on distinguait autrefois comme la couche de la substance nerveuse grise. Ces prolongements des grosses cellules ganglionnaires se mettent encore en connexion avec les prolongements de petits globules ganglionnaires, et de là naît la « couche des granulations »; enfin ces derniers prolongements sont en relation avec les ramifications filiformes des bâtonnets. La couche des bâtonnets se compose des *bâtonnets* proprement dits et des *cônes*. Les premiers sont des cylindres étroits, clairs, homogènes, extrêmement sensibles aux influences extérieures ; les cônes sont des bâtonnets courts, dont l'extrémité est piriforme. Les uns et les autres sont rangés en palissade, les cônes alternant avec les bâtonnets ; sur la tache jaune il n'existe que des cônes. Le filament terminal interne des cônes et des bâtonnets est en connexion avec les prolongements des petites cellules ganglionnaires (couche des granulations).

D'après cela, la rétine paraît avoir une structure analogue à celle des centres nerveux, puisque les fibres du nerf optique, après être devenues fines et pâles, passent dans les ramifications des cellules ganglionnaires ; on pourrait dire aussi qu'elles en sortent. Les cellules ganglionnaires, qui sont en connexion entre elles par des commissures, envoient d'autres ramifications, lesquelles, après s'être de nouveau mises en relation avec de petites cellules ganglionnaires, se terminent sous la forme de bâtonnets, affectant une disposition géométrique. Les bâtonnets et les cônes sont considérés aujourd'hui comme étant les parties sensibles à la lumière ; les éléments nerveux fibroïdes sont des organes de transmission ; les cellules nerveuses fonctionnent comme des centres nerveux (1).

Cristallin. — La *lentille cristallinienne* se compose d'une substance capsulaire et d'une substance lenticulaire. La *capsule lenticulaire* est une substance vitreuse sans structure, enserrant étroitement la lentille. Sur la moitié antérieure de la capsule, on voit, à la surface interne, un épithélium formé par une couche simple de cellules. Ce qu'on appelle *liqueur de Morgagni*, ou bien ce liquide qui s'écoule lorsqu'on pique la capsule et qui renferme quelques cellules épithéliales gonflées, est un phénomène cadavérique.

La *substance cristallinienne* est formée par les fibres lenticulaires. C'est une formation molle, pâle partout, fibroïde, aplatie et allongée ; chaque fibre correspond à une seule cellule qui s'est développée des deux côtés. A la coupe transversale, ces fibres paraissent hexagonales,

(1) Il est difficile de ne pas reconnaître que tous les anatomistes qui se sont occupés de la structure intime de la rétine ne sont pas tous arrivés aux mêmes conclusions. Il y a des divergences d'opinions fort nombreuses, surtout s'il s'agit de se prononcer sur la nature des diverses couches rétiniennes. M. Morel s'exprime ainsi (*Traité élément. d'histol. humaine*, p. 269) : « S'il y a encore beaucoup de points obscurs dans cette question, il est cependant » un fait essentiel et parfaitement acquis : c'est l'union des fibres du nerf optique avec des » cellules nerveuses, ce qui permet de considérer la rétine comme un petit centre nerveux. » Je sais bien que ces conclusions du savant professeur de Strasbourg, notre maître et ami, ne sont pas demeurées à l'abri de toute objection. Pour le prouver, il nous faudrait entrer ici dans des détails que ne comporte pas un traité élémentaire d'histologie, et qui surtout seraient hors de toute proportion avec le rôle que nous nous sommes réservé dans ce travail. Disons cependant que Lehmann, après avoir, sur un chien, sectionné le nerf optique, observa la rétine vingt jours après l'opération. La couche des fibres nerveuses s'était seule atrophiée. Lehmann a été conduit par cette observation à se rattacher à l'opinion de Blessig et à admettre que toutes les autres couches rétiniennes appartiennent au tissu conjonctif, « sans en excepter la couche des cellules nerveuses. » (*Bericht*, 1858, p. 162.) Mais comme les

leurs bords sont rugueux, comme finement dentelés ; à la périphérie du cristallin, leur diamètre transversal est plus large qu'aux envi-

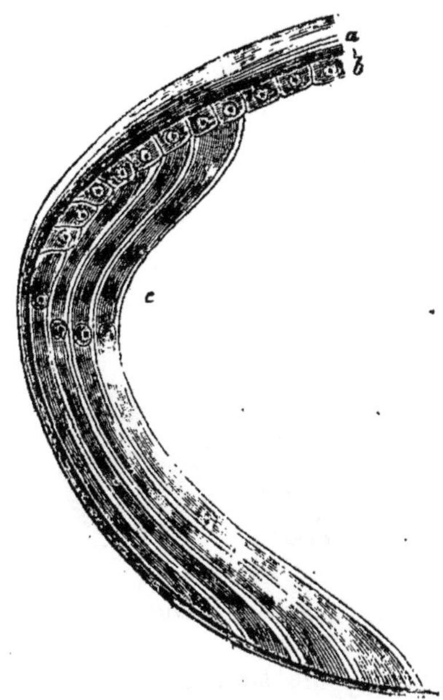

Fig. 124. — Coupe perpendiculaire passant par le bord cristallinien.

a. Paroi antérieure de la capsule lenticulaire. — b. Son épithélium. — c. Fibre lenticulaire. (Fort grossissement.)

rons du noyau lenticulaire. La disposition des fibres est telle, que, serrées les unes contre les autres, elles donnent à l'organe une texture

vaisseaux rétiniens restèrent pleins de sang, cet observateur admit l'existence d'anastomoses établissant une circulation collatérale par les artères des gaînes nerveuses, lesquelles artères passaient inaperçues, dans le cas normal à cause de leur finesse. Mais nous devons nous demander si la constatation de cette circulation collatérale ne plaide pas en faveur de conclusions opposées à celles de cet auteur. N'explique-t-elle pas suffisamment pourquoi la couche des cellules nerveuses ne s'est pas atrophiée? Si cette couche est bien un centre nerveux tenant sous sa dépendance les autres éléments rétiniens, la conservation de son intégrité répond, dans certains cas, de celle de tous les autres.

De Wahl a examiné les yeux d'un anencéphale, et il est arrivé aux conclusions de Lehmann. La couche des fibres nerveuses était occupée par un riche réseau vasculaire. Les fibres *radiées* (stroma rétinien) avaient conservé leur aspect normal. Cet observateur n'a pu cependant isoler une seule cellule nerveuse. Tous ces faits me paraissent établir une certaine indépendance organologique des cellules et des fibres ; les cellules qui jouissent de commissures nombreuses se ralliant à d'autres commissures sympathiques peuvent continuer de vivre, alors qu'un système de ces commissures a péri. Nous croyons, par conséquent, que la nature nerveuse des globules ganglionnaires rétiniens est un fait certain.

feuilletée, qu'on observe très-bien sur un cristallin durci. En outre de cette stratification lamelliforme, nous devons encore porter notre attention sur le trajet des fibres. Aux faces antérieure et postérieure de la lentille, on remarque une figure radiaire, qui n'est point formée par des fibres, mais qui se manifeste comme une substance homogène ou finement granulée, et présente des septa disposés en rayons suivant toute l'épaisseur de l'organe. Les fibres lenticulaires sont bien des méridiens; mais, comme elles sont interrompues par ces septa radiaires, aucune n'embrasse la moitié de la périphérie de l'organe, toutes s'arrêtent aux rayons en se terminant par une extrémité renflée et représentent ainsi un système de lignes courbes, les *vortices dentis*.

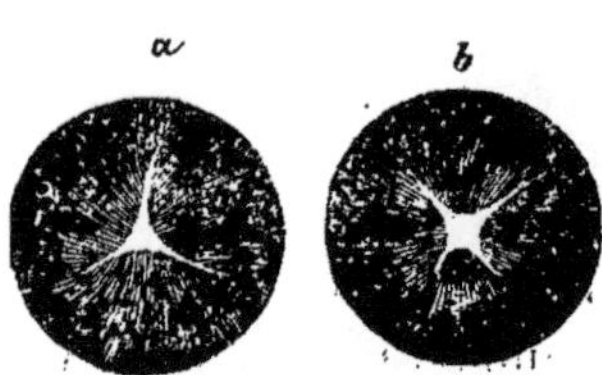

Fig. 125.

Lentille vue, *a*, par devant, *b*, par derrière, pour mettre en évidence les rayons lenticulaires.

Le cristallin et sa capsule sont avasculaires chez l'adulte; leur nutrition se fait par imbibition des liquides ambiants.

Corps vitré. — Le *corps vitré*, *corpus vitreum*, est, par sa structure, l'un des modes de la substance conjonctive. Chez les nouveau-nés, il présente encore un réseau délicat, lequel, chez le fœtus, sert en partie de soutien aux vaisseaux sanguins; dans les mailles de ce réseau réside une substance muqueuse ou gélatineuse. Dans ses traits fondamentaux, la disposition de ce réseau est telle, que la coupe transversale de l'organe ressemble à celle d'une orange. Plus tard le tissu aréolaire devient tellement délicat qu'il est difficile de le distinguer; il ne reste que l'enveloppe membranoïde et limite du corps vitré, c'est-à-dire la *membrane hyaloïde*. Le prolongement de cette membrane, qui s'étend jusqu'au bord du cristallin, s'appelle *zone de Zinn*, et présente un réseau fibreux particulier, lequel semble être assez résistant. Ses fibres ne sont pas attaquées par l'acide acétique, qui agit sur le tissu conjonctif ordinaire (1).

(1) Nous devons indiquer ici une préparation remarquable du corps vitré, laquelle est due à Coccius. Après avoir enlevé la membrane hyaloïde, il laisse le corps vitré se dessécher. Dissolvant ensuite les cristaux de sel marin dans une goutte d'eau distillée, il aperçoit un grand nombre de cellules d'épithélium pavimenteux, qu'il attribue aux membranes traversant le corps vitré. Henle considère comme « plus vraisemblable que ces cellules ont été

Annexes de l'œil. — Quelques *formations accessoires* paraissent être en connexion avec le globe oculaire : ce sont les paupières, la conjonctive et l'organe lacrymal.

La charpente des *paupières*, les cartilages tarses, ne sont pas formés par du cartilage, mais bien par un tissu conjonctif rigide. Elles renferment des *glandes sébacées acineuses* allongées (glandes de Meibomius) dont le produit de sécrétion produit le *sebum palpebrale*. Les cils ont leurs glandes pileuses propres.

La *conjonctive* (*conjunctiva*) des paupières diffère un peu de celle de l'œil. Elle a plutôt le caractère d'une muqueuse ordinaire, c'est-à-dire qu'elle est constituée par une couche fondamentale conjonctive, papilleuse, renfermant des glandules muqueux, des vaisseaux et des nerfs, et revêtue d'un épithélium pavimenteux stratifié. Sur la conjonctive scléroticale, les papilles et les glandes manquent; la couche conjonctive y est encore forte et riche en fibres élastiques, tandis que, dans la conjonctive cornéenne, le stratum conjonctif est étroitement soudé avec la cornée; l'épithélium stratifié représente seul la conjonctive.

La *glande lacrymale* a la structure des glandes acineuses composées : ses canaux excréteurs, de nature conjonctive, se ramifient et serpentent en se bifurquant (les *acini* des auteurs). L'intérieur est revêtu de cellules de sécrétion, arrondies, et cylindriques dans les conduits excréteurs.

J. Muller et Henle avaient reconnu que, chez l'embryon, la *conjonctive cornéenne* est traversée par un riche réseau vasculaire; peu avant et après la naissance, ce réseau se réduit à ces quelques arcs vasculaires placés sur le bord de la cornée. Et si, dans l'in-

mêlées au corps vitré pendant la préparation et qu'elles proviennent d'autres parties de l'œil » (*Bericht*, 1860, p. 122). Qu'il nous soit permis d'ajouter ici que nous avons répété cette opération sur le corps vitré d'un œil de bœuf, et que nous avons retrouvé ces cellules de Coccius.

Nous empruntons à un travail de C. O. Weber sur l'embryogénie histologique du corps vitré quelques résultats remarquables (*Arch. f. path. A. u. Phys.* Bd XIX, S. 367). Chez le fœtus, les couches les plus externes du corps vitré renferment des cellules dont la forme rappelle celle des cellules conjonctives pourvues de ramifications tubuloïdes en connexion avec les capillaires. Dans les couches internes, ces cellules sont plus rares, et leurs prolongements tendent à disparaître. Au cinquième mois, le corps vitré présente, dans le voisinage des vaisseaux périphériques, des corps à prolongements vésiculoïdes et fortement réfringents. Henle ne croit pas que ces corps soient des cellules. Ne seraient-ils pas des amas de gouttelettes graisseuses, provenant de la résorption des corpuscules conjonctifs? Cette opinion, qui nous est personnelle, n'entre pas dans l'interprétation de Henle, qui se contente de nier la nature celluleuse de ces corps bizarres. Weber a constaté que, par le développement, la substance fondamentale du corps vitré s'appauvrit en cellules.

flammation, on voit apparaître, parfois subitement, des vaisseaux sanguins dans toute la cornée de l'adulte, ce phénomène ne se produit qu'en vertu d'une néo-formation vasculaire. On pourra consulter à ce sujet un travail récent de His (1) ; on y trouvera une description très-exacte de la cornée, au point de vue des tissus qui la composent. — Brücke (1846) a le premier reconnu la *nature musculaire du ligament ciliaire;* cet organe avait joué un triste rôle dans l'anatomie pendant fort longtemps et sous les désignations les plus diverses. — L'histoire de la structure de la *rétine* est riche en contradictions. Mentionnons simplement que, déjà Treviranus avait avancé que les bâtonnets sont des terminaisons nerveuses. Plus tard Hannover et Brücke répandirent l'opinion que la rétine était composée de deux parties réellement différentes, de l'appareil sensible à la lumière (*tunica nervea*), formée de parties nerveuses, et de l'appareil catoptrique ou *stratum bacillosum*. Il résulte de notre exposé, que l'on est revenu aux anciens errements, qui ont acquis plus de précision après les travaux de Pacini, de H. Müller, Kölliker, etc. Il s'est rencontré encore des contradicteurs. Dans le travail de Blessig (2), publié avec la collaboration de Bidder et de Schmidt, on trouve que les fibres optiques sont les seuls éléments nerveux de la rétine, que tout le reste n'est que du tissu conjonctif, que les globules ganglionnaires sont des mailles conjonctives remplies par une substance finement granuleuse, que les fibres radiaires n'existent pas, etc. Bien que quelques-unes des opinions mises en avant par ces nouveaux observateurs de la rétine me paraissent avoir besoin d'être confirmées, leur travail renferme beaucoup d'assertions exactes; mais rien dans le travail de Dorpat ne me paraît réfuter ce que j'ai avancé plus haut.

Les premiers travaux qui répandirent quelque lumière sur la structure histologique du *corps vitré* appartiennent à Bowman (1845) et à Virchow (1852). — Thomas a donné des dessins particuliers des *filaments* lenticulaires, et Czermak les a reconnus comme étant l'expression du tissu fibreux de la lentille.

(1) *Beiträg z. normalen u. patholog. Histologie der Cornea*, 1856.

(2) *De retinæ textura*, 1855.

CHAPITRE XIX

DE L'ŒIL DES VERTÉBRÉS.

Sclérotique. — La *sclérotique*, en quelque sorte le squelette de l'œil, est toujours formée par les différentes espèces de la substance conjonctive; chez tous les *mammifères*, elle se compose exclusivement de *tissu conjonctif solide*, dont les éléments celluleux (corpuscules du tissu conjonctif) renferment fréquemment du pigment (*bœuf*, *brebis*, *cheval*, par exemple). La sclérotique excessivement épaisse des cétacés (*baleine australe*) paraît être traversée par un système interstitiel considérable, comme il est facile de le constater, même à l'œil nu, sur des disques minces. Le tissu conjonctif ne présente pas ici sa forme ordinaire, mais bien celle qu'on voit au ligament ciliaire et à l'iris des poissons; il se distingue par une certaine rigidité et par la finesse de ses éléments fibreux. Il est remarquable que, chez les monotrèmes, dont l'organisation offre tant de points de contact avec celle des oiseaux, la sclérotique offre aussi la même composition que celle de l'oiseau. Depuis que le travail de Meckel sur l'*ornithorhynque* avait paru, on savait que la sclérotique de cet animal renferme une lame cartilagineuse; chez l'*Echidna*, dont j'ai eu l'occasion d'observer les yeux, la sclérotique très-mince est, dans toute son étendue, constituée par un *joli cartilage hyalin* pourvu d'un revêtement conjonctif délicat, et dont les cellules sont très-serrées les unes contre les autres ; et ce n'est qu'au pourtour de la cornée, où elle s'épaissit en forme de bourrelet, que la sclérotique prend le caractère d'une membrane fibreuse. — Je n'ai pas encore pu trouver des *nerfs* dans la sclérotique (du *veau*); Rahn prétend en avoir rencontré sur celle du *lapin*.

Contrairement à ce qui se passe chez les mammifères, pour tous les *oiseaux* la partie fondamentale constitutive de la sclérotique est un *cartilage hyalin*, pourvu d'un revêtement conjonctif externe et interne. Les cellules du cartilage sont rondes, et, même à l'état frais, leur contenu est granuleux. La partie conjonctive de la sclérotique s'ossifie au bord antérieur en formant une couronne d'écailles osseuses (*anneau sclérotical antérieur*); autour de l'artère du nerf optique, on observe aussi chez un grand nombre d'oiseaux des ossifications qui forment l'*anneau sclérotical postérieur*. Les ossifications des deux anneaux diffèrent histologiquement : les écailles du premier, si elles sont minces, ne renferment pas de canaux médullaires ; celles du second sont toujours traversées par des espaces médullaires de toutes dimensions, anastomosés entre eux et renfermant des cellules de graisse et des vaisseaux sanguins. L'anneau postérieur paraît résulter en partie de l'ossification du cartilage, tandis que l'anneau antérieur ne tire son origine que de l'ossification du tissu conjonctif (chez un jeune *Falco buteo*, j'ai trouvé, dans des écailles épaisses de l'anneau antérieur, des vacuoles remplies de vaisseaux et de cellules graisseuses). — Dans la classe des *amphibies*, la sclérotique est plus fréquemment encore hyalino-cartilagineuse; les cellules du cartilage sont presque toutes dépourvues de granulations et très-denses : il en est ainsi chez les grenouilles, les crapauds, les sauriens, les tortues. Dans le *Proteus*, le segment postérieur est hyalino-cartilagineux; les cellules renferment quelques globules graisseux à côté du noyau; en avant, la sclérotique est de nature conjonctive.

Dans le *Menopoma alleghanensis*, dont la membrane en question est d'une épaisseur considérable par rapport à la petitesse de l'œil, elle est aussi hyalino-cartilagineuse, et les grosses cellules du cartilage renferment des quantités variables de pigment. Il est assez rare que la sclérotique soit de nature conjonctive (salamandre, triton, couleuvre à collier, *Cœcilia annulata*). Chez les sauriens (*Lacerta*, *Anguis fragilis*, *Iguana*, *Monitor*, *Chamæleo*, etc.), et chez les tortues, de petites plaques osseuses, réunies en un anneau, s'avancent aussi sur le bord antérieur; ces plaques manquent dans les serpents. On ne trouve pas ici les ossifications qui existent chez les oiseaux, dans le voisinage du point d'entrée du nerf optique; elles manquent, je puis l'affirmer, chez les *Lacerta agilis*, *Anguis fragilis*, *Tropidonotus natrix*.

Dans les *poissons*, la couche fondamentale de la sclérotique est rarement du *tissu conjonctif* ordinaire, par exemple, dans le *Petromyzon marinus* : elle est représentée en général par un cartilage hyalin dont les cellules sont de forme très-variable (dans les poissons à arêtes, leur profil est très-sinueux; il est étoilé chez l'esturgeon et les rayons sont d'une longueur remarquable). A la périphérie du cartilage, les cellules s'allongent, leur grand axe restant parallèle au bord sclérotical. Le cartilage est revêtu par du tissu conjonctif, lequel s'ossifie, soit antérieurement en formant des anneaux (esturgeon), soit postérieurement en produisant quelques disques (beaucoup de téléostiens), soit enfin, d'après Cuvier, en formant une capsule osseuse complète (*Xiphias gladius*). En examinant l'œil d'un espadon, j'ai retrouvé les mêmes dispositions histologiques que celles que présentent beaucoup d'autres téléostiens : la sclérotique était en grande partie hyalino-cartilagineuse, avec des cellules très-rapprochées les unes des autres; vers la cornée elle s'ossifiait; le tissu osseux était très-spongieux; les espaces médullaires, remplies de graisse, rayonnaient à partir d'un point central qui aurait été placé au milieu de la cornée. Dans les parties ossifiées, il n'y avait point trace de cartilage. Le revêtement conjonctif de la sclérotique est souvent recouvert d'un pigment argenté. (*Chimæra monstrosa*, par exemple, dans laquelle la sclérotique est très-mince relativement à la grosseur de l'œil).

Cornée. — La *cornée* présente partout l'aspect d'une substance conjonctive de couleur claire; elle est traversée par un réseau canaliculé de corpuscules de tissu conjonctif. Ces derniers, sous la forme de vacuoles allongées, à bords dentelés, résident dans les différentes couches cornées qui s'entrecroisent. Les faces antérieure et postérieure de la cornée appartiennent à deux couches limites homogènes, qui offrent la même disposition chez les mammifères (bœuf, brebis, porc, lapin, cochon d'Inde) que chez l'homme. Toutefois, d'après His, la lamelle antérieure fait défaut dans le cheval, la chèvre, le chien et le chat. Chez les oiseaux (coq de bruyère), on trouve que la lamelle postérieure, membrane de Descemet, est plus mince que la lamelle antérieure; dans les mammifères c'est l'inverse.

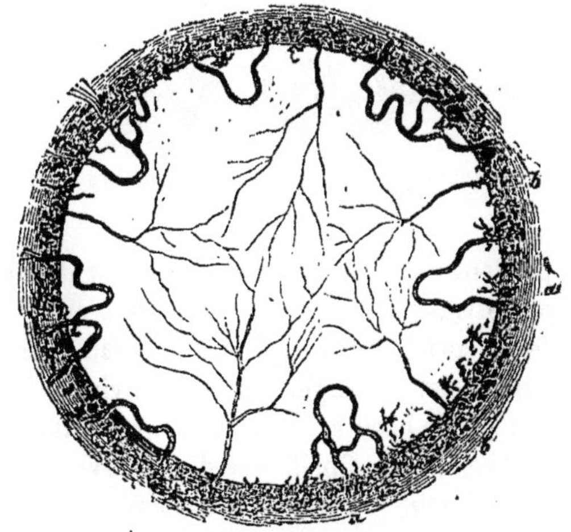

Fig. 126.
Cornée du *Cobitis fossilis* pour montrer les vaisseaux *a* et les nerfs *b*.
(Grossissement modéré.)

Si nous considérons maintenant les vaisseaux de la cornée, il est facile, dans toutes les variétés de *mammifères* et de *poissons*, de constater les anses vasculaires qui se trouvent au bord cornéen; cependant la cornée est dépourvue de vaisseaux dans la plus grande partie de son étendue. La quantité dont les vaisseaux pénètrent dans la cornée varie avec chaque animal. Tandis que, chez le lapin, on voit à peine quelques capillaires s'avancer sur la cornée, chez la brebis, au contraire, les vaisseaux vont jusqu'au milieu de la membrane (Coccius). Dans les poissons, les vaisseaux sanguins appartiennent exclusivement au revêtement conjonctif (*conjonctiva*), qui s'étale sur l'œil, comme un prolongement du derme. Les vaisseaux forment des boucles simples ou compliquées (*Cobitis fossilis*, *Gobius fluviatilis*) ; quelquefois (*Orthagoriscus mola*), on aperçoit de véritables touffes vasculaires. Dans cet animal, de nombreuses pyramides vasculaires pénètrent dans la cornée, c'est-à-dire dans le revêtement conjonctival ; ces pyramides restent indépendantes les unes des autres, semblables aux ramifications vasculaires d'une villosité intestinale avec lesquelles elles ont une grande ressemblance ; elles reviennent sur elles-mêmes en sortant de la cornée.

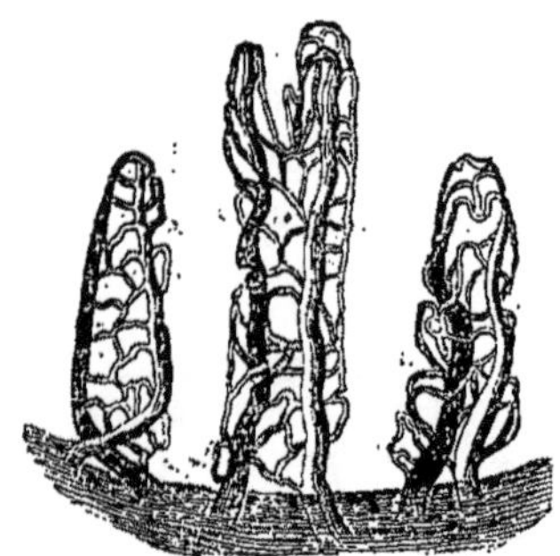

Fig. 127. — Vaisseaux du bord cornéen de l'*Orthagoriscus mola*. (Grossissement modéré.)

Les *nerfs* se perdent en général dans le tissu par division progressive de leurs fibres primitives ; après être devenus fins et pâles, ils forment, vers le milieu de la cornée, une espèce de réseau anastomotique. Sur le *Gobius fluviatilis*, par exemple, on voit environ douze troncules, lesquels, pénétrant par le bord cornéen, se réunissent en un réseau par échange de leurs fibres ; leurs fibrilles se dirigent vers la portion claire. Ces fibrilles forment à leur tour de nouveaux réseaux à larges mailles d'où émanent des ramifications pâles et d'une ténuité extrême, lesquelles donnent naissance au réseau terminal. Il en est de même chez les mammifères, le lapin, par exemple. Les exceptions existent cependant. Ainsi dans les raies et les squales, les nerfs (ainsi que les vaisseaux) ne vont pas au delà du bord cornéen qui est pigmenté ; il est impossible de les retrouver dans la portion claire de la membrane. His a suivi avec le plus grand soin les ramifications terminales des fibres nerveuses, et il a reconnu le premier que, dans les réseaux terminaux, il existe de petits renflements tétraëdriques, pourvus d'un noyau de forme variable ; His croit pouvoir considérer ces renflements comme « une sorte de cellules ganglionnaires périphériques ». Les plus fines divisions nerveuses se rencontrent d'ailleurs, d'après His, au voisinage immédiat de la surface de la cornée (1).

Membrane vasculaire. — La *choroïde* présente toujours les couches que nous avons décrites pour l'homme. La masse principale de la membrane vasculaire est formée de vaisseaux sanguins qu'accompagne un stroma conjonctif pigmenté ; les faisceaux fibroïdes de ce stroma ont une certaine rigidité caractéristique. La pigmentation ne présente pas la même intensité dans tous les animaux ; suivant de Wittich, le stratum choroïdien du canari est dépourvu de pigment. Du côté de l'intérieur, la substance conjonctive de la choroïde se transforme en une membrane homogène, qui porte un réseau vasculaire.

Fig. 128. — Morceau du *tapis* d'un requin. (Fort grossissement.)

Dans l'œil de beaucoup de *mammifères* (chez l'autruche, d'après Schröder van der Kolk et Vrolik), dans les *poissons* (raies, squales, chimères, esturgeon), on contate la présence du *tapis*. C'est une région de l'œil recouverte par la choroïde, brillante et réfléchissant la lumière. Chez les mammifères elle a des reflets dorés ou argentés, mêlés de stries bleues et brunes ; chez les poissons elle est d'un éclat métallique qui rappelle l'or bruni. Le tapis se compose, soit (ruminants, solipèdes, éléphants, marsupiaux, cétacés et dauphins) de *tissu conjonctif ordinaire* (*tapis fibreux* des auteurs), soit de *formations celluleuses*, qui, dans quelques mammifères (carnassiers et poissons *abdominaux*) présentent un contenu moléculaire finement granuleux, ou bien renfer-

(1) M. Wilckens (*Ueb. d. Entwick d. Hornhaut d. Wirbelth. Zeitschr. für rat. Med.* 3 *R.* Bd XI. Hft I, 2, S. 167. Taf. VII, *A*) a étudié sur le poulet le développement de la cornée. Henle a trouvé dans les résultats de cet observateur des arguments contre la nature cellulaire du corpuscule cornéen. Selon Wilckens, la substance fondamentale de la cornée provient « de la fusion de cellules », les corpuscules sont « des noyaux » et non des cellules. Il faut ajouter que cet observateur a reconnu autour de certains corpuscules un état de condensation des couches limites environnantes. Et si le carmin n'a pas pénétré dans les prolongements des corpuscules, est-il en droit de conclure qu'ils ne forment pas un réseau canaliculé ?

ment des lamelles cristallines et réfringentes ; c'est le cas des poissons susnommés.

Ces lamelles ont été désignées par delle Chiaje sous le nom d'ophtalmolithes. Elles n'ont pas la même grosseur dans tous les sélaciens. Dans un embryon de *Torpedo* (le sac vitellin étant encore à l'intérieur), ainsi que dans un *Scymnus lichia* arrivé à complet développement, elles étaient beaucoup plus courtes et plus fines que dans la raie et la *Sphyrna*. La membrane des cellules du tapis est ordinairement très-délicate ; il est aussi difficile de la représenter dans le tapis celluleux des mammifères que dans celui des poissons. Chez le blaireau, par exemple, je ne puis reconnaître de délimitation membraniforme autour des cellules, lesquelles se présentent avec un noyau enveloppé de granulations jaunâtres : il en est de même dans plusieurs plagiostomes. Par contre, dans d'autres cas (l'œil de l'esturgeon), je voyais distinctement un contour membraneux.

Les cellules de la couche épithélioïde la plus interne de la choroïde, de la *lame pigmentaire*, sont remplies de pigment, auquel se mêlent fréquemment (batraciens) une ou plusieurs gouttelettes graisseuses ; toutefois, dans les albinos et les oiseaux, et lorsque le tapis s'étale, le pigment foncé fait défaut ; les cellules présentent alors un contenu formé de granulations pâles et de globules graisseux (raies, esturgeon). Les *cellules pigmentaires* représentent, dans les oiseaux et les amphibies à écailles, de courts cylindres, qui perdent facilement leur véritable forme pendant la préparation, et s'arrondissent en s'imbriquant. Bruch et de Wittich ont décrit ces modifications comme des formes réelles, mais Reichert a relevé cette erreur (1).

Les *procès ciliaires* ne présentent pas la même structure intime dans tous les vertébrés. Dans les *mammifères*, ils se composent de circonvolutions vasculaires et de substance conjonctive, laquelle présente à la base des procès le caractère qui distingue le stroma choroïdien ; elle devient plus homogène vers leur extrémité. La surface extérieure des procès ciliaires est recouverte par les cellules de la lame pigmentée. — Le *corps ciliaire des oiseaux* se distingue par une grande richesse de fibres élastiques, formant treillis ; il en résulte que lorsqu'on a enlevé le pigment, les procès ciliaires se détachent avec un vif éclat sur le teint grisâtre de l'iris. Ces fibres élastiques deviennent très-fines à la périphérie de l'organe. — Les procès ciliaires des *sélaciens* semblent être des prolongements immédiats de la membrane chorio-capillaire et de l'épithélium pigmenté. Comme, dans le *Sphryna*, l'épithélium renferme

(1) *Jarhsb.* 1844 et 1853.

peu de pigment, le corps ciliaire paraît être de couleur claire et ses parties peu pigmentées ne renferment pas de vaisseaux sanguins. Dans le *Scymnus lichia*, il m'a semblé que la couche fondamentale, membraneuse et homogène des procès, formait au delà de l'épithélium, et sur une certaine étendue, des plis qui allaient se confondre avec la capsule cristallinienne. — Dans plusieurs téléostiens (*Umbrina cirrosa*), on voit, entre la sclérotique et la glande choroïdienne, une couche épaisse et blanche de graisse.

186. — *Peigne et ligament falciforme*. — Ces prolongements particuliers que la choroïde des oiseaux et des amphibies nus envoie dans l'intérieur du corps vitré, et qui sont connus sous les noms d'*éventail* (*Fächer*), de *peigne*, présentent la même structure que les procès ciliaires. Dans le lézard (1), le peigne, qui a la forme d'un coin, se compose de capillaires sanguins enlacés les uns dans les autres et provenant d'une artère placée dans le pédicule du peigne ; une veine efférente fait suite à cette artère. Ces vaisseaux sont maintenus par une substance conjonctive délicate que recouvre un pigment noirâtre. — Le *processus falciformis de l'œil des poissons*, ligament falciforme qu'on a l'habitude de considérer comme étant l'analogue du peigne, présente une tout autre structure. Il apparaît à l'œil nu comme un pli très-pigmenté, se dirigeant à travers le corps vitré vers le cristallin, pour se fixer au bord de ce dernier au moyen d'un petit bouton. D'après des recherches faites sur les *Orthagoriscus mola*, *Umbrina cirrosa*, *Dentex vulgaris*, *Labrax lupus*, *Peristedion cataphracta* (2), cet organe présente les particularités histologiques suivantes :

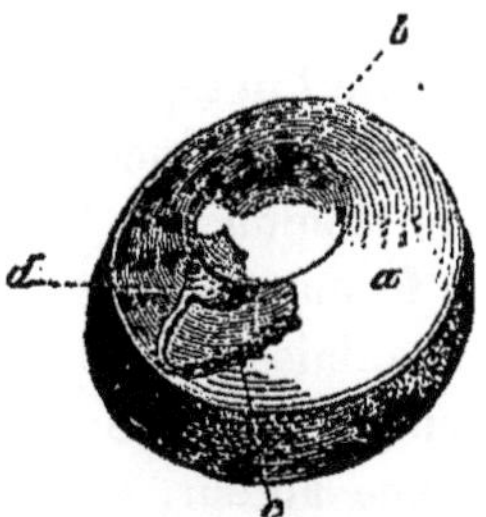

Fig. 129. — Œil du *Labrax lupus*, en grandeur naturelle. La moitié antérieure est enlevée.

a. Rétine. — *c*. Cristallin. — *b*. Procès falciforme. — *d*. *Campanula*.

La membrane homogène et conjonctive, qui, dans la choroïde, porte le développement des vaisseaux, se continue par une fissure de la ré-

(1) Voy. *Poissons et reptiles*, p. 95.
(2) Voy. *Raies et squales*, p. 26.

tine, en formant une espèce de cloison jusqu'au bord de la capsule cristallinienne; il arrive même qu'elle se fusionne avec cette dernière. Le trajet que le ligament parcourt de la rétine à ce cristallin ne se fait pas en ligne droite à travers le corps vitré; il est concentrique à la rétine; ce n'est qu'en avant qu'il se courbe, comme un corps ciliaire, en coupant transversalement l'axe de l'œil, pour se fixer à la capsule du cristallin. Cet organe renferme un tronc nerveux, formé de fibrilles larges, à doubles contours, puis de vaisseaux sanguins avec plus ou moins de pigment. Toutes ces parties réunies composent le *processus falciformis*. Son extrémité ou son insertion à la capsule est épaissie; cet épaississement provient d'une masse de fibres qui enlacent la capsule sur une certaine étendue, et qui se comportent au microscope comme des muscles lisses. En elles se perd le tronc nerveux avec de nombreuses ramifications. Ce renflement porte le nom de *cloche, campanula Halleri;* d'après ce qui précède, elle n'est autre chose qu'un *muscle lisse.*

187. — *Muscles de la choroïde.* — On a constaté dans la choroïde de différents vertébrés, l'existence d'*éléments contractiles*. Dans les mammifères, l'organe désigné autrefois sous le nom de *ligament ciliaire* était reconnu comme le muscle tenseur de la choroïde (toutefois Corti n'a pu trouver des muscles dans le ligament de l'éléphant).

Les fibres lisses du tenseur choroïdien viennent de la partie antérieure de la sclérotique, et s'attachent en arrière en différents points de la surface de la choroïde. L'œil de l'oiseau mérite une attention toute particulière relativement à sa musculature interne. Il ne possède pas seulement ce muscle tenseur, mais encore toute la moitié postérieure de la choroïde, qui, du côté du nerf optique, est beaucoup plus résistante que celle des mammifères, et ne s'amincit que dans son tiers antérieur, cette moitié, dis-je, possède, comme de Wittich l'a découvert (1), un réseau à mailles spacieuses formées par des faisceaux musculaires s'entrecroisant en tous sens; ces faisceaux, qui partent de tubercules le plus souvent isolés, s'étalent de tous côtés. A cet appareil musculaire correspond, d'après ce même auteur, un réseau extrêmement dense de nerfs qui s'anastomosent et se ramifient de mille manières. On remarque d'ordinaire que les nerfs, qui se composent de tubes nerveux à doubles contours, pénètrent dans le tissu de la choroïde sous la forme de troncules gros et petits, pour enlacer les gros vaisseaux de la membrane. En outre de ces muscles et des muscles iridiens que nous décrirons bientôt, l'œil de l'oiseau possède encore le *muscle de Crampton,*

(1) *Zeitschr. f. w. Z.*, B. IV.

qui part de la face interne de l'anneau osseux pour s'insérer à la cornée. Les *reptiles à écailles* possèdent le tenseur choroïdien, ainsi que Brücke l'a constaté au moins pour les tortues, les caméléons et les crocodiles. Dans les *amphibies nus*, je n'ai pas encore pu m'assurer de la présence de ce muscle. Quant à ce qui concerne les poissons, dans les sélaciens,

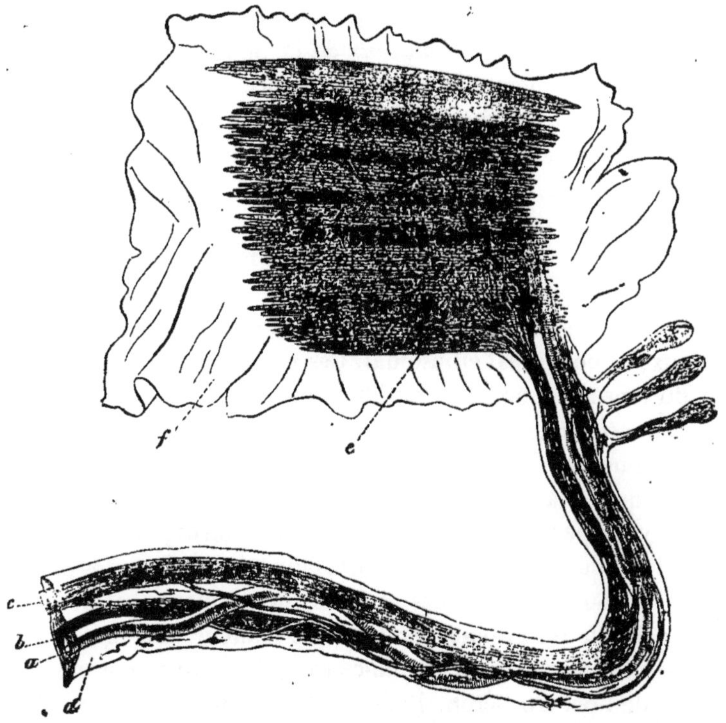

Fig. 130. — Ligament falciforme et cloche de l'*Orthagoriscus mola*. (Grossissement modéré.)

a. Artère. — *b*. Veine. — *c*. Nerf. — *d*. Gaine du ligament., — *e*. Cloche musculaire. *f*. Fragments de la capsule cristallinienne.

le ligament ciliaire, d'un gris blanchâtre, est dépourvu de muscles ; il ne présente que les faisceaux de tissu conjonctif rigides, propres au reste de la choroïde. Si l'on envisage la nature des muscles de l'œil des vertébrés, on trouve que dans les *mammifères* ils sont lisses sans exception, tandis que dans les *oiseaux et les reptiles à écailles*, ils sont complétement striés.

188. — *Iris*. — L'*iris*, prolongement immédiat de la choroïde, a, comme cette membrane, de la substance conjonctive pour tissu fondamental. Dans les *raies* et les *squales*, les fibres de l'iris présentent le même aspect rigide caractéristique que le stroma choroïdien. Les vaisseaux et les nerfs y sont très-nombreux ; j'ai trouvé sur un grand nombre de squales que ces vaisseaux étaient très-larges. Dans le tissu de l'iris, on voit en général un clayonnage de fibres musculaires destinées à retrécir et à élargir la pupille. Ces fibres sont striées chez les *oiseaux* et les *amphibies à écailles*, lisses chez les *mammifères* et les *poissons*. (D'après des travaux récents dus à de Wittich, chez les oiseaux, les faisceaux musculaires qui traversent l'iris du centre à la circonférence, par conséquent le muscle *dilatateur* de la pupille, font défaut, tandis que dans l'œil des mammifères leur existence n'est pas douteuse ; d'ailleurs Mayer n'a trouvé que des fibres musculaires circulaires dans l'iris des cétacés.) Autrefois, j'avais en vain cherché des muscles dans l'iris des squales ; je pouvais cependant admettre leur existence, puisque, sur un *Scyllium canicula*, j'avais observé de quelle façon il fermait sa pupille transversalement ovale, de manière à ne laisser que deux points ouverts aux deux extrémités. Dernièrement, je crois avoir aussi reconnu des muscles lisses dans l'iris du *Salmo fario ;* ils sont délicats, finement granuleux, le noyau est ellipsoïdal. Ces muscles me rappellent les éléments du tenseur choroïdien de l'homme.

Les *colorations* de l'iris sont très-diverses. Dans la série des vertébrés, la pigmentation jaune provient de granulations moléculaires particulières, qui, à la lumière incidente, paraissent d'un blanc jaunâtre éclatant; vues par transparence, elles sont noires ; on les trouve encore sur l'œil de l'homme dans les iris jaune-brun. Dans les *oiseaux* qui ont l'iris de couleur jaune, ces granules de pigment sont accompagnés par des gouttelettes graisseuses de même couleur et de grosseur variable, lesquelles déterminent la nuance rougeâtre, ainsi que me l'apprend l'examen de l'œil du héron. Dans le *Strix bubo* et d'après Wagner, « la couleur très-jaune de l'iris provient de petits follicules arrondis très-rapprochés les uns des autres, et divisés en un certain nombre de cellules qui renferment une graisse jaunâtre ». Après avoir examiné le *Strix passerina*, on voit que les « follicules » de Wagner résultent du trajet des vaisseaux sanguins : la masse des cellules graisseuses, ainsi qu'on peut s'en assurer à l'aide d'un grossissement modéré et en éclairant l'objet par le haut, est divisée par eux en portions de grosseur variable. Mais je ne puis confirmer les résultats de cet auteur, lorsqu'il dit « que, dans les hiboux, les vaisseaux cheminent librement sur l'iris », et que celui-ci se trouve à la distance d'une ligne du bord libre de la choroïde. Après avoir fait disparaître l'uvée, je trouve, entre la choroïde et le bord dentelé de la couche jaune iridienne un tissu conjonctif de couleur claire, portant les vaisseaux et renfermant des fibres élastiques. Dans les *poissons* et les *reptiles*, l'éclat métallique de l'iris dépend de lamelles cristallines qui sont très-petites ; le brun et le noir sont produits par les granulations pigmentaires ordinaires.

189. — *Rétine.* — La *rétine* des vertébrés nous offre le même type de structure que celle de l'homme : c'est un ganglion qui s'étale. Très-généralement on y distingue la couche des bâtonnets, les couches des granulations (formées de petites cellules et d'éléments fibroïdes), la couche des cellules ganglionnaires, et enfin les couches des fibres nerveuses optiques qui ordinairement sont de nature plus pâle; dans le genre *lièvre*, celles-ci sont à bords foncés.

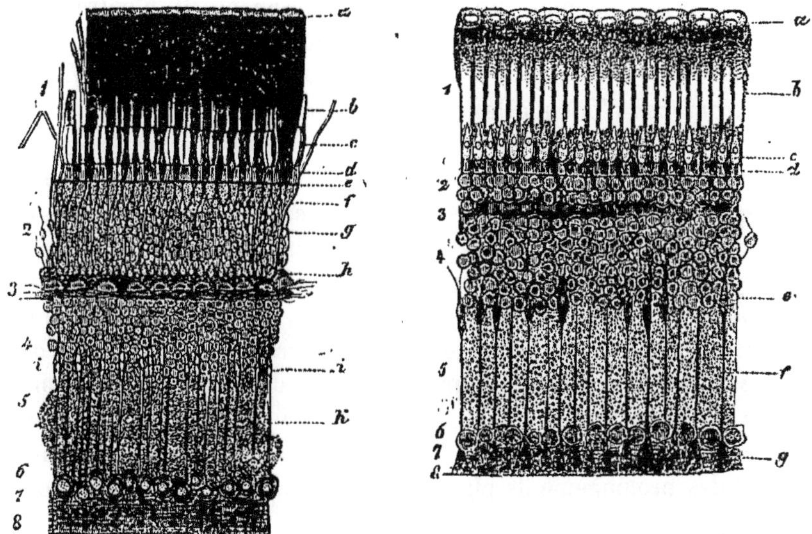

Fig. 131.

A. Coupe perpendiculaire de la rétine de la *perche.* — *a.* Cellules pigmentaires de la choroïde; leurs prolongements recouvrent presque complétement les bâtonnets. — *b.* Pointes des cônes. — *c.* Corps des cônes. — *d.* Prolongements par lesquels un cône se trouve en connexion sur *e*, ligne limite des bâtonnets et des granulations, avec *f*, la granulation du cône, *g*, granulation du bâtonnet, *h*, renflements situés sur les filaments des granulations des cones *i*, renflements des fibres radiées *k*.

B. Coupe perpendiculaire de la rétine de la *grenouille.* — *a.* Cellules pigmentaires avec leur noyau. — *b.* Bâtonnets. — *c.* Cônes. — *d*, *e.* Limite des bâtonnets et de la couche des granulations, renflements des fibres radiées *f*, dont l'extrémité conique *g* touche à la *membrana limitans.* — Les nombres 1-8 désignent les mêmes couches, que celles indiquées dans la figure 121, à propos de la rétine humaine (suivant H. Müller).

La *taupe* qui vit dans les ténèbres, le *Proteus* souterrain dont la vue est si faible, n'ont pas la couche des bâtonnets ; du moins je n'ai pu la trouver : il n'y a que des noyaux et une masse moléculaire. Cependant, sur une tête de taupe que j'avais séparée de l'animal vivant et que j'avais conservée dans une solution d'alcali bichromique, j'ai trouvé dans l'œil une couche de bâtonnets, dont les éléments, quoique d'une finesse extrême, étaient bien visibles. Ils correspondaient aux cônes, car leur extrémité interne était pourvue d'un renflement celluloïde. — Dans la règle, les *bâtonnets* des vertébrés inférieurs sont plus gros que ceux des vertébrés supérieurs (l'*Orthagoriscus* fait exception, puisqu'il les a très-fins); les bâtonnets les plus volumieux appartiennent à la *salamandre terrestre*. On y distingue plus ou moins nettement une enveloppe et un contenu ; dans le *coq de bruyère*, on voit même comment, dans les bâtonnets, une enveloppe délicate se détache tout à l'entour du contenu devenu granuleux. Les éléments de la couche des bâtonnêts sont de deux sortes, d'après leur forme : des bâtonnets et des cônes ; c'est là le cas le plus ordinaire. Plus rarement, il n'entre dans la couche que l'une ou l'autre de ces formations. Les raies et les squales, peut-être aussi l'esturgeon n'ont que des bâtonnets; l'*Anguis fragilis*, le *Petromyzon* n'ont que des cônes. Les *oiseaux*, les *amphibies* (excepté le *Pelobates*), beaucoup de poissons (les plagiostomes exceptés) présentent aux extrémités internes des éléments de la couche des bâtonnets des gouttelettes graisseuses colorées et incolores. Ainsi l'on voit dans les oiseaux et les tortues des gouttelettes jaune rougeâtre ; elles sont d'un jaune intense dans le lézard, incolores, dans l'orvet; dans le lutin (*Bombinator igneus*) elles sont clair-semées, mais grosses et d'un beau jaune. Dans le lézard, la pointe des cônes paraît colorée en jaune d'une autre manière : ici, la nature microscopique du pigment tient le milieu entre les pigments liquide et granuleux. Dans beaucoup de poissons et de reptiles, les cellules de la *lamina pigmenti* de la choroïde envoient des prolongements pigmentés entre les éléments de la couche des bâtonnets.

Les bâtonnets des amphibies (*Rana*, *Pelobates*, par exemple), lorsqu'ils sont très-nombreux, présentent un *reflet rose ;* il est *jaune* dans quelques poissons (*Cobitis fossilis*). La rétine fraîche de la grenouille présente même à l'œil nu un reflet satiné rouge vif. Les ramifications filiformes des bâtonnets s'unissent avec les cellules ganglionnaires et celles-ci avec les fibres optiques de la manière qui a été décrite pour l'homme (1). Les parties nerveuses, c'est-à-dire les fibres ner-

(1) D'après Ritter, les bâtonnets rétiniens de la grenouille se composent d'une enveloppe rigide, homogène, fermée du côté de la choroïde, ouverte du côté interne, ainsi que d'un filament étroit situé dans l'axe du cylindre, se terminant par un renflement au fond du cylindre et sortant par l'extrémité ouverte pour se continuer dans la granulation du bâtonnet et par elle avec les fibres radiaires ; dans l'intérieur du cylindre, ce filament est entouré par une substance médullaire d'un aspect aqueux à l'état frais. Ces détails de structure peuvent être mis en évidence lorsqu'on fait macérer la rétine dans l'acide chromique. L'enveloppe s'étend irrégulièrement, le filament s'échappe au travers ou attire la granulation dans son inté-

veuses et les globules ganglionnaires disposés par couches déterminées, sont soutenues par de la substance conjonctive, dont les faisceaux résistants sont connus sous le nom de *fibres radiées;* la réunion des extrémités de ces fibres forme la *membrana limitans*, ou la couche limite de la rétine du côté du corps vitré.

190. — *Cristallin.* — Parmi les milieux réfringents de l'œil, la *lentille cristallinienne* souvent très-dure, quelquefois d'une certaine mollesse, se compose toujours d'une capsule et d'une substance lenticulaire. La *capsule* présente (chez le bœuf, par exemple) un striage très-fin, parallèle à la surface, semblable à celui de la membrane de Descemet, et provenant de la stratification des lamelles homogènes qui la composent. A la face interne de la capsule, qui est homogène et vitreuse, on voit, dans tous les vertébrés, une sorte d'*épithélium* incolore (je l'ai reconnu dans les mammifères, les sélaciens, la salamandre et la grenouille), dont les cellules peuvent être considérées comme les cellules de formation des fibres lenticulaires. Il est remarquable que dans l'œil microscopique de la *taupe*, la substance du cristallin se compose exclusivement de cellules (1). A l'état frais, ces cellules sont pellucides et de nature identique avec celle des cellules épithéliales situées à la face interne de la capsule lenticulaire d'autres vertébrés. A l'état frais, c'est à peine si l'on distingue quelque chose qui ressemble à un noyau; ajoute-t-on de l'acide acétique, les contours acquièrent plus de netteté, et un noyau apparaît dans chaque cellule. Les cellules rappellent de jeunes cellules épidermiques; tout cela indique que le cristallin est resté à l'état embryonnaire dans cet animal. Lorsque les yeux ont séjourné quelque temps dans l'alcali bichromique, on distingue d'autres détails de forme sur les cellules lenticulaires. On reconnaît que beaucoup de cellules ont commencé à s'accroître; mais un fait remarquable qui a déjà été signalé à propos des formes de cellules situées dans les couches inférieures de plusieurs épidermes, consiste en ce que les cellules n'émettent pas un simple prolongement, mais bien un certain nombre de ramifications, d'où naissent les formes les plus diverses. Elles se développent, comme si chacune

rieur. La moelle s'agglomère en masses granuleuses. On voit des filaments isolés, détachés des bâtonnets, ressemblant aux cylindres de l'axe des fibres nerveuses.

Ritter pense que ces phénomènes se constatent aussi dans les oiseaux et les mammifères (*Bericht*, 1855, p. 163.)

Ces travaux de Ritter ont été confirmés par W. Manz en 1860 (*Ueb. d. Bau d. Retina d. Frosches. Zeitschr. f. r. Med.* 3, R. B. X. Hft. 3, S. 301). Voyez à l'endroit cité les rapports qui existent entre les agents chimiques employés et les préparations obtenues.

(1) Leydig, *Arch. de Müller*, 1854, p. 346.

d'elles avait à se régler sur les contours de ses voisines, ce que l'on aperçoit bien dans la figure ci-contre. Les cellules étirées en fibres présentent seules des bords lisses; après la déchirure de la capsule, tous les éléments du cristallin se dissocient. Il est vraisemblable que pour d'autres animaux dont la vue est très-faible, il existe un degré correspondant d'infériorité de structure. Aussi Wyman décrit-il à propos de

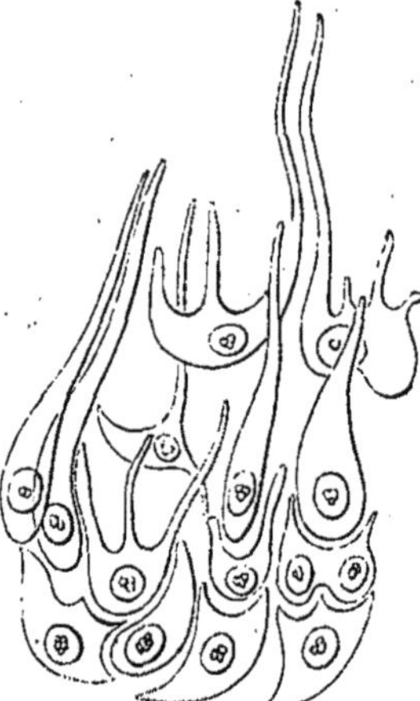

Fig. 132. — Cellules du cristallin de la *taupe*.

la partie la plus antérieure du globe de l'œil du poison aveugle de la caverne mammouthique (*Amblyopsis spelæus*) « un corps transparent de forme lenticulaire, qui se compose d'une membrane extérieure et de nombreuses cellules nucléaires », description qui concorde avec celle du cristallin de la *taupe*. Et, si l'on ajoute que ce corps lenticulaire paraît être assujetti à la membrane externe du globe oculaire par un prolongement antérieur, cette particularité correspond parfaitement à un arrêt de développement du cristallin, puisque cet organe, comme on le sait, naît par étranglement, de la couche cornée. Peut-être le cristallin de la *Myxine* se comporte-il de la même manière. Il n'est pas à ma connaissance que les yeux de cet animal aient été examinés à l'état frais; ceux que John Müller a observés avaient été conservés dans l'alcool (1). Je n'ai pu trouver de cristallin dans l'œil du *Proteus*; sur un individu seulement, il m'est arrivé de distinguer, au milieu de l'humeur aqueuse, un corps qui se présentait comme une masse d'albumine. Cette masse était arrondie, de couleur claire, complétement homogène et par conséquent solide. Que si l'on veut la considérer comme étant le

(1) Voyez *Anat. de la Myxine*, 1837.

cristallin, il faut, à cause de son manque de structure, la comparer au cristallin de quelques animaux inférieurs, à celui des limaçons, par exemple (1).

Dans tous les vertébrés dont l'œil est bien développé, la *substance du cristallin* paraît être composée de fibres, dont chacune correspond à une seule cellule développée ; le noyau a persisté dans les couches les plus externes, ce que l'on reconnaît généralement dans les mammifères, les oiseaux (*coq de bruyère*), les amphibies (*grenouille*). Dans le cristallin de la *salamandre terrestre*, on voit à travers toute la couche corticale de la lentille, les fibres alterner d'une manière remarquable avec de jolies séries de cellules (*Poissons et reptiles*, p. 98). Les fibres lenticulaires, notamment celles des vertébrés inférieurs, comparées avec celles de l'homme, se distinguent par leurs bords à dents de scie, surtout dans les poissons ; ce phénomène est plus saillant du côté du noyau du cristallin, mais, d'autre part, la largeur des fibres diminue dans cette direction. Du côté du noyau, la substance des fibres lenticulaires, notamment dans les poissons, acquiert une rigidité telle que sur le cristallin frais d'une *carpe*, il était possible d'énucléer un noyau qui ne se laissait couper qu'avec difficulté. Pendant l'expérience, la substance du noyau, jusque-là pellucide, devint tout à coup, par places, d'un blanc intense : les fibres lenticulaires avaient été disjointes par la pression de

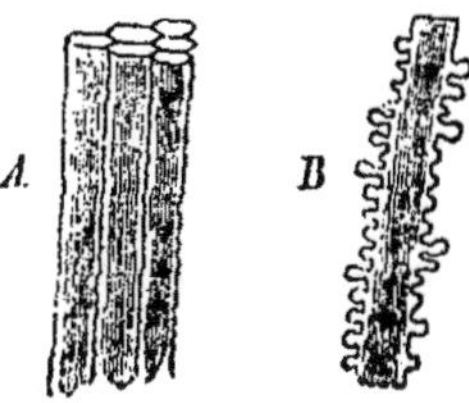

Fig. 133.

A. Fibres lenticulaires dans le sens de la longueur et de la coupe appartenant à des *vertébrés supérieurs*.
B. Fragments d'une fibre lenticulaire d'un poisson. (Fort grossissement.)

(1) Quoique la *Cœcilia annulata* vive à plusieurs pieds de profondeur dans la terre des marais, son œil, qui est très-petit et qui est placé au-dessous d'un prolongement de la peau transparente en cet endroit, son œil, dis-je, possède toutes les parties normales. Sur un sujet parfaitement conservé, je distingue une sclérotique conjonctive, au-dessous d'elle la choroïde pigmentée, puis une rétine, qui présente une couche de bâtonnets bien visible ; cette couche même se compose de bâtonnets déliés (beaucoup plus minces et beaucoup plus petits que ceux des batraciens) et de cônes qui ressemblent à des cellules à prolongement conique latéral. Le cristallin globuleux présente seul un caractère embryonnaire ; au lieu de fibres, ce sont des cellules arrondies et des cellules tubuloïdes qui entrent dans sa composition. (*Note de l'auteur.*)

l'instrument, et les interstices, qui avaient pris naissance, s'étaient remplis d'air. Les figures situées aux pôles du cristallin et qui sont formées par les points d'interruption des fibres dans leur trajet, varient dans leur forme : tantôt c'est une *simple ligne* ou tache, tantôt une *étoile* avec un profil dentelé particulier. Dans le *Torpedo Galvanii*, par exemple, la figure postérieure représente une tache arrondie. Chez la grenouille, quelques rongeurs, le dauphin, on observe, soit en avant, soit en arrière, une ligne droite. La plupart des mammifères présentent d'ailleurs des étoiles aux pôles. D'après Brewster, les chats, les porcs, les ruminants et beaucoup d'autres mammifères offrent des figures à trois cornes, soit en avant, soit en arrière, mais les rayons ne se correspondent pas : on trouve dans la baleine, le chien de mer, l'ours et l'éléphant deux croix qui ne se recouvrent pas. Dans les tortues et dans quelques poissons, il se rencontre aussi des figures asymétriques. Partout ces figures existent aux pôles du cristallin ; elles se composent ainsi que leurs prolongements dans l'intérieur de l'organe d'une substance homogène ou finement granuleuse.

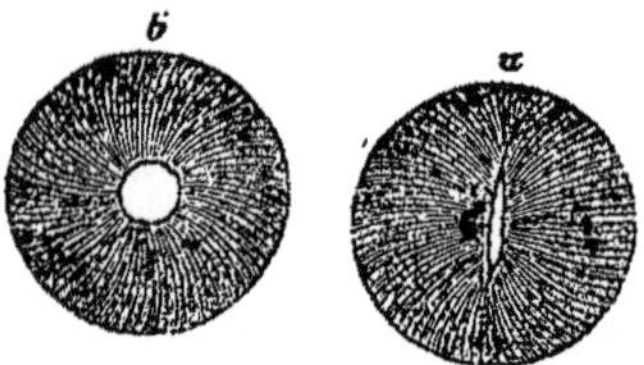

Fig. 134. — Cristallin du *Torpedo Galvanii*.

a. Vu par devant. — *b*. Vu par derrière. (Grossissement modéré.)

191. — *Corps vitré.* — Le *corps vitré* des vertébrés appartient, ainsi que toutes les recherches faites à ce sujet nous l'apprennent, au tissu conjonctif gélatineux, dont les éléments celluleux, reliés par des anastomoses (tout récemment M. Schultze les a constatés « très-fréquemment » dans le corps vitré de jeunes animaux), ont disparu dans l'animal adulte, de telle sorte que cet organe se compose exclusivement d'une substance intercellulaire claire comme de l'eau et peu consistante. La *membrane hyaloïde* se distingue dans les reptiles, et notamment dans les batraciens et les serpents, par un riche réseau vasculaire, que Hyrtl a le premier signalé. H. Müller aussi a tout récemment mis en évidence sur la grenouille et sur la perche ce réseau vasculaire situé dans une membrane dépourvue de structure. De même, de Wittich s'est convaincu que la membrane hyaloïde de la grenouille adulte est parcourue par des vaisseaux.

Paupières. — Le *tarse* de la paupière supérieure et inférieure des mammifères et des oiseaux n'est pas formé par du cartilage, mais bien par du tissu conjonctif résistant. Parfois il semble, en regardant à l'œil nu, que l'on a devant soi du cartilage : par exemple à la face interne de la paupière inférieure des oiseaux de proie, où l'on aperçoit un tarse discoïde fort beau. Mais, au microscope, on ne trouve (*Strix flammea*) que du tissu conjonctif, dont les corpuscules ramifiés renferment encore un noyau bien visible. Il en est de même pour le disque cartilagineux arrondi qui se trouve dans la paupière inférieure de divers sauriens (*Varanus*, *Uromastix*, *Iguana*) ; ce disque se compose d'une substance fondamentale homogène et granuleuse, dans laquelle résident des cellules claires, ramifiées et à bords pâles ; ce cartilage est le même que celui qui forme le châssis dans le limaçon des oiseaux Il est, en outre, traversé par un réseau de vaisseaux sanguins dont les mailles sont relativement très-étroites, ainsi qu'il est facile de s'en convaincre, si l'on considère ce cartilage avec un grossissement modéré et après l'avoir traité en entier par une solution alcaline. Il est encore plus surprenant que, dans les mammifères (*animaux domestiques*, *éléphant*, d'après Harrison), la *troisième paupière*, la membrane clignotante, renferme une lame qui est du cartilage proprement dit. Les cellules cartilagineuses y sont très-serrées les unes contre les autres, d'un contenu clair chez les jeunes chats, pleines de graisse dans le rat et le lapin. On dit que la troisième paupière des mammifères (phoque, chien, hyène) contient des fibres musculaires ; mais je ne puis le vérifier sur le chat, et cependant je remarque sur le blaireau et le chat quelques nerfs à bords foncés et des arcs vasculaires situés dans ce cartilage; dans le chat, et à la base de la paupière, on trouve même des glandes muqueuses acineuses. La troisième paupière des oiseaux (moineau, chouette des rochers) renferme pour ainsi dire plus de fibres élastiques que de tissu conjonctif; elle reçoit non-seulement des vaisseaux sanguins, mais encore un petit tronc nerveux. La bande épithéliale noire, située au bord antérieur, a son pigment renfermé dans les cellules épithéliales. Sur la muqueuse de la paupière inférieure du bœuf, Bruch a observé une formation qui présente la plus grande ressemblance avec les glandes intestinales de Peyer : ce sont des follicules avec un contenu assez dense, formé de corpuscules celluloïdes. Les *glandes de Meibomius*, qui semblent appartenir exclusivement aux mammifères, représentent des glandes sébacées développées. Elles ne manquent que dans ces mammifères, dont la peau complétement glabre ne contient pas de formation glandulaire, dans les cétacés par conséquent. Dans tous les oiseaux que j'ai examinés jusqu'à ce jour, les glandes de Meibomius manquaient, ce qui paraît bien compréhensible puisque, abstraction faite de la glande caudale, les glandes sébacées manquent dans le reste de la peau. G. Carus cependant parle de glandes de Meibomius extrêmement petites dans les oiseaux : dernièrement j'ai reconnu, tant sur le bord palpébral supérieur que sur le bord inférieur du *Strix passerina*, des formations qui pourraient bien représenter ces glandes. Ainsi, après que le tarse avait été débarrassé par une solution alcaline de l'épithélium et de la peau, on apercevait sur le bord libre de la paupière devenue claire un strié blanchâtre visible à l'œil nu, qui présentait au microscope l'aspect d'un amas de glandes sébacées. Les formations oculo-palpébrales des vertébrés inférieurs nous offrent les caractères histologiques d'un tégument externe aminci ; par conséquent les glandes cutanées, si elles existent, comme par exemple dans les batraciens, doivent se retrouver dans les paupières. La *membrane clignotante* des squales (*Sphyrna*, *Mustelus*, *Galeus*) est écailleuse comme le reste du tégument ; ce n'est que sur une bande correspondant au déploiement que les écailles manquent. Le bord libre de la membrane est épaissi et se laisse couper comme du cartilage ; mais il se compose de tissu conjonctif renfermant ses éléments ordinaires ramifiés et allongés. Abstraction faite du manque de pigment et de la transparence du tissu conjonctif, la membrane clignotante des batraciens présente la même structure que le tégument externe, c'est-à-dire des nerfs, des vaisseaux sanguins, des glandes cutanées ; ces dernières, toutefois, ne sont pas très-abondantes. Dans la couche dermique de la membrane, on voit très-bien, sans préparation aucune, sur un sujet frais (*Pelobates*), les corpuscules conjonctifs (1).

Quant aux yeux dont la vue est faible, mentionnons ceux du *Spalax typhlus ;* la peau qui les recouvre est chargée de poils. Dans le *Proteus*, le derme vient au-devant de l'œil, en conservant sa structure et ses glandes ; il est cependant un peu aminci. Dans la *Myxine*, non-seulement la peau, mais même une couche de muscles viennent s'étaler au-dessus de l'œil.

Glande de Harder. — La *glande de Harder* (sise à l'angle interne de l'œil (se compose dans la *grenouille* (*Rana* et *Cystignathus*) de courts utricules reliés entre eux et présentant des refoulements latéraux, de

(1) D'après H. Müller, on trouve dans les paupières de l'homme et d'un grand nombre de mammifères des muscles lisses en assez grande quantité. A la paupière inférieure, au-dessous de la conjonctive, une couche de muscles lisses, laquelle renferme beaucoup de graisse, s'étend en avant jusqu'au voisinage du bord inférieur du tarse inférieur. Dans le chat, cette couche offre à ses deux extrémités un tendon élastique. A la paupière supérieure, le muscle correspondant se trouve au-dessous de l'extrémité antérieure de l'élévateur (*Bericht*, 1858, p. 163).

telle sorte que la glande ressemble, vue extérieurement, à un acinus. Les cellules de sécrétion ont un contenu foncé et granuleux. C'est de la même manière qu'elle se présente dans l'*Anguis fragilis*, qui l'a très-développée; car elle recouvre, l'œil d'avant en arrière comme un demi-anneau. Dans les *oiseaux* (oie, moineau) les utricules glandulaires, de longueur notable, présentent une âme transparente; le contenu des cellules glandulaires, qui sont cylindriques pour l'oie et arrondies pour le moineau, est une substance pâle finement granuleuse. Enfin dans les *mammifères* (rongeurs), ce contenu cellulaire présente des granulations foncées qui se rapprochent de la graisse. Dans la taupe, j'ai trouvé aussi au-dessous de la peau de l'œil une glande sébacée très-grosse, qui, par son étendue et par sa situation, pourrait correspondre à la glande de Harder (Carus n'avait pu jadis trouver « une seule trace visible » de cette glande. *Zoot.*, p. 40). Quant à la glande lacrymale de la *Chelonia Midas*, ajoutons qu'elle se compose de canalicules longs et étroits, parallèles entre eux et dichotomes. Aussi une coupe verticale à travers un lobule glandulaire rappelle-t-elle les canalicules médullaires des reins des mammifères. Les cellules de sécrétion sont allongées, et, par leur groupement, elles laissent libre l'âme du canalicule glandulaire,

L'orbite des oiseaux se complète en dedans par une membrane fibreuse, qui, chez l'oie, se compose presque exclusivement de tissu conjonctif ordinaire, et ne renferme qu'un petit nombre de fibres élastiques. Par contre, dans les mammifères, cette membrane qui limite la cavité orbitaire du côté de la fosse temporale est presque exclusivement formée de tissu élastique (dans les ours, on a trouvé là un muscle particulier; Rudolphi et Meckel ont aussi trouvé ce muscle chez l'ornithorhynque).

Le globe de l'œil paraît reposer généralement sur un coussinet de graisse; même les bulbes rudimentaires du *Proteus*, ceux de la *Bdellostoma*, présentent un coussinet exceptionnellement épais. La gélatine peut remplacer aussi la graisse; dans les sélaciens (squales, raies et chimères) le globe oculaire est entouré de tissu conjonctif gélatineux, qui se transforme à l'extérieur en une membrane fibreuse (*fascia bulbi*) se perdant dans la conjonctive. La masse gélatineuse est traversée par de nombreuses fibres élastiques.

Cuvier avance que la conjonctive de l'*Orthagoriscus mola* présente un renflement annulaire et qu'elle possède un *sphincter* propre. Je suis obligé de contester l'existence de ce sphincter : après avoir examiné un sujet frais, je n'ai trouvé que de la substance conjonctive gélatineuse, sans traces d'éléments musculaires.

Physiologie. — L'œil des vertébrés offre dans sa disposition une certaine ressemblance avec la chambre obscure. Dans cet instrument, une image des objets extérieurs se dessine sur une plaque de verre dépolie; de même les images des objets extérieurs se projettent sur la rétine, et elles y sont renversées comme dans la chambre obscure. Tous les tissus, qui sont placés devant la rétine ont ceci de commun, qu'ils sont clairs, limpides et transparents; même dans la cornée les nerfs ont pris une nature pâle; les vaisseaux sanguins se tiennent seulement sur le bord cornéen. Bref, toutes les parties élémentaires sont organisées de manière à arrêter aussi peu que possible le mouvement des rayons lumineux; aussi la rétine même est-elle (sur le vivant) transparente à un haut degré. Le pigment granuleux et sombre a sa raison d'être dans l'œil; c'est pour cette même raison que nous noircissons l'intérieur de la chambre obscure et de notre microscope : il sert à l'absorption des rayons lumineux qui ont traversé une fois la rétine. Par contre, nous n'avons aucune idée exacte sur la fonction du *tapis*. On admet que par sa surface brillante il réfléchit la lumière de telle sorte que pour les animaux chez lesquels il existe, une moins grande quantité de lumière suffit à une vision nette. Quant à la physiologie de la rétine, à vrai dire, tout ce que nous savons, c'est qu'elle est la partie de l'œil qui perçoit la lumière. Mais quant à la part que chacune de ses différentes couches prend à l'acte de la vision, nous sommes réduits à de simples présomptions. Il est permis de comparer la rétine à un organe du tact d'une grande finesse; quant à la manière dont l'image d'un objet est perçue, nous ne pouvons la considérer que comme relativement distincte du phénomène par lequel, sans le toucher, nous saisissons les différences que l'espace présente autour de nous. Les travaux histologiques faits sur les organes du tact (voy. plus haut) nous ont appris que très-fréquemment des globules ganglionnaires terminaux sont les éléments de la perception sensible; il est vraisemblable que les fibres nerveuses avec lesquelles ils sont unis ne servent qu'à la transmission. Il peut en être de même pour la rétine; aussi s'accorde-t-on généralement à reconnaître que la perception de l'image, qui s'est formée sur la rétine, ne se fait pas par la couche des fibres nerveuses; on a été ainsi conduit à voir dans les cellules ganglionnaires de la rétine les éléments de la sensibilité lumineuse. Ce qu'il est important de remarquer, c'est que la *tache jaune*, qui possède cette sensibilité au plus haut degré, et qui occupe une place parfaitement limitée dans l'œil, présente une accumulation de globules ganglionnaires, tandis que ces derniers ne forment, dans le reste de la rétine, qu'une simple couche. Quant à la couche des bâtonnets, je crois qu'elle a son analogue dans les organes du tact. Nous avons déjà rapporté plusieurs exemples qui montrent que, dans différents animaux, il existe des bâtonnets ou des prolongements spéciaux du tégument, lesquels sont en connexion avec les cellules ganglionnaires terminales des nerfs du tact; ces prolongements ajoutent à la sensibilité, et peuvent même lui donner quelque chose de spécial. Quant aux bâtonnets rétiniens, je crois qu'ils sont des organes auxiliaires de la sensibilité; par leur disposition régulière, ils peuvent rendre les cellules ganglionnaires propres à la perception isolée des différents points d'une image, et leur donner la faculté de distinguer.

192. — Les fibres contractiles situées dans l'intérieur et au-dessus de la choroïde permettent à l'œil de *s'accommoder* aux différentes distances, et comme les mœurs des oiseaux leur rendent cette accommodation très-nécessaire, ils peuvent presque au même instant percevoir les objets rapprochés et éloignés; aussi la musculature *interne* de leur œil est-elle très-développée et de nature striée. Chez eux, les muscles de l'iris sont aussi striés transversalement; ils permettent à la pupille de changer de dimension avec une grande rapidité. Bien que les amphibies à écailles aient aussi des muscles iridiens striés, on n'observe pas cependant, dans les tortues et les lézards, des modifications aussi rapides dans l'étendue du champ pupillaire. La cause en est peut-être à l'extrême finesse des cylindres primitifs qui entrent dans le muscle ou à leur petit nombre. Le *muscle de Crampton* de l'oiseau a pour effet, d'après Brücke, de diminuer le rayon de courbure de la cornée. La *cloche musculaire* de l'œil du poisson exerce pareillement une certaine influence sur la faculté d'accommodation; toutefois personne n'a encore fait des expériences dans ce sens.

Pour expliquer la présence des écailles osseuses dans la sclérotique des oiseaux, Bergmann et Leuckart (1) avancent ce qui suit : les oiseaux ont besoin de grands yeux pour produire de grandes images; mais on ne peut s'empêcher de reconnaître une grande parcimonie de la nature dans la disposition de la charpente osseuse de la tête, et cette remarque s'applique surtout à l'œil. Or, pour produire une grosse image, il suffit que l'axe de l'œil ait une certaine longueur, et que le fond ait une certaine étendue capable de recevoir l'image. Par conséquent, il suffit que la section transversale de l'œil soit telle qu'aucun rayon utile ne se perde dans son trajet jusqu'au fond de l'œil. En outre la portion unissante située entre la cornée et le fond de l'œil peut être réduite sans qu'il y ait préjudice apporté à la fonction, et pour main-

(1) *Loc. cit.*, p. 473.

tenir cette réduction d'une manière constante, la sclérotique s'ossifie en formant des écailles osseuses. Cette explication paraît séduisante; mais les reptiles à écailles ont l'œil rond comme les mammifères, et cependant leur sclérotique présente aussi des écailles osseuses. En est-il de l'anneau sclérotical postérieur comme des ossifications de l'œil des poissons? Il me semble que là-dessus nous en savons aussi peu que sur l'histologie comparée du squelette. Pourquoi, dans un animal, voit-on la substance conjonctive employée là où, dans un autre, se trouve le cartilage, là même encore où, dans un troisième animal, il existe de l'os?

J'accepterai plus volontiers l'explication de ces observateurs, sur la présence dans la troisième paupière (membrane clignotante) des mammifères, d'un cartilage qui se termine vers le bord libre de la paupière par un élargissement très-mince, pour s'épaissir dans sa partie profonde, de manière à s'encastrer entre l'œil et la paroi nasale. Le mouvement de cette troisième paupière dépend du *muscle suspenseur* de l'œil; lorsque ce muscle tire l'œil en arrière, la pression de l'œil contre le cartilage augmente.

L'*anneau sclérotical* postérieur de l'œil de l'oiseau a été découvert par *Gemminger* en 1853 (1). On l'a trouvé dans des oiseaux des genres *Scansores*, *Passeres*, et, parmi les rapaces, dans le *Falco tinnunculus;* dans les pigeons, les poules, les oiseaux palustres et nageurs, on n'a pu encore le constater. Parmi les oiseaux énumérés ailleurs et possédant l'*os*, je puis compter aussi le merle d'eau (*Cinclus aquaticus*). Dans l'un des derniers traités de zootomie, la *cloche* a été considérée comme une substance lenticulaire de nouvelle formation. Or, abstraction faite de ce que (et je l'ai vérifié tout récemment sur le *Salmo fario*) les fibres musculaires granuleuses de la *cloche* ne peuvent pas être confondues avec les fibres lenticulaires, qui sont de couleur claire, il serait assez singulier que « une substance lenticulaire de nouvelle formation » fût traversée par un réseau terminal si abondant en fibres nerveuses, tandis que, comme on le sait, le reste du cristallin est dépourvu de tout élément nerveux. Toutefois, l'auteur du traité en question ne paraît pas avoir reconnu la distribution des nerfs dans la cloche, puisque dans son exposé il ne parle jamais avec certitude même de ces nerfs que Treviranus avait déjà aperçus si nettement dans le *procès falciforme*. — J'ai examiné sur la couleuvre à collier le *revêtement cutané* du *bulbe oculaire* des serpents, et j'ai trouvé que la membrane capsulaire renferme une couche moyenne conjonctive, laquelle est un prolongement du

(1) Voy. Leydig, *Archives de Müller*, 1854.

derme; à l'extérieur et au-dessus de cette couche, on voit l'épiderme celluleux, et en arrière, un épithélium pavimenteux délicat qui revêt la cavité de la capsule. Au pourtour de cette dernière, j'aperçois quelques petits troncs nerveux, qui pénètrent dans la couche conjonctive, comme pour la cornée ; il est du reste difficile de les suivre dans la portion claire de l'organe. D'après Hyrtl, on y trouve aussi des vaisseaux, mais je n'ai pu le constater sur les sujets que j'ai examinés.

De Wittich, qui a découvert dans la choroïde des oiseaux les *faisceaux musculaires striés*, croit avoir reconnu sur les poissons aussi (*Cyprinus erythrophthalmus*, *Cyp. carpio*), et à la même place, des fibres musculaires lisses. Ne s'est-il pas glissé là une méprise ? A ce sujet j'ai examiné l'œil de la truite, où l'on croit aussi avoir constaté l'existence de fibres musculaires lisses dans l'intérieur de la glande choroïdienne ; mais en y regardant de plus près et en comparant, j'ai reconnu que l'on peut prendre des capillaires sanguins déchirés et ouverts pour des fibres lisses. Ainsi, la *glandula choroidealis* se compose de capillaires réunis en masse et à direction parallèle ; quand on déchire la préparation, quelques capillaires se séparent toujours sur les bords, se tordent un peu, restent larges là seulement où est le noyau, et ressemblent ainsi, jusqu'à un certain point, à certaines formes de fibres musculaires lisses. Mais si l'attention a été une fois appelée sur la cause de cette méprise, et si l'on continue à parfiler des morceaux de glande choroïdienne, on reconnaît que les fibres musculaires que l'on produit ne sont qu'apparentes.

On s'est demandé si, pendant la vie, les poissons ont réellement une *capsule lenticulaire ;* car, après la mort il est facile de détacher du cristallin une capsule épaisse ayant même structure élémentaire que lui. Il y a là une erreur. Les poissons ne se comportent pas autrement que les autres vertébrés ; la capsule existe ; elle paraît être également homogène et posséder le même pouvoir réfringent que celle des autres vertébrés. — Sur l'origine des fibres lenticulaires par le développement d'une cellule, voyez H. Meyer (1) et Leydig (2).

Quant à la *zone nucléaire* de la grenouille adulte, je trouve que les *nucléoles* des noyaux sont punctiformes, si l'on observe leur coupe transversale, et qu'ils sont en forme de bâtonnets, s'ils sont vus de profil. Il est aussi à constater que chacun de ces nucléoles n'est qu'une saillie cylindrique de la paroi dans l'intérieur du noyau. Cette observation réussit avec beaucoup de netteté, si l'on

(1) *Zur Streitfrage üb d. Entsteh. d. Linsenf. Müll. Archiv*, 1851.
(2) *Beitr. z. Anat. d. Rochen u. Haie.* S. 99.

arrose de quelques gouttes d'acide chlorhydrique étendu un cristallin pris sur l'animal vivant.

Les *muscles de l'œil* appartiennent, probablement dans tous les vertébrés (je puis l'affirmer pour les poissons et les reptiles), aux muscles les plus riches en nerfs. Lorsqu'on les a éclaircis par une solution alcaline, on y aperçoit un nombre insolite de fibrilles nerveuses, ainsi que leurs divisions innombrables (ces notions, comme on le sait, sont dues aux observations faites par Joh. Müller et Brücke sur les muscles de l'œil du brochet). Les muscles de la membrane clignotante dans les oiseaux (le muscle pyramidal et le muscle carré) me paraissent être (hibou) très-riches en nerfs ; mais ils ne le sont pas au même degré que ceux des animaux sus-mentionnés. — Sur la *rétine*, voyez surtout H. Müller (1).

CHAPITRE XX

DE L'ŒIL DES INVERTÉBRÉS.

Tout ce que l'on sait, au point de vue histologique, sur les taches oculaires de plusieurs invertébrés, c'est qu'elles sont des *amas de pigment* situés sur les centres nerveux ou à l'extrémité des nerfs. Il en est ainsi pour les taches oculaires de quelques vers, pour les points oculaires des échinodermes, et peut-être aussi pour la tache impaire placée immédiatement au-dessus du cerveau dans quelques rotateurs et crustacés (*Lynceus*, *Daphnia*, *Argulus*, *Artemia*, etc.). Cette tache semble représenter l'œil ; on peut se figurer au moins avec assez de raison que la présence des granules de pigment dans les cellules cérébrales voisines les rend propres à une certaine perception de la lumière. Un degré plus élevé de perfection de l'organe de la vue consiste dans l'adjonction d'un *corps réfringent*, qui a probablement la signification d'un cristallin (*Caligus*, *Cyclopides*, *Euclanis unisetata*, les yeux pairs de beaucoup de rotateurs et de tardigrades, les yeux d'un grand nombre de vers, etc.). Et même les yeux de plusieurs mollusques ne nous présentent pas un appareil plus compliqué : dans les petits yeux du *Doris lugubris*, par exemple, lesquels sont situés immédiatement sur la substance cérébrale, on ne trouve que du pigment et un cristallin. Pour que l'organe accuse un développement plus élevé, il faut qu'il existe

(1) *Anat. physiol. Untersuch. üb. d. Retina bei Menschen u. Wirbelthieren*, 1856.

une *sclérotique* homogène, distincte, qui sépare l'œil des parties environnantes.

193. — *Développement complet de l'œil.* — Le développement morphologique complet de l'œil est caractérisé par la présence d'une *rétine*, présentant des parties élémentaires comparables aux bâtonnets des yeux des vertébrés. On trouve ces yeux dans quelques *annélides*, certains *mollusques* et la plupart des *arthropodes*. Jusqu'à présent, on a eu l'habitude de considérer les yeux des animaux comme s'ils étaient construits suivant deux types différents. Les uns, *yeux collectifs* (mollusques, yeux simples des insectes, des araignées et des crustacés); les les autres, *yeux à facettes* (crustacés et insectes), percevant la lumière par la séparation des rayons. Toutefois il me semble que cette distinction est à peine soutenable, lorsqu'on a égard aux rapports de structure; il faudrait plutôt accepter la notion d'un type fondamental unique pour l'organe de la vue.

194. — *Rétine.* — Les *annélides* et les *mollusques* sur lesquels on a jusqu'à présent recherché une *rétine membranoïde* (ces recherches sont encore assez restreintes), ont présenté une rétine pourvue de *formations batonnoïdes*. Krohn a fait connaître que la rétine de l'*Alciope*, composée de fibres parallèles, envoie au delà de la chroroïde les terminaisons isolées des fibres, lesquelles apparaissent à la face interne comme une couche de bâtonnets serrés. Sur les yeux volumineux des *hétéropodes* (*Carinaria, Pterotrachea*), Leuckart et Gegenbaur ont trouvé que des corps bâtonnoïdes forment l'une des couches de la rétine. Ils se composent d'une enveloppe et d'un contenu homogène, visqueux. Pour les yeux des *Sépies*, Joh. Müller a décrit déjà en 1838 une couche rétinienne composée de cylindres placés de champ, et de filaments de pigment; il comparait ces cylindres aux bâtonnets de l'œil des animaux supérieurs.

Dans l'œil des *araignées*, on trouve aussi ces cylindres batonnoïdes; ils sont clairs, fortement réfringents, s'altèrent rapidement dans l'eau, et se tordent. C'est dans l'œil à facettes des *arthropodes* que l'on constate le plus fort développement du *stratum bacillosum*. Cette couche se compose de bâtonnets plus ou moins longs, tétraédriques ou polyédriques, et dont la substance se comporte, au point de vue optique et chimique, absolument comme celle des bâtonnets rétiniens des vertébrés : ils sont homogènes, fortement réfringents, incolores ou rose rougeâtre (sur la rétine fraîche de la grenouille, de la salamandre, les bâtonnets ont, comme nous l'avons dit plus haut, la même couleur); dans l'eau et surtout dans l'acide acétique, ils se gonflent, se courbent, se tordent, etc.; ils présentent des stries transversales délicates, que l'on peut constater aussi sur les gros bâtonnets des amphibies nus, surtout après addition d'eau. Du côté des parties celluleuses de la rétine, ils se

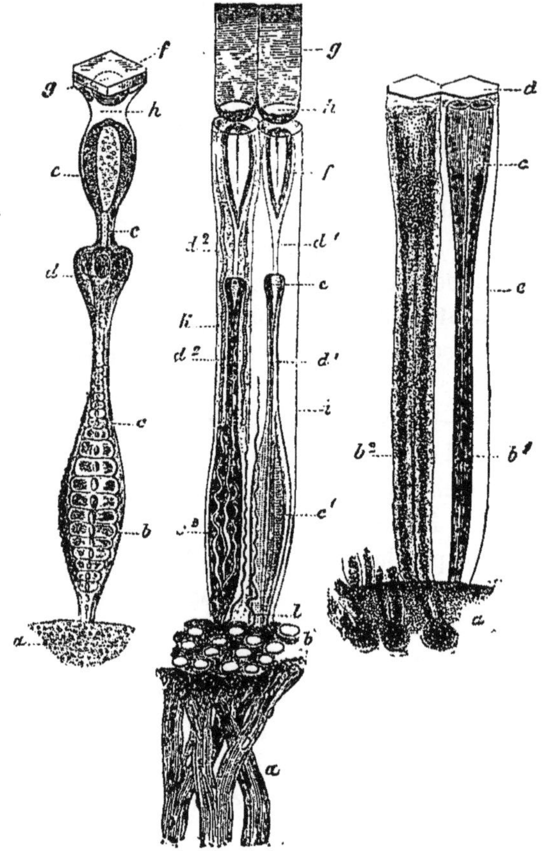

Fig. 135.

A. De l'œil de l'Herbstia. — *a.* Surface de la rétine (ganglion optique). — *b.* Renflement du corps bâtonnoïde. — *c, d.* Autre renflement à plusieurs bosselures. — *e.* Corps cristallinien. — *f.* Facette cornéenne. — *g.* Son épaississement lenticuloïde du côté interne. — *h.* Gaîne.

B. De l'œil du Procustes coriaceus. — *a.* Faisceau des nerfs optiques. — *b.* Ganglion optique (rétine). — c^1, c^1. Renflements des bâtonnets nerveux d^1, d^2; le bâtonnet c^1 est représenté à l'état frais; l'autre c^2 indique les changements qu'il a subis après addition d'eau et d'acide acétique. — *f.* Corps cristallinien. — *g.* Facette cornéenne. — *h.* Son renflement lenticuloïde du côté interne. — *i.* Gaîne. — *k.* Muscles striés. — *l.* Trachées.

C. De l'œil de la Chizodactyla monstrosa. — *a.* Surface de la rétine (du ganglion optique). — b^1. Bâtonnet nerveux sans pigment. — b^2. Avec pigment : ce dernier se confond avec le corps cristallinien. — *d.* Facette cornéenne. — *e.* Gaîne.

renflent fréquemment (cônes de l'œil des vertébrés). L'extrémité la plus antérieure des bâtonnets (*Chizodactyla*, *Mantis*) présente la même substance et les mêmes contours que le reste de l'organe; il arrive plus fréquemment qu'elle se transforme immédiatement au-dessous de la cornée, en une masse molle et claire, qui peut accuser dans ses différentes couches des degrés différents de mollesse, de telle sorte que les auteurs ont parlé d'un « corps vitré, corps cristallinien proprement dit, d'une masse molle, située entre le corps cristallinien et la cornée ; » toutes ces parties ne sont, au point de vue morphologique, que des renflements terminaux de forme variable des bâtonnets mêmes.

L'extrémité antérieure du bâtonnet semble même se souder avec la cornée, et en acquérir la dureté (*Elater noctilucus*, *Cantharis melanura*, *Lampyris splendidula*).

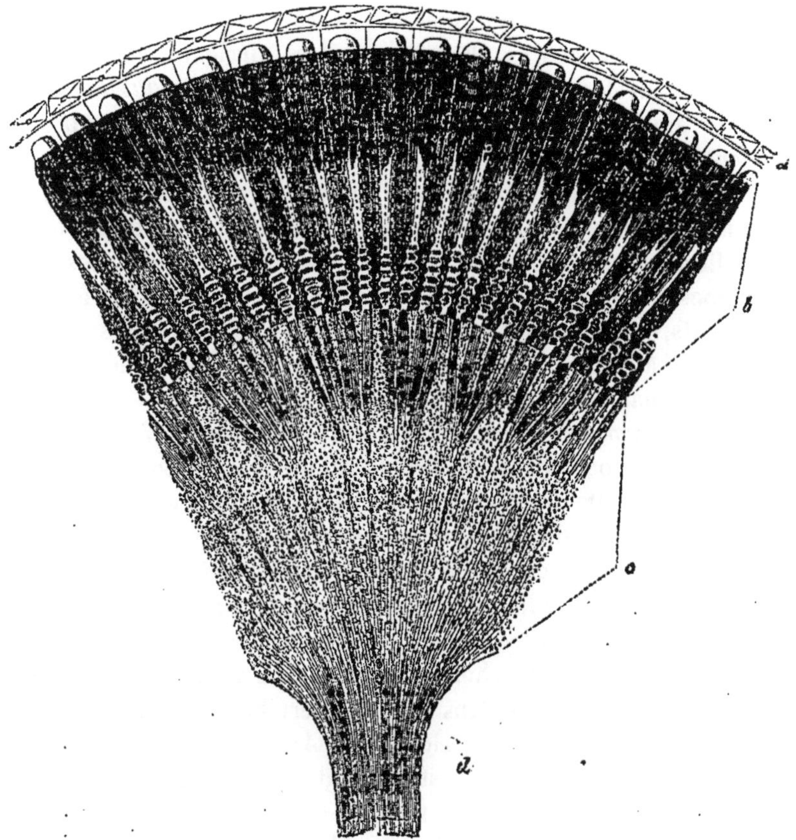

Fig. 136. — Coupe perpendiculaire de l'œil d'un crustacé.

a. Cornée (la ligne limite externe manque dans la planche); — *b*. Choroïde traversée par les bâtonnets. — *c*. Rétine ganglionnaire. On y distingue plusieurs couches. — *d* Nerf optique.

195. — Le reste de la rétine, *quand on a enlevé les bâtonnets*, se

compose de cellules grosses et petites, de noyaux, d'une masse ponctuée ou de la substance fibrillaire des nerfs optiques. On y distingue aussi une certaine stratification, et un entrecroisement de ces éléments; dans l'écrevisse particulièrement (voy. la fig. ci-contre), on observe un certain développement radiaire de la substance fibrillaire des nerfs optiques; mais à cause de la mollesse de ces parties et de la difficulté qu'il y a à les individualiser, il est difficile d'être bien fixé sur leurs relations. Quant à la réunion des bâtonnets avec le reste de la rétine, Leuckart à vu ces organes en connexion avec les fibres du nerf optique dans les *hétéropodes ;* dans les *céphalopodes*, d'après Joh. Müller, la connexion est établie par des prolongements immédiats des fibres des nerfs optiques. Ces rapports ne me paraissent pas être aussi simples dans l'*œil de l'araignée*, où la rétine présente des globules ganglionnaires bipolaires, dont l'extrémité inférieure, étirée en tube, paraît être enveloppée par les bâtonnets. Dans le *Carabus auratus*, on constate ainsi qu'il suit comment les gros bâtonnets des arthropodes naissent de la rétine ganglionnaire (de ce qu'on appelle le *ganglion optique*) : les racines des bâtonnets ont la même structure intime, finement moléculaire, que la substance dans laquelle se résolvent les faisceaux fibreux du nerf optique; un peu plus vers l'extérieur, ces racines se composent de petits fragments cuboïdes, homogènes, et fortement réfringents; peu à peu les espaces situés entre ces fragments disparaissent, et le bâtonnet se présente, dans le reste de son étendue, comme un prisme quadrangulaire continu.

196. — *Couche de la rétine celluleuse derrière la choroïde.* — Si, d'après ce que nous venons de dire, la rétine de beaucoup d'invertébrés concorde avec celle des vertébrés par sa composition en éléments ganglionnaires et bâtonnoïdes, elle s'en distingue par la situation respective de ses couches. Ainsi, chez les *vertébrés*, les *bâtonnets* forment *la couche la plus extérieure* de la rétine, tandis que dans les *invertébrés*, c'est le contraire. Ajoutons (ce qui surprend au premier aperçu) que, dans ces derniers, le pigment choroïdien est placé au devant de la rétine ganglionnaire, tandis que dans l'œil des vertébrés, c'est l'inverse qui a lieu. Ainsi, dans l'œil très-développé de l'*Alciope*, la rétine qui se compose de cellules et de fibres, est située derrière la choroïde, puisque celle-ci accompagne les longs bâtonnets. Ce même fait est connu depuis longtemps dans les *céphalopodes :* quand on a enlevé les bâtonnets, les couches rétiniennes sont placées derrière la masse épaisse de pigment, puisque cette masse s'attache aux bâtonnets. Il résulte encore des recherches de Gegenbaur et de Leuckart que, dans les *hétéropodes* (*Atlanta*, *Carinaria*, *Pterotrachea*, etc.), la rétine ganglionnaire est

située derrière la membrane pigmentée. On pourrait en dire autant des *gastéropodes*, car, tout récemment, j'ai constaté sur l'œil de l'*Helix pomatia* et sur celui du *Limneus stagnalis*, qu'il se trouve entre la sclérotique et la masse pigmentée de la choroïde, une couche incolore cellulo-granuleuse, qui pourrait bien appartenir à la rétine. Quant aux *arthropodes*, c'est la même disposition : la rétine ganglionnaire est incolore, et ce n'est que sur la face opposée à la cornée que l'on voit des dessins pigmentaires ; l'amas de pigment ou bien la choroïde enveloppe les bâtonnets, et par conséquent ici aussi la rétine (si l'on ne compte pas la couche des bâtonnets) fait suite à la choroïde.

197.— *Tissu conjonctif de la rétine.* — Dans l'œil des vertébrés, les parties spécifiques de la rétine sont enchâssées dans la substance conjonctive, dont les faisceaux les plus résistants sont représentés par les fibres radiées et par la *membrane limitante;* de même, dans la rétine des invertébrés, on trouve du tissu conjonctif, lequel, dans les yeux composés des arthropodes, par exemple, forme des utricules autour des bâtonnets, et ces utricules s'étendent de la cornée à la rétine ganglionnaire. Sur l'animal en vie, la substance conjonctive est molle, finement granuleuse, et présente des noyaux isolés disséminés.

198.— *Pigment de la choroïde.*— Dans la règle, le *pigment choroïdien* est le pigment à granulations foncées ; ses nuances comprennent le brun, le rouge, le violet foncé et le noir. Le pigment peut résider dans les cellules, par exemple dans les hétéropodes, dans lesquels les cellules sont disposées en mosaïque, ce qui est plus rare dans les arthropodes. On rencontre aussi des *tapis* dans les invertébrés. Dans l'œil de beaucoup d'*araignées*, onaperçoit un *tapis* brillant, dont les reflets, sur le *Micryphantes acuminatus* sont bruns, bleus et dorés ; chez plusieurs *Théridies*, l'éclat est d'or émaillé, il est blanchâtre dans l'*Argyroneta aquatica*, etc. Le tapis peut couvrir tout le fond de l'œil, ou bien présenter en son milieu des lignes ondulées formées par des bandes de pigment noir (*Clubiona claustraria*) ; quelquefois (*Phalangium*) il apparaît sous la forme de points brillants, disséminés ; ailleurs il forme des bandes radiées au milieu d'un pigment foncé, etc. Si l'on examine l'organisation élémentaire du tapis des araignées, on trouve qu'il varie suivant les espèces (*Argyroneta aquatica*, *Tegeneria domestica*, *Lycosa saccata*, etc.) ; il se compose des mêmes paillettes que celles qui forment le tapis des poissons ; ce sont des lamelles serrées les unes contre les autres, se séparant par une forte pression, et présentant des couleurs irisées. Dans d'autres espèces (*Micryphantes*, *Phalangium*), ce sont des globules plus gros que les granules de pigment. Ces globules se retrouvent dans un pigment à reflets argentés et dorés, lequel se rencontre dans les *insectes* et les *crustacés*, et même assez souvent dans la tache oculaire impaire de l'*Argulus*, du *Caligus*, de quelques rotateurs, de plusieurs espèces de *Cyclops*, de *Cypris*, etc. Ce pigment peut alterner avec le pigment à granulations foncées : ainsi dans la *Mantis religiosa*, on trouve, sous la cornée, un pigment gris rougeâtre, blanc jaunâtre, et même violet. Dans l'écrevisse, le pigment foncé ordinaire se trouve déposé vers le milieu du « cône cristallinien, » et autour des renflements fusiformes des bâtonnets. Mais, environ à mi-distance de l'extrémité du cône et de la pointe supérieure du renflement, on aperçoit un pigment qui paraît blanc à la lumière incidente. Les granules de ce pigment, pris isolément et vus par transparence, sont d'un jaune sale et correspondent par leurs propriétés aux granules qui, dans la *Mammalia carnivora*, forment le contenu des cellules du tapis. L'œil des *Sphinx de jour et de nuit* présente un tapis d'une nature toute particulière. Si dans l'œil d'une grosse espèce, par exemple du *Sphinx pinastri*, on fait une coupe verticale, on aperçoit derrière le pigment foncé une bande brillante d'un éclat argenté avec un bord antérieur rougeâtre. Cette masse épaisse est argentée par une quantité innombrable de trachées extrêmement fines, dans lesquelles se résolvent les troncs trachéens de l'œil, et dont les touffes enveloppent les renflements des bâtonnets; le reflet rougeâtre provient d'une coloration particulière qui réside dans la substance de ces renflements. Je connais ce tapis dans les *Liparis salicis*, *Gastropacha pini*, *Zerene grossulariata*, *Sphinx pinastri*. Il atteint son plus grand développement dans les lépidoptères crépusculaires (*Sphinx convolvuli*); suivant les lépidoptérologues (voy. Kleemann dans Rösel) les yeux de cet animal brillent dans l'obscurité comme des charbons ardents. — D'autre part, dans quelques crustacés à coquilles (*Pecten*, *Spondylus*) on a décrit un tapis composé de paillettes cristallines volumineuses. Mais il est à peine nécessaire de faire remarquer que les granules du tapis et les paillettes ne diffèrent que par la grosseur, et non par la qualité.

199. — *Muscles de la choroïde.* — La choroïde des invertébrés renferme aussi des *éléments contractiles*. Langer le premier (*Wien.*, *Sitzgsber*. 1850) a fait connaître les muscles de l'iris et du corps ciliaire des *céphalopodes;* ils vont de l'anneau cartilagineux de la sclérotique au ligament ciliaire. On ne sait pas encore comment ils sont distribués dans les autres mollusques; l'attention pourrait se porter tout d'abord sur les yeux du *Spondylus*, dont la bordure iridienne se contracte. Quant aux arthropodes, j'ai indiqué des muscles oculaires internes pour différents *araignées*, *insectes* et *crustacés*. Chez la *Mygale*, ils forment des réseaux circulaires dans la membrane pigmentée ; ils peuvent aussi

(*Salticus*) y former en avant une couronne, on pourrait dire une couche musculaire iridienne. Les éléments contractiles sont des cylindres étroits, striés transversalement; et il est du reste très-facile d'observer les mouvements spasmodiques de l'œil sur des araignées en vie. Dans les insectes, les utricules qui enveloppent les bâtonnets, renferment des cylindres délicats, striés; en avant il est souvent très-difficile de les isoler à cause du pigment qui les agglutine, et ils se perdent dans l'anneau pigmenté iridien qui environne la substance du cône cristallinien.

200. — *Cristallin.* — Quan à ce qui concerne les *milieux réfringents* de l'œil des invertébrés, le cristallin des *céphalopodes* ressemble par sa structure à celui des vertébrés, en ce qu'il se compose de fibres rubanées, qui dérivent chacune d'une seule cellule pourvue d'un noyau et d'un nucléole. Du reste, les fibres lenticulaires des céphalopodes sont très-dures et présentent les mêmes réactions que la substance cornée. Il n'existe pas de capsule lenticulaire propre; la disposition rubanée des fibres donne seulement à la surface l'aspect d'un épithélium.

Le cristallin des *autres mollusques* n'a plus une texture celluleuse ou fibroïde; il se compose de couches concentriques formées par une matière durcie, albuminoïde, sur laquelle on peut distinguer fréquemment une substance nucléaire, jaunâtre, et une substance corticale plus claire (*Paludina*, *Hélicines*, *Atlanta*, *Carinaria*, etc.). Dans ces deux derniers hétéropodes, Gegenbaur a vu sur la face du cristallin, tournée du côté de la cornée un épithélium pavimenteux délicat.

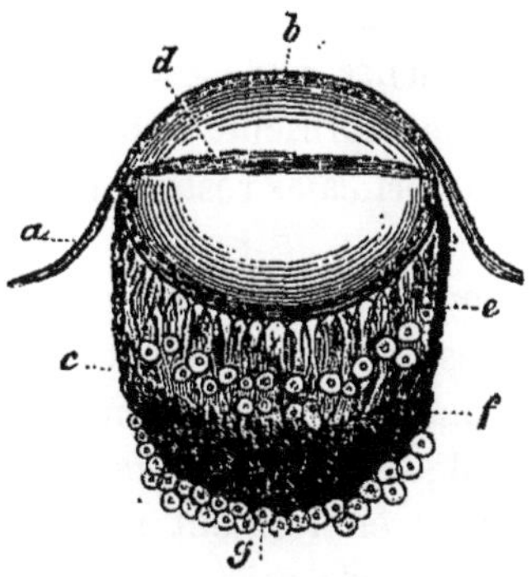

Fig. 137. — Œil du *Salticus* (coupe verticale).

a. Peau chitinisée qui revêt tout le corps. — *b*. Lentille cristallinienne. — *c*. Pigment sombre de l'œil. — *d*. Anneau iridioïde. — *e*. Ce qu'on appelle le *corps vitré*, et, d'après moi, les extrémités des formations bâtonnoïdes. — *f*. La couche des bâtonnets. — *g*. Couche celluleuse de la rétine.

Le cristallin des *arthropodes* est tout différent. Il se présente comme une portion épaissie et globuleuse du squelette cutané chitinisé; comme ce dernier, il accuse une structure lamelleuse, et les lamelles sont traversées par des canaux poreux (cristallindes araignées).

201. — Les variations que présente la structure histologique du cristallin dans les différents groupes d'animaux s'expliquent en partie par son *mode de développement*. Dans les *céphalopodes* et les *arthropodes*, il s'accroît de dehors en dedans, comme chez les vertébrés, par l'épaississement des couches cutanées. Or, comme les céphalopodes possèdent, ainsi que les vertébrés, une couche cutanée celluleuse externe, la partie épaissie ou le cristallin doit se composer d'éléments fibroïdes qui correspondent aux cellules métamorphosées et développées. Il doit en être tout autrement pour les *arthropodes :* ici, en effet, le tégument externe, c'est-à-dire la matière qui sert à la formation du cristallin, n'est pas celluleuse ; elle se compose de couches d'une substance homogène traversée par des canalicules. Et, comme ici encore le cristallin croît en vertu d'un épaississement local de cette couche cutanée, il peut conserver la même texture qu'elle. Bien différente est l'histoire du développement du cristallin dans les *autres mollusques* (gastéropodes, hétéropodes, etc.). Le cristallin ne s'accroît pas de dehors en dedans; au contraire, le globe de l'œil consiste, dans son premier état rudimentaire, en une vésicule close, dans laquelle apparaît d'abord le cristallin. Les observations que j'ai faites à ce sujet sur la *Paludina vivipara* me permettent de conclure que, dans l'intérieur de la capsule oculaire, le noyau d'une cellule élémentaire se transforme en un globule solide albumineux, et que peu à peu il s'accroît de manière à remplir la cellule; sur ce noyau, et jusqu'à ce que le cristallin ait acquis sa grosseur typique, de nouvelles couches se déposent ; le centre se durcit, prend une coloration jaunâtre et représente le noyau du cristallin, tandis que les couches externes ou corticales restent moins consistantes et moins colorées.

Corps vitré. — Le corps vitré des mollusques (*gastéropodes, hétéropodes*, etc.) est une substance claire, gélatineuse, sans structure; dans la *Paludina*, elle se montre au début comme une sérosité limpide qui, en remplissant la vésicule de l'œil, acquiert peu à peu plus de consistance, et s'épaissit même en formant une membrane. Le tissu que jusqu'à ce jour on a appelé le corps vitré dans l'œil des arthropodes n'est plus la même chose. Dans l'œil simple des *insectes* et des *araignées* on aperçoit derrière le cristallin une couche claire, qui se compose sur le vivant de formations gélatineuses claviformes, et dont l'extrémité antérieure touche le cristallin, tandis que le bout postérieur plonge dans le pigment. Au point de vue de la réfringence, de la mollesse, de l'action des réactifs, ces formations se comportent absolument comme la masse conique cristallinienne de l'écrevisse et d'un grand nombre d'insectes ; aussi les ai-je comparées aux cônes cristalliniens de l'œil à facettes, et considérées comme des extrémités modifiées des bâtonnets nerveux.

202. — *Sclérotique, cornée.* — Il est d'une importance secondaire que l'œil soit plus ou moins séparé du reste du parenchyme par une enveloppe conjonctive particulière. Dans les araignées et les insectes, il n'y a pas de *sclérotique* propre; l'œil renferme juste assez de substance conjonctive délicate pour le soutien des parties nerveuses et musculaires, ainsi que des amas de pigment et des trachées qui s'y trouvent. Mais que l'organe de la vue s'isole davantage, alors le tissu conjonctif s'épaissit autour de lui et lui fournit une sclérotique d'enveloppe, laquelle se présente soit homogène, soit striée ou fibroïde (plusieurs mollusques). Dans les crustacés supérieurs qui ont des yeux mobiles, on peut considérer comme une sclérotique la peau qui enveloppe l'œil. Lorsqu'il existe une sclérotique propre, il trouve aussi des *muscles* propres, destinés à mouvoir le bulbe (beaucoup de crustacés). Ici se rattachent les muscles striés que l'on constate sur le renflement des nerfs optiques de l'*Argulus foliaceus*, et qui déterminent ce mouvement tremblotant de l'œil, « énigmatique » pour quelques auteurs. A la face postérieure du bulbe oculaire des céphalopodes se fixent quelques muscles qui forment une espèce de gaîne autour des nerfs optiques. Leuckart a signalé un appareil musculaire dans le globe oculaire de la *Firoloidea*, Gegenbaur dans l'*Atlanta* et la *Carinaria;* cet appareil existe probablement aussi dans le bulbe d'un grand nombre d'autres mollusques.

La portion antérieure transparente de la sclérotique forme la *cornée*. Si la sclérotique manque, une partie du tégument conjonctif et chitinisé qui s'est aminci en devenant transparent, fonctionne comme cornée (araignées, insectes et crustacés). Si, dans les crustacés et les insectes, la cornée se fragmente en un grand nombre de facettes quadrangulaires ou hexagonales dans toute son épaisseur ou seulement (crustacés inférieurs) dans ses couches inférieures, cela dépend peut-être d'un développement insolite des bâtonnets, lorsque ceux-ci existent : lorsque, dans l'œil à facettes, la cornée s'épaissit intérieurement en formant des lentilles, il est naturel que le nombre de ces lentilles soit déterminé par les bâtonnets rétiniens.

La principale différence de structure qui existe entre l'œil simple et l'œil à facettes, consiste dans ce que, pour le premier, une cornée et un cristallin uniques laissent parvenir la lumière en bloc à toutes les extrémités des bâtonnets, tandis que, pour le second, chaque bâtonnet colossal exige un cristallin et une cornée propres. — La cornée de quelques insectes (*Hemerobius*, *Tabanus*, *Culex* (*pipiens*), etc.), a des reflets d'un beau vert doré, ce qui ne provient pas d'un pigment placé au-dessous de la cornée, mais bien de la réfrangibilité de cette membrane.

203. — Ainsi que nous l'avons dit plus haut, on a cherché à établir physiologiquement qu'il existe une différence capitale entre la vision par un œil simple et celle par un œil à facettes. Cette opinion prévaudra-t-elle dans l'avenir? On disait que l'œil à facettes est un œil dont les fibres nerveuses ne forment pas de rétine, qu'elles restent isolées et pourvues chacune d'un milieu optique. D'après cela, l'œil à facettes serait organisé pour la division de la lumière, contrairement à l'œil des vertébrés et à l'œil simple, lesquels seraient d'une nature collective. Mais les rapports de structure ci-dessus nous enseignent que, dans l'œil simple comme dans l'œil composé, les nerfs optiques se développent en une rétine ganglionnaire, que surmontent ensuite des parties élémentaires en forme de bâtonnets, lesquels (on peut l'admettre) servent à percevoir les images. Les notions qui nous sont fournies par la morphologie ne nous autorisent pas à accepter une différence radicale dans l'acte de la vision des deux sortes d'yeux que nous avons considérés.

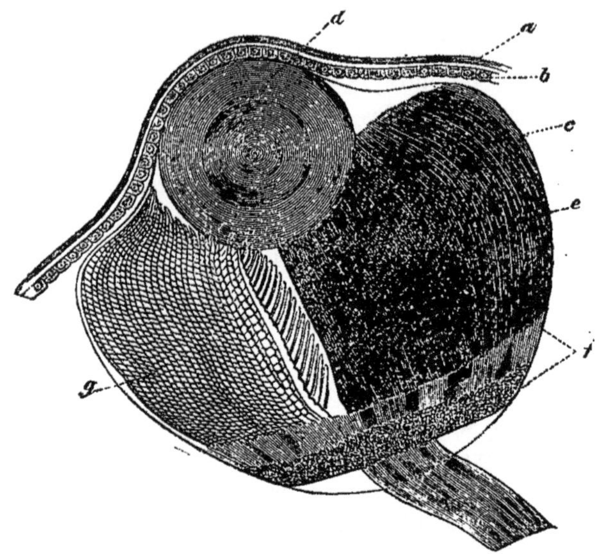

Fig. 138. — Œil de l'*Alciope*.

a. Cuticule. — *b.* Couche celluleuse du tégument externe. — *c.* Sclérotique. — *d.* Cristallin. — *e.* Choroïde (elle est enlevée sur l'autre moitié de la figure). — *f.* Rétine. — *g.* La couche des bâtonnets.

Je ne connais pas le travail de Krohn sur l'œil de l'*Alciope* (1) pour l'avoir vu moi-même. Du reste, d'après quelques recherches que j'avais faites sur des *Alciope Reynaudii*, conservés dans l'alcool, l'œil de cet animal méritait une bonne étude histologique. J'en donne le dessin ci-dessus.

Le bulbe oculaire a sa membrane d'enveloppe propre, homogène, (*sclérotique*), dont la portion antérieure fortement bombée (*cornée*) est contiguë au tégument externe, de telle sorte que, si l'on compte de dehors en dedans, on rencontre en premier lieu la cuticule épaisse et claire du revêtement général, au-dessous d'elle la couche cutanée celluleuse, puis la cornée homogène, et derrière elle le *cristallin* globuleux ; ce dernier paraît être granuleux et stratifié. Derrière lui se trouve le *pigment choroïdien*, qui occupe la plus grande partie du pourtour de l'œil, mais qui ne s'étend pas jusqu'au bord postérieur de la sclérotique, où l'on voit la rétine s'étaler après avoir reçu les nerfs optiques. Par conséquent, ici encore comme dans les céphalopodes, hétéropodes et arthropodes, la rétine paraît être placée derrière la choroïde, et l'on y remarque deux couches, l'une extérieure, granuleuse, l'autre interne, à stries radiaires. Que si l'on enlève le pigment par une solution sodique, on aperçoit une couche de bâtonnets occupant la partie la plus interne de la rétine, et s'étendant aussi loin que les contours de la choroïde. Dans un œil intact, on reconnaît cette couche sous l'aspect de lignes à contours tranchés, serrées les unes contre les autres, disposées dans le sens de la longueur de l'œil, et dont les intervalles sont très-régulièrement découpés par des stries transversales, de telle sorte que, dans une certaine position du foyer, on aperçoit une jolie mosaïque. Si l'on sépare l'œil de la rétine, on peut en quelque sorte mettre ces lignes en évidence. La mosaïque est la base d'organes bâtonnoïdes à contours tranchés, lesquels sont tous dirigés suivant leur diamètre longitudinal dans la direction de l'axe de l'œil et diminuent constamment de longueur vers le bord libre de la couche pigmentée. Je n'ai pu rechercher quels sont leurs rapports avec les éléments de la rétine; tout ce que je puis avancer et ce qui est assez étrange, c'est qu'ils m'ont semblé être des renversements creux et tournés vers l'axe de l'œil d'une membrane homogène, et les points d'entrée dans les bâtonnets étaient disposés si régulièrement qu'ils paraissaient produire la mosaïque. Je répète que ces notions reposent sur des études faites avec des préparations à l'alcool et à la soude, et qu'il faut attendre le contrôle de l'observation faite sur des yeux frais.

(1) *Wiegm. Arch.*, 1845.

— Quatrefages a examiné aussi l'œil de l'*Alciope* (qu'il appelle *Torrea*), et il parle d'une rétine qui serait composée de fibres nerveuses placées de champ.

Sur l'œil des *céphalopodes*, voy. H. Müller (1) ; sur celui des *hétéropodes*, les recherches zoologiques de Leuckart et le travail de Gegenbaur sur les *ptéropodes* et les *hétéropodes*. Les yeux de ces mollusques présentent plusieurs particularités histologiques. Les deux auteurs ont décrit la cornée de la *Firola* et de la *Carinaria* comme étant composée de cellules. Elle consiste, dans la *Carinaria*, en une membrane rigide, homogène en apparence, revêtue à sa surface d'un épithélium pavimenteux à grosses cellules ; elle présente des changements remarquables quand on la traite par l'acide acétique. Lorsque ce réactif commence à agir, on voit apparaître de nombreuses fissures longitudinales, qui donnent à la cornée l'aspect d'une membrane fenêtrée ; plus tard on reconnaît des cellules spiroïdes qui s'enlacent par leurs extrémités en laissant entre elles ces interstices dont nous avons parlé ; enfin, on aperçoit des noyaux dans ces cellules, de telle sorte que nous retrouvons ici les mêmes rapports de structure que l'on rencontre dans les membranes fenêtrées des animaux supérieurs » (Gegenbaur). Dans la *Carinaria*, la *Pterotrachea*, etc. (et non dans l'*Atlanta*), la choroïde présente des interstices particuliers, où les cellules polygonales ne renferment pas de pigment. La partie ganglionnaire de la rétine est située derrière la choroïde que les bâtonnets traversent suivant Leuckart. Gegenbaur n'est pas arrivé à des conclusions exactes sur la structure de la rétine; il diffère beaucoup de Leuckart, mais il ne veut pas résoudre les points en litige sans recommencer les recherches.

Le *cristallin* des *céphalophores* est généralement décrit comme étant homogène et stratifié ; il n'est pas impossible qu'avec le temps on ne constate certains rapports de structure. Ainsi, sur le cristallin d'un gros *Tritonium*, conservé dans l'alcool, je remarque que le noyau de la lentille paraît être traversé par de fins canalicules radiaires, et par de minces interstices qui se sont remplis d'air ; si j'ajoute à la préparation une solution alcaline, l'air est expulsé, et le noyau du cristallin semble être composé de petits globules.

Nous avons dit plus haut que, dans l'*œil simple* des insectes, il se trouve des formations correspondant aux bâtonnets ; à mes anciennes observations, je puis rattacher aujourd'hui le *pou de la poule* (*Menopon pallidum*) dont l'œil présente la disposition suivante : l'enveloppe chitinisée du corps forme, en s'amincissant un peu, la cornée, au-des-

(1) *Zeitschr. f. wiss. Zoolog.*, 1853.

sous de laquelle se trouvent immédiatement les corpuscules gélatineux claviformes, les terminaisons probables des bâtonnets, sans que la cornée se soit épaissie en dedans pour former un cristallin. Le pigment choroïdien s'étend en avant sur une bande telle que l'ensemble des masses gélatineuses est divisé en deux parties.

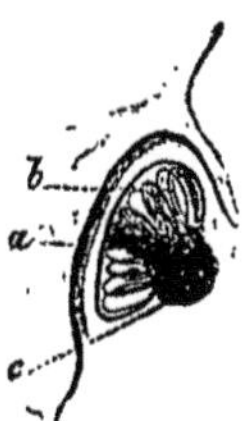

Fig. 139. — Œil du *Monopon pallidum*. (Fort grosssisement.)
a. La cornée. — *b*. Les masses gélatineuses. — Le pigment.

Il serait à désirer que l'on fît des recherches sur des yeux frais du *Pecten* et du *Spondylus*, surtout par rapport au *corps vitré*. D'après de Siebold, il se compose de cellules anucléaires, et sur un dessin que E. Häckel a donné de l'œil d'un *Pecten varius*, on voit que le corps vitré a bien cette structure. Puisque d'ailleurs, dans les mollusques, le *corps vitré* est de la *gélatine* homogène, je pourrais présumer que ce « corps vitré celluleux » des acéphales se comporte comme celui des araignées dans l'œil composé desquelles il a la même signification que la substance du cône cristallinien. — L'œil de la *Sagitta* mérite aussi plus d'examen, puisque, d'après les dessins que Wilms en a donnés (*Observ. de Sagitta*, fig. 6, 7), il rappelle l'œil composé des arthropodes.

L'œil du *Nephelis* mérite aussi de nouvelles recherches. D'après la description que j'en ai donnée autrefois, il se compose d'une vésicule, dont la paroi représente la sclérotique et renferme quelques noyaux. Du pigment ou de la choroïde qui occupe la portion postérieure de la vésicule oculaire partent plusieurs formations cyathiformes transparentes qui font saillie dans la portion extérieure limpide, et chacune d'elles me paraît être pourvue d'un noyau clair.

Sur l'œil des *crustacés*, des *araignées* et des *insectes*, voyez en outre des travaux si connus de John Müller : Will (1), Gottsche (2), W. Zenker, *Études sur les crustacés* (3) ; Leydig, *De la structure des arthropodes* (4); la description ci-dessus est empruntée à ce travail. — A pro-

(1) *Beitr. z. Anat. d. zusammenges. Aug.*, 1840.
(2) *Beitr. z. Anat. u. Phys. der Augen der Krebse u. Fliegen*, in *Müll. Arch.*, 1852.
(3) *Archiv für Naturgesch.*, 1854.
(4) *Müller's Archiv*, 1855.

pos des yeux des *crustacés aveugles*, Newport avance que, dans l'*Astacus pellucidus* qui vit dans la caverne mammouthique, le pigment de la choroïde fait défaut.

Sur les *corps marginaux des méduses*, que l'on a pris tantôt pour des organes de la vue, tantôt pour des organes de l'ouïe, voyez l'analyse microscopique que Gegenbaur en a donnée dans les *Archives de Müller*, 1856. Il résulte de cette analyse que provisoirement on ne peut pas leur accorder une signification déterminée, puisqu'il existe des raisons soit en faveur d'un appareil sensitif, soit en faveur d'un organe excréteur.

Les *points oculaires des infusoires* (*Euglènes*, *Péridinies*, *Ophryoglènes*) ne se composent que « d'une accumulation de granules fins, à peine mesurables et fortement réfringents. » Il n'y existe pas de corps réfringent. Dans l'*Ophryoglena atra* et la *Bursaria flava*, Lieberkühn a découvert « un organe en verre de montre; » dans l'*Ophryoglena*, il est transparent, vitreux et situé à côté du point oculaire; mais il ne présente aucune trace de structure fibroïde plus avancée (1).

CHAPITRE XXI

DE L'ORGANE DE L'OUIE DE L'HOMME.

Oreille externe. — La *couche fondamentale cartilagineuse* de l'oreille externe et du conduit auditif est constituée par un fibro-cartilage, qui renferme généralement plus de cellules que de substance fondamentale réticulo-fibroïde; il arrive même que cette dernière est fréquemment réduite à un stroma peu abondant situé entre les cellules; c'est ce qui a lieu dans les parties les plus amincies du cartilage de l'oreille. Les *glandes* de la peau qui revêt ce cartilage sont très-développées à l'état de glandes sébacées dans le pavillon, tandis que les glandes sudorales y sont très-petites. Dans le tégument du conduit auditif externe, les glandes sudorales sont représentées par les *glandes cérumineuses* (voy. plus haut).

204. — *Oreille moyenne.* — La *membrane du tympan* se compose d'un tissu conjonctif résistant, dans lequel circulent des vaisseaux;

(1) *Müller's Archiv*, 1856.

à l'extérieur, elle est recouverte par un épiderme très-mince, et à l'intérieur, par un épithélium pavimenteux, non vibratile.

La *muqueuse* de la cavité du tympan ainsi que les cavités voisines possède un stratum inférieur conjonctif, riche en vaisseaux et en nerfs, et recouvert par un épithélium vibratile stratifié. L'épithélium des osselets ne vibre pas plus que celui du tympan. — Les *muscles* de l'oreille moyenne sont striés transversalement.

Le cartilage de la *trompe d'Eustache* représente par sa texture un état intermédiaire entre le cartilage hyalin et le fibro-cartilage.

Oreille interne. — Le *labyrinthe membraneux*, vestibule et canaux demi-circulaires, se compose d'un tissu conjonctif; du côté interne, ce tissu accuse une certaine mollesse et assez de ressemblance dans sa structure intime avec les faisceaux fibreux du stroma conjonctif de la choroïde; il renferme même ordinairement un peu de pigment brunâtre; du côté interne, il devient plus rigide en se transformant en une couche transparente homogène. La *lumière* est limitée par un épithélium pavimenteux, simple, et facile à détacher.

Les *otolithes* constituent le plus souvent de petites colonnettes prismatiques, pointues à leurs extrémités, et formées de calcaire carbonaté.

Dans le *limaçon*, la lame spirale membraneuse mérite quelque intérêt. On y distingue une portion mammelonée ou interne, et une portion lisse ou externe (la *zona denticulata* et *zona pectinata* des auteurs). La première, provenant directement du périoste de la lame spirale osseuse, se compose de tissu conjonctif résistant, et forme des saillies claires, oblongues, brillantes; d'après les recherches de Corti, elles forment les dents de la première rangée et elles sont de nature conjonctive. En allant vers le côté externe, on rencontre des cellules particulières qui, d'après Corti, portent le nom de dents de la seconde rangée; elles sont d'une toute autre nature que celles de la première. Kölliker les considère comme les terminaisons du nerf de la *cochlée*. Les fibres de l'*acoustique* pénètrent par les trous de la *lame spirale membraneuse*, de la *rampe tympanique* dans la *rampe vestibulaire*, pour se mettre en rapport avec les dents de la seconde rangée; celles-ci seraient, d'après cela, de véritables cellules ganglionnaires terminales baignées par le liquide labyrinthique.

205. — D'après les recherches que j'ai faites sur de jeunes chats, sur des chèvres et sur la taupe, je ne suis pas en état de confirmer les résultats de Kölliker, dans ce qui concerne la terminaison des nerfs acoustiques et l'organe de Corti; je devrais plutôt m'inscrire contre. Voici ce qui existe réellement.

Les *dents de la première rangée* sont des mamelons formés par le périoste conjonctif; dans l'intérieur des plus saillants s'élèvent de fines fibres élastiques qui, vues par le haut, semblent être coupées en travers et se présentent par conséquent sous la forme de points bien accentués. Au bord du talus formé par les grosses saillies en dents de peigne, se trouvent encore de petites saillies, qui présentent une disposition très-régulière ; les dépressions qui existent entre elles ont été considérées par Kölliker comme des trous par où passent les fibres nerveuses ; bien que je n'ai pas reconnu cette disposition, je ne suis pas en état de la contester directement. Chez de jeunes chats (encore aveugles) les dents de la première rangée se troublent quand on ajoute de l'acide acétique.

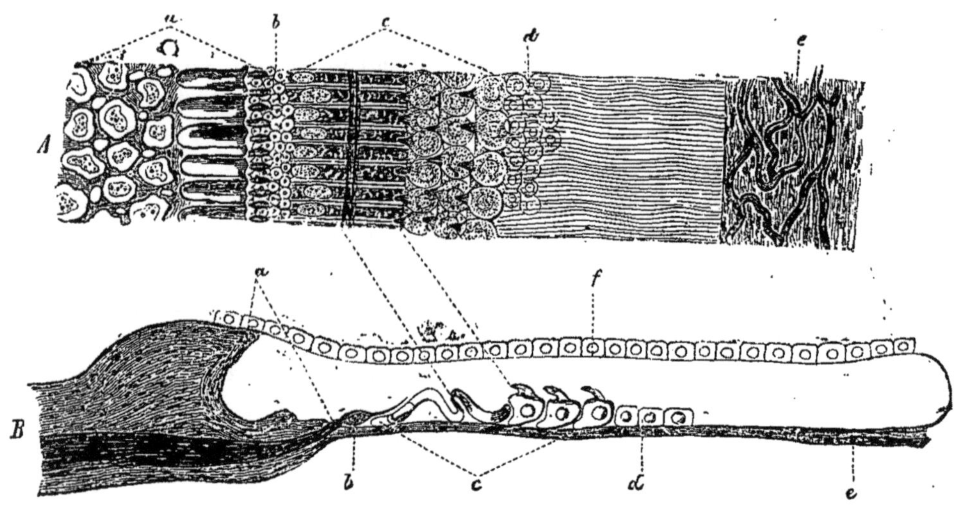

Fig. 140.

A. Face vestibulaire de la spirale membraneuse. — *a*. Dents de la première rangée. — *b*. Cellules fusiformes. — *c*. Dents de la première rangée. — *d*. Épithélium de la *Zona pectinata*. — *e*. Bandelettes vasculaires servant à soutenir la lame spirale.

B. Coupe perpendiculaire à travers la lame spirale. — *a*. Dents de la première rangée.— *b*. Cellules fusiformes (je les ai dessinées en rapport avec les fibres nerveuses, mais je n'ai pas vu le fait avec certitude). — *c*, *d*, *e*. Comme dans la fig. *A*. — *f*. Membrane avec son épithélium qui revêt la face vestibulaire de la lame spirale membraneuse.

Les *dents de la seconde rangée*, ou les terminaisons présumées des nerfs du limaçon, se détachent très-facilement des préparations qui ont été placées quelques jours dans l'alcali bichromique; ce sont des cellules d'une disposition et d'une forme déterminées. Les premières (en comptant à partir des dents de la première rangée) se présentent comme des cellules nucléaires comprimées et allongées en forme de bâtonnets; prises sur l'animal en vie, et examinées à l'eau sucrée, elles sont claires ; traitées par l'acide chromique, elles présentent une substance homogène corticale et une substance axile granuleuse. Ces cellules ne sont pas simplement placées en ligne droite, comme le représente la figure de Kölliker (*Gewebl.*, fig. 332); mais elles décrivent des courbes que suivent toutes les cellules placées les unes à côté des autres.

Ainsi chaque cellule présente deux courbures dirigées vers le haut et à faces opposées; entre les deux courbures se trouve un plan incliné vers le bas ; lorsqu'on regarde la cellule d'en haut et dans son ensemble, ce plan produit une bandelette à laquelle on attribuait à tort une division de la cellule en « deux articles ». Aux cellules torses se rattachent, tout à fait à l'extérieur, trois rangées de cellules (les *trois cellules cylindriques* de Corti, les cellules nerveuses pédiculées de Kölliker), que j'ai vues tout autres que les auteurs ne les représentent. Chaque cellule présente un court prolongement conique, sans être soudée avec lui ; au contraire ce prolongement est libre en avant et tourné vers le haut, semblablement à ce qui se passe dans ces cellules épithéliales qui se trouvent dans l'ampoule ; aussi je considère les terminaisons présumées des nerfs (dents de la seconde rangée de Corti), comme formant une *variété particulière d'épithélium;* leur aspect général à l'état frais, la manière dont elles se comportent avec l'acide acétique qui les trouble et leur donne des contours tranchés, sont identiques avec les phénomènes que présentent les couches épithéliales. A ces cellules à aiguillons sont contiguës les cellules épithéliales ordinaires de la *zona pectinata*.

Quant à ce qui concerne la *terminaison des nerfs du limaçon*, je dirai que les fibres de l'*acoustique* d'abord larges et à bords foncés, me paraissent devenir fines et pâles, après avoir été interrompues par des globules ganglionnaires ; leur terminaison se fait comme dans les ampoules : ainsi elles se perdent dans un amas de petites cellules, avec lesquelles elles semblent s'unir, de telle sorte cependant, qu'on aperçoit toujours au delà de la cellule et sur une certaine longueur un filament d'une finesse extrême.

En outre on aperçoit, à partir de l'*habenula sulcata* et en passant au-dessus des « dents de la première et de la deuxième rangée » une membrane conjonctive délicate de revêtement, laquelle porte un épithélium et quelques vaisseaux, et je vois en elle l'analogue de l'enveloppe sacciforme placée autour des saillies dans les ampoules (voy. plus bas). Sur la *lame spirale*, la zone pectinée est dépourvue de vaisseaux. Dans des préparations qui avaient été placées pendant huit jours dans l'alcali bichromique, les bandes de la zone pectinée avaient disparu ; la membrane était homogène, elle ne présentait que quelques stries peu étendues et entrecroisées, quelque chose d'analogue aux corpuscules cornéens. Une zone très-vasculaire est contiguë à la *zone pectinée;* c'est à cette zone qu'adhère la masse fibreuse par laquelle la lame spirale membraneuse touche la paroi du limaçon.

206. — Le labyrinthe naît par un refoulement en dedans du tégument externe, ainsi que Huschke l'a découvert le premier. Remak a indiqué que l'épithélium qui recouvre la vésicule labyrinthique provient du feuillet supérieur du blastoderme ; les parois membraneuses et osseuses sont fournies par le feuillet moyen. Quant au nerf de l'ouïe, on admet assez généralement qu'il émane du cerveau vers la vésicule labyrinthique ; cependant Remak a trouvé qu'il se détache toujours du feuillet moyen du blastoderme.

Les recherches de Corti sur l'organe de l'ouïe des mammifères sont le travail le plus important qui existe sur cette question. On peut consulter en outre Reissner (1) et Claudius (2). Pour expliquer les difficultés que présente l'examen histologique du limaçon, il suffit d'envisager les descriptions contradictoires qui en ont été données : chaque auteur a vu la chose autrement. Ainsi Reissner signale la présence de vaisseaux qui iraient de la lèvre supérieure de la *crête auditive* au bord externe du limaçon, tandis que Claudius (et il pourrait bien avoir raison) contredit ce fait. D'un autre côté, un grand nombre d'assertions de Claudius sur la structure du limaçon me paraissent erronées. D'après lui « la bande spirale membraneuse n'est pas une lame simple, supportant dans la rampe du vestibule l'organe de Corti; elle représente au contraire deux membranes parallèles, fermées partout du côté des deux rampes, et déterminant dans le limaçon un espace rempli de grosses cellules à minces parois; dans cet espace se trouve l'organe que Corti a décrit. Il m'a été impossible de voir « ce parenchyme formé de grosses cellules à minces parois », avec lequel l'espace en question est rempli. Quant à l'union des nerfs avec l'organe de Corti, Claudius n'est arrivé à rien de net ; il décrit « les bâtonnets » autrement que moi ; entre autres choses, il avance que « ces bâtonnets sont fixés à la *zone pectinée* par leur extrémité externe ». — En somme, il se passera encore quelque temps avant que ces points litigieux aient trouvé une solution définitive.

(1) *Z. Kentniss der Schnecke im Gehörorgan der Säugethiere und des Menschen*, in *Müller's Archiv*, 1854.

(2) *Bermerkungen über Bau d. häutigen Spiralleiste der Schnecke*, in *Zeitschr. f. wiss. Zool.*, 1855.

CHAPITRE XXII

DE L'ORGANE DE L'OUIE DES VERTÉBRÉS.

Oreille externe et oreille moyenne. — Au premier abord, la charpente cartilagineuse de la *conque* de l'oreille de plusieurs mammifères (rongeurs, chauve-souris,) présente l'aspect du tissu graisseux, parce que les cellules cartilagineuses renferment de grosses gouttelettes graisseuses, et ne sont séparées entre elles que par un minimum de substance fondamentale. Dans le bœuf et le chat, cette substance est fibreuse; le cartilage est en partie ossifié dans le castor et le cochon d'Inde. (Leuckart, Miram.)

207. — La *membrane du tympan* des *mammifères*, des *oiseaux* et probablement des *reptiles à écailles*, est exclusivement composée de tissu conjonctif et de fibres élastiques très-fines; elle porte, à l'intérieur, un épithélium et, à l'extérieur, un épiderme très-mince. Dans la *taupe*, dont la membrane tympanique peut être facilement examinée dans toute son étendue, on voit clairement que les réseaux élastiques cheminent dans deux directions principales, circulairement et suivant les rayons. Dans la *grenouille*, on aperçoit, tissés dans le tissu conjonctif, des muscles lisses radiés qui forment un anneau au bord de la membrane tympanique; à son milieu et au pourtour du lieu d'insertion du cartilage que l'on peut comparer au marteau, se trouvent des fibres élastiques qui, bien que ramifiées, cheminent dans une direction principale radiaire. Ici la couche musculaire est placée au bord externe, et les fibres élastiques lui sont antagonistes par leur disposition : les muscles tendent la membrane du tympan, et, pendant leur repos, les fibres élastiques ramènent la membrane à son degré d'extension ordinaire. Le tégument externe recouvre la membrane; quoique aminci, il conserve les saccules glandulaires devenus plus petits.

La *muqueuse de la caisse du tympan* possède un épithélium vibratile dans les mammifères, les oiseaux et les reptiles; mais le revêtement celluleux de la face interne de la membrane du tympan, ainsi que l'épithélium des osselets, n'est jamais vibratile. La *columelle* du *Falco tinnunculus*, par exemple, renferme un espace médullaire graisseux, la face externe de l'os est revêtue par un tissu conjonctif vasculaire, portant un épithélium qui n'est pas vibratile. Il en est de même de la *columelle* du lézard, avec cette particularité que les vaisseaux qui circulent dans l'intérieur de l'os sont pigmentés. Dans les osselets du chat, les vaisseaux sanguins sont faciles à voir. Au point d'insertion du marteau de la taupe, on aperçoit de jolis canaux de Havers, mais non des vaisseaux.

Le conduit auditif *externe* membraneux de la *Talpa* est soutenu par un cartilage spiral, décrivant plusieurs sinuosités (Hannover); et, bien que ce cartilage me paraisse ossifié jusque sur les bords, il présente plutôt le caractère d'une incrustation calcaire. Chez l'*Echidna*, le cartilage se décompose en anneaux isolés, reliés entre eux à l'aide d'une bandelette longitudinale ; chez les dauphins aussi, il se trouve des lames cartilagineuses de forme irrégulière situées dans un conduit auditif long et étroit.

Le *canal auriculaire* des raies, des squales et des chimères, s'ouvre sur le tégument externe, et se compose d'un tissu conjonctif qui renferme plus ou moins de pigment noir (il est très-fortement pigmenté dans le *Spinax niger*). La face interne est recouverte par un épithélium formé de longues cellules cylindriques, et l'âme du canal est pleine d'otolithes, dont la grosseur varie entre celle d'une molécule et celle d'un grumeau ; ils ont la forme de citrons, leur texture est stratifiée et ils ressemblent à des corpuscules glandulaires.

208.— *Oreille interne.*— Pour recevoir le *labyrinthe membraneux*, le cartilage hyalin forme, comme on le sait, dans les sélaciens, des conduits spacieux qui sont tapissés par les mêmes incrustations osseuses que celles que l'on trouve sur le reste de la cavité crânienne, et surtout sur la plupart des surfaces libres du squelette. Du périoste conjonctif qui recouvre les incrustations osseuses du conduit labyrinthique, partent des trabécules et des lamelles qui s'entrecroisent en tous sens, et se dirigent vers le labyrinthe membraneux pour le fixer. Les mailles de ce réseau conjonctif sont remplies de sérosité, et quelques vaisseaux sanguins cheminent sur les trabécules.

La substance conjonctive qui forme le labyrinthe membraneux, acquiert une grande épaisseur dans les vertébrés inférieurs, et notamment dans les poissons (sélaciens, esturgeons, etc.); à un examen superficiel, et par sa consistance et une certaine transparence, elle rappelle le cartilage; au microscope, on reconnaît en elle un tissu qui tient le milieu entre la substance conjonctive ordinaire et le cartilage hyalin. Sur l'esturgeon, et aussi sur les oiseaux, on aperçoit, après avoir employé une solution alcaline, des espaces clairs et étroits au milieu d'une substance homogène ; ces espaces sont tous parallèles suivant leur grand axe à la direction du canal, leur contenu est finement granuleux ; çà et là ils émettent des prolongements remarquables par lesquels ils paraissent se réunir. Dans le *pigeon*, on en voit beaucoup qui ont la forme étoilée; dans le *Polypterus* où la substance conjonctive du labyrinthe est assez épaisse, ces espaces ou corpuscules conjonctifs se rapprochent des cellules cartilagineuses, parce qu'ils sont ronds ou ovales, et par conséquent non ramifiés. Dans les petits batraciens (*Triton igneus*, *Bombinator*), ce tissu conjonctif des *canaux semi-circulaires* est presque complétement homogène; il renferme à peine quelques traces d'éléments celluleux. Du côté externe, le tissu conjonctif rigide, cartilaginoïde du *vestibule* et des *conduits semi-circulaires*, se perd dans une couche molle, gélatineuse, qui porte les vaisseaux, renferme du pigment (très-peu dans la *grenouille*, beaucoup dans le *bombinator* et la *salamandre*), et s'unit avec le réseau dont nous avons parlé précédemment. Dans les batraciens, le tissu conjonctif plus lâche renferme un peu de graisse autour des conduits.

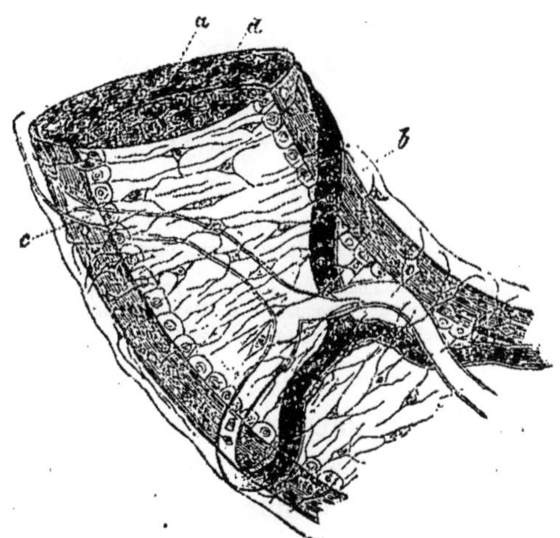

Fig. 141. — Fragment d'un canal demi-circulaire du pigeon. (Fort grossissement.)
a. Paroi cartilaginoïde. — *b*. Couche gélatineuse externe avec les vaisseaux sanguins *c*. — *d*. Epithélium interne.

209.— Si l'on examine des *ampoules* finement préparées et à l'abri de toute pression (même de celle de la plaque de recouvrement), et si l'on compare les préparations fraîches avec celles qui ont macéré quelque temps dans l'alcali bichromique, on aperçoit des rapports d'organisation inconnus jusqu'à ce jour. J'ai examiné les ampoules du *pigeon*, et la figure ci-contre est faite d'après nature. Elle montre que l'intérieur de l'ampoule ne renferme pas seulement la saillie qui porte la terminaison nerveuse, mais qu'il y existe encore *une membrane particulière*, laquelle, partant de la base de cette saillie, s'étale sur le bouton nerveux à la façon d'un capuchon. Le bouton nerveux paraît être en quelque sorte enfoui dans un deuxième sac situé dans l'intérieur de l'ampoule, de telle sorte qu'il reste un espace vide soit en haut, soit en bas, entre le sac et le bord de la saillie qui porte le nerf. Tandis qu'à l'intérieur du sac, l'épithélium présente la même structure et la même pâleur

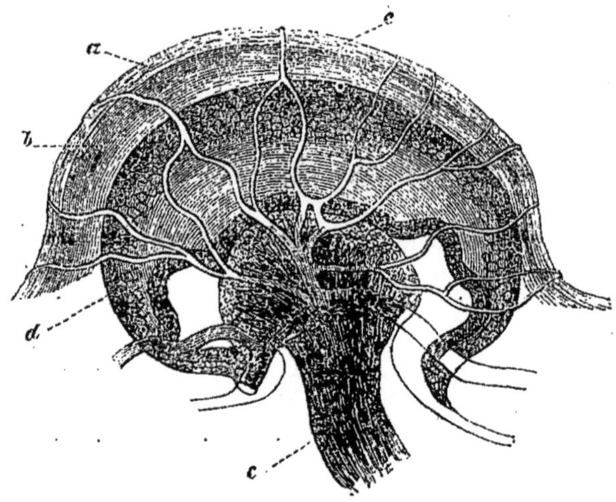

Fig. 142. — Ampoule du pigeon (après emploi d'alcali bichromique). Le grossissement est moindre que dans la fig. 141.

a. La paroi cartilaginoïde. — b. Lumière de l'ampoule, se continuant avec celle du conduit demi-circulaire. — c. Nerf de l'ampoule. — d. Enveloppe sacciforme de la saillie qui porte le nerf. — e. Développement des vaisseaux sanguins.

que dans l'intérieur des conduits semi-circulaires, il est rempli de granulations foncées dans l'intérieur du capuchon ; et, sur des préparations faites à l'acide chromique, j'ai vu que ces cellules se terminent, sur leur côté libre, par un prolongement en forme de peigne, lequel ressemble à un filament, vu de profil. J'ai observé aussi ces cellules et au même endroit dans le *coq de bruyère ;* nous en parlerons encore plus tard à propos du limaçon. Cette particularité que présentent l'épithélium, ainsi que l'ensemble de la formation que nous venons de décrire, est la même pour tous les vertébrés. Au moins, quant à l'épithélium, toutes les indications que j'ai données autrefois disent que dans les mammifères, les oiseaux, les reptiles et les poissons, les cellules présentent un contenu jaune granuleux au pourtour de la terminaison nerveuse, et que, par conséquent, elles diffèrent d'une manière notable de l'épithélium clair qui revêt les ampoules et les conduits. Dernièrement encore, j'ai vu sur l'ampoule d'une anguille, à laquelle j'avais coupé la tête (pendant qu'elle était en vie) que je plaçai dans l'alcali bichromique, j'ai vu, dis-je, que l'épithélium se termine par de longs prolongements filiformes dans le voisinage de la terminaison nerveuse ; on dirait des cils colossaux. Chaque cellule porte un cil.

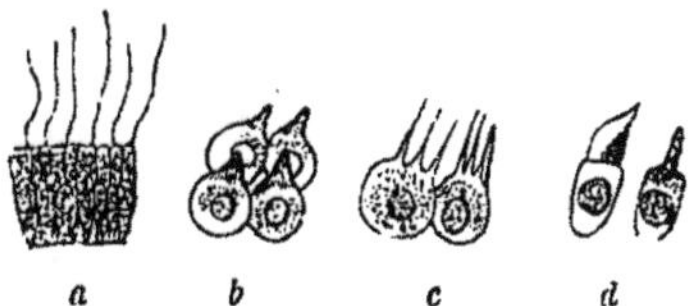

Fig. 143. — Cellules épithéliales de l'ampoule et du limaçon,

a. de l'ampoule de l'anguille, sur la saillie qui porte le nerf, — *b.* du limaçon du pigeon à l'état frais. — *c.* Le même objet sous un aspect différent, — *d.* après avoir séjourné quelques jours dans l'alcali bichromique. (Fort grossissement.)

Dans les *cyclostomes*, l'épithélium du labyrinthe vibre ; ce fait est unique parmi les vertébrés. Les cils dépassent en force tous les cils qu'on rencontre dans l'embranchement des vertébrés. Suivant Ecker, chaque cellule porte un cil dont la racine se bifurque. Si l'on traite par la soude ces cils après les avoir fait séjourner dans l'acide chromique, ils se dissocient en fibres rigides.

Le *nerf* qui arrive sur l'ampoule produit, ainsi que Steifensand (1835) l'avait bien décrit, un refoulement en dedans de la paroi de l'ampoule ainsi que la saillie dont nous avons parlé auparavant. Le tronc nerveux se divise à l'intérieur de la courbure en deux rameaux principaux, qui se dirigent des deux côtés en divergeant. Si l'on considère ce que deviennent les fibres primitives isolées, on constate qu'après avoir pâli, elles se terminent dans une masse de petites cellules, et je crois avoir vu que les fibres (ce que R. Wagner et Meissner avancent déjà pour les poissons) prennent une de ces petites cellules pour globule ganglionnaire ; mais elles paraissent les traverser pour aller se terminer en pointes. La saillie qui porte le nerf est traversée par un réseau sanguin très-épais.

210. — Le labyrinthe membraneux loge en certains endroits les *otolithes*, qui ne manquent jamais, et sont de forme et de grandeur très-variables. Ceux des mammifères et des oiseaux se présentent sous la forme de petits cristaux, ceux des amphibies sont plus gros en moyenne : ainsi les *otolithes* de la salamandre terrestre surpassent en grandeur dans leur plus grand développement ceux de la grenouille. Les otolithes de la tortue terrestre représentent exactement des corps stratifiés et en forme de citrons. Dans les sélaciens, on voit des otolithes punctiformes, ainsi que des corpuscules plus gros qui ressemblent à des citrons, et enfin des masses pelotonnées.

Dans une seule et même espèce d'animaux, on peut rencontrer (*Scymnus lichia*) différentes formes d'otolithes. Dans ce poisson, la forme prédominante consiste dans des lamelles quadrangulaires, formant par leur stratification des corps cubiques; on y rencontre en outre des corpuscules arrondis, et enfin des glandes avec des cristaux hastés. Dans les raies, les otolithes se présentent le plus fréquemment sous la forme de citrons ; mais on y trouve aussi des amas en forme de mûres. Lorsqu'on traite ces otolithes ellipsoïdaux par l'acide acétique, les sels calcaires s'en vont, et il reste une cellule ronde avec un noyau bien visible. Les otolithes sphériques et stratifiés de la chimère,

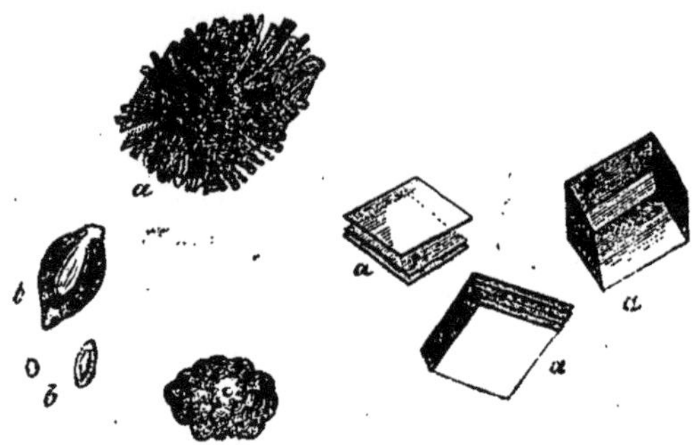

Fig. 144. — Quelques formes d'otolithes,
a. du *Scymnus lichia*, — b. de la *Raja batis*. (Fort grossissement.)

traités de la même manière, laissent pour résidu, après la disparition du sel calcaire, une masse organique qui présente les mêmes dimensions et la même stratification que l'otolithe intact. Les résidus organiques des otolithes des oiseaux (ainsi que je l'ai constaté sur le coq de bruyère, dont j'avais placé l'oreille dans une solution chromique pendant quelques jours) offrent quelque chose de particulier. Aux deux pôles de ces formations cristalloïdes, on aperçoit un dessin que je ne puis m'ex-

Fig. 145. — Otolithes du coq de bruyère après que le limaçon eut séjourné deux jours dans l'alcali bichromique. (Fort grossissement.)

pliquer et qui se continue vers l'intérieur; elles sont du reste, claires, lisses et sans noyaux. Les plus gros otolithes se trouvent dans les poissons osseux; ils ressemblent à des fragments de porcelaine à bords dentelés. — On a dit que les *cyclostomes* sont les seuls vertébrés dans lesquels on ne rencontre pas des otolithes. Ces animaux ne me paraissent pas faire exception : en effet, on observe dans le *Petromyzon*

Planeri de gros conglomérats qui sont des amas de particules calcaires arrondies, au milieu desquelles se trouvent disséminés des otolithes microscopiques qui simulent du « lait de chaux ». Max. Schultze qui a étudié le développement de ce poisson, parle aussi de « globules calcaires » et « d'otolithes » dans les embryons et dans les jeunes sujets de cet animal (1).

L'*endolymphe* claire et transparente du labyrinthe présente parfois dans les poissons la même consistance que la masse qui remplit les canaux muqueux ; elle peut, comme dans ces canaux, prendre le caractère d'une gélatine solide.

211. — Nous avons parlé plus haut de la structure histologique du *limaçon* des mammifères ; j'ai étendu mes observations à celui des *oiseaux* et des *reptiles*. Mon examen a porté sur le pigeon, la bécasse, le coq de bruyère et le canari ; toutefois les considérations qui vont suivre s'appuient, comme nous allons le voir, sur la dissection du pigeon.

Tout ce que l'œil, nu ou aidé de faibles grossissements, peut constater sur le limaçon de l'oiseau, se trouve depuis longtemps dans les travaux si consciencieux de Windischmann (1831) et de Huschke (1835).

Le *châssis cartilagineux* forme, dans les oiseaux susnommés, un anneau complet ; à son extrémité inférieure il s'élargit, se creuse comme une pantoufle, et constitue la couche fondamentale de ce qu'on appelle *lagena*. Il nous offre des particularités intéressantes. A l'état frais, sa substance fondamentale se présente avec des plis et des linéaments, au milieu desquels les cellules se montrent assez nombreuses et ramifiées, si l'on observe avec attention. Si l'on emploie une solution alcaline, la masse intercellulaire devient homogène et prend l'aspect d'un cartilage hyalin. En outre, le châssis paraît être traversé par de nombreux *vaisseaux sanguins*, dont on peut suivre les ramifications sans peine et superficiellement après avoir traité tout le cadre au pinceau et par une solution alcaline. Je constate qu'à chaque article du cadre (bécasse), un vaisseau pénètre dans le cartilage, et se résout immédiatement en plusieurs vaisseaux longitudinaux, qui vont former un réseau secondaire (Windischmann a donné, pour la poule, une autre description des vaisseaux). Dans le cartilage élargi de la *lagena*, on constate un épanouissement des vaisseaux sanguins.

Dans l'espace allongé qui se trouve entre les deux portions du châssis, se trouve tendue une *petite membrane délicate* qui, dans la préparation, se détache toujours d'un côté. Cette membrane a les propriétés de la

(1) *Sitzgsber. d. naturf., Ges. z. Halle, Sitz. z. 12. Mai* 1855.

zone pectinée des mammifères; elle est avasculaire, finement striée, et les noyaux arrondis qu'on aperçoit à la surface semblent appartenir à une membrane encore plus délicate, qui est appuyée sur la lamelle striée (j'ai fait la même observation sur la *zone pectinée* d'un jeune chat). A l'endroit où cette membrane striée touche le côté du châssis,

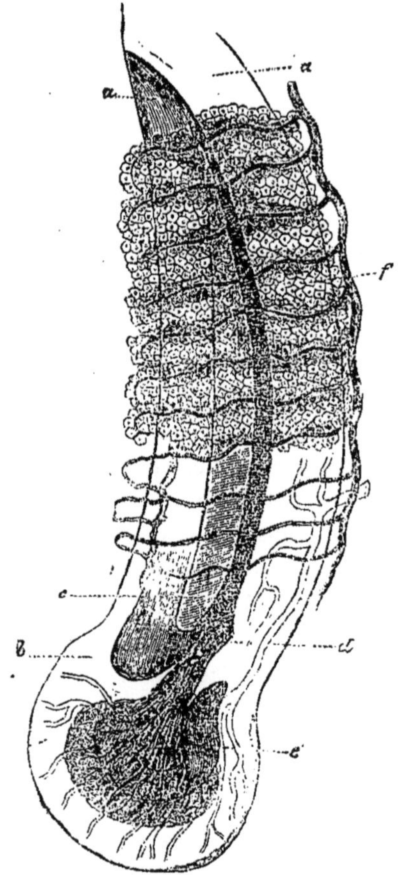

Fig. 146. — Limaçon du pigeon. (Grossissement modéré.)

a, *a*. Les deux châssis cartilagineux. — *b*. La *lagena* (*infundibulum*). — *c*. La lame spirale. — *d*. Le développement des nerfs. — *e*, Masses otolithiques. — *f*. Revêtement vasculaire situé au-dessus de la surface vestibulaire du châssis cartilagineux et de la lame spirale.

on trouve des *formations celluleuses particulières* de deux sortes. Les *unes* sont tout à fait analogues aux *cellules à aiguillon*, que nous avons décrites à propos des ampoules des oiseaux et du limaçon des mammifères : ce sont des cellules pâles, rondes ou cylindriques et qui, au premier aspect, se prolongent en pointe; cette pointe n'est en réalité que le profil d'une membrane mince qui revêt la cellule, et ce profil simule un cil épais. On est tenté de croire à la présence d'une membrane ondulante ; mais il m'a été impossible (même en examinant ces parties prises sur l'animal encore chaud, et baignées par l'*humeur aqueuse*) de constater le plus léger indice de motilité. Il est d'autant plus naturel de croire à la présence de cils, qu'après avoir séjourné un jour dans l'alcali bichromique, cette annexe membranoïde de la cellule se fragmente en trois ou quatre cils isolés (voy. la fig. 143 *d*). Ces cellules revêtent aussi l'infundibulum (*lagena*). Les *autres formations celluleuses* situées entre les deux branches du châssis cartilagineux sont les parties les plus délicates de l'organe de l'ouïe ; en effet, tandis que toutes les autres formations peuvent être conservées assez bien dans une préparation, celles-ci deviennent très-souvent méconnaissables, et malgré tous mes efforts, je ne suis pas arrivé à les obtenir avec netteté. A l'état frais (en se servant d'eau sucrée et sans employer la plaque de recouvrement), ces formations se présentent comme des cellules cylindriques, gélatineuses, extrêmement pâles; et sur des préparations à l'acide chromique elles semblent constituer une couche membranoïde. On voit alors à la surface de la membrane des interstices qui paraissent clairs et qui sont situés entre les parties qui la composent.

Le *nerf du limaçon* apparaît sur l'une des branches du châssis, pour se terminer sur lui et dans l'infundibulum. Je ne sais pas bien exactement si, dans les mammifères, le nerf cochléen quitte la lame spirale osseuse ; dans les oiseaux, il est bien certain qu'il ne va pas au delà du stratum cartilagineux ; car, après s'être développées en formant de riches plexus, ses fibrilles, devenues fines et pâles, atteignent le bord mince et homogène du cartilage, auquel est adjacente la lamelle striée ; les fibres arrivent finalement à un état de ténuité extrême, après avoir auparavant formé un petit renflement que je pourrais comparer à un globule ganglionnaire microscopique.

Au-dessus des branches du châssis cartilagineux, et de la membrane qu'elles soutendent avec ces corps celluleux s'élève, en formant une tente, une membrane que Windischmann appelle *membrane vasculaire*. Elle paraît disposée en plis transversaux nombreux et elle se compose d'un stratum conjonctif délicat portant les vaisseaux, et d'un épithélium (la *matière pulpeuse* de Windischmann) qui ressemble à celui des plexus choroïdes du cerveau : les cellules ont un contenu très-dense, jaune granuleux, et parfois elles renferment aussi de grosses gouttelettes graisseuses. Les vaisseaux sanguins de cette membrane sont en connexion avec ceux du châssis cartilagineux, et il importe de faire ressortir qu'à la pointe des dents que Huschke a découvertes sur la branche cartilagineuse qui enveloppe les terminaisons nerveuses, on voit toujours un vaisseau passer dans la *membrane vasculaire*.

Les *otolithes* de l'infundibulum (*lagena*) ne forment point des amas irréguliers, mais bien, comme l'indique la figure 146, une sorte de bande recourbée.

Si l'on compare la description microscopique du limaçon des *oiseaux* avec celle qu'on a donnée pour les *mammifères*, une grande analogie me paraît évidente. Les dents situées au bord de l'une des branches du châssis, un peu en arrière des terminaisons nerveuses, peuvent être comparées aux « dents de la première rangée » situées dans le limaçon des mammifères ; les cellules gélatineuses correspondent peut-être aux cellules à courbures opposées, et celles qui présentent un appendice membranoïde, sont les mêmes que celles qui ont été décrites plus haut à propos des mammifères. La tente formée par la *membrane vasculaire* trouve son équivalent dans la membrane connue déjà de Corti, et qui recouvre l'*habenula denticulata*.

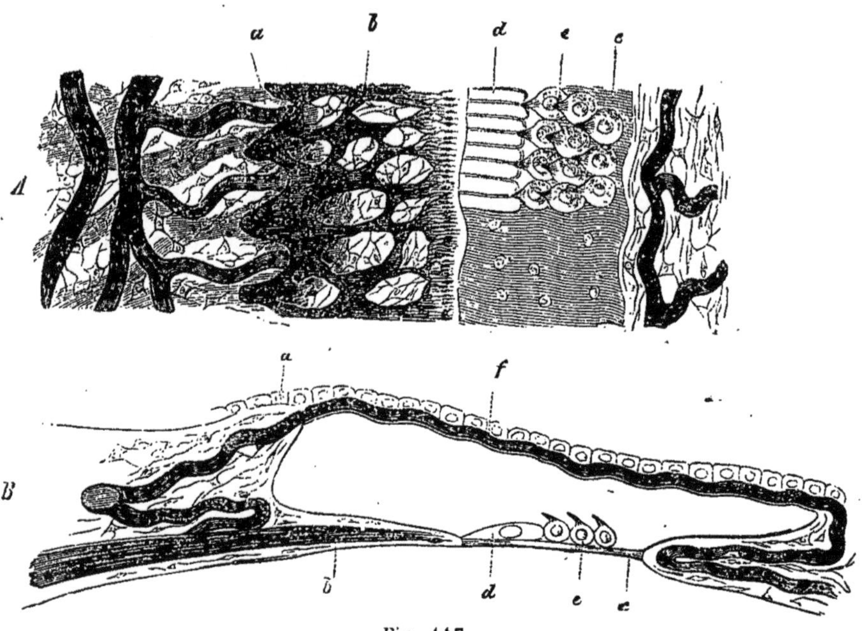

Fig. 147.

A. Face vestibulaire de la lame spirale avec le châssis cartilagineux du pigeon.

B. La lame spirale et le cartilage coupés verticalement. — *a*. Les dents du cartilage interne. — *b*. Les plexus terminaux du nerf cochléen. — *c*. Zone pectinée. — *d*. Les cellules gélatineuses. — *e*. Les cellules à aiguillons. (Ces deux espèces de cellules correspondent ensemble à l'organe de Corti.) — *f*. Membrane vasculaire.

212. — Le *limaçon* de la *Lacerta agilis* est très-difficile à observer à

cause de sa petitesse, relativement à la situation topographique des parties qui le composent. La description que Windischmann en a donnée (à propos de la *Lacerta ocellata*) est la seule qui existe, et c'est pour cela que je donne la figure 148. Le limaçon renferme un châssis *cartilagineux* interne, jaunâtre, et formant un anneau ovale ; ce châssis, comme cela a lieu dans les oiseaux, est parcouru par des vaisseaux sanguins. Entre ses branches, est tendue une *zone striée;* cette zone n'est pas close, mais bien perforée, et comme l'anneau cartilagineux paraît être simplement posé en travers, la cavité située devant le châssis doit communi-

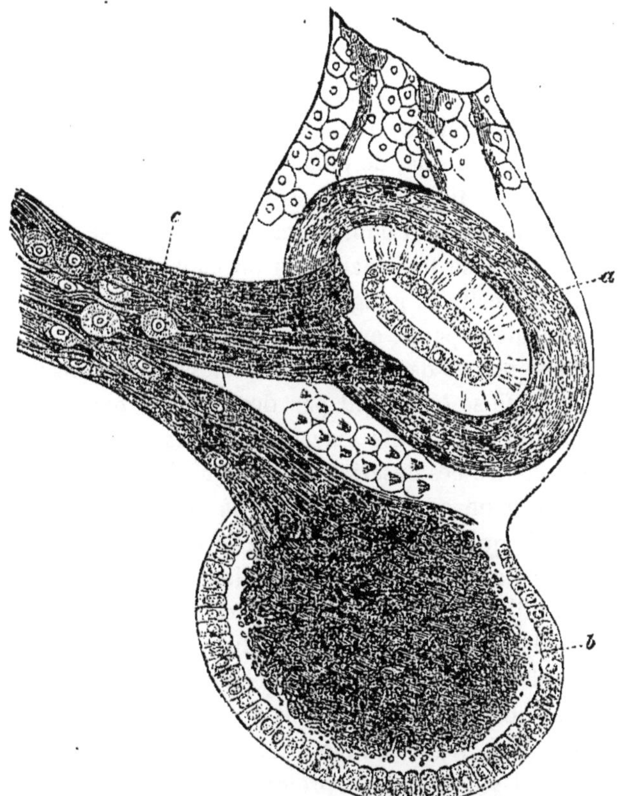

Fig. 148. — Limaçon de la *Lacerta agilis*.

a. Châssis cartilagineux. — *b*. L'*infundibulum* (*lagena*) avec la masse otolithique. *c*. Le nerf.

quer avec celle qui se trouve derrière lui par l'ouverture de la lamelle striée. L'épithélium de l'infundibulum (*lagena*), où s'accumulent les otolithes, présente un contenu granuleux, et même, suivant moi, de petits prolongements aculéiformes. Dans le voisinage du châssis, ce contenu cellulaire est encore granuleux, mais il n'est cependant pas le même que dans l'infundibulum ; dans le reste de la paroi cochléenne, l'épithélium est pâle et très-délicat. Les fibres du *nerf cochléen* se séparent en formant deux rameaux principaux, après avoir été interrompues par des globules ganglionnaires bipolaires ; l'un de ces deux rameaux se rend à l'infundibulum, et l'autre au châssis où il se bifurque en s'infléchissant autour de l'anneau. Je ne sais pas encore où et comment ces fibres se terminent.

Comme on a contesté jusqu'à présent l'existence d'un limaçon dans les *batraciens*, je ne puis m'empêcher de mentionner que j'ai reconnu dans la *Rana* et le *Bombinator* une formation analogue au châssis, et sur laquelle je voudrais attirer l'attention.

212. — Quant au *nerf acoustique*, nous ferons encore remarquer que, chez tous les vertébrés, il renferme dans son tronc des cellules ganglionnaires bipolaires, que, de plus, arrivé dans le labyrinthe, il forme des plexus dont les fibrilles se divisent à leur tour (la grenouille, l'esturgeon et la chimère sont dans ce cas), pâlissent, se retrécissent considérablement pour se terminer enfin probablement et d'une manière générale, par des cellules ganglionnaires, de telle sorte cependant que la pointe terminale apparaît encore au delà de la cellule ganglionnaire.

Un grand nombre de descriptions et de dessins anciens indiquent que les nerfs de l'ouïe se terminent par des *boucles terminales* à double contour. Dans mes différents travaux sur l'*histologie des poissons*, je me suis élevé contre ces descriptions, et j'ai dit expressément que les fibrilles nerveuses ne se terminent pas là où se trouvent les boucles apparentes, mais qu'elles vont au delà à l'état de fibres pâles, très-fines, dont je n'ai jamais pu atteindre la terminaison propre. R. Wagner a montré que les fibrilles terminales du nerf acoustique se perdent dans des amas de globules ganglionnaires situés à l'extrémité des fibrilles, comme des poires sur leur pédicule (*Götting, Nachr*, 1853). D'après des recherches qui sont de date plus récente que celles que j'ai mentionnées au § 180, il me semble que, du côté du globule ganglionnaire terminal, il y a encore un prolongement fibroïde.

L'observation du *limaçon* des oiseaux et des classes inférieures des vertébrés, présente beaucoup d'incertitudes, surtout s'il s'agit de découvrir la disposition des parties élémentaires ; elle demande beaucoup de temps et de travail. A propos de la lame spirale du limaçon des oiseaux, Claudius (*loc. cit.*) déclare qu'il n'a rien trouvé qui puisse ressembler à l'organe de Corti ; cette opinion trouverait, jusqu'à un certain point, sa justification dans ce qui précède.

CHAPITRE XXIII

DE L'OREILLE DES INVERTÉBRÉS.

Oreille des mollusques. — L'organe de l'ouïe des *vers* et des *mollusques*, présente la structure d'une vésicule renfermant des otolithes; cette vésicule repose sur les centres nerveux ou bien elle est située à l'extrémité du nerf de l'ouïe. Lorsque l'organe acquiert des dimensions telles qu'on peut l'analyser plus complétement, on distingue parmi les parties constitutives de la vésicule, la substance conjonctive, les cellules épithéliales, une masse liquide de remplissage et les otolithes. La *substance conjonctive* forme la charpente de l'organe; elle est stratifiée dans le *Cyclas cornea* et elle renferme des noyaux disposés concentriquement; du côté interne elle se termine probablement et d'une manière générale par une bordure limite plus forte, on pourrait dire par une *tunica propria*. Dans la *Paludina vivipara*, le tissu conjonctif interne et moins dense de la vésicule auriculaire se compose de grosses cellules claires, lesquelles constituent, du reste, une grande partie du tissu conjonctif de cet animal; des sels calcaires se sont déposés dans plusieurs de ces cellules, et il n'est pas rare de rencontrer dans cette couche d'enveloppe un pigment noir disséminé (la *Cymbulia* est dans le même cas). — L'*épithélium* qui revêt la face interne de la vésicule auriculaire, se

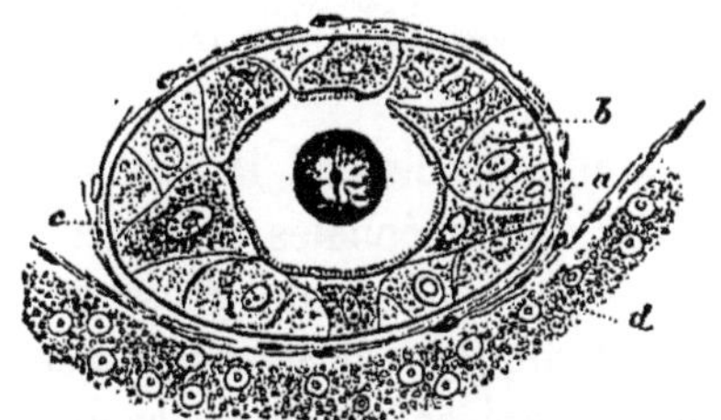

Fig. 149. — Organe de l'ouïe du *Cyclas cornea*, après avoir été traité par l'acide acétique et à un fort grossissement.

a. L'enveloppe conjonctive. — *b.* Sa limite du côté interne (*tunica propria*) — *c.* Cellules vibratiles. — *d.* Bord du ganglion sur lequel est placé l'organe de l'ouïe.

compose, soit de petites cellules (*Paludina vivipara*), soit de cellules grosses, larges et remplies de granulations pâles (*Cyclas*, *Helix*, *Ancylus*). Dans d'autres cas, ces cellules ont une forme cylindrique, et dans l'*Unio* et l'*Anodonta*, elles sont étroites et remplies de granulations jaunâtres. Dans les *Carinaria*, *Pterotrachea*, *Firola*, le plus grand nombre des cellules paraissent plates, ou bien elles font peu de saillie dans l'intérieur de la vésicule; d'autres cellules ressemblent à des papilles. En outre, les cellules épithéliales paraissent être dépourvues de cils (je n'ai pu en découvrir au moins sur la *Paludina*) ou bien, ce qui est plus fréquent, il existe des cils vibratiles, lesquels se dédoublent en cils plus fins (*Cyclas*, najades, gastéropodes) ou bien en soies assez fortes (hétéropodes). Dans l'*Atlanta*, chaque cellule se termine par quelques cils roides et longs; dans les *Carinaria*, *Pteotrachea*, *Firola*, les cils n'existent que sur les cellules papilliformes. L'épithélium de la vésicule auriculaire des céphalopodes est aussi vibratile.

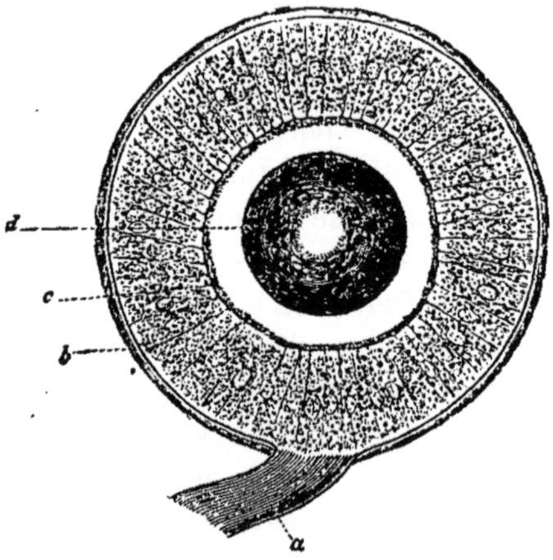

Fig. 150. — Organe auditif de l'*Unio*. (Fort grossissement.)
a. Le nerf. — *b*. La membrane conjonctive de la vésicule auriculaire. — *c*. Cellules vibratiles. — *d*. L'otolithe.

214. — Dans le liquide qui distend la vésicule, se meuvent les *otolithes*. Les hétéropodes, les acéphales et les turbellariés ont un seul otolithe, qui représente un globule de grosseur variable, vitreux ou légèrement jaunâtre, et composé de sels unis à une couche fondamentale organique. L'otolithe présente d'ordinaire des stries concentriques, et quelquefois il existe, en outre, un linéolé radiaire. L'otolithe simple de quelques turbellariés (les *Monocolis*) présente deux tubercules latéraux. La vésicule des acalèphes (?), des annélides (*Arenicola*, *Amphicora*), des gastéropodes et des ptéropodes enveloppe de nombreux petits cristaux otolithiques (dans la *Cymbulia*, ces cristaux forment un amas ressemblant à une mûre). Dans les céphalopodes, les prismes calcaires sont réunis en un seul otolithe dont les contours varient beaucoup et représentent le plus souvent un corpuscule de forme irrégulière.

215. — J'ai cherché dans la *Paludina* et dans la *Carinaria* comment se termine le *nerf de l'ouïe* dans la vésicule; mais je ne suis pas arrivé à

discerner les parties élémentaires spécifiques. Le nerf présente un névrilème homogène qui passe immédiatement dans la membrane conjonc-

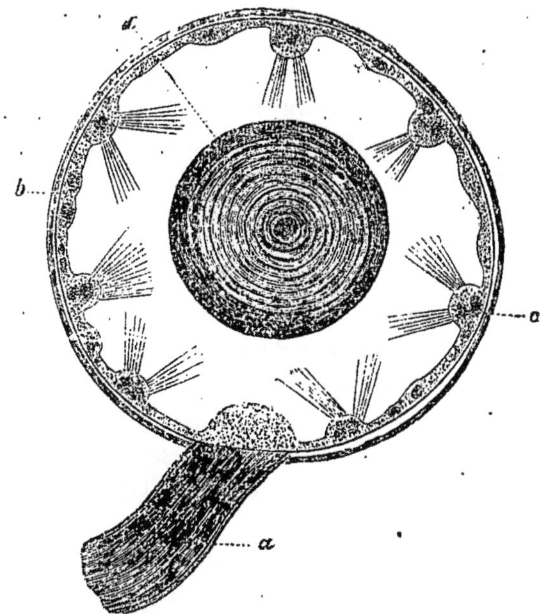

Fig. 151. — Organe de l'ouïe de la *Carinaria*.

a. Le nerf. — *b*. L'épithélium. — *c*. Les papilles avec leurs cils vibratiles. — *d*. L'otolithe.

tive externe de la vésicule; le contenu du nerf est une substance finement granuleuse, et si, dans une bonne situation de l'objet, on place le foyer sur l'extrémité interne du nerf, dans l'intérieur de la vésicule, on n'aperçoit qu'une matière pulvérulente terminale. Gegenbaur n'en a pas vu davantage; cependant, il remarque que l'extrémité finement granuleuse du nerf forme saillie dans l'intérieur de la vésicule, ce qu'on peut voir aussi sur le dessin que j'en ai donné autrefois. Enfin, mentionnons la présence d'*éléments musculaires* dans l'organe de l'ouïe. Dans la *Paludina vivipara*, il se détache de la musculature du pied plusieurs faisceaux qui s'enlacent autour de la capsule auriculaire; d'après Leuckart, on rencontre aussi des filaments musculaires dans l'organe de l'ouïe de la *Firola*.

216. — *Oreille des crustacés.* — Dans la grande division des *arthropodes*, on ne connaît encore que l'organe de l'ouïe d'un certain nombre de crustacés et de quelques espèces d'insectes. L'oreille des *crustacés* se trouve normalement à l'article basique des antennes internes, et elle se présente, soit comme un refoulement vésiculoïde de la peau, de telle sorte que la vésicule est en rapport avec le monde extérieur par une petite fente (*Astacus*, *Palinurus*, *Pagurus*, etc.), ou bien cette vésicule reste close (*Leucifer*, *Mastigopus*, *Hippolyte*). Quant à la structure intime, la paroi de la vésicule paraît être représentée par une membrane chitinisée homogène (sans épithélium); lorsque la vésicule reste ouverte, et comme elle est un refoulement en dedans du tégument externe, elle peut présenter, à son orifice, une garniture de poils comme on en trouve en beaucoup d'autres endroits du squelette cutané (*Astacus*). Dans une vésicule close, l'*otolithe* est un corpuscule unique, arrondi, vitreux, sans stries concentriques ou radiées (*Mastigopus*); dans l'*Hippolyte*, la surface de l'otolithe n'est pas lisse, elle est parcourue par de nombreux sillons qui s'entrecroisent en pénétrant dans la substance de l'otolithe comme de légères déchirures. Comme il est facile par la pression de dissocier ces otolithes en amas de granulations de grosseur variable, ces formations établissent une transition aux otolithes des vésicules ouvertes, lesquels représentent ordinairement des amas de petits corpuscules calcaires. On ne sait encore rien sur les *nerfs* qui vont du cerveau à l'oreille (1).

217. — *Oreille des insectes.* — L'organe de l'ouïe des *sauterelles* et des *grillons* est construit d'après un tout autre type que celui des autres invertébrés; ces insectes sont les seuls pour lesquels nous connaissions l'oreille avec certitude. Dans les *Acridides*, l'organe de l'ouïe se trouve à la partie postérieure du thorax, des deux côtés et au-dessus de l'origine, de la dernière paire de pattes. Le tégument externe forme ici un *anneau résistant* dans lequel se trouve tendue une *membrane tympanoïde;* tous les deux appartiennent par conséquent à la substance conjonctive chitinisée. Au côté interne du tympan s'élève une paire de *saillies* de forme caractéristique. La première, supérieure, plus petite, représente un bouton triangulaire avec la pointe dirigée vers le bas. On dirait qu'il est linéolé et traversé par des pores nombreux et punctiformes. La seconde, inférieure et plus grosse, représente une sorte d'ardillon oblique, recourbé à angle droit, dont l'un des bras, mince tout d'abord, s'épaissit en se bombant vers l'intérieur, ses canaux poreux sont larges et nombreux, et il résulte de là un bourrelet épais, à la forme duquel contribue aussi l'autre bras de l'ardillon qui se creuse

(1) Au point de vue histologique, on peut avoir quelques doutes sur l'*oreille* de l'écrevisse (dans l'article basique des antennes). Il ne m'est pas encore arrivé d'apercevoir quelque chose des éléments spécifiques; la cavité est limitée par une membrane chitinisée poreuse et les otolithes produisent l'impression de petites pierres venues du dehors. Avec eux on trouve, dans l'intérieur de la *cavité auriculaire*, toutes sortes d'autres détritus, des carapaces de baccilariés, de naviculaires, etc. (*Note de l'auteur.*)

d'une cavité large en forme de gouttière. Ce bourrelet unissant présente des cavités alvéolaires qui sont, les unes closes et remplies d'air, les autres ouvertes vers l'intérieur. Le *nerf acoustique* qui sort du troisième ganglion thoracique se renfle, en se rapprochant de la tête

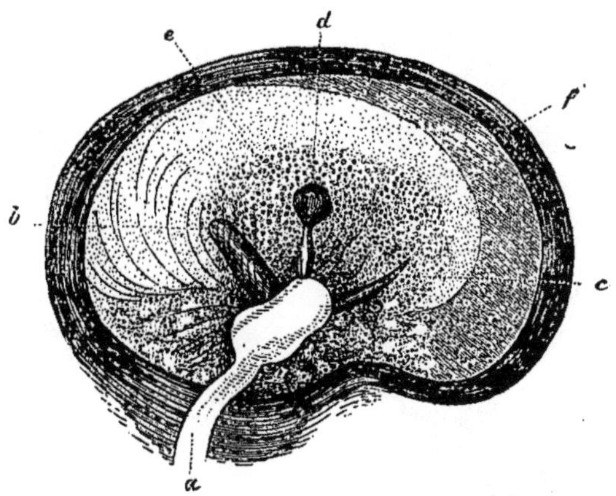

Fig. 152. — Organe de l'ouïe d'une sauterelle (*Acridium cœrulescens*) vu de l'intérieur et à un faible grossissement.

a. Le nerf acoustique terminé par un ganglion. — *b*, *c*, *d*. Trois saillies épineuses situées à la surface du tympan *e*, à l'endroit où se trouvent l'insertion et la terminaison du nerf auditif. — *f*. Châssis corné de la membrane du tympan.

de l'ardillon, et forme un ganglion qui est un peu pigmenté (*Acridium cœrulescens*). Le nerf de l'ouïe et son ganglion ont une enveloppe homogène pourvue de quelques noyaux ; le contenu du nerf est une substance moléculaire qui renferme, dans l'intérieur du ganglion, des vésicules grosses et petites d'un aspect vitreux ; on rencontre aussi des noyaux dans les parties non pigmentées du ganglion. L'extrémité antérieure et non colorée du ganglion présente une structure remarquable.

Ainsi elle accuse, même dans les lignes les plus délicates, un aspect tel qu'il semblerait que les molécules nerveuses se sont assemblées pour former certaines masses en forme de cordons, et chacune de ces masses, comme le montrerait le bord libre, serait entourée partout d'une gaîne très-fine. A l'extrémité un peu renflée de ces cordons ou plutôt de ces utricules, on aperçoit une *formation bâtonnoïde*, sur laquelle on distingue une extrémité antérieure, en forme de capuchon, se détachant sur le bâtonnet conique. Celui-ci paraît être creux, car sa paroi fait quelques saillies vers l'intérieur et son extrémité inférieure se termine par une pointe fine que l'on peut suivre dans une certaine étendue au milieu de la masse moléculaire, jusqu'à ce que devenant elle-même moléculaire, elle se confonde avec la masse ponctuée environnante. Le nombre de ces bâtonnets est de vingt à trente dans chaque ganglion ; ces espaces aréolaires que nous avons signalés sur l'épanouissement en forme de bouton de la membrane du tympan servent à recevoir les terminaisons utriculaires et les bâtonnets du ganglion.

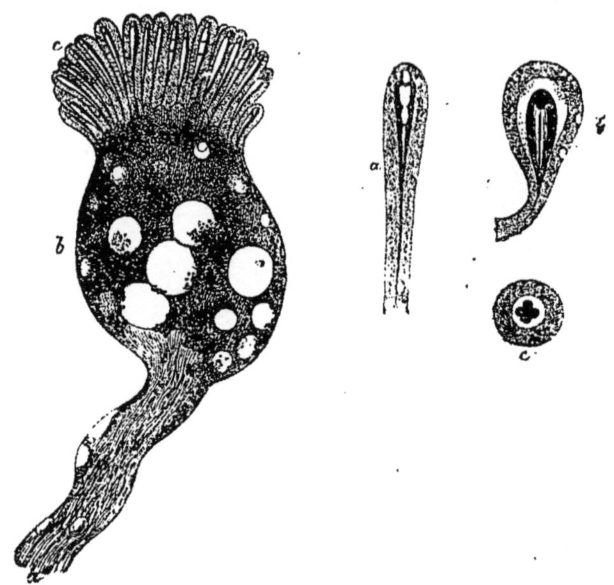

Fig. 153. — Le ganglion acoustique isolé. (Fort grossissement.)

a. Nerf de l'ouïe. — b. Son renflement en partie pigmenté. — c. Terminaison du nerf auditif avec ses formations particulières bâtonnoïdes.

Ces mêmes bâtonnets encore plus grossis.

a. De l'*Acridium* : il est placé dans un utricule nerveux, finement granuleux. — b. De la *Locusta viridissima* : il se présente ici, pour se servir d'une comparaison, comme le noyau d'un utricule nerveux élargi en forme de vésicule. — c. Ce même noyau vu d'en haut : il paraît être formé de quatre pans.

Une *grosse vésicule trachéenne* se trouve dans un certain rapport avec l'organe de l'ouïe; par sa partie qui est tournée du côté de la membrane du tympan, elle se soude avec cette membrane presque jusqu'à l'endroit où le ganglion de l'*acoustique* s'applique contre le bouton corné. Le nerf de l'ouïe se trouve donc placé entre le tympan et la paroi externe de cette vésicule trachéenne. L'espace correspondant est en outre un prolongement immédiat de la cavité du corps, et il présente comme celui-ci une couche cutanée, non chitinisée, molle et renfermant des noyaux avec un pigment brunâtre.

218. — L'organe de l'ouïe des *locustides* et des *achetides* est abrité, dans les palettes antérieures, contre l'articulation du genou. La peau forme ici une cavité, qui est fermée en avant par une espèce de tympan; le tronc trachéen principal de la palette antérieure s'élargit en cet

endroit en formant une vésicule sur laquelle le ganglion du nerf de l'ouïe descend. On arrive ici à des résultats histologiques conformes à ceux que nous avons trouvés pour les acridides : les divisions du ganglion décrites plus haut comme des utricules nerveux se terminent dans des vésicules bien visibles qui sont disposées en plusieurs séries parallèles le long de la vésicule trachéenne; elles diminuent de grosseur de haut en bas. Au milieu de chaque vésicule terminale de l'utricule nerveux, on voit briller un bâtonnet claviforme, à quatre pans, et entouré d'un espace clair. L'extrémité en forme de capuchon du bâtonnet est régulièrement quadrilobée, ce qui est en harmonie avec les quatre pans latéraux. Les éléments bâtonnoïdes se comportent de la même manière dans le grillon des champs (*Acheta campestris*) dont le ganglion auditif est assez fortement pigmenté en brun.

Leuckart (1), Gegenbaur (2) et Leydig (3), se sont occupés de la structure intime de l'organe de l'ouïe des *mollusques*. Sur cet organe dans les *crustacés*, voyez Leuckart (4) ; dans les *insectes*, voyez de Siebold (5); Leydig (6). Comme la préparation de l'organe de l'ouïe des locustides n'est pas facile, je recommanderai, d'après une expérience récente, d'employer des espèces délicates de *Locusta*, où l'on peut voir assez facilement et dans son ensemble l'organe en question. On détache tout le membre et on l'examine en différentes situations ; la peau est assez transparente pour qu'on puisse reconnaître les vésicules terminales et limpides du nerf ainsi que les bâtonnets.

CHAPITRE XXIV

DU CANAL DE NUTRITION DE L'HOMME.

Bouche et arrière-bouche. — Les *organes de la digestion* forment des cavités et des canaux que l'on doit considérer comme des refoulements en dedans de la surface du corps et qui comprennent la bouche et le pharynx, l'estomac et l'intestin.

(1) *Zoolog. Untersuch.*, 1854, *Heteropoden.*

(2) *Pteropoden und Heteropoden*, 1855.

(3) *Paludina, Zeitsch. f. w. Z.*, 1859, *Carinaria, Firola, ibid.* 1851. *Cyclus. Najaden, Müll. Arch.*, 1855.

(4) *Archiv f. Naturg.*, 1853.

(5) *Ibid.*, 1844.

(6) *Müller's Archiv*, 1855.

La *paroi de la cavité buccale* est formée par une muqueuse assez épaisse qui n'est autre chose qu'un prolongement immédiat du tégument externe ; elle se compose par conséquent comme lui d'une couche inférieure conjonctive (*corium* de la muqueuse) et d'une couche supérieure celluleuse (*épithélium*).

Le *stratum fondamental conjonctif* qui renferme de nombreux réseaux de fibres élastiques ainsi que l'épanouissement des vaisseaux et des nerfs destinés à la *muqueuse*, présente une épaisseur qui varie suivant les localités. Sa face libre est recouverte de papilles, tandis que dans le sens de la profondeur, le stratum adhère avec plus ou moins de force aux parties voisines osseuses ou musculaires. Les cellules de la surface constituent un *épithélium pavimenteux stratifié;* les plus inférieures sont allongées et placées de champ sur le corion ; du côté de l'extérieur, elles grossissent en s'aplatissant, de telle sorte que les plus supérieures représentent de grosses lamelles cornées renfermant un ou plusieurs noyaux. Par les mouvements que nécessitent la parole et la mastication, les cellules les plus extérieures se détachent et flottent librement dans le liquide buccal.

Glandes. — La muqueuse de la cavité de la bouche renferme un grand nombre de *glandes muqueuses;* lorsqu'elles s'accumulent en certaines régions, elles constituent les glandes des lèvres, des joues, du palais et de la langue. Elles appartiennent aux acini ; leur *tunica propria* est un prolongement immédiat du corion de la muqueuse, et leurs cellules de sécrétion sont en connexion avec la couche épithéliale. On peut ajouter que les *glandes salivaires* (glandes parotide, sous-maxillaire, sublinguale) ne diffèrent pas par leur structure des glandes muqueuses ordinaires ; elles ne sont que ces glandes mêmes avec un développement considérable. Cependant la sécrétion de la *parotide* est claire et fluide, sans matière muqueuse, tandis que celle des deux autres glandes en renferme. Les conduits excréteurs des glandes muqueuses se composent d'un tissu conjonctif renfermant des fibres élastiques ; le *canal de Warthon* contient seul des muscles lisses dans ses parois.

219. — On rencontre encore dans la cavité buccale une deuxième sorte de formations glandulaires, c'est-à-dire les *follicules sébacés* (1) de la racine de la langue et les *amygdales*, qui paraissent avoir une structure tout autre que celle des glandes précédentes : morphologiquement, elles se rapprochent des glandes lymphatiques. Le tissu conjonctif de

(1) Dans ces derniers temps, Böttcher a soutenu que ces follicules sont des produits pathologiques ; mais Luschka et W. Krause ont combattu cette opinion. Nous reviendrons sur ce sujet à propos des amygdales des mammifères.

la muqueuse forme des capsules closes ou follicules, qui constituent des amas, soit considérables (amygdales) soit de faibles dimensions (follicules de la racine de la langue). La paroi capsulaire forme de son côté un réseau délicat, chargé de conduire vers l'intérieur les vaisseaux sanguins de l'enveloppe. Le contenu propre, gris blanchâtre, des follicules est formé par de petites cellules et par un peu de sérosité. Cette description appartient à Kölliker. Huxley cependant ne trouvait pas les follicules clos sur les sillons de la muqueuse ; et, suivant Sappey, ils doivent être rangés parmi les glandes acineuses. Remarquons encore ici que, d'après mes observations, les *tonsilles des oiseaux* sont des glandes ouvertes et sacciformes, qui ne se distinguent en rien des autres glandes muqueuses de la cavité buccale ; elles sont seulement plus développées et plus serrées les unes à côté des autres.

220. — La musculature de la *langue*, dont la description appartient à l'anatomie descriptive, est striée en travers. Donders a observé la division des faisceaux, et, à peu de distance de la pointe, il a vu sur les bords de l'organe les muscles pénétrer dans la base des papilles.

221. — Le *cartilage lingual*, qui forme au milieu de la langue une lame placée dans le sens de la longueur, n'est pas du cartilage proprement dit, mais bien du tissu conjonctif très-dense. A la forme dorsale de la langue, la muqueuse forme une grande quantité de papilles : ce sont les *tubercules du goût*, que l'on a divisés suivant leur forme en papilles *filiformes* ou *coniques*, *fongiformes* ou *claviformes*, *lenticulaires* ou de *circonvallation*.

Papilles de la langue. — Les *papilles filiformes* se trouvent presque toutes situées dans la partie antérieure et sur les bords de la face dorsale de la langue ; la partie de cet organe qui appartient à la substance conjonctive de la muqueuse est conique, et forme le plus souvent à la pointe des élévations ou petites papilles, que recouvre une couche épithéliale épaisse, laquelle présente ceci de particulier, qu'à l'extrémité libre des papilles elle offre de nombreux prolongements, semblables à des cils. Todd et Bowmann ont les premiers attiré l'attention sur ce fait.

Les papilles *fongiformes* se trouvent de distance en distance entre les précédentes ; toutefois, elles s'accumulent aussi à la pointe, où elles sont très-serrées. Leur partie conjonctive a la forme d'une massue ; elles se recouvrent souvent de petites papilles secondaires. L'épithélium de ces papilles ne présente pas de prolongements ciliés ; il a la même structure que l'épithélium ordinaire de la cavité buccale.

Les papilles *lenticulaires* (*circumvallatæ*) représentent des papilles fongiformes moyennes, un peu talutées et pourvues de papilles secondaires; elles sont entourées par une espèce de rempart que forme la muqueuse elle-même.

Toutes les papilles renferment des *vaisseaux* et des *nerfs*. Dans

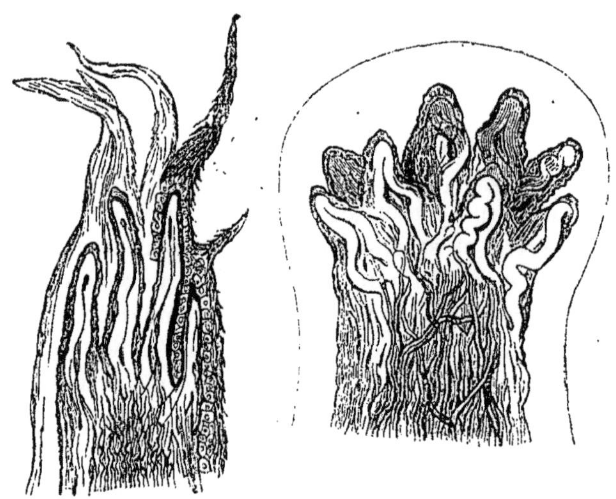

Fig. 154. — Papilles de la cavité buccale.

La papille de gauche représente une *papille filiforme;* la pointe est formée par quatre papilles secondaires; et la couche épithéliale qui est au-dessus émet des prolongements piliformes.

La papille de droite est une papille fongiforme avec huit papilles secondaires; la ligne courbe placée au-dessus représente la limite de l'épithélium qui n'est pas figuré.

chacune d'elles, on voit une artériole se ramifier et envoyer des anses sinueuses dans les papilles secondaires; aussi les papilles fongiformes et lenticulaires (*circumvallatæ*) sont-elles plus vasculaires que les autres. Les fibrilles nerveuses, après s'être divisées çà et là, se terminent en pointe ou bien elles vont constituer dans les papilles fongiformes de la pointe de la langue des pelotes nerveuses ou corpuscules du tact. Funke a vu les prolongements fins et pâles des fibres nerveuses former des touffes. Les trois sortes de papilles ne sont pas tellement distinctes les unes des autres, qu'il n'existe pas entre elles, et surtout entre les filiformes et les fongiformes, de nombreux états intermédiaires; et même il arrive parfois que ces deux sortes de papilles sont si peu développées, que l'épithélium qui les recouvre paraît lisse, et que la surface de la langue perd alors son aspect velouté.

De ces rapports anatomiques il est facile de conclure que la fonction physiologique doit être la même pour toutes les papilles. On peut considérer les fongiformes comme les organes propres du goût; elles sont aussi douées d'un tact exquis, et toutes ces qualités peuvent appartenir aussi, quoique à un moindre degré, aux papilles filiformes. On est donc conduit à attribuer à ces dernières une importance plutôt mécanique : elles favoriseraient le mouvement et la préhension des particules alimentaires.

222. — *Des dents.* — La muqueuse qui revêt les prolongements alvéolaires des mâchoires forme de grosses papilles, dont la plus grande partie de la masse s'ossifie, et c'est ainsi que naissent les *dents.*

Dans une dent, on distingue la *couronne* ou la partie libre, et la *racine* ou la portion plantée dans l'alvéole.

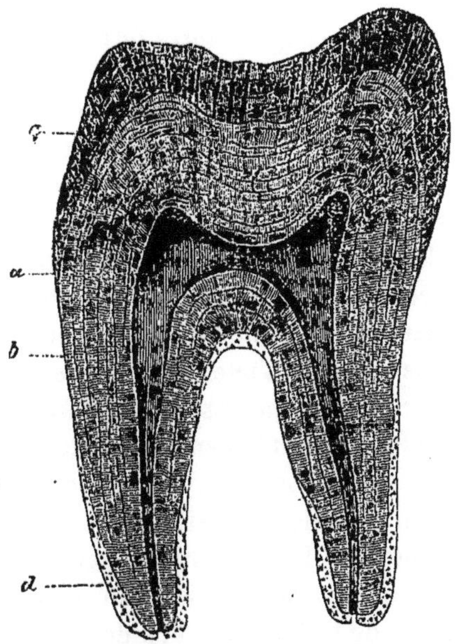

Fig. 155. — Coupe d'une molaire.

a. Cavité de la pulpe dentaire. — *b.* L'os dentaire. — *c.* L'émail. — *d.* Le cément.

La portion intermédiaire et qui n'est environnée que par la gencive, porte le nom de *col* ou de *corps.* Dans l'intérieur des dents, on trouve une *cavité* qui se prolonge en un canal pour les dents à une racine, en plusieurs canaux pour celles qui en ont plusieurs ; ces canaux s'ouvrent à la pointe de la racine par de petites ouvertures. La cavité de la dent est occupée par les restes mous et non ossifiés de la papille dentaire, par ce qu'on appelle la *pulpe* dentaire. Celle-ci se compose d'un tissu conjonctif qui se rapproche du tissu muqueux par les réactions chimiques ; les corpuscules sont très-nombreux à la surface de la pulpe ; et, par leur forme cylindrique allongée ainsi que par leur situation, ils ressemblent à un épithélium cylindrique. La pulpe dentaire est très-vasculaire ; les artères qui pénètrent par les orifices radiculaires se résolvent en un réseau capillaire très-dense, qui lui donne un aspect rougeâtre à l'œil nu. Les *nerfs* qui accompagnent ces vaisseaux montent vers la pointe de la pulpe, en formant des anses entrelacées, sans que ces anses puissent être considérées comme les véritables terminaisons des fibrilles nerveuses.

223. — La partie dure de la dent qui est dépourvue de vaisseaux et de nerfs se compose de trois substances différentes qui sont : 1° l'*os dentaire* ou l'*ivoire;* 2° l'*émail;* 3° le *cément.* Leurs propriétés sont les suivantes :

224. — *Os dentaire.* — L'*os dentaire* forme la masse principale de la dent, et en limite immédiatement la cavité ainsi que le canal. Il surpasse en dureté la substance osseuse ; sa cassure présente un éclat soyeux et satiné, et l'on y découvre à l'œil nu des stries concentriques que Retzius compare aux couches annuelles d'un arbre. Sous le rapport chimique, l'os dentaire est voisin de l'os proprement dit, puisqu'il renferme comme ce dernier des sels calcaires et une substance organique donnant de la colle; seulement ces parties inorganiques et organiques y entrent dans des quantités différentes de celles que l'on trouve dans l'os. Examiné au microscope, il se compose d'une *substance fondamentale homogene* et de nombreux *canalicules* qui y sont enchâssés et que l'on peut isoler de la substance fondamentale dans les dents qui ont macéré un certain temps dans les acides. Les canalicules dentaires ont leurs origines et leurs embouchures dans la cavité dentaire; de là ils se dirigent vers la périphérie de l'os. Ils se tiennent parallèles entre eux, décrivent de légères sinuosités, se ramifient sur leur trajet, et à mesure qu'ils se rapprochent de la limite de l'os dentaire, ils deviennent plus fins, et leurs anastomoses se multiplient. Enfin, ils se terminent, soit en anses (décrites pour la première fois par Erdl, et mieux étudiées ensuite par Krukenberg), soit en pointes fines, ou bien encore ils pénè-

Fig. 156. — Entaille faite dans l'émail et l'os dentaire.

a. Épithélium de l'émail. — b. Ses fibres. — c. Canalicules de l'os dentaire. (Fort grossissement.)

trent dans l'émail de la couronne, où ils aboutissent à des lacunes. Ces fentes de l'émail ont été décrites aussi, pour la première fois, par Erdl ; on ne sait pas exactement si elles sont un phénomène normal ; mais il est certain que je les ai rencontrées dans un grand nombre de préparations. A la racine, les canalicules se continuent avec les prolongements des corpuscules osseux du cément. Pendant la vie, les canalicules renferment un *liquide nutritif* qui suinte des vaisseaux sanguins de la pulpe, et imbibe ainsi l'os dentaire. Sur des dents desséchées, l'air remplace ce liquide évaporé, et les canalicules paraissent alors blancs si on les éclaire par en haut, et noirs lorsque la lumière les traverse.

Dans tout os dentaire, on rencontre encore des cavités de dimensions variables et de forme irrégulière ; on les appelle espaces *interglobulaires* parce qu'elles sont limitées par des saillies globuleuses de l'os dentaire. Les plus petites peuvent ressembler aux corpuscules osseux ; à la racine et tout près de la limite, ceux-ci sont tellement nombreux qu'on les a décrits sous le nom de « couche granuleuse de l'os dentaire ». Dans quelques cas rares, on observe concurremment avec des canalicules irréguliers de véritables corpuscules osseux et même des canaux de Havers isolés.

225. — *Émail.* — L'*émail* revêt la couronne de l'os dentaire, il présente sa plus grande épaisseur aux pointes et aux tranchants de la surface qui mâche ; il s'amincit vers le bas pour disparaître au commencement de la racine d'une manière brusque. L'émail surpasse en dureté et en densité toutes les autres parties du corps, et même l'os dentaire, puisqu'il se compose presque exclusivement de matières inorganiques.

Sur des lamelles très-fines d'émail, on constate que cette substance se compose de colonnes solides qu'on appelle *fibres* ou *prismes d'émail*. Ce sont des fibres polygonales serrées les unes à côté des autres, l'une des deux extrémités repose sur la surface de l'os dentaire, l'autre est dirigée vers le dehors. Toutes présentent un strié particulier transversal qui indique que leur substance s'est déposée par couches successives. Le trajet de ces fibres est tel que celles de la surface masticante sont verticales, puis elles se dirigent obliquement vers l'extérieur, et se placent transversalement sur les faces latérales de la couronne. En outre, ce trajet varie de telle sorte que tous les faisceaux ou anneaux formés par ces fibres se croisent et décrivent des figures encore plus compliquées. Il semble aussi qu'il se trouve dans les couches les plus extérieures des fibres placées comme des coins, les unes entre les autres, sans que leur extrémité interne atteigne la surface de l'os dentaire.

La face libre de l'émail est revêtue par une *cuticule* ou *épidermicule*, sorte de membrane homogène et calcaire qu'on ne peut guère attaquer par les réactifs chimiques, puisque sa partie organique ne se dissout ni dans les acides, ni dans les alcalis caustiques. Erdl a, le premier, mis cette membrane en évidence à l'aide de l'acide chlorhydrique étendu.

226. — *Cément.* — Le *cément* recouvre la racine de la dent; il forme une couche mince là où l'émail cesse, et il s'épaissit vers l'extrémité de la racine. Chimiquement, il se comporte comme le tissu osseux, et pour la dureté, il vient après l'émail et l'os dentaire. Au microscope, on le trouve composé d'une masse fondamentale et de corpuscules osseux; cette masse paraît être homogène, parfois aussi lamelleuse et striée, et elle constitue à elle seule le cément, partout où ce dernier ne forme qu'une couche mince. Les corpuscules, s'ils existent, varient de forme et de grosseur; leur forme est fréquemment allongée, tiraillée, pour ainsi dire. Leurs prolongements peuvent s'unir aux canalicules dentaires, et l'on rencontre même des corpuscules osseux d'une forme tellement allongée qu'ils ressemblent à des canalicules dentaires. Dans les vieilles dents, dont le cément acquiert souvent une épaisseur considérable, on rencontre des *canaux de Havers* (canaux vasculaires), lesquels, pénétrant de l'extérieur vers l'intérieur, se ramifient plusieurs fois et se terminent en culs-de-sac.

Le côté extérieur du cément est environné par le périoste des alvéoles, lequel présente une *quantité insolite de fibrilles nerveuses.*

227. — *Développement des dents, sillons dentaires, saccules dentaires.* — A une époque peu avancée de la vie embryonnaire, environ dans la sixième semaine, on voit apparaître aux bords supérieur et inférieur des mâchoires un *sillon* d'où s'élèvent les *papilles* des dents de lait, entre lesquelles se montrent bientôt des septa; les parois du sillon croissent vis-à-vis l'une de l'autre, de telle sorte que les papilles se trouvent logées dans de petits espaces séparés de la cavité buccale, et qu'on appelle *saccules dentaires.* Si les deux talus du sillon se rejoignent, les saccules destinés aux dents persistantes prennent aussi naissance; ces dents sont situées, à l'origine, au-dessus des saccules des dents de lait, mais peu à peu elles se placent à leur côté postérieur.

La transformation de la papille dentaire molle en dent osseuse a lieu de la manière suivante :

La paroi du saccule dentaire se compose d'un tissu conjonctif nerveux et vasculaire, la papille (pulpe dentaire) qui s'élève du fond du saccule présente la même composition dans sa masse principale, et, lorsqu'elle est arrivée à développement complet, elle présente la grosseur et la forme de la couronne à venir (lorsqu'on a détaché l'émail). A la surface, les cellules conjonctives se multiplient, leur forme ronde devient cylindrique, et comme elles sont placées de champ et serrées les unes près des autres, elles imitent un épithélium cylindrique que revêt une membrane homogène (*membrana præformativa*), laquelle délimite la pulpe dentaire.

Organe de l'émail. — L'espace resté libre entre la papille et la paroi du saccule est occupé par l'*organe de l'émail* (*organon adamantinæ*), lequel, par conséquent, recouvre à la manière d'un capuchon la pulpe dentaire, c'est-à-dire la future couronne, et cela jusqu'à la limite où l'émail s'arrêtera plus tard. Cet organe se compose de tissu conjonctif, et d'un épithélium. Au point où il s'unit à la face interne du saccule, le tissu conjonctif n'offre rien de particulier et il est vasculaire ; mais en dedans le tissu muqueux forme la masse principale de l'organe, dont l'écorce est revêtue par un épithélium cylindrique.

228. — *Formation de l'émail, de l'os dentaire, du cément.* — Lorsque le contenu du saccule dentaire (pulpe et organe de l'émail) a atteint le développement convenable, l'*ossification* commence. Au-dessous de la *membrane préformative*, la matière calcaire se dépose en formant des colonnes qui deviennent les prismes de l'émail. A l'origine, l'émail est encore mou et extensible, et il ne durcit que peu à peu. Il est probable que les cellules épithéliales de l'organe de l'émail sécrètent la matière calcaire à travers et au-dessous de la membrane, et le résultat de cette sécrétion est que cette membrane devient l'épidermicule de l'émail. L'os dentaire se forme par l'ossification du tissu conjonctif : les corpuscules conjonctifs accumulés à la face libre de la papille dentaire deviennent des tubes ramifiés, et les sels calcaires venant à se déposer dans leurs intervalles, ces tubes se transforment en canalicules dentaires. On peut constater à l'œil nu l'ossification de la pulpe dentaire : sur les pointes de la papille il se dépose de petits fragments très-durs qui les recouvrent comme de petits chapeaux. Ces fragments augmentent en surface et en épaisseur jusqu'à ce que toute la papille pulpeuse soit recouverte par une calotte complète d'os dentaire. Tandis que par ce processus l'émail et la pulpe de la couronne accomplissent leur formation, l'organe de l'émail disparaît. Alors seulement la *racine dentaire* se forme par l'allongement et l'ossification de la pulpe ; le saccule s'allonge aussi par sa partie inférieure, et comme celle-ci s'attache à la racine et s'ossifie avec elle, elle fournit le cément correspondant.

229. — Il résulte de cet exposé que les parties d'une dent parfaite et du saccule avec son contenu, se présentent respectivement comme il suit :

L'*épidermicule de l'émail* est la membrane préformative devenue calcaire ; les *prismes de l'émail* sont des colonnettes calcaires stratifiées, dont la substance provient des cellules de l'organe de l'émail ; l'*os dentaire* est la couche corticale ossifiée de la pulpe, et les canalicules dentaires représentent des corpuscules du tissu conjonctif développés et devenus calcaires ; la portion de la pulpe qui ne s'est pas ossifiée persiste dans l'intérieur de la dent comme une papille nerveuse et vasculaire. Le *cément* est le tissu conjonctif ordinaire et devenu calcaire de la portion inférieure du saccule dentaire ; et, lorsque la dent a percé, ce qui reste du saccule se confond avec le périoste de l'alvéole.

Après cette excursion embryologique, revenons à la structure du canal nutritif.

230. — La muqueuse du *pharynx* présente à la partie inférieure de cet organe un épithélium pavimenteux stratifié semblable à celui de la cavité buccale ; la portion supérieure ou respiratoire du pharynx possède un épithélium vibratile stratifié. Dans le stratum conjonctif de la muqueuse se trouvent des glandes muqueuses acineuses ainsi que des follicules lymphoïdes.

Œsophage. — La muqueuse de l'*œsophage* se compose d'un épithélium pavimenteux stratifié et d'un chorion conjonctif qui s'élève en formant des papilles parcourues dans le sens de la longueur par des *muscles lisses*, et dans lequel se trouvent aussi des *glandes muqueuses acineuses*. La muqueuse se réunit extérieurement par du tissu conjonctif à la membrane musculeuse dont les fibres longitudinales et circulaires sont *striées transversalement* dans la moitié supérieure de l'œsophage, tandis qu'elles deviennent plutôt *lisses* dans le voisinage de l'estomac (1). A l'intérieur, l'œsophage est entouré par une couche conjonctive qui renferme des fibres élastiques très-développées.

231. — *Muqueuse stomacale, glandes.* — La muqueuse du pharynx a un aspect blanchâtre et présente une certaine dureté ; *celle de l'estomac*, au contraire, montre des plis villeux ; elle est veloutée au toucher, et souvent d'une coloration rouge jaunâtre. La structure de cette muqueuse est d'ailleurs tout autre, puisque elle est presque exclusivement de *nature glandulaire*. Les *glandes à caillette* forment la plus grande partie des glandes stomacales ; ce sont des utricules simples, terminés par des culs-de-sac, serrés les uns contre les autres, et placés de champ. Il n'est pas rare que leur extrémité borgne soit légèrement renflée, sinueuse ou ramifiée, découpée en anses, surtout dans la *portion cardiaque*.

(1) Henle, Weckler et Schweigger-Seidel ont étudié de nouveau les rapports qui existent entre les fibres musculaires striées et les fibres lisses de l'œsophage ; d'après les observations de ces deux derniers auteurs, la moitié inférieure de l'œsophage est exclusivement pourvue de fibres musculaires lisses ; les muscles striés descendent plus bas dans les couches longitudinales que dans les couches de fibres annulaires, et ils se montrent de préférence dans les faces latérales plutôt que dans les faces médianes. Henle n'a pu constater la présence des fibres musculaires établissant le passage du muscle strié au muscle lisse. (*Bericht*, 1861, p. 108.)

Lorsque la division de l'utricule se fait à une certaine hauteur, et si plusieurs glandes ainsi divisées présentent un canal excréteur commun, on obtient les *glandes à caillette composées* (des auteurs). La *tunique propre* des glandes est formée par la substance conjonctive de la muqueuse; elle porte à sa face interne les cellules à caillette ou de sécrétion, lesquelles remplissent presque entièrement la cavité glandulaire; elles sont rondes, avec des granulations peu colorées, et, pendant la digestion, elles sécrètent une matière très-active, la pepsine. Les cellules à pepsine sont contiguës dans les glandes simples à l'épithélium cylindrique de la surface libre de la muqueuse, et, dans les glandes composées, à l'épithélium cylindrique du canal excréteur. — Au pylore, on rencontre en plus grande quantité une autre espèce de glandes qui sont revêtues d'un *épithélium cylindrique*, au lieu de cellules à caillette; elles ressemblent par leur configuration plutôt aux acini des muqueuses; par conséquent leur action pendant la digestion doit être nulle. — Enfin on observe encore çà et là des follicules clos (ou glandes lymphoïdes) qui sont connus ordinairement sous le nom de *glandes lenticulaires*.

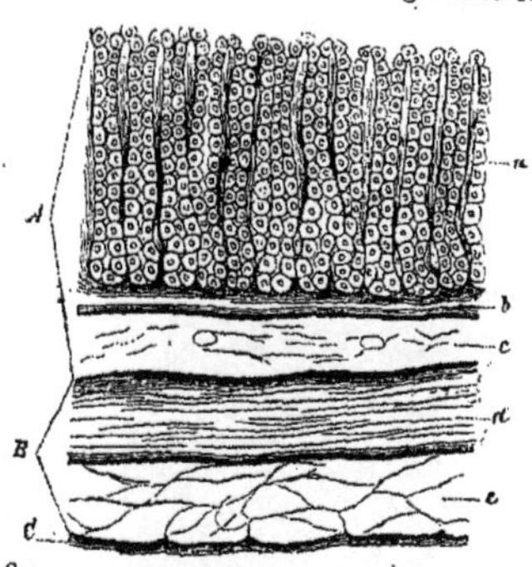

Fig. 157. — Coupe perpendiculaire à travers les membranes de l'estomac.
A. Muqueuse. — B. Muqueuse musculaire. — C. Enveloppe séreuse.
a. Glandes. — b. Couche musculeuse de la muqueuse. — c. Son stratum conjonctif. —
d, e. Couches longitudinales et transversales de la muqueuse musculaire.
(Grossissement modéré.)

232. — *Muscles, vaisseaux.* — Dans la substance conjonctive de la muqueuse et autour des culs-de-sac glandulaires, entre les glandes mêmes, on rencontre des *muscles lisses*, et des *vaisseaux sanguins*. De fines artères montent en s'insinuant entre les glandes dont les parois sont tapissées par les réseaux capillaires. Au côté interne de la muqueuse,

elles se réunissent en formant de grosses mailles qui circonscrivent les orifices glandulaires. Ce n'est que dans ces mailles que les troncs veineux prennent naissance.

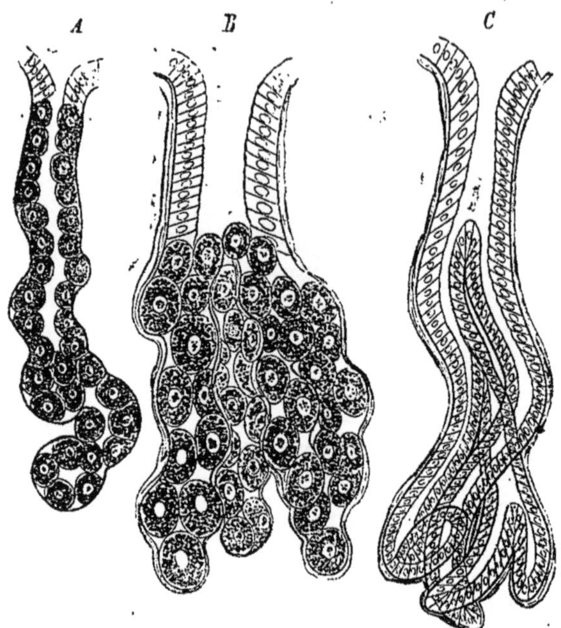

Fig. 158. — Glandes stomacales représentées isolément.

a. Glande à caillette simple. — b. Glande composée. — c. Glande de la muqueuse stomacale à cellules cylindriques.

233. — *Membrane musculeuse et séreuse de l'estomac.* — Au côté externe de la muqueuse se trouve la *membrane musculeuse* de l'estomac ; elle se compose de fibres longitudinales, circulaires et obliques qui appartiennent toutes aux muscles lisses.

Il est à remarquer que les muscles les plus internes (obliques) s'insèrent en partie, d'après Treitz, à la muqueuse par des tendons élastiques. La membrane la plus externe de l'estomac est la *séreuse* qui se compose d'un stroma conjonctif renfermant des fibres élastiques et d'un épithélium simple pavimenteux.

234. — *Villosités intestinales.* — La muqueuse de l'estomac est dépourvue de papilles propres ; celles-ci, par contre, acquièrent un développement particulier sur la muqueuse intestinale et sont connues sous le nom de *villosités intestinales* (*villi intestinorum*). On les trouve sur tout l'intestin grêle (elles sont plus nombreuses dans le *duodenum* et le *jejunum*, que dans *l'ileum*) ; elles manquent dans le gros intestin. Elles font saillie dans la cavité intestinale, semblables à des prolonge-

ments mous, plats ou en doigts de gant, du stratum conjonctif de la muqueuse ; elles servent à la résorption du chyle. Quant à leur structure intime, elles ont pour *tissu fondamental* de la substance conjonctive, dans laquelle on trouve des *muscles lisses*, placés soit longitudinalement, soit en travers ; ces muscles sont en connexion avec la musculature qui est propre à la muqueuse de tout le tractus. Chaque villosité reçoit en outre une ou plusieurs petites *artères*, qui dans leur

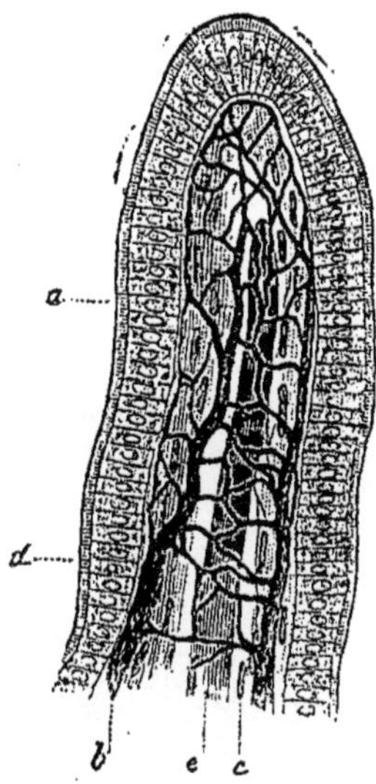

Fig. 159. — Villosité intestinale.

a. Sa partie conjonctive. — b. Les vaisseaux et les muscles placés dans le stroma conjonctif de la villosité. — c. La couche épithéliale. — e. Le chylifère central.

trajet ascendant produisent un réseau capillaire très-serré, dont les éléments concourent vers un tronc veineux efférent placé à la base de la villosité. Enfin il existe encore dans les villosités des *vaisseaux chylifères*, dont les capillaires ne sont autre chose que les cavités ramifiées du tissu conjonctif (*corpuscules du tissu conjonctif*) et forment par leur réunion un vaisseau chylifère central placé dans l'axe de la villosité ; ce vaisseau communique avec les vaisseaux chylifères propres situés plus profondément dans la muqueuse.

L'*épithélium* des villosités, ainsi que celui de la muqueuse du tractus est un épithélium cylindrique simple, dont les cellules sont épaissies dans la partie antérieure de leur paroi, ce qui produit sur leur bord libre une bordure claire et large, d'où résulte pour toutes les rangées de cellules une espèce de cuticule homogène, qu'on a tout lieu de supposer poreuse, comme dans les animaux (voy. plus bas).

235. — *Glandes intestinales.*— La muqueuse de l'intestin renferme trois sortes de glandes : 1° les *glandes de Brünner;* 2° les *glandes de Lieberkühn;* 3° les *follicules de Peyer.*

236.— *Glandes de Brünner.* — Les glandes de Brünner ne se trouvent que dans le duodénum où elles sont assez nombreuses. D'après leur fonction et leur structure, elles sont des glandes muqueuses acineuses, qui ne diffèrent en rien de celles de l'œsophage et de la cavité buccale, etc.

237.—*Glandes de Lieberkühn.*—Les *glandes de Lieberkühn* s'éten-

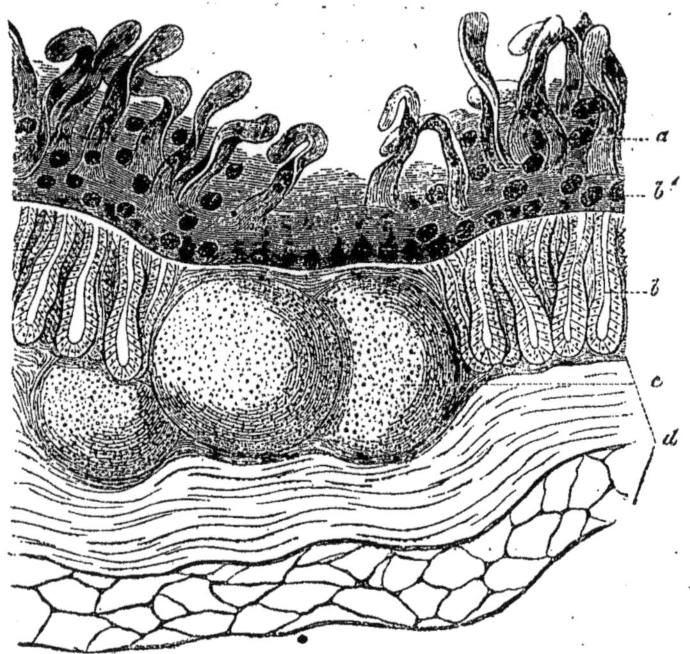

Fig. 160. — Coupe à travers une anse intestinale où se trouve un amas de glandes de Peyer.

a. Les villosités. — *b.* Les glandes de Lieberkühn. — b^1. Leurs orifices sur la surface de la muqueuse. — *c.* Les glandes de Peyer. — *d.* Les couches de la membrane musculeuse.

dent sur une grande partie du duodénum, de l'intestin grêle et du gros intestin, et par conséquent sur tout le canal intestinal. D'après leur forme, elles représentent des utricules simples, placés de champ, et dont l'extrémité borgne est souvent renflée. Dans le gros intestin où la muqueuse est plus épaisse, leur longueur augmente ; partout leur tunique propre paraît être constituée par la couche limite de la substance conjonctive de la muqueuse; les cellules de revêtement sont des cylindres qui se continuent avec l'épithélium de la surface libre de la muqueuse. La disposition des vaisseaux sanguins y est la même que dans les glandes à pepsine.

238. — *Follicules de Peyer.* — Quant aux *follicules de Peyer*, on les a présentés dans ces derniers temps comme des glandes lymphatiques, comme des organes destinés probablement à l'élaboration des corpuscules de la lymphe. Ils se composent de globes arrondis, clos et accumulés, dont la paroi conjonctive envoie dans l'intérieur une trame aréolaire délicate ; les vaisseaux sanguins tapissent la paroi ainsi que cette trame, dont les mailles renferment de petits éléments mono-cellulaires, semblables à ceux qui forment le contenu des follicules dans les autres glandes lymphatiques, et qui sont connus sous le nom de corpuscules de la lymphe. De nombreux chylifères sont en connexion avec les follicules, que l'on rencontre sur toute l'étendue du canal intestinal sous la forme de capsules isolées ; ils portent alors le nom de *follicules solitaires*.

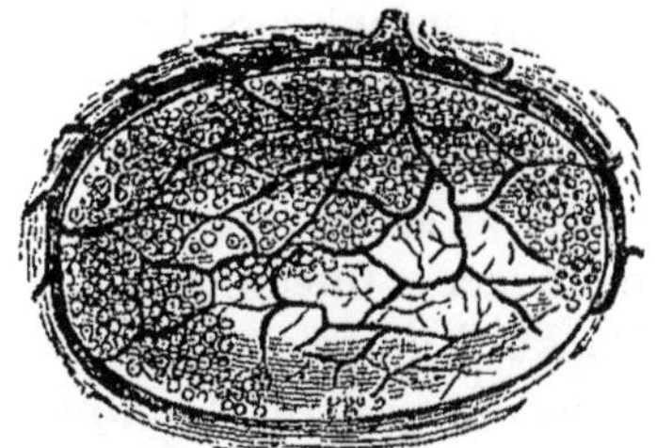

Fig. 161. — Un follicule lymphatique des glandes de Peyer : on voit la distribution des vaisseaux dans son intérieur. (Grossissement modéré.)

239. — La *membrane musculeuse* de l'intestin comme celle de l'estomac ne renferme que des muscles lisses. — Sa *séreuse* a aussi la même composition que celle de l'estomac. D'après l'histoire du développement, le canal de nutrition provient des feuillets moyen et inférieur du blastoderme. Le premier fournit les couches musculeuses ainsi que le tissu conjonctif vasculaire et nerveux, le second l'épithélium et les revêtements celluleux des glandes intestinales.

Sur les prolongements épithéliaux des *papilles* filiformes de la langue, on voit apparaître constamment une *masse de champignons*, qui surmonte les cellules épithéliales sous la forme d'une substance finement granuleuse ; c'est de cette masse considérée comme la matrice du mycète, que naissent les filaments du champignon.

Les nouvelles acquisitions que les dernières années ont réalisées dans l'histologie du canal intestinal embrassent les points suivants. Brücke a signalé l'existence d'un *système de muscles propres à la muqueuse*, et a rappelé les observations de Lacauchie sur les contractions des villosités, observations qui étaient restées dans l'oubli parmi nous. Nous sommes encore redevables au physiologiste de Vienne des premières notions exactes sur les follicules des *plaques de Peyer*, d'après lesquelles nous leur attribuons la signification des glandes lymphatiques. Brücke a aussi transformé nos idées sur les *origines des vaisseaux chylifères* dans les villosités ; cependant on ne s'entend pas encore bien sur ce point, et la dissidence paraît résider plutôt dans les mots que dans les choses.

Contrairement à l'opinion ancienne d'après laquelle on admettait l'existence de capillaires chylifères autonomes dans le parenchyme des villosités, Brücke considère comme étant les conduits du chyle certains interstices parenchymateux qui convergent vers l'axe de la villosité. Funke se rattache à cette manière de voir, puisqu'il parle de voies non canalisées, par lesquelles se fait le passage des gouttelettes graisseuses ; d'après cet auteur, il se produit pendant la résorption du chyle des courants de graisse qui convergent vers l'axe et s'y réunissent. — Si j'ai parlé plus haut de corpuscules du tissu conjonctif, qui remplaceraient les capillaires chylifères, c'est que j'avais en vue ces mêmes interstices qui traversent le stroma des villosités ; cette désignation s'applique exclusivement aux « interstices » de Brücke et aux « voies non canalisées » de Funke, à un point de vue histologique plus exact. (Voyez plus bas, *Système des vaisseaux lymphatiques.*)

CHAPITRE XXV

DU CANAL DE NUTRITION DES VERTÉBRÉS.

Du *tissu conjonctif* qui porte les vaisseaux et les nerfs, des *muscles* et des *couches celluleuses* concourent à la formation du canal de nutrition des mammifères, des oiseaux et des reptiles. Ici comme ailleurs, la substance conjonctive forme la *charpente* proprement dite ; elle s'épaissit en dedans en une membrane particulière qu'on désigne sous le nom de *stratum conjonctif de la muqueuse*, et sur laquelle repose l'*épithélium intestinal*. En s'épaississant à un degré moindre, elle forme encore, à l'extérieur, une autre membrane spéciale qui constitue la *couche conjonctive de la séreuse*, et que revêt aussi un *épithélium*. Entre ces deux couches membraneuses limites, la substance conjonctive forme un feutrage dont les interstices sont remplis par les éléments contractiles de la *tunique musculeuse*. On distingue donc trois tuniques au canal de nutrition : 1° la muqueuse qui est un prolongement ou un refoulement en dedans du tégument externe ; 2° la membrane musculeuse ; 3° la séreuse.

240. — *Cavité buccale et langue.* — La partie conjonctive de la *muqueuse buccale* paraît être souvent pigmentée dans les vertébrés supérieurs et inférieurs : elle est écarlate, par exemple, dans le *Dactyloptera*, noire dans la *Chimæra*, tachetée dans le *chien*, etc. Elle présente les caractères du tissu conjonctif ordinaire avec de nombreuses fibres élastiques ; dans les sélaciens, ces fibres sont souvent très-larges, et elles donnent naissance à des ramifications fines. Dans ces poissons, les mailles du tissu conjonctif sont remplies de gélatine, la muqueuse s'épaissit çà et là ; elle forme une espèce de coussinet au-dessous de la langue qui est rudimentaire. (Il n'est pas rare aussi que le tissu conjonctif sous-muqueux renferme de la gélatine, comme dans l'*Hexanchus*.) La muqueuse est *lisse* à la face libre, ou bien elle forme des *papilles* et des *bourrelets*. Ces productions peuvent avoir des dimensions telles qu'on les distingue à l'œil nu (*ruminants*), et elles portent alors de nombreuses petites papilles microscopiques, comme dans la *chèvre*, dont les papilles secondaires atteignent leurs plus grandes dimensions à la base du tubercule commun, tandis que vers le haut elles se montrent plus petites. Wedl avance que la paroi latérale de la cavité buccale du *chameau* présente de grosses papilles qui seraient « des agglomérats de papilles excessivement fines (1) ». Dans les poissons, les papilles de la bouche et de l'arrière-bouche sont aussi souvent très-developpées, de telle sorte que dans l'esturgeon, elles ne restent pas ensevelies sous l'épithélium, mais qu'elles font saillie au-dessus de lui, et la muqueuse paraît alors mamelonnée même à l'œil nu. Ces papilles, comme celles du tégument externe, portent chez les téléostiens et les ganoïdes les organes cyathiformes que nous avons décrits plus haut. — Les *corpuscules conjonctifs* de la muqueuse buccale sont tous, comme je le vois dans la *salamandre terrestre*, perpendicu-

(1) Je ne puis m'empêcher de rapporter ici une observation faite sur l'*Echidna*. La muqueuse de la voûte palatine forme, comme on le sait, plusieurs rangées transversales de papilles pointues, dirigées en arrière. Après qu'on a enlevé l'épithélium qui est très-épais, il semble que les espaces situés entre les rangées de papilles sont lisses ; mais, au microscope, on voit apparaître des *papilles très-longues et très-étroites*, entièrement semblables à celles qui se trouvent sur la langue des oiseaux. Elles ne renferment qu'une seule boucle vasculaire. Les cellules des couches supérieures de l'épithélium présentent un pointillé particulier ; et il est difficile de dire s'il faut l'attribuer, soit à la présence de canaux poreux, soit à de petites élevures situées sur la surface des cellules. (*Note de l'auteur.*)

laires à la surface, ainsi que d'une longueur et d'une largeur insolites.

241. — La *surface de la langue* est lisse ou rendue rugueuse par des papilles et des bandelettes : ainsi, parmi les sauriens, la *Lacerta agilis* présente des plis transversaux délicats dont les pans sont dentelés par de petites papilles ; dans les *Lepostermon microcephalus*, *Anguis fragilis*, on voit sur toute la langue des papilles très-développées, dans

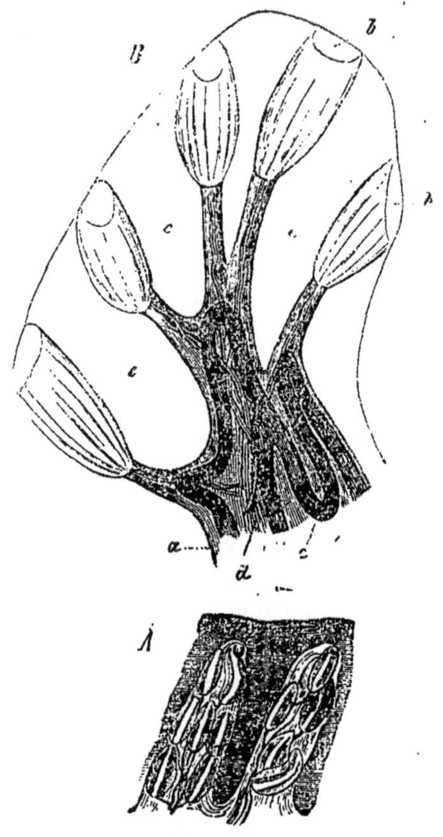

Fig. 162.

A. Du bec de l'oie.
a. Épiderme. — *b*. Papilles du chorion avec les nerfs et les corpuscules de Pacini.
B. Papilles muqueuse de l'arrière-bouche du *Leuciscus*.
a. Le tronc papillaire, qui se fragmente en formant six prolongements à l'extrémité desquels se trouvent *b*, les organes cyathiformes. — *c*. Anses vasculaires sanguines.
d. Nerf. — *e*. Épithélium.

l'intérieur desquelles cheminent toujours des vaisseaux et des nerfs. Les papilles de l'*orvet* ainsi que les plis du *lézard* présentent un pigment foncé (surtout à la pointe de la langue de l'orvet) ; ce pigment est exclusivement renfermé dans le tissu conjonctif des papilles et des plis ; l'épithélium en demeure distinct. Dans le *Lepostermon*, les papilles se disposent, vers le haut, comme des polyèdres adjacents, et la langue a l'aspect d'une mosaïque. La langue de l'*Anguis fragilis* offre une particularité remarquable : vers la pointe et sur la ligne médiane, on voit à l'œil nu, entre les papilles ordinaires, un petit tubercule blanchâtre qui, examiné au microscope, se trouve renfermer un *os* véritable. C'est là le seul exemple que je connaisse d'une ossification partielle d'une papille linguale parmi les reptiles. Dans la partie qui n'est pas ossifiée, et qui déjà présente un peu plus de dureté et de rigidité, on voit de jolis corpuscules conjonctifs qui ont la même grosseur et la même forme que ceux qui se trouvent dans le fragment osseux et arrondi, lequel présente quelques tubercules (il paraît y en avoir trois). La langue du *porc épic* présente « une armure en forme d'écailles »

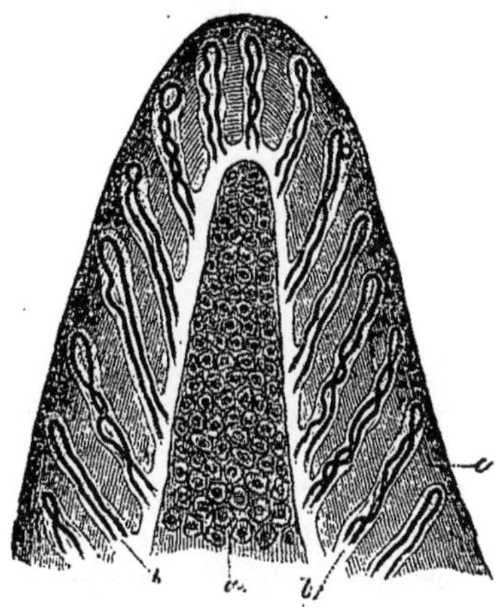

Fig. 163. — Pointe de la langue d'un jeune pigeon (coupe longitudinale).
a. Cartilage lingual. — *b*. Papilles de la muqueuse avec leurs boucles vasculaires. — *c*. Épithélium épais où les papilles sont ensevelies.

que G. Carus désigne sous le nom d'*écailles osseuses*. Il serait intéressant qu'un observateur eût l'occasion de vérifier ce fait, ainsi que celui de l'épaississement lisse et semi-globulaire que de Rapp a trouvé à la pointe de la langue du *Myrmecophaga*, et qui pourrait bien être un os.

Les papilles manquent à la langue des poissons et des amphibies qui leur ressemblent (*Proteus*); dans d'autres batraciens, la *salamandre terrestre*, par exemple, elles sont remplacées par des plis. Dans les animaux supérieurs, on rencontre aussi des langues sans papilles. Dans le *dauphin*, la surface linguale est lisse à l'œil nu, et c'est à peine, au microscope, si je trouve au-dessous de l'épithélium des tubercules du chorion qui méritent ce nom. Il peut arriver encore que la muqueuse linguale présente des papilles longues et étroites, sans qu'elles soient apparentes, à cause de l'épaisseur de l'épithélium ; c'est ce qui a lieu dans la plupart des *oiseaux*. Dans le coq de bruyère et le pigeon, les papilles de la pointe de la langue sont si longues et si étroites qu'elles peuvent à peine contenir la boucle vasculaire qui monte jusqu'à leur sommet. Les nerfs y font défaut; mais pour beaucoup d'oiseaux aquatiques (voyez plus haut, ORGANES DU TACT), ces papilles renferment des nerfs et des corpuscules de Pacini. Dans le plus grand nombre des vertébrés, comme chez l'homme, on distingue *plusieurs sortes de papilles* lin-

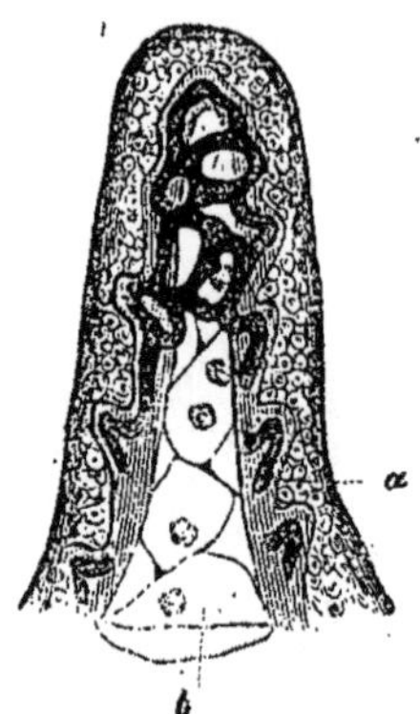

Fig. 164. — Papille linguale de la *Testudo græca*.

a. L'épithélium. — *b*. Cavité lymphatique située dans l'intérieur de la papille.

guales, ce qui se retrouve encore dans les grenouilles et les tortues. Ici les papilles fongiformes à fossette présentent non-seulement des plexus vasculaires, mais encore des nerfs; les papilles filiformes n'ont pas de nerfs; et, si elles sont vasculaires, on n'y trouve qu'une boucle simple. Dans les grosses papilles linguales de la tortue terrestre, lesquelles sont pourvues de papilles secondaires, on trouve, en outre des vaisseaux sanguins, une cavité lymphatique (1).

242. — *Dents*. — Les papilles peuvent se transformer en *dents* de deux manières différentes : 1° leur épithélium devient épais et *corné* : c'est ce qui a lieu pour les dents du *Petromyzon*, et peut-être aussi pour celles de l'*Ornithorynque*, etc. ; 2° la substance conjonctive *devient calcaire*. Jadis l'école naturo-philosophique avait dit que les dents des poissons pouvaient être considérées comme des parties durcies, des tubercules ou papilles de la chair dentaire, du palais, de la langue, etc., recouvertes de substance dentaire; des recherches microscopiques plus exactes, ont montré que cette explication est conforme à l'observation pour tous les vertébrés. Si l'extrémité lisse de la papille s'épaissit seule

(1) Voy. Leydig, *Fische u. Reptilien*, S. 39.

en formant une sorte de capuchon, la dent reste mobile; si l'incrustation calcaire est plus étendue, si elle va jusqu'à la base de la papille, et même jusqu'au stratum conjonctif de la muqueuse, on obtient les dents: la muqueuse ossifiée se soude avec les os sous-jacents; ces dents ressemblent à des excroissances osseuses, et leurs cavités sont les prolongements immédiats des cavités médullaires des os. (Consultez mon travail sur l'ossification de la bouche et de l'arrière-bouche du *Polypterus* dans le *Zeitschrift*) (1). Puisque dans les poissons la muqueuse de la cavité buccale présente, dans tous ses points, des papilles très-fortes, et que ces papilles s'ossifient facilement, on conçoit pourquoi, chez ces animaux, on trouve un grand nombre d'os soudés aux dents (en outre des os maxillaires et intermaxillaires, ce sont les palatins, le vomer, le sphénoïde, etc.). Sur de gros sujets de la *Raja* et de l'*Hexanchus*, j'ai vu des papilles situées sur la voûte palatine, transformées en dents, par ossification (voy. RAIES ET SQUALES, p. 52).

243. — Dans les *poissons* et les *amphibies* (à l'exception de quelques sauriens, d'après Owen), les papilles dentaires ossifiées ne sont jamais renfermées dans des sacs; on n'y trouve pas non plus l'organe de l'émail. Les dents de ces animaux se composent simplement de tissu conjonctif ossifié, c'est-à-dire de l'os dentaire et de l'ivoire, dont les fins canalicules, plusieurs fois ramifiés, sont remplis par un fluide nourricier transparent. Dans beaucoup de *poissons*, dont les dents ne renferment pas de cavité pulpaire et sont par conséquent solides, l'os dentaire est sillonné de canaux (*Salmo*, *Perca*, *Cottus*, *Scomber*, etc.). Si la portion la plus interne de la papille dentaire primordiale ne devient pas calcaire, la dent présente une pulpe molle qui n'a pas de nerf dans les plagiostomes (je l'ai constaté sur le *Scymnus lichia*), et ne se compose que de tissu conjonctif, de gélatine et de vaisseaux sanguins. Dans le *Tetragonorus*, dont toute la muqueuse buccale est pigmentée, la pulpe dentaire paraît l'être aussi. (Recherches anatomo-histologiques de Mettenheimer sur le *Tetragonorus Cuvieri*.)

L'*émail* et le *cément* manquent dans les dents des vertébrés inférieurs. Ces deux substances s'associent à l'os dentaire dans les cas où les papilles ont été renfermées dans des sacs, ce qui n'a lieu que pour quelques sauriens et pour les mammifères. Toutefois, dans quelques dents de mammifères (*édentés*, *défenses de l'éléphant*, etc.) l'émail fait défaut; dans le plus grand nombre des *marsupiaux* ainsi que dans les *Sorex*, *Hyrax*, *Dipus*, l'émail paraît n'être qu'une modification de l'os (Tomes). Il importe encore d'observer que parfois l'os dentaire, et fré-

(1) *Zeitschr. f. w. Z.*, 1854, S. 52

quemment le cément renferment des vaisseaux (défenses de l'éléphant, paresseux, incisives de quelques rongeurs), et que l'on trouve des corpuscules osseux entre les canalicules dentaires (lynx, brebis). L'émail peut encore être revêtu de cément (herbivores, éléphants, paresseux, cheval marin, etc.). Les incisives des rongeurs, les molaires des ruminants, présentent un pigment particulier. Celui des rongeurs qui est jaune, provient, suivant de Bibra, d'un oxyde de fer.

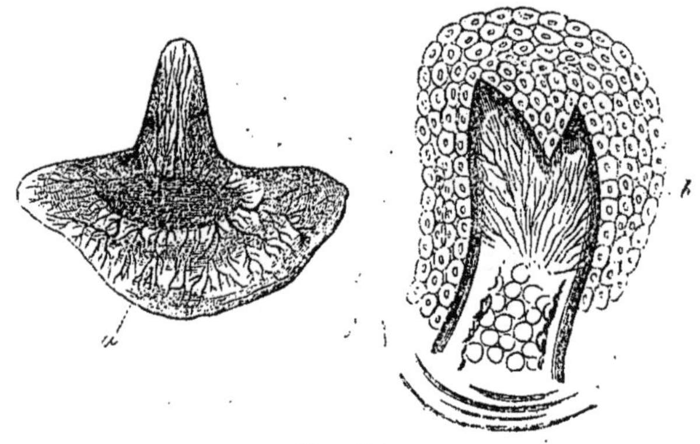

Fig. 165.

A, Jeune dent de la *Salamandre*; elle se présente comme une papille devenue calcaire avec le revêtement épithélial *b*.

B, Dent d'un embryon de *Torpedo*. — *a*, La cavité de la dent.

244. — *Papilles œsophagiennes*. Le développement papillaire considérable que l'on observe sur la muqueuse de la bouche et de l'arrière-bouche des poissons, s'étend aussi dans quelques espèces à la muqueuse œsophagienne (*Tetragonurus*). Les papilles de cette région peuvent aussi devenir des *dents osseuses* (*Rhombus*, *Stromateus*, *Seserinus*). Depuis longtemps on connaît aussi les grosses papilles qui sont situées dans l'œsophage de la *Chelonia*, et que l'on rencontre encore d'après Rathke dans la *Sphargis coriacea*. Otto (1) dit que ces grosses papilles de l'œsophage des *tortues marines* « sont susceptibles pendant la vie de turgescence et d'érection ». Sur une préparation à l'alcool je constate, après avoir enlevé l'épithélium, que les papilles à simple contour ne possèdent pas de tubercules secondaires, qu'elles sont simplement de nature conjonctive, sans fibres élastiques ; en outre il est impossible d'y trouver des muscles, mais on y aperçoit de nombreuses traces de capillaires sanguins. Il reste donc à établir, sur des préparations fraîches, d'où provient le fait observé par Otto. Existerait-il dans l'intérieur de ces papilles de grosses cavités lymphatiques, semblables

(1) Carus und Otto, *Erlauterungstaf. z. vergl. A.*

à celles que j'ai trouvées dans les papilles linguales de la *Testudo*, et susceptibles de se remplir et de se vider ?— Du reste, la muqueuse œsophagienne des poissons, des reptiles et des mammifères paraît être complétement lisse, ou bien elle forme des papilles, qui ne lui donnent pas un aspect mammelonné, parce qu'elles restent cachées sous l'épithélium. La muqueuse du *pigeon*, par exemple, est plane, ou bien elle ne présente que des tubercules microscopiques, qu'accompagne par ses sinuosités une boucle vasculaire. Dans le *coq domestique*, on voit de longues papilles, que l'on reconnaît être de même des séries de plis pourvus de vaisseaux, après un examen attentif et lorsqu'on a enlevé l'épithélium par une solution alcaline. L'*oie* présente de longues papilles étroites, assez clair-semées. — Très-généralement la muqueuse de l'œsophage forme des *plis longitudinaux* étendus, disposés souvent en réseaux (*Cobitis fossilis*); il est plus rare qu'il y ait des *plis transversaux*, comme on en voit dans l'*Acipenser* (ils ont un aspect mamelonné) ou dans le *Trygon pastinaca*, dont les plis transversaux de forte dimension sont eux-mêmes sillonnés de rides. Les plis transversaux laissent libre un certain espace dans le sens de la longueur, où l'on ne voit que de petits plis aréolaires.

245. — *Muqueuse stomacale.* — La *muqueuse* stomacale présente aussi d'habitude des plis longitudinaux « qui peuvent être très-nombreux et ressembler à des villosités (*plicæ villosæ*) ; mais il n'existe pas de papilles proprement dites dans l'estomac de la plupart des vertébrés. Les différents compartiments qui, dans les *ruminants*, sont situés au devant de la *caillette*, présentent des formations feuilletées et tuberculeuses de formes très-diverses. (La panse du *huanaco* et du *dromadaire* est dépourvue d'après Bergmann et Leuckart, de bâtonnets coniques). Sur ces grosses papilles on retrouve au microscope des papilles plus petites ou secondaires, que je constate d'une manière bien nette sur les papilles du chevreuil et du bœuf, après avoir enlevé l'épithélium ; les tubercules qui siégent sur les plis du *feuillet* portent aussi des tubercules secondaires. La *caillette* est ici sans papilles, comme d'habitude.

246. — *Muqueuse intestinale.* — La *muqueuse intestinale* présente au contraire presque toujours des villosités et des sillons avec les variations les plus nombreuses. Les *villosités* appartiennent plus généralement aux mammifères et aux oiseaux (1); on a dit qu'elles manquent dans la *taupe ;* c'est ce que je conteste ; car on remarque dans son in-

(1) Dans l'oie, les villosités rectales sont d'une couleur noirâtre, ce qui provient de grumeaux foncés, compris dans la substance des villosités (sont-ce des corpuscules sanguins modifiés?). (*Note de l'auteur.*)

testin grêle de larges villosités, feuilletées, qui sont sans doute d'une structure plus délicate, mais dont les réseaux vasculaires sont néanmoins d'une grande netteté. Dans le gros intestin, il n'existe que des plis visibles à l'œil nu. L'*Ornithorynque*, qui manquerait, dit-on, de villosités intestinales, en possède cependant dans l'intestin grêle; elles sont plus longues que larges. Un grand nombre de *poissons* présentent aussi des villosités. Dans l'*ange* par exemple, on trouve de petites villosités intestinales, courtes, semblables à des verrues contiguës par leur base; dans le *Spinax niger*, on aperçoit de belles villosités qui sont grosses au commencement de l'intestin valvulaire, et qui se changent en bandelettes sur la valvule spirale, imitant ainsi des valvules spirales secondaires et disposées comme les marches d'un escalier. Le *Torpedo* présente des villosités sur la valvule spirale; dans le *Trygon pastinaca*, la partie antérieure de cette valvule qui est mince n'offre que des plis peu apparents; vers l'extrémité postérieure qui est épaissie, il existe au contraire une formation villeuse bien accentuée. L'intestin du *rhinocéros* (1) nous montre que la surface des grosses villosités peut présenter de petites villosités secondaires; en effet, ces dernières y sont tellement développées, que les villosités mères paraissent à l'œil nu être pourvues de soies fines. L'*éléphant* nous intéresse au même chef. Dans les *Erlauterungst.*, *f. vergl. An.*, G. Carus a donné un dessin très-exact de la face interne de l'intestin grêle de cet animal. La muqueuse présente une grande quantité de plis « qui font saillie dans toutes les directions sur la paroi intestinale, et atteignent souvent plus d'un demi-pouce de longueur ». Cependant cet observateur se trompe lorsqu'il dit « qu'il n'existe pas de villosités libres »; en effet, sur un fragment de l'intestin (de l'extrémité de l'iléon), même sous l'eau et à l'œil nu, mais préférablement au microscope, j'aperçois les villosités ordinaires. Il me semble que les plis de Carus pourraient être considérés comme des villosités énormes garnies de villosités plus fines. Je pourrais aussi faire ressortir que si l'on examine sous l'eau les plis de la muqueuse, on leur voit une cavité qui est assez bien limitée et qui se perd latéralement et inférieurement dans les espaces alvéolaires du tissu conjonctif sous-muqueux. Je considère cette cavité comme analogue au chylifère des petites villosités, comme la reproduction en grand d'une image microscopique. La muqueuse intestinale de l'éléphant présente aussi sa tunique musculeuse; cependant je ne suis pas en état d'établir à quelle hauteur arrivent ses fibres dans les différentes saillies de la muqueuse. La muqueuse intestinale de la plupart des *poissons* et des *reptiles* forme

(1) Voy. Mayer, dans les *Nov. Act. Acad. Leopl.*, 1854.

par ses saillies des sillons et des plis, qui sont souvent aréolaires. A l'*extrémité de l'intestin* (anus) des vertébrés inférieurs, la muqueuse perd son aspect villeux, velouté et jaune rougeâtre ; elle devient lisse, blanchâtre, et semblable à la face interne de l'œsophage.

247.— *Épithélium du canal de nutrition.*— De même que le chorion du tégument externe porte l'épiderme, de même la face libre du stratum conjonctif de la muqueuse (que nous avons décrit dans ses nombreuses variations) est revêtue d'un *épithélium* qui présente certaines particularités, suivant les groupes d'animaux et les régions où on les considère.

248. — *Épithélium du commencement de l'intestin.* — Dans les *cavités buccale et pharyngienne* des mammifères, des oiseaux, des reptiles à écailles et des poissons, le revêtement celluleux est un *épithélium pavimenteux.* Les cellules peuvent s'accumuler en certains endroits, devenir cornées et pigmentées : ainsi, dans les mammifères, se produisent les tubercules palatins ; chez les oiseaux, l'épithélium présente souvent une grande force aux ergots ; et il est fréquemment pigmenté en noir à la langue, aux papilles du bord des tonsilles (*Falco buteo*) ; c'est ici qu'il faut encore placer les fanons de la baleine (la *baleine*, selon l'acception vulgaire). Entre les lamelles cornées de la *baleine*, que l'alcali boursoufle et transforme en grosses cellules, on aperçoit un système particulier d'interstices limités par les cellules environnantes. Ces interstices sont les sections transversales de canaux de dimensions diverses dans lesquels font saillie des papilles longues et courtes de la muqueuse (1).

Les *gaînes maxillaires* des oiseaux et des tortues, les *gaînes cornées* situées sur les papilles linguales de plusieurs mammifères (chauve-souris, carnassiers), ces gaînes qui rendent la langue comme une brosse, sont des formations épithéliales ; toutefois, les tubercules propres du goût sont dépourvus de ces armures dans quelques animaux. G. Carus a donné un dessin de la langue de la *Leæna persica*, et ce dessin montre qu'au devant des papilles à crochets, il se trouve encore une touffe de tubercules du goût à l'état de mollesse. On rencontre aussi, comme on l'a dit souvent, de vraies dents cornées dans les cyclostomes, l'ornithorynque, etc. On connaît en outre un certain nombre d'animaux dont la muqueuse buccale est partiellement couverte de poils : tels sont les *Lepus timidus*, *Arctomys citillus*, *Pteromys*, *Hystrix prehensilis*, *Agouti*, *Paca*, *Ascomys canadensis*, *Myrmecophaga didactyla*, *Manis pentadactyla*, *M. tetradactyla* (G. Carus et Lichtenstein). Suivant

(1) Voyez à ce sujet *Holland. Beitr. v.* Donders u. Moleschott, Bd. I, Hft. I, et surtout Hehn-Reichert, *De textura et formatione barbæ balænæ.* Dorp., 1849.

Molin la « *lame dentaire* » située sur l'os basilaire occipital des cyprins (*Cyprinus carpio, Tinca chrysitis, Barbus fluviatilis, Abramis brama, Leuciscus dobula, Chondrostoma nasus*) est aussi un épaississement de l'épithélium (1).

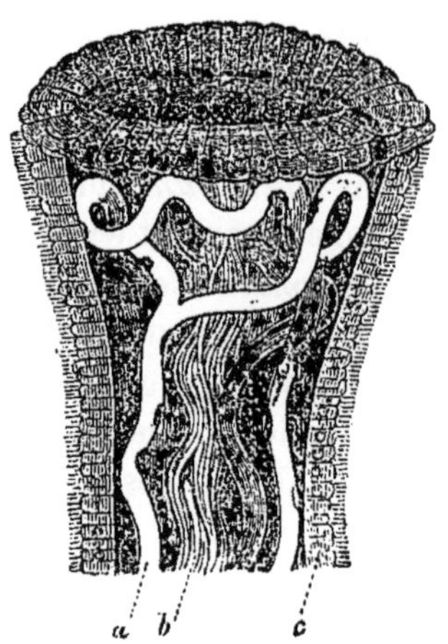

Fig. 166. — Papille fongiforme de la langue de la grenouille. *a*. Vaisseaux. — *b*. Nerfs. — *c*. Épithélium. (Fort grossissement.)

249. — Contrairement à ce que nous venons de voir pour tous ces animaux, la *muqueuse buccale et pharyngienne* des batraciens porte un *épithélium stratifié vibratile;* c'est au moins ce que l'on constate sur les grenouilles, les crapauds et les salamandres. Toutefois, en examinant à ce sujet le *Proteus* et la grenouille, j'ai vu des places qui n'étaient pas vibratiles. Ainsi les cellules épithéliales qui revêtent les papilles fongiformes sont d'une tout autre nature au bord de la fossette papillaire : d'abord claires et surmontées de cils, elles perdent, lorsqu'elles revêtent le fond de l'excavation de la papille, leur aspect et leurs cils; leur contenu devient finement granuleux et offre quelque chose de jaunâtre. Dans les batraciens, on voit encore que parmi les cellules épithéliales du pharynx, les unes restent claires, et les autres sont remplies de globules albuminoïdes.

250. — *Épithélium de l'œsophage*. — Dans les trois classes de vertébrés qui comprennent les *mammifères*, les *oiseaux* et les *poissons*, l'épithélium de l'*œsophage* se comporte comme celui de la *cavité buccale :* c'est un *pavimient stratifié*, qui parfois peut atteindre une épaisseur insolite; il me semble au moins que les tubercules durs que l'on trouve à l'extrémité inférieure de l'œsophage du *castor* ne sont formés que par l'épithélium. Les proéminences plissées du stratum conjonctif

(1) *Sitzb. d. Wien. Akad.*, 1850.

sous-jacent n'y atteignent pas plus de hauteur que sur le reste de la muqueuse œsophagienne. Il en est probablement de même des nombreuses papilles, dirigées en arrière, que Home a trouvées sur l'extrémité de l'œsophage de l'*Echidna*. — Dans beaucoup d'*amphibies*, et même dans ceux dont la cavité buccale n'est pas vibratile, l'œsophage présente un *épithélium vibratile stratifié* (rainette, lézard, crapaud de feu, salamandres terrestre et aquatique, tortue terrestre, lézard, couleuvre à collier : seulement je n'ai pu trouver des cils dans le *Proteus;* l'épithélium corné de l'œsophage de la tortue marine ne vibre pas non plus). Dans le pavimenl de l'œsophage des oiseaux, je remarque que les cellules ont pour contenu des points graisseux qui sont très-nombreux dans le gosier (du pigeon, par exemple). Or, comme au microscope ces cellules rappellent les cellules à sécrétion du lait chez les mammifères, on peut admettre que la sécrétion d'un suc laiteux à l'époque de la couvaison chez les pigeons (phénomène sur lequel Hunter a le premier appelé l'attention en 1780) est dans une certaine relation avec ces cellules graisseuses. Elles correspondent aux cellules du lait des mammifères.

251. — *Épithélium de l'estomac et de l'intestin.* — Cet épithélium est en général *cylindrique*. Dans le *Cobitis fossilis*, les cellules profondes sont des cylindres, tandis que celles de la couche superficielle sont rondes. Dans l'intestin du chat, le cylindre épithélial est à la pointe des villosités constamment plus élevé que sur les parois latérales (Fink). L'épithélium de l'estomac et de l'intestin ne vibre jamais chez les mammifères et les oiseaux, pas même à l'état embryonnaire (1). Mais chez les *batraciens* et les *sélaciens*, il est vibratile pendant la vie fœtale (Leydig, *Raies et squales*); dans quelques vertébrés inférieurs, tels que l'*Amphioxus* (Joh. Müller, Retzius) et le *Petromyzon* (Leydig, *Recherches sur les poissons et les reptiles*), il conserve sa vibratilité pendant la vie. Dernièrement A. Müller (2) prétend avoir trouvé un épithélium vibratile dans l'œsophage des jeunes *Petromyzon*.

(1) Dans les gallinacés, Eberth a découvert, pendant la neuvième et la dixième semaine, un épithélium vibratile sur la muqueuse du cæcum non villeux; la vibratilité persiste plus tard dans les hiboux. On ne peut pas dire exactement jusqu'où cet épithélium s'étend, si dès l'origine il n'existe que dans des endroits isolés, ou bien si primordialement il forme un revêtement continu, et si encore sa raréfaction n'est pas le fait d'une rétrocession. Il existe aussi bien sur les plis qu'entre ces mêmes plis, et il se prolonge dans l'intérieur des glandes de Lieberkühn. Dans le pigeon, à la neuvième semaine, dans la perdrix grise, à la dixième, ce développement passager d'épithélium vibratile n'avait pas commencé. (*Bericht*, etc., p. 22, 1860; J. Eberth., *Ueb. Flimmerepithel im Darm d. Vogel. Zeitschr. f. w, Z.*, Bd. X. et XI.)

(2) *Muller's Archiv*, 1856.

252. — *Couche cornée de l'estomac musculeux des oiseaux.* — Si dans les mammifères l'estomac est *composé*, toutes les cavités (*ruminants*) qui précèdent la caillette ont un épithélium corné, stratifié, et le cylindre n'apparaît que dans la caillette. Dans la moitié cardiaque de l'estomac des rongeurs et du cheval, ainsi que peut-être partout où l'on distingue une portion *cardiaque* et une portion *pylorique*, la première

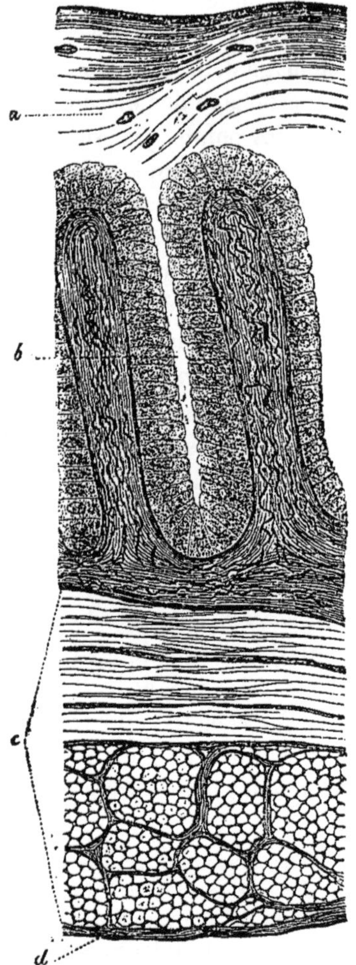

Fig. 167. — Coupe à travers l'estomac *musculeux* du héron.

a. La couche gélatineuse analogue à l'épiderme calleux des autres oiseaux. — *b.* Refoulements glandulaires de la muqueuse. — *c.* Couches de la membrane musculeuse. — *d.* Revêtement conjonctif de l'estomac. (Fort grossissement.)

présente l'épithélium de l'œsophage et la seconde le cylindre. — L'*estomac musculeux des oiseaux* est très-remarquable. La sécrétion des glandes stomacales s'accumule au-dessus des cellules cylindriques, et se durcit en une masse résistante, qui figure à tort dans les livres « comme l'épithélium corné » de l'estomac (1). On peut, il est vrai, trouver accidentellement des cellules au milieu du produit sécrété, mais la masse principale n'est pas une formation épidermique ; elle est une substance homogène et stratifiée, au-dessous de laquelle se trouvent les cellules épithéliales ou de sécrétion des glandes stomacales (voyez plus haut la figure 13). Dans plusieurs oiseaux (je l'ai constaté sur un héron frais, *Ardea cinerea*), ce produit sécrété persiste à l'état d'une substance vitreuse et gélatineuse; elle paraît légèrement linéolée après qu'elle s'est déposée par couches. On y distingue encore quelques noyaux qui proviennent de cellules dissociées. On pourrait peut-être se demander si la couche muqueuse, homogène et vitreuse que l'on voit dans l'estomac frais de plusieurs mammifères au-dessus de l'épithélium, et dans laquelle on rencontre plus ou moins de cellules épithéliales détruites, ne constitue pas une formation tout à fait analogue à celle dont nous venons de parler ? Par contre, « la couche cornée » que l'on trouve dans l'estomac de l'*Echidna*, du *Bradypus* et de l'*Halmaturus*, est d'une toute autre nature. Dans le *paresseux*, où je l'ai examinée, elle se compose de plusieurs couches de cellules épithéliales très-aplaties, lesquelles n'ont plus de noyau. Cet épithélium épais, corné, ne forme pas simplement chez l'*Echidna* dans le voisinage du pylore des papilles cornées ; je le retrouve encore dans le *paresseux ;* seulement, pour le mettre en évidence, on n'a besoin que d'un grossissement moindre. Je pourrais encore ajouter que les cellules de ces papilles cornées ont un aspect ponctué si particulier qu'on pourrait croire à la présence de fins canalicules poreux dans l'épaisseur de la membrane cellulaire.

253. — *Canalicules poreux, cellules muqueuses.* — Dans l'épithélium de tous les vertébrés (l'homme compris), deux formations encore méritent notre attention. La première comprend les *canalicules poreux situés dans la cuticule de l'épithélium.* Ainsi, la cuticule, en quelque sorte le premier indice de cette couche homogène qui est sécrétée au-dessus des cellules épithéliales, et qui atteint son maximum dans l'estomac musculeux des oiseaux, est traversée par des canalicules poreux normaux à la surface ; ils donnent à la couche cuticulaire un aspect finement linéolé, et cette couche, vue par la surface, paraît être finement ponctuée.

L'autre consiste dans la présence de *cellules particulières* au mi-

(1) Voyez les observations de l'auteur insérées dans les *Archives* de Müller, 1854, p. 331, 333.

lieu des cellules épithéliales ordinaires. Dans l'intestin des poissons, des reptiles, des oiseaux et des mammifères, on rencontre des cellules lagéniformes qui sont plus ou moins distendues par des granules, et qui, par cela seul, se distinguent des cellules avoisinantes. Ces cellules sont les mêmes que celles que l'on rencontre aussi dans l'épiderme du tégument externe des mollusques (*Paludina vivipara*), lequel rappelle d'ailleurs beaucoup les membranes muqueuses. Je crois pouvoir admettre que nous avons dans ces cellules lagéniformes l'analogue des cellules muqueuses. Ces deux espèces de cellules ne paraissent différer que par la forme, et celle-ci dépendrait de l'espèce d'épithélium dans lequel elles sont disséminées. D'après cela le paviment des cavités buccale et pharyngienne des poissons présente des cellules muqueuses qui se rapprochent de la forme ronde; dans l'épithélium stomacal du *Cobitis fossilis*, où, comme il a été dit, les cellules de la

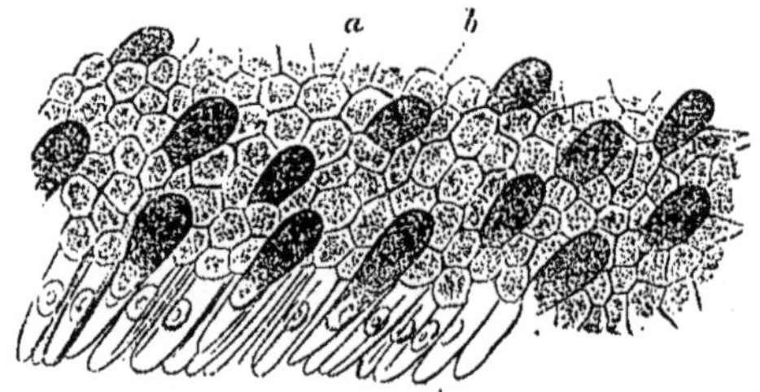

Fig. 168. — Épithélium de la muqueuse intestinale d'un poisson blanc.
a. Cellules cylindriques ordinaires. — *b*. Cellules muqueuses. (Fort grossissement.)

couche supérieure sont rondes, nous rencontrons aussi des cellules muqueuses de cette même forme. Mais dans l'épithélium cylindrique du reste du tractus, et de même que les cellules environnantes, les cellules muqueuses sont devenues lagénifiormes avec un contenu granuleux.

254. — *Épithélium de l'extrémité de l'intestin.* — Nous avons déjà dit plus haut que, par son aspect extérieur, la face interne de l'*extrémité de l'intestin* des poissons (raies et squales), ressemble à celle de l'œsophage; elle porte aussi un paviment au lieu d'un épithélium cylindrique. Le *cloaque* des oiseaux présente aussi un épithélium pavimenteux. (Je suis surpris de ne pouvoir reconnaître un épithélium dans l'intestin du *Cobitis fossilis*, dans lequel cet organe sert en même temps, comme on le sait, à la respiration) (1).

255. — *Glandes du canal de nutrition.* — Les *formations glandulaires* comprennent communément les couches épithéliale et conjonc-

(1) *Müller's Archiv*, 1853, S. 6.

tive de la muqueuse; elles peuvent être considérées comme des refoulements en dedans de la muqueuse, destinés à augmenter sa surface. Cependant la présence des glandes n'est pas un fait qui ne souffre point d'exception : ainsi les glandes œsophagiennes, stomacales et intestinales manquent dans les *Petromyzon fluviatilis*, *Myxine* et *Cobitis fossilis*.

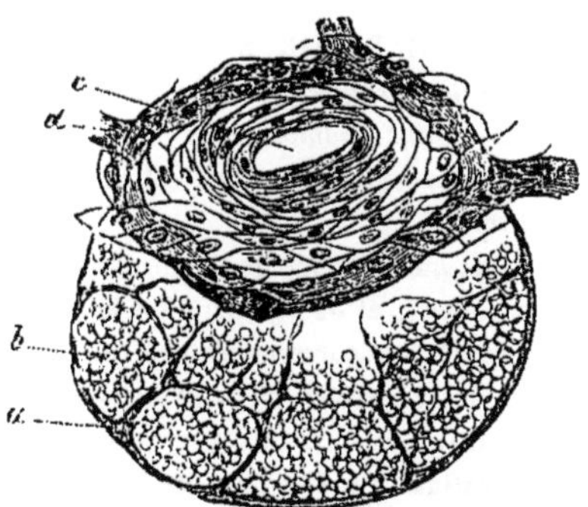

Fig. 169. — Glande de la muqueuse buccale du pigeon.

a. Tunica propria et ses prolongements dans l'intérieur. — *b.* Les cellules de sécrétion. *c.* L'orifice glandulaire et autour de lui l'épithélium pavimenteux de la cavité buccale. — *d.* Vaisseau sanguin qui apparaît au travers et qui entoure l'orifice.

256. — *Glandes du commencement de l'intestin.* — La *muqueuse buccale et œsophagienne des autres poissons* est toujours *aglandulaire;* et si plusieurs auteurs parlent d'orifices glandulaires, c'est que probablement ils ont pris pour tels les orifices des « organes cyathiformes » qui surmontent les papilles. La muqueuse de la bouche et de l'œsophage des *mammifères* présente en tout temps des glandes muqueuses ; et, ce qui est peut-être moins connu, la peau glabre de la bouche, chez le bœuf et le cerf, présente des masses glandulaires acineuses très-développées. Dans les *amphibiës*, la *langue* de la grenouille, de la tortue, du caméléon, du *Crocodilus sclerops*, présente de nombreuses glandes, quoique, par exemple, dans la grenouille, le reste de la muqueuse pharyngienne en soit dépourvu. Dans l'*Anguis fragilis* dont la langue paraît être aglandulaire, je vois sur les deux côtés et sur le plancher de la cavité buccale un groupe de glandes qui forment un tubercule allongé visible à l'œil nu. Ce sont de petits sacs à étranglements multiples, et c'est pour cela qu'ils se rapprochent du type des glandes en grappe. (Treviranus a vu dans le *Cameleon carinatus* aux deux côtés du maxillaire inférieur et au côté interne des dents, une sorte de lèvre mamelonnée pourvue de papilles ; d'après sa description, je la considère comme l'analogue de la glande tuberculeuse de l'*Anguis fragilis*. Dans les *oiseaux* aussi, les saccules glandulaires s'accumulent en certains endroits, et par

exemple, aux côtés de la langue, au bord de la mâchoire, en formant des masses visibles à l'œil nu; les tonsilles, au moins d'après ce que je vois sur le *Strix passerina* et sur le *Falco buteo*, sont de la même nature que les autres follicules glandulaires des cavités buccale et pharyngienne; mais dans le cas où, comme plusieurs le soutiennent, les tonsilles des mammifères (1) se composeraient de saccules clos, elles ne

(1) Le *Zeitschr. f. w. Zool.* (Hft. II, Bd. XIII, S. 221) contient un travail très-considérable du docteur F. Th. Schmidt (de Copenhague) sur le *tissu folliculaire de la muqueuse de la cavité buccale et de l'œsophage dans l'homme et dans les mammifères*. Nous devons nous borner à reproduire les principaux résultats auxquels cet anatomiste est arrivé sur une question depuis longtemps controversée.

Cet auteur a eu pour but de mettre hors de doute que le tissu glandulaire folliculaire peut apparaître sous *diverses formes*, et de découvrir les lois qui régissent ces modalités du tissu en établissant leurs significations correspondantes (p. 225). Il a examiné successivement quelle est la distribution des vaisseaux sanguins au sein de la masse, les rapports qu existent entre le tissu glandulaire et les vaisseaux lymphatiques, jusqu'à quel point les noyaux renfermés dans ce tissu sont destinés à passer dans les lymphatiques, et enfin comment sont produits ces noyaux, et comment ils se multiplient.

C'est sur l'invitation de Kölliker, et avec l'assistance et les conseils de His, que Schmidt a effectué ses recherches, qui portent sur plusieurs sujets de chaque espèce de mammifères, sur des sujets jeunes et adultes, sur le développement comparatif des embryons.

L'auteur examine successivement les tonsilles du *lièvre*, celles du *lapin*, du *cochon d'Inde*, du *rat*, de la *souris*, du *porc*, du *cheval*, de la *brebis*, du *chevreuil*, du *bœuf*, du *veau*, du *chien*, du *renard*, du *chat*, du *hérisson*, de la *chauve-souris* (*Vespertilio aurita*), etc., soit à l'état adulte, soit pendant la vie fœtale, et il arrive aux résultats suivants.

Quoique (p. 267) le tissu folliculaire de la muqueuse de la cavité buccale et de l'œsophage paraisse manquer complétement, ou au moins n'exister qu'en petite quantité, son existence est cependant assez générale pour qu'elle doive être admise en thèse générale. Son absence a été plus fréquemment constatée dans la muqueuse de la langue et de la voûte palatine que dans les tonsilles; mais, d'un autre côté, le tissu folliculaire de toutes ces différentes régions est si constamment le même, qu'il ne saurait en aucun cas, pas plus que les tonsilles, être considéré comme un produit pathologique, opinion que Boettcher avait émise (*Virchow's Archiv*, Bd. XIII, S. 219). « Les glandes folliculaires de la cavité buccale et de l'œsophage sont des organes qui élaborent des corpuscules lymphatiques, de véritables glandes lymphatiques « unipolaires ». Les corpuscules lymphatiques que l'on rencontre en très-grande quantité dans les vaisseaux efférents *ne* peuvent se produire *que* dans les glandes; et, aussitôt qu'ils ont été entraînés, une nouvelle formation globulaire a lieu. Mais les tonsilles et les autres follicules ne sont pas seuls des organes lymphatiques; la *muqueuse elle-même* élabore des corpuscules, et les organes susnommés ne font que désigner les endroits où cette production se manifeste avec le plus d'intensité (p. 291).

» La formation des corpuscules lymphathiques commence vers le milieu de la vie fœtale (chez l'homme), et, dans les premiers temps qui suivent la naissance, elle n'a pas encore apparu partout où elle se manifestera plus tard. Les premiers corpuscules naissent par la transformation et la division des cellules de tissu conjonctif contenues dans la muqueuse primordiale, pour celles de ces cellules qui sont situées dans le voisinage immédiat des vaisseaux sanguins » (p. 292).

Après la formation de ces corpuscules, que l'on pourrait appeler *primordiaux*, comment

pourraient pas être comparées à ces saccules (voyez ce que nous avons dit là-dessus au paragraphe 242). Si l'on a égard à la forme de ces différentes formations glandulaires, on voit qu'elles sont des refoulements sacciformes simples, courts ou allongés, de la muqueuse conjonctive, dans lesquels les cellules épithéliales se continuent; ou bien, si l'espace glandulaire s'excave davantage, la tunique propre forme des saillies internes. Les glandes linguales de la grenouille (que l'on voit bien après cuisson) sont élargies en forme d'entonnoir à leur embouchure. Je crois avoir vu des cils vibratiles sur les cellules à sécrétion des glandes linguales du *Triton igneus*. On peut faire ressortir que dans les mammifères seulement, les glandes prennent réellement le *type acineux*, par l'excavation et le pelotonnement de leurs canaux ramifiés, tandis que chez les reptiles et les oiseaux, bien qu'elles ressemblent à des acini, elles sont toujours *lagéniformes* et leur face interne peut être d'ailleurs sillonnée par de nombreuses saillies membraneuses.

257. — *Glandes de l'œsophage.* — L'œsophage des *poissons* et du plus grand nombre des *amphibies ne présente pas de formations glandulaires;* d'après mes observations, on n'en trouve pas dans les *Cys-*

naissent les autres? Après avoir successivement passé en revue les opinions de Kölliker (*Würbz. Verhandl.*, Bd. VII, 1857, S. 193), de His (*Zeitschr. f. w. Z.*, Bd. X, S. 341), de Henle, de Frey, le docteur Schmidt affirme que la division cellulaire qui se continue doit se passer dans les cellules *adventitielles*, c'est-à-dire dans les cellules situées dans l'*adventitia* des grosses veines qui rampent dans la couche externe des capsules, dans le tissu sous-muqueux. Chez l'embryon on trouve aussi des corpuscules lymphoïdes entre les faisceaux de l'*adventitia* des artérioles ; mais, chez l'*adulte*, les veines seules paraissent avoir cet avantage. L'auteur est tenté de croire que les couches périphériques du tissu glandulaire sont les couches formatrices. Les corpuscules sont chassés de l'*adventitia* dans les mailles du tissu glandulaire par la pression du sang, et de là ils passent dans les conduits lymphatiques. Ces notions concordent avec celle de Brücke, de Leydig, de Billroth.

Quelle est enfin la signification du follicule? On ne le rencontre que dans le tissu glandulaire arrivé à un degré élevé de son développement, alors que la formation lymphoïde existe déjà depuis longtemps; et même, dans l'animal adulte, on trouve du tissu glandulaire sans traces de follicules et engendrant des corpuscules. Ce qu'il y a de plus remarquable, c'est que ces corpuscules se forment en plus grande abondance dans le tissu *lymphoïde non folliculeux* que dans les follicules eux-mêmes; leur abondance se relie à la vascularité qui est moindre dans le follicule que dans le reste du tissu sous-muqueux glandulaire : les follicules ne sont donc pas indispensables pour la formation des corpuscules ; ils représentent pour ainsi dire du tissu glandulaire trop mûr. Il a été constaté, en outre, que les animaux qui engraissent facilement en présentent un plus grand nombre, que ce nombre diminue pendant l'amaigrissement, pendant une longue maladie. Il y aurait donc un certain rapport entre l'état de la nutrition et la formation folliculaire, entre la graisse et la masse des follicules. On trouvera une autre discussion du travail du docteur Schmidt dans le *Bericht*, etc., 1863 (p. 93).

tignathus ocellatus, *Bombinator igneus*, *Siredon pisciformis*, *Salamandra maculata*, *Lacerta agilis*, *Coluber natrix*. Par contre, on les rencontre dans les *Rana temporaria*, *Proteus anguinus* (elles font saillie comme des tubercules, et deviennent plus grosses du côté de l'estomac), dans la *Testudo græca* (où on les reconnaît facilement à l'œil nu, car le tissu conjonctif situé entre elles est blanc, et elles donnent à la muqueuse un aspect aréolaire). Dans les *oiseaux* et les *mammifères*, au contraire, la muqueuse œsophagienne est toujours garnie de glandes. Quant à leur forme et à leur nature, elles se comportent comme les glandes de la bouche et du pharynx; dans le *Strix passerina*, elles représentent des utricules allongés et très-nombreux au commencement de l'œsophage, rappelant les glandes de Lieberkühn; chez le héron (*Ardea cinerea*), on trouve des saccules glandulaires plus courts, mais ils sont très-serrés; dans le coq de bruyère, ils sont plus distants les uns des autres; dans le pigeon, ils manquent à la portion supérieure de l'œsophage, pour ne se montrer que vers le gosier, où ils ont la forme de gourdes divisées en compartiments par des septa intérieurs. Chez le *Proteus*, ils présentent en dedans des follicules secondaires.

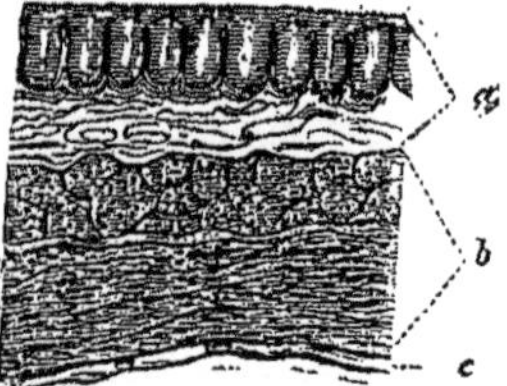

Fig. 170. — Coupe à travers les membranes de l'œsophage du héron.

a. La muqueuse avec ses glandes serrées les unes contre les autres. — *b*. Les deux couches vasculaires. — L'enveloppe conjonctive externe de l'œsophage. (Grossissement modéré.)

258. — *Glandes de l'estomac*. — La muqueuse de l'*estomac* de tous les vertébrés, à l'exception des poissons sus-nommés, est garnie de glandes d'une manière très-régulière. Dans les *plagiostomes*, les glandes ne remplissent pas complétement la paroi interne de l'estomac; la muqueuse conserve, sur des surfaces déterminées, sa nature qui lui vient de l'œsophage. Ainsi, du côté de cet organe, la couche glandulaire débute par différents prolongements, puis viennent des sillons blanchâtres qui parcourent toute la longueur de l'estomac, et qui sont dépourvus de glandes; vers le pylore et même déjà à une certaine distance de cet orifice, les glandes vont en s'atténuant, mais sans que le stratum glandulaire se termine par une seule pointe; il en

forme, au contraire, plusieurs qui sont dentelées. Quant à la forme des glandes stomacales, ce sont des tubes borgnes, serrés les uns contre les autres, et leurs culs-de-sac sont souvent légèrement renflés.

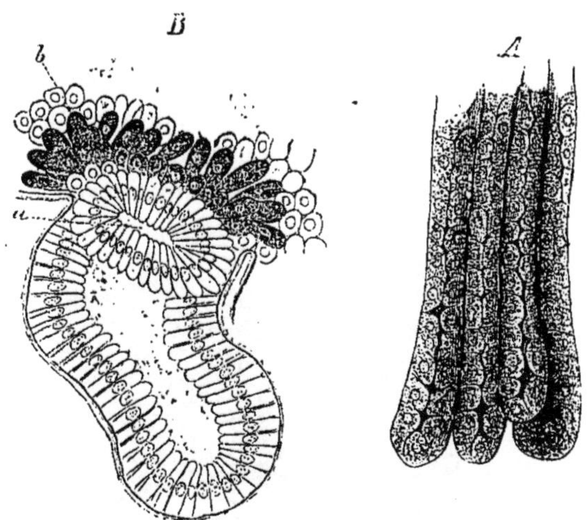

Fig. 171. — Glandes stomacales des poissons.

A. Glandes à pepsine du *Torpedo*. — B. De l'*Acipenser*.
a. Orifice glandulaire. — b. Cellules épithéliales de la face interne de l'estomac.
(Fort grossissement.)

Dans l'*esturgeon*, ce sont des sacs cylindriques et courts, qui ne se suivent pas de si près, qu'en regardant la muqueuse d'en haut, on voie les orifices se toucher; il reste, au contraire, entre eux un certain espace libre. Les glandes stomacales du *Polypterus* représentent dans la partie antérieure de l'estomac des utricules assez longs; mais ces utricules diminuent de longueur à mesure que la muqueuse s'amincit du côté de l'extrémité borgne de l'estomac; mais en même temps leur diamètre transverse augmente, et enfin, ils ne représentent que des cryptes muqueuses peu profondes mais larges; ces cryptes loin d'être en contact se trouvent à une distance de plus en plus grande les unes des autres, à mesure qu'elles se rapprochent du cul-de-sac de l'estomac, jusqu'à ce qu'enfin on les trouve tout à fait isolées. Les glandes stomacales des *batraciens* ainsi que des *reptiles à écailles* (*Testudo græca, Lacerta agilis*) ne sont peut-être que de courts saccules (1), qui ne paraissent

(1) Ce n'est que dans le premier estomac à parois épaisses du crocodile (*Crocodilus niloticus*) que je puis apercevoir des glandes très-nombreuses sous la forme d'utricules allongés et relativement étroits; dans le second estomac, dont les parois sont plus minces, elles représentent des sacs larges et courts. Sur les préparations que j'ai sous les yeux, l'épithélium manque complétement, ce que je regrette d'autant plus que je soupçonne ici la même couche cornée que dans l'estomac musculeux des oiseaux. Plusieurs auteurs parlent aussi d'un

pas se disposer en groupes. Les glandes utriculaires étroites qui se trouvent dans l'estomac musculeux des *oiseaux*, au-dessous de ce qu'on appelle à tort la couche cornée, se tiennent par groupes; enfin, dans l'*estomac glandulaire* des oiseaux, l'isolement de ces groupes acquiert sa plus haute expression, au point qu'un certain nombre assez considérable de glandes utriculaires se trouvent réunies en un paquet par une enveloppe commune conjonctive (1). Les glandes stomacales des *mammifères* sont des utricules simples, cylindriques, avec un cul-de-sac un

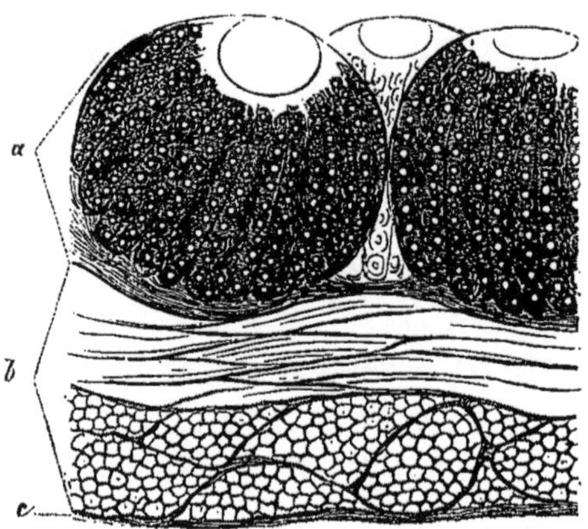

Fig. 172. — Coupe à travers l'estomac glandulaire du pigeon.

a. Muqueuse avec les paquets de glandes à caillette. — *b*. Couches musculaires. *c*. L'enveloppe externe conjonctive.

peu élargi, légèrement échancré, par conséquent, comme fendu; ou bien plusieurs glandes utriculaires se réunissent en un gros conduit par lequel elles s'ouvrent dans l'estomac. Dans ces glandes stomacales utriculaires composées, comme on en a observé chez le chien, le chat, le cheval, le lièvre, le lapin, le porc, etc., je vois quelque chose d'analogue aux paquets glandulaires situés dans le *proventriculus* des oiseaux.

« épithélium plus fort » pour cette portion de l'estomac, qui offre une grande ressemblance avec l'estomac charnu des oiseaux. — Plusieurs zoologues ont comparé aussi la formation stomacale de la *Pipa dorsigera* avec celle du crocodile, ce qui ne me paraît pas complétement exact, car le deuxième estomac de la *Pipa*, qui est plus petit, pourrait plutôt être considéré comme le commencement élargi du duodénum. Mais ce qu'on appelle le premier estomac mérite notre attention, parce que du côté du pylore il est pigmenté en noir. Le pigment réside dans le stratum conjonctif de la muqueuse qui forme de forts plis aréolaires, l'épithélium se compose de belles cellules cylindriques, qui jouent le rôle de glandes lorsqu'elles revêtent les dépressions situées entre les plis. (*Note de l'auteur.*)

(1) Molin, *Denkschr. d. Wien. Akad.*, 1850; Leydig, *Müller's Archiv*, 1854, p. 331, 333.

259. — Un certain intérêt morphologique au point de vue de l'organisation des mammifères s'attache à cette forme de l'estomac, dans laquelle on distingue, plus ou moins nettement, une *portion cardiaque* et une *portion pylorique*, lorsque l'étranglement porte sur la partie gauche de l'organe ; cette partie, ordinairement dépourvue de glandes, possède alors une couche propre considérable de glandes. Je ne connais, d'après mes dissections, que les rapports histologiques que présentent le *Castor fiber* et le *Manatus australis*. La *grosse glande stomacale* du castor se compose de glandes à caillette utriculaires, disposées en groupes, et s'ouvrant dans des cavités caverneuses qui traversent la masse. Dans le *Manatus*, l'estomac est partagé exactement en deux portions, dont l'une, *cardiaque*, présente une muqueuse lisse, aglandulaire, tandis que l'autre, *pylorique*, est garnie de glandes à caillette ordinaires ; celle-ci présente deux culs-de-sac, qui sont deux refoulements simples des membranes de l'estomac, de même nature que la portion pylorique même ; par contre, le cul-de-sac de la portion gauche de l'estomac est d'une toute autre nature et correspond au tubercule glandulaire de l'estomac du castor. Il n'a aucune communication simple avec la cavité de l'estomac ; son intérieur est aréolaire, et les aréoles paraissent être, à l'œil nu, remplies d'une masse jaune blanchâtre. Au microscope, on constate que tout le cul-de-sac est un *agrégat de glandes utriculaires*. Le tissu conjonctif en forme la charpente, et il est remarquable qu'en examinant des sections étendues ce tissu présente ici les mêmes contours que dans une glande utriculaire composée ; à un grossissement faible, on croirait que la paroi de ces cavités utriculaires est garnie de cellules à sécrétion cylindriques ; mais, à un grossissement plus fort, on trouve que ces prétendues cellules à sécrétion sont des glandes à caillette étroites, utriculaires, complétement différenciées, et dans lesquelles on voit clairement la tunique propre et les cellules épithéliales. Par conséquent, nous trouvons ici ce que j'ai décrit autrefois pour la prostate du cheval (1), c'est-à-dire une répétition des formes : en effet, un certain nombre de glandes à caillette, cylindriques et entourées d'une membrane commune, forment un acinus allongé d'une glande utriculaire composée, qui paraît être de dimensions énormes, et par la réunion de pareils acini prennent naissance des masses glandulaires encore plus volumineuses, lesquelles s'ouvrent enfin par plusieurs orifices dans le premier estomac et dans le *cardia*. — Dernièrement Ecker a examiné aussi la muqueuse stomacale du *Delphinus Phocæna*, et il a trouvé que, dans

(1) *Zeitschr. f. w. Z.*, 1850.

le second estomac, les glandes à caillette présentent un développement considérable, au point que sur la muqueuse on distingue un certain nombre de bourrelets épais (1).—(On voit probablement quelque chose de semblable dans le *Myoxus avellanarius* et dans le *loir*, chez lesquels

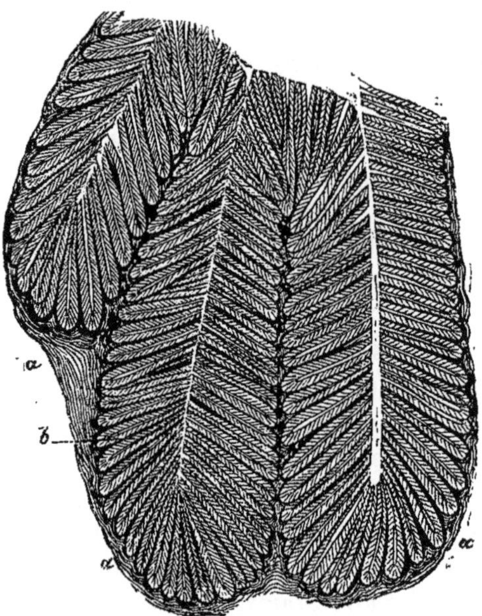

Fig. 173. — De la glande stomacale du *Manatus australis*.

On distingue trois divisions utriculaires, on pourrait dire qu'en *a* sont représentées les extrémités d'une glande utriculaire composée énorme, et ce n'est que dans ces utricules que se trouvent les glandes à caillette, *b*. (Grossissement modéré.)

plusieurs auteurs ont décrit un jabot propre, petit, épais, très-glandulaire et plus fort que celui des oiseaux ; ce jabot résulterait d'un étranglement du deuxième estomac. Le *Manis* et d'autres mammifères, dans lesquels on a signalé des glandes stomacales propres, méritent d'être examinés attentivement. Dans l'estomac de la taupe, les glandes à caillette utriculaires sont plus développées dans la portion cardiaque que dans la moitié pylorique). — Chez le bœuf, dans le compartiment qui précède la caillette et qui est pourvu d'un fort paviment, je n'ai pu trouver traces de glandes; Wedl parle de follicules muqueux, qui se trouveraient dans la *panse* et dans le *bonnet* du chameau.

260. — Dans tout ce qui précède, nous avons eu égard seulement à la forme que la *tunique propre* conjonctive (la couche limite immédiate du chorion de la muqueuse) imprime aux glandes; mais les laboratoires du produit sécrété sont les cellules qui revêtent la cavité glan-

(1) *Verhandl. d. Gesellch. f. Beförder. d. Naturw. in Freiburg.*, 1855

dulaire, et ces cellules paraissent être de *deux sortes* : les unes ont les *cellules à caillette*, à pepsine; elles ont une *forme arrondie* et un *contenu à granulations foncées*; chez les oiseaux, elles revêtent les paquets glandulaires du *proventriculus*, et, chez les mammifères, elles semblent remplir le plus souvent les glandes de la portion cardiaque (il en est ainsi dans le *Castor* et le *Manatus*). Elles y acquièrent une grosseur telle que leurs culs-de-sac forment des anses, ce qui leur donne une certaine ressemblance avec certaines *formes glandulaires monocellulaires* des invertébrés, desquelles il sera question bientôt. En effet, dans ces dernières, chaque grosse cellule est logée dans une petite bourse conjonctive; de même aussi chaque cellule à caillette se trouve isolée dans une des anses du canal glandulaire commun. La seconde espèce de cellules à sécrétion se distingue par une *forme cylindrique* et un *contenu de couleur le plus souvent moins foncée*. Elles revêtent dans les oiseaux l'épithélium des glandes de l'estomac musculeux; dans les mammifères, les glandes voisines du pylore. Cette distinction de deux espèces de cellules sécrétantes indique qu'il existe deux produits de sécrétion différents. On n'a pas encore établi cette distinction ni dans les *amphibies* ni dans les *poissons*. Les cellules qui, chez les *batraciens*, remplissent les glandules de l'estomac, se présentent à des états divers : tantôt elles sont claires (salamandre terrestre), tantôt granuleuses à un degré qui varie. Dans l'*esturgeon*, les glandes stomacales sont revêtues avec une grande régularité par un épithélium cylindrique clair et délicat, qui se continue sur le bord de l'orifice des glandes avec celui de la muqueuse; les cellules des deux épithéliums cylindriques se distinguent en ce que, dans la muqueuse, elles sont plus grosses et distendues vers leur extrémité libre par une masse moléculaire. Dans le *Polypterus*, les cellules des glandes stomacales sont aussi cylindriques, et, de plus, elles sont si régulièrement disposées qu'elles laissent entre elles un vide clair.

261.— *Glandes intestinales*.— La muqueuse de l'*intestin* présente dans les mammifères et les oiseaux des glandes (*dites de Lieberkühn*), toujours innombrables et utriculaires; leur grosseur varie suivant les parties de l'intestin où on les considère. Chez les mammifères, par exemple, elles sont plus longues dans le gros intestin que dans l'intestin grêle; chez les oiseaux, elles sont plus longues dans le duodénum que dans l'intestin grêle et le rectum; mais elles sont toujours revêtues par un épithélium cylindrique régulier. Quant aux *reptiles* et aux *poissons*, si l'on veut attribuer ou bien refuser des glandes à leur muqueuse intestinale, il n'est que de s'entendre : il est rare, en effet, que l'on puisse apercevoir chez eux des glandes utriculaires ou de Lieberkühn proprement dites; c'est ce qui a lieu, par exemple, pour le *Torpedo Galvanii* dans la portion intestinale située entre l'estomac et l'intestin valvulaire, pour le *Polypterus*, dans le conduit pylorique. Le plus souvent, la muqueuse présente des plis et des trabécules qui forment réseau, et une sorte de trame cellulo-aréolaire, qui produit sur l'œil la même impression que la muqueuse stomacale de la grenouille vue au microscope, après que ses glandes ont été dépouillées des cellules qu'elles contiennent. Par conséquent, comme toute distinction ne réside que dans la grosseur et nullement dans la structure, on serait autorisé à voir dans la texture en treillis de la muqueuse de l'esturgeon, du *Polypterus*, de la grenouille, de la salamandre et du *Proteus*, l'expression d'une formation glandulaire très-élevée : les glandes forment ici par leur développement des fossettes tellement grosses, que l'œil suffit presque à délimiter leurs contours (1).

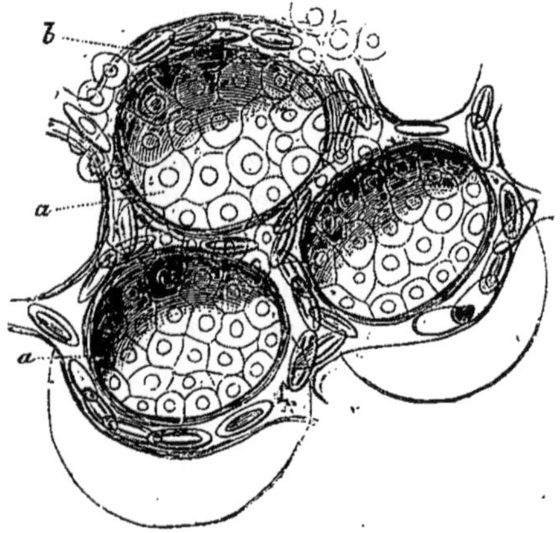

Fig. 174. — Trois glandes intestinales de la *Salamandra maculata*. Les orifices glandulaires, *a*, sont entourés de vaisseaux sanguins, *b*. (Fort grossissement.)

262. — *Glandes de Brunner*. — En outre des glandes utriculaires, on rencontre encore dans certaines localités des *glandes acineuses* chez les mammifères et chez quelques poissons. Chez les *mammifères*, elles sont connues sous le nom de *glandes de Brunner*, et elles se trouvent dans le duodénum. Suivant Middeldorpf, elles sont le plus nombreuses dans les herbivores. Dans la taupe, on ne les rencontre qu'au commencement du duodénum où elle forment un anneau jaune blanchâtre visible à

(1) On peut rencontrer ces mêmes rapports de structure dans la *girafe*. A. Sebastian (*Tydschr. voor Naturl. Geschied.*, XII, 1844) décrit sur la muqueuse du côlon, à l'embouchure de l'intestin grêle, des cellules petites et grosses, avec une ouverture ronde ou ovale; quelques-unes de ces cellules seraient partagées en compartiments par des cloisons. (*Note de l'auteur.*)

l'œil nu ; leurs cellules sécrétantes ont, comme je puis le constater, un contenu foncé, finement moléculaire, duquel dépend la coloration. Les glandes de Brunner manquent dans les *oiseaux*, les *reptiles* et la plupart des *poissons*. Ce n'est que dans les *chimères*, les *raies* et les *squales* que je reconnais une formation glandulaire analogue et encore elle est située à l'extrémité opposée de l'intestin. Au commencement du rectum de la *Chimæra monstrosa*, on rencontre environ huit tubercules longitudinaux, se terminant en pointe par en bas, et d'une assez forte saillie. Si l'on dépouille ces tubercules de leur muqueuse, on aperçoit des amas de glandes de couleur jaune rougeâtre, lesquels se composent microscopiquement d'utricules glandulaires ramifiés et reliés entre eux par des

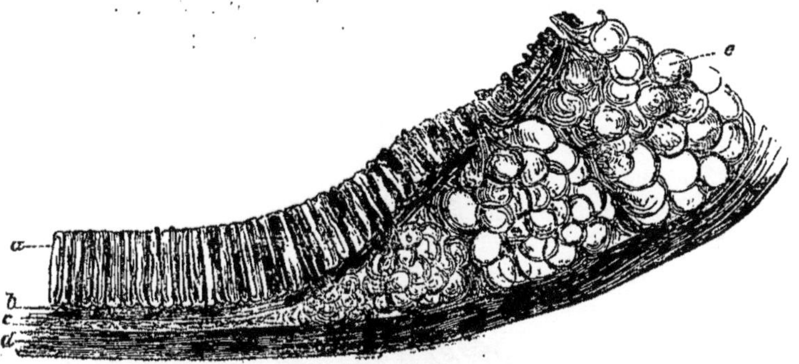

Fig. 175. — Coupe à travers le duodénum de la taupe.

a, Glandes de Lieberkühn. — *b*. Couche musculaire de la muqueuse. — *c*. Son stratum conjonctif. — *d*. Membrane musculaire de tout l'intestin. — *e*. Glandes de Brunner. (Grossissement modéré.)

lobules arrondis. De même que dans le *Manatus* (voyez plus haut) les glandes de la portion cardiaque de l'estomac forment une annexe particulière, en cul-de-sac, de l'estomac, de même aussi, dans les raies et les squales, ces glandes acineuses s'écartent de la paroi intestinale pour former la *glande digitiforme* qui s'ouvre au côté dorsal du rectum. Cette glande présente à la coupe longitudinale une substance glandulaire, épaisse et jaunâtre, ainsi qu'une cavité intérieure. Celle-ci est le plus souvent remplie par un produit de sécrétion jaune sale, dont l'aspect est celui du liquide stomacal ; au microscope, on le trouve composé d'une masse ponctuée et de grosses cellules remplies de cette même substance granuleuse, et dont les membranes ont souvent disparu, de telle sorte qu'il ne reste que des noyaux clairs entourés d'une masse ponctuée agglutinée. La cavité est séparée de la substance glandulaire par une forte couche de tissu conjonctif, et elle se prolonge suivant le canal excréteur. Son épithélium est pavimenteux. La substance glandulaire, qui renferme beaucoup de sang, se compose de vésicules glandulaires acineuses, très-serrées les unes contre les autres, et situées sur un canal excréteur très-court.

263. — *Glandes lymphatiques de la paroi intestinale.* — Les *glandes lymphatiques* de l'intestin se comportent dans les mammifères comme chez l'homme; dans le pharynx, elles portent le nom de *glandes folliculaires* et de *tonsilles;* dans l'estomac, celui de *glandes lenticulaires;* dans l'intestin, celui d'*amas de Peyer* et de *follicules solitaires.* Leur structure est celle qui a été indiquée plus haut : le tissu conjonctif qui forme la paroi de la capsule, envoie dans l'intérieur une trame qui porte de nombreux vaisseaux sanguins, et les mailles sont occupées par une masse formée de petites cellules, dont les éléments ressemblent aux globules lymphatiques.

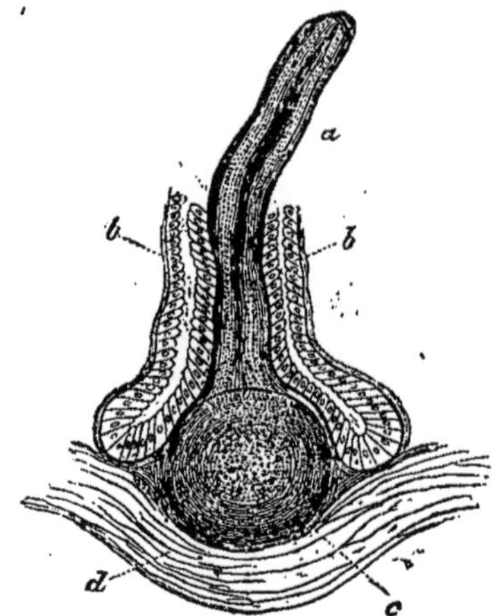

Fig. 176. — De l'intestin de l'oie.

a. Villosité intestinale. — *b.* Deux glandes de Lieberkühn. — *c.* Un follicule de Peyer. *d.* Couche musculeuse. (Grossissement modéré.)

Chez les *oiseaux*, les follicules de Peyer sont disséminés sur toute l'étendue de l'intestin, et ils présentent un développement particulier dans le diverticulum intestinal de l'oie. Ils ont été étudiés par Baslinger (*Sitzb. d. Wien. Akad.*, 1854), qui est arrivé au résultat suivant : les glandes de Peyer se limitent nettement à l'extérieur au sein de la musculature; leur col aminci perce la membrane longitudinale interne, puis elles s'étalent entre les cryptes et laissent leur masse « cytoblastématique » passer dans les villosités sans délimitation aucune. Par conséquent, d'après Baslinger, on pourrait établir une connexion directe entre le chylifère villeux et la glande de Peyer. Je regrette de ne pouvoir confirmer ces résultats; car, après avoir examiné l'intestin de l'oie, à l'état frais et desséché, et enfin cuit dans l'acide acétique, j'ai trouvé que la structure intime des follicules ne diffère en rien de celle des glandes de Peyer des mammifères ; la capsule me paraît être aussi nettement limitée du côté des villosités que du côté de la membrane musculeuse.

264. — *Bourse de Fabricius.* — Il est digne de remarque que la muqueuse de la *bourse de Fabricius chez les oiseaux* renferme une grande quantité de follicules de Peyer à l'exclusion de toute autre formation glandulaire. J'ai examiné à ce sujet le *merle d'eau* (*Cinclus*

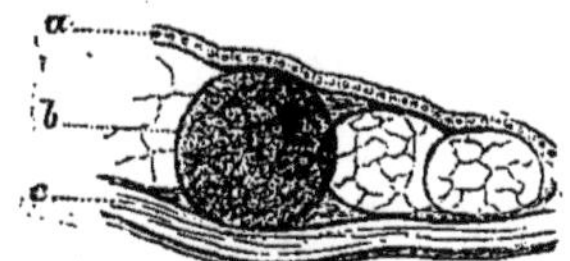

Fig. 177. — Coupe à travers la paroi de la bourse de Fabricius du *merle d'eau.*

aquaticus), la perdrix rouge, l'effraie et le canard. La substance conjonctive de la muqueuse détermine des follicules arrondis et parfaitement clos, étroitement juxtaposés ; dans le canard, ces follicules déterminent sur la *bourse* deux ou plusieurs saillies longitudinales visibles à l'œil nu, en vertu d'un développement local particulier. Ils sont du reste de grosseur variable ; leur contenu est formé de petites cellules qui se troublent dans l'acide acétique, et traversé en outre par des capillaires sanguins. La surface de la muqueuse est recouverte par un épithélium cylindrique stratifié. (D'après R. Wagner, les glandes de la *bourse de Fabricius* seraient des « glandes muqueuses » qui s'ouvriraient « par de petits pores » dans la cavité de l'organe). Malgré des tentatives plusieurs fois répétées, je n'ai pas vu la chose autrement que je ne viens de la décrire. — Comme les glandes de Peyer ont aujourd'hui la signification de glandes lymphatiques, nous pouvons rappeler que, suivant plusieurs auteurs, la grandeur de la *bourse* diminue avec l'âge de l'animal, ce qui s'accorderait avec la manière dont se comportent les glandes lymphatiques, lesquelles diminuent aussi et se ratatinent à une certaine période de la vie. Il en est ainsi pour le thymus, que je range aussi parmi les glandes lymphatiques.

265. — *Glandes lympathiques du tractus des poissons et des reptiles.* — Jusqu'à présent, on n'a rien fait connaître sur le tube de nutrition des *reptiles* et des *poissons* au sujet des glandes lymphatiques. Mais ne pourrait-on pas considérer comme une formation analogue aux glandes lymphatiques, cette masse blanche et lobée que j'ai signalée sur la *Chimœra monstrosa* entre la base du crâne et la muqueuse pharyngienne, ainsi que la substance blanche qui, chez les sélaciens, existe

en assez grande abondance entre les membranes muqueuse et musculeuse de l'œsophage (*raies* et *squales*, p. 53)? Elle présente en effet la même trame conjonctive délicate, les mêmes noyaux, les mêmes granulations moléculaires. La substance glandulaire commence et finit, dans les sélaciens, avec beaucoup de netteté, en haut, à la naissance des plis longitudinaux œsophagiens, et en bas, à l'embouchure de l'œsophage dans l'estomac.

266. — *Musculature de la muqueuse.* — La muqueuse du *tractus* est *capable de se contracter*, puis, dans presque tous les vertébrés, on rencontre des muscles lisses au sein du tissu conjonctif. Chez l'*esturgeon*, je n'ai pu les découvrir (1); par contre, dans la *grenouille* et la *salamandre*, je les ai remarqués, et ils se prolongent entre les groupes glandulaires. Après avoir sectionné l'estomac d'une grenouille vivante, je distinguais séparément les membranes musculaire et muqueuse; par l'effet des muscles, la muqueuse s'enroulait peu à peu. Chez les *oiseaux* (oie), les fibres musculaires ont été décrites par Brücke, et suivies jusque dans les villosités; je les ai vues aussi dans la muqueuse rectale du pigeon. Dans l'intestin des *mammifères*, elles s'élèvent aussi d'habitude jusque dans les villosités, où (chat) Gerlach distingue deux couches de muscles, l'une centrale et longitudinale, l'autre périphérique et transversale. Chez le chien (et chez l'homme), la couche transversale est moins apparente, et elle paraît même manquer souvent. Ajoutons ici que les papilles linguales de la grenouille (que j'ai vues dans la *Rana temporaria* et surtout chez le *Cystignatus ocellatus*) sont garnies jusqu'à une certaine hauteur de *muscles striés*, qui sont les prolongements des muscles ramifiés de la langue. Je dois encore placer ici une observation récente que j'ai faite. Le *feuillet* du bœuf formé de fines duplicatures de la muqueuse et de papilles, présente aussi quelques faisceaux de muscles lisses dans son intérieur, lesquels produisent des saillies mamelonnées visibles à l'œil

(1) Dans les raies et les squales, la muqueuse présente une musculature lisse, ainsi que je l'ai constaté récemment sur la valvule longitudinale d'un *requin à marteau;* de même, dans le *Petromyzon*, le tronc de la veine intestinale est contractile au bord libre de la valvule. Duvernoy (*Ann. des sciences naturelles*, 1835) croit aussi avoir reconnu que la veine était recouverte de fibres musculaires. Sur de fines coupes verticales d'une valvule desséchée et ramollie ensuite dans l'acide acétique, on constate très-bien comment un réseau assez dense de muscles lisses parcourt le tissu conjonctif lâche de la muqueuse, pour se perdre à la périphérie dans les saillies en forme de bandelettes, et comment, vers le centre, il est en connexion avec les membranes de la veine et avec une artère concomitante. Peut-être Duvernoy, après un mode de préparation tout autre, a-t-il cru devoir attribuer à la veine ce réseau musculaire de la muqueuse? En ce même endroit, et dans le *Petromyzon*, je n'ai pas pu trouver les éléments musculaires. (*Note de l'auteur.*)

nu, disposées dans le sens de la longueur des plis, ainsi que dans le sens circulaire.

267. — *Musculature du canal de nutrition.* — *Portion buccale et pharyngienne.* — Dans l'intestin, les muscles forment une couche propre, située au côté externe de la muqueuse, composée en grande partie de fibres longues et circulaires; elle est tantôt mince, tantôt épaisse, et on la trouve dans le *tractus* de la plupart des vertébrés (elle manque quelquefois dans la *Myxine* et dans quelques invertébrés). Peu développée dans la *Chimère*, elle présente une grande puissance dans l'estomac musculeux des oiseaux et des crocodiles, ainsi qu'au pylore d'un grand nombre de poissons. (On sait, en effet, que la musculature pylorique de quelques poissons est tellement épaisse que le pylore forme une masse arrondie semblable à l'estomac de l'oiseau. Dans l'estomac des oiseaux et du crocodile, les fibres longitudinales et circulaires aboutissent à un tendon central situé des deux côtés ; Retzius a trouvé une disposition analogue dans l'estomac du *Silurus glanis,* ainsi que dans plusieurs *silures d'Égypte ;* seulement la disposition réciproque des couches musculaires est inverse de celle qu'on voit dans l'oiseau). Quant aux propriétés histologiques, la musculature qui entoure l'entrée du canal de nutrition, et par conséquent *celle de la cavité buccale et pharyngienne*, est toujours de *nature striée.* Dans le palais de quelques poissons à arêtes (*Cyprins*, *Cobitis*, *Acerina*), la musculature s'épaissit pour former ce qu'on appelle l'*organe palatin* contractile. On distingue dans cet organe une grande quantité de nerfs, un tissu conjonctif vasculaire et des faisceaux musculaires striés enlacés les uns dans les autres; dans plusieurs cyprinoïdes, on trouve une grande quantité de cellules graisseuses au sein de la musculature. Davaine, qui a étudié cet organe dans les *carpes* (*Comptes rendus de la Société de biologie*, 1850), a reconnu des muscles lisses mêlés aux muscles striés ; je n'ai pas pu vérifier ce fait. Davaine considère cette formation comme représentant un organe destiné à faciliter la déglutition ; je me rangerais volontiers à cette opinion puisque la muqueuse ne s'y comporte pas autrement que sur le reste du pharynx, et qu'elle y possède les papilles ordinaires avec les corps cyathiformes. Les observateurs anciens l'ont considérée comme un organe du goût. D'après Nardo, quelques squales, l'*Oxyrrhina gomphodra*, l'*Alopias vulpes*, le *Squalus glaucus*, possèdent un organe du goût, qui se présente « sous la forme d'une saillie mamelonnée de la membrane palatine ; cette membrane serait revêtue d'une muqueuse non pas rugueuse, mais molle ; elle renfermerait de nombreuses papilles et elle sécréterait au travers un grand nombre de pores une sérosité muqueuse. Cette membrane se

composerait d'une masse molle, pulpeuse, fibro-vasculaire qui tirerait ses nerfs du troisième rameau du trijumeau (1). »

268. — *Membrane musculeuse de l'œsophage.* — La membrane musculeuse de l'œsophage se compose fréquemment de muscles striés. Dans un grand nombre de *mammifères* (souris, lapin, castor, chauve-souris (*Vespertilio pipistrellus*), taupe, manatus, etc.), la musculature est striée jusqu'au cardia ; ses faisceaux vont au delà de ce point dans le castor et atteignent le tubercule glandulaire que nous avons décrit plus haut. Chez d'autres mammifères (de même que chez l'homme), les éléments striés n'occupent que la moitié supérieure de l'œsophage ; ils sont lisses dans la moitié inférieure, ce qui est le cas du chat, suivant E. H. Weber. Dans les *poissons*, la musculature paraît être généralement striée ; c'est au moins ce que j'ai constaté sur plusieurs espèces de sélaciens, et, parmi les téléostiens, sur les carpes et les perches (*Dentex vulgaris, Gobius niger, Hippocampus, Zeus faber*). Dans le *Polypterus*, les muscles œsophagiens seraient striés (2). Contrairement à ce qui a lieu dans les mammifères et les poissons, la membrane musculeuse de l'œsophage a été reconnue lisse dans tous les *oiseaux* et *reptiles* que l'on a examinés jusqu'à ce jour. (On en trouve le dénombrement dans mon travail sur les poissons et les reptiles, p. 41.)

269. — *Membrane musculeuse de l'estomac et de l'intestin.* — La *membrane musculeuse* de l'estomac et des anses intestinales de tous les vertébrés (en comptant les cæcums de toutes sortes, ainsi que la bourse de Fabricius) présente, dans la règle, des muscles *lisses ;* il existe cependant des formes établissant la transition des éléments lisses aux éléments striés. C'est le cas de l'estomac charnu des oiseaux ; la substance contractile des fibres n'y est pas bien homogène, elle se dissocie en fragments transversaux, et présente en même temps une légère nuance jaunâtre ; à l'œil nu, toute la membrane musculaire est d'une coloration rouge assez vive. Le premier estomac du crocodile peut bien avoir aussi cette couleur à l'état frais ; car, après avoir séjourné dans l'alcool, la membrane musculaire paraît encore jaune sous le microscope. Dans quelques poissons, la tunique musculeuse de l'intestin, ou au moins celle de l'estomac, est formée d'éléments striés ; dans la *loche d'étang* (*Cobitis fossilis*), ces éléments sont disposés longitudinalement et circulairement au-dessus de l'estomac, et dans la *tanche* (*Tinca chrysitis*), au-dessus de tout le *tractus*. Cependant, dans ces deux poissons, et au-dessus de ces muscles striés, se trouve une

(1) Voy. Carus, *Jahrb. d. Zool.*, Ber. I.

(2) Voy. *Zeitschr. f. w. Z.*, 1854, p. 61.

couche lisse qui doit être probablement considérée comme une couche musculeuse très-développée de la muqueuse. — A l'extrémité de l'*anus*, on rencontre généralement des *sphincters striés;* dans les oiseaux, toute la membrane musculeuse du cloaque est striée.

270. — *Membrane séreuse*. — La *tunique séreuse* du canal de nutrition et de la cavité abdominale se compose de tissu conjonctif, lequel présente assez fréquemment, surtout chez les vertébrés inférieurs, des pigments variés. (Dans la *Chimæra monstrosa*, par exemple, la face externe de tout le canal digestif est colorée en noir bleuâtre; il en est de même pour la plus grande partie du *tractus* des *Polychrus marmoratus*, *Chamæleo pumilus*. Dans la *Raja batis*, le péritoine est vert doré au côté dorsal; il est tout à fait noir dans les *Chondrostoma nasus*, *Pristiurus*, *Lacerta agilis*, *Anguis fragilis*, *Coronella*, etc. On rencontre fréquemment dans le tissu conjonctif du péritoine une grande quantité de *fibres élastiques*, lesquelles peuvent même, dans certaines régions, constituer une partie importante du péritoine et de ses replis (ainsi, dans le *Mustelus vulgaris*, dans les plis situés entre l'estomac et les vaisseaux efférents et afférents de cet organe, je remarque un grand nombre de fibres élastiques épaisses, tandis que ces dernières sont très-rares dans le pli situé entre l'estomac et la rate; dans le coq domestique, le mésentère intestinal présente pareillement un réseau très-dense, fibroïde et élastique). La surface libre de la séreuse est recouverte par un paviment simple. Dans la grenouille, l'épithélium péritonéal paraît être vibratile par places (revêtement des muscles abdominaux, *mésoarium*). Le mésentère ne vibre pas. Dans les sélaciens (*Mustelus vulgaris*), le péritoine qui recouvre l'intestin est plus épais que celui des parties latérales. — Différents vertébrés ont ceci de commun que *leur mésentère est garni de muscles lisses*. J'ai pu constater ce fait anatomique sur le *Gobius niger*, dont le mésentère délicat présente des interstices de dimensions variables, sur différents sélaciens (*Mustelus vulgarus*, *Squatina angelus*, *Scyllium*, etc.), chez lesquels les faisceaux musculaires, visibles à l'œil nu, et émanant de la membrane musculeuse de l'estomac et de l'intestin, se réunissent dans le mésentère en formant un réseau. Dans le plus grand nombre des reptiles que j'ai examinés, j'ai trouvé aussi de nombreux faisceaux de muscles lisses mésentériques. Leur direction est en général celle des vaisseaux qui se rendent à l'intestin : ces muscles rayonnent vers l'intestin à partir de la ligne d'insertion du mésentère à la colonne vertébrale; tous les faisceaux, gros et petits, forment réseau et se distinguent souvent à l'œil nu. Les amphibies qui ont des muscles mésentériques sont les *Salamandra*, *Triton*, *Siredon*, *Testudo*,

Lacerta, *Anguis*, *Leposternon*, *Psammosaurus* (chez ce dernier, Brücke en a trouvé dans un repli péritonéal allant au foie) (1). Le mésentère du *Proteus*, de la grenouille et des crapauds, n'est pas musculaire. — Dans le péritoine et ses divers prolongements, il est rare, chez les batraciens (après avoir éclairci la préparation par une solution alcaline), d'apercevoir des *divisions des fibres primitives nerveuses*.

L'*épiploon* des mammifères présente le même treillis délicat que celui de l'homme ; mais les mailles sont plus petites, dans le *blaireau*, par exemple.

271. — *Vaisseaux sanguins.* — Quant aux *vaisseaux* sanguins du canal de nutrition, c'est dans la *muqueuse* qu'on les rencontre en plus grande abondance. Les petites artères qui vont à cette membrane se résolvent en réseaux de fins capillaires, lesquels se tiennent, là comme ailleurs, dans le tissu conjonctif ; ils enlacent les glandes et forment des anneaux autour de leurs orifices. Lorsque la muqueuse présente des papilles, des villosités ou des plis, pourvus à leur tour de tubercules secondaires, les vaisseaux suivent par leurs sinuosités ces différentes saillies. La muqueuse intestinale de la *loche d'étang* (*Cobitis fossilis*) présente une très-grande richesse vasculaire ; elle semble être exclusivement composée de capillaires sanguins avec une substance conjonctive homogène de soutien. Ce poisson, comme on le sait, avale constamment de l'air, qu'il rend par l'anus, après l'avoir transformé en acide carbonique ; il respire donc l'air atmosphérique par l'intestin, et il n'est pas douteux que c'est pour cela que sa muqueuse intestinale est si vasculaire.

Les *vaisseaux de la membrane musculeuse* forment par leurs capillaires des mailles allongées ; et, suivant les observations de Gerlach, on peut dire que la disposition du réseau capillaire dans la musculature lisse est plus régulière que dans les muscles striés, puisque chaque maille du réseau forme un rectangle presque complet. — La *membrane séreuse* du tractus et celle du péritoine ne renferment relativement qu'un petit nombre de vaisseaux sanguins.

272. — *Nerfs.* — Quant aux *nerfs* du canal alimentaire on les trouve dans un grand nombre de papilles buccales ; ils contribuent au développement des organes du tact. A ce sujet, je rappellerai les corpuscules de Pacini des papilles du bec de l'oiseau, ceux des papilles linguales de l'éléphant. De Filippi a même observé dans la muqueuse buccale de cet animal des vésicules particulières pédiculées, qu'il compare (avec un

(1) Dans la *Coluber natrix*, je remarque que le ligament du foie est traversé par un réseau considérable de muscles lisses. (*Note de l'auteur.*)

point d'interrogation) aux corpuscules de Pacini. Les glomérules nerveux que Gerber a aussi décrits dans la muqueuse labiale du cheval, ainsi que les organes cyathiformes situés sur la muqueuse pharyngienne de plusieurs poissons, appartiennent à la même catégorie. Il en est tout autrement pour les muqueuses de l'œsophage, de l'estomac et de l'intestin. Bien qu'on y rencontre de nombreuses saillies sous la forme de villosités, de plis et de feuillets, ainsi que nous l'avons établi plus haut, on ne constate dans ces saillies que la présence de vaisseaux sanguins, de cavités lymphatiques et de faisceaux musculaires ; quant aux nerfs, je ne les ai jamais aperçus, au moins toutes les fois que j'ai porté mon attention sur les villosités intestinales, sur les papilles stomacales des ruminants, etc. On a constaté aussi le peu de sensibilité que présente la muqueuse profonde du canal de nutrition ; ces deux faits sont manifestement liés l'un à l'autre. Les nerfs destinés au canal intestinal présentent de nombreuses fibres pâles ou de Remak disséminées au milieu de fibres à bords foncés ; et même, après avoir examiné en différents endroits le mésentère et les nerfs qu'il reçoit, je n'y ai jamais trouvé que des fibres de Remak. Dans le coq de bruyère, dont les nerfs mésentériques se composent de fibres à bords foncés et pâles, on aperçoit jusqu'auprès de l'intestin et sur le trajet des nerfs de petits ganglions (c'est par erreur que plusieurs auteurs parlent d'un « plexus cœliaque ganglionnaire » chez les oiseaux). Sur les nerfs mésentériques de la salamandre terrestre, de la perche de rivière, j'ai reconnu aussi de nombreux globules ganglionnaires. Dans le mésentère du chat, un grand nombre de terminaisons nerveuses présentent des corpuscules de Pacini.

Les grosses *papilles*, visibles à l'œil nu, des téguments externe et muqueux des amphibies et des mammifères, sont constamment garnies de petites papilles secondaires ; il n'en est pas ainsi des grosses papilles des cavités buccale et pharyngienne des oiseaux ; après avoir enlevé l'épithélium, je leur trouve au microscope des contours simples.

Les divers culs-de-sac de l'intestin proprement dit présentent la même structure histologique que l'intestin ; il en est de même aussi des refoulements buccaux par rapport à la membrane buccale. Les *abajoues du Hamster* sont composées d'une membrane musculeuse externe striée (cette couche est bien visible sur l'*Arctomys citillus*) et de la muqueuse ; celle-ci paraît être aglandulaire, mais elle forme des plis saillants qui sont revêtus par les lamelles épithéliales ordinaires de la cavité buccale. La *poche du gosier de l'outarde* (*Otis tarda*) se compose pareillement d'une membrane musculeuse, dont les éléments présentent la forme de fibres étroites lisses, et d'une muqueuse, qui n'est tissée que de fibres élastiques enchevêtrées, et qui s'enfonce dans des saccules glandulaires peu profonds. (La poche du *pélican*, qui est si extensible, a-t-elle une muqueuse dont la couche fondamentale est aussi du tissu élastique ?)

Le *ligament vermiculaire* (*Lyssa*) de la langue de plusieurs carnassiers [chien, chat, ours, coati (suivant Rudolphi), kanguroo, écureuil et hyène, taupe (suivant Carus)], se compose d'un tissu graisseux, dense, renfermé dans une gaîne fibreuse solide, et recouverte à la partie supérieure de fibres musculaires striées, lesquelles cheminent transversalement vers le dos de la langue. (Voyez Virchow dans ses *Archives*, t. VII ; on y trouve réunies les différentes opinions qu'on a émises sur cet organe).

Dans les pigeons encore jeunes, dans le coq de bruyère, le *cartilage entoglosse* se présente comme un cartilage celluleux presque pur, avec un minimum de substance fondamentale intercellulaire ; chez l'oie, les cellules cartilagineuses ne l'emportent pas sur la substance fondamentale ; on voit aussi dans ce cartilage de nombreux canaux vasculaires.

Dans le *Noctilio*, parmi les cheiroptères, et dans plusieurs singes (*Stenops*, *Hapale*, *Mycetes*, *Cebus*, *Callithrix*, etc.) on trouve, comme on le sait des *sous-langues*. J'ai examiné cet organe sur le *Cebus capucinus*, et j'ai trouvé qu'il représente un pli de la muqueuse ; en effet, la masse principale de la *sous-langue* n'est pas musculeuse ; elle se compose au contraire d'un tissu conjonctif solide, résistant, où semblent peut-être se perdre, à partir de la base, quelques rares bandes musculaires longitudinales. La face libre présente de longues papilles étroites dont l'épiderme, notamment dans les couches inférieures, est pigmenté en brun.

Dans plusieurs poissons (*Sargus*, par exemple), je trouve qu'une couche jaune, semblable à de l'émail, forme le bord nettement tranché de la dent, au devant de l'os dentaire qui se compose de canalicules serrés les uns près des autres. Dans les batraciens aussi (grenouille, salamandre, *Proteus*), la pointe de la dent paraît être d'une autre nature que le reste de l'os dentaire ; elle est jaunâtre, plus homogène, et se détache comme une coiffe. Cette formation serait-elle en rapport avec « une espèce d'organe de l'émail » que l'on rencontrerait, suivant Owen, dans la grenouille et le crocodile ? — Les dents de nos sauriens indigènes (*orvet*, par exemple) n'ont rien qui ressemble à un organe de l'émail ; il est facile de voir qu'elles ne sont que des papilles devenues calcaires, revêtues dans leur jeunesse par l'épithélium de la cavité buccale, lequel tend à disparaître. Dans la salamandre terrestre, ainsi que dans les squales, la muqueuse forme derrière les dents maxillaires de nombreuses papilles, qui parfois deviennent aussi des dents, par dépôt de sels calcaires. Dans les dents du *Myliobates*, Harless distingue de l'émail vrai, et il rapporte son développement aux lamelles épithéliales devenues calcaires. Il ne me paraît pas vraisemblable que le *Myliobates* fasse exception aux autres raies, dont la couche dentaire périphérique possède une autre réfringence, sans différer d'ailleurs par sa texture du reste de l'os dentaire. — Quant aux particularités que présente la structure des dents, il s'agit de savoir comment, dans l'os dentaire, se comportent les canalicules au point de vue de leurs dimensions, de leurs formes, et de leurs ramifications; quant à ce qui est relatif aux dimensions des colonnes d'émail dans les différents vertébrés, aux variations que présente l'épaisseur du cément (faible dans le chien, forte dans le dauphin, aussi puissante que l'os dentaire dans le *Physeter*), consultez les travaux si connus des Erdl, Retzius, Tomes, surtout ceux d'Owen, et enfin le récent ouvrage de Hannover (1).

L'épithélium corné de l'estomac musculeux de l'oiseau a été étudié par Molin (*Studi anatomico morphol. sugli stomachi degli uccelli*, in *Mémoires de l'Académie de Vienne*, 1850). D'après cet auteur, il se compose d'une certaine quantité de filaments cornés, lesquels, isolés ou réunis en groupes, émanent d'utricules situés dans la matrice, et dont les intervalles sont remplis par une substance formée de très-petites cellules, de telle sorte que le tout peut être représenté par une brosse dont les poils seraient agglutinés par une substance intermédiaire solide. Dans un jeune *Strix passerina*, que j'ai eu l'occasion d'examiner tout récemment, la « couche cornée » de l'estomac musculeux était d'une mollesse prononcée, et, bien que je rencontrasse au milieu de la masse des cellules provenant des glandes sous-jacentes, cette masse se composait cependant d'un produit secrété homogène. — Dans le *Procellaria glacialis*, la « forte armure stomacale » se décompose en « filaments cornés » isolés (G. Carus).

Les *pores* de la cuticule intestinale ont été découverts sur le lapin par Funke; Kölliker a constaté leur présence sur différents vertébrés.

Dans le mésogastrium et aussi sur la face extérieure de l'estomac de la grenouille, dans le mésométrium du lapin, et enfin à l'état d'annexes des lobules du thymus dans le chat, on rencontre parfois ce qu'on appelle des « *vésicules vibratiles* » (*Wimperblasen*), qui se composent d'une couche conjonctive et d'un épithélium vibratile. Remak, qui le premier a attiré l'attention sur ces formations, a découvert que ces vésicules vibratiles doivent être rapportées à des étranglements de la muqueuse.

(1) *Entwickl. u. Bau d. Saügethierzahnes in d. Verhandl. d. k. Leop. Akad.*, 1856.

Dans les batraciens (*Rana*, *Bufo*, *Pelobates*, *Salamandra*), on rencontre, à l'intérieur de l'estomac ou, plus souvent dans le mésentère, et même dans le corps graisseux, des poils d'insectes, brisés et entourés de kystes conjonctifs. Dans un *Cepola*, j'ai vu aussi des fragments de squelette de crustacés, qui s'étaient enkystés à la face externe de l'estomac, après avoir traversé sa paroi.

CHAPITRE XXVI

DU CANAL DE NUTRITION DES INVERTÉBRÉS.

Intestin des infusoires et des hydres. — Les notions que nous possédons sur la structure intime du corps granulo-gélatineux des formes animales inférieures sont si peu étendues, qu'il est bien difficile de faire avec quelque exactitude l'histologie de leur canal intestinal. Chez ces *infusoires*, dans lesquels un orifice buccal conduit dans l'intérieur du corps, il n'existe même pas un intestin distinct de la masse ; l'espace que les aliments traversent en descendant représente une cavité creusée dans la substance du corps, on pourrait dire un interstice canaliforme. Or, comme on a observé (de Frantzius, Schmidt, Lachmann, dans les *Ophridium versatilis*, *Paramœcium*, *vorticelles*, etc.) que les bols alimentaires descendent constamment dans la même direction, il est permis d'en conclure que cet interstice représente l'intestin dont la forme reste constante ; la couche limite qui circonscrit la cavité intestinale n'est pas tellement accentuée qu'on puisse la remarquer comme une ligne distincte. Suivant Lieberkühn et Lachmann, ce n'est que dans le *Trachelius ovum* que la paroi de la cavité digestive diffère du parenchyme corporel : le canal ramifié décrit par Ehrenberg dans cet infusoire représente bien l'intestin. Pour d'autres infusoires, l'entrée ainsi que la sortie de la cavité intestinale sont souvent mieux accusées : on aperçoit une membrane limite homogène qui se relie à la cuticule de la surface extérieure ; on dit encore communément qu'un œsophage ouvert par le bas pend dans la grosse cavité digestive. Dans plusieurs cas, cette cuticule de la bouche s'épaissit et détermine des formations ciliaires (cylindre en forme de nasse situé dans la cavité buccale des *Prorodon*, *Nassula*, *Amphileptus anser*). — Et même, dans des animaux tels que les *polypes d'eau douce*, dont la masse du corps présente une différenciation celluleuse, il n'y ni estomac ni canal intestinal ; en effet, ce que l'on appelle ainsi n'est que la cavité intérieure de l'animal sans paroi propre, et uniquement circonscrite par les mêmes cellules contractiles qui composent le polype.

273.— *Composition du tube de nutrition en général.* — Un canal de nutrition morphologiquement autonome paraît ne se montrer que lorsque la matière des cellules, qui forme le corps, s'est transformée en tissus; car, pour la construction de cet organe, il faut, comme chez les vertébrés, des *membranes conjonctives*, des *couches celluleuses* et très-généralement aussi des *muscles*. Le plan fondamental qui se dessine dans la construction histologique du tractus des vers, des rayonnés, des mollusques et des arthropodes est donc le suivant : de la substance conjonctive constitue la charpente proprement dite, et fournit sous la forme d'une forte membrane homogène ce qu'on appelle la *tunica propria* du tube de nutrition; à son côté interne se place

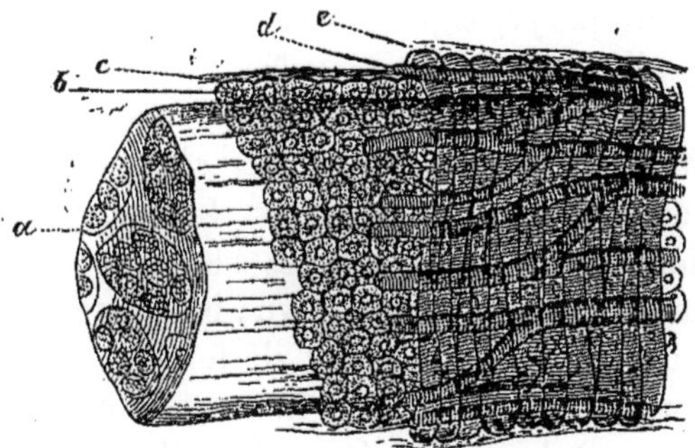

Fig. 178. — Membranes isolées de l'intestin de l'écrevisse.

a. La cuticule (intima de l'intestin) avec un dessin à cellules. — *b*. Les cellules épithéliales. *c*. La tunique propre conjonctive. — *d*. Les muscles longitudinaux et circulaires. — *e*. La séreuse.

l'épithélium intestinal ; extérieurement elle est enveloppée par la membrane musculeuse. Mais comme fréquemment la substance conjonctive de la *tunica propria* passe au côté interne en traversant les éléments contractiles, elle peut, sur la surface extérieure de l'intestin, par conséquent du côté de la membrane musculeuse, former de nouveau une enveloppe membraneuse, quoique très-délicate. De cette façon, le canal intestinal des invertébrés prend une composition analogue à celle que présentent les vertébrés : en effet, la *tunica propria* avec sa couche celluleuse a son analogue dans le stratum conjonctif réuni à l'épithélium de la muqueuse des vertébrés; la membrane musculeuse correspond à la *muscularis;* et, dans le cas où la substance conjonctive forme encore à l'extérieur de la membrane musculaire une nouvelle membrane, nous retrouvons dans cette dernière l'équivalent de la séreuse.

274. — *Une couche celluleuse manque dans l'œsophage des arthropodes.* — Considérons maintenant les modifications que peuvent subir séparément les couches du tube alimentaire. Avant tout, il faut relater que les cellules épithéliales manquent peut-être généralement dans l'œsophage des arthropodes (1) (je ne les ai pas trouvées chez les *phyllopodes*, les *crustacés parasites*, l'*Ixodes*, les *rotateurs*, etc.), et que cette portion du tractus se compose simplement d'une membrane chitinisée homogène intérieure et de la musculeuse. D'après Henri Meckel, les cellules manquent aussi dans l'estomac suçoir des *hyménoptères* et des *diptères*, dans l'estomac mastiquant de l'*écrevisse* (où je les trouve pourtant) et de beaucoup d'insectes, de même que dans le rectum de ces derniers. Que dans le rectum (transformé en organe filateur) de la larve du *Myrméléon*, la couche cellulaire manque également, c'est un fait que j'ai signalé déjà (2), et qu'il faut rappeler ici.

275. — *Vibratilité de l'intestin.* — Nous avons vu que l'*épithélium* du canal digestif n'est vibratile que chez très-peu de vertébrés; *il porte au contraire fréquemment des cils chez les invertébrés :* acalèphes, vers, échinodermes, mollusques. Les arthropodes (crustacés, insectes, arachnides) ne présentent des cils sur aucune partie de leur corps; leur intestin en est donc dépourvu; les rotateurs seuls possèdent un intestin et un estomac vibratiles; ils feraient donc exception, si, d'après l'opinion de Burmeister, de Dana et la mienne, on acceptait que ces animaux sont des crustacés. — La *vibratilité* peut exister sur toute la face interne du tube digestif, ce qui a lieu dans les *testacés* (*Cyclas*, *Naïades*, etc.), ou bien, et c'est le cas le plus ordinaire, la vibratilité paraît être interrompue de distance en distance par des cellules non vibratiles. La *Paludina vivipara* présente des cils sur tout l'œsophage et sur une grande partie de l'estomac; à l'exception d'un endroit bien limité, le commencement de l'intestin est vibratile, tandis que la portion terminale ne l'est point. Dans l'estomac de l'*Hyalea*, la vibratilité est interrompue par les lames solides qui s'y

(1) Faisons remarquer ici que les maxillaires allongés qui forment la trompe-suçoir des papillons, ne me paraissent nullement être proprement creux et former le canal-suçoir, comme le veut Treviranus : en effet, chez le *Sphinx pinastri*, je vois distinctement que dans les longs feuillets cannelés en travers de la *lingua spiralis*, un fort nerf se prolonge jusque vers la pointe, accompagné par des trachées et des muscles striés en travers. Le canal-suçoir provient de la juxtaposition des deux mâchoires inférieures modifiées.

(*Note de l'auteur.*)

(2) *Muller's Archiv*, 1855, S. 450.

trouvent. Dans l'*Helix hortensis*, l'épithélium œsophagien ne vibre que sur des bandes longitudinales déterminées ; l'estomac et l'intestin paraissent être dépourvues de cils. Inversement, dans l'*Echinus esculentus*, l'œsophage ne vibre pas, tandis que la cavité buccale, l'estomac et l'intestin sont vibratiles. Dans les *céphalopodes*, l'intestin vibre, mais non l'estomac et l'œsophage. Pour ne pas multiplier ces exemples, nous nous bornerons à indiquer que, dans plusieurs cas, la plus grande partie du tractus peut être dépourvue de cils, du moins ils ne se trouvent que dans un petit espace limité. Ainsi, chez la *Planaria gonocephala*, le cæcum roulé en spirale vibre seul ; chez la *Clepsine*, c'est le rectum seulement. Dans le *Nephelis*, on n'aperçoit des cils que sur une toute petite étendue de la portion initiale de l'intestin, immédiatement après le sphincter qui sépare l'estomac de l'intestin. Dans la *Piscicola*, ils se trouvent en avant du dernier couple de cæcums.

276. — Les cellules de l'épithélium intestinal présentent, dans les groupes des invertébrés et au point de vue de leurs autres propriétés (*forme*, *grandeur*, *contenu*), des variations de toutes sortes. Entre de petites vésicules arrondies et des cellules cylindriques énormément longues, telles qu'on les rencontre dans l'estomac de nos gastéropodes (*Paludina*, *Limax*, etc.), on observe toutes les formes intermédiaires.

Fig. 179. — De l'intestin de l'*Oniscus*.

a. La cuticule. — *b*. Les grosses cellules épithéliales ordinaires de l'intestin. — *c*. La musculeuse. — *d*. La séreuse.

Dans l'intestin de beaucoup d'insectes et de plusieurs crustacés (*Oniscus*, *Porcellio*, dont les cellules ont ceci de remarquable que, au-dessous de leur membrane, se trouve une zone épaisse, granuleuse, qui paraît être à stries radiaires) les cellules sont d'une grosseur considérable ; il en est de même des cellules de l'extrémité de l'intestin dans la chenille du *Sphinx Euphorbiæ*, cellules dont les noyaux sont ramifiés. Le contenu des cellules est peut-être une substance claire ; ou bien tantôt il est formé par des granulations pâles, tantôt par des granules colorés (en jaune brun dans l'*Echinus esculentus*, en rouge dans la *Synapta digitata*) ; enfin, des gouttelettes graisseuses peuvent aussi remplir les cellules.

On sait que, dans les vertébrés, l'épithélium intestinal est composé de deux sortes de cellules eu égard à leur contenu ; de même aussi le revêtement celluleux du tube intestinal des mollusques présente des cellules différentes : les unes sont claires, les autres se distinguent par une masse de granulations entassées à leur extrémité libre.

277. — *Cuticule ou intima du tube digestif.* — Dans le tractus de beaucoup d'invertébrés, il se trouve encore des *formations cuticulaires* très-caractéristiques; nous allons nous en occuper d'une façon plus détaillée. Déjà, dans l'intestin des vertébrés, il naît, comme il a été dit plus haut, par l'épaississement des extrémités libres des cellules et par leur alignement régulier, une bordure claire et homogène qui forme la couche limite de l'épithélium ; cette couche a la signification d'une cuticule, et elle est traversée par de fins canalicules poreux. Cette formation devient encore plus remarquable et plus variée dans la série d'un grand nombre d'invertébrés. Chez divers *mollusques*, dans l'estomac et l'intestin de l'*Helix hortensis*, par exemple, on trouve en

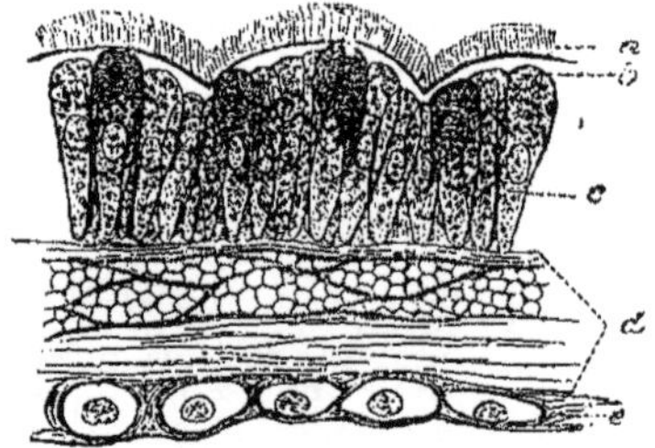

Fig. 180. — Coupe à travers la paroi intestinale de l'*Helix hortensis*.

a. Cils. — *b*. Bordure cuticulaire. — *c*. Cellules épithéliales. — *d*. Les deux couches musculaires (elles devraient avoir plus de largeur dans le dessin). — *e*. Revêtement séreux avec des cellules de la substance conjonctive.

effet une couche épaisse et vitreuse, une cuticule qui est formée par les bouts des cellules, épaissis et placés les uns contre les autres ; cependant cette cuticule est encore tellement molle, que par l'effet des réactifs elle perd l'autonomie qu'elle a fait entrevoir : chaque cellule en se boursouflant garde pour elle son bout épaissi. Par contre, en d'autres endroits et sur d'autres espèces, la couche cuticulaire acquiert une *solidité* telle, qu'on réussit à l'isoler sous forme d'une petite membrane homogène, de la même manière même que sur le tégument externe. Dans l'estomac de la *Paludina vivipara*, par exemple, en un endroit déterminé (1), la cuticule s'est épaissie en une membrane d'une consistance semblable à celle du cartilage; et, sur des animaux

(1) Voyez le *Zeitschr. f. wiss. Z.*, Bd. II, S. 162.

que l'on a fait périr dans l'eau chaude, on peut l'enlever avec les pinces. La cuticule s'épaissit en outre d'une manière locale, en produisant les *plaques linguales* et les *parties maxillaires* des limaçons, des sèches, des vers (dents des sangsues, appareil de mastication des branchiodèles), les *dents stomacales* de l'*Aplysia*, et enfin les *plaques cornées* situées dans l'estomac d'autres mollusques. Je range aussi parmi les formations cuticulaires le *pédicule cristallin* de l'estomac des *Naïades* et du *Cyclas*.

278. — Dans les mollusques, lorsqu'on dirige son attention sur la *structure de ces couches cuticulaires épaissies*, on constate toujours que la substance principale est homogène; qu'elle est, à cause de sa stratification, une matière striée. Les dents de l'estomac de l'*Aplysia*, lesquelles ont la forme et la consistance du cartilage hyalin, présensentent également cette composition; il en est de même du pédicule cristallin de l'*Anodonta* et du *Cyclas*, ainsi que des mandibules de l'*Helix pomatia*, après qu'ils ont été traités par une solution alcaline. Lorsqu'on jette un coup d'œil sur la face inférieure de ces productions cuticulaires, par laquelle elles reposent immédiatement sur les cellules, on voit un dessin en mosaïque qui semble provenir d'un épithélium; mais, ainsi que je l'ai signalé dans mon travail sur la *Palu-*

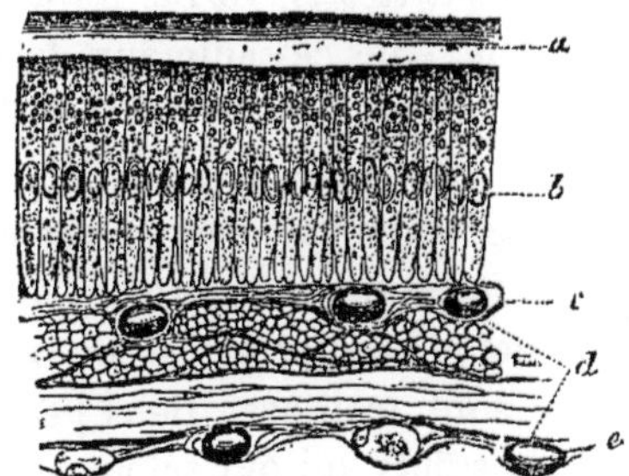

Fig. 181. — Coupe à travers une portion de l'estomac de la *Paludina vivipara*.

a. Formation cuticulaire épaisse. — *b*. Cellules cylindriques. — *c*. *Tunica propria* de l'estomac, les cellules conjonctives sont remplies de globules calcaires. — *d*. Les deux couches musculaires. — *e*. La séreuse, dans laquelle les cellules conjonctives sont aussi envahies par les sels.

dina (1), il faut s'expliquer cet aspect par l'empreinte que laissent dans la masse homogène les extrémités polygonales des cellules qui sécrètent la cuticule. On peut aussi rencontrer, dans les couches inférieures des mandibules des limaces par exemple, de véritables cellules isolées, disséminées, de même que l'on trouve des cellules isolées dans la cuticule calleuse épaissie de l'estomac musculeux des oiseaux, au

(1) *A. a. O.*, S. 163.

sein de la substance à stratification homogène ; mais ces cellules ne me paraissent pourtant pas constituer une partie essentielle de la masse ; elles semblent plutôt y être parvenues par hasard, si l'on peut s'exprimer ainsi. — La dureté des formations cuticulaires est produite aussi, chez les mollusques, par la *chitinisation* de la substance (mâchoires des limaces et des céphalopodes, par exemple), soit encore, et à un plus haut degré, *par un dépôt de sels calcaires;* les plaques de l'estomac de la *Bullea* en donnent un exemple. (Divers auteurs disent à tort que ce squelette de l'estomac des bullacées est de nature « cornée », G. Carus pourtant l'a désigné déjà, à propos de la *Bullea lignaria*, sous le nom de « enveloppe calcaire de l'estomac (1). D'après Hancock, les dents de la langue, chez les *Eolides*, se durcissaient au moyen de *particules de silex*, ce qui doit être aussi le cas chez le *Buccinum* et autres.)

279. — *Arthropodes.* — Dans les *crustacés*, les *arachnides* et les *insectes*, la *cuticule* du tégument externe acquiert un grand développement; de même, celle du tractus présente aussi une autonomie plus grande, notamment dans l'œsophage (c'est très-manifeste chez les hirudinés) et dans le gros intestin, où elle forme une membrane assez épaisse, et surtout dans l'estomac masticant des insectes et des crustacés, où elle forme des *saillies en forme de dents* et des *prolongements filiformes*. Bien que, dans ces animaux, la cuticule et ses épaississements se composent d'une substance homogène, stratifiée, ayant subi un degré variable de durcissement par le processus de chitinisation, il n'est pas rare cependant de rencontrer des dessins fort délicats, des sculptures, qui porteraient à croire, au premier abord, que l'on se trouve en présence d'une formation de cellules ; du reste, plusieurs observateurs s'y sont trompés. Dans l'*écrevisse*, par exemple, dont la cuticule (sur des sujets qui ont séjourné pendant un jour dans l'acide chromique) se détache de l'intestin comme un doigt de gant, on constate que cette intima homogène présente des figures de grandes dimensions, lesquelles en circonscrivent de plus petites, et ces dernières, enfin, sont garnies de petits tubercules. Et pourtant elles ne sont pas des cellules, bien qu'elles leur ressemblent ; elles ne sont que l'empreinte des cellules sous-jacentes. (H. Meckel ne considère pas l'*intima* des crustacés comme étant dépourvue de structure; elle se composerait, ainsi que « l'épiderme corné », de cellules dentelées s'emboîtant mutuellement.) Dans le ventricule succenturié du *Procrustes coriaceus*, on voit des formations favéolées, au fond desquelles

(1) *Erläuterungst. z. vergl. Anat.*

on aperçoit encore des plis rudimentaires étoilés. Quelque chose de semblable se voit dans la poche de la *Locusta viridissima.*

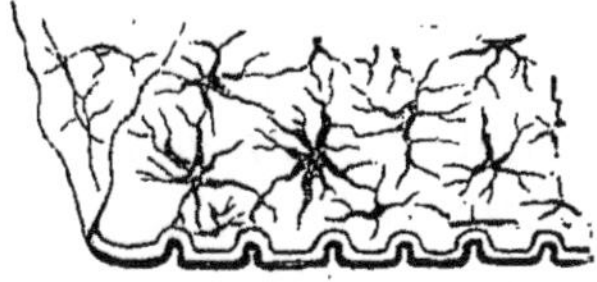

Fig. 182. — Un fragment de la cuticule de la poche de la *Locusta viridissima* pour en montrer les dessins qui ressemblent à des corpuscules osseux.

On est d'abord surpris de la conformité que présentent ces formations avec les corpuscules osseux et conjonctifs ; elles ne sont pourtant que des plis, comme il est facile de s'en convaincre par un examen plus minutieux. Dans l'intestin, les bandelettes de l'*intima* forment par leurs saillies des figures polygonales régulières. Quant « aux cellules et aux aiguillons qui les surmontent, cellules que Karsten a décrites sur le *Brachinus* (*Müller's Archiv*, 1848, pl. X, fig. 9), je les considère comme de simples sculptures d'une cuticule homogène ; il en est ainsi de la membrane glandulaire de l'estomac (*ibid.*, fig. 10), ainsi que des dessins semblables aux corpuscules osseux et représentés dans la figure 8 (Id., *ibid.*).

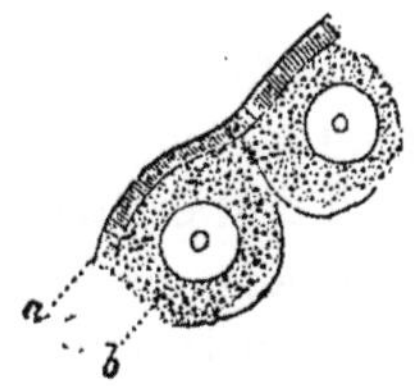

Fig. 183. — De l'intestin de la chenille du *Noctua aceris.*
a. Cuticule traversée de canalicules poreux. — *b.* Cellules épithéliales.

280. — *Canalicules poreux de la cuticule.* — Il semble que si l'intima homogène de l'intestin acquiert quelque épaisseur, on doit pouvoir y trouver des *canalicules poreux.* Dans l'estomac de la chenille du *Noctua aceris*, j'ai observé une intima assez épaisse et présentant d'une manière très-nette des linéaments verticaux et très-serrés, qui me produisaient l'effet de canaux poreux. Après un séjour prolongé dans l'eau, l'intima se gonfla et les canaux s'élargirent.

281. — *Formations chitinisées et devenues calcaires.* — On sait que, chez différents crustacés, le tissu chitinisé de la carapace se durcit en *s'imprégnant de sels calcaires ;* de même, la dureté des dents de

l'estomac masticant (*Oniscus*, *Porcellio*) résulte d'un dépôt de calcaire dans la substance cuticulaire (1). (Dans les petites dents des plis buccaux de l'*Hæmopis*, j'ai rencontré aussi, ainsi que je l'ai signalé autrefois, de petits globules inorganiques.)

Puisque nous nous occupons ici des formations dentaires, mentionnons que l'appareil masticateur de l'*Echinus*, ainsi que l'anneau osseux de la *Synapta* placé autour de l'œsophage, sont composés d'une couche fondamentale organique et de conglomérats calcaires, de même que le derme des échinodermes. Toutefois, les dents propres à l'*Echinus*, lesquelles rappellent par leur forme et leur aspect celles des animaux supérieurs, seraient, d'après H. Meyer (2), composées de fibres d'émail disposées de trois manières différentes.

282. — *Glandes intestinales.* — Après avoir, dans ce qui précède, démontré que la *tunica propria* de l'intestin, réunie à la couche cellulaire qui la revêt, doit être placée sur la même ligne que la *muqueuse* des vertébrés, il faut examiner si, chez les invertébrés aussi, les glandes intestinales naissent par refoulement en dedans de ces deux couches. La réponse à cette question dépend d'une manière de voir toute subjective. En effet, la surface interne de l'intestin forme des plis aussi délicats et aussi serrés, chez les *mollusques*, les *annelés* et les *échinodermes*, etc., que chez les *amphibies* et les *poissons ;* et je serais disposé à donner le nom de glandes à ces cryptes ou excavations, plus grosses, placées entre les plis restiformes : mais si l'on n'accorde la signification de glandes qu'aux enfoncements très-fins de la muqueuse, il faut alors nier, dans presque tous les invertébrés, les glandes intestinales. Chez les *céphalopodes*, il doit exister des glandes intestinales en forme d'utricule ; chez la *Piscicola*, on rencontre dans l'intestin de grosses cellules particulières et pour la plupart entourées d'une capsule commune ; elles sont peut-être également de nature glandulaire. On peut aussi admettre dans la catégorie des glandes les nombreuses sail-

(1) Je voudrais ranger aussi parmi les formations cuticulaires épaissies et devenues calcaires, ce qu'on appelle les *yeux d'écrevisse*. Si l'on examine leurs premiers rudiments discoïdes, lesquels se trouvent entre la couche celluleuse et l'intima de l'estomac, on constate fort bien qu'ils ne sont pas seulement formés par un dépôt calcaire, mais que ce dépôt est précédé par une sécrétion de couches organiques homogènes, c'est-à-dire par l'épaississement de la cuticule ; celle-ci forme autour des *yeux* une espèce de bordure qui présente toutes les propriétés de la cuticule. Le mode de formation que nous avons adopté ici a pour conséquence ultérieure que les yeux d'écrevisse, encore minces, sont traversés, notamment sur leurs bords, par de nombreux canaux ou pores, qui ne doivent pas manquer non plus dans les yeux arrivés à développement complet. (*Note de l'auteur.*)

(2) *Müller's Archiv*, 1849, p. 195.

lies, courtes et fines, de nature villeuse, que l'on aperçoit sur l'estomac de beaucoup d'insectes. Ainsi que Bergmann et Leuckart l'ont fait justement remarquer, dans ces saillies la paroi intestinale n'entre pas tout entière, puisque la couche musculaire n'y est pas ; elles ne sont formées que par la tunique propre et les cellules de sécrétion. H. Meckel aussi décrit de cette manière les *recessus* hémisphériques de l'estomac de la *Musca vomitoria*, et les petits culs-de-sac de l'estomac des larves de coléoptères herbivores ; cependant, je dois ajouter que, chez le *Staphylinus maxillosus*, dont la plupart des petits culs-de-sac ont la structure que nous venons d'indiquer, quelques-uns d'entre eux sont revêtus aussi de muscles striés, longitudinaux et annulaires ; ils représentent par conséquent des plissements de toute la paroi de l'intestin, ce qui naturellement se saurait porter préjudice à leur signification glandulaire. H. Meckel a trouvé aussi les culs-de-sac situés en arrière de l'estomac masticateur des orthoptères, revêtus intérieurement de plis parallèles, et, entre eux, il a reconnu des utricules qui se dirigent vers l'extérieur et qu'il compare aux glandes de Lieberkühn. — Quant à ce qui concerne « la remarquable portion de l'estomac chylifique » du *Pentatoma*, « dans laquelle débouchent quatre rangées de glandes reliées étroitement entre elles » (de Siebold), on peut la comparer à la portion terminale et à compartiments du *conduit déférent* de la *Chimæra*.

J'ai été surpris d'apercevoir dans ces compartiments (sur une *punaise*) d'épaisses masses d'êtres vibrionoïdes en mouvement, phénomène qui a été observé aussi, comme on le sait, sur l'estomac de quelques mammifères. Quant aux divers anneaux, aux gros cæcums intestinaux des invertébrés, tels que le cul-de-sac pylorique des céphalopodes, les longs cæcums accouplés des *Hæmopis*, *Hirudo* et autres, il faut bien leur reconnaître une nature glandulaire, en se basant, comme il me le semble, sur ce que leurs cellules épithéliales sont toutes (*Hæmopis*) remplies de gros globules, tandis que ces globules ne se trouvent, sur le reste de l'épithélium intestinal, que dans quelques cellules isolées.

283. — *Glandes rectales des insectes.* — Dans le *gros intestin* de beaucoup d'insectes se trouvent des *bourrelets d'une signification énigmatique ;* d'autres zootomistes ont admis que ce sont des glandes (*glandes rectales*). Je ne puis me ranger à cette opinion, et je serais porté à reconnaître plutôt dans ces formations des papilles et des plis intestinaux d'une nature particulière. Cette considération se base sur l'examen des *Musca domestica*, *Eristalis tenax*, *Pulex*, *Acheta campestris*, *Locusta viridissima*, *Forficula auricularia*, *Formica her-*

culanea, *Apis*, *Vespa*, *Menopon pallidum*, et de plusieurs papillons. Dans les *Musca*, *Eristalis*, *Pulex*, ces bourrelets font saillie à l'intérieur, sous la forme de quatre cônes; dans la *Forficula*, la *Formica* et les papillons, ce sont des corps arrondis (1); dans les autres espèces désignées, ils ont une forme allongée. J'ai étudié tout particulièrement l'anatomie de la *mouche domestique*, et voici ce qu'elle présente à ce sujet. Tout à fait en dedans, les cônes paraissent être recouverts d'une cuticule homogène et pourvus de crochets recourbés par le haut; au-dessous se trouve une forte couche de cellules, dont les noyaux sont gros et distincts, les membranes moins nettes. La couche cellulaire est encore limitée vers l'intérieur par une petite membrane homogène.

Toutes ces parties forment ensemble un refoulement en dedans de l'intestin, lequel est creux, tandis que la cuticule, pourvue de petits crochets, reste en continuité avec l'intima de l'intestin, et la petite membrane qui revêt la cavité du cône est un prolongement de la substance conjonctive qui enveloppe l'intestin extérieurement. Cette dernière s'épaissit, précisément à l'endroit où a lieu le refoulement en dedans, en un anneau brunâtre à bords dentelés. (Sur des mouches fraîchement tuées, cet anneau est placé un peu plus vers le haut, par suite de la contraction des muscles intestinaux.) Dans la cavité du cône s'élève du dehors une espèce de bouchon qui est composé de trachées et de leur substance conjonctive. Il est nettement délimité, et de sa superficie on voit se diriger, vers la petite membrane qui revêt la cavité intérieure du cône, de nombreux petits trabécules : à chaque cône se rendent deux grosses trachées, qui se distribuent de telle sorte qu'une certaine quantité de vaisseaux longitudinaux enlacent les cellules par ramification, et que l'autre partie pénètre dans le bouchon intérieur du cône pour s'y terminer en un réseau très-serré et extrêmement circonscrit. Enfin, et ceci mérite encore considération, en outre des trachées, un troncule nerveux pénètre dans le bouchon de chaque cône; mais il est impossible de faire des recherches sur sa marche ultérieure, à cause de la délicatesse de la préparation. Chez l'*Eristalis*, les cônes offrent réellement les mêmes rapports de structure que sur la *Musea;* seulement, chez l'*Eristalis*, la cuticule est lisse, sans petits crochets. Chez les *Forficula*, *Acheta*, etc., la chitinisation de la substance conjonctive, sous forme d'un anneau brun autour de la base de l'organe, est plus forte que dans les *Muscides*. Le

(1) Dans l'espèce *Silpha* (coléoptères), où ils existent en grande quantité, par centaines, ils ont une forme arrondie; mais ils sont plus petits que ceux des espèces susnommées. (*Note de l'auteur.*)

Melophagus présente « sur la surface convexe des quatre bourrelets ovales de petites plaques rigides ». (Léon Dufour, de Siebold.) J'ai vu une semblable formation après une préparation que je n'ai pu recommencer sur l'*Omaloplia brunnea*.

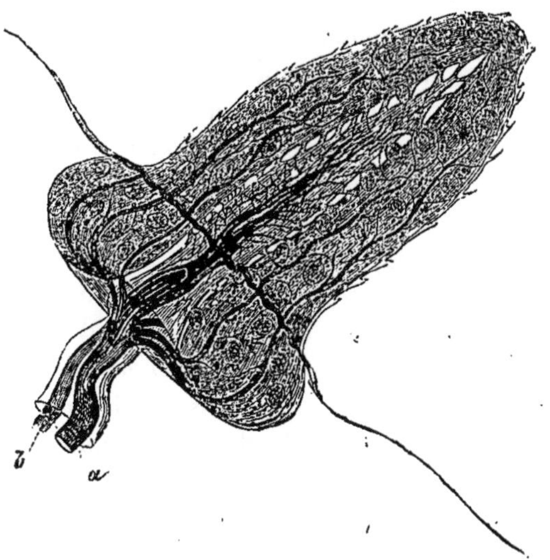

Fig. 184. — Ce qu'on appelle une glande rectale de la *mouche domestique*.
a. Trachées. — *b*. Troncule nerveux. (Fort grossissement.)

La forme des cellules sous-cuticulaires est en général arrondie cylindrique, leur contenu est finement pointillé. Partout les organes en question reçoivent des trachées qui leur sont propres; leur force et le nombre de leurs ramifications n'offrent rien de constant; chez les mouches, les trachées sont plus considérables que chez les papillons.

Si, d'après ce qui a été dit, je résume les raisons qui militent contre la nature glandulaire des glandes rectales, et qui justifient plutôt l'opinion d'après laquelle il faudrait les considérer comme des papilles intestinales d'une nature particulière, je dirai que les formations en question se manifestent définitivement comme des refoulements en dedans de la paroi intestinale, dans lesquels on ne retrouve que l'intima, la couche celluleuse et la substance conjonctive extérieure de l'intestin. Sans tenir compte de ce que les bourrelets n'ont aucun orifice, il serait contre toute analogie qu'en se renversant en dedans la paroi intestinale pût donner lieu à la formation d'une glande intestinale. L'examen de la surface interne de l'intestin des insectes à glandes rectales allongées enseigne plutôt que les formations en question ne sont que des parties modifiées des plis longitudinaux du gros intestin, lesquels existent aussi ailleurs. Ainsi, chez les *grillons* et les *sauterelles*, elles s'étendent dans le même sens que les plis longitudinaux, dont elles ne se distinguent à la circonférence que par l'anneau brun chitinisé. Du reste, les trachées qui, chez les mouches, les papillons, etc., se terminent dans la pseudo-glande, s'étendent, chez le *grillon des champs*, par exemple, au delà de cette glande, en avant et en arrière, et vont dans le repli ordinaire de l'intestin. Ce qui en outre est d'une grande importance, et ne saurait s'harmoniser avec une structure glandulaire, c'est que, dans la cavité du repli, pénètre un bouchon d'une forme correspondante, lequel sert au développement d'un réseau de trachées souvent très-serré, et ne se compose même que de substance conjonctive et de trachées accompagnées par un troncule nerveux. Les cellules sous-cuticulaires ne concordent pas tout à fait dans leurs propriétés avec les autres cellules de l'intestin : ces dernières, comme je l'ai remarqué très-exactement dans la *Forficula auricularia*, sont plus petites, et elles restent claires dans l'acide acétique, tandis que les grosses cellules du repli ovoïde deviennent foncées. Ainsi donc, je crois, d'après les indications ci-dessus, lesquelles sans doute ne sont pas assez coordonnées, pouvoir admettre que les prétendues *glandes rectales*, *boutons charnus* de Dufour (qui les considère comme étant de nature musculaire et en rapport avec la défécation), *glandular protuberances* des auteurs anglais, n'ont rien de commun avec la sécrétion ; qu'au contraire elles peuvent être comparées avec plus d'exactitude, au point de vue morphologique, à des papilles très-développées ou à des portions modifiées des plis intestinaux (1).

284. — *Tunique musculeuse de l'intestin.* — La *musculeuse* de l'intestin fait souvent défaut : il en est ainsi dans de petits *Acarins*, dans le *Cossus*, dans l'estomac chylifique et à compartiments du *Pentatoma*, et enfin dans les *Salpes*, suivant Leuckart. Le tube nutritif ne se compose alors que de la *tunica propria* et des cellules épithé-

(1) Tout récemment encore, j'ai examiné ces organes dans la *Phryganea grandis*, où ils sont d'une structure qui paraît jeter quelque lumière sur leur véritable fonction. Leur forme était en général allongée ; des deux côtés, des septa membraneux, disposés régulièrement, faisaient saillie dans l'intérieur, servant à porter les ramifications trachéennes ; dans les espaces circonscrits par ces septa, se trouvaient accumulés un grand nombre de globules sanguins. D'après cela, il me semble que les *glandes rectales* de la *Phryganea* forment la transition aux *trachéo-branchies* du gros intestin des larves de *libelles*. Si nous prenons en considération la richesse trachéenne de ces organes, et le fait, généralement répandu, d'une respiration abdominale parmi les invertébrés, nous pourrons placer les organes que nous venons d'étudier dans un certain rapport avec une *respiration qui s'effectuerait par la surface de l'intestin.* (*Note de l'auteur.*)

liales. Lorsque la *musculeuse* existe, elle se divise ordinairement en deux couches, en fibres longitudinales et annulaires ; et, si l'on a égard à la nature intime des éléments, on remarque que, dans les *vers*, les *échinodermes* et les *mollusques*, les fibres sont de nature simple, sans stries transversales. Il faut pourtant remarquer que quelquefois, surtout au pharynx (*Sepiola*, *Paludina*, *Echinus*, etc.), par une disposition régulière de son contenu granuleux, la fibre simple tend à rentrer, quant à sa texture, dans la fibre à stries transversales.

D'autre part, la musculature intestinale des *insectes*, des *araignées* et des *crustacés* paraît être striée. Il y a cependant des exceptions ; au moins, d'après Frey et Leuckart, de petits insectes suçeurs, ainsi que les crustacés (*Grangon*, *Mysis*, *Balanus*), ont des fibres lisses. Dans les *rotateurs*, les muscles de l'intestin sont lisses ; les fibres laryngiennes de quelques espèces (*Notommata Sieboldii*, par exemple) sont composées d'éléments parfaitement striés. C'est aussi un fait assez ordinaire que les cylindres musculaires, dans la couche externe ou longitudinale, chez les annelés (*Piscicola*, par exemple), ainsi que chez les crustacés et les insectes, présentent une *forme ramifiée*.

285. — *Membrane séreuse.* — La séreuse intestinale offre ceci de particulier dans l'*Aphrodite aculeata*, les bryozoaires, les échinodermes (*Synapta*, *Echinus*), qu'elle est vibratile (c'est à tort que d'Allman a mis en doute l'existence des cils dans les bryozoaires, je les vois parfaitement dans la *Plumatella*). On peut considérer comme un fait qui se présente plus rarement, le développement de muscles réticulés dans le mésentère (*Synapta digitata*) ; il me semble cependant qu'il existe à cela des analogies : tels sont les faisceaux péritonéaux qui entourent le tube nutritif du *limaçon* et l'assujettissent : ils présentent çà et là des muscles dans leur tissu. Je pourrais encore placer ici les nombreuses cloisons qui, chez les *vers annelés* fixent à l'instar d'un mésentère, l'intestin dans la cavité du corps, et qui se composent principalement de cylindres musculaires.

286. — *Corps graisseux.* — Chez les arthropodes, le mésentère est remplacé par le *corps graisseux*, lequel, dans sa forme la plus parfaite, se compose de tissu conjonctif graisseux et de trachées. Dans l'*Ixodes testudinis*, la cavité du corps est traversée par un réseau trabéculaire, qui sert à assujettir les viscères ; ce réseau, bien qu'il soit l'analogue du corps graisseux, ne renferme pas de graisse. Il est formé par la fusion de cellules dont les noyaux ont persisté. Ces cellules en se soudant bout à bout, ont donné naissance à des formations tubulaires, où l'on retrouve les noyaux primordiaux et une masse ponctuée. Sur ce réseau, on aper-

çoit çà et là de grosses cellules où résident d'énormes noyaux. Ce qu'on appelle l'enveloppe péritonéale des trachées est le prolongement immédiat du tissu trabéculaire; tous les deux sont à tous égards une seule et même substance. — Si nous portons notre attention sur le corps graisseux du *Gammarus pulex*, il se présente comme un réseau pâle, dérivé de cellules fusionnées, et dont les noyaux existent encore partout. Il faut ajouter à cela des gouttes de graisse qui se sont déposées dans l'intérieur de la substance conjonctive aréolaire. Pour se convaincre que le corps graisseux des insectes est simplement de la substance conjonctive, renfermant des gouttelettes graisseuses, il suffit de diriger son examen sur les endroits où la graisse fait défaut, ou bien est peu abondante. Cette portion du corps graisseux qui se trouve à la pointe de l'ovaire de la *Locusta viridissima* est bien propre à cette expérience. Celui qui connaît les diverses modifications de la substance conjonctive dans les animaux supérieurs, reconnaîtra là, sur-le-champ, un spécimen de la substance conjonctive restiforme. On a sous les yeux des cellules ayant poussé en rayonnant, et dont les ramifications s'entremêlent; aux nœuds on voit briller les noyaux. Les gouttes de graisse manquent ici; cependant lorsqu'on coupe une plus grande portion de ce tissu, il est facile de suivre le passage du tissu conjonctif délicat et non adipeux au tissu graisseux, c'est-à-dire au véritable corps graisseux. Dans ce dernier, le réseau trabéculaire se montre sous un développement plus considérable; et, en outre des noyaux cellulaires, on aperçoit dans l'intérieur de la substance conjonctive un dépôt de graisse plus ou moins abondant.

La forme extérieure du corps graisseux varie beaucoup, suivant les différentes familles d'insectes, et suivant les périodes de la vie : il est feuilleté, lobé, acineux, réticulaire (très-fin dans le *Tipula oleracea*). Il peut arriver encore qu'il soit tellement rempli de graisse, qu'un examen plus approfondi en soit rendu très-difficile. Sa couleur dépend souvent de la coloration qui domine dans l'animal; elle est rouge dans le *Trichodes apiarius*, jaune dans le *Zerene grossulariata*, vert dans le *Pentatoma*. Il résulte encore de ce qui précède, que la comparaison du corps graisseux avec l'épiploon, telle qu'elle a été faite par les observateurs anciens, notamment par Malpighi et Cuvier, est exacte aussi au point de vue histologique.

287. — Ajoutons que dans le *Cossus hesperidum*, les cellules du corps graisseux se comportent d'une manière remarquable avec l'acide acétique. Traité par ce réactif, leur contenu se transforme : la graisse, s'écoule au dehors à l'état de petits globules, et la portion qui reste, fournit de fines aiguilles cristallines. Ce phénomène rappelle les

cristaux de margarine, que l'on observe assez souvent dans les cellules graisseuses des vertèbres.

Il faut mentionner tout particulièrement la présence, simultanément avec la graisse, de *substances spéciales* dans le *corps graisseux*. J'ai déjà signalé autrefois que dans la *Locusta viridissima* et le *Decticus verrucivorus*, le corps graisseux renferme une autre substance réunie aux globules jaunes de la graisse ; cette substance se présente sous la forme de taches noires ramifiées (blanches à la lumière incidente) ; elle est composée de petits granules qui résistent à l'acide acétique et se dissolvent dans une solution alcaline. Je puis dès maintenant joindre à ces animaux le *Menopon pallidum* (du plumage de la poule domestique), dont le corps graisseux renferme non-seulement des globules de graisse, mais encore une matière foncée, formant des amas de granules solubles dans une solution alcaline, tandis que les globules graisseux n'y sont pas modifiés ; c'est à peine s'ils pâlissent.

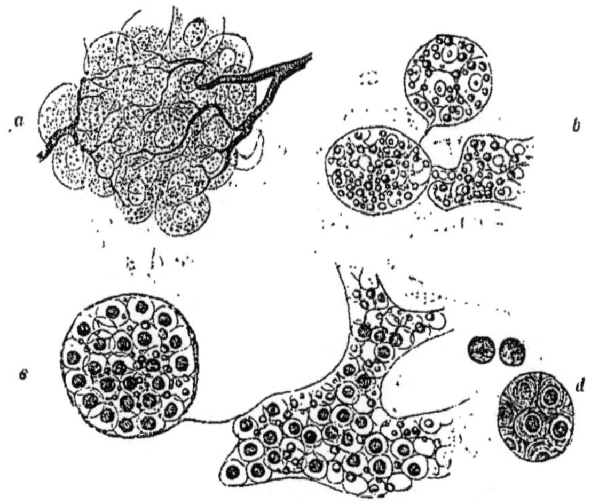

Fig. 185. — Corps graisseux du *Lampyris*.

a. De l'organe *luisant* du mâle traité par une solution alcaline. — *b*. Du corps graisseux du mâle dépouillé des globules inorganiques. — *c*. Corps graisseux de la femelle dans lequel les globules foncés indiquent la masse inorganique. — *d*. Deux globules de cette masse libres et considérablement grossis ; au-dessous, on voit plusieurs de ces globules situés dans l'intérieur de la vésicule de sécrétion. (Ils ne sont pas bien sortis dans la planche.)

J'ai retiré de l'examen de nos *lampyres* (*Lampyris spendidula*) un grand intérêt au point de vue en question, j'ai reconnu que la substance *luisante* est également déposée dans le corps adipeux, tout en se distinguant des globules de graisse à première vue. Le corps adipeux, considéré d'après ses contours, forme soit de petites bourses fixées au moyen de pédicules délicats, soit plutôt des masses à lobes ramifiés et plus compactes. Les cellules du corps adipeux contiennent donc, comme le premier coup d'œil l'enseigne, non-seulement des globules de graisse, mais encore d'autres globules et granules plus foncés que les globules de graisse ; les plus gros sont d'un aspect qui rappelle vivement les *concrétions des cellules rénales des limaces;* ils présentent même le même dessin étoilé ; de plus, ils sont placés dans des cavités particulières des cellules, en quelque sorte dans des vésicules sécrétantes. Non-seulement leur aspect extérieur les distingue nettement des globules de graisse, mais encore leur composition chimique est tout à fait différente : car, après addition d'une solution alcaline, ils se dissolvent complétement, tandis que les globules de graisse restent. Les *lampyres* mâles et femelles se comportent différemment, relativement à la répartition et à l'accumulation de cette substance dans le corps graisseux. Chez la femelle, le corps graisseux de tout l'abdomen renferme en outre des globules graisseux, les concrétions plus grosses que nous avons décrites ; et, comme on le sait, chez la femelle, toute la partie postérieure du corps est luisante, quoique d'un éclat plus faible; chez le mâle, ce ne sont que les derniers segments de cette partie du corps qui brillent ; mais aussi le corps adipeux du mâle est-il privé de granules luisants, jusqu'à l'endroit désigné. La lueur phosphorescente est la plus intense dans les deux sexes, du côté du ventre, sur les segments de la partie postérieure du corps, là où se trouve l'organe luisant proprement dit ; en effet, en cet endroit, les cellules d'une masse compacte du corps adipeux renferment à un grand état de condensation la substance en question, et, même chez le mâle, avec exclusion de tout élément graisseux. Dans cet organe, appartenant soit au mâle, soit à la femelle, la substance luisante n'existe que sous la forme moléculaire et non à l'état de concrétions volumineuses. L'organe luisant des *lampyrides* est par conséquent, comme l'avait déjà signalé Treviranus, au point de vue morphologique, un corps adipeux modifié; la substance luisante n'est pas de la graisse, mais bien un corps inorganique, qui se sécrète dans les cellules du corps adipeux. Morren avait soutenu déjà en 1841 que la lueur provenait du phosphore mélangé à la substance graisseuse, et le microscope indique, comme je l'ai montré, une substance qu'on pourrait prendre pour du phosphore. Les nombreuses trachées qui se ramifient dans l'organe luisant entretiennent par leur apport gazeux le processus de combustion ; et, comme on le remarque sur l'animal vivant (1), plus la respiration est animée, plus la lueur augmente en intensité.

(1) Chez le *Iulus terrestris*, ces concrétions se trouvent aussi dans le corps adipeux, et même en grande quantité ; mais, dans la *Scolopendra electrica*, elles n'existent pas.

288. — *Pigments, nerfs et vaisseaux sanguins.* — Mentionnons d'une manière accessoire, que les tissus de l'intestin peuvent être pigmentés aussi chez les invertébrés. Dans l'*Echinus esculentus*, les cylindres musculaires présentent les mêmes granules jaunes que l'épithélium intestinal. On voit chez divers annelés, mollusques et arthropodes des *troncules nerveux* se joindre à la membrane musculaire, mais leur pâleur et leur structure finement moléculaire déjà mentionnées nous obligent à borner à cela nos investigations. Le petit nombre d'animaux invertébrés à *vaisseaux sanguins* individualisés (*annelés, céphalopodes*) laissent aussi voir de semblables vaisseaux sur les couches intestinales conjonctives et musculaires : par exemple, l'intestin de l'*Hæmopis* est très-riche en vaisseaux; et, sur le *Chætogaster*, j'ai pu suivre de plus près leur mode de propagation : de nombreux rameaux partent du vaisseau dorsal, se prolongent dans la *tunica propria* du tube de nutrition et enveloppent en forme de cerceaux l'estomac et l'intestin; puis en se reliant entre eux par des branches latérales, ils forment une suite de mailles, ressemblant à une échelle de cordes. Sur le côté du ventre, les vaisseaux annulaires se réunissent en un tronc longitudinal médian, lequel, plus en arrière, s'écarte de l'intestin et débouche dans le tronc vasculaire abdominal. (Voyez la figure suivante.)

289. — Sur l'appareil digestif des infusoires, les opinions sont encore peu certaines. D'après Ehrenberg, l'une des classes (*Anentera*) possède beaucoup de vésicules stomacales à parois propres, lesquelles conduisent au moyen d'un pédicule dans l'orifice buccal; dans une autre classe (*Enterodela*) il existe un canal intestinal pourvu des deux orifices; les vésicules stomacales débouchent dans le canal intestinal. Un autre savant qui s'est occupé de l'étude de ce groupe d'animaux, de Siebold, enseigne contrairement aux opinions d'Ehrenberg que, lorsque les infusoires ont une bouche suivie même d'un œsophage et d'un anus, il n'existe pas de canal intestinal bien délimité; les aliments suivent, d'après cet auteur, des chemins tout à fait indéterminés, de l'extrémité de l'œsophage jusque dans l'anus. Mais il me semble, d'accord avec les observateurs que je viens de citer, qu'il existe un espace bien déterminé, fonctionnant comme l'intestin. Si je voulais expliquer les rapports histologiques du canal intestinal des infusoires par des analogies, je pourrais indiquer la membrane chitinisée du tube digestif de beaucoup d'arthropodes : à la bouche et en descendant à travers l'œsophage, ainsi qu'à l'anus, où la cuticule intestinale est en connection immédiate avec la membrane chitinisée du revêtement externe, la cuticule est épaisse et en général très-facile à reconnaître; par contre dans l'estomac chylifique, elle devient délicate et très-mince. Et si l'on

ajoute à cela l'extrême finesse de presque tous les contours chez les infusoires, il n'y aura pas lieu de s'étonner que la délimitation de la cavité, fonctionnant comme canal intestinal ne s'accuse pas nettement. — Stein combat la présence d'un anus chez les infusoires, tandis que Lachmann le décrit sur diverses espèces. Ce dernier observateur a constaté que, chez les *Acinetes*, les aliments sont reçus par les prolongements radiaires du corps; c'est là un fait intéressant.

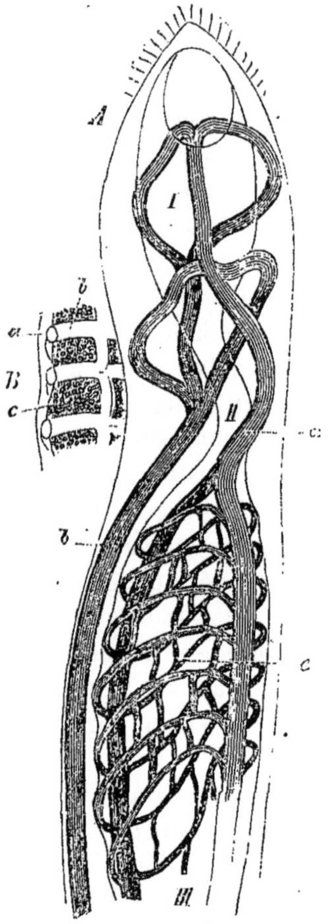

Fig. 186.

A. Chætogaster, pour mettre en évidence les vaisseaux de la paroi du *tractus*.
I. Pharynx. — II. Œsophage. — III. Estomac.
a. Vaisseau dorsal. — *b.* Vaisseau ventral. — *c.* Réseau vasculaire de l'estomac.
B. Fragment du bord stomacal.
a. Tunica propria. — *b.* Les vaisseaux sanguins. — *c.* La substance des cellules du foie.

Kölliker et Gegenbaur font provenir les *mâchoires* des céphalopodes, les *plaques cornées* de l'estomac des ptéropodes, de cellules cornifiées;

j'ai moi-même exposé de cette façon le développement des mâchoires de la *Paludina;* cependant, aujourd'hui, en possession de notions plus exactes, je suis obligé, comme je l'ai fait plus haut, de considérer ces formations comme des sécrétions cellulaires.

Schultze a avancé que l'*intestin* des *turbellariés* ne renferme pas une membrane fibroïde ou amorphe (1). Après des recherches faites sur les *planaires*, je crois pouvoir confirmer cette assertion ; la *tunica propria* de l'intestin ramifié n'a rien d'autonome ; elle est plutôt la couche limite d'une substance homogène, qui se distribue dans tout le corps d'une manière aréolaire. A son côté interne se trouvent les cellules intestinales. Je n'ai fait à ce sujet que préciser histologiquement ce que de Siebold exprime autrement, quand il dit : « les parois du canal intestinal (*turbellariés*) sont toujours en connexion intime avec le parenchyme du corps. » Chez les gordiacés, l'ensemble de tout l'appareil intestinal est si extraordinaire, d'après ce que nous en ont appris les communications de Meissner, qu'une description histologique serait à peine intelligible sans la connaissance topographique de ces animaux ; aussi nous renverrons le lecteur au travail de Meissner (2). Disons seulement relativement au *Gordius*, qu'à la place d'un canal intestinal propre, il existe un parenchyme celluleux bizarre, limité antérieurement par une membrane homogène. Meissner range les cellules, qui ont une grande ressemblance avec le tissu cellulaire des plantes, parmi les tissus chitinisés.

Dans la *terminaison de l'intestin* des entomostracés (*Polyphemus*) je connais depuis longtemps un revêtement cilioïde qui, au premier abord, rappelle des cils vibratiles au repos. Lereboullet dit que la face interne du rectum de la *Daphnia* est garnie de filaments longs, minces et cornés.

Plaçons encore ici l'observation suivante : j'ai trouvé dans l'intestin de quelques invertébrés un *parasite* qui me paraît n'avoir été indiqué nulle part. On le rencontre dans les *Piscicola, Pontobdella, Ixodes testudinis*, et même en très-grande quantité. Il est allongé, rappelant quelques formes de zoospermes (par exemple, celle du *Notommata Sieboldii*) et pourvu d'une membrane ondulante. Ayant une fois trouvé plusieurs de ces parasites dans le sang du cœur d'une grenouille, j'en concluai qu'ils étaient arrivés dans l'intestin de ces animaux avec le sang des poissons et des tortues.

Le *corps graisseux* des *arthropodes* demanderait une étude plus appro-

(1) *Beitr. z. Naturg. d. Turb.*, S. 28.
(2) *Zeitschr. f. w. Zool.*, 1853.

fondie. En outre des détails que nous avons donnés plus haut, citons encore que, non-seulement dans l'*Ixodes*, mais aussi dans la *Phryganea grandis*, j'ai remarqué des cellules énormes qui, chez la *Phryganea*, se trouvent placées d'une manière isolée entre les poches graisseuses ordinaires, et sont en connexion avec elles, au moyen d'une membrane d'enveloppe très-délicate. Le contenu de ces cellules est jaune et granuleux ; le noyau, qui est gros, présente des points et des stries qui rappellent des pores. Dans le *Carabus auratus*, on voit, entre la plupart des lobules de graisse, des parties jaune verdâtre, visibles à l'œil nu, et remplies, au lieu de graisse, par des granules de cette couleur.

CHAPITRE XXVII

DES GLANDES SALIVAIRES DES ANIMAUX.

290. — *Batraciens.* — La cavité buccale des vertébrés présente, à l'exception des poissons et des amphibies semblables à des poissons, de grosses glandes annexes, qui d'après leurs fonctions se distinguent en *glandes salivaires* et en *glandes venimeuses*. Les *batraciens* aussi possèdent, comme je l'ai découvert, une grosse glande, qui est comparable aux glandes labiales et maxillaires des ophidiens et des sauriens. Chez la grenouille et la salamandre elle apparaît comme une masse impaire jaunâtre ou blanchâtre, placée à la pointe du museau, dans l'excavation située entre les narines, immédiatement sous la peau. En l'examinant avec plus de soin, on voit qu'elle se compose de longs utricules glandulaires, qui sont contournés et revêtus intérieurement d'un épithélium cylindrique. Les cellules ont un contenu pâle et finement granuleux; elles sont tellement délicates qu'elles périssent très-vite après addition d'eau; le noyau seul se conserve. La glande débouche par de nombreux canaux, lesquels (comme je crois l'avoir vu une fois) sont vibratiles dans la cavité buccale, en avant des dents du palais. Chez le *Proteus*, on aperçoit dans la peau de la pointe du museau des utricules glandulaires, longs et tordus, dans lesquels je serais disposé à reconnaître l'équivalent de la glande nasale des batraciens.

291. — *Reptiles, oiseaux, mammifères.* — Les glandes salivaires des *ophidiens* se composent d'après Joh. Müller « d'utricules celluleux,

qui, semblables à ceux de Meibomius, sont placés les uns à côté des autres, et possèdent chacun un conduit de sécrétion. » Leur vive blancheur provient, comme je le vois chez la *couleuvre à collier*, d'une masse moléculaire opaque qui remplit les cellules de sécrétion ; cette masse pâlit dans une solution alcaline, et par suite les vésicules glandulaires deviennent distinctes. « Les *glandes venimeuses* sont formées, soit de lobes creux, nombreux, divisés eux-mêmes, et s'attachant au conduit principal par leurs conduits de sécrétion ; ou bien elles ne sont que des tubes isolés, qui débouchent dans ce conduit; quelquefois aussi la sécrétion paraît avoir lieu dans de petites poches et des compartiments celluleux. » Les glandes venimeuses sont entourées d'une forte gaîne fibreuse et de couches musculaires striées en travers. — Les glandes salivaires des oiseaux se rapprochent par leur structure de celles des serpents non venimeux. Les glandes salivaires des *mammifères* présentent comme celles de l'homme le type glandulaire acineux ; cependant, jusqu'à présent, il n'existe pas à ce sujet des recherches spéciales. Donders a vu dans les glandes salivaires du cheval, après l'action d'une solution sodique, des ramifications de petits tubes nerveux situées entre les vésicules glandulaires ; d'après Tobien les conduits de sécrétion chez le bœuf ont des muscles lisses. La vésicule (*Dasypus*) dans laquelle se réunissent les conduits de sécrétion de la glande sous-maxillaire a aussi une forte musculature (de Rapp.)

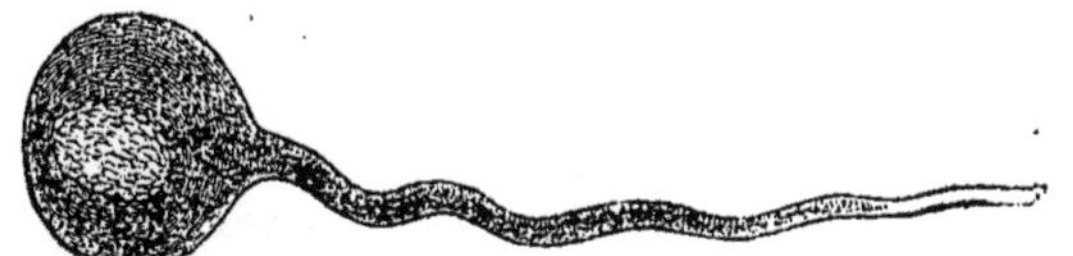

Fig. 187. — Glande salivaire monocellulaire de la *Piscicola*.

292. — *Invertébrés*. — Dans la classe des *invertébrés*, on a reconnu chez différents vers, chez la plupart des arthropodes, et parmi les mollusques, chez les céphalophores et les céphalopodes, des organes qui correspondent aux glandes salivaires des vertébrés, et qui présentent un grand intérêt, par des rapports particuliers de structure. Je diviserai ces formations en trois groupes. Le premier comprend les *glandes réellement monocellulaires*, telles qu'elles existent chez les hirudinées (*Piscicola*, *Clepsine*, *Pontobdella*, *Branchellion* et autres). Ici la membrane de la cellule de sécrétion s'allonge immédiatement de manière à former un conduit de sécrétion souvent très-long. Le contenu de la cellule est une masse de fines granulations; le noyau passe par une

série de transformations particulières. A ce sujet, on peut consulter mon travail sur la *Piscicola* (1).

Le second groupe comprend les glandes monocellulaires, *mais dont la membrane est close* et ne se prolonge pas en un conduit d'excrétion; elles ne sont appelées glandes monocellulaires que parce que chaque cellule est placée dans une *tunica propria*. A ce *schéma* ap-

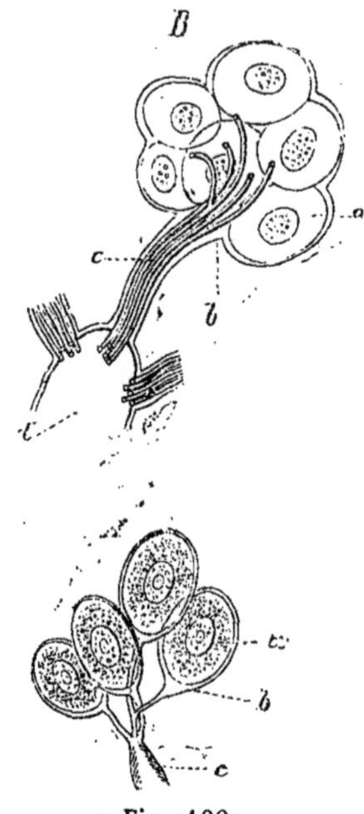

Fig. 188.

A. Schéma des glandes salivaires de l'*Helix*.

a. Cellule de sécrétion. — *b*. Tunique propre en forme de bourse. — *c*. Commencement du conduit excréteur commun.

B. Fragment de la glande salivaire supérieure de l'*abeille*.

a. Cellules de sécrétion. — *b*. Tunique propre qui enveloppe six cellules. — *c*. Les tubes chitinisés qui vont aux cellules. — *d*. Le conduit excréteur commun.

partiennent, par exemple, les glandes salivaires des gastéropodes terrestres (*Helix*, *Limax*, etc.). Les cellules de sécrétion sont grosses, et chacune d'elles est placée isolément dans une petite bourse délicate formée de tissu conjonctif et garnie de quelques noyaux rudimentaires. Cette bourse en s'allongeant forme un pédicule mince, au moyen duquel elle se relie avec le conduit excréteur ou collecteur commun, dont la surface interne paraît avoir chez le *Limax* un épithélium vibratile. La glande salivaire supérieure de l'*abeille*, par exem-

(1) *Zeitschr. f. w. Zool.*, Bd. I.

ple, offre une modification de ce type glandulaire : ici, en effet, un nombre quelconque de cellules de sécrétion sont enveloppées par une vésicule délicate (*tunica propria*) commune, laquelle se prolongeant aussi en forme de pédicule, débouche dans le conduit commun. La surface interne de ce dernier est revêtue d'une cuticule chitinisée, et d'elle partent, sous forme de prolongements, autant de petits tubes fins se rendant dans la vésicule qu'il existe de cellules de sécrétion.

293. — Enfin, le troisième groupe comprend les *glandes polycellulaires*, par conséquent ces formes qui se rapportent à la forme glandulaire ordinaire. Ici, un plus grand nombre de cellules de sécrétion se trouvent réunies par une *tunica propria* conjonctive, sans qu'on puisse remarquer quelque chose qui soit analogue à cet isolement des cellules que nous avons décrit plus haut.

La *tunica propria*, ou charpente glandulaire, crée par ses contours une certaine variété de formes, et, de même que chez les vertébrés, l'épithélium du conduit excréteur est en communication avec les cellules de sécrétion. Ces dernières peuvent être vibratiles, par exemple, dans la *Paludina vivipara*, et aussi d'après Gegenbaur, dans les *Littorina*, ptéropodes et hétéropodes. Chez les arthropodes elles ne vibrent jamais, mais elles sont couvertes fréquemment d'une cuticule qui se chitinise à mesure que le canal excréteur s'approche de la cavité buccale, et qui même alors fait saillie dans l'intérieur du canal par des épaississements spiroïdes ; cette disposition doit être considérée comme un cas très-général chez les insectes.

Il me paraît remarquable que, dans les vésicules terminales (*acini*) des glandes salivaires inférieures de l'*Apis mellifica*, l'*intima* homogène (*cuticula*) est percée de petits trous qui, le plus souvent, se présentent comme formant le centre d'une couronne de plis, et qui probablement existent en même nombre que les cellules de sécrétion. Ces trous doivent être regardés comme les équivalents des petits tubes, fins et chitinisés, lesquels (comme il a été montré plus haut) conduisent la sécrétion des cellules de la glande salivaire supérieure dans le conduit excréteur commun. Il est, du reste, inutile de mentionner qu'il existe ici comme partout des formes intermédiaires, comprises entre celles que nous donnons comme types ; ainsi, la glande salivaire de l'*Ixodes* (1) paraît représenter une réunion de glandes mono et polycellulaires.

294. — Les glandes *séricifères* des chenilles sont aussi une espèce de glandes salivaires. Nous devons leur accorder une attention particu-

(1) Voyez la description que j'en ai donnée dans les *Archives* de Müller, 1855, Taf. XV, fig. 11.

lière, parce qu'elles présentent, suivant la découverte de H. Meckel, une *forme de noyau cellulaire*, qu'on n'a trouvée jusqu'à présent que sur les insectes. Ces noyaux sont *ramifiés*, et les rameaux parcourent quelquefois toute la cavité de la cellule, en s'élargissant de distance en distance, et en s'anastomosant par leurs ramifications. Chez la *Vanessa urticæ*, ils sont remarquables par leur finesse et leur longueur. Dans les grosses cellules glandulaires, régulièrement hexagonales, des vaisseaux à filer du *Cossus ligniperda*, il existe au lieu de ces noyaux un certain nombre de corpuscules ressemblant à des culs-de-sac, lesquels contiennent de petits granules, et sont attachés à la surface interne de la paroi cellulaire par des pédicules plus ou moins longs. Je connais les glandes séricifères des chenilles, de plusieurs papillons diurnes et noc-

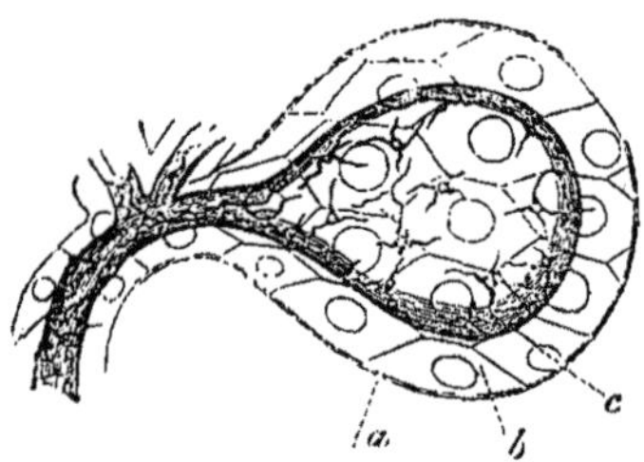

Fig. 189. — Une vésicule terminale de la glande salivaire inférieure de l'*Apis mellifica*.

a. *Tunica propria*. — *b*. Cellules de sécrétion. — *c*. Intima avec ses orifices.

turnes, et me suis assuré de l'exactitude des assertions de Meckel. Les cellules de sécrétion de ces organes sont véritablement colossales, au point que souvent il n'y a que deux cellules par follicule. Les noyaux sont clairs; ils paraissent être creux et remplis d'un liquide; traités par l'alcool et par l'acide acétique, etc., ils prennent, semblablement à d'autres noyaux, des contours plus accusés et deviennent foncés. (Il a déjà été dit que de semblables noyaux ramifiés se trouvaient encore dans les glandes de la peau, ainsi que dans les cellules épithéliales de l'intestin de certaines chenilles.) Les noyaux sont, par exemple dans la chenille du *Saturnia carpini*, tellement ramifiés que les extrémités claviformes des ramifications viennent à être placées très-serrées les unes contre les autres, et qu'au premier coup d'œil on croirait voir beaucoup de noyaux isolés, ronds ou sinueux au sein d'une substance fondamentale commune.

La cavité des glandes séricifères est revêtue d'une *intima* passablement épaisse et homogène; elle paraît parfois aussi être traversée par des *canaux poreux;* en effet, l'assertion de Meckel, d'après laquelle la *tunica intima*, chez le *Cossus ligniperda*, dont les follicules ont en général une épaisseur considérable, serait composée de cylindres fins et placés perpendiculairement à la surface, peut être interprétée dans ce sens. — La sécrétion des *glandes à filer* se compose d'un fluide aqueux et d'une substance élastique et visqueuse qui parcourt le canal du follicule sous la forme d'un fil plus ou moins épais, rectiligne ou ondulé. C'est sur ces données que je voudrais pouvoir modifier la description que j'ai donnée autrefois (1) des glandes salivaires de l'*Helix hortensis*.

Fig. 190. — Un fragment de la glande à filer d'une chenille.

a. *Tunica propria*. — b. Les cellules à sécrétion avec leur noyau ramifié. — c. La *tunica intima*. d. Le filament sécrété. (Fort grossissement.)

Sur les glandes salivaires des insectes (*Formica rufa*, *mouche ordinaire*, *abeille*, *grillon des champs*, *chenilles*), consultez le travail important de H. Meckel (2).

CHAPITRE XXVIII

DU PANCRÉAS DE L'HOMME.

Le *pancréas*, qui par son développement doit être considéré comme un refoulement de la paroi postérieure du duodénum, présente la structure des glandes en grappes. Le tissu conjonctif sert à former la *tunica propria* des lobules, ainsi que celle du canal excréteur. Les cellules de sécrétion ont un protoplasme constitué par des granulations et souvent aussi par des gouttelettes graisseuses. Dans la paroi du canal excréteur se trouvent de nombreuses glandes acineuses que l'on doit

(1). *Palud. vivip. Zeitschr. f. w. Zool.*, Bd. I, p. 166, Anmerkung 1.

(2) *Mikrographie einiger Drüsenapparate der niederen Thiere*, in *Müll. Arch.*, 1846.

considérer comme de petites portions de la substance pancréatique, ainsi que nous le verrons d'après ce qui se passe chez les animaux. Il faut rappeler encore que l'on a observé sur les acini des réseaux lymphatiques fort riches, en outre des vaisseaux sanguins qui enveloppent les vésicules glandulaires.

CHAPITRE XXIX

DU PANCRÉAS DES ANIMAUX.

Vertébrés. — Je considère comme un *fait* important, qui trouvera ses applications, que le *pancréas* de différents vertébrés (plusieurs plagiostomes, la chimère, la couleuvre à collier, le lézard) se trouve immédiatement soudé à la rate ; dans la *chimère monstre*, il est en même temps soudé avec le foie. Bischoff aussi a déjà fait remarquer que dans l'embryon du veau les blastèmes pancréatique et liénal sont complétement confondus à l'origine. Dans le *Pelobates*, on constate relativement au siége du pancréas qu'une bonne partie de cet organe se soude à la paroi stomacale, et plus exactement, qu'il se trouve entre la séreuse et la musculeuse de l'estomac. Dans la *salamandre terrestre*, une partie de la glande qui est grosse et bombée, adhère aussi à la paroi intestinale. Si l'on considère la structure du pancréas, on y distingue premièrement une *couche fondamentale conjonctive*, qui limite les cavités glandulaires arrondies, et secondement les *cellules de sécrétion* qui sont remplies d'une masse ponctuée et même de gouttelettes graisseuses. Dans les poissons (je le constate dans l'*Acipenser*, la *Chimère*) le canal excréteur est constitué dans toute son étendue par la substance glandulaire, ce qui lui donne un aspect gris blanchâtre et une épaisseur régulière. Cette disposition est moins accentuée dans les oiseaux ; dans le *pigeon* au moins, j'ai reconnu sur le canal pancréatique et de distance en distance de petites nodules qui se révèlent au microscope comme des portions des glandes pancréatiques. Enfin dans les mammifères, ces portions glandulaires qui accompagnent le conduit de Wirsung sont tellement petites que plusieurs auteurs leur ont donné la signification de glandes muqueuses.

Je ne connais pas d'*éléments musculaires* dans la charpente glandulaire. Fabien prétend avoir trouvé des muscles lisses sur le conduit de Wirsung du bœuf.

Les *vaisseaux sanguins* enlacent ici, comme dans les autres glandes acineuses, les vésicules glandulaires ; ils sont accompagnés par quelques fibres nerveuses situées dans la couche fondamentale conjonctive du corps de la glande. Le pancréas de la *taupe* me paraît bien remarquable. Il présente un grand développement ; de la masse principale se détachent en outre des fascicules ramifiés, et de ces derniers des lobules de différentes dimensions, lesquels ne sont plus en connexion avec la glande par les rameaux du canal pancréatique ; ils ne conservent leurs relations avec les gros lobules que par leurs vaisseaux sanguins, et ils sont, du reste, parfaitement isolés. Ce pancréas n'a plus cet aspect d'un blanc éclatant que l'on voit dans d'autres animaux ; il est plutôt un peu transparent. Les cellules de sécrétion des acini sont claires, et des amas de granules s'accumulent dans l'intérieur des follicules terminaux.

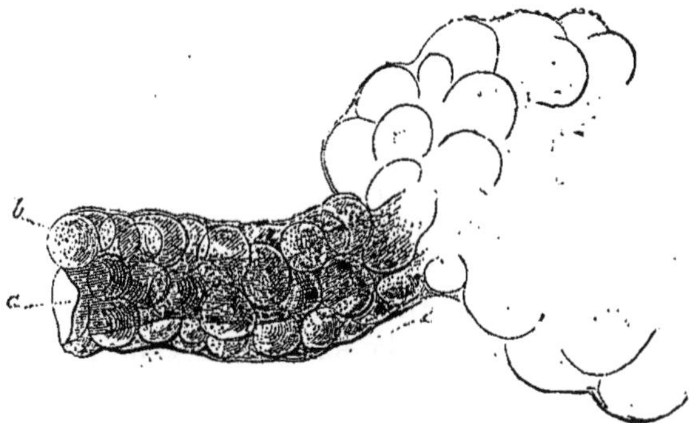

Fig. 191. — Un fragment du canal excréteur du pancréas de l'*esturgeon*.
a. Lumière du canal. — b. La masse glandulaire qui l'accompagne. (Grossissement modéré.)

Invertébrés. — Dans la série des *invertébrés*, les céphalopodes seulement ont un pancréas distinct. D'après H. Müller, tantôt il se compose de cæcums simples, tantôt les portions glandulaires forment des grappes. (Dans le *Rossia dispar*, on a en outre trouvé une couche de ces mêmes cellules à granulations jaunâtres, qui recouvrent les diverticula veineux placés dans la même (1) cellule aqueuse.)

(1) Du pancréas de l'esturgeon : voyez mes *Recherches sur les poissons et les reptiles*, p. 18 ; sur celui des céphalopodes, voy. H. Müller, *Zeitschr. f. w. Zool.*, 1853, S. 343. (*Note de l'auteur*.)

CHAPITRE XXX

DU FOIE DE L'HOMME.

295. — Cette glande importante qui prépare la bile bien qu'elle se distingue, il est vrai, par plusieurs particularités, n'est pas cependant telle qu'elle doive occuper vis-à-vis des autres glandes une place distincte, comme plusieurs auteurs le veulent ; en effet, dans sa structure essentielle, elle concorde avec d'autres organes de sécrétion. Comme ces derniers, par exemple, elle a non-seulement une *charpente conjonctive* qui sert également à porter les vaisseaux sanguins et les nerfs, mais encore des *éléments celluleux*, véritables ateliers où s'élabore la sécrétion biliaire.

Avant de nous occuper de la structure du foie, mentionnons d'après les recherches embryologiques de Remak, que la substance celluleuse du foie est, par sa genèse, identique avec l'épithélium de l'intestin, et représente par conséquent un prolongement du feuillet glandulaire, tandis que la charpente conjonctive, les vaisseaux et les nerfs de la membrane fibreuse de l'intestin sont fournis par une division du feuillet moyen du blastoderme. Ainsi le foie prend naissance comme une dépendance de l'intestin, sous la forme d'un cône pointu, et les deux couches intestinales désignées participent à son développement.

296. — *Lobules du foie.* — La charpente glandulaire du foie est formée, comme il a été dit, de tissu conjonctif ; dans le foie de l'homme, ce tissu est plus délicat et moins massif que dans le foie de beaucoup d'animaux, de sorte que quelques auteurs ont nié, mais à tort, la présence de la substance conjonctive dans le foie de l'homme. Ce tissu conjonctif qui est en connexion soit avec l'enveloppe séreuse, soit avec les rayonnements de la capsule de Glisson, traverse le foie en donnant naissance à une double charpente. Des faisceaux résistants et feuilletés forment en se réunissant des cavités alvéolaires, d'où résulte la division du foie en lobules ou îlots. Le tissu conjonctif pénètre encore dans ces alvéoles et les subdivise en réseaux secondaires dont les mailles innombrables sont solidaires les unes des autres. Que si l'on compare le foie à une grosse glande acineuse, au point de vue de la charpente, les faisceaux qui circonscrivent les lobules correspondent à l'enveloppe fibreuse générale, et la limite du réseau dans l'intérieur de chaque lobule correspond à son tour à la *tunica propria*.

297. — Les *cellules hépatiques* résident dans les mailles; comme

elles remplissent complétement et par rangées très-serrées les canaux de la substance conjonctive, et comme les mailles sont disposées en un réseau continu, les cellules du foie, considérées dans leur ensemble, forment aussi des cordons solides ramifiés, ce qu'on appelle les *réseaux celluleux hépatiques*. Lorsqu'on a égard aux propriétés intimes des cellules, on constate qu'elles sont d'une forme un peu irrégulière, tantôt arrondies, tantôt polygonales et aplaties; leur noyau est simple ou double et garni d'un nucléole bien apparent. Leur contenu paraît être finement granuleux; il renferme aussi accessoirement des gouttelettes graisseuses et des granules jaunâtres (matière colorante de la bile).

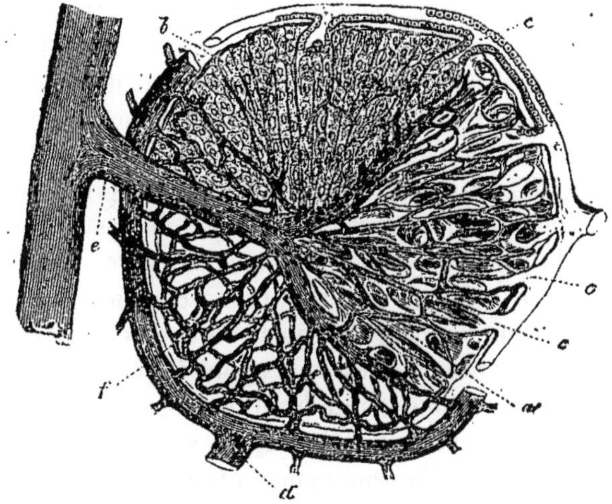

Fig. 192. — Schéma d'un lobule du foie.

a. Espace caverneux du réseau conjonctif après qu'on a fait disparaître les cellules. — *b*. Une portion de cet espace remplie par les cellules du foie : en *c*, les origines du conduit hépatique communiquent ouvertement avec les cavités. — *d*. Veine interlobulaire (ramification ultime de la veine porte). — *e*. Veine intralobulaire (racines de la veine hépatique). — *f*. Réseau capillaire lobulaire.

298. — *Conduits biliaires.* — On sait que dans toutes les autres glandes à conduit excréteur, le tissu conjonctif des lobules participe à la formation de la *tunica propria* du conduit; il en est de même pour les plus fins des *conduits biliaires*. Au sein du tissu conjonctif qui enveloppe les lobules, se creusent les *conduits interlobulaires*, lesquels prennent naissance dans la substance des lobules, de telle sorte que la charpente conjonctive qui entoure le réseau celluleux se continue dans la membrane conjonctive des conduits. L'épithélium ou le revêtement celluleux des plus fins conduits excréteurs est probablement aussi relié d'une façon continue avec les réseaux celluleux sécrétants propres du lobule, mais les cellules épithéliales y sont devenues plus

petites et plus pâles ; elles ne remplissent plus le conduit, au contraire elles le revêtent simplement, et il reste un espace vide.

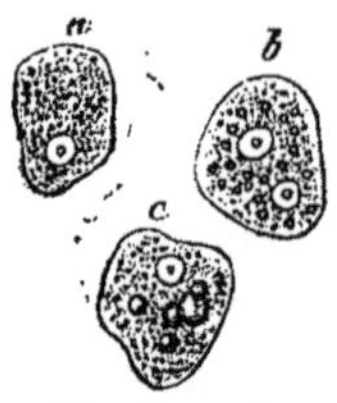

Fig. 193. — Cellules hépatiques à un fort grossissement.
a. Avec un contenu de pâles granulations. — *b*. Avec des granules jaunâtres. — *c*. Avec quelques gouttelettes de graisse.

Comme les *ductus interlobulares* dépendent entièrement pendant leur parcours de la substance conjonctive qui circonscrit les lobules, ils doivent s'anastomoser fréquemment, et finalement ils se réunissent aux conduits biliaires plus gros, pour quitter ensuite le foie, à l'état de conduits hépatiques. Dans les conduits biliaires spacieux, la membrane conjonctive se montre épaissie, et l'épithélium a pris la forme cylindrique. Les conduits hépatique, cholédoque et cystique et peut-être aussi la vésicule biliaire renferment dans leur paroi des glandes muqueuses de forme acineuse. La membrane conjonctive de la vésicule possède en outre une couche musculaire mince composée d'éléments lisses, dont on trouve aussi des traces dans les conduits biliaires. Les cellules cylindriques d'une teinte brun jaunâtre, qui revêtent le fin treillage de la muqueuse de la vésicule, sont le plus souvent sans noyaux, ainsi que Henle l'a remarqué le premier.

299. — *Vaisseaux sanguins et nerfs*. — Relativement à ses *vaisseaux sanguins*, le foie offre, comme on sait, cette particularité qu'il reçoit non-seulement du sang artériel par l'artère hépatique, mais encore par la veine porte un courant de sang veineux qui provient de la sphère des organes de digestion. Le départ du sang de l'organe s'effectue par la veine hépatique. Sans avoir égard aux grosses ramifications de ces divers vaisseaux, mentionnons simplement, et d'une façon particulière, que leur épanouissement ultime n'a lieu que *dans l'intérieur de la substance conjonctive qui traverse le foie ;* en d'autres termes, le tissu conjonctif lui-même est employé à la formation des parois des vaisseaux. Or, comme nous l'avons déjà mentionné, la charpente conjonctive du foie de l'homme forme une masse moindre que dans le foie de plusieurs animaux; le tissu conjonctif peut donc être employé à la construction des vaisseaux, de telle sorte que ce tissu, si l'on ne tient pas compte des plus gros vaisseaux auxquels il sert de soutien, paraît presque manquer dans le foie de l'homme.

Sur les rapports existant entre les vaisseaux et les lobules du foie, je puis me résumer brièvement : la *veine porte* se divise dans ses dernières ramifications en petits ramuscules qui cheminent entre les lobules, et qu'on appelle ordinairement *veines interlobulaires*. De nombreux ramuscules terminaux partant de ces veines pénètrent dans les lobules, portent le nom de *veines lobulaires*, et s'y transforment en un réseau capillaire dont la paroi conjonctive est en contact avec les réseaux des cellules du foie. Au centre de chaque lobule, les capillaires concourent à la formation d'un petit tronc vasculaire plus fort, qu'on distingue sous le nom de veine *intralobulaire*. Les veines intralobulaires sortent ensuite des lobules et forment les origines de la *veine hépatique* elles se réunissent pour constituer les *deux veines du foie*, une à gauche et une à droite, et arriver finalement dans la veine cave inférieure.

Lorsque les vaisseaux sanguins des lobules sont également pleins, le foie est à l'œil nu d'une couleur rouge brun uniforme ; mais lorsque le sang s'est accumulé de préférence dans la partie centrale (par conséquent dans la région de la veine intralobulaire) ou inversement à la périphérie (région de la veine interlobulaire) le foie apparaît avec un aspect pointillé ; d'anciens anatomistes ont aussi parlé d'une substance médullaire et d'une substance corticale.

L'*artère hépatique* a une importance secondaire, elle sert simplement à la nutrition des tissus du foie ; les branches terminales de cette artère, situées sur les parois des plus gros vaisseaux et sur les gros conduits biliaires, sont les *rami vasculares*, et celles qui cheminent dans l'enveloppe conjonctive et dans la charpente du foie sont les *rameaux capsulaires* et *lobulaires*.

Les *nerfs du foie* proviennent du sympathique, ils renferment plus de fibres de Remak que de fibres à bords foncés ; on les a suivis assez loin dans l'intérieur de l'organe sans que pour cela on ait pu découvrir quelque chose sur leur véritable terminaison.

300. — Les *cellules du foie* sont plus grandes que les cellules épithéliales des plus fins conduits biliaires ; on pourrait dès lors trouver extraordinaire, d'après la description que nous avons donnée de la structure du foie, que les deux espèces de cellules soient contiguës. Mais les glandes à caillette de l'estomac, notamment ce qu'on appelle les glandes utriculaires composées, offrent un phénomène tout à fait analogue, puisque leurs grosses cellules à caillettes granuleuses qui correspondent aux cellules du foie se continuent sans qu'il existe de formes intermédiaires avec les cellules cylindriques, claires et beaucoup plus petites du conduit excréteur.

Mes recherches sur la *structure du foie*, telles qu'elles servent de base à la description ci-dessus, ont porté d'abord sur un grand nombre de vertébrés, et ce n'est que plus tard qu'elles ont été confirmées sur l'homme (1).

Reichert a publié le résultat de ses recherches sur la structure du foie de l'homme, et son opinion est conforme à la mienne. Il dit : La partie sécrétante du foie de l'homme doit être considérée comme un système caverneux de cavités glandulaires, dans lesquelles on devrait distinguer des régions lobulaires, quoiqu'il soit probable que les cavités des régions lobulaires ne sont pas complétement isolées les unes des autres.

La charpente de ce système caverneux est formée par de la substance conjonctive; je lui ai trouvé un développement très-puissant sur un foie gras cirrhotique. Il s'agit, par conséquent, d'un système caverneux compliqué, incrusté en quelque sorte dans de la substance conjonctive, dont les sinuosités conduisent les capillaires, et dont les cavités sont remplies par les cellules du foie. Lorsqu'on opère sur de petites tranches fines, et si l'on fait disparaître les cellules du foie, la substance conjonctive se montre sous l'aspect d'un joli réseau. — De semblables notions écarteront peu à peu cette erreur que les plus fins canalicules biliaires ne possèdent pas de parois propres, et qu'au contraire les réseaux capillaires sanguins bordent les réseaux des cellules hépatiques. Lorsque les capillaires sanguins sont fortement distendus, cette erreur est possible, puisque, ainsi que nous l'avons déjà dit, les septa conjonctifs, qui portent les capillaires, s'effacent à cause de leur grande ténuité dans le foie normal de l'homme; mais rigoureusement les cellules hépatiques sont entourées par les parois conjonctives du système caverneux (2).

(1) *Muller's Archiv Jahresb.* 1854.

(2) Nous devons faire connaître que tous les observateurs n'ont pas considéré la structure du foie de la même manière. On pourra consulter à ce sujet les travaux de Sappey (*Traité d'anatomie*), pour qui le foie n'est autre chose qu'une glande acineuse dont les *acini* offrent ceci de particulier qu'ils affectent une disposition linéaire et se détachent les uns des autres avec la plus grande facilité. L'explication de ce fait ne réside-t-elle pas dans la très-petite quantité de tissu conjonctif interlobulaire constatée par Leydig et méconnue par Sappey?

Suivant Morel, le foie résulte de l'enchevêtrement de deux glandes, l'une biliaire, l'autre sanguine. Küss professe que l'une provient de la prolification de l'intestin, et l'autre celle de la veine omphalo-mésentérique.

Budge et Schmidt ont trouvé dans les intervalles situés entre les cellules hépatiques non-seulement un réseau de capillaires sanguins, mais encore un réseau de canalicules très-fins, qui se remplissent du produit de sécrétion des cellules et se déversent à la périphérie des lobules dans les origines des conduits biliaires. A son tour Wagner (*Beitrag. z. Norm. B. d. Leber. Arch. d. Heilk.*, Hft. 3, p. 251) considère ce dernier réseau comme étant formé

CHAPITRE XXXI

DU FOIE DES VERTÉBRÉS.

Le foie des *mammifères*, *oiseaux*, *reptiles* et *poissons*, concorde par les traits fondamentaux de structure, avec le foie de l'homme, et n'en diffère que dans ce qui suit :

La charpente conjonctive, si faible dans le foie de l'homme, se montre bien plus considérable chez plusieurs mammifères ; ainsi, par exemple, dans l'ours blanc (Joh. Müller) et le porc ; il en résulte que la division de l'organe en *lobules* devient bien plus compréhensible. Pourtant d'autres mammifères, par le peu de développement de la charpente conjonctive glandulaire, comme par exemple le veau, le chien, le chat et le rat se rapprochent de l'homme, et la délimitation des lobules paraît moins nette ; ces derniers semblent être çà et là fusionnés ; et, dans de fines tranches prises sur des lobules, les cellules du foie paraissent toucher immédiatement les capillaires sanguins. La grosseur des lobules varie : ceux du cochon, par exemple, sont plus volumineux que ceux de l'homme ; chez le lapin ils sont plus gros que chez le chien et le chat ; et, chez ces derniers, ils sont encore plus gros que chez l'écureuil (Retzius) (1). Dans le foie des *oiseaux*, du moins ainsi que je l'ai vu sur le pigeon et l'oie, le tissu conjonctif est aussi faiblement

par des vaisseaux lymphatiques. Wagner, d'accord avec Beale, a en outre pu mettre en évidence la membrane des cellules hépatiques, laquelle est tantôt isolable, tantôt très-étroitement unie aux vaisseaux sanguins. Vulpian explique les différences de coloration que présentent l'écorce et le centre des lobules du foie par une accumulation plus grande de granulations dans les cellules du centre des lobules.

Ces quelques considérations suffisent pour faire comprendre que l'histologie du foie présente encore des lacunes. Pour plus de détails, voyez le *Bericht* de Henle, etc.

(1) Beale avait trouvé que « les séries de cellules hépatiques sont renfermées dans des tubes (*Leberröhrchen*) dont la substance appartient par ses réactions au tissu conjonctif. » Heschl confirma ces vues de Beale, tout en contestant la connexion de ces tubes avec les conduits biliaires. Or, Henle déclare que ces tubes ne sont autre chose que les réseaux capillaires des lobules, les cellules hépatiques ayant été expulsées par le pinceau.

D'un autre côté, Shröder van der Kolk a repris cette étude sur le foie de l'*éléphant* et du *cheval*, et il a confirmé les vues de Beale sur la connexion du canal excréteur avec les « utricules des cellules hépatiques ».

Ajoutons enfin à ces divergences d'opinion que Henle nie l'existence d'un tissu conjonctif (dans le sens de Virchow) interlobulaire, et l'on aura une faible idée de l'obscurité qui règne encore sur cette question. Nous estimons cependant que les idées de l'auteur sont celles qui soulèvent le moins d'objections.

développé ; la subdivision en lobules y est à peine visible, et, sur des tranches fines, desséchées et traitées ensuite par l'acide acétique, les capillaires vasculaires se comportent vis-à-vis des réseaux cellulaires, comme il a été indiqué pour le veau, le chien, etc. Dans beaucoup de vertébrés inférieurs, et, d'après mes observations, parmi les amphibies, par exemple, chez la grenouille, la salamandre, le triton, le *Proteus*, et mieux encore parmi les poissons, chez la chimère, les plagiostomes, les ganoïdes, la charpente du tissu conjonctif se manifeste très-nettement ; on voit même à l'œil nu les contours des lobules. Chaque lobule, chez les sélaciens, par exemple, est de forme polygonale, la veine en occupe le centre, et la bordure extérieure plus foncée se compose d'une charpente conjonctive qui porte les vaisseaux ; les conduits réticulaires de la substance conjonctive sont occupés par les cellules de sécrétion. Le foie des jeunes larves de la *salamandre mouchetée* est

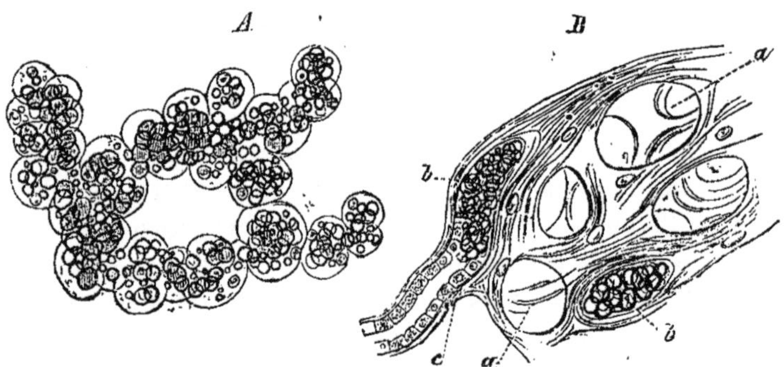

Fig. 194. — Du foie des raies.

A. Cellules du foie formant encore un réseau, et expulsées des lobules ; elles sont fortement graisseuses.

B. Fragment de la charpente conjonctive du lobule hépatique,

a. Cavités occupées par les cellules, b, encore remplies par les cellules. — c. Une origine du conduit hépatique. (Fort grossissement.)

bien propre à faire reconnaître la structure de cet organe, sans la moindre peine. On y voit clairement que des utricules formant réseau et remplis de cellules encore claires, constituent la glande. Plus tard la structure tubuliforme disparaît, par suite d'une formation de nombreuses anastomoses, et la charpente glandulaire représente alors plutôt un système caverneux. D'après Remak, le foie des poissons diffère de ceux des autres vertébrés, en ce que les conduits caverneux de la substance conjonctive, contenant les cellules hépatiques (cet observateur emploie pour ces conduits, l'expression de cylindres du foie) se terminent par des culs-de-sac sans connexion réticulaire. Il me semble, à moi, que les poissons concordent sur ce point avec les autres vertébrés.

301. — Quant à ce qui concerne la composition des *cellules hépatiques*, leur membrane est fréquemment (chez les amphibies, les oiseaux, par exemple) une enveloppe tellement délicate, qu'elle se dissout promptement après addition d'eau; relativement à leur contenu on est souvent un peu surpris de voir qu'elles sont, dans certaines périodes de la vie, tellement remplies de gouttelettes de graisse, soit d'une façon constante, soit passagèrement, que tout le foie ressemble à une grosse masse de suif, et que sa couleur n'est plus rouge brun, mais bien blanc grisâtre. Le foie des plagiostomes, des chimères, se comporte ainsi qu'il suit : lorsqu'on pratique des incisions dans le foie mou de la *Chimæra monstrosa*, la graisse s'amasse de suite au fond de l'entaille sous la forme liquide. Le foie du *Polypterus* et du *Peristedion cataphracta* est très-riche en graisse; chez l'*esturgeon* les cellules peuvent contenir de la graisse ou simplement une masse granuleuse. On remarque ces mêmes variations chez d'autres poissons, amphibies, oiseaux et mammifères; tantôt les cellules ont simplement un contenu finement granuleux, tantôt ce contenu est parsemé de globules de graisse dont la masse prédomine. Dans les *rats nouveau-nés*, les cellules du foie sont très-riches en graisse. Dans certains poissons et batraciens, le foie se distingue quelquefois par un amas énorme de pigment; sur un *Proteus*, par exemple, le parenchyme du foie se composait de parties égales de cellules et de masses pigmentaires d'un brun noirâtre.

302. — La *vésicule* et les *conduits biliaires* possèdent dans les gros mammifères, chez le bœuf, par exemple; une forte *musculature*, composée de fibres lisses ; on la trouve au moins à l'état de couche simple, dans le conduit biliaire des oiseaux (pigeon, par exemple). (Brücke a reconnu que la vésicule biliaire du chien est contractile.) Le conduit biliaire des plagiostomes (*Raja batis*, *Torpedo Galvanii*, *Spinax niger*, chez lesquels il se prolonge de plus d'un pouce vers le bas, entre la muqueuse et la membrane musculaire de l'intestin, avant de déboucher dans ce dernier) présente également des muscles lisses, que je n'ai pas rencontrés dans la vésicule biliaire des poissons osseux, des batraciens et des oiseaux. La muqueuse de la vésicule a, chez les vertébrés inférieurs (amphibies, la plupart des poissons), une surface interne le plus souvent lisse; chez les raies (*Raja clavata*) elle forme en se soulevant des plis qui se dirigent vers le conduit excréteur, et se disposent partiellement en réseau. Au fond des mailles ainsi formées, se montrent d'autres petits plis secondaires, très-peu

saillants qui se prolongent dans le conduit excréteur. La muqueuse du conduit biliaire présente chez les raies et la *Chimæra monstrosa* des *glandes* utriculaires ; chez les oiseaux, les glandes manquent, chez les mammifères elles existent. Wedl a fait à ce sujet des recherches sur le cheval, le chien, le porc et la brebis; ce sont des glandes acineuses; chez le cheval, Weld aurait aperçu une *intima* dans les vésicules terminales (1). On a dit aussi à propos des marsupiaux (*Kanguroo*, *Didelphis*, *Phalangista*) que les parois du conduit biliaire « sont revêtues de follicules muqueux ».

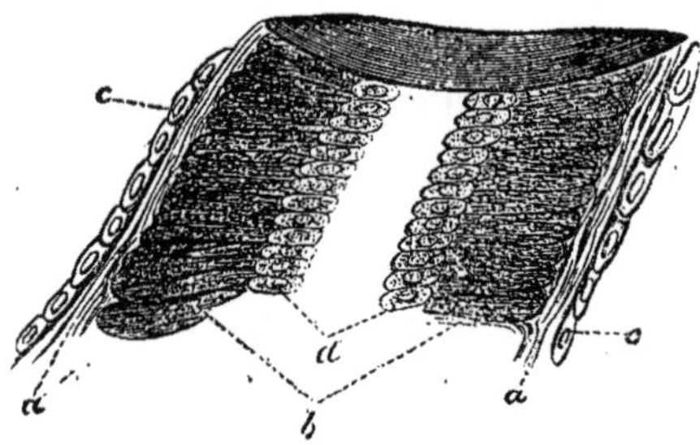

Fig. 195. — Fragment du conduit biliaire du *Torpedo*.

a. La paroi conjonctive formant du côté interne la membrane propre des glandes utriculaires *b*, fusionnée du côté interne avec le stratum conjonctif de la séreuse et revêtu par les cellules épithéliales *c*. — *d*. L'épithélium dans la lumière du canal.

L'*epithélium* des conduits biliaires est partout un épithélium vibratile dont les noyaux, chez la salamandre mouchetée, ne sont pas placés dans la partie moyenne, mais bien dans la moitié inférieure. Chez les grenouilles, l'épithélium du conduit biliaire vibre à l'état embryonnaire (Remak, Corti), chez le *Petromyzon*, pendant toute la vie (Leydig.)

303. — Déjà Blumenbach (*Handb. der vergleichend. Anat.*) avait observé que le *foie* de plusieurs poissons, d'ailleurs presque dépourvus de graisse, par exemple, des raies, des morues, avait été trouvé regorgeant d'huile (2).

Dans le contenu de la *vésicule biliaire*, on remarque, en outre des cellules épithéliales détachées, d'autres parties ayant forme. Chez une petite sole de la Méditerranée, j'ai trouvé dans la bile des corps articulés, longs et d'un aspect jaunâtre, desquels se détachait en partie une enveloppe délicate. Ces formations étaient réunies par paquets.

(1) *Sitzb. d. Wien. Akad.*, 1850, II.

(2) On sait encore que, dans les oiseaux de basse-cour, le tissu graisseux ainsi que la grosseur du foie peuvent être considérables et augmentés par le repos et une riche alimentation. (*Note de l'auteur.*)

Dans le liquide biliaire d'une *salamandre de terre* qui venait de passer trois ou quatre mois en captivité et sans nourriture, j'ai vu des masses stratifiées en grande quantité, avec ou sans noyau, d'un aspect clair, un peu jaunâtre vers le centre, où l'on apercevait fréquemment un corps à contours nets, et ressemblant à de la graisse ; et même plusieurs de ces masses stratifiées pouvaient se constituer en un noyau que venaient recouvrir d'autres couches. Le tout ressemblait assez à des masses colloïdes.

CHAPITRE XXXII

DU FOIE DES INVERTÉBRÉS.

304. — *Plan de l'organe.* — Lorsque chez les invertébrés le foie se présente comme un organe autonome et séparé de l'intestin, par exemple, dans les crustacés, les arachnides et les mollusques, il se compose toujours de la *tunica propria* conjonctive et des cellules de sécrétion. Les contours arrêtés par la charpente glandulaire déterminent deux formes typiques, le *type utriculaire* et le *type spongieux* ou *caverneux*. Ainsi, le foie est, ou représenté par quelques culs-de-sac simples, courts et non ramifiés (entomostracés, phyllopodes), ou bien ces quelques culs-de-sac sont de longs utricules : isopodes, amphipodes (parmi les mollusques dans le *Creseis*, d'après Huxley et Gegenbaur) ou enfin ils se ramifient (l'*Argulus*, parmi les mollusques dans les *éolidiens*, et deviennent très-nombreux, comme chez les *cirripèdes* et les crustacés supérieurs. Parmi les mollusques, les *bivalves* ont un foie folliculaire semblable ; il en est de même pour quelques gastéropodes et hétéropodes : ainsi, par exemple, l'*Ostrea*, le *Cyclas*, le *Dreissena*, dont les follicules sont courts et un peu étranglés près du conduit principal, et l'*Unio*, l'*Anodonta*, dont les follicules sont plus longs. Chez l'*Atlanta*, le foie n'apparaît que sous la forme « d'un utricule glandulaire, à anses peu nombreuses »; dans le *Pneumodermon*, les utricules hépatiques sont courts, cylindriques, ramifiés par-ci par-là, et ne représentent pas un organe particulier; ils sont intimement liés à l'estomac ; mais lorsque les follicules en se divisant fréquemment et en s'anastomosant déterminent la structure caverneuse du foie, on se rapproche des vertébrés. Déjà dans le foie du *Limax*, de la *Paludina vivipara* et d'autres gastéropodes, une pareille transformation devient

manifeste, et mieux encore dans les *Thetys*, *Doris*, *Tritonia*, dont le foie offre quelque chose qui ressemble à une trame; peut-être le foie des *Carinaria*, *Firola*, est-il aussi dans ces conditions d'organisation. Le *Squilla* paraît aussi avoir un foie caverneux. Il est à peine nécessaire de faire remarquer que, entre le type à follicules simples et le type caverneux, il existe les mêmes formes de transition, que l'on peut constater dans le développement embryonnaire du foie des vertébrés.

305. — *Structure intime.* — La *tunica propria* des utricules du foie est le plus souvent une membrane tout à fait homogène; dans la *Paludina*, elle se transforme vers l'extérieur en tissu conjonctif ordinaire, dont les cellules sont imprégnées soit de calcaire, soit de pigment jaune et blanc; lorsque ce changement prend des proportions notables, il donne à la coupe du foie l'aspect d'un joli treillage blanc. Il est en

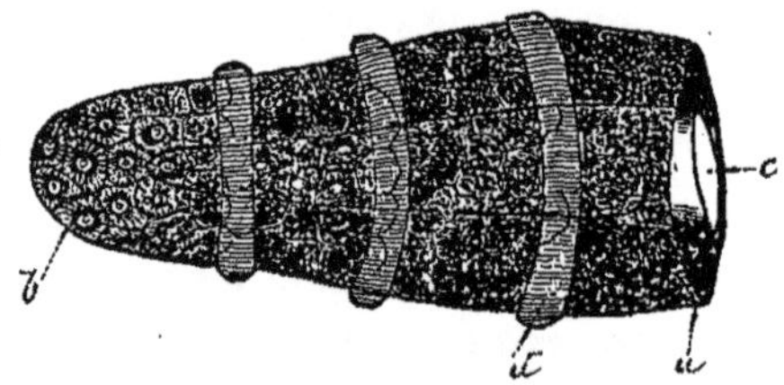

Fig. 196. — Extrémité d'un utricule hépatique de la crevette (*Gammarus*).
a. *Tunica propria*. — *b*. Cellules de sécrétion. — *c*. Intima. — *d*. Muscles circulaires.

outre intéressant de remarquer que des *muscles* peuvent être appliqués autour de la *tunica propria*. J'en ai vu, soit dans l'enveloppe péritonéale du foie, soit entre les follicules de la *Paludina;* je les ai rencontrés aussi sur les utricules hépatiques de quelques crustacés (*Oniscus*, *Gammarus*, par exemple); dans ces animaux, ils affectent, conformément à la musculature de l'intestin, une disposition circulaire, se dirigent aussi dans le sens de la longueur, et forment des réseaux. Tout à fait à l'extérieur, et par conséquent au-dessus de ces muscles, on trouve encore une enveloppe délicate de tissu conjonctif, analogue à la séreuse de l'intestin.

Les *cellules de sécrétion* qui sont placées contre la surface interne de la *tunica propria*, sont directement en connexion avec l'épithélium de l'intestin; et, comme ce dernier est souvent vibratile, la vibratilité s'étend parfois aussi, par exemple chez les mollusques, dans le conduit hépatique, mais très-rarement jusque dans les follicules terminaux du foie; je ne saurais citer probablement comme exemples que le *Cyclas* et peut-être aussi les céphalopodes (du moins d'après ce que j'ai vu autrefois). Gegenbaur croit aussi avoir constaté quelquefois des mouvements vibratiles dans un *acinus* de *Pneumodermon;* il les attribue aussi au cul-de-sac stomacal du *Creseis*, lequel, d'après lui et Huxley, en opposition avec Joh. Müller, est l'analogue du foie. Les cellules de sécrétion propres du foie, sont chez tous les autres mollusques, et d'après mes observations, dépourvues de cils. Quant au contenu des cellules hépatiques, il est très-ressemblant à celui des vertébrés, chez lesquels il se présente comme une masse pâle et granuleuse, ou comme un amas de granules brun jaunâtre ; dans le *Cyclas* la matière sécrétée par les cellules du foie forme entre ces éléments des masses filiformes (1). Parmi les cellules hépatiques des embryons de *Paludina vivipara* et à la fin de la vie de l'œuf, j'ai vu des cellules isolées, présentant un contenu jaune et liquide, et plusieurs cristaux jaunes lancéolés. Dans le foie de l'*Helix hortensis*, j'ai trouvé en outre, à l'époque du sommeil hibernal, la bile en partie sous forme de boules brunes stratifiées (calculs biliaires). Très-généralement les cellules hépatiques contiennent de la graisse, et parfois même la graisse forme à elle seule leur contenu. — Dans les follicules du foie de l'*Anodonta cygnea*, l'étendue de la couche des cellules glandulaires est, d'après H. Meckel, réduite à quatre bandes longitudinales, qui se réunissent au centre du cul-de-sac. Dans le foie des arthropodes, une cuticule homogène devenue membraneuse s'étend encore sur les cellules de sécrétion et fait suite à celle de l'intestin. Karsten, le premier, l'a fait connaître sur le foie de l'écrevisse ; je l'ai constatée dans l'*Argulus*, le *Gammarus*, l'*Oniscus*, etc.

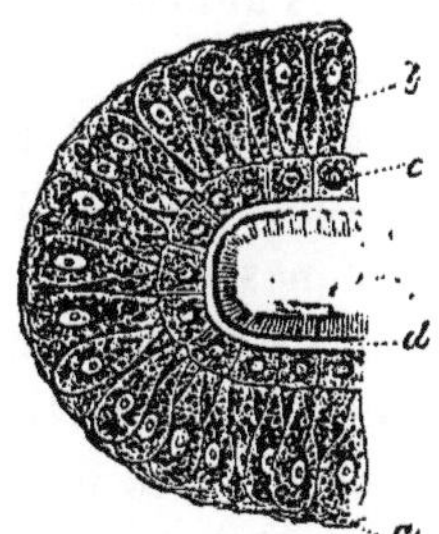

a. Tunica propria. — *b.* Cellules hépatiques. — *c.* Épithélium intestinal. — *d.* Intima ciliée.

Fig. 197. — Coupe verticale de l'intestin du *Naïs*. (Fort grossissement.)

306. — Il existe aussi un certain nombre d'animaux dont le tube intestinal ne forme point par ses sinuosités des utricules hépatiques, mais dont les cellules du foie à granulations brunâtres se trouvent immédiatement placées dans la paroi de l'estomac et de l'intestin. Il en est même ainsi pour le dernier des vertébrés (*Branchiostoma*), chez

(1) *Müller's Archiv*, 1854, p. 53.

plusieurs *arthropodes* (larves de *Myrmeleon formicarius*, rotateurs), et dans les *vers annelés*. Dans l'estomac des rotateurs et du *Myrmeleon*, ces grosses cellules hépatiques (vibratiles chez les rotifères) remplacent l'épithélium ; au contraire, chez les annelés (*Nais*, *Chætogaster*, *Lumbricus*), elles sont placées à l'extérieur de l'intestin dont la lumière est bordée par une couche cellulaire incolore qui se termine par une bordure cuticulaire ciliée. Dans les lumbricinés et aussi dans la *Piscicola*, ces grosses cellules ont une forme torse et rappellent ainsi les glandes monocellulaires.

307. — *Physiologie.* — Au point de vue des phénomènes intimes qui se passent dans les organes isolés composant le système de la digestion, nous n'avons, à cause de l'exiguïté de nos connaissances sur l'économie vitale de la plupart des animaux, que peu de notions arrêtées ; aussi, me bornerai-je à quelques observations succinctes. Déjà, la fonction de ce groupe de glandes, que nous réunissons d'après un principe de classification tout morphologique sous le nom de *glandes salivaires*, paraît varier beaucoup en raison des conditions vitales qu'elles doivent réaliser. Chez les vertébrés, la sécrétion qui est de nature muqueuse sert principalement à ramollir les aliments, à former le bol et à faciliter la déglutition ; mais il faut reconnaître qu'en outre de cette action mécanique, la salive commence déjà l'acte de la digestion, puisque l'on a observé une transformation de l'amidon en sucre dans la cavité buccale. Or, la digestion peut se faire complétement dans la cavité de la bouche et du gosier de quelques animaux ; je citerai comme exemple la larve du *Corethra plumicornis* (1).

Ici, l'animal entier, saisi par la larve et poussé dans le pharynx, ne dépasse pas cette partie du tube de nutrition, parce qu'un appareil déterminé, ressemblant à une nasse de pêcheur, barre le passage vers l'œsophage à toutes les parties solides : par conséquent, la puce aquatique avalée reste là jusqu'à ce que la portion de sa substance propre à être absorbée lui ait été enlevée. Cette portion peut, sous la forme liquide, passer à travers la nasse et descendre le long de l'œsophage ; on peut donc admettre ici, avec une grande probabilité, que pendant cette première digestion dans le pharynx, la sécrétion des glandes salivaires qui a pu s'accumuler dans le réservoir salivaire joue un rôle efficace. Le squelette chitinisé de l'animal englouti est destiné à être rejeté par l'ouverture de la bouche ; pour cela le pharynx se retrousse partiellement, voire même complétement. Dans d'autres cas, la sécrétion des glandes salivaires isolées prend une nature spécifique : ainsi la carotide

(1) *Zeitschr. f. w. Z.*, 1851, S, 449.

de certains serpents, en sécrétant un fluide léthifère, devient une *glande venimeuse;* ainsi la piqûre de plusieurs insectes, de beaucoup d'hémiptères, par exemple, est rendue irritante par cette sécrétion. Pour d'autres insectes, chez lesquels on distingue des glandes salivaires supérieures et inférieures, la sécrétion de ces glandes est de nature tout autre. Chez l'abeille, par exemple, les glandes salivaires inférieures fournissent une matière visqueuse fortement réfringente qui est probablement le propolis, lequel sert à relier les particules de cire qui transsudent à travers les anneaux du corps. Chez les fourmis aussi, la sécrétion des glandes salivaires inférieures paraît servir à mastiquer leurs constructions (H. Meckel), etc.

L'*œsophage* a simplement pour fonction la déglutition des aliments, et cet acte se passe plus vite chez les mammifères, les poissons et les arthropodes, que chez d'autres animaux, puisque la membrane musculaire œsophagienne des premiers est tissée de fibres striées en travers, et que celle des derniers se compose de fibres lisses. Nous avons indiqué plus haut la relation particulière qui existe entre l'épithélium du gésier des pigeons et la sécrétion d'un fluide laiteux.

Les *poches stomacales* des vertébrés dépourvues de glandes peuvent être considérées comme les réceptacles où les aliments sont retenus et détrempés. La digestion propre, ou la dissolution des aliments en une bouillie acidule qu'on appelle chyme, a lieu dans les portions de l'estomac qui sont pourvues de glandes à caillette. Les cellules de sécrétion des glandes stomacales paraissent du reste, ainsi que les cellules épithéliales de la muqueuse de l'intestin et des autres muqueuses, être de deux espèces : dans les unes le contenu est clair, dans les autres granuleux; il y a tout lieu de croire que les glandes stomacales avec cellules de la seconde espèce sont plus efficaces dans la digestion que les glandes dont les cellules ont un contenu clair.

Dans l'*intestin*, le chyme subit encore diverses transformations, mais c'est là principalement que les matières dissoutes sont absorbées et passent dans les vaisseaux sanguins et chylifères. Pour expliquer le passage immédiat des molécules de graisse de l'intestin dans les cellules épithéliales et de là plus loin dans les cavités chylifères, nous devons admettre la porosité des membranes organiques : les stries fines et normales que l'on a observées dans ces derniers temps sur la surface terminale épaisse et claire des cellules cylindriques de l'intestin des vertébrés et de quelques arthropodes ont été attribuées à la présence de canalicules poreux.

Les opinions sont encore peu arrêtées sur les fonctions du *pancréas* et du *foie*. Je dirai encore quelques mots sur le contenu des cellules hépatiques.

H. Meckel conclut de ses observations que dans le foie de l'écrevisse et des mollusques il existe deux espèces de cellules essentiellement différentes dont les unes sécrètent la bile et les autres la graisse. Je ne puis me prononcer en faveur de cette opinion. Si, dans la série des vertébrés, il est difficile d'admettre une semblable division des cellules hépatiques, il me paraît impossible de la soutenir dans les invertébrés. La même cellule produit à la fois la graisse et la bile par simple transformation de son contenu, et cela, de telle sorte que l'apparition de la graisse précède celle de la bile. Ce que nous avons dit plus haut de l'énorme quantité de graisse renfermée dans le foie de quelques animaux (sélaciens par exemple) fait présumer que la graisse peut constituer la principale sécrétion de cette glande; de plus, comme on sait que le sucre s'élabore dans le foie, on peut soupçonner qu'entre ces deux produits il existe certains rapports. J'ai rendu compte autrefois d'une observation relative à la *Paludina vivipara* (1), et d'après laquelle j'étais convaincu que « la graisse est susceptible, dans certaines circonstances, de se substituer à la bile dans l'économie de cet animal ». Ainsi sur ces animaux, lorsqu'ils se préparent au commencement de novembre à entrer dans le sommeil hibernal, le foie, au lieu d'avoir, comme d'habitude, un aspect brun ou jaunâtre, est blanchâtre; les cellules hépatiques ne renferment plus de matières bilieuses, mais seulement des corpuscules de graisse. Dans l'estomac, où la bile formait auparavant des cordons enveloppés d'une substance incolore, j'ai trouvé que ces cordons n'étaient composés que de lamelles graisseuses. Sur d'autres sujets dont le foie était blanchâtre, le protoplasme et les cordons en question se composaient d'une masse finement granuleuse (de molécules de graisse).

— Sur le *foie des vertébrés*, voyez Remak dans son *Histoire du développement*, Leydig, *über Selachier*, *Ganoiden*, etc.; *Leber der Wirbellosen;* les travaux de Meckel, Leuckart, Gegenbaur, etc.

Relativement au « *foie* » des *hirudinés* proprement dits, mes observations me forcent de m'écarter complétement de l'opinion régnante. On considère comme constituant le foie des utricules d'un brun jaunâtre qui enveloppent l'estomac et l'intestin: ces utricules débouchent les uns dans les autres au moyen de leurs conduits excréteurs, et déversent leur contenu sur la surface interne de l'intestin. Contrairement à cet exposé, j'ose soutenir que ce tissu des hirudinés dont on veut

(1) *Zeitschr. f. w. Z.*, 1849.

faire le foie a une tout autre signification; *il doit être placé sur la même ligne que le corps graisseux des arthropodes.* D'après sa composition, il est formé de cellules de diverses grosseurs et de formes variables, rondes, allongées, quelquefois étirées, de nature fibreuse; dans d'autres cas, elles sont ramifiées, et les prolongements s'anastomosent entre eux; fréquemment elles forment en se fusionnant des tubes avec des proéminences hémisphériques; bref, elles reproduisent tous les changements de forme que présentent les cellules qui composent le corps graisseux des arthropodes. Chez l'*Hirudo*, l'*Hœmopis* et le *Nephelis*, le contenu cellulaire est formé par une masse granulée brune, en plus ou moins grande abondance. De même que le corps graisseux des arthropodes est en connexion avec la membrane extérieure des trachées, des intestins, etc., de même aussi le tissu des hirudinés, qui à tort passe jusqu'à présent pour représenter le foie, est en connexion avec les enveloppes conjonctives de tous les intestins; il entoure non-seulement le tractus, mais il constitue aussi l'enveloppe brune des vésicules testiculaires, la *tunica adventitia* des troncs vasculaires, l'enveloppe brune et lâche du système nerveux, etc., en un mot, ce foie est justement une forme de la substance conjonctive qui, dans l'absence d'une cavité abdominale propre, remplit tous les intestins situés entre les organes qu'elle enveloppe. Sa ressemblance avec le corps graisseux peut être établie encore sous d'autres rapports. Ainsi, quoique les granules bruns forment la masse principale des cellules, on voit cependant (*Hœmopis*, par exemple,) entre les réseaux brunâtres d'autres cordons, dont les cellules ont pour contenu des globules incolores de nature graisseuse; et, ce qui est péremptoire dans la *Clepsine* et la *Piscicola*, un beau tissu graisseux incontestable occupe la place de ces réseaux bruns. Là où les cellules forment au moyen de leurs pousses des systèmes à mailles, les cavités sont remplies de gélatine. En outre de l'observation faite sur des animaux frais, nous recommandons encore la préparation suivante : on jette la sangsue dans de l'eau chaude, on la sèche ensuite et l'on pratique sur l'animal de fines incicisions transversales que l'on fait tremper dans de l'eau légèrement acidulée. On voit alors clairement que le tissu conjonctif, qui relie tous les organes en prenant son point de départ dans le tégument externe et en traversant tous les muscles, peut être rempli, en certains endroits et dans ses éléments celluleux, par des globules bruns, et de plus, que la matière colorante est de même nature que celle du tégument.

On trouvera des remarques sur le foie des *insectes* dans le chapitre où il est question des organes urinaires des invertébrés.

CHAPITRE XXXIII

DE L'ORGANE RESPIRATOIRE DE L'HOMME.

Les organes qui entrent dans l'appareil respiratoire sont : le *larynx*, la *trachée* et les *poumons*. Considérés à un point de vue morphologique et général, ils représentent dans leur ensemble une grosse glande acineuse, et se composent de substance conjonctive, laquelle porte les vaisseaux et les nerfs, de muscles et de revêtements de cellules. Dans l'embryon, ces parties naissent par des refoulements de la paroi antérieure de l'œsophage, laquelle se compose elle-même d'une gaîne épithéliale et d'une membrane fibreuse. Celle-ci fournit le tissu conjonctif vasculaire et nerveux et celle-là les couches celluleuses.

Ainsi que nous le voyons sur les contours d'une glande acineuse, les bronches se terminent dans des espaces infundibuliformes (*infundibula*, Rossignol, Adriani) dont les parois portent les *cellules pulmonaires* (*alveoli parietales*). Suivant Adriani, une bronchiole peut renfermer un ou plusieurs infundibula. On se représente très-exactement la structure des vésicules pulmonaires, si l'on se figure qu'un seul infundibulum du poumon de l'homme et des mammifères peut être comparé au poumon entier d'une grenouille avec ses alvéoles pariétales.

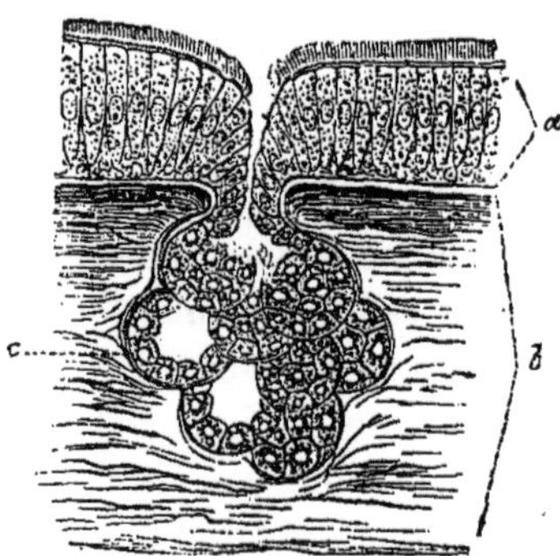

Fig. 198. — Coupe à travers la muqueuse de la trachée.
a. Épithélium vibratile. — *b.* Stratum conjonctif de la muqueuse. — *c.* Glande muqueuse acineuse. (Fort grossissement.)

308. — Dans le pharynx, la trachée et les bronches, la *substance* conjonctive a pour objet de fournir à ces parties un squelette sous la forme de *cartilages* divers : les uns, corps thyroïde, cartilages cricoïdes, cartilages aryténoïdes, anneaux de la trachée et des bronches, appartiennent au *cartilage hyalin*, tandis que l'épiglotte, les cartilages de Santorini et de Wrisberg se rattachent au *fibro-cartilage*. Les *cor-*

puscula triticea présentent tantôt la nature du cartilage hyalin, tantôt celle du fibro-cartilage. Les lamelles cartilagineuses se perdent dans les plus fines ramifications bronchiques. Les cartilages hyalins du larynx s'ossifient assez souvent et sont alors vasculaires.

Pour relier entre elles toutes les parties cartilagineuses, la substance conjonctive s'épaissit et donne naissance à des bandes nombreuses qui sont très-riches en fibres *élastiques*, ou ne renferment que ces éléments d'où résulte leur couleur jaune clair. Les réseaux fibroïdes élastiques sont de la plus grande finesse. Le tissu conjonctif forme en outre la *couche fondamentale* vasculaire et nerveuse de la *muqueuse*, caractérisée par l'absence de papilles et une grande richesse en fibres élastiques. Dans la trachée, les éléments élastiques acquièrent déjà une grande importance, au point qu'elles finissent par constituer la partie principale de la muqueuse, ce qui devient encore plus manifeste dans les ramifications trachéennes; enfin, la couche fondamentale membraneuse des vésicules terminales se compose presque exclusivement de tissu élastique dans les premières ramifications bronchiques.

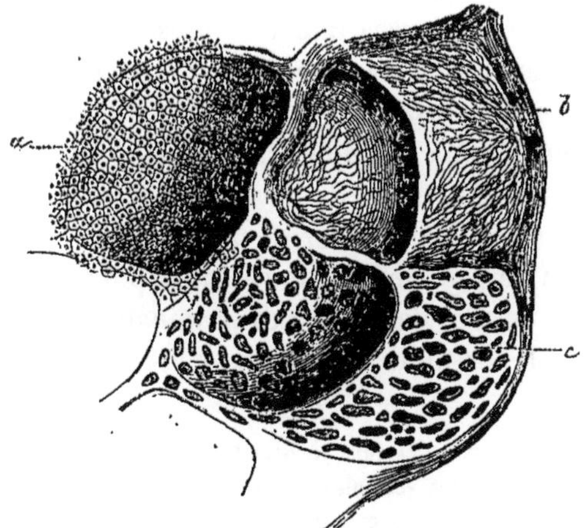

Fig. 109. — La partie terminale d'un infundibulum du poumon avec trois vésicules pulmonaires (cellules pariétales), vues de l'intérieur et représentées schématiquement.

a. Vésicule pulmonaire sur laquelle on voit l'épithélium. — *b*. Vésicule dont l'épithélium est ombré pour montrer la couche fondamentale conjonctive de la paroi vésiculaire avec ses fibres élastiques. — *c*. Vésicule dépourvue aussi de son épithélium, et mettant en évidence le réseau capillaire qui est très-dense.

Dans le pharynx, la trachée et plus profondément dans les bronches, même dans les plus fines, d'après Remak, le stratum conjonctif de la muqueuse forme des *anses acineuses*, qui sont revêtues par le prolongement de l'épithélium, et représentent les glandes muqueuses; en général très-nombreuses, elles s'accumulent à l'entrée du larynx où elles deviennent visibles à l'œil nu.

309. — Le *revêtement celluleux* de la muqueuse respiratoire est généralement un épithélium vibratile qui commence à l'entrée du larynx et s'étend sur la trachée ainsi que sur ses ramifications. Les cils sont fins, et leurs mouvements s'exécutent de dedans en dehors. Dans le larynx, l'épithélium vibratile est interrompu par un épithélium pavimenteux stratifié qui revêt les *cordes vocales supérieures* (Rheiner). Il varie d'ailleurs suivant les différentes régions de la muqueuse; ainsi au larynx, dans la trachée et les grosses bronches, il paraît former plusieurs couches, ce qui est en harmonie avec l'épaisseur du stratum conjonctif; mais dans les petites bronches, il ne forme qu'une seule couche; les cils disparaissent même dans la vésicule terminale. Ce fait a été mis en évidence par Remak, contrairement à l'opinion de Henle et de Valentin (1).

310. — Quant aux *fibres contractiles* de l'appareil respiratoire, celles du larynx sont striées, celles de la trachée et des bronches forment des faisceaux lisses dont les tendons, ainsi que Kölliker l'a montré, peuvent n'être composés que de fibres élastiques. Les vésicules terminales paraissent être dépourvues de muscles.

Les poumons ont un *système vasculaire double;* les vaisseaux pulmonaires renferment le sang qui doit être révivifié, et les vaisseaux bronchiques servent à la nutrition du parenchyme pulmonaire. Il n'est pas dans le plan de ce travail de décrire quel est leur parcours respectif. Qu'il nous suffise de signaler que le réseau capillaire qui s'épanouit sur les cloisons conjonctives des vésicules terminales est un des plus riches de l'économie, et, lorsqu'il est rempli, c'est à peine si quelques îlots

(1) Voici ce qu'on lit à ce sujet dans le *Bericht*, etc., 1861, p. 121. « Dans la controverse relative à l'épithélium des vésicules pulmonaires, Henle, d'accord avec Deichler, se prononce pour l'opinion de Rainey, et par conséquent contre la présence d'un revêtement épithélial. La cause de l'erreur réside, suivant Henle, non pas dans les noyaux des capillaires sanguins qui font saillie, ainsi que Deichler le pensait, mais bien dans des noyaux qui sont enchâssés d'une manière très-régulière dans la membrane fondamentale des vésicules pulmonaires, de telle sorte que ces noyaux occupent le centre des interstices du réseau capillaire. »

L'année 1863 a remis en faveur l'épithélium des alvéoles pulmonaires par les travaux de J. Arnold, de Hertz, qui reconnaissent tous deux, conformément à la description d'Eberth, qu'il existe un épithélium interrompu dont les cellules occupent les espaces laissés libres par les vaisseaux. Enfin, Chrzonszczewsky prétend avoir trouvé, au fond, sur les cloisons, et même quelquefois sur les bords libres et étroits des septa alvéolaires, un épithélium polygonal complet et non interrompu. Ces résultats ont été contestés. On voit donc que cette question doit être étudiée de nouveau.

étroits de substance conjonctive fondamentale restent libres entre les capillaires.

Quant aux *nerfs du poumon*, qui viennent du vagus et du sympathique, il faut mentionner qu'après avoir accompagné les bronches dans toutes leurs divisions, ils aboutissent à de nombreux petits ganglions (Remak).

La coloration bleu noirâtre du poumon de l'adulte résulte de granules de pigment, lesquels résident le plus souvent dans le tissu conjonctif interlobulaire ou bien dans la charpente conjonctive des vésicules pulmonaires elles-mêmes.

A la face externe des poumons le tissu conjonctif qui sert à maintenir les divers lobules forme une membrane limitante qui porte le nom de *plèvre* ou de revêtement séreux des poumons, en y comprenant l'épithélium pavimenteux qui la revêt. Luschka a appelé l'attention sur des prolongements villeux que la séreuse forme aux bords droit et gauche de l'organe. (De semblables appendices existent aussi dans les capsules synoviales et sur le feuillet viscéral du testicule.)

311. — *Glande thyroïde*. — La *glande thyroïde* (*glandula thyreoidea*) présente une certaine liaison anatomique avec les voies respiratoires; suivant Remak, elle se forme par étranglement d'une portion de la paroi œsophagienne antérieure. De même que les autres organes glandulaires, elle se compose de tissu conjonctif et d'éléments celluleux. Le tissu conjonctif forme à l'entour de l'organe une enveloppe rigide, laquelle, en pénétrant dans l'intérieur, circonscrit des *vésicules closes;* la couche immédiate des contours de la substance conjonctive, qui forme ici comme ailleurs la paroi propre du follicule sous la forme d'une bordure claire peut être distinguée à l'état de *membrana propria*. Il va de soi que la substance conjonctive porte aussi les vaisseaux sanguins qui sont nombreux, les vaisseaux lymphatiques et quelques nerfs destinés à l'organe. La face interne des follicules est revêtue par une couche celluleuse simple et l'espace resté libre est occupé par un liquide incolore. En outre, il arrive assez communément qu'on observe dans l'intérieur des vésicules des globules homogènes ramollis qui sont connus sous le nom de *matière colloïde*, et qui parfois occupent toute la cavité du follicule. On leur a attribué une nature pathologique; cette opinion n'est nullement confirmée par ce que l'on observe sur les animaux (voyez plus bas). Par contre, l'expérience a prouvé que le corps thyroïde de l'homme dégénère fréquemment, les follicules perdent leur épithélium, se remplissent de matière colloïde qui occupe des espaces considérables d'où naissent les kystes.

La glande thyroïde n'a pas, comme on le sait, de canal excréteur.

— Il existe en ce moment quelques divergences d'opinion, parmi les observateurs, sur l'épithélium des vésicules pulmonaires. Ainsi les uns veulent qu'il manque entièrement ou en partie, tandis que d'autres soutiennent qu'il existe parfaitement. (Voyez les remarques du § 340.)

CHAPITRE XXXIV

DE L'ORGANE RESPIRATOIRE DES VERTÉBRÉS.

Les *poumons* des vertébrés rappellent toujours par leurs contours la forme d'une glande, et il est facile de se représenter tous les degrés successifs que présente leur composition. Comme on le sait, les *tritons* n'ont que des *sacs pulmonaires*. Dans les *grenouilles*, des cloisons font saillie sur la face interne et donnent naissance à des mailles rhomboïdales, à la face desquelles apparaissent, en outre, de petites alvéoles; dans les espèces supérieures des reptiles, le poumon peut acquérir une nature parenchymateuse plus prononcée. Dans les *oiseaux*, le poumon se compose de tubes membraneux et d'alvéoles qui s'ouvrent dans les bronches et que l'on peut considérer comme étant équivalents au sac pulmonaire primordial des amphibies. Les parois des tubes présentent, en outre, un réseau délicat de petites cloisons, d'où résultent de petites cavités hexagonales, semblables aux alvéoles des amphibies; dans chaque maille de ce réseau se trouvent d'autres cavités hexagonales aussi, mais plus petites, et l'on peut les comparer aux vésicules terminales des *mammifères*.

312. — Le tissu conjonctif qui fournit la charpente pulmonaire est tissé d'*éléments élastiques* dans les mammifères et les oiseaux, au point que ces éléments constituent la masse fondamentale de la charpente; dans les reptiles, au contraire, les muscles sont très-répandus, et les fibres élastiques n'ont plus qu'une importance secondaire. Au larynx, à la trachée et dans ses divisions, la substance conjonctive se modifie. Pour étayer plus solidement ces parties, elle forme des *fragments isolés de cartilage*, qu'on ne retrouve plus souvent chez les mammifères, à la naissance du poumon (*Mus*, *Meles*, *Erinaceus*, etc.) ou bien qui descendent encore assez profondément dans le poumon (ruminants, beaucoup de carnassiers, cheval, etc.). Dans les oiseaux (le *héron*, par exemple) on peut les suivre sur une étendue d'un pouce. On a dit que

chez les reptiles supérieurs (*Monitor*, *Crocodilus*), des bandelettes cartilagineuses existent; je puis confirmer cette assertion au moins pour la *tortue*. Les cartilages sont des prolongements des anneaux bronchiques; ils maintiennent béants les orifices du réseau à mailles. Dans la *Lacerta agilis*, ces bandelettes n'existent qu'à la racine du poumon; il est facile de le vérifier lorsqu'après avoir extrait le poumon on le plonge dans une solution alcaline; on voit alors que des bandes de cartilage hyalin, de forme simple ou ramifiée, rayonnent dans les trabécules, pour se terminer par des îlots cartilagineux. R. Wagner dit qu'il n'y a « rien de cartilagineux » dans le larynx de la *salamandre* et du *triton*, et il ajoute que la courte trachée de la *salamandre*, est simplement « membraneuse ». Toutefois, je vois avec la plus grande clarté dans le larynx de la *salamandre tachetée*, des fragments de cartilage hyalin qui limitent l'orifice d'entrée à l'état de bandelettes longitudinales; de plus, dans la paroi de la trachée « membraneuse », il existe aux deux côtés, de six à sept petits demi-anneaux formés de cartilage hyalin. Comme les parties celluleuses de cet animal ont une grosseur considérable, il en est de même des cellules cartilagineuses.

Les cartilages de l'organe respiratoire des *mammifères* peuvent s'ossifier partiellement; c'est un fait propre aux *oiseaux*, que les cartilages laryngiens, trachéens et bronchiques s'ossifient en totalité ou en partie. Dans les anneaux ossifiés de la trachée, j'aperçois (chez l'*étourneau* et sur une espèce de perroquets) des canaux médullaires et ramifiés, dont le trajet est dans le sens transversal. D'après Nitzsch, la trachée du *Tetrao* ne renferme que du cartilage; cependant celle du *Tetrao urogallus* présente aussi des parties ossifiées, lesquelles, il est vrai, ne forment que des bandes très-étroites, mais néanmoins bien visibles. Dans un *Strix flammea* que j'ai examiné, tous les anneaux étaient dépourvus de points d'ossification. Le renflement vésiculeux du *larynx inférieur* (*larynx bronchialis*) présente une paroi cartilagineuse très-épaisse; et, ainsi que je l'ai remarqué sur un *canard* jeune, cette paroi est sillonnée de nombreux canaux ramifiés qui ne deviennent visibles à l'œil nu que si l'on coupe le cartilage en tranches fines; alors les canaux se remplissent d'air et se détachent sur la masse par leur éclat argenté. Ils existent aussi dans la *membrane tympaniforme*. Les ossifications partielles du *larynx bronchialis* sont aussi très-vasculaires. (Sur un *Strix* âgé, dont le *larynx bronchialis* était presque complétement ossifié, j'ai trouvé très-surprenant que la paroi osseuse n'atteignît pas à beaucoup près l'épaisseur de la paroi cartilagineuse qui vient d'être décrite.) Dans les *reptiles*, les cartilages du larynx et de la trachée paraissent s'ossifier rarement; dans les serpents cependant, l'ossification semblerait être le cas général. Je remarque en effet que, non-seulement dans le *Python*, les anneaux trachéens sont ossifiés, à l'exception d'une bordure qui reste cartilagineuse, mais encore que, dans la *Coluber natrix* et la *Coronella lævis*, toutes les pièces cartilagineuses comprises entre le larynx, la trachée et le poumon, sont devenues calcaires ; et, de même que dans le *Python*, ce n'est que la couche limite qui est restée cartilagineuse. Ce tissu cartilagineux appartient au cartilage articulaire, c'est-à-dire qu'il renferme un minimum de substance fondamentale intercellulaire, et la matière calcaire paraît s'être déposée exclusivement dans la masse intercellulaire; il ne se forme d'ailleurs rien qui ressemble à des cavités médullaires ou à des canaux de Havers.

Dans le larynx des *mammifères*, on trouve du cartilage hyalin et du fibro-cartilage; ce dernier présente, par exemple chez le *bœuf*, des réseaux fibreux très-développés; les cartilages cricoïde et aryténoïde présentent des canaux avec des vaisseaux sanguins. Les cartilages trachéens des mammifères peuvent être très-graisseux (*Vespertilio pipistrellus*). Dans les *oiseaux*, ces cartilages se distinguent par une quantité considérable des cellules cartilagineuses. Chez les reptiles à écailles (ainsi que je le constate dans la trachée de l'*orvet* et de la *couleuvre à collier*, laquelle est entourée de pigment) les cellules sont en nombre tellement grand, qu'il existe à peine des traces de substance fondamentale.

313. — La partie conjonctive de la muqueuse forme chez les mammifères et les oiseaux la *tunica propria* des *glandes muqueuses* du larynx et de la trachée; ces glandes sont acineuses dans les *mammifères*, tandis que dans les *oiseaux* (d'après des recherches faites sur le *héron*) elles ne représentent que de petits utricules simples. Sur le larynx *bronchialis* du canard, et au-dessous de la paroi cartilagineuse épaissie, la muqueuse semble être matelassée ; elle s'est transformée en une couche blanc jaunâtre, élastique et gélatineuse, épaisse de quelques lignes; cette couche, examinée au microscope, est reconnue appartenir au tissu conjonctif gélatineux. Elle se compose d'un réseau de corpuscules conjonctifs ramifiés et effilés, et les mailles sont remplies par une gelée qui se coagule dans l'acide acétique. Du reste, la charpente de ce réseau est plus considérable que la masse de remplissage; aussi cette membrane est-elle en somme plus rigide que le tissu conjonctif gélatineux de l'embryon, par exemple.

Cette gelée devient plus considérable aux cordes vocales, qui sont aussi épaissies; aussi la mollesse de cette région est-elle plus grande. Le tissu gélatineux est traversé par des vaisseaux (sur des oiseaux âgés, dont le *larynx bronchialis* était presque entièrement ossifié, la muqueuse n'était boursouflée que vers l'origine des bronches). *L'épithélium* de la muqueuse est généralement vibratile, seulement la partie du larynx qui sert directement à la formation de la voix présente, dans les *mammifères* et les *reptiles*, un épithélium pavimenteux non cilié; plus exactement les cordes vocales supérieures et inférieures du *chien* et du *lapin*, par exemple, sont recouvertes d'un épithélium pavimenteux. Chez le *chat* (Rheiner), l'épithélium vibratile ne commence qu'au-dessous de la glotte; dans le *rat*, je vois aussi que l'épiglotte et les cordes vocales possèdent un épithélium pavimenteux stratifié, tandis que le reste du larynx est vibratile. Par des observations antérieures, j'avais constaté que chez la *grenouille* et le *lézard*, l'épithélium de la corde vocale n'est pas le même que celui du larynx; celui-ci présente des mouvements vibratiles très-vifs, et les cellules ont un contenu clair, tandis que l'autre est dépourvu de cils, et les cellules sont granuleuses. Il reste encore à déterminer ce qui a lieu sur les larynx inférieur et supérieur des *oiseaux*. Il est vrai que sur le larynx inférieur d'un canard j'ai trouvé partout des cellules vibratiles; mais je dois ajouter qu'entre les fragments de l'épithélium vibratile se trouvaient de jolies cellules pavimenteuses; seulement je n'ai pas réussi à déterminer leur situation propre.

Dans les vésicules des *mammifères* et dans les cellules pulmonaires des *oiseaux*, il ne paraît pas exister d'épithélium vibratile, et même, il ne m'est jamais arrivé d'apercevoir de manière à n'en pas douter un épithélium dans les cellules pulmonaires des oiseaux (*héron*, *pigeon*). Comme on le sait, le poumon des *amphibies* est vibratile, et les cellules (*coronella lævis*) présentent ici et sur toute l'étendue de l'appareil respiratoire un contenu granuleux, à contours tranchés.

314. — Les *muscles* du larynx, ainsi que l'appareil musculaire particulier du larynx inférieur des *oiseaux*, sont striés en travers; on distingue dans la paroi trachéenne et bronchique des mammifères et des oiseaux des faisceaux de fibres lisses. Les paires de muscles qui, chez les oiseaux, abaissent la trachée, appartiennent aux muscles striés. On n'est pas encore bien fixé sur l'importance des muscles lisses dans les *poumons* des vertébrés. De même, les mammifères paraissent renfermer dans les poumons aussi peu d'éléments contractiles que l'homme : toutefois, les poumons de la baleine mériteraient un examen plus minutieux, puisque l'on attribue à cet animal « une contractilité extraordinaire » et telle que les poumons peuvent se vider entièrement d'air... Dans les poumons des *oiseaux*, je crois avoir vu (*héron*) des muscles qui appartenaient aux plus gros tubes aériens ; parmi les *amphibies*, les uns (*grenouille*, *salamandre terrestre*, *couleuvre à*

collier, *python*, *lézard*, *tortue*) en sont pourvus, et même les septa peuvent se composer exclusivement de muscles (ils vont jusqu'à la pointe de l'organe dans la *Lacerta agilis*); de plus, dans les culs-de-sac à parois minces annexés au poumon du *caméléon*, je vois avec la plus grande netteté que les rayures polygonales proviennent d'une

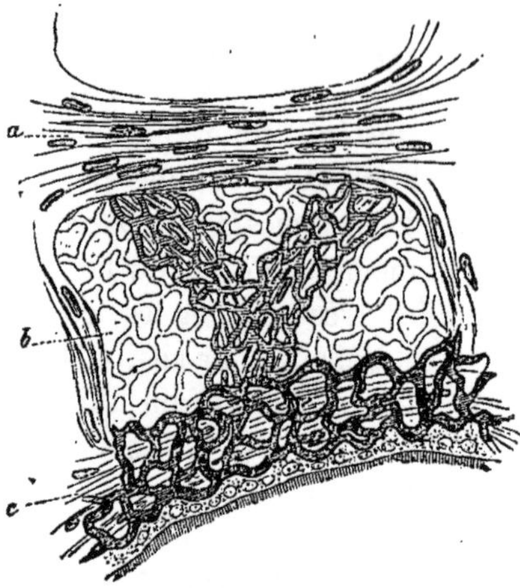

Fig. 200.—Un fragment de la surface pulmonaire interne de la *Lacerta agilis*.
a. Septum musculeux. — *b*. Fond d'une cellule pulmonaire, sur lequel on aperçoit les capillaires sanguins. — *c*. Un septum au bord duquel on voit l'épithélium vibratile, ainsi que le réseau vasculaire situé derrière, et, dans la profondeur, les faisceaux musculaires.

musculature lisse. Les petites *nodosités* blanchâtres que le poumon du *python* présente aux angles des mailles représentent du tissu conjonctifcondensé, dans lequel on voit manifestement des corpuscules ramifiés. On pourrait les considérer comme les points solides sur lesquels agissent les trabécules musculaires. D'autres reptiles (*Triton*, *Proteus*, peut-être aussi le *Menopoma*) ne renferment pas trace d'éléments musculaires dans le tissu pulmonaire. Sur les poumons de plusieurs batraciens (le *Proteus*, par exemple) se trouvent aussi beaucoup de cellules graisseuses.

Remak a vu que dans les mammifères et dans les grenouilles, les *nerfs* du tissu pulmonaire se renflent en formant de petits ganglions ; j'ai observé la même disposition dans le poumon de la *Testudo græca*.

315. — Quant à la pigmentation du poumon, les variations sont nombreuses : nos grenouilles indigènes, crapauds et salamandres terrestres ont des poumons très-pigmentés ; ceux des oiseaux paraissent toujours être dépourvus de pigment. Chez eux, les *poches à air* communiquent avec les poumons et se composent d'une substance conjonctive partout riche en éléments élastiques, et je crois en outre y avoir reconnu des muscles lisses. Dans le *Sula* et le *Pelicanus*, les fibres musculaires qui viennent de la *fourchette* s'étalent en formant des réseaux au-dessus de la paroi externe du sac interclaviculaire et de ses prolongements. L'épithélium est vibratile en certains endroits. Dans l'*épervier*, par exemple, en outre des cellules non ciliées, on voit un épithélium vibratile sur chacune des parties qui avoisinent les orifices pulmonaires.

Dans les *cétacés*, d'après Leuckart, le revêtement pleural du poumon est très-épais et présente une couche puissante de fibres élastiques, mais il serait difficile de voir là un caractère général. Dans le *Manatus australis* la plèvre pulmonaire ne me paraît pas être plus épaisse que le reste de la séreuse ; elle est conjonctive, et, profondément, elle est tissée de fibres élastiques très-fines.

316. — *Glande thyroïde.* — La *glande thyroïde* présente une grande uniformité de structure chez les vertébrés les plus différents. Dans tous les *poissons*, *amphibies* et *oiseaux* chez lesquels elle a été examinée jusqu'à ce jour elle se compose de vésicules closes, enveloppées par de nombreux vaisseaux sanguins, et portant à leur face interne un épithélium délicat; l'espace libre est occupé par un liquide transparent, ou bien par une *masse colloïde*, que j'ai constatée même dans les poissons osseux (*Zeus faber*, par exemple), dans les raies et les squales, dans les reptiles (*Proteus*, *couleuvre à collier* et *lézard*), dans les oiseaux (*moineaux*) ; aussi, est-il peu plausible de considérer cette formation comme pathologique lorsqu'on la rencontre chez l'homme. Chez les vertébrés inférieurs, il existe peu de tissu conjonctif entre les vésicules glandulaires (au moins, suivant moi, dans la *couleuvre à collier*) ; par conséquent, les vésicules sont étroitement serrées les unes près des autres, et tout l'organe ressemble, à l'œil nu aussi bien qu'au microscope, à un ovaire, par son aspect granuleux et bosselé. Dans la salamandre terrestre, le tissu conjonctif qui porte les vaisseaux des vésicules thyroïdiennes présente souvent une grande quantité de pigment noir. Le nombre des vésicules varie dans les animaux de la même espèce : ainsi, dans le *Proteus*, elles sont souvent au nombre de trois à cinq, et elles sont entourées d'un grand nombre de grumeaux de graisse.

Dans la *Lacerta agilis*, la glande est bicorne, et la plus grande épaisseur se trouve au milieu. La glande des reptiles sans queue (*grenouilles*, *crapauds*) offre cette différence qu'au lieu de se composer d'un grand nombre de follicules clos, très-rapprochés les uns des autres, elle ne renferme ordinairement que trois grosses vésicules isolées et pourvues de réseaux capillaires à mailles étroites; le contenu de ces vésicules n'est plus un liquide transparent ni une masse colloïde, mais bien une substance finement granuleuse et en partie graisseuse (au-dessus de la glande se trouve un petit ganglion allongé avec quatorze ou quinze globules ganglionnaires).

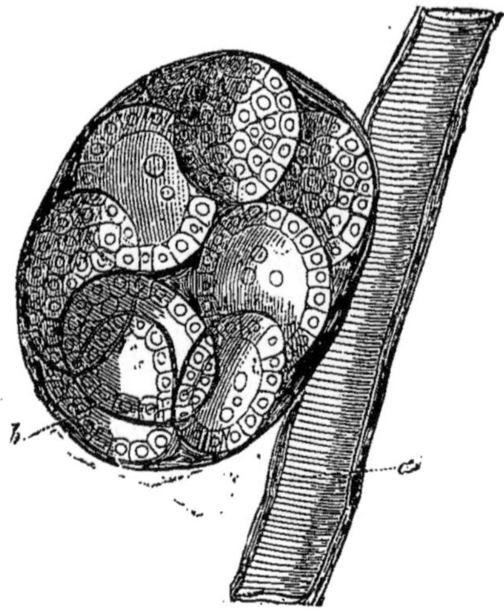

Fig. 201. — Glande thyroïde du *Protéus anguinus*.

a. Vaisseau sanguin. — *b*. Les vésicules glandulaires, vues tantôt de la surface, tantôt en coupe ; dans le plus grand nombre d'entre elles se trouve une masse colloïde.

317. — On sait que la respiration a pour but de prendre au milieu environnant l'oxygène au lieu de l'acide carbonique qui se forme continuellement dans les organes à la suite de décompositions incessantes. Or, d'après Ecker (*Icones phys.*) il n'existe pas d'épithélium dans les vésicules pulmonaires, mais seulement quelques cellules disséminées. Par conséquent, les capillaires sanguins mis à nu seraient exposés à l'air atmosphérique ; il faudrait donc établir une relation intime entre l'absence de tout revêtement celluleux, et la facilité des échanges entre l'air et le sang. S'il en était ainsi, il faudrait accorder une certaine importance à ce que j'ai dit plus haut à propos de la *loche d'étang* (*Cobitis fossilis*). Ce poisson respire en partie par l'intestin, il avale de l'air et rend de l'acide carbonique par l'anus. La muqueuse intestinale, qui est d'un rouge vif, forme des plis peu élevés et est dépourvue de toute formation glandulaire ; elle se distingue par une vascularité tellement grande, qu'elle ne se compose, à proprement parler, que de capillaires sanguins réunis à un peu de substance conjonctive homogène chargée de les soutenir. Et, ce qui paraît très-surprenant, c'est que, ni sur des pièces fraîches, ni sur des préparations à l'acide acétique, je n'ai pu réussir à trouver un épithélium intestinal !

Quant aux *vésicules vocales* que possèdent un grand nombre de batraciens mâles, on leur reconnaît une membrane musculeuse ; leur face interne est revêtue par une muqueuse et un épithélium vibratile (de Rapp).

Quant à la *glande thyroïde* des *Triton*, *Salamandra*, *Proteus*, *Cœcilia*, *Rana*, *Testudo*, *Coluber*, *Acipenser*, *Squatina*, *Torpedo*, *Mustelus*, etc., consultez mes recherches sur les poissons et les reptiles, ainsi que sur les raies et les squales. Dans l'excellent ouvrage de physiologie comparée de Bergmann et Leuckart, il est dit, relativement à cet organe, que la micrographie indique une formation et une destruction de cellules s'effectuant dans l'intérieur des vésicules. Je ne puis accepter cette assertion. Dans certains animaux, on voit, au contraire, les cellules revêtir toujours la paroi des vésicules sous la forme d'un épithélium qui n'accuse aucune tendance à se détruire. D'ailleurs, la fonction de la glande thyroïde nous est complétement inconnue, et nous sommes obligés de nous contenter, comme dans les cas analogues, de cette remarque, qui se substitue à toute explication, à savoir que l'organe en question sert à effectuer « une transformation déterminée du sang ».

318. — *Vessie natatoire. Son revêtement externe, sa couche musculeuse.* — Un organe comparable au poumon, au point de vue morphologique, est la *vessie natatoire* des poissons. Le plus souvent elle présente trois couches distinctes : un révêtement péritonéal, une couche musculeuse et une membrane fibreuse propre.

Le *revêtement péritonéal* est formé par le tissu conjonctif ordinaire, qui est fréquemment pigmenté. Chez beaucoup de poissons osseux, je constate que chaque cellule de pigment, laquelle est ramifiée, étale au loin ses prolongements ramifiés à leur tour. La vessie natatoire du saumoneau (*Salmo salvelinus*) est d'un beau rose ; mais, suivant de Frantzius, elle ne renferme pas un pigment particulier : tout le tissu est uniformément teint en rose (1). Chez quelques poissons (*Cobitis acanthopsis*, et, d'après Cuvier, chez l'*Ophidium imberbe*) la couche conjonctive externe paraît être *ossifiée ;* alors la vessie natatoire est plongée dans une coque osseuse qui se présente à l'œil nu (*Cobitis fossilis*) percée comme un crible, et, sous le microscope, comme un joli treillage osseux. Cette enveloppe osseuse est soudée à l'apophyse transverse de la troisième vertèbre.

(1) J'ai trouvé sur des saumoneaux frais que cette coloration provient de « lames élastiques » ; incolores isolément, elles prennent une légère nuance jaunâtre aussitôt qu'elles sont réunies. A l'œil nu et en masse, elles produisent un chatoiement rose, et ce phénomène reconnaît les mêmes causes que celles qui donnent à la couche des bâtonnets de la rétine de la grenouille et de la salamandre un lustre satiné rouge. (*Note de l'auteur.*)

Au-dessous de la séreuse se trouve très-fréquemment une *couche musculeuse* d'épaisseur variable. Dans l'*esturgeon*, dont la vessie natatoire se présente comme un refoulement du tube intestinal, cette couche n'est pas bien épaisse, et elle fournit à l'organe une enveloppe continue ; dans le *Polypterus bichir*, la vessie est recouverte par deux couches de muscles qui se croisent ; dans le *Salmo salvelinus*, on trouve deux couches minces réunies suivant la longueur et suivant la largeur ; dans le *brochet*, les muscles ne s'étendent que sur la face inférieure ; dans la *brème* (*Abramis brama*), ils s'isolent en formant des bandes dont la direction est parallèle à l'axe du poumon, tandis que dans le *Chondrostoma nasus*, ils enveloppent par leurs spires la vessie natatoire (Joh. Müller, Czermack). Dans le *Trigla hirundo* et le *Dactyloptera volitans*, on rencontre une forte couche musculeuse, telle que si l'on a devant soi la face inférieure de la vessie natatoire, cette couche se présente sous l'aspect de deux bandes qui occupent le bord latéral, tout en se réunissant sur la face dorsale de l'organe ; et, par conséquent, elles s'étendent autour de tout le côté postérieur (supérieur) de la vessie. Dans les couches internes, les muscles ont une direction transversale ; elle est longitudinale dans les couches externes. Celles-ci forment une masse plus mince que les premières. La vessie natatoire d'autres poissons, du *Cobitis fossilis*, par exemple, est dépourvue d'éléments contractiles. Que si l'on se demande quelle est la nature histologique de ces muscles, on reconnaît qu'ils sont *lisses* dans la plupart des cas (*Acipenser*, *Esox*, *Abramis*, *Chondrostoma*, *Salmo*). Ils sont *situés en travers* dans les *Polypterus*, *Trigla* et *Dactyloptera* ; et, ce qui se comprend de soi-même, les muscles qui se détachent de la musculature de la colonne vertébrale (*Gadus*, *Zeus faber*), pour s'insérer à la vessie natatoire doivent être de même nature que cette musculature même.

319. — *Membrane fibreuse, plaques élastiques.* — La *membrane fibreuse* propre de la vessie natatoire se sépare fréquemment et sans difficulté en deux lames dont l'une est blanche avec un lustre satiné, et l'autre blanc bleuâtre. Toutes les deux se composent de tissu conjonctif, lequel existe à un état particulier dans les couches à reflet satiné. Déjà, chez les téléostiens (*Cobitis*, *Barbus*, etc.) lorsqu'on manie cette substance conjonctive sans précaution, elle se désagrége en produisant des fibres particulières, rigides, fines, pointues, et souvent ployées en équerre. Ce phénomène est encore plus remarquable chez l'*esturgeon*. Sur la vessie natatoire de ce poisson, cette membrane à lustre satiné est tellement molle que, si l'on essaye de la détacher avec des pinces, elle s'effeuille en petites masses fusiformes ou ressemblant à des aiguilles; cette désagrégation est encore plus prompte

lorsque la membrane a été humectée avec de l'eau. Ces particules, examinées au microscope, paraissent être composées des mêmes éléments fibroïdes que ceux que l'on distingue à l'œil nu. Elles sont claires, à contours tranchés, et par conséquent rigides ; les unes peuvent être considérées plutôt comme de véritables fibres pointues, les autres rappellent par leur forme des copeaux ou des bandes de papiers roulées en cornets. (On peut bien admettre que c'est à ce tissu conjonctif que la vessie natatoire de l'esturgeon et aussi des autres poissons, quoique à un moindre degré, doit d'être employée à la fabrication d'une colle très-estimée.)

J'ai encore rencontré dans la paroi, chez les poissons osseux les plus divers, des parties élémentaires singulières sur la signification desquelles je ne puis rien avancer. Ce sont de *petites plaques* complétement *pellucides*, de forme irrégulière, qui s'enroulent facilement et peuvent alors être confondues avec des fibres roides. Chaque plaque possède un noyau ovale situé en son milieu ; elle se trouble par l'acide acétique en prenant une teinte jaunâtre, sans que la netteté des contours en soit amoindrie. Ces éléments, je les ai rencontrés dans la vessie natatoire des *Chondrostoma nasus*, *Zeus faber*, *Gobius niger*, *Hippocampus*, *Dactyloptera*, *Cepola*, etc. Personne jusqu'à présent n'en avait fait mention, excepté de Frantzius qui les remarqua dans la vessie natatoire des *saumoneaux* et les considéra comme des formations élastiques, lesquelles, mollement enchâssées dans le tissu conjonctif, devaient jouer un certain rôle dans le mécanisme de l'organe.

320. — *Épithélium*. — L'*épithélium* qui revêt la face externe de la vessie natatoire est placé soit sur la membrane blanche à lustre satiné, dont les éléments sont des fibres rigides semblables à des cristaux (*esturgeon*, par exemple), soit sur une couche composée de tissu conjonctif ordinaire (*Cobitis fossilis*). Dans ces deux téléostiens, les cellules épithéliales sont de forme ronde et non ciliées ; dans les ganoïdes, au contraire, ainsi que je l'ai constaté au moins pour l'*Acipenser* et le *Polypterus*, il existe un *épithélium vibratile*. Les cellules vibratiles ont un contenu clair, et elles ne deviennent granuleuses que vers l'orifice de la vessie natatoire du côté de l'estomac. (Les cellules épithéliales non vibratiles du *saumoneau* sont de distance en distance remplies de gouttelettes graisseuses.) Chez le *Polypterus*, l'épithélium appartient à la forme cylindrique stratifiée, puisqu'on y aperçoit des cellules arrondies, et d'autres notablement allongées, lesquelles renferment de deux à trois noyaux distancés. Les cellules cylindriques superficielles sont vibratiles, et à la base de leurs cils on constate la bordure claire bien connue. (Cette observation pourrait acquérir une

certaine importance, puisqu'il semblerait que la vibratilité de la vessie natatoire caractérise exclusivement le groupe des *ganoïdes*.)

321. — La *membrane interne* de la vessie natatoire présente une surface lisse, ou bien, comme dans le *Polypterus*, on y rencontre des saillies étroites, très-serrées, disposées dans le sens de la longueur, et ressemblant parfois aux saillies alvéolaires des poumons de plusieurs amphibies (l'*Hemiramphus*, d'après Valenciennes). Dans le *Lepidosteus osseus*, la surface interne de la vessie natatoire est alvéolaire et pourvue de muscles qui se tiennent sur les trabécules du réseau. (Le « sac pulmonaire » du *Silurus Singio* a des parois « glandulaires » et est entourée par un muscle formé de plis transversaux (Duvernoy).

Les *vaisseaux sanguins* peuvent être très-rares, comme par exemple dans la membrane interne du *Cobitis fossilis*. Fréquemment nous les rencontrons en grande quantité, et leurs ramifications ultimes déterminent, chez beaucoup de poissons, des réseaux merveilleux, lesquels, en se localisant dans un endroit circonscrit, donnent naissance à ce qu'on appelle les *corps rouges* de la vessie natatoire.

Lorsque les muscles font défaut, les *nerfs* manquent, tandis que l'abondance des nerfs coïncide avec la présence des éléments contractiles. Dans le *brochet*, par exemple, une certaine quantité de fibrilles nerveuses se ramifient dans la vessie, en s'atténuant à chaque division. Dans la musculature striée des *Trigla*, les nerfs sont tellement abondants qu'il y a lieu d'en être surpris ; en effet, tous les fragments de muscles que l'on soumet au microscope présentent tous une quantité innombrables de fibrilles nerveuses ; et, ce qui mérite d'être signalé, les fibres nerveuses primitives se divisent avec une fréquence surprenante : ce sont, le plus souvent, des divisions dichotomiques qui se répètent promptement ; les nerfs présentent en même temps les changements ordinaires, c'est-à-dire qu'ils deviennent pâles et se terminent par des ramuscules très-tenus.

322. — *Branchies*. — Si les poumons ont pour fonction la respiration aérienne, les branchies respirent dans l'eau ; ces organes se rattachent donc au poumon à un point de vue physiologique, sinon morphologique.

Les branchies extérieures des *amphibies* (*Proteus*, *larves de salamandre*) peuvent être considérées comme des prolongements du tégument externe, lesquels, dans le Proteus, sont soutenus par un cartilage délicat. Les vaisseaux sanguins circulent dans la portion conjonctive des branchies ; dans le *Proteus* et les larves de *Triton*, chaque lobule branchial secondaire reçoit une boucle vasculaire qui ne va pas plus loin ; c'est à peine si la partie rétrograde de la boucle se divise. Dans le

Proteus et les *larves de salamandre*, je vois pénétrer dans les troncs branchiaux un *muscle strié en travers* qui se perd vers la base des lobules secondaires en drageons pointus, sans qu'on puisse suivre ses fibres dans les lamelles mêmes qui ne se composent que d'un épithélium et d'une membrane mince et homogène, chargée de porter les capillaires sanguins. On trouve aussi des nerfs dans les troncs branchiaux. Les cloches branchiales de la *grenouille à poche* (*Notodelphis*) présentent, ainsi que Weinland l'a montré, des fibres musculaires striées.

Les *cellules épidermiques* des branchies externes des amphibies sont vibratiles. Il n'en est pas ainsi pour les filaments branchiaux externes du fœtus des *raies* et des *squales*. Ils portent, ainsi que je puis l'affirmer, d'après des recherches que j'ai faites sur des animaux frais, un épithélium pavimenteux non vibratile. Quant aux autres détails de structure, la longue boucle vasculaire ne se ramifie pas et le filament branchial est soutenu par un cordon axile qui se compose de tissu conjonctif gélatineux.

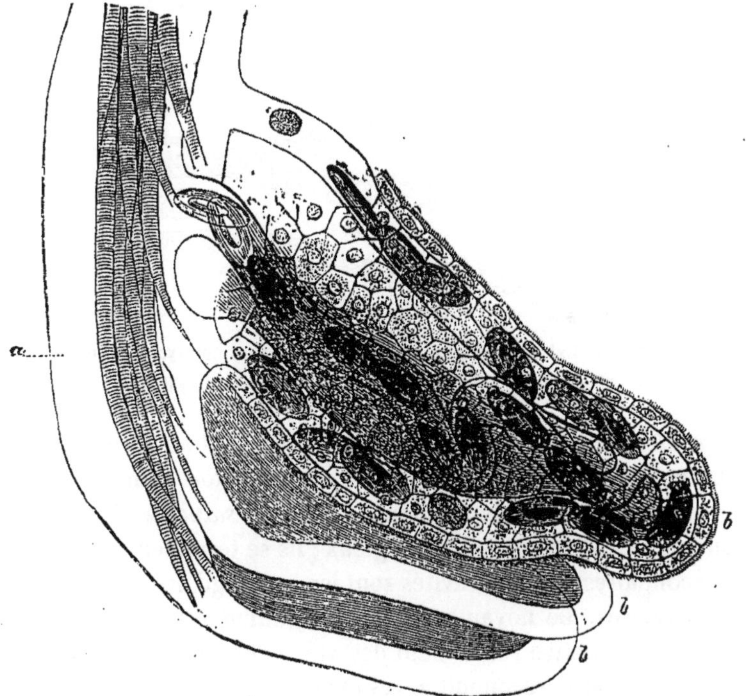

Fig. 202. — Extrémité libre d'une branchie du *Proteus anguinus*.

a. Tronc branchial avec des muscles striés dans son intérieur. — *b*, *b*, *b*. Trois feuillets branchiaux secondaires sur lesquels se développent les vaisseaux sanguins ainsi que l'épithélium.

Les branchies internes des *poissons* ne sont, relativement à la membrane qui porte le réseau vasculaire respiratoire que des prolongements de la muqueuse pharyngienne; leur épithélium n'est pas vibratile; il faut excepter l'*Amphioxus* dont l'utricule branchial vibre, ainsi que Joh. Müller l'a reconnu. La couche fondamentale des feuillets branchiaux est constituée par des rayons osseux ou cartilagineux; le cartilage de l'axe se compose presque exclusivement de cellules arrondies (*Gobius fluviatilis*, *Leuciscus dobula*, *Acerina cernua*, *Esox lucius*), et il en est de même pour les rayons cartilagineux des branchies accessoires. A la périphérie, la substance fondamentale augmente considérablement et les cellules deviennent fusiformes. De petits muscles striés, situés à la base des feuillets branchiaux, servent à les rapprocher les uns des autres. Les *branchies accessoires* des sélaciens ont la même structure histologique que les branchies proprement dites; dans la *Raja batis*, par exemple, elles se composent de onze à douze plis, auxquels s'ajoutent des plis transversaux secondaires qui sont parcourus par des anses vasculaires; une masse ponctuée d'un éclat argenté colore la membrane en blanc. Le revêtement celluleux consiste en un épithélium pavimenteux.

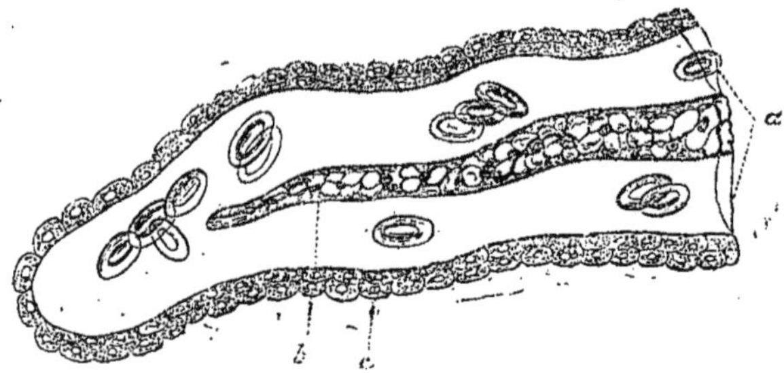

Fig. 203. — Extrémité d'un filament branchial d'un embryon de *Spinax*.

a. Boucle vasculaire sanguine. — *b*. Cordon axile. — *c*. Épithélium.

Les *prolongements aculéiformes* qui se trouvent au bord concave des arcs branchiaux, et que les auteurs désignent à tort comme des formations cornées ont, dans le saumoneau (*Salmo salvelinus*), pour masse fondamentale un tissu osseux spongieux; ils se terminent par de petites dents secondaires dont les cavités sont les prolongements immédiats des cavités osseuses. Le noyau osseux de l'aiguillon est recouvert par une enveloppe conjonctive renfermant des vaisseaux sanguins et même des nerfs (ainsi qu'on le reconnaît après avoir traité la préparation par une solution alcaline). Le tout est revêtu par une couche épithéliale, et représente par conséquent une grosse papille avec des papilles-filles dont le tissu conjonctif est en grande partie ossifié. Dans les *Leucisci*, ces formations sont également ossifiées en dedans, et, sur les bords encore conjonctifs on rencontre un grand nombre de nerfs, ce qui certainement doit être en rapport intime avec la fonction de ces dents, laquelle est de préserver les branchies de l'introduction des corps étrangers. On y trouve encore des papilles de peu de longueur surmontées « d'organes *cyathiformes* ».

On lit encore dans des ouvrages récents, par exemple, dans le *système de morphologie* de V. Carus que la muqueuse des cavités branchiales est garnie de « glandes acineuses ». C'est une erreur. Je ne connais aucun poisson dans lequel la membrane qui recouvre les plis buccaux, pharyngiens et branchiaux, renferme de semblables glandes.

323. — Par suite d'une faute d'écriture, on trouve dans l'ouvrage, d'ailleurs si distingué de Schlossberger « *Die Chemie der Gewebe* », et dans lequel l'histologie comparée jouit de toute la considération d'un chimiste distingué, on trouve, dis-je, que les « arcs branchiaux des poissons et des larves de grenouilles » appartiennent « aux formations cornées » (p. 273). Au contraire, un grand nombre de tissus contribuent à former ces organes : ce sont le tissu conjonctif, le cartilage, l'os, les muscles, les nerfs et l'épithélium.

CHAPITRE XXXV

DES ORGANES RESPIRATOIRES DES INVERTÉBRÉS.

Les *invertébrés* respirent l'air, soit immédiatement et au moyen de *poumons* ou bien l'air dissous dans l'eau et cela par les *branchies*. Mais le processus respiratoire peut être encore entretenu par un courant d'air ou d'eau qui traverse le corps ; dans le premier cas intervient un système de *trachées*, et dans le second un *système vasculaire aqueux*. Un grand nombre d'organismes inférieurs sont complétement privés d'appareils respiratoires distincts ; on est alors obligé d'admettre en eux une respiration cutanée.

324. — *Poumons*. — On rencontre assez rarement des poumons ; ils n'existent que dans un certain nombre de limaçons appelés *pulmonés*. Ils consistent alors en des cavités plus ou moins spacieuses, sortes de refoulements du tégument externe avec lequel elles communiquent directement par un orifice. Aussi présentent-elles la même composition histologique que les revêtements externes, et ne diffèrent-elles de la peau que par leur grande vascularité. La substance conjonctive forme le

tissu fondamental des poumons ainsi que la membrane des vaisseaux qui cheminent dans les parois des cavités pulmonaires ; il faut ajouter à cela les muscles nombreux qui accompagnent les vaisseaux de gros calibre, et en vertu desquels les vaisseaux se détachent du fond de la cavité pulmonaire avec une autonomie plus grande que celle que l'on arrive à constater si l'on cherche au microscope à les individualiser histologiquement. Les muscles forment encore un sphincter autour de l'orifice respiratoire. Lorsque le tégument externe est vibratile, comme dans les pulmonés aquatiques, la cavité pulmonaire est revêtue aussi par un épithélium vibratile ; mais si la vibratilité de la peau reste bornée à la surface et aux bords latéraux de la sole, comme c'est le cas dans les gastéropodes terrestres (*Helix*, *Arion*, *Bulimus*, par exemple), alors, d'après plusieurs auteurs, il existe aussi des cellules non vibratiles. Mais, aujourd'hui comme autrefois, je n'ai pu constater la présence d'un épithélium chez ces limaçons ni sur l'opercule ni sur le fond de la cavité pulmonaire ; au contraire la paroi conjonctive des cavités caverneuses sanguines se montre librement exposée à l'air sans interposition d'un revêtement celluleux. Bien que je considère des recherches ultérieures comme nécessaires, je rappellerai encore que la surface intestinale respiratoire du *Cobitis fossilis* manque aussi d'épithélium, et qu'enfin l'épithélium des vésicules pulmonaires de l'homme se trouve en ce moment mis en question.

325. — *Branchies.* — Les *branchies* des échinodermes, des annelés, des mollusques et des crustacés portent en général, quelque multiples que soient les variations de forme, le caractère de prolongements cutanés, et c'est de là que dérive leur structure intime. La charpente des branchies est formée par de la substance conjonctive qui porte les vaisseaux respirants, si l'animal est doué de vaisseaux, comme les céphalopodes et le annélides ; dans le cas où les vaisseaux ne sont pas individualisés, cette charpente est traversée par des cavités sanguines ou lacunes. Comme dans les crustacés le tégument externe est chitinisé, cette modification se retrouve dans la charpente des branchies (1) ; et,

(1) Je ne suis pas cependant complétement fixé sur l'intérieur des filaments branchiaux de notre *écrevisse de rivière*. On y reconnaît qu'une sorte de cloison délicate partage en deux conduits l'espace intérieur ; l'un sert au courant artériel, l'autre au courant veineux. On remarque en outre des cellules piriformes, placées de distance en distance, leur extrémité pédiculée tournée du côté de la cuticule qui présente alors toujours une légère dépression. Dans la portion renflée de la cellule, se trouve un noyau arrondi bien visible. J'estime que ces cellules piriformes, en traversant la lumière des conduits sanguins en question, rendent, jusqu'à un certain point, les cavités sanguines caverneuses ; en effet, les « capillaires branchiaux » dont on parle n'existent pas ; on voit plus distinctement les interstices vasculaires

même dans les branchies à feuillets des coquillages, où le tissu conjonctif reste le plus souvent à l'état mou, on rencontre néanmoins des *étais chitinisés* formant un treillage délicat, ou bien il se trouve aussi des *bâtonnets cartilagineux*, semblables à ceux que j'ai mentionnés déjà plus haut (voyez *Squelette interne*) dans les branchies de l'*Amphicora* et de la *Serpula*, et que Carus signale aussi dans les branchies des céphalopodes. Les parois des branchies recouvrent, à l'instar du tégument externe, un *squelette calcaire* à larges mailles.

326. — A l'exception des branchies des crustacés, lesquelles sont rigides, celles des autres invertébrés sont rendues *contractiles* par des muscles. De plus, conformément à la structure du tégument interne, la charpente conjonctive des branchies est recouverte d'un épithélium chez les mollusques, lequel n'est pas vibratile chez les céphalopodes, tandis que dans le reste des invertébrés on rencontre généralement des cils vibratiles. Relativement aux cils, on peut faire remarquer que, dans les *coquillages*, les cils branchiaux ne sont peut-être nulle part d'une seule espèce; ordinairement nous en voyons de fins et d'épais, d'autres sont touffus (*Naïades : Cyclas*, *Venus*, etc.; dans le *Cyclas*, chaque cellule paraît ne porter qu'un seul cil très-épais). La vibratilité est encore plus variée dans les coquillages à branchies en forme de peigne; ainsi par exemple dans le *Lithodomus lithophagus*, chaque filament possède trois séries de gros cils dont le mouvement ressemble à celui d'une pioche; des faisceaux de cils isolés sortent de ces gros cils situés à l'extrémité du filament branchial, et ils sont aussi longs que les premiers. D'autre part, les coussinets particuliers des filaments branchiaux sont garnis de cils extrêmement fins, et enfin, au côté dorsal des filaments, on voit des cils de grandeur colossale, qui dépassent en longueur de six à sept fois ceux qui sont placés suivant trois rangées sur la face antérieure.

Les *tubes respiratoires* du *Cyclas* ne me semblent pas être partout vibratiles; le *siphon* de la *Venus decussata* ne vibre ni extérieurement ni intérieurement, et les cellules cylindriques pigmentées sont revêtues par une cuticule. Hancock a signalé la vibratilité de la paroi externe des tubes-siphons du *Pholas*.

situés dans les feuillets des pieds des branchies, lesquels activent en même temps le renouvellement de l'eau. Entre les deux lamelles du feuillet branchial sont tendus des tubercules simples ou ramifiés qui donnent à la cavité sanguine une disposition aréolaire. Les trabécules sont des prolongements de la couche cutanée molle et non chitinisée, et ils présentent des noyaux plongés dans une substance fondamentale striée, où ils affectent une disposition stellaire; si l'on examine les trabécules dans leur coupe transversale apparente; mais on les apprécie bientôt exactement en changeant le foyer et en les comparant aux trabécules qui se présentent de profil. (*Note de l'auteur.*)

Les branchies des *oursins* ont aussi un épithélium vibratile. Dans les *annélides* (*Capitibranchiaten*), il se pourrait que des bordures membraneuses ondulantes prissent souvent la place des cils vibratiles, ainsi que je l'ai observé dans l'*Amphicora mediterranea.*

327. — *Trachées des insectes.* — Nous trouvons la respiration trachéenne dans les *arachnides*, les *insectes*, et, parmi les crustacés, dans les *myriapodes*. Les trachées sont des tubes cylindriques ou plats, se ramifiant plus ou moins pour pénétrer dans les organes ou seulement pour les envelopper. Ce qu'on appelle les *poumons* des *araignées* ne sont autre chose que des trachées aréolaires aplaties. Leur structure présente les modifications suivantes.

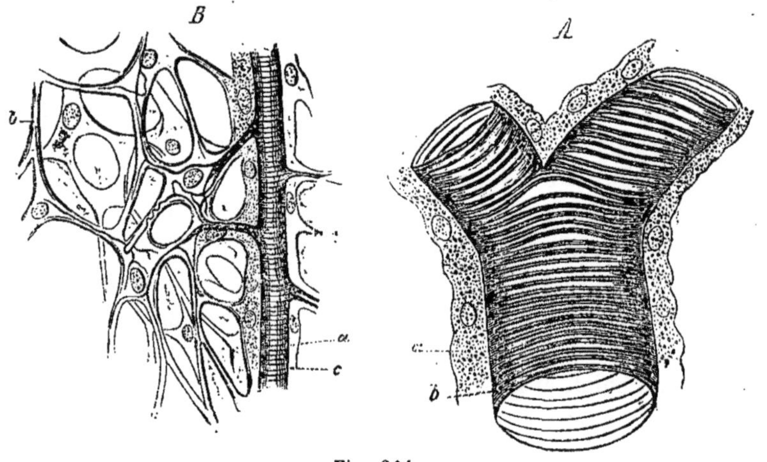

Fig. 204.

A. Fragment d'une forte trachée.
a. Ce qu'on appelle l'enveloppe péritonéale. — *b.* L'intima avec les épaississements cannelés (filaments spiroïdes).
B. représente le rapport qui existe entre les trachées et le tissu conjonctif.
a. Enveloppe péritonéale. — *b.* Tissu conjonctif interstitiel. — *c.* Intima des trachées.

Il est impossible de reconnaître, comme on l'a décrit, que les trachées des insectes se composent d'un revêtement péritonéal et d'une muqueuse interne entre lesquels circule un filament spiral. Quant à « l'*enveloppe péritonéale* », elle représente une membrane conjonctive, ordinairement incolore, formée par la fusion des cellules qui constituent le corps graisseux avec lequel elles restent en connexion intime. Les noyaux des cellules continuent à se conserver dans cette enveloppe. Parfois on y rencontre des globules colorés, jaunes dans la *Locusta viridissima*, et représentant des gouttelettes graisseuses, lorsqu'ils acquièrent une certaine grosseur. Dans la chenille du *Sphinx ocellata*, la membrane en question se montre pigmentée en vert, en violet foncé dans les fines ramifications dans l'*Agrion puella*, en brun foncé dans plusieurs larves de l'*Ephemera*, etc. Quelquefois cette membrane est tellement collée contre celle qui la suit qu'elle ne s'en distingue que par des noyaux, comme dans les grosses trachées du *Sphinx pinastri*.

La membrane qui donne aux trachées cet aspect caractéristique, est une *membrane homogène chitinisée;* elle limite la cavité trachéenne et engendre le filament spiral. C'est, du reste, une erreur complète que de se représenter ce dernier comme une formation autonome, puisqu'il n'est qu'un épaississement bombé en saillie de la membrane chitinisée; par conséquent, il n'est nullement placé « entre les membranes externe et interne, mais il fait partie de la membrane interne elle-même (1). Je n'ai pu découvrir les éléments d'une muqueuse interne qui se composerait d'un épithélium pavimenteux. Il est vrai que Stein, dont l'habileté dans la dissection des insectes est si grande (2), parle d'une « membrane épithéliale des trachées », laquelle peut présenter des « soies pointues » ; mais je ferai remarquer que cette prétendue membrane épithéliale n'est autre que la membrane chitinisée, et que les soies ainsi que le « filament spiral » ne sont que des excroissances internes de cette membrane; c'est au moins ce que je constate sur les grosses trachées du *Lampyris splendidula*, dont les soies ont peut-être conduit Peters à admettre la vibratilité des trachées du *ver luisant*.

(1) *Vergleich. Anat. u. Phys. d. Insekt.*, p. 105. Remarques.

(2) Le docteur Aug. Weismann, de l'université de Fribourg, a publié dans le *Zeistchr. f. w. Zool.*, 1814, Bd III, Hft III, p. 187, un travail important sur le développement *postembryonnaire* des *Muscides*. Voici ce qu'il dit sur la structure histologique des trachées :

« Les trachées de la larve (*Musca vomitoria*) se composent de l'enveloppe péritonéale et de l'intima. Ces deux membranes, contrairement à ce qui a lieu pour beaucoup d'autres insectes, sont complétement incolores : celle-ci est élastique, rigide, et présente le dessin spiroïde connu, qui est l'expression d'*un épaississement formant cannelure;* celle-là représente une couche pâle, homogène, d'une substance fondamentale claire plus ou moins parsemée de granules, et renfermant çà et là des noyaux. Les noyaux sont en général d'une grosseur considérable, très-rapprochés dans les gros troncs, assez distants les uns des autres dans les petits. Du côté externe, la substance fondamentale est limitée par une membrane dépourvue de structure, que l'on pourrait considérer comme une formation cuticulaire, si l'on pouvait constater qu'elle résulte de la fusion de membranes de cellules. »

Cette intima, que Meyer appelle (*loc. cit.*, p. 193) la membrane trachéenne, à cause de son importance, n'est point, suivant Weismann, la première au point de vue génétique. C'est l'enveloppe péritonéale qui contient les premiers rudiments de la trachée.

Dans un autre travail non moins important de cet anatomiste distingué (*Die Entwickelung d. Dipteren im Ei*, etc.) se trouvent relevées les inexactitudes qui sont relatives au développement des trachées, et qu'avait commises H. Meyer, « parce qu'il n'avait pas porté son observation sur des œufs, mais bien sur de jeunes chenilles et sur des larves d'ichneumonides ». A l'endroit où les troncs trachéens doivent se montrer se trouve une masse de cellules

En examinant les trachées des différents insectes, on remarque que la membrane chitinisée, en s'épaississant, ne forme pas seulement des soies, mais encore çà et là des *saillies secondaires*, si l'on peut s'exprimer ainsi. Ainsi, sur les grosses trachées du *Procustes coriaceus*, dans les espaces situés entre les tours de spirale, on constate encore de nombreuses saillies qui coupent la spirale à angle droit. Dans les renflements vésiculaires des trachées, lesquels, d'après quelques auteurs, ne renfermeraient pas de filament, tandis que, suivant d'autres anatomistes, et avec plus d'exactitude, ce filament existe, mais modifié, les épaississements principaux de la membrane présentent le plus souvent un parcours sinueux irrégulier ; de plus, dans les intervalles compris entre ces sinuosités, on peut encore constater la présence de nombreux septa de petite dimension, et tellement nombreux que la face externe du renflement vésiculaire ressemble à un treillage; c'est là ce que j'ai trouvé dans les vésicules trachéennes du *scarabé stercoraire*. Dans les renflements que présentent les trachées de la tête de l'abeille ainsi que de plusieurs autres hyménoptères, les saillies forment sur la membrane un réseau à mailles tellement petites que la distribution de l'air dans ces organes rappellent vivement les trachées plates et rubanées et ce qu'on appelle les poumons des arachnides. L'épaississement spiroïde paraît être rarement pigmenté : il est brun foncé dans la larve du

dépourvues de forme, et ce n'est que progressivement que ces cellules se groupent et se consolident en formant des cordons. Les premiers rudiments des trachées apparaissent après ceux du canal intestinal; les troncs les plus petits se forment les derniers. Les cellules formatrices des cordons renferment un, quelquefois deux noyaux, et elles ont un protoplasme finement granuleux, pâle, et renfermant rarement des gouttelettes graisseuses. Ces cordons ne se sont pas plutôt dessinés qu'on voit apparaître une cavité étroite, dans laquelle font saillie les membranes des cellules. Les portions de ces membranes qui font saillie ne tardent pas à s'épaissir, et de cet *épaississement progressif résulte l'intima*.

Bientôt les cellules perdent leur autonomie, leurs parois contiguës se fusionnent, et le pourtour de la cavité trachéenne se trouve environné par une couche régulière appartenant à un tissu dont l'origine cellulaire est accusée par la disposition régulière des noyaux. (Consultez les dessins parfaits que Weismann a donnés de ces stades de développement.) Ce n'est que lorsque la surface interne de la trachée nouvellement formée est devenue parfaitement cylindrique que l'épaississement d'où résulte le filament spiral se prononce, ainsi que l'a fort bien décrit Leydig. Ainsi se trouve démontrée erronée l'opinion de Meyer et de Milne Edwards, qui ont décrit trois membranes trachéennes. La formation de l'intima est plus complète dans les grosses trachées que dans les petites ; cela se conçoit, puisque l'appareil trachéen ne se développe pas en entier dans le même temps.

On trouvera dans l'ouvrage cité la manière dont se développent les terminaisons trachéennes dans l'intérieur des organes.

Quant à l'enveloppe péritonéale, d'après Weismann, elle est le point de départ, par son activité formatrice, d'un grand nombre d'organes.

Dytiscus marginalis, ce qui donne aux troncs principaux un aspect noirâtre constatable à l'œil nu.

328. — *Terminaison.* — La *terminaison* des trachées à l'extérieur et à l'intérieur des organes se fait d'une manière analogue à celle des vaisseaux sanguins à la périphérie chez les vertébrés. La règle est que les trachées qui vont à un organe forment un réseau par leurs fines ramifications (ce réseau correspond au réseau capillaire). On peut s'en faire une idée exacte sur le canal intestinal de l'*Eristalix tenax.* Sur la larve du *Corethra plumicornis*, j'ai vu comment la membrane d'enveloppe des trachées est en connexion avec des cellules ramifiées dont les ramifications représentent par conséquent les terminaisons propres des trachées; cela n'a lieu que lorsque la membrane externe à contours tranchés, a disparu dans le développement terminal des trachées. Cette disposition rappelle celle des capillaires sanguins dans la queue des larves de grenouilles. Les feuillets branchiaux du rectum des larves de la *libelle* présentent un grand intérêt : les petites trachées montent jusqu'au bord des feuillets; pendant le trajet sinueux et parallèle qu'elles parcourent les unes à côté des autres, elles se ramifient pour se terminer en anses; cette disposition rappelle le mode de terminaison des canalicules dentaires des mammifères. Dans des cas plus rares, certains prolongements des trachées se terminent en culs-de-sac; il en est ainsi, par exemple, et d'une manière frappante, des tubes trachéens qui, dans le *Syrphus*, se trouvent entre les bâtonnets nerveux de l'œil.

329. — *Trachées des arachnides.* — Les trachées des *acarines*, par exemple, de l'*Ixodes*, concordent par leur structure avec celles des insectes. Il n'en est pas de même de celles des araignées proprement dites, lesquelles présentent un plus grand nombre de particularités. Quelques auteurs soutiennent que leurs trachées sont dépourvues de filaments spiroïdes; cependant, lorsqu'on regarde les gros utricules trachéens, qui prennent naissance derrière les *poches pulmonaires*, de la *Segestria*, par exemple, on observe une modification intéressante du filament : elle consiste en ce que la membrane chitinisée forme des saillies annulaires, et, entre ces saillies, s'élèvent de petites lamelles, de telle sorte que l'intérieur des trachées devient aréolaire; l'air n'y pénètre donc pas par une colonne continue, mais bien par une colonne très-fractionnée. On observe le même fait, mais avec une disposition plus délicate, dans la *Tetragnatha;* il est encore plus accentué et plus facile à constater dans l'*Argyroneta aquatica*, chez laquelle les saillies cannelées forment, avec les septa intermédiaires, de profonds réceptacles d'air. Dans les petites trachées qui se détachent en faisceaux de l'extrémité des gros utricules trachéens, la membrane chitinisée est lisse intérieurement, et

par conséquent la colonne d'air est continue. Ces trachées plates qui prennent leur origine dans une fente transversale située en avant des filières méritent un grand intérêt. Leur cavité n'est pas sans être interrompue; au contraire, de nombreuses saillies s'élèvent vers l'intérieur au-dessus de la membrane chitinisée; lorsque l'air a été expulsé, ces saillies, vues de face, ressemblent à des granules. La cavité trachéenne se trouve ainsi divisée en une quantité innombrable d'alvéoles communiquant entre elles, d'où il résulte que l'air s'y trouve aussi finement divisé que dans les « plaques pulmonaires » des arachnides; par contre, l'absence de saillies dans les rameaux terminaux fasciculés donne lieu à une colonne d'air continue, telle qu'on l'observe ici.

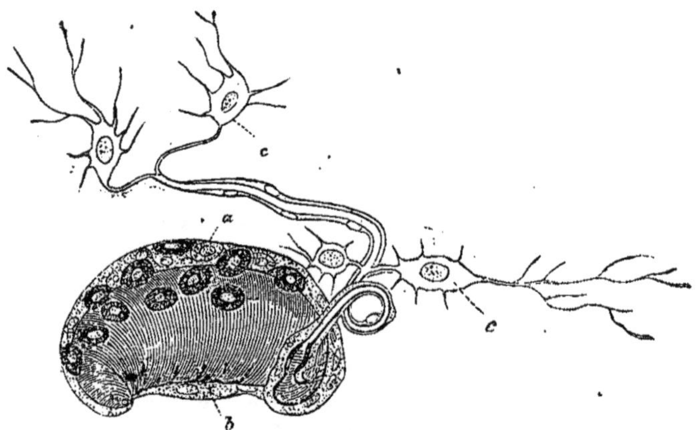

Fig. 205. — Vésicule trachéenne et terminaison des trachées dans le *Corethra plumicornis*.

a. Enveloppe externe avec son pigment. — *b*. Membrane interne avec le filament spiral. — *c*. Les cellules ramifiées qui constituent la terminaison propre des ramifications trachéennes.

330. — *Poumons des araignées.* — Quant aux « *poumons des araignées* », Leuckart a déjà montré avec certitude qu'ils ne sont autre chose que des « trachées modifiées ». Leur structure est la même que celle des trachées plates ou rubanées dont nous avons parlé en dernier lieu. Pour moi, ces petites granulations qui, d'après Leuckart, seraient incrustées dans la membrane chitinisée ne sont autre chose que les prolongements internes de cette membrane, prolongements que l'on aperçoit dans les trachées plates, et que Leuckart a considérés avec raison comme les premiers rudiments des « fibres spirales ».

331. — *Système vasculaire aqueux.* — Au système trachéen ou système vasculaire respiratoire des arthropodes, on oppose ordinairement un système vasculaire aqueux respiratoire, lequel appartient aux *synaptés*, aux *trématodes*, aux *turbellariés*, aux *annelés* et aux *rotateurs*. Que si

nous considérons la morphologie de ce système en général, nous voyon qu'il se compose de tubes fréquemment ramifiés ou encore tordus.

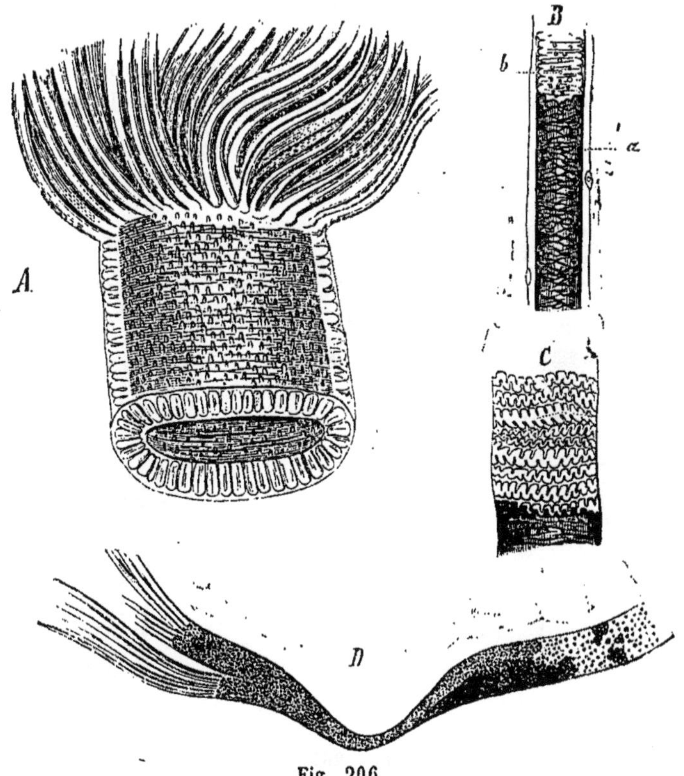

Fig. 206.

A. Tronc trachéen et sa division fasciculoïde chez l'araignée d'eau (*Argyroneta aquatica*).

B. Fragment d'un tronc trachéen de la *Tetragnatha*. — *a*. L'enveloppe claire et conjonctive. — *b*. La membrane chitinisée avec les saillies qu'elle fait dans l'intérieur. Partout où existe une coloration foncée, l'air n'a pas été expulsé : les parties claires, au contraire, sont vides d'air.

C. Fragment d'un tronc trachéen de la *Segestria*, pour montrer les contours particuliers qui résultent des saillies internes de la membrane chitinisée. Pour les parties claires et foncées, même remarque que précédemment.

D. Fragment d'une trachée de la *Lycosa saccata* : foncé, où l'air se trouve encore ; clair, où il a disparu. (Fort grossissement.)

Chez les *Hirudinés*, d'après Gegenbaur, les canaux sont situés les uns à côté des autres, et, par leurs communications, ils déterminent une espèce de labyrinthe. Les tubes s'ouvrent toujours en dehors, et, peut-être, dans tous les animaux dont le corps présente une cavité intérieure (synaptés, annelés, rotateurs), ces tubes communiquent-ils librement avec elle. Les embouchures internes des canaux sont fréquemment élargies et présentent des formes diverses ; en forme d'entonnoir dans les *lombricinés*, comme des arabesques ou des rosettes dans les hirudinés, comme des pantoufles dans les synaptés, en forme de trompette chez quelques rotâteurs, etc. Chez les animaux dépourvus de cavité corporelle distincte (turbellariés), les ramifications des canaux atteignent une finesse extrême, au point qu'on ne peut rien dire sur leur mode de terminaison interne. Fréquemment aussi, la partie terminale qui conduit au dehors paraît être élargie en forme d'entonnoir ou de vésicule (trématodes, plusieurs hirudinés et lombricinés, rotateurs).

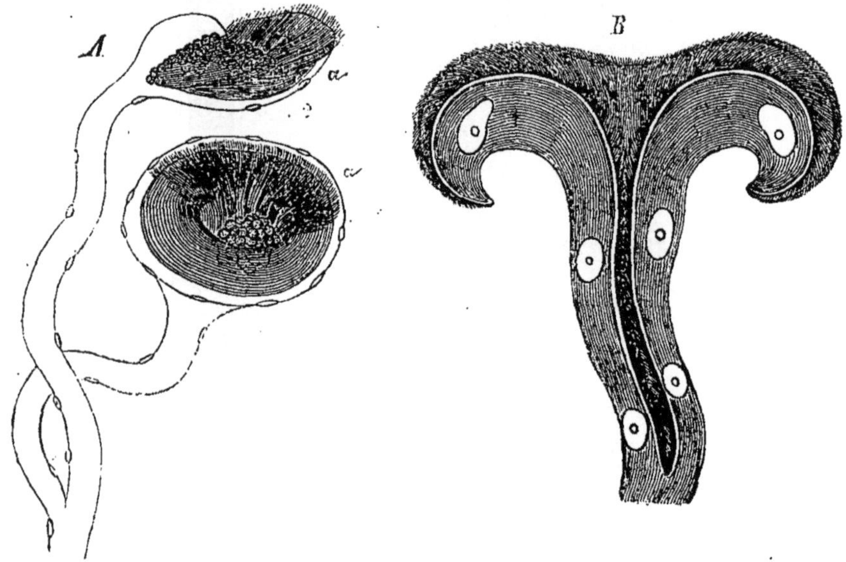

Fig. 207.

A. La terminaison libre d'un canal du système aqueux dans la cavité du corps de la *Synapta digitata*.
a. Les renflements vibratiles et semblables à une corne d'abondance.

B. Terminaison d'un vaisseau aqueux dans la cavité corporelle de la *Clepsine complanata*
(Fort grossissement.)

332. — La structure intime de l'appareil est la suivante. Une *membrane* claire (*tunica propria*) constitue, comme dans les autres organes, la charpente du système canaliculé. Elle est ou complétement homogène, ou garnie de noyaux rudimentaires (*Sinapta digitata*, par exemple). Elle peut porter des *organes vibratiles* à sa face interne, tantôt sous la forme de lobules vibratiles isolés, et situés de distance en distance, ce qui est le cas des *turbellariés*, des trématodes et des *cestodes* (chez ces derniers, Virchow a le premier constaté le fait sur l'*Echinococcus*, et Wagener après lui); ces lobules, d'après Wagener, n'appartiennent qu'aux ramifications vasculaires périphériques; tantôt enfin la vibratilité paraît être assez étendue, comme on l'a observé dans les *lumbricinés* et la *Branchiobdella*. Alors même que la vibratilité fait défaut dans

le canal, on la trouve presque toujours aux extrémités élargies et dans les ramuscules par lesquels les vaisseaux aqueux communiquent avec la cavité du corps. (Chez les sangsues propres, *Hirudo*, *Aulacostoma*, etc., on n'a pas encore rencontré ces orifices vibratiles.) Sur ces embouchures dont nous avons mentionné plus haut les formes particulières, les cils sont d'un développement tout particulier ; il en est ainsi sur la terminaison en forme d'entonnoir des lombricinés, sur celle en forme d'arabesques du *Nephelis*, sur celle en forme de pantoufle de la *Synapta*, sur les *organes tremblotants* des rotateurs. Quant à la signification de ces organes, il n'est pas sans importance de savoir que, dans tous les animaux susnommés, la direction du mouvement vibratile est de dedans en dehors.

Les portions du canal aqueux qui ne se composent que de la membrane homogène et même que de l'épithélium vibratile, paraissent être à parois très-minces et hyalines. Cependant, la partie du canal qui est voisine de l'embouchure à la surface du corps de l'animal, présente fréquemment une autre composition ; ses parois s'épaississent considérablement et prennent un aspect glandulaire (*lombric terrestre*, par exemple). Cette augmentation d'épaisseur appartient à de grosses cellules qui bordent la cavité, de telle sorte que leurs membranes constituent la paroi du canal. Elles renferment de fines granulations ; elles sont jaunes, rougeâtres ou brunes à la lumière incidente, et foncées vues par transparence ; chez le lombric, elles portent de longs cils. Dans un grand nombre de *rotateurs*, les parois des tubes sont souvent constituées, sur une grande étendue, par ces cellules dans lesquelles on observe non seulement de fines granulations, mais encore de petits points graisseux. Que ces cellules doivent être considérées comme des organes de sécrétion, c'est ce que semble indiquer une touffe de cellules monocellulaires que l'on aperçoit en cet endroit dans le canal du *Tubifex rivulorum*. A ces tissus peuvent se joindre encore des *muscles ;* cela n'arrive le plus souvent qu'aux portions terminales vésiculaires ou utriculaires, chez le *Néphélis*, les *lombricinés*, les *rotateurs*, probablement aussi chez les *cestodes* qui possèdent pareillement une vésicule contractile (les turbellariés en sont dépourvues). Dans le *Cœnuris* (d'après Gegenbaur) la masse des canaux manifeste une activité contractile très-énergique.

333. — Dans ces derniers temps, H. Meckel, van Beneden et Aubert ont été conduits par leurs recherches à ce résultat intéressant, à savoir que, dans les *trématodes*, les *canaux aqueux ou respiratoires*, c'est-à-dire ces vaisseaux limpides, rigides et pourvus de lobules vibratiles, ainsi que les *organes d'excrétion*, c'est-à-dire ces utricules con-

tractiles remplis de gouttelettes graisseuses ou de corpuscules calcaires, et débouchant en arrière par un orifice, *sont en connexion réciproque intime et doivent être considérés comme constituant un système propre.*

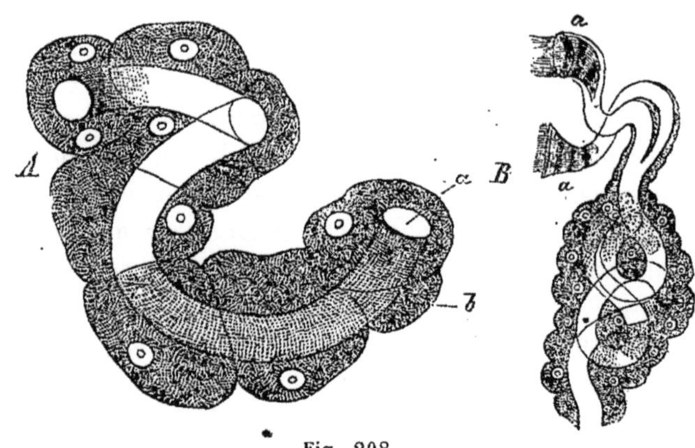

Fig. 208.

A. Fragment d'un canal aqueux de l'*Hæmopis*.— *a*. La cavité. — *b*. Les cellules qui l'environnent.
B. Pelote formée par un canal aqueux du *Notommata centrura*.
a. Les terminaisons vibratiles qui débouchent librement dans la cavité du corps.

Il faut voir dans cette simplification un véritable progrès de nos conceptions morphologiques. En effet, on ne peut révoquer en doute que dans la portion antérieure, laquelle est transparente, de ce qu'on a appelé jusqu'à présent canaux aqueux, se trouve l'analogue des canaux limpides des vers annelés, tandis que la portion inférieure qui s'ouvre vers le dehors, portion qui est fréquemment remplie de produits de sécrétion et que l'on a considérée jusqu'aujourd'hui comme un organe d'excrétion, constitue l'équivalent de la portion glandulaire chez les annelés.

Les branchies internes, arborescentes des *holothuries*, lesquelles possèdent un épithélium vibratile et sont contractiles, peuvent être envisagées comme étant analogues au système canaliculé précédent; là-dessus cependant des recherches plus exactes sont nécessaires. (Toutefois, je ne puis m'empêcher d'avancer que « l'arbre pulmonaire » des holothuries doit correspondre aux canaux respiratoires, tandis que « les annexes glandulaires particulières du tronc de l'arbre pulmonaire, aperçues pour la première fois par Cuvier, qui les a comparées, mais à tort, aux parties sexuelles du mâle, pourraient appartenir à « l'organe d'excrétion », c'est-à-dire aux reins. Joh. Müller a défini plus exactement d'après leurs diverses formes les utricules glandulaires dont il est question (1); sans émettre son opinion sur leurs fonctions, il les ap-

(1) *Ueb. d. Bau Echinodermen*, p. 87.

pelle organe de Cuvier. Jäger, déjà, en 1833, les avait comparés aux reins.)

334. — Le système canaliculé que nous venons de décrire ne peut cependant pas être appelé dans un sens rigoureux un système respiratoire. Si déjà la direction du mouvement vibratile qui s'effectue, constamment du dedans au dehors, s'oppose à ce que l'eau puisse s'introduire du dehors au dedans, il existe en outre des indications nombreuses pour que l'ensemble de l'appareil serve à favoriser la sortie à l'extérieur des liquides venant soit de la cavité du corps, soit du parenchyme. Et, si l'on considère que les parois du système canaliculé se composent entièrement ou partiellement de grosses cellules sécrétantes, ou bien encore (chez les trématodes) que la portion terminale de ce système peut être remplie de substances sécrétées solides, on pourra revendiquer pour la fonction principale de cet organe, une *activité de sécrétion*. Que si, en outre, on examine la nature de ces substances, il devient fort probable qu'il s'agit ici d'une sécrétion urinaire.

Je suis porté à croire que l'acte respiratoire proprement dit doit consister dans ces groupes d'animaux, à l'introduction de l'eau venant du dehors et à son mélange avec le liquide sanguin, à la faveur de pores ou canaux cutanés. (Cette absorption de l'eau a été indiquée autrefois par Delle Chiaje pour l'*Halyotis*, le *Buccinum* et le *Nerita*, ainsi que par de Bär pour l'*Unio* et l'*Anodonta*.) Il est vrai que dans ces animaux, on n'a ni fait connaître ni cherché les canaux cutanés ; mais je les ai vus avec une grande clarté dans un coquillage (*Cyclas cornea*). J'admettrai donc assez volontiers qu'entre les mollusques et les vers, il existe, quant à l'introduction de l'eau et le rejet de celle qui est devenue impropre à la nutrition, une certaine concordance : chez les vers, l'eau pénètre à travers les canaux poreux de la peau dans le parenchyme corporel, pour le quitter ensuite à la faveur des tubes qui remplacent les reins ; chez les mollusques, cette eau, après s'être mêlée au sang et avoir parcouru tout le corps, s'élimine par les reins qui sont énergiquement contractiles. Relativement aux mollusques, cette théorie se trouve provisoirement en opposition avec une découverte de Gegenbaur, d'après laquelle l'eau, chez les ptéropodes et les hétéropodes, serait absorbée par de véritables mouvements de déglutition des reins. Si ce fait se confirme, l'eau qui traverse le corps prendra chez les mollusques (ce qui à priori paraît assez étrange) précisément un chemin inverse à celui qu'elle suit dans les vers. Chez ces derniers, en effet, elle pénètre à travers les canaux poreux de la peau pour quitter le corps à l'état de sécrétion urinaire, tandis que, dans les mollusques, elle pénètre par les reins pour être éliminée par les canaux poreux. L'état de cette question, tel que nous venons de l'exposer, indique d'ailleurs que de nouvelles recherches sont nécessaires.

335. — Les *vessies contractiles des infusoires* me paraissent appartenir aussi au système en question. O. Schmidt a le premier émis cette opinion, et il la défend encore aujourd'hui : d'après lui, la vessie des *Bursaria leucas* et *Paramœcium* s'ouvre au dehors. De nombreux prolongements rayonnent de l'organe contractile. Je crois aussi avoir reconnu que dans les *vorticelles* la vessie débouche au dehors, et même dans l'excavation où se trouvent la bouche et l'anus. A l'exemple d'O. Schmidt, j'attache une grande importance à l'analogie que présentent ces organes des infusoires avec le système vasculaire aqueux des rotateurs, des turbellariés, etc., et, comme nous avons établi précédemment que ce système accomplit une fonction de sécrétion, je serais disposé à attribuer à la vessie contractile des infusoires une fonction analogue. Cependant des observateurs minutieux, tels que Lachmann, Claparède et Lieberkühn ont admis que les organes en question constituent un système vasculaire sanguin et que les vessies sont des cœurs contractiles. (Pouchet aussi s'est autrefois prononcé dans le même sens.) Seulement si nous ne tenons pas compte de cette question, à savoir si les vésicules s'ouvrent ou non au dehors, nous ne pouvons ne pas reconnaître que dans les animaux inférieurs il existe un organe excréteur plutôt qu'un système vasculaire et des cœurs, ainsi qu'il est facile de le constater sur les turbellariés, les trématodes et les cestodes. D'ailleurs les communications si détaillées que Lieberkühn (1) a données sur le système vasculaires des *Bursaria flava et B. vorticella* concordent tellement avec les phénomènes et l'organe d'excrétion dans les rotateurs, qu'au lieu de reconnaître à ce système la valeur d'un système vasculaire, je me confirme dans mon opinion personnelle, surtout si je considère ce que cet auteur dit de la structure intime des canaux de la *Bursaria flava*, et sur la manière dont se vident et se remplissent les canaux et la vessie de la *B. vorticella*.

En résumé, ce que j'ai exposé sur les organes respiratoires des invertébrés contient encore un grand nombre de notions traditionnelles dont le temps fera justice. Les branchies des *gastéropodes* et des *bivalves*, par exemple, me paraissent avoir, au point de vue de la respiration, une importance secondaire, et la peau de ces animaux doit avoir la même activité respiratoire que les branchies. Mon incertitude s'est accrue par ce que j'ai observé sur la circulation de jeunes *Cyclas*. Ainsi, je n'ai jamais réussi, malgré tous les efforts que j'ai faits dans ce sens, à

(1) *Müller's Archiv*, 1856.

voir des globules sanguins pénétrer dans les branchies ; c'est cependant ce qui devrait avoir lieu sur une grande échelle si le sang s'y hématosait de préférence. Et pourtant dans le reste du corps, ainsi que dans le manteau, les corpuscules sanguins circulaient en grande abondance! Je pourrais rappeler en outre que déjà depuis longtemps un zootomiste distingué, Bojanus a révoqué en doute l'assimilation des branchies des *naïades* à des organes respiratoires. Il est même des mollusques qui sont dépourvues de branchies : le *Cleodora* et le *Creseis*, d'après Gegenbaur.

Non-seulement le tégument, mais encore la face interne de l'intestin, me paraissent, chez les mollusques, participer à la respiration ; cela résulte au moins de l'interprétation que l'on pourrait donner à certaines observations de Gegenbaur. Cet anatomiste a constaté que dans tous les ptéropodes et les hétéropodes, et même dans un grand nombre de gastéropodes (*nudibranches*), le mouvement vibratile de l'intestin se fait de l'anus vers l'estomac. Ajoutez à cela que l'anus s'ouvre et se ferme par une sorte de jeu rhythmique ; « ces mouvements ont une grande ressemblance avec des essais de déglutition. Ils sont suivis de mouvements péristaltiques dont les ondulations s'affaiblissent en approchant de l'estomac. L'ouverture de l'anus peut avoir lieu indépendamment de la défécation, et souvent même elle est très-étendue. C'est alors qu'à la faveur des mouvements rhythmiques, une certaine quantité d'eau pénètre dans l'intestin ; elle est entraînée, soit par les cils, soit par les mouvements péristaltiques, de telle sorte qu'un courant continu parcourt l'intestin de l'anus jusqu'au voisinage de l'estomac ». Il paraît au moins peu logique d'admettre une relation immédiate entre « cette irrigation intestinale » et le processus respiratoire. Ce phénomène paraît être d'ailleurs assez répandu dans les animaux aquatiques : ainsi, Lereboullet a observé dans des *écrevisses* encore jeunes, ainsi que dans les *Limnadia* et *Daphnia*, une ouverture et une fermeture régulières des valvules anales ; il a même aperçu des particules de matière colorante en suspension dans l'eau, entrer et sortir régulièrement à travers ces valvules. Chez l'*Astacus* il a compté de quinze à dix-sept de ces aspirations par minute ; chez le *Limnadia*, vingt-cinq à quarante ; chez le *Daphnia*, quarante environ (1). Enfin, depuis longtemps on a signalé la respiration intestinale des *larves de Libelles*, chez lesquelles les branchies communiquent avec le rectum : des contractions rhythmiques de la substance du corps déterminent un double courant alternatif d'eau qui sert à la respiration.

(1) Voy. Carus, *Jahresb. in d. Zoot.*, t. I, p. 22.

336. — On remarque, sur les *opercules branchiaux* de différents *oniscidés*, des taches d'une blancheur crayeuse résultant de l'air extrêmement divisé qu'elles renferment. Les conduits aériens forment un réseau à mailles étroites et semblable à celui que déterminent les capillaires dans le poumon des vertébrés. Il est facile d'en expulser l'air, et alors les vaisseaux aériens persistent dans la membrane de l'organe à l'état de conduits transparents polygonaux. Au côté inférieur, je crois apercevoir un gros orifice, qui pourrait bien servir à l'introduction de l'air.

Sur la structure histologique des feuillets branchiaux de l'*Asellus aquaticus*, voyez les *Archives* de Müller (1).

Les cellules épithéliales des branchies de la *Paludina vivipara* ne sont pas toutes de la même espèce, puisqu'il y en a qui se distinguent par un contenu particulier (2).

Sur la structure intime des *trachées* des insectes et des araignées, voyez Leydig (3). D'autres observateurs sont arrivés aux mêmes résultats que moi, relativement au « *filament spiral* ». Ainsi H. Meyer (4) déclare s'être convaincu que ce filament ne s'est pas surajouté comme tel, mais que primordialement il représente une membrane homogène qui ne se fendille qu'après que l'air a pénétré dans le filament. L'inexactitude de cette dernière assertion devient cependant bien évidente si l'on considère attentivement l'*intima* des fortes trachées d'un gros coléoptère (par exemple, du *Procustes coriaceus*). Si l'on place le foyer sur le bord externe de la membrane chitinisée, on aperçoit qu'elle n'est nulle part interrompue, ce qui serait pourtant le cas, si, comme le veut Meyer, elle s'était fendillée en formant des cerceaux ; au contraire, leur contour extérieur est continu, et l'intérieur se soulève de distance en distance en déterminant des saillies spiroïdes. Leuckart aussi, qui place le filament entre deux membranes, déclare pourtant que même là où il est anatomiquement autonome, il ne représente qu'une couche développée (il dit « extérieure ») du squelette trachéen. Enfin, comme je l'ai appris depuis, Dujardin avait déjà avancé que le filament n'est pas séparable de la membrane intérieure des trachées, « qu'il n'est que le résultat de l'épaississement de cette membrane » (5). Dujardin signale aussi plusieurs insectes qui ont des cils à l'intérieur des trachées.

(1) *Müller's Archiv*, 1855, p. 458.
(2) *Zeitschr. für wissensch. Zool.*, Bd II.
(3) *Archives de Müller*, 1855, p. 458.
(4) *Zeitschr. für wissensch. Zool.*, 1849, p. 181.
(5) *Comptes rendus*, t. XXVIII, 1849.

Il est vrai de dire que cet auteur a avancé d'une manière inexacte que la membrane externe des trachées est du « sarcode homogène ». — Voyez dans Bishop (1) des dessins fort bien faits des *stigmata* de la *Musca vomitoria* et du *Bombus terrestris*.

Quant au *système vasculaire aqueux*, j'ajouterai que chez la *Piscicola*, j'ai aperçu dans la peau, au-dessous du vaisseau sanguin contractile et vers le milieu de la longueur du corps, une ouverture qui s'ouvre et se ferme d'une façon rhythmique ; elle appartient peut-être au système en question. — Nous avons considéré plus haut les vaisseaux aqueux et les organes excréteurs des *trématodes* et autres, comme appartenant à la même catégorie, bien qu'un observateur minutieux, M. Schultze, se soit vivement déclaré contre cette opinion (2). Schultze prétend avoir nettement séparé les deux organes ; mais il me semble qu'en cela il est dans l'erreur, surtout d'après les travaux d'Aubert. — Les travaux de Schmarda sur l'anatomie de la *Bonellia* me paraissent indiquer l'activité d'excrétion des vaisseaux aqueux. Chez cet animal, les organes correspondant aux branchies des holothuries seraient d'une couleur brune ; mais on pourrait se demander si « les granules de pigment ne seraient pas des concrétions urinaires ». L'affirmative justifierait la place que nous donnons ici à ces organes. — Pour cette espèce nouvelle de sangsues énormes du Brésil, et que de Philippi a fait connaître sous le nom d'*Hæmenteria*, il est décrit quatre paires de pelotes vasculaires qui remplacent les glandes latérales, et sont considérées par cet auteur comme représentant les reins : cette interprétation concorde avec notre opinion actuelle.

CHAPITRE XXXVI

DU SYSTÈME VASCULAIRE DE L'HOMME.

Le *système vasculaire* comprend les vaisseaux sanguins et lymphatiques. Le cœur doit être considéré comme le centre de ce système ; la rate, le thymus et les glandes lymphatiques en sont des parties accessoires.

337. — *Cœur.* — A leur état rudimentaire, le *cœur* et les gros troncs

(1) *Cyclop. of Anat. and Phys.*, vol. IV, art. Voice.

(2) *Zeitschr. für wissensch. Zool.*, 1853, p. 188.

vasculaires constituent des masses celluleuses solides du feuillet moyen du blastoderme; ces masses se transforment ensuite de telle sorte que les cellules les plus centrales deviennent des globules sanguins ou lymphatiques, tandis que les cellules périphériques donnent naissance aux parois vasculaires. Je considérerais volontiers les capillaires comme des corpuscules conjonctifs qui se seraient développés progressivement, et il semblerait même que les artérioles et les veinules appartiennent aussi par leur première origine à ce mode de formation.

La masse principale du cœur est de la *substance musculaire striée transversalement;* ses éléments se distinguent de ceux des muscles du tronc par les particularités suivantes : 1° Les faisceaux primitifs offrent un certain aspect granuleux et plus foncé, ainsi qu'un diamètre transverse moindre que celui des muscles volontaires. 2° Ces mêmes faisceaux se divisent fréquemment et s'anastomosent. 3° Enfin le tissu conjonctif qui, dans les muscles du tronc, constitue le *perimysium interne* servant à grouper et à séparer les faisceaux primitifs, se trouve réduit dans le cœur à un minimum de masse, et même le sarcolemme des faisceaux ne peut parfois être mis en évidence que par l'action des réactifs. Ce manque presque complet de tissu conjonctif donne à la musculature du cœur le haut degré de solidité que l'on connaît. Seulement, aux faces externe et interne des parois du cœur, le tissu conjonctif s'épaissit en formant des membranes que l'anatomie descriptive distingue sous les noms de *feuillet viscéral du péricarde* et d'*endocarde.*

338. — La masse fondamentale du *péricarde* est du tissu conjonctif présentant des réseaux élastiques; au côté libre, il porte un épithélium pavimenteux simple. Aux bords de l'aorte, la *séreuse* fournit des prolongements villeux (Luschka). De même l'*endocarde*, c'est-à-dire la membrane qui revêt la surface interne du cœur, se compose de tissu conjonctif dont les éléments élastiques deviennent tellement nombreux vers la face libre, qu'ils produisent presque une couche élastique propre. Il existe un revêtement épithélial; les valvules sont formées par du tissu conjonctif, des fibres élastiques et de l'épithélium; au point de vue histologique, elles se présentent donc comme des épaississements de l'endocarde.

Les *vaisseaux sanguins* des muscles du cœur se ramifient comme ceux des autres muscles striés; ils les enveloppent de mailles allongées dont l'épaisseur correspond à celle des faisceaux primitifs. Dans l'endocarde, les vaisseaux cheminent seulement à l'intérieur de la couche conjonctive; dans les valvules atrioventriculaires, la plupart pénètrent par le bord adhérent, tandis que d'autres y parviennent par les *cordes tendineuses* (Luschka). Les valvules semi-lunaires ont été décrites jusqu'à présent comme n'étant pas vasculaires; toutefois cet anatomiste a montré (1) que chez l'homme et chez le porc une quantité considérable de vaisseaux partent de tous les points du bord adhérent, pour remonter entre les deux feuillets des valvules, en émettant de nombreuses ramifications anastomotiques. Dans le péricarde aussi, le réseau vasculaire forme, comme dans d'autres séreuses, de grosses mailles peu serrées.

Quant aux *nerfs du cœur*, remarquons qu'ils présentent, même au sein de la musculature, des renflements ganglionnaires (Remak).

339. — *Vaisseaux sanguins.* — Les *vaisseaux sanguins périphériques* sont divisés, suivant l'usage, en artères, veines et capillaires.

Le tissu fondamental des vaisseaux sanguins est de la *substance conjonctive*, en y comprenant aussi le *tissu élastique;* il existe même quelques formes vasculaires qui ne se composent que de ce dernier, par exemple les sinus de la dure-mère (*sinus venosi*), les veines diploïques, les larges canaux sanguins du placenta, etc.

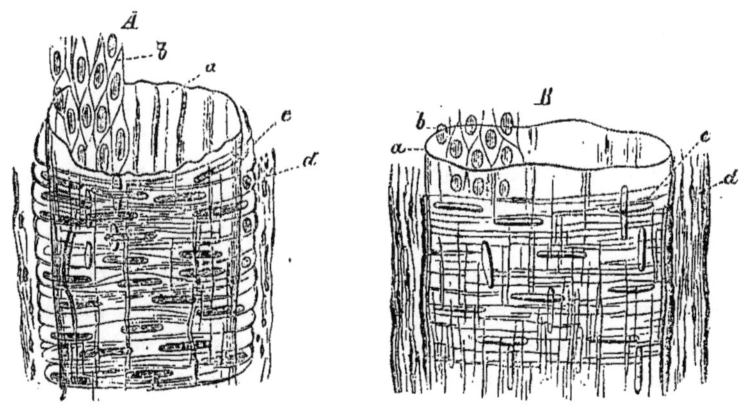

Fig. 209.

A. Schéma d'une artère. — B. Schéma d'une veine.
a. *Intima* homogène avec l'épithélium b. — c. *Media* musculaire. — d. *Adventitia* conjonctive.

Mais ordinairement ces tissus renferment des *muscles* tissés qui rendent les vaisseaux contractiles. Leur surface interne présente encore un épithélium délicat (est-ce partout?). Ces tissus qui constituent les parois vasculaires forment plusieurs couches que l'on divise depuis longtemps en membranes interne, moyenne et externe. Il est vrai que pendant un certain temps on a suivi la division de Henle, qui admettait six membranes pour les parois vasculaires; mais on est revenu naturellement à l'opinion ancienne qui ne compte que trois membranes. En outre, tous

(1) *Arch. für phys. Heilk.*, 1856.

les observateurs ont constaté (et ceci mérite d'être remarqué) que les différentes couches des membranes vasculaires présentent des variations non-seulement dans des vaisseaux de différents calibres appartenant à un même individu, mais encore chez divers individus de même âge.

340. — Pour commencer par la *membrane interne* (*tunica interna*), nous dirons que ses dimensions sont calculées sur celles du vaisseau, bien que son diamètre d'épaisseur soit toujours inférieur à celui de la membrane moyenne; dans les artères et les veines de petit calibre, elle a pour couche fondamentale une membrane élastique qui présente un dessein aréolaire et strié, lequel, d'après Remak, est l'expression de fentes très-fines. En dedans de cette couche se trouve l'épithélium vasculaire, dont les cellules allongées sont très-plates; il arrive aussi qu'elles se fusionnent en une membrane dépourvue de structure. La couche fondamentale élastique donne à l'*intimà* son aspect blanchâtre. Dans les gros vaisseaux, la membrane élastique s'épaissit par l'adjonction de couches ou lamelles élastiques aussi, lesquelles sont homogènes ou striées longitudinalement; dans les artères les plus grosses, ces lamelles sont souvent criblées de trous, et elles portent alors le nom de *membranes fenêtrées*. Lorsque le nombre des trous augmente beaucoup, l'aspect de la membrane fenêtrée devient celui d'une membrane aréolaire élastique. Même dans les plus grosses veines, le développement de l'*intima* reste inférieur à celui que l'on observe dans les grosses artères. Il résulte de là que l'*intima* des vaisseaux est principalement de nature conjonctive; et ce n'est que très-rarement qu'elle présente dans sa trame des muscles lisses, ainsi qu'on l'a observé dans l'*intima* des artères axillaire et poplitée. Les veines de l'utérus gravide présentent toujours dans leur *intima* des muscles lisses très-développés.

341.— La *membrane moyenne*, ou *membrane des fibres annulaires*, constitue dans les artères la masse la plus considérable, tandis qu'elle paraît être la moins développée des trois dans les veines, où elle est le plus souvent plus mince que la membrane vasculaire externe. Dans les artères et les veines de grosseur moyenne, elle est d'une couleur gris rougeâtre, tandis que dans les fortes artères elle prend une teinte jaune. La *tunica media* est d'ordinaire *musculaire;* dans les petites artères, elle se compose presque exclusivement de muscles. (Dans les artérioles du cerveau, de la moelle épinière et du tissu médullaire osseux, faisant suite aux capillaires, la musculature est plus rare que dans celles des autres parties du corps. — Robin.) Les muscles de la *tunica media* sont lisses, peu allongés; dans les plus petits des vaisseaux, ils représentent des fibres courtes qui, dans les artères, se disposent toujours en anneaux, tandis que dans les veines il existe avec ces anneaux d'autres muscles à direction longitudinale (1).

342. — La *membrane vasculaire externe*, ou *tunica adventitia*, présente dans les petites artères la même épaisseur que la tunique moyenne; dans les grandes artères, elle est plus mince, et dans les veines elle représente ordinairement la plus forte des trois membranes vasculaires. Par sa structure, elle appartient au tissu conjonctif ordinaire, lequel se stratifie suivant la longueur du vaisseau et contient fréquemment des

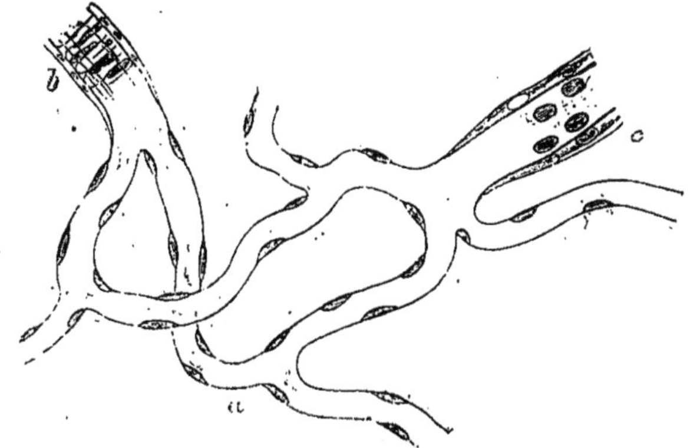

Fig. 210. — Vaisseau capillaire.

a. Capillaires proprement dits. — En *b*, ils aboutissent à une artériole, et en *c*, à une veinule. (Fort grossissement.)

réseaux élastiques. La tunique adventitielle des grosses veines offre ceci de particulier, qu'elle renferme des faisceaux considérables de *muscles longitudinaux*: c'est ce qui a lieu dans la portion hépatique de la veine cave inférieure, dans les troncs des veines hépatiques, de la veine porte, de l'utérus gravide, etc. Enfin, la tunique adventitielle de toutes les grosses veines, à l'endroit où elles plongent dans le cœur, est pourvue par la musculature du cœur d'une couche de muscles striés. (La veine cave supérieure jusqu'à la sous-clavière, les veines pulmonaires jusque dans les principaux rameaux.) D'après cela, les artères et les veines présentent dans leur structure des traits fondamentaux communs; la

(1) H. Müller a trouvé sur les petites artères que les muscles annulaires sont fréquemment disposés en certains endroits avec une certaine régularité : ainsi les noyaux sont disposés suivant une ligne parallèle au grand axe du vaisseau, soit les uns au-dessus des autres, soit en alternant, ou bien ils se trouvent sur une ligne spirale qui chemine dans la paroi vasculaire. — Cet auteur a encore trouvé assez souvent, dans les parois des artères ciliaires, des cellules vésiculeuses qui ressemblent à des cellules cartilagineuses (*Bericht*, etc., 1859, p. 85). On peut se demander si ces cellules sont pathologiques ou physiologiques. Je les ai rencontrées une fois sur l'œil d'un individu qu avait eu une iritis syphilitique.

principale différence consiste en ce que la tunique moyenne est plus mince dans les veines, et que dans les artères les muscles de cette tunique sont tous annulaires, tandis que dans les veines il y en a aussi qui sont longitudinaux.

343. — Les plus fins réseaux vasculaires en lesquels se résolvent définitivement les artères, après s'être divisées et subdivisées, et qui d'un autre côté se continuent dans les racines des veines, portent le nom de *capillaires* ou de *vaisseaux capillaires*. Les capillaires proprement dits se composent, lorsqu'on peut les isoler, d'une seule membrane homogène, vitreuse, simple ou à double contour, et présentant dans la substance, à des intervalles plus ou moins réguliers, des noyaux ronds ou ovales. Toutefois cette membrane est souvent tellement soudée avec la substance conjonctive environnante, que les capillaires ressemblent à des corpuscules conjonctifs développés, ou en d'autres termes à des conduits creusés dans la substance conjonctive. Il résulte de là que l'on ne réussit à bien isoler les capillaires que là où ils sont portés par une substance conjonctive très-molle et très-délicate, comme dans les centres nerveux, et surtout dans la rétine. Il suffit de faire macérer cette membrane pendant quelque temps, et de laver ensuite la masse pulpeuse, pour obtenir les plus jolis réseaux capillaires possibles. Sur d'autres parties du tissu conjonctif au contraire, lesquelles, une fois injectées, paraissent être très-riches en capillaires, comme la muqueuse de l'intestin, des poumons, etc., on ne réussit point à préparer des réseaux capillaires isolés, parce que, en ces divers endroits, la paroi des capillaires est confondue avec la substance conjonctive environnante ; en d'autres termes, *parce que les conduits capillaires s'y trouvent creusés dans le tissu conjonctif*.

344. — Les gros vaisseaux sanguins représentent, comme nous le voyons, un ensemble de tissus, c'est-à-dire des organes ; aussi exigent-ils des *vaisseaux nutritifs* propres (*vasa nutrientia*). Ces derniers proviennent des petites artères voisines, et cheminent de préférence dans la tunique adventitielle; ils pénètrent aussi çà et là dans la tunique moyenne, mais non dans l'*intima*, qui paraît être toujours avasculaire. On a constaté aussi dans un grand nombre de vaisseaux des *filaments nerveux;* mais nous ne savons encore rien d'exact sur la manière dont ils se comportent.

345. — *Vaisseaux lymphatiques*. — Quant aux *vaisseaux lymphatiques,* on distingue leurs origines et les vaisseaux de calibre plus considérable.

Nous avons déjà mis en évidence que les capillaires sanguins prennent fréquemment au sein du tissu conjonctif le caractère histologique de corpuscules conjonctifs; c'est là le cas général des *capillaires lymphatiques*. Les origines des vaisseaux lymphatiques ne sont autres que les corpuscules du tissu conjonctif. Les chylifères des villosités intestinales ne représentent aussi que les cavités aréolaires de leur substance conjonctive qui ont persisté, et qui se réunissent pour former une cavité centrale plus grande. La couche-limite de ce système canaliculé correspond à la membrane homogène de ces capillaires sanguins qui peuvent en être énucléés, à cause de la mollesse du tronc conjonctif environnant. Or, de même que les capillaires sanguins, malgré leur caractère de cavités conjonctives, se détachent de la substance conjonctive environnante en devenant autonomes, lorsque leurs parois se stratifient et acquièrent des éléments contractiles, de même aussi la couche-limite des capillaires lymphatiques gagne en force, et s'épaissit en une *intima* élastique, autour de laquelle se moule ultérieurement une *tunique moyenne* ou membrane annulaire; et enfin apparaît une *tunique adventitielle*, qui est composée de tissu conjonctif, de fibres élastiques et d'une trame musculaire, et sépare le vaisseau lymphatique des tissus voisins. Il semble aussi qu'à l'intérieur apparaisse un épithélium très-fin (1).

346. — *Glandes lymphatiques*. — Les vaisseaux lymphatiques sont souvent interrompus dans leur trajet vers le *canal thoracique* par des corps ovales, faséolés, dont le diamètre transverse varie entre une ligne et un pouce. La structure de ces *glandes lymphatiques* et leurs rapports avec les vaisseaux afférents et efférents se résument en ce qui suit.

La substance conjonctive forme ici, comme dans d'autres organes similaires, le squelette glandulaire. Après avoir fourni à la surface de

(1) Le travail de de Recklinghausen « sur le système lymphatique et ses rapports avec le tissu conjonctif » (*Zeitschr. f. w. Zool.*, Bd XII), et les recherches de His sur la même question (*ibid.*, Bd. XIII), me semblent devoir être mentionnés. De Recklinghausen a soutenu les points suivants : 1° Tous les vaisseaux lymphatiques, même les plus fins, sont revêtus d'un épithélium d'une *forme spéciale*. 2° Les annexes des vaisseaux lymphatiques connues jusqu'ici sont partout en connexion avec un système de *canaux du tissu conjonctif*, lesquels sont très-fins, renflés en certains endroits, et peuvent porter le nom de « canalicules à suc » (*Saftcanälchen*). Cet auteur établit entre ces canalicules et les canalicules résultant des anastomoses des cellules conjonctives une distinction qui nous semble un peu exagérée.

Je ne m'arrêterai pas, par conséquent, sur ces « canaux à suc », que His n'admet pas non plus, et je me bornerai à décrire en quelques mots l'épithélium des radicelles lymphatiques. C'est une mosaïque dont les figures, petites et dentelées, sont circonscrites par des lignes fortement sinueuses; ces formes rappellent diverses formations épithéliales des plantes. Les lignes sont partout tangentes et bien nettement dessinées. De Recklinghausen avait cru qu'en certains endroits existaient des pointes libres d'épithélium, des espèces de stomates. His a cru devoir contester leur existence, après avoir fait varier le mode de préparation.

la glande une enveloppe assez rigide, elle la pénètre en donnant naissance à un stroma spongieux, réticulaire, sans que ce stroma soit identique dans les portions médullaire et corticale de la glande.

Dans la substance corticale, la charpente conjonctive détermine des cavités folliculeuses, qui communiquent entre elles et qui sont visibles même à l'œil nu ; la substance conjonctive pénètre encore dans ces cavités, mais en y donnant naissance à un réseau beaucoup plus délicat que celui que présentent les follicules de Peyer, etc. De cette manière la substance conjonctive de la région corticale engendre deux stromas : l'un à mailles plus grandes et visibles à l'œil nu, et déterminant les *follicules;* l'autre plus fin, et subdivisant ces dernières en cavités secondaires. Dans la région médullaire, le stroma circonscrit des cavités bien plus considérables, ainsi qu'il est facile de le constater à l'œil nu sur une coupe de la glande. Abstraction faite des autres rapports de structure, on pourrait dire que le tissu conjonctif de la région corticale correspond à une éponge très-fine, et celui de la région médullaire à une éponge grossière. Que si maintenant nous cherchons à nous rendre

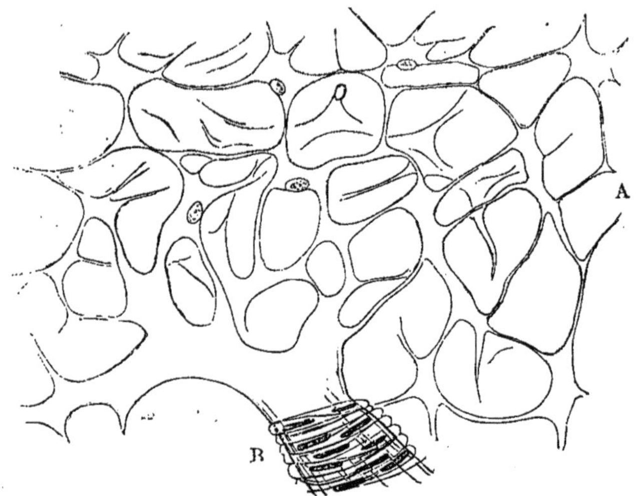

Fig. 211. — Schéma représentant les origines des vaisseaux lymphatiques.

A. Réseau des corpuscules conjonctifs.— *B.* Origine d'un troncule lymphatique autonome, avec son *intima* homogène et sa *couche musculeuse.*

compte de quelle manière se comportent avec la charpente conjonctive les vaisseaux lymphatiques afférents et efférents, nous remarquons en premier lieu que les vaisseaux afférents qui se ramifient immédiatement avant de pénétrer dans la glande, présentent leur structure normale, c'est-à-dire qu'ils se composent d'une *intima* homogène élastique, d'une tunique *moyenne* musculeuse et d'une *adventitia* conjonctive. Les rameaux secondaires par lesquels le vaisseau lymphatique arrive à la glande se perdent dans le tissu conjonctif interfolliculaire et prennent le caractère d'interstices aréolaires du tissu conjonctif; et, bien que jusqu'à présent je n'aie jamais vu dans les glandes lymphatiques du mésentère le chyle blanc pénétrer dans les follicules, on doit admettre, d'après les phénomènes qui se produisent par des injections artificielles, que les conduits lymphatiques de la région corticale s'ouvrent dans les cavités aréolaires. Dans la substance médullaire de la glande les vaisseaux lymphatiques ont, si l'on peut s'exprimer ainsi, repris leur autonomie, et l'on y voit réapparaître des plexus spacieux de vaisseaux lymphatiques, qui se composent d'une *intima* homogène, d'une *media* musculeuse et d'une *adventitia* conjonctive. C'est à partir de ce plexus de vaisseaux lymphatiques que se dirige vers le hile de la glande le vaisseau efférent. Le stroma spongieux qui s'offre à l'œil nu dans la substance médullaire appartient par conséquent, en outre des vaisseaux sanguins qu'il nous reste à décrire, aux parois du plexus des vaisseaux lymphatiques, et les cavités qu'il comprend sont les sinus de ces vaisseaux.

347. — Les cavités folliculaires de la région corticale sont remplies par de petites cellules incolores (*globules lymphatiques*) semblables à celles qui constituent la pulpe gris blanchâtre des follicules de Peyer. Un certain nombre de ces cellules, qui naissent et se multiplient par division dans les glandes lymphatiques, passent dans les vaisseaux efférents et se dirigent vers le *canal thoracique*.

Les glandes lymphatiques renferment aussi de nombreux *vaisseaux sanguins*, qui se capillarisent dans la région corticale; ici, comme ailleurs, ce sont les trabécules du stroma qui portent les capillaires et les vaisseaux plus gros.

Avec les artères cheminent aussi quelques fibres nerveuses se rendant aux glandes lymphatiques ; mais on ne sait ni où ni comment elles s'y terminent.

Que si l'on cherche à simplifier la structure des glandes lymphatiques par un point de vue général, on voit que les *vaisseaux afférents* se résolvent en capillaires lymphatiques dans la région corticale, et se mettent en rapport avec les cavités folliculaires où s'élaborent les globules ; on pourrait dire que les *follicules sont des appendices du conduit lymphatique*. Vers la région médullaire, les capillaires se reconstituent en vaisseaux lymphatiques plus gros, anastomosés entre eux, et ceux-ci, se fusionnant pour donner naissance au *vaisseau efférent*, conduisent la lymphe et les globules dans le système vasculaire. Par conséquent, *la production des globules lymphatiques* paraît être la fonction physiologique propre de ces glandes (1).

348. — *Rate.* — Par sa structure, la *rate* se rapproche beaucoup des glandes lymphatiques. Comme ces dernières, elle possède une enveloppe conjonctive rigide (*tunica albuginea s. propria*), dans laquelle sont tissés de nombreux réseaux de fibres élastiques. De cette enveloppe part un stroma intérieur (*trabeculæ lienis*) que l'on peut suivre commodément à l'œil nu, et qui se compose, ainsi que l'enveloppe, de tissu conjonctif et de fibres élastiques. Dans les cavités qu'il forme, réside une masse molle, rougeâtre, la *pulpe liénale*; elle y est simplement entassée, ainsi qu'on peut le voir à l'œil nu. Mais, si l'on se sert d'un microscope, on découvre que dans l'intérieur des cavités du stroma, il existe un nouveau stroma conjonctif plus délicat et semblable à celui que nous voyons en grand dans la rate. Les cavités trabéculaires de la rate, visibles à l'œil nu, peuvent être comparées aux cavités folliculaires des glandes lymphatiques, et le stroma délicat intrapulpaire correspond au stroma intrafolliculaire. Et, de même que dans les glandes lymphatiques le contenu des alvéoles constitue une pulpe gris blanchâtre, de même aussi, dans la rate, celui des alvéoles intrapulpaires est représenté par une pulpe rougeâtre qui se compose de corpuscules sanguins et de cellules incolores. Il est plus que probable que, dans les glandes lymphatiques, les cavités folliculaires communiquent avec l'intérieur des vaisseaux lymphatiques. Il paraît en être de même dans la rate, c'est-à-dire que les cavités trabéculaires semblent être en communication avec les vaisseaux sanguins; en d'autres termes, qu'elles sont des cavités sanguines, et la pulpe doit être considérée comme étant le contenu de ces cavités.

349. — On remarque dans la rate, même à l'œil nu, au sein de la pulpe rougeâtre, des taches blanchâtres qui, sous le nom de corpuscules de Malpighi, ont donné lieu à maintes controverses. Elles proviennent de ce que de petites portions du stroma secondaire sont presque exclusivement remplies de cellules incolores (globules lymphatiques), et se détachent par cela même avec une grande netteté du reste de la pulpe qui est rougeâtre. Les accumulations de globules se produisent presque toujours dans le voisinage de rameaux artériels.

Dans la rate pénètre, comme on le sait, une grosse *artère* qui se ramifie exclusivement dans les trabécules du stroma chargées de la

(1) On consultera avec le plus grand intérêt les derniers travaux de His, de Frey et de Billroth sur les glandes lymphatiques, soit de l'homme, soit des mammifères, lesquels confirment, dans la masse générale des faits observés, l'exposé de l'auteur.

porter ; l'*adventitia* des rameaux terminaux, qui sont disposés en touffes, fait partie du stroma. Les capillaires qui succèdent aux artères sont soutenues par le stroma secondaire de la pulpe, et par conséquent, ils traversent aussi les corpuscules de Malpighi. Comme je l'ai déjà dit, il est probable que les capillaires se terminent librement dans les cavités pulpaires, et que de ces dernières seulement sortent les veines.

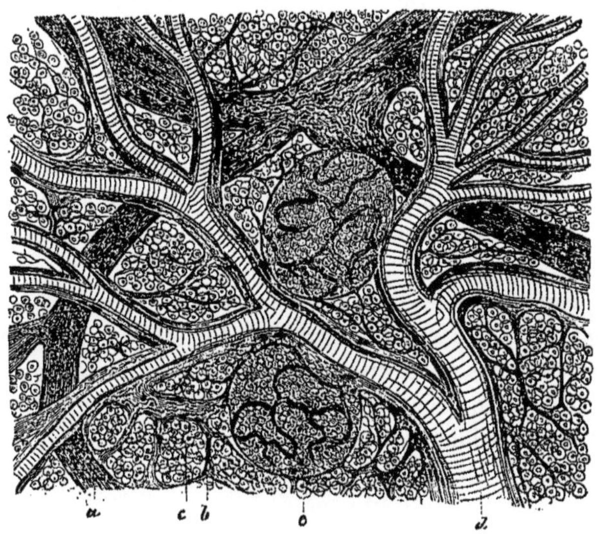

Fig. 212. — Fragment d'une section de la rate.

a. Trabécules de fortes dimensions (les lignes foncées sinueuses qu'elles renferment représentent des fibres élastiques. — *b.* Le réseau conjonctif secondaire. — *c.* La pulpe située dans les mailles de ce dernier. — *d.* Un troncule artériel. — *e.* Un corpuscule de Malpighi.

Des corps fusiformes présentant quelque chose de spécial, et dont le noyau se trouve souvent placé dans une saillie en forme de bouton, ont été considérés comme des cellules épithéliales des veines.

Les *vaisseaux lymphatiques* de la rate cheminent avec les artères ; d'après certaines observations d'anatomie comparée, ils présenteraient avec les corpuscules de Malpighi les mêmes rapports que ceux qui existent dans les glandes lymphatiques entre eux et les follicules ; en d'autres termes, ces *corpuscules seraient des cavités remplies* de cellules incolores, communiquant avec les vaisseaux lymphatiques.

Parmi les *nerfs* de la rate, on compte principalement des fibres sympathiques (fibres de Remak) ; il n'y a avec elles qu'un petit nombre de fibres à bords foncés (1).

(1) Frey a signalé dans les trabécules de la rate de l'homme la présence de fibres musculaires lisses (*Bericht*, etc., 1859, p. 150).

350. — *Thymus.* — Le *thymus* présente aussi avec les glandes lymphatiques des analogies nombreuses. C'est une glande lobée, lobulée, et même acineuse. Le tissu qui préside à ces divisions successives est encore le tissu conjonctif, lequel, après avoir formé l'enveloppe de l'organe, délimite les contours de chaque division et subdivision de la glande. D'après cela, on pourrait croire que le thymus est plus voisin des glandes acineuses que des glandes lymphatiques. Mais cette idée s'évanouit, dès que l'on constate que le tissu conjonctif *détermine dans les derniers lobules un stroma semblable* à celui que nous avons décrit dans les follicules de Peyer et les follicules des glandes lymphatiques, et surtout lorsqu'on reconnaît que les mailles de ce stroma sont occupées par une pulpe celluleuse d'un gris blanchâtre. Celle-ci se compose de noyaux libres en apparence, de cellules incolores (globules de la lymphe), et parfois aussi de quelques corpuscules arrondis, stratifiés, qui ne sont pas de nature pathologique, puisqu'on les retrouve jusque dans les derniers vertébrés.

Les *nombreux vaisseaux sanguins* du thymus accompagnent le tissu conjonctif dans sa distribution, et ce sont les faisceaux fibreux des acini qui portent, comme dans les glandes lymphatiques, le développement des capillaires.

Quelques *nerfs* accompagnant les artères assurent l'innervation de la glande.

Le thymus ne diffère du schéma des glandes lymphatiques qu'en ce que l'ensemble de cet organe possède un *canal central* fermé, qui se ramifie dans les lobules et dont le contenu se compose des éléments de la pulpe. Il y a lieu de présumer que les vaisseaux lymphatiques qui sortent du thymus en quantité assez considérable, communiquent avec les cavités de cette glande ; cependant il n'existe là-dessus aucune observation précise.

Les notions que nous possédons sur le *développement* du thymus (dans le poulet) ont été acquises par Remak. Les bords des troisième et quatrième sillons branchiaux, qui sont revêtus par les prolongements de l'épithélium intestinal, s'étranglent ; et, en suivant les arcs aortiques qui se détachent des parois de l'œsophage, ils déterminent la formation du thymus, sous la forme de deux petits sacs allongés qui viennent se placer aux deux côtés des arcs aortiques.

351. — *Physiologie.* — Les vaisseaux ont pour fonction de transporter à travers le corps le suc nutritif destiné à entretenir l'activité des organes et à recevoir les produits de décomposition, pour les éliminer à la faveur des organes glandulaires. Les rapports de structure que le système vasculaire présente donnent lieu à quelques remarques.

Puisque dans le cœur on observe fréquemment l'anastomose des faisceaux musculaires primitifs, on peut considérer ce phénomène comme la reproduction en petit de ce qui se passe en grand dans la musculature cardiaque. En effet, ses couches se croisent de mille manières, et le réseau que forme la charpente charnue du cœur présente à l'œil la même disposition de la substance musculaire que celle que l'on retrouve dans les faisceaux primitifs anastomosés. Une contraction en tous sens doit être le résultat de cet entrelacement des fibres charnues. — Dans les vaisseaux, deux tissus jouent un rôle important, le tissu élastique et la membrane musculeuse : le premier domine dans les troncs (des artères), tandis que dans les petits vaisseaux ce sont les fibres musculaires qui prennent le premier rang. Le tissu élastique qui n'est pas innervé ne fait que remédier aux changements de volume des vaisseaux provenant de pression ou de dilatation. Les fibres contractiles, au contraire, soumises à l'activité du système nerveux, déterminent une augmentation ou un abaissement de la tension moyenne, d'après les divers degrés d'excitation de la vie nerveuse. Par conséquent, on peut fixer la signification de ces deux tissus dans le phénomène de la circulation, en disant que le tissu élastique est nécessaire pour la marche du sang ou pour la circulation générale, tandis que le tissu contractile préside à la répartition exacte de la masse sanguine.

Nos connaissances sur les fonctions des glandes lymphatiques de la rate et du thymus sont encore bien peu nombreuses. L'opinion que ces organes ont pour fonction la formation des globules incolores du sang (globules lymphatiques) tend à prendre de la consistance pour le moment. Les travaux si renommés de Virchow sur la leucémie ont la plus grande portée dans cette question; je me bornerai à en extraire cette considération, à savoir, qu'aux tumeurs des glandes lymphatiques se rattache une augmentation extraordinaire des globules lymphatiques. Virchow admet que dans l'hypertrophie des glandes lymphatiques, il passe aussi dans le système vasculaire un plus grand nombre de globules de lymphe (1).

(1) His, dans son remarquable travail sur la structure des glandes de Peyer et de la muqueuse intestinale (Leipzig, 1862), dit que, malgré les lacunes qui existent dans l'état de nos connaissances sur les voies lymphatiques et chylifères, les faits acquis tendent à établir que la substance « *adénoïde* », partout où elle existe, est en rapport avec la formation des cellules sanguines (voy. les pages 25, etc.).

Dans un travail du docteur Ed. Rindfleich (*Experim. Stud. üb. d. Hist. d. Blut.*, Leipzig, 1863) on lit ce qui suit : « Dans les extravasations, les corpuscules sanguins rouges éprouvent une transformation et deviennent incolores. Ils se transforment, soit en cellules à granulations foncées, soit en éléments mononucléaires, avec un revêtement mince protoplas-

Quant à la fonction de la rate, l'opinion qui a été en vogue pendant quelque temps est la suivante. On admettait que dans cet organe il se faisait une métamorphose régressive des corpuscules rouges du sang, lesquels s'y dissolvaient et s'y décomposaient. Cette thèse est rentrée dans l'oubli, comme de juste, lorsqu'on s'est convaincu que les cellules contenant des corpuscules sanguins, et sur lesquelles reposait l'hypothèse, ne s'y rencontraient qu'accidentellement. Ces petits amas de corpuscules sanguins qui sortent de la circulation sanguine, et que l'on voit dans la rate en train de se dissocier et de se décolorer, peuvent être observés dans toute espèce d'extravasation. Je n'en veux citer comme exemple que ce fait, à savoir, que j'ai rencontré en très-grande quantité dans la portion charnue de la queue des poissons ces cellules qui renferment des corpuscules sanguins, et cela autour d'entozoaires qui étaient en train de construire leurs galeries de mine pour émigrer, et qui avaient déterminé aussi des extravasations en lésant les vaisseaux sanguins.

Dans ces derniers temps, Remak (1) a découvert les faits suivants sur la *musculature des veines* : 1° Les veines ascendantes du corps humain sont beaucoup plus riches en fibres musculaires que les veines descendantes. 2° La quantité de fibres qui existent dans les parois veineuses augmente en général avec les obstacles que le sang doit vaincre pour retourner au cœur. 3° La veine cave thoracique inférieure et la portion de la veine cave supérieure, qui est voisine du cœur, sont dépourvues presque entièrement de fibres musculaires lisses. Les *diverticula* en forme de sacs ou de poches que les veines présentent au côté cardiaque des valvules veineuses se composent non-seulement d'une couche extérieure mince et élastique, ainsi que d'une membrane interne mince aussi, conjonctive et élastique, mais encore et presque complétement de faisceaux de longues fibres musculaires lisses et mononucléaires, lesquelles se croisent suivant diverses directions. C'est du relâchement de ces poches valvuleuses que proviennent, sans aucun doute, les *varices*.

Je considère les cavités de différentes dimensions renfermées dans l'*arachnoïde* comme équivalentes aux cavités lymphatiques. En faveur

matique qui ne se distingue, ni de celui des cellules amœboïdes, ni de celui des cellules de formation ». Je ne puis entrer dans tout l'exposé de l'auteur ; disons cependant un mot des conclusions de son travail. D'après lui, il faut admettre un mouvement circulatoire génétique, lequel se passe parmi les formes celluleuses du sang en circulation. Les corpuscules sanguins formeraient l'un des pôles de ce cercle, les cellules « amœboïdes », l'autre pôle ; c'est entre ces deux degrés limités de formation qu'oscillent les corpuscules du sang.

(1) *Deutsche Klinik*, Nr. 70.

de cette opinion on peut alléguer que chez l'esturgeon, la cavité laissée libre par le cerveau entre la pie-mère et la dure-mère est occupée par une substance ressemblant à une glande (1), et en outre que dans le *Trygon pastinaca*, on retrouve sur les vaisseaux de la pie-mère les mêmes glomérules que j'avais dit autrefois être « semblables à un turban », et qui, chez les sélaciens, ne se trouvent d'ailleurs faire saillie que dans les vaisseaux lymphatiques.

Quant à la *structure* des glandes lymphatiques, les anciens observateurs, tels que Malpighi et Hewson, l'ont envisagée comme nous. Il est vrai qu'en s'attachant aux mots eux-mêmes, il sera facile de trouver des contradictions, puisque Hewson dit que les glandes se composent de grandes cavités anastomosées entre elles et communiquant avec les vaisseaux lymphatiques, et que Malpighi déclare qu'elles se composent de véritables plexus de vaisseaux lymphatiques ; et pourtant des expressions si différentes ne signifient au fond qu'une seule et même chose.

Quant aux corpuscules de Malpighi que l'on trouve dans la *rate*, on dit souvent que l'on a tant de difficulté à les isoler et qu'ils se fondent presque toujours pendant la préparation. Je crois qu'il n'y a là rien qui doive nous étonner, qu'autant que nous tiendrions à voir en eux des corps autonomes, tandis qu'en réalité ce ne sont que des portions modifiées de la pulpe (2).

CHAPITRE XXXVII

DU SYSTÈME VASCULAIRE DES VERTÉBRÉS.

Bulbe artériel. — La musculature cardiaque des *mammifères*, des *oiseaux* et des *reptiles* est toujours striée ; mais elle diffère, en général, des muscles du tronc, en ce que les faisceaux primitifs ont un aspect

(1) L. Fick, qui s'est occupé du mécanisme de la circulation sanguine dans la rate, est arrivé aux considérations intéressantes qui suivent. Après avoir reconnu que les artères sont reliées au tissu conjonctif capsulo-trabéculaire par un tissu conjonctif lâche, il en conclut qu'elles peuvent se mouvoir dans leurs gaînes de la même manière qu'un piston dans une seringue, et sans que leur pulsation influe mécaniquement sur la pulpe. Les veines, au contraire, n'ont pas cet avantage; elles sont assujetties au stroma par un tissu conjonctif très-roide, et la contraction « du stroma capsulo-trabéculaire », en agissant sur elles, a pour résultat de les vider. (L. Fick, *Zur Mechanik d. Blutbewegung in d. Milz*. in *Arch. f. Anat.*, Bd. I, Hft. I, p. 8, t. I, B. 1859.)

(2) Voyez mes *Recherches sur les poissons et les reptiles*, p. 5.

granuleux, sont plus étroits, se ramifient fréquemment et s'anastomosent et aussi en ce qu'il n'existe presque pas de substance conjonctive entre les faisceaux primitifs. Chez les *batraciens* et les *poissons*, on rencontre comme on le sait, en outre des oreillettes et des ventricules, une autre portion musculeuse du cœur, qu'on appelle *tronc artériel*, et dont les éléments contractiles ne sont pas partout les mêmes. Dans les *ganoïdes*, les *chimères*, les *plagiostomes*, les *lépidosires* et les *batraciens*, ces éléments sont striés; ce sont des cellules simplement allongées avec un contenu strié transversalement, et, par conséquent, si on les considère comme des « faisceaux primitifs » il faut que ces faisceaux soient bien étroits. Le tronc artériel de ces animaux est pulsatile. Dans les *téléostiens*, la musculature est lisse; aussi le tronc ne présente-t-il pas de contractions vives et rhythmiques. Dans nos poissons d'eau douce, tels que les *Leucisci*, *Gobio*, etc., les muscles sont, à l'état frais, légèrement granuleux, et leurs faisceaux s'entrecroisent; dans le *Labrax lupus*, je constate en outre que les fibres musculaires fraîches sont ici très-pâles, beaucoup plus étroites et plus courtes qu'elles ne le sont dans le tube alimentaire. D'après des recherches faites sur le *Leucisus rutilus*, le bulbe artériel a aussi ses vaisseaux sanguins propres, c'est-à-dire ses artères et ses veines.

Dans le *Proteus* et le *Torpedo*, ainsi que je l'ai montré (1), le bulbe artériel pulsatile porte un renflement qui, dans le *Torpedo*, est formé par des éléments élastiques; dans le *Proteus*, les fibres élastiques sont situées tout à fait à l'extérieur, tandis qu'à l'intérieur ce renflement est constitué par des muscles lisses.

352. — *Endocarde, valvules du cœur.* — Les pâles cellules de l'endocarde se fusionnent fréquemment, de sorte que leurs noyaux se répandent dans une membrane homogène; du moins, mes observations sur les squales et les poissons à arêtes confirment cette manière de voir. Sur la couche conjonctive de l'endocarde des gros mammifères, on distingue au-dessous de l'épithélium une lamelle-limite homogène (*basement membrane*) semblable à celle des membranes séreuses et muqueuses, etc. Au-dessous de l'endocarde des *ruminants*, des filaments particuliers, gris, gélatineux s'étalent en formant des réseaux; ils semblent être de la substance musculaire modifiée. Ces formations ont été mentionnées pour la première fois par Purkinje; plus tard, de Hessling les a étudiées mais sans en donner une explication (2). Tout récemment, Reichert (3) a

(1) *Recherches sur les poissons et les reptiles.*
(2) *Zeitschr. f. w. Z. Bd. V.*
(3) *Jahresb. f. d. J. 1854.*

publié des recherches minutieuses sur les filaments de Purkinje, et il a admis qu'ils représentent un *muscle restiforme tenseur de l'endocarde* et dont les faisceaux musculaires primitifs se comportent peut-être autrement que ceux des autres muscles cardiaques. Les cylindres musculaires sont courts et très-clairs; leur axe est granuleux et ils sont situés de telle sorte que l'une de leurs extrémités est mousse et dirigée vers le reste de la masse utriculaire du cœur, et l'autre vers la couche élastique et fibreuse de l'endocarde. — Les *valvules du cœur* sont des duplicatures de l'endocarde, par conséquent elles appartiennent au tissu conjonctif; seulement la forte valvule du cœur droit des oiseaux (et de l'ornithorhynque) se compose de muscles striés; je constate encore que dans le *Leuciscus* et probablement aussi chez d'autres poissons, la valvule qui est située entre le *sinus veineux* et l'*oreillette*, et qui offre un aspect gris rougeâtre, est constituée par les mêmes muscles granuleux et striés que ceux qui composent la masse du cœur; toutes les valvules cardiaques de différents leucisques présentent en outre des parties accessoires particulières. Ce sont des refoulements en dehors, vésiculeux ou ansiformes du bord valvulaire, sur lequel elles sont implantées, soit par une base large, soit aussi, comme dans les valvules semi-lunaires, par un pédicule. Elles présentent une couche fondamentale conjonctive et un revêtement celluleux, semblablement à l'endocarde. Dans le *Chondrostoma nasus* je n'ai pas trouvé ces diverticula valvulaires, non plus que dans le *Labrax lupus* dont les valvules semi-lunaires se composent d'ailleurs aussi de tissu conjonctif et de très-fines fibres élastiques (1).

Il faut encore remarquer que dans le *bulbe artériel* des *batraciens à queue* (*Salamandra maculata*), des *squales* (*Hexanchus griseus*), des *ganoïdes* (*Polypterus*), on aperçoit des saillies allongées valvuloïdes, lesquelles sont formées de tissu conjonctif gélatineux et de fibres élastiques. Chez la *salamandre terrestre*, dans la portion antérieure et épaisse de ces saillies, le tissu conjonctif se transforme en un joli cartilage hyalin. L'apparition du *tissu cartilagineux* dans le cœur est probablement plus répandue; car chez les *tortues* (*Tortue grecque* et *Emys europœa*), on aperçoit, dans les saillies villeuses, à l'endroit où les gros vaisseaux sortent du cœur, un petit cartilage hyalin; dans l'intérieur de la substance fondamentale qui le compose, les cavités carti-

(1) Chez l'homme aussi, de semblables formations paraissent exister. Luschka décrit précisément (*Deutsche Klinik*, 1856, n° 23) des pousses villeuses situées sur les valvules semi-lunaires, et composées d'un tissu conjonctif homogène et non vasculaire, ainsi que d'un revêtement épithélial. (*Note de l'auteur*).

lagineuses renferment ordinairement plusieurs cellules. Vers la périphérie, cette substance, devenue plus molle, présente des stries, et les cellules s'isolent davantage. Il semble aussi que l'on rencontre parfois des *ossifications* en cet endroit; du moins, Bojanus a trouvé chez l'*Emys europæa* un petit os qui s'étendait depuis les *trabécules charnues* du ventricule droit jusqu'au milieu des troncs artériels émergeants. Du reste, on sait depuis longtemps que, chez quelques mammifères (bœuf, brebis, chameau, girafe, gazelle, cerf, porc), et souvent chez le cheval, on rencontre normalement, au-dessous de l'origine de l'aorte, un petit os en croix. (L'os en croix du chameau a été étudié par Weld et Franz Müller, au point de vue des canaux et des cellules médullaires ainsi que des corpuscules osseux (1).

353. — *Péricarde, nerfs cardiaques.* — La couche fondamentale du *péricarde* est toujours du tissu conjonctif, lequel peut être plus ou moins pigmenté (*amphibies*) et renfermer des cellules graisseuses ; dans tous les vertébrés, le péricarde présente un épithélium simple pavimenteux. Ce n'est que dans les *batraciens sans queue* que cet épithélium est vibratile. Toutefois, suivant Mayer, il serait vibratile chez tous les batraciens indistinctement. Je ne puis confirmer ce fait que pour les batraciens à queue (la grenouille par exemple) et je dois au contraire révoquer en doute la vibratilité de cet épithélium dans la *salamandre terrestre* et le *Proteus*. Remak a trouvé, chez le bœuf, que le péricarde forme au bord de l'oreillette gauche une rangée de villosités semblables à celles qui existent au bord du cœur du poussin qui sort de l'œuf ; c'est là, jusqu'à ce jour, un fait isolé. Chez les vertébrés inférieurs (poissons et batraciens), on voit souvent des filaments tendus entre le cœur et le péricarde. Dans la *salamandre terrestre*, par exemple, ces filaments se voient au côté dorsal des oreillettes ; ils se composent de tissu conjonctif lequel renferme quelques vaisseaux sanguins, du pigment et même des cellules graisseuses. Leur surface est recouverte par un épithélium pavimenteux.

Ainsi que Remak l'a découvert sur le veau, les *nerfs cardiaques* forment des ganglions dans la substance musculaire des ventricules et des oreillettes ; ce fait s'applique à tous les vertébrés ; du moins, on en a trouvé dans la cloison et à la limite des ventricules et des oreillettes chez la grenouille ; dans nos poissons d'eau douce (*Chondostoma nasus*, *Gobio fluviatilis*), j'ai constaté qu'il existe un ganglion entouré de quelques cellules pigmentaires rameuses au bord de la valvule qui est située entre l'oreillette et le *sinus commun*. En cet endroit

(1) *Sitzungsber. d. Wien. Ak.*, 1850, S. 401.

s'étale un riche plexus nerveux présentant en outre des globules ganglionnaires pâles et disséminés; il n'est pas rare de voir les fibrilles nerveuses se diviser en deux, et même en plusieurs rameaux. Je ne puis d'ailleurs m'empêcher de remarquer que la répartition inégale des nerfs dans la substance musculaire du cœur, ainsi que dans quelques autres muscles, a quelque chose de surprenant. Ainsi, au moyen d'une solution sodique, il est facile de rendre transparentes de grandes étendues de l'oreillette et même des couches musculaires du ventricule où l'on n'aperçoit point une seule fibrille nerveuse, tandis que l'endroit désigné de la valvule, ainsi que la région valvulaire comprise entre l'oreillette et le ventricule sont très-riches en nerfs. — Les nerfs superficiels du cœur présentent, à leurs points d'intersection avec les vaisseaux, des renflements aplatis ganglionnaires. Lee les a considérés comme des ganglions, bien que, d'après les indications de Cloetta, ils ne renferment point de cellules ganglionnaires et qu'il faille plutôt les considérer comme des épaississements du névrilème. — Chez divers vertébrés, il se dépose sur le cœur plus ou moins de *graisse* : chez la grenouille, et à l'endroit où se fait la division des gros vaisseaux, on rencontre fréquemment une grosse masse graisseuse ; on en trouve encore à la base du bulbe artériel, sur les oreillettes et sur les arcs aortiques.

354. — *Vaisseaux périphériques.* — La couche fondamentale histologique des *artères*, des *veines* et des *capillaires* des vertébrés est toujours constituée par de la substance conjonctive; et, dans bien des cas, surtout dans les veines et les sinus veineux des poissons, la paroi vasculaire ne se compose que de cette substance et de réseaux de fibres élastiques. L'aorte des poissons, lorsqu'elle a son parcours dans un canal cartilagineux, comme chez l'*Acipenser*, ou bien lorsqu'elle est en partie enchâssée dans les dépressions vertébrales, n'est aussi constituée que par une membrane conjonctive parcourue par des fibres élastiques et se continuant avec le canal cartilagineux ou bien avec le tissu osseux des vertèbres. Parfois et surtout chez les poissons, cette paroi peut être tellement délicate et si peu distincte de la charpente conjonctive des organes, que l'on a mis autrefois en doute l'existence d'une membrane limitante (dans les reins par exemple), et qu'on a considéré les veines comme des conduits creusés dans le parenchyme des organes; cette expression n'aurait rien d'impropre, si l'on ne perdait pas de vue que ces conduits sont creusés dans la substance conjonctive. En effet, les grands réservoirs sanguins que l'on rencontre, par exemple, dans l'abdomen des *sélaciens*, ne sont autre chose que de simples *cavités du tissu conjonctif*.

Les vaisseaux sanguins ne prennent une autonomie appréciable que si les couches conjonctives se sont transformées en membranes élastiques, et que s'il naît des muscles, destinés à entourer le tube vasculaire. Chez les *poissons* (d'après mes recherches sur les plagiostomes), la membrane principale des gros vaisseaux qui naissent du bulbe artériel (*artères branchiales*) est formée d'éléments élastiques; elle est entourée extérieurement d'une tunique adventitielle qui se compose du tissu conjonctif ordinaire mélangé de fibres élastiques. Chez les *oiseaux*, les parois épaisses et blanc jaunâtre du tronc innominé sont aussi formées de couches fibreuses élastiques. Sur l'aorte du *héron* (*Ardea cinerea*), on remarque que la masse principale des réseaux fibreux élastiques forme des couches circulaires séparées par de la substance conjonctive ordinaire. Seulement, tout à fait à l'extérieur, quelques couches se disposent aussi suivant le sens de la longueur. Chez les poissons et les oiseaux, les fibres élastiques sont des fibres résistantes et ramifiées. Dans les grosses artères des *mammifères*, lorsqu'elles sortent du cœur, le tissu élastique constitue également la partie principale des parois. Les fibres élastiques des arcs aortiques, aorte thoracique et aorte inférieure de la *brebis*, semblent présenter des trous (Remak). Sur d'autres animaux (*porc*, *bœuf*) cet observateur n'a trouvé dans ces artères que très-peu de fibres criblées, et il n'en a point rencontré dans d'autres vaisseaux. Les fibres élastiques peuvent s'étaler et se réunir en formant des lames élastiques. — La paroi de l'aorte de la *Balæna musculus*, épaisse de deux pouces, ne se compose que de tissu élastique, ainsi que je suis en état de le constater moi-même; on y remarque à l'œil nu des strates de différentes dimensions, entre lesquelles apparaissent des interstices vasculaires; au microscope, on reconnaît que des réseaux et des membranes élastiques fenêtrées relient les plus gros de ces strates.

Sur les artères qui sont situées à une plus grande distance du cœur, les muscles contribuent à la formation de la membrane vasculaire. Le lieu où ils commencent est variable. Dans les *Raja batis*, *Spinax niger Polypterus*, etc., je n'ai pu trouver de tunique musculaire ni sur l'aorte, ni sur beaucoup de grosses artères. Dans la *Raja batis*, l'aorte se composait de la tunique adventitielle, qui présentait de petits amas isolés de pigment à reflet doré, et d'une intima élastique avec épithélium.

Chez la *torpille électrique* (*Torpedo*), j'ai trouvé une *musculeuse* entre l'*adventitia* conjonctive et l'*intima* élastique; dans le *Scymnus lichia*, l'artère basilaire du cerveau, laquelle était fortement pigmentée, ne contenait plus de muscles, tandis que les petits vaisseaux de cet organe étaient pourvus d'une couche de muscles annulaires. Les gros troncs vasculaires artériels des *batraciens* renferment des éléments contractiles, même au sortir du bulbe; il est facile sur l'aorte de la *salamandre terrestre* de distinguer une musculeuse formée de fibres plexueuses. Dans les artérioles qui se rapprochent des ramifications capillaires, il existe probablement toujours une couche annulaire musculaire; on la voit très-nettement dans la *Salamandre* et le *Proteus*, dont tous les tissus se distinguent par la grosseur insolite des éléments. J'ai constaté aussi sur l'*Acanthias vulgaris* le développement considérable que présentent les muscles annulaires dans les vaisseaux qui parcourent les longues villosités de l'utérus gravide.

Dans les veines, surtout chez les *poissons*, la tunique moyenne musculaire peut manquer complétement, ou bien elle est pour le moins fort délicate. Par contre, on a remarqué dans ces derniers temps que chez les *mammifères*, l'*adventitia* des grosses veines renferme des muscles longitudinaux. Claude Bernard a constaté ce fait chez le cheval; Remak chez le bœuf et la brebis, principalement dans la portion hépatique de la veine cave inférieure et dans les veines du foie. On voit apparaître aussi des muscles dans l'*adventitia* de quelques artères; d'après Remak on en trouverait dans les animaux sus-nommés ainsi que chez le porc, à la face externe de l'arc aortique et de l'aorte thoracique; les faisceaux que les muscles forment peuvent être distingués à l'œil nu.

355. — *Cœurs accessoires.* — Certaines parties du système vasculaire, abstraction faite du cœur central, peuvent être, en vue de fonctions spéciales, pourvues de muscles striés; c'est en cela que consistent les *cœurs* périphériques. Dans la *Myxine* et le *Branchiostoma*, il existe un cœur de la veine porte; dans le *Branchiostoma*, on rencontre, en outre, un cœur veineux pour le sang des veines hépatiques; les origines des artères branchiales et les arcs aortiques sont aussi pulsatiles (Retzius, Joh. Müller). Marshall Hall a trouvé dans la queue de l'*anguille* un sinus élargi et pulsatile; ce fait a été confirmé par Joh. Müller (1). Davy a observé un organe pulsatile dans les parties accessoires de la génération chez les plagiostomes. W. Jones a découvert dans les ailes de la *chauve-souris*, des mouvements veineux rhythmiques et autonomes; la tunique moyenne des veines renferme des muscles qui sont striés d'après cet observateur; ils doivent d'ailleurs ressembler en général aux fibres musculaires des cœurs lymphatiques de la grenouille, lesquelles appartiennent évidemment aux muscles striés en travers.

(1) C. Carus a fait une observation très-intéressante sur la *petite carpe dorée* (*Cyprinus auratus*). A peine éclose, il existe à la veine cave de la queue, à l'endroit où elle reçoit trois troncs qui partent en s'infléchissant de l'extrémité postérieure de l'aorte, il existe, dis-je, un renflement, sur lequel on n'aperçoit d'ailleurs aucune contraction (*Erläuterungstaf. z. vergl. Anat.* Heft. VI.) (*Note de l'auteur*).

Schiff a constaté que les grosses veines pulsatiles de l'oreille du *lapin* présentent également un mouvement rhythmique indépendant du cœur ; il appelle ces troncs vasculaires des cœurs artériels accessoires. Quant aux *cœurs axillaires* de la *chimère* et de la *torpille*, il ne faut pas les comprendre parmi les cœurs périphériques, puisqu'ils ne sont autre chose que des *organes accessoires du sympathique* ou des glandes nerveuses (voyez le chapitre des capsules surrénales).

356. — *Veines pulsatiles.* — Chez les vertébrés supérieurs, les veines qui débouchent dans le cœur sont pourvues de muscles striés sur une certaine étendue à partir de cet organe ; il est donc probable qu'elles sont pulsatiles. Chez les *batraciens*, il est facile de suivre à l'œil nu les contractions rhythmiques des troncs veineux qui vont au cœur. Ces vaisseaux sont revêtus d'une couche mince, mais distincte de muscles striés. Chez les *poissons* aussi (*Acipenser*, par exemple), le sinus veineux commun, situé au devant de l'oreillette, renferme un plexus de fibres musculaires.

357. — *Vaisseaux caverneux.* — Dans les *sinus veineux*, même des vertébrés supérieurs (je rappellerai, par exemple, ceux de la dure-mère) le calibre des vaisseaux peut devenir *aréolaire* par suite d'un réseau trabéculaire qui se dispose dans son intérieur. Je ne connais aucun fait analogue dans les artères des mammifères ; mais, chez les *oiseaux* et les *amphibies*, on a constaté des formations qui se rattachent aux vaisseaux caverneux. Dans l'*oie*, d'après Tiedemann et Barkow, l'artère mésentérique supérieure forme, à l'endroit où elle émet les branches intestinales, un renflement prononcé ; les parois s'épaississent et il se forme à l'intérieur de nombreuses valvules qui se relient ensemble ; de là résulte un aspect aréolaire. J'emprunte au *Jahresb.*, I, de Carus, une note d'après laquelle Davy aurait trouvé que chez le sanglier, l'aorte, après avoir fourni l'artère iliaque, serait entourée d'une masse probablement musculaire ; ne s'agit-il pas là de rapports organologiques analogues (1) ? Faut-il aussi parler de ce qu'on appelle la *glande carotide* des batraciens, laquelle, suivant moi, reconnaît pour cause formatrice un plus grand développement des fibres annulaires du vaisseau ; ces fibres constituent une espèce de stroma semblable aux

(1) J'ai observé la formation particulière qui existe dans l'artère mésentérique supérieure de l'*oie*. Les saillies valvuloïdes sont placées en travers d'une manière assez régulière à la partie supérieure ; tandis qu'inférieurement elles s'enchevêtrent davantage. Elles se composent d'ailleurs dans leur masse principale de réseaux de fibres élastiques très-fines ; les muscles lisses, qui existent sans doute, ne s'y trouvent qu'en petit nombre.

(*Note de l'auteur.*)

trabécules du cœur et elles offrent, en outre, ceci de particulier, à savoir, qu'elles appartiennent à un état intermédiaire entre les muscles lisses et les muscles striés. Ainsi chaque fibre a la forme et le noyau de la fibre lisse, tandis que le contenu se montre strié en travers. Un certain nombre d'entre elles sont réunies en faisceaux de dimensions variables par du tissu conjonctif. (Dans la *salamandre terrestre*, la glande carotidienne est fortement pigmentée). Il faut encore rappeler ici l'aorte des *tortues* de mer ; la face interne des grosses artères pulsatiles appartenant soit aux poumons, soit au reste du corps, forme, ainsi que Retzius l'a le premier décrit, des cellules qui présentent à l'œil nu un aspect semblable à celui du poumon des serpents. Ces cellules s'ouvrant vers l'intérieur conduisent à d'autres cellules placées plus profondément, de telle sorte que toute la membrane interne ressemble à une éponge. Dans le tronc aortique, ce revêtement caverneux s'étend jusqu'au milieu de la colonne vertébrale, et se prolonge un peu plus en arrière dans le tronc droit que dans le gauche. (Dans les *tortues terrestre* et *d'eau douce*, cette structure n'existe pas). Enfin, comme le stroma de la glande carotidienne des batraciens est de nature musculaire, on peut supposer que les organes de l'*oie* et de la *tortue de mer* dont nous avons parlé, présentent quelque chose d'analogue.

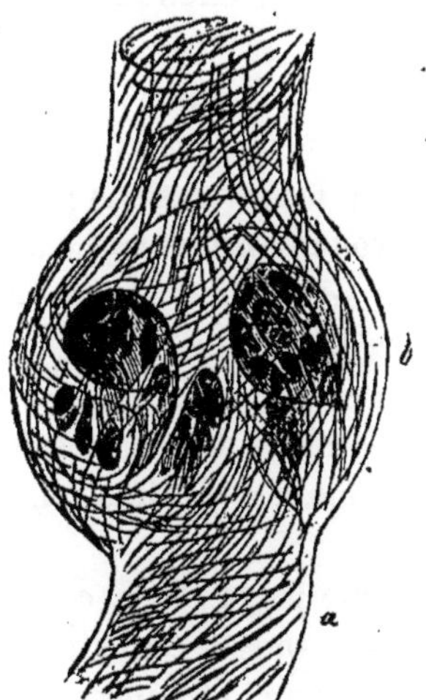

Fig. 253. — Glande carotidienne de la grenouille.

a. Carotide. — *b*. Renflement caverneux. (Grossissement modéré.)

358.— *Épithélium des vaisseaux.*— Je ne suis pas convaincu que la paroi interne des vaisseaux soit constamment revêtue d'un épithélium ; j'ai souvent constaté son absence, et même, tout récemment, sur l'aorte du *héron*. Dans les *poissons osseux*, j'ai reconnu qu'il se compose de cellules très-délicates, lesquelles, mises en contact avec l'eau, se gonflaient très-vite et éclataient. D'après Remak, l'épithélium de l'aorte de l'homme, du bœuf, du porc, de la brebis, se compose d'une couche simple de cellules non fusionnées, lesquelles se séparent et se détachent facilement, et échappent ainsi à l'observation. Au-dessous de ces cellules, se trouve une couche assez épaisse de cellules aplaties, étirées et reliées les unes aux autres plutôt dans le sens de la longueur que dans celui de la largeur. (J'ai cru remarquer avec Henle et Schultze que les cellules de cet épithélium se fusionnent souvent en donnant naissance à une membrane claire, assez rigide et pourvue de noyaux à ovale allongé.) Dans l'artère pulmonaire et dans les gros rameaux, l'épithélium doit être composé de plusieurs couches. Dans la carotide et les artères de même calibre, il doit être plus mince et plus mou; il en est de même dans les grosses veines. Remak ajoute cependant qu'il reste à fixer jusqu'où s'étend l'épithélium du côté de la périphérie.

359. — *Capillaires*. — Quant aux *capillaires*, ils possèdent tous dans tous les vertébrés, et toutes les fois qu'on peut les isoler, une membrane unique homogène pourvue de noyaux allongés. Que dans le *Proteus*, les capillaires les plus fins soient plus spacieux que dans les autres vertébrés, c'est ce qui s'explique par la grosseur de ses globules sanguins.

360. — De Hessling a observé dans le cœur des animaux qu'on rencontre à l'étal des bouchers, des *corps parasites* qui présentent une certaine ressemblance avec les formations parasitaires que nous avons décrites précédemment (voyez *Système vasculaire*) dans les muscles des rats et des souris (1). J'ai signalé des corps analogues dans les muscles du tronc et du cœur chez les araignées : ce sont des amas de corpuscules spéciaux et ovales, à contours tranchés, placés dans l'intérieur des faisceaux primitifs et insolubles dans une solution alcaline. Aux endroits où ils étaient accumulés, ils déterminaient des raies blanches à la lumière incidente.

Dans le tronc de la veine porte de la *couleuvre*, s'étend, ainsi que Brücke l'a décrit, une *bande spirale;* à l'état de réplétion du vaisseau, elle fait saillie dans son intérieur, et oppose ainsi une plus grande résistance au mouvement du sang. A ce sujet, j'ai examiné notre *couleuvre à collier*, et voici ce que j'ai trouvé quant à ce *ruban*. En outre du conduit biliaire principal, on voit émerger de l'extrémité du foie, de nombreux conduits secondaires (j'en ai compté une douzaine). Du

(1) *Zeitschr. f. w. Z.* Bd. V.

côté de l'intestin, ils se réunissent en un plus petit nombre de conduits, lesquels forment la *bande spirale* en s'accolant à la veine porte. Mon mode de préparation a été le suivant : détacher la portion terminale du foie en conservant tout ce qui en sort et y entre, l'étaler et le traiter par l'acide acétique. L'épithélium des conduits biliaires se trouble et il est alors facile de les suivre et de les distinguer des vaisseaux sanguins qui ont pâli.

361. — *Vaisseaux lymphatiques.* — Quant au système vasculaire lymphatique, remarquons en premier lieu que dans quelques parties, il manque d'autonomie organologique, puisque il arrive généralement que les voies canalisées ne sont autre chose que des cavités, des espaces ménagés dans le tissu conjonctif. C'est là le cas général des capillaires lymphatiques qui ne sont que des corpuscules conjonctifs en connexion restiforme; il est facile de le mettre en évidence sur la queue des *larves de batraciens*. Dans les vertébrés inférieurs (*poissons, amphibies*), les gros vaisseaux qui s'élargissent fréquemment en formant de grosses poches, véritables réservoirs, peuvent être indifféremment envisagés d'une façon ou d'une autre, car leurs parois amincies ne se distinguent pas du tissu conjonctif environnant, et je doute fort que leur intérieur soit revêtu d'un épithélium. Dans des classes plus élevées, chez les *mammifères* par exemple, un grand nombre de vaisseaux lymphatiques s'individualisent par la transformation de la substance conjonctive en couches élastiques, et par l'adjonction de muscles annulaires lisses. Un phénomène remarquable et très-général, relativement au parcours des vaisseaux lymphatiques chez les poissons et les amphibies, consiste en ce que les vaisseaux sanguins sont entourés comme par des gaînes par les vaisseaux lymphatiques (c'est ce que Bojanus a reconnu pour la première fois sur l'aorte descendante de la tortue, où le canal thoracique lui apparut comme une gaîne placée autour du vaisseau sanguin, après avoir été insufflé); dans ce cas, le tissu de la tunique adventitielle du vaisseau sanguin représente la paroi du vaisseau lymphatique. Tout récemment encore, j'ai fort bien reconnu sur une femelle de *Pipa dorsigera* que les vaisseaux sanguins du mésentère sont entourés de lymphatiques, lesquels, en se réunissant à partir de l'intestin, finissent par former un gros réservoir allongé qui poursuit son trajet vers la racine du mésentère. Le contenu des vaisseaux lymphatiques était une masse blanc grisâtre grumeleuse, et elle se composait au microscope d'une substance ponctuée et de nombreux globules de graisse de différentes grosseurs. (La rate était placée contre la paroi du réservoir lymphatique.)

Lorsque le vaisseau lymphatique présente une grande largeur, des trabécules membraneuses se tendent de ses parois vers le vaisseau sanguin qu'il entoure. Ces rapports entre les vaisseaux sanguins et lymphatiques pourraient se présenter non-seulement chez les vertébrés inférieurs, mais encore chez les *mammifères*. J'ai remarqué dans la préparation de l'aorte thoracique d'un bœuf, comment la tunique adventitielle formait du côté interne un système à mailles larges dont les surfaces libres présentaient un aspect lisse et brillant et dans les cavités desquelles se trouvait de la lymphe coagulée. Je considère comme très-vraisemblable que la tunique externe joue ici le rôle d'une cavité lymphatique enveloppante. Brücke en a donné un autre exemple. D'après ce naturaliste, le chyle arrive, chez le lapin, à l'intérieur des gaînes formées autour des vaisseaux sanguins. (Lorsque je regarde avec attention la figure de la grosse glande mésentérique du *Phoca vitulina* donnée par Rosenthal dans les *Act. Acad. Leop.*, *XV*, il me semble que le dessinateur a vu les *vasa lactea afferentia* se faire jour au dehors de la gaîne des vaisseaux sanguins.

362. — Ce qui vient d'être exposé sur l'histologie des vaisseaux lymphatiques pourrait servir à aplanir les difficultés qui ont existé jusqu'à ce jour sur cette question. Tous les expérimentateurs qui se sont jadis occupés spécialement de l'étude des lymphatiques, tels que Fohmann, Panizza, Rusconi, se sont servis des injections. Aux travaux de Fohmann qui trouvèrent tant d'approbation, on objecta déjà que les vaisseaux lymphatiques représentés par l'injection mercurielle n'étaient pour la plupart que des cavités artificielles faites dans le tissu conjonctif. Panizza se servit de cette même injection, Rusconi de matières capables de se figer, objectant à Panizza qu'au moyen du mercure les vaisseaux lymphatiques étaient distendus outre mesure et se déformaient. Au fond, et abstraction faite de quelques légères différences, ces deux observateurs s'accordent pour reconnaître que, dans les amphibies, un grand nombre d'artères sont renfermées dans des vaisseaux lymphatiques. Ces travaux ont dû subir plus tard les mêmes reproches que ceux de Fohmann. Ainsi Meyer, recourant à une simple expérience anatomique, essaya de vérifier les assertions de Panizza, en insufflant et en injectant les vaisseaux avec du lait, et il arriva à ce résultat, à savoir que presque tous les canaux que Panizza avait décrits comme des lymphatiques n'étaient que des cavités creusées dans le tissu conjonctif, des espaces situés entre des lamelles de membranes conjonctives et séreuses, etc., de telle sorte qu'il sembla que l'on ne devait accorder qu'une valeur médiocre aux travaux de Panizza et de Rusconi. Dans le résumé que Ecker a publié sur les travaux de ces deux auteurs dans les *Archives de Müller*, on voit que le système lymphatique

des amphibies, qui doit pourtant exister, reste encore peu connu et que son étude est à faire. Toutefois, d'une part, d'après les travaux auxquels je me suis livré sur l'histologie des lymphatiques des poissons et des amphibies, et dont j'ai fait connaître les résultats, je me croirais autorisé à soutenir que Fohmann, Panizza et Rusconi sont dans le vrai, lorsqu'ils déclarent avoir injecté des lymphatiques, et, d'autre part que leurs adversaires, notamment Meyer avaient également raison de ne reconnaître aux vaisseaux lymphatiques décrits par les autres, que la signification morphologique de cavités du tissu conjonctif.

Les vaisseaux lymphatiques des vertébrés inférieurs, ainsi que nous l'avons expliqué plus haut, ne sont que des voies creusées dans le tissu conjonctif et il ne saurait exister un système vasculaire lymphatique autre que celui qu'ont décrit Fohmann et Panizza. Bien que l'injection mercurielle altère un peu les rapports, le fait n'en existe pas moins. Le véritable point resté litigieux entre Panizza et Rusconi, à savoir si, par exemple, le vaisseau sanguin est placé réellement dans le vaisseau lymphatique, ou bien s'il a avec lui les mêmes rapports que le cœur avec le péricarde, ce point, dis-je, trouve sa solution dans des considérations histologiques. En effet, la paroi des artères incluses n'est pas purement musculaire ; elle renferme aussi du tissu conjonctif par lequel la paroi du vaisseau lymphatique enveloppant se relie au vaisseau sanguin au moyen de lamelles et de trabécules. Aussi pourrait-on dire que la tunique adventitielle des artères est devenue le vaisseau lymphatique enveloppant.

363. — *Cœurs lymphatiques.* — Il a été établi plus haut que les vaisseaux lymphatiques des *poissons* et des *reptiles*, et peut-être aussi des *oiseaux*, se composent exclusivement de tissu conjonctif, tandis que ceux des *mammifères* se complètent fréquemment par l'adjonction d'une membrane musculaire. A ces rapports anatomiques, faut-il rattacher peut-être ce fait, à savoir que dans les poissons, les amphibies et les oiseaux, certaines régions du système lymphatique sont pourvues d'une musculature forte et striée et se transforment ainsi en *cœurs lymphatiques*, tandis que cette disposition n'a pu encore être rencontrée parmi les mammifères. Les cœurs lymphatiques ont été découverts pour la première fois par John Müller et Panizza chez les *batraciens;* ils ont été reconnus ensuite dans toutes les classes des amphibies. (Les serpents, les chéloniens et les sauriens en ont deux, les grenouilles trois, la *salamandre* et le *triton* en ont un grand nombre d'après Panizza et Meyer.) Hyrtl nous a fait connaître ceux des *poissons*, Panizza ceux des *oiseaux*. Ces organes se composent d'un stratum conjonctif fondamental, qui délimite aussi la face interne ; ils ne portent

pas d'épithélium (du moins dans le *Ceratophrys dorsata*). Hyrtl a trouvé un épithélium pavimenteux dans les cœurs lymphatiques du *Pseudopus Pallasii*. La masse principale de l'organe est formée de muscles striés qui envahissent aussi les trabécules et dont les faisceaux primitifs sont assez souvent ramifiés.

364. — *Glandes lymphatiques.* — Les *glandes lymphatiques* que l'on trouve chez l'homme, manquent déjà chez les *oiseaux* au mésentère, et on ne les rencontre pour ainsi dire qu'à la portion antérieure et inférieure du cou. Chez les *reptiles*, elles paraissent n'exister nulle part (on croit cependant les avoir observées chez le crocodile seulement). On a nié aussi leur existence chez les *poissons*. Toutefois, d'après mes propres observations, il est difficile de les mettre en doute dans cette dernière classe d'animaux. Je considère comme faisant partie des glandes lymphatiques :

1° La *masse glandulaire blanchâtre* qui se trouve entre les membranes œsophagiennes, musculaire et muqueuse dans les raies et les squales.

2° La *masse glandulaire blanchâtre* placée dans la cavité oculaire et au-dessous de la membrane palatine de la chimère (1).

3° L'*organe épigonal* découvert par John Müller dans les replis péritonéaux des requins à membrane clignotante.

4° La *masse blanche et pulpeuse* qui, chez l'esturgeon, recouvre l'origine de la moelle épinière dans la cavité crânienne, et s'élève jusqu'à la voûte du crâne. Toutes ces formations se ressemblent parfaitement par leur aspect et par leur structure. A l'œil nu, elles se présentent comme des masses glandulaires jaunâtres, blanchâtres ou gris rougeâtre, plus ou moins lobées et sans canal excréteur. Histologiquement, elles se composent d'un stroma conjonctif, de vaisseaux sanguins et d'une pulpe dont les éléments ne paraissent pas différer des globules lymphatiques.

Parmi les glandes lymphatiques non douteuses, il faut compter en outre :

5° La substance spongieuse qui enveloppe le ventricule et le bulbe artériel de l'esturgeon, ainsi que la glande qui se trouve dans le canal qui fait communiquer le péricarde avec la cavité ventrale de ce poisson. Elles se composent d'un stroma conjonctif qui donne lieu à des espaces folliculaires, communiquant entre eux et remplis de lymphe ; et, ce qu'il y a de remarquable, c'est qu'au milieu de ces espaces lymphatiques se trouve comme suspendue une *touffe vasculaire* que l'on aperçoit

(1) *Archives de Müller*, 1859.

même à l'œil nu comme une tache sanguine rouge. Je dois rattacher à ces détails deux observations que j'ai faites. Dans les *plagiostomes*, chez lesquels on rencontre fréquemment des vaisseaux sanguins dans l'intérieur des vaisseaux lymphatiques, on voit de simples *glomérules vasculaires* faire saillie dans la cavité des vaisseaux lymphatiques ; et, dans la *salamandre*, la grosse veine, qui de la paroi abdominale se rend au foie, est aussi enveloppée par un vaisseau lymphatique ; son profil intérieur présente de petites anses plus ou moins sinueuses, lesquelles forment des espèces de glomérules en saillie dans la cavité du vaisseau lymphatique ; mais ces espèces de diverticula rentrent dans le tronc vasculaire en des points voisins des points de sortie. Tous ces phénomènes indiquent une certaine pénétration intime des deux vaisseaux.

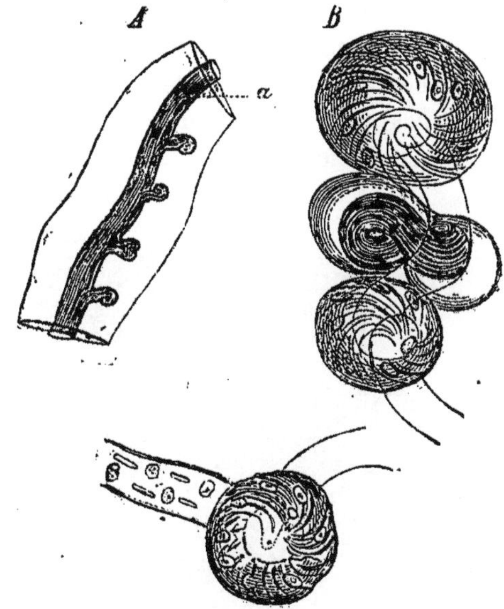

Fig. 214. — Des vaisseaux lymphatiques des amphibies et des poissons.

A. Vaisseau lymphatique de la *salamandre terrestre* enveloppant une veine *a*, qui présente de petites anses pelotonnées et en saillie dans l'intérieur du vaisseau lymphatique. (Grossissement modéré.)

B. Les glomérules qui, chez les salaciens, font saillie dans l'intérieur du vaisseau lymphatique. (Fort grossissement.)

6° Enfin, dans quelques *poissons osseux*, les vaisseaux sanguins du mésentère sont enveloppés sur tout leur parcours par des glandes lymphatiques formant une sorte de gaîne autour d'eux. La tunique adventitielle de ces vaisseaux se transforme en alvéoles que remplissent mêlées à des granules peu colorés et situés au milieu des follicules, de petites cellules claires, semblables aux globules contenus dans la sécrétion du pancréas. Cette réunion des éléments cellulo-granuleux dans l'intérieur des espaces lymphatiques rappelle la structure du thymus de plusieurs animaux. J'ai décrit cette disposition dans le *Trigla hirundo* et le *Dactyloptera volitans* (1) ; et, dans un *Cobitis fossilis* de grandes dimensions, j'ai reconnu aussi que les vaisseaux sanguins situés entre l'estomac et le foie, sont entourés par des masses de glandes lymphatiques qui pénètrent même dans le foie avec les veines, et d'où résulte pour cet organe un aspect tout particulier.

Ces deux faits : 1° que les vaisseaux sanguins peuvent se trouver dans l'intérieur des vaisseaux lymphatiques, et 2° que la *tunique adventitielle* peut se transformer en donnant naissance au stroma d'une glande lymphatique, nous fournissent des indications majeures sur les rapports morphologiques qui existent entre les vaisseaux et les glandes lymphatiques. Celles-ci doivent être considérées comme des vaisseaux lymphatiques élargis et rendus aréolaires par un stroma conjonctif qui peut aussi renfermer des muscles chez les mammifères. Les mailles de ce stroma (ou follicules) sont remplies d'éléments solides qui donnent à l'organe la consistance d'une glande.

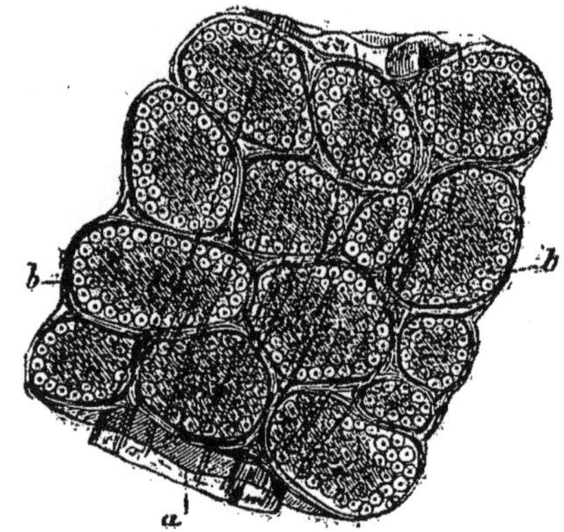

Fig. 215. — Fragment d'un vaisseau sanguin du mésentère du *Trigla hirundo*.
a. Vaisseau sanguin. — *b*. La masse des glandes lymphatiques qui l'environnent.

Pour arriver à une conception physiologique de la rate, il me semble important de savoir que les glandes lymphatiques qui, chez plusieurs mammifères (porc, par exemple) se trouvent dans la cavité thoracique et suivant le trajet de l'aorte, sont de la même coloration rouge foncé que la rate, de telle sorte que, dans le cas où elles seraient placées dans le voisinage de cet organe, on pourrait à bon droit les considérer comme des parties accessoires de la rate. Nous aurons dans les lignes

(1) *Archives de Müller*, 1854, p. 323.

qui suivent à revenir sur ce sujet puisque nous allons nous occuper de la rate des vertébrés.

365. — *De la rate.* — La *rate* que l'on a rencontrée dans tous les vertébrés à l'exception de quelques poissons parmi les plus inférieurs (*Branchiostoma* et *Myxine*), présente dans sa structure les modifications suivantes.

L'*enveloppe conjonctive* est tantôt mince, tantôt épaisse et elle renferme chez quelques mammifères (*chien*, *porc*, *âne*, *chat*) un tissu de muscles lisses; le stroma, qui sillonne l'intérieur de la glande et qui naît de l'enveloppe, peut être assez développé pour que l'on puisse distinguer, même à l'œil nu, des trabécules, les plus grosses comme des réseaux fibroïdes, ou bien il est assez ténu pour que l'on ne puisse les apercevoir qu'au microscope. D'ordinaire, les trabécules se composent, comme l'enveloppe, de tissu conjonctif et de fibres élastiques; dans quelques mammifères (bœuf, chien, chat, rat, cheval, brebis, lapin, hérisson, d'après Gray) elles renferment partiellement des muscles lisses; toutefois ces éléments paraissent n'être répandus sur l'enveloppe et le stroma de la rate que dans un petit nombre de vertébrés; du moins je n'ai pas rencontré jusqu'à présent des éléments contractiles dans les poissons et les amphibies que j'ai examinés à ce sujet. La *pulpe* est située dans les mailles du stroma; elle se présente comme une masse en partie rouge, en partie gris blanchâtre. Dans la règle, la *pulpe rouge* constitue la masse principale, la *grise* ne se trouve qu'en des points isolés qu'on désigne sous le nom de *corpuscules de Malpighi*. C'est là ce que l'on constate chez la plupart des *mammifères*, des *oiseaux* et chez quelques *batraciens*. D'autre part, la pulpe grise traverse la pulpe rouge sous forme dendritique et ses saillies ressemblent à des bourgeons; nous rencontrons cette disposition dans la rate de la *taupe* et de beaucoup de *poissons*. Plus rarement la pulpe grise occupe le centre de l'organe sous la forme d'un noyau, et la pulpe rouge lui sert pour ainsi dire d'écorce; c'est ce que l'on trouve chez le *Bombinator igneus*. C'est un cas tout à fait isolé que celui de la *couleuvre à collier* dont la rate est dépourvue de pulpe rouge, ce qui lui donne un aspect blanchâtre ou bien une nuance rougeâtre à peine sensible (1).

Quant aux éléments de la pulpe elle-même, ceux de la pulpe *rouge* se composent en grande partie de globules sanguins colorés et de cel-

(1) Je dois signaler pour justifier cette exception, que l'absence de la pulpe rouge est un fait purement individuel et qui dépend de circonstances particulières de la vie de cet animal, circonstances qui ne me sont pas bien connues; en effet, dans les quatre sujets que j'ai examinés récemment, j'ai trouvé la pulpe rouge. (*Note de l'auteur.*)

lules incolores mélangées; ces dernières constituent par contre la partie principale de la *pulpe blanc grisâtre*. Sous ce rapport, plusieurs squales, le *Scymnus lichia*, par exemple, se comportent d'une manière toute particulière : dans ce poisson, la pulpe blanc grisâtre est formée de granulations graisseuses. (On a trouvé aussi dans la rate des embryons de *Spinax acanthias* que les cellules incolores sont entourées par un anneau de gouttelettes graisseuses.) Il faut encore se représenter quelle est la forme que prend le stroma liénal dans le voisinage de la pulpe grise. Aux endroits où celle-ci traverse la pulpe rouge sous forme dendritique, il est facile de constater qu'elle est entourée par une gaîne résistante de tissu conjonctif, que l'on voit, à un examen atten-

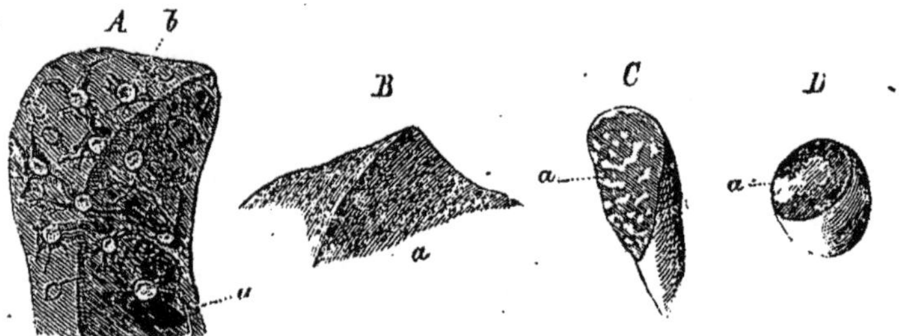

Fig. 216. — Fragments de la rate de quelques animaux (grandeur naturelle).

A. De l'*Hexanchus griseus*. — *a*. La veine marginale. — *b*. Les corpuscules de Malpighi, que l'on voit briller au-dessus des gaînes des vaisseaux.

B. Du *Scymnus lichia*. — *a*. Surface de section sur laquelle on distingue les corpuscules de Malpighi groupés en grappes.

C. De l'*Acipenser*. — *a*. Surface de section dont les taches blanchâtres représentent les corpuscules de Malpighi.

D. Du *Bombinator igneus* (environ trois fois grossi). — En *a*, la surface de section et le noyau gris blanchâtre qu'elle renferme.

tif, se confondre avec la tunique adventitielle des vaisseaux (dans l'*esturgeon*, par exemple). Cette tunique se résout en mailles très-fines, et ces mailles sont occupées par les groupes de cellules incolores; çà et là les globules lymphatiques forment des amas volumineux qui se révèlent à l'œil nu sous la forme de bourgeons proéminents de la substance grise. Ainsi que Remak nous l'apprend, la pulpe grise peut aussi, chez les mammifères, s'accumuler à l'intérieur de l'*adventitia* sous la forme de *dépôts linéolés;* toutefois, le plus souvent, les cellules se réunissent de telle sorte qu'il se forme des amas arrondis; et, comme autour de ces amas le tissu conjonctif peut acquérir une rigidité telle qu'il les isole en quelque sorte du reste de la masse, on a considéré les amas de cellules incolores comme des organes spéciaux et on leur a donné le nom de *corpuscules de Malpighi*. Seulement, et l'expérience l'a démontré, c'est de la rigidité plus ou moins grande du tissu conjonctif que dépend la possibilité de les énucléer. Déjà chez les *mammifères*, il arrive fréquemment que les corpuscules de Malpighi sont si peu isolés, qu'il n'est pas possible de reconnaître une ligne de démarcation entre eux et le tissu conjonctif environnant; il en est de

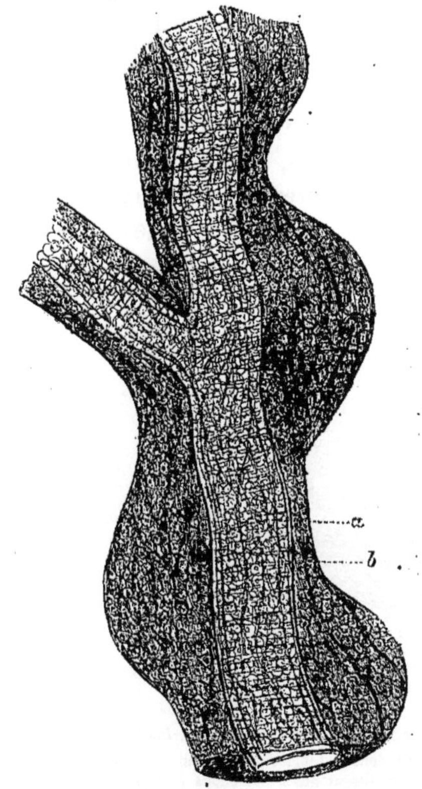

Fig. 217. — Fragment de la rate de l'esturgeon.

a. Vaisseau sanguin. — *b*. La tunique adventitielle ; elle est soulevée d'une manière continue par des dépôts d'éléments celluleux d'où résultent les corpuscules de Malpighi.

même dans les *oiseaux* et les *batraciens*. Et même dans le *Bombinator*, pour lequel on pourrait soutenir qu'un corpuscule de Malpighi, de grandeur colossale, occupe le centre de la rate, il n'est pas possible de déterminer la membrane enveloppe du corpuscule ; au contraire, le réseau conjonctif qui sillonne le noyau liénal envoie des prolongements dans la pulpe rouge. Par contre, chez l'*Hexanchus*, aux endroits où les corpuscules de Malpighi soulèvent la tunique adventitielle, ils sont nettement délimités ; il en est de même chez la *couleuvre à collier*, dont les corpuscules représentent des follicules à membranes résistantes.

366. — D'après ce que nous venons de dire et les notions acquises dans ces derniers temps sur la structure de la rate, on tend à admettre de plus en plus que *cet organe a, par sa structure, la plus grande parenté avec les glandes lymphatiques.* Les cavités occupées par la pulpe rouge semblent aussi communiquer directement avec les vaisseaux sanguins, et l'analogie conduit à considérer les parties occupées par la pulpe grise comme des cavités lymphatiques. Ce qui plaide en faveur de la communication directe des cavernes liénales à pulpe rouge avec les vaisseaux sanguins, c'est, en outre de la présence dans cette pulpe de globules sanguins colorés, l'impossibilité où l'on se trouve de découvrir le passage des capillaires artériels aux origines des veines ; le trait d'union entre les capillaires et les veines, c'est le système aréolaire de la rate. Cette disposition anatomique est d'autant plus certaine que les veines liénales, qui sont très-larges chez un grand nombre de mam-

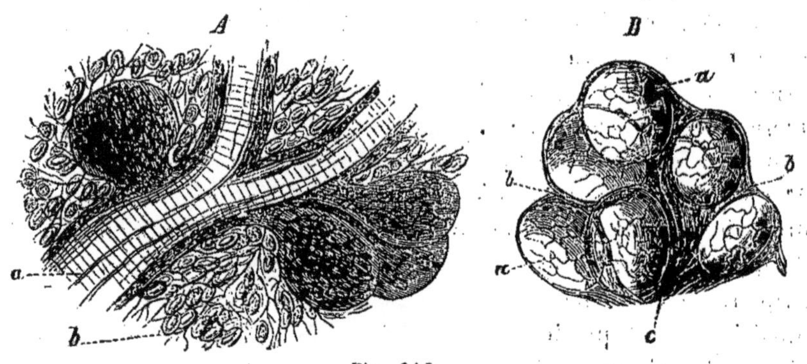

Fig. 218.

A. Fragment de la rate du *Scymnus lichia*. (Fort grossissement.)

a. Vaisseau sanguin dont la tunique adventitielle est soulevée par quatre corpuscules de Malpighi, que remplissent des granulations graisseuses. — *b*. La pulpe rouge, qui se compose d'un stroma et de globules sanguins.

B. Fragment de la rate de la *Coluber natrix*. (Grossissement modéré.)

a. Les follicules portant dans leur intérieur les ramifications des capillaires. — *b*. Le tissu conjonctif intermédiaire. — *c*. Un vaisseau sanguin d'un calibre plus fort.

mifères et de poissons (le *Trygon*, par exemple), perdent fréquemment leur autonomie dans l'intérieur de l'organe, leurs parois venant à se confondre avec le stroma de la pulpe. L'opinion que les endroits blanc grisâtre appartiennent au système lymphatique s'appuie aussi sur ce que, au dehors de la rate, les vaisseaux sanguins peuvent être situés dans les gaînes des vaisseaux lymphatiques ; et, dans ce cas, il peut encore arriver (qu'on se rappelle le *Trigla* et le *Dactyloptera*) que le vaisseau lymphatique enveloppant présente de nombreuses cavités folliculaires, en quelque sorte des corpuscules de Malpighi à capsule résistante. Enfin, il n'y a aucune différence entre les parties pulpeuses et grises de la rate et la pulpe des glandes lymphatiques proprement dites; de part et d'autre, on a un appareil restiforme conjonctif qui porte des capillaires sanguins, et dont les mailles contiennent des amas de globules lymphatiques, et parfois aussi de la lymphe. Les vésicules liénales à membrane rigide de la *couleuvre à collier* peuvent être tellement distendues par la lymphe, qu'elles deviennent transparentes et qu'elles font saillie sur la surface de la rate, laquelle prend alors un aspect mamelonné. Il en est de même de la masse glandulaire qui entoure le cœur de l'*esturgeon*. Les cavités peuvent ici contenir une telle quantité de lymphe, qu'elles paraissent aussi gonflées et distendues; elles se distinguent des cavités environnantes, moins remplies, de la même manière que dans l'ovaire un follicule mûr se distingue de ceux qui ne le sont pas.

367. — Toutes ces considérations réunies, le seul caractère distinctif que l'on peut trouver entre la rate et les glandes lymphatiques consiste en ce que la rate possède à la fois une pulpe rouge et une pulpe grise, tandis que les glandes lymphatiques ne renferment que cette dernière. Bien que cette remarque s'applique au plus grand nombre des animaux, elle n'est pourtant pas générale. En effet, j'ai montré : 1° qu'il existe des rates où l'on constate l'absence au moins périodique de la pulpe rouge : la *couleuvre à collier* en fournit un exemple; 2° qu'on rencontre des glandes lymphatiques, qui renferment une pulpe rouge en même temps que la pulpe grise, et ce fait est au moins aussi important que le précédent. Nous avons signalé plus haut les glandes lymphatiques du porc qui sont situées dans la poitrine le long de l'aorte thoracique, et qui présentent le même aspect rougeâtre que la rate. Leur surface de section offre la ressemblance la plus grande avec celle de la rate : des masses blanchâtres composées de cellules sont placées dans une pulpe rouge foncé, et leur disposition est la même que celle des corpuscules de Malpighi dans la rate. Que si ensuite nous examinons la série de ces glandes lymphatiques rouge foncé, nous trouvons que, dans un certain nombre d'entre elles, les parties blanchâtres vont toujours en grossissant, et qu'enfin elles refoulent la pulpe rouge, au point que dans quelques-unes de ces glandes le tiers de l'organe est complétement blanc, et que le reste présente de la pulpe rouge foncé parsemée de petites parties rondes et blanc grisâtre. Ainsi s'opère une transition progressive à d'autres glandes lymphatiques qui sont placées dans la cavité thoracique; à l'extérieur, elles présentent une teinte gris blanchâtre et l'on retrouve le même aspect sur leur coupe. En m'appuyant sur ces rapports organologiques, je crois

pouvoir avancer qu'il n'est pas possible de contester l'opinion que j'avais émise déjà ailleurs sur la rate, à savoir, qu'elle est *une glande lymphatique d'une espèce particulière.*

Les *nerfs* qui vont à la rate sont composés, partout où je les ai remarqués, en grande partie de fibres sympathiques (pâles ou de Remak); ils ne renferment qu'un petit nombre de fibrilles à bords foncés. Très-généralement aussi on peut reconnaître de petits troncs nerveux particulièrement destinés aux *glandes lymphatiques.*

368. — La pensée que les corpuscules du tissu conjonctif peuvent fonctionner comme des capillaires lymphatiques a été formulée chez nous pour la première fois par Virchow; il est vrai que déjà auparavant Bowmann avait réussi à injecter les corpuscules de la cornée avec du mercure et de la colle colorée. Bowmann les considérait aussi comme « une forme modifiée des vaisseaux lymphatiques ». Brücke, qui nie pareillement l'autonomie des parois des origines lymphatiques, ne se sert pas, il est vrai, de l'expression de *corpuscules du tissu conjonctif;* seulement, pour celui qui connaît les faits anatomiques en question, après les avoir examinés lui-même, il ne peut exister aucun doute sur leur interprétation; « les cavités interstitielles du parenchyme », qui, d'après Brücke, sont les origines des vaisseaux lymphatiques, sont bien les mêmes éléments que nous avons appelés dans notre exposé, « *corpuscules du tissu conjonctif* », ou bien encore cavités ramifiées de la substance conjonctive.

Dans sa forme extérieure, la rate présente encore un autre point de ressemblance avec les glandes lymphatiques. En effet, ainsi que nous l'apprend l'examen d'un grand nombre d'animaux, il arrive que certaines portions s'isolent très-facilement de l'organe, et de là résultent des *rates accessoires.* Je les ai observées dans presque toutes les classes des vertébrés, dans les *sélaciens,* l'*esturgeon;* parmi les reptiles, je les ai trouvées dans le *Proteus,* la *salamandre terrestre,* et, dernièrement encore dans le *crapaud de feu;* on les rencontre aussi dans le *coq,* d'après Meckel, ainsi que dans le casoar indien; dans l'autruche, et, parmi les mammifères, dans les cétacés, la rate est multilobulaire (*dauphins*).

369. — *Thymus.* — Je range parmi les glandes lymphatiques le *thymus,* lequel est, comme on le sait, un organe mou et lobé; on l'a trouvé dans les *poissons,* les *reptiles,* les *oiseaux* et les *mammifères.*

Il se compose partout d'un stroma très-vasculaire qui détermine des compartiments folliculaires où est contenue une pulpe molle. Des cellules incolores constituent la masse principale de cette pulpe; elles ne peuvent pas être différenciées des globules de lymphe; au milieu d'elles on trouve çà et là des *corpuscules isolés* et *stratifiés*, qui existent chez les *amphibies*, et que je n'ai encore pu apercevoir dans les *poissons*.

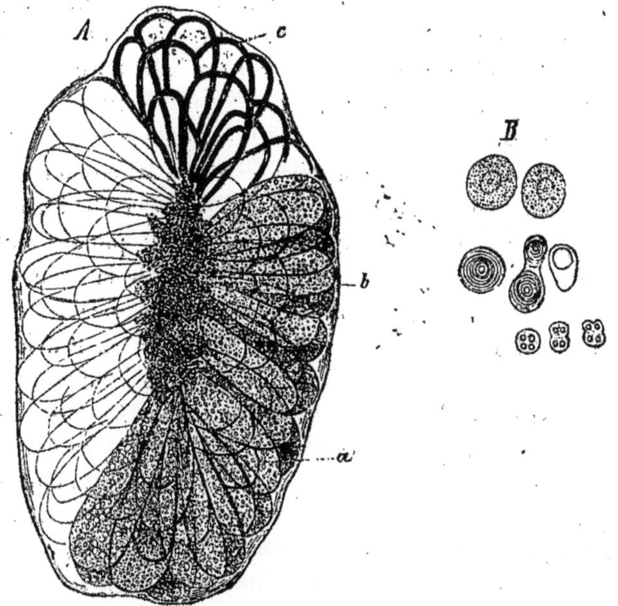

Fig. 219.

A. Le thymus de la grenouille.
— *a*. Les utricules. — *b*. L'espace central. — *c*. Les vaisseaux sanguins utriculaires.
(Grossissement modéré.)
B. Éléments celluleux du thymus de la grenouille et de la salamandre. (Fort grossissement.)

Un caractère bien constant du thymus consiste dans l'existence d'une *cavité centrale et close*, et même de plusieurs cavités, si l'organe est franchement lobé ; les follicules sont rangés autour de ces cavités que remplissent les mêmes parties cellulaires que celles qui se trouvent dans les mailles folliculaires.

Remak a signalé un phénomène remarquable dans le thymus des jeunes chats. Il a trouvé des *vésicules vibratiles* pédiculées, dont la paroi se composait d'une couche conjonctive solide et d'un épithélium garni de cils vibratiles. Je les considère comme des annexes du thymus.

370. — Les raisons pour lesquelles on doit placer le thymus parmi les organes analogues aux glandes lymphatiques sont les suivantes : 1° Il leur ressemble par sa structure, et n'a d'autre canal excréteur que ses vaisseaux sanguins et lymphatiques ; le stroma conjonctif et vasculaire présente avec la pulpe qu'il enveloppe les mêmes rapports

que dans les glandes; et même l'existence d'une cavité centrale est aussi commune à ces glandes lymphatiques qui enveloppent (*Trigles*, voyez plus haut), à la façon d'une gaîne, les vaisseaux sanguins du mésentère. On y constate, en effet, que la cavité folliculaire est remplie d'une façon non uniforme : à la périphérie, se trouvent de petites cellules lymphatiques limpides, tandis que des granules plus petits sont accumulés en masses serrées dans le centre des alvéoles, ressemblant ainsi à un produit de sécrétion. Dans le thymus aussi, l'espace central n'a d'autre rapport avec les follicules que celui d'un réservoir de sécrétion. 2° Les éléments cellulaires du thymus indiquent, par leurs formes à un ou plusieurs étranglements, une multiplication par division semblable à celle des glandes lymphatiques et de la rate ; ce processus est facile à suivre d'une manière toute particulière dans la salamandre terrestre à cause de la grosseur des éléments. 3° Les glandes lymphatiques sont plus molles et plus volumineuses chez l'enfant que chez l'adulte. Cette propriété appartient au thymus, et cela non-seulement dans les vertébrés supérieurs, mais encore chez les batraciens : je me suis en effet convaincu que le thymus du têtard est alors bien plus gros et plus rempli d'éléments cellulaires qu'aux époques ultérieures de la vie. (Son développement est soumis, chez les batraciens en général, et notamment chez le *Proteus*, à des variations individuelles, puisqu'on le trouve beaucoup plus massif et plus lobé chez un animal que chez l'autre.)

371. — A l'époque où R. Wagner écrivait son *Traité d'anatomie comparée* (1834), on croyait que le thymus n'existait que dans les *mammifères*. Depuis, Simon a établi son existence chez les *oiseaux* et les *reptiles ;* mais il s'est glissé dans ses travaux quelques méprises. Il est manifeste qu'il n'a pas connu le thymus de la grenouille, quand il parle d'un organe qui doit être placé à la base du cœur et qui doit se transformer plus tard en graisse. De même, les parties qu'Ecker appelle le thymus de la grenouille ne méritent pas cette désignation, puisque, comme je l'ai fait voir (1853), les *batraciens sans queue* (*Rana*, *Bufo*) possèdent un véritable thymus à l'endroit même où il est placé chez les *batraciens à queue* (*Menopoma*, *Amphiuma*, *Menobranchus*, *Siredon*, *Proteus*, *Salamandra*, *Triton*), c'est-à-dire à la région cervicale, immédiatement au-dessous de la peau, à l'extrémité postérieure de la tête. Dans les *poissons* aussi, il occupe la même place. Dans les *plagiostomes*, cet organe est représenté par la glande que Ecker et Robin ont trouvée entre les muscles latéraux et la cavité branchiale, au devant de l'anneau scapulaire. Dans l'*esturgeon*, il est constitué par ce qu'on appelle les *follicules branchiaux*, qui se trouvent à la limite postérieure de la cavité branchiale, au devant du même

anneau. Dans les poissons osseux, ce sont aussi des follicules, et, lorsque ces derniers manquent, le thymus est représenté par la glande qui, chez les *Gadus*, *Lota vulgaris*, *Pleuronectes platessa*, *P. flesus*, *Rhombus maximus*, *Lophius piscatorius*, est placée au-dessous du tégument qui revêt les cavités branchiales, dans la région de la commissure membraneuse qui sert à relier l'opercule avec l'anneau scapulaire.

Je ne connais pas de travaux nouveaux sur la *glande hibernale* de quelques mammifères (*marmotte*, *hérisson*, etc.). Elle paraît être aussi une sorte de glande lymphatique. D'après Valentin (1), il existe chez la marmotte une masse glandulaire semblable à la glande hibernale, le long des faces latérales des vertèbres thoraciques, à côté et en avant des cordons-limites du nerf sympathique ; elle s'étend jusque dans la cavité abdominale.

CHAPITRE XXXVIII

DU SYSTÈME VASCULAIRE DES INVERTÉBRÉS.

Propriétés de la masse charnue du cœur. — C'est un fait très-répandu, parmi les *arthropodes*, les *mollusques*, les vers *annelés* et quelques *échinodermes*, que l'existence d'un organe central pulsatile ou bien de portions du système vasculaire analogues à des cœurs. La substance principale du cœur est toujours formée de tissu musculaire ; mais il faut faire remarquer que, bien que ce tissu, lisse ou strié, soit en général le même que celui du reste du tronc, il présente cependant généralement une finesse plus grande. Chez les insectes, les araignées et les crustacés, les muscles cardiaques sont finement striés, semblablement aux muscles du tronc. Dans les autres groupes d'animaux, ils sont lisses ou bien ils présentent tous les degrés intermédiaires compris entre les muscles lisses et les muscles striés. En parlant des vertébrés, nous avons indiqué plus haut, relativement à la musculature du cœur, que les faisceaux primitifs diffèrent des muscles du squelette par une certaine texture granuleuse et plus foncée : cette particularité se retrouve aussi chez les arthropodes et les mollusques ; et même, si la musculature cardiaque a quelque épaisseur, il est facile de constater cette différence même à l'œil nu. Ainsi, chez les mollusques,

(1) *Beitr. z. Kenntniss d. Winterschlafes der Murmelthiere*, in *Moleschott's Untersuch. zur Naturlehre d. Menschen und d. Thiere*, Bd. I.

le cœur se distingue ordinairement par sa couleur jaunâtre des muscles hyalins du tronc; il en est de même pour les araignées, un grand nombre d'insectes, etc.

Lorsque le cœur prend la forme d'un *utricule* ou d'un *vaisseau*, comme dans les annelés, les crustacés inférieurs, les araignées et les insectes, les cylindres primitifs ne paraissent pas être divisés, ils sont disposés en anneaux autour de l'organe ; parfois aussi des faisceaux longitudinaux s'ajoutent aux fibres circulaires Ces cylindres se composent d'une enveloppe et d'un contenu délicat : ce dernier présente chez les annélides (*Hæmopis*, par exemple), une portion corticale, claire et homogène, et une substance axile granuleuse ; en outre, celle-ci renferme un joli noyau vésiculeux à peu près dans chaque cylindre. Dans l'*Echinus* et les mollusques, le contenu du cylindre primitif, lequel est entouré d'une membrane délicate, est constitué par des granules et des grumeaux, qui semblent parfois être si régulièrement distribués, qu'on croit avoir des stries sous les yeux ; mais ce n'est que dans le cœur des arthropodes eux-mêmes et dans leurs formes inférieures (entomostracés, *Polyphemus*, par exemple) qu'on rencontre ces stries avec netteté. L'*oursin* (*Echinus*) présente ceci de particulier qu'il existe entre les muscles des masses de granules bruns qui donnent au cœur un aspect fortement pigmenté, même à l'œil nu.

Lorsque le *cœur est plus charnu*, comme chez les mollusques et les crustacés supérieurs, la disposition des faisceaux musculaires se complique : on voit naître des réseaux et des cordons trabéculoïdes. Cela résulte de ce que les cylindres primitifs se divisent et s'anastomosent comme dans le cœur des vertébrés.

372. — *Endocarde, valvules du cœur.* — La musculature du cœur est revêtue intérieurement d'une membrane très-fine, ou *endocarde*, dont je n'ai pu encore préciser la nature histologique. En effet, tantôt il semble que l'on a devant soi, en outre de la substance conjonctive, un véritable épithélium (*Paludina vivipara*) ; tantôt on dirait une membrane homogène parsemée de noyaux (larves du *Corethra plumicornis*) ; enfin, l'endocarde se présente comme une *intima* homogène (par exemple dans la chenille du *Bombyx rubi*). Je serais assez tenté de considérer l'endocarde comme un développement en surface de la substance conjonctive qui forme la charpente du cœur ; et ce qui vient à l'appui de cette opinion, c'est que, comme nous le verrons tout à l'heure, cette membrane se continue directement avec le tissu conjonctif de l'organe, après que les vaisseaux ont perdu leur autonomie. Quant à l'épithélium, c'est une question qu'il reste encore à éclaircir.

Les *appareils valvulaires* qui font saillie dans l'intérieur du cœur sont, soit des dédoublements de l'*intima* conjonctive, dans lesquels des muscles peuvent aussi se montrer, soit des formations celluleuses spéciales qui fonctionnent comme des valvules. Tel est en effet le rôle que rem-

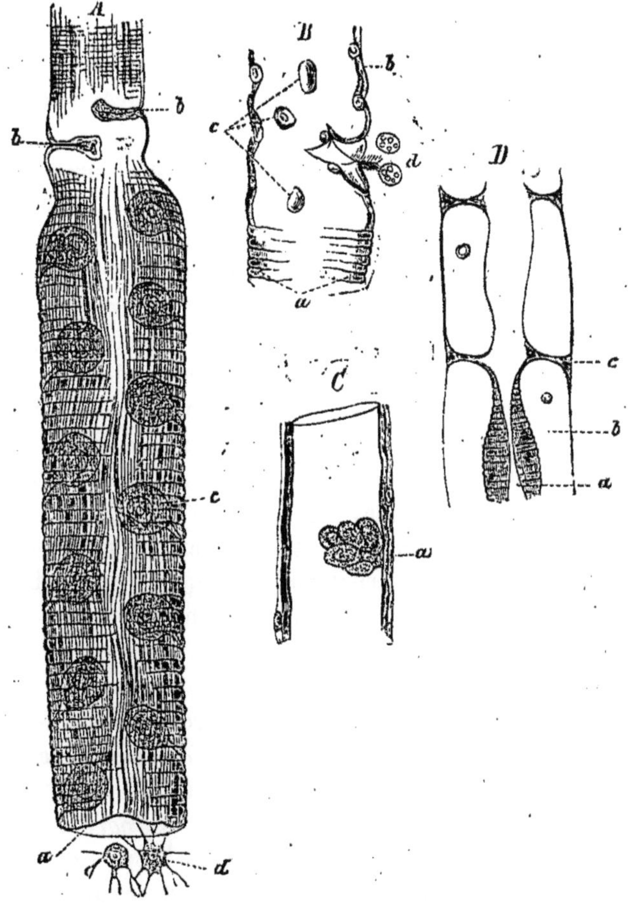

Fig. 220.

A. Le ventricule postérieur de la larve du *Corethra plumicornis*. — *a*. L'orifice interne. — *b*. Les fissures latérales situées au point de passage dans le second ventricule. — *c*. Les valvules monocellulaires. — *d*. Deux globules sanguins.

B. Un fragment du cœur du *Branchipus*. (Le foyer est placé sur un orifice latéral.) — *a*. Muscles annulaires du cœur. — *b*. Membrane propre du cœur avec quelques noyaux. — *c*. Globules sanguins frais ; *d*, traités par l'acide acétique.

C. Un fragment du vaisseau dorsal de la *Piscicola*. — *a*. Valvule celluleuse.

D. Ce même vaisseau en systole. — *a*. Le vaisseau dorsal. — *b*. L'espace qui environne le cœur, dans lequel circulent des globules sanguins. — *c*. Cordons d'union entre eux. (Fort grossissement.)

plissent, comme je l'ai fait connaître, six ou huit paires de cellules pédiculées situées dans le ventricule postérieur du cœur du *Corethra plumicornis* : elles alternent, l'une étant toujours placée un peu plus haut que l'autre, d'où il résulte que pendant la systole, deux valvules de la même paire se placent l'une derrière l'autre, et obstruent ainsi l'orifice ventriculaire. Il est très-vraisemblable que d'autres insectes possèdent ce même appareil; du moins, je crois avoir remarqué dans le cœur de la chenille du *Bombyx rubi*, au côté interne de l'*intima*, de très-grosses cellules qui sont situées de distance en distance, et qui pourraient bien représenter des valvules cardiaques; toutefois l'observation est moins aisée ici que sur le *Corethra*.

Les valvules multicellulaires de quelques hirudinées forment pendant à ces valvules monocellulaires du cœur des insectes. Dans les *Piscicola*, *Clepsine*, *Pontobdella* et *Branchellion*, on voit de distance en distance des corpuscules mous et lobés s'avancer dans le cœur, qui ressemble à un vaisseau (vaisseau dorsal); lorsque l'organe se contracte, ces corpuscules le subdivisent en ventricules isolés. Au point de vue de leur structure, ils se composent d'un amas de cellules purement granuleuses, pourvues d'un noyau et d'un nucléole, pelotonnées ensemble par une masse connective molle. A cette catégorie, se rattachent peut-être les deux valvules que Gegenbaur a trouvées entre la tête et le sinus du manteau de l'*Hyalea;* elles sont presque sphériques et adhérentes à la paroi par un court pédicule; elles se composent d'une enveloppe délicate et dépourvue de structure, ainsi que d'une masse finement granuleuse « avec des formations qui ressemblent à des noyaux » et qu'on aperçoit çà et là.

373. — *Péricarde.* — Le *péricarde* des invertébrés demande encore de la part des anatomistes une étude approfondie. Il représente un sac autonome formé par du tissu conjonctif, comme dans beaucoup de mollusques céphalopodes et acéphales, ou bien il n'existe aucune bourse cardiaque (comme dans la *Paludina vivipara*); c'est au contraire la membrane conjonctive, laquelle limite l'espace circonscrivant le cœur, qui paraît être intimement soudée avec les organes environnants. D'abord je croyais apercevoir deux orifices conduisant dans cet espace, et ainsi j'étais porté à admettre que le péricarde est un sinus sanguin, mais je ne pouvais arriver à confirmer ce fait. Par contre, il est démontré pour les crustacés supérieurs que le péricarde fonctionne comme un réservoir sanguin en recevant le sang qui vient des branchies. Des travaux ultérieurs feront connaître jusqu'à quel point une semblable disposition est répandue chez les arthropodes et les mollusques; toutefois, je puis, dès maintenant, affirmer que chez les entomostracés (*Daphnia*, *Lynceus*, par exemple), le péricarde doit être considéré de cette façon. Et même, pour les insectes, j'admets une organisation analogue. En effet, chez ces animaux, nous voyons que

le cœur est enveloppé d'une masse particulière, que quelques anatomistes distinguent comme une couche cellulaire du cœur ; elle se compose non-seulement d'une substance conjonctive fondamentale claire et homogène, mais encore de grosses cellules, à granulations jaunâtres dans les coléoptères et les orthoptères, vertes dans la *Locusta viridissima*. Dans le *Spinax pinastri*, cette masse celluleuse est plus claire autour du cœur qu'ailleurs, le contenu des cellules est légèrement jaunâtre et finement granuleux. Les gaînes des muscles ptérygoïdiens, qui sont triangulaires et membraniformes, fixent le cœur aux segments du corps et se perdent dans cette substance conjonctive claire. J'ai fait récemment des observations sur quelques coléoptères (*Blaps mortisaga*, par exemple), et je suis en état d'en conclure que cette enveloppe externe du cœur se comporte comme une sorte de sinus sanguin, au sortir duquel seulement le sang pénètre dans le cœur. Plusieurs auteurs ont parlé de cette disposition. En outre, le péricarde des céphalopodes pourrait être également une cavité sanguine, puisque chez le *Nautilus* il débouche dans la cavité abdominale, chez les autres céphalopodes dans la grande veine cave. Le péricarde de l'*Echinus* est aussi une cavité sanguine, car j'ai vu dans son intérieur circuler, au milieu d'un fluide limpide, ces mêmes corpuscules qu'on trouve dans les vaisseaux sanguins. Enfin, je ne puis omettre de rappeler que chez quelques hirudinées, par exemple chez les *Piscicola*, *Clepsine*, le vaisseau dorsal, *espèce de cœur*, est placé dans un sinus sanguin ou lymphatique, des parois duquel des filaments se tendent vers le cœur à des distances assez grandes les unes des autres.

Ce qu'on appelle les branchies ou cœurs accessoires des céphalopodes correspond à l'organe urinaire contractile d'autres invertébrés; il en sera question plus tard. — Dans les articles de plusieurs punaises d'eau, des lamelles mobiles particulières ont été décrites (Behn, Verloren) comme devant influencer la circulation du sang dans le corps; pourtant, autant que je puis en juger par de jeunes *Naucoris*, ces prétendus « organes pulsatiles » ne sont que des mouvements convulsifs des muscles insérés en cet endroit. De Siebold a ainsi expliqué ce phénomène; mais on peut toujours se demander pourquoi les muscles de la jambe présentent si régulièrement des mouvements convulsifs en cet endroit. Les membranes particulières, à contractions rhythmées, décrites par Van Beneden (1) sur des demoiselles, placées à l'intérieur de la base des articles et devant servir de point de départ aux impulsions données aux courants sanguins des extré-

(1) *Froriep's Notiz.*, Bd. XXXVII.

mités, pourraient également ne représenter que des contractions musculaires.

374. — *Vaisseaux périphériques.* — Chez les vertébrés, les *vaisseaux* sont distincts de la substance conjonctive générale des organes à des degrés très-variables ; quelquefois ils le sont si peu, qu'on a établi pour des groupes entiers d'animaux que le sang circule librement à travers les interstices du parenchyme.

Les vaisseaux sanguins des *vers annelées* (*hirudinés*, *chétopodes*, etc.) manifestent une autonomie très-grande qui s'étend jusque dans les plus fines ramifications. Les rameaux partant du vaisseau dorsal (cœur) ont essentiellement la structure du vaisseau dorsal, sur des étendues plus ou moins grandes, c'est-à-dire qu'ils se composent d'une *intima* de tissu conjonctif, à contours nets, autour de laquelle s'appliquent des muscles qui, en certains endroits, ont un développement tel, que les vaisseaux présentent des pulsations comme le cœur, et sur une très-grande étendue. La tunique musculaire renferme des muscles annulaires et longitudinaux (*Hirudo*, par exemple) ; mais ces muscles n'ont pas un parcours régulièrement circulaire ou longitudinal, ils rappellent au contraire un treillis par leur disposition. Les fibres des muscles annulaires sont plus larges que celles des autres. Extérieurement on trouve une enveloppe molle de tissu conjonctif (*adventitia*) avec des noyaux isolés et fréquemment pigmentés, par exemple sur les vaisseaux du tronc de l'*Hæmopis*. (Chez le *Lumbriculus variegatus*, les dentelures contractiles et en culs-de-sac que le vaisseau dorsal présente à chaque segment du corps, sont quelque chose de particulier. Vers l'extrémité antérieure du corps, ces prolongements vasculaires deviennent plus nombreux, plus longs et forment ainsi des houppes. Dans leur *adventitia*, sont placés des corpuscules à contours nets, d'où il résulte que certaines parties sont d'une teinte très-foncée. Ils possèdent la *muscularis* ; toutes les villosités d'un couple de houppes se contractent en même temps).

Lorsque les vaisseaux ne montrent plus de contractilité, ils se composent uniquement d'une *intima* homogène nettement accentuée (sur le vaisseau ventral de la *Piscicola*, par exemple, elle est d'une épaisseur assez grande et d'une couleur tirant sur le jaune) et d'une *adventitia* délicate, qui offre le caractère de la substance conjonctive ordinaire. Sur le vaisseau abdominal de la *Clepsine* et de la *Piscicola*, on remarque encore qu'une bande striée en long s'étend dans le sens de la longueur du vaisseau, et, sur elle, l'*intima* se dispose en plis cerclés fins et gros, ce qui fait ressembler tout le vaisseau à un fragment du côlon d'un mammifère. Chez la *Clepsine*, il existe deux bandes semblables opposées. Il n'y a pas d'épithélium interne. Chez le *lombric terrestre*, l'*intima* du tronc vasculaire du côté du ventre est une membrane très-forte sans structure, formant de gros plis dans le sens de la longueur et finement striée en travers, ce qui provient probablement de plissures. L'*adventitia* contient en outre de nombreux noyaux, ainsi qu'un grand nombre de granules à contours tranchés, disséminés. Tout à fait à l'intérieur on voit encore des noyaux pâles, isolés, qui proviennent probablement de corpuscules sanguins.

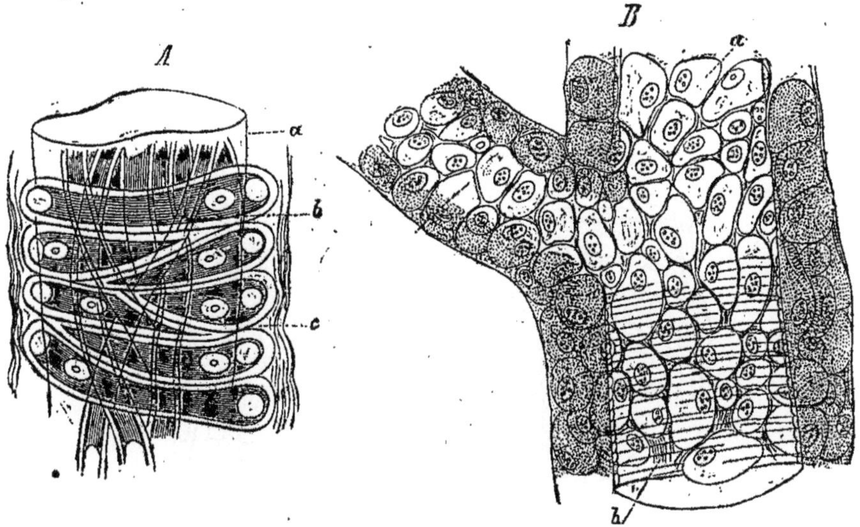

Fig. 221.

A. Fragment d'un vaisseau contractile de l'*Hirudo*. — *a*. *Intima*. — *b*. *Muscularis*. — *c*. *Adventitia*.

B. Un fragment de l'aorte de l'*Helix pomatia*. — *a*. Couche celluleuse externe et d'aspect vitreux, ou *adventitia*. — *b*. Les muscles annulaires. (Fort grossissement.)

375. — Parmi les *mollusques*, notamment chez les limaces et les sèches, l'aorte et ses ramifications conservent encore une individualisation très-marquée, et leur structure est semblable, dans les caractères fondamentaux, à celle des vers annelés, décrite précédemment. Ainsi, on aperçoit à l'intérieur une *intima* hyaline ou bien finement granuleuse (chez la *Paludina vivipara*, par exemple), qui se dispose aussi fréquemment en plis longitudinaux (*Sepiola*, par exemple); puis, à l'extérieur, se trouve la membrane musculeuse, dont les éléments contractiles sont disposés comme des anneaux ou bien forment treillis; la troisième membrane est l'*adventitia* conjonctive, dont l'aspect est conforme à la texture de la substance conjonctive de l'animal considéré; par conséquent, chez les sépies, elle a cet aspect rayé et bouclé que l'on voit chez les vertébrés. Chez nos *Helix*, au contraire, ce sont de grosses

cellules (*Paludina*) ; c'est, du reste, sous cette forme que se présente leur tissu conjonctif. On sait que chez les vertébrés, cette membrane peut être pigmentée ; il en est de même chez les invertébrés : chez l'*Arion*, par exemple) on y trouve de la matière calcaire en quantité si considérable, qu'à l'œil nu les vaisseaux sont d'une teinte blanche remarquable.

En se ramifiant graduellement du côté de la périphérie, les vaisseaux perdent leurs muscles peu à peu, et même tout à coup, si un vaisseau artériel de gros calibre débouche dans une grosse cavité veineuse. Dans les deux cas, l'*intima* et l'*adventitia* se continuent avec le stroma conjonctif des organes ou avec le tissu interstitiel ; d'où il résulte qu'il est impossible de parler d'une paroi vasculaire, dans le sens qu'on attache d'ordinaire à cette expression : aussi, jusqu'à ce jour, disait-on que ces voies sanguines, qui sont placées au même plan avec le réseau capillaire des vertébrés, sont des interstices, des lacunes situées dans le parenchyme du corps. Toutefois il ne faut pas oublier, eu égard à l'état actuel de l'histologie, que si l'on examine de près cette difficulté, la différence établie entre un système vasculaire fermé et une voie sanguine interstitielle n'est pas rigoureusement fondée. Déjà même, chez les vertébrés, il existe un grand nombre de capillaires et de cavités veineuses qu'il est difficile, comme nous l'avons signalé, de séparer de la substance conjonctive environnante, au point que les capillaires sont placés sur le même rang que les corpuscules du tissu conjonctif, et que

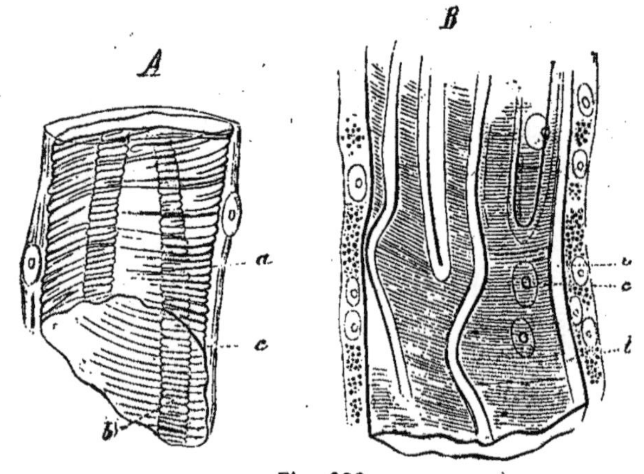

Fig. 222.

A. Fragment du vaisseau abdominal de la *Clepsine*. — *a*. L'*intima* avec ses bandes longitudinales spéciales *b*. — *c*. L'*adventitia*.

B. Ce même fragment chez le *lombric*. — *a*. L'*intima* (formant des plis isolés). — *b*. *Adventitia*. *c*. Globules sanguins modifiés ? (Fort grossissement.)

les sinus veineux ne peuvent prendre morphologiquement que la signification de cavités creusées dans la substance conjonctive et de dimensions considérables. Dans des cas semblables, quelques auteurs parlent d'un « système vasculaire à lacunes ». Quatrefages, par exemple, à propos de l'*Ammocœtes*. Or, chez les mollusques, les vaisseaux périphériques ont pour ainsi dire, dans la règle, subi cette dégradation. Dès que les ramifications artérielles n'ont plus de muscles, la paroi conjonctive du vaisseau se confond avec le tissu conjonctif interstitiel; celui-ci, tantôt forme des mailles par l'enchevêtrement de ses faisceaux, tantôt circonscrit de grandes cavités, mais toujours de telle sorte que ces cavités se continuent avec les vaisseaux. Par conséquent, si j'emploie le nom de lacunes, je n'entends pas par là des « cavités sans parois », mais bien des cavités et des canaux qui sont délimités par de la substance conjonctive; mais celle-ci n'est pas distincte du reste du tissu conjonctif. Au contraire, l'autre face de la paroi conjonctive peut représenter la *tunica propria* d'une glande, ou le sarcolemme d'un muscle, ou le névrilème, etc. Fréquemment, par exemple, dans la *Paludina*, entre les follicules hépatiques, ou chez les *céphalopodes* et les *acéphales* dans le pied, la charpente des cavités conjonctives où le sang chemine est aussi tissée de muscles. Sur les canaux veineux qui conduisent le sang provenant des interstices du corps vers les organes respiratoires, les muscles se disposent autour des vaisseaux et les enveloppent de leurs mailles, de telle sorte qu'il devient alors possible de reconnaître aux vaisseaux une certaine autonomie.

Chez les *salpes*, dans quelques *ptéropodes* et *hétéropodes* (*Cymbulia*, *Tiedemannia*, *Pterotrachea*), le canal de nutrition en entier, ainsi que le foie et les organes de la génération, sont renfermés dans une enveloppe membraneuse particulière, et constituent ce qu'on appelle le *nucleus* de ces animaux. Cette enveloppe est une membrane homogène striée, d'une grande élasticité; elle est percée de nombreuses ouvertures à travers lesquelles, comme Gegenbaur l'a montré, le sang coule de la poche viscérale (*nucleus*) dans un sinus sanguin qui l'entoure.

Dans quelques cas rares, les voies sanguines périphériques peuvent aussi, chez les mollusques et les annélides, devenir distinctes du tissu conjonctif sous la forme de *véritables capillaires*. Ainsi de Hessling a montré que les plis et les feuillets saillants du rein de l'*Anodonta* portent un réseau vasculo-capillaire qui a la plus grande ressemblance avec les nodules et les glomérules vasculaires des reins des animaux supérieurs. D'autre part, chez les céphalopodes et dans un grand nombre de parties du corps (je puis le certifier pour les muscles, les testicules, l'œil, le nerf optique, le tégument externe, etc.), les artères forment, en se terminant, de vrais capillaires qui se composent d'une membrane unique et homogène, parsemée de noyaux allongés, lesquels font souvent saillie dans l'intérieur du vaisseau, en bosselant la paroi. Enfin, dans le *lombric* et les sangsues, il est facile de démontrer l'existence des capillaires.

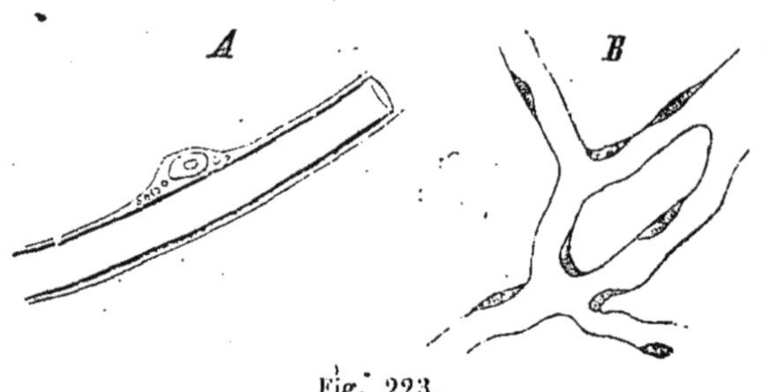

Fig. 223.

A. Fragment d'un petit vaisseau voisin des capillaires (*Piscicola*).
B. Vaisseau capillaire proprement dit (*Sepiola*). (Fort grossissement.)

376. — *Cœurs accessoires.* — Chez les invertébrés, il peut se former aussi des *cœurs accessoires* aux points du système vasculaire où la muqueuse acquiert plus de force. En outre des arcs vasculaires pulsatiles que nous avons mentionnés à propos des annelés, il faut rappeler ici les cœurs accessoires que Hancock a trouvés à la racine des grosses artères des nageoires dans l'*Ommastrephes todarus*. Je rappellerai encore cette observation de Gegenbaur, d'après laquelle, chez l'*Hyalea*, l'aorte qui remonte vers les nageoires présenterait « des contractions remarquables », de telle sorte que « la contractilité de la paroi vasculaire viendrait en aide au cœur pour maintenir un mouvement progressif du sang vers les nageoires ». Les éléments musculaires que Gegenbaur n'a pu voir en cet endroit pourraient cependant y être encore découverts.

377. — *Arthropodes.* — Quant aux *arthropodes* (crustacés, araignées, insectes), on constate que dans les formes supérieures des *crustacés* et de beaucoup d'*arachnides*, les vaisseaux qui sortent du cœur présentent sur une étendue plus ou moins considérable des parois complexes (*intima, muscularis, adventitia.*) Sur leur trajet, ces vaisseaux perdent d'abord les muscles, pour ne conserver que la paroi conjonctive, et finalement celle-ci se fusionne avec la substance conjonctive des organes et le tissu conjonctif interstitiel. Le sang circule alors dans les interstices de ce dernier tissu ; toutefois je constate en plusieurs endroits, dans les crustacés supérieurs (l'*Astacus fluviatilis*), par exemple), dans la couche membraneuse, molle et gélatineuse qui se

trouve au-dessous de l'opercule de la cavité branchiale, je constate, dis-je, qu'il existe encore des capillaires, lesquels présentent sur une étendue considérable une *intima* bien nette et une *adventitia* nucléaire plus délicate. Quant aux crustacés inférieurs, ils n'ont, en fait de vaisseaux propres, qu'une aorte courte qui résulte des rameaux du ventricule antérieur.

Dans les *insectes* aussi et en des points isolés, on rencontre des voies sanguines qui ressemblent à des capillaires. Dans les godets des ailes d'une larve de *Semblis*, par exemple, j'ai vu le sang circuler dans des conduits nettement délimités, qui simulaient de véritables capillaires; et, ce qui est encore plus remarquable, c'est que des ramuscules, qui ne pouvaient recevoir des corpuscules sanguins, s'étendaient latéralement, et leurs dernières ramifications semblaient être en connexion avec les canaux poreux de la peau, de telle sorte que là aussi le sang pouvait se mélanger avec l'eau venue de l'extérieur par pénétration, sans qu'il se perdît de globules sanguins, puisque ces derniers ne pouvaient circuler que dans des vaisseaux d'une largeur suffisante. G. Carus, dans ses planches explicatives d'anatomie comparée, a représenté aussi les « veines » des ailes de la *Semblis bilineata* par des contours tranchés, et cela d'une manière tout autre que les « voies sanguines » de l'*Agrion puella* et de l'*Ephemera vulgata.* Par contre, je trouve moins exacte sa représentation des courants sanguins du bouclier sternal du *Lampyris splendidula.* En effet, ces courants sont très-nettement indiqués, tandis qu'en réalité ils semblent se passer dans des lacunes (on voit aussi très-bien, et de la même manière, la circulation sanguine des bords saillants des palettes abdominales chez la femelle).

378. — *Epithélium des vaisseaux.* — Déjà plus haut, en parlant de la structure des vaisseaux des vertébrés, je n'ai pu m'empêcher d'intercaler quelques objections relatives à l'existence constante de l'*épithélium dans les vaisseaux;* ces objections se présentent à mon esprit avec plus de force encore à propos des invertébrés. Jusqu'à présent, je n'ai pu apercevoir d'une manière sûre un épithélium, ni dans les *vers,* ni dans les *mollusques,* ni dans les *coléoptères,* et je serais disposé à contester son existence. Il est vrai de dire qu'autrefois, à propos de la *Paludina vivipara,* j'avais avancé que les vaisseaux des branchies possèdent « une espèce d'épithélium très-remarquable formé de cellules singulières, dont la paroi est d'épaisseur inégale et dont le noyau est petit et brillant »; mais en examinant maintenant les dessins que je fis alors, je suis tenté de voir dans cet épithélium quelque chose d'analogue aux appendices spongieux des veines, dont il sera question plus bas, à propos des céphalopodes. — Sur les vaisseaux blancs et fins de

l'*Arion*, lesquels n'ont plus de couche musculaire et ne se composent que de l'*intima* homogène et épaisse, unie à l'*adventitia* cellulo-nucléaire, j'aperçois très-certainement dans l'intérieur de l'*intima* de petits noyaux ronds souvent crénelés ; mais, jusqu'à plus ample informé, on peut les rapporter aussi bien à des noyaux de globules sanguins qu'à un épithélium. D'après Gegenbaur, la membrane homogène des artères de la *Carinaria* est recouverte d'un épithélium pavimenteux. Dans tous les cas, ce point mérite de nouvelles recherches.

379. — *Système vasculaire lymphatique.* — On sait que chez les vertébrés, l'appareil vasculaire se divise en *système sanguin* et en *système lymphatique;* on a même, dans ces derniers temps, souvent avancé qu'il doit en être de même chez un grand nombre d'invertébrés ; c'est, en effet, ce qui, d'après mes observations propres, doit être adopté avec toute raison. Les *hirudinés* se rapprochent le plus, sous ce point de vue organologique, des vertébrés. Dans les *Clepsine, Piscicola, Branchellion, Pontobdella,* on a pu constater qu'en outre des vaisseaux sanguins proprement dits, il existe encore un système vasculaire présentant un grand sinus médian et deux troncs latéraux ; à la tête et à la partie postérieure du corps, ces troncs se relient entre eux par des arcs vasculaires, et aux anneaux par des anastomoses transversales. Dans ce système, et le plus souvent dans le trajet des vaisseaux latéraux, on rencontre des élargissements vésiculeux (1). Ces vaisseaux comparables au système lymphatique diffèrent histologiquement des vaisseaux sanguins par le manque de netteté de leurs parois ; la membrane homogène qui limite leur calibre est délicate, et paraît être si peu distincte de la substance conjonctive interstitielle, qu'il s'agirait ici plutôt de lacunes. D'ordinaire, on voit des muscles s'appliquer à l'extérieur de la membrane homogène ; mais ces muscles semblent ne pas appartenir exclusivement aux vaisseaux, mais bien à la musculature du corps en général.

Chez les *mollusques acéphales et céphalopodes*, le système lymphatique ne paraît pas être morphologiquement distinct du système sanguin ; en effet, ainsi que je l'ai remarqué au moins dans le *Cyclas*, l'eau environnante pénètre dans les lacunes qui se trouvent entre les éléments musculaires du pied par les canaux poreux de la peau. Si l'assertion de Siebold était vraie, à savoir, que dans l'*Unio* et l'*Anodonta*, à côté de ce système vasculaire dont nous venons de parler pour le *Cyclas*, il existe

(1) Pour plus de détails, voyez mon travail sur la *Piscicola*, in *Zeitschr. für wiss. Zool.*, 1849; *Bericht v. d. Zoot. Anst. in Würz.*, p. 17. — *Anatomisches üb. Branchellion u. Pontobdella*, in *Zeitschr. f. w. Zool.*, 1851.

un autre réseau de canaux plus étroits et destinés particulièrement au sang, les acéphales se rapprocheraient sous ce rapport des hirudinés. Toutefois, d'après mes propres observations, je désire m'arrêter à ceci, à savoir, que, dans les acéphales et les céphalophores, il n'existe morphologiquement qu'*un seul canal* ou *système de lacunes* traversant le corps et conduisant le sang; mais ce canal représente aussi physiologiquement le système lymphatique, parce qu'il est capable d'absorber directement l'eau du dehors.

Les *céphalopodes*, qui se rapprochent tant des vertébrés par l'individualisation de leurs vaisseaux sanguins et même des capillaires, pourraient aussi présenter avec ces animaux certaines ressemblances dans la manière dont leurs lymphatiques se comportent avec les vaisseaux sanguins. Ainsi dans la *Sepiola* et le *Loligo*, j'ai reconnu que l'*adventitia* des artères, laquelle présente l'aspect du tissu conjonctif ordinaire, est très-éloignée de la couche des muscles annulaires; on dirait que le vaisseau composé des tuniques élastique et musculaire se trouve placé dans un autre vaisseau à membrane très-mince. Que si maintenant on se rappelle l'assertion de Erdl, à savoir, que les vaisseaux sanguins des céphalopodes cheminent dans l'intérieur des vaisseaux lymphatiques, et si l'on considère avec cela que l'eau peut être réellement absorbée du dehors, on sera porté à admettre que le système lymphatique présente ici une certaine autonomie, et que le cas est analogue à ce qui se passe dans les vertébrés inférieurs et même supérieurs chez lesquels le système lymphatique enveloppe comme une gaîne les vaisseaux sanguins.

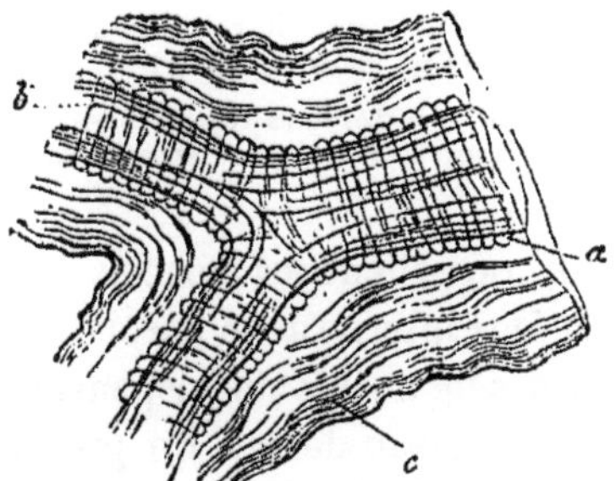

Fig. 224. — Un vaisseau sanguin de gros calibre de la *Sepiola*.
a. *Intima* homogène. — *b*. *Media* composée des muscles annelés. — *Adventitia* conjonctive (vaisseau lymphatique). (Fort grossissement.)

Chez les *échinodermes*, il existe un système lymphatique à côté des vaisseaux sanguins. Il faut considérer ainsi la cavité du corps qui, presque partout, est garnie de cils; le mésentère, la face externe de l'intestin, du péricarde, le côté externe des ovaires, sont vibratiles.

L'eau de mer pénètre dans la cavité du corps et se mélange avec la lymphe. Comme la dissection de ces animaux est fort délicate, on ne sait pas encore si les vaisseaux sanguins débouchent dans les lymphatiques, ni en quel endroit.

Dans ces derniers temps, Weld a publié ses observations sur le *cœur* du *Menopon pallidum* (1), desquelles il résulterait que jusqu'à présent on a méconnu très-probablement le véritable *cœur* des *insectes*. Ainsi, dans cet animal, on trouve derrière ce qu'on appelle le vaisseau dorsal un cœur autonome qui présente la structure suivante : Sa forme est presque sphérique ; il présente en avant et en arrière une ouverture. La partie parenchymateuse apparaît des deux côtés sous la forme d'un segment de sphère, et se compose d'une masse moléculaire fine. Des pro-

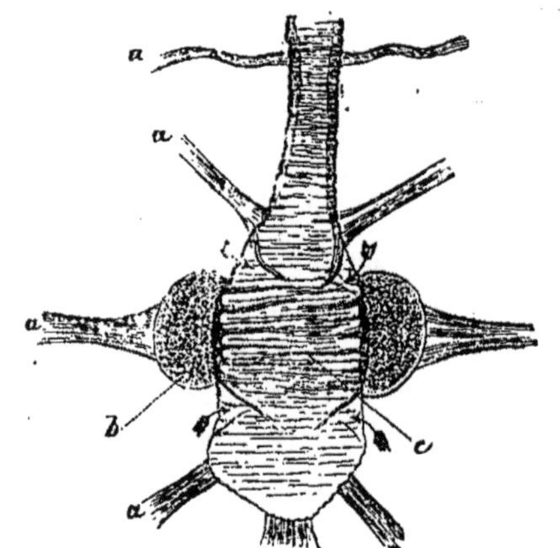

Fig. 225. — Portion postérieure du cœur du *Menopon pallidum*. (Fort grossissement.)

a. Les muscles alaires du cœur. — *b*. Les corps celluloïdes. — *c*. Les muscles annulaires du cœur. Les quatre flèches indiquent les fentes de l'organe.

longements dentelés qui rappellent les muscles papillaires du cœur des vertébrés partent de la face interne de la paroi parenchymateuse. Sur le côté externe s'insèrent des ligaments de suspension. En avant, ce cœur communiquerait avec le vaisseau dorsal. En présence de cette description, je ne puis pas dire que Wedl a été heureux dans son excursion sur le domaine de l'entomotomie. D'abord il est dans l'erreur quand il parle d'une partie sphérique saillante et parenchymateuse du cœur ; ce qu'il appelle ainsi, ce sont ces mêmes formations celluleuses dont il a été question plus haut, et qui se trouvent généralement sur le cœur des insectes. Leur contenu est ici, comme ailleurs, granulo-grumeleux et

(1) *Sitzungsb. d. Wien. Ak.*, 1855.

d'une légère teinte jaunâtre. Les « muscles papillaires » n'en sortent en aucune façon ; au contraire, les muscles alaires du cœur, les « ligaments de suspension » de Weld, s'appliquent contre la paroi externe de ces formations, comme chez d'autres insectes.

En second lieu, il me semble que Weld commet encore une erreur, quand il dit que le cœur est pourvu en arrière d'une ouverture ; moi, je le vois clos en cet endroit. Les veines principales, admises et indiquées d'une manière problématique, n'existent pas ; mais on voit latéralement en avant et en arrière des corps celluleux une fente avec jeu de soupape. La figure ci-jointe complétera cette description.

Si Wedl avait connu le cœur des autres arthropodes, son interprétation aurait été bien différente ; car il est manifeste que ce qu'il décrit dans le *Menopon* est analogue à ce qu'on trouve sur la larve du *Corethra plumicornis* ou chez l'*Argulus foliaceus* : la partie postérieure du cœur est plus large et plus musculeuse que celle placée plus en avant ; elle s'en distingue encore par d'autres particularités, ainsi que je le fais remarquer dans mes recherches sur le *Corethra*. Si, dans le *Menopon*, les masses celluleuses se trouvent réduites à une paire de globules autour du ventricule postérieur, c'est un rapport d'analogie de plus avec le *Corethra*, chez lequel une fente correspond toujours à chacune de ces masses.

CHAPITRE XXXIX

DU SANG ET DE LA LYMPHE DE L'HOMME.

Corpuscules rouges du sang. — Les cavités des systèmes sanguin et lymphatique contiennent le sang et la lymphe. Le *sang*, qu'on peut comparer à une sève de couleur rouge circulant pendant la vie à travers le corps d'une manière continue, se compose du *sérum* (*liquor, plasma sanguinis*) et de petites vésicules, qui flottent dans ce liquide en quantités innombrables et qu'on appelle les *corpuscules sanguins*. Le sérum est clair, limpide, incolore ; il appartient à la chimie de faire connaître ses autres propriétés. Ce sont les corpuscules qui nous intéressent particulièrement ; on peut dire d'une manière générale que ce sont de petites cellules molles qui se divisent en deux espèces suivant leur couleur, leur grosseur et leur forme, c'est-à-dire en corpuscules *rouges* et en corpuscules *incolores* ou *blancs*. Les premiers constituent la plus grande partie des éléments formateurs du sang ; considérés isolément, ils sont légèrement teints en rouge, et ce n'est que réunis en masse qu'ils paraissent d'un rouge intense et donnent au sang sa coloration rouge. Quant à leur forme, ce sont des vésicules rondes et discoïdes avec une dépression centrale. Conformément à leur nature vésiculaire, ils se composent d'une enveloppe élastique incolore et d'un contenu coloré formé d'hématine et de globuline.

Au premier coup d'œil, les globules sanguins paraissent contenir un noyau central ; mais avec un examen plus attentif, on reconnaît que ce noyau est le résultat d'une illusion d'optique produite par la dépression centrale. Les globules rouges de l'homme sont dépourvus de noyau. Dans le sang qui provient d'une saignée, les globules rouges se collent les uns aux autres par leur face aplatie, de manière à former des piles qui ressemblent à des rouleaux d'argent (1).

380. — *Corpuscules blancs.*— Les globules incolores ou blanchâtres, appelés aussi globules lymphatiques, sont en moins grande quantité que les premiers : on n'en rencontre qu'un sur plusieurs centaines de rouges. Ils sont plus nombreux dans les veines que dans les artères (Remak). Quant à leur grosseur, leur forme et leurs autres caractères, on peut dire qu'ils ont une grosseur à peu près double de celle des globules rouges, et qu'ils se présentent comme des cellules ordinaires et morphologiquement indifférentes ; ils sont sphériques, clairs et légèrement granuleux, avec un noyau simple, ou bien à un et même plusieurs étranglements.

En outre de ces formations celluleuses que nous venons de décrire, le sérum peut renfermer encore des globules de graisse (abstraction faite des produits pathologiques, tels que des hématozoaires, des cellules de pigment, etc.), surtout quelques heures après le repas. Dans le sang du mésentère en circulation et chez les vertébrés à sang chaud, R. Wagner a observé encore assez fréquemment de petites molécules

(1) Welker s'est livré à de minutieuses recherches sur la grosseur, le nombre, le volume, la superficie et la couleur des globules sanguins de l'homme et des animaux (*Zeistchr. f. rat. Med.*, 3 R., Bd. XX, Hft I, p. 95). Il a trouvé que le diamètre moyen des globules de l'homme est de $0^{mm},00774$, et que l'épaisseur moyenne est de $0^{mm},0019$. Les variations, chez le même individu, ne dépassent pas le huitième de ces dimensions. Le volume moyen du globule supposé cylindrique est de $0^{mm.c.},0000000894$. Les corpuscules sanguins renfermés dans un millimètre cube (au nombre de 5 000 000) ont une superficie égale à 640 millimètres carrés ; la superficie totale de la masse globule atteindrait 2816 millimètres carrés. Le poids spécifique du corpuscule humide est égale à 1,105, et le poids moyen d'un corpuscule serait de $0^{milligr.},000080$.

fortement réfringentes, parfois agrégées et ressemblant à des « granules de graisse » (1).

Dans l'*embryon*, les corpuscules sanguins proviennent de la transformation des cellules embryonnaires. Pendant qu'elles se groupent pour former le cœur et les vaisseaux, les cellules centrales se transforment en globules sanguins, et les cellules extérieures fournissent de la même manière les parois vasculaires. Ce processus doit appartenir aussi à la formation des gros troncs lymphatiques. Les globules primordiaux sont naturellement incolores, et ce n'est que peu à peu qu'ils se transforment en globules rouges. Quelques auteurs, en se basant sur des raisons qui sont à peu près nulles, soutiennent qu'après la naissance et chez les adultes, une nouvelle formation de cellules sanguines s'effectue dans le sérum à peu près comme les cristaux se forment dans une eau mère. Une formation extra-cellulaire de cette nature ne saurait avoir lieu ; au contraire, les cellules du sang une fois formées, se multiplient par segmentation, et, comme certaines observations l'indiquent, l'épithélium vasculaire paraît également pouvoir augmenter le nombre des globules, ou remplacer au moyen de la prolifération cellulaire ceux qui périssent.

Il reste encore à mentionner que dans le sang de la saignée, il se forme aux dépens de la globuline des cristaux combinés avec l'hématine sous la forme de tablettes, colonnettes et aiguilles. Ils fondent facilement après addition d'eau et d'acide acétique.

Kölliker a affirmé énergiquement avoir découvert les cristaux du sang (2), et il ne l'a affirmé (plus loin, § 588) « que pour soutenir les droits de l'histoire ». Qu'en ceci M. Kölliker veuille bien accepter une petite rectification. C'est Reichert qui le premier a découvert les cristaux du sang, il est vrai, sans savoir précisément qu'ils provenaient du sang ; il a publié en 1849 ses observations « sur une substance albumineuse cristalline ». Mais avant même que M. Kölliker connût les « cristaux de globuline », j'avais vu les formations en question, à l'occasion de mes recherches sur la *Piscicola* (hiver de 1847-48), et je les avais montrées aussi à M. Kölliker. Cette petite communication se trouve dans mon mémoire sur la *Piscicola* (3). Voici ce que dit le passage : « Le sang du *Nephelis* subit une autre transformation intéressante, après être parvenu dans l'estomac de la *Clepsine*. D'abord il est liquide, et les globules incolores se voient dis-

(1) *Nachricht d. Univers. und d. Gesells. d. wiss. Zool.* Göttingen, 1856.

(2) *Mikrosk. Anat.*, Bd. II, S. 587.

(3) *Zeitschr. für wiss. Zool.*, 1849, S. 116, fig. 34, B.

tinctement dans le plasma rouge ; mais bientôt ils disparaissent, et le plasma rouge lui-même se décompose en une quantité de tablettes et de petits bâtonnets, ou colonnettes, isolés qui se tiennent les uns les autres (cristaux d'hématine?). Lorsque après une lésion de l'estomac il s'y mêle de l'eau, ils se dissolvent rapidement. L'addition d'acide acétique les dissout de même chez l'animal non lésé. Quand la digestion est plus avancée, ces cristaux d'hématine disparaissent aussi dans l'estomac, et ce dernier ne contient plus qu'un liquide légèrement rougeâtre dans lequel nagent des masses grumeleuses sans couleur. » Les observations de Kölliker sur les cristaux du sang ne viennent que dans la brochure suivante, contenue dans la même publication (1); et s'il se croit obligé de « revendiquer la priorité de la découverte de ces formations », c'est précisément une erreur, d'après ce qui vient d'être rapporté.

Brücke a fait connaître plusieurs cas où les vaisseaux sanguins (chez la *belette*, le *chien*, la *taupe*, l'*oie*) étaient, dans la région du canal intestinal, remplis d'un *contenu blanchâtre de nature particulière*. J'ai noté quelque chose de semblable en faisant des recherches sur un *Torpedo marmorata* frais, dont les veines avaient également un contenu blanc jaunâtre, mais paraissait se composer de globules lymphatiques seulement. Peut-être quelques auteurs se sont-ils déterminés à considérer ces vaisseaux sanguins remplis d'un semblable contenu comme étant des vaisseaux lymphatiques, et Bruch va même jusqu'à appeler tous les vaisseaux chylifères ramifiés « des capillaires sanguins charriant de la graisse moléculaire » (2).

381. — *Lymphe*. — Le contenu des vaisseaux lymphatiques, ou la *lymphe*, se divise, comme le sang, en deux parties : le *sérum* et les *éléments ayant forme*. A l'œil nu, la lymphe est claire comme de l'eau ou d'une légère nuance jaunâtre. Les éléments ayant forme, ou les globules de lymphe, sont les mêmes cellules indifférentes que nous avons désignées sous le nom de globules sanguins blancs. Ce sont des cellules rondes, pâles ou finement granuleuses, dont le noyau est simple ou segmenté, ce qui indique un commencement de division. La quantité de ces globules renfermés dans les vaisseaux lymphatiques est très-variable; mais ce qu'on peut dire en général, c'est qu'ils sont plus nombreux au delà des glandes lymphatiques qu'en deçà, ce qui, du reste, a été déjà indiqué plus haut. L'opinion que les globules lymphatiques sont des produits directs des parties celluleuses (pulpe) des glandes lymphatiques tend à se répandre de plus en plus.

(1) *Zeitschr. für wiss. Zool.*, S. 266.
(2) *Zeitschr. für wiss. Zool.*, 1853.

Dans les vaisseaux lymphatiques qui partent du tube de nutrition, la lymphe contient une grande abondance de molécules graisseuses qui se présentent, à l'examen microscopique, comme des dépôts poussiéreux, dont les granules manifestent un mouvement moléculaire ressemblant à un fourmillement très-vif. Cette graisse extrêmement divisée donne à la lymphe du tube intestinal un aspect laiteux; c'est pour cela qu'elle porte le nom de *suc laiteux* ou *chyle*, et que les vaisseaux correspondants sont appelés *vaisseaux chylifères*.

La signification physiologique précise des corpuscules du sang de la lymphe est inconnue; l'opinion qui les compare aux cellules sécrétantes des glandes, et qui les assimile à des *granules glandulaires en suspension*, est la plus accréditée.

CHAPITRE XL

DU SANG ET DE LA LYMPHE DES VERTÉBRÉS.

382. — Dans le liquide sanguin de tous les vertébrés, flottent des formations de nature cellulaire, à la seule exception du *Branchiostoma* (d'après Retzius, Joh. Müller, Quatrefages); chez tous les vertébrés, la couleur rouge sanguine provient des globules rouge jaunâtre. Les cellules sanguines du *Leptocephalus* sont seules, comme l'indique Kölliker, sans couleur; c'est pour cela que le sang de ce poisson (ainsi que celui du *Branchiostoma*) est clair comme de l'eau.

383.— *Corpuscules rouges.*— Les *globules colorés des mammifères* présentent la plus grande analogie avec ceux de l'homme, puisqu'ils représentent des vésicules rondes, discoïdes, légèrement biconcaves et sans noyau. Seulement ceux des espèces *chameau* et *lama* ont une forme ovale. Pour donner quelques exemples de leur grosseur, je dirai, d'après les travaux de Gulliver, que les corpuscules sanguins de la souris naine sont de la même grosseur que ceux du cheval, et même un peu plus gros. Chez les singes, c'est à peine s'ils sont plus petits que chez l'homme. Chez les *carnassiers*, leur grosseur varie suivant les espèces. Les animaux qui, parmi les mammifères, ont les corpuscules de sang les plus gros sont le *paresseux* à deux orteils et l'*éléphant*.

Par contre, les cellules colorées des autres classes de vertébrés (*oiseaux*, *amphibies* et *poissons*) surpassent généralement en grosseur celles de l'homme et des mammifères; les *salamandres qui se rap-*

prochent des poissons (*Proteus*, *Siren*), et qui se distinguent en outre par la grosseur de leurs parties élémentaires, présentent les plus gros corpuscules sanguins. En outre, les cellules sanguines des *oiseaux*, des *amphibies* et des *poissons* diffèrent de celles de l'homme et des mammifères (à l'exception des espèces désignées plus haut) en ce qu'elles ont toujours une forme elliptique ; ce qui est singulier, c'est que chez quelques poissons inférieurs seulement (*Myxine*, *Petromyzon*), on trouve encore des globules ronds qui sont pourvus, comme ceux de l'homme et des mammifères, d'une concavité double. Un autre point de différence qui n'est pas sans importance, consiste en ce que les vésicules colorées du sang des oiseaux, des amphibies et des poissons, possèdent toutes un noyau.

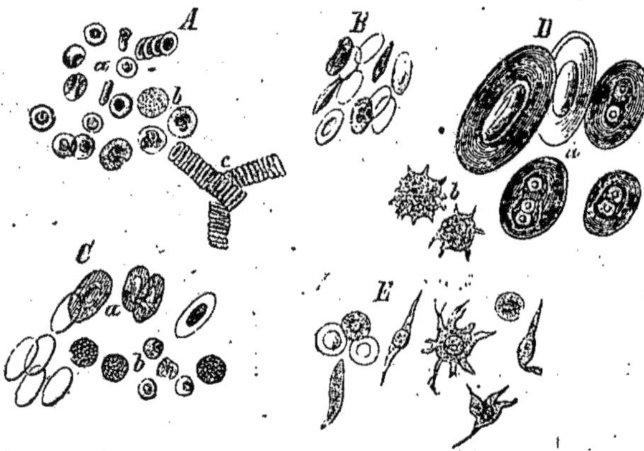

Fig. 226. — Globules sanguins de l'homme, des vertébrés et des invertébrés.

A. Globules sanguins de l'homme. — *a*. Globules colorés. — *b*. Globules incolores. — *c*. Globules colorés empilés.

B. Globules sanguins du pigeon.

C. Globules sanguins de la raie. — *a*. Globules colorés. — *b*. Globules incolores.

D. Globules sanguins du *Proteus*. — *a*. Globules incolores. On voit que le noyau de plusieurs d'entre eux est sur le point de se diviser.

E. Globules sanguins des invertébrés (insectes et mollusques). (Fort grossissement.)

384. — Les globules rouges du sang chez les animaux dont le développement est complet paraissent aussi se multiplier par division. Sur un *Proteus* que j'avais jeté tout frais dans de l'eau bouillante, j'ai vu que le noyau de beaucoup de corpuscules colorés, lequel présentait des contours beaucoup plus foncés que la membrane, s'était, ou segmenté de manière à prendre la forme d'un biscuit, cas dans lequel on apercevait dans la plus grosse portion deux nucléoles, ou bien que le noyau se montrait réellement divisé en deux, trois ou plusieurs vésicules rondes, ayant chacune son nucléole.

Un phénomène remarquable qu'on observe en hiver sur les cellules sanguines colorées de la *grenouille* et de la *salamandre terrestre*, c'est l'existence de lacunes incolores dans la substance des corpuscules sanguins : tantôt on en remarque une seule très-grande, tantôt une série de petites. Chez quelques grenouilles, je constate que dans presque chaque globule, ces lacunes claires sont nettement circonscrites. Pour expliquer le fait, Remak présume que c'est la formation considérable de pigment qui a lieu pendant le sommeil hibernal dans le foie et la rate, qui prend aux globules rouges une partie de leur matière colorante.

385. — *Globules blancs.* — Les *globules sanguins blancs des mammifères* se comportent, quant à leur grosseur, leur forme, leur composition et leur quantité relative, comme ceux de l'homme. Ceux des *oiseaux*, des *reptiles* et des *poissons* sont moins volumineux que les rouges ; ces derniers, comme il a été remarqué plus haut, ont un volume bien plus considérable que chez l'homme et les mammifères. Chez le *Proteus*, j'en ai pris une grande quantité dans les vaisseaux des branchies ; ce n'étaient pas des cellules simples indifférentes, comme d'ordinaire ; au contraire, chaque globule de lymphe consistait en une pelote de petites vésicules claires, collées ensemble, et pourvues chacune d'un nucléole. Toute la cellule rappelait en petit un œuf segmenté dans ses derniers stades, et cela nous conduit à rapporter cette forme à un processus de division.

Dans le sang des sélaciens les plus divers, j'ai observé d'une façon assez constante trois sortes de cellules : en outre des globules colorés ovales et des globules blancs sphéroïdes, on voyait encore des cellules granuleuses nettement dessinées, et deux fois plus volumineuses que les globules blancs. Dans le sang des grenouilles plusieurs naturalistes ont aussi distingué plusieurs variétés de cellules incolores.

386. — *Lymphe.* — Le contenu des *vaisseaux lymphatiques* présente, quant à ses parties morphologiques des états variables : tantôt ce sont de *petits points de graisse*, tantôt ce sont des *masses* granuleuses et denses qui remplissent le vaisseau lymphatique, comme je l'ai vu, par exemple, chez le *Gobius niger*, dans les vaisseaux lymphatiques qui enveloppent les vaisseaux sanguins du mésentère ; ces vaisseaux lymphatiques paraissaient gris blanchâtre à l'œil nu. Dans d'autres cas, on voit en même temps, avec ou sans petits points de graisse, des *cellules lymphatiques* bien distinctes former des amas considérables ; c'est ce que j'ai rencontré, par exemple, dans le vaisseau lymphatique qui, chez la *salamandre terrestre*, enveloppe la veine qui va du foie vers la paroi abdominale. — R. Wagner, dans ses derniers travaux sur la circulation du sang et le mouvement du chyle dans le mésentère des

vertébrés à sang chaud, a fait cette observation importante, à savoir, que dans les vaisseaux chylifères pleins, il se trouve *toujours* des disques sanguins isolés, en outre du contenu blanc ordinaire, qui se compose de molécules de graisse, au milieu desquelles apparaissent quelques gouttelettes plus grosses (1).

— Robin et Lieberkühn ont publié des remarques intéressantes sur les corpuscules sanguins incolores, ou du moins sur des formations qui leur ressemblent tout à fait, et qu'on ne peut distinguer des autres éléments qui se trouvent dans le sang. Lieberkühn a vu que ces formations se remuaient chez la grenouille, la carpe, le chien et l'homme, comme le font ordinairement les *amibes* (*amoben*). Elles émettent des prolongements, les retirent et changent ainsi constamment leur forme. En supposant que ces faits soient exacts et qu'ils aient été convenablement interprétés, cette substance qui forme les globules sanguins incolores pourrait avoir une certaine parenté avec la masse hyaline du contenu des chromatophores. Ecker a vu des phénomènes semblables sur les *corpuscules sanguins du lombric terrestre.*

CHAPITRE XLI

DU SANG ET DE LA LYMPHE DES INVERTÉBRÉS.

Ce n'est que dans quelques *vers annelés*, chez lesquels il existe, comme il a été dit plus haut, des cavités sanguines et lymphatiques distinctes, que la couleur du sang diffère de celle de la lymphe : il en est ainsi pour certains hirudinés, lumbricinés et vers à branchies ; leur sang est rouge, jaune ou vert, tandis que la lymphe est incolore. Toutefois cette différence de coloration n'est pas générale ; quelques hirudinés (*Piscicola*, *Clepsine*, etc.), ont aussi le sang incolore. Chez les autres invertébrés, le sang est incolore ; tout au plus présente-t-il une légère teinte bleue, jaune, verte ou violette.

Le sang des invertébrés comparé à celui des vertébrés, a ceci de particulier que la *couleur du sang* provient constamment d'une matière colorante appartenant au sérum (*liquor sanguinis*), et non des cellules sanguines, lesquelles sont presque toujours incolores (d'après R. Wa-

(1) *Nachricht d. Univers. d. Gesellsch. d. wis. Zool.* Göttingen, 1856.

gner, les cellules sanguines de la *Terebella* et des céphalopodes se montrent colorées). Ce sont des cellules de forme et de grosseur variables, tantôt sphériques, ovales (chez une espèce d'*Enchytræus*, j'ai vu dans la cavité du corps des globules de lymphe grands, ovales et à bords lisses), tantôt fusiformes, ou même, ce qui n'est pas rare chez les vers, pourvues de prolongements ramifiés (lombric terrestre), comme chez les mollusques (*Paludina*, *Carinaria*) et dans quelques insectes ; elles ont toujours un noyau ; leur contenu est tantôt clair, tantôt plus ou moins granuleux. Au point de vue morphologique, l'opinion générale qui soutient que les cellules du sang ramifiées ne doivent cette forme qu'aux influences extérieures est fausse ; au contraire, elles se montrent déjà sous cette forme dans le sang en circulation, comme je l'ai vu sur des individus complétement intacts de *Piscicola*, de *Daphnia*, et sur des larves de *Corethra*. D'après les observations de Lieberkühn sur la contractilité des cellules sanguines blanches des vertébrés, on est tenté aussi d'attribuer une cause analogue à la forme de ces globules sanguins étoilés.

La quantité des globules sanguins par rapport au sérum (*plasma sanguinis*) est dans la règle moins forte que chez les vertébrés ; cependant il y a des exceptions : par exemple, dans la cavité du corps de quelques *tardigrades* (*Macrobiotus*) et *lombrics*, les cellules flottantes se pressent en masses épaisses.

Il ressort aussi de ce que nous avons dit plus haut sur les *cristaux du sang*, que dans le sang rouge du *Nephelis*, il se forme des cristaux incolores, comme dans le sang de l'homme et des vertébrés.

CHAPITRE XLII

DE L'APPAREIL URINAIRE DE L'HOMME.

On distingue dans les *reins*, comme dans toutes les glandes, la substance conjonctive et les couches épithéliales ; ces dernières, d'après Remak, proviennent par développement de l'épithélium intestinal ; elles sont par conséquent des formations du feuillet inférieur du blastoderme, tandis que les prolongements conjonctifs (parties vasculaires et nerveuses) de la couche fibreuse intestinale dérivent du feuillet moyen.

La substance conjonctive forme une enveloppe assez rigide qui entoure l'organe ; elle constitue aussi la tunique propre des petits vaisseaux urinaires qui forment la plus grande partie du parenchyme, et enfin elle sert à réunir les canalicules rénaux entre eux, ainsi qu'à porter les vaisseaux et les nerfs.

387. — *Canalicules urinaires, leur structure, leur situation.* — La membrane propre des *canalicules urinaires* se présente comme une membrane claire et dépourvue de structure, se plissant avec facilité, lorsque le canalicule est vide, ce qui lui donne un aspect strié. Dans la portion corticale de l'organe, cette membrane est un peu plus fine que dans la portion médullaire ; à l'extrémité borgne des canalicules (dans la substance corticale), la membrane propre forme, par un renflement vésiculaire, ce qu'on appelle la *capsule* des corpuscules vasculaires de Malpighi. A sa face interne se placent les *cellules de sécrétion* ou *cellules épithéliales;* elles présentent une grosseur notable, une forme polygonale, un noyau et un contenu granuleux ; elles ne sont pas vibratiles, et elles sont placées de telle sorte, qu'elles n'obstruent pas le calibre des canaux, tant qu'il n'existe pas d'altération pathologique. Vers l'extrémité borgne des canaux, le contenu de ces cellules est moins dense, et leur grosseur est aussi moindre : c'est ce que l'on constate principalement à l'extérieur de la capsule du glomérule.

Si l'on examine le *groupement* des canalicules, on reconnaît qu'ils commencent sur les papilles rénales, où ils sont rangés les uns près des autres, allongés en faisceaux ; puis, ils se divisent ; les faisceaux deviennent des cônes dont la base est tournée du côté de la portion corticale de l'organe. Ces faisceaux réunis, appelés aussi pyramides de Malpighi, constituent la partie principale de la substance médullaire des reins. Au delà de cette substance, les canalicules suivent un trajet tortueux, se replient plusieurs fois sur eux-mêmes, pour se terminer en culs-de-sac par des renflements vésiculaires, et donner ainsi naissance aux capsules dont nous avons parlé.

388. — *Vaisseaux sanguins et lymphatiques, nerfs.* — Quant aux *vaisseaux sanguins*, qui sont, comme on le sait, très-abondants dans les reins, la relation qui existe entre les corpuscules vasculaires de Malpighi et les extrémités des canalicules présente un grand intérêt. Après que l'artère rénale, qui est très-volumineuse, a pénétré dans l'organe et s'y est divisée en plusieurs branches, ces dernières montent à travers les pyramides vers la substance corticale, en émettant sur leur parcours des anastomoses arquées (*fornices arteriosi*), de la concavité desquelles partent les *arteriolæ rectæ*, pour se replier vers les papilles rénales, tandis que de la convexité sortent de distance en distance des ramuscules qui, se dirigeant vers la périphérie, vont se terminer en tire-bouchons. Ces derniers plongent dans les culs-de-sac

vésiculaires des canalicules, et constituent, par leurs nombreuses divisions et par leur groupement, ce qu'on appelle les corps vasculaires de Malpighi ou les glomérules. Sur des sections de reins frais, les glomérules se montrent à l'œil nu comme de petits points rouges. Après

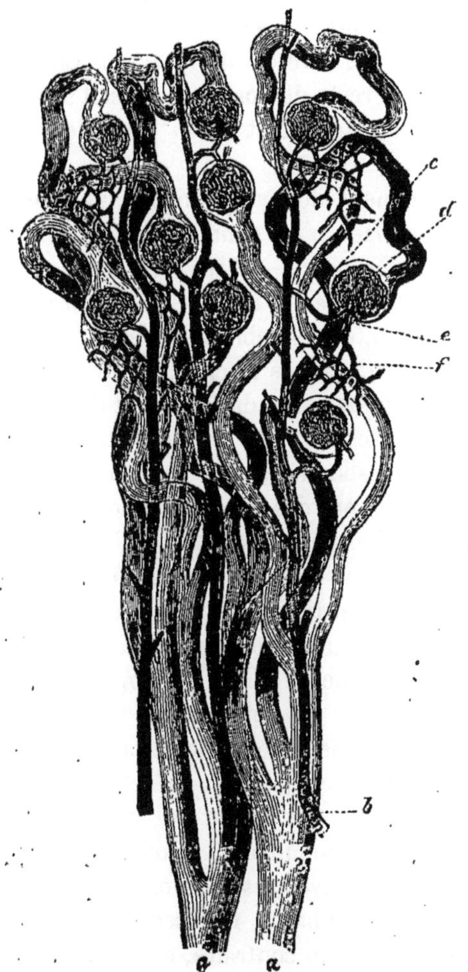

Fig. 227. — Schéma servant à représenter les rapports qui existent entre les canalicules rénaux et les vaisseaux sanguins.

a, a. Deux canalicules qui se ramifient et se terminent par des renflements sacciformes. — b. Artère. — c. Vaisseau afférent. — d. Glomérule situé dans le cul-de-sac élargi du canalicule. — e. Vaisseau efférent. — f. Capillaires qui enveloppent les canalicules rénaux.

avoir formé le glomérule, l'artère abandonne le canalicule pour se perdre dans le réseau capillaire qui est dans le stroma conjonctif intercanaliculaire, et qui enveloppe les canalicules. C'est dans ce réseau que prennent naissance les veines rénales. Dans le glomérule, on distingue ordinairement le vaisseau qui pénètre dans le canalicule sous le nom de *vaisseau afférent*, ainsi que le vaisseau qui en sort sous le nom de *vaisseau efférent ;* tous les deux constituent le pédicule, et, sur des préparations injectées, on voit les glomérules suspendus aux artères comme des fruits aux branches d'un arbre.

Il n'existe pas encore d'observation sur les rapports des *vaisseaux lymphatiques* avec le reste de l'organe ; on sait seulement que ces vaisseaux existent, et que leur trajet est en partie le même que celui des vaisseaux sanguins.

Les *nerfs* proviennent du sympathique, et accompagnent aussi les vaisseaux sanguins ; rien n'est connu sur leur terminaison.

389. — *Voies urinaires.* — Dans les *calices rénaux*, les *bassinets*, les *uretères*, la *vessie* et l'*urèthre*, on sépare avec le scalpel trois couches : une externe, ou membrane fibreuse; une intermédiaire, ou membrane musculaire, et une interne, ou membrane muqueuse. Au point de vue histologique, on y distingue du tissu conjonctif vasculaire et nerveux, des muscles, et enfin des épithéliums. Ces éléments histologiques sont unis et assemblés de la façon suivante. Le *tissu conjonctif*, fréquemment traversé par des fibres élastiques, forme la membrane fibreuse externe du bassin, du calice, des uretères et de la vessie. Dans la vessie, ce tissu conjonctif se délimite nettement en forme de membrane pour constituer, vers l'intérieur, la base fondamentale conjonctive de ce qu'on appelle l'enveloppe péritonéale ; il est revêtu, sur toute l'étendue de cette enveloppe, d'un épithélium pavimenteux, tandis que sur les uretères et le bassinet rénal le tissu conjonctif de la membrane fibreuse se rattache extérieurement d'une façon continue au tissu conjonctif qui relie les organes entre eux. Comme l'urèthre de l'homme n'est un canal autonome qu'à l'endroit appelé *isthmus*, et qu'ailleurs, à son origine et à son extrémité, il est intimement soudé avec les parties environnantes, le tissu conjonctif ne forme une membrane fibreuse externe qu'à l'isthme ; sur toutes les autres parties, au contraire, ce tissu sert à souder l'urèthre avec les organes environnants. Le tissu conjonctif forme encore la base fondamentale de la membrane muqueuse, qui est très-vasculaire en cet endroit, bien qu'elle ne présente des papilles ni dans les calices, ni dans les uretères ; elle ne présente pas non plus des prolongements glandulaires. La muqueuse vésicale est aussi, dans sa plus grande étendue, dépourvue de papilles et de glandes ; ce n'est que sur le col et au fond de l'organe qu'elle détermine vers la profondeur quelques petites glandes piriformes. En quelques endroits, tels que le trigone et

le canal de l'urèthre chez l'homme, le tissu coujonctif est riche en *éléments élastiques.*

Dans le canal de l'urèthre de l'homme aussi bien que dans celui de la femme, la muqueuse est lisse; mais elle présente dans les deux sexes des glandes simples utriculaires, ou bien de forme acineuse (*glandes de Littre*).

La substance conjonctive du stratum de la muqueuse (appelée aussi *corium* de la muqueuse) se transforme dans la vessie, ainsi que dans le canal de l'urèthre de la femme, vers l'extérieur, en une couche plus aréolaire, ou *tissu* sous-muqueux, lequel se montre, sur l'urèthre de la femme, traversé par de grosses cavités veineuses très-nombreuses.

390. — Entre ces deux couches de tissu conjonctif, — l'externe enveloppante et celle formant la muqueuse, — se trouvent les *muscles lisses*, qui présentent leur plus grand développement sur la vessie; extérieurement, ils sont obliques et transversaux, tandis qu'au col de la vessie, ils forment en s'épaississant un fort muscle orbiculaire. La musculature part de la vessie, et se continue longitudinalement et circulairement, à travers les uretères, dans le bassin et jusque vers les calices. On aperçoit de même sous la muqueuse du canal de l'urèthre des deux sexes des muscles lisses longitudinaux et transversaux, qui présentent un développement moindre. On voit encore sur le canal de l'urèthre de l'homme et de la femme, en même temps que cette musculature lisse et à l'extérieur des fibres lisses, des faisceaux de muscles transversaux *striés en travers* (*musc. urethralis*). Il est à peine nécessaire de faire remarquer que la substance conjonctive de la membrane fibreuse externe et de la muqueuse forme un tout continu au moyen de prolongements délicats qui traversent les éléments contractiles.

Les *cellules de l'épithélium* recouvrent la surface interne des voies urinaires, elles sont disposées suivant plusieurs couches; la forme des cellules inférieures est arrondie; celle des supérieures est assez irrégulière, cependant la forme conique domine. Enfin, les cellules de la superficie sont grandes et pavimenteuses. En outre d'un noyau vésiculaire qui peut être aussi double, on distingue dans le contenu des cellules des granules particuliers à contours nets. Dans l'urèthre de la femme, les couches supérieures épithéliales se composent de cellules aplaties, et les couches inférieures de cellules allongées; dans l'urèthre de l'homme, les cellules supérieures prennent aussi la forme cylindrique.

— Les rapports histologiques intimes qui existent entre le glomérule vasculaire et l'extrémité élargie des canaux urinifères ne sont pas encore compris de la même manière par différents observateurs. Quelques-uns admettent que la capsule est simplement percée par les vaisseaux, ce qui ne me paraît pas exact; je crois au contraire devoir me ranger à l'opinion de Remak, d'après laquelle le glomérule serait porté par une substance conjonctive délicate qui lui est fournie dès son entrée dans la capsule par la paroi conjonctive du canal urinaire. Il est certain que cette opinion se rapproche beaucoup de ce qu'enseignent Bidder et Reichert, à savoir, que le glomérule n'est pas l'extrémité élargie du canal, mais une invagination de son extrémité borgne ; les travaux les plus récents de Remak sur le développement des reins plaident aussi en faveur de cette interprétation. Il a trouvé sur des embryons de mammifères que la pelote vasculaire se développe indépendamment du canalicule urinaire, et que ce n'est que plus tard que ce dernier se « soude autour » d'elle. Le canalicule, en rencontrant une pelote vasculaire, se dilate en s'invaginant, et cette espèce de coupe enveloppe peu à peu la pelote.

CHAPITRE XLIII

DE L'APPAREIL URINAIRE DES VERTÉBRÉS.

391. — *Canaux urinaires.* — Les canalicules rénaux des *mammifères*, des *oiseaux*, des *reptiles*, des *poissons*, ont à peu près le même diamètre (toutefois chez le *Proteus* ils me paraissent être plus larges que chez les autres animaux). Ils se composent de la *tunica propria*, conjonctive et homogène, et de l'*épithélium*, qui revêt toujours la surface interne, de telle sorte qu'il reste une lumière, à moins d'influences altérantes. On trouve le *contenu* des cellules dans des états très-différents : tantôt il est limpide ou légèrement troublé par quelques granules; tantôt il présente des grumeaux et des granulations jaunes, ce qu'on remarque très-fréquemment chez les amphibies et chez les poissons (les reins de la couleuvre à collier, par exemple, sont quelquefois complétement jaunes); parfois il est riche en points graisseux et en grosses gouttelettes de graisse. Chez les oiseaux et les poissons, des *boules graisseuses* et des *masses cristallines* remplissent parfois la lumière des canaux urinaires. J'ai vu chez l'*esturgeon* des masses allongées, foncées, en forme de boudins; elles occupaient la lumière des canaux urinifères sur de grandes longueurs, et se composaient de

grumeaux, pour ainsi dire stratifiés, à contours nets et à reflet graisseux. Chez les *poissons osseux* (*Leucisci*), de semblables amas graisseux ne se composaient que de grumeaux simples et arrondis, qui ne présentaient pas cette stratification particulière. Lorsque, chez les oiseaux, les dépôts cristallisés sont très-considérables dans la lumière des canaux urinifères, ces derniers produisent à l'œil nu, si le rein est intact, la même impression que s'ils avaient été injectés avec une substance blanc jaunâtre.

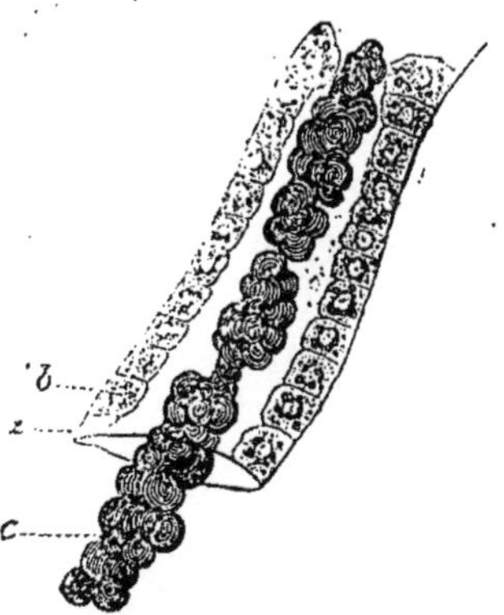

Fig. 228. — Du rein de l'*esturgeon*.

a. *Tunica propria* d'un canalicule rénal. — *b*. Les cellules épithéliales. — *c*. Les masses particulières, en forme de boudins, d'un éclat graisseux et d'un aspect stratifié, situées dans la lumière du canalicule. (Fort grossissement.)

Les cellules épithéliales des canalicules rénaux sont toujours dépourvues de cils chez les *mammifères* et les *oiseaux*, tandis que dans les

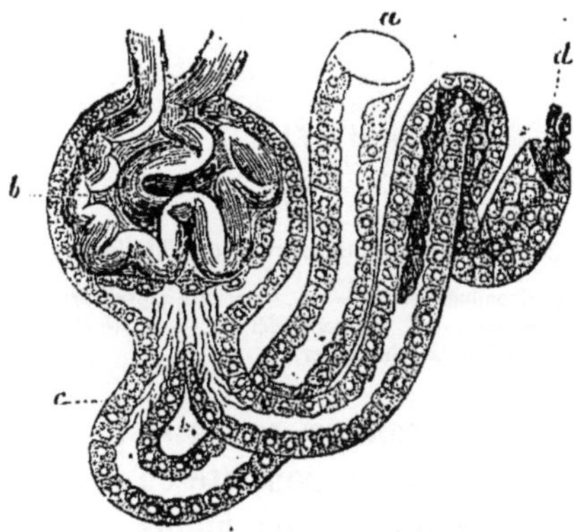

Fig. 229. — Du rein de la *tortue grecque*.

a. Deux canalicules qui forment une boucle, au sommet de laquelle se trouve un corpuscule de Malpighi *b*. — *c*. Cellules rénales vibratiles. — *d*. Concrétions urinaires.

deux classes inférieures des vertébrés, les *reptiles* et les *poissons*, une partie de ces cellules sont ciliées. Les *origines* des *reins*, chez les *batraciens* et les *sauriens*, sont aussi vibratiles, d'après ce que j'ai vu sur des larves de grenouilles et sur des salamandres, ainsi que sur des embryons de *Lacerta agilis* et d'*Anguis fragilis*. Chez les poissons, toutes les cellules, à l'exception de celles qui revêtent la capsule du glomérule, sont vibratiles; chez les reptiles, le *col* et le premier tiers du canalicule sont seuls vibratiles. Les cils sont d'une longueur considérable, notamment chez les sélaciens, mais en général chaque cellule paraît n'être pourvue que d'un cil : je le vois du moins ainsi chez la salamandre, les raies; chez la grenouille, où, dans des circonstances favorables, les cils paraissent très-longs, je crois avoir aussi reconnu que chaque cellule n'a jamais qu'un cil vibratile. Busch fait la même observation à propos des serpents (*Coluber*, *Vipera*).

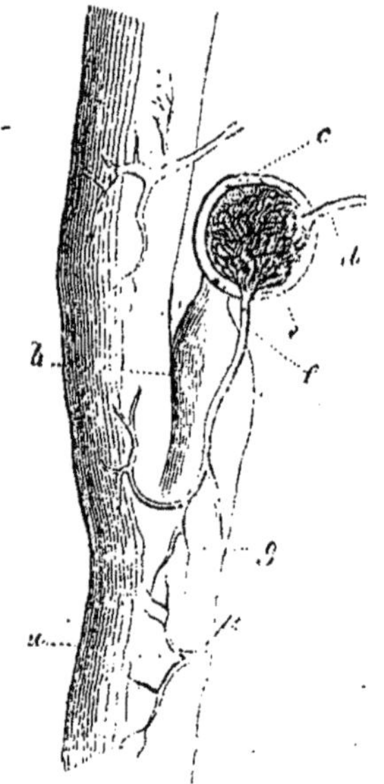

Fig. 230 — Fragment du rein du *Bdellostoma Forsteri*.

a. Uretère. — *b*. Canalicule rénal. — *c*. Extrémité capsuliforme. — *d*. Vaisseau afférent. — *e*. Glomérule. — *f*. Vaisseau efférent. — *g*. Réseau capillaire d'où naissent les veines rénales (d'après Joh. Müller).

392. — *Parcours des canaux urinaires.* — En considérant l'*arrangement* des canalicules, on constate en général, chez les poissons et les reptiles, un parcours plus ou moins sinueux; ils se terminent finalement, soit par un renflement sacciforme, soit en se bouclant, et ce n'est que le sommet de la boucle qui forme, en s'invaginant, la capsule du glomérule. Les reins si remarquables des *myxinoïdes*, dont

Joh. Müller nous a fait connaître la structure, méritent une mention toute particulière. Ils nous représentent en quelque sorte le schéma fondamental de la structure rénale. Le rein entier ne se compose ici que d'un seul uretère, lequel fournit de distance en distance des canalicules courts, qui vont en se rétrécissant de manière à former une sorte de col, et se terminent par un cul-de-sac, au fond duquel se trouve le glomérule vasculaire. Dans les reins des *autres vertébrés*, les canalicules urinifères sont plus nombreux, plus longs et tordus; mais toutes ces différences ne sont que des amplifications de ce qui est représenté dans le rein des Myxinoïdes (voy. la fig. 230).

Chez les divers vertébrés, les canalicules urinifères se disposent encore selon une certaine gradation, de telle façon qu'il faut considérer dans la masse rénale *une substance double*. Déjà, chez le *Petromyzon Planeri*, on voit à l'œil nu que le rein se divise en une partie externe et claire, et en une partie interne ou colorée; dans la première, les canaux urinaires suivent un parcours transversal assez régulier, en formant de légères ondulations, tandis que dans la partie colorée ils sont un peu plus tordus. Chez les *poissons* et les *reptiles*, les canalicules urinaires se réunissent en général pour former des canaux plus volumineux, sans s'être étirés et redressés préalablement; mais, chez les *oiseaux*, on voit déjà qu'un certain nombre de canalicules se réunissent en se redressant, et forment ainsi un faisceau, qui représente la première indication des pyramides rénales et qui débouche dans une branche de l'uretère. Ce n'est, en réalité, que chez les *mammifères* qu'on distingue une substance rénale double (corticale et médullaire) : en effet, tous les canalicules, après mille enchevêtrements, se réunissent pour former les faisceaux qui représentent ce qu'on appelle les pyramides, dont le sommet ou mamelon rénal est dirigé vers les calices. Le cheval et l'ornithorhynque forment une exception rare, en ce que leurs canaux débouchent dans un sillon. (Un examen exact du rein de l'éléphant serait très-intéressant, puisque, d'après Cuvier, cet animal ferait exception entre tous les mammifères : les deux substances du rein n'y seraient pas nettement séparées. Les seules traces de démarcation consisteraient en des raies blanchâtres rayonnant dans la substance rénale (laquelle est exceptionnellement d'une mollesse extrême) du mamelon vers la périphérie, dans le voisinage de laquelle elles se perdent). Du reste, chez le *casoar* (Meckel) et la *pintade* (E. H. Weber), les mamelons et les pyramides existent aussi. — La surface des reins des oiseaux et des tortues présente un aspect tout particulier. D'après mes recherches sur la *Testudo græca*, j'admettrais volontiers que cet aspect provient de ce que es lobules rénaux sont enchâssés les uns dans les autres. On voit là des circonvolutions rougeâtres, formées par les vaisseaux sanguins, qui apparaissent comme des cordons axiles au sein d'une masse gris jaunâtre enveloppante, laquelle est formée par les canalicules urinaires. Comme ici la sécrétion est très-dense, la substance des canalicules est d'un aspect panaché jaunâtre. On trouve fréquemment les reins des poissons osseux parsemés dans toute leur épaisseur de points noirs qui corespondent à des globules sanguins extravasés et transformés en granules pigmentaires.

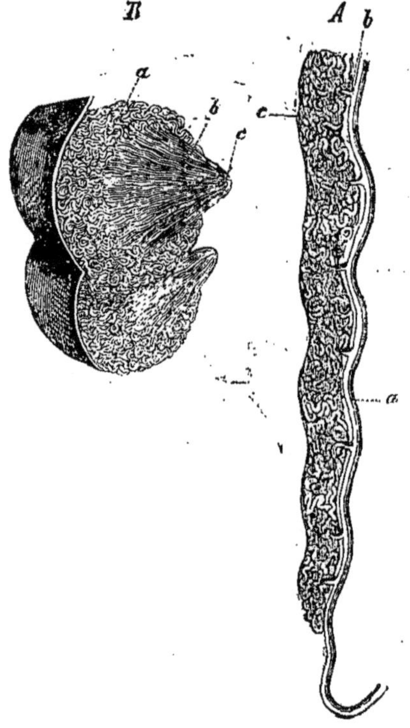

Fig. 231.

A. Fragment du rein de la *Cæcilia annulata*. (Grossissement faible.)

a. L'uretère. — *b*. Le conduit commun qui provient de chaque lobule de la substance rénale *c*.

B. Fragment du rein du dauphin. (Grossissement double.)

a. Substance corticale. — *b*. Substance médullaire d'un lobule rénal. *c*. Papille de ce lobule.

Les reins de quelques poissons osseux se distinguent encore par une particularité que je n'ai pu m'expliquer encore. Chez le *Salmo salvelinus, la portion la plus antérieure du rein ne contient plus de canalicules ;* et, bien qu'elle conserve à l'œil nu l'aspect du reste de la masse rénale, elle se compose d'un stroma conjonctif fort délicat, de vaisseaux sanguins, d'une grande quantité de pigment, lequel provient ici, comme ailleurs, de globules sanguins extravasés ; à ces éléments s'ajoutent encore des cellules rondes incolores, semblables à des globules lymphatiques, dont le noyau est simple ou en train de se segmenter, et qui constituent la plus grande partie de la masse. Une espèce de *Leuciscus*, que j'ai examiné à ce sujet, m'a présenté le même phénomène dans la masse rénale supérieure ; il n'y avait point de canalicules urinaires, mais bien des masses de cellules incolores et de granules brunâtres, ressemblant à des globules sanguins isolés. Du reste, un examen ultérieur m'a montré que dans le reste de l'organe les canalicules étaient placés dans une matière semblable. Même observation pour le *Cottus gobio* et l'*Esox lucius*.

393. — Chez quelques *batraciens* à queue (*Triton*, *Salamandre*, *Proteus*), des lobules isolés se détachent de l'extrémité antérieure du rein ; ils méritent plutôt le nom d'épididyme, puisqu'ils sont formés par les circonvolutions du conduit déférent. Chez la *Salamandre terrestre* et le *Proteus*, je n'ai pas rencontré, dans ces fragments antérieurs détachés de la masse rénale, les renflements ou capsules des canalicules, non plus que les glomérules, et ce n'est qu'à l'extrémité du rein proprement dit que ces formations apparaissaient. Chez le *Proteus*, les lobules rénaux isolés qui constituent l'épididyme ont une couleur blanchâtre, tandis que le reste de l'organe paraît rougeâtre ; cette différence de coloration concorde avec la différence de structure.

394. — *Glomérules*. — Les glomérules *vasculaires de Malpighi* appartiennent aux reins de tous les vertébrés ; cependant, dans les différentes classes de ces animaux, ils varient en nombre, en grosseur et dans leur mode de pelotonnement. Ils ne me paraissent pas être très-nombreux dans le rein du *Proteus ;* j'en dirai autant des *plagiostomes*, car, malgré la grande richesse vasculaire de l'organe en général, je n'ai pu compter que vingt glomérules environ par rein, chez une jeune *raie batis*. Dans d'autres groupes d'animaux, on les rencontre en quantité bien plus considérable. Quant à la *grosseur*, ceux des oiseaux peuvent être comptés parmi les plus petits, ceux des poissons et des mammifères sont plus grands : nous trouvons les plus gros chez les amphibies, et ceux du *Proteus* tiennent le premier rang. La partie antérieure du rein des larves de batraciens, qu'on appelle aussi *glande de Müller*, renferme le glomérule le plus volumineux ; relativement à sa position, ce glomérule présente ceci de particulier, qu'il n'est pas situé dans la partie élargie d'un canal, mais bien à côté de la glande de Müller et à son côté interne. Chez les poissons, les amphibies et les oiseaux, les glomérules me paraissent provenir exclusivement du *pelotonnement d'un seul vaisseau* à texture capillaire ; même chez les couleuvres, et principalement chez la *Coronella austriaca*, d'après Hyrtl, les glomérules seraient réduits çà et là à une simple courbure du vaisseau : cependant je ferai remarquer que dans cette dernière espèce j'ai trouvé de véritables glomérules pelotonnés, et un peu plus petits que ceux des grenouilles, dans les culs-de-sac élargis des canaux urinifères ; et Busch a vu (1) que le vaisseau présente encore ici des divisions. On peut dire d'ailleurs, d'une façon générale, que le corpuscule de Malpighi est formé, chez les mammifères, non-seulement par l'entrelacement et l'entortillement du vaisseau sanguin, mais aussi par ses *ramifications*.

Fig. 232. — Glomérule d'un mammifère (bœuf).

Les *globules de graisse digitiformes* qui sont en connexion avec les reins des batraciens sans queue présentent, selon la saison, des formes très-diverses. Lorsqu'on les examine en hiver, dans leur état ratatiné, on les trouve composés d'un tissu conjonctif vasculaire, dont les cellules arrondies ou corpuscules du tissu conjonctif sont très-nombreuses ; il est facile alors de constater aussi que dans chaque lobule un vaisseau sanguin remonte en serpentant (chez le *Cystignathus ocellatus*, ce vaisseau sort de la pointe du rein). A d'autres époques, les cellules du tissu conjonctif sont gonflées de graisse, ce qui donne au lobule une belle teinte jaune. Sa superficie est recouverte d'un épithélium. Il est probable que les lobules graisseux linéolés des *batraciens à queue* se comportent de la même manière.

395. — *Voies urinaires.* — Les *uretères*, ainsi que la *vessie* des vertébrés inférieurs, se composent de tissu conjonctif, lequel est recouvert intérieurement d'un épithélium pavimenteux. Chez les poissons et les reptiles, des *muscles lisses* apparaissent fréquemment dans les parois vésicales, et il est facile de reconnaître leur enchevêtrement en examinant les minces parois de la vessie des grenouilles, des crapauds, des tritons, etc. Dans le *Bombinator igneus*, les noyaux des muscles me

(1) *Müller's Archiv*, 1855.

paraissent être d'une longueur insolite. Les couches conjonctives externes peuvent aussi renfermer des dépôts plus ou moins considérables de *pigment*. L'uretère des batraciens, qui sert en même temps de conduit séminal, comme on sait, communique aussi, chez le mâle, avec le canal déférent du *corps de Wolf* (*glande de Müller*), lequel débouche dans l'uretère, tantôt plus haut, tantôt plus bas, suivant les espèces, et porte à son extrémité antérieure un orifice. Il se compose d'une membrane conjonctive, claire et homogène, et d'un épithélium qui est vibratile dans la portion supérieure, chez la *grenouille* et le *crapaud de feu;* en cet endroit, les cellules sont cylindriques, tandis qu'elles sont arrondies dans le reste du canal.

Jusqu'à présent on n'a pas encore entrepris des recherches histologiques sur les voies urinaires des oiseaux; quant aux mammifères, nous n'avons non plus qu'un petit nombre d'observations à notre disposition. Nos mammifères domestiques montrent, quant aux rapports de structure, une grande conformité avec l'homme : ainsi l'épithélium de l'uretère et de la vessie possède les granulations et les noyaux multiples que nous avons mentionnés plus haut à propos de l'homme; les *glandes de Littre* existent aussi dans l'urèthre (chez le bœuf, je les vois sous la forme d'arborisations, les extrémités borgnes étant un peu pelotonnées). L'urèthre de la *taupe* se présente d'une façon particulière. Sur la *portion membraneuse*, la couche musculaire, striée en travers du muscle uréthral, est très-forte ; au-dessous de celle-ci est placée une couche de muscles lisses également très-puissante, et ces deux couches sont en connexion avec celles de la vessie. Lorsqu'on coupe l'urèthre suivant sa longueur, on voit que vers la portion caverneuse il présente un renflement globuleux, et dans cette portion du conduit on reconnaît que la couche glandulaire de la muqueuse est très-développée. Les glandes sont de petits saccules ovoïdes à orifice arrondi, revêtus intérieurement de cellules finement granuleuses. La couche glandulaire se borne à l'espace élargi; au-dessus et au-dessous, la muqueuse paraît être dépourvue de glandes.

— Le résultat le plus important que notre époque ait obtenu dans l'anatomie microscopique du rein, consiste dans la découverte de la connexion de la capsule du glomérule avec le canal urinifère, et c'est Bowmann qui a fait cette découverte en 1842. Sans doute Joh. Müller avait reconnu, un an auparavant (1841), la structure du rein des *myxinoïdes*, et l'on peut dire qu'elle contient *in nuce* la structure rénale des autres vertébrés.

Comme l'épithélium des canalicules rénaux, chez les animaux les plus divers et dans le même rein, présente un contenu tantôt granuleux, tantôt clair, et comme leur calibre est plus ou moins large, quelques observateurs ont cru devoir distinguer deux espèces de canalicules : Mandl, par exemple, l'a fait pour la grenouille, et Patruban pour le rein de l'homme.

Chez les batraciens, les canaux déférents du testicule se trouvent dans une relation toute particulière avec les reins. Je renvoie pour ce fait à Bidder (1), à de Wittich (2) et à Leydig (3).

CHAPITRE XLIV

DU REIN DES INVERTÉBRÉS.

396. — Les organes urinaires des *invertébrés* paraissent former deux types généraux au point de vue de leur structure. Dans l'un des groupes, les reins sont formés de *canaux distincts*, dans l'autre ils se montrent à l'état de *formations caverneuses;* on observe la première forme chez les vers et les arthropodes, la seconde chez les mollusques.

Il a déjà été question plus haut des *reins* des vers, puisqu'ils sont constitués par ces mêmes canaux aqueux qui jusqu'à présent passaient pour des organes respiratoires, et qui portent à leur portion inférieure des cellules de sécrétion, ou bien encore des glandes autonomes. Chez les trématodes, ces canaux, qui sont connus sous le nom d'organe d'excrétion, renferment dans leur intérieur un exsudat granuleux ou cristallin, lequel présente d'après Gorup-Besanez, Will et Wagner, les réactions de la guanine.

397. — *Vaisseaux de Malpighi.* — Chez les *insectes*, les *arachnides* et les *myriapodes*, les vaisseaux de Malpighi représentent les organes urinaires. Les canaux sont simples chez presque tous les insectes et les myriapodes, plus rarement ils sont garnis vers leur extrémité borgne d'utricules courts, comme dans certains papillons, les sphinx, par exemple, et quelques coléoptères (*Melolontha*) ; chez les araignées, les vaisseaux de Malpighi se ramifient et débouchent à l'extrémité du canal intestinal dans un cul-de-sac lagéniforme. Considérés dans

(1) *Unters. üb. die Geschlechts. und Harnwerkzeuge der Amphibien*, 1846.

(2) *Beiträge zur morphologischen und histologischen Entwicklung der Harn-und Geschechtswerkzeuge der nackten Amphibien*, 1853.

(3) Leydig, *Anatomisch-histol. Untersuch. üb. Fische und Rept.*, 1853.

leur structure, ils sont toujours formés de la *tunica propria*, laquelle se transforme généralement vers sa partie externe en une substance conjonctive, plus molle, pourvue de noyaux et contenant des trachées; les *cellules de secrétion* sont appliquées contre sa partie interne. Celles-ci sont, soit des cellules petites, par exemple chez l'*Iulus terrestris*, soit des cellules grosses, même très-grosses, par exemple dans les *Formica, Bombus, Apis, Nepa*, etc., chez lesquels trois ou quatre cellules occupent tout le pourtour du canal. Chez le *Coccus hesperidum*, elles sont des vésicules tellement considérables, qu'elles n'occupent dans l'utricule urinifère qu'une seule rangée, d'où il résulte que, si elles sont bien développées, elles donnent au vaisseau de Malpighi un aspect noueux. Chez quelques papillons, les cellules sont souvent d'une grosseur extraordinaire.

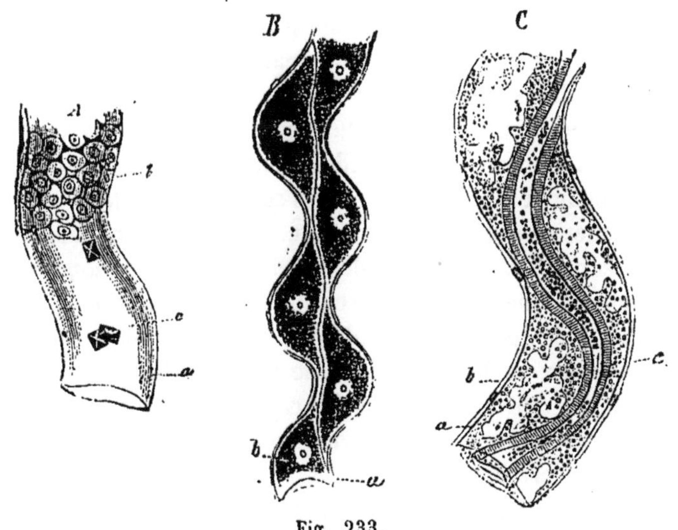

Fig. 233.

A. Vaisseau de Malpighi de l'*Iulus terrestris*.

a. *Tunica propria*. — *b*. Les cellules de sécrétion. — *c*. Cristaux urinaires.

B. Vaisseau de Malpighi du *Coccus hesperidum*.

C. Vaisseau de Malpighi de la *Phryganea grandis*.

a. *Tunica propria*. — *b*. Cellule de sécrétion avec des noyaux ramifiés. *c*. *Tunica intima*. (Fort grossissement.)

Le *noyau* des cellules urinaires est le plus souvent très-accentué, vésiculeux, avec un ou plusieurs, quelquefois même cinq nucléoles. Dans les cellules énormes des *lépidoptères*, le noyau peut se ramifier : c'est ce que l'on voit dans le *Colias brassicæ* et le *Papilio Machaon*, chez lesquels les prolongements du noyau sont courts et plats; chez le *Cossus ligniperda*, les noyaux sont allongés, ramifiés; quelquefois aussi les ramifications sont réunies entre elles en forme de réseau (Meckel).

Le *protoplasme* varie aussi : il peut être clair et homogène, ou formé de granulations pâles, par exemple chez l'*Iulus terrestris ;* plus fréquemment, ces granulations paraissent colorées, légèrement jaunâtres, comme chez l'*Æshne grandis*, le *Forficula auricularia*, le *Gryllus campestris*, la *Locusta viridissima*, la plupart des coléoptères, etc.; rougeâtres chez le stercoraire, chez le *Coccus ligniperda;* brunâtres chez le *Coccus hesperidum;* très-fréquemment blanchâtres chez beaucoup d'insectes et d'arachnides. La cellule peut être tellement garnie de granulations, qu'on n'aperçoive plus le noyau. Lorsque les cellules se dissolvent, la sécrétion s'accumule dans la lumière de l'utricule urinaire sous la forme de granules ou boules stratifiés ; elle se présente aussi fréquemment, notamment chez les araignées, à l'état de bouillie blanche, et se compose chimiquement d'acide urique et d'urates : chez les arachnides, on a aussi trouvé de la guanine. Il est plus rare qu'on observe des cristaux dans la lumière du vaisseau de Malpighi. J'ai trouvé des octaèdres incolores chez l'*Iulus terrestris*, mais en petite quantité. H. Meckel a décrit autrefois, chez la chenille du *Sphinx convolvuli*, des cristaux ayant la forme de pyramides quadrangulaires : les uns étaient d'une blancheur homogène, les autres composés de deux couches externes blanches et d'une interne rouge. J'ai rencontré aussi, dans la lumière des canaux urinifères de la chenille du *Bombyx rubi*, des cristaux octaédriques très-nombreux. (Puisque chez les invertébrés on peut voir avec quelque certitude que les urates constituent, sous la forme de cristaux et de concrétions, le contenu des cellules, on pourrait examiner de nouveau les reins des reptiles à écailles et des oiseaux, pour savoir si chez eux les cellules ne jouent pas un rôle chimique semblable dans la sécrétion urinaire.)

D'après H. Meckel, on ne trouve pas dans les vaisseaux de Malpighi une *intima* homogène semblable à celle qui, dans les glandes salivaires des insectes et dans le foie des crustacés, recouvre les cellules de sécrétion. (Voyez cependant sur cette question « l'appendice sur les organes urinaires des invertébrés », § 403).

398. — *Reins des crustacés.* — On n'est pas encore fixé sur les organes urinaires des *crustacés*. Actuellement, pour quelques naturalistes, le rein est cet organe vert, bien connu, de l'écrevisse de rivière, lequel est placé en arrière de la base des tentacules externes et dans la partie inférieure de la boîte, et se compose d'un canal pelotonné sur lui-même, avec une *tunica propria*, des cellules granuleuses et une lumière qui reste distincte ; on prétend aussi y avoir trouvé de la guanine. Je ne puis me ranger à cette interprétation, puisque je considère

la glande verte de cette écrevisse comme étant un organe analogue à ces glandes particulières « *glandes du test* » que l'on rencontre chez l'*Argulus*, les *Phyllopodes*, les *Daphnoïdes* et les *Cyclopides*. C'est sur l'*Apus* qu'on a découvert d'abord cet organe ; je l'ai décrit ensuite sur l'*Argulus*, chez lequel il forme un utricule glandulaire qui revient sur lui-même, puis sur l'*Artemia* et le *Branchipus*, chez lesquels il

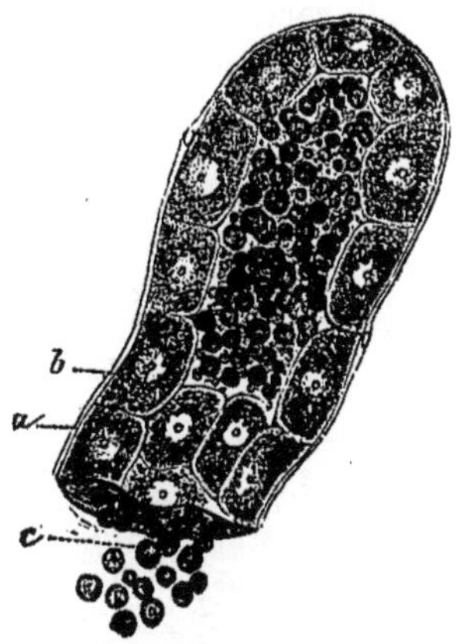

Fig. 234. — Fragment d'un vaisseau urinaire de l'*Ixodes*.
a. Tunica propria. — *b.* Cellules de sécrétion. — *c.* Concrétions urinaires. (Fort grossissement.)

forme un utricule roulé en zigzag et placé dans la bosse très-saillante qui se trouve en arrière des mandibules. Des recherches récentes m'ont montré que cet organe existe aussi chez les *Sida*, *Daphnia*, *Lynceus* et *Cyclops*, et qu'il se compose toujours d'un canal, tantôt simple, tantôt diversement pelotonné et terminé en cul-de sac ; j'ai, du reste, l'intention de revenir sur ce point en un autre lieu. Rien ne saurait prouver que les « glandes du test » que nous avons mentionnées représentent les reins ; de plus, ce qui combat encore cette opinion, c'est que sur des *larves de Cyclops* très-jeunes (voy. mes travaux sur les *rotifères*), on remarque dans un autre endroit du corps une sorte de sécrétion urinaire. On observe que l'intestin, vers l'extrémité postérieure du corps, porte à sa surface inférieure un renflement qui est occasionné par de grosses cellules claires, mais dont le contenu parait blanc à la lumière incidente, et noirâtre par transparence. C'est que le contenu de ces cellules forme des concrétions, comme celles qui existent dans les reins des autres invertébrés : ce sont des globules d'un jaune sale, qui, sous un fort grossissement, prennent un aspect stratifié ; l'acide acétique les attaque lentement, la solution de potasse les dissout. Lorsqu'on recherche sur un grand nombre d'individus la manière ultérieure dont se comportent les concrétions en question, il devient évident qu'elles s'émiettent peu à peu pour former une masse pulvérulente, et qu'elles disparaissent entièrement chez les larves qui sont plus développées (celles à quatre paires de pattes). Cette observation aurait pour but de nous faire chercher les reins des écrevisses dans « ces utricules borgnes, peu examinés jusqu'à présent, lesquels débouchent en divers endroits entre le pylore et le rectum, dans le canal intestinal ». Il y a longtemps que de Siebold les a considérés comme les appareils urinaires des crustacés.

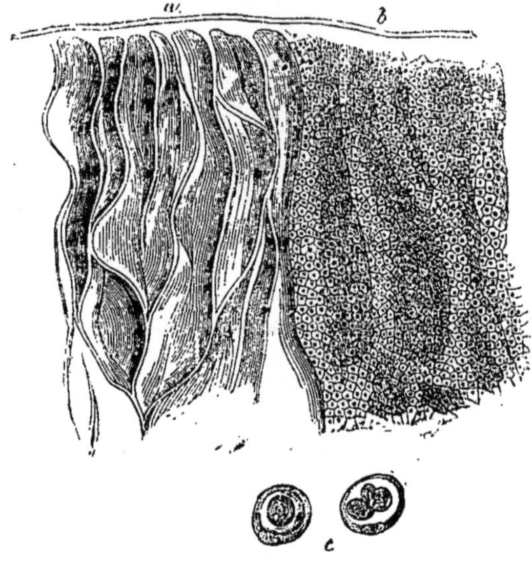

Fig. 235.—Fragment du rein de l'*Helix hortensis*, vu de dedans et à un grossissemen modéré.

En *a*, on voit les feuillets qui font saillie à l'intérieur et d'où l'on a détaché les cellules rénales ; en *b*, ces cellules recouvrent encore à l'instar d'un épithélium les saillies feuilletées. — *c*. Deux cellules rénales à un fort grossissement.

399. — *Rein des mollusques.* — Le rein de la plupart des *mollusques* est en général représenté par une formation glandulaire dont l'aspect est celui d'une poche caverneuse formée par un grand nombre de plis et de feuillets saillants. La charpente de l'organe se compose, soit simplement d'une substance conjonctive claire, qui renferme un grand nombre de cellules et de noyaux, comme dans les acéphales, les gastéropodes, et dans ce cas il est naturel que le rein ne puisse pas se contracter ; ou bien des muscles apparaissent dans le réseau trabéculaire conjonctif, ce que l'on constate chez les *ptéropodes* et les *hétéropodes*, ainsi que chez les *céphalopodes*. Le rein se montre alors contractile. Il me semble que la disposition des feuillets et des plis est

différente, selon que la charpente du rein est de structure musculaire ou non. Sur le rein de nos *Helix* du moins, les plis conjonctifs qui font saillie vers l'intérieur ont, il est vrai, une certaine hauteur, mais ils sont très-minces et disposés normalement dans les couches principales : par contre, j'ai vu sur le rein des céphalopodes que la charpente est formée de trabécules irrégulières et enchevêtrées. Les surfaces libres des cavités caverneuses sont revêtues de cellules de sécrétion, vibratiles chez les acéphales (*Cyclas*, *Unio*, *Anodonta*) et dépourvues de cils dans le reste des mollusques. Dans leur intérieur, et notamment, ainsi que H. Meckel l'a montré le premier, dans des *vésicules de sécrétion* particulières de ces cellules, les concrétions urinaires se présentent sous la forme de petits granules (chez les Najades, le *Lithodomus*, par exemple), qui grossissent et se transforment en globules testacés (chez les gastéropodes, on trouve aussi des formations cristallines) (1). De semblables dépôts urinaires donnent aux reins une couleur blanche, jaune, quelquefois verte (*Paludina vivipara*). Quoique l'organe lui-même ne soit pas vibratile, la vibratilité existe dans le canal excréteur, du moins chez les gastéropodes ; les cils y sont notablement plus longs que dans l'organe même. Chez le *Cyclas*, par exemple, on trouve que les cils des cellules de sécrétion sont d'une ténuité telle, qu'à vrai dire on ne les remarque que par leurs effets, tandis que dans le canal excréteur ils sont d'une longueur très-notable.

[Dans les *Cymbulia* et *Clio*, le rein n'est, d'après Gegenbaur, qu'une simple poche utriculaire, sans tissu spongieux ; il en est de même chez les *Phyllirrhoe*, *Polycera* et autres : chez ces animaux, cet organe reste en quelque sorte limité au même stade de développement que celui qu'il présente chez d'autres animaux (*Cyclas cornea*) dans la vie embryonnaire. Chez l'*Ostrea* et le *Mytilus*, le rein n'est pas un sac proprement dit (ce que l'on sait du reste depuis longtemps, et ce qui, de plus, a été confirmé par de Hesseling), comme chez les autres lamellibranches ; mais les cellules qui renferment les éléments de l'urine sont placées directement sur les veines qui pénètrent dans le cœur et sur l'oreillette. Le rein du *Teredo* est, d'après Frey et Leuckart, également représenté par « une couche noirâtre de l'oreillette ».]

400.— Quant à l'organe qui doit être considéré comme représentant le rein chez les échinodermes, c'est encore une question très-obscure. Je présume que chez l'*Echinus*, ce sont les *vésicules ambulacrales* qui

(1) Contrairement à l'opinion régnante, Schlossberger ne trouve pas d'acide urique dans les concrétions des reins des coquillages (*Annal. der Chim. u. Pharm.*, 93, 3) ; les principes minéraux de leurs concrétions sont surtout des terres phosphatées.

sont en rapport avec la sécrétion urinaire, et je m'appuie sur les raisons suivantes :

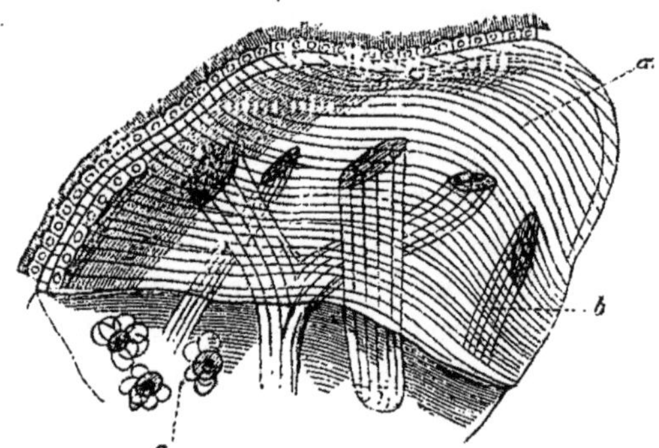

Fig. 236. — Vésicules ambulacrales de l'*Echinus esculentus*.

a. Les muscles de la cavité. — *b*. Les trabécules musculaires qui traversent la cavité de l'organe. — *c*. Formations cellulaires particulières qui sortent de leur intérieur.

Les vésicules ambulacrales ne sont pas de simples petites poches à paroi musculaire ; au contraire, comme je l'ai montré (1), l'espace intérieur est traversé par des faisceaux musculaires qui se réunissent en réseaux et constituent une espèce de tissu trabéculaire. Par conséquent, les organes en question seraient construits d'après le type des reins contractiles des mollusques. Il faut ajouter à cela que les éléments cellulaires qui se trouvent dans les cavités des mailles du tissu contiennent des corpuscules à contours nets, lesquels rappellent exactement les concrétions urinaires d'autres invertébrés ; enfin, comme du sang aqueux remplit leur intérieur, il y a concordance avec ce que nous savons sur ce point des reins des mollusques. Pour les reins des mollusques aussi, on pourrait justifier cette loi, à savoir, qu'ils ne sont que des « dépendances du système vasculaire », expression générale sous laquelle Joh. Müller a placé les vésicules ambulacrales.

401. — *Physiologie*. — Le rein a pour fonction physiologique d'expulser du corps les produits de décomposition dans lesquels se trouve l'azote des parties organiques. Il donne encore lieu, chez les vertébrés, à la sécrétion de grandes quantités d'eau, et il est hors de doute que les pelotes vasculaires de Malpighi sont en relation avec cette sécrétion.

Un sujet qui mérite encore des recherches soigneuses, c'est le rein des mollusques au point de vue de l'absorption et de la sécrétion de l'eau. Il est certain que l'on trouve un mélange d'eau et de sang dans les cavités du réseau trabéculaire du rein des gastéropodes, des ptéro-

(1) *Müller's Archiv*, 1854.

podes, des hétéropodes et des céphalopodes qui vivent dans l'eau, et probablement aussi chez les acéphales. Chez la *Paludina vivipara*, une grosse poche vibratile remplit ce but; elle débouche dans le rein par une ou deux ouvertures garnies de sphincters, tandis que l'extrémité antérieure de ce réservoir communique avec la cavité branchiale au moyen d'un petit trou également pourvu d'un sphincter. Chez les ptéropodes et les hétéropodes, le rein débouche directement en dehors; chez les acéphales, dans la cavité du manteau; dans les céphalopodes, la réunion s'effectue par ce qu'on appelle les cellules latérales qui débouchent au dehors. Mais il n'est pas encore positivement établi, et nous l'avons déjà signalé plus haut (voy. *Organes de la respiration*), si l'eau pénètre dans les reins directement du dehors, ou bien si l'eau sanguine est expulsée à travers le rein après avoir été épuisée, ce qui me paraîtrait être plus exact et plus en harmonie avec les rapports organologiques des vertébrés. La pénétration de l'eau fraîche dans les cavités sanguines du corps s'effectuerait alors par les canaux poreux de la peau.

Les cellules rénales des vertébrés ne paraissent jamais (?) renfermer des concrétions cristallines ou testacées, tandis que c'est le contraire qui a lieu chez un grand nombre d'invertébrés. Ce fait ne nous montre-t-il pas d'autre part que l'urine, non plus que toute autre sécrétion glandulaire, n'est point séparée du sang par simple filtration, mais que certains principes urinaires sont élaborés exclusivement dans les cellules rénales.

L'urine fraîche et normale des mammifères, des batraciens et de beaucoup de poissons ne referme pas d'éléments morphologiques; tout au plus y rencontre-t-on quelques gouttelettes de graisse isolées. Dans l'urine des oiseaux et des reptiles à écailles, des concrétions cristallines et des cristaux d'acide urique se forment en grande quantité, même dans l'intérieur des canaux urinaires : ils donnent à l'urine l'aspect blanchâtre d'une bouillie. Chez quelques poissons, les canaux urinaires contiennent, comme nous l'avons dit plus haut, des masses ovoïdes et stratifiées, d'un aspect graisseux; disons encore que j'ai rencontré dans la vessie du *Dactyloptera volitans*, de nombreux cristaux clairs, striés, disposés par groupes.

— Parmi les insectes, les espèces *Coccus*, *Kermes* et les *aphides* ne posséderaient pas les vaisseaux de Malpighi; j'ai cependant signalé leur présence dans le *Coccus hesperidum* (1). — Pour étudier les reins des mollusques, il importe de les faire macérer dans le bichromate de

(1) *Zeitschr. für wiss. Zool.*, 1853.

potasse. Les cellules se séparent alors facilement des plis, en conservant leur arrangement épithélial; il est facile aussi de suivre le parcours des plis et leurs liaisons. J'ai reconnu aussi, avec ce mode de préparation, dans les cavités rénales, des masses considérables de globules sanguins collés ensemble. Un parasite singulier séjourne dans les reins de nos *Helix*, souvent par centaines; il ressemble, à s'y méprendre, à des œufs en train de se segmenter. Ces formations énigmatiques sont décrites avec beaucoup de soin dans le traité *sur les parasites dans les reins de l'Helix*, par le docteur Hermann Kloss, dans les écrits de la Société de Senkenberg, à Francfort.

Chez les *anthozoaires* (*Actinia*, par exemple), on considère comme reins ce qu'on appelle les filaments du mésentère. Bergmann et Leuckart ne font que le supposer. Carus (*Syst. de morph.*) se prononce dans ce sens d'une façon plus précise. — Kölliker a décrit chez le *Porpita*, du groupe des *acalèphes*, un rein qui se présente comme une plaque laiteuse, et se compose d'un fin tissu spongieux dont les cavités sont remplies en grande partie de granules cristallins foncés, qui paraissent être de la guanine. Carus croit avoir reconnu cette même matière dans les cellules des filaments mésentériques des polypes, ainsi que dans les utricules anaux des astéries et dans l'organe de Cuvier des holothuries (*loc. cit.*, § 121). — Chez les ascidies (dans le *Phallusia*, par exemple, que j'ai moi-même étudié), on observe, dans la masse glandulaire qui entoure le tractus, des vésicules closes qui contiennent des concrétions d'une grosseur considérable. Bien qu'il soit naturel de rapporter ces vésicules à un organe urinaire, il faut attendre sur ce point de nouvelles recherches.

APPENDICE POUR SERVIR A L'ÉTUDE DU REIN DES INVERTÉBRÉS.

402. — Les paragraphes qui précèdent avaient été écrits tels qu'ils viennent d'être développés, lorsque j'entrepris encore une fois l'examen des vaisseaux de Malpighi, et je rencontrai des faits qui suscitèrent en moi des doutes sur ce que l'on admet généralement aujourd'hui, à savoir, que ces vaisseaux ne doivent être considérés que comme des vaisseaux urinaires. Au contraire, ce que je vais exposer montrerait qu'il existe deux sortes de vaisseaux de Malpighi, dont les uns représentent les vaisseaux urinaires, et les autres les vaisseaux biliaires.

C'est sur un *grillon-taupe* (*Gryllo-talpa*) que mon attention se fixa d'abord. Je reconnus, dans un faisceau volumineux de vaisseaux de Malpighi, que les uns avaient un *aspect jaunâtre*, et que les autres étaient *blanchâtres;* ils étaient d'ailleurs fort différents au point de vue microscopique. Ces derniers, moins nombreux, présentaient dans leur intérieur des concrétions très-volumineuses, dont la grosseur augmentait de la pointe à l'orifice du canal; elles étaient arrondies, ovales ou en forme de biscuit; elles se rapprochaient encore de la forme acineuse. Elles donnaient aux canaux leur aspect blanchâtre, tandis que, vues par transparence, elles étaient brun noirâtre, ressemblant ainsi aux petites concrétions des reins des limaçons. Leur aspect foncé disparaissait après addition d'une solution de potasse, et il ne restait qu'une capsule pâle à parois épaisses, ayant conservé la forme de la concrétion. La capsule, vue d'en haut, était ponctuée, son profil linéolé; ce qui donnait lieu de croire à la présence de canaux poreux. Les cellules de sécrétion de ces canaux renfermaient des granulations pâles; la *tunica propria*, homogène, se transformait à l'intérieur en une couche délicate et nucléaire.

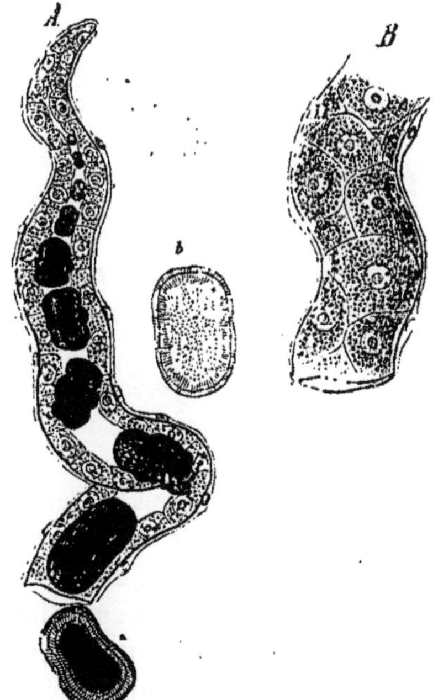

Fig. 237. — Les deux sortes de vaisseaux de Malpighi du *grillon-taupe.*

A. Les blancs. — *a.* Les concrétions. — *b.* Une de ces concrétions après avoir été traitée par une solution alcaline.

B. Les vaisseaux de Malpighi jaunes. (Fort grossissement.)

Les vaisseaux de Malpighi *jaunes*, les plus nombreux, présentaient bien cette même tunique propre, qui se divisait en une couche intérieure homogène et une couche extérieure délicate et nucléaire ; mais les cellules de sécrétion renfermaient des granulations jaunâtres qui résistaient à l'action de la potasse. Il n'y avait pas ici trace de concrétions. Sur des individus jeunes et longs d'un demi-pouce, on parvient déjà très-facilement à reconnaître la différence qui existe entre les deux espèces de vaisseaux : dans ce cas, les concrétions des canaux blanchâtres sont naturellement plus petites que chez l'animal adulte.

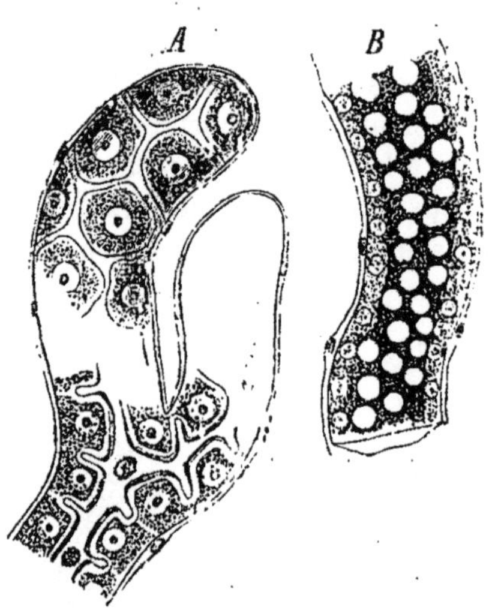

Fig. 238. — Les deux espèces de vaisseaux de Malpighi du hanneton.
A. Les jaunes. — B. Les blancs. (Fort grossissement.)

Chez le *hanneton* (*Melolontha vulgaris*), cette différence entre les vaisseaux de Malpighi est aussi très-manifeste. Les uns sont les vaisseaux *empennés*, bien connus, dont les canaux latéraux sont simples ou bifides, ou même de la forme d'un bois de cerf. Ces vaisseaux sont, à l'œil nu, de couleur *claire* ou *légèrement jaunâtre ;* mais il existe une seconde espèce de canaux, qui sont de *couleur blanche*, et non empennés. Leur structure histologique est aussi différente : les cellules de sécrétion des canaux jaunes renferment des granulations pâles ou jaunes, et elles sont revêtues par une membrane épaissie, sorte de cuticule ou d'*intima*, mais d'une mollesse telle qu'elle se dissout même dans l'acide acétique ; dans l'intérieur du canal, on rencontre aussi des globules granuleux et jaunes qui rappellent la sécrétion du foie. Dans les vaisseaux de Malpighi *blancs*, on retrouve comme contenu cellulaire la même masse granuleuse foncée qui se dissout dans une solution de potasse, en quantité telle que l'on n'aperçoit que les noyaux.

La *cétoine dorée* possède également deux espèces de vaisseaux de

Malpighi : les uns, blancs à l'œil nu, présentent au microscope la même structure que les canaux blancs des hannetons ; les autres, d'un aspect clair, ne renferment dans les cellules de sécrétion qu'un contenu granuleux légèrement jaunâtre.

La *Phryganea grandis* se distingue pareillement par ses « canaux urinaires ». Les uns sont d'un calibre beaucoup plus fort que les autres ; et, tandis que ceux d'un diamètre moindre ne renferment que des cellules de sécrétion, petites, à noyau rond, les gros vaisseaux présentent au contraire des cellules énormes avec des noyaux ramifiés. L'acide acétique rend d'excellents services dans leur examen. Nous avons en outre constaté l'existence d'une *intima* qui présente des linéaments perpendiculaires, qu'on peut attribuer à la présence de canaux poreux (voy. la figure 227, *c*.) (1).

En outre de plusieurs autres insectes qui possèdent des canaux à granulations blanchâtres et jaunâtres, la *Blatta lapponica*, par exemple, j'ai remarqué la chenille du *Gastropacha lanestris*, et les coléoptères du genre *Carabus auratus*. Dans cette chenille, il était facile de voir, à un premier examen, les deux espèces de « canaux urinaires », les uns clairs ou d'une nuance jaunâtre, les autres d'une blancheur très-vive. Au-dessus des cellules des premiers, on voyait une espèce de cuticule délicate à stries normales (*hanneton* et *Phryganea grandis*) ; le contenu foncé des canaux blancs se composait de cristaux ; toutefois je crois avoir reconnu que les *deux sortes de canaux formaient un tout continu*. Le canal jaunâtre représente la portion postérieure borgne, laquelle, se dirigeant sur le canal intestinal d'arrière en avant, forme une boucle en revenant sur elle-même, pour déboucher ensuite par sa portion blanche dans l'intestin. Sur cette chenille, ainsi que sur quelques autres (*Saturnia carpini*, par exemple), on voit de distance en

(1) Le docteur Auguste Weitzman, de Fribourg, a étudié le développement postembryonnaire des Muscides, et, dans ce qui se rapporte à l'étude de la larve, il dit ce qui suit (*Zeitschr. f. w. Zool.*, t. I, f. 3, 1864, p. 200) : « Les *vaisseaux* de Malpighi se trouvent ici, comme dans tous les diptères, au nombre de quatre ; deux d'entre eux s'ouvrent toujours par un canal excréteur commun dans le commencement de l'intestin. Que pendant toute la vie de la larve ces deux vaisseaux fonctionnent comme le rein, cela ne peut être douteux. En effet, dans la larve nouvellement éclose, on trouve les cellules colorées en jaune, et dans l'intérieur des vaisseaux se montrent des groupes de concrétions semblables à des globules de graisse, jaunes, mais foncées par transparence, et formées par une substance inorganique. « Qu'il existe encore dans ces canaux une sécrétion d'un liquide analogue à la bile, ainsi que l'admet Leydig, je ne trouve rien ici qui me le prouve. » On remarquera que l'auteur de ce travail ne se prononce pas d'une manière absolue contre l'opinion de Leydig. Du reste, dans la suite de son exposé, il est facile de reconnaître que, dans tous les points, il a vérifié les faits avancés par Leydig ; peut-être n'a-t-il pas été aussi hardi à les interpréter.

distance des cordons délicats placés sur les vaisseaux de Malpighi ; je considère ces cordons comme des nerfs : ils s'insèrent toujours par une base triangulaire élargie, laquelle renferme des cellules (ganglionnaires) fusiformes, que l'on rencontre déjà à une certaine distance de cette base.

Dans le *Carabus auratus*, je n'ai pu constater qu'*une espèce* de vaisseaux de Malpighi ; mais l'examen histologique m'a montré qu'il existe dans un même canal deux sortes de sécrétions parfaitement distinctes, et qui consistent, l'une en granules rouge brun, et l'autre en granules noirâtres. La première a lieu dans les cellules, la seconde autour des cellules.

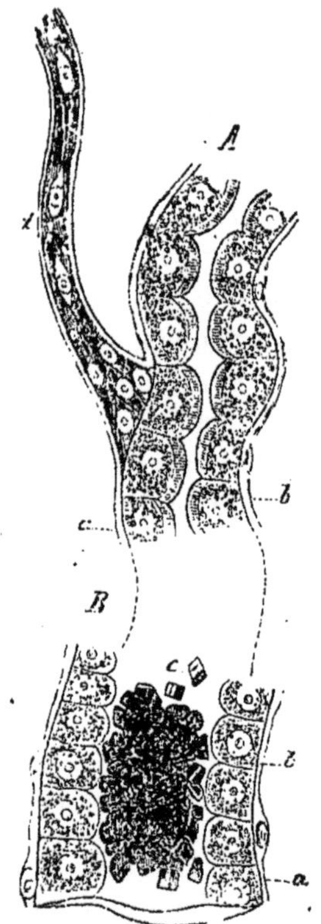

Fig. 239. — Vaisseau de Malpighi du *Gastropacha*.

A. La portion antérieure jaune. — *B*. La portion postérieure blanche.
a. *Tunica propria*. — *b*. Cellules de sécrétion. — *c*. Sécrétion cristalline. — *d*. Nerf.

403 — Les observations que je présente ici, et qui m'appartiennent, sont encore peu nombreuses, si l'on envisage le monde des insectes. Jusqu'à présent je n'ai pas recherché d'une manière spéciale en quels

points les vaisseaux de Malpighi débouchent dans l'intestin. Toutefois ces observations peuvent m'autoriser à dire que dans les canaux de Malpighi, il se sécrète à côté de l'urine une autre matière qui est probablement de nature biliaire. Les canaux *jaunâtres* me semblent représenter les *vaisseaux biliaires*, et les *blancs*, les *vaisseaux urinaires*. Cette opinion paraît, au premier abord, être en opposition avec cette observation, à savoir, que, dans quelques insectes, ces deux sortes de canaux peuvent appartenir au même vaisseau ; mais je rappellerai ici certains mollusques, chez lesquels le rein est aussi intimement lié au foie. Dans le *Thetys*, par exemple, dont j'ai disséqué autrefois plusieurs individus vivants, si je consulte les dessins que j'ai faits à cette époque, je vois que le foie brun présente une enveloppe blanc jaunâtre. Cette enveloppe peut être morphologiquement considérée comme le rein : elle se compose d'utricules échancrés, on pourrait dire aussi d'aréoles, dans lesquels on retrouve les cellules ordinaires urinaires des limaçons. Les concrétions stratifiées et foncées étaient placées dans ces cellules, soit isolément, soit par tas, et cela dans des vésicules de sécrétion particulières. Mais ce qui mérite encore d'être mentionné d'une manière toute particulière, c'est que la charpente aréolaire du foie était la même que celle du rein, et que ce dernier semblait n'être, à vrai dire, que la portion périphérique du foie. Chez les *Planaires*, dans les anses intestinales que l'on peut considérer comme représentant le foie, je vois aussi des cellules à contenu foncé et brunâtre (blanc à la lumière incidente), de forme granuleuse, et ressemblant aux concrétions urinaires.

— Autrefois, on le sait, on considérait tous les vaisseaux de Malpighi comme des organes dont la fonction était de sécréter la bile. Mais plus tard, lorsqu'on y rencontra l'acide urique, on les prit pour les reins. Il est vrai de dire que des voix isolées s'élevèrent à cette même époque, pour se prononcer dans le sens que j'affirme aujourd'hui. Comme chez plusieurs insectes (voy. les travaux de Ramdohr, de Meckel et de Léon Dufour, etc.), les canaux en question plongent dans l'intestin en deux endroits différents, il semblait aux morphologistes anciens qu' « une partie de leur contenu servait à la digestion comme bile, et que l'autre était expulsée à l'état d'excrément (urine) » (G. Carus). Et même Strauss-Dürkheim, dans son *Anatomie du hanneton*, sépare, en outre des quatre vaisseaux ordinaires qu'il considère comme vaisseaux biliaires, deux vaisseaux urinaires « qui débouchent probablement à l'extrémité de l'intestin ». Cette distinction trouve une certaine confirmation dans les développements qui précèdent. De Filipi a été aussi amené à conclure que, selon les circonstances, les fonctions hépatique et rénale peuvent appartenir au même organe. En effet, chez le *Bombyx mori*, l'estomac présente une structure villeuse, et les vaisseaux de Malpighi sont des cylindres lisses ; dans le *Sphinx nerii*, l'estomac est lisse, et les vaisseaux de Malpighi sont villeux ; et comme une différence analogue existe entre les carabes carnivores et les hannetons herbivores, cet auteur a conclu que la fonction du foie et des reins dépend, suivant les circonstances, d'un seul organe (1).

CHAPITRE XLV

DES ORGANES SEXUELS DE L'HOMME.

404. — Les *organes sexuels qui préparent le germe* proviennent du feuillet blastodermique moyen (Remak) ; la formation de tout l'appareil sexuel est originairement le même chez les deux sexes ; ce n'est que peu à peu que les parties se développent d'après la différence des sexes, et là-dessus reposent les grandes variations ultérieures.

Les organes de la reproduction de l'homme comprennent, premièrement, les parties qui sécrètent le sperme, le conduisent et le transportent dans les parties de la femme, et deuxièmement, les glandes sexuelles accessoires.

405. — *Enveloppes du testicule.*—L'organe proprement dit de l'appareil sexuel de l'homme se compose des *testicules*, qui sont enveloppés par trois couches membraneuses, sans compter la peau extérieure. Celle qui repose immédiatement au-dessous du tégument externe est la *tunica dartos*, se composant de tissu conjonctif, dans lequel sont entrelacés des faisceaux de muscles lisses en forme de réseau et en si grande quantité, que le tissu conjonctif et les fibres élastiques semblent perdre leur caractère, et que cette membrane ressemble plutôt à une *membrane charnue*. Vient ensuite la tunique vaginale commune (membrane d'enveloppe commune du testicule) ; elle est exclusivement représentée par du tissu conjonctif et des fibres élastiques, et située entre la *tunica dartos* et la *tunica vaginalis propria;* sur le testicule même, le tissu conjonctif s'épaissit en forme de membrane, tandis que, vers le haut, il devient plus lâche et se continue avec le *fascia transversalis*. Sur le côté extérieur de cette membrane se répandent des faisceaux striés en travers, qui appartiennent au *cremaster*, et par lesquels le

(1) *Schaum's Ber. in. d. Entomol*, 1850.

testicule est attiré en haut vers l'abdomen, tandis que sur le côté interne, à la surface postérieure et à l'extrémité inférieure de l'épididyme (d'après Kölliker), une couche de muscles lisses rend cette membrane contractile. Au-dessous de la *tunica vaginalis communis*, se trouve la *tunica vaginalis propria*, membrane séreuse, qui entoure immédiatement le testicule. Comme toute séreuse, elle se compose d'un stratum conjonctif, dont les surfaces libres sont revêtues d'un épithélium pavimenteux. Luschka a montré que l'enveloppe séreuse du testicule se termine, notamment sur les bords tranchants de l'épididyme, par des prolongements villeux de grosseur variable.

406. — *Tissu conjonctif du parenchyme du testicule.* — Dans la formation de la substance du testicule, comme dans celle des autres glandes, interviennent pour leur part le tissu conjonctif vasculaire et nerveux, ainsi que les cellules de sécrétion, et cela de la manière suivante. Le tissu conjonctif délimite directement tout l'organe, sous la forme d'une membrane blanche, rigide et épaisse, la *tunica albuginea*, qui se répand dans l'intérieur en donnant naissance au parenchyme conjonctif du testicule; en même temps elle constitue une charpente trabéculaire plus forte, par laquelle la substance du testicule se trouve divisée en lobules nombreux et piriformes.

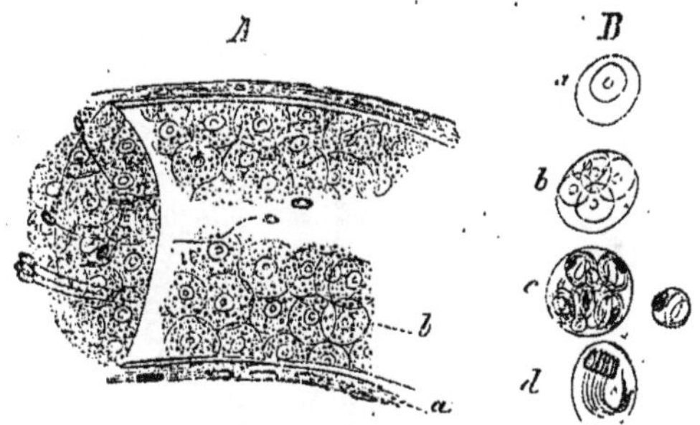

Fig. 240.

A. Fragment d'un canalicule séminifère.

a. *Tunica propria*; on distingue la couche interne homogène et la couche externe, linéolée, nucléaire. — b. Cellules séminifères.

B. Cette figure représente comment les zoospermes se forment dans les cellules séminifères.

a. Jeunes cellules. — b. Les noyaux sont multipliés. — c. Dans les noyaux naissent les zoospermes, lesquels sont encore enroulés, — d. Les zoospermes sont libres dans la cellule mère.

Parmi les cloisons conjonctives, une d'elles se distingue par un développement particulier. Partie du bord postérieur du testicule, elle pénètre dans l'intérieur de l'organe : elle est connue sous le nom de

(1) Virchow, *Arch.*, Bd. VI, *üb. d. Appendiculargebilde des Hodens.*

corps d'Highmore. Vers elle concourent tous les autres *septa*, et c'est pour cela aussi que les pointes de tous les lobules se dirigent vers le corps d'Highmore. Dans l'intérieur de chaque lobule, le tissu conjonctif sert à former la *tunica propria* des canalicules séminifères : à son côté externe, par lequel elle se réunit au tissu conjonctif interstitiel, cette membrane présente des stries longitudinales, tandis que, du côté interne, elle est complétement homogène. Dans le *rete testis* qui se trouve dans le corps d'Highmore, la *tunica propria* des canalicules séminifères ne peut être séparée à l'état de formation autonome du tissu rigide conjonctif qui enveloppe le corps d'Highmore ; au contraire, ainsi que nous l'avons fait remarquer plus haut à propos de plusieurs vaisseaux, les canalicules séminifères se circonscrivent dans le tissu conjonctif solide, à l'état de *canaux creux restiformes*. Dès que le tissu conjonctif intermédiaire reprend plus de mollesse, par exemple dans les *coni vasculosi*, on retrouve une *tunica propria* proprement dite. Dans la portion descendante de l'épididyme, des muscles lisses paraissent envelopper la *tunica propria* longitudinalement et transversalement.

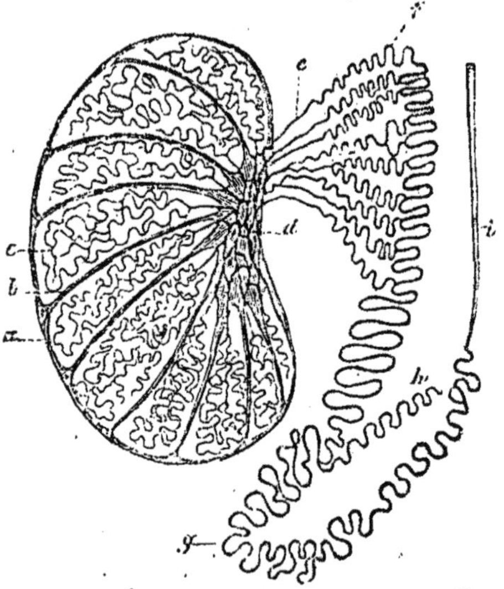

Fig. 241. — Schéma qui représente la disposition et le trajet des canaux séminifères.

a. Tunique albuginée. — *b*. Septa qui pénètrent dans l'intérieur et se réunissent dans le corps d'Highmore. — *c*. Lobules des canaux séminifères. — *d*. Réseau de Haller. — *e*. *Vasa efferentia*. — *f*. *Coni vasculosi*. — *g*. Vaisseau déférent. — *h*. *Vas aberrans* de Haller.

407. — *Trajet des canaux séminifères.* — Pour décrire en peu de mots la disposition et le trajet ultérieur des *canaux séminifères*, disons

qu'un ou plusieurs canaux constituent par leurs sinuosités et divisions les divers lobules. De la pointe des lobules, ces canaux pénètrent dans le corps d'Highmore, et forment en se réunissant un réseau qu'on appelle *réseau de Haller*. De l'extrémité supérieure de ce réseau partent les *vasa efferentia*, c'est-à-dire sept ou huit canaux plus forts qui traversent l'albuginée, et, par mille sinuosités, forment ce qu'on appelle les *coni vasculosi* de Haller, dont l'ensemble est aussi désigné sous le nom de tête de l'épididyme. Peu à peu les canaux des *coni vasculosi* se fusionnent en un seul vaisseau, qui forme le corps et la queue de l'épididyme, d'où se détache généralement, et avant le commencement du canal déférent, une branche latérale en tire-bouchon (*vas aberrans* de Haller).

408. — *Cellules séminifères et zoospermes.* — Les cellules à sécrétion, qui remplissent les canalicules séminifères, présentent, suivant l'âge, un contenu différent. Avant la puberté, elles ne se distinguent pas des autres cellules indifférentes; avec la maturité sexuelle elles deviennent de grosses vésicules, dans l'intérieur desquelles apparaissent des vésicules filles, chacune avec un *nucleus*. Ces vésicules produisent les *zoospermes*, ou ce qu'on appelle les animalcules spermatiques. Ce sont exclusivement de petits organes filiformes qui ont une extrémité épaissie, en forme d'une poire aplatie, appelée tête ou corps; la partie linéaire, qui se termine en pointe, s'appelle queue. Dans le milieu de la tête on remarque une tache claire, provenant d'une légère dépression. La *formation* des *zoospermes* a lieu par la transformation des noyaux des vésicules filles en têtes de *zoospermes*, par la disparition consécutive des granulations de ces vésicules, et la disposition sinueuse de l'appendice caudal.

Un *zoosperme* prend ainsi naissance dans l'intérieur de chaque vésicule fille; après la dissolution de la membrane enveloppe, ce zoosperme devient libre dans l'intérieur de la cellule mère, dont tous les produits se disposent ensuite en faisceaux réguliers, de sorte que les têtes se juxtaposent et que toutes les queues se courbent dans la même direction. Plus loin, vers le réseau de Haller, la membrane de la cellule mère disparaît à son tour, et alors le paquet des *zoospermes* devient complétement libre, et les corps se séparent.

Un phénomène particulier que présentent les *zoospermes* mûrs consiste dans leurs mouvements : ce sont des oscillations et des torsions de la queue, d'où résulte une sorte de locomotion. Comme la tête reste toujours dirigée en avant, on croirait qu'il existe des mouvements volontaires; aussi appelait-on autrefois les éléments du sperme des animalcules spermatiques. Il est difficile d'établir quelque chose de général sur la durée de ces mouvements ; on les a trouvés parfois sur des cadavres d'un à deux jours, quoique cependant affaiblis. Parmi les différents liquides qui agissent sur les mouvements des éléments spermatiques, il faut principalement citer les alcalis caustiques, qui excitent les *zoospermes*, et déterminent en eux de nouveau des mouvements vifs, même après leur mort apparente. La première observation de cette sorte appartient à Quatrefages (1850), qui expérimenta sur les *zoospermes* de l'*Hermella ;* dernièrement Kölliker a multiplié ces expériences (1).

Les opinions que l'on a émises sur la nature des *zoospermes* (découverts par Hamm et Leuwenhoeck (1637), ont bien varié dans la suite des temps. Dans le principe, on voyait en eux le germe préexistant de l'animal ; puis on admit plus généralement qu'ils pouvaient être des parasites du sperme à existence individuelle ; actuellement, on accepte partout que les zoospermes sont des formations élémentaires spécifiques du sperme, opinion qui d'ailleurs fut émise autrefois. Ainsi déjà, par exemple, Czermak, en 1833, déclara qu'il considérait les animalcules spermatiques comme des parties du sperme analogues aux corpuscules du liquide sanguin.

Dans l'âge avancé, où la formation des éléments spermatiques devient plus rare et peut de même manquer complétement, les cellules de sécrétion des canalicules du testicule subissent une métamorphose graisseuse plus ou moins imparfaite, c'est-à-dire que les cellules auparavant remplies de granulations pâles ne renferment plus que des granulations graisseuses.

Puisque la formation des zoospermes se fait seulement dans les cellules qui remplissent les canalicules séminifères, il faut considérer les cellules qui limitent la lumière des canalicules du réseau de Haller, des *vasa efferentia*, de l'épididyme, comme de simples cellules épithéliales. Depuis peu, Becker a observé que les canalicules séminifères présentent à la tête de l'épididyme un épithélium vibratile, qui commence au milieu des *coni vasculosi* et ne se change en épithélium cylindrique ordinaire que dans le corps de l'épididyme (2).

409. — *Vaisseaux et nerfs.* — Les *vaisseaux sanguins* du testicule, lesquels sont relativement peu développés, proviennent de l'artère spermatique interne, et se tiennent dans les cloisons de la charpente conjonctive ; l'épanouissement vasculaire maximum a lieu par conséquent dans la tunique albuginée et dans les cloisons qui de là

(1) *Zeitschr. für wiss. Zool.*, 1855.

(2) *Wiener med. Wochenschr.*, XII, 1856.

pénètrent dans l'intérieur de l'organe (le corps d'Highmore compris) ; les ramuscules, ainsi que les capillaires cheminent dans le tissu conjonctif situé entre les canalicules et la *tunica propria* de ces derniers.

Les *vaisseaux lymphatiques* du testicule sont, d'après Panizza et Arnold, très-nombreux. Les quelques *nerfs* qui se distribuent au testicule accompagnent les artères.

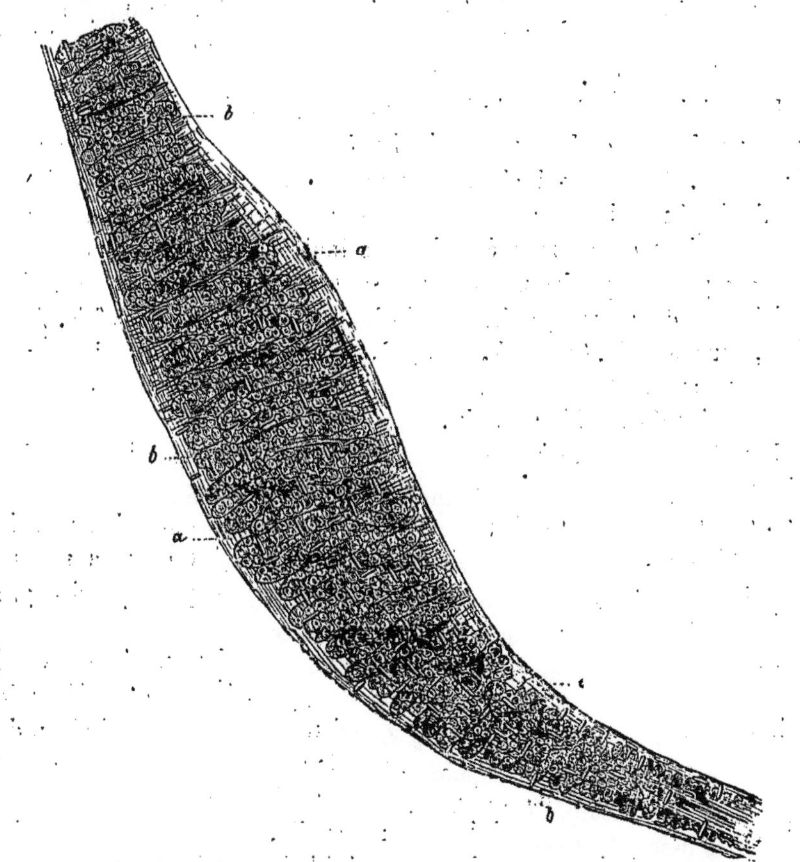

Figr 242. — Extrémité renflée du conduit déférent du *Mustela erminea*.

a. La musculature lisse. (On n'a pas représenté tous les noyaux que, dans la réalité, les muscles lisses renferment.) — *b*. Les glandes, qui atteignent leurs plus grandes dimensions au milieu du renflement, et qui vont en diminuant vers l'extrémité.

410. — *Conduits déférents.* — Les *conduits déférents* (*vasa deferentia*) présentent la même structure que les gros canaux de l'épididyme. La *tunica propria* donne naissance, du côté interne, à une membrane muqueuse, dans laquelle se trouvent beaucoup de réseaux élastiques ; elle forme des plis longitudinaux qui deviennent plexueux vers la portion la plus inférieure du conduit, semblablement à ce qui se passe dans la

vésicule biliaire. A son côté externe, la muqueuse est enveloppée d'une musculature très-forte, formée de fibres lisses qui recouvrent son *stratum* conjonctif, sur laquelle on distingue deux couches extérieure et intérieure longitudinales, et une couche moyenne circulaire; cette dernière est la plus puissante. On s'est convaincu, par l'excitation galvanique appliquée à des suppliciés, que les *vasa deferentia* peuvent se raccourcir et se rétrécir d'une manière très-notable. A l'extérieur, le conduit déférent présente encore une enveloppe conjonctive, laquelle communique à travers la musculature avec le *stratum* conjonctif de la muqueuse. La partie inférieure du conduit est très-riche en nerfs.

Vésicules séminales. — Les *conduits éjaculateurs* et les *vésicules séminales* présentent la même structure que les conduits déférents; c'est-à-dire qu'ils sont extérieurement et intérieurement de nature conjonctive, et dans la partie moyenne, de nature musculaire. La couche musculaire est cependant ici moins forte que dans les conduits séminifères; en outre, dans les vésicules séminales, la muqueuse forme généralement de petits plis saillants et plexueux; et comme l'épithélium se continue dans les dépressions ainsi formées, on pourrait considérer ces espaces comme de grosses glandes, d'autant plus que sans doute le liquide clair et gélatineux après la mort, renfermé dans les vésicules séminales, est le produit sécrété par la muqueuse. Des zoospermes peuvent bien tomber isolément dans les vésicules séminales, mais ces vésicules ne servent nullement de réservoir au sperme; au contraire, leur fonction physiologique est de sécréter le produit indiqué. L'enveloppe générale conjonctive des vésicules séminales contient aussi de nombreuses *fibres lisses*.

411. — *Verge.* — Le *membre de l'homme*, la verge, se compose du canal urinaire déjà précédemment décrit, et de trois corps érectiles (*corpora cavernosa*). Ces derniers sont formés de tissu conjonctif et de muscles lisses. Le *tissu conjonctif* détermine du côté externe une délimitation nette de ces parties par la formation d'une tunique albuginée blanche et rigide. La cloison incomplète des corps caverneux du pénis et aussi de même nature. Du côté externe, le tissu conjonctif, en donnant naissance à des trabécules qui se réunissent de mille manières différentes, se confond avec le tissu caverneux, dont les cavités sont remplies de sang veineux.

Le stroma ne paraît pas être simplement conjonctif. Au contraire, ses mailles se composent presque dans leur moitié de *muscles lisses*, qui sont tissés avec le tissu conjonctif des trabécules. Les trabécules portent en outre les *artères* et les *nerfs*.

Les artères des corps caverneux ne se terminent pas par des réseaux capillaires; après s'être ramifiées en même temps que les trabécules et s'être réduites à un diamètre capillaire, elles s'ouvrent dans les *sinus veineux*, sur la surface desquels plusieurs auteurs distinguent encore un épithélium délicat : c'est dans ces sinus que les veines prennent leur origine immédiate. Une autre particularité digne de remarque que présentent les vaisseaux artériels du corps caverneux, consiste en ce que les faisceaux, surtout à la partie postérieure du membre, émettent des ramifications tordues en forme de cep (*artères hélicines*), se terminant en culs-de-sac; ou bien, de leur extrémité borgne en apparence, on voit sortir encore un vaisseau très-mince, qui s'ouvre ensuite comme les autres artérioles dans les sinus veineux (Joh. Müller).

Quant au tégument externe du membre, disons que le tissu conjonctif sous-cutané est riche en muscles lisses, qui s'étendent jusqu'au prépuce. D'après Fick (1), quelques filaments nerveux du gland se terminent dans les corpuscules de Pacini. Cependant on se sent tenté d'attacher à cette observation un point d'interrogation, si l'on accorde que les terminaisons nerveuses se trouvent dans le réseau de Malpighi.

Sur le feuillet interne du prépuce et sur le gland, le tégument extérieur se rapproche par ses propriétés d'une muqueuse; l'épiderme devient plus mince, les poils et les glandes sudoripares manquent, et il n'existe que quelques glandes sébacées (*glandulæ Thysonianæ*). Ce qu'on appelle *smegma preputii* est une accumulation du produit sécrété par les glandes sébacées et des lamelles épidermiques qui s'écaillent et se brisent. Le *fascia penis* et le *ligamentum suspensorium penis* sont de nature conjonctive, et se distinguent, notamment ce dernier, par une grande quantité de fibres élastiques.

L'*érection* a lieu lorsque les corps caverneux se remplissent de sang. Pour expliquer cette stase sanguine, on a cherché par quels appareils le reflux du sang pouvait être enrayé. Cependant aucun appareil accomplissant ce but n'a pu être découvert; aussi plusieurs auteurs soutiennent-ils avec Kölliker que l'érection de la verge a lieu par un relâchement de la musculature dans le tissu des trabécules, en vertu duquel les corps caverneux se remplissent de sang et se distendent comme une éponge qu'on a comprimée.

412. — *Prostate*. — Parmi les *glandes sexuelles accessoires*, on compte la prostate et les glandes de Cowper.

La *prostate* est un agrégat de glandes allongées ou piriformes qui appartiennent au type en grappe. La *tunica propria* est conjonctive, les cellules de sécrétion sont de forme cylindrique. Les *calculs prostatiques*, masses arrondies et stratifiées qui se trouvent assez souvent dans les glandes, se composent, suivant Virchow, d'une substance protéique soluble dans l'acide acétique. La prostate offre ceci de remarquable, que l'on voit apparaître au milieu et à l'entour des glandules des muscles lisses dont la masse constitue au moins la moitié de l'organe ; l'enveloppe conjonctive de la prostate renferme aussi beaucoup de muscles lisses. Les *vaisseaux* se comportent ici comme dans les autres glandes acineuses. Les *nerfs* sont assez nombreux.

La paroi de la *poche prostatique* de l'*uterus masculinus*, qui constitue, ainsi que l'histoire du développement l'a montré, les rudiments du vagin et de l'utérus chez l'homme, se compose de tissu conjonctif, de fibres élastiques très-fines et de quelques muscles lisses disséminés. Les cellules épithéliales y sont de forme cylindrique.

Glandes de Cowper. — Les *glandes de Cowper* représentent, au point de vue morphologique, de grosses glandes muqueuses en grappe ; leur charpente conjonctive, leur enveloppe, ainsi que leur canal excréteur, contiennent des fibres musculaires lisses. Du reste, ces glandes sont tellement enchâssées dans les fibres musculaires du muscle bulbo-caverneux, que leur contenu se vide principalement par la contraction de ce muscle. Leurs cellules épithéliales sont rondes; elles sont cylindriques dans le canal excréteur.

413. — *Physiologie.* — On n'est pas encore en état de faire connaître quel est le but que les sucs mélangés des vésicules séminales, de la prostate et des glandes de Cowper remplissent par leurs propriétés spéciales chimiques; mais il est permis d'avoir à ce sujet les présomptions suivantes. Ces liquides accessoires peuvent servir à faciliter le départ de petites quantités de sperme des parties sexuelles de l'homme, ainsi qu'à les délayer dans les parties de la femme ; on peut encore admettre que ces liquides, en tombant sur les zoospermes, les modifient de manière à favoriser leur action sur l'œuf (1). Les expériences de Barry, Bischoff, Leuckart, Meissner, ont montré que les corpuscules spermatiques, dans la fécondation, pénètrent réellement dans l'œuf; or, comme cette pénétration peut avoir lieu aussi longtemps que les zoospermes sont en mouvement, et comme ce mouvement est excessivement vif et durable dans le sperme qui s'est mêlé aux sucs des glandes accessoires, on pourrait peut-être voir dans ces phénomènes le but physiologique de ces sucs.

414. — *Appareil sexuel de la femme.* — De même que dans l'appareil sexuel de l'homme les testicules sont les parties les plus importantes, de même aussi, chez la femme, les *ovaires* tiennent le pre-

(1) Bergmann et Leuckart, *Vergl. Phys.*, p. 556.

mier rang. Parmi les organes accessoires, on compte ensuite les *trompes*, la *matrice*, le *vagin* et les *parties honteuses*. On classe aussi les *seins*, au point de vue physiologique, parmi les organes de la génération.

415. — *Ovaires*. — On distingue dans les *ovaires*, l'enveloppe, le *stroma* qui porte les vaisseaux et les nerfs, les capsules ovariennes. Le tissu conjonctif sert à charpenter toutes ces parties; il donne de la rigidité à la tunique propre de l'organe, dont la couche extérieure, avec l'épithélium qu'elle porte, a été aussi considérée comme l'*enveloppe péritonéale* de l'organe. Il détermine, en outre, par sa couche interne plus molle, le *stroma*, auquel de nombreux vaisseaux sanguins donnent une coloration gris rougeâtre, et qui délimite de toutes parts les capsules ovariennes (follicules de Graaf). Ces follicules, quoique reliés au stroma, possèdent cependant une autonomie telle qu'on peut les énucléer à l'état de vésicules. On y distingue la *couche extérieure* vasculaire (*theca folliculi*, Bar), qui présente la structure même du stroma et n'est que la

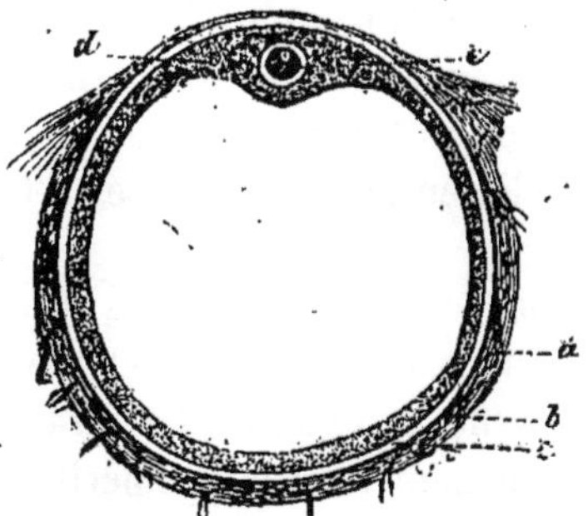

Fig. 243. — Follicule de Graaf, à un faible grossissement.

a. Couche externe et vasculaire. — b. Couche homogène (de la paroi conjonctive). — c. Épithélium. — d. Siége du germe. — e. Ovule.

couche de ce stroma suffisamment condensée pour former la paroi du follicule ; à sa limite interne, elle se termine, ainsi que le tissu conjonctif d'autres régions, par une *couche homogène claire* (*membrana propria*). La face interne du follicule est recouverte d'un *épithélium* (*membrane granuleuse* des auteurs) qui correspond aux cellules de sécrétion d'autres vésicules glandulaires. A l'endroit où la vésicule est le plus rapprochée de la superficie de l'ovaire et où l'ovule paraît être niché, cet épithélium se montre épaissi par une accumulation de cellules et porte le nom d'*amas proligère* (*cumulus proliger*). Les cellules y sont arrondies et polygonales; leur membrane est délicate et très-caduque, leur contenu est formé de granulations jaunes. Ce qui reste de la cavité de la capsule ovarienne est rempli par un liquide légèrement jaunâtre (*liquor folliculi*), et lorsque ce liquide se montre en quantité notable, les capsules situées à la périphérie semblent être, sur un ovaire intact, distendues et rendues brillantes par un fluide semblable au sérum du sang.

416.— *Œuf primitif.* — *L'œuf* lui-même, *l'ovule*, est une vésicule tellement petite, qu'elle apparaît à l'œil nu comme un point blanchâtre. Sa forme est ronde, son enveloppe est claire et homogène (*membrane vitelline, zone pellucide*), et son contenu (*vitellus*) est granuleux. On distingue encore dans ce dernier une vésicule (*vésicule germinative*) placée excentriquement, et présentant un noyau interne situé contre la paroi (*tache germinative*). Dans son ensemble, l'œuf doit donc être considéré comme une cellule. La zone pellucide représente la membrane cellulaire, le jaune le contenu, la vésicule germinative le noyau, et la tache le nucléole. Lorsque l'œuf est sorti de son follicule, il entraîne toujours avec lui une portion des cellules dans lesquelles il se trouvait niché, et ces cellules, qui adhèrent à l'œuf, portent le nom de *disque proligère* (1).

417. — *Corps de Rosenmüller.* — Le *corps de Rosenmüller* est un reste des corps de Wolf; il consiste donc simplement en un petit nombre de canaux rudimentaires, composés d'une tunique propre et d'un épithélium.

Trompes. — La couche fondamentale qui sert à former la paroi de la *trompe* appartient au tissu conjonctif; elle est revêtue d'un épithélium sur ses faces interne et externe. Le stratum conjonctif externe et son épithélium constituent l'enveloppe péritonéale de l'organe, tandis que la couche conjonctive interne avec les cellules qui la recouvrent porte le nom de membrane muqueuse. Ces cellules, de forme cylindrique, sont garnies de *cils vibratiles*, lesquels, si l'on considère toute l'étendue de la muqueuse, vibrent de dehors en dedans, et contribuent à faire cheminer l'œuf vers l'utérus. Entre les deux couches conjonctives, on aperçoit dans le sens longitudinal et transversal des *muscles* qui constituent la membrane moyenne de la trompe.

Matrice. — La *matrice*, en quelque sorte le nid de l'embryon, présente une structure analogue à celle des trompes, puisque ses parois renferment des couches conjonctives, épithéliales et musculeuses. En effet, l'enveloppe péritonéale, bien qu'elle ne comprenne pas tout l'organe, renferme du tissu conjonctif et un épithélium pavimenteux très-mince; la membrane moyenne se compose de faisceaux de muscles

(1) Ch. Robin a donné une discussion très-exacte de ces diverses dénominations dans son *Mémoire sur les phénomènes qui se passent dans l'ovule* (p. 74).

lisses; il faut dire cependant que le stratum conjonctif externe se relie à la muqueuse en traversant les couches musculeuses. La muqueuse et la musculeuse sont plus développées dans l'utérus que dans les trompes; l'épithélium de la muqueuse est partout un épithélium cylindrique, simple et vibratile; pendant la grossesse, il se détache, ainsi que Robin l'a décrit, pour être remplacé par un épithélium pavimenteux. Le fond et le corps de l'utérus sont dépourvus de papilles; la muqueuse s'enfonce au contraire en formant de nombreuses *glandes*, les glandes *utriculaires*, à cul-de-sac simple ou bifide, souvent tordu en spirale et même plusieurs fois replié sur lui-même. Il est probable que dans ces glandes l'épithélium vibre comme sur le reste de l'utérus. Au *col* de l'organe, la muqueuse ne s'érige pas seulement pour former ce qu'on appelle les *plis palmés*, séparés par des dépressions qui sont de véritables espaces glandulaires (fossettes des auteurs); elle détermine encore dans sa portion inférieure de petites papilles dans lesquelles des vaisseaux montent en serpentant.

Les *œufs de Naboth*, qui se trouvent dans le col utérin, paraissent être des glandes transformées, peut-être accidentellement oblitérées, et par suite gonflées comme de grosses vésicules; cette opinion concorderait avec l'observation de Robin, qui a trouvé dans ces œufs un épithélium à cils vibratiles.

La membrane moyenne de l'*utérus* est musculeuse, et ses fibres se disposent généralement en couches longitudinales, circulaires et obliques; leur étude appartient à l'anatomie descriptive, etc.

Les *ligaments ronds*, qui correspondent au *gubernaculum Hunteri*, présentent aussi, ainsi que ce dernier, des *muscles striés en travers*, tandis que dans les autres ligaments utérins, par conséquent dans les ligaments antérieurs et postérieurs, larges et ovariques, on rencontre en plus ou moins grande quantité des faisceaux de muscles lisses qui viennent de l'utérus.

418.— *Vagin.*— Les parois du *vagin* présentent les mêmes rapports organologiques que les parties précédentes. Ainsi, le tissu fondamental est la substance conjonctive qui forme une *membrane fibreuse* ou externe; au-dessus de cette membrane et entre des faisceaux de muscles lisses qui enlacent le vagin dans le sens de la longueur et de la largeur, se place une *deuxième couche membraneuse interne*, la *muqueuse*. Son stratum conjonctif, très-riche en fibres élastiques, présente non-seulement des plis transversaux visibles à l'œil nu, mais encore des élévations tuberculoïdes, ainsi que des papilles microscopiques vasculaires, qui sont très-nombreuses et très-longues, surtout à la voûte du vagin. L'épithélium se comporte ici comme celui de la cavité buccale, des narines, etc. : il est formé de cellules épithéliales stratifiées.

Prostate, glandes de Cowper. — La *prostate* de l'homme correspond chez la femme, ainsi que R. Leuckart l'a montré, à une grande quantité de glandes muqueuses en grappe, qui s'échelonnent à partir du méat urinaire sur l'espace compris entre le vagin et son vestibule. — Les *glandes de Cowper* de l'homme sont représentées chez la femme par les *glandes de Bartholin*, dont les conduits excréteurs paraissent être pourvus de muscles lisses.

Parties honteuses. — Les corps caverneux du *clitoris* ont la même structure que ceux de la verge. Dans les papilles avasculaires du clitoris, Kölliker prétend avoir rencontré des « corpuscules rudimentaires du tact ».

La peau des *grandes* et des *petites lèvres* se distingue par des papilles très-développées, ainsi que par de nombreuses glandes sébacées, le plus souvent très-grosses : ces dernières s'ouvrent sur les grosses lèvres dans les follicules pileux ; dans les petites lèvres, d'ordinaire elles n'accompagnent pas les poils.

419. — *Glandes mammaires.* — Les *glandes mammaires*, qui n'existent qu'à l'état rudimentaire chez l'homme, appartiennent aux glandes en grappe ; toutefois elles ne s'ouvrent pas au dehors, comme d'autres grosses glandes acineuses, le pancréas par exemple, par un seul canal excréteur, mais bien par dix-huit et même par vingt canaux différents, et sous ce rapport elles peuvent être comparées aux glandes lacrymales. — Par leur portion celluleuse, les glandes mammaires proviennent du feuillet supérieur du blastoderme (feuillet corné de Remak), par prolifération des cellules de ce feuillet vers la région sous-dermique. Les masses proliférantes, qui se présentent au début comme des prolongements solides du feuillet corné, deviennent creuses, et ce n'est que plus tard qu'elles sont sillonnées par des canaux. La portion conjonctive de ces glandes (*tunica propria*) dérive du feuillet moyen. Si nous les considérons au point de vue histologique, nous voyons que leur structure est conforme au schéma que nous avons déjà souvent décrit : la charpente glandulaire est du tissu conjonctif; dans les vésicules terminales, c'est une membrane mince et homogène, qui augmente d'épaisseur dans les conduits excréteurs, devient linéolée et présente des corpuscules du tissu conjonctif. Henle et H. Meckel prétendent avoir trouvé des muscles lisses dans les conduits. Les *vaisseaux sanguins* enveloppent les vésicules glandulaires par un réseau capillaire à mailles serrées ; quelques *nerfs* fort petits pénètrent dans ces organes avec les vaisseaux.

Les *cellules à sécrétion* des glandes mammaires sont, en dehors de l'état de grossesse ou de lactation, ordinairement claires ou légèrement granuleuses ; dans les vésicules, leur forme est celle d'un disque, tandis qu'elle est plutôt cylindrique dans les conduits excréteurs. Après la conception, le contenu des cellules se transforme en *globules graisseux*, de telle sorte que les cellules se remplissent peu à peu de gouttes de graisse. Les *corpuscules de colostrum* ne sont autres que ces cellules en forme de mûre que l'on rencontre dans le lait imparfait (colostrum) à la fin de la grossesse et peu de temps après l'accouchement. La sécrétion lactée proprement dite résulte de la multiplication par division de ces cellules et de la transformation de leur contenu en globules graisseux. Ces globules deviennent libres après la fonte des membranes et s'appellent alors *corpuscules du lait*. De même que les globules sanguins donnent au sang sa couleur rouge, de même aussi la couleur blanche du lait provient de la grande quantité de globules graisseux qui flottent dans ce liquide. Ces globules ne paraissent pas cependant être exclusivement composés de graisse : ils présentent encore une enveloppe très-fine formée par de la caséine.

On rencontre au milieu des canaux excréteurs du *mamelon* un réseau de faisceaux musculaires lisses ; l'*aréole* renferme de son côté des muscles lisses dont le trajet est circulaire. On sait aussi que le mamelon peut entrer en érection lorsqu'on l'excite. Il n'est pas rare que les glandes sébacées de l'aréole présentent un développement si considérable, qu'on puisse les distinguer à l'œil nu comme des nodules blanchâtres.

— On savait depuis longtemps, pour le plus grand nombre des animaux, que les œufs arrivent périodiquement à maturité et se détachent de l'ovaire sans accouplement préalable. Relativement à l'homme et aux mammifères, on admettait exceptionnellement que les œufs ne pouvaient sortir de l'ovaire qu'après la copulation. Aujourd'hui (en Allemagne, depuis les travaux de Bischoff), il est acquis définitivement que l'homme et les mammifères ne présentent aucune exception. Les œufs tombent de l'ovaire, après maturité, à des époques périodiques (le rut chez la femelle, la menstruation chez la femme); ils périssent s'il n'y a pas eu rapprochement sexuel dans l'intervalle de certaines époques. Le follicule ovarien se rompt, lorsque, en vertu de la sécrétion des vaisseaux sanguins, le liquide folliculaire s'accumule dans son intérieur ; les parois, ne pouvant plus résister au point où le follicule fait saillie, ne tardent pas à se rompre. Après la sortie de l'ovule, le follicule se cicatrise pour disparaître peu à peu par une complète résorption. Au début de sa métamorphose régressive, on distingue en son milieu un caillot provenant du sang qui s'est épanché lors de la rupture du follicule. La membrane du follicule, même lorsqu'elle était encore close, avait engendré en dedans de nombreuses granulations vasculaires ou des proliférations cellulaires, qui déterminent autour du caillot la production d'une couche corticale spongieuse; et, comme cette couche est très-riche en graisse de couleur jaune, elle a fait donner à toute la formation le nom de *corps jaune* (*corpus luteum*). Lorsque cette couche augmente en épaisseur, le caillot se décolore, jusqu'à ce qu'enfin la couche disparaisse elle-même ; et ce n'est peut-être qu'après un certain nombre d'années que toute trace du corps jaune s'est évanouie.

Dernièrement Beckmann a fait des recherches sur la structure interne du corps jaune; avec son autorisation je rapporterai l'observation suivante. « Dans le corps jaune de quelques ruminants (vache, brebis, chèvre, du troisième au cinquième mois de la gestation), les cellules grosses et délicates qui composent en grande partie le corps jaune, sont toujours pourvues de prolongements moins développés, lesquels restent tantôt assez épais, et tantôt émettent plusieurs rameaux très-fins, d'où paraît résulter une anastomose des cellules entre elles. D'après cela, il est bien permis de considérer ces cellules comme des corpuscules du tissu conjonctif, opinion qui serait d'ailleurs confirmée par leur genèse. »

CHAPITRE XLVI

DES ORGANES SEXUELS DES VERTÉBRÉS.

Des parties qui produisent le sperme. — Le *testicule* des vertébrés présente dans sa composition de nombreux cas de transition de canalicules allongés à des vésicules pédiculées et non pédiculées. Chez les *mammifères*, on rencontre en général des canalicules séminifères allongés, à courbures et divisions multiples. Il en est de même de ceux des *oiseaux*, des *tortues*, des *sauriens* et des *ophidiens* (*couleuvre à collier*, par exemple); il semblerait cependant que les courbures y sont plus espacées, et que le parcours des canaux est moins sinueux. Déjà chez les *batraciens* (le *Proteus*, par exemple), on voit que dans l'utricule séminifère, lequel présente des courbures moins nombreuses, l'extrémité borgne et dirigée vers la périphérie du testicule, présente un renflement capsuliforme. Dans la *Salamandra maculata* (1), dont les

(1) Le testicule de la *Salamandra maculata* de droite et de gauche se termine par une extrémité pointue, grise et filiforme; les deux pointes parties des deux côtés se réunissent en avant, au-dessus de l'estomac, sur la ligne médiane ; ce qu'il est facile de consta-

utricules glandulaires ont notablement diminué de longueur, on reconnaît le passage à une disposition plus simple, telle que nous la trouvons dans la *Cœcilia annulata*, dont le testicule ne se compose plus d'utricules, mais bien de vésicules pédiculées. Il en est ainsi des *raies*, des *squales* et des *chimères*, dont les conduits excréteurs, partis de plusieurs vésicules, forment dans la continuité de leur parcours des troncs volumineux, de telle sorte qu'on voit sortir des testicules un certain nombre de *vaisseaux efférents*. Dans les *ganoïdes*, au moins chez l'es-

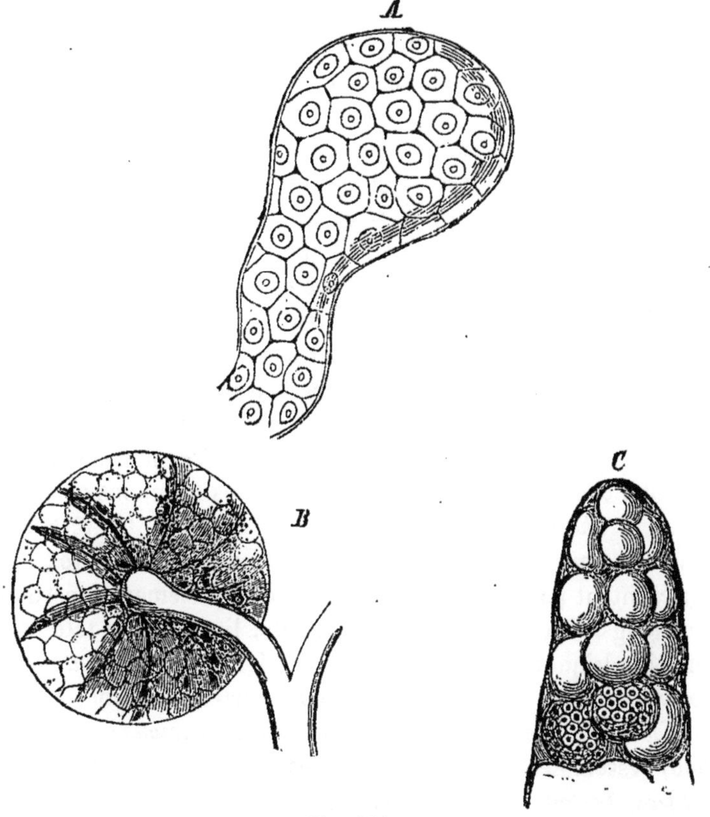

Fig. 244.

A. Extrémité d'un canal séminifère de la *Salamandre*. — *B*. Vésicule testiculaire de la *Chimère*. *C*. Pointe terminale du testicule du *Cobitis*.

turgeon, on rencontre de nouveau des canalicules séminifères, disposés transversalement d'une manière assez régulière, contrairement à la disposition que présentent les poissons osseux, chez lesquels, à la place de canaux, on trouve assez fréquemment des cavités vésiculaires,

ter en faisant tomber quelques gouttes d'acide acétique dans la cavité abdominale de l'animal. Le repli péritonéal correspondant renferme des muscles lisses. (*Note de l'auteur.*)

s'ouvrant dans un espace moyen comme dans un canal excréteur commun : c'est ce que j'ai constaté dans le *Cobitis fossilis*. Dans ce poisson, la substance conjonctive générale du testicule délimite intérieurement des cavités globuleuses, de grosseur variable, dans lesquelles les cellules de sécrétion élaborent le sperme. Dans les *Salmo fario*, *Salmo salvelinus*, *Cottus gobio*, on trouve aussi que la charpente du testicule est un stroma conjonctif circonscrivant des espaces polygonaux arrondis, à l'intérieur desquels se trouvent les cellules de sécrétion. Dans les *oiseaux*, on rencontre aussi de semblables formations. Ainsi, dans le coq domestique, la linotte verte (*Fringilla chloris*), je ne vois rien qui ressemble à des « cœcums allongés et sinueux », mais bien des espaces vésiculaires communiquant entre eux, tels qu'ils existent dans les poissons osseux, tandis que d'autres auteurs (Berthold, par exemple, dans les étourneaux) ont décrit les « sinuosités des *vaisseaux* séminifères ».

420. — *Éléments du sperme.* — Que la masse testiculaire soit formée de canaux ou de vésicules, on y distingue toujours une tunique propre et des cellules de sécrétion. La tunique est, soit une membrane mince et homogène, soit une membrane épaisse, striée, et même nucléaire. Les cellules produisent elles-mêmes les *zoospermes*, dont on trouvera l'exposé des différentes formes dans un travail publié par Leuckart au titre « *Zeugung* » (*Wagner's Handw.*). Ce que nous en disons ici est déjà trop long. Les zoospermes des *mammifères* présentent un filament caudal très-mince et une tête courte, plus ou moins ovale et talutée (dans le *chameau*, elle est longue et étroite). La tête des zoospermes des *souris* et des *rats* est d'une forme surprenante ; ces derniers présentent parmi tous les mammifères les éléments spermatiques les plus longs. Ceux des *oiseaux* sont aussi linéaires, la tête est allongée et cylindrique; elle est spiroïde dans les *oiseaux chanteurs*. Chez les *amphibies* nous rencontrons plusieurs sortes de formes : celles des *amphibies à écailles* et celles de plusieurs *batraciens* (grenouille (1), crapaud) ressemblent assez à celles des oiseaux ; par contre, les zoospermes du *Triton*, de la *Salamandre* et du *Bombinator*, se distinguent par un peigne allongé, sorte de membrane ondulante. Parmi les

(1) Les zoospermes des *Rana temporaria* et *Rana esculenta* diffèrent un peu, quant à la forme. Ceux de la première présentent une tête cylindrique, se terminant des deux côtés par une pointe. L'extrémité qui se termine par la pointe antérieure est plus courte que l'autre, située postérieurement et appelée queue. La tête est en outre plus délicate que celle de la *Rana esculenta*, laquelle est bien aussi cylindrique, mais d'un diamètre transverse beaucoup plus considérable et tronquée en avant, tandis que l'extrémité postérieure ne va pas en diminuant progressivement, comme dans la *Rana temporaria*, mais se termine brusquement par un filament allongé et très-fin. (Voy. Ankermann, dans le *Zeitschr. f. w. Zool.*, 1856.) (*Note de l'auteur.*)

poissons, les *sélaciens* se rapprochent des oiseaux par les corpuscules séminaux ; ceux des *téléostiens* ont une tête le plus souvent petite et globuleuse (elle est piriforme dans le *Dactyloptera volitans* et le *Salmo fario ;* celle du *Salmo salvelinus*, qui est très-brillante, est aussi piriforme, mais elle présente une encoche en avant) ; le filament caudal est extrêmement mince et délicat.

421. — Les zoospermes paraissent être fréquemment homogènes et sans trace d'éléments hétérogènes : toutefois on a récemment signalé des formes complexes, même sans y comprendre le système organique que Valentin croit avoir reconnu dans les zoospermes de l'ours. Ainsi, on distingue dans les éléments spermatiques de la *Salamandre*, par exemple, une membrane externe et générale d'enveloppe, revêtant le filament principal de la queue, ainsi que la tête, à la façon d'une membrane transparente et sans structure, et formant au dos de ce filament une duplicature normale — la membrane ondulante. — Au-dessous de cette enveloppe se trouve la membrane utriculaire, laquelle est remplie par un liquide fortement réfringent et représente la tête, Le filament caudal paraît être solide (Czermak).

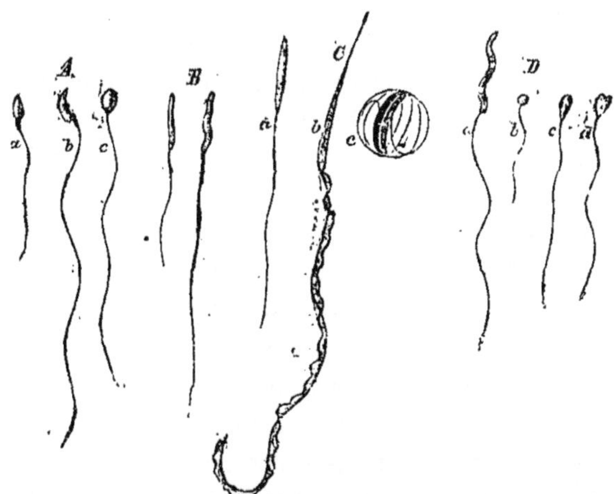

Fig. 245. — Différentes formes des zoospermes des vertébrés.

A. Des mammifères. — *a*. De l'homme. — *b*. Du rat. — *c*. Du lapin.
B. Des oiseaux.
C. Des amphibies. — *a*. De la grenouille. — *b*. De la salamandre. (On voit à côté une cellule séminifère avec son zoosperme enroulé.)
D. Des poissons. — *a*. De la chimère. — *b*. De la perche. — *c*. Du *Dactyloptera* et du *Salmo salvelinus*. (Fort grossissement.)

Les *mouvements* des zoospermes sont très-divers : ce sont des mouvements de reptation, de torsion, de vrille, des frétillements, etc. ; on ne connaît pas chez les vertébrés d'éléments spermatiques « rigides ».

On est aussi peu fixé sur la cause de ces mouvements que sur celle des autres actes vitaux. Ce que l'on dit aujourd'hui, soit au point de vue physico-chimique, soit au point de vue vitaliste, n'est qu'un échange de répliques sans une idée nette.

422. — *Testicule des batraciens.* — Si dans les batraciens, par exemple dans les salamandres (*Cœcilia*), le testicule présente à l'extérieur *plusieurs divisions*, le contenu des cellules de sécrétion n'est pas le même dans chacune d'elles. Ainsi, dans la *Salamandra maculata*, la couleur des différentes portions du testicule varie entre le blanc, le gris et le jaune de soufre. Dans les lobes gris, les cellules renferment une masse pâle, finement granuleuse, et leur noyau volumineux contient plusieurs nucléoles. Les portions de couleur jaune de soufre présentent dans ces mêmes cellules des globules de graisse jaune, et ce n'est que dans les parties blanches du testicule que l'on rencontre des zoospermes.

Il importe de fixer son attention sur le testicule des espèces de crapauds européennes et exotiques, car cet organe présente deux sortes de substances, dont l'une produit des *formations semblables à des œufs* (dans le *Bufo viridis* ces formations ne diffèrent par des œufs proprement dits), et dont l'autre engendre les zoospermes. En examinant cet organe, il est difficile de ne pas songer à une formation hermaphrodite rudimentaire. Jacobson, qui a vu le premier cette particularité remarquable, considère cette portion du testicule comme un ovaire rudimentaire ; Bidder, qui s'en est aussi occupé, la considère comme une glande accessoire ; enfin, de Wittich et moi (dans un autre travail) nous avons publié quelques considérations à ce sujet.

423. — *Enveloppe, pigment du testicule.* — Le tissu conjonctif qui sert de soutien aux canalicules ou aux vésicules du testicule s'épaissit ici, comme dans d'autres régions glandulaires, en formant une *enveloppe*, la *tunique albuginée*, qui envoie dans la substance testiculaire des *septa* dont la solidité varie : très-faibles dans les vertébrés inférieurs, résistants dans les vertébrés supérieurs, ces *septa* établissent des groupements parmi les canalicules séminifères. Dans les *mammifères*, ils se réunissent pour former le corps d'Highmore, lequel est souvent très-puissant, et renferme aussi des fibres élastiques de dimensions variables ainsi que des fibres nerveuses. Il arrive parmi les mammifères, par exemple dans le *Pteropus*, que la tunique albuginée du testicule présente un pigment noir bleuâtre : c'est ce qui a lieu plus fréquemment chez les *batraciens* (grenouille, crapaud) ; toutefois, dans le même individu et même dans les deux testicules d'un seul et même animal, la pigmentation est soumise à des variations très-notables. Chez les

oiseaux, on rencontre aussi des testicules colorés : j'ai vu chez la *bergeronnette* (*Motacilla alba*) et chez le *bouvreuil* (*Pyrrhula*), que l'un des testicules est incolore, tandis que les canalicules sinueux de l'autre sont colorés en noir.

424. — *Masses cellulaires situées entre les canalicules séminifères.* — Un phénomène généralement répandu chez les *mammifères* consiste en ce que le tissu conjonctif qui relie les canalicules séminifères renferme une *masse celluloïde*. Lorsqu'elle est peu abondante, on la trouve sur le trajet des vaisseaux ; mais lorsqu'elle acquiert des proportions notables, elle enveloppe de toutes parts les canalicules : chez le *verrat*, elle présente un développement tel que la section du testicule présente une couleur chocolat, et l'on peut constater à l'œil nu que les canalicules séminifères sont enclavés dans une substance de cette nuance. Il en est de même pour le *cheval*. Cette masse est constituée en grande partie par des corpuscules d'un aspect graisseux, qui ne changent ni dans l'acide acétique, ni dans une solution sodique ; incolores ou jaunes, ils entourent des noyaux clairs, vésiculoïdes, de telle sorte que l'on pourrait placer ces cellules conjonctives à côté de celles qui ont un contenu spécial, telles que les cellules graisseuses ou pigmentaires. Le testicule du *lézard* (*Lacerta agilis*) nous offre cette masse au milieu de ses canalicules tortueux : elle est constituée par des amas de cellules dont le contenu présente des contours tranchés et une coloration jaune brun. Les globules se décolorent dans une solution alcaline et ressemblent alors à des points graisseux.

Les *vaisseaux sanguins* et les *nerfs* affectent, dans le tissu conjonctif du parenchyme testiculaire, leur disposition habituelle.

425. — *Épididyme.* — Dans l'*épididyme* des mammifères, des oiseaux, des amphibies à écailles et des sélaciens, la tunique propre des canalicules séminifères est notablement épaissie, de telle sorte qu'elle paraît être stratifiée ou fibreuse ; on y voit apparaître aussi des muscles lisses, qui n'existent jamais dans les canalicules séminifères du testicule, et la musculature augmente à mesure que les canalicules se rapprochent du *vas deferens*. Chez les *reptiles à écailles*, les cellules épithéliales des canalicules de l'épididyme sont vibratiles ; je l'ai constaté chez le *lézard* et l'*Emys europæa*. Et comme Becker (voy. plus haut) a trouvé au sommet de l'épididyme de l'homme un épithélium vibratile, il est très-probable que les vertébrés supérieurs, c'est-à-dire les mammifères et les oiseaux, ont aussi des portions de l'épididyme qui sont vibratiles. En outre, je crois devoir rappeler ici, comme je l'ai décrit ailleurs, que, chez le lézard, les canaux de l'épididyme présentent des *renflements lagéniformes*, semblables à ceux des canaux du corps de

Wolf; on sait que, du reste, chez les vertébrés, l'épididyme représente aussi des reins primordiaux transformés, et qu'une portion des reins devenant l'épididyme (*batraciens*), l'uretère sert à conduire au dehors l'urine et le sperme. En même temps, les *vasa efferentia testis* se réunissent, soit avec la partie la plus antérieure des reins, avec la pointe, laquelle peut se détacher du reste de la masse rénale en formant un ou plusieurs lobules que l'on peut fort bien désigner sous le nom d'épididyme (*Triton*, *Salamandra*, *Proteus*); ou bien il n'existe aucune séparation visible des reins et de l'épididyme, et ces deux organes se confondent. Le lecteur trouvera sur ce point des développements plus complets qui font plutôt partie de l'anatomie comparée et de l'histoire du développement dans les travaux de de Wittich *sur le développement morphologique et histologique des organes urinaires et sexuels des amphibies nus* (1); on peut consulter encore mes *Recherches sur les poissons et les reptiles* (1853), ainsi que les anciens écrits de Bidder intitulés : *Recherches d'anatomie comparée et d'histologie sur les organes sexuels et urinaires du mâle chez les amphibies nus*, 1853. Citons encore le travail de Lereboullet, *Recherches sur l'anatomie des organes génitaux des animaux vertébrés* (2).

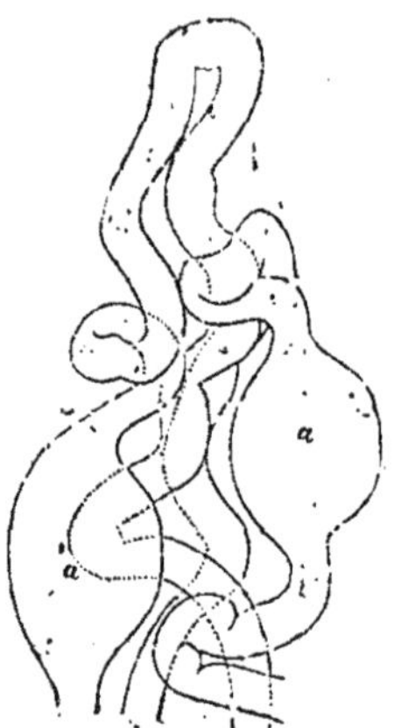

Fig. 246. — Fragment de l'épididyme du lézard, avec les renflements *a*, *a*, des canaux. (Grosseur modérée.)

426. — Le *canal déférent* proprement dit des mammifères, des oiseaux, des reptiles à écailles et des sélaciens, possède toujours une musculature lisse plus ou moins développée, et, dans les mammifères, il renferme aussi une grande quantité de nerfs. Quant aux *glandes*,

(1) *Zeitschr. für wiss. Zool.*, 1853.

(2) Les *Nova Acta Leopoold.*, 1851.

elles n'y sont pas généralement répandues; elles manquent du moins chez les oiseaux, les sauriens (*Anguis fragilis*) et les serpents (*Coluber natrix*); par contre, on les rencontre assez généralement chez les *mammifères*. Les canaux déférents sont ordinairement élargis à leur extrémité inférieure, comme dans les singes, les chauves-souris, la *Mustela vulgaris*, le lapin, le castor, les ruminants: partout cet élargissement est déterminé par des glandes qui représentent, soit des saccules simples, soit des acini. Plusieurs rongeurs, tels que les rats et les souris, ne présentent pas, il est vrai, un renflement glanduleux du conduit déférent, mais on voit des *touffes glandulaires libres* s'ouvrir dans ce canal. L'appareil vasculaire sert évidemment à augmenter le volume du sperme et à le mélanger avec des sucs spécifiques.

On rencontre des rapports organologiques analogues dans les *raies*, les *squales* et les *chimères :* en arrière, le canal déférent des plagiostomes augmente de diamètre, et prend, en s'épaississant, un certain aspect transparent qui provient de ce que la muqueuse détermine par ses saillies internes des espaces glandulaires qui sécrètent un liquide dans lequel seulement les zoospermes doivent acquérir leur vivacité et leur dernier développement. A l'endroit où, chez la *Chimæra monstrosa*, les nombreuses sinuosités du canal déférent se terminent et où commence son parcours rectiligne, on rencontre un renflement utriculaire, puis un étranglement, de telle sorte que le renflement se partage en deux portions, l'une supérieure, plus longue, l'autre inférieure, plus courte. Par un examen plus approfondi, on constate que le renflement, blanc dans sa partie supérieure et vert au milieu, devient grisâtre à sa partie inférieure; la muqueuse forme des compartiments transversaux que l'on pourrait aussi considérer comme des espaces glandulaires.

Au conduit déférent des raies, des squales et des chimères se trouve annexée une *grosse glande* qui peut être comparée à un corps de Wolf. Elle se compose de canalicules très-longs et à sinuosités entremêlées, lesquels renferment un épithélium cylindrique à grosses cellules; un certain nombre de ces canaux se réunissant toujours pour former des conduits communs qui s'ouvrent de distance en distance dans le canal déférent.

Le conduit génito-urinaire des *batraciens* se compose de tissu conjonctif, lequel renferme, surtout vers le bas, des muscles lisses mêlés à ses faisceaux (ce fait est bien visible dans le *Proteus*, par exemple). Parfois aussi (*Salamandra*, *Triton*) ce tissu conjonctif est fortement pigmenté en noir : dans le *Bombinator gineus*, il présente partiellement, à l'endroit où le canal forme de petits méandres, un aspect qui rappelle celui de l'épididyme, et sa couleur est d'un blanc éclatant. L'épithélium du conduit se compose généralement de cellules cylindriques. Chez le *Bombinator*, les cellules cylindriques présentent dans la partie qui est tournée vers la lumière du canal une masse de fines granulations ; autant que je puis en juger par mes propres observations, chez le crapaud de feu, dans le cul-de-sac antérieur du canal, les cellules porteraient des cils vibratiles.

Dans le conduit spermato-urinaire des batraciens, débouche à une hauteur qui varie avec les espèces, le conduit excréteur encore existant du corps de Wolf. Il présente dans plusieurs espèces un *orifice abdominal* manifeste, situé à son extrémité antérieure, et il se compose d'une membrane propre conjonctive et d'un épithélium clair qui est vibratile à la partie la plus supérieure, dans les *Rana* et *Bombinator*. Chez la *salamandre terrestre*, ces deux conduits sont entourés sur une certaine étendue par une enveloppe conjonctive commune ; leur épithélium se compose de longues cellules cylindriques. Chez plusieurs batraciens (*Salamandre terrestre*, *Menopoma*), les restes du corps de Wolf (glande de Müller) ont persisté en avant, dans la cavité abdominale, sous la forme d'un canal pelotonné, qui se compose manifestement d'une tunique propre et de cellules épithéliales claires.

427. — *Vésicules séminales.* — Parmi les *glandes sexuelles accessoires*, il faut compter les *vésicules séminales*, la *prostate* et les *glandes de Cowper* des mammifères, ainsi que les organes qui, chez les oiseaux, les reptiles et les poissons, correspondent à ces glandes.

Les *vésicules* appelées à tort *séminales* ne servent de réservoir au sperme chez aucun vertébré ; elles sont toujours des appareils glandulaires. Elles renferment des acini microscopiques et serrés les uns contre les autres, lesquels forment une couche plus ou moins épaisse au-dessous des muscles lisses, comme on peut le constater, par exemple, dans les singes, les souris, le taureau, etc., chez lesquels les canaux excréteurs débouchent dans une cavité centrale commune ; ou bien toute la vésicule séminale paraît être construite sur le type d'une glande acineuse avec des vésicules terminales de la grosseur d'un petit pois. Le produit de sécrétion des vésicules terminales, lequel se présente fréquemment sous la forme de grumeaux constitués par une substance claire et albuminoïde, est absolument conforme au produit des glandes prostatiques.

Prostate. — Les *glandes prostatiques* des mammifères présentent deux types différents. Dans le premier, elles consistent soit en des vésicules ou utricules microscopiques, lesquels forment des anses ou bien s'ouvrent isolément dans l'urèthre par des canaux excréteurs qui se rétrécissent (c'est ce qui a lieu chez les *singes*, les *chauves-souris*, les *car-*

nassiers, le *verrat*, le *bouc*, et en partie aussi chez le *taureau*); il peut arriver encore, comme dans les organes précédents, que les vésicules glandulaires ne s'ouvrent que dans une cavité générale, plus spacieuse, appartenant à toute la glande, et que cette cavité communique avec l'origine de l'urèthre (*ruminants*); dans un autre cas, les vésicules glandulaires sont situées autour de grosses cavités d'où part le conduit ex-

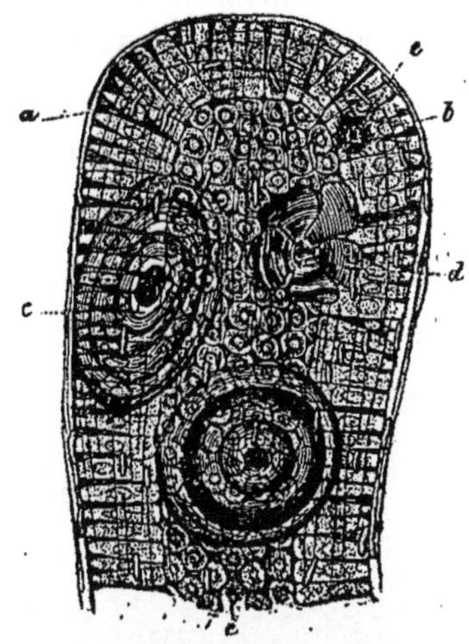

Fig. 247. — Extrémité d'un utricule de la prostate antérieure du lapin.

a. Muscles lisses. — b. Épithélium cylindrique. — c. Calcul prostatique situé dans la lumière de l'utricule. — d. Un semblable calcul dont les bords ont été intéressés par la pression. — e. Un calcul très-petit qui ne représente qu'une seule cellule incrustée. (Fort grossissement.)

créteur, et toute la glande présente alors à la coupe un aspect spongieux ou vésiculaire (*cheval*, *dauphin*), tandis que dans la disposition précédente la glande paraît être plutôt solide à la coupe. Le second type consiste en ce que les éléments glandulaires de la prostate sont des culs-de-sac allongés, le plus souvent divisés et très-développés, réunis en touffes lâches par du tissu conjonctif : telle est la prostate des *insectivores* et des *rongeurs*. D'ordinaire ces glandes prostatiques sont disposées en grand nombre autour de l'origine de l'urèthre ; et, quoique en apparence il n'existe qu'un seul paquet de culs-de-sac, l'examen microscopique montre que les produits sécrétés sont différents (dans le *lapin*, par exemple) : chez les *rats* et les *souris*, dans le *hérisson*, les paires prostatiques se distinguent suivant leur sécrétion, puisque les unes donnent un produit graisseux, et les autres une substance albuminoïde. Dans d'autres mammifères, les différentes parties de la prostate sécrètent aussi des matières diverses. Des muscles lisses servant à expulser le produit sécrété constituent une partie du tissu prostatique. Il peut arriver, soit que les muscles ne forment qu'un revêtement au-dessus des utricules isolés, comme dans les *insectivores* et les *rongeurs*, ou bien que le tissu conjonctif situé entre les utricules glandulaires manque d'éléments contractiles ; soit encore que les trabécules renferment des muscles lisses, lesquels peuvent acquérir une importance telle qu'ils égalent ou même dépassent en volume la masse des éléments glandulaires eux-mêmes; ils peuvent encore former par leur développement une couche continue autour de la glande, de telle

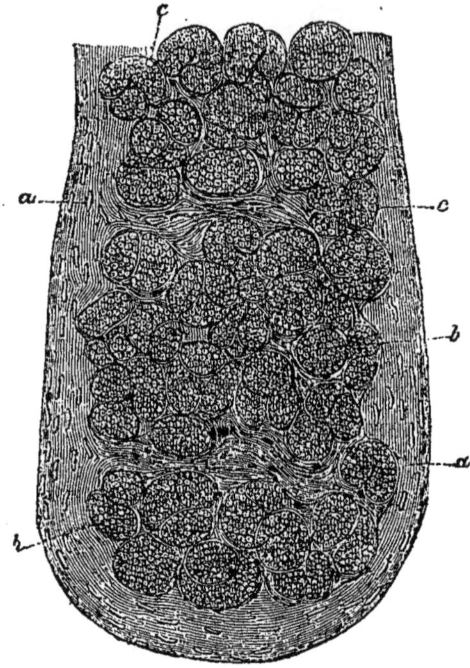

Fig. 248. — Lobule prostatique du *Vespertilio serotinus*.

a. L'enveloppe de muscles lisses avec ses noyaux cylindriques. — *b*. Les vésicules glandulaires remplies de cellules. — *c*. Les noyaux du tissu conjonctif qui forme les vésicules glandulaires. (Fort grossissement.)

sorte que celle-ci présente une surface externe lisse et musculeuse. Aux muscles lisses peuvent aussi se joindre des muscles striés, qui passent au-dessus de la prostate comme un prolongement immédiat du muscle uréthral. C'est ce qui a lieu partiellement dans le *chat*, la *belette*, le *verrat*, le *taureau*, et complétement dans le *dauphin* et l'*ornithorhynque*. Enfin, pour terminer ce qui se rapporte à la structure de la prostate, il faut ajouter que les nerfs de cette glande présentent des renflements ganglionnaires.

428. — *Glandes de Cowper*. — Les *glandes* de *Cowper* des mam-

mifères, lesquelles peuvent être arrondies, piriformes, allongées et même comprimées latéralement, se composent toujours d'un stroma conjonctif qui présente le schéma d'une glande acineuse et sert de soutien aux cellules de sécrétion ; il faut y ajouter une enveloppe musculeuse, de force variable, formée de fibres striées transversalement, et d'une épaisseur particulière : par exemple, dans le *matou* et les *marsupiaux*. Cette enveloppe, qui a pour fonction de vider la glande, est formée de fibres striées; elle appartient en propre à la glande, ou bien elle est reliée aux muscles voisins, tels que le bulbo-caverneux, l'ischio-caverneux et l'uréthral, dans lequel la glande peut être immédiatement enchâssée. Dans l'intérieur de la glande et entre les acini, on rencontre aussi chez plusieurs mammifères des trabécules formées de muscles lisses. Le canal excréteur peut renfermer des vésicules glandulaires.

Uterus masculinus. — Enfin, on peut mentionner ici l'*uterus masculinus*, d'après les recherches qui ont été faites sur le *verrat*, le *poulain*, le *lapin*, le *castor* et le *dauphin*. A l'exception du dauphin, parmi les mammifères que nous venons de désigner, ce sont les muscles lisses qui constituent la partie principale de l'organe ; dans le lapin, ils sont disposés en réseau, tandis que dans le castor, le verrat et l'étalon, ils suivent une direction longitudinale. La muqueuse de l'utérus du mâle renferme aussi des glandes semblables à celles de l'utérus de la femelle : ainsi, dans le lapin, on trouve des saccules arrondis, tandis que dans le verrat ce sont des utricules très-allongés, formant des anses touffues.

429. — *Glandes sexuelles accessoires des oiseaux, des reptiles et des poissons.* — Il n'existe aucun travail histologique relatif à des organes glandulaires qui, chez les *oiseaux*, puissent être considérés comme représentant la prostate ; il ne m'a pas été donné, jusqu'à présent, de découvrir dans cette classe d'animaux cette glande sexuelle accessoire.

Dans les *batraciens à queue*, il importe d'examiner les glandes du bassin et de l'anus, qui s'ouvrent dans le cloaque et se gonflent à l'époque du rut : elles représentent la prostate et les glandes de Cowper. Dans le mâle de la salamandre et du triton, tout le cloaque est entouré par une forte couche glandulaire, où l'on distingue, d'après la nature du produit sécrété, deux espèces de glandes. L'une d'elles colore (dans la *Salamandra maculata*) la portion antérieure du cloaque en jaune blanc, et fait même saillie dans la cavité du bassin; chez le *Triton* (*punctatus*), elle s'étend même dans la cavité abdominale, en formant un corps discoïde. Cette région se distingue nettement de la glande qui circonscrit la portion postérieure du cloaque, et dont la couleur est

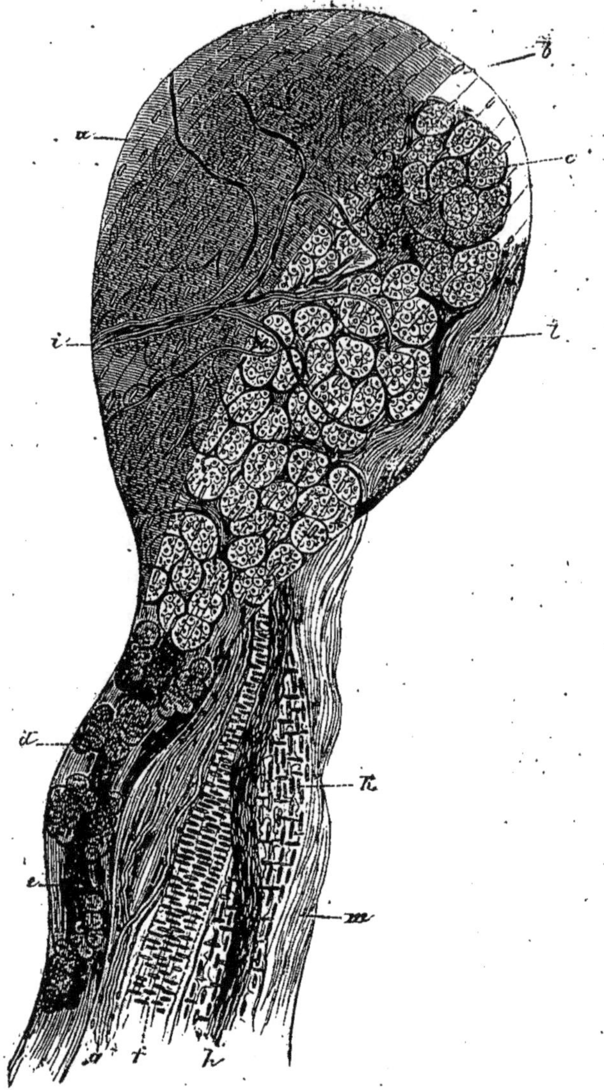

Fig. 249. — Glande de Cowper du *Mus musculus*.

a. L'enveloppe qui se compose de muscles striés en travers. — *b*. L'autre moitié de cette enveloppe musculaire qui n'est indiquée que par les contours des faisceaux. — *c*. Les vésicules glandulaires groupées en lobules et remplies de cellules. — *d*. Groupes de vésicules glandulaires plus petits, lesquels se trouvent sur le canal excréteur *e*. — *f*. Artère qui va à la glande. — *g*. Faisceau nerveux de Remak. — *h*. Troncule nerveux formé de fibres à bords foncés qui se répandent, *i*, dans l'enveloppe musculaire. — *k*. Veine qui sort de la glande. — *l*. Portion de la glande qui ne renferme que du tissu conjonctif, lequel peut être considéré comme résultant de l'épanouissement tendineux du muscle. — *m*. Tissu conjonctif qui enveloppe le canal excréteur, les vaisseaux sanguins et les nerfs.

grise ; de part et d'autre, les utricules glandulaires sont d'une grosseur telle qu'on peut les distinguer à l'œil nu. Les cellules de sécrétion de la glande antérieure, blanc jaunâtre, présentent un contenu granuleux, soluble dans les alcalis, tandis que la glande postérieure produit une substance claire, filante et gluante; chaque utricule est entouré de muscles lisses qui servent à expulser le produit sécrété (*Salamandra maculata*).

Dans les *sauriens* (*Lacerta agilis* et *Anguis fragilis*), j'ai aussi observé deux sortes d'organes. Au-dessous de la muqueuse du cloaque du lézard, et dans la direction de la base du pénis, se trouvent deux tubercules épais, blanc jaunâtre, et formés par un amas glandulaire de forme acineuse et sacciforme. Le produit consiste en granulations foncées. On voit en second lieu, dans la paroi des papilles séminales, des glandes dont le produit est clair, de telle sorte qu'on trouve ici la même disposition que dans la salamandre.

Quant aux glandes accessoires sexuelles des *poissons*, que l'on a attribuées aux *Gobius*, *Mullus barbatus*, *Cobitis fossilis*, etc., elles seraient, d'après ce que l'on en sait aujourd'hui, des agglomérats de vésicules communiquant avec le *vas deferens* par des canalicules.

430. — *Verge*. — Le mâle des *mammifères* possède généralement une *verge* traversée par le canal de l'urèthre. Parmi les *oiseaux*, quelques alectorides et plusieurs oiseaux nageurs présentent un pénis proprement dit; enfin, parmi les *amphibies*, les tortues ont un organe d'accouplement, tandis que les serpents et les lézards en ont deux. Le pénis des oiseaux et des amphibies *ne paraît jamais être percé d'un canal;* il présente seulement une dépression canaliforme, une rainure qui sert à éconduire le sperme.

Le tissu qui donne à la verge sa forme est toujours de la substance conjonctive unie à des fibres élastiques; en se transformant en une trame aréolaire, il reçoit le sang dans ses mailles et représente ainsi les *corps caverneux*, lesquels sont assez généralement, chez les mammifères, sillonnés de cloisons conjonctives, soit au pénis, soit à l'urèthre. On trouve des muscles lisses dans les trabécules des corps caverneux; on n'en rencontre pas, d'après Certi, au pénis de l'éléphant, mais bien à l'urèthre.

Dans le pénis des *oiseaux*, le tissu caverneux se dispose simplement autour de la rainure, ou bien il s'étend jusque dans l'intérieur de la verge, comme dans l'autruche d'Afrique (Joh. Müller) (1).

(1) J'ai trouvé que le pénis du *jars* présente la composition histologique suivante. La charpente de la verge est formée par deux cordons axiles, intérieurs et solides, de couleur blanche, et formés par un tissu conjonctif rigide. Ils sont entourés par un prolongement de la

On a prétendu que chez les *sauriens* et les *ophidiens* un tissu caverneux entoure le pénis de forme utriculaire ; la verge des tortues et des crocodiles paraît être pourvue suivant toute sa longueur, et surtout sur le gland, d'un corps caverneux très-développé.

Le *septum* conjonctif des corps caverneux s'ossifie dans un grand nombre de mammifères (la plupart des singes, les chauves-souris, les carnassiers, les rongeurs et les cétacés) : ainsi se forme l'*os du pénis*, qui présente souvent en avant une épiphyse cartilagineuse. Dans le *Vespertilio pipistrellus*, cet os est d'une petitesse extrême et ne se distingue qu'au microscope : il présente en avant deux pointes, tandis qu'en arrière il forme deux renflements où l'on trouve des cavités médullaires remplies de graisse et dépourvues de vaisseaux sanguins ; dans le reste de la masse il n'existe que des corpuscules osseux. Dans la *couleuvre*, du moins dans la *couleuvre à collier*, les aiguillons de la membrane interne du pénis, lorsqu'il est replié, sont des papilles *ossifiées ;* elles sont, par conséquent, formées de substance conjonctive devenue calcaire. Il est probable que la verge des autres serpents présente cette même structure. Ainsi; Otto a décrit (1) le pénis du *Dryinus lineolatus*, lequel présente cinq aiguillons principaux garnis d'un grand nombre de piqnants plus petits. Et comme cet auteur fait remarquer que toutes ces pointes sont pourvues de gaînes cornées rigides, il est permis de présumer que la substance propre de l'aiguillon n'est qu'un os cutané, comme cela a lieu dans la couleuvre. D'après Otto, chaque

muqueuse du cloaque, de telle sorte qu'un sillon courbe s'étend de la base à la pointe de l'organe. Entre le cordon axile et la muqueuse qui forme la rainure se trouve un *corps caverneux*, où je distingue non-seulement du tissu conjonctif et des vaisseaux, mais encore des muscles lisses. La muqueuse du cloaque, qui forme des papilles très-serrées et vasculaires, produit à la base du pénis des papilles plus fortes, distinguibles à l'œil nu, feuilletées et placées dans le sens transversal, ou bien des bandelettes qui, vers la pointe de l'organe, diminuent tellement de grosseur, qu'on ne peut plus les reconnaître qu'au microscope. Le stratum conjonctif de la muqueuse qui forme ces papilles est d'une consistance rigide, presque cartilagineuse, et présente, au sein de la substance fondamentale homogène, des noyaux très-abondants. Le revêtement celluleux de la muqueuse consiste en un épithélium pavimenteux stratifié, lequel renferme un pigment granuleux, vers l'extrémité de la verge et au-dessus des bandelettes transversales, de telle sorte qu'on aperçoit là, à l'œil nu, une grosse et une petite tache noirâtre. On trouve des fibres nerveuses jusqu'à la pointe de l'organe.

Les *papilles* par lesquelles les canaux séminifères débouchent dans le cloaque renferment des muscles et des vaisseaux nombreux, ainsi que je l'ai observé dans le *Fringilla chloris ;* mais il n'y a là rien qui ressemble à un corps caverneux. Un peu avant d'arriver au cloaque, les canaux séminifères se pelotonnent, ainsi que l'ont reconnu, Berthold, le premier, dans les *Sturnus*, *Lanius* et *Turdus*, et R. Wagner dans le *Fringilla*. (*Note de l'auteur.*)

(1) *Anatomie comparée* de Carus, *Tables explicatives*, Hft V, taf. VI.

pénis de la *Couleuvre acontias* porte des aiguillons.— Dans le *Python*, la muqueuse du pénis est lisse.

Les papilles du pénis de l'*orvet* (*Anguis fragilis*) présentent une disposition très-remarquable. Chacune d'elles se compose d'une portion corticale conjonctive et d'un noyau interne qui constitue la plus grande partie de la masse ; au premier aspect, ce noyau ressemble à une grosse glande utriculaire. Seulement la masse nucléaire est solide et elle se présente à un examen rigoureux comme une *formation épidermique cornée*. Les papilles sont ouvertes en avant ; un prolongement claviforme conduit en dehors le contenu des papilles qui sont creuses. Les cellules, serrées les unes près des autres, constituent des étais rigides pour les papilles. Par l'action d'une solution alcaline, ces cellules, qui renferment aussi des points graisseux microscopiques, se dissolvent et présentent les mêmes propriétés que les cellules épidermiques. Je ne connais pour le moment aucun autre exemple de ce fait anatomique, à savoir, que pour rendre les papilles rigides, l'épiderme envoie dans leur intérieur des prolongements cornés : en effet, pour remplir ce but, l'épiderme forme ordinairement autour des papilles une gaîne externe cornée.

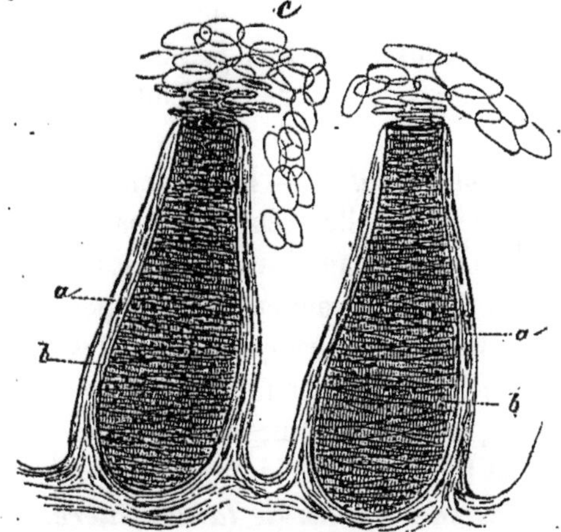

Fig. 250. — Deux papilles du pénis de l'*orvet* (après avoir été traitées par une solution alcaline).

a. L'enveloppe conjonctive. — *b*. Pousses épidermiques qui remplissent l'intérieur des papilles. (Fort grossissement.)

Le *revêtement épithélial* du gland peut être mou, ou bien les cellules sont cornées et stratifiées. Telle est l'origine des tubercules durcis de la *musaraigne* et du *hérisson* (chez ce dernier, les cellules renferment un pigment noirâtre), des aiguillons dirigés en arrière dans le chat, la taupe, le *Paradoxurus typus*, des soies du mulot, des lamelles dentelées, etc. — Otto a reconnu que le pénis et le clitoris du *crocodile* sont garnis de pointes cornées. Dans le *lézard*, je trouve que l'épithélium du pénis, qui a la forme d'un cylindre creux, présente une disposition assez rare. Ainsi la membrane interne du pénis, dont la couche fondamentale conjonctive paraît être finement linéolée, est revêtue de cellules, et chacune d'elles se termine, sur son côté libre, par un épaississement, en forme de bouton, se détachant de la cellule et portant

Fig. 251. — Fragment de l'épithélium du pénis du *lézard* (p. 76).

un certain nombre de tubercules secondaires. Les boutons ont des contours plus nets que les cellules et ne sont pas entamés par une solution alcaline. (Du côté externe, la membrane interne présente une enveloppe formée des muscles striés; je ne suis pas arrivé à distinguer le tissu caverneux que ces deux membranes comprennent entre elles.)

431. — *Glandes préputiales.* — Les *glandes préputiales* comprennent deux types différents : elles peuvent appartenir aux glandes sébacées acineuses, et atteindre dans les rats et les souris des dimensions notables; leur sécrétion est graisseuse. Elles peuvent encore, comme dans le castor et la belette, n'être que de simples refoulements sacciformes du prépuce : la membrane interne forme alors de petits plis et de petites villosités, et est revêtue de plusieurs couches de cellules, dont la plus externe fournit en se détachant le sébum préputial. — Il en est de même des *sacs anaux de la couleuvre*. La membrane externe du sac est fibreuse (dans la couleuvre à collier); après elle vient un épithélium pavimenteux, à grosses cellules, produisant des gouttelettes de graisse. Les cellules les plus externes se détachent d'une manière continue, formant avec cette graisse une couche jaune, membranoïde, qui tombe facilement, lorsqu'on incise le sac anal, pour se décomposer en une bouillie jaunâtre, d'une odeur pénétrante.

Les *ligaments suspenseurs de la verge* se composent toujours dans les mammifères de muscles lisses. Dans le *Delphinus phocæna*, ils présentent cette composition, bien qu'ils soient d'une couleur rouge intense. — Dans quelques espèces du genre autruche existe un ligament rond, servant à ramener le pénis en arrière, et formé de fibres élastiques (Joh. Müller). Les *organes d'adhésion* (*Haftorgane*) du mâle, dans les sélaciens, fonctionnent comme une verge. Ils renferment une couche fondamentale osseuse ou cartilagineuse, composée de plusieurs morceaux ; revêtus par un prolongement du tégument externe, ils rappellent par leur forme sinueuse et canaliforme les organes externes de l'accouplement dans les crustacés.

Dans la rainure s'ouvre une *glande*, qui est enveloppée d'une couche musculaire striée en travers, et renfermé (dans la torpille) environ cinquante orifices excréteurs rangés en ligne droite. La glande se compose d'utricules simples, droits, et visibles à l'œil nu ; leur forme est telle que leur extrémité ouverte regarde du côté des orifices excréteurs, tandis que leur cul-de-sac est tourné du côté de la périphérie. Le produit sécrété, de couleur laiteuse, se compose de globules brillants d'une grosseur uniforme. Cette glande pourrait représenter une sorte de prostate. Robin fait aussi cette comparaison ; il dit quelque part que les veines forment dans ces organes un tissu érectile.

432. — *Appareil sexuel de la femelle.* — *Ovaires.* — Les *ovaires* de tous les vertébrés se composent du stroma conjonctif, vasculaire et nerveux (stroma ovarien), lequel enveloppe les cavités vésiculaires revêtues d'un épithélium (*follicules de Graaf*) ; ils renferment les œufs. Chez les *mammifères*, dont les œufs sont disproportionnellement petits tandis que le stroma est très-abondant, les ovaires se présentent le plus souvent comme des corps ovales, régulièrement arrondis ; les œufs sont enfouis dans les cavités lisses des follicules de Graaf. Par contre, lorsque la couche conjonctive diminue, les follicules devenant de plus en plus saillants, la surface de l'ovaire paraît être globuleuse et même acineuse. Parmi les animaux domestiques, le *porc* présente le stroma le plus faible ; l'ovaire est encore plus acineux dans le *hérisson*, et surtout dans l'*ornithorhynque* et le *Phascolomys* (Owen). — Treviranus avait déjà fait remarquer à ce sujet que les ovaires de la *taupe* sont divisés par un étranglement en deux portions, dont l'une est petite et l'autre plus grosse et plus vasculaire. Cette disposition de l'ovaire paraît être cependant assujettie à des variations individuelles : en effet, sur quelques sujets que j'ai examinés à cet égard, je n'ai pu la rencontrer ; au contraire, l'ovaire, de forme arrondie, présentait superficiellement et intérieurement une texture régulière et une couleur jaunâtre. Au microscope, il m'a semblé se composer presque exclusivement de granules graisseux accumulés, et ce n'est qu'avec peine que j'ai pu çà et là isoler quelques vésicules ressemblant à des follicules. L'ovaire

(au mois de juin) paraissait être entré dans une période régressive. Ce n'est que dernièrement que j'ai eu l'occasion, en disséquant encore une taupe, de rencontrer une autre disposition. L'ovaire était mani-

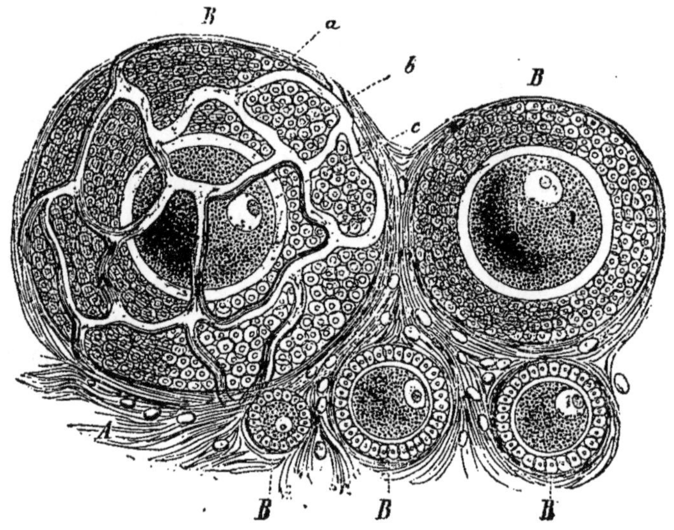

Fig. 252. — Ovaire de la taupe.

A. Stroma. — B. Follicules à divers degrés de développement ; dans les plus gros, on aperçoit les vaisseaux sanguins de la paroi.
a. Capsule du follicule. — b. Membrane granuleuse. — c. Zone pellucide.

festement divisé en une grosse portion jaune orange et en une autre portion plus petite et grise. Dans cette dernière on apercevait les follicules très-bien formés, avec leurs œufs à différents degrés de développement, tandis que dans la portion jaune orangé il n'y avait pas d'œufs, mais seulement des follicules rudimentaires complétement recouverts et enveloppés de granules graisseux. Je ne suis pas en état de donner une explication de ce fait; mais il est permis de supposer que les œufs mûrissent et éclosent dans un certain ordre, après quoi la partie correspondante de l'ovaire entre dans la période de métamorphose graisseuse ou de formation des *corps jaunes* (1).

(1) D'après Pflüger (*Unters. z. Anat. und Phys. d. Saügeth.*, in *Archiv für path. Anat. und Phys.*, n° 42), l'ovaire des mammifères se composerait à tout âge de tubes (de même que le testicule) dont le diamètre peut varier, et même devenir assez gros pour que ces tubes soient visibles à l'œil nu. C'est dans leur intérieur que naissent les follicules de Graaf. La portion du tube qui est dirigée du côté de la surface libre de l'ovaire renferme toujours les cellules épithéliales qui tapissent la face interne, ainsi que les follicules les moins avancés dans leur développement : c'est le contraire pour la portion qui plonge dans l'intérieur de l'ovaire.

Pflüger a fait sur un tube isolé de l'ovaire du chat l'observation suivante : Parmi les cel-

Comme dans les autres classes des vertébrés, les *oiseaux*, les *amphibies* et les *poissons*, les œufs à maturité surpassent en grosseur ceux des mammifères, l'ovaire, abstraction faite de ses autres dimensions, présente toujours un aspect acineux, et les follicules se détachent de la masse du stroma en restant suspendus par un simple pédicule. Dans l'ovaire des poissons osseux on constate aussi que l'enveloppe est entourée par une masse musculaire très-développée : c'est ce que j'ai rencontré dans l'*Esox lucius*, la *perche de rivière*, le *saumoneau;* chez ce dernier, j'ai cru rencontrer aussi des éléments musculaires dans le stroma. Les orifices que Rathke a découverts autrefois dans l'ovaire des batraciens pourraient être révoqués en doute; les œufs, parvenus à maturité, paraissent s'échapper après avoir fait éclater leur enveloppe conjonctive.

La *paroi* propre du *follicule* est par conséquent toujours représentée

lules situées à la partie externe, quelques-unes s'accroissent beaucoup (jusqu'à atteindre 0,009^{mm}); leur noyau les remplit presque complétement; elles présentent une membrane externe et un nucléole : *ce sont les jeunes œufs*. Au début, c'est le noyau qui s'accroît, ou bien la vésicule germinative, le jaune ne vient que plus tard. A cet état de développement, les cellules sont susceptibles de se mouvoir, ainsi que des grégarines. Ces cellules s'étranglent et se divisent; la tache germinative reste donc dans l'une des moitiés de la vésicule, et l'on voit apparaître dans l'autre moitié, tout à coup et comme par enchantement, une nouvelle tache. Les mouvements des œufs paraissent cesser au moment où la membrane granuleuse se forme. Dans les parties supérieure et moyenne du tube, les cellules sont, comme un épithélium, placées très-serrées contre la paroi ; vers l'extrémité interne du tube elles sont plus grosses et plus distantes les unes des autres. La raison en est que les petites cellules du tube s'insinuent et se multiplient entre les interstices des œufs. Elles se disposent ensuite autour d'eux, de telle sorte qu'une rangée d'œufs semble être entourée par une gousse cylindrique formée de ces petites cellules; aussi, dans un gros tube voit-on, à partir du fond, naître des tubes secondaires, dans lesquels les œufs sont rangés les uns à la suite des autres. Dans ces tubes secondaires, les cellules épithéliales paraissent à leur tour, s'insinuent entre les œufs, qu'elles éloignent les uns des autres, et ainsi prennent naissance une série de follicules de Graaf, qu'il n'est pas difficile d'isoler. Plus tard ces follicules paraissent s'étrangler pour s'isoler; mais ils restent toujours réunis par des commissures *celluleuses*, même lorsqu'ils ont atteint leur développement complet. Lorsqu'une cloison des follicules secondaires s'est incomplétement développée, on a un follicule qui renferme deux ovules.

Pour Klebs, la masse celluleuse qui enveloppe l'œuf dérive des cellules *fusiformes* du stroma, et ce ne serait qu'au moment de la maturité de l'œuf qu'elles prendraient un caractère épithélial.

Klebs et Aeby ont trouvé chez tous les mammifères une grande quantité de fibres musculaires dans le stroma de l'ovaire (*Bericht*, etc., 1861, p. 127).

Ces observations de Pflüger ont été confirmées plus tard par Borsenkow (*Ueber d. fein. Bau. d. Eierstocks.*, in *Würzb. naturw. Zeitschr.*, Bd. IV, Hft. I, p. 56).— D'après de la Vallette, il est « probable » que c'est une cellule épithéliale de l'ovaire qui produit l'œuf en se métamorphosant directement. Les observations ont porté sur le *Gammarus pulex* (*Études sur les amphipodes*, etc., Halle, 1860).

par une couche limite, plus ou moins homogène en dedans et appartenant au stroma conjonctif qui circonscrit le follicule. Parmi les vertébrés, le *Trygon pastinaca* présente un cas isolé, en ce que la paroi vasculaire du follicule forme à l'intérieur du jaune des plis nombreux et profonds. Il en résulte que les œufs, d'un jaune vif, conservent à la surface un aspect particulier, semblable à celui des circonvolutions cérébrales.

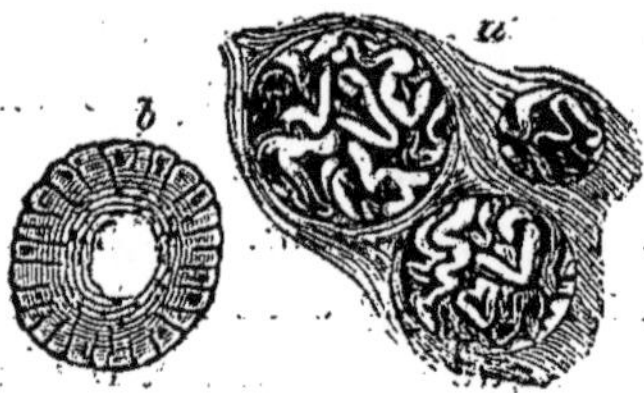

Fig. 253. — Ovaire du *Trygon pastinaca* en grandeur naturelle.
a. Ovaire vu de la superficie. — *b*. Ovaire vu en coupe.

Dans tous les vertébrés, on rencontre des cellules qui revêtent la face interne du follicule, composent la *membrane granuleuse*, et participent à la sécrétion des couches albuminoïdes, ainsi qu'à la formation de la coque. Dans le follicule des mammifères, on voit parfois qu'une quantité considérable de sérosité albuminoïde remplit l'espace resté libre du follicule. Dans l'ovaire d'une taupe que j'avais conservée dans l'alcali bichromique, j'ai trouvé que les cellules de la membrane granuleuse, semblablement à ce qui a lieu dans différentes formations épithéliales, n'étaient pas simplement rondes et cylindriques, mais bien qu'elles émettaient *plusieurs prolongements fort courts;* je crois même avoir observé dans des œufs mûrs de cet animal (voyez la figure ci-contre) que les cellules fusiformes du *disque*, que Bischoff a dessinées dans ses monographies, et qui donnent à l'œuf un aspect étoilé, proviennent par *gemmification* des cellules rondes ordinaires. En effet, j'ai eu sous les yeux des préparations où je distinguais environ douze prolongements claviformes, dont le noyau était placé à leur extrémité renflée, et qui s'inséraient sur un globule central.

Fig. 254. — Le disque prolifère de l'œuf de la taupe.
On voit la multiplication des cellules par gemmification. (Fort grossissement.)

433. — Si l'on examine la composition de l'œuf ovarique arrivé

à maturité, on distingue toujours chez les vertébrés, et de dehors en dedans, l'*enveloppe de l'œuf*, le *jaune*, la *vésicule* et la *tache germinative jaune*. — Le jaune est constamment formé par des substances albuminoïdes et graisseuses. Chez les mammifères, lorsque l'œuf est mûr, la graisse se présente toujours sous la forme de petits globules; dans les autres vertébrés, il existe aussi des globules plus gros et dont les dimensions sont considérables chez plusieurs poissons osseux ; dans les batraciens, les plagiostomes (à l'exception du *Trygon pastinaca*), on rencontre aussi des *formations stratifiées, en forme de tablettes*, que l'on avait prises autrefois pour de la graisse, à cause de leur aspect, mais que Virchow a reconnues comme étant des masses albuminoïdes (1). Elles rappellent, ainsi que Joh. Müller le remarque, les grains amylacés des plantes, ainsi que leur texture. L'albumine elle-même, qui paraît être dans l'œuf des mammifères le seul moyen d'union des granules graisseux, peut aussi se différencier en globules particuliers, par exemple dans les sélaciens : le jaune de plusieurs batraciens (*Siren*, *Rana*, *Bufo*, *Bombinator*, *Pelobates*, etc., l'*Alytes* et le *Breviceps* exceptés), des poissons (*Polypterus*, *Acipenser*, etc.), renferme aussi des pigments à granulations foncées. D'après Billroth, les globules du jaune de l'*Hyla* sont d'une belle couleur émeraude. Reichert a décrit dans le brochet une *structure tubulaire* du jaune fort remarquable (1) :

« Le globule nutritif du jaune se compose, à l'état frais, d'une substance fondamentale albuminoïde, homogène, très-transparente, visqueuse, traversée par un grand nombre de canalicules ou tubes, en général de forme parabolique, remplis d'une solution albuminoïde aqueuse. Les branches de ces canaux s'ouvrent librement à la surface du globule, en avant et en arrière, à droite et à gauche, en haut et en bas. Les orifices se présentent sous la forme de taches arrondies et brillantes ; on les prendrait au premier abord pour des vésicules pellucides. Les deux branches d'un canalicule parabolique ne sont pas dans un même plan, mais bien dans deux plans différents, dont l'intersection forme un angle aigu. Tous les sommets réunis se trouvent environ au centre du globule qui présente sa plus grande largeur suivant l'axe longitudinal, et sa plus petite suivant l'axe horizontal; souvent les sommets voisins empiètent les uns sur les autres. Chaque canalicule commence ordinairement à la surface du globule, ordinairement par sa portion terminale, courte et amincie ; puis, tout d'un coup, il augmente de calibre, pour aller ensuite en diminuant au delà du sommet. Au pôle postérieur de l'œuf, on trouve toujours une petite portion du globule

(1) *Müller's Archiv*, 1856.

vitellin dans laquelle les canalicules se distinguent par leur finesse. » Reichert met en rapport avec cette structure tubulaire du jaune les rotations de l'œuf du brochet fécondé, rotations attribuées avant lui à la présence de cils vibratiles que personne n'avait jamais vus; de plus, cet auteur a montré que ce ne sont que des oscillations dues au déplacement du centre de gravité du globule vitellin, lequel est très-mobile. (Quant aux rotations que l'on a constatées depuis longtemps sur des embryons pourvus de cils, elles reconnaissent une tout autre cause, et par conséquent elles sont tout autres.)

Dans l'œuf non encore mûr de la *grenouille,* il existe un corps granuleux, distinct de la substance du jaune et de la vésicule germinative, et dont on ne retrouve aucune trace dans l'œuf arrivé à son complet développement (1).

Vésicule germinative. — Dans l'œuf complet de tous les vertébrés, la *vésicule germinative* occupe une position excentrique; ordinairement simple dans les mammifères et les oiseaux, multiple dans les amphibies et les poissons, et surtout dans les batraciens, elle est toujours située à la face interne de la vésicule. J'ai vu chez le rat, qu'après l'éclatement et le plissement de la vésicule, elle restait suspendue par un pédicule à la paroi. La vésicule présente, surtout chez les poissons et les amphibies nus, un aspect aqueux, parfois finement granuleux et même réfringent; comme une goutte de graisse (plusieurs mammifères) (2).

434. — *Enveloppe de l'œuf.* — L'*enveloppe* des œufs est d'une composition variable; son importance au point de vue des voies par lesquelles les corpuscules séminifères pénètrent dans l'œuf après la fécondation a attiré l'attention de différents observateurs.

(1) Il existe un grand nombre d'opinions contradictoires sur la formation du jaune des *oiseaux*. R. Wagner et Schwan considèrent le jaune comme une cellule, tandis que H. Meckel l'assimile au follicule de Graaf, et affirme que la vésicule de Purkinje de l'oiseau est analogue à l'œuf complet des mammifères. Ecker et Allen Thomson se rattachent à l'opinion de Meckel, tandis que Leuckart, Kölliker, Hoyer, acceptent l'interprétation de Wagner.

Quant aux lamelles du jaune (cellules lamelleuses de Filippi), que Radlkoper considère comme des formations albuminoïdes cristallines, Gegenbaur admet qu'elles sont formées par des conglomérats de granules vitellins notablement accrus.

Gegenbaur admet que la tache ou les taches germinatives ne sont nullement des conditions essentielles de la vie de l'œuf.

Qu'il nous suffise d'avoir cité ces points de dissidence pour faire comprendre quelle est l'obscurité qui règne encore sur la signification exacte des parties constitutives de l'œuf dans la série animale.

(2) Schrön et Barry prétendent avoir reconnu dans la tache germinative l'existence d'un corpuscule, « granule de la tache germinative », qu'ils considèrent comme une partie constitutive de l'œuf des *mammifères*. (*Bericht*, etc., 1864, p. 138.)

Si les travaux de H. Meckel sur la formation de l'œuf de la poule ne sont pas confirmés, on peut admettre que l'œuf naît dans l'ovaire de la manière suivante : une *cellule de l'ovaire* s'accroît ; son contenu se transforme en donnant naissance au jaune, qui continue le développement. La *membrane cellulaire originelle* devient la membrane vitelline, qui peut être, chez les oiseaux, les amphibies et les poissons, une membrane homogène, mince ou épaisse, immédiatement appliquée sur le jaune. Chez le plus petit nombre des vertébrés, tout se borne à cette simple enveloppe ; mais il peut arriver aussi que déjà, dans le follicule ovarique, il se forme autour d'elle d'autres *enveloppes* ou *coques*, souvent très-complexes, dont la genèse est encore peu connue, bien que, par la sécrétion de couches albuminoïdes, originellement molles, qu'il faut attribuer probablement aux cellules de la membrane celluleuse qui revêtent le follicule, elles paraissent appartenir aux formations cuticulaires stratifiées (1). Sur des enveloppes, que l'on pourrait appeler secondaires, on a reconnu dans ces derniers temps deux particularités de structure très-remarquables : ce sont les *canalicules poreux* et le *micropyle*. Nous allons en parler.

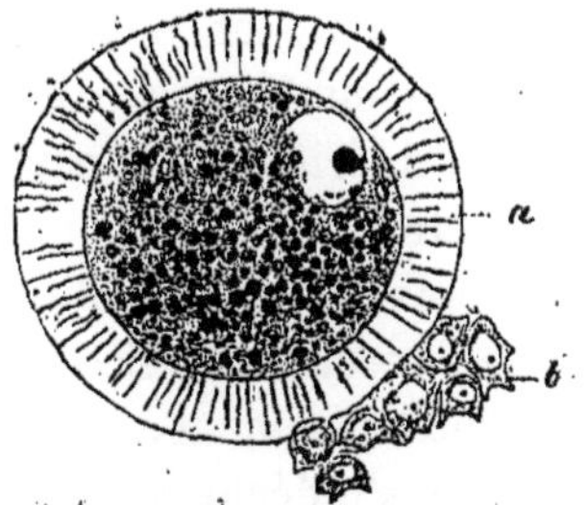

Fig. 255. — Œuf ovarique de la taupe.

a. La membrane vitelline avec les canalicules poreux. — *b.* Cellules appartenant au disque proligère. (Fort grossissement.)

Dans l'œuf des *mammifères* il se forme, par un dépôt de couches albumineuses autour de la membrane primordiale cellulaire, et par l'union intime de ces couches avec la membrane, une enveloppe épaisse, élastique et rigide qu'on appelle *zone pellucide*. D'après les découvertes de Remak, elle est sillonnée de linéaments serrés les uns contre les autres, rectilignes, se dirigeant sans interruption et dans le sens des rayons du globule, de la superficie à la face interne ; on les rapporte à la présence de canalicules poreux. Cette opinion serait confirmée par les recherches que j'ai faites sur l'œuf de la taupe. Il est certain que les linéaments sont assez fins pour qu'il soit nécessaire de

(1) Nous avons traité ce point dans une note qu'on lira plus loin.

les chercher; je les ai aperçus avec le plus de netteté sur des œufs qui s'étaient détachés du follicule; leur zone pellucide se gonflait après addition d'eau. Les stries étaient alors plus éloignées les unes des autres, et lorsque le jaune avait un peu fusé, elles paraissaient légèrement sinueuses. Du reste, vues de face et de profil, elles me produisaient la même impression que d'autres canalicules poreux que j'avais souvent rencontrés, dans la peau des arthropodes, par exemple. Quant à un canal simple et de gros calibre, ou micropyle, existant dans l'œuf des mammifères, il ne m'a pas été donné de le rencontrer, non plus qu'à Leuckart; tandis que Meissner (1) a observé une fois dans l'œuf du lapin une fente, ou micropyle (?), située dans la zone pellucide.

435. — Chez les *batraciens*, il ne paraît se former dans le follicule de l'œuf qu'une seule membrane vitelline, homogène et rigide, autour de laquelle se développe, dans l'oviducte, une couche gélatineuse épaisse; dernièrement, Reichert a découvert que, chez la *Rana temporaria*, cette couche, lorsqu'elle a été gonflée dans l'eau, présente de petits points d'une finesse extrême, qui paraissent être les orifices de petits tubes, bien qu'il ne soit pas possible de suivre le trajet de ces tubes à travers l'enveloppe.

Il est très-probable qu'il existe en outre un *orifice micropylaire* plus considérable à travers la membrane vitelline. En effet, bien qu'il eût souvent rencontré dans l'intérieur de la cavité vitelline des filaments spermatiques, et qu'il eût été surpris de voir à travers les enveloppes extérieures leurs mouvements vrillatoires d'une rapidité merveilleuse, Leuckart n'avait jamais pu reconnaître si ces filaments traversaient la membrane vitelline, qui est extrêmement dure. Au contraire, ils venaient buter contre cette membrane, s'infléchissant comme des aiguilles devant un obstacle insurmontable. Ces observations concordent avec les assertions de Reichert, qui déclare n'avoir jamais vu un corpuscule spermatique traverser la membrane vitelline; à laquelle ils s'arrêtent toujours. Quant à la présence d'un micropyle spécial, cet auteur affirme encore, conformément à l'opinion de Leuckart, que le nombre des zoospermes qui pénètrent réellement dans la cavité vitelline, est très-faible, comparativement au nombre de ceux qui traversent l'albumen; enfin, les observations de Newport, d'après lesquelles l'œuf de la grenouille présenterait certains points plus aptes à être fécondés que d'autres, vient encore corroborer cette manière de voir.

436. — Les *poissons osseux* se distinguent par des formations très-délicates qu'on observe dans les capsules de l'œuf, lesquelles prennent

(1) *Zeitschr. für wiss. Zool.*, 1854.

naissance dans le follicule. Dans les espèces des genres *Salmo* (*S. fario*, *S. salvelinus*), *Barbus*, *Cobitis fossilis*, j'aperçois dans la *capsule simple de l'œuf* des canaux poreux très-fins, placés les uns très-près des autres, et déterminant sur la coque un pointillé particulier. En

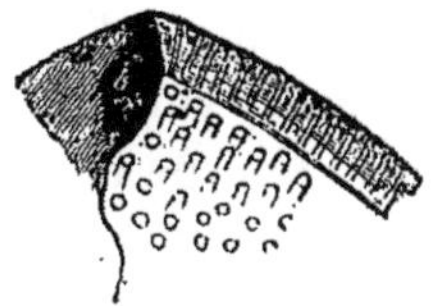

Fig. 256. — Un fragment de la coque de l'œuf du *Cobitis fossilis* avec ses canaux poreux. (Fort grossissement.)

outre de cette enveloppe ponctuée, d'autres poissons en ont encore *une seconde* : la perche, la perche à boule, le brochet, et un grand nombre de cyprinoïdes ; c'est la couche qu'on appelle ordinairement membrane albumineuse. Dans la *perche de rivière*, elle est très-remarquable : Joh. Müller la décrit comme une couche dont l'épaisseur est plus grande que celle de la membrane ponctuée, et dont les canalicules radiaires, à trajet spiroïde, se terminent à la face interne par un renflement infundibuliforme. On ne sait pas encore comment ces larges canaux poreux de l'enveloppe externe de l'œuf se comportent par rapport aux canalicules si fins de la membrane interne ponctuée ou « chagrinée » ; on ignore s'ils se continuent les uns les autres. Dans le *brochet*, cette seconde enveloppe de l'œuf est une couche vitreuse, homogène, complétement transparente; les canalicules poreux sont de petits tubes simples qui traversent la couche albumineuse dans une direction normale (Leuckart). Les œufs mûrs de quelques *cyprinoïdes* présentent un aspect velouté qu'il faut attribuer à la présence sur la membrane de l'œuf de petits bâtonnets cylindriques serrés les uns près des autres et disposés en rayons. Joh. Müller les a signalés le premier. Reichert a constaté leur disposition de la manière la plus nette dans le *Leuciscus erythrophthalmus* et le *Chondrostoma nasus ;* dans la *tanche*, on trouve aussi en certains endroits cette structure. De par mes propres observations, je puis citer le *Gobius fluviatilis :* les bâtonnets y sont très-développés, et leur disposition est telle, qu'ils s'inclinent tous par la pointe en formant des groupes complétement isolés; ils se détachent facilement de la coque, réfractent fortement la lumière, et après avoir pâli dans une solution alcaline, l'une de leurs extrémités présente des contours très-tranchés. Reichert considère cette couche de bâtonnets comme ayant la même signification que la deuxième enveloppe ou la couche albumineuse de la perche, du brochet, etc. ; car il s'est convaincu, sur des œufs non encore mûrs, que les bâtonnets plongent par leur base dans une couche homogène et vitreuse, et qu'ils ne sont libres que par leurs extrémités arrondies. La coque d'un grand nombre de poissons présente à la superficie des *facettes*, que l'on retrouve aussi sur la coque d'un grand nombre d'invertébrés, des insectes surtout ; or, comme les enveloppes, considérées dans leur ensemble, ne sont que des *produits de sécrétion* de la *membrane granuleuse*, il est très-probable que ces facettes résultent des empreintes que cette membrane produit dans l'enveloppe de l'œuf encore molle et gélatineuse. Chez la *perche*, on aperçoit au milieu de chaque facette l'infundibulum ouvert du canal qui y prend son origine.

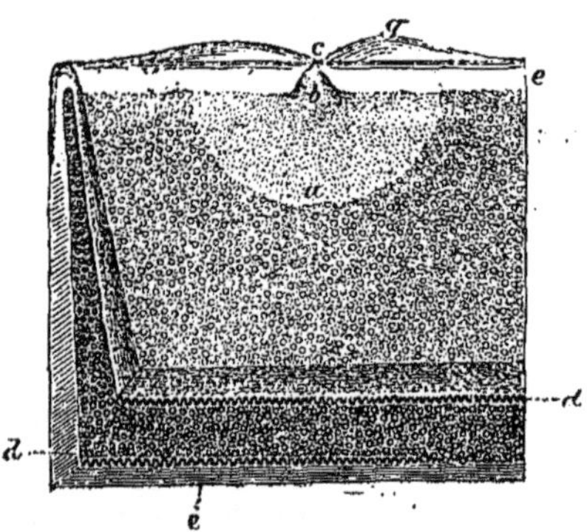

Fig. 257. — Micropyle du *Leuciscus erythrophthalmus*.

a. La membrane de l'œuf se plisse de telle sorte que la face interne devient externe. *a*. Vestibule du micropyle. — *b*. Fond de la cavité infundibuliforme. — *c*. Col du micropyle. — *d*. Enveloppe veloutée de l'œuf. — *e*. Enveloppe ponctuée. — *g*. Couche albumineuse située au pourtour du micropyle, à la face interne de l'enveloppe de l'œuf (d'après Reichert. (Grossissement modéré.)

Les poissons sont en outre les seuls vertébrés qui présentent d'une manière non douteuse un *canal infundibuliforme traversant les enveloppes de l'œuf*, c'est-à-dire un *micropyle*. Doyère a, le premier, décrit un orifice de cette nature dans le *Syngnathus ophidium* (1) ; et, bien que cet auteur ait appelé cet orifice le micropyle, et qu'il ait mis en relief le rapport probable qu'il doit avoir avec la fécondation, son observation passa inaperçue. Reichert seulement en a fait ressortir tout le mérite. Bruch a découvert, de son côté, le micropyle des œufs de *truite*, et Leuckart a confirmé cette découverte en l'étendant à deux autres poissons, le *silure* et le *brochet*. Reichert a pu reconnaître le micropyle dans tous les cyprinoïdes (*Cyprinus*, *Leuciscus*, *Chondro-*

(1) *L'Institut*, 1850.

stoma, Tinca), dans le *silure* et la *perche à boule* (1). Suivant cet auteur, le canal micropylaire n'est pas pourvu de deux orifices infundibuliformes, mais il présente la forme d'un infundibulum simple, dont la portion la plus mince, le col, se dirige vers l'intérieur de l'œuf.

En outre des enveloppes de l'œuf qui prennent naissance dans le follicule, il existe encore, comme on le sait, chez les oiseaux, les reptiles, les sélaciens, des coques solides qui se forment dans les *oviductes*. Elles peuvent aussi renfermer un système de canaux poreux; c'est du moins ce qui résulte de l'observation de Reichert, ci-dessus mentionnée, sur l'enveloppe gélatineuse de l'œuf de la grenouille. De Wittich a fait des recherches sur la *coque calcaire* des oiseaux (2), laquelle se forme par la solidification d'un liquide blanc, laiteux et très-riche

(1) De la Vallette (*loc. cit.*) a trouvé le micropyle dans les œufs de tous les *amphipodes* qu'il a examinés.

(2) Le docteur Landois (*Zeitschr. für wiss. Zool.*, I Hft, 1865) a publié un travail remarquable sur « les coques des œufs des oiseaux au point de vue histologique et génétique. » Ce travail fait suite aux recherches de de Wittich sur l'œuf de la poule. L'auteur s'est occupé surtout de répondre à certaines questions qu'on avait laissées de côté : Quelle est la cause du *sablé*, « qui joue un si grand rôle dans la physiographie de la coque »? Quelle est celle de la matité ou de l'éclat que la coque peut présenter?

Landois distingue plusieurs couches dans la coque des oiseaux. « La *première*, que l'on a, dit-il, ordinairement considérée comme une membrane blanche opaque, se trouve placée immédiatement au-dessus de la couche albumineuse la plus externe. » Elle se compose d'un tissu fibroïde, solidement feutré, et l'auteur la désigne sous le nom de *couche fibreuse* (voy. *loc. cit.*, taf. I, fig. I et II). Les gaz seuls peuvent traverser les mailles du feutrage; lorsqu'on étudie *sous l'eau* une partie de cette membrane, on voit que les mailles sont remplies de gaz. On remarque encore dans cette couche des parties un peu plus foncées, et cette coloration est due à l'albumine qui les imprègne; la coloration blanche du reste de la membrane doit être attribuée à la présence de l'air. Ce n'est pas la couche la plus supérieure qui est remplie de calcaire. « Il est facile de se convaincre de la présence des fibres dans les portions de la coque devenues calcaires, si l'on fait bouillir pendant longtemps dans l'alcali caustique une partie de la coque, que l'on traite ensuite par un acide étendu. »

La *deuxième couche* de la coque ne peut être mise en évidence que par des moyens chimiques, attendu qu'elle est trop fortement imprégnée de sels opaques; l'auteur s'est servi, pour séparer les sels calcaires, des acides chlorhydrique ou acétique étendus. Pour étudier le résidu organique, l'auteur a employé des matières colorantes que ses devanciers n'avaient pas utilisées. Sans entrer ici dans tous les détails de la préparation, nous dirons qu'après l'action d'une solution de nitrate de rosaniline, on aperçoit à la partie supérieure de la couche fibreuse « un grand nombre de corps arrondis affectant une disposition régulière ». *Ce sont les restes des glandes utérines.* C'est pour cela que l'auteur désigne la seconde couche sous le nom de *couche des glandes utérines*.

Lorsque la *troisième couche* existe, elle est dépourvue de structure et analogue au mucus; à cause de sa texture, on peut l'appeler encore *couche spongieuse*. Elle est remarquable chez le *pélican*.

Dans quelques familles d'oiseaux, il existe encore une *quatrième couche*; mais elle est

en calcaire; il affirme qu'elle est parcourue par un grand nombre de cavités assez grosses et s'ouvrant à la surface. La coque du *Lacerta agilis* se compose d'un réseau de fibres qui ne paraissent différer en rien des fibres élastiques.

— Häckel (1) a découvert au-dessous de la membrane vitelline, entre elle et le jaune, et sur les œufs du *Scomber esox*, une couche très-remarquable de fibres simples, solides et vitreuses, dont l'une des extrémités se termine en pointe, tandis que l'autre présente un renflement claviforme. On n'a pu jusqu'à ce jour pressentir quelle peut être leur signification ni ce qu'elles deviennent.

437. — *Oviducte.* — Dans tous les vertébrés, l'*oviducte* se compose de substance conjonctive, d'épithélium, et fréquemment d'éléments musculaires. Les trompes des *mammifères* présentent extérieurement une *séreuse* formée de tissu conjonctif et d'un épithélium pavimenteux; puis vient une couche de muscles lisses, et enfin tout à fait en dedans se trouve une *muqueuse* conjonctive, revêtue d'un épithélium vibratile. On ne peut affirmer que la muqueuse forme toujours des glandes par refoulement : ainsi, par exemple, dans la *taupe*, on aperçoit des follicules glandulaires peu profonds, dont un certain nombre sont toujours groupés par une enveloppe générale.

La composition de l'oviducte des *oiseaux* est la même. D'après Meckel, il existe chez la *poule* un grand nombre de follicules glandulaires simples, tandis qu'il m'a été impossible d'apercevoir une seule glande dans la muqueuse de l'*Ardea cinerea*, laquelle présente une grande

dépourvue de structure et criblée, contrairement à ce qu'avance de Wittich. Cette couche présente de grandes variations, suivant les familles. On ne peut qu'avoir des présomptions sur sa fonction. On la trouve dans les œufs qui sont plus exposés aux intempéries, à l'humidité, tels que les œufs du canard, du pélican, du plongeur, etc.; elle est alors souvent imprégnée de graisse : tandis que les œufs des oiseaux qui ont des nids bien soignés et bien secs manquent souvent de cette quatrième couche, ou ne la présentent qu'à un état rudimentaire.

« Le *sablé* de la coque dépend du nombre, de la grosseur et de la forme des glandes utérines qui composent la seconde couche de la coque. » Chaque grain de sablé présente en son milieu une glande utérine.

L'*éclat* dépend, soit de la masse de la substance organique, soit du sablé.

Les *pores* de la coque, qui communiquent avec les interstices de la *couche fibreuse*, se dessinent quand on a traité la coque par l'alcali. On les aperçoit au microscope, à un faible grossissement, comme des points brillants, dont la distance et la grosseur peuvent être facilement mesurées.

L'auteur fait remarquer que l'examen histologique des coques d'œufs peut souvent servir à *différencier* les espèces. Les observations ont porté sur un grand nombre d'oiseaux. Tout son travail mérite une étude sérieuse.

(1) *Müller's Archiv*, 1854.

quantité de plis. Je dois aussi contester l'existence de glandes proprement dites dans le *canari;* mais, pendant la couvaison, toutes les cellules de l'épithélium sont distendues et remplies de globules d'albumine (1). — Les trompes sont vibratiles, d'après Valentin.

Le seul caractère commun à tous les oviductes des *amphibies* est la vibratilité; par contre, les muscles ne sont pas constants : ils font défaut, ainsi que je l'ai vérifié dans la *grenouille*, le *Proteus*, etc. ; les glandes que l'on a observées dans la *Salamandre terrestre*, le *Triton*, les grenouilles et les crapauds, et qui, un peu avant la ponte, donnent à la paroi de l'oviducte une grande épaisseur, manquent, par exemple, dans le *Proteus.* — Les oviductes de la grenouille prennent, après le passage des œufs, et la formation de l'enveloppe albumineuse, un aspect blanc jaunâtre, ratatiné; cette coloration est occasionnée par la transformation graisseuse que subissent dans les cellules des glandes de l'oviducte les globules d'albumine encore persistants.

Parmi les *poissons*, les sélaciens ont un oviducte manifestement musculaire (dans la *chimère*, les noyaux des couches musculaires sont pâles et étroits); la muqueuse, dont les plis sont longitudinaux, porte un épithélium vibratile jusqu'à l'embouchure utérine de l'oviducte. Entre les membranes muqueuse et musculaire, se trouvent les glandes de l'oviducte, à différents degrés de développement ; elles sont très-grosses dans le *Scyllium*, tandis que dans le *Trigon* elles sont très-petites et immédiatement placées sur l'utérus. L'épithélium vibratile revêt encore la partie de la muqueuse qui recouvre la glande : celle-ci se compose de petits tubes rectilignes, renfermant des molécules de graisse ; le cul-de-sac des tubes paraît se diriger vers la surface de la muqueuse, et le produit sécrété s'écoule par une fente longitudinale, qui commence au-dessous du point de réunion antérieur et commissural des deux moitiés de la glande.

Dans les *téléostiens*, dont l'ovaire est situé à l'extrémité borgne et sacciforme de l'oviducte, l'épithélium vibratile s'étend aussi sur tout le renflement sacciforme (il en est ainsi dans les *Esox lucius*, *Cobitis fossilis*, chez lequel il est du reste très-caduc).

L'infundibulum péritonéal qui, chez les *ganoïdes*, sert d'oviducte, et qui, chez l'*esturgeon*, est dépourvu de glandes ainsi que de muscles,

(1) Le docteur Landois (*loc. cit.*) croit, d'après ses recherches, pouvoir affirmer que ces glandes existent, bien que Leydig ne les ait pas trouvées. « J'ai trouvé aussi bien les glandes utérines dans tous les oviductes que j'ai examinés que leur résidu dans toutes les coques. » (Page. 24.) Dans leur premier stade de développement, ces glandes sont closes, et ce n'es que plus tard qu'elles se remplissent de petites cellules glandulaires. « Ces petites cellules empêchent d'observer les glandes, mais il est facile de les détruire avec l'alcali. »

porte encore des cils sur sa face interne : la vibratilité existe même au delà de la cavité abdominale ; mais elle ne se manifeste que suivant certaines directions, et non d'une manière continue. L'oviducte est encore vibratile dans le *Polypterus ;* les cellules de l'épithélium sont petites comme dans l'esturgeon ; les cils sont assez longs et épais ; on rencontre encore des cils dans les cellules épithéliales du péritoine, autour de l'orifice de l'oviducte. Dans le *Branchiostoma* et les cyclostomes, chez lesquels l'infundibulum péritonéal est réduit au *pore génital*, ainsi que parmi les téléostiens, dans certaines familles (*Salmones*, *Galaxiæ*, *Murænoides*) dont les œufs tombent aussi dans la cavité abdominale pour être éconduits par le *pore* situé derrière l'anus, il est probable que la cavité abdominale est vibratile jusque dans ce pore.

468. — *Utérus.* — Les extrémités inférieures des oviductes peuvent se transformer en donnant naissance à un *élargissement* ou *utérus*, dans lequel les œufs passent un temps plus ou moins long, et où l'embryon poursuit son développement, de manière qu'il en sort un animal vivant. La structure intime de l'utérus n'est pas la même dans toute la série des vertébrés : il est vrai que les muscles lisses constituent, en général, la partie principale des parois de l'organe, lesquelles peuvent être plus ou moins épaisses ; mais la muqueuse est variable. Elle est *glandulaire* dans un grand nombre de *mammifères :* les glandes sont longues et canaliformes dans le cheval, le porc, les carnassiers, très-longues dans les ruminants (elles manquent dans l'utérus du chevreuil, ainsi que Bischœff l'affirme, mais seulement à la place des caroncules) ; suivant Barkow, elles présentent un grand développement chez le phoque (elles existent aussi chez le dauphin) ; Myddelton les a trouvées très-développées dans l'*Opossum*. Chez la *taupe*, où je n'avais pu les apercevoir autrefois, j'ai reconnu qu'elles présentent une forme utriculaire analogue à celle des glandes de Lieberkühn. Chez le *rat*, on rencontre, au lieu de ces glandes, des plis très-accentués de la muqueuse ; toutefois, en envisageant le fait de plus haut, on pourrait considérer les espaces compris entre ces plis comme des glandes colossales, puisque le cas est ici le même que celui des glandes intestinales des batraciens et des ganoïdes : qu'il s'agisse de plis alvéolaires de la muqueuse ou bien de saccules glandulaires courts et spacieux, c'est là une question purement subjective. Reichert les appelle glandes chez le lapin. D'après cet observateur, l'entrée de ces glandes est infundibuliforme chez les ruminants. Pendant la grossesse, les orifices sont tellement dilatés, que l'on peut les apercevoir à l'œil nu. — Dans plusieurs mammifères, le *pigment* se répand dans le revêtement séreux : chez le *Cercopithecus*

æthiops, la séreuse de l'utérus, les ligaments utérins et l'ovaire sont pigmentés en noir.

Quant aux *oiseaux*, H. Meckel a décrit dans la corne utérine de la *poule* des follicules simples, cunéiformes, qui sécrètent de l'albumine, tandis que, dans la portion vaginale de l'utérus, se trouvent d'autres glandes ramifiées, dont l'épithélium renferme du calcaire poussiéreux qui s'attache à la coque de l'œuf. (Du reste, d'après Meckel, la coque naît d'une couche muqueuse détachée de l'utérus, et dans laquelle il a reconnu du tissu fibreux, les orifices des glandes utérines, et même des traces de gros vaisseaux sanguins.)

Dans l'utérus de la *couleuvre à collier*, les glandes sont de petits sacs. L'utérus de la *salamandre terrestre*, ainsi que la portion terminale de l'oviducte du *Pelobates*, laquelle s'élargit en formant une poche, ne renferment pas de glandes, d'après mes observations; il en est de même chez les sélaciens. Chez ces derniers, la muqueuse paraît être lisse, ou bien elle ne présente que des plis longitudinaux sinueux (*Scyllium*); quelquefois elle porte des *villosités* très-développées (*Acanthias vulgaris*, *Spinax niger*, *Scymnus lichia*, *Trygon pastinaca*). Ces villosités sont parfois (*Acanthias vulgaris*, *Scymnus lichia*) disposées en séries longitudinales très-régulières; elles s'arrêtent vers l'extrémité de l'utérus et se perdent dans des plis longitudinaux feuilletés. Dans le *Trygon pastinaca*, elles se tiennent tellement serrées les unes près les autres, que l'on n'aperçoit plus la surface de la muqueuse. Ces villosités sont très-vasculaires : on y distingue en général deux vaisseaux volumineux, qui se pénètrent et s'entrelacent à l'extrémité de la villosité, comprenant entre eux un réseau capillaire à mailles étroites. Dans l'utérus gravide, ces vaisseaux se distinguent par une couche de muscles annulaires relativement très-épaisse. La muqueuse de l'utérus gravide de la *salamandre* présente aussi des plis transversaux qui reçoivent un grand nombre de vaisseaux sanguins.

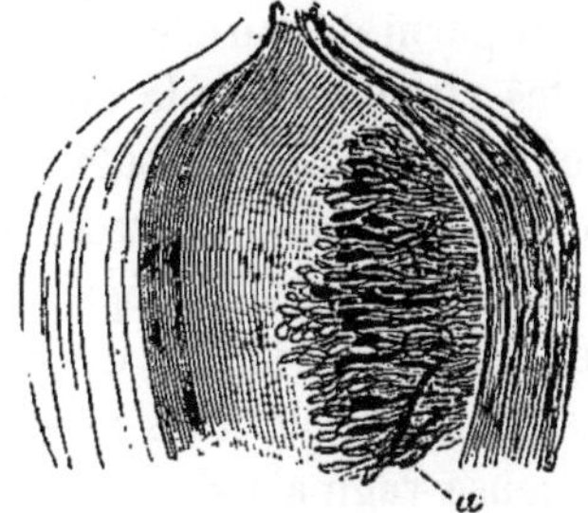

Fig. 258. — Utérus du *Trygon* coupé, afin de montrer les villosités.

L'*épithélium* de la muqueuse utérine se présente chez les mammifères comme un épithélium cylindrique vibratile (?); chez le porc, la vibratilité s'étend jusque dans les culs-de-sac des glandes. Toutefois, jusqu'ici, cet épithélium n'a été étudié que sur un petit nombre de mammifères, et plusieurs auteurs (Kilian, par exemple) parlent de couches épaisses formées par un épithélium pavimenteux. L'utérus du *lapin* renferme, d'après Reichert, des cellules qui se rapprochent de l'épithélium pavimenteux ; elles sont remplacées dans la portion tubaire par un épithélium vibratile et cylindrique, tandis que dans la portion vaginale elles se rattachent aux écailles cellulaires du vagin. — Dans la *salamandre*, l'épithélium utérin se compose de cellules arrondies, non ciliées; il en est de même dans la couleuvre à collier et la *Coronella lævis,* qui est vivipare, et chez laquelle il existe au devant du cloaque un utérus impair, aglandulaire, résultant de la réunion des oviductes ; dans l'utérus des sélaciens, on ne voit pas de cils sur les cellules, qui sont tantôt plates, tantôt cylindriques. L'*utérus*, ou plutôt l'extrémité renflée et aglandulaire de l'oviducte des *batraciens sans queue* est vibratile.

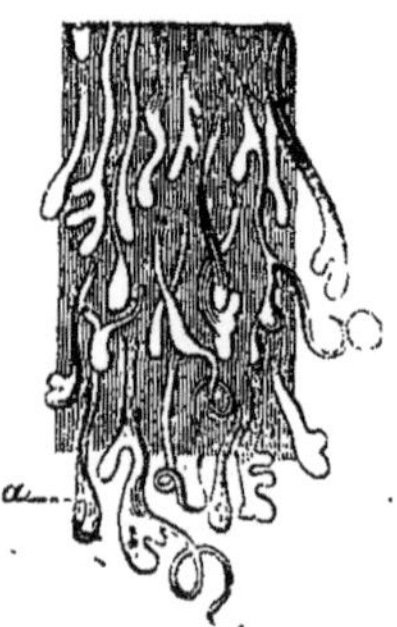

Fig. 259. — Fragment de la muqueuse utérine du *Spinax* (les dimensions naturelles sont légèrement augmentées).

a. Villosités très-développées.

439. — *Mesometrium.* — Le *mésentère* de l'oviducte et de l'utérus paraît être fréquemment garni de muscles : ainsi, chez les mammifères (je l'ai constaté dans les ruminants et la taupe), chez les oiseaux (le héron, par exemple, où les noyaux musculaires sont pâles et étroits), chez les amphibies (orvet, salamandre terrestre), le mesometrium renferme des faisceaux et même des réseaux épais de muscles lisses. Pareillement, dans le mésentère de l'oviducte du *Salmo fario*, on aperçoit des muscles lisses très-puissants, dont les noyaux sont longs et étroits.

Vagin. — La muqueuse vaginale des mammifères est aglandulaire (toujours ?). Plusieurs auteurs disent que le vagin des ruminants renferme beaucoup de glandes, tandis que je ne puis en rencontrer une seule chez la vache. Je n'en ai pas rencontré non plus chez la taupe, dont la muqueuse forme des papilles très-nombreuses.

Le *clitoris* se comporte histologiquement comme la verge; il n'est pas rare, chez les mammifères, qu'il renferme un cartilage ou un os analogue à l'os du pénis : je puis citer la taupe parmi les mammifères qui présentent cette particularité. Si l'on traite son clitoris, où se rendent un grand nombre de nerfs, par une solution alcaline, on aperçoit au sein de la masse devenue claire un fragment osseux allongé. Nylander a trouvé aussi dans le clitoris des corpuscules de Pacini.

Le *cloaque*, c'est-à-dire la cavité commune où aboutissent l'intestin, les conduits génito-urinaires et l'oviducte, est vibratile dans la salamandre d'eau (*Triton*), ainsi que dans les larves de la *Salamandra maculata*. Lorsque l'animal est complet, la vibratilité disparaît; elle manque aussi dans le cloaque de la grenouille. — Chez la salamandre, la muqueuse du cloaque paraît recevoir un grand nombre de nerfs. Chez la femelle du lézard, on voit s'ouvrir à la partie dorsale du cloaque ces glandes blanc grisâtre et visibles à l'œil nu, que nous avons considérées chez le mâle comme des glandes sexuelles accessoires.

Dans la *Chimæra monstrosa*, au système génital de la femelle se rattache un organe particulier que j'ai décrit autrefois (dans les *Archives* de Müller, 1851). Lorsqu'on ouvre une femelle, on l'aperçoit immédiatement, car il est blanc comme l'oviducte et l'utérus, et ce qui le différencie, c'est que par son aspect il ne saurait appartenir au système digestif, qui est complétement noirâtre. Cet organe est situé entre le rectum et l'utérus; il représente un cæcum à parois épaisses et d'un pouce de largeur, s'ouvrant à la partie la plus antérieure du cloaque, et dont la paroi externe se compose de tissu conjonctif, de fibres élastiques et de muscles lisses. Du côté interne se trouve une couche glandulaire d'épaisseur moyenne, et l'intérieur du cæcum est rempli par un bouchon gélatineux. Hyrtl l'a considéré comme un *réservoir de sperme* (1); mais cette opinion ne sera qu'hypothétique tant qu'on n'aura pas trouvé de zoospermes dans cet organe.

440. — *Mamelles.* — Les *glandes à lait* des mammifères sont construites suivant deux types. Dans les singes, les chauves-souris, les rongeurs (le mâle du rat les a très-développées et de couleur jaunâtre), les marsupiaux et les ongulés, elles représentent des glandes acineuses, dont les canaux excréteurs aboutissent à une cavité commune, à une espèce de sinus muni d'un seul orifice ou tetin; ou bien il existe plusieurs conduits qui traversent individuellement le mamelon. L'autre type se

(1) *Sitzungsb. d. k. Akad. in Wien*, 1853.

rencontre dans les cétacés et les monotrèmes : chaque glande à lait représente ici une agglomération d'utricules borgnes, longs et larges, tous semblables, celluleux intérieurement, et rayonnant vers un mamelon (qui est lisse chez les monotrèmes). — Quant à la membrane de la *poche* des marsupiaux, on s'est contenté de dire que la sécrétion « d'un grand nombre de follicules » lubrifie sa face interne. Mais je ferai remarquer que, sur toute la poche du *Didelphis*, j'ai trouvé dans la peau les glandes ordinaires; les quelques poils qui s'y rencontraient étaient entourés de plusieurs glandes sébacées; j'y ai encore vu des glandes sudorales formant une pelote allongée, et à peu près semblables à celles qui ont été décrites dans la peau velue du chien.

Sur la structure interne des organes sexuels du mâle dans les mammifères, consultez mon travail inséré dans le *Zeitschrift* (1); j'en ai extrait ce qui suit.

Singes. — Il existe des vésicules séminales chez les *Cercopithecus faunus*, *Cynocephalus hamadryas*, *Mycetes ursinus ;* au-dessous du tissu conjonctif on trouve des muscles lisses dans chaque utricule, et ces muscles sont recouverts par la couche glandulaire, composée de vésicules groupées en grappes. Le *canal déférent* du *Cynocephalus* s'épaissit en devenant fusiforme vers son embouchure. La *prostate* du *Mycetes* est simple, non lobée ; dans le *Cynocephalus*, elle est divisée en deux portions, qui diffèrent entre elles, soit par l'épithélium glandulaire, soit par la nature du produit sécrété, conformément à ce qui a lieu dans les autres mammifères. Les vésicules glandulaires sont disposées en grappes ; la partie principale de la prostate se compose de muscles lisses ; les trabécules, de dimensions variables, traversent l'organe et déterminent à la périphérie une couche régulière dont les fibres externes sont longitudinales, tandis que les fibres internes sont transversales. Les glandes de Cowper du *Cynocephalus* sont entourées par une enveloppe de tissu conjonctif, où l'on peut mettre en évidence des fibres élastiques très-fines et des fibrilles nerveuses. La couche musculaire sous-jacente se compose de faisceaux striés en travers ; ces faisceaux ne prennent point leur origine dans un muscle du voisinage, ils forment au contraire autour des glandes une gaîne musculaire autonome qui se prolonge sur le canal excréteur. Dans le *Mycetes*, les glandes de Cowper sont enchâssées dans la substance du muscle uréthral.

(1) *Zeitschr. für wiss. Zool.*, Bd. II.

Chiroptères. — Les *vésicules séminales* du *Pteropus vulgaris* renferment des muscles lisses situés au-dessous de l'enveloppe conjonctive externe; la muqueuse forme par ses saillies une trame alvéolaire ou bien des espaces glandulaires. Dans les *chauves-souris*, la *prostate* n'est pas aussi fortement musculaire que dans les singes et les carnassiers, etc.; aussi les groupes des vésicules glandulaires font-ils saillie à la surface qui est mamelonnée. Dans les *Vesperugo*, *Vespertilio*, *Phyllostoma* et *Pteropus*, le contenu des vésicules glandulaires des différentes parties de la prostate varie au double point de vue chimique et histologique. Les cellules de sécrétion de l'une des portions de la glande sont d'un aspect limpide et albuminoïde, et deviennent encore plus limpides dans l'acide acétique; celles de l'autre portion sont remplies de granulations fines qui se troublent dans ce réactif. Les *glandes de Cowper* de la *roussette*, ainsi que des autres chauves-souris que nous venons de désigner, sont enveloppées par une couche de muscles striés parfaitement autonome. Les vésicules glandulaires sont arrondies, groupées en grappes, réunies en lobules et étroitement serrées les unes contre les autres; car il n'existe entre elles qu'une très-petite quantité de tissu conjonctif. La partie filiforme de la glande que l'on considère, vue de l'extérieur, comme le canal excréteur de la glande, renferme aussi sur toute l'étendue de son trajet des groupes de vésicules glandulaires. L'acide acétique précipite dans les cellules épithéliales et dans le produit sécrété filamenteux une masse de fines granulations. L'*albuginée* du *testicule* est pigmentée dans le *Pteropus;* les cellules pigmentaires ramifiées ne présentent ordinairement que deux pousses, dont les prolongements forment, en se réunissant, des arcs pigmentés très-délicats; elles sont disposées autour du testicule suivant plusieurs couches qui se croisent; dans le *Vesperugo* et le *Vespertilio serotinus*, il existe aussi des taches de pigment. Les vaisseaux capillaires entre lesquels cheminent les canalicules séminifères présentent en certains endroits des amas de formations celluloïdes, ressemblant à des corpuscules arrondis et à contours délicats, étirés çà et là comme des pédicules et remplis par une masse jaunâtre de granulations fines et jaunes qui environnent plusieurs vésicules limpides. — Dans le *Vespertilio serotinus*, le conduit déférent est élargi vers son extrémité, et cet élargissement est occasionné par les glandes qui entourent le canal.

Insectivores. — L'enveloppe qui, chez le *hérisson*, entoure le paquet glandulaire de la prostate (soit en haut, soit en bas), se compose en grande partie de tissu conjonctif; on y aperçoit des cordons de muscles lisses de dimensions différentes (ainsi que des vaisseaux et des nerfs); ces cordons convergent vers le point où l'enveloppe s'applique sur le canal excréteur de la glande, de telle sorte qu'ils forment au devant du muscle uréthral une couche annulaire assez forte, placée autour de l'origine de l'urèthre. Le produit sécrété par la paire glandulaire inférieure se compose de corpuscules d'un aspect pâle et albuminoïde, lesquels s'agglomèrent au milieu des utricules. La paire inférieure produit un liquide qui se trouble dans l'acide acétique. Les glandes de Cowper proprement dites, non pas celles que l'on prenait autrefois pour telles, sont, chez le *hérisson*, enchâssées dans la substance du muscle uréthral. — Dans la prostate de la *taupe*, on trouve, à l'époque du rut, une sérosité transparente, albuminoïde, où nagent des amas d'une substance gélatiniforme que l'on peut distinguer à l'œil nu. Ces amas sont accumulés dans l'intérieur des utricules glandulaires, auxquels ils donnent un aspect particulier et transparent. Les utricules sont pourvus de muscles lisses; lorsqu'on les ouvre sous l'eau, on aperçoit à leur surface interne un grand nombre de plis transversaux fortement saillants. Au point où les utricules prostatiques débouchent dans l'urèthre, on voit de petits glanglions microscopiques. Les glandes de Cowper ont une enveloppe autonome formée de faisceaux musculaires striés; cette enveloppe s'étend sur toute la surface de la glande jusqu'à la partie médiane de la face postérieure. Le tissu glandulaire se compose de vésicules arrondies, disposées en grappes, et dont le contenu est blanc jaunâtre; le conduit excréteur est dépourvu de muscles, et sa face interne est plissée. Un ramuscule nerveux se rend dans l'enveloppe musculaire avec des fibres primitives larges, accompagnées par des vaisseaux sanguins, ainsi que par trois ou quatre faisceaux de Remak. Entre les canalicules séminifères du testicule se trouve la masse particulière des cellules avec les globules jaunes et à contours tranchés qu'elle contient. Le *canal déférent* ne présente ni glandes, ni élargissement. Le *pénis* renferme un os très-petit.

Carnivores. — La prostate du *chien* est très-musculaire; l'enveloppe qui l'entoure mollement est elle-même garnie de faisceaux longitudinaux et volumineux de muscles lisses. L'organe est directement circonscrit par une couche musculaire, d'où l'on pourrait détacher avec les pinces une couche externe longitudinale, et une couche interne circulaire. Si l'on ouvre la prostate par une coupe longitudinale à partir du verumontanum, on voit des cordons blanc-jaunâtre, disposés en rayons, cheminer à travers la masse glandulaire; de ces cordons se détachent d'autres trabécules plus fines, et le microscope apprend que de cette dichotomie résulte une trame dans l'intérieur de laquelle plongent les groupes grands et petits des vésicules glandulaires. Les trabécules sont formées de tissu conjonctif, de fibres élastiques fines et de muscles lisses ; on remarque cependant que les muscles lisses augmentent dans les trabécules périphériques, tandis que, en arrière de l'urèthre, le tissu conjonctif et les réseaux élastiques l'emportent de beaucoup sur les muscles lisses : aussi cette région de l'organe est-elle de couleur blanchâtre, tandis que l'autre est rougeâtre. Les glandes, interrompues dans les mailles, s'ouvrent par quarante, cinquante canaux, aux côtés du *verumontanum*. Il m'est arrivé plusieurs fois de rencontrer des calculs prostatiques, qui diffèrent de ceux de l'*homme* et du *lapin*. Ce sont des corpuscules blancs à la lumière incidente et jaunâtres par transparence ; l'acide acétique ne les attaque pas ; ils sont de grosseur variable, mais d'ordinaire bien faible ; on les a trouvés soit isolés, soit agglomérés dans les utricules glandulaires. On rencontre fréquemment des fibres nerveuses dans le tissu de la prostate : le plus souvent ce sont des faisceaux de Remak unis à quelques fibres très-fines. — Les muscles lisses qui entourent les utricules glandulaires ne sont pas aussi nombreux dans le *chat* que dans le *chien*, aussi est-il possible de voir à travers le revêtement musculaire le reflet bleu jaunâtre de la masse glandulaire ; on trouve beaucoup de tissu conjonctif et de fibres élastiques dans le réseau fibreux qui entoure les acini. Le muscle uréthral envoie au-dessus de la face externe de la prostate des faisceaux striés en travers. Tout l'organe reçoit une grande quantité de nerfs. — Dans la *Mustela erminea*, on ne rencontre qu'une couche prostatique mince, disposée autour de l'origine de l'urèthre, ainsi qu'on peut le constater au microscope. Les muscles lisses ont peu d'importance ; les muscles striés qui parcourent la plus grande partie de la glande viennent du muscle uréthral. — Les glandes de Cowper du *chat* (elles manquent chez le chien et la belette) présentent une forte enveloppe formée de muscles striés en travers et reliés aux muscles voisins, mais appartenant seulement à la glande. Entre les faisceaux de cette enveloppe se trouvent des amas de cellules graisseuses que l'on remarque à la coupe de la glande comme des taches blanches ; le canal excréteur ne renferme pas de muscles, mais en dedans on y trouve quelques acini. Les glandes de Cowper du *Mangusta* présentent un muscle strié fortement développé, qui part de la gaîne fibreuse des corps caverneux pour s'étendre sur les côtés du pénis, envelopper la glande, et se relier à la couche musculaire du sac anal. Au-dessous de ce muscle se trouve la substance glandulaire, dont la section longitudinale présente des aréoles de dimensions variables et communiquant entre elles ; ces aréoles sont les points où la sécrétion s'accumule, tandis que les vésicules glandulaires proprement dites sont situées en dehors d'elles. — Le *corps d'Highmore* du *matou* est recouvert par une grande quantité de granules graisseux, qui forment des conglomérats arrondis ou tuberculoïdes, ne se touchant que par la périphérie, et engendrant des figures diverses, ordinairement sinueuses ; on retrouve encore ces granules en très-grande abondance au-dessus et au milieu des canalicules séminifères. Dans l'épididyme, la *membrane propre* des canalicules augmente d'épaisseur, et l'on y aperçoit quelques muscles lisses. Dans le *chien* et le *chat*, les conduits déférents renferment une grande quantité de fibres de Remak et de fibres à bords foncés ; on ne trouve d'ailleurs, ni leur embouchure élargie, ni leur paroi garnie de glandes ; par contre, dans la *belette*, des glandes déterminent sur l'extrémité du conduit déférent un épaississement fusiforme. — Le *sac testiculaire* du *chien*, quoiqu'il ne soit pas ridé, présente aussi une tunique dartos, ainsi qu'une belle trame de muscles lisses. Dans la *belette*, cette tunique renferme au fond du sac un pigment formé de granulations noirâtres.

Marsupiaux. — La *prostate* du *kanguroo* est placée tout entière au-dessous du muscle uréthral, dont les fibres sont lisses et non striées. A la coupe, l'organe présente par sa coloration deux couches : l'une jaune rougeâtre et externe, l'autre blanchâtre, située autour de l'urèthre. Ces deux couches sont formées en grande partie par des utricules allongés et serrés les uns près des autres. Les *glandes de Cowper*, au nombre de quatre paires, ne sont pas identiques quant à leur structure. Elles ont toutes un revêtement autonome, formé de muscles striés, mais ne présentant pas la même épaisseur dans les quatre paires. Dans la paire antérieure et arrondie, on trouve au-dessous de l'enveloppe musculaire une tunique propre, d'une couleur blanche éclatante, et de laquelle partent en se dirigeant vers l'intérieur un grand nombre de trabécules et de feuillets qui forment par leurs anastomoses une trame dont les mailles n'ont pas de direction déterminée. Dans la paire la plus antérieure, les trabécules ou feuillets n'ont pas l'aspect éclatant de la *tunique propre ;* dans la seconde paire, ils sont gris rougeâtre et plus délicats ; on aperçoit aussi dans le tissu conjonctif quelques muscles lisses. La dernière paire diffère en ce que les prolongements internes de la *tunique propre* déterminent des tubes qui s'étendent depuis le fond de la glande jusqu'au canal excréteur, mais se réunissent auparavant dans une *cavité* commune et rétrécie, située vers la portion rétrécie de la glande. Le *testicule* est pigmenté, mais le pigment n'existe que dans une couche de tissu conjonctif située à l'extérieur de la tunique vaginale.

Rongeurs. — La prostate des *Mus decumanus*, *M. mustelus* et *M. sylvaticus*, se compose de cæcums ramifiés, disposés en touffes et reliés entre eux par du tissu conjonctif; chaque utricule renferme des muscles lisses, le plus souvent annulaires, et formant une masse plus considérable vers les conduits excréteurs communs à plusieurs utricules réunis. La cavité utriculaire n'est pas simple; les saillies de la *membrane propre* y déterminent des mailles; lorsque l'utricule est plein, ces mailles restiformes lui donnent l'aspect d'une baie. Les cellules de sécrétion des utricules prostatiques, qui n'adhèrent que faiblement au côté interne des vésicules séminales, sont limpides ou remplies de granules graisseux très-brillants; le produit sécrété par tout l'utricule se montre dans sa cavité comme un corpuscule vitreux, étiré en long et d'un aspect graisseux. Les touffes prostatiques libres sécrètent dans leur intérieur des grumeaux arrondis ou polygonaux, de grosseur variable, paraissant être des masses albuminoïdes. De chaque côté, à l'endroit où la prostate débouche dans l'urèthre, se trouve un ganglion. — La prostate du *lapin*, qui est située au haut de la paroi postérieure de l'*uterus masculinus*, se compose de deux espèces d'utricules borgnes dont le contenu est différent. Les uns sont revêtus régulièrement d'un épithélium cylindrique, et l'on rencontre dans la lumière de l'utricule glandulaire, chez l'adulte, un grand nombre de calculs prostatiques, réunis à une masse de fines granulations, de grosseur variable, blancs à la lumière incidente, jaune brun par transparence, et présentant toujours un noyau granuleux. Ils se brisent sur les bords par la pression; l'acide acétique, et mieux encore une solution alcaline les décolore; les couches se séparent et paraissent se dissoudre après un long séjour dans le réactif alcalin. Dans les utricules de la seconde espèce, se trouve, abstraction faite des cellules épithéliales, une masse blanchâtre, composée de corpuscules pâles, entre lesquels on aperçoit des globules, blancs à la lumière incidente et noirs par transparence, formés par l'agglomération de corpuscules à contours branchés et agglutinés par une masse fondamentale molle. Ces utricules sont les uns et les autres garnis de muscles lisses, qui s'insinuent entre eux sous la forme de trabécules volumineuses; plus exactement, les utricules prostatiques plongent directement dans la musculature de l'*uterus masculinus*. Un grand nombre de nerfs cheminent entre les muscles; j'y ai rencontré aussi une fois un ganglion microscopique. — Les *glandes de Cowper* des *rats* et des *souris* se composent de vésicules arrondies, disposées en acini, de telle sorte que la glande présente environ douze lobules; sur l'étendue du canal excréteur on rencontre encore en certains endroits des groupes de vésicules; les cellules épithéliales sont arrondies, leur sécrétion est visqueuse et filamenteuse. Les vaisseaux sanguins cheminent en formant des mailles assez régulières entre les vésicules ; toute la glande est placée dans une enveloppe de muscles striés. Il en est de même chez le *lapin*. Dans le *castor*, les muscles ont peu d'importance relativement à l'organe lui-même ; ils n'existent pas à la

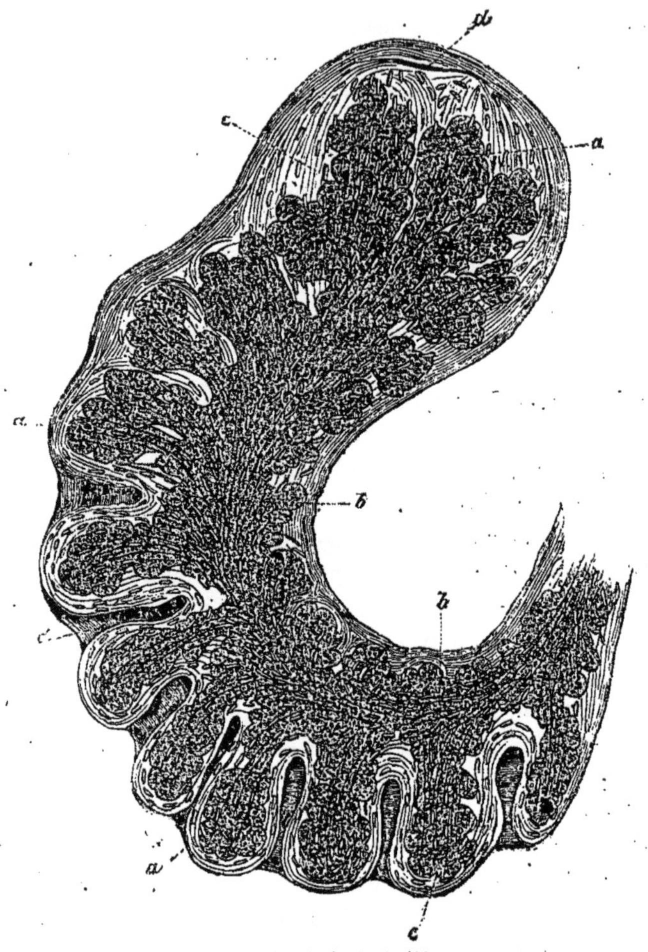

Fig. 260. — Vésicule séminale du *Mus musculus*.

a. Les glandes, qui constituent la partie principale de l'organe ; elles débouchent en *b* dans la cavité centrale. — *c*. Muscles lisses avec leurs noyaux. — *d*. Tissu conjonctif qui revêt la vésicule séminale en entier et plonge au fond des anses périphériques.

partie inférieure. Les vésicules séminales des rats et des souris se comportent comme toute autre glande. Ainsi, le conduit interne reçoit de tous côtés les glandes acineuses, qui constituent la plus grande partie des parois des vésicules. Extérieurement, les muscles lisses forment une couche continue. — Le contenu des utricules glandulaires qui débouchent (chez les rats et les souris) à l'extrémité inférieure du canal déférent se compose, à l'état frais, de corpuscules assez gros, jaune doré, ronds ou allongés, d'un aspect graisseux, et renfermant encore dans leur intérieur des gouttes d'un liquide limpide. La couleur jaune disparaît par l'action prolongée d'un alcali, le produit de sécrétion devient complétement limpide : les gouttes emprisonnées pâlissent aussi, deviennent moins réfringentes, et l'on voit apparaître à la surface de la préparation des cristaux hastés. Pendant son séjour dans l'utricule glandulaire, le produit sécrété se transforme en perdant sa couleur jaune doré, et se change en une masse blanche à la lumière incidente et composée de granules agglutinés, où l'on peut encore reconnaître les corpuscules limpides emprisonnés. — La partie de la peau qui, chez les rats et les souris, fonctionne comme *sac testiculaire*, présente une *tunica dartos* composée de trabécules musculaires lisses et renfermant une couche de pigment noirâtre.

Pachydermes. — La *prostate* du *porc* se compose d'une couche glandulaire acineuse et jaune blanchâtre, qui enveloppe toute la partie membraneuse de l'urèthre ; elle est située entre le muscle uréthral et la muqueuse de l'urèthre. Ce n'est qu'au commencement de ce canal que son épaisseur augmente de manière à se faire jour, au travers et de chaque côté du muscle uréthral, sous la forme d'une masse quadrilobée, solide et jaune blanchâtre. Si l'on fait une coupe à travers cette région, on trouve entre les lobules glandulaires des trabécules musculaires lisses, d'une grosseur remarquable. L'autre portion, située au-dessous du muscle *uréthral*, ne diffère pas par sa structure de la partie antérieure ; seulement les faisceaux musculaires n'y sont pas aussi forts : à quoi serviraient-ils, placés au-dessous du muscle? — Dans les *glandes de Cowper* du *verrat*, le stroma est remarquable par sa nature rigide et cartilagineuse ; il ressemble, par ses propriétés physiques et histologiques, à la cornée des mammifères. Le produit de sécrétion, visqueux et collant, se compose presque exclusivement, au microscope, de corpuscules minces et bâtonnoïdes, ainsi que d'une masse fine et ponctuée, en laquelle se transforment tous les bâtonnets, après une action prolongée de l'acide acétique.

Solipèdes. — La *prostate du cheval* est garnie d'un grand nombre de ganglions, de la grosseur d'un grain de millet, situés ordinairement à la face latérale des cornes de l'organe, et même au milieu de la masse glandulaire. Ils se relient par des plexus nerveux à d'autres ganglions de plus grandes dimensions, situés dans la lame péritonéale qui s'étend entre le canal déférent et la corne prostatique. J'ai vu aussi un ganglion sur le muscle *uréthral*.

J'ai cru devoir ajouter comme appendice ce qui suit et est relatif au développement et à la transformation des organes de la génération; j'y ai joint les figures ci-après.

1° *Chez les batraciens, une portion des reins devient l'épididyme.* — Lorsque la glande sexuelle a pris les caractères du testicule, les canaux excréteurs communiquent avec la substance rénale ; les vaisseaux efférents du testicule se continuent avec les canalicules rénaux, et le canal excréteur du rein est le même que celui du testicule. L'uretère devient le conduit génito-urinaire. Cette union des vaisseaux efférents du testicule se fait, soit avec la portion la plus antérieure des reins, avec la pointe, et celle-ci peut, à son tour, s'isoler sous la forme d'un ou plusieurs lobes du reste de la masse rénale, lobes que l'on peut ensuite désigner très-exactement sous le nom d'épididyme (*Triton*, *Salamandra*, *Proteus*) ; ou bien la masse rénale ne se segmente point d'une manière sensible en deux portions correspondant l'une rein, l'autre à l'épididyme, et l'on dit alors que le rein est en même temps l'épididyme.

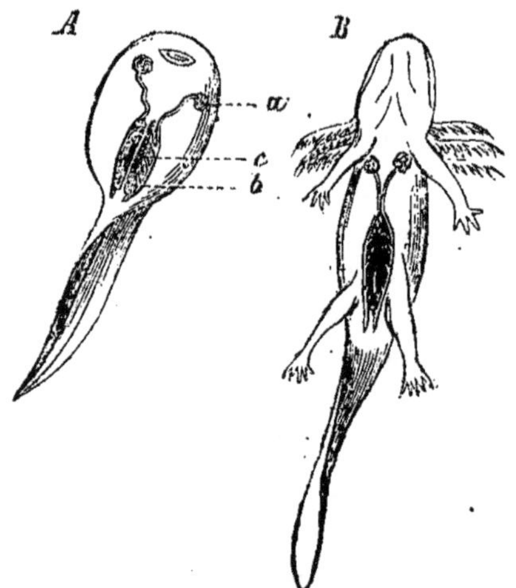

Fig. 261.

A. Têtard. — *B*. Larve de salamandre. On a indiqué les parties qui correspondent aux organes génito-urinaires.

a. Corps de Wolf (glandes de Müller). — *b*. Reins. — *c*. Glande sexuelle. (Grandeur naturelle.)

2° *Le corps de Wolf (glande de Müller, qui ne représente qu'une portion séparée des reins) peut avoir complétement disparu chez le batracien adulte, ou bien il en existe des restes.* — Dans la *Salamandre terrestre* et le *Menopoma*, on trouve en avant, dans la cavité ventrale, des restes de canaux pelotonnés (fig. 262, *c*).

3° *Chez le mâle des batraciens, le conduit excréteur du corps de Wolf subsiste pendant la vie*, quoique plus ou moins atrophié, *sous la forme d'un conduit particulier* (fig. 262, 263, *d*). — Il débouche, à une hauteur qui varie avec les espèces, dans le conduit génito-urinaire, et persiste toujours à l'état de canal ; dans quelques espèces, il est pourvu à son extrémité la plus antérieure d'un orifice bien reconnaissable, tandis que dans la partie supérieure on trouve encore des traces de sa vibratilité.

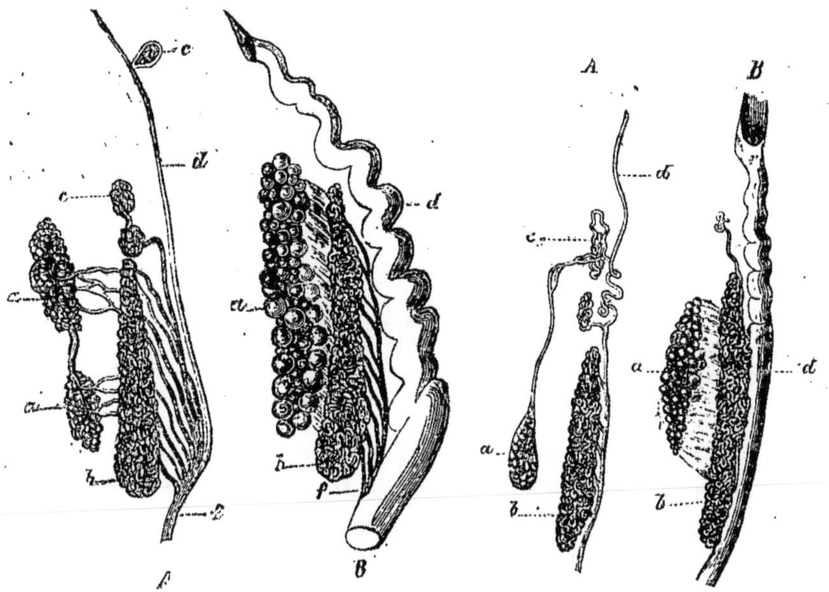

Fig. 262.

Organes génito-urinaires de la salamandre terrestre.

A. Du mâle. — *a.* Testicule. — *b.* Reins. — *c.* Partie antérieure ou détachée des reins. — *d.* Conduit excréteur du corps de Wolf, dont les restes se trouvent encore en *e.* — *f.* Conduit génito-urinaire.
B. De la femelle. — *a.* Ovaire. — *b.* Reins. — *d.* Oviducte (autrefois le canal excréteur du corps de Wolf). — *f.* Conduits urinaires qui se réunissent à l'oviducte.

Organes génito-urinaires du *Proteus*.

A. Du mâle. — *a.* Testicule. — *b.* Rein. — *c.* Fragment antérieur détaché du rein, ou l'épididyme. — *d.* L'ancien conduit excréteur du corps de Wolf.
B. De la femelle. — *a.* Ovaire. — *b.* Reins. — *c.* Oviducte (autrefois le conduit excréteur du corps de Wolf.
(Grandeur naturelle.)

4° *Dans les batraciens femelles, le conduit excréteur du corps de Wolf devient l'oviducte.* — Tant que la glande sexuelle n'a pas pris un développement notable, le conduit a le même aspect dans les deux sexes ; il s'ouvre en avant dans la cavité abdominale, aussi bien chez le mâle que chez la femelle. Dans la femelle, cet orifice s'élargit et devient l'embouchure de l'oviducte ; le conduit s'éloigne toujours davantage de la colonne vertébrale en se dirigeant en dehors, devient plus épais et sinueux ; bientôt il représente l'oviducte, qui se rend inférieurement, en même temps que l'uretère, dans un canal commun aboutissant au cloaque. L'ouverture antérieure du conduit se trouve, chez le mâle, précisément au même endroit que l'orifice de l'oviducte chez la femelle ; par conséquent, si, comme dans le *Proteus*, ce dernier n'est pas dirigé aussi en avant que dans les autres batraciens, on doit retrouver la même disposition dans le mâle. Si l'on place l'un à côté de l'autre les deux sexes des batraciens, on trouve qu'il y a symétrie, au point de vue des organes génito-urinaires. Dans la larve (fig. 264), il n'y a qu'une seule glande qui se divise en deux

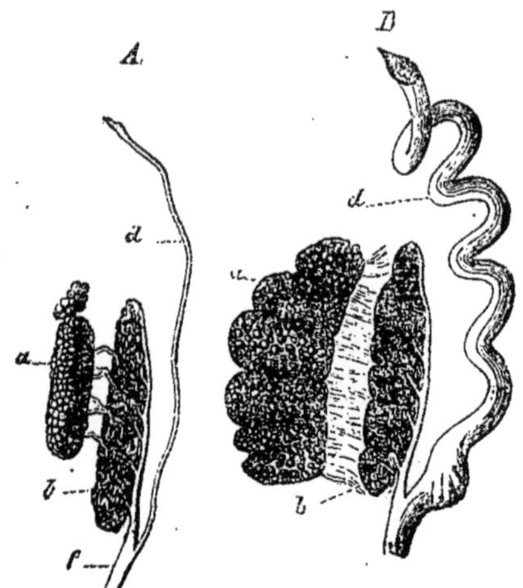

Fig. 263. — Organes génito-urinaires du *Bufo maculiventris*.

A. Du mâle. — *a*. Testicule. — *b*. Reins. — *d*. Ancien conduit excréteur du corps de Wolf.

B. De la femelle. — *a*. Ovaire. — *b*. Rein. — *c*. Oviducte (autrefois le conduit excréteur du corps de Wolf). (Grandeur naturelle.)

portions, dont l'une, plus petite, se trouve en avant, au commencement de la cavité abdominale (corps de Wolf, glande de Müller des auteurs). Le conduit excréteur est commun aux deux, et je les considère ensemble comme les reins primordiaux. Au bord interne de la portion postérieure naît la glande sexuelle. Si celle-ci devient le testicule, les conduits excréteurs se trouvent dans cette portion des reins primordiaux, laquelle constitue aussi ce qui doit rester du rein ; et par conséquent, comme le sperme passe ultérieurement à travers les reins pour arriver dans le conduit excréteur, le rein est aussi l'épididyme, et son conduit excréteur devient le conduit génito-urinaire. La portion des reins primordiaux, située tout à fait en avant (corps de Wolf, glande de Müller), disparaît en entier, ou bien il en reste des débris ; le conduit excréteur, qui est placé entre cette portion des reins primordiaux et la portion plus longue et postérieure qui reçoit les vaisseaux efférents du testicule, persiste pendant toute la vie, comme une dépendance du conduit génito-urinaire. Mais si la glande sexuelle devient l'ovaire, elle ne sert pas naturellement à former les vaisseaux efférents du testicule ; le conduit excréteur de la portion postérieure des reins primordiaux représente simplement l'uretère ; la portion située en avant dans la cavité abdominale disparaît, mais le conduit correspondant devient l'oviducte.

CHAPITRE XLVII

DES ORGANES SEXUELS DES INVERTÉBRÉS.

Testicule des cœlentérés (1). — Les organes qui, chez les *invertébrés*, élaborent le sperme, présentent une diversité très-grande si on ne les considère que dans leurs contours; par contre, ils paraissent assez uniformes, si l'on envisage les tissus qui servent à les former. Les tissus fondamentaux du *testicule* sont la substance conjonctive et les cellules de sécrétion, et même, chez plusieurs cœlentérés, celles-ci paraissent constituer à elles seules l'organe : ainsi, du moins dans nos *hydres*, les cellules du tégument peuvent, par multiplication locale et

(1) Nous croyons devoir mentionner ici le résumé, d'après Keferstein, des travaux de Balbiani sur l'appareil sexuel des *infusoires ciliés.*

Le plus généralement, dans les *infusoires*, l'ovaire (*nucléus*) et le testicule (*nucléole*) se trouvent réunis dans le même animal; mais ils ne sont arrivés à maturité qu'aux périodes de reproduction. Il y a toujours un *ovaire* et un *testicule*, et, s'il en existe plusieurs, c'est que plusieurs animaux se trouvent réunis dans une enveloppe commune. Ces organes sont toujours placés au côté interne de la couche corticale de l'animal, à une distance plus ou moins grande de cette couche. — *L'ovaire* peut être *globuleux*, *cylindrique*, *rosacé;* il se compose toujours d'une enveloppe membraneuse et d'un contenu granuleux, et cette enveloppe ne renferme jamais ni noyaux ni cellules; le contenu présente parfois de petites vésicules limpides, autour desquelles le contenu se concentre : ce sont là les rudiments de l'œuf; d'ailleurs, on a connu de tout temps, dans le *Chilodon cucullus*, le nucléus avec sa vésicule centrale nucléaire, qui n'est autre chose que l'ovaire ne renfermant qu'un seul œuf volumineux.

Le testicule ressemble tout à fait à l'ovaire; il est cependant toujours plus petit, souvent complétement niché dans l'ovaire, et encore plus souvent difficile à distinguer d'une masse graisseuse; car il présente la même forme arrondie, la même homogénéité et le même pouvoir réfringent que cette substance.

Balbiani divise les infusoires en trois groupes, en se basant sur le développement des organes sexuels :

Le *premier* comprend un grand nombre d'espèces (*Paramecium, Colpoda, Glaucoma, Leucophrys*, *Ophryoglena*, plusieurs espèces des genres *Trachelius*, *Chilodon*, *Enchelys*, etc.) : l'ovaire présente une forme arrondie ou ovale, et enveloppe une masse vitelline non divisée. Même forme pour le testicule. C'est le cas le plus simple.

Le *second* comprend toutes les familles des *Euplotina* et *Aspidiscina*, la plupart des *vorticelles*, etc.; l'ovaire se présente sous la forme cylindrique, à courbures diverses, et enveloppe une masse vitelline non divisée. Le testicule est le même que dans le groupe précédent.

Le *troisième* comprend la famille des *Oxytrichina*, plusieurs espèces d'*Amphileptus*, de *Loxophyllum*, les genres *Stentor*, *Spirostomum ambiguum*, *Condylostoma patens*. La plupart des infusoires sont hermaphrodites, mais pour la fécondation l'accouplement est nécessaire. (*Bericht*, etc., 1861, p. 160.)

par transformation de leur contenu, devenir des cellules séminales. A ce sujet, Rouget a fait connaître que les vésicules testiculaires situées sur le tégument externe sont encore entourées par une membrane dépourvue de structure (1). Dans les *siphonophores*, ainsi que dans les *branchiatés* parmi les vers annelés, il semble aussi que les cellules de la cavité du corps peuvent en certains endroits devenir des cellules séminales par prolifération et métamorphose de leur contenu; seulement, à la formation de l'apparail sexuel concourent encore, ici comme ailleurs, des enveloppes conjonctives et membranoïdes, des trabécules ; plus tard, les œufs et le sperme, par l'éclatement de l'enveloppe, tombent, en se détachant du sol maternel, dans la cavité abdominale pour y continuer leur développement.

441.—*Testicule des arthropodes, des mollusques, etc.*—Lorsque la charpente conjonctive du testicule acquiert un développement notable, on remarque toujours, par un examen attentif, que cette charpente comprend une *couche interne*, *homogène*, *à contours tranchés* (c'est la *tunica propria*), et une autre *couche externe*, plus *molle* et plus *lâche*, *garnie* de noyaux. Dans celle-ci on voit cheminer des vaisseaux sanguins et des trachées suivant le cas; chez les arthropodes, cette couche se continue sans interruption avec le corps graisseux. Lorsque les testicules sont pigmentés, c'est elle qui contient le pigment, ainsi que je m'en suis assuré dans les *Piscicola*, *Pentatoma*, etc. [Lorsqu'on a préparé avec soin le testicule de cette punaise de bois, on voit apparaître, par l'action d'une solution alcaline, une quantité extraordinaire de trachées, qui se divisent d'une manière toute particulière, en formant des réseaux fins et épais à côté de tubes larges et parallèles. Le pigment accompagne les trachées, ici comme dans d'autres insectes (*Cercopis*).]

Les *cellules* situées à l'intérieur de la tunique propre du testicule ne sont vibratiles que dans un petit nombre d'animaux, dans les hirudinés proprement dits (*Hirudo*, *Hæmopis*), dont les cils très-fins oscillent avec une grande vivacité. Quelquefois ce sont les cellules épithéliales du canal excréteur du testicule qui sont vibratiles : il en est ainsi dans les rayonnés, les acéphales, ainsi que dans le *Polystomum*

(1) G. Jäger (*Sitz. Ber. Akad. Wien*, Bd. XXXIX, 1860) a observé une de ces transformations que peuvent subir les cellules sexuelles des hydres. Il a trouvé sur une *hydre grise* que sa capsule séminale se résolvait, après avoir éclaté, en un amas de cellules grises aussi, dans lesquelles se manifestaient, au bout d'un certain temps, des phénomènes, des changements de forme dits amiboïdes. Elles lui ont semblé aussi s'enkyster. Au bout de quelques mois, elles avaient disparu, et Jäger pense qu'elles devaient plus tard donner naissance à des hydres, après l'hibernation (?).

appendiculatum, d'après Thaer. Dans les hirudinés et la plupart des arthropodes que j'ai examinés à ce sujet, la membrane propre du canal déférent est enveloppée de muscles. — Une *intima* recouvrant les cellules de sécrétion du testicule paraît manquer même dans les crustacés, les araignées et les insectes.

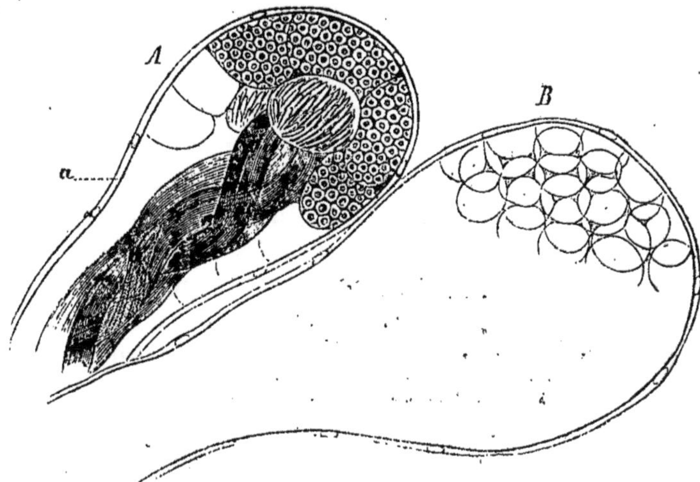

Fig. 264. — Du testicule du *Silpha obscura*.

A. Follicule dans lequel les zoospermes se développent. — Follicules où prennent naissance des globules albuminoïdes.

B. *Tunica propria*. On voit la couche interne à bords tranchés et la couche extérieure très-mince.

Nous avons mentionné plus haut que le testicule de quelques vertébrés présente plusieurs portions telles que le contenu des cellules de sécrétion n'est pas le même dans toutes les parties, et que les zoospermes ne naissent que dans certaines d'entre elles. La même disposition se rencontre aussi chez les invertébrés. Ainsi, si l'on considère la description que L. Dufour a donnée du testicule du *Silpha obscura*, on voit que les grosses poches allongées diffèrent notablement des petites franges qui forment la masse principale du tubercule; j'ai pu constater au microscope que les éléments du sperme ne prennent naissance que dans ces franges et à l'intérieur de grosses vésicules remplies de cellules-filles, tandis que les grosses poches ne produisent aucun zoosperme ; au contraire, elles sont toujours remplies et distendues par des globules limpides et albuminoïdes.

442. — *Glandes sexuelles accessoires.* — Il n'est pas rare de rencontrer des *glandes sexuelles accessoires*, comparables à une prostate. Elles se composent, dans les hirudinés (*Piscicola*, *Nephelis*, *Hirudo*) et les *rotateurs* (*Notommata*), de glandes *monocellulaires*, réunies

en un groupe. On a décrit aussi dans plusieurs mollusques des glande prostatiques semblables : Gegenbaur pour l'*Actæon*. D'après sa description (1), je pourrais présumer que les cellules de sécrétion sont situées dans de petites poches, dont le pédicule seul s'ouvre dans le canal excréteur commun ; cette disposition est, par conséquent, analogue à celle que nous avons donnée pour les glandes salivaires de certains gastéropodes. Dans d'autres mollusques, la prostate présente la structure des glandes ordinaires, c'est-à-dire que les follicules ont une paroi conjonctive, en dedans de laquelle se trouvent les cellules de sécrétion, et en dehors, des éléments musculaires (prostate des *Helix*) : dans l'*Helix hortensis*, la structure des utricules ramifiés de ce qu'on appelle la prostate est telle, que l'on trouve antérieurement une couche d'enveloppe fournie par du tissu conjonctif à grosses cellules, puis une trame de muscles annulaires, qui ne s'étend pas sur tout l'utricule glandulaire, et laisse libre le gros cul-de-sac terminal de l'utricule. Sur une préparation fraîche, on voit même à l'œil nu les limites où les muscles cessent, puisque l'utricule s'étrangle dans toute l'étendue où règnent les muscles et reste distendu à partir de ce point. La partie musculaire paraît être aussi plus fortement pigmentée que la partie non contractile. En dedans se trouvent les cellules de sécrétion dont la forme est cylindrique.

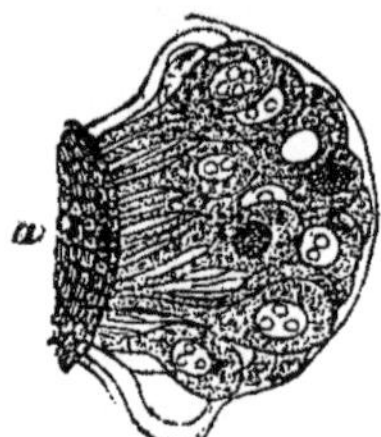

Fig. 265. — Fragment de la prostate du *Nephelis*, composés de glandes monocellulaires.
On voit en *a* leurs orifices. (Fort grossissement.)

Aux glandes sexuelles accessoires se rattachent les glandes du pénis, que Gegenbaur a décrites dans le *Littorina*, et qui se composent d'un follicule central et de follicules accessoires disposés en rosace.

Au point de vue histologique, les glandes sexuelles accessoires du mâle présentent encore chez les insectes toutes sortes de formations spéciales qui demandent une étude plus approfondie. Dans le *Pentatoma*, par exemple, et dans les canaux propres des glandes, lesquels se bifurquent en partie, on ne remarque rien qui ressemble à

(1) *Zeitschr. für wiss. Zool.*, 1854, p. 440.

une intima recouvrant les cellules ; tandis que dans le canal excréteur, il n'existe pas seulement une intima à linéaments transversaux, qui simulent des anneaux plexueux, mais on distingue encore dans l'intérieur de cette intima un deuxième canal chitinisé et à contours tranchés.

Lorsqu'il existe des *organes analogues au pénis*, on les trouve composés de tissu conjonctif, de muscles et de cellules. Ordinairement les muscles se présentent sous la forme de réseaux épais où l'on aperçoit de nombreuses divisions de muscles, ainsi que de Hessling l'a constaté le premier dans les papillons, parmi les insectes. Les cellules de la face externe sont parfois vibratiles, dans l'*Hyalea*, par exemple, d'après Gegenbaur ; dans la *Paludina vivipara*, la couche cellulaire, la plus interne de toute la verge, porte des cils très-fins. Dans d'autres cas, on observe des formations cuticulaires épaissies : déjà dans les turbellariés, par exemple, les surfaces libres sont recouvertes d'une membrane dure, terminée par des crochets, laquelle paraît être analogue à la chitine; dans les arthropodes, on rencontre des revêtements chitinisés, qui ne diffèrent en rien de la carapace, et peuvent se transformer en des parties très-compliquées du squelette. (Voy. là-dessus les travaux de Dufour, Stein, etc.) — L'érection de la verge paraît avoir lieu en vertu de l'afflux du sang dans les interstices de l'organe.

443. — *Zoospermes.* — Les *zoospermes* ou les éléments spermatiques des invertébrés peuvent se diviser, quant à leur forme, en les types suivants, bien qu'il n'existe aucune démarcation absolue entre ces types principaux : il existe, en effet, des formes intermédiaires. Ce sont des *formations filiformes*, ou se rapprochant plus ou moins d'une *sphère*. Les zoospermes sont linéaires, sans le moindre épaississement, dans quelques vers : les trématodes, les cestodes et les échinorhynques, les planaires, quelques arthropodes, l'*Argulus*, le *Doridicola*, les scorpions, les *tardigrades*, les *chilopodes*, quelques *bryozoaires*. Mais il arrive plus souvent que l'une des extrémités du zoosperme est épaissie et cylindrique, comme dans les hirudinés, la plupart des gastéropodes, des céphalopodes et des insectes. Les filaments spermatiques présentent une tête ovale ou piriforme dans quelques gastéropodes, dans les acéphales, les annélides, les némertinés, les bryozoaires, les radiaires. L'une des formes les plus rares est celle que présente le *Creseis :* ses zoospermes filiformes se terminent en pointe aux deux extrémités, et dans le cinquième antérieur de leur longueur on remarque un renflement (Gegenbaur) ; j'ai rencontré une forme analogue dans la *Clepsine*. Dans les *Cymbulia* et *Tiedemannia*, l'une des extrémités est épaissie et torse, l'autre se termine par un filament qui présente un peu en arrière de la pointe une petite vésicule ; il en serait de même des zoospermes de l'*Entoconcha mirabilis*, d'après la description de M. Müller. Les zoospermes des araignées proprement dites présentent une tête cylindrique très-épaisse, avec un filament caudal court et mince.

On ne connaît de zoospermes *globuleux* que dans les myriapodes, plusieurs crustacés (*Branchipus*, *Artemia*, *Caligus*) et les nématodes. Ceux des gordiacés (voy. Meissner) sont des bâtonnets fins comme des aiguilles et capillaires. Il en est de même dans les daphnoïdes et les cyclopides. — Les éléments spermatiques celluliformes des décapodes sont, ainsi que Henle et Kölliker l'ont montré les premiers, garnis de prolongements filiformes; on les appelle *cellules étoilées* (*Strahlzellen*). Il existe aussi cependant d'autres zoospermes : de Siebold a vu dans le *Crangon* et le *Palæmon* des vésicules de forme aplatie, du milieu desquelles sortait une petite pointe. J'en ai trouvé aussi dans le *Pagurus* (en septembre) : c'étaient des corpuscules coniques, à contours tranchés, portant à leur base une espèce de godet, qui se présentait comme une tache.

— Les éléments spermatiques de ces phyllopodes se présentaient comme des corpuscules vésiculoïdes, avec une tache claire qui me paraissait correspondre plutôt à une dépression qu'à un noyau. Les zoospermes des daphnies varient peu suivant les espèces : de Siebold a vu dans le *Daphnia rectirostris* qu'ils sont de forme allongée, semi-lunaire, tandis que pendant l'automne précédent il avait remarqué dans les mâles de deux espèces différentes, que dans l'une (*D. pulex*) ils étaient courts, mais cylindriques, avec une tache foncée à l'une des extrémités, et que, au contraire dans l'autre espèce (*D. sima*), ils ressemblaient à des corpuscules piriformes. Une fois sortis de l'animal, ces zoospermes se feuilletaient en reproduisant des formes celluloïdes. Dans le *D. pulex*, que j'avais fait macérer longtemps dans du bichromate de potasse très-étendu, on distinguait sur les zoospermes un bâtonnet cylindrique et foncé, ainsi qu'une bordure limpide et membraneuse, formant le plus souvent une courbe et s'étendant au delà du bâtonnet. J'ai trouvé une forme semblable dans les zoospermes du *Cyclops quadricornis :* ils se composaient d'un corpuscule allongé, brillant, présentant une dépression foncée, et dont les extrémités étaient membraniformes; tout le zoosperme avait la forme d'une lamelle allongée, dont l'un des bords serait épaissi. Cette lamelle paraissait avoir été tordue sur elle-même.

L'*Ixodes* présente des éléments spermatiques d'une forme particulière : ce sont des cylindres longs et limpides, renflés à l'une de leurs extrémités.

Dans la série des invertébrés, on n'a encore rencontré des zoospermes avec une *membrane ondulante* que dans les rotateurs et les cyprides.

Ce dernier groupe d'animaux se distingue par la grosseur de ses zoospermes, laquelle est un maximum absolu : dans le *Cypris ovum*, ils

Fig. 266. — Quelques formes de zoospermes.

A. De l'*Argulus foliaceus*. — *a*, *b*. Cellule de développement. — *c*. Zoosperme libre.

B. Du *Cercopis spumaria*. On voit les zoospermes disposés comme les barbes d'une plume autour d'un cordon axile.

C. Du *Bullæa aperta*.

D. De la *Clepsine* (Spec.?). — *a*. Faisceau. — *b*. Éléments séminaux isolés.

E. Du *Notommata Sieboldii*. — *a*. Cellules de développement. — *b*. Ces mêmes cellules avec leurs pousses. — *c*. La bordure ondulante apparaît. — *d*. Zoospermes mûrs, vibratiles et bâtonnoïdes.

F. Des *arachnides*. — *a*. De l'*Epeira*. — *b*. De la *Dysdera*. — *c*. De la *Clubione*. — *d*. Du *Phalangium*.

G. De l'*Ixodes testudinis*. — *a*. Cellules de développement. — *b*. Zoospermes à maturité.

H. Du *Cypris acuminata* (d'après Zenker).

J. De la *Paludina vivipara*. On voit les deux sortes de formes.

mesurent trois ou quatre fois la longueur de l'animal. On les trouve aussi d'une grandeur colossale dans les chilopodes ; puis viennent par ordre de grandeur ceux de quelques insectes et de certains gastéropodes.

Dans quelques invertébrés, on trouve *deux sortes* de zoospermes, phénomène qui paraît très-surprenant. Pendant longtemps on ne connaissait cette particularité que dans la *Paludina vivipara :* à côté des éléments capillaires ordinaires, dont la tête est épaisse et spiroïde, on trouve encore, dans le sperme de cet animal, des zoospermes plus longs, vermiformes, se terminant à l'une de leurs extrémités par plusieurs filaments très-fins. Aujourd'hui on connaît deux autres animaux qui présentent ce même phénomène : le mâle du *Notommata Sieboldii* produit non-seulement des zoospermes allongés et souvent falciformes, dont les bords présentent une membrane ondulante, mais encore des bâtonnets à contours tranchés, avec un léger renflement au milieu. Nous avons encore appris par Zenker que le sperme de l'*Asellus aquaticus* est composé de zoospermes, très-longs, filiformes, et de zoospermes courts, épais et claviformes. Il faut peut-être attribuer à l'*Oniscus murarius* deux espèces de zoospermes : en effet, en outre des éléments filiformes et très-longs qu'on lui connaît, il existe encore une autre espèce d'éléments ovoïdes dont la forme est exactement celle que Leuckart a décrite pour l'*Iulus terrestris* (art. *Semen* in *d. Cycl.*). Cette deuxième espèce de zoospermes prend naissance dans les trois annexes borgnes de la pointe du testicule, lesquelles aboutissent souvent à une ou plusieurs vésicules, tandis que les éléments filiformes proviennent des grosses cellules du corps du testicule proprement dit.

444. — *Origine des zoospermes.* — Si l'on examine maintenant le rapport génétique qui existe entre le zoosperme à maturité, soit des vertébrés, soit des invertébrés, et la cellule élémentaire, on voit que jusqu'à présent les recherches faites à ce sujet n'ont pu conduire les zoologistes à un schéma général ; il semble au contraire qu'il existe plusieurs types. Ainsi, dans quelques formes, la *vésicule cellulaire* se transforme *tout entière* en zoosperme ou élément séminal, en vertu de certaines modifications, de certains développements, etc., qu'elle subit; parfois aussi le zoosperme correspond à une cellule nucléaire métamorphosée, comme dans les nématodes, la *Paludina vivipara*, la *Cymbulia*, la *Tiedemannia*, le *Microstomum* (1), parmi les trématodes (Reichert, Leydig, Gegenbaur) ; la séparation de la membrane et du contenu peut encore

(1) Dans le *Microstomum lineare*, j'ai pu confirmer les résultats auxquels Schultze est arrivé sur les spermatozoaires et leur développement (*Arch. f. Naturg.*, 1849, p. 283). Seulement

persister, comme on l'a décrit pour l'*Ixòdes*, et même le noyau peut se conserver comme dans le *Notommata*. Les éléments du sperme semblent plus fréquemment représenter seulement des noyaux *transformés*, ce qui est le cas du plus grand nombre des groupes de la série animale. Kölliker voudrait que ce type fût étendu à tous les animaux. Enfin, troisièmement plusieurs observations indiquent que les éléments spermatiques naissent *dans l'intérieur des cellules, dans des vésicules*, que l'on pourrait comparer aux « *vésicules de sécrétion* »; du moins je pourrais placer sous ce point de vue l'opinion de Leuckart, qui considère les corpuscules spermatiques comme des *néoplasmes du contenu des cellules séminales* (1).

Les éléments séminaux d'un grand nombre de crustacés (des myriopodes, des décapodes, des amphipodes, etc.) ne présentent aucun mouvement : ils sont *rigides*. Or, comme on a observé que plusieurs zoospermes, appartenant encore, il est vrai, au mâle, ne manifestaient aucun mouvement d'activité propre, à moins d'avoir pénétré dans le corps de la femelle (*Ixodes*, Cyprides), on peut présumer que l'on finira par connaître, pour les autres formes « rigides », un processus semblable.

Les nouvelles recherches sur le rôle que les zoospermes jouent dans la fécondation ont montré, ainsi qu'il a été mentionné plus haut, que dans cet acte physiologique, les corpuscules du sperme pénètrent dans l'œuf, et disparaissent peu à peu dans le jaune, en se décomposant en granulations élémentaires. On a constaté ces phénomènes dans les œufs de la grenouille, du lapin, des insectes, des vers, etc. (Newport, Bischoff, Leuckart, Meissner, Nelson, etc.).

Spermatophores. — Chez un grand nombre d'invertébrés, la sécrétion visqueuse et dépourvue de structure des glandes sexuelles ac-

je n'ai pu encore apercevoir le contenu particulier et friable qu'il a indiqué ; les zoospermes étaient plutôt tout à fait homogènes et présentaient les dimensions indiquées par Schultze, fig. 4, C. Tous les individus que j'ai examinés se multipliaient aussi par division.

(*Note de l'auteur.*)

(1) J. Eberth (*Die Generationsorgane v. Trichocephalus dispar*, in *Zeits. f. w. Z.*, Bd. X, Hft. 3) a décrit le développement des corpuscules séminaux du *trichocéphale*. On sait que, dans les autres nématodes, ce développement est analogue à la formation des œufs. Eberth n'est pas arrivé à saisir la naissance des noyaux qui se trouvent au sein de la masse fondamentale granuleuse qui les enveloppe, non plus que les phénomènes de division qui sont censés se passer dans les cellules épithéliales du testicule.

Davaine a montré d'ailleurs que les œufs de ce trichocéphale, ainsi que ceux de l'*Ascaris lumbricoides*, ne se développent pas dans l'intestin de l'homme, mais seulement après avoir été expulsés, au bout de six mois en hiver et d'un mois en été. L'embryon peut continuer à vivre dans l'œuf au delà d'une année. Il est probable qu'il retourne dans l'intestin par l'eau que l'on boit, pour y compléter son développement.

cessoires du mâle s'unit plus intimement que dans les vertébrés avec les éléments du sperme. Ainsi, une certaine quantité de zoospermes peuvent être enveloppés comme par un utricule par cette sécrétion durcie, et c'est ainsi que se produisent les *spermatophores*. Un exemple de la production des spermatophores consiste dans ces masses de corpuscules spermatiques, désignées par Leuckart sous le nom de « bâtonnets spermatiques », réunies entre elles au moyen d'une matière agglutinative de manière à donner naissance à des espèces de cordons; on les trouve, par exemple, dans les hirudinés (1), les insectes, « où elles constituent, surtout chez les papillons, des corps allongés et vermiformes. Les « bâtonnets spermatiques » se forment dans les conduits qui sortent des follicules du testicule. Dans le *Cercopis écumeux*, j'ai observé que les zoospermes, filiformes, se groupent comme les barbes d'une plume, et que leur axe est un cylindre homogène et très-limpide. De Siebold a rencontré autrefois cette disposition des spermatozoïdes, dans les *locustides*, et Dujardin l'a décrite dans le *Tettigonia*. On doit les considérer certainement comme des « bâtonnets spermatiques » modifiés. D'après les observations de Zenker, il est intéressant de constater comment les filaments spermatiques colossaux du *Cypris* sont enveloppés, comme par une membrane individuelle, par le produit que sécrète la « glande muqueuse »; ce n'est que dans le corps de la femelle qu'ils se dépouillent de cette enveloppe, ainsi que cela se passe pour les autres spermatophores qui y éclatent en mettant les zoospermes en liberté. On connaît les spermatophores des *céphalopodes :* on les appelle du nom de celui qui les a décrits le premier, *corps de Needham*. Ils ont été pris autrefois fréquemment pour des animalcules particuliers. Les matières sécrétées forment autour d'eux non-seulement l'enveloppe générale de l'utricule, mais elles peu-

(1) D'après Robin, il n'y a pas chez les *Clepsines* ou glossiphonies d'ovo-spermatophores analogues à ceux du *Nephelis*. « Les ovaires sont exactement comblés par une matière blanche qui les remplit comme un boudin, et qu'on peut facilement expulser par la pression, sans qu'elle se délaye dans l'eau, tant qu'on ne la dissocie pas. Cette matière a la même disposition que celle qui forme les ovo-spermatophores des *Nephelis*. Toutefois elle est d'un blanc mat plus prononcé, ce qui tient à ce qu'elle renferme un nombre bien plus considérable de granules graisseux et de cellules devenues graisseuses. Les cellules sphériques grisâtres, sans granules graisseux, sont au contraire peu abondantes. Ces granulations sont en outre plus grosses et plus foncées que dans les ovo-spermatophores du *Nephelis*. Les spermatozoïdes sont moins abondants aussi que dans ce dernier; mais ils sont plus longs, presque toujours nombreux par places, sans être, à proprement parler, disposés en faisceaux. La plupart n'ont pas leur extrémité céphalique recourbée en cercle. C'est dans cette substance que sont plongés des ovules à diverses périodes de leur développement, etc. » (*Des phénomènes qui se passent dans l'ovule avant la fécondation*. Paris, 1862, p. 76.)

vent encore affecter une disposition plus compliquée qui consiste en un appareil projectile, composé d'une bande spirale élastique (voyez à ce sujet les dessins et la description très-exacts que Milne Edwards en a donnés dans les *Annales des sciences naturelles* (1). En outre de ce que l'on savait sur les *insectes*, Stein a signalé la présence des spermatophores dans la femelle du coléoptère fécondée. Pendant l'acte de la fécondation, ils pénètrent dans la *bourse copulatrice*. Lespès (2) a décrit les spermatophores des *grillons*, que le mâle soude à l'orifice sexuel de la femelle; ce n'est que longtemps après que les éléments du sperme en sortent pour se mouvoir dans l'intérieur des parties génitales. Parmi les *crustacés*, on les a trouvés dans quelques cyclopides (*Cyclopsine*) ; ils restent suspendus à la femelle après la fécondation. Quoiqu'ils aient été décrits par les anciens naturalistes qui ont étudié les entomostracés, ce n'est que de Siebold qui en a donné la véritable signification. Dans l'*écrevisse commune*, tout le contenu du canal déférent est parfois enveloppé par un long utricule ; mais ordinairement ce contenu se divise en petites portions isolées et placées les unes derrière les autres, et chacune d'elles s'entoure d'un utricule (Leuckart). Parmi les *annélides*, j'ai décrit les spermatophores de la *Piscicola*. Fr. Müller et Max Schultze ont observé ceux de la *Clepsine complanata*, et parmi les *Turbellaria*, Schultze les a vus dans la *Planaria torva*.

— Le mode par lequel le sperme arrive dans la femelle est très-différent dans le plus grand nombre des invertébrés. Ainsi chez les *Libelles*, les *Araignées*, l'*Argulus* et quelques *Céphalopodes*, il n'y est pas apporté par un pénis qui serait placé tout près de l'orifice du canal déférent; au contraire, les organes qui jouent le rôle de la verge sont très-éloignés de cet orifice. Dans le mâle des libellules, l'appareil de la verge est fixé à la base de l'abdomen, caché dans une fossette, tandis que le canal déférent débouche à l'extrémité de l'arrière-corps. Le mâle doit donc, pour déterminer la fécondation, plier l'arrière-corps autour de la base de l'abdomen, afin de remplir de sperme l'appareil de la verge. Dans l'accouplement, la femelle dirige vers cette partie son orifice sexuel. Le mâle de l'*Araignée* se sert de ses palpes comme d'une verge ; on peut consulter à ce sujet les travaux de Menge. Le mâle de l'*Argulus foliaceus* possède au bord antérieur de la dernière paire de pattes, un tubercule qui se termine par un crochet de couleur brune, granuleux, recourbé en bas et en dedans. A ce tubercule muni de son crochet correspond au bord postérieur de la dernière paire de pattes

(1) *Annales des sciences naturelles*, t. XVIII.

(2) *Comptes rendus*, n° 10, 1855.

une capsule particulière, saillante, de forme triangulaire arrondie, et dont la surface interne est pleine de fossettes. Son orifice supérieur présente aussi des bords échancrés. Avant l'accouplement, le mâle, repliant la dernière paire de pattes sur l'orifice externe du canal supérieur, remplit cette capsule de sperme pour la placer ensuite sur la femelle au-dessus des papilles de la poche séminale. Si dans l'*Argulus foliaceus* une paire de pattes fait l'office d'une verge, il en est de même dans quelques *céphalopodes*. Les mâles ont alors un *bras* d'une structure particulière qui prend le sperme dans le testicule et le porte dans les organes de la femelle. Ce mode de fécondation était déjà connu d'Aristote ; on l'oublia plus tard, et comme ce bras se détache souvent du mâle pendant l'accouplement, et qu'on l'a trouvé dans la femelle, vivant pour ainsi dire d'une manière individuelle, on le prit pour un parasite auquel on donna le nom d'*Hectocotylus*. Dujardin, il est vrai, avait présumé que les hectocotyles n'étaient que des parties détachées des céphalopodes pendant l'accouplement ; mais ce ne fut que par de nouvelles observations dues à de Filippi et à Verany, que cette notion d'Aristote fut replacée dans son vrai jour, lorsqu'on reconnut que les hectocotyles n'étaient que les bras de la *sèche*.

445. — *Appareil sexuel de la femelle*. — Quant aux *organes de la femelle*, ils sont représentés, chez les protozoaires, par le *nucléus*, où l'on peut aussi distinguer une membrane claire et un contenu granuleux (*Vorticella*, *Loxodes*) : c'est une espèce de matière blastématique, puisque c'est à ses dépens et probablement par division que la multiplication a lieu. Peut-être le « noyau » des infusoires a-t-il chez d'autres individus une signification tout autre, quoique se rattachant aussi à la reproduction. Ainsi Joh. Müller dans le *Paramecium Aurelia*, Lachmann et Claparède, dans le *Chilodon cucullulus*, ont observé que le contenu du « noyau » est formé d'un paquet de fils crépus. Lieberkühn a vu aussi des fils dans un infusoire voisin des kolpodes, non pas dans le noyau, mais bien dans ce qu'on appelle le nucléole (1). Bien que Joh. Müller fasse observer qu'il serait prématuré et inutile de tirer de ces observations des conclusions plus explicites, il ne peut se refuser d'accepter ici des faits importants, puisqu'ils se rattachent en quelque sorte à l'interprétation d'Ehrenberg, qui a désigné l'organe en question sous le nom de « glande séminale ».

Ovaires. — D'après d'anciennes recherches faites sur les *hydres*, je croyais que les œufs prenaient naissance dans le revêtement cellulaire interne ; mais Rouget et Ecker ont soutenu que ces organes naissent

(1) *Monatsb. d. Akad. d. Wiss. zu Berlin*, 10 Juli 1856.

au-dessous de l'enveloppe intérieure du corps, de sorte que pour ces animaux comme pour tous les autres invertébrés, on peut admettre que les membranes conjonctives de soutien participent à cette production. Le tissu conjonctif, qui détermine sous la forme de tubes et de sacs le stroma où naissent les œufs, se différencie en une couche interne, homogène et à contours tranchés, et une couche externe, molle et délicate, qui est en rapport avec la substance conjonctive interstitielle du corps. C'est dans cette couche que cheminent les vaisseaux sanguins, lorsqu'ils sont individualisés, comme dans les *céphalopodes*, ou bien les trachées, comme dans les *arthropodes ;* et, si les ovaires possèdent des muscles, comme les tubes ovariques des *insectes*, les éléments contractiles sont situés dans cette membrane.

Les muscles de l'ovaire des insectes sont striés en travers et ramifiés. L'ovaire des *holothuries* présente aussi une membrane musculeuse. Dans le cas où l'oviducte s'étend autour de l'ovaire sous forme d'une capsule particulière, comme dans les *céphalopodes*, l'*Argulus*, par exemple, cette capsule renferme des muscles. Les cellules de la face interne de la *tunica propria* fournissent les œufs (1).

Oviducte. — L'*oviducte* des différents invertébrés *renferme ordinairement* des couches musculaires ; les cellules épithéliales de recouvrement sont vibratiles chez un grand nombre de mollusques. Comme l'oviducte présente les mêmes caractères histologiques que les parois intestinales, on trouve, chez les *arthropodes*, non-seulement du tissu conjonctif, des muscles et des cellules, mais encore une intima homogène, se continuant avec la cuticule du tégument interne, et pouvant aussi présenter les mêmes modifications que l'intima du canal intestinal ou que la cuticule du tégument externe : elle est par conséquent tantôt mince, tantôt épaisse, molle, cornée, lisse ou celluloïde, quelquefois même sculptée : ainsi, dans un grand nombre de coléoptères (voy. la *Monographie* de Stein), on y voit des pousses en forme d'aiguillons ou d'écailles, semblables à celles du tégument externe. Les cellules qui se trouvent en dessous de l'*intima* sont aussi très-remarquables : ainsi, par exemple, dans le *Geotrupes stercorarius*, ces cellules, rondes et globuleuses, deviennent des glandes monocellulaires, parce qu'au-dessus de leur paroi externe s'étend l'extrémité spiroïde d'un petit canal excréteur, chitinisé, s'ouvrant sur l'intima.

446. — *Vagin.* — Dans le *vagin* (des coléoptères), on rencontre les mêmes couches que dans l'ovaire. La couche musculeuse présente ici

(1) Sur les filaments très-déliés qui assujettissent les deux ovaires des insectes au thorax, Voyez Leydig, dans les *Archiv* de Müller, 1855, p. 132. (*Note de l'auteur.*)

son plus fort développement, surtout dans le vagin proprement dit ; elle est moins forte dans la poche d'accouplement, les cellules y sont en général réduites ; cependant, dans la poche des *Meloe*, *Notoxus*, *Hylobius*, par exemple, elles sont très-développées. L'intima présente une épaisseur plus grande et plus de solidité, elle est plus « cornée » ; elle peut même égaler la membrane chitinisée externe en coloration et en consistance. — On trouvera dans l'ouvrage de Stein plus de détails sur la forme des pousses de l'intima, et ces détails sont très-intéressants. Les éléments de la couche celluleuse peuvent aussi devenir des glandes monocellulaires ; cet auteur en donne un exemple fort joli dans le *Carabus hortensis* et le *C. granulatus*.

Utérus. — Lorsqu'une portion de l'oviducte s'élargit de manière à constituer l'*utérus*, la structure de l'oviducte persiste : ainsi, dans la *Paludina vivipara*, par exemple, l'utérus a la forme d'un sac large, membraneux et à parois relativement minces ; extérieurement il est revêtu par le sac viscéral commun ou péritoine, et l'on y distingue une membrane musculeuse ainsi qu'une muqueuse. A la face interne de l'utérus, on remarque un pli qui, partant de l'angle interne de la *bourse séminale*, se prolonge le long du bord fusiforme, pour se perdre dans l'un des nombreux plis longitudinaux qui servent à distinguer la face interne du cône utérin, lequel s'ouvre dans la cavité branchiale. Vers ce pli longitudinal, se dirigent un grand nombre de plis transversaux, s'étendant seulement jusqu'au bord de la glande albumineuse placée au-dessous de l'utérus et où ils se perdent. Dans ce pli, on aperçoit encore au microscope un espace clair, enveloppé de tubes musculeux, fins et plexueux, et renfermant une grande quantité de corpuscules sanguins. C'est donc un vaisseau qui se trouve placé dans ce pli longitudinal : dans des injections à la colle, il se remplit comme une artère ; il en sort des rameaux assez gros, qui se dirigent vers la paroi supérieure de l'utérus, où ils se ramifient.

Les cellules épithéliales, arrondies, vitreuses ou remplies de granulations jaunes, sont vibratiles ; il n'y a pas de glandes. Par contre, dans l'*Helix*, ainsi que l'a indiqué H. Meckel, il existe de petits follicules glandulaires avec un épithélium granuleux. L'utérus des *Hyalées* se compose, d'après Gegenbaur, d'une membrane fondamentale homogène, d'une couche de muscles circulaires et d'un revêtement interne de petites cellules cylindriques et vibratiles. La face supérieure est pigmentée, et au-dessous de la face interne plissée se trouve un stratum cellulaire fortement développé, situé au-dessous de l'épithélium, et renfermant une substance granuleuse (ce stratum est équivalent à la glande albumineuse des *gastéropodes*. G.).

— Les embryons du *Cyclas* se développent dans des poches particulières, qui font saillie dans les branchies. Ces poches ne sont vibratiles ni en dehors ni en dedans, et elles présentent à leur face interne une *couche remarquable de cellules*, probablement chargées de sécréter le liquide limpide où nagent les œufs fécondés. Ces cellules sont de grosseur variable : les plus petites ont le caractère ordinaire des cellules élémentaires, tandis que les plus grosses, faisant saillie dans l'intérieur de la poche comme des boutons, présentent une zone externe albumineuse, qui résiste fort peu à l'action de l'eau et se gonfle bientôt d'une manière notable, puis un contenu granuleux, dans lequel on voit les noyaux se multiplier d'une manière insolite (on en compte vingt et même davantage), sans que les corpuscules du contenu se pelotonnent autour des nouveaux noyaux.

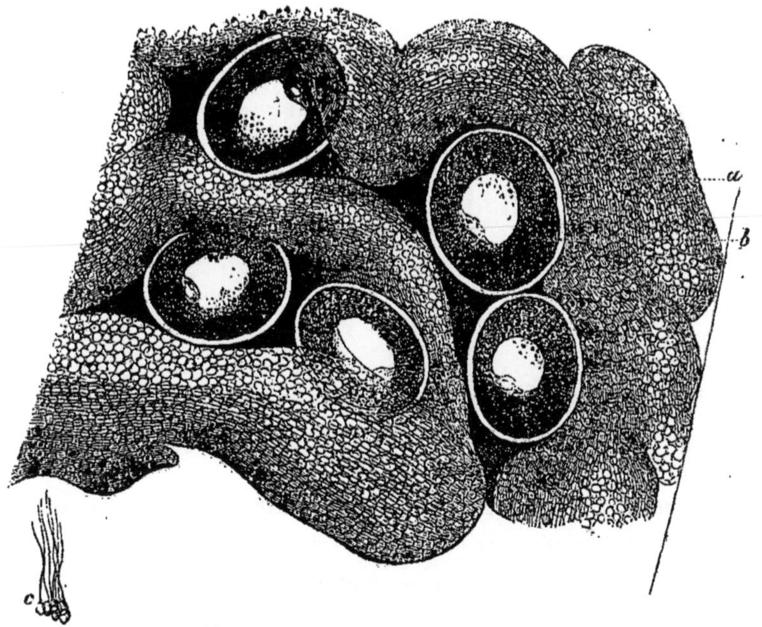

Fig. 267. — Portion de la face interne de l'utricule génital de la *Synapta digitata*.
a. Les testicules. — *b*. Les œufs. — *c*. Zoospermes. (Fort grossissement.)

447. — *Glande hermaphrodite*. — Lorsque le sperme et les œufs se forment dans un seul et même individu, l'animal est dit *hermaphrodite*. Le testicule et l'ovaire peuvent être séparés (par exemple dans les coquillages hermaphrodites, *Cyclas*, *Pecten*, *Cardium*, *Ostrea*), ou bien ils sont réunis dans une même glande *hermaphrodite* (par exemple dans la *Synapta*, un grand nombre de gastéropodes et d'hétéropodes). Dans

la *Synapta*, les testicules, au nombre de quatre ou cinq, descendent dans l'utricule génital, sous la forme de bandes longitudinales crépues; les œufs sont placés entre les plis de chaque frisure, mais non dans l'espace compris entre ces bandes; les deux produits sont séparés l'un de l'autre par une membrane homogène. Dans la glande hermaphrodite des *gastéropodes*, les espaces où se forment les zoospermes sont aussi séparés par des membranes claires et minces des endroits où naissent les œufs. Le contour de la glande est acineux ; dans les *Helix* ses utricules sont assez longs ; dans chacun des utricules terminaux, et tout à fait à l'extérieur, naissent les œufs, tandis qu'on trouve les éléments

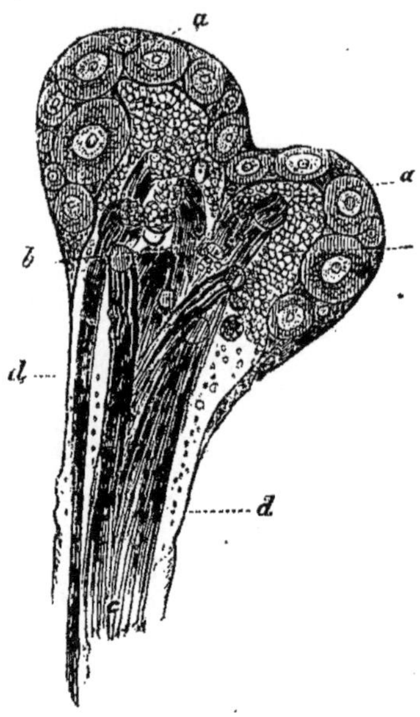

Fig. 268. — Un globule de la glande hermaphrodite du *Phyllirhoe bucephalum*.

a, a. Partie où naissent les œufs. — *b.* Partie où se forme le sperme avec des touffes de spermatozoaires. — *c.* Lumière du lobule près du point de réunion de tous les lobules de la glande. — *d.* Membrane simple (d'après Gegenbaur).

du sperme dans l'espace interne ; chaque acinus se compose donc d'une portion ovarienne et testiculaire : on dit ordinairement que le follicule séminigère est emboîté dans le sac ovarique. Parmi les gastéropodes, ainsi que Gegenbaur l'a montré, l'*Actæon* représente un autre type : les follicules qui élaborent les éléments spermatiques et les œufs sont séparés les uns des autres, et forment des glandes autonomes ; mais par leur disposition parallèle, ils constituent un seul organe diversement ramifié. Si le *Rhodope*, espèce de gastéropode établie par Kölliker, est bien un mollusque, il se relie à l'*Actæon*, puisque les éléments mâle et femelle de la reproduction se trouvent distribués dans des acini différents. (Le *Rhodope* paraît, du reste, ne pas être un mollusque, mais bien un turbellarié.)

Le canal qui sort de la glande hermaphrodite paraît aussi, d'après la description de H. Meckel, qui le premier a reconnu cette glande parmi les gastéropodes, présenter un emboîtement analogue ; mais le fait n'est pas bien confirmé. Leuckart, qui même a contesté dans la glande l'existence des follicules doubles de Meckel, et Gegenbaur ont vu que, dans les ptéropodes, le canal excréteur est commun aux deux produits de la glande : il se composerait d'une membrane fondamentale homogène, d'une couche de muscles circulaires et d'un revêtement interne de cellules cylindriques vibratiles. Il en est de même du conduit de la glande hermaphrodite de nos *Helix* : il est commun au sperme et aux œufs, et H. Meckel a probablement pris le revêtement conjonctif externe, formé le plus souvent de grosses cellules, pour un conduit spécial, dans lequel serait emboîté un autre conduit vibratile, plissé en dedans et destiné aux œufs. Il est probable qu'ici, comme dans les ptéropodes, les œufs mûrs deviennent libres après l'éclatement de la membrane qui les sépare de l'espace testiculaire dans l'intérieur de la glande.

Les trématodes, les cestodes et un grand nombre de turbellariés qui ont aussi un appareil sexuel hermaphrodite, présentent ceci de particulier, à savoir, qu'au lieu d'un ovaire simple, il existe chez eux un organe générateur produisant les germes des œufs, et un organe vitellin fournissant les globules du jaune (1).

448. — *Glandes sexuelles accessoires.* — Les *glandes sexuelles accessoires* ont pour fonction de fournir aux œufs des enveloppes albumineuses ou une coque dure, ainsi que de les agglutiner, soit entre eux, soit aux corps étrangers. Ce sont, chez les lombrics et les hirudinés, des glandes monocellulaires ; dans d'autres animaux, ce sont des glandes composées dont les contours varient beaucoup (glande albumineuse des gastéropodes, masses glandulaires situées sur l'utérus dans les *Lymneus*, *Planorbis*, etc., glandes oviductales des céphalopodes, organes muqueux et agglutinatifs des insectes). Dans les mollusques, les cellules de sécrétion peuvent être vibratiles (*Paludina vivipara*). Pendant sa période d'activité, la glande sexuelle des héli-

(1) Balbiani (*loc. cit.*) croit avoir découvert les *canaux excréteurs* de l'ovaire et du testicule dans les infusoires (*Paramecium Aurelia* et *Stentor cœruleus*) : ils s'ouvrent presque immédiatement au devant de la bouche. Cet auteur est convaincu que ces canaux existent dans tous les infusoires qui ont une bouche latérale, et qu'ils s'ouvrent entre la bouche et l'extrémité antérieure de l'animal.

cinés présente un aspect blanchâtre et gélatineux : elle ne produit alors que des globules d'albumine; mais en novembre, j'ai trouvé (*Helix hortensis*) qu'elle était d'une couleur jaune intense : la cause en était une métamorphose graisseuse, facile à suivre, que subissaient les globules albumineux. Du reste, la structure folliculaire de l'organe était alors bien manifeste. Nous avons mentionné plus haut ces mêmes changements survenant, chez la grenouille, dans les glandes albumineuses de l'oviducte.

Le paroi de la *poche du dard* (*Liebespfeil*) des hélicinés se compose d'une couche musculaire très-épaisse; puis on rencontre (*Helix hortensis*) une couche conjonctive, à pigment noirâtre, et intérieurement un épithélium composé de cellules cylindriques longues et étroites; du côté de la face libre, ces cellules présentent des granulations jaunes et une couche cuticulaire. Ce qu'on appelle le *dard*, placé dans l'intérieur du sac, de la forme d'une pique (1), appartient par sa structure aux sécrétions cellulaires, ce qu'il est très-facile et très-intéressant de constater. Du fond du sac s'élève une papille qui porte le dard et l'embrasse par sa base. Lorsqu'on a enlevé le dard, on aperçoit autour de l'épithélium de la papille plusieurs couches sécrétées et formées par une substance molle et homogène; ces couches entrent dans la composition du dard : pour le vérifier, il suffit d'enlever les sels calcaires par des acides. Il est donc bien manifeste que, pour former le dard, les cellules épithéliales sécrètent une substance homogène qui s'incruste bientôt de sels calcaires. Lorsque cet organe a été débarrassé de ces sels, on remarque quelquefois des cellules rudimentaires situées dans ces couches homogènes; mais ces cellules n'ont pu y pénétrer que d'une manière fortuite, semblablement à ce que nous avons dit plus haut à propos des mandibules des *Helix* et de la couche cornée de l'estomac des oiseaux, etc. La jolie forme cannelée du dard dans les *Helix* dépend de celle du sac : le dard n'en est que le moule.

Poche séminale.— Chez les invertébrés, il existe souvent une *poche séminale* (*receptaculum seminis*) en rapport avec l'appareil conducteur de la femelle (2). Dans les *turbellariés*, les *trématodes*, plusieurs *crustacés*, cette poche paraît être exclusivement formée par une membrane homogène (?); dans d'autres groupes d'animaux, elle présente

(1) Sur les différentes formes qu'il peut présenter dans les *Helix*, voy. Ad. Schmidt, *Zeitschr. für Malakozool.*, 1852, 1853.

(2) On n'a encore rien trouvé dans les vertébrés qui ressemble à cette poche. Voyez, à ce sujet, ce que nous avons dit au paragraphe 515.

une structure plus compliquée : ainsi, par exemple, dans les gastéropodes, elle renferme des couches fondamentales conjonctives et un revêtement celluleux vibratile. La poche des *insectes* est très-remarquable. Dans l'*Eristalis tenax*, par exemple, on voit au-dessus de la *tunica propria* qui porte les trachées, une couche cellulaire foncée, dont les cellules se continuent dans le canal excréteur, en y devenant incolores et presque cylindriques. L'intérieur de la poche paraît être revêtu d'une membrane chitinisée et colorée en noir : on dirait qu'il existe une deuxième capsule, dont le prolongement forme dans le canal excréteur un tube interne chitinisé. Dans plusieurs coléoptères, l'*intima* paraît aussi être devenue « cornée », et sa coloration varie depuis celle de la rouille jusqu'au bleu noirâtre ; elle présente même des figures polygonales (*Cassida equestris*) que Stein rapporte, mais à tort, à des cellules. Dans d'autres coléoptères, cette intima est garnie, comme beaucoup de membranes chitinisées, de petits piquants (*Hister sinuatus*). Les cellules situées au-dessous de l'intima sont de forme variable : longues et cylindriques dans plusieurs coléoptères (*Carabus granulatus*), elles peuvent aussi, dans quelques coléoptères, être recouvertes de muscles striés, placés sur la bourse séminale (voy. la *Monographie* de Stein).

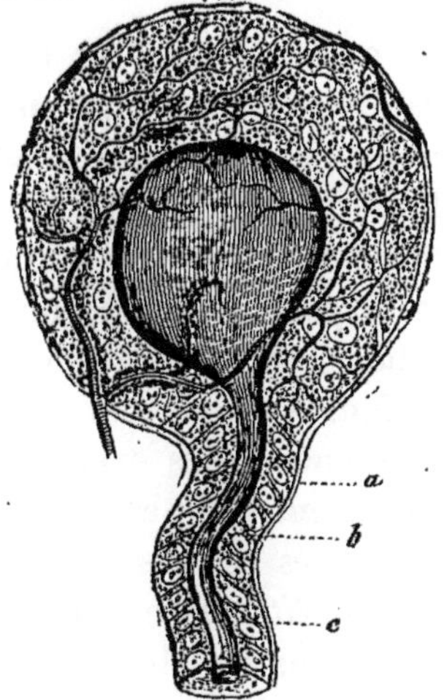

Fig. 269. — Poche séminale de l'*Eristalis tenax*.

a. *Tunica propria*. — b. Couche cellulaire. — c. *Intima*.

La *glande annexe* (*glandula appendicularis*) des insectes présente aussi plusieurs couches, puisqu'elle se compose d'une tunique propre, de cellules et d'une *intima*. Il faut mentionner encore d'autres modifications : une couche musculaire peut se placer autour de la tunique propre, et les cellules peuvent se transformer en donnant naissance à de jolies glandes monocellulaires ; d'après Stein, le *Pterostichus oblongopunctatus*, nous en fournit un exemple. Le *Gastropacha pini* présente une disposition très-intéressante : au lieu d'une *intima* simple, c'est une intima traversée par les canaux excréteurs des glandes. Ici l'intima, homogène, est criblée de pores relativement assez larges ; et si, à l'aide des réactifs, on étudie cette membrane de profil, on voit que de chaque petit trou part un petit tube se dirigeant vers les cellules, et je présume que ce tube est le canal excréteur d'une cellule.

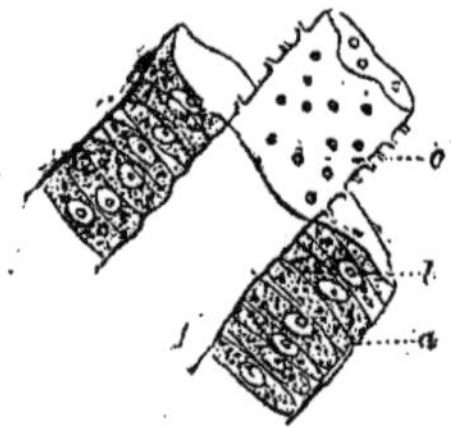

Fig. 270. — Fragment du canal excréteur de la *glandula appendicularis* du *Gastropacha pini*.

a, *Tunica propria*. — *b*. Couche cellulaire. — *d*. *Intima*. (Fort grossissement.)

449. — On pourrait encore considérer comme un fait général, la présence de *pigments* divers dans l'appareil génital des invertébrés, semblablement à ce qui a lieu dans les vertébrés. La *poche séminale*, d'un grand nombre d'*insectes* et de quelques *crustacés*, l'*Argulus*, par exemple, est très-fortement colorée ; le *testicule* d'un grand nombre d'insectes est jaunâtre (*Tipula oleracea*) ou rouge écarlate (*Pentatoma* ; ici les granulations pigmentaires se changent dans une solution de potasse en un liquide jaune, vert ou brun (*Cercopis*) et même vert. Nous en trouvons encore des exemples dans d'autres groupes d'animaux. L'*Helix nemoralis*, qui est d'ailleurs à peine pigmentée, présente des parties génitales tirant sur le noir ; l'*Arion* et le *Limax* ont une *glande hermaphrodite* de couleur noirâtre ; dans les hétéropodes et les ptéropodes, il existe plusieurs organes de la fécondation qui sont pourvus de cellules pigmentaires. Ainsi se présentent, dans plusieurs cas, la glande hermaphrodite, le canal déférent et le canal séminal.

450. — *Œuf* (1). — On a établi bien souvent autrefois comme une

(1) Dans la plupart des infusoires, l'ovaire renferme plusieurs œufs qui peuvent naître d'un œuf primordial par un processus de division. Il existe encore, suivant Balbiani, des

loi, que les zoospermes du règne animal présentent une grande diversité de formes, et qu'en cela ils diffèrent complétement des œufs primordiaux, auxquels on reconnaîtrait une grande conformité de structure. Mais cette loi ne peut plus se soutenir en présence des connaissances de détail qui ont été acquises. Il est vrai que les œufs des invertébrés se composent à maturité presque toujours d'une enveloppe, du jaune, de la vésicule et de la tache germinatives ; mais ces éléments constitutifs de l'œuf varient considérablement dans leurs propriétés particulières.

Fig. 271. — Œuf du *Cyclas cornea*.

a. Albumine qui entoure le jaune. — b. Elle s'est durcie en donnant naissance à une membrane.

Enveloppe. — L'*enveloppe* ou *membrane vitelline* paraît manquer quelquefois : par exemple, dans les œufs des mollusques qui deviennent des holothuries (Joh. Müller), dans les œufs des *médusides*, tels que les *Lizzia*, *Oceania* (Gegenbaur, Leuckart). Lorsque l'enveloppe de l'œuf existe (et c'est là sans doute la règle), elle se présente soit sous la forme d'une membrane simple, limpide et transparente, comme dans les gastéropodes, quelques acéphales, les annélides, et un grand nombre de crustacés ; ou bien elle prend la forme d'une couche albumineuse, parfois assez épaisse, engendrant une membrane dure, tantôt à sa surface interne (comme dans quelques acéphales : *Venus decussata*, par exemple, et dans les échinodermes : holothuries, *Echinus*), tantôt à sa face limite externe (comme dans les *Najades*, *Unio*, *Anodonta*). Il peut arriver encore que la membrane vitelline se présente comme une membrane rigide et même opaque (trématodes, turbellariés, nématodes), ou bien qu'autour de la membrane vitelline

infusoires dont tous les vitellus sont confondus, et la pluralité des œufs ne se manifeste que par celle des vésicules renfermées dans la masse vitelline générale (c'est le cas des vorticelles, etc.). Dans les infusoires à ovaire cylindrique, les œufs sont rangés l'un derrière l'autre, renfermés le plus souvent dans une enveloppe commune. Quelquefois les œufs ne garnissent pas toute la longueur de l'ovaire et s'accumulent à l'une de ses extrémités au moment de l'accouplement.

Avant leur maturité, les œufs sont dépourvus de membranes ; mais ils en ont après la fécondation.

L'œuf mâle se transforme au moment de l'accouplement en un faisceau de zoospermes (*Stylonichia mytilus*, *Paramecium Aurelia*) fusiformes et immobiles.

proprement dite se place une seconde et même une troisième membrane solide, qu'on appelle chorion (insectes, araignées, quelques crustacés (*Argulus*), les œufs d'hiver des entomostracés, des rotateurs, des bryozoaires, des polypes, des cestodes).

Quant à leurs autres propriétés, les membranes vitellines peuvent être homogènes, parsemées de dessins, de sculptures, et même d'orifices. Dans les holothuries et l'*Ophiothrix fragilis*, l'enveloppe albumineuse présente des stries radiaires, et l'on remarque en outre en un certain endroit un canal vertical (Joh. Müller, Leuckart, Leydig) qui traverse l'enveloppe et s'étend jusqu'au vitellus : c'est un *micropyle*. On trouve un semblable pertuis dans le *Sternaspis thalassemoides* parmi les vers (M. Müller), ainsi que dans les œufs des lamellibranches (1), où il paraît être généralement assez répandu : Doyère l'a signalé dans le *Loligo ;* parmi les crustacés, le *Gammarus* paraît être jusqu'à présent le seul qui le possède. Le micropyle ne règne d'ailleurs que dans la membrane vitelline et le chorion le recouvre (Meissner). Les œufs des insectes (2) ont un appareil micropylaire simple ou multiple. L'œuf de l'insecte, si variable dans sa forme, l'est aussi beaucoup dans sa coque : on y trouve souvent des fossettes et de véritables *canaux poreux*, puis encore des tubercules, des bandelettes, des dessins à cellules et à alvéoles. Les dessins celluloïdes ne résultent nullement de cellules ; ils ne sont que *les empreintes des cellules épithéliales des compartiments ovariques, lesquelles sécrètent la coque*. Les fossettes peuvent renfermer de l'air, comme je l'ai observé dans les œufs des araignées (3).

(1) Relativement à l'historique du micropyle des *Najades*, je ferai remarquer que, déjà avant Leuckart (art. « *Zeugung* », avec une description détaillée des différentes formes d'œufs) et Keber, Carus avait déjà indiqué le micropyle dans l'œuf de l'*Unio littoralis*, et l'avait considéré avec raison comme un « pédicule » par lequel il adhère au calice dans l'ovaire. (*Erlaüterungstafeln z. verg. A. im. Jahre* 1840, Hft. V, Taf. II, fig. 2.)

(*Note de l'auteur.*)

(2) Voyez, à ce sujet, le travail si étendu de Leuckart dans les *Archives* de Müller, 1855, et celui de Meissner publié dans le *Zeits. für wiss. Zool.*, 1854. Vous trouverez encore quelque chose dans mon article sur la structure des arthropodes, dans les *Archives* de Müller, 1855.

(*Note de l'auteur.*)

(3) De Wittich (*Müll. Arch.*, 1849) a décrit dans la coque de plusieurs araignées des formations bizarres. Leur aspect velouté, semblable au duvet des plantes, proviendrait d'une masse de globules semblables à des gouttelettes graisseuses très-rapprochées les unes des autres. Si cet observateur n'avait pas donné une description si détaillée de ces formations et montré avec soin comment elles se comportent avec les réactifs chimiques, de sorte qu'on ne peut songer à une erreur de sa part, j'aurais pu penser qu'il s'agissait là de vésicules d'air. Pour prouver que souvent on ne les avait pas aperçues, je dirai que Burmeister (*Zeitschr. für Zool. Zootom. und Paläont.*, Nr. 5) a considéré les globules d'air qui remplissent, ainsi

Entre les canaux poreux et le micropyle, il paraît exister des formes intermédiaires ; on peut les confondre, mais, physiologiquement, elles diffèrent peut-être, car Leuckart admet que les unes servent à ménager

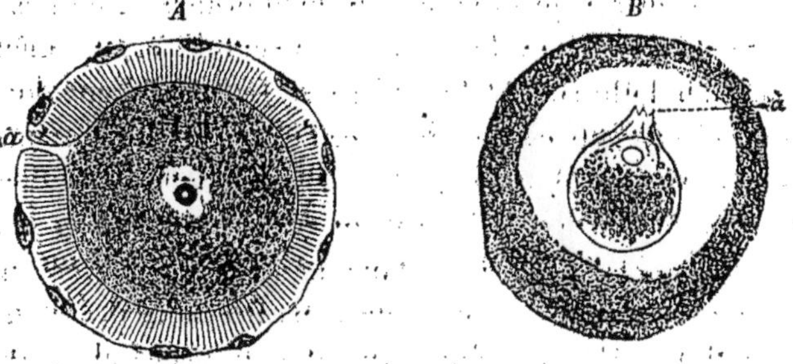

Fig. 272.

A. Œuf de l'*Holothuria tubulosa*. — B. Œuf de la *Venus decussata* : dans les deux, le micropyle est en *a*.

les relations d'échange avec l'air atmosphérique, tandis que l'autr permet aux filaments spermatiques de pénétrer dans l'intérieur d l'œuf.

Fig. 273. — Fragment de la coque du *Sphinx tiliæ*, pour montrer les petits et les gros canaux poreux.

A la surface, les canaux poreux se présentent comme des points ; mais il ne faut pas, toutes les fois qu'une coque est pointillée, rapporter ces points à des canaux. En effet, de petites saillies peuvent produire le même effet ; c'est ce qui a lieu dans les œufs des *Iulus*, *Polyxenus*, les œufs d'hiver des rotateurs, dont l'aspect est chagriné. Les œufs de l'*Ascaris mystax* présentent sur leur coque une masse serrée de fossettes plates et scutellées (Reichert) (1); les œufs du *Tænia*

que nous l'avons dit plus haut (§ 216); les fossettes des antennes des insectes comme des « tubercules vitreux et semblables par leur forme à des champignons ». Si l'air contenu dans ces fossettes se présente sous cette forme, c'est que la membrane chitinisée n'est pas sèche, mais bien imbibée d'humidité. (*Note de l'auteur.*)

(1) L'*Ascaris mystax* a été pris pour sujet de recherches par Claparède et Munk, dans leur beau travail sur les œufs et le sperme, à propos de la fécondation des nématodes (Berlin, 1858). Voici quelques lignes du résumé que Keferstein a fait de ce travail.

Dans la matière blastodermique, on voit des vésicules nucléaires plongées au milieu d'une masse de fines granulations ; des granulations plus grosses s'amassent vers le bas pour constituer le rudiment de la masse vitelline autour de l'axe du jaune, et ce n'est qu'en se rapprochant de la forme arrondie que les œufs tendent à s'isoler. Comme l'opinion de ces auteurs

serrata, du *Cœnure*, un chorion à dessins radiaires, que l'on attribuait autrefois à des canaux poreux, pleins, serrés les uns près des autres ; mais Leuckart, dit que cet aspect est produit par une grande quantité de bâtonnets ou de poils rigides, placés perpendiculairement à la surface extérieure de la coque.

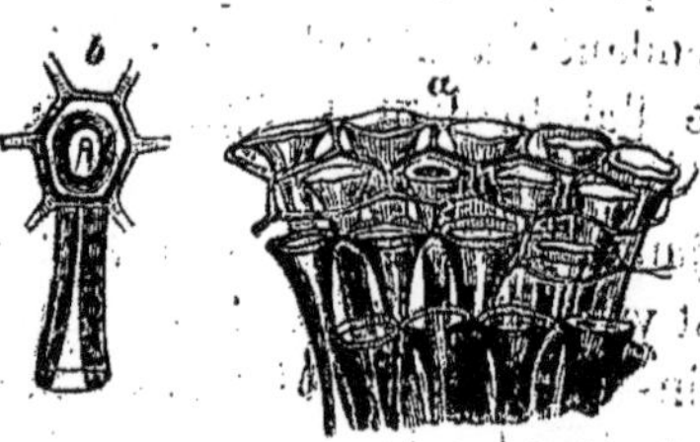

Fig. 274.

a. Fragment de la coque de l'œuf de la *Locusta viridissima*, avec les canaux poreux (micropyles élargis en entonnoir aux deux extrémités.)
b. Canal poreux isolé.

Dans le *Sipunculus*, la membrane qui entoure le vitellus présente des facettes (Krohn); dans les céphalopodes, elle forme des plis qui pénètrent assez profondément dans la masse vitelline, et rendent la surface des œufs restiforme (Kölliker). La coque de l'œuf de l'*Hydra viridis* est marquetée ; dans d'autres polypes (*Hydra fusca*) et dans les bryozoaires (*Cristatella*), elle porte des prolongements en forme d'ancre. Chez les insectes, la coque paraît être aussi pourvue d'appendices de forme très-variable ; les œufs si divers des cestodes sont souvent garnis d'une longue queue, tandis que dans les nématodes, dans le *Mermis*, par exemple, on y trouve des formations semblables aux chalazes.

Le plus souvent la coque se durcit en se chitinisant : chez plusieurs gastéropodes terrestres, elle absorbe des sels calcaires ; chez le *Clausilia*, il se forme des cristaux rhomboédriques, très-serrés les uns près des autres. Il en est de même dans les différents *hélicinés*, chez lesquels ces cristaux déterminent une couche continue ; c'est peut-être Turpin qui l'a

sur cette évolution n'est pas la même que celle de Meissner, nous renvoyons le lecteur, pour qu'il puisse en juger lui-même, au *Bericht*, etc. (1860, p. 285).

Les vésicules germinatives qui doivent produire les cellules à zoospermes suivent à peu près la même évolution que celles qui donnent les œufs ; mais elles restent plus petites et se segmentent en deux cellules-filles. Celles-ci, d'après Claparède, continuent à se transformer dans la poche séminale du mâle, en donnant naissance à des corps piriformes qui deviennent des zoospermes après la disparition de leur noyau. Pour Funke, au contraire, c'est le noyau seul qui engendre le zoosperme après la disparition du contenu cellulaire. D'après Munk, les cellules-filles, d'abord réunies par leurs pédicules, se séparent ensuite, et leurs noyaux donnent autant de zoospermes.

fait remarquer le premier en 1832. On sait que les œufs, d'une grosseur insolite, du *Bulimus hæmastomus*, ont une coque calcaire. On a cité le même fait à propos des œufs de limaçons terrestres des Indes occidentales, lesquels ont deux pouces de longueur (1). — Les œufs des *alcyonelles* ont un « revêtement siliceux » (?), d'après Meyen (*Isis*, 1830). Les œufs de quelques insectes (papillons de nuit, sauterelles) ont une certaine tendance à absorber des sels calcaires dans leur coque ; c'est ce que j'ai lu dans la *Chimie des tissus* de Schlossberger.

Vitellus. — Le jaune varie aussi beaucoup dans sa composition morphologique. Il est vrai que partout il se compose d'une substance incolore plus ou moins dense, et de globules tenus en suspension dans cette substance ; mais, dans les divers groupes d'animaux, ces matières présentent de grandes variations. Le jaune des *siphonophores* est très-hyalin, puisqu'il ne renferme que quelques molécules et granules légèrement colorés. A de forts grossissements, cette substance hyaline paraît être composée de granules presque contigus ; cette disposition peut être mise encore plus facilement en évidence dans d'autres œufs, tels que ceux de la *Sagitta* (Gegenbaur). Dans d'autres invertébrés, le vitellus est formé de granules et de globules agglutinés par le liquide vitellin, et il importe d'examiner avec attention les variations qui se présentent. Abstraction faite de la couleur, qui peut être blanche, jaune, rouge, brune, verte, violette, à des degrés différents, ces éléments vitellins ont, soit l'aspect de granules très-fins, comme dans la plupart des *mollusques*, des *annelés*, des *helminthes*, chez lesquels ces granules peuvent dégénérer en globules graisseux plus volumineux ; ou bien ils constituent la plus grande partie de la masse à l'état de corpuscules graisseux solides et de gouttes de graisse : c'est ce qui a lieu dans les *insectes*, les *crustacés*, les *araignées*, les *trématodes* et quelques *turbellariés*. Un caractère spécial consiste en ce que, dans un grand nombre d'espèces d'*entomostracés*, il y a toujours dans chaque œuf une goutte de graisse dont le volume dépasse celui de tous les autres globules graisseux. On observe encore, dans le vitellus des crustacés supérieurs, des globules d'un aspect albuminoïde à côté des globules graisseux à contours foncés. — La masse entière du vitellus doit-elle être considérée comme le contenu d'une seule cellule, de l'œuf cellule, et n'est-elle pas plutôt dans certains cas le résultat d'un certain nombre de cellules ? Ne sait-on pas que dans certains hirudinés (*Piscicola*), il existe en dedans de la membrane vitelline une couche de

(1) Voy. *Troschel's Jahrb.*, 1850.

cellules formant cupule autour du globule vitellin? Et même dans les œufs de la *Pontobdella* (je l'ai vu du moins autrefois) les cellules ne constituent-elles pas l'unique contenu de l'œuf. Dans un grand nombre d'insectes, le vitellus se présente manifestement comme un contenu cellulaire ; c'est ce que les recherches de Stein (1) mettent en lumière. On peut aussi voir à ce sujet les travaux de Leydig sur le *Coccus hesp.* (2). Le processus qui se passe dans la formation des œufs des *trématodes*, des *cestodes* et des *turbellariés*, parle aussi contre une composition aussi simple. On peut en dire autant des *daphnoïdes*. Dans le *Daphnia pulex*, où j'ai étudié la formation des œufs avec le plus grand soin, les germes de l'œuf prolifèrent, c'est-à-dire que la vésicule blastodermique, avec la masse hyaline qui l'enveloppe, part de la base de l'ovaire utriculiforme. Lorsque cette formation a atteint certaines dimensions, les granules vitellins se dessinent, malgré leur finesse, dans la substance hyaline qui entoure la vésicule blastodermique ; par contre, les grosses gouttes huileuses, colorées en vert, prennent leur naissance loin et indépendamment des germes de l'œuf dans la partie supérieure de l'ovaire, qui présente une tenture aréolaire peu compacte chez les individus hibernants, dans les mois de novembre et de décembre, où il n'existe aucune trace de semblables globules vitellins.

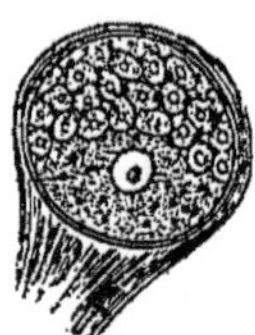

Fig. 275. — Œuf ovarique de la *Piscicola*.
On voit les cellules qui forment cupule autour du vitellus. (Fort grossissement.)

Dans l'œuf de quelques *araignées* proprement dites, on trouve une formation énigmatique à côté de la vésicule germinative et du vitellus (je l'ai vue dans les *Tegeneria*, *Lycosa*, *Salticus*, *Thomisus*; elle manque dans les *Epeira*, *Clubione*, etc.) ; de Wittich, de Siebold et V. Carus l'ont décrite autrefois avec un grand soin. C'est un corps rond, tantôt à bords tranchés, avec une aréole claire et une tache centrale granuleuse, tantôt pâle, comme soudé à une aréole nébuleuse, mais présentant alors aussi au centre un aspect qu'on pourrait rapporter à des noyaux; parfois il présente des couches strati-

(1) *Anat. und Phys. d. Insekten.*
(2) *Zeitschr. für wissensch. Zool.*

fiées et concentriques. Il pâlit dans l'acide acétique. Sa signification est encore complétement inconnue ; car, ni sa structure, ni sa formation ne sont susceptibles d'être interprétées. Burmeister dit qu'il a trouvé un noyau semblable dans l'œuf du *Branchipus paludosus;* mais il ne paraît pas l'avoir rencontré dans d'autres espèces de *Branchipus.*

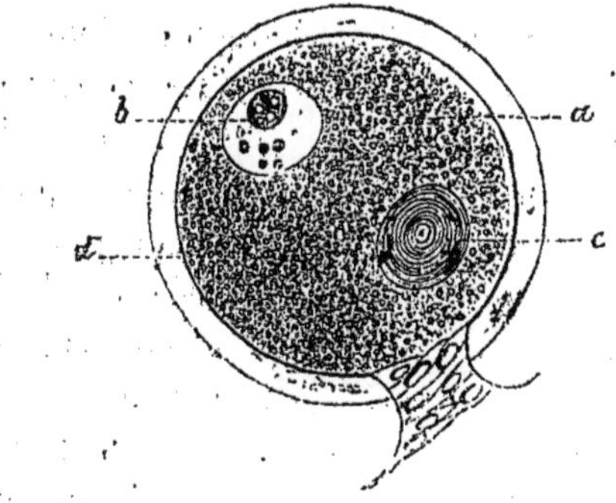

Fig. 276. — Œuf ovarique de la *Tegeneria domestica.*

a. Jaune. — *b.* Vésicule germinative. — *c.* Corps de signification inconnue. *d.* Couche albumineuse. (Fort grossissement.)

Vésicule germinative. — La *vésicule germinative* doit être signalée comme la partie de l'œuf qui présente le plus d'uniformité, abstraction faite des rapports de grosseur. Ce n'est pas toujours une vésicule proprement dite, mais bien parfois un granule mou et solide : par exemple dans l'*Entoconcha mirabilis* (Joh. Müller), la *Synapta digitata* (Leydig), dans les *tœnia* vésiculeux (Leuckart). — La *tache germinative* est d'une nature très-variable. Je crois qu'on pourrait se demander si elle est constante; du moins on ne l'a jamais rencontrée dans les œufs de la *Serpule* et de l'*Amphicora sabella.* Elle se présente tantôt comme un corps solide (très-volumineux dans quelques *rotateurs*), ou renfermant dans son intérieur une ou plusieurs cavités; enfin la tache peut être multiple, et il peut aussi arriver que les granules qui la composent soient, ou réunis en masse (*Notommata Sieboldii*), ou disséminés. Sa nature chimique ne paraît pas être partout la même : du moins elle est tantôt d'un aspect pâle et albuminoïde; tantôt elle est bordée et ombrée comme une goutte de graisse.

La règle est qu'il n'existe dans le vitellus qu'une *seule* vésicule germinative, et que l'œuf se transforme en un seul embryon. Dans le *Vortex balticus*, la coque de l'œuf renferme *deux* vésicules, et le jaune donne par son développement *deux* embryons (M. Schultze). Dans les planaires, il arrive qu'un grand nombre d'œufs sont compris dans une membrane vitelline commune et dans la même coque. Il se développe alors plusieurs embryons dans le même œuf (1).

(1) Il existe des recherches de Huxley sur le développement du *Pyrosoma* (*Ann. and Mag. nat. Hist.*, V, 1860, p. 29-35) d'après lesquelles quatre embryons de cet animal proviendraient d'un *seul œuf;* et, de plus, les cellules blastodermiques dériveraient de la vésicule germinative. Et cependant, d'après M. Robin, cette vésicule a disparu lorsque les premiers phénomènes de l'évolution de l'embryon commencent, et le vitellus seul prendrait part à la formation des cellules blastodermiques (!). « De toutes les parties constituantes de l'ovule, le vitellus est la seule qui prenne part postérieurement à la formation du blastoderme. » (*Mémoire sur les phénomènes qui se passent dans l'ovule avant la segmentation du vitellus.*) La généralité de cette loi n'est nullement prouvée. Mais comme le livre de Leydig s'arrête où l'embryologie commence, nous croyons ne pas devoir insister sur les faits avancés par M. Robin; avant de les accepter, il serait bon d'examiner ce que d'autres observateurs ont vu et écrit sur la même matière. Car il existe en histologie, entre les opinions de M. Robin et celles des représentants les plus autorisés de l'école allemande, des divergences tellement grandes, qu'il est indispensable de chercher ailleurs que dans les travaux de M. Robin des preuves de conviction.

FIN.

TABLE DES MATIÈRES

PREMIÈRE PARTIE.

DEUXIÈME PARTIE.

www.ingramcontent.com/pod-product-compliance
Ingram Content Group UK Ltd.
Pitfield, Milton Keynes, MK11 3LW, UK
UKHW021838190726
13855UKWH00001B/37